대학 공업수학

Engineering Mathematics

- MATLAB을 이용한 풀이와 이해 -

5

저자 | 최연욱

홍릉과학출판사

머리말

공업수학은 대학에서 공학을 전공하는 학생은 물론이고 자연계열 및 상경계열의 학생들에 있어서도 중요한 과목으로 여겨진다. 그러나 최근 대학 신입생들의 수학능력은 해가 갈수록 떨어지고 있으며, 이 결과 많은 학생들이 입학 후 전공의 이해에 필요한 수학에 흥미를 잃고 있는 것으로 보인다.

특히 대학에 따라서는 신입생 선발 시 교차지원을 허용하기 때문에 공대의 신입생 중 일부는 미·적분의 개념조차 파악하지 못한 채 들어와 전공분야의 공부를 시작하기 때문에 전공과목을 무조건 어렵다고 호소하는 실정이다. 이와 같은 현실에서 학생들에게 수학에 대한 거부감을 가지지 않도록 하면서 이에 대한 동기유발 유도한다는 것은 쉬운 일이 아니다. 이에 대한 하나의 방법은, 대부분의 학생이 여러 목적으로 이미 능숙하게 사용하고 있는 컴퓨터를 수업 중에 적극적으로 활용하는 것이다. 연필로서는 풀기가 어려웠던 수학문제를 컴퓨터를 이용하여 이를 간단히 해결할 수 있다면 공업수학에 대한 약간의 흥미를 유발시킬 수 있을 것으로 생각된다. 이러한 목적으로 본서에서는 최근 많은 분야에서 활용되고 있는 공학용 소프트웨어의 하나인 MATLAB을 문제의 설명과 풀이에 적극 활용하였다. 물론 이 과정은 단지 수학문제의 해를 구하기 위하여 컴퓨터를 사용하는 것이 아니라, 문제의 개념과 풀이과정에 대한 이해를 높이기 위한 것이다. 다시 말하면 주어진 문제와 그에 대한 해가 가지는 의미를 컴퓨터를 이용하여 확인하여 봄으로써 문제의 수학적 및 물리적 의도를 파악할 수 있다는 점에 더 큰 의미를 둘 수 있을 것으로 생각된다.

MATLAB은 원래 행렬계산을 주목적으로 개발되었으나, 최근 3차원 그래프 성능이 비약적으로 발전하여 이를 이용하면 공간적인 개념을 이해하는데 상당한 도움이 될 것으로 보인다. 또한 MATLAB의 Toolbox 중의 하나인 Symbolic Math Toolbox를 이용하면 여러 종류의 수식을 표현되어 있는 대로 입력하기 때문에 여러 종류의 방정식 풀이에 도움이 될 뿐만 아니라 최종적으로 문제의 해가 가지는 의미까지도 파악할 수 있어 특히 미분 방정식을 이해하는데 상당한 도움이 될 것으로 생각된다. 이와 같은 관점에서 본서는 수학적인 엄밀함보다는 예제를 중심으로 하여 수학개념이 향후 전공과목에서 어떻게 사용되는지를 이해하는데 중점을 두고 집필하였다. 따라서 책에서 다룬 대부분의 예제에 대하여

MATLAB 프로그램을 추가하고 이에 대한 간단한 설명을 덧붙였다.

본래는 한 학기용으로 전공분야를 이해하는데 필요한 기본적인 수학만을 취급할 목적으로 집필을 시작하였으나, 도중에 내용이 추가되어 본의 아니게 상당한 부피가 되어버렸다. 수학에 자신이 없는 학생들도 이해할 수 있도록 가능하면 쉽게 표현하고자 노력하였으며, 또한 MATLAB의 기본적인 사용법을 알고 있는 학생이라면, 본서의 예제 프로그램을 활용하는데 문제가 없을 것으로 생각된다. 여러 가지 부족한 점이 많이 있을 것으로 보이지만, 본서의 내용을 적극적으로 활용하여 수학에 대한 기본을 쌓는데 도움이 되었으면 하는 마음 간절하다.

마지막으로 본서의 집필에 있어 아래의 책이 많은 참고가 되었음을 밝혀둔다.

(1) Erwin Kreyszig : Advanced Engineering Mathematics, 9th edition, Wiley

(2) Merle C. Potter 외 2명 : Advanced Engineering Mathematics, 3rd edition, Oxford

(3) Dennis G. Zill 외 1명 : Advanced Engineering Mathematics, 2nd edition, Jones and Bartlett.

2009. 2월 최 연 욱

차 례

chapter 01 상미분방정식

chapter 02 선형미분방정식의 급수해

chapter 03 라플라스 변환

chapter 04 행렬이론

chapter 05 행렬의 응용

chapter 06 벡터의 미분

chapter 07 벡터의 적분

chapter 08 푸리에 해석

chapter 09 복소변수

Appendix

찾아보기

Chapter_01

01 상미분방정식

미분방정식은 거의 대부분의 물리적 현상을 모델링, 즉 수식으로 표현하는 경우에 중요한 역할을 한다. 예를 들어 어떤 특정한 과학적 현상을 규명(또는 이해)하기 위해서는, 첫째 그 현상이 나타나기 위해 필요한 변수(입력 및 출력)에 대한 정의가 이루어져야 하며, 둘째 정의된 변수에 의한 물리현상의 적절한 수학적인 표현식(대부분 미분방정식)을 유도하고, 마지막으로 유도된 식에 대한 해를 구할 수 있는 능력이 요구된다. 따라서 여기서는 다양한 종류의 물리현상을 표현하는 여러 종류의 미분방정식을 정의한 뒤, 각각의 현상에 맞는 타당한 규칙의 결과로서 얻어진 미분방정식의 여러 조건을 이용하여, 미분방정식의 해를 구할 수 있는 표준적인 방법에 대하여 알아보기로 한다. 미지의 함수와 그 함수의 미분과 관련된 방정식을 미분방정식이라고 한다. 예를 들어

$$\frac{du}{dx} = u \tag{1.0.1}$$

$$\frac{d^2f}{dx^2} + 2xf = e^x \tag{1.0.2}$$

$$\frac{\partial^2 u}{\partial x^2} + \frac{\partial^2 u}{\partial y^2} = 0 \tag{1.0.3}$$

은 미분방정식이다. 이러한 미분방정식의 해는 원래의 미분방정식에 대입하였을 경우에 등호가 성립하도록 미분가능하게 정의된 함수이다. 따라서 $u(x) = e^x$ 는 식 (1.0.1)에 대입하

였을 경우 등호가 성립하기 때문에 미분방정식 (1.0.1)의 해이다. 또한 함수 $e^x \sin y$가 식 (1.0.3)의 해인 것은 다음 식으로부터 알 수 있다. 즉

$$\frac{\partial^2}{\partial x^2}(e^x \sin y) = e^x \sin y \tag{1.0.4}$$

$$\frac{\partial^2}{\partial y^2}(e^x \sin y) = -e^x \sin y \tag{1.0.5}$$

이고, 임의의 x와 y에 대하여

$$\frac{\partial^2}{\partial x^2}(e^x \sin y) + \frac{\partial^2}{\partial y^2}(e^x \sin y) = 0 \tag{1.0.6}$$

이기 때문이다. 그러나 식 (1.0.3)과 같은 형태의 미분방정식은 기본함수(elementary functions)의 조합으로 해를 표현할 수 없다. 이와 같은 경우에는 해를 표현하기 위한 다른 방법, 예를 들어 수치해법(numerical method), 멱급수법(power series method), 및 반복법(iteration method) 등에 의존하여야 한다. 여기서는 우선 기본함수로서 해를 나타낼 수 있는 미분방정식에 한정하여 설명을 진행하기로 한다.

1.1 수학적 모델로서의 미분방정식

우리가 일상생활에서 흔히 접하는 물리적(또는 경제적) 현상을 수식으로 표현하는 것을 모델링(modeling)이라고 하며, 이러한 모델은 주로 어떠한 목적을 염두에 두고 만들어진다. 예를 들어 크게는 한 국가의 금융통화에 관한 정책을 수립하기 위하여, 인구밀도와 계절별(또는 월별)의 화폐의 흐름에 관한 모델이 필요한 경우도 있고, 작게는 수조에서 흘러나가고 들어가는 물의 양과 현재 시각에서 수조의 수위와의 관련성 등을 확립하고자 하는 경우 등이다.

이와 같은 수학적 모델을 구성하는 과정에는 일반적으로 하나 또는 그 이상의 변수에 대한 변화율이 포함되기 때문에, 이들에 대한 수학적 표현은 도함수(즉 변화율)를 포함하는 방정식, 즉 미분방정식으로 된다. 어떤 시스템(즉 물리적 현상)[1]에 대한 수학적 모델은, 그 현상에 대한 입력과 출력을 어떻게 취하는 가에 따라 표현법(즉 미분방정식)이 다르게 나

1) 여기서 '시스템(system)'이란, 어떤 변수에 의해 변화하는 현상계 전체를 의미한다. 예를 들어 DC모터는 인가된 전압에 대한 모터의 회전속도(또는 회전각)의 변화를 생각한다면 하나의 훌륭한 시스템이다.

타날 것이다. 따라서 미분방정식의 해는 대상으로 하는 시스템의 출력(예를 들어, 전기회로에 흐르는 전류)이 시스템의 입력(예를 들어 인가전압, 또는 전류)에 따라 어떻게 변화해 가는 가에 대한 정보를 알려주는 것으로 볼 수 있다. 여러 가지 물리현상에 대한 간단한 수학적 모델의 예를 몇 가지 들어본다.

• 인구의 변동

영국의 경제학자 맬서스(Thomas Malthus)가 1798년에 저서 "인구론"에서 인구의 증가에 대한 수학적 모델링을 시도하였다. 맬서스 모델의 기본생각은 특정 시각에 한 지역에서의 인구변화율은 그 시각에서 그 지역 전체의 인구수에 비례할 것이라는 가정에서 만들어졌다. 즉 어떤 시각 t에 한 지역 전체의 사람이 많으면 많을수록 그 지역의 인구도 더 많아질 것이라는 것이다. 수학적으로는, $P(t)$를 시각 t에서의 인구수라고 하면 다음과 같이 표현된다.

$$\frac{dP}{dt} \propto P \;\rightarrow\; \frac{dP}{dt} = kP \tag{1.1.1}$$

여기서 k는 비례상수를 나타낸다. 이런 단순한 모델은 비록 인구의 증감에 영향을 주는 다른 요인(예를 들어 다른 지역으로부터의 전입 및 전출)을 고려하고 있지 않지만 인구증가의 예측에는 상당한 정확도를 보였다. 일반적으로 식 (1.1.1)과 같은 인구성장률을 갖는 경우는 드물지만, 이것은 세균배양용 접시에서 세균의 성장과 같이 짧은 시간 동안에 적은 개체에 대한 성장모델로는 유용하다.

• 수조부터의 배수

유체역학에서 토리첼리의 법칙(Torricelli's law)에 의하면, 깊이 h인 수조에서 구멍을 통해 배출되는 물의 유출속도 v는 높이 h에서 자유낙하하는 물체(이 경우는 물방울)가 얻는 속도와 같다. 즉 속도 v는 $\sqrt{2gh}$ 이고, 여기서 g는 중력가속도이다. 이 관계식은 운동에너지 $(1/2)mv^2$과 위치에너지 mgh를 같게 놓은 후 속도 v에 대해 풀면 얻어진다. 물이 채워진 수조에서 중력에 의해 구멍으로 물이 배출된다고 가정하자. 임의의 시각에서 수조에 남아 있는 물의 높이를 계산하여 보자. [그림 1.1]과 같은 수조에서 구멍의 면적을 $A_h\,[\mathrm{m}^2]$, 수조에서 흘러나가는 물의 속도 v를 $\sqrt{2gh}\;[\mathrm{m/s}]$라고 하면, 흘러나가는 물의 초당 유

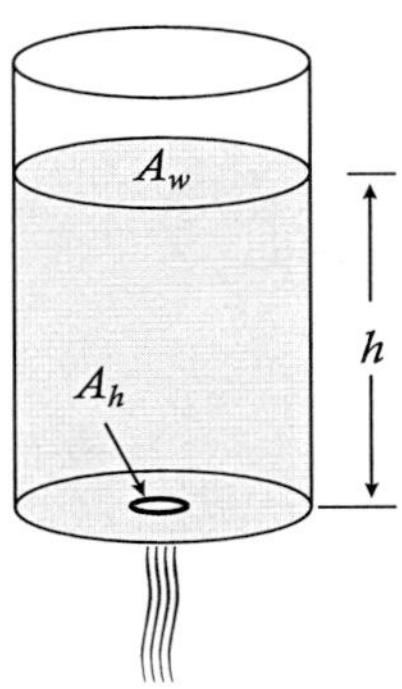

그림 1.1 수조의 모형

량은 $A_h\sqrt{2gh}\ [\mathrm{m^3/s}]$이다. 따라서 $V(t)$를 시각 t에서 수조 내의 물의 양이라고 하면 다음 식을 얻는다.

$$\frac{dV}{dt} = -A_h\sqrt{2gh} \tag{1.1.2}$$

여기서 음의 부호는 V의 감소를 의미하며 구멍과 물과의 마찰은 무시하였다. 만약 수조에 들어 있는 물의 양이 $V(t) = A_w h$이면2), $dV/dt = A_w dh/dt$이고, 이것을 식 (1.1.2)에 대입하면 임의의 시각 t에서 수위를 나타내는 미분방정식은 다음과 같다.

$$\frac{dh}{dt} = -\frac{A_h}{A_w}\sqrt{2gh} \tag{1.1.3}$$

식 (1.1.3)은 A_w가 일정하지 않을 경우에도 유효하지만, 이 경우에는 수조의 면적을 높이 h의 함수, 즉 $A_w = A(h)$로 표현하여야 한다.

• 로켓의 운동방정식

지표면에서부터 외계를 향해 연직선 방향으로 로켓(rocket)이 발사되었다고 하고(그림 1.2), 이때 로켓은 지구 중력의 영향만을 받고 공기저항이나 다른 천체의 중력 등은 무시하기로 한다. 로켓의 초속도를 v_0, 질량을 m, 지구의 중심에서 로켓까지의 거리를 r(양의 방향을 위쪽으로 한다), 지구의 질량을 M, 지구의 반지름을 R라 할 때 임의의 시각 t에서의 로켓의 운동방정식을 유도하여 보자. 이를 위해서는 다음 두 가지의 물리법칙이 필요하다.

• 물리법칙 1 뉴턴의 제2운동법칙(Newton's second method law of motion)

$$F = \sum_i F_i = \frac{d}{dt}(mv) = m\frac{dv}{dt} = ma \tag{1.1.4}$$

• 물리법칙 2 뉴턴의 만유인력의 법칙(Newton's law of universal gravitation)

$$F = k \cdot \frac{1}{r^2}(m_1 m_2) \tag{1.1.5}$$

단, F는 두 물체 사이에 작용하는 힘, r는 두 물체 사이의 거리이며 m_1, m_2는 두 물체의 질량을 나타낸다.

---

2) $A_w\,[\mathrm{m^2}]$은 원통형 수조의 윗부분의 면적을 의미한다([그림 1.1] 참조).

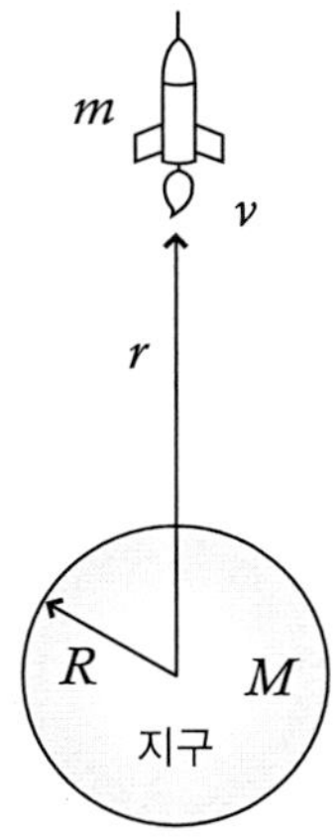

그림 1.2 로켓의 운동방정식

로켓의 속도를 v, 가속도를 a라 두고 식 (1.1.4)와 (1.1.5)를 결합하면

$$\frac{k}{r^2}(m) = ma \rightarrow a = \frac{dv}{dt} = \frac{k}{r^2} \tag{1.1.6}$$

이 되고 속도는 항상 감소하므로 가속도와 상수 k는 음의 값을 가진다. 그런데 지구표면상에서(즉 $r = R$일 때) $a = -g$이므로 $-g = k/R^2$에서 $k = -gR^2$이다. 따라서 가속도 a는 $a = -gR^2/r^2$이고, 이를 속도 v와 거리 r로 표시하면 $a = dv/dt, v = dr/dt$이므로 연쇄법칙에 의하여

$$a = \frac{dv}{dt} = \frac{dr}{dt}\frac{dv}{dr} = v\frac{dv}{dr} \tag{1.1.7}$$

이고, 속도 v에 관한 미분방정식은

$$v\frac{dv}{dr} = -g\left(\frac{R}{r}\right)^2 \tag{1.1.8}$$

로 된다.

연습문제 1.1.1

1. [그림 1.2] 로켓의 운동방정식에 대하여 생각하여 보자.

   (1) 로켓의 운동방정식 (1.1.8)을 풀어 로켓의 속도와 거리에 관한 식을 구하여 보자. 이것은 1.2절의 결과를 이용하면 쉽게 해결할 수 있으나, 여기서는 다음의 과정을 수행한다.

   ① 식 (1.1.8)의 양변을 r로 적분하여 속도 v에 관한 표현식을 얻는다.

   ② 여기에 초기조건, 즉 $r = R$일 때 $v = v_0$를 대입하여 ①에서 구한 표현식에 존재하는 적분상수를 결정하여 다시 ①의 결과식에 대입한다.

(2) 지구로부터 이탈할 수 있는 발사속도(초속도) v_0의 최소값을 이탈속도(velocity of escape)라 하는데, 최소 이탈속도 v_e에 관한 표현식을 구하여라.

(3) 지구의 반지름을 $R=6{,}372$ [km], $g=9.8$ [m/s^2] 이라고 할 때 이탈속도 v_e의 값을 계산하여라.

2. 인구의 변동에 관한 미분방정식 (1.1.1)에 대하여 생각하여 보자.

(1) 식 (1.1.1)의 모델과 동일한 가정을 사용하여 일정 비율 r 로 타국으로부터 이주해 올 때 이 나라의 인구변화($dP(t)/dt$)를 지배하는 미분방정식을 구하여라. 또한 일정 비율 r 로 타국으로 이주해 나갈 때의 지배방정식을 구하여라.

(2) 식 (1.1.1)의 모델은 죽는 사람을 고려하지 않았다. 즉 성장률과 출생률이 같다고 가정하였다. 따라서 출생률과 사망률의 차이를 고려한 순증가율로서 인구변화 모델로 도입하고자 한다. 이때 시간 t 일 때 출생률과 사망률이 현재의 인구에 비례한다고 가정하고 인구변화를 지배하는 미분방정식을 구하여라.

(3) (2)의 가정에서, 출생률은 시간이 t 일 때 현재 인구에 비례하고 사망률은 시간 t 일 때 현재 인구의 제곱에 비례한다는 가정을 도입하여 인구변화를 지배하는 미분방정식을 구하여라.

3. 공중에서 돌을 지상으로 자유낙하하여 시간 t 에서 $y(t)$ 만큼 이동하였다고 한다. 실험에 의하면, 공기의 저항을 무시한다면 돌의 가속도는 $y''=d^2y/dt^2=g$ 이다. 여기서 g 는 중력가속도 $g=9.8\,[\mathrm{m/sec^2}]$ 이다. 미분방정식을 풀어서 자유낙하에서 떨어진 거리와 시간과의 관계식 $y(t)=g\,t^2/2$ 를 유도하여 보아라.

4. [그림 P1.1]에서와 같은 원추형 수조의 물이 바닥의 원형구멍을 통해 빠져나간다. 시간 t 에서의 물의 높이 h 에 대한 미분방정식을 식 (1.1.3)을 이용하여 구하여 보자. 이때 구멍의 직경은 $2\,[\mathrm{cm}]$ 이며 $g=9.8\,[\mathrm{m/s^2}]$ 이다.

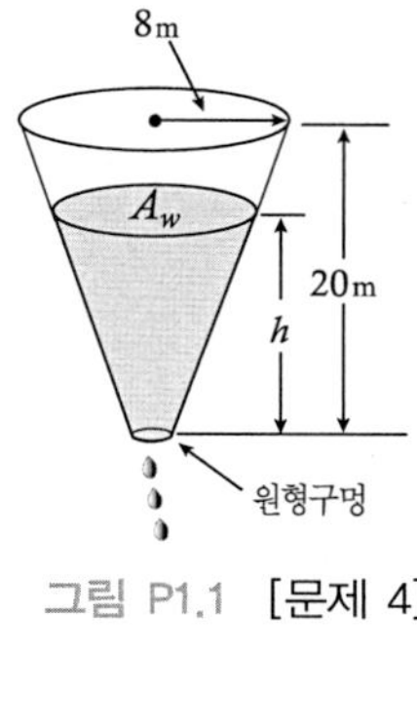

그림 P1.1 [문제 4]

5. 실험에 의하면 임의 시각에서의 방사능물질은 그 시각에서의 물질의 양에 비례하여 방사성 붕괴가 일어난다고 한다. 다시 말하면 방사성물질의 감소율 dA/dt 는 시각 t 에서 남아 있는 물질의 총량에 비례, 즉 $dA/dt=kA$ 이다. 이때 방사성물질 $0.5\,\mathrm{g}$ 이 반으로 줄어드는 데 걸리는 시간을 계산하여라. 단 $k=-1.4\times10^{-11}\,[\mathrm{s^{-1}}]$ 이다.

1.2 미분방정식의 정의

• 분류

상미분방정식(ordinary differential equation: ODE)이란 하나의 변수에 대한 미분항(이것을 도함수라고 한다)만이 나타나는 미분방정식을 의미하며, 편미분방정식(partial differential equation: PDE)이란 하나 이상의 변수에 대한 편미분항(편도함수라고 한다)을 포함하는 경우를 말한다. 식 (1.1.1)과 식 (1.1.2)는 상미분방정식이며, 식 (1.1.3)은 두 개의 변수 (x, y)에 대한 편도함수를 가지고 있으므로 편미분방정식이다. 이러한 원칙에 따르면

$$\frac{\partial f(x,t)}{\partial t} = xt$$

는 상미분방정식이지만

$$\frac{\partial^2 f(x,t)}{\partial t\ \partial x} = t$$

는 편미분방정식이다. 이때 변수 f를 종속변수(dependent variable), 변수 x와 t를 독립변수(independent variable)라고 한다. 이것은 f의 값은 두 개의 변수 x, t에 의존하여 정해지기 때문이다.

일반적으로 종속변수는 어떤 물리현상의 법칙, 또는 그 법칙과 관련 있는 양을 나타낸다. 예를 들어, 비행기 날개의 부력이 필요한 양이라고 한다면, 이것은 위치에 따른 비행기의 속도 $v(x,y)$ (즉 종속변수)로 이루어지는 물리현상의 법칙(즉 편미분방정식)을 풀어야만 비행기 날개에 가해지는 압력이 계산되고 이 결과 부력을 얻을 수 있다.

• 계수와 차수

미분방정식에 포함된 최고계 도함수의 계수를 미분방정식의 계수(order)라고 하고, 미분방정식이 도함수에 관하여 유리정식인 경우에는 방정식에 포함된 최고계 도함수의 멱지수를 미분방정식의 차수(degree)라 한다. 만일에 방정식이 유리분수식인 경우에는 유리화하여 정돈한 다음에 최고계의 도함수가 갖는 차수를 그 미분방정식의 차수라고 한다.

(ODE)

- $\dfrac{d^2f}{dx^2}+\left(\dfrac{df}{dx}\right)^3-f=\sin x$

  ↑ (2계) ↑ (1계)

  ∴ 최고계의 도함수 → 1차

  (2계 1차 ODE)

(PDE)

- $a^2\dfrac{\partial^4 u}{\partial x^4}+\dfrac{\partial^2 u}{\partial y^2}=0$

  ↑ (4계) ↑ (2계)

  ∴ 최고계의 편도함수 → 1차

  (4계 1차 PDE)

- $\left(\dfrac{d^2f}{dx^2}\right)^{2/3}=\left[1+\left(\dfrac{df}{dx}\right)^2\right]^{1/2} \to \left(\dfrac{d^2f}{dx^2}\right)^4=\left[1+\left(\dfrac{df}{dx}\right)^2\right]^3$

  ↑ (2계) ↑ (1계)

  ∴ 최고계의 도함수 → 4차

  (2계 4차 ODE)

• 선형과 비선형

종속변수 f(또는 $f(x,t)$)와 그의 도함수(또는 편도함수)가 모두 1차인 미분방정식을 선형미분방정식(linear differential equation)이라고 한다. 선형미분방정식은 다음 두 가지의 특성이 있다.

(a) 종속변수 f(또는 $f(x,t)$)와 그의 모든 도함수(또는 편도함수)가 1차, 즉 f(또는 $f(x,t)$)를 품고 있는 각 항의 멱지수가 1이다.

(b) 각 계수는 독립변수(예컨대 x, t, $\cdots$)에만 의존한다. 따라서 $\sin f$(또는 $\sin f(x,t)$), 또는 $e^{df/dx}$(또는 $e^{\partial f/\partial x}$)와 같은 항은 선형방정식에 나타날 수 없다. 선형이 아닌 방정식을 비선형미분방정식(nonlinear differential equation)이라 한다. 예컨대

(ODE)

(f를 품고 있는 각 항의 계수)

선형

- $x^3\dfrac{d^3f}{dx^3}-4x\dfrac{df}{dx}+6f=e^x$

  ↑ ↑ ↑

  $\left(\dfrac{d^3f}{dx^3}\right)^1$, $\left(\dfrac{df}{dx}\right)^1$, $(f)^1$

  (f를 품고 있는 각 항의 멱지수가 1)

  (3계 선형 ODE)

(PDE)

(u를 품고 있는 각 항의 계수)

- $f^2\dfrac{\partial^2 u}{\partial x^2}-(x^2+f^2)\dfrac{\partial^2 u}{\partial f^2}=x$

  ↑ ↑

  $\left(\dfrac{\partial^3 u}{dx^3}\right)^1$ $\left(\dfrac{d^2u}{df^2}\right)^1$

  (u를 품고 있는 각 항의 멱지수가 1)

  (2계 선형 PDE)

비선형

- $(1+f)\dfrac{df}{dx}+2f=e^x$

$\uparrow$

(계수가 f에 의존)
(비선형 1계 ODE)

- $\dfrac{\partial^3 u}{\partial x^3}+(1+u^2)=0$

(u를 품고 있는 멱지수가 1차가 아님)
(비선형 3계 PDE)

편미분방정식은 이론과 응용면에서 매우 중요하나 이를 이해하기 위해서는 상미분방정식에 관한 이해가 선행되어야 하므로, 이 책에서는 더 이상 언급하지 않기로 한다.

가장 일반적인 1계의 미분방정식은 다음의 형식인 경우가 많다.

$$u' = f(x,\ u) \tag{1.2.1}$$ [3)]

여기서 $f(x,u)$는 임의의 함수를 나타내며, 위 식에서는 x를 독립변수로 선정하였다. 위 식과 마찬가지로 가장 일반적인 2계 미분방정식은

$$u'' = f(x,\ u,\ u') \tag{1.2.2}$$

이다. 따라서 가장 일반적인 n계 미분방정식은 독립변수 x와 종속변수 u와 u의 1계에서 n계까지의 도함수를 포함하는 식이다. 즉

$$u^{(n)} = f(x,\ u,\ u',\ \cdots,\ u^{(n-1)}) \tag{1.2.3}$$

이며, 또는 다음과 같이 표현하는 경우도 있다.

$$F(x,\ u,\ u',\ \cdots,\ u^{(n-1)},\ u^{(n)}) = 0 \tag{1.2.4}$$

따라서 주어진 미분방정식이 선형이라면, 선형의 정의에 의해 식 (1.2.3)을 다음의 형태로 표현할 수 있다.

$$u^{(n)} = g(x) - P_{n-1}(x)u - P_{n-2}(x)u' - \cdots - P_0(x)u^{(n-1)} \tag{1.2.5}$$

또는

$$u^{(n)} + P_{n-1}(x)u + P_{n-2}(x)u' + \cdots + P_0(x)u^{(n-1)} = g(x) \tag{1.2.6}$$

---

3) $u' = \dfrac{du}{dx}$를 의미한다. 따라서 $u'' = \dfrac{d^2u}{dx^2}$, $\cdots$, $u^{(n)} = \dfrac{d^n u}{dx^n}$이다.

이다. 만약 $g(x)=0$ 라면 식 (1.2.5)를 제차미분방정식(homogeneous equation)이라 하며, $g(x)\neq 0$ 인 경우를 비제차방정식(nonhomogeneous equation)이라고 한다. 식 (1.2.1)의 1계 미분방정식은 식 (1.2.4)의 표현법을 사용하면

$$F(x,u,u')=0 \tag{1.2.7}$$

이다. 이와 같이 식 (1.2.7) 또는 식 (1.2.4)의 형식인 미분방정식을 함축적 표현(implicit representation), 식 (1.2.5) 또는 식 (1.2.1)의 형식인 미분방정식을 명시적 표현(explicit representation)이라고 한다.

• 미분방정식의 해

어떤 실수의 영역 I(예를 들어 구간 (a,b) [4])에서 정의된 실함수 $u(x)=f(x)$ 를 미분방정식 (1.2.4)에 대입하였을 때 방정식이 항등적으로 만족하면, 함수 $f(x)$ 는 영역 I 에서 미분방정식의 해(solution)이다.

주어진 방정식의 종류에 따라 해를 구하는 과정이 아주 단순한 경우도 있다. 예를 들어 다음과 같은 선형미분방정식

$$\frac{du}{dt}=g(x) \tag{1.2.8}$$

의 해는

$$u(x)=\int g(x)dx+c \tag{1.2.9}$$

이다. 여기서 c 는 임의의 상수이다. 이것을 확인하여 보자. 즉

$$\frac{du}{dx}=\frac{d}{dx}\left[\int g(x)dx+c\right]=\frac{d}{dx}\int g(x)dx=g(x) \tag{1.2.10}$$

이므로 식 (1.2.9)는 미분방정식 (1.2.8)의 해임을 알 수 있다. 이때 만약 함수 $g(x)$가 적분을 수행하기 좋은 형식이라면, 식 (1.2.9)의 해를 좀더 간결한 형태로 표현할 수 있을 것이다.

식 (1.2.9)로 주어진 해의 표현법에 대하여 좀더 알아보자. 식 (1.2.9)는 임의 상수 c의

4) 이때 개(open)구간인 경우는 $(a,\ b)$, 폐(closed)구간인 경우는 $[a,\ b]$ 로 각각 나타낸다.

값이 정해진 경우라 하더라도 함수 $u(x)$의 특정한 값, 예를 들어 $u(0)$을 구하거나 표현할 수 있다는 것을 의미하는 것은 아니다. 이에 반해 다음과 같은 표현법을 생각하여 보자. 즉

$$u(x) = \int_{x_0}^{x} g(s)ds + c' \tag{1.2.11}$$

이다. 이 경우는 식 (1.2.9)에 비해 함수 $u(x)$의 초기값이 지정되어 있으므로 x의 변화에 따른 $u(x)$의 정확한 변화를 확인할 수 있다.

어떤 특별한 미분방정식의 경우는 적분을 반복적으로 수행함으로써 해를 구할 수 있다. 예를 들어

$$\frac{d^n u}{dx^n} = 0 \tag{1.2.12}$$

은 다음과 같은 해의 집합을 가진다.

$$u(x) = c_0 + c_1 x + c_2 x^2 + \cdots + c_{n-1} x^{n-1} \tag{1.2.13}$$

식 (1.2.13)은 미분방정식 (1.2.12)를 n번 적분함으로써 구할 수 있다. 이때 $c_0, c_1, \cdots, c_{n-1}$은 n번의 적분과정에 얻는 적분상수(즉 임의 상수)이다. 여기서 다루는 대부분의 미분방정식은 해 (1.2.13)을 구하는 과정보다 좀더 복잡한 계산이 요구되지만, $u^{(n)} = g(x)$와 같은 단순한 형식의 미분방정식을 기본으로 하여 해를 구할 것이다.

예제 1.2.1

$u = f(x) = c/x$ (단, c는 임의 상수이며, $x \neq 0$이다)는 미분방정식 $xu' = -u$의 해임을 확인하여 보자.

해

해를 미분하면 $u' = f'(x) = -c/x^2$이므로, x를 양변에 곱하면 $xu' = -c/x = -u$로 되어 미분방정식이 만족함을 확인할 수 있다. 따라서 $u = c/x$는 $xu' = -u$의 해이다.

일반적으로 n계의 미분방정식 (1.2.4)에 대하여 n개의 임의 상수를 포함하는 해가 존재할 때, 해를 그의 일반해(general solution)라고 한다. 식 (1.2.13)과 같은 해의 집합은 일반해이다. 또한 해집합

$$f(x) = Ax + B(x^3 + 1) \tag{1.2.14}$$

은 다음과 같은 2계 선형미분방정식의 일반해이다.

$$(2x^3 - 1)f'' - 6x^2 f' + 6xf = 0 \tag{1.2.15}$$

한편, 두 개의 상수를 가지는 $f(x) = Ae^{x+B}$는 미분방정식 $y'' - y = 0$의 해이지만 일반해는 아니다. 왜냐하면 $f(x)$는

$$Ae^{x+B} = Ae^{B}e^{x} = Ce^{x} \tag{1.2.16}$$

이고, 외관상 두 개의 임의 상수를 가지고 있는 것으로 보이지만 실제로 하나의 임의 상수만을 가진다. 이와 같이 어떤 해에서 상수의 개수를 더 이상 줄일 수 없을 때의 각 상수를 본질적(essential) 임의 상수라고 한다. 따라서 미분방정식의 일반해는 오직 본질적 임의 상수만을 포함한다. 일반해의 모든 임의 상수에 어떤 특정한 값을 지정함으로써 얻는 해를 특수해(particular solution)라고 한다.

▶ 예제 1.2.2 일반해와 특수해

임의 상수 c에 대해서 함수 $u = c/x + 1$은 구간 $0 < x < \infty$에서 1계 방정식

$$x\frac{du}{dx} + u = 1$$

의 일반해임을 밝히고, $c = 0$에 대한 특수해를 구하여라.

◇ 해

주어진 함수의 도함수를 구하면

$$\frac{du}{dx} = c\frac{d}{dx}(x^{-1}) + \frac{d}{dx}(1) = -cx^{-2} = -\frac{c}{x^2}$$

이므로

$$x\frac{du}{dx} + u = x\left(-\frac{c}{x^2}\right) + \left(\frac{c}{x} + 1\right) = 1$$

이다. 따라서 c를 임의 상수로 선택함으로써 일반해를 얻을 수 있다[5]. 특히 $c = 0$이면 $u = 1$인 특수해 ([그림 1.3] 참조)를 얻는다.

---

5) 이것을 해의 집합(family of solutions)이라고 부르기도 한다.

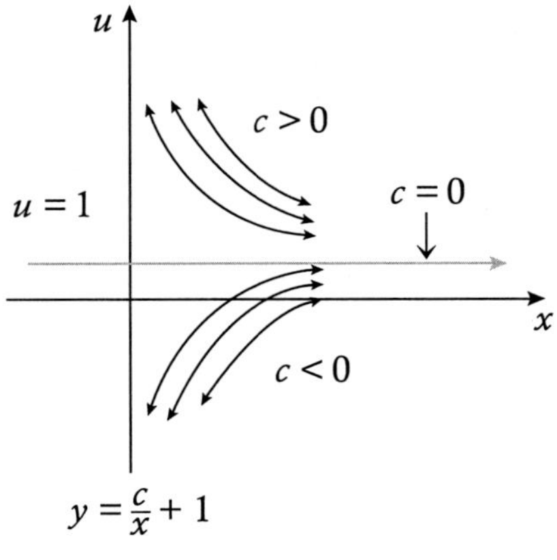

그림 1.3 [예제 1.2.2]의 해집합

▶ 예제 1.2.3 본질적 상수와 일반해

함수 $u = c_1 + \ln c_2 x$ 는 임의 상수 $c_1,\ c_2 > 0$에 대해서 구간 $x > 0$에서 2계 방정식

$$x^2 u'' + xu' = 0$$

의 해이지만 일반해가 아님을 보여라.

해

주어진 함수를 미분하면

$$u' = \frac{c_2}{c_2 x} = \frac{1}{x}, \quad u'' = \frac{-1}{x^2}$$

이므로

$$x^2 u'' + 2u' = x^2\left(\frac{-1}{x^2}\right) + x\left(\frac{1}{x}\right) = 0$$

이다. 따라서 $u = c_1 + \ln c_2 x$ 는 주어진 미분방정식의 해이나, 간단한 대수법칙에 의하여

$$\begin{aligned} u &= c_1 + \ln c_2 x = c_1 + \ln c_2 + \ln x \\ &= (c_1 + \ln c_2) + \ln x \\ &= c + \ln x, \ (\text{단 } c = c_1 + \ln c_2) \end{aligned}$$

이므로 c_1과 c_2는 본질적 임의 상수가 아니다. 따라서 주어진 함수는 주어진 2계 미분방정식의 일반해가 아니다.

• 초기값 문제

여러 가지 공학적 응용에서는 주어진 미분방정식의 일반해를 요구하는 대신에 주어진 상황에 맞는 특수해를 요구하는 경우가 많다. 이와 같이 미분방정식을 만족하는 해집합(즉 일반해)에서 어떤 특정한 초기조건을 만족하는 해를 구하는 문제를 초기값 문제(initial value problem)라고 하며 주어진 조건을 초기조건(initial condition)이라고 한다. 예를 들어 미분방정식

$$u' = f(x,\ u)$$
$$u(x_0) = u_0 \tag{1.2.17}$$

는 가장 일반적인 1계 초기값 문제이며, 2계인 경우에는 물론 두 개의 초기조건이 필요하므로

$$u'' = f(x,\ u,\ u')$$
$$u(x_0) = u_0,\ u'(x_0) = u_1 \tag{1.2.18}$$

이다. 이때 두 개의 조건은 동일한 점 $x = x_0$에 있다.

위 정의에서 초기조건은 (미분방정식으로 표현된) 어떤 현상의 초기상태를 나타낸다. 따라서 초기값 문제의 해는 대상으로 하는 실시스템(즉 물리현상)이 초기상태 이후에 어떠한 거동의 변화를 나타내고 있는 가를 보여주는 것이다. 기하학적으로 설명한다면 초기값 문제는 식 (1.2.17)의 해곡선이 지정된 점 (x_0, u_0)를 지나도록, x_0를 포함하는 구간 I 에서 미분방정식의 해를 구하는 것이고(그림 1.4 (a)), 식 (1.2.18)의 초기값 문제는 해곡선이 점 (x_0, u_0)를 지날 뿐만 아니라 이 점에서의 곡선의 기울기가 u_1인 미분방정식의 해를 구하는 것이다(그림 1.4 (b)).

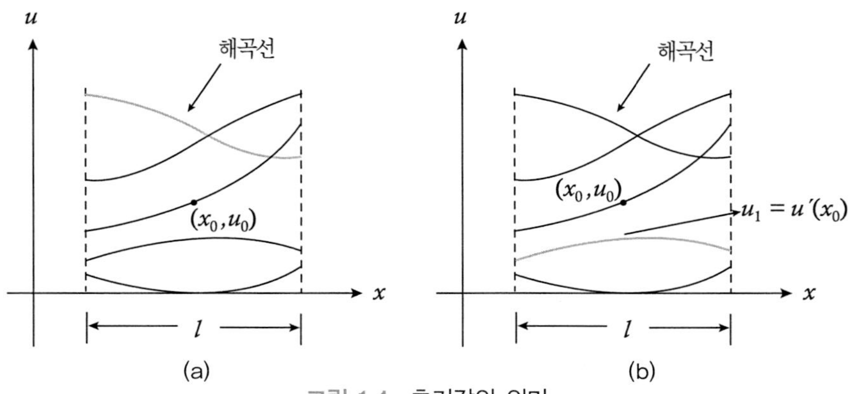

그림 1.4 초기값의 의미

▶ 예제 1.2.4 초기값 문제

다음 초기값 문제를 풀어보자.

$$\frac{du}{dx} = 2x + 3, \quad u(1) = 2$$

◇ 해

주어진 미분방정식의 양변을 적분하면

$$u = \int (2x+3)dx = x^2 + 3x + c$$

인 일반해를 얻을 수 있다. c의 여러 값에 대한 일반해의 그래프는 [그림 1.5]에 표시되어 있다. 이때 점 $(1,2)$를 지나가는 곡선에 대응하는 특수해는 초기조건을 만족해야 하므로

$$u(1) = (1)^3 + 3 \cdot (1) + c = 2$$

이고, $c = -2$이다. 따라서 구하고자 하는 초기값 문제의 해는

$$u(x) = x^2 + 3x - 2$$

이다.

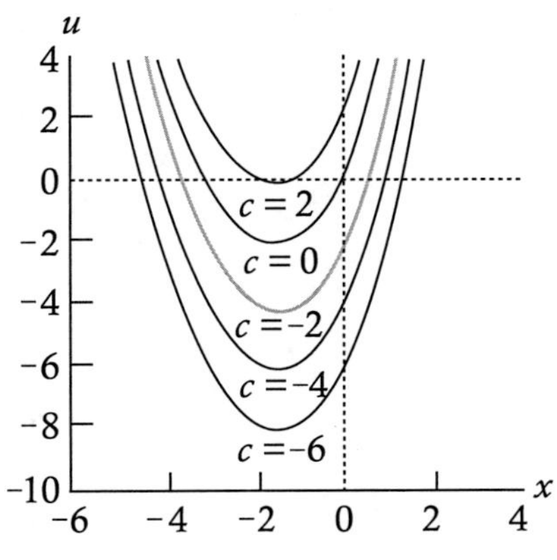

그림 1.5 [예제 1.2.4]

• 경계값 문제

복수의 초기조건이 x'의 동일한 점이 아니라 서로 다른 점에서 주어지는 경우를 경계값 문제(boundary value problem)라고 하며 일반적으로 편미분방정식에 많이 나타난다. 가장 일반적인 형태의 경계값 문제는

$$u'' = f(x,\ u,\ u')$$
$$u(x_0) = u_0,\ u'(x_1) = u'_1 \tag{1.2.19}$$

이다. 물론 다른 형태의 경계값 문제도 가능하지만, 여기서는 더 이상 언급하지 않기로 한다.

1.2.1 MATLAB에 의한 풀이

MATLAB이 제공하는 Symbolic Math Toolbox를 사용하여 앞에서 설명한 [예제]의 해를 구하기 위한 프로그램에 대하여 간략하게 언급한다. 단 사용되는 개개의 명령어에 대한 설명은 매뉴얼이나 MATLAB의 help 또는 부록을 참고하기 바란다.

```
% [예제 1.2.2]
syms x u C1                                  % symbolic 변수의 지정
U=dsolve('Du+u/x=1/x','x')                   % 미분방정식 xu'+u=1의 해(U)

% [그림 1.3]
for i=0:4
   U_1=subs(U,C1,i);ezplot(U_1),hold on      % 해의 임의 상수 C1에 0~4를 차례로 대입
   U_2=subs(U,C1,-i);ezplot(U_2)             % 하여 그림으로 표시
end
axis([0 4 -10 10]), hold off                 % 그림의 x, y 축의 크기를 지정

% [예제 1.2.3]
syms x u                                     % symbolic 변수의 지정
U=dsolve('D2u+(Du)/x=0','x')                 % 미분방정식 x^2u''+xu'=0의 해

% [예제 1.2.4]
syms x u                                     % symbolic 변수의 지정
U=dsolve('Du=2*x+3','x')                     % 미분방정식 u'=2x+3의 해
C=[2 0 -2 -4 -6];

% [그림 1.5]
for i=1:5
   U_1=subs(U,C1,C(i));ezplot(U_1),hold on   % 임의 상수 C1에 C의 값을 차례로 대입
end                                          % 하여 그림으로 표시
hold off
```

❖ 위 프로그램을 이용하여 얻은 그림은 [그림 1.3]이나 [그림 1.4]와는 약간 다르지만, 동일한 그림이라는 점에 유의한다.

연습문제 1.2.2

1. 다음 미분방정식이 선형인지 비선형인지 구별하고, 각 식의 계수를 구하여라.

(1) $uu' = 1 + x$ (2) $u'' - 2u' + u = \cos x$

(3) $(u^2)' = -u$ (4) $(1-x)u'' - 4xu' + 5u = \cos x$

(5) $x^5 u^{(4)} - x^3 u''' + 6u = 0$ (6) $\dfrac{d^2u}{dx^2} = \sqrt{1 + \left(\dfrac{du}{dx}\right)^2}$

(7) $(\sin x)u''' - (\cos x)u' = 2$ (8) $(u^2 - 1)dx + xdu = 0$

2. 다음 미분방정식의 계수를 구하고, 주어진 함수가 해인지의 여부를 확인하여라.

(1) $u' = 1 + u^2,\ u = \tan(x + c)$ (2) $u'' + \pi^2 u = 0,\ u = a\cos \pi x + b\sin \pi x$

(3) $u'' + 2u' + 10u = 0,\ \ u = 4e^{-x}\sin 3x$

(4) $u' + 2u = 4(x+1)^2,\ \ u = 5e^{-2x} + 2x^2 + 2x + 1$

(5) $u''' = \cos x,\ \ u = -\sin x + ax^2 + bx + c$

3. 주어진 미분방정식은 두 개의 특수해를 가진다는 것을 확인하여라.

(1) $u'^2 + xu' - u = 0,\ \ y(2) = -1 \ \rightarrow\ u_1(x) = 1 - x,\ \ u_2(x) = \dfrac{-x^2}{4}$

(2) $u'^2 + xu' - u = 0,\ \ y(-1) = 2 \ \rightarrow\ u_1(x) = 1 - x,\ \ u_2(x) = 2(x+2)$

4. 움직이는 물체의 가속도는 $a = d^2y/dt^2$ 이다. 단 y는 움직인 거리이다. 물체가 일정한 가속도 20 $[\mathrm{m/s^2}]$으로 움직일 경우 이 물체가 정지하기까지 움직인 거리를 구하여라. 단 물체의 초기속도는 100 $[\mathrm{m/s}]$이다.

5. 지상에서 8 m 높이의 지붕에서 떨어진 물체가 지면에 닿을 때까지 시간은 얼마나 필요한가? 미분방정식 $a = d^2y/dt^2 = -9.8\ [\mathrm{m/s^2}]$을 사용하여라. 단 y는 위쪽(upward)을 '+'로 한다.

6. 방정식 $u(x) = A\sin(ax) + B\cos(ax)$는 미분방정식 $u'' + a^2u = 0$의 해임을 확인하여라. 또한 $u(0) = 10$과 $u(\pi/2a) = 20$인 경우 미분방정식의 특수해를 구하여라.

1.3 1계 미분방정식의 해법

1.3.1 변수분리법

대부분의 1계 미분방정식은

$$h(u)\frac{du}{dx}=g(x) \tag{1.3.1}$$

의 형식으로 표현가능하며, 이것을 정리하면 다음과 같다.

$$h(u)du=g(x)dx \tag{1.3.2}$$

위 식은 변수와 그에 상응하는 미분이 서로 분리되어 있기 때문에, 위와 같은 형식의 미분방정식은 분리가능(separable)하다고 한다. 따라서 식 (1.3.2)의 해는 양변을 적분함으로써 얻을 수 있다. 즉

$$\int h(u)du=\int g(x)dx+c \tag{1.3.3}$$

이다. 식 (1.3.3) 적분으로 해 $u(x)$를 구하는 과정은, 피적분함수 $h(u)$가 특별히 간단한 형식으로 주어져서 적분을 쉽게 할 수 있는 경우가 아니라면, 식 (1.3.2)에 비해 해를 얻기 위한 개선된 표현형식이라고 볼 수 없다. 예를 들어, $h(u)=\sin\sqrt{u}$ 이며 $g(x)=e^{x^2}$ 인 경우 식 (1.3.3)은

$$\int \sin\sqrt{u}\,du=\int e^{x^2}dx+c \tag{1.3.4}$$

이며, 이것은 식 (1.3.2)인

$$\sin\sqrt{u}\,du=e^{x^2}dx \tag{1.3.5}$$

보다 해의 특징을 이해하는 데 특별히 개선된 것으로 보기 어렵다.

▶ 예제 1.3.1 변수분리형의 미분방정식

다음 비선형미분방정식의 해를 구하여 보자.

$$x\frac{du}{dx}+u^2=4 \qquad ①$$

◇ 해

위 미분방정식은 변수분리가 가능하므로

$$\frac{du}{4-u^2} = \frac{dx}{x} \qquad ②$$

이다. 적분을 수행하기 위한 사전과정으로 ②의 왼쪽 항을 다음과 같이 변경한다.

$$\frac{1}{4-u^2} = \frac{1/4}{2-u}+\frac{1/4}{2+u} \qquad ③$$

이를 이용하면

$$\frac{1}{4}\frac{du}{2-u}+\frac{1}{4}\frac{du}{2+u} = \frac{dx}{x} \qquad ④$$

이므로 ④를 적분하면

$$-\frac{1}{4}\ln(2-u)+\frac{1}{4}\ln(2+u) = \ln(x)+\frac{1}{4}\ln(c) \qquad ⑤$$

이다. ⑤에서 $(1/4)\ln(c)$ 는 무한구간의 적분 속에 포함되는 적분상수이다. 또한 ④의 적분이 가능하도록 x, u 및 c는 $|u|<2,\, x>0$ 및 $c>0$ 의 조건을 만족한다고 하고 ⑤를 정리하면

$$\frac{2+u}{2-u} = x^4 c \qquad ⑥$$

이며, 이로부터 최종적인 해는

$$u(x) = \frac{2(c\,x^4-1)}{cx^4+1} \qquad ⑦$$

임을 확인할 수 있다. ④의 적분과정에서 적분상수를 $(1/4)\ln(c)$가 아니라 단순히 c로 선정하였다면 최종적인 해의 형태는 ⑦과는 다르게 (좀더 복잡한 형식으로) 표현되었을 것이다. 따라서 적분과정에서 적분상수의 형식을 적절히 취하면 간략한 형식의 최종해를 얻을 가능성이 커진다. 또 ⑤의 자연대수의 존재를 가능하기 위하여 도입하였던 x, u 및 c에 대한 조건은 사실 불필요하다. 이것은 임의의 c값에 대하여 ⑦을 미분하면 알 수 있는 바와 같이 ⑦은 x의 모든 값, 즉 $-\infty<x<\infty$ 에서 정의된다는 것을 알 수 있다.

다음에 변수분리가 가능한 선형인 제차방정식에 대하여 생각하여 보자. 즉

$$\frac{du}{dx}+p(x)u = 0 \tag{1.3.6}$$

은 변수분리하여 다음과 같이 쓸 수 있다.

$$\frac{du}{u} = -p(x)dx \tag{1.3.7}$$

이것을 적분하여 해를 구하면

$$\ln(u) = -\int p(x)dx + c \tag{1.3.8}$$

이다. 여기서 만약 $F(x) = \exp\left\{\int p(x)dx\right\}$ 이라면 식 (1.3.8)의 해는 다음과 같은 형식일 것이다.

$$|u(x)| = \frac{e^c}{F(x)} \tag{1.3.9}$$

이러한 사실을 이용하면 최종적인 해는

$$u(x) = \frac{K}{F(x)} \tag{1.3.10}$$

이고, 임의의 K 값에 대해 식 (1.3.10)은 식 (1.3.6)의 해임을 알 수 있다.

▶ 예제 1.3.2 선형미분방정식의 일반해

다음 1계 선형미분방정식의 해를 구하여 보자.

$$\frac{1}{x}\frac{du}{dx} - \frac{2u}{x^2} = 0$$

◇ 해

주어진 미분방정식을 식 (1.3.6)의 형식으로 고치면

$$\frac{du}{dx} - \frac{2}{x}u = 0$$

이고, 여기서 $p(x) = -2/x$ 이므로 $F(x)$ 는

$$F(x) = \exp\left\{-\int \frac{2}{x}dx\right\} = e^{-2\ln|x|} = e^{\ln(x^{-2})} = x^{-2}$$

이다. 따라서 식 (1.3.10)에 의하면 해는

$$u(x) = \frac{c}{x^{-2}} = cx^2$$

이다.

• 치환에 의한 변수분리

쉽게 식 (1.3.2)와 같은 형식의 변수분리가 되지 않는 미분방정식에 대해서는 다음과 같은 치환을 이용함으로써 변수분리를 할 수 있는 경우가 있다. 이와 같이 치환에 의한 변수분리가 가능한 미분방정식은 다음과 같은 형식을 가지고 있다.

$$\frac{du}{dx} = f\left(\frac{u}{x}\right) \tag{1.3.11}$$

이 경우 $u = vx$ 의 치환을 이용하면 위 식을 새로운 변수 v로 치환이 가능하다. 즉

$$\frac{du}{dx} = x\frac{dv}{dx} + v \tag{1.3.12}$$

이므로 이것을 식 (1.3.11)에 대입하면

$$x\frac{dv}{dx} + v = f(v) \tag{1.3.13}$$

이며, 다음과 같은 변수분리형으로 고쳐 쓸 수 있다.

$$\frac{dv}{f(v) - v} = \frac{dx}{x} \tag{1.3.14}$$

따라서 최종적인 해는 식 (1.3.14)를 적분한 뒤 $v = u/x$ 를 대입하여 새로운 변수 v 를 소거하면 된다.

▶ 예제 1.3.3 치환에 의한 변수분리형

다음 미분방정식의 해를 구하여 보자.

$$xu\frac{du}{dx} - u^2 = x^2 \qquad ①$$

◇› 해

①의 미분방정식은 변수분리가 불가능하며, 동시에 비선형미분방정식이다. 그러나 ①의 양변을 x^2 으로 나누어 줌으로써

$$\frac{u}{x}\frac{du}{dx}-\frac{u^2}{x^2} = 1$$

로 된다. 이것은 식 (1.3.11)의 모양을 하고 있으므로, 즉

$$\frac{du}{dx} = \frac{1+(u/x)^2}{u/x} \qquad ②$$

로 되어 치환에 의한 변수분리가 가능한 형식으로 변환되었다. 따라서 새로운 변수 $v=u/x$를 도입하면

$$\frac{du}{dx} = x\frac{dv}{dx}+v \qquad ③$$

로 된다. ②에 $v=u/x$와 ③을 대입하면 다음 식을 얻는다.

$$v\left(x\frac{dv}{dx}+v\right)-v^2 = 1$$

이것을 정리하면

$$vdv = \frac{dx}{x}$$

와 같이 변수분리가 가능하므로 양변을 적분하면

$$\frac{v^2}{2} = \ln|x|+c \qquad ④$$

이다. 여기에 $v=u/x$를 대입하고 정리하면 최종해는

$$u(x) = \sqrt{2}\,x(c+\ln|x|)^{1/2} \qquad ⑤$$

이다. ⑤는 $c+\ln|x|>0$을 만족하는 모든 c에 대하여 미분방정식 ①의 해이다.

▶ 예제 1.3.4 치환에 의한 변수분리의 특별형

다음과 같은 비선형미분방정식의 해를 구하여 보자.

$$\frac{du}{dx} = (x-u)^2 \qquad ①$$

◇ 해

위 식은 치환하여 변수분리를 할 수 있는 식 (1.3.11)의 형식과는 다르지만, 새로운 변수를 $v = x-u$와 같이 둠으로써 치환에 의한 변수분리가 가능하다. 즉

$$\frac{dv}{dx} = 1-\frac{du}{dx}, \quad \frac{du}{dx}=1-\frac{dv}{dx}$$

이므로 주어진 미분방정식은

$$\frac{dv}{dx} = 1 - v^2 \qquad ②$$

로 되어 x와 v에 대해 변수분리 가능하다. 따라서 변수를 분리한 다음 양변을 적분하면

$$\int \frac{dv}{1-v^2} dv = \int dx + c \rightarrow \frac{1}{2} \ln \frac{1+v}{1-v} = x + c$$

즉

$$\frac{1+v}{1-v} = c\, e^{2x}, (\text{단 } e^{2x} = c)$$

이다. 여기서 v 대신에 $x-u$를 대입하여 정돈하면 다음과 같은 일반해를 얻는다.

$$u = \frac{1+x+c\,(x-1)e^{2x}}{1+c\,e^{2x}}.$$

1.3.2 완전미분방정식

$du/dx = f(x,u)$ 형식의 미분방정식은 함수 $f(x,u)$를 어떤 특정한 형식으로 정의함으로써 원래의 미분방정식 역시 어떤 특정한 형식으로 변환할 수 있다. 예를 들어, 임의로 주어진 함수 $N(x,u)$에 대하여 $M(x,u)$가 다음의 관계식에 의해 정의된다고 하자.

$$M(x,\, u) = -f(x,\, u)\, N(x,\, u) \tag{1.3.15}$$

이러한 조건을 이용하면 원래의 미분방정식은

$$\frac{du}{dx} = f(x,u) = -\frac{M(x,u)}{N(x,u)} \tag{1.3.16}$$

이며, 이는 결국 다음과 같은 형식으로 전개할 수 있다.

$$M(x,\, u)\, dx + N(x,\, u)\, du = 0 \tag{1.3.17}$$

위 식과 같은 형식의 미분방정식을 풀기 위해서는 '$d\phi = Mdx + Ndu$를 만족하는 함수 $\phi(x,u)$의 존재여부'에 대한 의문을 먼저 해결하여야 한다. 이때 함수 $\phi(x,u)$의 전미분(total differential)[6]은 다음과 같이 정의된다.

---

6) $z = \phi(x,u)$로 두면, 임의의 주어진 값 (x,u)에서 x,u가 동시에 변할 때, 즉 x의 증분(du)에 따라 z가 얼마나 증가하는가를 나타내는 식(1.3.18)을 전미분이라고 한다.

$$d\phi = \frac{\partial \phi}{\partial x}dx + \frac{\partial \phi}{\partial u}du \tag{1.3.18}$$

이때 만약 $\phi(x,u) = K$ 라면 $d\phi = 0$ 이다. 여기서 다음 관계식

$$d\phi = M(x,u)dx + N(x,u)du \tag{1.3.19}$$

를 만족하는 함수 $\phi(x,u)$ 가 존재할 때[7] 미분방정식 $M\,dx + N du = 0$은 완전(exact)하다고 한다. 식 (1.3.19)의 조건은 식 (1.3.18)로부터 다음과 같이 변경 가능하다.

$$\frac{\partial \phi}{\partial x} = M, \quad \frac{\partial \phi}{\partial u} = N \tag{1.3.20}$$

로 두면, 미분방정식 $M\,dx + N du = 0$이 완전하기 위해서는

$$d\phi = M dx + N du = 0 \tag{1.3.21}$$

이어야 하므로 결국

$$\phi(x,u) = K \tag{1.3.22}$$

를 얻는다. 따라서 위의 과정을 거슬러올라가면 주어진 미분방정식 (1.3.17)의 해를 구할 수 있다. 다시 말하면, 식 (1.3.22)로부터 $u(x)$를 구하고, 또 이것이 식 (1.3.17)을 만족한다면 $u(x)$는 미분방정식의 해이다. 지금까지의 내용을 정리하면 다음과 같다.

요점 1.1 완전성에 대한 판정법

식 (1.3.15)에 의하여 주어진 두 함수 $M(x,u)$와 $N(x,u)$에 대하여 $M\,dx + N du = 0$이 완전방정식, 즉 $\phi(x,u) = K$인 함수 $\phi(x)$가 존재하기 위한 필요충분조건은

$$\frac{\partial M}{\partial u} = \frac{\partial N}{\partial x} \tag{1.3.23}$$

이다.

위 요점을 간단히 확인하여 보자. 우선 식 (1.3.20)으로 주어진 한 쌍의 조건식의 양변을 미분하면

$$\frac{\partial^2 \phi}{\partial x \partial u} = \frac{\partial M}{\partial u}, \quad \frac{\partial^2 \phi}{\partial u \partial x} = \frac{\partial N}{\partial x} \tag{1.3.24}$$

7) 즉 $\phi(x,u) = K$인 경우이다.

이다. 이때 미분의 순서는 교환 가능하므로, 위 식으로부터

$$\frac{\partial M}{\partial u} = \frac{\partial N}{\partial x}$$

임을 알 수 있다.

▶ 예제 1.3.5

다음 미분방정식이 완전하다는 것을 식 (1.3.20)의 관계를 만족하는 ϕ를 구함으로써 확인하여 보자. 또 $\phi(x,u)=K$로부터 미분방정식을 만족하는 해 u를 계산하여 보자.

$$-\frac{u}{x^2}dx+\frac{1}{x}du = 0 \qquad ①$$

해

[요점 1.1]에 의해

$$\frac{\partial M}{\partial u} = \frac{\partial N}{\partial x} = -\frac{1}{x^2} \qquad ②$$

이므로, ①의 미분방정식은 완전하다는 것을 알 수 있다. 따라서 식 (1.3.20)에서

$$\frac{\partial \phi}{\partial x} = M = -\frac{u}{x^2} \qquad ③$$

이므로 ③의 양변을 적분하면

$$\phi(x,u) = \frac{u}{x}+h(u) \qquad ④$$

이다. 여기서 함수 $h(u)$는 ③의 양변을 x로 적분하는 과정에서 얻는 적분상수로서 변수 u의 함수이다. 또한 식 (1.3.20)의 두 번째 조건에 의해

$$\begin{aligned}\frac{\partial \phi}{\partial u} &= \frac{\partial}{\partial u}\left[\frac{u}{x}+h(u)\right] \\ &= \frac{1}{x}+h'(u) = N = \frac{1}{x}\end{aligned} \qquad ⑤$$

이어야 하므로(왜냐하면 주어진 미분방정식이 완전하기 때문에)

$$\phi(x,u) = \frac{u}{x}+c \qquad ⑥$$

이다. 그런데 식 (1.3.22)로부터 해는

$$\phi(x,u) = \frac{u}{x}+c = K \rightarrow u(x) = Ax$$

이다. 단 $A=K-c$인 임의의 값이다.

만약 주어진 미분방정식이 [요점 1.1]의 조건을 만족하지 않는 경우, 즉 완전하지 않다면 식 (1.3.20)을 풀어 해를 구하는 것은 불가능하다. 다음의 예제를 살펴보자.

▶ 예제 1.3.6

다음 미분방정식은 완전하지 않다는 것을 보여라.

$$-udx+xdu=0 \quad ①$$

◇ 해

[요점 1.1]에 의하여

$$\frac{\partial M}{\partial u}=-1\neq\frac{\partial N}{\partial x}=1$$

이라는 사실로부터 간단히 확인할 수 있지만, 식 (1.3.17)에서 (1.3.22)까지의 과정에 의해 재확인하기로 한다. 우선 식 (1.3.20)의 왼쪽의 조건에 의하여

$$\frac{\partial\phi}{\partial x}=M=-u \quad ②$$

로부터 $\phi(x,u)=-xu+h(u)$가 얻어진다. 그러나

$$\frac{\partial\phi}{\partial u}=\frac{\partial}{\partial u}[-xu+h(u)]=-x+h'(u)=N=x \quad ③$$

를 만족하여야 하므로 $h'(u)=2x$ 이어야 한다. 그러나 이것은 $h(u)$가 u의 함수라는 조건에 맞지 않으므로 ③을 만족하는 $h(u)$는 존재하지 않는다. 따라서 ①은 완전한 미분방정식이 아니다. 그러나 원래의 미분방정식 ①의 양변에 x^2을 곱하면

$$-udx+xdu = x^2\left(-\frac{u}{x^2}dx+\frac{1}{x}du\right) = x^2d\left(\frac{u}{x}\right)=0 \quad ④$$

로 되어 식 (1.3.21)로부터 $\phi(x)=u/x$가 존재함을 알 수 있다. 이와 같이 완전하지 않는 미분방정식에 약간의 수정을 가함으로써 완전한 형태의 미분방정식으로 변환이 가능하다.

[예제 1.3.6]의 ④는 다음의 전미분 공식을 이용한 것이다.

• 간단한 전미분 공식

(a) $d(xy)=xdy+ydx$

(b) $d\left(\frac{1}{xy}\right)=-\frac{xdy+ydx}{x^2y^2}$

(c) $d\left(\frac{x}{y}\right)=\frac{ydx-xdy}{y^2}$

(d) $d\left(\tan^{-1}\frac{y}{x}\right)=\frac{xdy-ydx}{x^2+y^2}$

(e) $d\left(\frac{y}{x}\right)=\frac{xdy-ydx}{x^2}$

(f) $d(\ln x)=\frac{dx}{x}$

다음은 완전미분방정식의 일반해를 구하는 과정을 예제를 통하여 살펴보자.

▶ 예제 1.3.7

다음 미분방정식의 일반해를 구하고, 초기조건 $u(1) = -1$을 만족하는 해를 계산하여 보자. 또한 $1 \le x \le 4$의 범위에서 해의 개략적인 모양을 그려보자.

$$3x(xu-2)dx+(x^3+2u)du=0$$

◇ 해

먼저 방정식이 완전임을 확인한다. 즉 $M = 3x^2u-6x$, $N = x^3+2u$이므로

$$\frac{\partial M}{\partial u}=3x^2=\frac{\partial N}{\partial x}$$

로 되어 완전미분방정식이다. 따라서

$$\frac{\partial \phi}{\partial x}=M$$

으로부터

$$\begin{aligned}\phi(x,u) &= \int M(x,u)dx+h(u)\\ &= \int(3x^2u-6x)dx+h(u)\\ &= x^3u-3x^2+h(u)\end{aligned}$$

이며, 다시 이를

$$\frac{\partial \phi}{\partial u}=N$$

의 조건에 대입하면

$$\begin{aligned}\frac{\partial \phi}{\partial u} &= \frac{\partial}{\partial u}\left(x^3u-3x^2+h(u)\right)\\ &= x^3+h'(u)=N\\ &= x^3+2u\end{aligned}$$

이므로

$$h'(u)=2u$$

를 얻는다. 여기서 $h'(u)$가 u만의 함수로 이루어지지 않았다면, 주어진 미분방정식의 완전성은 성립하지 않는다. $h'(u)$를 적분하면

$$h(u)=u^2$$

로 되어 식 (1.3.20)을 만족하는 곡면으로

$$\phi(x,u)=x^3u-3x^2+u^2$$

을 얻는다. 따라서 식 (1.3.22)로부터 해는

$$x^3u-3x^2+u^2=K$$

이다. 이때 초기조건을 대입하면 임의 상수는 $K=-3$ 이고, 최종적인 해는

$$x^3u-3x^2+u^2=-3$$

이다. 해의 모양은 프로그램을 참조한다.

1.3.4 적분인자

$Mdx+Ndu=0$ 형식의 미분방정식은 완전하지 않는 것이 일반적이다. 이것은 '완전성'이 함수 N과 M의 형식과 밀접하게 관련이 있기 때문이다. [예제 1.3.4]에서처럼 N과 M이 아주 단순한 형태의 함수를 가지는 경우에도 '완전'하지 못하였지만, 완전성의 조건을 만족하지 않는 함수 N과 M에 약간의 수정을 가하면 주어진 미분방정식을 완전하게 할 수 있다는 사실을 알 수 있다. 여기서는 완전하지 못한 미분방정식을 완전하게 할 수 있는 방법에 대하여 알아보자.

완전하지 않는 미분방정식 $Mdx+Ndu=0$ 로부터 미분방정식

$$I(x,u)[M(x,u)dx+N(x,u)du]=0 \tag{1.3.25}$$

을 구성하였을 때, 식 (1.3.25)가 완전하게 되었다면 $I(x,u)$는 적분인자(integrating factor)이다. 적분인자를 구하기 위해서는

$$\frac{\partial(IM)}{\partial u}=\frac{\partial(IM)}{\partial x} \tag{1.3.26}$$

을 만족하는 함수 $I(x,u)$가 필요하지만, 이 과정은 원래의 미분방정식 $Mdx+Ndu=0$의 해를 구하는 것보다 간단하다고 할 수 없는 경우가 대부분이다. 그러나 여기서는 적분인자를 간단하게 구할 수 있는 특별한 경우에 한정하여 생각하여 보기로 한다. 먼저 다음과 같은 일반적인 1계 선형미분방정식

$$u'+p(x)u=g(x) \tag{1.3.27}$$

는 다음과 같이 변환할 수 있다.

$$du+[p(x)u-g(x)]dx=0 \tag{1.3.28}$$

이와 같이 적분인자를 x만의 함수, 즉 $I(x,u)=F(x)$로 한정하고 식 (1.3.28)을 완전으로 만드는 적분인자를 찾아보기로 한다. 식 (1.3.28)의 양변에 적분인자를 곱하면 $M(x,u)=F(x)[p(x)u-g(x)]$ 와 $N(x,u)=F(x)$로 되어 완전이기 위한 조건 (1.3.23)으로부터

$$\frac{\partial M(x,u)}{\partial u}=\frac{\partial}{\partial u}[F(x)\{p(x)u-g(x)\}]=F(x)p(x) \tag{1.3.29}$$

$$\frac{\partial N(x,u)}{\partial x}=\frac{\partial F(x)}{\partial x}=\frac{dF(x)}{dx}$$

가 얻어지며, 이로부터 미분방정식

$$\frac{dF(x)}{dx}=F(x)p(x) \tag{1.3.30}$$

가 성립한다. 이것은 변수분리형이므로 변수를 분리하여 양변을 적분하면 적분인자는

$$F(x)=e^{\int p(x)dx} \tag{1.3.31}$$

이다. 적분인자 $F(x)$가 식 (1.3.31)의 형식이라는 것을 염두에 두고, 식 (1.3.30)과 식 (1.3.28)을 이용하면 다음의 결과를 얻는다.

$$\begin{aligned} d(Fu) &= F\,du+u\,dF \\ &= F\,du+u\,p(x)F(x)dx \\ &= F(x)g(x)dx \end{aligned} \tag{1.3.32}$$

위 식의 양변을 적분하면

$$F(x)\,u(x)=\int F(x)g(x)dx+K \tag{1.3.33}$$

이고, 이것을 u에 대하여 정리하면 다음 식을 얻을 수 있다.

$$u(x)=\frac{1}{F(x)}\int F(x)g(x)dx+\frac{K}{F(x)} \tag{1.3.34}$$

지금까지의 내용을 정리하면 다음과 같다.

요점 1.2 선형미분방정식의 해

$du+[p(x)u-g(x)]dx=0$ 형태의 미분방정식은 식 (1.3.23)의 완전성의 조건을 만족하지 않으나

$$F(x)=e^{\int p(x)dx}$$

로 정의되는 적분인자에 의해 완전미분방정식으로 되며, 이때의 해는 다음과 같은 형식으로 주어진다.

$$u(x)=\frac{1}{F(x)}\int F(x)g(x)dx+\frac{K}{F(x)} \tag{1.3.35}$$

식 (1.3.34)는 식 (1.3.27) 형태의 일반적인 1계 선형미분방정식의 해를 구하는 가장 표준적인 공식이다. 만약 $g(x)=0$ 이라면 식 (1.3.27)은 제차방정식이고, 따라서 식 (1.3.34)는 $u(x)=K/F(x)$ 로 되어, 식 (1.3.10)과 동일한 모양임을 알 수 있다.

예제 1.3.8

다음 1계 선형미분방정식의 해를 식 (1.3.34)를 이용하여 구하여 보자.

$$x^2\frac{du}{dx}+2u=5x$$

해

위 미분방정식은 1계 선형이지만, 변수분리가 불가능하며 동시에 완전하지 않다. 따라서 식 (1.3.31) 적분인자를 적용하여 해를 구하기로 한다. 미분방정식을 식 (1.3.27)의 모양으로 고치면

$$\frac{du}{dx}+\frac{2}{x^2}u=\frac{5}{x} \quad ①$$

이다. 식 (1.3.31)에 의해 적분인자는

$$F(x)=e^{\int (2/x^2)dx}=e^{-2/x} \quad ②$$

이다. 따라서 ②를 식 (1.3.34)에 적용하면 해는

$$u(x)=e^{2/x}\left[\int \frac{5}{x}e^{-2/x}dx+K\right] \quad ③$$

이다. 해 $u(x)$ 중에 나타나는 적분은 간단한 기본함수만으로는 계산되지 않기 때문에 계산을 끝까지 수행하지 않았다.

표준공식 (1.3.34)는 다음과 같은 초기값 문제를 해결하는 데 그다지 도움이 되지 않는다.

$$\frac{du}{dx}+p(x)u = g(x) \tag{1.3.36}$$

$$u(x_0) = u_0$$

왜냐하면, 앞서 언급한 바와 같이 무한적분으로 정의된 해 (1.3.34)는 초기조건 $u(x_0)$를 적절하게 나타낼 수 없기 때문이다. 이러한 점을 개선하기 위하여 식 (1.3.31) 대신 적분인자 $F(x)$를

$$F(x) = \exp\left[\int_{x_0}^{x} p(s)\,ds\right] \tag{1.3.37}$$

로 표현하면 $F(x_0) = 1$ 로 만들 수 있다. 이 경우 식 (1.3.34)는

$$u(x) = \frac{1}{F(x)}\int_{x_0}^{x} F(t)g(t)dt + \frac{K}{F(x)} \tag{1.3.38}$$

이다. 위 식은 x_0 에서

$$u(x_0) = \frac{1}{F(x_0)}\int_{x_0}^{x_0} F(t)g(t)dt + \frac{K}{F(x_0)} = K \tag{1.3.39}$$

이고, 이 결과를 이용하면 식 (1.3.36)의 초기값 문제를 해결하는 해는

$$u(x) = \frac{1}{F(x)}\int_{x_0}^{x} F(t)g(t)\,dt + \frac{u_0}{F(x)} \tag{1.3.40}$$

이라는 것을 알 수 있다.

▶ 예제 1.3.9

다음과 같은 초기값을 가지는 미분방정식의 특수해를 구하여 보자.

$$\frac{du}{dx}+2u = 2, \;\; u(0) = 2$$

해

$p(x) = 2$ 이므로 식 (1.3.37)에 의해

$$F(x) = \exp\left(\int_0^x 2ds\right) = e^{2x}$$

이므로

$$u(x) = e^{-2x}\int_0^x e^{2t}\cdot 2dt + \frac{2}{e^{2x}} = e^{-2x}(e^{2x}-1)+2e^{-2x} = 1+e^{-2x}$$

이다.

적분인자를 구하는 조금 더 일반적인 방법으로 다음이 있다. 이 경우는 $I(x,u)$가 변수 x와 u의 함수로 표현된다. 따라서 일반적인 형식의 미분방정식을 '완전'하게 할 수 있으나 해의 계산과정이 복잡하다.

요점 1.3 적분인자의 결정

적분인자를 $I(x,u) = x^m u^n$ 으로 두고 식 (1.3.26), 즉

$$\frac{\partial(IM)}{\partial u} = \frac{\partial(IM)}{\partial x} \tag{1.3.41}$$

을 만족하는 m 과 n을 구하여 적분인자를 결정한다.

▶ 예제 1.3.10

다음 미분방정식을 풀어보자.

$$u\cos x\,dx + 3\sin x\,du = 0 \quad ①$$

해

식 (1.3.24)에 의하면 $\partial M/\partial u \neq \partial N/\partial x$ 이므로 완전하지 않음을 알 수 있다. 따라서 적분인자를 $I(x,u) = x^m u^n$ 로 두고 식 (1.3.26)을 만족하는 m 과 n을 구하기 위해 ①의 양변에 곱하면

$$x^m u^{n+1}\cos x\,dx + 3x^m u^n \sin x\,du = 0 \quad ②$$

이고, $M = x^m u^{n+1}\cos x$, $N = 3x^m u^n \sin x$ 이므로

$$\frac{\partial M}{\partial u} = (n+1)x^m u^n \cos x,\ \ \frac{\partial N}{\partial x} = 3mx^{m-1}u^n\sin x + 3x^m u^n \cos x$$

이다. 식 (1.3.26)이 성립하기 위해서는 $m = 0, 3 = n+1$, 즉 $n = 2$인 경우이다. 따라서 ①의 적분인자는

$$I(x,u) = x^0u^2 = u^2 \quad ③$$

이고, ③을 ①에 곱하면

$$u^3 \cos x\, dx + 3u^2 \sin x\, du = 0 \qquad ④$$

이고, $M = u^3 \cos x, N = 3u^2 \sin x$ 이므로 식 (1.3.24)가 성립하여 완전미분방정식으로 되었다. 이때 식 (1.3.20)에서 $\partial\phi/\partial x = u^3 \cos x$ 이며, 이를 적분하면

$$\begin{aligned}\phi(x,u) &= \int u^3 \cos x\, dx + K(u) \\ &= u^3 \sin x + K(u)\end{aligned} \qquad ⑤$$

이다. 또 식 (1.3.20)의 $\partial\phi/\partial u = N$에 의해

$$\frac{\partial\phi}{\partial u} = 3u^2 \sin x + K'(u) = 3u^2 \sin x$$

이며, 여기서 $K'(u) = 0$, 즉 $K(u) = c$이므로 이것을 ⑤에 대입하면 일반해는

$$u^3 \sin x + c = 0 \qquad ⑥$$

이다.

▶ 예제 1.3.11

미분방정식

$$u(x+u+1)dx + x(x+3u+2)du = 0 \qquad ①$$

의 해를 구하여 보자.

◇ 해

완전미분방정식의 조건식 (1.3.23)을 만족하지 않으므로 완전미분방정식이 아니다. 따라서 [요점 1.3]에 의한 적분인자의 계산이 필요하다[8]. 그러나 주어진 미분방정식으로부터

$$\frac{(\partial M/\partial u) - (\partial N/\partial x)}{N} = f(x) \text{ 또는 } \frac{(\partial M/\partial u) - (\partial N/\partial x)}{M} = g(u) \qquad ②^{9)}$$

라면 적분인자의 계산이 훨씬 간단해 진다. ①의 경우에는 ②에서

$$\frac{(\partial M/\partial u) - (\partial N/\partial x)}{M} = -\frac{1}{u} = g(u) \qquad ③$$

이므로 u 만의 함수로 되었다. 이 경우의 적분인자는

$$I(u) = \exp\left[-\int g(u)du\right] = \exp\left[\int \frac{1}{u}du\right] = e^{\ln u} = u \qquad ④$$

8) [요점 1.3]을 적용하여도 계산 가능하지만, 계산양이 많아 실수할 가능성이 높아진다.
9) ②의 조건을 만족하는 경우 적분인자는 u, 또는 x 의 단일변수로 된다는 점이 유용하다.

이다. 주어진 ①의 양변에 적분인자를 곱하면 완전미분방정식

$$(xu^2+u^3+u^2)dx+(x^2u+3xu^2+2xu)du = 0 \quad ⑤$$

를 얻는다. 여기에 완전미분방정식의 해법을 적용한다. 즉

$$\phi(x,u) = \int(xu^2+u^3+u^2)dx+h(u) \quad ⑥$$

$$= \frac{x^2u^2}{2}+xu^3+xu^2+h(u)$$

이며, 이때 $\phi(x,u)$ 는

$$\frac{\partial\phi}{\partial u} = x^2u+3xu^2+2xu+h'(u) = N \quad ⑦$$

을 만족하여야 하므로

$$h'(u) = 0 \rightarrow h(u) = c \quad ⑧$$

이다. 이로부터 최종적인 해는 $\phi(x,u) = K$ 이므로

$$\frac{x^2u^2}{2}+xu^3+xu^2 = K \rightarrow x^2u^2+2xu^3+2xu^2 = K_1$$

이다.

1.3.5 MATLAB에 의한 풀이

```
% [예제 1.3.1]
syms x u                                % symbolic 변수의 지정
U=dsolve('x*Du+u^2=4','x');             % xu'+u^2=4의 해
pretty(U)                               % U를 이해하기 쉬운 형식으로 변환, 즉 ⑦

% [예제 1.3.2]
syms x u
U=dsolve('1/x*Du-2*u/x^2=0','x')        % (1/x)u'-2u/x^2=0의 해

% [예제 1.3.3]
syms x u
U=dsolve('x*u*Du-u^2=x^2','x')          % xuu'-u^2=x^2의 해

% [예제 1.3.4]
syms x u v
U=dsolve('Du=(x-u)^2','x')              % u'=(x-u)^2의 해. 이를 수행하면
                                        % 경고메세지가 나타난다.
```

```
V=dsolve('Dv=1-v^2','x')                        % v=x-u로 치환하면 해를 얻는다.

% [예제 1.3.5]
syms x u
U=dsolve('1/x*Du-u/x^2=0','x')                  % (1/x)u'-u/x^2=0의 해

% [예제 1.3.7]
syms x u
U=dsolve('(x^3+2*u)*Du=-3*x*(x*u-2)','u(1)=-1','x') % (x^3+2u)u'=-3x(xu-2)의 해
ezplot(U,[1 4])                                     % 해를 그림으로 표시

% [예제 1.3.8]
syms x u
U=dsolve('x^2*Du+2*u=5*x','x')                  % x^2u'+2u=5x의 해
                                                % 불완전 미방의 경우에는 정확한 해를 구하기
                                                  어렵다.

% [예제 1.3.9]
syms u x
dsolve('Du+2*u=2','u(0)=2','x')                 % u'+2u=2의 해(초기조건 포함)

% [예제 1.3.10]
syms x u
U=dsolve('3*sin(x)*Du+u*cos(x)=0','x')          % 3sinx u'+u cosx=0의 해

% [예제 1.3.11]
% 일반적인 방법 - 정확한 해를 얻기 어렵다.
syms x u
dsolve('(x^2+3*x*u+2*x)*Du+(x*u+u^2+u)=0','x')  % (x^2+3xu+2x)u'+(xu+u^2+u)=0의 해

% 적분인자에 의한 해법
syms M N x u Phi n
M=u*(x+u+1); N=x*(x+3*u+2);                     % M(x,u)=u(x+u+1), N(x,u)=x(x+3u+2)
test=diff(M,'u')-diff(N,'x')                    % 완전성의 확인(등호가 성립하지 않는다)
FM=x*u^(n+1)+u^(n+2)+u^(n+1);                   % M • u^n
FN=x^2*u^n+3*x*u^(n+1)+2*x*u^n;                 % N • u^n
F=simple(diff(FM,'u')-diff(FN,'x'));            % 적분인자를 곱하고, 완전성의 확인
subs(F,n,1)                                     % n=1 이면 완전성을 만족.
%
FM=subs(FM,n,1); FN=subs(FN,n,1);               % 미분방정식 ⑤의 구성
Phi=int(FM,'x')                                 % ⑥의 계산. 단 h(u)는 불포함
simple(diff(Phi,'u')-FN)                        % ⑦의 확인 결과 만족되므로 h(u)=0
pretty(Phi)                                     % φ(x,u)=c가 최종적인 해이다.
```

❖ [예제 1.3.8]에서 불완전미분방정식을 그대로 MATLAB에 적용하여 해를 구하고자 한다

면 원하는 (형식의) 해를 얻기가 어려운 경우가 많다. 실제로 위 프로그램을 실행하면

```
>> U = 5 * exp(2/x) * Ei(1,2/x) + exp(2/x) * C1
```

이며, 여기서 Ei(1,2/x)[10]는 [예제 1.3.8]의 ③의 적분항을 의미하며 실제 계산이 어려운 부분이다.

❖ [예제 1.3.11] 역시 불완전미분방정식이기 때문에 일반적인 MATLAB명령어인 'dsolve'를 사용하여서는 정확한 답을 얻기 어렵다. 따라서 적분인자에 의한 완전미분방정식의 형태로의 변환이 필요하다. 위 문제의 경우 적분인자가 u만의 함수로 주어지기 때문에, 먼저 이를 구하여 ①의 양변에 곱하여 완전한 형태로 전환한 뒤 완전미분방정식의 해법을 적용하여 해를 구하는 과정을 프로그램으로 나타내었다.

연습문제 1.3.6

1. (변수분리형): 다음 미분방정식의 해를 구하여 보자.

(1) $u' = 10u^2$　(2) $u' = u\sin x$　(3) $x^2u' + u^2 = 1$

(4) $5x\,du + x^2u\,dx = 0$　(5) $x^2u' = xu + u^2$　(6) $3u + (u+x)u' = 0$

(7) $(x+2u+1)u' = x+2u+4$, ($x+2u=v$로 치환한다)

(8) $u' = 2\sec 2u$　(9) $u'\sin\pi x = u\cos\pi x$　(10) $u'\,e^{\pi x} = u^2+1$

2. (초기값 문제): 다음 초기값을 가지는 미분방정식의 해를 구하여라.

(1) $u'\tan x = u+1,\ u(2)=0$

(2) $xu' = (u-x)^3 + u,\ u(1) = 2$, ($v = u - x$로 치환한다)

(3) $e^{2x}u' = 2(x+2)u^3,\ u(0) = 1/\sqrt{5} \approx 0.45$　(4) $u'\,x\ln x = u,\ u(3) = \ln 81$

(5) $uu' = (x-1)e^{-u^2},\ u(0)=1$　(6) $dr/dt = -2tr,\ r(0) = r_0$

(7) $L\,dI/dt + RI = 0,\ I(0) = I_0$, ($L, R$는 상수이다)

---

10) $E_i(n,z) = \int_1^\infty \frac{e^{-zt}}{t^n}dt$ 이다.

3. (완전미분방정식): 다음 미분방정식이 완전하다는 것을 확인하고 해를 구하여라.

(1) $x^2 + 3u^2 \dfrac{du}{dx} = 0$ (2) $e^x \left(\dfrac{du}{dx} + u \right) = 0$

(3) $2xu\,dx + x^2 du = 0$ (4) $(2 + x^2) \dfrac{du}{dx} + 2xu = 0, \quad u(0) = 1$

(5) $-\pi \sin \pi x \sinh u\,dx + \cos \pi x \cosh u\,du = 0$

(6) $9x\,dx + 4u\,du = 0$ (7) $e^{-2\theta} dr - 2r e^{-2\theta} d\theta = 0$

(8) $\left(-\dfrac{u}{x^2} + 2\cos 2x \right) dx + \left(\dfrac{1}{x} - 2\sin 2u \right) du = 0$ (9) $e^{2x}(2\cos u\,dx - \sin u\,du) = 0, \ u(0) = 0$

4. (적분인자): 다음 미분방정식은 완전하지 않다는 것을 확인하고 적분인자를 사용하여 해를 구하여라.

(1) $-u dx + x du = 0$ (2) $(\cos \omega x + \omega \sin \omega x) dx + e^x\,du = 0$

(3) $du + 2u dx = 2x dx$ (4) $\dfrac{du}{dx} - 2u = e^x$

(5) $x^2 \dfrac{du}{dx} - u = 2\sin\left(\dfrac{1}{x} \right)$ (6) $\dfrac{du}{dx} + xu = 2e^{-x^2}, \quad u(1) = 0$

(7) $\dfrac{du}{dx} - 2u = 4, \quad u(0) = 0$ (8) $(e^{x+u} + ue^u) dx + (xe^u - 1) du = 0, \ u(0) = -1$

5. 미분방정식 $M(x,u)dx + N(x,u)du = 0$ 가 완전하다고 한다. 이때 미분방정식

$$[M(x,u) + g(x)]\,dx + [N(x,u) + h(x)]\,du = 0$$

도 완전하다는 것을 증명하여라. 즉 두 미분방정식의 완전성의 조건은 서로 필요충분조건의 관계에 있음을 확인하여라.

6. (MATLAB의 이용): 다음 미분방정식에 대하여 물음에 답하여라.

$$\frac{du}{dx} = \frac{e^x - u}{x}, \quad u(1) = b, \quad (\text{단 } b \text{ 는 미지의 상수})$$

(1) MATLAB을 이용하여 위 미분방정식의 해를 구하고, 이때 $u(0)$ 의 값이 존재하기 위한 b 의 값을 결정하여라.

(2) MATLAB을 사용하지 않고 위 미분방정식의 해를 구할 수 있는가?

(3) (1)에서 구한 b 의 값을 이용하여 $u(x)$ 의 그래프를 그려보아라.

(4) b 의 값을 약간 변화시킨다면 미분방정식에는 어떤 현상이 일어나는가?

7. (MATLAB의 이용): 다음 미분방정식에 대하여 물음에 답하여라.

$$u\cos x\,dx + \frac{1}{u}\,du = 0$$

(1) 위 미분방정식은 완전한가? 그렇지 않다면 적당한 적분인자를 구하여 $\phi(x,u) = K$를 만족하는 해를 구하여라.

(2) 주어진 미분방정식을 변수분리법을 이용하여 해를 구하고 이것을 (1)의 방법과 비교하여라.

(3) (1)에서 구한 해 $\phi(x,u) = K$에서 K의 변화에 따른 해를 그래프로 나타내어라.

(4) 초기값 $u(0) = \pm 1, \pm 2, \pm 3, \pm 4$ 를 만족하는 해를 (3)의 그래프에서 확인하여라.

1.4 물리시스템에의 응용

지금까지 설명한 1계 선형미분방정식으로 표현할 수 있는 물리시스템의 예는 수없이 존재하지만, 여기서는 이 중 몇 가지를 선정하여 미분방정식과 그의 해가 가지는 물리적 의미를 살펴보기로 한다.

1.4.1 간단한 전기회로

[그림 1.6]과 같이 저항 R, 인덕터 L, 및 커패시터 C가 직렬로 연결되어 있는 회로를 생각하여 보자. 여기에 그 값을 알고 있는 입력전압 $v(t)$가 인가되고 있는 것으로 한다. 이때 회로에 흐르는 전류 $i(t)$와 인가전압 $v(t)$ 사이의 미분방정식은 유명한 키르히호프(Kirchhoff)의 전압법칙을 적용함으로써 얻어진다. 즉

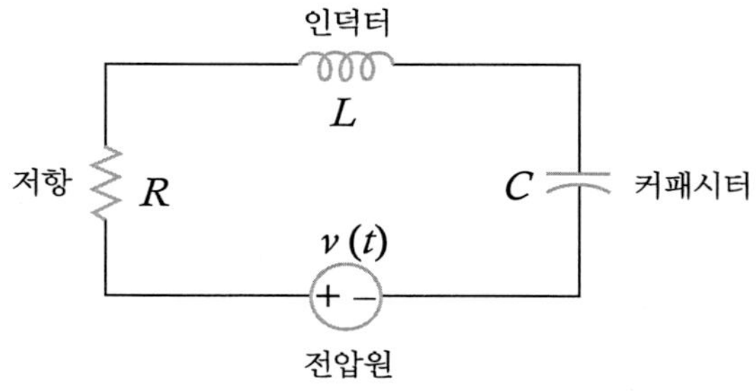

그림 1.6 RLC 전기회로

$$v(t) = R\,i(t) + L\frac{di(t)}{dt} + \frac{1}{C}\int_0^t i(\tau)d\tau \tag{1.4.1}$$

이다. 위 식에서 오른쪽의 적분항을 소거하기 위하여, 커패시터 C에 충전되는 전하를 q로 정의한다. 이때 커패시터에 흐르는 전류는 충전전하의 변화율에 비례하므로

$$i = \frac{dq}{dt} \tag{1.4.2}$$

이며, 이것을 식 (1.4.1)에 대입하면 다음과 같은 2계 선형미분방정식을 얻는다.

$$v(t) = L\frac{d^2q}{dt^2} + R\frac{dq}{dt} + \frac{1}{C}q \tag{1.4.3}$$

다시 식 (1.4.1)의 양변을 시간에 대하여 미분하면

$$\frac{dv}{dt} = L\frac{d^2i}{dt^2} + R\frac{di}{dt} + \frac{1}{C}i \tag{1.4.4}$$

이다. 만약 dv/dt가 영의 값을 가지지 않는다면 식 (1.4.4)는 2계 선형인 비제차미분방정식이다. 만약 [그림 1.6]에서 커패시터가 없다면 식 (1.4.4)는

$$\frac{dv}{dt} = L\frac{d^2i}{dt^2} + R\frac{di}{dt} \tag{1.4.5}$$

이므로 양변을 적분하면

$$L\frac{di}{dt} + Ri = v(t) \tag{1.4.6}$$

를 얻는다. 위 식은 [그림 1.6]에서 커패시터가 존재하지 않을 경우의 키르히호프의 법칙을 의미하고 있음을 식 (1.4.1)과 비교하여 봄으로써 알 수 있다.

▶ 예제 1.4.1

식 (1.4.6)의 미분방정식은 완전하지 않다. 적분인자를 계산하고, 이것을 이용하여 미분방정식의 해를 구하여라. 단 인가전압은 $v(t) = V\sin\omega t$로 한다.

해

먼저 식 (1.4.6)을 변형하면

$$\frac{di}{dt}+\frac{R}{L}i=\frac{V}{L}\sin\omega t \qquad ①$$

이며, 식 (1.3.31)로부터 적분인자는

$$F(t)=e^{(R/L)t} \qquad ②$$

이다. 따라서 식 (1.3.34)를 이용하면 해는

$$i(t)=e^{-(R/L)t}\left[\int\frac{V}{L}\sin\omega t\cdot\left(e^{(R/L)t}\right)dt+K\right] \qquad ③$$

이다. 여기서 K는 적분상수이다. ③의 오른쪽 항의 적분을 부분적분을 이용하여 수행하면

$$i(t)=V\left[\frac{R\sin\omega t-\omega L\cos\omega t}{R^2+\omega^2L^2}\right]+Ke^{-(R/L)t} \qquad ④$$

로 되어 미분방정식 ①의 일반해가 얻어진다. 만약 시각 $t=0$에서 $i(0)=i_0$라면 ④의 적분상수 K를 i_0의 함수로 나타낼 수 있다. 즉

$$K=i_0+\frac{V\omega L}{R^2+\omega^2L^2}$$

이며, 이것을 ④에 대입하면 초기값 문제에 대한 특수해는

$$i(t)=V\left[\frac{R\sin\omega t-\omega L\cos\omega t}{R^2+\omega^2L^2}\right]+\left[i_0+\frac{V\omega L}{R^2+\omega^2L^2}\right]e^{-(R/L)t}$$

로 된다. 여기서는 미분방정식을 1계로 유지하기 위하여 전기회로에서 커패시터를 제거하였으며, 인덕터를 제거한 경우에도 위와 동일하게 해를 구할 수 있다. 또한 L이나 C를 제거하지 않은 경우의 해는 1.7절에서 취급한다.

1.4.2 비율을 나타내는 방정식

다음과 같은 형식의 미분방정식은 일반적으로 비율(rate)의 문제를 표현한 것이다.

$$\frac{du}{dt}=f(t,u) \qquad (1.4.7)$$

위 식은 종속변수 u의 변화의 비율은 시간 t와 u에 의존한다는 것을 의미한다. 여기서는 용액 속에 녹아 있는 소금의 농도를 나타내기 위한 적절한 미분방정식을 유도하여 보기로 한다.

용량이 $V[\mathrm{m}^3]$인 수조에 농도가 $C(t)[\mathrm{kg/m}^3]$인 소금물이 들어 있으며, 소금물의 초

기농도는 C_0 라고 한다. 농도 C_1 인 소금물이 $q\,[\mathrm{m}^3/\mathrm{s}]$ 의 비율로 수조 속으로 흘러들어가고 있으며, 동시에 동일한 양만큼 바깥으로 흘러나간다고 가정한다. 이때 수조 내부의 교반기를 이용하여 물을 충분히 휘젓고 있기 때문에 소금물의 농도는 균일한 것으로 하고, 시간의 함수로 주어지는 수조의 소금물 농도 C 를 구할 수 있는 미분방정식을 유도하여 보자. 위의 시스템에 대한 미분방정식은 수조 속으로 들어가는 소금의 양과 나가는 소금의 양의 차에 대한 식을 이용하면 얻을 수 있다. 즉

$$\text{들어가는 소금의 양} - \text{나가는 소금의 양} = \text{소금의 양의 증가량} \tag{1.4.8}$$

이다. 미소한 시간 Δt 의 변화에 대해서, 흘러나가는 소금물의 농도는 내부의 소금물의 농도 $C(t)$ 와 동일한 것으로 가정하면 식 (1.4.8)은 다음과 같이 쓸 수 있다.

$$C_1 q \Delta t - C q \Delta t = C(t+\Delta t)V - C(t)V \tag{1.4.9}$$

흘러들어가는 소금물의 양과 흘러나가는 양이 같기 때문에 수조 내의 소금물의 용량 V 는 일정하게 유지된다. 식 (1.4.9)를 변경하면

$$q(C_1 - C) = V\frac{C(t+\Delta t) - C(t)}{\Delta t} \tag{1.4.10}$$

이다. 여기서 미소시간 Δt 를 영으로 수렴하면 식 (1.4.10)의 오른쪽 항은

$$\lim_{\Delta t \to 0} \frac{C(t+\Delta t) - C(t)}{\Delta t} = \frac{dC}{dt} \tag{1.4.11}$$

이고, 이를 식 (1.4.10)에 대입하면 수조 속의 소금의 농도를 나타내는 미분방정식을 얻을 수 있다.

$$\frac{dC}{dt} + \frac{q}{V}C = \frac{qC_1}{V} \tag{1.4.12}$$

다음의 예제로서 미분방정식이 가지는 의미를 확인하여 보자.

▶ 예제 1.4.2

용량이 $10\,[\mathrm{m}^3]$ 인 수조 속에 초기농도가 $0.02\,[\mathrm{kg/m}^3]$ 인 소금물이 들어 있다. 여기에 농도가 $0.01\,[\mathrm{kg/m}^3]$ 인 소금물을 초당 $2\,[\mathrm{m}^3]$ 의 비율(즉 $q=2\,[\mathrm{m}^3/\mathrm{s}]$ 이다)로 흘려넣었을 때 수조 내의 소금물의 농도가 $0.011\,[\mathrm{kg/m}^3]$ 에 도달할 때까지의 시간을 계산하여라. 단 흘러들어가는 양

만큼의 소금물이 수조로부터 흘러나가는 것으로 한다.

◇ 해

$q=2,\ V=10$ 및 $C_1=0.01$ 로 두고 식 (1.4.12)의 미분방정식의 해를 구한다. 즉

$$\frac{dC}{dt}+\frac{2}{10}C=\frac{2\times 0.01}{10} \quad ①$$

이다. 이때 적분인자는

$$F(t)=e^{\int (1/5)dt}=e^{t/5} \quad ②$$

이므로 식 (1.3.34)를 이용하여 해를 구하면 다음과 같다.

$$C(t)=e^{-t/5}\left[\int 0.002\,e^{t/5}dt+K\right]=0.01+Ke^{-t/5}$$

여기서 K는 임의의 상수이다. 주어진 초기조건을 이용하면

$$0.02=0.01+K$$

이므로 $K=0.01$ 로 되어, 조건을 만족하는 특수해는

$$C(t)=0.01\left[1+e^{-t/5}\right]$$

이다. 따라서 $C(t)=0.011\,[\mathrm{kg/m^3}]$ 이어야 하므로

$$0.011=0.01\left[1+e^{-t/5}\right] \quad ③$$

를 풀면

$$t=11.51\,[\mathrm{s}]$$

를 얻는다.

1.4.3 유체의 흐름

수조의 바닥에 있는 구멍에서 흘러나가는 물의 속도는, 비스코스(viscous) 효과를 무시하였을 경우 베르누이(Bernoulli)의 정리에 의하면 다음과 같다.

$$v=\sqrt{2gh}\ [\mathrm{m/s}] \quad (1.4.13)$$

여기서 h는 구멍에서 물 표면까지의 높이이며, $g\,[\mathrm{m/s^2}]$는 중력가속도를 나타낸다. 이때 시간 t 와 수위 h 를 연관시키는 미분방정식을 유도하여, 일정한 크기의 수조를 전부 비우는 데 걸리는 시간을 계산하여 보자.

우선 수조는 지름이 D 인 원통형의 모양이며, 수조의 아랫바닥에 있는 직경 d 인 원형의 구멍에서 물이 흘러나가는 것으로 가정한다. 이때 미소시간 Δt 동안 구멍을 통하여 흘러나간 유량은

$$\Delta V = vA\,\Delta t = \sqrt{2gh}\,\frac{\pi d^2}{4}\Delta t \tag{1.4.14}$$

이다. 따라서 흘러나간 유량 ΔV 로 인해 수조의 수위가 Δh 만큼 줄었다고 한다면 ΔV 와 Δh 사이에는 다음의 관계식이 성립한다.

$$\Delta V = -\frac{\pi D^2}{4}\Delta h \tag{1.4.15}$$

식 (1.4.14)와 식 (1.4.15)를 이용하고, $\Delta t \to 0$ 으로 하여 극한을 구하면

$$\frac{dh}{dt} = -\sqrt{2gh}\,\frac{d^2}{D^2} \tag{1.4.16}$$

의 미분방정식을 얻는다. 위 미분방정식은 변수분리가 가능하므로

$$h^{-1/2}dh = -\sqrt{2g}\,\frac{d^2}{D^2}dt \tag{1.4.17}$$

로 되어 양변을 적분하면 해를 구할 수 있다. 이때 수조의 초기조건으로 $t=0$ 에서 $h=h_0$ 라 한다면 식 (1.4.17)의 특수해는 다음임을 간단하게 확인할 수 있다.

$$h(t) = \left[-\sqrt{\frac{g}{2}}\,\frac{d^2}{D^2}t + \sqrt{h_0}\right]^2 \tag{1.4.18}$$

따라서 수조를 완전히 비우기 위한 시간 t_e 은 $h=0$ 로 두고 식 (1.4.18)을 계산하면

$$t_e = \frac{D^2}{d^2}\sqrt{\frac{2h_0}{g}}\ [\mathrm{s}] \tag{1.4.19}$$

로 된다.

1.4.4 MATLAB에 의한 풀이

```
% [예제 1.4.1]
syms R V L w t                                   % symbolic 변수의 지정
dsolve('Dy+R/L*y=V/L*sin(w*t)')                  % i'+(R/L)i=(V/L)sinωt 의 해
pretty(ans)                                      % 보기 쉬운 형식으로 변환

% [예제 1.4.2]
ode1=dsolve('Dy+2/10*y=2*0.01/10','y(0)=0.02')       % C'+(2/10)C=(2*0.01/10) 의 해
ode2=dsolve('Dy+2/10*y=2*0.01/10','y(0)=0.05')
concentration =0.011;
time=solve(ode1-concentration)                   % 방정식 ③, 즉 0.011=0.01[1+e^(-t/5)] 의 해
eval(time)
ezplot(ode1,[0,12]), hold on                     % 초기값에 따른 ①의 해를 그림으로 표시
ezplot(ode2,[0,12]), hold off
```

❖ [예제 1.4.2]의 프로그램을 실행하면, 두 종류의 초기농도값에서 시간의 흐름에 대한 수조의 농도변화를 그림으로 볼 수 있다.

연습문제 1.4.4

1. (전기회로): 저항과 인덕터로 이루어진 직렬회로에 입력으로 $v(t)=0.2e^{2t}\,[\mathrm{V}]$가 인가되었다고 한다. 단 $R=20\,[\Omega]$이며 $L=10^{-3}\,[\mathrm{H}]$ 이다. 이때 회로에 흐르는 전류 $i(t)$를 계산하여라. 단 $i(0)=0$ 이다.

2. (전기회로): $12\,[\mathrm{V}]$ 크기의 일정한 전압이 $200[\Omega]$의 저항과 $10^{-6}\,[\mathrm{F}]$ 의 커패시터가 직렬로 연결되어 있는 회로에 인가되었다. 이때 커패시터에 충전되는 전하에 대한 일반식을 구하여 보라. 또 커패시터 용량의 반까지 충전되기까지는 시간이 얼마나 필요한가?

3. (비율): 평균적으로 사람은 분당 18번 호흡하며, 한번 호흡할 때마다 4% 의 CO_2를 포함하는 $0.0016\,[\mathrm{m}^3]$의 공기를 뿜어낸다고 한다. 300 명이 참가하고 있는 회의에서, 회의가 시작되기 직전의 회의실의 공기는 0.4%의 CO_2 를 포함하고 있다고 가정한다. 회의실의 통풍시스템은 크기가 $1{,}500\,[\mathrm{m}^3]$의 회의실에 분당 $10\,[\mathrm{m}^3]$만큼의 신선한 공기를 공급한다고 할 때, 회의실 내의 CO_2 농도에 대한 표현식을 구하여라.

4. (유체의 흐름): 가로–세로–높이가 각각 $3[\mathrm{m}]$인 정육면체의 수조에 물이 높이 $2[\mathrm{m}]$까지 차 있다고 한다. 바닥에 반지름이 $3[\mathrm{mm}]$인 구멍을 통하여 물이 바깥으로 흘러나가는 경우, 수조의 물높이 h 를 시간 t 의 함수로 표현하여라. 또 수조의 물이 현재의 반으로 줄어들 때까지 걸리는 시간을 계산하여라.

5. (비율): $80\,[^\circ\mathrm{C}]$의 물체를 $5\,[^\circ\mathrm{C}]$로 유지되고 있는 냉장고에 넣어서 식히고자 한다. 일반적으로 이와 같은 물체의 온도변화율은 물체 표면면적 A , 물체의 온도 및 이것을 둘러싸는 주위와의 온도차에 비례하는 것으로 알려져 있다. 만약 이와 같은 경우에 비례상수가 $\alpha = 0.02\,[\mathrm{s}\cdot\mathrm{m}^2]$ 이며 면적이 $A = 0.2\,[\mathrm{m}^2]$ 이라면 물체의 온도가 $8\,[^\circ\mathrm{C}]$에 이를 때까지 시간은 얼마나 걸리는가?

6. (비율): 수직 빔이 투명물질을 통과할 때, 광의 세기 I가 감소하는 속도는 광의 세기 $I(t)$에 비례한다. 단 t 는 m 단위의 매질 두께를 나타낸다. 깨끗한 바닷물에서 수면 $3[\mathrm{m}]$ 아래의 빛의 세기가 초기입사 수직 빔의 세기 I_0 의 25% 로 된다면 수면 $15[\mathrm{m}]$의 아래의 세기는 얼마인가?

7. (비율): 방사성 동위원소 Pb$-$209 (납)은 임의 시점에서의 질량에 비례하는 속도로 감소하며, 반감기는 3.3 시간이다. 납 1 그램의 초기 양이 감소하여 $90\,\%$가 되는 데 걸리는 시간은 얼마인가?

8. (비율): 사회의 변화하는 인구 $P(t)$ 의 모델에서 다음과 같이 가정한다.

$$\frac{dP}{dt} = \frac{dB}{dt} - \frac{dD}{dt}$$

여기서 dB/dt 와 dD/dt 는 각각 출생률과 사망률을 의미한다.

(1) $dB/dt = k_1 P$ 와 $dD/dt = k_2 P$ 일 때 $P(t)$ 를 계산하여라.

(2) $k_1 > k_2$, $k_1 = k_2$ 및 $k_1 < k_2$ 인 경우에 대하여 설명하여 보아라.

9. (MATLAB 문제): 다음과 같은 초기값을 가지는 미분방정식에 대하여 생각하여 보자.

$$\frac{du}{dx} = xu^2, \quad u(-2) = 3$$

(1) 해를 계산하지 말고 주어진 미분방정식에 대한 해의 벡터장(direction field)[11]을 그려보라. 또한 미분방정식의 초기값이 2사분면(second quadrant)에 있다면 미분방정식의 해의 움직임은 어떤 모양으로 될 것으로 예상하는가?

---

11) 벡터장이란 주어진 미분방정식에 특정한 값을 대입하였을 때의 미분값을 의미한다. 예를 들어 위 문제의 경우, 임의의 점 $(x,u) = (-1,1) \rightarrow du/dx = -1$ 로 되어 점 $x = -1$에서의 기울기를 나타낸다.

(2) 주어진 초기값을 가지는 미분방정식의 해를 계산하여라.

(3) (2)에서 구한 해를 포함하는 해의 ((1)과는 다른) 벡터장을 그려보아라.

(4) 위와 동일한 과정을 다음 미분방정식에 적용하고 그 결과를 설명하여라.

$$\frac{du}{dx} = \frac{\cos x}{u}, \quad u\left(-\frac{\pi}{2}\right) = 1$$

1.5 선형미분방정식

1.5.1 선형미분방정식의 기본형

대부분의 물리현상은 선형미분방정식으로 나타낼 수 있다[12]. 이 중에서도 2계 선형미분방정식이 가장 많이 쓰이며, 동시에 해의 해석에 있어서도 가장 중요한 역할을 한다. 여기서는 2계 선형미분방정식과 관련된 기본정리의 일반적인 특징을 소개한다. 3계 이상인 미분방정식의 해는 종종 2계 미분방정식의 해를 구하는 과정의 확장을 통하여 구해지는 경우가 많다.

2계 선형미분방정식은 일반형은 다음과 같다.

$$\frac{d^2u}{dx^2} + p_0(x)\frac{du}{dx} + p_1(x)u = g(x), \quad (a < x < b) \tag{1.5.1}$$

여기서 함수 $g(x)$는 외부함수(forcing function)이며, $p_0(x)$, $p_1(x)$는 계수함수라고 한다. 대부분의 응용문제에서 외부함수는 불연속점을 가진다. [그림 1.7]에 불연속점을 가지는 가장 일반적인 세 개의 외부함수를 나타내었다. 그림을 이용하여 임의의 점 $x = x_0$에서 불연속적인 외부함수 $g(x)$의 표현법을 다음과 같이 정의한다.

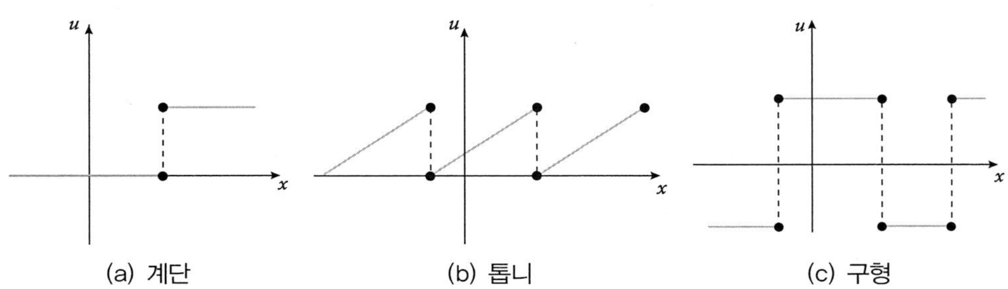

그림 1.7 불연속점(점프)을 가지는 함수

12) 실제는 대부분의 경우 비선형이지만, 어느 특정한 동작점을 중심으로 선형화하여 사용하는 경우가 많다.

$$\text{왼쪽으로부터의 한계} = \lim_{\substack{x \to x_0 \\ x < x_0}} g(x) \equiv g_0^-$$

$$\text{오른쪽으로부터의 한계} = \lim_{\substack{x \to x_0 \\ x > x_0}} g(x) \equiv g_0^+$$

$x = x_0$에서 외부함수 $g(x)$의 g_0^+에서 g_0^-로의 점프 $\left|g_0^+ - g_0^-\right|$ (즉 불연속 크기)는 항상 일정하다. 한편 불연속점인 $x = x_0$에서 $g(x)$가 반드시 일정한 값을 가져야 할 필요는 없지만, 일반적으로 $g(x_0)$는 다음과 같이 정의된다.

$$g(x_0) = \frac{1}{2}\left(g_0^+ + g_0^-\right) \tag{1.5.2}$$

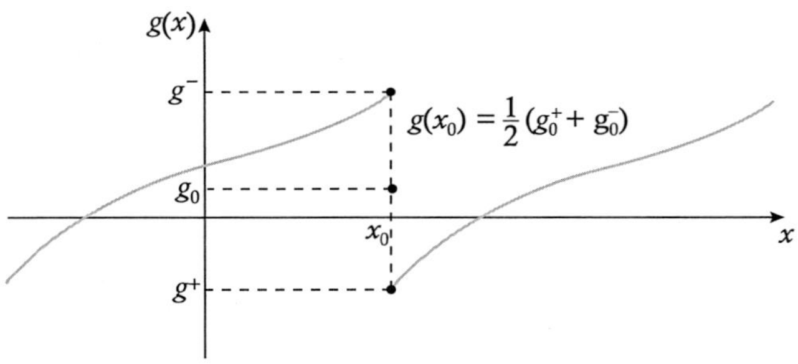

그림 1.8 불연속 점 $x = x_0$에서 $g(x_0)$의 정의

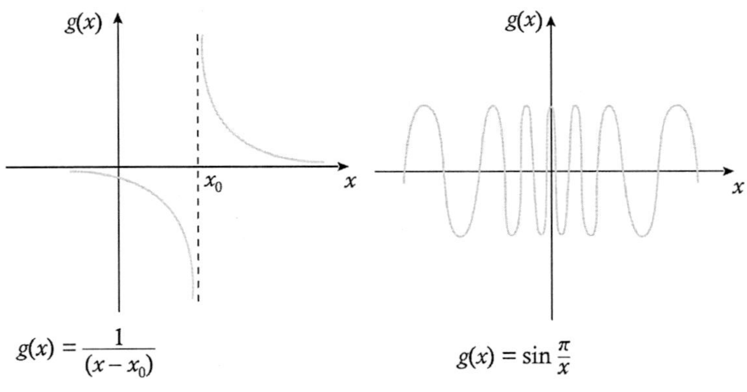

그림 1.9 점프가 아닌 불연속점을 가지는 함수

[그림 1.8]은 불연속점에서의 크기를 보여주고 있다. 또한 [그림 1.9]는 임의의 점에서 불연속이지만 일정한 크기의 점프가 아닌 경우의 함수를 나타내고 있다.

식 (1.5.1)은 구간 $I : a < x < b$를 정의하고 이 구간 내에서 미분방정식의 해를 구할 것을 요구하고 있다. 이때 a, b로서 $a = -\infty$ 및 $b = +\infty$의 값도 가능하지만, 이 경우 아래 두 가지의 가정이 필요하다.

1. $p_0(x)$와 $p_1(x)$는 구간 I에서 연속이어야 한다.
2. $g(x)$는 구간 I에서 구분적(piecewise)으로 연속이어야 한다.

여기서 '구분적으로 연속'이라는 표현은, 함수 $g(x)$가 구간 $a < x < b$에서 유한개의 불연속점(즉 점프)을 가져야 한다는 것을 나타낸다. 즉 $g(x)$는 a와 b 내의 몇 개의 구분적인 구간에서 연속이라는 뜻이다. 따라서 단위계단함수, 톱니파함수 및 구형파함수 등은 구분된 구간 내에서 연속이기 때문에([그림 1.7] 참조) 위의 조건을 만족한다. 또 [그림 1.8]의 함수도 구분적으로 연속이다.

만약 $p_0(x)$와 $p_1(x)$가 구간 I에서 연속이고, 외부함수 $g(x)$ 역시 구간 I에서 구분적으로 연속이면, 식 (1.5.1)은 표준형 선형미분방정식이다.

• 초기값과 일반해

1.2절에서 언급한 초기값과 미분방정식의 해와의 관련성을 정리하면 다음과 같다.

요점 1.4 기본정리

표준형의 2계 선형미분방정식의 초기값이 주어졌을 경우, 즉

$$\frac{d^2u}{dx^2} + p_0(x)\frac{du}{dx} + p_1(x)u = g(x), \quad (a < x < b)$$

$$u(x_0) = u_0, \quad u'(x_0) = u_1, \qquad (a < x_0 < b) \tag{1.5.3}$$

는 구간 I에서 단 하나의 해(즉 특수해)를 가진다.

[요점 1.4]의 결과에 의해 영-상태(zero state)의 초기값을 가지는 (제차)미분방정식

$$\frac{d^2u}{dx^2} + p_0(x)\frac{du}{dx} + p_1(x)u = 0, \quad (a < x < b)$$

$$u(x_0) = 0, \quad u'(x_0) = 0, \qquad (a < x_0 < b) \tag{1.5.4}$$

은 구간 I에서 유일한 해 $u(x) = 0$를 가진다는 것을 알 수 있다. 이러한 경우의 미분방

정식 (1.5.4)는 물리적으로 다음과 같이 이해할 수 있다. 즉 '외부에서의 힘이 작용하지 않는 정지된 상태에 있는 물체는 계속적으로 정지된 상태를 유지한다'는 것이다.

1.5.2 미분연산자

미적분학에서 미분을 간혹 D 를 사용하여 $\frac{du}{dx} = Du$, $\frac{d^2u}{dx^2} = D^2u$, $\cdots$, $\frac{d^nu}{dx^n} = D^nu$ 를 이용하여 표현하고 있다. 기호 D 는 미분 가능한 함수 u 를 다른 함수로 변환하는 까닭에 이것을 미분연산자(differential operator)라 한다. 이제 D 로 구성된 2차 다항식 연산자를

$$L[D] = D^2 + p_0(x)D + p_1(x) \tag{1.5.5}$$

와 같이 정의하면

$$L[D]u = \frac{d^2u}{dx^2} + p_0(x)\frac{du}{dx} + p_1(x)u$$

이다. 이러한 표현식을 이용하면 식 (1.5.3)은

$$L[D]u = g(x) \tag{1.5.6}$$

와 같이 간단하게 표기할 수 있다. 식 (1.5.5)로 정의된 연산자 $L[D]$ 에는 두 가지 특성이 있다. 즉 우리가 잘 알고 있는 도함수의 두 가지 성질

(1) $D\{f(x) + g(x)\} = Df(x) + Dg(x)$

(2) $D\{cf(x)\} = cDf(x)$

는 연산자 $L[D]$ 에 대해서도 그대로 적용된다. 다시 말하면 미분 가능한 두 함수 $f(x)$, $g(x)$ 와 임의의 상수 (실수) α, β 에 대해서

$$L[D](\alpha f(x) + \beta g(x)) = \alpha L[D]f(x) + \beta L[D]g(x) \tag{1.5.7}$$

가 성립한다. 이 경우 $L[D]$ 를 선형연산자(linear operator)라고 한다.

식 (1.5.7)로부터 다음 사실을 확인할 수 있다.

(1) $L[D]0 = 0$ (1.5.8 a)

(2) $L[D]cu = cL[D]u$ (1.5.8 b)

(3) $L[D](f+g) = L[D]f + L[D]g$ (1.5.8 c)

위 (1)은 식 (1.5.7)에서 $\alpha = \beta = 0$ 으로 두면 확인가능하고, (2), (3)도 동일한 방법으로 간단하게 확인할 수 있다. 이와 같이 연산자를 이용하면 미분방정식을 간결하게 나타낼 수 있다. 즉 2계 선형미분방정식

$$\frac{d^2u}{dx^2} + p_0(x)\frac{du}{dx} + p_1(x)u = g(x), \quad (a < x < b) \tag{1.5.9}$$

는 식 (1.5.5)로부터 결정되는 연산자 $L[D]$와 외부함수 $g(x)$로부터 다음 조건을 만족하는 함수 $u(x)$를 구하는 것으로 볼 수 있다.

$$L[D]u = g(x), \quad (a < x < b) \tag{1.5.10}$$

지금까지의 과정을 종합하면, 선형미분방정식의 해를 구하는 과정에서 중요한 역할을 하는 중첩의 원리를 얻는다.

요점 1.5 **중첩의 원리**

함수 $u_1(x)$와 $u_2(x)$가 미분방정식

$$\frac{d^2u}{dx^2} + p_0(x)\frac{du}{dx} + p_1(x)u = 0 \tag{1.5.11}$$

의 해라고 하면, 임의의 상수 c_1과 c_2에 대하여

$$u(x) = c_1u_1(x) + c_2u_2(x) \tag{1.5.12}$$

도 식 (1.5.11)의 해이다. 이때 함수 $u_1(x)$와 $u_2(x)$를 미분방정식의 기본해라고 한다.

위 요점을 확인하여 보자. 먼저 가정에 의해 $L[D]u_1 = L[D]u_2 = 0$이므로 미분연산자의 선형성에 의하여

$$L[D](c_1u_1 + c_2u_2) = c_1L[D]u_1 + c_2L[D]u_2 = c_1 \cdot 0 + c_2 \cdot 0 = 0 \tag{1.5.13}$$

이 성립되어 식 (1.5.12)도 해임을 확인할 수 있다.

1.5.3 제차방정식의 일반해와 론스키안

여기서는 수식 전개의 편의상 외부입력이 영, 즉 $g(x)=0$ 인 제차방정식

$$L[D]u = \frac{d^2u}{dx^2} + p_0(x)\frac{du}{dx} + p_1(x)u = 0 \tag{1.5.14}$$

에 대한 일반적인 내용을 설명하기로 한다.

• 해의 독립성

[요점 1.5]에서 언급한 바와 같이 미분방정식의 일반해는 기본해를 이용한 선형결합으로 이루어진다. 따라서 기본해의 선형독립성이 일반해의 구성에 중요한 역할을 한다. 여기서 구간 I에서 두 함수 u_1과 u_2의 선형독립성은 다음과 같이 정의된다.

$$c_1u_1(x)+c_2u_2(x) = 0 \quad \rightarrow \quad c_1 = c_2 = 0 \tag{1.5.15}$$

만약, 식 (1.5.15)가 구간 I에서 만족하지 않는다면 두 함수는 선형종속이라고 한다. 다시 말하면, 두 함수가 선형종속이라는 것은, 예를 들어 $u_2(x) = k \cdot u_1(x)$과 같이 두 함수 사이에 선형적인 관계가 성립한다는 것을 의미한다.

함수의 선형독립성과 관련하여 다음 요점이 주어진다.

요점 1.6 선형독립과 종속

함수 u_1과 u_2가 구간 I에서 미분방정식 (1.5.14)를 만족한다고 한다. 이때 두 함수는 구간 I에서 두 함수의 론스키안(Wronskian)

$$W(u_1, u_2) = \begin{vmatrix} u_1 & u_2 \\ u_1' & u_2' \end{vmatrix} = u_1u_2' - u_2u_1' \tag{1.5.16}$$

이 임의의 x_0에서 영이라면 두 함수는 선형종속이며[13], 반대로 $W(u_1,u_2)[x] \neq 0, (\forall x \in I)$이면 함수 u_1과 u_2는 선형독립이다.

[요점 1.6]은 다음과 같이 확인할 수 있다. 먼저 u_1과 u_2가 종속이라면 적어도 하나의 영이 아닌 상수 $c_i, (i=1,2)$가 존재하여 구간 I에서

13) 두 가지 경우를 생각할 수 있다. 즉 구간 I에서 항상 $W(u_1,u_2)[x]=0$인 경우와, $W(u_1,u_2)[x_0]=0$이 성립하는 $x_0 \in I$가 존재하는 경우이다.

$$u_1(x)c_1 + u_2(x)c_2 = 0 \tag{1.5.17 a}$$

이 성립한다. 식의 양변을 한 번 미분하면

$$u_1{}'(x)c_1 + u_2{}'(x)c_2 = 0 \tag{1.5.17 b}$$

이고, 이때 식 (1.5.17)을 c_1, c_2에 관한 연립 1차방정식으로 보면 이 연립방정식이 자명이 아닌(즉, $c_i \neq 0$) 해를 갖기 위해서는, 연립방정식의 계수로 이루어지는 계수행렬의 행렬식 $W(u_1, u_2)$이 영이 아닐 때이다(4.2절 참조). 즉

$$W(u_1, u_2) = 0$$

을 만족한다. 다음, 위 과정의 대우명제(contrapostive)를 이용하면, 즉 $W(u_1, u_2) \neq 0$이면 u_1과 u_2는 선형독립임을 알 수 있다.

▶ 예제 1.5.1

함수 $u_1 = \cos \omega x$와 $u_2 = \sin \omega x$는 미분방정식 $u'' + \omega^2 u = 0$의 해이다. 이때 론스키안은

$$W(\cos \omega x, \sin \omega x) = \begin{vmatrix} \cos \omega x & \sin \omega x \\ -\omega \sin \omega x & \omega \cos \omega x \end{vmatrix} = \omega \cos^2 \omega x + \omega \cos^2 \omega x = \omega$$

이다. [요점 1.6]에 의해 $\omega \neq 0$이라면 u_1과 u_2는 선형독립이다. $\omega = 0$이면 $u_2 = 0$이므로 선형종속임을 알 수 있다.

▶ 예제 1.5.2

미분방정식 $u'' - 2u + u = 0$의 일반해는 $u = (c_1 + c_2 x)e^x$이다. 이때 두 개의 기본해에 대한 론스키안은 영이 아니므로 선형독립이라는 것을 알 수 있다. 다시 말하면

$$W(e^x, xe^x) = \begin{vmatrix} e^x & xe^x \\ e^x & (x+1)e^x \end{vmatrix} = (x+1)e^{2x} - xe^{2x} \neq 0$$

임을 확인할 수 있다.

• 2계 선형미분방정식의 일반해

먼저 일반해의 존재성과 관련하여 생각하여 보자. [요점 1.4]에 의해 미분방정식 (1.5.1)은 구간 I에서 초기조건

$$u_1(x_0)=1,\ u_1{}'(x_0)=0 \text{ 과 } u_2(x_0)=0,\ u_2{}'(x_0)=1$$

을 각각 만족하는 기본해 $u_1(x)$ 와 $u_2(x)$ 를 가진다. 이때 $x=x_0$ 에서 두 기본해에 대한 론스키안은

$$W(u_1(x_0),u_2(x_0))=u_1(x_0)u_2{}'(x_0)-u_2(x_0)u_1{}'(x_0)=1$$

이므로, 두 기본해는 선형독립이다. 따라서 [요점 1.5]에 의해 식 (1.5.1)의 미분방정식은 $u=c_1u_1+c_2u_2$ 인 형식의 일반해를 가진다는 것을 알 수 있다. 이것을 정리하면 다음 요점을 얻는다.

요점 1.7 일반해의 존재성

> 식 (1.5.1)의 2계 선형미분방정식의 계수 $p_0(x)$ 와 $p_1(x)$ 가 구간 I 에서 연속이면 식 (1.5.1)은 구간 I 에서 일반해를 가진다.

[요점 1.5]에서 [요점 1.7]까지를 정리하면 다음과 같다. 즉 식 (1.5.1)의 2계 선형미분방정식의 계수 $p_0(x)$ 와 $p_1(x)$ 가 구간 I 에서 연속이면 서로 선형독립인 두 개의 기본해 $u_1(x)$ 와 $u_2(x)$ 가 반드시 존재하며, 일반해는

$$u(x)=c_1u_1(x)+c_2u_2(x) \tag{1.5.18}$$

의 형식이라는 것이다.

다음은 일반해에서 초기조건을 만족하는 임의 상수 c_1 과 c_2 을 계산하여 보자. 식 (1.5.18)에 초기값의 조건 $u(x_0)=r_1,\ u'(x_0)=r_2$ 을 대입하여 다음과 같은 연립방정식을 세운다.

$$\begin{aligned} r_1 &= c_1u_1(x_0)+c_2u_2(x_0) \\ r_2 &= c_1u_1{}'(x_0)+c_2u_2{}'(x_0) \end{aligned} \tag{1.5.19}$$

위 식은 다음의 조건을 만족할 때 유일한 해를 가진다는 것이 알려져 있다[14].

$$\begin{vmatrix} u_1(x_0) & u_2(x_0) \\ u_1{}'(x_0) & u_2{}'(x_0) \end{vmatrix} \neq 0 \tag{1.5.20}$$

14) 이것은 연립 1차방정식과 관련된 기본정리로서 제 5 장을 참고하기 바란다.

위의 행렬식은 바로 론스키안 $W(u_1, u_2)$ 이며, 가정에 의해 $u_1(x)$ 와 $u_2(x)$ 가 선형독립이므로 $W(u_1, u_2)$ 는 구간 $a < x < b$ 에서 영일 수 없다. 따라서 연립방정식 (1.5.19)는 유일해를 가지므로, 주어진 초기조건에 의한 유일한 c_1 과 c_2 를 결정할 수 있다.

▶ 예제 1.5.3

함수의 집합 $\{u_1(x) = e^{2x}, u_2(x) = e^{-2x}\}$는 다음 미분방정식의 기본해임을 밝히고 그의 일반해를 구하여 보자.

$$L[D]u = \frac{d^2u}{dx^2} - 4u = 0 \qquad ①$$

해

주어진 $u_1(x)$ 와 $u_2(x)$ 를 ①에 대입하면 0임을 확인할 수 있다. 또 이에 대한 론스키안은

$$W(e^{2x}, e^{-2x}) = \begin{vmatrix} e^{2x} & e^{-2x} \\ 2e^{2x} & -2e^{-2x} \end{vmatrix} = -4 \neq 0$$

이므로 $\{u_1(x) = e^{2x}, u_2(x) = e^{-3x}\}$는 기본해의 집합이다. 따라서 [요점 1.5]에 의해 일반해는

$$u(x) = c_1 e^{2x} + c_2 e^{-2x} \qquad ②$$

이다.

1.5.4 비제차방정식의 일반해

여기서는 비제차미분방정식의 일반해에 대하여 알아본다.

$$\frac{d^2u}{dx^2} + p_0(x)\frac{du}{dx} + p_1(x)u = g(x), \ (a < x < b) \qquad (1.5.21)$$

단 $g(x) \neq 0$ 이다. 이때 위 미분방정식의 일반해에 대하여 다음의 요점이 알려져 있다.

요점 1.8 일반해, 특수해

구간 I에서 비제차미분방정식 (1.5.21)의 일반해는 다음과 같다.

$$u(x) = u_h(x) + u_p(x) \qquad (1.5.22)$$

여기서 $u_h = c_1u_1 + c_2u_2$ 는 구간 I 에서 제차미분방정식 (1.5.11)의 일반해이며, u_p 는 구간 I에서 임의의 상수를 포함하지 않는 비제차미분방정식 (1.5.21)의 특수해이다.

위 요점에 대하여 좀더 구체적으로 언급한다. 먼저, $u_1(x)$와 $u_2(x)$가 제차미분방정식 (1.5.14)의 기본해라고 한다. 다시 말하면, 구간 I 에서 $L[D]u_1 = L[D]u_2 = 0$ 이며, 동시에 $W(u_1, u_2) \neq 0$ 를 만족한다. 또한 다음 식

$$L[D]u = \frac{d^2u}{dx^2} + p_0(x)\frac{du}{dx} + p_1(x)u = g(x) \tag{1.5.23}$$

를 만족하는 $u_p(x)$ 를 특수해(particular solution)라고 한다. 즉 $L[D]u_p(x) = g(x)$ 를 만족하도록 선정되었다고 가정한다. 이러한 $u_p(x)$ 를 구하는 방법에 대해서는 뒤에서 언급한다. 이 경우 임의의 c_1 과 c_2 에 대하여

$$u(x) = u_p(x) + c_1u_1(x) + u_2(x) \tag{1.5.24}$$

역시 식 (1.5.23)을 만족하는 해이다. 이것은 미분연산자의 선형성을 이용하여 다음과 같이 확인할 수 있다.

$$\begin{aligned} L[D]u &= L[D](u_p + c_1u_1 + c_2u_2) \\ &= L[D]u_p + c_1L[D]u_1 + c_2L[D]u_2 \\ &= L[D]u_p + 0 + 0 = g(x) \end{aligned} \tag{1.5.25}$$

이러한 이유로 $u(x)$를 식 (1.5.23)의 일반해(general solution)라고 한다.

요점 1.9 임의 상수의 존재성

$\hat{u}(x)$가 미분방정식 (1.5.23)의 해인 경우, 다음 식을 만족하는 임의 상수 c_1과 c_2가 반드시 존재한다.

$$\hat{u}(x) = u_p(x) + c_1u_1(x) + c_2u_2(x) \tag{1.5.26}$$

▶ 예제 1.5.4

$u_1(x) = x^2$ 과 $u_2(x) = x - 1$ 은 제차미분방정식 $L[D]u = 0$ 의 기본해임을 증명하여 보자. 단, $L[D] = x(x-2)D^2 - 2(x-1)D + 2$이다. 또 $u_p(x) = x^3$ 은 비제차미분방정식 $L[D]u = g(x)$ 의 특수해임을 보이고, 초기조건이 $u(1) = 0,\ u'(1) = 0$ 일 때 이를 만족하는 특수해를 구하여 보자. 단 외부입력은 $g(x) = 2x^2(x-3)$ 이며, 독립변수 x 의 구간은 $0 < x < 2$ 이다.

◇ 해

$L[D]u_1 = L[D]u_2 = 0$ 인 것은 간단하게 확인할 수 있다. 또한 기본해에 대한 론스키안은

$$W(x) = \begin{vmatrix} x^2 & x-1 \\ 2x & 1 \end{vmatrix} = x(x-2) \neq 0, \qquad (0 < x < 2)$$

따라서 $u_1(x)$와 $u_2(x)$는 미분방정식의 기본해이다. 한편 $u_p(x) = x^3$가 $L[D]u = g(x)$의 특수해인 것은 다음과 같이 확인 가능하다.

$$\begin{aligned} L[D]x^3 &= x(x-1)(6x) - 2(x-1)(3x^2) + 2(x^3) \\ &= 6x^3 - 12x^2 - 6x^3 + 6x^2 + 2x^3 \qquad ① \\ &= 2x^2(x-3) = g(x) \end{aligned}$$

따라서 일반해는 [요점 1.8]에 의해

$$u(x) = x^3 + c_1 x^2 + c_2(x-1)$$

이다. 이때 위 식에서

$$u(1) = 1 + c_1, \quad u'(1) = 3 + 2c_1 + c_2$$

이므로 초기조건 $u(1) = 0, u'(1) = 0$ 을 대입하여 c_1과 c_2을 계산하면 다음과 같다.

$$c_1 = c_2 = -1$$

따라서 초기조건을 만족하는 특수해는

$$u(x) = x^3 - x^2 - x + 1 \qquad ②$$

로서 유일하다.

1.5.5 MATLAB에 의한 풀이

```
% [예제 1.5.1]
syms w x
u1=cos(w*x);u2=sin(w*x);                                  % u1, u2 의 정의
wronk=det([u1,u2;diff(u1,'x'),diff(u2,'x')]);             % 론스키안의 확인
simple(wronk)                                             % 보기에 편리한 형식으로 변환

% [예제 1.5.3]
syms x
u1=exp(2*x);u2=exp(-2*x);                                 % u1, u2 의 정의
diff(u1,'x',2)-4*u1                                       % u1 의 기본해 가능성 확인
```

```
diff(u2,'x',2)-4*u2                                      % u2 의 기본해 가능성 확인
ode=dsolve('D2u-4*u=0','x')                              % ②와 비교 (일반해)

% [예제 1.5.4]
syms x
u1=x^2;u2=x-1;                                           % u1, u2 의 정의
gx1=x*(x-2)*diff(u1,'x',2)-2*(x-1)*diff(u1,'x')+2*u1;    % u1(x)의 해 확인
simple(gx1)
gx2=x*(x-2)*diff(u2,'x',2)-2*(x-1)*diff(u2,'x')+2*u2     % u2(x)의 해 확인
simple(gx2)
% 특수해
up=x^3;gx=2*x^2*(x-3);                                   % up(x), g(x) 의 정의
gxp=x*(x-2)*diff(up,'x',2)-2*(x-1)*diff(up,'x')+2*up;    % up(x)=x^3 이 해 확인을 위해 이를
simple(gxp-gx)                                           % L[D]up(x)=g(x)에 대입하여 확인
% 일반해의 확인
dsolve('x*(x-2)*D2u-2*(x-1)*Du+2*u=2*x^2*(x-3)','u(1)=0','Du(1)=0','x')
```

❖ [예제 1.5.3]의 프로그램에서 명령어 'dsolve'를 실행하면

```
>> C1*sinh(2*x)+C2*cosh(2*x)
```

이지만 이것을 공식 $\cosh x = (e^{x} + e^{-x})/2$ 와 $\sinh x = (e^{x} - e^{-x})/2$ 을 이용하여 정리하면 ②와 동일한 결과를 얻는다.

❖ [예제 1.5.4]의 기본해와 일반해가 주어진 미분방정식을 만족하는지의 여부를 확인하고 있다. 마지막의 명령어 'dsolve(……)'를 실행하면 특수해 ②를 얻을 수 있다.

연습문제 1.5.6

1. 다음 함수 중에서 $x=0$ 에서 불연속점을 가지는 함수를 지적하고, 불연속점이 점프인지의 여부를 확인하여라.

(1) $g(x) = \ln x$ (2) $g(x) = \ln|x|$

(3) $g(x) = |x|$ (4) $g(x) = 1/x^2$

(5) $g(x) = e^{-x}$ (6) $g(x) = \begin{cases} (\sin x)/x, & (x \neq 0) \\ 0, & (x = 0) \end{cases}$

(7) $g(x)=\begin{cases} x\sin(\pi/x), & (x\neq 0) \\ 0, & (x=0) \end{cases}$

2. 선형미분연산자 $L[D]$ 에 관하여 각 물음에 답하여라.

(1) 미분연산자가 $L[D]=D^2+2bD+c$ 로 주어졌다. 단 b와 c는 상수이다. 이때

$$L[D]e^{\lambda x}=e^{\lambda x}(\lambda^2+2b\lambda+c)$$

임을 확인하여라.

(2) $L[D]u_n=0$ 과 $L[D]u_p=g(x)$ 라면, 모든 스칼라값 c에 대해서 $L[D](cu_n+u_p)=g(x)$ 임을 증명하여 보자.

(3) $L[D]u_1=L[D]u_2=g(x)$ 라면 $L[D](u_1-u_2)=0$ 임을 증명하여 보자.

3. 다음과 같이 주어진 두 개의 기본해가 선형독립임을 확인하고, 이를 해로 갖는 식 (1.5.3)과 같은 형식의 선형미분방정식을 구하여라.

(1) $u_1(x)=e^{0.5x},\ u_2(x)=e^{-0.5x}$

(2) $u_1(x)=e^{0.25},\ u_2(x)=e^{0.25}\ln x$

(3) $u_1(x)=\cos(2\ln x),\ u_2(x)=\sin(2\ln x)$

(4) $u_1(x)=\cosh 2.5x,\ u_2(x)=\sinh 2.5x$

(5) $u_1(x)=e^{-x}\cos 0.8x,\ u_2(x)=e^{-x}\sin 0.8x$

(6) $u_1(x)=e^{-3.8\pi x},\ u_2(x)=xe^{-3.8\pi x}$

4. 2계 선형미분방정식 $u''+2\alpha u'+\alpha^2u=0$, (단 α 는 상수)의 하나의 기본해를 $u_1(x)=e^{-\alpha x}$ 라고 할 때, 론스키안 $W(x)=u_1u_2'-u_2u_1'$ 을 이용하여 u_1과는 선형독립인 두 번째 기본해 $u_2(x)$ 를 구하여라.

5. 식 (1.5.19)로 주어진 연립방정식을 풀기 위해 크라머의 법칙[15](Cramer’s rule)을 적용하면 두 개의 미지수 c_1 과 c_2는 각각 다음으로 주어짐을 확인하여라.

$$c_1=\frac{\begin{vmatrix} r_1 & u_2(x_0) \\ r_2 & u_2'(x_0)\end{vmatrix}}{W(x_0)},\quad c_2=\frac{\begin{vmatrix} u_1(x_0) & r_1 \\ u_1'(x_0) & r_2\end{vmatrix}}{W(x_0)}$$

6. 식 (1.5.14 a)의 두 기본해로 u_1 과 u_2 가 주어졌다고 한다(즉 $L[D]u_1=0,\ L[D]u_2=0$ 이다). 이때 다음 각 함수도 기본해로 됨을 확인하여라.

15) 제 4장 참조.

(1) u_1+u_2, u_1-u_2, (2) u_1, u_1+u_2

(3) $\alpha u_1+\beta u_2$, $\gamma u_1+\delta u_2$ 의 경우, 두 함수가 기본해로 되기 위해서는 α, β, γ, δ 에는 어떤 조건이 필요한가?

1.6 상수계수를 가지는 2계 선형 제차미분방정식의 해

일반적으로 상수계수를 가지는 2계 선형 제차미분방정식은

$$\frac{d^2u}{dx^2}+p_0\frac{du}{dx}+p_1u=0 \tag{1.6.1}$$ [16]

이며, 계수 p_0, p_1 는 상수이다. 위 식을 미분연산자 D 의 2차 다항식연산자를

$$L[D]=D^2+p_0D+p_1 \tag{1.6.2}$$

로 두면 식 (1.6.1)은

$$L[D]u=0 \tag{1.6.3}$$

으로 표기할 수 있다. 이때 실수 m 과 양의 정수 k 에 대해서

$$D^k e^{mx}=m^k e^{mx} \tag{1.6.4}$$

가 성립하므로, 식 (1.6.3)으로부터

$$\begin{aligned} L[D]e^{mx} &= m^2e^{mx}+p_0me^{mx}+p_1e^{mx} \\ &= \left(m^2+p_0m+p_1\right)e^{mx}=L[m]e^{mx} \end{aligned} \tag{1.6.5}$$

가 성립한다. 만약 $u=e^{mx}$ 가 식 (1.6.1)의 해이기 위해서는 $L[D]e^{mx}=0$ 이어야 하므로, 이것은 식 (1.6.5)에 의해 $L[m]=0$, 즉 m 이

$$m^2+p_0m+p_1=0 \tag{1.6.6}$$

---

16) 2계 미분방정식을 $a_2\frac{d^2u}{dx^2}+a_1\frac{du}{dx}+a_0u=0$로 표현할 수도 있으나, 최고계의 미분항의 계수를 '1'로 하는 것이 여러 가지로 유리하기 때문에, 식의 양변을 a_2 로 나누고, 이것을 $a_1/a_2\to p_0$ 및 $a_0/a_2\to p_1$ 로 두면 식 (1.6.1)의 기본형을 얻는다.

을 만족하도록 선정되어야 한다는 것을 알 수 있다. 이와 같은 m의 다항식을 (주어진 미분방정식의) 특성다항식(또는 보조다항식)이라 하며, 이 다항식은

$$m_{1,2} = -\frac{p_0}{2} \pm \frac{1}{2}\sqrt{p_0^2 - 4p_1} \tag{1.6.7}$$

인 두 개의 근을 가진다. 따라서 식 (1.6.1)의 기본해는

$$u_1 = e^{m_1 x}, \qquad u_2 = e^{m_2 x} \tag{1.6.8}$$

이다. 이때 기본해에 대한 론스키안은

$$W(x) = \begin{vmatrix} e^{m_1 x} & e^{m_2 x} \\ m_1 e^{m_1 x} & m_2 e^{m_2 x} \end{vmatrix} = (m_2 - m_1) e^{(m_1 + m_2)x} \tag{1.6.9}$$

이고, $m_1 \neq m_2$이 아니라면 $W(x) \neq 0$이므로, 식 (1.6.1)의 일반해는

$$u(x) = c_1 e^{m_1 x} + c_2 e^{m_2 x} \tag{1.6.10}$$

이다. 여기서 식 (1.6.7)로 주어지는 특성다항식의 두 개의 근은 다음과 같이 세 가지 경우로 구별된다.

• 경우 Ⅰ : 서로 다른 실수의 근

식 (1.6.7)에서 $p_0^2 - 4p_1 > 0$의 조건을 만족한다면 두 개의 근 $m_{1,2}$는 서로 다른 값을 갖는 실수로 되어 식 (1.6.10)의 일반해는

$$u(x) = e^{-p_0 x/2}\left(c_1 e^{\sqrt{p_0^2 - 4p_1}\, x/2} + c_2 e^{-\sqrt{p_0^2 - 4p_1}\, x/2}\right) \tag{1.6.11}$$

이다. 위 식에 다음 몇 가지의 삼각함수공식

$$e^x = \cosh x + \sinh x \tag{1.6.12 a}$$

$$\sinh(x+y) = \sinh x \cosh y + \sinh y \cosh x \tag{1.6.12 b}$$

$$\cosh^2 x - \sinh^2 x = 1 \tag{1.6.12 c}$$

을 적용하면 다음과 같은 두 종류의 해를 얻을 수 있다.

$$u(x) = e^{-p_0 x/2}\left[A\sinh\left(\frac{1}{2}\sqrt{p_0^2-4p_1}\ x\right)+B\cosh\left(\frac{1}{2}\sqrt{p_0^2-4p_1}\ x\right)\right] \quad (1.6.13\ \text{a})$$

$$u(x) = c_3 e^{-p_0 x/2}\sinh\left(\frac{1}{2}\sqrt{p_0^2-4p_1}\ x + c_4\right) \quad (1.6.13\ \text{b})$$

▶ 예제 1.6.1 $L[m]=0$ 이 서로 다른 실근을 가지는 경우의 초기값 문제

다음 초기값 문제의 해를 구하여라.

$$\frac{d^2u}{dx^2} - 4u = 0,\ u(0) = 0,\ u'(0) = 3$$

◇ 해

주어진 미분방정식의 특성다항식 $L[m] = 0$ 은

$$L[m] = m^2 - 4 = (m-2)(m+2) = 0$$

이고, 근은 $m_1 = 2, m_2 = -2$ 이다. 따라서 일반해는

$$u(x) = c_1 e^{2x} + c_2 e^{-2x}$$

이다. 다음에 초기조건을 이용하여 얻은 임의 상수 c_1과 c_2에 관한 연립방정식

$$\begin{aligned} c_1 + c_2 &= 0 \\ 2c_1 - 2c_2 &= 3 \end{aligned}$$

을 풀면, $c_1 = 3/4,\ c_2 = -3/4$ 이다. 따라서 초기값 문제의 해는 다음과 같다.

$$u(x) = \frac{3}{4}\left(e^{2x} - e^{-2x}\right) = \frac{3}{2}\sinh 2x$$

• 경우Ⅱ : 복소수의 근

식 (1.6.7)에서 $p_0^2 - 4p_1 < 0$ 이면 두 개의 근 $m_{1,2}$ 는

$$m_{1,2} = -\frac{p_0}{2} \pm j\frac{1}{2}\sqrt{4p_1 - p_0^2} \quad (1.6.14)$$ [17]

---

17) 일반적으로 허수를 $i = \sqrt{-1}$ 로 표현하지만 전기관련 분야 전공자에게는 $j = \sqrt{-1}$ 가 더 일반적이므로 여기서는 이 표현법을 따르기로 한다.

즉, 복소수이며 일반해는 식 (1.6.11)로부터

$$u(x) = e^{-p_0 x/2}\left(c_1 e^{j\sqrt{4p_1 - p_0^2}\,x/2} + c_2 e^{-j\sqrt{4p_1 - p_0^2}\,x/2}\right) \tag{1.6.15}$$

이다. 여기서도 다음 몇 가지의 삼각함수 관련공식

$$e^{j\theta} = \cos\theta + j\sin\theta \qquad \text{(1.6.16 a)}$$ [18]

$$\cos(\alpha + \beta) = \cos\alpha\,\cos\beta - \sin\alpha\,\sin\beta \qquad \text{(1.6.16 b)}$$

$$\cos^2\beta + \sin^2\beta = 1 \qquad \text{(1.6.16 c)}$$

을 적용하여 정리하면 다음 두 종류의 일반해를 얻을 수 있다.

$$u(x) = e^{-p_0 x/2}\left[A\sin\left(\frac{1}{2}\sqrt{4p_1 - p_0^2}\;x\right) + B\cos\left(\frac{1}{2}\sqrt{4p_1 - p_0^2}\;x\right)\right] \qquad \text{(1.6.17 a)}$$

$$u(x) = c_3 e^{-p_0 x/2}\cos\left(\frac{1}{2}\sqrt{4p_1 - p_0^2}\,x + c_4\right) \qquad \text{(1.6.17 b)}$$

만약 어떤 특별한 형태의 해를 요구하지 않는 경우에는 식 (1.6.15)의 형식을 해로 사용하여도 무방하다.

▶ 예제 1.6.2

다음 미분방정식의 일반해를 구하여 보자.

$$\frac{d^2u}{dx^2} + 2\frac{du}{dx} + 5u = 0$$

◇ 해

주어진 미분방정식의 특성다항식 $L[m]=0$은

$$L[m] = m^2 + 2m + 5 = 0 \qquad ①$$

이다. ①의 해는

$$m_{1,2} = -1 \pm j2$$

이므로 일반해는 식 (1.6.15)에 의해

$$u(x) = c_1 e^{(-1+j2)x} + c_2 e^{(-1-j2)x} \qquad ②$$

18) 이것은 오일러의 공식으로 알려져 있다.

이다. 위 식을 식 (1.6.17)의 형태로 고치면

$$u(x) = e^{-x}(A\cos 2x + B\sin 2x) \qquad ③$$

또는

$$u(x) = c_3 e^{-x}\sin(2x + c_4) \qquad ④$$

인 것은 쉽게 확인할 수 있다. 여기서 적절한 a와 b의 값을 지정한다면 $\cos(2x+a) = \sin(2x+b)$로 되어, 식 (1.6.17 b)와 ④는 동일한 식이라는 것을 알 수 있다. 또한 론스키안은 모든 실수값 x에 대해

$$W(x) = \begin{vmatrix} e^{-x}\cos 2x & e^{-x}\sin 2x \\ \dfrac{d}{dx}(e^{-x}\cos 2x) & \dfrac{d}{dx}(e^{-x}\sin 2x) \end{vmatrix} = 2e^{-2x} > 0$$

이다.

- **경우 Ⅲ: 동일한 크기의 실수근**

$\left(p_0^2 - 4p_1\right) = 0$이면 $m_1 = m_2$이므로 식 (1.6.6)은 중근을 가진다. 이 경우 식 (1.6.10)은

$$u(x) = c_1 e^{m_1 x} + c_2 e^{m_2 x} = (c_1 + c_2)e^{mx} = ce^{mx} \qquad (1.6.18)$$

(단, $c_1 + c_2 = c$, $m_1 = m_2 = m$ 이다)

로 되어 오직 하나의 해만을 갖게 되어 일반해로 될 수 없다. 따라서 $u(x) = e^{mx}$와 일차독립인 나머지 하나의 해를 구하는 방법에 대하여 알아보자. 먼저 특성다항식 $L[m] = 0$이 $\left(p_0^2 - 4p_1\right) = 0$으로 되어 동일한 크기의 근 $m_1 = m_2 = -a_1/2$을 가진다면 미분연산자 $L[D]$는 인수 $(D + p_0/2)^2$를 가져야 하므로

$$\left(D + \frac{p_0}{2}\right)^2 u = 0 \qquad (1.6.19)$$

을 만족하는 두 개의 1차독립인 해를 구하면 된다. 이때 식 (1.6.19)를 만족하는 u로서

$$u(x) = e^{-p_0 x/2} x^k, \ (k = 0, 1) \qquad (1.6.20)^{19)}$$

19) $L[D]$가 상수계수를 가지는 D의 다항식연산자일 때 $L[D-m](e^{mx}u) = e^{mx}L[D]u$이다. 따라서 $(D-m)^2(e^{mx}x^k) = e^{mx}D^2x^k = 0$, $(k=0,1)$이 성립한다.

로 둔다면 식 (1.6.19)가 만족되어

$$u_{k+1}(x) = x^k e^{-p_0 x/2}, \ (k = 0, 1) \tag{1.6.21}$$

의 각각은 $u_1(x) = e^{-p_0 x/2}$, $u_2(x) = xe^{-p_0 x/2}$ 이고, 이들은 1차독립이므로 기본해의 집합으로 될 수 있다. 이때의 일반해는

$$u(x) = c_1 e^{-p_0 x/2} + c_2 x e^{-p_0 x/2} = (c_1 + c_2 x) e^{-p_0 x/2} \tag{1.6.22}$$

이다.

▶ 예제 1.6.3

다음 초기값 문제의 해를 구하여 보자.

$$\frac{d^2u}{dx^2} + 6\frac{du}{dx} + 9u = 0, \ u(0) = 2, \ u'(0) = 0$$

≫ 해

위 문제의 특성다항식

$$m^2 + 6m + 9 = 0$$

으로부터 $m = -3$, 즉 중근을 얻는다. 따라서 식 (1.6.22)에 의해 일반해는

$$u(x) = c_1 e^{-3x} + c_2 x e^{-3x}$$

이다. 또 초기조건으로부터 $u(0) = 2$이므로

$$2 = c_1$$

이고, 일반해 $u(x)$를 미분하면

$$\frac{du}{dx} = (c_1 + c_2 x)(-3e^{-3x}) + c_2 e^{-3x}$$

이므로, 초기조건 $u'(0) = 0$으로부터

$$-3c_1 + c_2 = 0 \ \rightarrow c_2 = 6$$

이다. 따라서 초기값 문제의 해는

$$u(x) = 2(1 + 3x)e^{-3x}$$

이다.

- 경우(Ⅰ ~ Ⅲ)의 요약

경우	식 (1.6.1)의 근	식 (1.6.1)의 기본해	식 (1.6.1)의 일반해
Ⅰ	서로 다른 실수의 근 λ_1, λ_2	$e^{\lambda_1 x}, \ e^{\lambda_2 x}$	$u = c_1 e^{\lambda_1 x} + c_2 e^{\lambda_2 x}$
Ⅱ	복소수의 근 $\lambda_1 = -\sigma/2 + j\omega,$ $\lambda_2 = -\sigma/2 - j\omega,$	$e^{-\sigma x/2}\cos\omega x, \ e^{-\sigma x/2}\sin\omega x$	$u = e^{-\sigma x/2}(A\cos\omega x + B\sin\omega x)$
Ⅲ	동일한 크기의 실수근 $\lambda_{1,2} = -\sigma/2$	$e^{-\sigma x/2}, \ xe^{-\sigma x/2}$	$u = (c_1 + c_2 x)e^{-\sigma x/2}$

1.6.1 MATLAB에 의한 풀이

```
% [예제 1.6.1]
syms u
u=dsolve('D2u-4*u=0','u(0)=0','Du(0)=3','x')          % u″-4u=0의 해
pretty(u)                                              % 보기 편리한 형식으로 변환

% [예제 1.6.2]
syms x
u=dsolve('D2u+2*Du+5*u=0','x'); simple(u)             % u″+2u′+5u=0의 일반해

% 명령어 'ode23'의 사용
% 아래 함수를 exp1_6_2.m으로 저장한다.
function uprime = exp1_6_2(x, u)
uprime = [ u(2); -2*u(2)-5*u(1)];
%                                                      % 여기까지를 exp1_6_2.m file로 저장
tspan = [0 6];                                         % solution for t=0 to t=6
uo = [0 ; 3];                                          % initial condition
[time, u] = ode23('exp1_6_2', tspan, uo);              % 'ode23'에 의한 미분방정식의 해
plot(time, u(:,1));                                    % 결과를 그림으로 표시
xlabel(' x '), ylabel(' u '); title('Solution to Example 1.6.2')
%

% [예제 1.6.3]
u=dsolve('D2u+6*Du+9*u=0','u(0)=2','Du(0)=0','x') % u″+6u′+9u=0의 일반해
pretty(u)

% 명령어 'ode23'의 사용
% 아래 함수를 exp1_6_3.m으로 저장한다.
```

```
function uprime = exp1_6_3(x, u)
uprime = [ u(2); -6*u(2)-9*u(1)];
%
< 나머지 부분은 [예제 1.6.2]와 동일>
```

- MATLAB의 Symbolic Toolbox를 사용하면 미분방정식의 해를 비교적 간단하게 얻을 수 있으나, [예제 1.6.2]에서와 같이 MATLAB이 제공하는 명령어인 'ode23' 또는 'ode34' 등을 이용하여 해를 구할 수도 있다. 이들 명령어는 Symbolic의 명령어인 'dsolve'로 풀기 어려운 미분방정식까지 해결할 수 있다는 장점이 있으나, 'dsolve'의 결과처럼 해의 형식을 출력하지 않기 때문에 해를 이용한 그래프 등이 필요한 경우에 유용하다.
- 'ode23' 또는 'ode34'를 사용하고자 하는 경우에는, 미분방정식을 나타내는 함수를 정의하여 m 파일로 미리 저장하여 두어야 한다. [예제 1.6.2]의 경우 m 파일인 'exp1_6_2'를 명령어 'ode23'에 지정하여 실행시킨다.

연습문제 1.6.2

1. 다음 미분방정식의 일반해를 적절한 형식으로 표현하여라.

(1) $u'' - 9u = 0$　(2) $u'' + 4u' + 4u = 0$　(3) $u'' - 4u' + 8u = 0$

(4) $2u'' + 6u' + 5u = 0$　(5) $4u'' + u = 0$　(6) $u'' + 4u' - 4u = 0$

(7) $u'' - 4u' + 8u = 0$　(8) $u'' + 5u' + 3u = 0$

2. 다음과 같이 두 개의 기본해를 가지는 미분방정식 $u'' + au' + bu = 0$ 을 구하여라.

(1) $u_1(x) = e^{2x},\ u_2(x) = e^{x}$　(2) $u_1(x) = e^{x\sqrt{3}},\ u_2(x) = x e^{x\sqrt{3}}$

(3) $u_1(x) = e^{4x},\ u_2(x) = e^{-4x}$　(4) $u_1(x) = 1,\ u_2(x) = e^{-3x}$

3. 다음과 같은 초기값을 가지는 미분방정식의 일반해를 적절한 형식으로 표현하여라.

(1) $u'' - 2u' - 3u = 0,\ u(0) = 2,\ u'(0) = 14$

(2) $u'' + 4u' + 5u = 0,\ u(0) = 2,\ u'(0) = -5$

(3) $u'' + \pi u' = 0,\ u(0) = 3,\ u'(0) = -\pi$

(4) $10u'' + 5u' + 0.625u = 0,\ u(0) = 2,\ u'(0) = -4.5$

(5) $20u'' + 4u' + u = 0,\ u(0) = 3.2,\ u'(0) = 0$

(6) $u'' - 25u = 0,\ u(0) = 0,\ u'(0) = 40$

4. 초기값이 $u(0) = 1, u'(0) = -1$ 인 미분방정식 $u'' - u = 0$ 의 해 $u_1(x)$ 를 구하여라. 이때 초기값을 $u(0) = 1.001, u'(0) = -0.999$ 로 변경하여 해 $u_2(x)$ 를 구하고 MATLAB를 이용하여 그래프로서 $u_1(x)$ 와 $u_2(x)$ 를 비교하여라. 이 경우 $x = 0$ 에서 초기값의 작은 변화가 x 가 커졌을 때(예를 들어 $x = 10$)에 두 해 사이에 큰 변화를 야기하는지의 이유를 설명하여 보아라.

5. 다음과 같은 고계의 미분방정식에 대하여 생각하여 보자.

$$u^{(n)} + a_1 u^{(n-1)} + \cdots + a_{n-1}u' + a_n u = 0$$

위 미분방정식의 특성다항식은

$$m^n + a_1 m^{n-1} + \cdots + a_{n-1}m + a_n = 0$$

이다. $m_1, m_2, \cdots, m_n$을 위 특성다항식의 근이라고 할 때 $e^{m_1 x}, e^{m_2 x}, \cdots, e^{m_n x}$가 고계미분방정식의 해인 이유를 설명하여라.

1.7 스프링–질량 시스템: 입력이 인가되지 않은 경우

선형인 2계 미분방정식의 해를 구하는 과정에는 물리시스템의 해석에 필요한 일반적인 사항을 포함하고 있기 때문에 미분방정식의 설명에서 중요한 역할을 한다. 여기서는 선형이며 2계로 표현될 수 있는 수많은 물리시스템 중에서 질량–스프링–마찰로 이루어진 시스템을 예를 들어 설명하기로 한다.

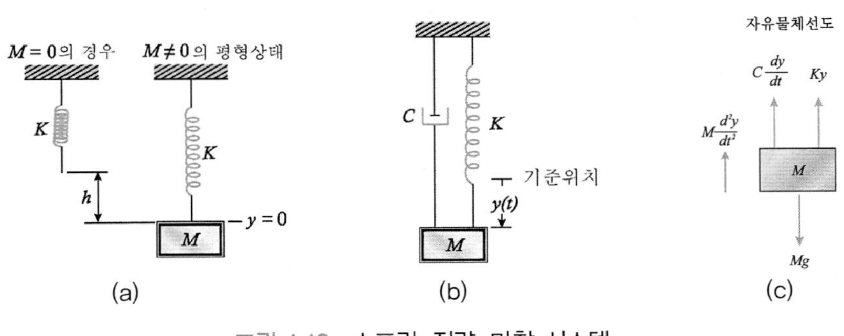

그림 1.10 스프링–질량–마찰 시스템

[그림 1.10 (a)]과 같은 스프링-질량 시스템을 생각한다. 이 시스템을 나타내는 식(즉 미분방정식)을 얻기 위하여 다음과 같은 가정을 둔다.

(1) 질량 $M\,[\mathrm{Kg}]$은 수직방향으로만 움직이는 것으로 한다.
(2) 비스코스(viscous)마찰 $C\,[\mathrm{Kg/s}]$는 질량이 움직이는 속도 $dy/dt\,[\mathrm{m/s}]$에 비례한다. 보통 낮은 속도에서는 가정이 성립하지만, 질량의 속도가 빨라지면 일반적으로 속도의 제곱에 비례하는 것으로 알려져 있다.
(3) 늘어난 스프링이 가지는 힘은 Kd로 주어진다. 이때 $d\,[\mathrm{m}]$는 정상상태의 스프링이 늘어난 거리를 의미하며, $K\,[\mathrm{N/m}]$는 스프링 상수로서 일정한 값을 가지는 것으로 한다.
(4) 스프링의 무게는 질량 M에 비교하여 무시할 수 있는 것으로 한다.
(5) 외부에서 힘이 가해지지 않는 것으로 한다.

이와 같은 가정 아래, 뉴턴의 제 2 법칙(즉, 에너지보존의 법칙)을 사용하여 미분방정식을 유도하여보자. 뉴턴의 제 2 법칙이란, 물체에 어떤 특정한 방향으로 작용하는 힘의 합은 그 방향으로 움직이는 물체의 가속도에 질량을 곱한 것과 같다는 것이다. 즉

$$\sum F_y = Ma_y \tag{1.7.1}$$ [20]

와 같이 쓸 수 있다. [그림 1.10 (a)]에서 질량은 스프링에 매달려 있으며, 이로 인해 스프링이 h 만큼 늘어났다고 했을 때 식 (1.7.1)로부터

$$Mg = hK \tag{1.7.2}$$

의 관계식을 얻는다. 여기서 $g\,[\mathrm{m/s^2}]$는 중력가속도이다. 위 식은 평형상태에서 질량에 의한 힘은 스프링이 가지는 힘과 같다는 것을 나타낸다. 이와 같이 스프링이 늘어난 상태에서 비스코스마찰(viscous damper)을 추가함으로써 질량에 의한 스프링의 움직임은 시간의 경과에 따라 정지 상태(즉 평형상태)에 이르게 된다는 것을 설명할 수 있다[그림 1.10 (b)]. 이때 질량에 작용하는 힘의 균형관계를 자유물체선도(free body diagram)를 이용하여 나타낸 것이 [그림 1.10 (c)]이다. 여기서 질량의 아래쪽으로 작용하는 힘을 (+)로 하여 뉴턴의 제 2 법칙을 적용하면 다음과 같다.

$$Mg - C\frac{dy}{dt} - K(y+h) = M\frac{d^2y}{dt^2} \tag{1.7.3}$$

---

20) a_y는 y방향의 가속도를 의미한다.

식 (1.7.2)를 이용하면 식 (1.7.3)은

$$M\frac{d^2y}{dt^2}+C\frac{dy}{dt}+Ky=0 \tag{1.7.4}$$

로 되어, [그림 1.10 (b)]의 시스템을 나타내는 선형이며 제차인 2계 미분방정식이다. 여기서는 우선 비스코스마찰계수 C가 충분히 작은값을 가지는 것으로 하여 무시하고 식 (1.7.4)의 해를 계산하기로 한다.

1.7.1 비감쇠운동

[그림 1.10]에서 아주 짧은 시간 간격을 생각한다면 비스코스마찰을 무시할 수 있다. 이 경우 식 (1.7.4)는

$$M\frac{d^2y}{dt^2}+Ky=0 \tag{1.7.5}$$

로 된다. 위 미분방정식의 특성다항식은

$$L[m]=Mm^2+K=0 \tag{1.7.6}$$

으로 되어 두 개의 허수근

$$m_{1,2}=\pm j\sqrt{\frac{K}{M}} \tag{1.7.7}$$

을 가지고 있음을 알 수 있다. 따라서 식 (1.6.15)에 의하여 일반해는

$$y(t)=c_1e^{jm_1t}+c_2e^{-jm_1t} \tag{1.7.8}$$

이다. 또는 식 (1.6.17)을 이용하면 다음과 같은 표현식을 얻을 수 있다.

$$y(t)=A\cos\sqrt{\frac{K}{M}}\,t+B\sin\sqrt{\frac{K}{M}}\,t \tag{1.7.9}$$

단 $A=c_1+c_2$, $B=j(c_1-c_2)$이다. 식 (1.7.9)로부터 시간 t가 0에서 $2\pi/\sqrt{K/M}$로 변동하는 동안에 질량 M은 한주기의 운동을 끝내게 된다는 것을 알 수 있다. 다시 말하

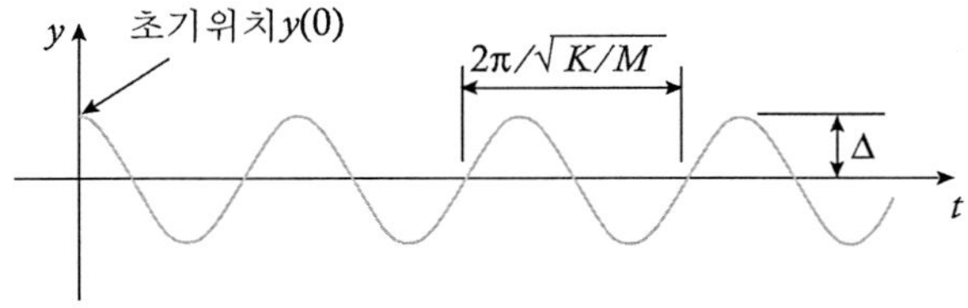

그림 1.11 조화진동

면, 질량의 움직임을 나타내는 $y(t)$는 주기함수이며 주기는 $\sqrt{K/M}/2\pi$ 이다([그림 1.11] 참조). 따라서 각주파수(angular frequency) ω_0는 다음과 같다.

$$\omega_0 = \sqrt{\frac{K}{M}} \ [\mathrm{rad/s}] \tag{1.7.10}$$

이를 이용하여 해 $y(t)$를 다시 쓰면

$$y(t) = A\cos\omega_0 t + B\sin\omega_0 t \tag{1.7.11}$$

이다. 이와 같은 질량의 움직임을 비감쇠운동(undamped motion)이라고 하며, 때때로 조화진동(harmonic oscillation)이라고도 한다. 식 (1.7.11)을 다시 삼각함수의 합에 관한 공식을 적용하면 다음과 같음을 쉽게 확인할 수 있다.

$$y(t) = \Delta\cos(\omega_0 t - \delta) \tag{1.7.12}$$

단, $\Delta = \sqrt{A^2 + B^2}$, $\delta = \tan^{-1}(A/B)$이다.

식 (1.7.5)의 일반해로부터 두 개의 임의 상수값을 결정하기 위해서는 두 개의 초기조건 $y(0)$ 및 $y'(0)$가 필요하다. [그림 1.11]은 초기속도를 영(즉, $y'(0)=0$)으로 두었을 경우의 식 (17.12)를 표현한 것이다.

1.7.2 감쇠운동(Damped Motion)

1.7.1절에서 질량이 짧은 기간 움직이는 것으로 가정하여 비스코스마찰을 무시하였으나, 여기서는 질량의 움직임에 대한 마찰을 고려하여 미분방정식을 유도하고 이것의 해를 구하여 보기로 한다. 식 (1.7.5)에 마찰을 인가하면 미분방정식은

$$M\frac{d^2y}{dt^2} + C\frac{dy}{dt} + Ky = 0 \tag{1.7.13}$$

이다. 식 (1.7.13)의 특성다항식

$$L[m] = Mm^2 + Cm + K = 0 \tag{1.7.14}$$

으로부터 두 개의 근

$$m_{1,2} = -\frac{C}{2M} \pm \frac{1}{2M}\sqrt{C^2 - 4MK} \tag{1.7.15}$$

를 얻는다. 여기서 $\Omega = (\sqrt{C^2 - 4KM})/2M$으로 두고 $m_1 \neq m_2$로 가정한다면, 일반해는 식 (1.6.10)으로부터

$$y(t) = c_1 e^{-(C/2M)t + \Omega t} + c_2 e^{-(C/2M)t - \Omega t} \tag{1.7.16}$$

혹은

$$y(t) = e^{-(C/2M)t}\left[c_1 e^{\Omega t} + c_2 e^{-\Omega t}\right] \tag{1.7.17}$$

임을 알 수 있다. 1.6절에서 이미 언급한 바와 같이 특성다항식 (1.7.14)의 두 근의 종류에 따라 일반해의 형식이 달라진다. 이를 분류하면 다음과 같다.

Case 1: 과도제동 $C^2 - 4KM > 0$: 두 개의 근 $m_{1,2}$는 실수이다.

Case 2: 임계제동 $C^2 - 4KM = 0$: $m_1 = m_2$, 즉 중근이다.

Case 3: 부족제동 $C^2 - 4KM < 0$: 두 개의 근 $m_{1,2}$는 복소수이다.

위의 세 가지 경우에 대한 미분방정식 (1.7.13)의 해를 조사하여 보자.

• Case 1: 과도제동

이 경우 두 개의 근 $m_{1,2}$가 실수이며, 해는 식 (1.7.17)의 형식으로 표현되어 시간의 경과와 함께 출력 $y(t)$는 영으로 빠르게 수렴함을 알 수 있다. 몇 가지 형식의 제동모양을 [그림 1.12]에 나타내었다[21].

---

21) [그림 1.12]에서 양의 초기속도란 $v(t) = \frac{dy(t)}{dt} = \lim_{\Delta \to 0} \frac{y(\Delta) - y(0)}{\Delta} > 0$, 즉 $y(\Delta) - y(0) > 0$인 것을 의미한다.

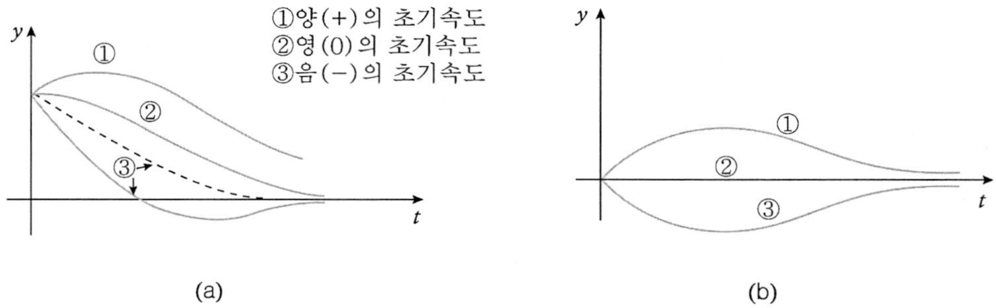

그림 1.12 과도제동

- **Case 2: 임계제동**

두 개의 근이 같은 값을 가지므로 해는 식 (1.6.22)로부터 다음과 같은 모양임을 알 수 있다.

$$y(t) = c_1 e^{mt} + c_2 t e^{mt} \tag{1.7.18}$$

따라서 실제의 값을 대입하면 식 (1.7.18)은

$$y(t) = e^{-(C/2M)t}[c_1 + c_2 t] \tag{1.7.19}$$

이다. 몇 종류의 임계제동 모양을 [그림 1.13]에 표시하였다.

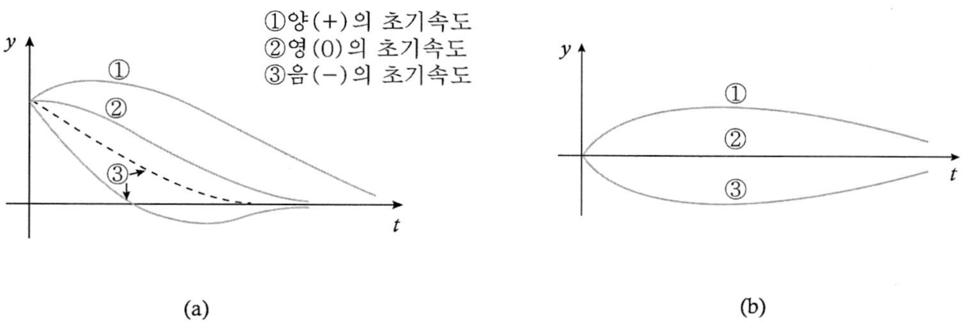

그림 1.13 임계제동

• Case 3: 부족제동

일반적으로 세 가지의 제동형식 중에서 가장 바람직한 모양을 나타낸다. 즉 (C^2-4KM)이 영보다 작기 때문에 근은 한 쌍의 복소수로 되어 식 (1.7.17)은 다음과 같이 표현될 것이다.

$$y(t)=e^{-(C/2M)t}[c_1e^{j\Omega t}+c_2e^{-j\Omega t}] \tag{1.7.20}$$

이를 오일러의 정리를 이용하여 sine 파의 형식으로 고치면

$$y(t)=e^{-(C/2M)t}[c_3\cos\Omega t+c_4\sin\Omega t] \tag{1.7.21}$$

이다. 위 식으로부터 출력(즉 질량 M의 위치변동)은 시간의 경과에 따라 진동하면서 영(즉 평형상태)으로 수렴함을 알 수 있다. 이때 진동의 주파수는 $\sqrt{4KM-C^2}/(4\pi M)$이며, $C\to 0$에 따라 (즉 마찰이 줄어듦에 따라) 감쇠가 거의 없는 진동성분만 남게 된다. 식 (1.7.21)은 삼각함수의 공식을 이용하면 식 (1.7.22)와 같이 좀더 그림으로 나타내기 쉬운 형식으로 바꿀 수 있다.

$$y(t)=A\,e^{-(C/2M)t}\cos(\Omega t-\delta) \tag{1.7.22}$$

단

$$\tan\delta=\frac{c_3}{c_4},\quad A=\sqrt{c_3^2+c_4^2} \tag{1.7.23}$$

이다. $y'(0)=0$인 경우의 부족제동을 나타낸 [그림 1.14]로부터 출력의 완전한 감쇠에는 상당한 시간이 소요됨을 짐작할 수 있다.

부족제동의 경우, 연속되는 두 개의 최대값의 비는 진동하면서 감쇠하는 모양을 가진 출력의 감쇠정도를 나타내는 양으로 다음의 식으로 주어진다([예제 1.7.1] 참조).

$$\frac{y_n}{y_{n+2}}=e^{\pi C/\Omega M} \tag{1.7.24}$$

즉 특정한 감쇠의 모양을 나타내는 시스템에서는 일정한 값으로 되며, 식 (1.7.24)의 양변에 로그를 취한 값은 대수적 감쇠비율(logarithmic decrement) D라고 한다. 즉

$$D=\ln\frac{y_n}{y_{n+2}}=\frac{\pi C}{\Omega M} \tag{1.7.25}$$

로 정의된다. 식 (1.7.25)에 Ω의 정의식을 대입하여 미분방정식 (1.7.13)의 계수값으로 표현하면 다음과 같다.

$$D = \frac{2\pi C}{\sqrt{4KM - C^2}} \tag{1.7.26}$$

식 (1.7.26)을 임계제동인 경우의 마찰계수값 $C_c = 2\sqrt{KM}$ 을 이용하여 표시하면

$$D = \frac{2\pi C}{\sqrt{C_c^2 - C^2}} \tag{1.7.27}$$

또는

$$\frac{C}{C_c} = \frac{D}{\sqrt{D^2 + 4\pi^2}} \tag{1.7.28}$$

와 같이 나타낼 수 있다.

일반적으로 y_n과 y_{n+2}는 쉽게 측정할 수 있으므로 대수적 감쇠비율 D는 간단히 얻을 수 있는 양이다. 이때 식 (1.7.28)을 이용하면 어렵지 않게 임계제동 시스템의 마찰계수를 계산할 수 있다.

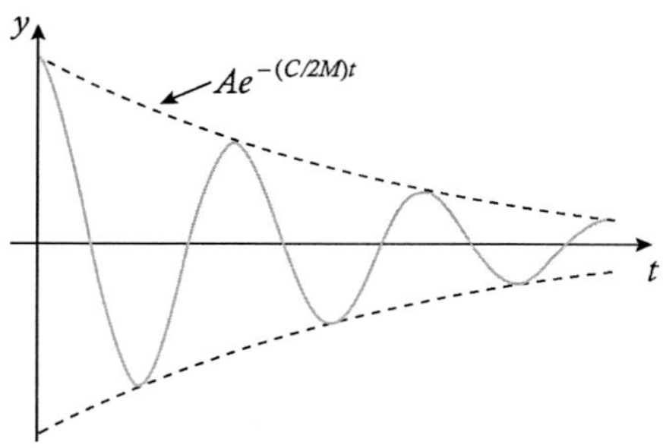

그림 1.14 부족제동

▶ 예제 1.7.1

식 (1.7.13)에서 $M=10$, $K=90$이라고 한다. 이때 마찰계수 C가 다음 세 가지 경우 중 하나일 때 질량 M의 움직임은 어떻게 변화하는지 조사하여 보자. 초기값은 $y(0)=0.16$, $y'(0)=0$ 이라고 가정한다.

(Ⅰ) $C=100$ (Ⅱ) $C=60$ (Ⅲ) $C=10$

◇ 해

(Ⅰ)의 경우: 식 (1.7.13)은

$$10y'' + 100y' + 90y = 0,\ y(0) = 0.16,\ y'(0) = 0 \qquad ①$$

이다. 이 시스템의 특성다항식은 $L[m] = 10m^2 + 100m + 90 = 10(m+9)(m+1) = 0$ 이므로 두 개의 근은 -9와 -1 이다. 따라서 특성다항식은

$$y = c_1 e^{-9t} + c_2 e^{-t}$$

이며, 여기에 초기조건을 적용하면 $c_1 = -0.02$ 와 $c_2 = 0.18$ 을 얻는다. 따라서 최종해는

$$y = -0.02e^{-9t} + 0.18e^{-t} \qquad ②$$

이다. ②는 $t \to \infty$ 이면 영으로 수렴하며 그 수렴속도는 상당히 빠르다. 다시 말하면, 시스템의 마찰계수가 너무 크기 때문에 초기조건에 의해 늘어나는 질량은 진동(즉 상하왕복운동)을 발생시키지 않고 짧은 시간 내에 정지상태로 된다는 것을 의미하고 있다.

(Ⅱ)의 경우: 특성방정식은

$$10m^2 + 60m + 90 = 10(m+3)^2 = 0$$

이므로 -3 에 중근을 가진다. 따라서 식 (1.7.19)에 의해 일반해는

$$y = (c_1 + c_2 t)e^{-3t}$$

이며, 여기에 초기조건을 적용하면 $c_1 = 0.16$ 과 $c_2 = 0.48$ 을 얻는다. 이로부터 해는

$$y = (0.16 + 0.48t)e^{-3t} \qquad ③$$

이다. 이 경우는 시스템의 마찰이 진동을 발생시키기 위한 임계점에 있기 때문에 진동은 발생하지 않지만, 정지상태로 가는 속도가 (Ⅰ)의 경우보다는 길어진다.

(Ⅲ)의 경우: 미분방정식이 $10y'' + 10y' + 90y = 0$로 된다. 이 시스템의 특성다항식은 $L[m] = 10[(m+1/2)^2 + 9 - 1/4] = 0$ 이므로 두 개의 복소수 근 $m_{1,2} = -0.5 \pm j2.96$ 을 가진다. 따라서 식 (1.7.21)로부터 일반해는

$$y = e^{-0.5t}(A\cos 2.96t + B\sin 2.96t)$$

이다. 여기에 초기조건을 대입하면 $A = 0.16$ 과 $B = 0.027$ 을 얻어서 최종적인 해는

$$y = e^{-0.5t}(0.16\cos 2.96t + 0.027\sin 2.96t) = 0.162e^{-0.5t}\cos(2.96t - 0.17)$$

이다. 이것은 시스템의 마찰계수가 임계값보다 작기 때문에 초기조건에 의한 질량 M의 움직임은 2.96 [rad/s]의 주기를 가지는 sine파 모양으로 진동하면서 수렴한다는 것을 의미한다. [그림 1.15]에 위의 세 가지 경우에 대한 출력응답을 나타내었다.

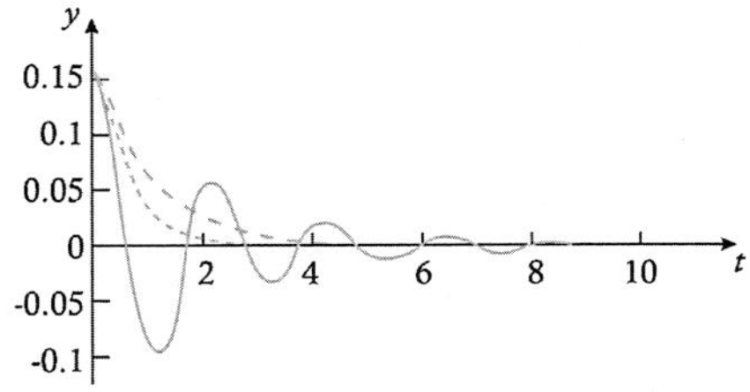

그림 1.15 [예제 1.7.1]

▶ 예제 1.7.2

부족제동으로 움직이고 있는 시스템의 출력에 대한 대수적 감쇠비율 D를 계산하여 보자.

◇ 해

부족제동인 스프링-질량 시스템의 출력은 식 (1.7.22)로 주어져 있다. 즉

$$y(t) = Ae^{-(C/2M)t}\cos(\Omega t - \delta) \qquad ①$$

이다. 이때 D의 계산을 위해서는 $y(t)$의 연속되는 두 개의 최대값이 필요하므로, 이를 위해 먼저 $dy/dt = 0$(즉 기울가가 영으로 되는)을 만족하는 시간 t를 계산한다. 즉

$$\frac{dy}{dt} = -\left[\frac{C}{2M}\cos(\Omega t - \delta) + \Omega\sin(\Omega t - \delta)\right]Ae^{-(C/2M)t} = 0 \qquad ②$$

에서

$$\tan(\Omega t - \delta) = -\frac{C}{2M\Omega}$$

이다. 이를 일반식으로 표현하면

$$\tan^{-1}\left(-\frac{C}{2M\Omega}\right) + n\pi = \Omega t - \delta$$

이다. 이로부터 출력의 최대값이 나타나는 시간은 다음과 같다.

$$t = \frac{\delta}{\Omega} - \frac{1}{\Omega}\tan^{-1}\left(\frac{C}{2M\Omega}\right) + \frac{n\pi}{\Omega} \qquad ③$$

여기서 $n = 0$이면 출력의 첫번째 최대값이고, $n = 2$이면 두 번째 최대값을 나타낸다[22]. 따라서 D의 계산을 위해 먼저

$$B = \frac{\delta}{\Omega} - \frac{1}{\Omega}\tan^{-1}\left(\frac{C}{2M\Omega}\right)$$

---

22) $n = 1$이면 최소값이다.

으로 두고 y_n/y_{n+2}를 계산하면 다음과 같다.

$$\frac{y_n}{y_{n+2}}=\frac{Ae^{-(C/2M)[B+(n\pi/\Omega)]}\cos\left[\Omega\left(B+\frac{n\pi}{\Omega}\right)-\delta\right]}{Ae^{-(C/2M)[B+((n+2)\pi/\Omega)]}\cos\left[\Omega\left(B+\frac{n+2}{\Omega}\pi\right)-\delta\right]} \quad ④$$

$$=e^{\pi C/\Omega M}\frac{\cos\left[B\Omega+n\pi-\delta\right]}{\cos\left[B\Omega+n\pi-\delta+2\pi\right]}=e^{\pi C/\Omega M}$$

이 결과로부터, 연속하는 최대값의 비는 시스템의 M, K 및 C의 값에 의존하며, 시간과는 무관함을 알 수 있다. 즉 주어진 특정한 스프링–질량–마찰 시스템에 있어 일정한 값을 가진다.

1.7.3 전기회로와의 상사관계

여기서는 [그림 1.6] RLC 전기회로의 식 (1.4.4)에서 $dv/dt=0$인 경우의 해를 생각하여 보자. 먼저 식 (1.4.4)와 식 (1.7.4)를 비교하여 보면, 전기회로의 R, L 및 L과 질량–스프링–마찰 시스템의 변수 사이에는 다음과 같은 관련성이 있음을 알 수 있다.

표 1.1 전기회로와 스프링–질량 시스템의 상사관계

스프링 – 질량 – 마찰		전기회로
M	→	L
C	→	R
K	→	$1/C$

따라서 위의 상사관계를 이용하면 1.6절의 결과로 얻어진 미분방정식의 해 $y(t)$는 전기회로의 전류 $i(t)$에 대해서도 동일하게 적용할 수 있을 것이다.

먼저, 스프링–질량–마찰 시스템에서 $C=0$(즉 마찰이 없다)인 비감쇠인 경우는 전기회로에서 $R=0$에 해당한다. 다시 말하면, 전기회로에서 열로 사라지는 에너지가 없다는 것을 의미한다. 따라서 1.7.2절의 식 (1.7.11)로부터 전기회로에 흐르는 전류는 다음과 같다.

$$i(t)=A\cos\omega_0 t+B\sin\omega_0 t \quad (1.7.29)$$

단

$$\omega_0=\sqrt{\frac{1}{LC}} \quad (1.7.30)$$

이다. 일반적으로 전기회로에서 L과 C의 값은 대단히 작기 때문에, 식 (1.7.30)은 상당히 작은 값으로 된다. 한편 전기회로에서 $R \neq 0$인 경우의 해는 식 (1.7.17)로부터

$$i(t) = e^{-(R/2L)t}\left[c_1 e^{\left(\sqrt{R^2-4L/C}\right)t/2L} + c_2 e^{\left(-\sqrt{R^2-4L/C}\right)t/2L}\right] \tag{1.7.31}$$

로 되어 다음과 같은 세 종류의 제동으로 분류할 수 있다.

Case 1: 과제동 $\qquad R^2 - \dfrac{4L}{C} > 0$

Case 2: 임계제동 $\qquad R^2 - \dfrac{4L}{C} = 0$

Case 3: 부족제동 $\qquad R^2 - \dfrac{4L}{C} < 0$

예제 1.7.3

키르히호프의 전류법칙을 이용하여 [그림 1.16]에 대한 미분방정식을 세우고, [표 1.1]의 상사관계를 이용하여 해를 구하여보자.

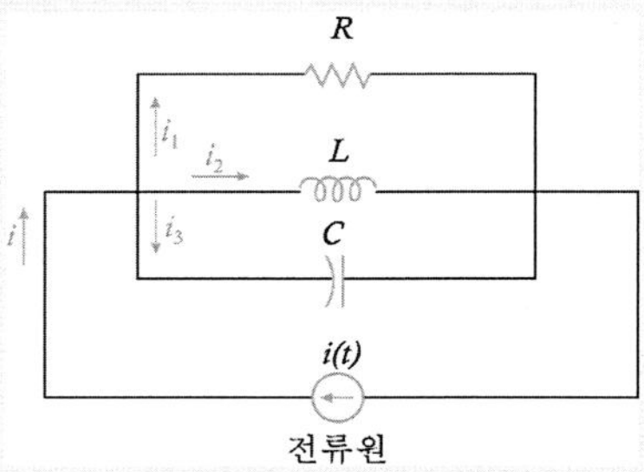

그림 1.16 RLC 병렬회로

해

키르히호프의 전류법칙으로부터

$$i(t) = i_1 + i_2 + i_3$$

을 얻는다. 이때 각 단자에 흐르는 전류와 전압 사이의 관련성을 적용하면

$$i(t) = \frac{v}{R} + C\frac{dv}{dt} + \frac{1}{L}\int_0^t v(\tau)d\tau$$

로 된다. 만약 그림의 전류원이 일정한 값을 가진다면 $di/dt = 0$이므로, 양변을 미분하면

$$C\frac{d^2v}{dt^2}+\frac{1}{R}\frac{dv}{dt}+\frac{v}{L}=0 \qquad ①$$

이다. ①에 [표 1.1]의 상사성을 적용하면, 즉

$$M \to C\,(\text{커패시터}),\ C(\text{마찰}) \to \frac{1}{R},\ K \to \frac{1}{L}$$

의 변환을 이용하면 전기회로를 나타내는 제차미분방정식의 해는

$$v(t)=e^{-(t/2CR)}\left[c_1e^{\sqrt{(1/R^2)-(4C/L)}\,(t/2C)}+c_2e^{-\sqrt{(1/R^2)-(4C/L)}\,(t/2C)}\right] \qquad ②$$

이다.

1.7.4 MATLAB에 의한 풀이

```
% [예제 1.7.1]
u_100=dsolve('10*D2u+100*Du+90*u=0','u(0)=0.16','Du(0)=0','x')     % ①의 해(C=100)
u_60=dsolve('10*D2u+60*Du+90*u=0','u(0)=0.16','Du(0)=0','x')       % ①의 해(C=60)
u_10=dsolve('10*D2u+10*Du+90*u=0','u(0)=0.16','Du(0)=0','x')       % ①의 해(C=10)
ezplot(u_10,[0 10]),hold on                                        % 해를 그림으로 표시
ezplot(u_60,[0 10]), ezplot(u_100,[0 10]), hold off
axis([0 10 -0.1 0.15]), grid                                       % x, y 축의 크기를 변경

% [예제 1.7.2]
syms A C M Omega delta t n                       % symbolic 변수의 지정
yt=A*exp(-C/2/M*t)*cos(Omega*t-delta);           % ①의 지정
dyt=diff(yt,'t');                                % ②의 계산
tn=solve(dyt,'t');tn=tn+n*pi/Omega;              % ②를 영으로 하는 값(즉 ③)의 계산
pretty(tn)                                       % 간단한 형식으로 변환
yn=subs(yt,t,tn);yn2=subs(yn,n,n+2);             % ①에 tn을 대입하여 y_n 의 계산,
                                                 % 여기에 n→n+2 로 하여 y_{n+2} 의 계산
simple(yn/yn2)                                   % ④의 확인

% [예제 1.7.3]
syms C R L v
vt=dsolve('C*D2v+1/R*Dv+v/L=0','t');             % Cv''+(1/R)v'+(1/L)v=0 의 해
pretty(vt)                                       % ②의 확인
```

연습문제 1.7.5

1. (비감쇠운동): 초기위치 y_0에서 초기속도 v_0를 가지는 식 (1.7.9)의 조화진동을 구하여라. 또 $\omega_0=\pi$, $y_0=1$ 및 몇 가지 종류의 v_0에 대하여 (비감쇠운동의) 해를 동일한 그래프 상에 나타내라. 시간 t가 얼마일 때 위에서 얻은 해곡선이 서로 만나게 되는가? 또 그 이유를 설명하여라.

2. (비감쇠운동): [그림 P1.2]와 같은 진자(pendulum)가 천정에 매달려 있다. 진자의 무게는 m이고 막대의 길이는 L이라 하자. 이때 공기의 저항과 막대의 무게를 무시하고, 각도 θ가 작은 값을 가져 $\sin\theta \approx \theta$로 둘 수 있다는 가정아래 진자의 진동주파수를 구하여라.

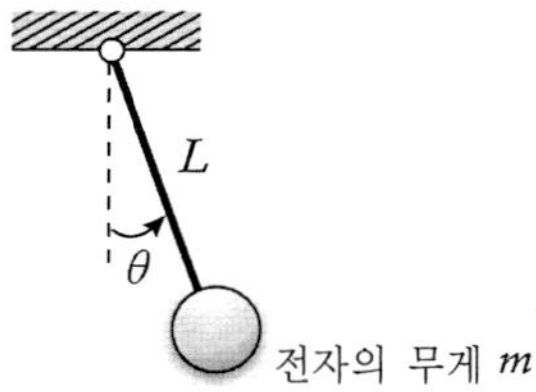

그림 P1.2 [문제 2]

3. (비감쇠운동):
   (a) 비감쇠운동을 하고 있는 물체에 초기값을 더 크게 줌으로써 조화진동을 좀더 빠르게 할 수 있는가?
   (b) 비감쇠운동의 질량–스프링 시스템에서, (i) 스프링계수를 세 배 강한 것을 취하거나, (ii) 더 무거운 질량을 사용하였을 경우 조화진동의 주파수는 어떻게 변화하나?

4. (비감쇠운동): 스프링상수가 $0.5\,[\mathrm{N/m}]$인 스프링에 질량 $0.03\,[\mathrm{kg}]$인 추가 매달려 있다고 한다. 이 시스템이 한 주기의 완전한 진동을 수행하는 데 걸리는 시간을 계산하여라.

5. (비감쇠운동): $20\,[\mathrm{kg}]$의 질량이 스프링에 매달려 있다. 조화진동의 주파수가 초당 $2/\pi$ 만큼의 진동수와 같다면, 스프링상수 K는 얼마인가? 처음의 질량을 $80\,[\mathrm{kg}]$으로 교체한다면 조화진동의 주파수는 얼마로 되는가?

6. (비감쇠운동): $20\,[\mathrm{kg}]$의 질량이 스프링을 $6\,[\mathrm{cm}]$ 늘어나게 한다. 질량이 평형점 아래 $6\,[\mathrm{cm}]$ 지점에서 운동을 시작한다고 한다.

(1) $t=\pi/12, \pi/8, \pi/6, \pi/4, 9\pi/32$ [s] 에서의 질량의 위치를 구하여라.

(2) $t=3\pi/16$ [s] 일 때 질량의 속도는 얼마인가? 이 순간에 질량은 어느 방향으로 향하고 있는가?

(3) 질량이 평형점을 통과하는 시각을 구하여라.

7. (감쇠운동): 감쇠운동을 하는 질량–스프링–마찰 시스템에서 평형점에서의 초기속도가 50 [m/s] 로 주어졌다. $M=4$ [kg], $K=64$ [N/m], 및 $C=40$ [kg/s] 일 때 $y(t)$를 구하여라.

8. (감쇠운동): 감쇠운동을 하는 질량–스프링–마찰 시스템에서 $M=4$ [kg], $K=64$ [N/m], 및 $C=32$ [kg/s] 로 주어졌다고 한다. 질량 M을 평형점 아래 1 [m] 지점의 정지상태에서 출발시켰다고 한다. 이때 처음 2 [s] 동안의 $y(t)$ 를 그림으로 나타내어라. 또한 몇 번인가의 실험을 되풀이한 후 마찰력이 떨어져서 $C=20$ [kg/s] 으로 되었을 경우에 대한 그림을 그려서 처음의 그림과 비교하여라.

9. (감쇠운동): 과제동에 관하여 생각하여 보자. 즉 $M=2$ [kg], $K=100$ [N/m], $C=32$ [kg/s] 이며, 초기값이 $y(0)=0, y'(0)=10$ [m/s] 인 시스템에서 질량의 움직임을 식 (1.7.17)의 형식으로 표현하여라.

10. (감쇠운동): $M=30$ [kg], $K=2000$ [N/m] 및 $C=300$ [kg/s] 인 질량–스프링–마찰 시스템에서 [그림 1.14]로 주어지는 부족제동의 출력 $y(t)$ 의 최대값은 일정한 시간 간격으로 발생한다는 것을 보이고, 이때의 간격을 구하여라.

11. (감쇠운동): 초기값이 y_0 이며 초기속도가 v_0 일 때 식 (1.7.19)로 주어지는 임계제동의 표현식을 구하여라. 또한 식 (1.7.19)에서 $(C/2M)=1$, $y_0=1$ 일 때 다음 각 경우에 대하여 그림으로 확인하여라.

i) [그림 1.13]과 같이 곡선이 t축을 지나가지 않는 경우.

ii) $t=1, 2, \cdots, 5$ 에서 각각 t축과 만나도록 하는 다섯 개의 초기속도 v_0에 대한 $y(t)$.

12. (감쇠운동): 0.9 [kg] 의 힘이 스프링을 0.3 [m] 늘어나게 한다고 한다. 1.45 [kg] 의 질량이 스프링에 매달려 있고, 시스템은 순간속도의 0.4배에 해당하는 마찰을 제공하는 매질에 잠겨있다고 한다.

(1) 질량이 평형점 아래 0.3 [m] 지점에서 운동을 시작한다고 할 때 운동방정식을 구하여라.

(2) 식 (1.7.22)와 같은 형식으로 해를 구하여라.

(3) 질량이 위로 올라가면서 평형점에 도달하는 최초의 시각을 계산하여라.

13. (감쇠운동): $4.5\,[\mathrm{kg}]$의 질량이 $0.6\,[\mathrm{m}]$ 늘어난 스프링에 매달려 있다. 질량은 순간속도의 $\beta\,(>0)$ 배와 동일한 감쇠력을 발생시키는 감쇠장치가 스프링과 연결되어 있다. 이때 (1) 과제동, (2) 임계제동, (3) 부족제동으로 되는 β의 값을 결정하여라.

14. (전기회로와의 상사): 커패시터 $C=10^{-6}\,[\mathrm{F}]$와 인덕터 $L=10^{-4}\,[\mathrm{H}]$, 및 저항 $R\,[\Omega]$인 직렬회로에 흐르는 전류의 연속적인 두 개의 최대값을 각각 $0.02\,[\mathrm{A}]$와 $0.01\,[\mathrm{A}]$ 라 하자. 이때 저항 R의 값을 결정하고, 식 (1.7.22)의 형식으로 회로에 흐르는 전류 $i(t)$의 식을 표현하여라.

15. (전기회로와의 상사): 커패시터 $C=2\times 10^{-5}\,[\mathrm{F}]$, 인덕터 $L=10^{-3}\,[\mathrm{H}]$ 및 저항 $R[\Omega]$인 회로가 있다. 이때 (1) 회로가 직렬로 연결된 경우 및 (2) 병렬로 연결된 경우에 대하여, 회로 내에 진동전류가 흐르기 위한 임계저항 R를 각각 계산하여라.

1.8 상수계수를 가지는 2계 비제차 선형미분방정식: 미정계수법

2계 비제차 선형미분방정식의 일반형은 다음과 같다.

$$\frac{d^2u}{dx^2}+p_0\frac{du}{dx}+p_1u=g(x) \tag{1.8.1}$$

이와 같은 비제차 미분방정식의 일반해는 외부항 $g(x)$가 영인 제차방정식

$$\frac{d^2u}{dx^2}+p_0\frac{du}{dx}+p_1u=0 \tag{1.8.2}$$

의 일반해 $u_h(x)$에 $g(x)\neq 0$인 식 (1.8.1)의 특수해 $u_p(x)$를 더해 줌으로써 $u=u_h+u_p$의 형식으로 주어진다. 이미 1.6절에서 제차방정식의 해 u_h의 계산방법을 설명하였으므로, 여기서는 특수해 u_p의 계산방법의 하나인 미정계수법(the method of variation of parameters)에 대하여 설명하기로 한다. 외부항 $g(x)$가 가질 수 있는 가장 일반적인 형태함수 세 가지를 다음에 열거하였다. 각각의 경우에 대하여 u_p를 구하는 방법을 알아보자.

(1) $g(x)$가 n차의 다항식인 경우, 즉

$$g(x) = d_n x^n + d_{n-1} x^{n-1} + \cdots + d_1 x + d_0 \tag{1.8.3}$$

의 형식이며 동시에 $m = 0$ 이 주어진 미분방정식에 대한 특성다항식 (1.6.6)의 근이 아닌 경우에는 특수해의 시도형식으로

$$u_p(x) = A_0 + A_1 x + \cdots + A_n x^n \tag{1.8.4}$$

을 선정한다. 여기서 A_0, A_1, $\cdots$, A_n 은 미정계수이다. 만약 $m = 0$ 이 특성다항식의 단근(single root)이라면, 시도형식은

$$u_p(x) = x\left(A_0 + A_1 x + \cdots + A_n x^n\right) \tag{1.8.5}$$

이고, $m = 0$ 이 이중근(double root)이라면

$$u_p(x) = x^2\left(A_0 + A_1 x + \cdots + A_n x^n\right) \tag{1.8.6}$$

을 u_p 의 시도형식으로 한다.

(2) $g(x)$가 지수함수의 형식, 즉 Ce^{mx} 이고, 동시에 m이 특성다항식의 근이 아니라면

$$u_p(x) = Ae^{mx} \tag{1.8.7}$$

를 시도형식으로 선정한다. 만약 m 이 특성다항식의 단근 및 중근인 경우에는 각각 다음과 같은 시도형식을 선정한다.

$$u_p(x) = Axe^{mx} \tag{1.8.8 a}$$

$$u_p(x) = Ax^2 e^{mx} \tag{1.8.8 b}$$

(3) $g(x)$가 sin 함수 또는 cosine 함수이며(즉 $C\cos mx$ 인 경우), jm이 특성다항식의 근이 아닌 경우에는

$$u_p(x) = A\cos mx + B\sin mx \tag{1.8.9}$$

를 선정한다. 그러나 jm 이 특성다항식의 단근[23)]인 경우는

23) 2계 미분방정식에서 jm이 특성다항식의 중근일 수는 없다. 왜냐하면 jm이 근이라면 나머지 근은 반드시 $-jm$이어야 하기 때문이다.

$$u_p(x) = A\,x\cos mx + B\,x\sin mx \tag{1.8.10}$$

를 $u_p(x)$의 시도형식으로 선정한다.

$g(x)$가 위에서 언급한 함수의 조합으로 이루어져 있을 경우, 특수해는 선형미분방정식의 중첩의 원리에 의해 각 함수의 결과의 합으로 구성할 수 있다. 만약 $g(x)$에 위에서 언급한 함수 이외의 함수가 포함되어 있을 경우의 특수해는 다른 방법을 동원하여야 할 것이다.

▶ 예제 1.8.1

다음과 같은 비제차 미분방정식의 일반해를 구하여 보자.

$$\frac{d^2u}{dx^2} + u = x^2 \quad ①$$

◇≫ 해

먼저 제차방정식의 해는

$$\frac{d^2u}{dx^2} + u = 0$$

로부터 1.6절의 방법을 이용하면

$$u_h(x) = c_1\cos x + c_2\sin x \quad ②$$

임을 알 수 있다. 다음에 특수해는 $g(x)$가 $n=2$인 다항식의 형식으로 주어졌기 때문에 시도형식으로 식 (1.8.4)에 의해

$$u_p(x) = Ax^2 + Bx + C \quad ③$$

를 선정한다. ③을 ①에 대입하면 다음 관계식을 얻는다.

$$2A + Ax^2 + Bx + C = x^2 \quad ④$$

이로부터 세 개의 미지수를 위한 세 개의 식을 세울 수 있다. 즉

$$\begin{aligned} x^0 &: \; 2A + C = 0 \\ x^1 &: \; B = 0 \\ x^2 &: \; A = 1 \end{aligned}$$

이로부터 특수해는

$$u_p(x) = x^2 - 2 \quad ⑤$$

이며, 일반해는 ②와 ⑤로부터

$$\begin{aligned} u(x) &= u_h(x) + u_p(x) \\ &= c_1 \cos x + c_2 \sin x + x^2 - 2 \end{aligned}$$

이다.

▶ 예제 1.8.2

다음 비제차 미분방정식의 일반해를 구하여 보자.

$$\frac{d^2u}{dx^2} + 4u = 2 \sin 2x \quad ①$$

◇ 해

우선 제차방정식의 해는 1.6절의 결과에 의해

$$u_h(x) = c_1 \cos 2x + c_2 \sin 2x \quad ②$$

이다. 이때 ①에 대한 특성다항식의 근의 하나는 $j2$ 이므로 시도형식은 식 (1.8.10)에 의해

$$u_p(x) = Ax \cos 2x + Bx \sin 2x \quad ③$$

로 선정한다. ③을 ①에 대입하고 전개하여 왼쪽항과 오른쪽항을 비교하면 다음의 관계식을 얻을 수 있다.

$$\begin{aligned} \sin 2x: &\quad -2A - 2A = 2 \\ \cos 2x: &\quad 2B + 2B = 0 \\ x \sin 2x: &\quad -4B + 4B = 0 \\ x \cos 2x: &\quad -4A + 4A = 0 \end{aligned}$$

따라서 $A = -1/2$ 및 $B = 0$ 으로 되어 특수해는

$$u_p(x) = -\frac{1}{2} x \cos 2x \quad ④$$

이며, 이로부터 일반해

$$\begin{aligned} u(x) &= u_h(x) + u_p(x) \\ &= c_1 \cos 2x + c_2 \sin 2x - \frac{1}{2} x \cos 2x \end{aligned}$$

임을 알 수 있다.

▶ 예제 1.8.3

미분방정식

$$\frac{d^2u}{dx^2} - u = 2e^{-x} - 4xe^{-x} + 10\cos 2x \qquad ①$$

의 일반해를 구하여 보자.

◇ 해

제차방정식의 해를 구하기 위한 특성다항식은

$$L[m] = m^2 - 1 = (m-1)(m+1) = 0$$

이므로 근은 $m_{1,2} = \pm 1$ 이다. 따라서 제차방정식의 일반해는

$$u_h(x) = c_1 e^{x} + c_2 e^{-x} \qquad ②$$

이다. 다음에 ①의 외부항은 $g(x) = -(4x-2)e^{-x} + 10\cos 2x \equiv g_1(x) + g_2(x)$ 와 같이 분리할 수 있으므로, ①의 미분방정식을

$$u'' - u = g_1(x) \qquad ③$$

$$u'' - u = g_2(x) \qquad ④$$

와 같이 분리하고 각각의 해를 $u_{p1}(x)$ 및 $u_{p2}(x)$ 로 두면, ①의 특수해는 선형미분방정식의 중첩의 원리에 의하여 $u_p(x) = u_{p1}(x) + u_{p2}(x)$ 의 형식으로 주어진다. 따라서 ③, ④를 만족하는 특수해를 구하여보자. ③에서 $m = -1$ 이 특성다항식의 단근이므로 시도형식은

$$u_{p1}(x) = (A_0 + A_1 x)xe^{-x} \qquad ⑤$$

이며, ④는 [예제 1.8.2]의 경우와 마찬가지로

$$u_{p2}(x) = A\cos 2x + B\sin 2x \qquad ⑥$$

를 시도형식으로 취한다. 다음에 ⑤를 ③에 대입하여 전개하면

$$u_{p1}'' - u_{p1} = -4A_1 xe^{-x} + (2A_1 - 2A_0)e^{-x} = -4xe^{-x} + 2e^{-x}$$

이고, 이로부터 연립방정식

$$-4A_1 = -4, \quad 2A_1 - 2A_o = 2$$

이고, 이것을 풀면 $A_1 = 1,\ A_0 = 0$ 이다. 따라서 ③의 특수해는

$$u_{p1}(x) = x^2 e^{-x} \qquad ⑦$$

이다. 또한 ⑥을 ④에 대입하여 위와 같은 방법을 적용하면

$$u_{p2}'' - u_{p2} = -5A\cos 2x - 5B\sin 2x = 10\cos 2x$$

이므로 $A=-2,\ B=0$ 이다. 따라서 ④의 특수해는

$$u_{p2}(x)=-2\cos 2x \qquad ⑧$$

이다. 중첩의 원리에 의하여 주어진 방정식의 특수해 $u_p(x)$ 는 ⑦과 ⑧로부터

$$u_p(x)=u_{p1}(x)+u_{p2}(x)$$

$$=x^2e^{-x}-2\cos 2x \qquad ⑨$$

이다. 따라서 주어진 방정식 ①의 일반해는

$$u(x)=u_h(x)+u_p(x)$$

$$=c_1e^x+c_2e^{-x}+x^2e^{-x}-2\cos 2x \qquad ⑩$$

이다.

마지막으로 일반해의 표현은 유일하지 않다는 것과 관련하여 아래의 예를 살펴보자. 즉 미분방정식

$$\frac{d^2u}{dx^2}-u=-1 \qquad (1.8.11)$$

은 다음과 같이 두 종류의 일반해를 가진다.

$$\hat{u}(x)=Ae^x+Be^{-x}+1 \qquad (1.8.12)$$

$$\tilde{u}(x)=c_1e^x+c_2e^{-x}+2\cosh^2\frac{x}{2} \qquad (1.8.13)$$

그러나 사실상 식 (1.8.12)와 (1.8.13)은 표현방법만 다를 뿐이지 동일한 식이라는 것은 약간의 수식전개를 실행하여 봄으로써 확인할 수 있다.

1.8.1 MATLAB에 의한 풀이

```
% [예제 1.8.1]
syms u x
u=dsolve('D2u+u=x^2','x'); pretty(u)          % u'' + u = x^2 의 해
```

```
% [예제 1.8.2]
syms u x
u=dsolve('D2u+4*u=2*sin(2*x)','x');                    % u'' +4u = 2sin2x 의 해
pretty(simple(u))                                       % 표현을 간략히 하는 방법 중의 하나

% [예제 1.8.3]
syms x C1 C2
uh=dsolve('D2u-u=0','x')                                % u'' -u = 0 의 해
uh=subs(uh,cosh(x),(exp(x)+exp(-x))/2);                 % Euler 공식에 의한 변환
uh=subs(uh,sinh(x),(exp(x)-exp(-x))/2);                 % Euler 공식에 의한 변환
uh=simple(uh)                                           % 식②
up1=dsolve('D2u-u=-(4*x-2)*exp(-x)','x');               % u'' -u =-(4x-2)e^-x 의 해
up1=subs(up1,C1,0);up1=subs(up1,C2,0);                  % 두 개의 임의상수를 0 으로 대치
up1=simple(up1);
up1=subs(up1,cosh(x),(exp(x)+exp(-x))/2);               % cosh(x)를 Euler 공식에 의한 변환
up1=subs(up1,sinh(x),(exp(x)-exp(-x))/2);               % sinh(x)를 Euler 공식에 의한 변환
up1=simple(up1)                                         % ⑦의 확인
%
up2=dsolve('D2u-u=10*cos(2*x)','x');                    % u'' -u = 10cos2x 의 해
up2=subs(up2,C1,0);up2=subs(up2,C2,0);                  % 두 개의 임의상수를 0 으로 대치
up2=simple(up2);
up2=subs(up2,cosh(x),(exp(x)+exp(-x))/2);               % cosh(x)를 Euler 공식에 의한 변환
up2=subs(up2,sinh(x),(exp(x)-exp(-x))/2);               % sinh(x)를 Euler 공식에 의한 변환
up2=simple(up2)                                         % ⑧이 확인
%
u=uh+up1+up2                                            % 최종해
```

❖ [예제 1.8.3]에서 비제차미분방정식의 (일반)해를 위한 Symbolic Math Toolbox의 실행결과는 상당히 복잡한 모습을 가진다. 그러나 여기서는 비제차미분방정식을 만족하는 가장 간단한 형식의 특수해가 필요하므로 임의의 상수인 C_1과 C_2를 영으로 두고

$$\cosh = \frac{e^{x} + e^{-x}}{2},$$

$$\sinh = \frac{e^{x} - e^{-x}}{2}$$

를 적용하여 교과서의 결과와 같은 형태를 얻었다. 또한 ⑧의 결과를 유도하기 위해서는

$$\cos^2 x = \frac{1}{2}(1 + \cos 2x)$$

의 공식을 적용하여 전개하면 동일한 표현식을 얻을 수 있다.

❖ 복잡한 형태의 외부입력항을 가지는 비제차미분방정식의 일반해는 일반적으로 Symbolic Math Toolbox의 명령어를 이용하여 얻기는 쉽지 않다. 이와 같은 경우, 특히 초기조건을 가지는 비제차미분방정식은 다음과 같이 수치해석을 이용하는 명령어 'ode23' 등을 이용하는 것이 바람직하다.

```
% Numeric solution (초기값이 주어진 경우)
function uprime=exp1_8_3(x, u)
uprime=[u(2); ....
u(1)+2 * exp(-x)-4 * x * exp(-x)+10 * cos(2 * x)];
%

tspan=[0:0.1:5]; %solution for t=0 to t=5
uo=[0;1]; %초기조건 u(0)=0, u'(0)=1

[time,u]=ode23('exp1_8_3', tspan, uo);
plot(time,u(:,1));
xlabel(' Time [sec.] ')
ylabel(' u(x) ')
```

연습문제 1.8.2

1. 다음 미분방정식에 대한 특수해를 구하여라.

(1) $\dfrac{d^2u}{dx^2}+\dfrac{du}{dx}+2u=2x$

(2) $\dfrac{d^2u}{dx^2}-u=e^x$

(3) $\dfrac{d^2u}{dx^2}+9u=\cos 3x$

(4) $\dfrac{d^2u}{dx^2}+9u=x^2+\sin 3x$

2. 다음 미분방정식의 일반해를 구하여라.

(1) $\dfrac{d^2u}{dx^2}+3\dfrac{du}{dx}+2u=30\,e^{2x}$

(2) $\dfrac{d^2u}{dx^2}-16\dfrac{du}{dx}=19.2\,e^{4x}+60\,e^x$

(3) $\dfrac{d^2u}{dx^2}+\dfrac{du}{dx}-6u=6x^3-3x^2+12x$

(4) $\dfrac{d^2u}{dx^2}+6\dfrac{du}{dx}+73u=80\,e^x\cos 4x$

(5) $\dfrac{d^2u}{dx^2}+4\dfrac{du}{dx}+5u=25x^2+13\sin 2x$

3. 초기값을 가지는 미분방정식에 대한 해를 구하여라.

(1) $\dfrac{d^2u}{dx^2}+4u=2\sin x,\ u(0)=1,\ u'(0)=\dfrac{1}{2}$ (2) $\dfrac{d^2u}{dx^2}+4u=2\sin 2x,\ u(0)=0,\ u'(0)=0$

(3) $\dfrac{d^2u}{dx^2}-16u=2e^{4x},\ u(0)=1,\ u'(0)=0$

4. m이 미분방정식 $u''+au'+bu=0$의 특성다항식의 근이라고 가정한다. 이때 Ae^{mx}가 A의 선정여부에 관계없이 비제차미분방정식 $u''+au'+bu=g(x)$의 해로 되지 않는 이유를 설명하여라. 단 $g(x)\neq 0$인 임의의 함수이다.

5. (1) 만약 $m=0$이 $u''+au'+bu=0$의 특성다항식의 하나의 근이라고 한다. 이때 $b=0$으로 됨을 증명하여라.

(2) (1)의 결과를 이용하여, 만약 $m=0$이 $u''+au'+bu=0$의 특성다항식의 근이라면 $A_0+A_1x+\cdots+A_nx^n$은 미정계수 $A_0, A_1, \cdots, A_n$이 어떠한 값을 가지더라도 비제차미분방정식

$$u''+au'+bu=c_0+c_1x+\cdots+c_nx^n$$

의 해로 될 수 없음을 보여라.

1.9 질량-스프링-마찰 시스템: 입력이 인가되는 경우

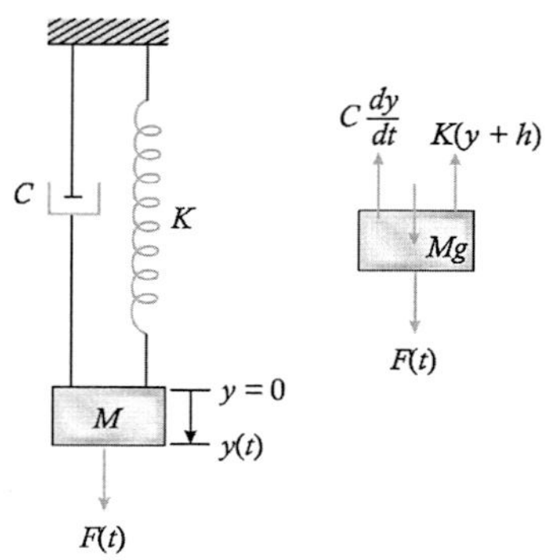

그림 1.17 외부입력을 가진 질량-스프링-마찰 시스템

[그림 1.10]의 질량-스프링-마찰 시스템에 외부입력 $F(t)$가 인가되는 경우를 [그림

1.17]에 표시하였다. 여기에 뉴턴의 제 2 법칙을 질량 M에 적용하였을 경우의 시스템의 운동방정식은 다음과 같다.

$$F(t)+Mg-K(y(t)+h)-C\frac{dy(t)}{dt}=M\frac{d^2y(t)}{dt^2} \tag{1.9.1}$$

여기서 h는 [그림 1.10]에 표시되어 있는 바와 같이 스프링에 질량을 매달았을 경우 스프링이 늘어난 거리를 나타내는 양이다. 따라서 $Mg=Kh$의 관계가 성립하므로 식 (1.9.1)은

$$M\frac{d^2y(t)}{dt^2}+C\frac{dy(t)}{dt}+Ky(t)=F(t) \tag{1.9.2}$$

로 된다. 식 (1.9.2)는 선형 2계 비제차미분방정식으로 1.8절에서 설명한 방법을 이용하면 어렵지 않게 해를 얻을 수 있다. 여기서는 sine 파 형태의 외부입력에 대한 해를 생각한다. 즉

$$F(t)=F_0\cos\omega t \tag{1.9.3}$$

에 대한 특수해의 시도형식은 식 (1.8.9)에 의해

$$y_p(t)=A\cos\omega t+B\sin\omega t \tag{1.9.4}$$

이며, 이것을 식 (1.9.2)에 대입하면

$$[(K-M\omega^2)A+\omega CB]\cos\omega t+[(K-M\omega^2)B-\omega CA]\sin\omega t=F_0\cos\omega t \tag{1.9.5}$$

이다. 양변의 계수를 비교하여 두 개의 연립방정식

$$(K-M\omega^2)A+\omega CB=F_0 \tag{1.9.6}$$

$$-\omega CA+(K-M\omega^2)B=0$$

으로부터 다음의 결과를 얻는다.

$$A=F_0\frac{K-M\omega^2}{(K-M\omega^2)^2+\omega^2C^2},\quad B=F_0\frac{\omega C}{(K-M\omega^2)^2+\omega^2C^2} \tag{1.9.7}$$

따라서 특수해는

$$y_p(t) = \frac{(K - M\omega^2)F_0}{(K - M\omega^2)^2 + \omega^2 C^2}\left[\cos\omega t + \frac{\omega C}{K - M\omega^2}\sin\omega t\right] \tag{1.9.8}$$

이다. 한편 식 (1.9.2)에 대한 제차방정식의 해 $y_h(t)$는 식 (1.7.16)으로 주어졌으므로 최종적인 해는

$$y(t) = e^{-(C/2M)t}\left[c_1 e^{\sqrt{C^2 - 4MK}(t/2M)} + c_2 e^{-\sqrt{C^2 - 4MK}(t/2M)}\right] \tag{1.9.9}$$

$$+ \frac{(K - M\omega^2)F_0}{(K - M\omega^2)^2 + \omega^2 C^2}\left[\cos\omega t + \frac{\omega C}{K - M\omega^2}\sin\omega t\right]$$

임을 알 수 있다.

1.9.1 비감쇠 강제진동: 공진

[그림 1.17]의 시스템에서 마찰계수 C를 영으로 두었을 경우[24)]시스템의 출력 $y(t)$에 나타나는 현상을 조사하여 보자. $C = 0$인 경우 일반해는 식 (1.9.9)로부터

$$y(t) = c_1\cos\omega_0 t + c_2\sin\omega_0 t + \frac{F_0}{M(\omega_0^2 - \omega^2)}\cos\omega t \tag{1.9.10}$$

이다. 단 $\omega_0 = \sqrt{K/M}$ 이다. 식 (1.9.10)으로부터 마찰을 무시한다면(즉 $C = 0$ 이면) $y(t)$는 주파수 $f_0 = \omega_0/2\pi$를 가지는 두 개의 sine파 신호와 입력의 주파수 ω에 의해 결정되는 cosine신호로 이루어져 있다는 사실을 알 수 있다. 여기서 $\omega_0/2\pi$는 시스템 자체가 가지는 성분(즉 M, K 등)에 의해 결정되는 양으로서, 보통 고유진동수(natural frequency)라고 한다. 이는 만약 외부입력이 인가되지 않았을 경우, 출력의 모양은 고유진동수에 따라 정해진다.

입력주파수가 $\omega \to \omega_0$인 경우에 대하여 생각하여 보자. 식 (1.9.10)으로부터 출력의 진폭은 $\omega \to \omega_0$로 됨에 따라서 무한대로 발산하며, 이러한 현상을 **공진**(resonance)이라고 한다[25)]. 다시 말하면, 입력주파수가 시스템이 가지는 고유진동수에 접근하면 커다란 진폭을 발생시키므로, 시스템은 물리적으로 큰 진폭을 이기지 못하여 파괴되고 말 것이다.

---

24) 일반적으로 [그림 1.17]의 시스템에서 마찰계수 C는 아주 작은 값인 경우가 많다.
25) 시스템에 따라서는, $\omega \simeq \omega_0$일 때 마찰이 영이 아니라 아주 작은 값을 가지는 경우에도 공진이 발생할 수 있다.

시스템에 마찰이 없고($C=0$) $\omega=\omega_0$인 경우의 비분방정식의 해는 식 (1.9.10)과는 다르다는 것을 확인하여 보자. 이 경우는 미분방정식 (1.9.2)(단 $C=0$이다)의 특성다항식

$$m^2+\omega_0^2=0 \tag{1.9.11}$$

에서 $j\omega_0$은 하나의 근이므로, 특수해의 시도형식은 식 (1.8.10)에 의해

$$y_p(t)=t(A\cos\omega_0 t+B\sin\omega_0 t) \tag{1.9.12}$$

의 모양일 것이다. 이것을 다시 미분방정식

$$\frac{d^2y}{dt^2}+\omega_0^2 y=\frac{F_0}{M}\cos\omega_0 t \tag{1.9.13}$$

에 대입하면 특수해는 다음으로 되어 식 (1.9.10)과는 다름을 알 수 있다.

$$y_p(t)=\frac{F_0\, t}{2M\omega_0}\sin\omega_0 t \tag{1.9.14}$$

따라서 시간이 흘러감에 따라 [그림 1.18]과 같이 진폭은 무한히 커질 것이다.

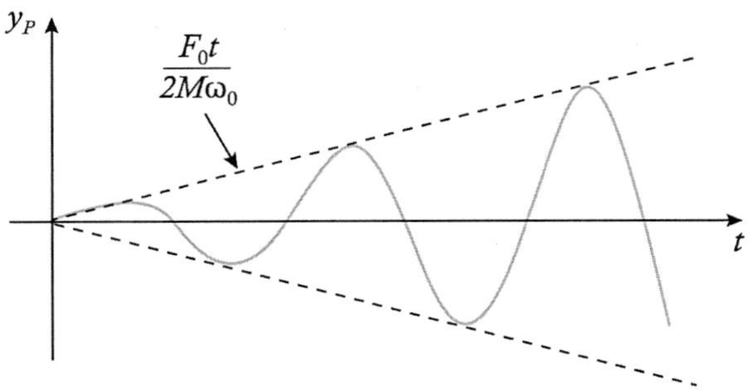

그림 1.18 공진을 나타내는 특수해

1.9.2 공진 부근의 주파수 – 비트현상

공진과 관련한 또 하나의 현상은 입력주파수가 공진주파수와 근사적으로 일치하는 경우, 즉 $\omega_0-\omega$가 아주 작은 값을 가지는 경우에 발생한다. 여기서는 시스템의 초기값이 영, 즉 $y(0)=y'(0)=0$인 경우에 대하여 이러한 현상을 살펴보기로 한다.

식 (1.9.10)에 초기값의 조건을 대입하면

$$c_2 = 0,\ c_1 = -\frac{F_0}{M(\omega_0^2 - \omega^2)} \tag{1.9.15}$$

이다. 따라서 시스템의 해는

$$y(t) = \frac{F_0}{M(\omega_0^2 - \omega^2)}\left[\cos\omega t - \cos\omega_0 t\right] \tag{1.9.16}$$

이며, 여기에 삼각함수의 공식[26]을 적용하면 아래 식을 얻을 수 있다.

$$y(t) = \frac{2F_0}{M(\omega_0^2 - \omega^2)}\sin\left[(\omega_0 + \omega)\frac{t}{2}\right]\sin\left[(\omega_0 - \omega)\frac{t}{2}\right] \tag{1.9.17}$$

여기서 $\omega_0 - \omega$ 는 아주 작은 값을 가지므로 신호 $\sin[(\omega_0 - \omega)(t/2)]$ 의 주기는 다른 하나의 sine파인 $\sin[(\omega_0 + \omega)(t/2)]$ 의 주기에 비하여 아주 크게 된다.

일반적으로 $\omega_0 \approx \omega$ 에서는

$$\frac{\omega_0 + \omega}{2} \cong \omega,\ \frac{\omega_0 - \omega}{2} \cong \epsilon \tag{1.9.18}$$

로 쓸 수 있으므로(단 ϵ 는 아주 작은 값을 의미한다), 결국 입력의 주파수가 공진주파수에 근접한 경우의 해인 식 (1.9.17)은 다음 식으로 표현된다.

$$y(t) = \left[\frac{2F_0\sin\epsilon t}{M(\omega_0^2 - \omega^2)}\right]\sin\omega t \tag{1.9.19}$$

식 (1.9.19)의 $[\cdot]$ 안은 아주 낮은 주파수로 변동하는 sine파 모양의 진폭을 나타내며, 전체적으로는 주기 ω 인 sine파 모양을 이루며 이를 [그림 1.19]에 나타내었다. 이러한 현상은 서로 근사적으로 동일한 주파수를 가진 두 개의 음성신호가 겹쳐질 때 종종 나타나는 현상으로 악기 등을 조율할 때 사용되기도 한다.

---

26) $\cos\omega t = \cos\left[\left(\frac{\omega+\omega_0}{2}\right)t + \left(\frac{\omega-\omega_0}{2}\right)t\right]$, $\cos\omega_0 t = \cos\left[\left(\frac{\omega+\omega_0}{2}\right)t - \left(\frac{\omega-\omega_0}{2}\right)t\right]$

$\cos(\alpha+\beta) = \cos\alpha\cos\beta - \sin\alpha\sin\beta$

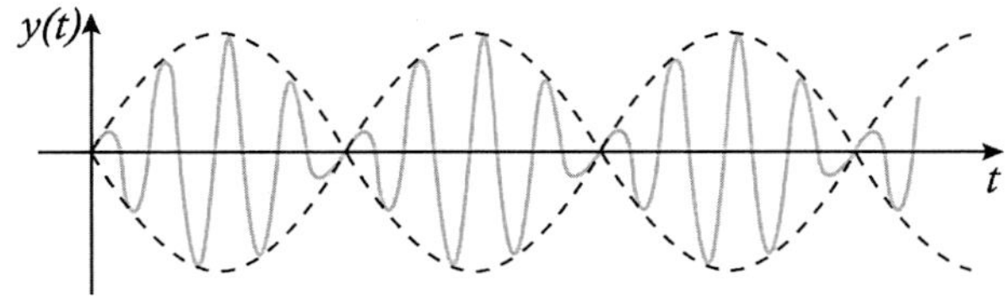

그림 1.19 공진 부근에서의 현상— '비트(beats) 효과'

1.9.3 감쇠 강제진동

질량-스프링-마찰 시스템의 마찰이 무시할 수 있을 정도로 작은 값이 아닐 경우에는 식(1.9.11)에 Cy' 의 항이 들어가게 된다. 이에 대해서 확인하여 보자.

[그림 1.17]에서 외부입력이 존재하지 않는 경우(즉 제차방정식)에 대한 해는 식 (1.7.17), 즉 다음 식으로 주어진다.

$$y_h(t) = e^{-(C/2M)t}\left[c_1 e^{\sqrt{C^2-4MK}(t/2M)} + c_2 e^{-\sqrt{C^2-4MK}(t/2M)}\right] \tag{1.9.20}$$

따라서 $y_h(t)$는 제동요소인 $e^{-(C/2M)t}$에 의해 감쇠하면서 진동하는 모양을 나타낸다는 것을 알 수 있다. 즉 $y(t) = y_p(t) + y_h(t)$로 구성되는 일반해는 충분한 시간이 경과하면 $y_h(t)$는 영이 되고 특수해인 $y_p(t)$ 성분만 남게 된다는 사실로부터 $y_p(t)$를 정상상태(steady state) 해라고 부른다. 또한 짧은 시간 범위 내에서는 $y(t)$에는 $y_h(t)$의 성분도 포함되므로 이때의 $y_h(t)$를 과도상태(transient state) 해라고 부르기도 한다.

위의 경우처럼, 마찰이 시스템 내에 포함되면 입력의 주파수가 $\omega \to \omega_0$로 된다고 하더라도 식 (1.9.8)로 주어지는 특별해 $y_p(t)$의 진폭은 아주 큰 값을 가지기는 하지만 무한대로 커지지는 않는다. 그러나 극히 작은 마찰계수값을 가지는 경우에는 공진의 조건에 근접하게 되어 시스템에 공진이 발생할 가능성이 생기게 된다는 점에 유의한다.

[그림 1.17]의 시스템에 입력으로 $F_0 \cos \omega t$가 인가되었을 경우 시스템의 출력의 진폭을 조사하여 보자. 이 경우의 출력은 식 (1.9.8)로 주어지므로 이를 다시 쓰면 다음과 같다.

$$y_p(t) = \frac{F_0}{\sqrt{M^2\left(\omega_0^2 - \omega^2\right)^2 + \omega^2 C^2}} \cos(\omega t - \alpha) \tag{1.9.21}$$

여기서 $\omega_0^2 = K/M$으로 두었다. 식 (1.9.21)의 위상 α는 위상각 또는 위상지연(phase lag)이라는 양이다. sine파 모양으로 진동하는 출력 $y_p(t)$의 진폭은

$$\Delta = \frac{F_0}{\sqrt{M^2(\omega_0^2 - \omega^2)^2 + \omega^2 C^2}} \tag{1.9.22}$$

이다. 따라서 식 (1.9.22)를 최대로 하는 주파수 ω는 $d\Delta/d\omega = 0$으로 둠으로써 계산할 수 있으며, 이는 다음 식으로 주어짐을 확인할 수 있다.

$$\omega^2 = \omega_0^2 - \frac{C^2}{2M^2} \tag{1.9.23}$$

이때 마찰계수 C가 충분히 큰 값을 가져서 $C^2 > 2M^2\omega_0^2$을 만족한다면, 식 (1.9.23)을 최대로 하는 입력의 주파수 ω는 존재하지 않는다. 그러나 $C^2 < 2M^2\omega_0^2$ 이라면 Δ를 최대로 하는 주파수는 식 (1.9.23)을 이용하여 계산할 수 있다. 즉 식 (1.9.23)을 식 (1.9.22)에 대입하여 정리하면 진폭의 최대값은 다음과 같다.

$$\Delta_{\max} = \frac{2F_0 M}{C\sqrt{4M^2\omega_0^2 - C^2}} \tag{1.9.24}$$

식 (1.9.22)로 주어지는 진폭을 [그림 1.20]에 주파수를 x축으로 하여 표시하였다. 이 그림으로부터 충분한 제동을 걸어주거나 $|\omega - \omega_0|$를 상대적으로 크게 취함으로써 출력의 진폭이 큰 값을 가지는 현상은 회피할 수 있다는 사실을 알 수 있다.

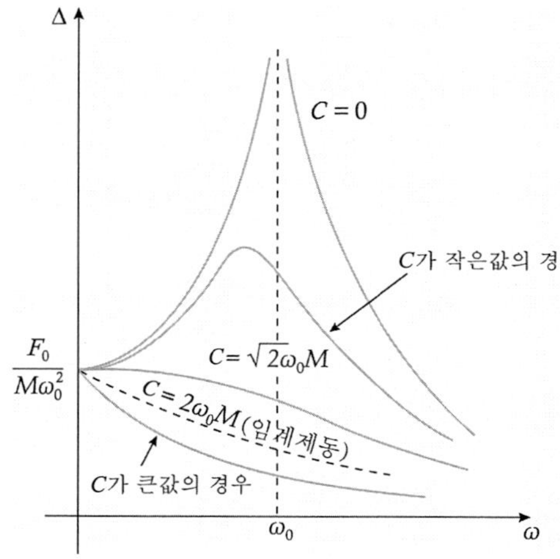

그림 1.20 주파수 ω의 함수로 표시된 진폭

▶ 예제 1.9.1

[그림 1.17]의 질량-스프링-마찰 시스템에서 $K=100\,[\mathrm{N/m}], M=4\,[\mathrm{kg}]$ 이고 입력이 인가되지 않았다고 가정한 경우(즉 자유운동) 연속하는 두 개의 최대값의 비가 0.8이다. 이때 외부입력으로 $F=10\cos 4t$가 인가되었을 때 정상상태에서의 출력의 최대진폭을 결정하여라.

◇ 해

제동(즉 마찰)으로 인해 자유운동의 진폭은 시간의 경과에 따라 감소한다. 대수적 감쇠비율 D는 식 (1.7.25)로부터

$$D=\ln\frac{y_n}{y_{n+2}}=\ln\frac{1}{0.8}=0.223$$

이다. 마찰계수는 식 (1.7.28)로부터

$$C=C_c\frac{D}{\sqrt{D^2+4\pi^2}}=2\sqrt{KM}\,\frac{D}{\sqrt{D^2+4\pi^2}}$$

$$=2\sqrt{100\times 4}\,\frac{0.223}{\sqrt{0.223^2+4\pi^2}}=1.42\,[\mathrm{kg/s}]$$

이다. 비감쇠인 경우 시스템의 고유진동수는

$$\omega_0=\sqrt{\frac{K}{M}}=\sqrt{\frac{100}{4}}=5\,[\mathrm{rad/s}]$$

이다. 또한 식 (1.9.24)로부터 출력의 최대진폭은 다음과 같다.

$$\Delta_{\max}=\frac{2F_0M}{C\sqrt{4M^2\omega_0^2-C^2}}$$

$$=\frac{2\times 10\times 4}{1.42\sqrt{4\times 4^2\times 5^2-1.42^2}}=1.41\,[\mathrm{m}]$$

▶ 예제 1.9.2

[그림 1.21]의 전기회로에서, 키르히호프의 법칙을 사용하여 회로에 흐르는 전류 $i_1(t)$ 및 $i_2(t)$를 계산하여라. 단 $t=0$에서 전류는 영으로 가정한다.

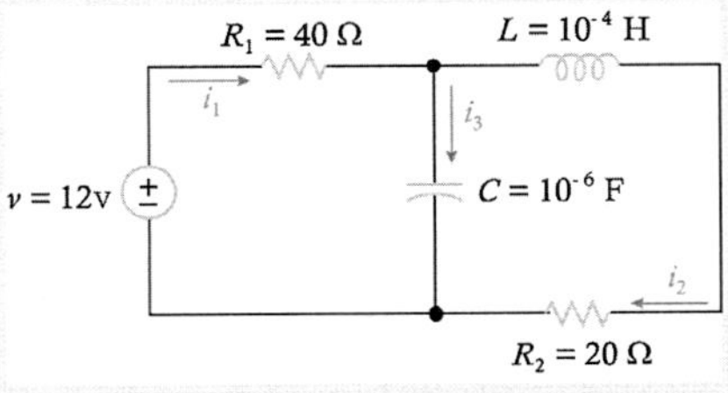

그림 1.21 [예제 1.9.2]

◇ 해

회로의 왼쪽 루프에 키르히호프의 법칙을 적용하면

$$40\,i_1(t)+\frac{q}{10^{-6}}=12 \qquad ①$$

이다. 여기서 q는 커패시터에 충전되는 전하를 의미한다. 한편 회로의 오른쪽 루프에 키르히호프의 전압법칙을 적용하면 다음을 얻을 수 있다.

$$10^{-4}\frac{di_2(t)}{dt}+20i_2(t)=12-40\,i_1(t) \qquad ②$$

또 키르히호프의 전류법칙에 의해

$$i_1(t)=i_2(t)+i_3(t) \qquad ③$$

이다. 여기서 관계식

$$i_3(t)=\frac{dq}{dt} \qquad ④$$

와 초기조건을 이용하여 방정식 ①, ② 및 ③의 해를 구할 수 있다. 이를 위해 ④와 ①을 ③에 대입하면

$$\frac{1}{40}(12-10^6 q)-\frac{dq}{dt}=i_2(t) \qquad ⑤$$

이다. ⑤와 ①을 ②에 대입하여 정리하면 다음을 얻는다.

$$10^{-4}\frac{d^2q}{dt^2}+22.5\frac{dq}{dt}+1.5\times 10^6 q=6 \qquad ⑥$$

위 식에 대한 적절한 초기조건은 ①과 ④로부터 $t=0$에서 $q=12\times 10^{-6}$ 및 $dq/dt=0$임을 알 수 있다. ⑥의 미분방정식의 해를 적절한 방법으로 구하면 다음과 같다.

$$q(t)=e^{-1.12\times 10^5 t}\left[c_1\cos(48{,}200t)+c_2\sin(48{,}200t)\right]+4\times 10^{-6}$$

여기에 위의 초기조건을 대입하면 적분상수는

$$c_1=8\times 10^{-6},\ c_2=0.468\times 10^{-6}$$

이다. 따라서 ①을 이용하여 전류 $i_1(t)$를 계산하면

$$i_1(t)=0.2-e^{-1.12\times 10^5 t}\left[0.2\cos(48{,}200t)+0.46\sin(48{,}200t)\right]$$

이다. 또 ③과 ④를 이용하면 전류 $i_2(t)$는 다음으로 쉽게 확인할 수 있을 것이다.

$$i_2(t)=0.2+e^{-1.12\times 10^5 t}\left[-0.2\cos(48{,}200t)+2.02\sin(48{,}200t)\right]$$

이로부터 회로에 흐르는 전류는 아주 높은 주파수로 진동하면서 아주 빠른 속도로 감소하여 직류성분만 남게 된다는 것을 알 수 있다.

1.9.4 MATLAB에 의한 풀이

```
% 식 (1.9.9)의 확인
syms M C K Fo w wo                                    % symbolic 변수의 지정
y9=dsolve('M*D2y+C*Dy+K*y=Fo*cos(w*t)');             % My''+Cy'+Ky=F0cos(ωt)의 해
pretty(y9)                                            % 식(1.9.9)
%
y10=dsolve('D2y+K/M*y=Fo/M*cos(w*t)');               % y''+(K/M)y=(F0/M)cos(ωt) 의 해
y10=subs(y10, sqrt(K/M), wo);                         % √(K/M)를 ω0로 치환
pretty(simple(y10))                                   % 식(1.9.10)

% 식 (1.9.14)의 확인
y14=dsolve('D2y+wo^2*y=Fo/M*cos(wo*t)');             % y''+ωo²y=Fo/Mcos(ωot) 의 해
pretty(simple(y14))                                   % 여기서 M=1, E0=1, w0 식(1.9.14)의 그림 표시
C1=0; C2=0;                                           % 임의 상수를 영으로 둔다.
y14=simple(subs(y14)); pretty(y14)                    % 보기 쉬운 형식으로 변환
M=1; Fo=1; wo=5; y142=subs(y14)                       % M=1,F0=1,ω0=5를 y14에 대입
ezplot(y142,[0,3]), hold on                           % [그림 1.18]
plot([0,3],[0 0.3],':'), plot([0,3],[0 -0.3],':'), hold off

% 식(1.9.19)의 확인
y17=dsolve('D2y+K/M*y=Fo/M*cos(w*t)','Dy(0)=0','y(0)=0'); %y''+(K/M)y=(Fo/M)cos(ωt)
pretty(simple(y17))                                   % 식(1.9.16)을 얻는다.

% [그림 1.19]
M=1; K=9; Fo=1; w=2.9;                                % M=1,K=9,F0=1,ω0=2.9 를 y17에 대입
y19=subs(y17);, ezplot(y19,[0,100])                   % [그림 1.19]
```

- 식 (1.9.9), (1.9.10) 등과 동일한 형태의 식을 Symbolic Math Toolbox를 이용하여 얻기는 어렵지만 결과식에 약간의 수정을 가하면 동일한 표현식을 얻을 수 있다.
- [그림 1.18]은 임의 상수가 영인 경우에 대한 특수해의 시간적 변화를 나타낸 것이다.

```
% [예제 1.9.1]
% 4y''+1.42y'+100y=10cos(4t)의 해를 계산
syms C
y=dsolve('4*D2y+1.42*Dy+100*y=10*cos(4*t)','y(0)=1','Dy(0)=0','t')
ezplot(y,[0 10])                        % 해를 그림으로 표시

% [예제 1.9.2]
% 10^-4 q''+22.5q'+1.5×10^6 =6 의 해를 계산
```

```
q=dsolve('10e-4*D2q+22.5*Dq+1.5*10e6*q=6','q(0)=12*10e-6','Dq(0)=0','t');
i1=(12-q/10e-6)/40;                  % 전류 i1(t)의 직류성분
ezplot(i1,[0,0.001]), axis([0 0.001 0 1])
```

❖ [예제 1.9.2]의 해는 지수성분인 $e^{-1.12\times 10^5 t}$ 를 가지기 때문에 아주 빠른 속도로 정상상태값으로 수렴할 것이라는 것을 짐작할 수 있다. 이것을 확인하기 위하여 시간 t 의 범위를 [0 0.001]로 취하였다.

연습문제 1.9.5

1. (비감쇠): 미분방정식 $M(d^2y/dt^2)+C(dy/dt)+Mg=0$ 의 해를 구하고, 이 방정식이 속도에 비례하는 반발력으로 튀어오르는 물체의 동작을 나타내고 있다는 것을 설명하여라. 이 경우 초기속도가 $y'(0)=100\,[\mathrm{m/s}]$ 이며, $C=0.4\,[\mathrm{kg/s}]$ 및 $M=2\,[\mathrm{kg}]$ 일 때 물체는 얼마나 높이 튀어오르는가?

2. (비감쇠): $2\,[\mathrm{kg}]$ 의 질량이 스프링상수 $K=32\,[\mathrm{N/m}]$ 인 스프링에 매달려 있으며, 여기에 힘 $0.1\sin 4t$ 가 인가되었다고 한다. 이때 진동의 진폭이 $0.5\,[\mathrm{m}]$ 를 넘어서면 스프링이 끊어진다고 하면, 스프링이 끊어질 때까지 걸리는 시간을 계산하여라. 단 움직임은 정지상태에서 시작되며 마찰은 무시한다.

3. (비감쇠): $20\,[\mathrm{N}]$ 의 질량이 스프링상수가 $K=98\,[\mathrm{N/m}]$ 인 마찰이 없는 스프링에 매달려 있다. 여기에 $2\cos 7t$ 의 힘이 정지상태에 작용한다고 한다. 이때 발생하는 '비트(beat)'의 주파수를 계산하고, 질량의 움직임에 대한 최대진폭을 구하여라.

4. (비감쇠): 다음 초기값을 가지는 미분방정식에 대한 해를 구하여라.

(1) $y''+9y=8\cos 3t,\ y(0)=0,\ y'(0)=0$

(2) $y''+16y=2\sin t,\ y(0)=0,\ y'(0)=10$

(3) $y''+y=2e^{-t},\ y(0)=0,\ y'(0)=2$

5. 다음 미분방정식에 대한 정상상태응답을 구하여라.

(1) $y''+2y'+y=\cos 3t$,

(2) $y''+0.1y'+2y=2\sin 2t$

(3) $y''+y'+2y=\cos t-\sin 2t$

6. 다음 미분방정식에 대한 과도응답을 구하여라.

(1) $y'' + 7y + 10y = 2\sin t - \cos 2t$, (2) $y'' + 0.1y' + 2y = \cos 2t$

(3) $y'' + 4y' + 4y = 4\sin t$

7. 초기값을 가지는 다음 미분방정식에 대한 특수해를 구하여라.

(1) $y'' + 2y' + y = 2\sin t,\ y(0) = 0,\ y'(0) = 0$

(2) $y'' + 0.1y' + 2y = 20.2\cos t,\ y(0) = 0, y'(0) = 10$

(3) $y'' + 0.02y' + 16y = 2\sin 4t,\ y(0) = 0, y'(0) = 0$

8. 질량 $3[\mathrm{kg}]$의 물체가 스프링상수 $K = 12[\mathrm{N/m}]$인 스프링과 마찰계수 $C = 5[\mathrm{kg}]$인 감속기(dashpot)에 연결되어 있다.

(1) 위 시스템에 크기 $F(t) = F_0 \sin\omega t$가 인가되었을 때 정상상태응답의 진폭은 식 (1.9.22)라는 것을 보여라.

(2) 질량에 $F(t) = 20\sin 2t$의 힘을 인가하였을 때 정상상태응답의 위상지연과 진폭을 구하여라.

(3) (2)의 조건에서 정상상태응답의 가능한 최대진폭과 그때의 응답주파수를 계산하여라.

9. $R = 30[\Omega]$, $L = 10^{-4}[\mathrm{H}]$, 및 $C = 10^{-6}[\mathrm{F}]$인 직렬회로에 $12[\mathrm{V}]$의 일정한 전압이 인가되었다고 한다. 이때 커패시터의 충전전하와 회로에 흐르는 전류를 계산하여라. 단 초기값은 모두 영으로 한다.

10. $R = 80[\Omega]$, $L = 10^{-4}[\mathrm{H}]$, 및 $C = 10^{-6}[\mathrm{F}]$의 소자가 병렬로 연결되어 있으며, 커패시터의 초기전하는 $C = 10^{-4}[\mathrm{Q}]$이며, $t = 0$에서 전류는 흐르지 않는 것으로 한다. $t = 10^{-4}[\mathrm{s}]$일 때 저항에 흐르는 전류는 얼마인가?

1.10 상수계수의 비제차 선형미분방정식: 매개변수 변화법

2계 비제차 선형미분방정식

$$\frac{d^2u}{dx^2} + u = \tan x \tag{1.10.1}$$

의 특수해는 1.8절의 미정계수법을 이용하여 구할 수 없다. 왜냐하면 외부항 $g(x) = \tan x$ 는 1.8절에서 설명한 세 종류의 함수로 이루어져 있지 않기 때문에 특수해의 적절한 시도형식을 찾을 수 없기 때문이다. 여기서는 이 문제를 해결할 수 있는 방법에 대하여 설명한다.

매개변수 변화법(method of variation of parameters)이란 비제차 선형미분방정식

$$L[D]u = \frac{d^2u}{dx^2} + p_0(x)\frac{du}{dx} + p_1(x)u = g(x) \tag{1.10.2}$$

에서 제차방정식(즉 $g(x) = 0$ 인 경우)의 일반해

$$u_h(x) = c_1u_1(x) + c_2u_2(x) \tag{1.10.3}$$

가 계산되었다면 식 (1.10.2)의 특수해 $u_p(x)$ 를 구하기 위한 하나의 방법으로, 식 (1.10.3)의 상수 c_1 및 c_2 를 변수 x 의 함수 $v_1(x)$ 및 $v_2(x)$ 로 대치하여 식 (1.10.2)의 특수해의 형식을

$$u_p(x) = v_1(x)\ u_1(x) + v_2(x)\ u_2(x) \tag{1.10.4}$$

로 취하고, 이를 식 (1.10.2)에 대입하여 이를 만족하는 $v_1(x)$, $v_2(x)$를 다시 식 (1.10.4)에 대입하여 특수해를 구하는 방법이다. 이와 같이 상수를 변수 x 의 함수로 변화시킨다는 의미에서 이 방법을 상수변화법(method of variation of constants)이라 하기도 한다. 여기서는 식 (1.10.2)의 형식인 비제차 2계 선형미분방정식의 특수해를 매개변수변화법을 이용하여 구하는 방법에 대하여 알아보자.

우선 식 (1.10.2)에서 $g(x) = 0$ 인 경우, 즉 제차방정식 $L[D]u = 0$ 의 기본해의 집합을 $\{u_1(x), u_2(x)\}$라 하면, 일반해는

$$u_h(x) = c_1u_1(x) + c_2u_2(x) \tag{1.10.5}$$

이고, c_1 을 $v_1(x)$, c_2 를 $v_2(x)$ 로 대치하여 식 (1.10.2)의 특수해를

$$u_p(x) = v_1(x)\ u_1(x) + v_2(x)\ u_2(x) \tag{1.10.6}$$

로 두고 식 (1.10.6)이 식 (1.10.2), 즉 $L[D]u = g(x)$ 의 특수해로 될 수 있도록 두 함수 $v_1(x)$ 와 $v_2(x)$ 를 구하면 된다. 식 (1.10.6)의 양변을 미분하면

$$\frac{du_p}{dx} = v_1\frac{du_1}{dx} + v_2\frac{du_2}{dx} + u_1\frac{dv_1}{dx} + u_2\frac{dv_2}{dx} \tag{1.10.7}$$

이다. 여기서 계산의 간략함을 위하여 u_p 의 2계 도함수, 즉 d^2u_p/dx^2 에 미지함수 v_1 과 v_2 의 2계 도함수가 나타나지 않도록 하는 조건

$$u_1\frac{dv_1}{dx}+u_2\frac{dv_2}{dx}=0 \tag{1.10.8}$$

을 부가해 두기로 한다. 이 결과 식 (1.10.7)은

$$\frac{du_p}{dx}=v_1\frac{du_1}{dx}+v_2\frac{du_2}{dx} \tag{1.10.9}$$

로 된다. 이와 같은 조건을 v_1 과 v_2 에 부가하여도 수식 전개에서 문제가 없다는 것은 다음 전개과정으로부터 명확하다. 식 (1.10.9)를 다시 미분하면

$$\frac{d^2u_p}{dx^2}=v_1\frac{d^2u_1}{dx^2}+v_2\frac{d^2u_2}{dx^2}+\frac{dv_1}{dx}\frac{du_1}{dx}+\frac{dv_2}{dx}\frac{du_2}{dx} \tag{1.10.10}$$

을 얻는다. 여기서 식 (1.10.6), (1.10.8) 및 식 (1.10.10)을 원래의 식 (1.10.2)에 대입하면

$$\begin{aligned}v_1\left(\frac{d^2u_1}{dx^2}+p_0\frac{du_1}{dx}+p_1u_1\right)+v_2\left(\frac{d^2u_2}{dx^2}+p_0\frac{du_2}{dx}+p_1u_2\right)&\\+\frac{dv_1}{dx}\frac{du_1}{dx}+\frac{dv_2}{dx}\frac{du_2}{dx}=g(x)&\end{aligned} \tag{1.10.11}$$

이다. 여기서 u_1 과 u_2 는 제차방정식의 해로서 $L[D]u_1=0$ 및 $L[D]u_2=0$ 이므로 식 (1.10.11)은

$$\frac{dv_1}{dx}\frac{du_1}{dx}+\frac{dv_2}{dx}\frac{du_2}{dx}=g(x) \tag{1.10.12}$$

이다. 식 (1.10.12)와 식 (1.10.8)은 두 개의 미지수(즉 미지함수) $v_1(x)$ 와 $v_2(x)$ 에 대한 연립방정식의 모양을 하고 있으므로 이를 풀면

$$\frac{dv_1}{dx}=-\frac{u_2g(x)}{u_1\dfrac{du_2}{dx}-u_2\dfrac{du_1}{dx}},\quad \frac{dv_2}{dx}=\frac{u_1g(x)}{u_1\dfrac{du_2}{dx}-u_2\dfrac{du_1}{dx}} \tag{1.10.13}$$

이다. 위 식의 분모다항식은 제차방정식의 기본해 u_1 과 u_2 에 대한 론스키안 $W(x)$, 즉

$$W(x) = u_1 \frac{du_2}{dx} - u_2 \frac{du_1}{dx} \tag{1.10.14}$$

이므로 $W(x) \neq 0$ 이다. 따라서 식 (1.10.13)을 적분하면

$$v_1(x) = -\int \frac{u_2 g}{W} dx, \quad v_2(x) = \int \frac{u_1 g}{W} dx \qquad (1.10.15)^{27)}$$

이고, 따라서 구하고자 하는 특수해는

$$u_p(x) = -u_1 \int \frac{u_2 g}{W} dx + u_2 \int \frac{u_1 g}{W} dx \tag{1.10.16}$$

이다. 따라서 식 (1.10.2)에 대한 일반해는

$$u(x) = c_1 u_1(x) + c_2 u_2(x) + u_p(x) \tag{1.10.17}$$

에 대입하면 얻을 수 있다.

▶ 예제 1.10.1

구간 $I = \left(-\frac{\pi}{2}, \frac{\pi}{2}\right)$ 에서 다음 미분방정식의 특수해와 일반해를 각각 구하여보자.

$$\frac{d^2u}{dx^2} + u = \tan x$$

◇ 해

[단계 1] 제차방정식 $L[D]u = d^2u/dx^2 + u = 0$ 에 대한 특성다항식은

$$L[m] = m^2 + 1 = (m-j)(m+j) = 0$$

이므로 근은 $m = \pm j$ 이다. 따라서 1.8절의 방법에 따라 일반해의 시도형식은

$$u_h(x) = c_1 \cos x + c_2 \sin x$$

이다. 여기서 임의 상수 c_1 과 c_2 를 $v_1(x)$ 와 $v_2(x)$ 로 취하여 특수해의 형식을

$$u_p(x) = v_1(x) \cos x + v_2(x) \sin x$$

로 둔다.

---

27) 여기서는 임의의 적분상수를 도입할 필요는 없다. 특수해 u_p의 적분상수는 약간의 계산을 하면 식 (1.10.17)의 임의 상수인 c_1과 c_2에 흡수되기 때문이다.

[단계 2] $\cos x$ 와 $\sin x$ 의 론스키안은

$$W(\cos x, \sin x) = \begin{vmatrix} \cos x & \sin x \\ -\sin x & \cos x \end{vmatrix} = \cos^2 x + \sin^2 x = 1$$

이므로 영이 아님을 알 수 있다. 따라서 식 (1.10.5)에 따라 적분을 수행하면

$$\begin{aligned} v_1(x) &= -\int \tan x \sin x dx \\ &= -\int \frac{\sin^2 x}{\cos x} dx = -\int \frac{1-\cos^2 x}{\cos x} dx \\ &= \sin x - \ln(\sec x + \tan x) \end{aligned}$$

$$v_2(x) = \int \sin x \, dx = -\cos x$$

[단계 3] 이로부터 주어진 방정식의 특수해는

$$\begin{aligned} u_p(x) &= [\sin x - \ln(\sec x + \tan x)]\cos x - \cos x \sin x \\ &= -\cos x \ln(\sec x + \tan x) \end{aligned}$$

이다.

[단계 4] 따라서 주어진 방정식의 일반해는

$$\begin{aligned} u(x) &= u_h(x) + u_p(x) \\ &= c_1 \cos x + c_2 \sin x - \cos x \ln(\sec x + \tan x) \end{aligned}$$

이다.

1.10.1 MATLAB에 의한 풀이

```
% [예제 1.10.1]
syms x
y10=dsolve('D2u+u=tan(x)','x');          % u''+u=tan(x)의 해
y10=simple(y10)                          %[예제 1.10.1]의 해이다.
```

연습문제 1.10.2

1. 다음 미분방정식에 대한 일반해를 구하여보자.

(1) $u'' + u = \sec x$

(2) $u'' - 4u' + 4u = x^{-1} e^x$

(3) $x^2 u'' + xu' - u = 2x^2$

(4) $xu'' - u' = (1+x)x$

(5) $u'' + u = \tan x$

(6) $u'' + u = \cos x + \sec x$

(7) $u'' - 2u' + u = x^2 + x^{-2} e^x$

(8) $x^2 u'' - 2xu' + 2u = x^3 \sin x$

2. (1) 식 (1.10.16)은 다음과 같이 표현할 수 있다는 것을 확인하여 보아라.

$$u_p(x) = \int_{x_0}^{x} \frac{g(s)}{W(s)} \begin{vmatrix} u_1(s) & u_2(s) \\ u_1(x) & u_2(x) \end{vmatrix} ds$$

(2) (1)의 결과를 이용하여, 초기조건 $u(x_0) = 0$ 와 $u'(x_0) = 0$ 을 가지는 식 (1.10.2)의 해는 다음과 같이 주어짐을 보여라.

$$u(x) = \int_{x_0}^{x} g(s) \frac{u_1(s)\, u_2(x) - u_1(x)\, u_2(s)}{u_1(s)\, u_2{}'(s) - u_1{}'(s)\, u_2(s)}\, ds$$

(힌트: 만약 $F(x) = \int_a^x g(x,s) ds$ 로 두면

$$F'(x) = g(x,x) + \int_a^x \frac{\partial}{\partial x} g(x,s)\, ds$$

라는 사실을 이용한다.)

1.11 코시-오일러 방정식

지금까지 상수계수를 가지는 미분방정식의 해를 구하는 방법에 대하여 설명하였다. 여기서는 변수계수를 가지는 2계 선형미분방정식의 해를 구하는 과정을 간략하게 요약한다. 이러한 형식의 방정식을 차수 2인 코시-오일러(Cauchy-Euler) 방정식이라고 하며, 다음과 같은 기본형으로 표현된다.

$$x^2 \frac{d^2 u}{dx^2} + ax \frac{du}{dx} + bu = 0 \tag{1.11.1}$$

위 식의 해를

$$u(x) = x^m \tag{1.11.2}$$

로 두고 m을 결정하여 본다. 우선 식 (1.11.2)를 식 (1.11.1)에 대입하면

$$\begin{aligned} &x^2 m(m-1)x^{m-2} + axmx^{m-1} + bx^m \\ &\qquad = [m(m-1) + am + b]x^m = 0 \end{aligned} \tag{1.11.3}$$

이고, $x \neq 0$일 때 특성다항식

$$m^2 + (a-1)m + b = 0 \tag{1.11.4}$$

을 만족하는 m값에 대해서 $u(x) = x^m$는 식 (1.11.1)의 해일 것이다. 식 (1.11.4)는 m에 관한 2차 방정식이므로 근의 공식에 의한 판별식 $\{(a-1)^2 - 4b\}$의 부호에 따라서

경우 Ⅰ: $(a-1)^2 - 4b > 0$이면 두 개의 실근(real root)

경우 Ⅱ: $(a-1)^2 - 4b = 0$이면 실이중근(real double root)

경우 Ⅲ: $(a-1)^2 - 4b < 0$이면 공역복소근(complex conjugate roots)

임을 알 수 있다.

• 서로 다른 실근(경우 Ⅰ)

m_1과 m_2를 식 (1.11.4)의 서로 다른 실근이라면 $u_1 = x^{m_1}$과 $u_2 = x^{m_2}$는 기본해의 집합을 이루므로 식 (1.11.1)의 일반해는 다음과 같다.

$$u = c_1 x^{m_1} + c_2 x^{m_2} \tag{1.11.5}$$

▶ 예제 1.11.1

다음 코시-오일러 방정식의 일반해를 구하여 보자.

$$3x^2 \frac{d^2u}{dx^2} + 11x\frac{du}{dx} - 3u = 0, \ (x \neq 0)$$

◇ 해

특성다항식

$$3m^2+8m-3=(3m-1)(m+3)=0$$

의 근은 $m_1=1/3$과 $m_2=-3$이므로 식 (1.11.5)에 의하여 주어진 방정식의 일반해는

$$u(x)=c_1x^{1/3}+c_2x^{-3},\ (x\neq 0)$$

이다. 위 일반해는 $x>0$과 $x<0$에 대해서 정의된다.

• 이중근(경우 II)

특성다항식 (1.11.4)가 이중근, 즉 $m_1=m_2=m$이라면, 두 개의 기본해 u_1과 u_2는 서로 독립으로 되지 않기 때문에 $u=c_1x^{m_1}+c_2x^{m_2}$는 일반해일 수 없다. 따라서 $u_1=x^{m_1}$을 하나의 기본해로 하였을 때 이것과 독립인 또 하나의 기본해를 구하기 위해 $u_2=v(x)u_1$로 놓고, u_2가 코시-오일러 방정식 (1.11.1)을 만족할 수 있도록 함수 $v(x)$를 계산한다. 즉 u_2를 식 (1.11.1)에 대입하면

$$x^2u_1v''+xv'(2xu_1'+au_1)+v\left(x^2u_1''+axu_1'+bu_1\right)=0 \tag{1.11.6}$$

이다. 이때 u_1은 식 (1.11.1)의 기본해이기 때문에 $\left(x^2u_1''+axu_1'+bu_1\right)=0$이다. 따라서

$$x^2u_1v''+xv'(2xu_1'+au_1)=0 \tag{1.11.7}$$

이 된다. 여기서 식 (1.11.1)이 $m=(1-a)/2$인 이중근을 가진다는 사실을 이용하여 식 (1.11.7)의 괄호 안을 계산하면

$$2xu_1'+au_1=(1-a)x^{(1-a)/2}+ax^{(1-a)/2}=x^{(1-a)/2}=u_1(x)$$

이다. 따라서 식 (1.11.7)은

$$(v''x^2+v'x)u_1=0$$

이다. 모든 x값에 대해서 위 식을 만족시키기 위해서는 $v''x+v'=0$, 즉 $v''/v'=-1/x$이어야 한다. 양변을 적분하면

$$\ln|v'|=-\ln|x| \rightarrow v'=1/t$$

이고, 다시 적분하면 $v(x) = \ln x$를 얻는다. 따라서 식 (1.11.4)가 이중근 $m = m_1 = m_2$을 가지는 경우 일반해는

$$u(x) = (c_1 + c_2 \ln|x|)x^m \tag{1.11.8}$$

이다[28]. 단 x는 미분방정식의 주어진 구간에서 $x \neq 0$이라고 한다. 이때 식 (1.11.4)가 이중근이므로 b는

$$b = \left(\frac{a-1}{2}\right)^2 \tag{1.11.9}$$

의 조건을 만족하여야 하고, 식 (1.11.4)는 $m = (1-a)/2$인 중근을 가진다. 따라서 식 (1.11.8)은

$$u(x) = (c_1 + c_2 \ln|x|)x^{-(a-1)/2} \tag{1.11.10}$$

이다.

▶ 예제 1.11.2

다음 초기값 문제의 해를 구하여 보자.

$$x^2\frac{d^2u}{dx^2} - 3x\frac{du}{dx} + 4u = 0, \ u(1) = 2, u'(1) = 8$$

◇ 해

특성다항식은

$$m^2 - 4m + 4 = (m-2)^2 = 0$$

이므로 $m = 2$의 중근을 가진다. 따라서 일반해는 식 (1.11.8)에 의해

$$u(x) = (c_1 + c_2 \ln|x|)x^2$$

이다. 초기값을 적용하기 위하여 먼저 du/dx를 계산하면

$$\frac{du}{dx} = \left(\frac{c_2}{x}\right)x^2 + (c_1 + c_2 \ln|x|)2x$$

이고, 문제의 초기값을 대입하면 다음 식을 얻는다.

$$2 = (c_1 + c_2 \ln 1)1^2$$

28) 식 (1.6.22) 참조하여라.

$$8=\left(\frac{c_2}{1}\right)1^2+(c_1+c_2\ln 1)2$$

이 결과 $c_1=2$ 및 $c_2=4$ 이므로 최종적인 해는

$$u(x)=2(1+2\ln|x|)x^2=2(1+\ln x^2)x^2$$

이다.

• 공역복소근(경우 Ⅲ)

특성다항식이 서로 공역인 두 개의 근

$$m_1=\alpha+j\beta,\ m_2=\alpha-j\beta \tag{1.11.11}$$

이면, 일반해는

$$u(x)=c_1x^{\alpha+j\beta}+c_2x^{\alpha-j\beta} \tag{1.11.12}$$

이다. 그러나 여기서는 서로 독립인 두 개의 실수함수가 필요하므로 오일러 공식에 의하여

$$x^{\alpha\pm j\beta}=e^{(\alpha\pm j\beta)\ln x}=e^{\alpha\ln x}\cos(\beta\ln x)\pm je^{\alpha\ln x}\sin(\beta\ln x) \tag{1.11.13}$$ [29]

$$=x^{\alpha}\cos(\beta\ln x)\pm jx^{\alpha}\sin(\beta\ln x)$$

이고, $x^{\alpha\pm j\beta}$의 실수부와 허수부 역시 식 (1.11.1)의 해이어야 하므로, 원하는 선형독립인 두 개의 실수해는

$$u_1=x^{\alpha}\cos(\beta\ln x),\ u_2=x^{\alpha}\sin(\beta\ln x) \tag{1.11.14}$$

이다. 또한 구간 $I=(0,\infty)$ 에서 위 기본해의 론스키안은

$$W(u_1(x),u_2(x))=\beta x^{2\alpha-1}\neq 0 \tag{1.11.15}$$

이므로 $u_1(x)$와 $u_2(x)$는 선형독립임을 알 수 있다. 따라서 식 (1.11.12)의 일반해는 다음과 같다.

$$u(x)=x^{\alpha}\left[c_1\cos(\beta\ln x)+c_2\sin(\beta\ln x)\right] \tag{1.11.16}$$

---

29) $x^{(\alpha\pm j\beta)}=\left(e^{\ln x}\right)^{(\alpha\pm j\beta)}=e^{(\alpha\pm j\beta)\ln x}$ 가 성립한다.

▶ 예제 1.11.3

다음 초기값 문제의 해를 구하여보자.

$$4x^2\frac{d^2u}{dx^2}+17u=0,\ u(1)=-1,\ u'(1)=0 \qquad ①$$

◇ 해

위 식에 대한 특성다항식은 $u(x)=x^m$을 ①에 대입하면

$$x^m(4m^2-4m-17)=0$$

이고, 이를 만족하는 두 개의 근은 $m_1=1/2+j2$ 및 $m_2=1/2-j2$임을 알 수 있다. 이를 식 (1.11.11)과 비교하면 $\alpha=1/2$ 및 $\beta=2$이므로 미분방정식의 해는 식 (1.11.16)에 의해

$$u(x)=x^{1/2}\left[c_1\cos(2\ln x)+c_2\sin(2\ln x)\right]$$

이다. 초기조건 $u(1)=-1$ 및 $u'(1)=0$을 구해진 해에 대입하면 $\ln 1=0$이므로, $c_1=-1$ 및 $c_2=0$이다. 따라서 초기값 문제에 대한 해는

$$u(x)=-x^{1/2}\cos(2\ln x)$$

이다.

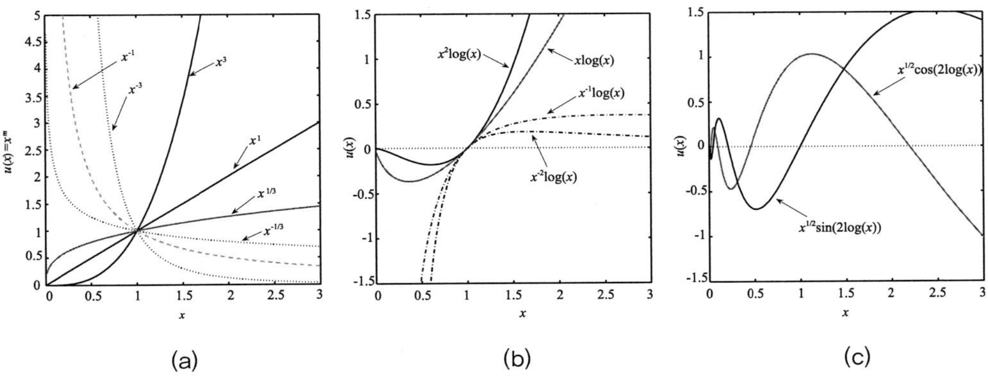

그림 1.22 코시-오일러 방정식의 해곡선

[예제 1.11.1]과 [예제 1.11.3]에 의한 해곡선의 전형적인 모양을 [그림 1.22]에 나타내었다.

1.11.1 MATLAB에 의한 풀이

```
% [예제 1.11.1]
syms x
y11=dsolve('3*x^2*D2u+11*x*Du-3*u=0','x')          % 3x^2u''+11xu-3u=0 의 해
% 해곡선
x=0.01:0.01:3.1;
kk=max(size(x)); u=zeros(kk,6);
for i=1:kk
   u(i,1)=x(i)^(3);                                % m=3
   u(i,2)=x(i);                                    % m=1
   u(i,3)=x(i)^(1/3);                              % m=1/3
   u(i,4)=1/x(i)^(1/3);                            % m=-1/3
   u(i,5)=1/x(i);                                  % m=-1
   u(i,6)=1/x(i)^(3);                              % m=-3
end
subplot(1,3,1) ,plot(x,u), axis([0,3,0,5])        % u=x^m 의 변화를 그림으로 표시

% [예제 1.11.2] [예제 1.11.1]에서 계속
syms x u
y12=dsolve('x^2*D2u-3*x*Du+4*u=0','u(1)=2','Du(1)=8','x')
u=zeros(kk,4);
for i=1:kk
   u(i,1)=x(i)^2*log(x(i));                        % u_1 =x^2 log(x)
   u(i,2)=x(i)*log(x(i));                          % u_2 =x log(x)
   u(i,3)=1/x(i)*log(x(i));                        % u_3 =(1/x)log(x)
   u(i,4)=1/x(i)^(2)*log(x(i));                    % u_4 =(1/x^2)log(x)
end
subplot(1,3,2) ,plot(x,u), axis([0,3,-1.5,1.5])   % 해곡선

% [예제 1.11.3]
y13=dsolve('4*x^2*D2u+17*u=0','u(1)=-1','Du(1)=0','x')
u=zeros(kk,2);
for i=1:kk
   u(i,1)=x(i)^(1/2)*cos(2*log(x(i)));             % u_1 =x^(1/2) cos(2log x)
   u(i,2)=x(i)^(1/2)*sin(2*log(x(i)));             % u_2 =x^(1/2) sin(2log x)
end
subplot(1,3,3) ,plot(x,u), axis([0,3,-1.5,1.5])   % 해곡선
```

❖ 위 프로그램을 실행하면 [그림 1.22]를 얻을 수 있다.

연습문제 1.11.2

1. 다음 미분방정식의 일반해를 구하여라.

(1) $x^2u'' + 9xu' = 12u = 0$

(2) $x^2u'' + 2xu' - 12u = 24$

(3) $x^2u'' - 6u = 0$

(4) $x^2u'' - xu' + 2u = 0$

2. 초기값을 가지는 다음 미분방정식의 해를 구하여라.

(1) $x^2u'' + 2xu' - 12u = 12,\ \ u(1) = 0,\ u'(0) = 0$

(2) $x^2u'' - 4xu' + 6u = 0,\ u(1) = 1,\ u'(1) = 0$

(3) $x^2u'' + 2xu' + 100.25u = 0,\ u(1) = 2,\ u'(1) = -11$

(4) $xu'' + 4u = 0,\ u(1) = 12,\ u'(1) = -6$

3. n 계의 코시-오일러 미분방정식은

$$x^n u^{(n)} + a_1 x^{n-1} u^{(n-1)} + \cdots + a_{n-1} x u' + a_n u = 0$$

의 형식으로 주어진다. $u(x) = x^m$ 을 미분방정식의 해라고 가정하고, $n = 1$ 인 경우에 대한 해를 구하여라.

Chapter_02

02 선형미분방정식의 급수해

지금까지 주로 상수계수를 가진 선형미분방정식을 지수함수를 이용하여 해를 구하는 방법에 대하여 설명하였다. 일반적으로 변수계수를 가지는 선형미분방정식의 경우에는 지수함수의 방법만으로는 해를 구할 수 없는 경우가 많다. 그러나 어떤 특별한 형태의 변수계수를 가지는 경우(이를 1.10절에서 코시-오일러 방정식이라고 하였다)에는 x^n 형식의 해를 가진다고 가정한다면 해를 구하는 방법이 존재한다. 여기서는 좀더 일반적인 형태의 변수계수를 가지는 미분방정식의 해를 무한급수를 사용하여 구하는 방법에 대하여 설명하기로 한다.

2.1 멱급수의 성질

멱급수(power series)란 $b_k(x-a)^k$ 형식으로 주어진 함수의 무한개의 합을 의미하며, 보통 다음과 같은 형태로 주어진다.

$$b_0 + b_1(x-a) + b_2(x-a)^2 + \cdots = \sum_{n=0}^{\infty} b_n(x-a)^n \tag{2.1.1}$$

여기서 x는 변수이며, b_0, b_1, $\cdots$ 은 정수로서 급수의 계수(coefficients)라고 한다. 또한 a

는 정수로서 급수의 중심(center)이라고 한다. 멱급수는 변수 x에 대한 음 또는 분해된 형식의 급수[1]를 가지는 항을 포함해서는 안 된다. 다음에 멱급수가 될 수 없는 몇 가지를 열거하였다.

(a) $1+(x-1)+(x-1)(x-2)+(x-1)(x-2)(x-3)+\cdots$

(b) $1+(x^2-1)+(x^2-1)^2+(x^2-1)^3+\cdots$

(c) $\dfrac{1}{x}+1+x+x^2+\cdots$

(d) $x^{1/2}+x^{3/2}+x^{5/2}+\cdots$

미분방정식에 멱급수를 적용하기 전에 멱급수가 가지는 몇 가지 특징을 살펴보기로 한다. 먼저 첫 m번째까지의 합 s_m을

$$s_m(x)=b_0+b_1(x-a)+\cdots+b_m(x-a)^m \tag{2.1.2}$$

으로 표기하며, 이것을 멱급수의 m번째 부분합이라고 한다. 만약

$$\lim_{m\to\infty} s_m(x_0)=\lim_{m\to\infty}\left[b_0+b_1(x_0-a)+\cdots+b_m(x_0-a)^m\right] \tag{2.1.3}$$

의 값이 존재한다면 이 멱급수는 $x=x_0$에서 수렴한다고 하며, 그렇지 않을 경우는 발산한다고 한다. 식 (2.1.1)의 모든 멱급수는 $x=a$에서 수렴한다는 것은 명백하다. 일반적으로 멱급수는 $x=a$를 중심으로 하는 어떤 구간 내에서 멱급수가 수렴하는 영역이 존재한다. 다시 말하면 x가

$$|x-a|<R \tag{2.1.4}$$

를 만족하는 영역 내에서 멱급수가 수렴한다면 식 (2.1.4)의 R를 수렴반경(radius of convergence)이라고 한다. 이러한 수렴반경은 다음과 같이 정의된다.

$$\frac{1}{R}=\lim_{n\to\infty}\left|\frac{b_{n+1}}{b_n}\right| \quad \text{또는} \quad \frac{1}{R}=\lim_{n\to\infty}\sqrt[n]{|b_n|} \tag{2.1.5}$$

물론 위 식의 극한이 존재하지 않는다면 수렴반경이 존재하지 않는 것, 즉 멱급수가 수렴

1) 예를 들어 인수분해된 형식 등이 있다.

하지 않는다는 것을 의미한다.

어떤 함수 $f(x)$가 $\Sigma_{n=0}^{\infty} b_n (x-a)^n$ (단 $R>0$이다)와 같이 멱급수로 표현되었다면, 이 함수는 $x=a$에서 해석적(analytic)이라고 한다. 식 (2.1.1)의 멱급수에서 계수 b_n $(n=0, 1, \cdots)$이 임의의 함수 $f(x)$의 $x=a$에서의 도함수를 이용하여

$$b_n = \frac{1}{n!} f^{(n)}(x) \bigg|_{x=a} \tag{2.1.6}$$

로 정의되어 있고, 또한 멱급수 $\Sigma_{n=0}^{\infty} b_n (x-a)^n$가 구간 $|x-a|<R$에서 함수 $f(x)$로 수렴한다면, 식 (2.1.1)은

$$f(x) = \sum_{n=0}^{\infty} b_n (x-a)^n, \quad |x-a| < R \tag{2.1.7}$$

와 같이 쓸 수 있다. 이때 식 (2.1.7)은 함수 $f(x)$를 중심 $x=a$에 관하여 전개한 것으로서, 이를 테일러 급수(Taylor Series)라고 한다. 특별히 $a=0$인 경우를 매클로린 급수(Maclaurian series)라고 한다. 급수의 수렴반경과 관련된 몇 개의 예를 들어보자.2)

▶ 예제 2.1.1

멱급수

$$\sum_{n=0}^{\infty} n! x^n = 1 + x + 2x^2 + 6x^3 + \cdots$$

가 있다. 위 식의 계수는 $b_n = m!$이므로 식 (2.1.5)로부터

$$\frac{b_{n+1}}{b_n} = \frac{(n+1)!}{n!} = n+1$$

이므로 위 식은 $n \to \infty$임에 따라 역시 ∞로 된다. 따라서 위 멱급수는 $x=0$인 경우에는 수렴하지만, 이런 종류의 멱급수는 아무런 의미를 가지지 않는다.

2) 자세한 사항은 제 9 장을 참조하여라.

▶ 예제 2.1.2

멱급수

$$\frac{1}{1-x}=\sum_{n=0}^{\infty}x^n=1+x+x^2+\cdots \quad, \text{(단 } |x|<1 \text{ 이다)}$$

의 계수는 모든 n의 값에 대해서 $a_n=1$이다. 따라서 식 (2.1.5)에 의한 수렴반경은 $R=1$로 되어 위 멱급수는 $|x|<1$에서 항상 수렴한다.

▶ 예제 2.1.3

지수함수의 멱급수

$$e^x=\sum_{n=0}^{\infty}\frac{x^n}{n!}=1+x+\frac{x^2}{2!}+\cdots$$

에서는 계수가 $b_n=1/n!$이므로 식 (2.1.5)로부터

$$\frac{b_{n+1}}{b_n}=\frac{1/(n+1)!}{1/n!}=\frac{1}{n+1}$$

이므로 $n\to\infty$에서 수렴한다. 따라서 위 급수는 x의 모든 값에서 수렴한다.

▶ 예제 2.1.4

다음 멱급수의 수렴반경을 구하여 보자.

$$\sum_{n=0}^{\infty}\frac{(-1)^n}{8^n}x^{3n}=1-\frac{x^3}{8}+\frac{x^6}{64}-\frac{x^9}{512}+\cdots$$

◇ 해

위 멱급수의 계수는 $b_n=(-1)^n/8^n$이다. 식 (2.1.5)에 의해

$$\left|\frac{b_{n+1}}{b_n}\right|=\frac{8^n}{8^{n+1}}=\frac{1}{8}$$

이므로 수렴반경은 $R=8$이다. 따라서 위 멱급수가 수렴하기 위해서는 $|x^3|<8$이어야 하므로, 즉 $|x|<2$이어야 함을 알 수 있다.

잘 알려진 몇몇의 함수에 대한 $x=0$에서의 테일러 급수를 [표 2.1]에 나타내었다.

표 2.1 **몇몇 함수에 대한 테일러 급수**

테일러 급수	수렴영역
$\dfrac{1}{1-x} = 1 + x + x^2 + \cdots$	$\lvert x \rvert < 1$
$e^x = 1 + x + \dfrac{x^2}{2!} + \cdots$	$\lvert x \rvert < \infty$
$\sin x = x - \dfrac{x^3}{3!} + \dfrac{x^5}{5!} - \cdots$	$\lvert x \rvert < \infty$
$\cos x = 1 - \dfrac{x^2}{2!} + \dfrac{x^4}{4!} - \cdots$	$\lvert x \rvert < \infty$
$\ln(1+x) = x - \dfrac{x^2}{2} + \dfrac{x^3}{3} - \cdots$	$-1 \le x < 1$
$\sinh x = x + \dfrac{x^3}{3!} + \dfrac{x^5}{5!} + \cdots$	$\lvert x \rvert < \infty$
$\cosh x = 1 + \dfrac{x^2}{2!} + \dfrac{x^4}{4!} + \cdots$	$\lvert x \rvert < \infty$
$(1+x)^\alpha = 1 + \alpha x + \dfrac{1}{2!}\alpha(\alpha-1)x^2 + \cdots$	$\lvert x \rvert < 1$

기호 $\binom{n}{k}$는 이항식(binomial) 계수를 나타내는 기호로 사용되며 다음으로 정의된다.

$$\binom{n}{k} = \frac{n!}{k!(n-k)!} = \frac{n(n-1)\cdots(n-k+1)}{k!} \tag{2.1.8}$$

다음은 멱급수의 미분과 적분에 관련된 중요한 성질이다.

요점 2.1 멱급수의 성질

만약

$$f(x) = \sum_{n=0}^{\infty} b_n (x-a)^n \tag{2.1.9}$$

로 표현되었다면, 이 함수의 미분과 적분은 다음과 같다.

$$f'(x) = \sum_{n=1}^{\infty} n b_n (x-a)^{n-1} \tag{2.1.10}$$

$$\int_a^x f(t)dt = \sum_{n=0}^{\infty} \frac{b_n}{n+1}(x-a)^{n+1} \tag{2.1.11}$$

위 요점은, $f(x)$가 $x=a$에서 해석적이라면 $f(x)$의 미분과 적분 역시 $x=a$에서 해석이며, 또 $x=a$에서의 멱급수의 미분과 적분은 멱급수의 각 항에 대해 미분과 적분을 수행함으로써 이루어진다는 것을 나타낸다.

▶ 예제 2.1.5

$\sin x$의 $x=0$에서의 테일러 급수를 구하여 보자.

◇ 해

$f(x)=\sin x$로 두고 식 (2.1.6)을 적용하면

$$\begin{aligned}\sin x &= \sin 0 + x\cos 0 - \frac{x^2}{2!}\sin 0 - \frac{x^3}{3!}\cos 0 + \cdots \\ &= x - \frac{x^3}{3!} + \frac{x^5}{5!} - \cdots\end{aligned}$$

이다.

▶ 예제 2.1.6

[표 2.1]을 이용하여 함수 $1/(x^2-4)$의 멱급수를 구하여 보자.

◇ 해

먼저 주어진 함수를 부분분수 전개한다. 즉

$$\frac{1}{x^2-4} = \frac{1}{4}\left(\frac{1}{x-2} - \frac{1}{x+2}\right) \qquad ①$$

다음에 ①의 오른쪽의 각 항에 대한 멱급수를 [표 2.1]을 사용하여 구한다.

$$\frac{1}{x-2} = -\frac{1}{2-x} = -\frac{1}{2}\left(\frac{1}{1-x/2}\right) \qquad ②$$

$$\frac{1}{x+2} = \frac{1}{2+x} = \frac{1}{2}\left(\frac{1}{1+x/2}\right) \qquad ③$$

②와 ③은 [표 2.1]의 첫번째 함수의 테일러 전개에서 x를 $x/2$로 대치하면 얻을 수 있다. 즉

$$\begin{aligned}\frac{1}{x-2} &= -\frac{1}{2}\left[1 + \frac{x}{2} + \left(\frac{x}{2}\right)^2 + \left(\frac{x}{2}\right)^3 + \cdots\right] \\ &= -\frac{1}{2} - \frac{x}{4} - \frac{x^2}{8} - \frac{x^3}{16} + \cdots\end{aligned}$$

$$\frac{1}{x+2} = \frac{1}{2}\left[1+\left(-\frac{x}{2}\right)+\left(-\frac{x}{2}\right)^2+\left(-\frac{x}{2}\right)^3+\cdots\right]$$

$$= \frac{1}{2}-\frac{x}{4}+\frac{x^2}{8}-\frac{x^3}{16}+\cdots$$

이다. 따라서 위 식을 ①에 대입하면

$$\frac{1}{x^2-4} = -\frac{1}{4}\left(1+\frac{x^2}{4}+\frac{x^4}{16}+\cdots\right)$$

이다.

▶ 예제 2.1.7

함수 $(1-x)^{-k}$, $(k=2, 3, \cdots)$에 대한 테일러 급수를 구하여 보자.

◇ 해

[표 2.1]로부터

$$\frac{1}{1-x} = 1+x+x^2+\cdots$$

$$\frac{d}{dx}\left(\frac{1}{1-x}\right) = \frac{1}{(1-x)^2} = 1+2x+3x^2+\cdots$$

$$\frac{d^2}{dx^2}\left(\frac{1}{1-x}\right) = \frac{2}{(1-x)^3} = 2+6x+12x^2+\cdots$$

$$\vdots$$

$$\frac{d^k}{dx^k}\left(\frac{1}{1-x}\right) = \frac{k!}{(1-x)^{k+1}} = \sum_{n=k}^{\infty} n(n-1)\cdots(n-k+1)x^{n-k}$$

이다. 따라서 $k=1, 2, \cdots$에서

$$\frac{1}{(1-x)^{k+1}} = \frac{1}{k!}\sum_{n=k}^{\infty} n(n-1)\cdots(n-k+1)x^{n-k}$$

이며, 혹은 식 (2.1.8)의 표현식을 이용한다면

$$\frac{1}{(1-x)^{k+1}} = \sum_{n=k}^{\infty}\binom{n}{k}x^{n-k} = \sum_{n=0}^{\infty}\binom{n+k}{k}x^n$$

로 나타낼 수 있다. 여기서 k를 $k-1$로 대치하면

$$\frac{1}{(1-x)^k} = \sum_{n=0}^{\infty}\binom{n+k-1}{k-1}x^n, \quad (k \geq 1)$$

임을 알 수 있다. 이 표현식에서

$$\binom{n}{0} = 1$$

로 한다.

▶ 예제 2.1.8

$x=0$ 근방에서 함수 $\tan^{-1}x$ 의 테일러 급수를 구하여 보자.

◇ 해

먼저 주어진 함수는

$$\tan^{-1}x = \int_0^x \frac{dt}{1+t^2} \qquad ①$$

의 관계가 있으므로, [표 2.1]을 이용하여 함수 $1/(1+t^2)$ 를 $t=0$ 부근에서 전개하면

$$\frac{1}{1+t^2} = 1 - t^2 + t^4 - \cdots \qquad ②$$

이다. 따라서 ②를 적분하면

$$\tan^{-1}x = \int_0^x \frac{dt}{1+t^2} = \int_0^x (1 - t^2 + t^4 - \cdots)\, dt = x - \frac{x^3}{3} + \frac{x^5}{5} - \cdots \qquad ③$$

를 얻을 수 있다. 이로부터 함수 $\tan^{-1}x$ 의 멱급수는 $x=1$ 에서 수렴한다는 것을 알 수 있다. 다시 말하면 $\tan^{-1}x$ 의 멱급수의 계수의 부호는 (+)와 (−)로 변동하지만, 그 크기는 영으로 수렴한다는 것을 의미한다. ③을 이용하면 $\pi/4 \approx 0.78$ 은 다음과 같은 무한급수로 나타낼 수 있다.

$$\tan^{-1}1 = \frac{\pi}{4} = 1 - \frac{1}{3} + \frac{1}{5} - \frac{1}{7} + \cdots$$

때때로 어떤 함수의 테일러 급수전개를 하고자 하는 경우, 계수를 결정하기 위한 함수의 미분계산이 어려운 경우가 있다. 이러한 경우에 [표 2.1]을 적절히 활용하면 테일러 급수의 첫번째 몇 개 항에 대한 계수값은 어렵지 않게 얻을 수 있다. 다음 예제를 보자.

▶ 예제 2.1.9

함수 $1/\cos x$를 $x=0$에서 테일러 전개하였을 때의 첫 세 번째 항까지의 계수를 계산하여 보자.

◈ 해

$x=0$에서 함수 $1/\cos x$를 전개하면 [표 2.1]에 의해

$$\frac{1}{\cos x}=\frac{1}{1-x^2/2!+x^4/4!-\cdots}=\frac{1}{1-\left(x^2/2!-x^4/4!+\cdots\right)}$$

이다. 여기서 [표 2.1]의 첫번째 항 $1/(1-x)$에 대한 테일러 전개에서 x를 $\left(x^2/2!-x^4/4!+\cdots\right)$로 대치하면

$$\begin{aligned}\frac{1}{\cos x}&=1+\left(\frac{x^2}{2!}-\frac{x^4}{4!}+\cdots\right)+\left(\frac{x^2}{2!}-\frac{x^4}{4!}+\cdots\right)^2+\cdots\\&=1+\frac{x^2}{2!}+\left(\frac{1}{(2!)^2}-\frac{1}{4!}\right)x^4+\cdots\\&=1+\frac{x^2}{2}+\frac{5x^4}{24}+\cdots\end{aligned}$$

로 되어 세 번째 항까지의 계수를 얻을 수 있다.

▶ 예제 2.1.10

함수 $e^{\sin x}$를 $x=0$ 부근에서 테일러 급수전개 하였을 때 처음부터 세 번째 항까지의 계수를 구하여 보자.

◈ 해

[표 2.1]로부터

$$e^x=1+x+\frac{x^2}{2!}+\cdots$$

이므로

$$\begin{aligned}e^{\sin x}&=1+\sin x+\frac{\sin^2 x}{2}+\cdots\\&=1+\left(x-\frac{x^3}{3!}+\cdots\right)+\frac{1}{2}\left(x-\frac{x^3}{3!}+\cdots\right)^2+\cdots\\&=1+x+\frac{x^2}{2}-\frac{x^4}{8}+\cdots\end{aligned}$$

임을 알 수 있다. 위 식에서 $e^{\sin x}$의 테일러 급수전개의 첫 세 번째 항까지의 계수는 e^x의 계수와 동일함을 알 수 있다. 이것은 x가 작은 값을 가질 때 $\sin x\approx x$라는 사실로부터 명백하다.

한편, 멱급수의 수렴반경은 식 (2.1.5)와 같이 극한을 취하여 계산할 수 있지만, 여기서는 이를 위한 좀더 간단한 방법에 대하여 알아보기로 한다. 만약 함수 $f(x)$가 임의의 점 x에서 해석적이지 않다면 이 점을 함수 $f(x)$의 특이점이라고 한다. 예를 들어, $x=0$은 함수 $1/x$ 및 $\ln x$의 특이점이다. 일반적으로 어떤 함수의 특이점을 복소수로 생각하여 이를 복소평면 상에 표시하면 멱급수의 수렴영역을 나타내는 데 편리하다. 예를들어, 함수 $f(x)=x/\left[(x^2+9)(x-6)\right]$는 특이점이 $x=6,\ \pm j3$이다. 이를 복소평면 상에 나타내면 [그림 2.1 (a)]와 같다. 만약 $f(x)$를 원점을 중심으로 급수전개 한다면 수렴반경은 [그림 2.1 (b)]와 같이 원점을 중심으로 하여 원점에 가장 가까운 특이점을 지나가는 원으로 되어, $R=3$이다. 즉 $\pm j3$의 특이점으로 인해 $x \geq 3$인 영역에서는 급수가 수렴하지 않기 때문이다. 한편, 위 함수를 $x=5$를 중심으로 전개한다면(즉 $(x-5)$에 대한 멱급수), 가장 근접한 특이점은 복소평면상의 점 $(6,0)$이다. 따라서 이 경우에는 $R=1$을 수렴반경으로 가지며, 멱급수는 구간 $6>x>4$에서 수렴할 것이다. 이와 같은 관점에서 수렴반경을 생각하면, 함수 $\sin x$, $\cos x$, $\sinh x$, $\cosh x$ 및 e^x는 특이점을 가지지 않기 때문에 수렴반경은 $R=\infty$로 된다.

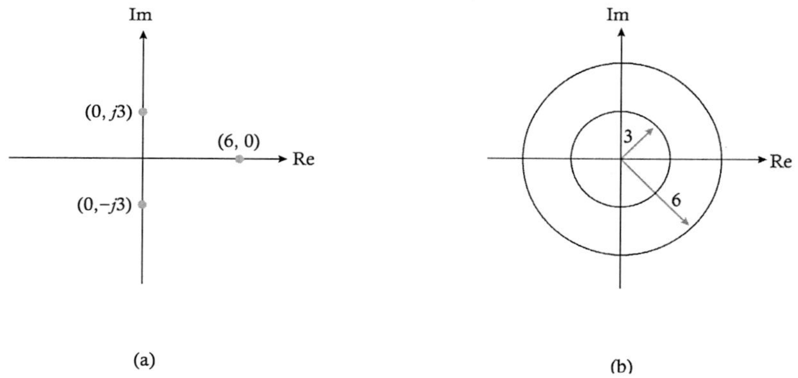

그림 2.1 함수 $x/\left[(x^2+9)(x-6)\right]$의 특이점과 수렴영역

- **멱급수와 미분방정식의 해**

멱급수를 이용하여 미분방정식의 해를 구하기 위한 준비로서 [요점 2.2]가 필요하다. 먼저 2계 선형미분방정식

$$\frac{d^2u}{dx^2}+p_0(x)\frac{du}{dx}+p_1(x)u=0 \tag{2.1.12}$$

에서 함수 $p_0(x)$와 $p_1(x)$가 점 $x=a$에서 해석적이라면, $x=a$를 미분방정식의 보통점(ordinary point)이라고 하고, 보통점이 아닌 점을 방정식의 특이점(singular point)이라고 한다. 따라서 $x=a$가 식 (2.1.12)의 특이점이라면 이 점은 함수 $p_0(x)$ 또는 $p_1(x)$의 특이점이다.

요점 2.2 미분방정식의 급수해

만약 $x=0$이 미분방정식 (2.1.12)의 보통점이라면 미분방정식은 다음과 같이 급수로 주어지는 두 개의 기본 해를 가진다.

$$u_1(x)=\sum_{n=0}^{\infty}a_nx^n, \quad u_2(x)=\sum_{n=0}^{\infty}b_nx^n \tag{2.1.13}$$

위 급수해는 $|x|<R$에서 수렴한다고 한다. 이때 미분방정식은, 복소평면 상의 원점을 중심으로 원점에 가장 가까운 $p_0(x)$ 또는 $p_1(x)$의 특이점까지의 거리를 최소한도의 수렴반경으로 가진다.

따라서 만약 $p_0(x)$ 및 $p_1(x)$가 다항식으로 주어졌다면, 미분방정식의 기본해는 x의 모든 값에서 수렴한다. 함수 $p_0(x)$와 $p_1(x)$가 [그림 2.1]과 같은 특이점을 가진다고 가정하고, $3<x<6$의 구간에서 식 (2.1.13)으로 주어진 기본해에 대하여 알아보자. 이 경우에는 주어진 구간의 중간점 $x_0=4.5$를 중심으로 기본해를 전개하면

$$u_1(x)=\sum_{n=0}^{\infty}a_n(x-x_0)^n, \quad u_2(x)=\sum_{n=0}^{\infty}b_n(x-x_0)^n \tag{2.1.14}$$

이다. 식 (2.1.14)의 독립변수 x를 $t=x-x_0$를 이용하여 변수 t로 변환하면 기본해는

$$u_1(t)=\sum_{n=0}^{\infty}a_nt^n, \quad u_2(t)=\sum_{n=0}^{\infty}b_nt^n \tag{2.1.15}$$

로 되어 식 (2.1.13)과 동일한 형식이라는 것을 알 수 있다. 이는 수렴반경이 정해지면 기본해의 표현식은 항상 동일하게 나타낼 수 있다는 것을 의미한다.

2.1.2 MATLAB에 의한 풀이

```
% [예제 2.1.5]
syms x                              % symbolic 변수의 지정
f=sin(x);                           % sin(x)를 symbolic으로 지정
F=taylor(f,6); pretty(F)            % f를 5차까지의 테일러 급수전개로 표시

% [예제 2.1.6]
syms x
f=1/(x^2-4);                        % f=1/(x^2-4)를 symbolic으로 지정
F=taylor(f,6); pretty(F)            % f를 5차까지의 테일러 급수전개로 표시

% [예제 2.1.7]
syms x k
f=(1-x)^-k;                         % f=(1-x)^-k 를 symbolic으로 지정
F=taylor(f,6); pretty(simple(F))    % 5차까지의 테일러 급수 표현식
% if k=2
F2=subs(F,k,2); pretty(F2)          % k=2 인 경우의 테일러 급수 표현식

% [예제 2.1.8]
syms x t
f=tan(x)^(-1); taylor(f)            % f=tan^-1(x) 의 테일러 급수 전개(계산이 불가능)
ft=1/(1+t^2);                       % ft=1/(1+t^2) 로 두고
Ft=taylor(ft,8);                    % 테일러 급수 전개를 수행한 다음
F=int(Ft,t);                        % 이를 적분하여 원래식의 테일러 급수 표현식을 얻는다.
F=subs(F,t,x); pretty(F)            % 변수 t 대신에 x 를 대입한다.

% [예제 2.1.9]
syms x
f=(cos(x))^-1;                      % f=1/cos(x)를 symbolic으로 지정
F=taylor(f); pretty(F)              % 테일러 급수 전개 표현식

% [예제 2.1.10]
syms x
f=exp(sin(x))                       % f=e^sin(x) 를 symbolic으로 지정
F=taylor(f); pretty(F)              % 테일러 급수 전개 표현식
```

❖ [예제 2.1.8]에서 주어진 함수를 그대로 전개하려고 하면 테일러 급수가 존재하지 않는다는 error message가 나타난다. 이 경우에는 교과서에서 제안한 것과 같이 약간의 변경을 이용하면 멱급수를 얻을 수 있는 경우가 많다.

연습문제 2.1.3

1. 다음 함수를 $a=0$ 을 중심으로 하는 테일러 급수 표현식을 구하여라.

(1) $\ln(1+x)$ (2) $\dfrac{1}{x+2}$ (3) $\dfrac{7}{x^2-x-12}$ (4) e^{-x^2}

(5) $\tan x$ (6) $\ln\left(\dfrac{4-x^2}{4}\right)$ (7) $e^{-x}\sin x$ (8) $\sin x^2$

2. 다음 적분의 피적분함수를 $a=0$ 에 관한 테일러 급수의 전개식을 이용하여 각 적분에 대한 멱급수 표현식을 구하여라.

(1) $\displaystyle\int_0^x \frac{dt}{4-t^2}$ (2) $\displaystyle\int \sin^2 x\,dx$ (3) $\displaystyle\int \sin x\cos x\,dx$

3. 함수 $(x^2-1)/[(x-4)(x^2+1)]$ 을, (a) 원점 (b) $a=1$ 및 (c) $a=2$ 를 중심으로 하는 멱급수표현식을 구하여라. 이 경우 각 전개식의 수렴반경은 어떻게 되는가?

4. 다음의 각 급수에 대한 수렴반경을 구하여라.

(1) $\displaystyle\sum_{n=0}^{\infty}\frac{x^n}{c^n},\ (c\neq 0)$ (2) $\displaystyle\sum_{n=1}^{\infty}\frac{(n+1)n}{2^n}(x-3)^{2n}$ (3) $\displaystyle\sum_{n=0}^{\infty}\frac{(2n)!}{(2n+2)(2n+4)}x^n$

(4) $\displaystyle\sum_{n=2}^{\infty}\frac{(-1)^n}{4^n}(x-1)^{2n}$ (5) $\displaystyle\sum_{n=4}^{\infty}\frac{(n+3)^2}{(n-3)^4}x^n$ (6) $\displaystyle\sum_{n=1}^{\infty}\frac{1}{\pi^n}\left(x-\frac{\pi}{2}\right)^n$

5. 다음의 각 미분방정식에 대해 특이점을 열거하고 원점에 관해 전개한다고 할 때의 수렴반경을 구하여라.

(1) $\dfrac{d^2u}{dx^2}+(x^2-1)u=x^2$ (2) $x(x^2+4)\dfrac{d^2u}{dx^2}+x\dfrac{du}{dx}=0$

(3) $\dfrac{d^2u}{dx^2}+\dfrac{x-1}{x+1}\dfrac{du}{dx}+u=0$

6. 다음 함수의 $a=1$ 에 대하여 전개한 급수표현식을 구하여라.

(1) $\dfrac{1}{x}$ (2) $\dfrac{1}{x^2-4}$

2.2 상미분방정식의 해

2.2.1 멱급수에 의한 해의 유도

[요점 2.2]에 의하면 2계 선형미분방정식

$$u'' + p_0(x)u' + p_1(x)u = 0, \quad |x| < R \tag{2.2.1}$$ [3]

은 급수해를 가진다는 것을 알 수 있다. 여기서는 급수해를 구하는 방법에 대하여 간단히 설명한다. 먼저 식 (2.2.1)의 계수 $p_0(x)$와 $p_1(x)$를 x의 멱급수로 나타낸다[4]. 그러나 계수 $p_0(x)$와 $p_1(x)$는 대부분 다항식으로 주어지기 때문에 멱급수 표현을 구하기 위한 이러한 첫번째 단계는 필요하지 않는 경우가 많다. 다음에 미분방정식의 해가 미지의 계수를 가지는 다음과 같은 급수로 주어진다고 가정한다.

$$u(x) = \sum_{n=0}^{\infty} a_n x^n = a_0 + a_1 x + a_2 x^2 + a_3 x^3 + \cdots \tag{2.2.2}$$

위 식을 미분방정식에 대입하기 위하여 먼저 1계와 2계 도함수를 구하면

$$u'(x) = \sum_{n=1}^{\infty} n a_n x^{n-1} = a_1 + 2a_2 x + 3a_3 x^2 + 4a_4 x^3 + \cdots \tag{2.2.3 a}$$

$$u''(x) = \sum_{n=2}^{\infty} n(n-1) a_n x^{n-2} = 2a_2 + 3 \cdot 2a_3 x + 4 \cdot 3a_4 x^2 + \cdots \tag{2.2.3 b}$$

이다. 이것을 식 (2.2.1)에 대입하여 x의 멱지수별로 정리한 뒤 각 계수를 영으로 두면 무한개의 미지수를 갖는 무한차수의 연립방정식으로 되어 순차적으로 식 (2.2.2)에서 정의한 미지수 a_0, a_1, a_2, $\cdots$를 결정할 수 있을 것이다.

이와 같이 많은 양의 계산을 필요로 하는 원시적인 방법으로 해를 구하는 방법에 대한 간단한 예를 들어본다.

---

3) 이미 제 1 장에서도 사용하였지만, 여기서는 표현상의 간략함을 위하여 특별한 경우를 제외하고는 d^2u/dx^2을 u''로, du/dx를 u'로 표기한다.

4) 만약 $x-x_0$의 멱급수 해가 필요한 경우에는 $(x-x_0)$의 멱급수로 나타낸다.

▶ 예제 2.2.1

다음 미분방정식의 해를 멱급수의 방법을 이용하여 구하여 보자.

$$u' = 2xu \qquad ①$$

해

식 (2.2.2)와 (2.2.3 a)를 ①에 대입하면

$$a_1 + 2a_2x + 3a_3x^2 + 4a_4x^3 + \cdots = 2x(a_0 + a_1x + a_2x^2 + \cdots)$$
$$= 2a_0x + 2a_1x^2 + 2a_2x^3 + \cdots$$

이다. 위 식이 성립하기 위해서는 x의 각 멱지수의 계수가 서로 같아야 하므로

$$a_1 = 0,\ 2a_2 = 2a_0,\ 3a_3 = 2a_1,\ 4a_4 = 2a_2,\ 5a_5 = 2a_3,\ \cdots$$

이다. 이로부터 $a_3 = 0,\ a_5 = 0,\ \cdots$이며, 짝수의 번호를 가지는 계수는

$$a_2 = a_0,\ a_4 = \frac{a_2}{2} = \frac{a_0}{2!},\ a_6 = \frac{a_4}{3} = \frac{a_0}{3!},\ \cdots$$

이며, a_0는 미지의 상수이다. 여기서 구한 각 계수를 식 (2.2.2)에 대입하여 해를 구하면

$$u = a_0\left(1 + x^2 + \frac{x^4}{2!} + \frac{x^6}{3!} + \frac{x^8}{4!} + \cdots\right) = a_0\, e^{x^2} \qquad ②$$

이다. 이 결과는 제 1 장에서 설명한 변수분리를 이용한 결과와 일치한다는 것을 쉽게 확인할 수 있을 것이다. 식 (2.2.2)와 (2.2.3)을 직접 미분방정식 $u' = 2xu$에 대입하면

$$1 \cdot a_1x^0 + \sum_{n=2}^{\infty} na_nx^{n-1} = 2x\sum_{n=0}^{\infty} a_nx^n = \sum_{n=0}^{\infty} 2a_nx^{n+1} \qquad ③$$

이다. 여기서 위 식 양변의 무한급수가 동일한 모양을 가지게 하기 위해 지수이동(shift of index)을 실시한다. 즉 ③의 왼쪽 항에서 $n = s+2$로 두면 왼쪽 항의 무한급수의 출발점을 $s = 0$으로 둘 수 있다. 반면 ③의 오른쪽 항의 급수는 출발점이 영으로 되어 있기 때문에 단순히 n을 s로 변경한다. 이 결과

$$a_1 + \sum_{s=0}^{\infty} (s+2)a_{s+2}x^{s+1} = \sum_{s=0}^{\infty} 2a_sx^{s+1} \qquad ④$$

로 된다. 따라서 ④의 양변을 비교하면

$$a_1 = 0 \text{ 와 } (s+2)a_{s+2} = 2a_s \rightarrow a_{s+2} = \frac{2}{s+2}a_s$$

가 얻어졌다. 여기서 $s = 0, 1, 2, \cdots$이면 $a_2 = (2/2)a_0,\ a_3 = (2/3)a_1,\ a_4 = (2/4)a_2, \cdots$로 되어 동일한 결과임을 확인할 수 있다.

▶ 예제 2.2.2

다음 미분방정식의 급수해를 구하여 보자,

$$u'' + u = 0 \qquad ①$$

◈ 해

식 (2.2.2)와 (2.2.3 b)를 ①에 대입하면

$$\sum_{n=2}^{\infty} n(n-1)a_n x^{n-2} + \sum_{n=0}^{\infty} a_n x^n = 0$$

이다. 동일한 멱지수에 대한 계수를 비교함으로써 $(s+2)(s+1)a_{s+2} = -a_s$ 의 관계식이 얻어지고, 이것은 다음과 같은 반복공식(recursion formula)으로 나타낼 수 있다.

$$a_{s+2} = -\frac{a_s}{(s+2)(s+1)}, \quad (s = 0,\ 1,\ 2,\ 3,\ \cdots) \qquad ③$$

이로부터 각 계수를 반복적으로 계산하면

$$\begin{aligned} a_2 &= -\frac{a_0}{2 \cdot 1} = -\frac{a_0}{2!}, \qquad a_3 = -\frac{a_1}{3 \cdot 2} = -\frac{a_1}{3!} \\ a_4 &= -\frac{a_2}{4 \cdot 3} = \frac{a_0}{4!}, \qquad a_5 = -\frac{a_3}{5 \cdot 4} = \frac{a_1}{5!} \end{aligned} \qquad ④$$

이며, a_0 와 a_1 은 임의 상수이다. ④의 계수를 식 (2.2.2)에 대입하면 ①의 급수해는 다음과 같다.

$$u = a_0 + a_1 x - \frac{a_0}{2!}x^2 - \frac{a_1}{3!}x^3 + \frac{a_0}{4!}x^4 + \frac{a_1}{5!}x^5 + \cdots$$

이것을 다시 x 의 짝수와 홀수의 멱지수별로 정리하면

$$u = a_0\left(1 - \frac{x^2}{2!} + \frac{x^4}{4!} - \cdots\right) + a_1\left(x - \frac{x^3}{3!} + \frac{x^5}{5!} - \cdots\right)$$

이며, 이것은 결국 다음과 같은 잘 알려진 미분방정식 ①의 일반해임을 쉽게 확인할 수 있다.

$$u = a_0 \cos x + a_1 \sin x$$

[예제 2.2.2]로부터 일반적인 미분방정식의 멱급수해를 구하기 위해서는 상당히 길고 지루한 과정이 필요하며, 동시에 이렇게 구한 멱급수해는 대부분의 경우 간략한 형식의 일반해로 된다는 것을 알 수 있다. 다시 말하면, 미분방정식의 해를 구하기 위해 멱급수를 이용한다는 것은 실제로 상당히 어렵기 때문에 일반적인 미분방정식의 해를 굳이 멱급수를 이

용할 필요는 없다는 것이다. 그러나 다음에 설명하는 특별한 형식의 미분방정식의 해를 구하기 위해서는 멱급수 표현식이 상당한 도움이 된다.

2.2.2 르장드르 방정식

다음과 같은 미분방정식

$$(1-x^2)u'' - 2xu' + \lambda(\lambda+1)u = 0 \tag{2.2.4}$$

을 르장드르 방정식(Legendre's equation)이라고 하며, 물리학에서 구(sphere)에 대한 경계값 문제 등을 취급하는 데 자주 나타나는 특수함수인 르장드르 함수를 만들어 낸다. 식 (2.2.4)에서 변수 λ는 임의로 주어지는 음이 아닌 정수이다. 위 식은 다음과 같은 2계 미분방정식의 표준형으로 고쳐 쓸 수도 있다.

$$u'' - \frac{2x}{1-x^2}u' + \frac{\lambda(\lambda+1)}{1-x^2}u = 0 \tag{2.2.5}$$

위 미분방정식의 변수계수인 $p_0(x)$와 $p_1(x)$는 원점 부근에서 테일러 급수 전개가 가능하므로 $x=0$에서 해석적이지만 $x=\pm 1$에서는 해석적이지 않다. 따라서 여기서는 해석적인 구간 $-1<x<1$에서 르장드르 방정식의 멱급수 해를 구하는 방법에 대하여 알아본다.

2.1절의 경우와 마찬가지로, 먼저 멱급수

$$u(x) = \sum_{n=0}^{\infty} b_n x^n \tag{2.2.6}$$

을 식 (2.2.3)의 해라고 가정하고, 식 (2.2.6)을 식 (2.2.4)에 대입한다. 이때 $\lambda(\lambda+1)=\alpha$로 치환하여 전개하면

$$(1-x^2)\sum_{n=2}^{\infty} n(n-1)b_n x^{n-2} - 2x\sum_{n=1}^{\infty} nb_n x^{n-1} + \alpha\sum_{n=0}^{\infty} b_n x^n = 0 \tag{2.2.7}$$

이며, 이것은 다시 다음과 같이 쓸 수 있다.

$$\sum_{n=2}^{\infty} n(n-1)b_n x^{n-2} - \sum_{n=2}^{\infty} n(n-1)b_n x^n - \sum_{n=1}^{\infty} 2nb_n x^n + \alpha\sum_{n=0}^{\infty} b_n x^n = 0 \tag{2.2.8}$$

식 (2.2.8)의 왼쪽의 첫번째 항은

$$\sum_{n=2}^{\infty} n(n-1)b_n x^{n-2} = \sum_{n=0}^{\infty}(n+2)(n+1)b_{n+2}x^n \tag{2.2.9}$$

로 나타낼 수 있다. 이 관계를 이용하여 식 (2.2.8)의 합($\sum$: summation)에서 $n=0$과 $n=1$을 제외한 표현식을 도입하면 다음과 같이 나타낼 수 있다.

$$\sum_{n=2}^{\infty}\{(n+2)(n+1)b_{n+2} - [n(n-1)+2n-\alpha]b_n\}x^n \tag{2.2.10}$$

$$+2b_2 + \alpha b_0 + (6b_3 - 2b_1 + \alpha b_1)x = 0$$

위 식은 x의 다항식 형태를 하고 있으므로 각 계수가 영이어야 한다는 조건으로부터 다음의 관계식을 얻을 수 있다.

$$\begin{aligned} b_2 &= -\frac{\alpha}{2}b_0, \ (x^0 \text{ 의 계수}) \\ b_3 &= \frac{2-\alpha}{6}b_1, \ (x^1 \text{ 의 계수}) \\ b_{n+2} &= \frac{n^2+n-\alpha}{(n+2)(n+1)}b_n, \ \ (n=2,3,4,\cdots), \ (x^2\text{의 계수}) \end{aligned} \tag{2.2.11}$$

위 식에서 α를 원래의 값인 $\lambda(\lambda+1)$으로 교체하면 멱급수에 관한 다음의 관계식을 얻는다.

$$b_{n+2} = \frac{(n-\lambda)(n+\lambda+1)}{(n+2)(n+1)}b_n, \qquad n=2,3,4,\cdots \tag{2.2.12}$$

위의 과정에서 b_0와 b_1이 임의의 값을 가진다고 하면, 식 (2.2.12)로부터 짝수 번호를 가지는 멱급수의 계수는 b_0의 함수로, 홀수 번호를 가지는 계수는 b_1의 함수로 각각 표현된다는 것을 알 수 있다. 따라서 해 (2.2.6)은

$$u(x) = b_0 u_1(x) + b_1 u_2(x) \tag{2.2.13}$$

와 같이 쓸 수 있다. 단 $u_1(x)$와 $u_2(x)$는

$$u_1(x) = 1 - \frac{\lambda\cdot(\lambda+1)}{2!}x^2 + \frac{\lambda(\lambda-2)\cdot(\lambda+1)(\lambda+3)}{4!}x^4 + \cdots, \tag{2.2.14}$$

$$u_2(x) = x - \frac{(\lambda-1)\cdot(\lambda+2)}{3!}x^3 + \frac{(\lambda-3)(\lambda-1)\cdot(\lambda+2)(\lambda+4)}{5!}x^5 + \cdots$$

인 서로 독립인 기본해이며, 두 개의 멱급수는 $-1 < x < 1$에서 수렴한다는 것은 쉽게 증명할 수 있다.

2.2.3 르장드르 다항식과 함수

다양한 형태의 응용문제를 다루는 미분방정식에 대한 멱급수 해를 (무한급수가 아니라) 다항식으로 표현할 수 있다면 상당히 편리할 것이다. 다시 말하면 해가 무한급수로 되는 것이 아니라 한정된 몇 개의 항으로 무한급수를 중단할 수 있다는 것을 의미한다. 이러한 사실을 이용한다면 해의 계산량을 상당 부분 감소시킬 수 있을 뿐 아니라, 기존의 다항식에 관한 정리도 이용할 수 있을 것이다. 이와 같은 사실을 르장드르 방정식의 멱급수 해에 적용하여 본다.

먼저 식 (2.2.4)의 르장드르 방정식에서 변수 λ를 음이 아닌 정수로 정의하였기 때문에, 식 (2.2.12)의 오른쪽 항은 $n = \lambda$에서 영으로 되어 $b_{\lambda+2} = 0, b_{\lambda+4} = 0, b_{\lambda+6} = 0, \cdots$일 것이다. 이를 식 (2.2.14)의 기본해의 변수 λ에 여러 가지 값을 대입하여 확인하여 보자. λ가 짝수이면

$$\begin{aligned} &\lambda = 0,\ \ u_1(x) = 1 \\ &\lambda = 2,\ \ u_1(x) = 1 - 3x^2 \\ &\lambda = 4,\ \ u_1(x) = 1 - 10x^2 - \frac{35}{3}x^4 \\ &\quad \vdots \end{aligned} \tag{2.2.15}$$

이고, λ가 홀수이면

$$\begin{aligned} &\lambda = 1,\ \ u_2(x) = x \\ &\lambda = 3,\ \ u_2(x) = x - \frac{5}{3}x^3 \\ &\lambda = 5,\ \ u_2(x) = x - \frac{14}{3}x^3 + \frac{21}{5}x^5 \\ &\quad \vdots \end{aligned} \tag{2.2.16}$$

와 같은 다항식으로 된다. 이 결과 만약 λ가 짝수이면 기본해 $u_1(x)$는 차수가 λ 인 다항식이며, 반대로 λ가 홀수이면 기본해 $u_2(x)$에 대해서도 동일한 결과가 성립한다. 결과적으로 이러한 다항식은 주어진 λ의 값에 대한 르장드르 방정식의 서로 독립인 기본해임을 나타내는 것으로, 예를 들어 $\lambda = 5$인 경우 식 (2.2.4)의 미분방정식에 대한 하나의 기본해는

$x-(14/3)x^3+(21/5)x^5$ 라는 것을 의미한다. 또한 $u_1(x)$가 미분방정식의 해라면, $c_1u_1(x)$(단 c_1는 임의상수) 역시 해로 된다는 사실을 이용하면 식 (2.2.15)와 (2.2.16)의 모든 다항식이 $x=1$ 에서 단위값(즉 1)을 가지도록 할 수 있다[5]. 이 경우의 다항식을 $\lambda(=n)$ 차 제 1 종 르장드르 다항식(Legendre polynomial)이라 하고 $P_\lambda(x)$로 나타낸다. 몇 개의 다항식을 나열하면 다음과 같다.[6]

$$
\begin{aligned}
P_0(x) &= 1, & P_1(x) &= x \\
P_2(x) &= \frac{1}{2}(3x^2-1), & P_3(x) &= \frac{1}{2}(5x^3-3x) \\
P_4(x) &= \frac{1}{8}(35x^4-30x^2+3), & P_5(x) &= \frac{1}{8}(63x^5-70x^3+15x)
\end{aligned}
\tag{2.2.17}
$$

높은 차수의 $P_\lambda(x)$는 바네(Bonnet)의 점화식(Bonnet's recurrence formula)

$$
P_{\lambda+1}(x)=\frac{(2\lambda+1)xP_\lambda(x)-\lambda P_{\lambda-1}(x)}{(\lambda+1)}
\tag{2.2.18}
$$

를 이용하면 쉽게 구할 수 있다. [그림 2.2]에 몇 종류의 르장드르 다항식을 나타내었다.

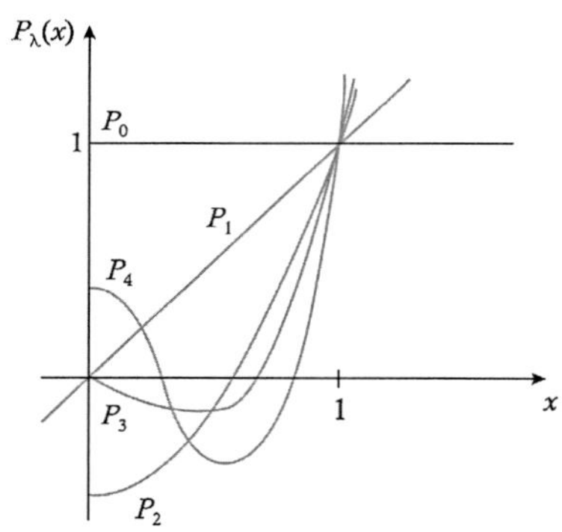

그림 2.2 르장드르 다항식

또한 $P_\lambda(x)$는 구간 $-1<x<1$에서 $|P_\lambda(x)|<1$을 만족하며, 구간의 경계에서는 $P_\lambda(1)=1$, $P_\lambda(-1)=(-1)^\lambda$이다. 그 외 많이 사용되는 르장드르 다항식의 성질을 정리하였다.

---

5) 이를 정규화조건 $P_\lambda(1)=1$이라고 한다.

6) 식 (2.2.15)와 식 (2.2.16)을 이용하면 쉽게 식 (2.2.17)을 얻을 수 있다.

요점 2.3 르장드르 다항식의 성질

$$P_\lambda(-x) = (-1)^\lambda P_\lambda(x) \tag{2.2.19}$$

$$\int_{-1}^{1} P_\lambda^2(x)dx = \frac{2}{2\lambda+1} \tag{2.2.20}$$

$$P_\lambda(x) = \frac{1}{2^\lambda \lambda!}\frac{d^\lambda}{dx^\lambda}(x^2-1)^\lambda \tag{2.2.21}$$ [7]

$$(\lambda+1)P_{\lambda+1}(x) + \lambda P_{\lambda-1}(x) = (2\lambda+1)xP_\lambda(x),\ (\lambda=1, 2, 3, \cdots) \tag{2.2.22}$$

$$\frac{d}{dx}P_{\lambda+1}(x) - \frac{d}{dx}P_{\lambda-1}(x) = (2\lambda+1)P_\lambda(x),\ (\lambda=1, 2, 3, \cdots) \tag{2.2.23}$$

이상의 결과를 참조하면 르장드르 다항식의 일반형은 다음 형식으로 쓸 수 있다.

$$P_\lambda(x) = \sum_{n=0}^{N}(-1)^n \frac{(2\lambda-2n)!}{2^\lambda n!(\lambda-n)!(\lambda-2n)!}x^{\lambda-2n} \tag{2.2.24}$$

여기서 λ가 짝수이면 $N=\lambda/2$, 홀수이면 $N=(\lambda-1)/2$이다.

한편, 식 (2.2.14)로부터 λ가 짝수이면 $u_2(x)$는 무한급수의 형식을 하게 되고, 반대로 λ가 홀수이면 $u_1(x)$ 역시 무한급수의 형식으로 된다. 이때 다음과 같이 정의되는 무한급수의 곱을 제 2 종 르장드르 다항식이라고 한다.

$$Q_\lambda(x) = \begin{cases} u_1(1)u_2(x), & \lambda:\ \text{짝수} \\ -u_2(1)u_1(x), & \lambda:\ \text{홀수} \end{cases} \tag{2.2.25}$$

제 2 종 르장드르 다항식 $Q_\lambda(x)$의 처음 몇 개를 써 보면 다음과 같다.

$$Q_0(x) = \frac{1}{2}\ln\left(\frac{1+x}{1-x}\right) = \tanh^{-1}x$$

$$Q_1(x) = Q_0(x)P_1(x) - 1$$

$$Q_2(x) = Q_0(x)P_2(x) - \frac{3}{2}x$$

7) 식 (2.2.18)과 동일한 표현식이다.

$$Q_3(x) = Q_0(x)P_3(x) - \frac{5}{2}x^2 + \frac{2}{3} \tag{2.2.26}$$

$$Q_4(x) = Q_0(x)P_4(x) - \frac{35}{8}x^3 + \frac{55}{24}x^2$$

$$Q_5(x) = Q_0(x)P_5(x) - \frac{63}{8}x^4 + \frac{49}{8}x^2 - \frac{8}{15}$$

위 식에서 알 수 있는 바와 같이, 모든 다항식 $Q_\lambda(x)$는 $x=1$에서 특이점을 갖기 때문에 $x \to 1$임에 따라 $Q_0(x) \to \infty$로 된다. 따라서 제 2 종 르장드르 다항식은 $|x| < 1$에서만 유효하다.

제 1 종과 제 2 종 르장드르 다항식을 이용하면 르장드르 방정식의 일반해 (2.2.13)은 다음과 같이 표현된다.

$$u(x) = c_1 P_\lambda(x) + c_2 Q_\lambda(x) \tag{2.2.27}$$

구간 $|x| < 1$에서 르장드르 방정식 (2.2.5)에 대해 $x = \cos\phi$의 변수변환을 수행하면

$$\frac{d^2u}{d\phi^2} + \cot\phi \frac{du}{d\phi} + \lambda(\lambda+1)u = 0 \tag{2.2.28}$$

이며, 이를 이용하면 제 1 종 르장드르 다항식의 삼각함수 표현식을 얻을 수 있다. 즉

$$P_0(\cos\theta) = 1,\ P_1(\cos\theta) = \cos\theta$$

$$P_2(\cos\theta) = \frac{1}{4}(3\cos 2\theta + 1),\ P_3(\cos\theta) = \frac{1}{8}(5\cos 3\theta + 3\cos\theta) \tag{2.2.29}$$

$$\vdots$$

▶ 예제 2.2.3

다음 미분방정식에 대한 해 $u(x)$를 구하고, $x=1$에서 정의될 수 있음을 확인하여 보자.

$$(1-x^2)u'' - 2xu' + 12u = 0, \quad u'(0) = 4 \qquad ①$$

해

주어진 미분방정식은 르장드르 방정식의 형식을 하고 있으므로 λ는

$$\lambda(\lambda+1) = 12$$

로부터 계산하면

$$\lambda = -4, 3$$

이지만, 르장드르 방정식의 조건에 의해 λ는 음이 아닌 정수값을 가져야 하므로 3을 취한다. 다음 르장드르 방정식의 일반해는 식 (2.2.27)에 의해

$$u(x) = c_1 P_3(x) + c_2 Q_3(x) \qquad ②$$

이다. 조건에 의해 $u(x)$가 $x=1$에서 정의되기 위해서는 $c_2 = 0$이어야 한다. 왜냐하면 $Q_3(1)$을 정의할 수 없기 때문이다. 또 나머지 조건 $u'(0) = 4$에 의해

$$4 = c_1 P_3'(0) = -\frac{3}{2}c_1 \rightarrow c_1 = -\frac{8}{3}$$

이다. 따라서 최종적인 해는

$$u(x) = -\frac{4}{3}(5x^3 - 3x)$$

이다.

2.2.4 MATLAB에 의한 풀이

```
% [예제 2.2.1]
syms x C1                                       % symbolic 변수의 지정
u=dsolve('Du-2*x*u=0','x')                      % 미분방정식 u' = 2xu 의 해
f=exp(x^2);                                     % f = e^{x^2} 의 symbolic 지정
F=taylor(f,8); pretty(C1*F)                     % 7차까지의 테일러 급수 전개 표현식

% [예제 2.2.2]
syms x C1 C2
u=dsolve('D2u+u=0','x')                         % u''+u=0 의 해
f1=sin(x); f2=cos(x);                           % f1=sin(x), f2=cos(x) 의 지정
F1=taylor(f1,8); F2=taylor(f2,8);               % 7차까지의 테일러 급수 전개식
pretty(C1*F1+C2*F2)                             % 임의상수 c1, c2 를 곱한 식의 표현식

% [그림 2.2]
syms x
Po=dsolve('(1-x^2)*D2u-2*x*Du=0','u(1)=1','x')          % P0(x) (르장드르 다항식)
P1=dsolve('(1-x^2)*D2u-2*x*Du+2*u=0','u(1)=1','x')      % P1(x)
P2=dsolve('(1-x^2)*D2u-2*x*Du+6*u=0','u(1)=1','x')      % P2(x)
P3=dsolve('(1-x^2)*D2u-2*x*Du+12*u=0','u(1)=1','x'      % P3(x)
P4=dsolve('(1-x^2)*D2u-2*x*Du+20*u=0','u(1)=1','x')     % P4(x)
ezplot(Po), hold on, ezplot(P1),ezplot(P2)              % [그림 2.2]
ezplot(P3), ezplot(P4), axis([0 1.3 -2 6]), hold off    % x, y 축의 스케일 변경
```

```
% MATLAB의 명령어 'legendre'의 사용
X=-1:0.01:1;                                             % x 축의 범위설정
Po=legendre(0,X); P1=legendre(1,X); P1=P1(1,:);          % 명령어 legendre의 사용하여
P2=legendre(2,X); P2=P2(1,:); P3=legendre(3,X); P3=P3(1,:); %P0(x)~ P4(x) 를 계산
P4=legendre(4,X); P4=P4(1,:);
plot(X,Po,X,P1,X,P2,X,P3,X,P4), legend('P_o','P_1','P_2','P_3','P_4')  % 그래프의 작성
xlabel(' x (-1<= x <=1  '), ylabel(' P_\lambda(x)')
axis([-1 1 -1 1.5])                                      % x,y 축의 스케일 변경

% [예제 2.2.3]
% 해의 모양(즉 ②): u(x)=C1*P3(x)+C2*Q3(x)
syms C2
u=dsolve('(1-x^2)*D2u-2*x*Du+12*u=0','Du(0)=4','x')          % ①의 해 (단 C1=1)
u_p=subs(u,C2,0)                                         % 조건에 의해 C2=0으로 되어야 한다.
```

❖ 르장드르 다항식 $P_\lambda(x)$를 나타내는 그래프는 명령어 'dsolve'를 연속적으로 적용하면 얻을 수 있다. 또한 MATLAB이 기본적으로 제공하는 명령어인 'legendre'를 사용하여도 동일한 결과가 얻어진다. 이때 명령어 'legendre'의 사용법에 주의한다.

연습문제 2.2.5

1. 멱급수를 이용하여 다음 미분방정식의 일반해를 구하여라.

(1) $u' + ku = 0$ (2) $u' + xu = 0$ (3) $u'' - u' + x^2u = 0$

(4) $u'' + 4xu' = 0$ (5) $u'' + (1+x^2)u = 0$ (6) $(2x^2 - 3x + 1)u'' + 2xu - 2u = 0$

2. 초기값을 가지는 다음 미분방정식의 특수해를 멱급수를 이용하여 구하고, 각 급수의 수렴영역에 대하여 설명하여라.

(1) $(4-x^2)u'' + 2u = 0,\ u(0) = 0,\ u'(0) = 1$

(2) $u'' - x^2u' + u\sin x = 0,\ u(0) = 0,\ u'(0) = 1$

3. $u(0) = 4$ 및 $u'(0) = -2$ 인 경우의 미분방정식 $(d^2u/dx^2) + x^2u = 0$ 의 해를 멱급수를 이용하여 구하여라. 이 경우 $x = 2$ 에서 $u(x)$ 의 근사값은 얼마인가?

4. 미분방정식 $x(d^2u/dx^2)+(x-1)u=0$ 의 해를 구하여 $x=1$ 과 $x=3$ 에서의 $u(x)$ 의 근사값을 구하여라. 단 $u(2)=10$, $u'(2)=0$ 이다.

5. 식 (2.2.18)을 이용하여 (a) $P_6(x)$, (b) $P_7(x)$, 및 (c) $P_8(x)$ 의 표현식을 구하여라.

6. 다음이 성립함을 확인하여라.

(a) $P_\lambda(-x)=(-1)^\lambda P_\lambda(x)$ (b) $\dfrac{dP_\lambda(-x)}{dx}=(-1)^{\lambda+1}\dfrac{dP_\lambda(x)}{dx}$

7. 다음 미분방정식에 대한 일반해를 르장드르 다항식을 이용하여 구하여라.

(1) $(1-x^2)u''-2xu'+6u=x$ (2) $4(1-x^2)u''-8xu'+3u=0$

(3) $\dfrac{1}{\sin\phi}\dfrac{d}{d\phi}\left(\sin\phi\dfrac{du}{d\phi}\right)+6u=0$ (힌트: $x=\cos\phi$ 로 둔다)

2.3 프로베니우스의 방법: 정칙특이점 근방의 급수해

[요점 2.2]에서 2계 미분방정식 (2.2.1)의 계수 $p_0(x)$와 $p_1(x)$가 $x=0$ 에서 특이점을 가진다면 미분방정식은 멱급수의 해를 가질 수 없다는 사실을 언급하였다. 그러나 실용적으로 상당히 중요한 역할을 하는 몇 종류의 2계 미분방정식[8] 중에서 계수가 주어진 영역에서 해석적이지 않는 경우가 있다. 여기서는 이와 같은 경우 멱급수에 약간의 수정을 가함으로써 여전히 멱급수를 이용한 해를 구할 수 있다는 사실에 대해 설명한다. 사실상 [요점 2.4]는 '프로베니우스 방법(Frobenius method)'으로 불리는 것으로, 멱급수 법의 확장을 가능하게 하는 것이다.

요점 2.4 프로베니우스 방법

함수 $b(x)$ 와 $c(x)$ 는 $x=0$ 에서 해석적이라고 한다. 이때 미분방정식

$$u''+\frac{b(x)}{x}u'+\frac{c(x)}{x^2}u=0 \tag{2.3.1}$$

은 다음과 같은 형식으로 표현되는 해를 적어도 하나 이상 가진다.

8) 이 중에서 특히 베셀 방정식이 중요하다.

$$u(x) = x^r \sum_{n=0}^{\infty} a_n x^n = x^r(a_0 + a_1 x + a_2 x^2 + \cdots), \quad (a_0 \neq 0) \tag{2.3.2}$$

위 식에서 멱지수 r는 임의의 수(실수 또는 복소수)이다. 이때 식 (2.3.2)와는 선형 독립인 두 번째 기본해 역시 식 (2.3.2)와 동일한 형식을 가진다.

예를 들어 베셀 방정식(Bessel equation)[9)]

$$u'' + \frac{1}{x}u' + \left(\frac{x^2 - \nu^2}{x^2}\right)u = 0, \ (\nu \text{ 는 변수})$$

은 식 (2.3.1)에서 $b(x) = 1$ 과 $c(x) = x^2 - \nu^2$ 으로 둔 것으로 이것은 $x = 0$ 에서 해석적이므로 [요점 2.4]가 성립한다. 따라서 이와 같은 형식의 미분방정식은 멱급수 방법으로 충분히 해를 구할 수 있다.

식 (2.3.2)의 멱급수가 지금까지의 멱급수와 다른 점은, 지수항 x^r 을 가지고 있으며 동시에 r가 반드시 음이 아닌 값을 가져야 한다는 제약이 부과되어 있지 않다는 점이다. 만약 r를 항상 양의 정수로 가정한다면, 식 (2.3.2)는 2.2 절에서 언급한 멱급수로 될 것이다.

- **특이점**

$b(x)$ 와 $c(x)$ 가 $x = x_0$ 에서 해석함수인 경우에 $x = x_0$ 를 보통점(ordinary point)이라고 한다. 이와 반대로 $b(x)$ 또는 $c(x)$ 가 $x = x_0$ 에서 해석함수가 아닌 경우에 $x = x_0$ 를 특이점(singular point)이라고 한다. $x = x_0$ 가 특이점이긴 하지만, 즉 $b(x)$ 또는 $c(x)$ 는 $x = x_0$ 에서 해석함수가 아니지만, $(x - x_0)b(x)$ 와 $(x - x_0)^2 c(x)$ 가 모든 $x = x_0$ 에서 해석함수인 경우 $x = x_0$ 를 정칙특이점(regular singular point)이라고 한다. 특이점 중에서 정칙특이점이 아닌 특이점을 비정칙특이점(irregular singularity)이라고 한다.

2.3.1 결정방정식(Indicial equation)

식 (2.3.1)의 해를 구하는 과정을 통하여 프로베니우스 방법에 대하여 설명한다. 식 (2.3.1)의 양변에 x^2 을 곱하면 다음과 같은 다루기에 좀더 편리한 형식으로 변환된다.

$$x^2 u'' + x b(x) u' + c(x) u = 0 \tag{2.3.3}$$

9) 2.4 절을 참조하여라.

먼저 함수 $b(x)$와 $c(x)$를 멱급수로 전개한다. 즉

$$b(x) = b_0 + b_1 x + b_2 x^2 + \cdots, \quad c(x) = c_0 + c_1 x + c_2 x^2 + \cdots \tag{2.3.4}$$

로 둔다. 만약 $b(x)$와 $c(x)$가 다항식의 형태로 주어졌다면 이 과정은 필요하지 않을 것이다. 다음 식 (2.3.2)를 항별 미분하면

$$u'(x) = \sum_{n=0}^{\infty} (n+r) a_n x^{n+r-1} = x^{r-1}\left[r a_0 + (r+1) a_1 x + \cdots \right] \tag{2.3.5}$$

$$\begin{aligned} u''(x) &= \sum_{n=0}^{\infty} (n+r)(n+r-1) a_n x^{n+r-2} \\ &= x^{r-2}\left[r(r-1) a_0 + (r+1) r a_1 x + \cdots \right] \end{aligned} \tag{2.3.6}$$

이다. 식 (2.3.4) ~ (2.3.6)을 식 (2.3.3)에 대입하면 다음으로 된다.

$$\begin{aligned} x^r \left[r(r-1) a_0 + \cdots \right] &+ (b_0 + b_1 x + \cdots) x^r (r a_0 + \cdots) \\ &+ (c_0 + c_1 x + \cdots) x^r (a_0 + a_1 x + \cdots) = 0 \end{aligned} \tag{2.3.7}$$

위 식에서 왼쪽과 오른쪽 항을 비교하면 각 지수 $x^r, x^{r+1}, x^{r+2}, \cdots$의 계수가 영이어야 하므로, 이로부터 미지의 계수 a_n을 포함하는 연립방정식을 얻는다. 즉 멱급수 x^r의 계수가 영이어야 한다는 조건으로부터

$$\left[r(r-1) + b_0 r + c_0 \right] a_0 = 0$$

를 얻을 수 있다. 이때 $a_0 \neq 0$이라는 가정에 의해 위 식의 괄호 안이 영이어야 하므로

$$r(r-1) + b_0 r + c_0 = 0 \tag{2.3.8}$$

이다. 이 방정식은 미분방정식 (2.3.1)의 결정방정식이라 불리는 것으로 다음과 같은 역할을 한다.

프로베니우스 방법으로 미분방정식 (2.3.3)의 기본해를 구할 수 있지만, 두 개의 기본해 중 하나는 항상 식 (2.3.2)의 형식으로 주어지며, 이때 r의 값은 식 (2.3.8)을 만족한다. 나머지 기본해 역시 지수방정식 (2.3.8)이 가지는 두 개의 근 r_1과 r_2에 의해 결정되는데, 다음과 같이 세 가지 경우로 나누어진다.

(i) 경우 Ⅰ: $(r_1 - r_2)$가 정수로 되지 않는 두 개의 근

(ii) 경우 Ⅱ: 이중근

(iii) 경우 Ⅲ: $(r_1 - r_2)$가 영이 아닌 정수로 되는 두 개의 근

다음 요점은 프로베니우스 방법으로 선형독립인 기본해를 구하였을 때 이들의 형식을 알려 준다.

요점 2.5 프로베니우스의 방법에 의한 기본해의 구성

식 (2.3.1)이 [요점 2.4]에서 언급한 조건을 만족하는 것으로 가정한다. 이때 r_1과 r_2가 결정방정식 (2.3.8)의 근이라면, 식 (2.3.1)의 기본해는 다음 세 가지 경우이다.

- 경우 Ⅰ: $(r_1 - r_2)$가 정수(integer)로 되지 않는 두 개의 근
  이 경우 기본해는

$$u_1(x) = x^{r_1}(a_0 + a_1 x + a_2 x^2 + \cdots) \tag{2.3.9}$$

와

$$u_2(x) = x^{r_2}(A_0 + A_1 x + A_2 x^2 + \cdots) \tag{2.3.10}$$

이다. 위 식의 각 계수는 식 (2.3.7)에서 $r = r_1$과 $r = r_2$인 경우에 대하여 각각 계산된다.

- 경우 Ⅱ: 이중근, 즉 $r_1 = r_2 = r$인 경우
  이 경우 기본해는 다음과 같다.

$$u_1(x) = x^{r_1}(a_0 + a_1 x + a_2 x^2 + \cdots), \quad \left[r = \frac{1}{2}(1 - b_0)\right] \tag{2.3.11}$$

$$u_2(x) = u_1(x)\ln x + x^r(A_1 x + A_2 x^2 + \cdots), \quad [x > 0] \tag{2.3.12}$$

- 경우 Ⅲ: $(r_1 - r_2)$가 영이 아닌 정수로 되는 두 개의 근
  이 경우의 기본해 $u_1(x)$는 식 (2.3.9)와 동일하며, $u_2(x)$는

$$u_2(x) = k u_1(x)\ln x + x^{r_2}(A_0 + A_1 x + A_2 x^2 + \cdots) \tag{2.3.13}$$

이다. 여기서 k는 영으로 될 수도 있다.

• 적용 예

일단 결정방정식의 근이 정해졌다면, 이후의 프로베니우스 방법은 기술적으로 멱급수법과 유사하게 진행된다.

▶ 예제 2.3.1

다음 미분방정식의 해를 구하여 보자.

$$x^2u'' + b_0xu' + c_0u = 0 \qquad ①$$

◇ 해

①에 $u = x^r$ 를 대입하면

$$r(r-1) + b_0r + c_0 = 0 \qquad ②$$

이다. 이 식은 바로 식 (2.3.8)의 결정방정식이므로 $u = x^r$ 는 식 (2.3.2)의 특별한 형태라는 것을 알 수 있다. 지수방정식으로부터 두 개의 서로 다른 근 r_1과 r_2가 얻어졌다면 기본해는 $u_1 = x^{r_1}$, $u_2 = x^{r_2}$ 이고, 만약 r가 중근이라면 기본해는 x^r와 $x^r + x^r \ln x$일 것이다. 따라서 이와 같은 단순한 형태의 미분방정식에서 [경우 Ⅲ]은 의미를 가지지 못함을 알 수 있다.

▶ 예제 2.3.2

다음 미분방정식의 해를 구하여 보자.

$$x(x-1)u'' + (3x-1)u' + u = 0 \qquad ①$$

◇ 해

①을 표준형인 식 (2.3.1)의 형식으로 변환하면

$$b(x) = \frac{3x-1}{x-1},\ c(x) = \frac{x}{x-1}$$

로 되어 [요점 2.4]의 가정을 만족함을 확인할 수 있다. 따라서 ①에 식 (2.3.2)와 그의 도함수를 대입하면

$$\sum_{n=0}^{\infty}(n+r)(n+r-1)a_nx^{n+r} - \sum_{n=0}^{\infty}(n+r)(n+r-1)a_nx^{n+r-1}$$
$$+3\sum_{n=0}^{\infty}(n+r)a_nx^{n+r} - \sum_{n=0}^{\infty}(n+r)a_nx^{n+r-1} + \sum_{n=0}^{\infty}a_nx^{n+r} = 0$$

이고, 멱지수가 가장 작은 것은 x^{r-1} 이며 ($n=0$에서), 이것은 ②의 두 번째와 네 번째 항

발생한다. 따라서 이 멱지수의 계수의 합은 영이어야 하므로

$$[-r(r-1)-r]a_0 = 0 \;\rightarrow\; r^2 = 0 \qquad ③$$

로 되어 결정방정식은 $r=0$에서 중근을 가진다.

(a) 첫번째 기본해: $r=0$를 ②에 대입하고 정리한 뒤 멱지수 x^s (s는 임의)의 계수가 영이어야 한다는 것으로부터

$$s(s-1)a_s-(s+1)sa_{s+1}+3sa_s-(s+1)a_{s+1}+a_s=0 \qquad ④$$

이며, 이로부터 $a_{s+1}=a_s$를 얻는다. 따라서 $a_0=a_1=a_2=\cdots$ 이므로 $a_0=1$을 선정하면 ①의 첫번째 기본해는

$$u_1(x)=\sum_{n=0}^{\infty}x^n=\frac{1}{1-x} \qquad ⑤$$

이다.

(b) 두 번째 기본해: 지수감소법(method of reduction of order)[10]을 이용한다. 즉 $u_2=yu_1$과 그 도함수를 구하면

$$u_2{}'=y'u_1+yu_1{}',\;\; u_2{}''=y''u_1+2y'u_1{}'+yu_1{}'' \qquad ⑥$$

이며, 이것을 ①에 대입하면

$$y''u_1+y'(2u_1{}'+b(x)u_1)+y(u_1{}''+b(x)u_1{}'+c(x)u_1)=0 \qquad ⑦$$

이다. 이때 u_1은 ①의 해이므로 ⑦의 왼쪽항 마지막 괄호 안은 영으로 되어

$$y''+y'\frac{2u_1{}'+b(x)u_1}{u_1}=0 \qquad ⑧$$

로 쓸 수 있다. 여기서 $y'=Y,\; y''=Y'$로 두면 ⑧은

$$Y'+\left(\frac{2u_1{}'}{u_1}+b(x)\right)Y=0 \qquad ⑨$$

…계 미분방정식으로 되어 계수가 감소하였다. 여기에 변수분리법을 적용하면

$$\frac{dY}{Y}=-\left(\frac{2u_1{}'}{u_1}+b(x)\right)dx \;\rightarrow\; \ln|Y|=-2\ln|u_1|-\int b(x)dx \qquad ⑩$$

…함수를 이용하여 정리하면

$$Y=\frac{1}{u_1^2}\exp\left(-\int b(x)dx\right) \qquad ⑪$$

…행하면

…는 방법의 하나로서, 기본해 중의 하나를 알고 있는 경우에 사용한다.

②

향에서

$$-\int b(x)dx = -\int \frac{3x-1}{x(x-1)}dx = -\int\left(\frac{2}{x-1}+\frac{1}{x}\right)dx = -2\ln(x-1)-\ln x$$

이다. 따라서 ⑪은

$$y' = Y = u_1^{-2}\exp\left(-\int b\,dx\right) = \frac{(x-1)^2}{(x-1)^2 x} = \frac{1}{x}, \rightarrow y = \ln x \quad ⑫$$

이고, 이로부터 두 번째 기본해는

$$u_2 = yu_1 = \frac{\ln x}{1-x} \quad ⑬$$

임을 알 수 있다.

[그림 2.3]에 기본해 u_1과 u_2의 그래프를 나타내었다. 구간 $0<x<1$ (또한 $1<x<\infty$)에서 두 기본해는 선형독립임을 확인할 수 있다.

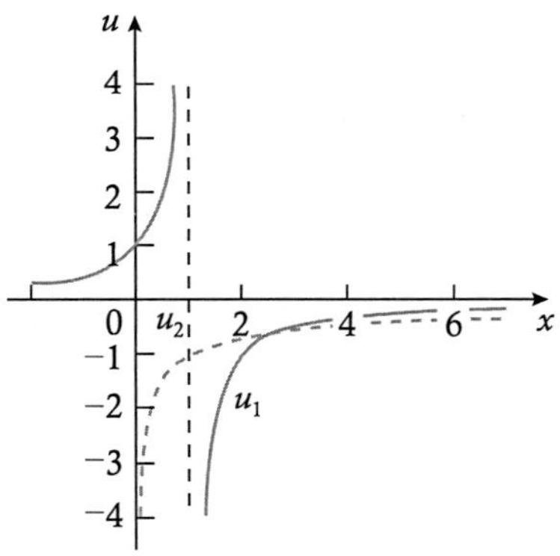

그림 2.3 [예제 2.3.2]의 기본해

▶ 예제 2.3.3

다음 미분방정식의 해를 구하여 보자.

$$(x^2-x)u'' - xu + u = 0 \quad ①$$

◇ 해

식 (2.3.2), (2.3.5) 및 식 (2.3.6)을 ①에 대입하면

$$(x^2-x)\sum_{n=0}^{\infty}(n+r)(n+r-1)a_n x^{n+r-2}$$
$$-x\sum_{n=0}^{\infty}(n+r)a_n x^{n+r-1} + \sum_{n=0}^{\infty}a_n x^{n+r} = 0$$

이다. 위 식을 각 멱지수별로 정리하고, $s=n-1$을 도입하여 다시 쓰면

$$\sum_{s=0}^{\infty}(s+r-1)^2 a_s x^{s+r} - \sum_{s=-1}^{\infty}(s+r+1)(s+r)a_{s+1}x^{s+r} = 0 \quad ②$$

②에서 최소 멱지수는 x^{r-1} 이므로 결정방정식

$$r(r-1)=0$$

이고, 두 개의 근은 $r_1=1$ 과 $r_2=0$ 로 되어 [요점 2.5]의 경우 Ⅲ에 해당한다.

(a) 첫번째 기본해: ②에 $r=r_1=1$ 을 대입하면

$$\sum_{s=0}^{\infty}\left[s^2 a_s-(s+2)(s+1)a_{s+1}\right]x^{s+1}=0 \quad ④$$

이고, 이로부터

$$a_{s+1}=\frac{s^2}{(s+2)(s+1)}a_s, \ (s=0, 1, 2, \cdots) \quad ⑤$$

이다. 따라서 $a_1=0$, $a_2=0$, $\cdots$ 이며, $a_0=1$ 로 취하면 첫번째 기본해는 $u_1=x^{r_1}a_0=x$ 이다.

(b) 두 번째 기본해: 계수감소법을 적용한다. 즉 $u_2=yu_1=yx$, $u_2'=y'u+y$ 와 $u_2''=xy''+2y'$ 를 ①에 대입하면

$$(x^2-x)(xy''+2y')-x(xy'+y)+xy=0$$

이다. 위 식의 양변을 x 로 나누고 간단히 하면 y 만의 미분방정식이 얻어진다[11].

$$(x^2-x)y''+(x-2)y'=0 \quad ⑥$$

위 식을 적절한 미분방정식의 해법을 동원하여 계산하면

$$\frac{y''}{y'}=-\frac{x-2}{x^2-x}=-\frac{2}{x}+\frac{1}{x-1} \quad \rightarrow \quad \ln y'=\ln\left|\frac{x-1}{x^2}\right| \quad ⑦$$

이다. 이것을 다시 정리하면

$$y'=\frac{x-1}{x^2}=\frac{1}{x}-\frac{1}{x^2}, \quad y=\ln x+\frac{1}{x}$$

이고, 최종적으로

$$u_2=xy=x\ln x+1 \quad ⑧$$

이다. u_1 과 u_2 는 선형독립이며, u_2 에는 log항이 포함된다. 따라서 u_1 과 u_2 는 양의 x 값에 대한 기본해를 구성한다.

10) 2계이지만 $Y=y'$, $Y'=y''$ 로 두면 1계 미분방정식으로 간주할 수 있다.

2.3.2 MATLAB에 의한 풀이

```
% [예제 2.3.1]
syms x bo co m r1 r2                                % symbolic 변수의 지정
u=dsolve('x^2*D2u+bo*x*Du+co*u=0','x');            % 미분방정식 ①의 해
ro=solve('m^2+(bo-1)*m+co=0');                      % 방정식 ②의 해
u=subs(u,ro(1),r1); u=subs(u,ro(2),r2);             % ②의 두 개의 해를 각각 r1 과 r2 로 변경
pretty(u)

% [예제 2.3.2]
syms x C1 C2                                        % symbolic 변수의 지정
u=dsolve('x*(x-1)*D2u+(3*x-1)*Du+u=0','x')          % 미분방정식 ①의 해
u1=subs(u,C2,0); u1=subs(u1,C1,-1);                 % 임의상수 c1 과 c2 에 상수대입
u2=subs(u,C1,0); u2=subs(u2,C2,-1);
ezplot(u1,[-2 6]), hold on                          % [그림 2.3]의 작성
ezplot(u2,[-2,6]), hold off
axis([-2 6 -4 4]), grid                             % x, y 축의 스케일 변경
%

% [예제 2.3.3]
syms x
u=dsolve('(x^2-x)*D2u-x*Du+u=0','x')                % 미분방정식 ①의 해
```

❖ [예제 2.3.1]을 실행하면 미분방정식 ①의 해는 상당히 복잡한 형식으로 얻어지지만, 이를 결정방정식 ②의 두 개의 근 r_1과 r_2을 치환하면 예제와 동일한 형식의 근 $u_1 = x^{r_1}$과 $u_2 = x^{r_2}$를 얻는다.

❖ [예제 2.3.2]에서 'dsolve'에 의한 결과에는 임의의 상수인 C1과 C2가 포함되어 있다. 따라서 일반해에서 기본해를 얻기 위해서, u_1는 $C1 = -1$, $C2 = 0$으로, u_2는 $C1 = 0$, $C2 = -1$로 두었다.

연습문제 2.3.3

1. 다음 미분방정식의 기본해를 구하고, 이것은 어떤 함수의 급수로 나타낼 수 있음을 확인하여라(근의 차가 정수로 되지 않는다).

(1) $xu'' + 2u' - xu = 0$　　　　(2) $xu'' + 5u' + xu = 0$

(3) $x^2u'' + 4xu' + (x^2+2)u = 0$

(4) $(x+3)^2u'' - 9(x+3)u' + 25u = 0$

(5) $xu'' + (2x+1)u' + (x+1)u = 0$

(6) $(x^2+x)u'' + (4x+2)u' + 2u = 0$

(7) $2xu'' - (8x-1)u' + (8x-2)u = 0$

(8) $(x-4)^2u'' - (x-4)u' - 35u = 0$

2. 원점 근방에서 유효한 미분방정식의 일반해를 구하여라.

(1) $2x^2u'' - xu' + (x-10)u = 0$

(2) $2x(x-1)u'' + 3(x-1)u' - u = 0$

3. 방정식의 보통점인 $a=0$ 에 관한 프로베니우스 방법을 이용하여 다음 미분방정식을 풀어라.

(1) $u'' + (1-x)u = 0$

(2) $u'' + au' + bu = 0$

2.4 감마함수

여기서는 수학의 여러 분야에서 가장 많아 사용하는 함수 중의 하나인 감마함수에 대하여 간단하게 설명한다. 감마함수(Gamma function)는

$$\Gamma(\lambda+1) = \int_0^\infty e^{-t}t^\lambda\,dt \tag{2.4.1}$$

로 정의되며 $\lambda > -1$ 의 범위에서 수렴한다.

감마함수의 몇 가지 특성을 유도하기 위해, 부분적분을 이용하여 식 (2.4.1)의 적분을 수행하여 보자.

$$\int_0^\infty e^{-t}t^\lambda\,dt = -e^{-t}t^\lambda\Big|_0^\infty + \lambda\int_0^\infty e^{-t}t^{\lambda-1}\,dt \tag{2.4.2}$$

$$\begin{pmatrix} u = t^\lambda, & v = -e^{-t} \\ du = \lambda t^{\lambda-1}dt, & dv = e^{-t}dt \end{pmatrix}$$

위 적분에서 $t=0$ 에서 $t=\infty$ 로 가져가면 $e^{-t}t^\lambda$ 항은 소거되므로

$$\Gamma(\lambda+1) = \lambda\int_0^\infty e^{-t}t^{\lambda-1}dt \tag{2.4.3}$$

로 된다. 그런데 식 (2.4.3)의 오른쪽의 적분항은 정의에 의해 $\Gamma(\lambda)$를 의미하므로

$$\Gamma(\lambda+1) = \lambda\Gamma(\lambda) \tag{2.4.4}$$

를 얻을 수 있다. 식 (2.4.1)에서 $\lambda = 0$이면

$$\Gamma(1) = \int_0^\infty e^{-t}\,dt = -e^{-t}\Big|_0^\infty = 1 \tag{2.4.5}$$

를 얻는다. 위 식과 식 (2.4.4)로부터

$$\begin{aligned} \Gamma(2) &= 1 \cdot \Gamma(1) = 1 \\ \Gamma(3) &= 2 \cdot \Gamma(2) = 2! \\ \Gamma(4) &= 3 \cdot \Gamma(3) = 3! \end{aligned} \tag{2.4.6}$$

의 관계를 확인할 수 있으며, 이것은 감마함수에 대한 또 하나의 특성을 나타내고 있다. 즉 λ가 양의 정수라면 다음의 관계식이 성립한다.

$$\Gamma(\lambda+1) = \lambda! \tag{2.4.7}$$

위 식은 감마함수가 사실상 계승함수(factorial function)를 일반화한 것이라는 사실을 보여주고 있다.

감마함수 (2.4.1)은 λ가 영을 포함하는 음의 정수값(즉 $\lambda = 0, -1, -2, \cdots$이다)을 가지는 경우를 제외한 λ의 모든 실수값에 대하여 성립한다. 그러나 실제로는 $1 < \lambda < 2$의 범위에서의 $\Gamma(\lambda)$의 값을 알고 있다면 감마함수의 성질인 $\Gamma(\lambda+1) = \lambda\Gamma(\lambda)$를 이용하여 λ의 모든 실수값에 대한 $\Gamma(\lambda)$를 계산할 수 있다는 점에 유의한다. [그림 2.4]에 $\Gamma(\lambda)$의 그래프를 나타내었다.

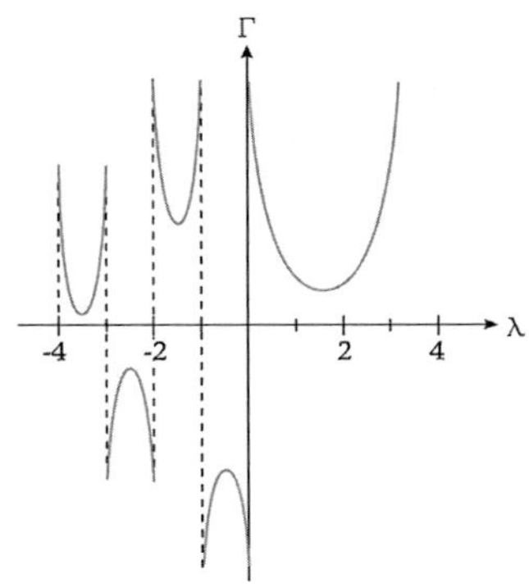

그림 2.4 감마함수

λ가 정수의 1/2 값을 가지는 경우의 감마함수값은 $\sqrt{\pi}$의 배수로서 표현된다(식 (2.4.13) 참조). 이러한 사실을 확인하여 보자. 먼저

$$\int_0^\infty e^{-x^2}\,dx = \frac{\sqrt{\pi}}{2} \tag{2.4.8}$$

의 관계가 있으므로, 여기서 $x^2 = t$로 두면 $dx = t^{-1/2}dt$이다. 따라서 식 (2.4.8)은

$$\int_0^\infty e^{-x^2}dx = \frac{1}{2}\int_0^\infty e^{-t}t^{-1/2}dt = \frac{1}{2}\Gamma\left(\frac{1}{2}\right) = \Gamma\left(\frac{3}{2}\right) = \frac{\sqrt{\pi}}{2} \tag{2.4.9}$$

$$= 0.886227$$

임을 알 수 있다.

▶ 예제 2.4.1

적분 $\int_0^\infty x^{5/4}e^{-\sqrt{x}}\,dx$를 계산하여 보자.

◇ 해

이와 같은 형태의 적분을 수행하는 데 있어서 감마함수는 상당히 도움이 된다. 주어진 적분을 감마함수의 형식으로 만들기 위하여 지수함수의 지수부분을 $-t$로 둔다. 즉

$$x = t^2,\ dx = 2t\,dt \qquad ①$$

로 두면 주어진 적분은

$$\int_0^\infty x^{5/4}e^{-\sqrt{x}}\,dx = 2\int_0^\infty t^{7/2}e^{-t}\,dt \qquad ②$$

이다. 식 (2.4.1)에 의하면

$$2\int_0^\infty e^{-t}t^{7/2}dt = 2\Gamma\left(\frac{9}{2}\right) \qquad ③$$

이며, 여기에 식 (2.4.4)를 적용하면

$$\Gamma\left(\frac{9}{2}\right) = \frac{7}{2}\cdot\frac{5}{2}\cdot\frac{3}{2}\Gamma\left(\frac{3}{2}\right) = \frac{105}{8}\Gamma\left(\frac{3}{2}\right) \qquad ④$$

이며, 다시 식 (2.4.9)에 의하면

$$\Gamma\left(\frac{9}{2}\right) = \frac{105}{8}\frac{\sqrt{\pi}}{2} = \frac{105}{8}\cdot 0.8862$$

이므로 적분의 결과는 다음 값으로 된다.

$$\int_0^\infty x^{5/4}e^{-\sqrt{x}}\,dx = 2\times\frac{105}{8}\times 0.8862 = 23.27\ .$$

▶ 예제 2.4.2

다음의 곱셈을 감마함수를 이용하여 나타내어 보자.

$$f(r)=r(r+h)(r+2h)\cdots[r+(n-1)h]$$

◇≫ 해

식 (2.4.4)에서 $\lambda=r/h$로 두고 전개하면

$$\begin{aligned} f(r) &= (r/h)(r/h+1)(r/h+2)\cdots(r/h+n-1)h^n \\ &= h^n\frac{\Gamma(r/h+1)}{\Gamma(r/h)}\cdot\frac{\Gamma(r/h+2)}{\Gamma(r/h+1)}\cdot\cdots\cdot\frac{\Gamma(r/h+r)}{\Gamma(r/h+n-1)} \\ &= h^n\frac{\Gamma(r/h+n)}{\Gamma(r/h)}\quad. \end{aligned}$$

[예제 2.4.2]의 몇 가지 특별한 경우에 대하여 생각하여 보자. 특히 $r=1$과 $h=2$로 두면

$$1\cdot3\cdot5\cdots(2n-1)=2^n\frac{\Gamma\left(n+\frac{1}{2}\right)}{\Gamma\left(\frac{1}{2}\right)} \tag{2.4.10}$$

이다. 그런데, $\frac{1}{2}\Gamma\left(\frac{1}{2}\right)=\Gamma\left(\frac{3}{2}\right)=\sqrt{\pi}/2$ 이므로

$$1\cdot3\cdot5\cdots(2n-1)=\frac{2^n}{\sqrt{\pi}}\Gamma\left(n+\frac{1}{2}\right) \tag{2.4.11}$$

이다. 이때 위 식의 왼쪽 항은 다음과 같이 전개가능하다.

$$\begin{aligned} 1\cdot3\cdot5\cdots(2n-1) &= 1\cdot3\cdot5\cdots(2n-1)\frac{2\cdot4\cdot6\cdots2n}{2\cdot4\cdot6\cdots2n} \\ &= \frac{(2n)!}{2^n n!} \end{aligned} \tag{2.4.12}$$

따라서 식 (2.4.11)과 (2.4.12)로부터 감마함수의 성질에 관한 다음의 관계식이 얻어진다.

$$\Gamma\left(n+\frac{1}{2}\right)=\frac{(2n)!}{2^{2n}n!}\sqrt{\pi},\qquad(n=1,\ 2,\ \cdots) \tag{2.4.13}$$

2.4.1 MATLAB에 의한 풀이

```
% [그림 2.4]
% MATLAB의 기본명령어 사용
lambda1=0.01:0.01:5.99; u1=gamma(lambda1');                    % λ1 의 범위를 지정
lambda2=(-0.99:0.01:-0.01)'; u2=gamma(lambda2);                % λ2
lambda3=(-1.991:0.001:-1.02)'; u3=gamma(lambda3);              % λ3
lambda4=(-2.997:0.001:-2.01)'; u4=gamma(lambda4);              % λ4
lambda5=(-3.999:0.001:-3.003)'; u5=gamma(lambda5);             % λ5
plot(lambda1,u1), axis([-5 8 -100 100]); hold on               % [그림 2.4]의 작성
plot(lambda2,u2), plot(lambda3,u3), plot(lambda4,u4),
plot(lambda5,u5), hold off
% Symbolic Math Toolbox의 경우 λ > 0 인 경우만 가능
u1=mfun('GAMMA',lambda1);                                 % 상기와 동일한 과정을 반복
plot(lambda1,u1)
```

❖ MATLAB이 제공하는 명령어 'gamma'를 사용하는 경우와 Symbolic Toolbox의 'mfun'으로 감마함수를 계산하는 과정을 나누어서 나타내었다. 각각의 경우 λ의 범위에 유의한다.

```
% [예제 2.4.1]
% 1) Sym Tool 명령어 'mfun'을 사용
u=mfun('GAMMA',9/2)*2                          % Γ(9/2)×2 의 계산
% 2) Symbolic Math Toolbox의 명령어 'int'을 사용
syms x
f=x^(5/4)*exp(-sqrt(x));                       % f = x^(5/4) e^(-√x) 를 symbolic으로 지정
u_int=int(f,0,inf)                             % f를 0에서 ∞까지 적분
eval(u_int)                                    % 실제값의 계산
```

연습문제 2.4.2

1. 다음 적분을 계산하여라.

(1) $\displaystyle\int_0^{\infty} x^2 e^{-x^2}\,dx$ (2) $\displaystyle\int_0^{\infty} x^{-4} e^{-\sqrt{x}}\,dx$

(3) $\displaystyle\int_0^\infty (1-x)^3 e^{\sqrt{x}}\,dx$　　(4) $\displaystyle\int_0^\infty x^3 e^{-x^{1/2}}\,dx$

2. 식 (2.4.4)를 이용하여 $\Gamma(0)$가 의미를 가지지 않는 이유, 또는 $\lambda=0$ 에서 식 (2.4.4)가 정의되지 않는 이유를 설명하여라.

3. $\Psi(\lambda) = \dfrac{d}{d\lambda}\ln\Gamma(\lambda)$ 로 둔다. 이때 다음 식이 만족함을 증명하여라.

$$\Psi(\lambda+n+1) = \frac{1}{\lambda+1}+\frac{1}{\lambda+2}+\cdots+\frac{1}{\lambda+n}+\Psi(\lambda+1)$$

여기서 n은 양의 정수이다. 따라서 윗식으로부터

$$\Psi(n+1) = 1+\frac{1}{2}+\cdots+\frac{1}{n}+\Psi(1)$$

이다. 여기서 $\Psi(1) = -\gamma \approx -0.5772$ 인데, 이것을 오일러 상수(Euler constant)라고 한다.

2.5 베셀방정식과 베셀함수 $J_\lambda(x)$

응용수학의 분야에서 가장 중요한 미분방정식의 하나로서 다음 식으로 주어지는 베셀방정식(Bessel equation)이 있다.

$$x^2u'' + xu' + (x^2 - \lambda^2)u = 0 \tag{2.5.1}$$

베셀방정식은 전기장에서 열전달 및 진동을 나타내는 미분방정식 등에 광범위하게 적용되고 있다. 또한 이 방정식은 종종 원기둥 대칭(cylindrical symmetry)으로 주어지는 문제에 자주 적용되고 있다[12]. 식 (2.5.1)의 변수 λ는 음이 아닌 실수의 값을 가지며 이 값에 따라 해가 상당히 다른 모습을 하게 된다.

2.3절에서 언급한 바와 같이, 베셀방정식의 양변을 x^2으로 나누어 식 (2.3.1)의 표준형으로 변환하면, 여기에 프로베니우스 방법을 적용하여 해를 구할 수 있다. 따라서 다음 급수

$$u(x) = \sum_{n=0}^{\infty} a_n x^{n+r}, \quad (a_0 \neq 0) \tag{2.5.2}$$

12) 르장드르 방정식은 문제가 구형대칭(spherical symmetry)의 형식으로 주어지는 경우에 사용한다.

와 이것의 도함수를 식 (2.5.1)에 대입하면

$$\sum_{n=0}^{\infty}(n+r)(n+r-1)a_n x^{n+r}+\sum_{n=0}^{\infty}(n+r)a_n x^{n+r} + \sum_{n=0}^{\infty}a_n x^{n+r+2}-\lambda^2\sum_{n=0}^{\infty}a_n x^{n+r}=0 \tag{2.5.3}$$

을 얻는다. 위 식의 첫번째, 두 번째 및 네 번째 급수에서 $n=s$로, 세 번째 급수에서는 $n=s-2$로 각각 치환하여 멱지수 x^{s+r}의 계수의 합을 영으로 둔다. 이 결과 식 (2.5.3)의 세 번째 급수는 $\sum_{s=2}^{\infty}a_{s-2}x^{s+r}$로 되어 $s=0, 1$인 경우에는 총합에 들어가지 않는다. 따라서 $s=0,1$에서는 식 (2.5.3)의 첫 번째, 두 번째 및 네 번째 급수에만 적용하고, $s=2, 3, \cdots$에서는 식 (2.5.3)의 모든 급수에 적용하면 s에 대한 일반식을 계산할 수 있다.

(a) $r(r-1)a_0+ra_0-\lambda^2 a_0=0,\ (s=0)$ (2.5.4 a)

(b) $(r+1)ra_1+(r+1)a_1-\lambda^2 a_1=0,\ (s=1)$ (2.5.4 b)

(c) $(s+r)(s+r-1)a_s+(s+r)a_s+a_{s-2}-\lambda^2 a_s=0,\ (s=2, 3, \cdots)$ (2.5.4 c)

식 (2.5.4 a)에서 a_0를 제거하면 결정방정식

$$(r+\lambda)(r-\lambda)=0 \tag{2.5.5}$$

가 얻어지며, 이것은 두 개의 근 $r_1=\lambda, (\geq 0)$과 $r_2=-\lambda$을 가진다.

만약 $r=r_1=\lambda$라면 식 (2.5.4 b)는 $(2\lambda+1)a_1=0$이다. 따라서 $\lambda\geq 0$이므로 $a_1=0$이어야 한다. 다음 $r=\lambda$를 식 (2.5.4 c)에 대입하여 a_s를 포함하는 세 개의 항을 결합하면

$$(s+2\lambda)s\,a_s+a_{s-2}=0 \tag{2.5.6}$$

이다. 여기에 $\lambda\geq 0$과 $a_1=0$을 적용하면 식 (2.5.6)으로부터 $a_3=0,\ a_5=0, \cdots$임을 확인할 수 있다. 이 결과 식 (2.5.3)의 계수 중 짝수항, 즉 $s=2n$인 계수만 계산하면 된다는 것을 알 수 있다. 이때 $s=2n$이면 식 (2.5.6)은

$$(2n+2\lambda)2n\,a_{2n}+a_{2n-2}=0$$

이고, 이것을 a_{2n}에 대하여 풀면 다음과 같은 반복형식의 공식을 얻을 수 있다.

$$a_{2n} = -\frac{1}{2^2 n(\lambda+n)} a_{2n-2}, \quad (n=1,\ 2,\ \cdots) \tag{2.5.7}$$

이로부터 짝수항의 계수를 다음과 같이 연속적으로 계산할 수 있다. 즉

$$a_2 = -\frac{a_0}{2^2(\lambda+1)}$$

$$a_4 = -\frac{a_2}{2^2 2(\lambda+2)} = \frac{a_0}{2^4 2!(\lambda+1)(\lambda+2)}$$

이다. 이를 일반식으로 나타내면 다음으로 됨을 쉽게 확인할 수 있다.

$$a_{2n} = \frac{(-1)^n a_0}{2^{2n} n!(\lambda+1)(\lambda+2)\cdots(\lambda+n)}, \quad (n=1,\ 2,\ \cdots\ ) \tag{2.5.8}$$

2.5.1 $\lambda = m$(단 m은 정수)인 경우의 베셀함수 $J_m(x)$

가장 일반적인 경우로서, $\lambda = m$이면 식 (2.5.8)은

$$a_{2n} = \frac{(-1)^n a_0}{2^{2n} n!(m+1)(m+2)\cdots(m+n)}, \quad (n=1,\ 2,\ \cdots\ ) \tag{2.5.9}$$

이다. 이때 a_0는 임의 상수이며 식 (2.5.9)로 표현된 급수를 가지는 급수해 (2.5.2)역시 여전히 임의 상수 a_0를 가진다. 그러나 식 (2.5.9)를 이용하여 미지의 계수에 대한 일반적인 공식을 만들어 내기는 상당히 어렵다. 따라서 임의 상수 a_0에 어떤 제약을 가함으로써 좀 더 실용적인 식을 얻을 수 있다. 예를 들어 a_0를 $a_0 = 1$과 같은 간단한 형식보다는

$$a_0 = \frac{1}{2^m m!} \tag{2.5.10}$$

로 두면 식 (2.5.9)의 분모에서 $m!(m+1)\cdots(m+n) = (n+m)!$으로 되어 식 (2.5.9)는

$$a_{2n} = \frac{(-1)^n}{2^{2n+m} n!(m+n)!}, \quad (n=1,\ 2,\ \cdots\ ) \tag{2.5.11}$$

일 것이다. 이와 같이 간결한 표현이 가능한 것은 임의 상수 a_0를 식 (2.5.10)으로 설정하였기 때문이다. 따라서 식 (2.5.10)과 $r_1 = \lambda = m$으로 두면, 식 (2.5.2)로부터 식 (2.5.1)의

특수해 $J_m(x)$를 얻을 수 있다. 이는 다음과 같이 주어진다.

$$J_m(x) = x^m \sum_{n=0}^{\infty} \frac{(-1)^n x^{2n}}{2^{2n+m} n!(m+n)!} \tag{2.5.12}$$

이때 $J_m(x)$를 차수 m의 제 1 종 베셀함수라고 하며, 식 (2.5.12)의 급수는 모든 x에 대하여 수렴한다는 것을 쉽게 확인할 수 있다. 사실상 식 (2.5.12)는 분모의 계승(factorial)으로 인해 매우 빠른 속도로 수렴한다.

▶ 예제 2.5.1

식 (2.5.12)에서 $m=0$로 두면 차수 0인 베셀함수

$$J_0(x) = \sum_{n=0}^{\infty} \frac{(-1)^n x^{2n}}{2^{2n}(n!)^2} = 1 - \frac{x^2}{2^2(1!)^2} + \frac{x^4}{2^4(2!)^2} - \frac{x^6}{2^6(3!)^2} + \cdots \tag{2.5.13}$$

을 얻는다. 이것은 [그림 2.5]에서와 같이 cosine함수와 비슷한 모양을 가진다. 다음 $m=1$인 차수 1의 베셀함수는

$$J_1(x) = \sum_{n=0}^{\infty} \frac{(-1)^n x^{2n+1}}{2^{2n+1} n!(n+1)!} = \frac{x}{2} - \frac{x^3}{2^3 1!2!} + \frac{x^5}{2^5 2!3!} - \frac{x^7}{2^7 3!4!} + \cdots \tag{2.5.14}$$

이며, 이 식은 sine함수와 비슷한 모양임을 알 수 있다(그림 2.5). 그러나 이 함수의 영점은 sine 또는 cosine 함수와 달리 규칙적인 배열을 가지지 않으며, 또한 함수의 크기(magnitude)는 x의 증가에 따라 감소한다. 이것을 검증하여 보자. 즉 x의 절대값이 아주 큰 값으로 된다면 m^2/x^2과 u'/x은 아주 작은 값을 가지게 된다. 따라서 베셀방정식의 표준형인 식 (2.5.1)의 양변을 x^2으로 나눈 미분방정식

$$u'' + u'/x + \{(x^2 - \lambda^2)/x^2\}u = 0$$

은 아주 큰 x의 값에 있어서 $u'' + u = 0$로 변환되어 해로서 $\sin x$와 $\cos x$를 가진다. 따라서 베셀방정식에 나타나는 u'/x는 2계 선형미분방정식의 감쇠를 결정하는 '감쇠항(damping term)'의 역할을 하고 있다는 것을 알 수 있다. 큰 x에 대한 베셀함수는

$$J_m(x) \sim \sqrt{\frac{2}{\pi x}} \cos\left(x - \frac{m\pi}{2} - \frac{\pi}{4}\right) \tag{2.5.15}$$

라는 사실을 확인할 수 있다. 위 식에서 $\sim$는 '점근적으로 같음(asymptotically equal)' 의 의미로서, 고정된 m 값에 대해 식 (2.5.15) 양변의 상(quotient)은 $x \to \infty$에서 1로 수렴한다는 것을 나타낸다.

실제로 공식 (2.5.15)는 작은 x 값에 대해서도 놀랄 정도로 정확한 결과를 보여주기 때문에, 프로그램 등에서 계산상의 영점을 얻기 위한 출발점(starting point)을 얻기 위해 종종 사용되고 있다.

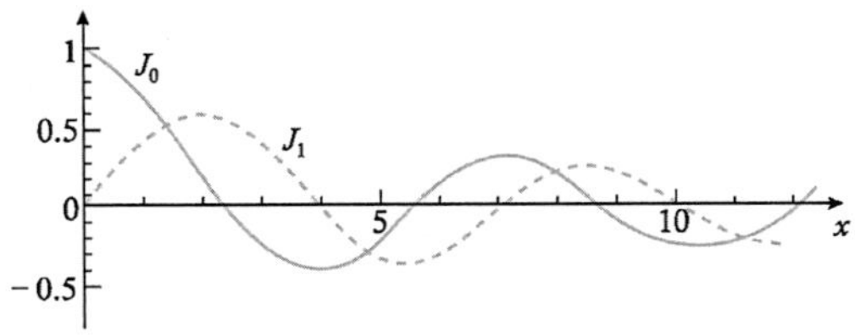

그림 2.5 제1종 베셀함수 $J_0(x)$와 $J_1(x)$

2.5.2 임의의 $\lambda\,(\geq 0)$ 값에 대한 베셀함수 $J_\lambda(x)$

식 (2.5.10)에서 계산상의 편의를 위해 $a_0 = 1/(2^m m!)$로 두었다. 이것을 식 (2.4.7)의 감마함수로서 표현하면 $1/(2^m \Gamma(m+1))$로 쓸 수 있다. 이러한 관계를 이용하면 임의의 λ에 대하여 a_0를

$$a_0 = \frac{1}{2^\lambda \Gamma(\lambda+1)} \tag{2.5.16}$$

로 선정할 수 있으며, 이 결과 식 (2.5.8)은

$$a_{2n} = \frac{(-1)^n}{2^{2n} n!(\lambda+1)(\lambda+2)\cdots(\lambda+n)2^\lambda \Gamma(\lambda+1)}$$

이다. 이때 식 (2.4.4)를 위 식의 분모에 적용하면

$$(\lambda+1)\Gamma(\lambda+1) = \Gamma(\lambda+2),\ (\lambda+2)\Gamma(\lambda+2) = \Gamma(\lambda+3)$$

의 관계가 성립하므로 결과적으로

$$(\lambda+1)(\lambda+2)\cdots(\lambda+n)\Gamma(\lambda+1) = \Gamma(\lambda+n+1)$$

가 얻어진다. 따라서 a_0를 식 (2.5.16)과 같이 선정함에 따라 식 (2.5.8)은

$$a_{2n} = \frac{(-1)^n}{2^{2n+\lambda} n! \Gamma(\lambda+n+1)} \tag{2.5.17}$$

과 같이 간략하게 표현할 수 있다.

이러한 계수들과 $r = r_1 = \lambda$로 둠에 따라 식 (2.5.2)로부터 $J_\lambda(x)$로 표현되는 식 (2.5.1)의 특수해는 다음과 같이 나타낼 수 있다.

$$J_\lambda(x) = x^\lambda \sum_{n=0}^{\infty} \frac{(-1)^n x^{2n}}{2^{2n+\lambda} n! \Gamma(\lambda+n+1)} \tag{2.5.18}$$

위 식의 $J_\lambda(x)$는 차수 λ인 제 1 종 베셀함수이다. 식 (2.5.18)의 급수는 모든 x 값에 대해 수렴하며 이는 간단히 확인할 수 있다.

• 비정수값을 가지는 λ에 대한 일반해

식 (2.5.1)의 일반해를 구하기 위해서는 지금까지 결과로 얻어진 J_λ와 선형독립인 두 번째 기본해가 필요하다. λ가 비정수(non-integer)이면 이 과정은 비교적은 단순하다. 즉 식 (2.5.18)에서 λ를 $-\lambda$로 두면

$$J_{-\lambda}(x) = x^{-\lambda} \sum_{n=0}^{\infty} \frac{(-1)^n x^{2n}}{2^{2n-\lambda} n!\, \Gamma(n-\lambda+1)} \tag{2.5.19}$$

이다. 베셀함수는 λ^2의 항을 포함하기 때문에 함수 J_λ와 $J_{-\lambda}$는 주어진 λ에 대한 기본해이다. 이때 만약 λ가 비정수라면 두 함수 J_λ와 $J_{-\lambda}$는 선형독립이다. 이것은 식 (2.5.18)과 식 (2.5.19)는 각각 비영인 x^λ와 $x^{-\lambda}$의 항을 선두에 가지기 때문이다. 이때 식 (2.5.19)에서는 $x^{-\lambda}, (\lambda > 0)$의 항으로 인해 $x = 0$은 제외되어야 한다. 베셀방정식의 일반해와 관련하여 다음 요점을 얻는다.

요점 2.6 **베셀방정식의 일반해**

만약 λ가 비정수라면 베셀방정식의 일반해는 모든 $x \neq 0$ 값에 대해 다음과 같다.

$$u(x) = c_1 J_\lambda(x) + c_2 J_{-\lambda}(x) \tag{2.5.20}$$

만약 λ가 정수라면 식 (2.5.20)에서 J_λ와 $J_{-\lambda}$의 선형성으로 인해 일반해로 될 수 없다.

요점 2.7 베셀함수 J_m와 J_{-m}의 선형독립성

$\lambda = m$ 이 정수값을 가진다면 베셀함수 $J_m(x)$와 $J_{-m}(x)$는

$$J_{-m}(x) = (-1)^m J_m(x), \quad (m = 1, 2, \cdots) \tag{2.5.21}$$

의 관계가 성립하기 때문에 선형종속이다.

식 (2.5.21)은 식 (2.5.19)의 λ를 양의 정수 m으로 수렴시킨 뒤 정리하면 확인할 수 있다. 이 과정에서 식 (2.4.7)로부터 $\Gamma(n-m+1) = (n-m)!$을 이용하면

$$J_{-m}(x) = \sum_{n=m}^{\infty} \frac{(-1)^n x^{2n-m}}{2^{2n-m} n!\,(n-m)!} = \sum_{s=0}^{\infty} \frac{(-1)^{m+s} x^{2s+m}}{2^{2s+m}(m+s)!s!}, \quad (n = m+s)$$

를 얻는다. 위 식은 $(-1)^m J_m(x)$이며, 이것은 식 (2.5.12)의 n을 s로 치환하여 얻는 것과 동일하기 때문에 식 (2.5.21)이 확인되었다.

2.5.3 제 2 종 베셀함수 $Y_\lambda(x)$

2.5.2 절에서 λ가 정수가 아니라면 베셀함수 $J_\lambda(x)$와 $J_{-\lambda}(x)$는 베셀방정식의 기본해로 된다는 것을 언급하였다. 그러나 $\lambda = m$이 정수인 경우 두 함수는 주어진 구간에서 선형종속이기 때문에, 베셀방정식의 일반해를 구하기 위해서는 J_m과는 선형독립인 또 하나의 기본해가 필요하다는 것을 알 수 있다. 이러한 기본해를 제 2 종 베셀함수라고 하며 Y_m으로 나타낸다. 여기서는 $m = 0$에서 시작하여 이러한 기본해를 구하기로 한다.

- **$m = 0$: 제 2 종 베셀함수 $Y_0(x)$**

$m = 0$이면 베셀방정식 (2.5.1)은

$$xu'' + u' + xu = 0 \tag{2.5.22}$$

이다. 이 경우 결정방정식 (2.5.4)는 $r = 0$에서 이중근을 가진다. 이것은 2.3절의 [경우 Ⅱ]에 해당하는 것으로, 이와 같은 경우에는 먼저 유일한 기본해 $J_0(x)$를 구한 다음에 식

(2.3.12)로부터 이것과 독립인 두 번째 기본해는 다음의 형식을 가진다는 것을 짐작할 수 있다. 즉

$$u_2(x) = J_0(x)\ln x + \sum_{n=1}^{\infty} A_n x^n \tag{2.5.23}$$

이다. 위 식과 위 식의 도함수

$$u_2' = J_0' \ln x + \frac{J_0}{x} + \sum_{n=1}^{\infty} nA_n x^{n-1}$$

$$u_2'' = J_0'' \ln x + \frac{2J_0'}{x} - \frac{J_0}{x^2} + \sum_{n=1}^{\infty} n(n-1)A_n x^{n-2}$$

를 식 (2.5.22)에 대입한다. 이때 J_0가 식 (2.5.22)의 기본해라는 사실로부터 세 개의 로그 항 $xJ_0''\ln x$, $J_0'\ln x$, xJ_0은 영일 것이다. 또한 xu''와 u'로부터 얻어지는 두 개의 항 $-J_0/x$와 J_0/x은 서로 상쇄되어 최종식은

$$2J_0' + \sum_{n=1}^{\infty} n(n-1)A_n x^{n-1} + \sum_{n=1}^{\infty} nA_n x^n + \sum_{n=1}^{\infty} A_n x^{n+1} = 0$$

으로 된다. 위 식의 첫번째와 두 번째 급수를 더하면 $\sum n^2 A_n x^{n-1}$이다. 또한 $J_0'(x)$의 멱급수는 식 (2.5.13)으로부터 계산되지만, 여기에 $n!/n = (n-1)!$의 관계를 적용하면

$$J_0'(x) = \sum_{n=1}^{\infty} \frac{(-1)^n 2n x^{2n-1}}{2^{2n}(n!)^2} = \sum_{n=1}^{\infty} \frac{(-1)^n x^{2n-1}}{2^{2n-1} n!\,(n-1)!}$$

로 쓸 수 있다. 따라서 $\sum n^2 A_n x^{n-1}$과 $\sum A_n x^{n+1}$를 위 식에 더하면

$$\sum_{n=1}^{\infty} \frac{(-1)^n x^{2n-1}}{2^{2n-1} n!\,(n-1)!} + \sum_{n=1}^{\infty} n^2 A_n x^{n-1} + \sum_{n=1}^{\infty} A_n x^{n+1} = 0 \tag{2.5.24}$$

로 된다. 위 식에서 먼저 홀수의 첨자를 가지는 A_n은 전부 영이라는 것을 확인하자. 즉 x^0의 멱지수는 식 (2.5.24)의 두 번째 급수에만 나타나며, 이것의 계수 A_1이다. 따라서 $A_1 = 0$이다.

다음 짝수의 멱지수 x^{2s}에 대하여 생각하여 보자. 식 (2.5.24)의 첫번째 급수에는 이러한 항이 나타나지 않으며, 두 번째 급수에서 $n-1=2s$로 두면 $(2s+1)^2 A_{2s+1} x^{2s}$로 된다.

세 번째 급수에서는 $n+1=2s$로 둔다. 이러한 치환의 결과 짝수의 멱지수 x^{2s}의 계수의 합을 영으로 둠으로써 다음 식을 얻을 수 있다.

$$(2s+1)^2 A_{2s+1} + A_{2s-1} = 0, \quad (s=1,\ 2,\ \cdots)$$

그런데 $A_1 = 0$ 이므로 $A_3 = 0,\ A_5 = 0,\ \cdots$ 임을 알 수 있다.

마지막으로 홀수의 멱지수 x^{2s+1}의 계수의 합이 영이기 위해서 우선 $s=0$인 경우, 즉 x^1의 계수는 식 (2.5.24)의 첫번째 항에서 $n=1$, 두 번째 항에서 $n=2$, 세 번째 항에서 $n=0$ 이므로

$$-1+4A_2 = 0 \ \rightarrow\ A_2 = \frac{1}{4}$$

이다.[13] 나머지의 s 값에 대해서는 식 (2.5.24)의 첫번째 급수에서 $2n-1=2s+1$로 두면 $n=s+1$이고, 두 번째 급수에서는 $n-1=2s+1$, 세 번째 급수에서는 $n+1=2s+1$로 각각 치환한다. 이 결과

$$\frac{(-1)^{s+1}}{2^{2s}(s+1)!\ s!} + (2s+2)^2 A_{2s+2} + A_{2s} = 0$$

이다. 여기서 $s=1$ 이면

$$\frac{1}{8} + 16A_4 + A_2 = 0 \ \rightarrow\ A_4 = -\frac{3}{128}$$

이고, 일반식으로 표현하면

$$A_{2n} = \frac{(-1)^{n-1}}{2^{2n}(n!)^2}\left(1+\frac{1}{2}+\frac{1}{3}+\cdots+\frac{1}{n}\right), \quad (n=1,\ 2,\ \cdots) \tag{2.5.25}$$

임을 쉽게 확인할 수 있다. 여기서 표현식

$$h_1 = 1,\ h_n = 1+\frac{1}{2}+\cdots+\frac{1}{n}, \quad (n=2,\ 3,\ \cdots) \tag{2.5.26}$$

을 도입하여 $A_1 = A_3 = \cdots = 0$과 함께 식 (2.5.23)에 대입하면 다음과 같은 기본해의 표현식을 얻는다.

13) $A_0 = 0$이다.

$$u_2(x) = J_0(x)\ln x + \sum_{n=1}^{\infty} \frac{(-1)^{n-1}h_n}{2^{2n}(n!)^2} x^{2n} \tag{2.5.27}$$

$$= J_0(x)\ln x + \frac{1}{4}x^2 - \frac{3}{128}x^4 + \frac{11}{13824}x^6 - \cdots$$

여기서 앞서 구한 J_0(즉 $r=0$인 경우의 기본해)와 u_2는 선형독립이기 때문에, $x>0$에서 식 (2.5.22)의 기본해를 이룸을 알 수 있다. 물론 u_2를 다른 형태, 예를 들어 $a(u_2 + b\,J_0)$(단 $a(\neq 0)$와 b는 임의 상수)와 같이 둠으로써 역시 J_0와 선형독립인 기본해를 얻을 수도 있다. 일반적으로 $a = 2/\pi$와 $b = \gamma - \ln 2$로 선정하는 것이 보통이며, 이 경우 $\gamma = 0.577\,215\,664\,90\cdots$으로 주어지는 양으로, 소위 오일러 상수(Euler constant)라고 불리는 값이며, 이 값은

$$1 + \frac{1}{2} + \cdots + \frac{1}{s} - \ln s$$

에서 $s \to \infty$로 두었을 때의 극한으로 얻는 양이다.

이와 같은 특수해를 차수 0인 제 2종 베셀함수라고 하며 $Y_0(x)$로 표기한다. 식 (2.5.27)을 $a = 2/\pi$와 $b = \gamma - \ln 2$로 두고 정리하면 다음과 같다.

$$Y_0(x) = \frac{2}{\pi}\left[J_0(x)\left(\ln\frac{x}{2} + \gamma\right) + \sum_{n=1}^{\infty}\frac{(-1)^{n-1}h_n}{2^{2n}(n!)^2}x^{2n}\right] \tag{2.5.28}$$

$x>0$인 x의 작은 값에서 $Y_0(x)$는 $\ln x$와 같이 작용하며([그림 2.6] 참조), $x \to 0$이면 $Y_0(x) \to -\infty$로 된다.

• $m>0$: 제2종 베셀함수 $Y_m(x)$

$\lambda = m$이 영이 아닌 정수인 경우에도 $m=0$인 경우와 유사하게 식 (2.3.12)를 사용하여 기본해 $u_2(x)$의 형태를 결정하고 이를 베셀방정식에 대입하여 계수를 구하면 된다. 그러나 여기서는 이러한 방법으로 다시 λ가 정수인지 비정수인지의 여부에 따라서 변화하는 형태를 가지는 $u_2(x)$를 구하는 대신에 일반적인 표현법을 제시한다. 즉 모든 λ값에 대하여 다음 공식

$$Y_\lambda(x) = \frac{1}{\sin\lambda\pi}\left[J_\lambda(x)\cos\lambda\pi - J_{-\lambda}(x)\right] \tag{2.5.29 a}$$

$$Y_m(x) = \lim_{\lambda \to m} Y_\lambda(x) \tag{2.5.29 b}$$

에 의하여 정의되는 표준적인 두 번째 기본해 $Y_\lambda(x)$를 도입한다. 이 함수를 차수 λ인 제 2종 베셀함수라고 하며, [그림 2.6]에 x의 변화에 따른 값을 나타내었다.

여기서 J_λ와 Y_λ가 모든 λ에 대해서 선형독립임을 확인하여 보자.

λ가 비정수인 경우 J_λ와 $J_{-\lambda}$는 베셀방정식의 해이기 때문에 J_λ와 Y_λ 역시 해이다. 또한 J_λ와 $J_{-\lambda}$는 선형독립이고 Y_λ는 $J_{-\lambda}$를 포함하고 있기 때문에 J_λ와 Y_λ는 선형독립이다. 또한 식 (2.5.29 b)의 극한이 존재하기 때문에 Y_m은 $\lambda = m$이 정수인 경우에 해로 된다는 것을 알 수 있다[14]. 따라서 $J_m(x)$와 $Y_m(x)$는 베셀방정식의 선형독립인 기본해라는 것을 알 수 있다. $Y_m(x)$의 급수표현식을 얻기 위해서는 식 (2.5.18)과 (2.5.19)를 식 (2.5.29 a)에 대입하고 $\lambda \to m$으로 가져가면 된다. 이 결과

$$\begin{aligned} Y_m(x) = \frac{2}{\pi} J_m(x)\left(\ln \frac{x}{2} + \gamma\right) + \frac{x^m}{\pi} \sum_{n=0}^{\infty} \frac{(-1)^{n-1}(h_n + h_{n+m})}{2^{2n+m} n!\,(n+m)!} x^{2n} \\ - \frac{x^{-m}}{\pi} \sum_{n=0}^{m-1} \frac{(m-n-1)!}{2^{2n-m}\, n!} x^{2n} \end{aligned} \tag{2.5.30}$$

이다. 단 $x > 0$, $m = 0, 1, 2, \cdots$이며,

$$h_0 = 0,\ h_1 = 1,\ \ h_n = 1 + \frac{1}{2} + \cdots + \frac{1}{n},\ \ \ h_{n+m} = 1 + \frac{1}{2} + \cdots + \frac{1}{n+m}$$

으로 주어지는 양이다.

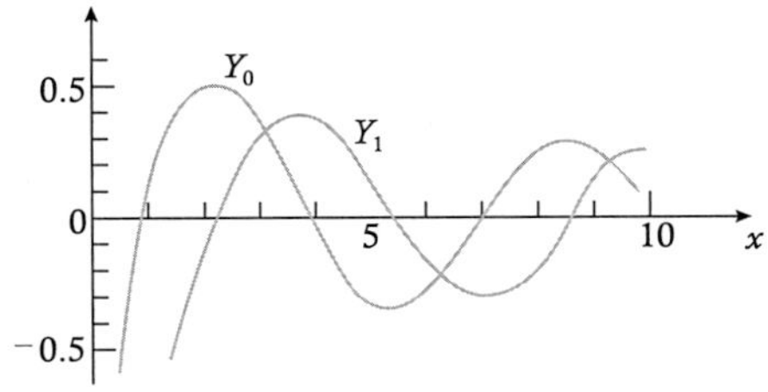

그림 2.6 제2종 베셀함수 $Y_0(x)$와 $Y_1(x)$

$m = 0$인 경우, 식 (2.5.30)의 마지막 급수의 합은 영으로 된다는 점에 유의한다. 또한 식 (2.5.30)으로부터

14) 자세한 증명은 전문서적을 참조하여라.

$$Y_{-m}(x) = (-1)^m Y_m(x)$$

가 성립함을 확인할 수 있다. 이와 같은 사실을 정리하여 [요점 2.8]을 얻는다.

요점 2.8 **베셀방정식의 일반해**

베셀방정식 (2.5.1)의 일반해는 모든 λ 와 $x > 0$ 에 대하여

$$u(x) = c_1 J_\lambda(x) + c_2 Y_\lambda(x) \tag{2.5.31}$$

이다.

2.5.4 베셀함수의 기본정리

베셀함수의 기본적인 특성을 이해하면 복잡한 계산을 비교적 쉽게 수행할 수 있는 경우가 있다. 여기서는 베셀함수의 기본정리에 관한 몇 가지를 설명한다. 먼저 다음의 관계식을 증명하여 보자.

$$\frac{d}{dx}\left[x^{\lambda+1} J_{\lambda+1}(x)\right] = x^{\lambda+1} J_\lambda(x) \tag{2.5.32}$$

급수전개식 (2.5.18)로부터

$$x^{\lambda+1} J_{\lambda+1}(x) = \sum_{n=0}^{\infty} \frac{(-1)^n x^{2n+2\lambda+2}}{2^{2n+\lambda+1} n!\, \Gamma(\lambda+n+2)} \tag{2.5.33}$$

이고, 이것을 x 로 미분하면

$$\begin{aligned}\frac{d}{dx}\left[x^{\lambda+1} J_{\lambda+1}(x)\right] &= \sum_{n=0}^{\infty} \frac{(-1)^n (2n+2\lambda+2) x^{2n+2\lambda+1}}{2^{2n+2\lambda+1} n!\, \Gamma(\lambda+n+2)} \\ &= \sum_{n=0}^{\infty} \frac{2(-1)^n (n+\lambda+1) x^{2n+2\lambda+1}}{2 \cdot 2^{2n+\lambda} n!\, (\lambda+n+1)\Gamma(\lambda+n+1)} \\ &= x^{\lambda+1} \sum_{n=0}^{\infty} \frac{(-1)^n x^{2n+\lambda}}{2^{2n+\lambda} n!\, \Gamma(\lambda+n+1)} \\ &= x^{\lambda+1} J_\lambda(x)\end{aligned} \tag{2.5.34}$$

이므로 식 (2.5.32)가 증명되었다. 위와 동일한 과정을 이용하면 다음의 관계식도 증명할 수 있다.

$$\frac{d}{dx}\left[x^{-\lambda}J_\lambda(x)\right] = -x^{-\lambda}J_{\lambda+1}(x) \tag{2.5.35}$$

위에서 증명한 두 식 (2.5.32)와 (2.5.35)의 왼쪽항을 미분하면

$$x^{\lambda+1}\frac{dJ_{\lambda+1}}{dx} + (\lambda+1)x^\lambda J_{\lambda+1} = x^{\lambda+1}J_\lambda \tag{2.5.36}$$

$$x^{-\lambda}\frac{dJ_\lambda}{dx} - \lambda x^{-\lambda-1}J_\lambda = -x^{-\lambda}J_{\lambda+1}$$

이므로, 식 (2.5.36)의 첫 번째 식은 양변에 $x^{-\lambda-1}$을, 두 번째 식에는 x^λ를 각각 곱하면

$$\frac{dJ_{\lambda+1}}{dx} + \frac{(\lambda+1)}{x}J_{\lambda+1} = J_\lambda \tag{2.5.37}$$

$$\frac{dJ_\lambda}{dx} - \frac{\lambda}{x}J_\lambda = -J_{\lambda+1}$$

으로 된다. 여기서 다시 식 (2.5.37)의 첫 번째 식의 $\lambda+1$을 λ로 대치하면

$$\frac{dJ_\lambda}{dx} + \frac{\lambda}{x}J_\lambda = J_{\lambda-1} \tag{2.5.38}$$

이고, 이 식을 다시 (2.5.37)의 두 번째 식에 대입하면 다음 식으로 됨을 확인할 수 있다.

$$\frac{dJ_\lambda}{dx} = \frac{1}{2}\left(J_{\lambda-1} - J_{\lambda+1}\right) \tag{2.5.39}$$

식 (2.5.38)과 식 (2.5.37)의 두 번째 식으로부터 다음과 같은 중요한 반복 관계식을 얻을 수 있다.

$$J_{\lambda+1}(x) = \frac{2\lambda}{x}J_\lambda(x) - J_{\lambda-1}(x) \tag{2.5.40}$$

이 관계식은 고차의 베셀함수를 저차의 베셀함수로 나타낼 수 있다는 것을 보여주는 것으로, 결국 $J_0(x)$와 $J_1(x)$의 값이 주어진다면 모든 차수의 베셀함수를 계산할 수 있다는 것을 알 수 있다. 식 (2.5.40)을 약간 변형하면

$$J_{\lambda-1}(x) = \frac{2\lambda}{x} J_\lambda(x) - J_{\lambda+1}(x) \tag{2.5.41}$$

로 쓸 수 있다. 이는 λ가 음(negative)의 큰 값을 가지는 베셀함수 역시 $J_0(x)$와 $J_1(x)$의 값으로 표현할 수 있다는 것을 보여주고 있다.

마지막으로 미분에 관한 기본적인 식 (2.5.32)와 (2.5.35)를 적분과 관련된 관계식으로 유도하여 보자. 두 식의 양변을 적분하면

$$\begin{aligned} \int x^{\lambda+1} J_\lambda(x)dx &= x^{\lambda+1} J_{\lambda+1}(x) + C \\ \int x^{-\lambda} J_{\lambda+1}(x)dx &= -x^{-\lambda} J_\lambda(x) + C \end{aligned} \tag{2.5.42}$$

이며, 이를 이용하면 베셀함수의 적분을 비교적 쉽게 수행할 수 있다. 단 C는 적분상수이다.

▶ 예제 2.5.2

반복관계식을 이용하여 $J_4(3)$과 $J_{-4}(3)$을 구하여 보자.

해

$J_4(3)$은 식 (2.5.40)을 이용하면 가능하다.

$$\begin{aligned} J_4(3) &= \frac{2 \cdot 3}{3} J_3(3) - J_2(3) \\ &= 2\left[\frac{2 \cdot 2}{3} J_2(3) - J_1(3)\right] - J_2(3) \\ &= \frac{5}{3}\left[\frac{2}{3} J_1(3) - J_0(3)\right] - 2J_1(3) \\ &= -\frac{8}{9} J_1(3) - \frac{5}{3} J_0(3) \\ &= -\frac{8}{9} \times 0.339 - \frac{5}{3} \times (-0.260) = 0.132 \end{aligned}$$

또한 $J_{-4}(3)$은 식 (2.5.41)을 이용하여 계산한다. 즉

$$\begin{aligned} J_{-4}(3) &= \frac{2 \cdot (-3)}{3} J_{-3}(3) - J_{-2}(3) \\ &= -2\left[\frac{2 \cdot (-2)}{3} J_{-2}(3) - J_{-1}(3)\right] - J_{-2}(3) \\ &= \frac{5}{3}\left[\frac{2 \cdot (-1)}{3} J_{-1}(3) - J_0(3)\right] + 2J_{-1}(3) \end{aligned}$$

$$= \frac{8}{9}[J_1(3)] - \frac{5}{3}J_0(3) = 0.132$$

이다. 이로부터 $J_4(x) = J_{-4}(x)$ 임을 알 수 있다.

▶ 예제 2.5.3

베셀함수의 적분에 관한 기본식을 이용하여 다음의 적분을 수행하여 보자.

$$\int x^2 J_2(x) dx \quad ①$$

◇» 해

식 (2.5.42)를 이용하기 위하여 위 식을 다음과 같이 변형한다.

$$\int x^2 J_2(x) dx = \int x^3 \left[x^{-1} J_2(x) \right] dx \quad ②$$

다음의 부분적분

$$\begin{aligned} u &= x^3 && \rightarrow du = 3x^2 dx \\ v &= -x^{-1} J_1(x) && \rightarrow dv = x^{-1} J_2(x) dx \end{aligned} \quad ③$$

을 ②에 적용하면

$$\int x^2 J_2(x) dx = -x^2 J_1(x) + 3\int x J_1(x) dx \quad ④$$

이다. 다시 ④의 오른쪽 항을 적분하기 위하여 부분적분

$$\begin{aligned} u &= x && \rightarrow du = dx \\ v &= -J_0(x) && \rightarrow dv = J_1(x) dx \end{aligned} \quad ⑤$$

를 이용하여 ④를 적분하면

$$\int x^2 J_2(x) dx = -x^2 J_1(x) - 3x J_0(x) + 3\int J_0(x) dx \quad ⑥$$

이다. ⑥의 오른쪽 항의 적분은 더 이상 적분에 관한 기본식을 이용하여 계산할 수 없고, 보통은 베셀함수의 표 등을 이용하여 실제로 계산하여야 하는 값이다. 일반적으로, $(n+m)$이 양의 짝수 값을 가질 때 적분 $\int x^n J_m(x) dx$ 를 실행하기 위해서는 적분 $\int J_0(x) dx$ 의 계산이 필요하다.

2.5.5 MATLAB에 의한 풀이

```
% [예제 2.5.1], [그림 2.5]
% MATLAB가 제공하는 명령어를 사용
x=0:0.01:13;
Jo=besselj(0,x);                                        % 제1종 베셀함수 J0(x) 의 계산
J1=besselj(1,x);                                        % J1(x)
subplot(2,1,1), plot(x,Jo,'-',x,J1,':')                 % [그림 2.5]의 작성
xlabel(' x '), title(' Bessel functions of the first kind Jo(x) & J1(x)')

% Symbolic Toobox의 'mfun' 사용
x=0:0.01:13;
Jo=mfun('BesselJ',0,x);                                 % mfun의 베셀함수 사용
J1=mfun('BesselJ',1,x);
subplot(2,1,2), plot(x,Jo,'-',x,J1,':'), xlabel(' x ')
title(' Bessel functions of the first kind Jo(x) & J1(x) ')

% [그림 2.6]
% MATLAB가 제공하는 명령어를 사용
x=0:0.01:11;
Jo=bessely(0,x);                                        % 제2종 베셀함수 Y0(x) 의 계산
J1=bessely(1,x);                                        % Y1(x)
subplot(2,1,1), plot(x,Jo,'-',x,J1,':'), axis([0 12 -0.6 0.6]), xlabel(' x ')
title(' Bessel functions of the second kind Yo(x) & Y1(x) ')
% Symbolic Toobox의 'mfun' 사용
x=0:0.01:11;
Jo=mfun('BesselY',0,x);                                 % mfun의 베셀함수 표현식
J1=mfun('BesselY',1,x);
subplot(2,1,2), plot(x,Jo,'-',x,J1,':'),axis([0 12 -0.6 0.6]), xlabel(' x ')
title(' Bessel functions of the second kind Yo(x) & Y1(x) ')
```

연습문제 2.5.6

1. 식 (2.5.13)과 (2.5.14)의 $J_0(x)$ 와 $J_1(x)$ 의 표현식을 이용하여 $J_0(0.1)$ 과 $J_1(0.1)$ 을 전개식의 네 번째 항까지 구하고, 이것을 정확한 값인 $J_0(0.1)=0.99750$ 과 $J_1(0.1)=0.04994$와 비교하여 보아라.

2. 다음 베셀방정식에 대한 일반해를 구하여라.

(1) $x^2u'' + xu' + \left(x^2 - \dfrac{1}{16}\right)u = 0$　　(2) $4x^2u'' + 4xu' + (4x^2 - 1)u = 0$

(3) $4x^2u'' + 4xu' + (4x^2 - 25)u = 0$　　(4) $xu'' + u' + xu = 0$

(5) $x^2u'' + xu' + (9x^2 - 4x)u = 0$

3. 미분방정식 $u'' + u = 0$ 을 $u = \sqrt{x}\, v$ 의 치환을 이용하여 베셀방정식의 형식으로 변환하여 일반해를 구하여라. 이때 해는 $A\sin x + B\cos x$ 와 동등한 형식이라는 것을 보여라.

4. 문제에 주어진 치환 등을 사용하여 미분방정식의 일반해를 J_λ 와 Y_λ 를 이용하여 표현하여라.

(1) $x^2u'' + xu' + (x^2 - 25)u = 0$　　(2) $4xu'' + 4u' + u = 0,\ (\sqrt{x} = z)$

(3) $x^2u'' + xu' + (4x^4 - 16)u = 0,\ (x^2 = z)$　　(4) $xu'' + 11u' + xu = 0,\ (u = x^{-5}z)$

5. 식 (2.5.30)의 Y_m 이 다음 관계식을 만족한다는 것을 보여라.

(1) $x\,Y_m'(x) = x\,Y_{m-1}(x) - m\,Y_m(x)$

(2) $2\,Y_m'(x) = Y_{m-1}(x) - Y_{m+1}(x)$

(3) $2m\,Y_m(x) = x\,[\,Y_{m-1}(x) - Y_{m+1}(x)\,]$

2.6 비제차미분방정식의 해

비제차미분방정식

$$u'' + p_0(x)u' + p_1(x)u = g(x) \tag{2.6.1}$$

의 일반해는 제차방정식

$$u'' + p_0(x)u' + p_1(x)u = 0 \tag{2.6.2}$$

의 일반해와 식 (2.6.1)의 특수해의 합으로 주어진다. 만약 식 (2.6.2)의 일반해가 주어져 있다면 매개변수법을 이용하여 식 (2.6.1)의 특수해를 항상 구할 수 있다. 또한 식 (2.6.2)의 일반해로서 멱급수 또는 프로베니우스 급수 등을 가진다면, 식 (2.6.1)의 일반해 역시 동일한 급수를 가진다. 이것을 예제를 통하여 알아보기로 한다.

▶ 예제 2.6.1

다음 미분방정식의 특수해를 구하여 보자.

$$u'' + x^2 u = x \qquad ①$$

◇ 해

$x=0$은 위 방정식의 특이점이 아니기 때문에 2.2절에서 설명한 방법을 이용하면 $x=0$ 부근에서의 ①의 기본해를 얻을 수 있다.[15)]

$$u_1(x) = 1 - \frac{x^4}{3\cdot 4} + \frac{x^8}{3\cdot 4\cdot 7\cdot 8} - \cdots$$

$$u_2(x) = x - \frac{x^5}{4\cdot 5} + \frac{x^9}{4\cdot 5\cdot 8\cdot 9} - \cdots \qquad ②$$

여기서 매개변수법(제1장 참조)을 적용하기 위하여 방정식의 해를

$$u_p(x) = v_1 u_1 + v_2 u_2 \qquad ③$$

로 가정하고 두 변수 $v_1(x)$와 $v_2(x)$를 구하기로 한다. 식 (1.10.8)과 (1.10.12)를 이용하면 두 변수에 관한 식

$$v_1' u_1 + v_2' u_2 = 0,\ v_1' u_1' + v_2' u_2' = x \qquad ④$$

을 얻고, 이것은 식 (1.10.13)에 의해

$$v_1'(x) = -\frac{x u_2(x)}{W(x)},\ v_2'(x) = \frac{x u_1(x)}{W(x)} \qquad ⑤$$

인 유일한 해를 가진다. 이때 $W(x)$는 기본해 $u_1(x)$와 $u_2(x)$의 론스키안이다. 이때 $p_0(x) = 0$이므로

$$W(x) = Ke^{-\int [p_0(x)/x]dx} = Ke^0 = K \qquad ⑥$$

이다. 계산의 편리를 위해 $K=1$로 하기로 한다. 따라서 ⑤를 적분하여 두 변수를 계산한다. 즉

$$\begin{aligned} v_1(x) &= -\int x u_2(x) dx \\ &= -\int \left(x^2 - \frac{x^6}{4\cdot 5} + \frac{x^{10}}{4\cdot 5\cdot 8\cdot 9} - \cdots\right) dx \qquad ⑦ \\ &= -\frac{x^3}{3} + \frac{x^7}{4\cdot 5\cdot 7} - \frac{x^{11}}{4\cdot 5\cdot 8\cdot 9\cdot 11} + \cdots \end{aligned}$$

15) 이것은 결국 ①의 오른쪽 항이 영인 제차방정식의 기본해이다.

$$v_2(x) = \int xu_1(x)dx$$

$$= \int \left(x - \frac{x^5}{3 \cdot 4} + \frac{x^9}{3 \cdot 4 \cdot 7 \cdot 8} - \cdots \right)dx \qquad ⑧$$

$$= \frac{x^2}{2} - \frac{x^6}{3 \cdot 4 \cdot 6} + \frac{x^{10}}{3 \cdot 4 \cdot 7 \cdot 8 \cdot 10} + \cdots$$

이다. ⑦과 ⑧를 ③에 대입하면 $u_p(x)$ 를 얻을 수 있으나 어떤 특정한 형식을 갖지는 않는다. 즉

$$u_p(x) = \left(-\frac{x^3}{3} + \frac{x^7}{4 \cdot 5 \cdot 7} - \cdots \right)\left(1 - \frac{x^4}{3 \cdot 4} + \cdots \right)$$

$$+ \left(\frac{x^2}{2} - \frac{x^6}{3 \cdot 4 \cdot 6} + \cdots \right)\left(x - \frac{x^5}{4 \cdot 5} + \cdots \right)$$

$$= \frac{x^3}{6} - \frac{x^7}{6 \cdot 6 \cdot 7} + \cdots$$

이다.

2.6.1 MATLAB에 의한 풀이

```
% [예제 2.6.1]
syms x
up=dsolve('D2u+x^2*u=x','Du(0)=0','u(0)=0','x')                % 미분방정식 ①의 해
```

연습문제 2.6.2

1. 미분방정식의 해를 $x = 0$ 에 관한 급수해를 이용하여 계산하고, 각 해의 수렴반경에 대하여 언급하여라.

(1) $u' + u = x^2$

(2) $xu' + x^2u = \sin x$

(3) $u'' + 6u + 5u = x^2 + 2\sin x$

Chapter_03

03

라플라스 변환

상수계수를 가지는 선형 상미분방정식의 해는 라플라스 변환을 이용하면 비교적 쉽게 구할 수 있다. 특히 불연속이며 주기적인 외부 신호가 인가되는 시스템을 모델링한 결과로 얻어지는 비제차미분방정식의 해를 구하는 경우에는 상당히 편리하다. 이는 라플라스 변환을 이용하면 비제차방정식의 해를 일반해와 특수해로 구별할 필요가 없어지기 때문이며, 또한 초기값 문제에 있어서도 제 1 장의 경우와 달리, 어떤 특별한 과정 없이 초기값이 고려된 해를 구할 수 있다.

라플라스 변환이 가지는 또 하나의 큰 이점은, 미분방정식이 대수방정식으로 변환되어 해를 구하기 쉬우며, 이로 인해 원래의 식이 가지고 있는 물리적 의미가 확실해 질 수 있다는 것이다. 이러한 여러 이유로 인해 라플라스 변환은 공학의 광범위한 분야의 기초이론으로서 중심역할을 하고 있다.

라플라스 변환을 이용하여 미분방정식의 해를 구하기 위한 일반적인 방법은, 우선 주어진 미분방정식(시간함수)을 변환을 통하여 대수방정식(s 함수)으로 전환하여 (변환된 상태의) 해를 구한 다음, 이것을 다시 라플라스 역변환을 이용하여 원래의 형태(시간함수)로 되돌리는 과정으로 이루어진다. 이를 위해 먼저 미분방정식에 나타날 수 있는 여러 종류의 함수에 대한 라플라스 변환을 구하는 방법부터 설명한다.

3.1 라플라스 변환

$f(t)$를 미분방정식에 사용되는 함수라 하였을 때 다음의 적분을 수행하여 보자.

$$F(s) = \int_0^\infty f(t)e^{-st}dt \tag{3.1.1}$$

이 결과 독립변수 t는 적분되어 사라지고 독립변수 s의 함수인 $F(s)$를 얻는다. 이것을 시간함수 $f(t)$의 라플라스 변환(Laplace transform)이라고 부르며, 보통 다음과 같이 간략하게 표현한다.

$$\mathcal{L}[f(t)] = F(s) = \int_0^\infty f(t)e^{-st}dt \tag{3.1.2}$$

여기서 스크립트(script) 표현식 $\mathcal{L}$는 라플라스 변환의 선형연산자(linear operator)이며, 지금부터는 영어의 소문자는 시간함수를, 대문자는 라플라스 변환식을 나타내는 것으로 한다. 예를 들어 $Y(s)$는 $y(t)$의 라플라스 변환이다. 한편 라플라스 역변환의 연산자는 $\mathcal{L}^{-1}$로 표현하며, 이것은

$$f(t) = \mathcal{L}^{-1}[F(s)] \tag{3.1.3}$$

와 같은 작용을 한다.

임의의 함수 $f(t)$의 라플라스 변환 $F(s)$의 존재가능성과 관련하여 다음 두 가지가 중요한 역할을 한다. 첫번째는 적분이 임의의 시각 $t = t_0$에서 존재하지 않을 가능성이다. 다시 말하면

$$\int_0^{t_0} f(t)e^{-st}dt$$

를 계산할 수 없는 경우, 예를 들어 $\lim_{t\to t_0} f(t) = +\infty$일 때이다. 두 번째는 피적분함수 $f(t)e^{-st}$가 $t\to\infty$ (또는 $t\to 0$)에서 발산하여 적분계산이 불가능한 경우이다. 위와 같은 상황에 대처하기 위해, 먼저 첫번째의 문제와 관련하여 함수 $f(t)$가 구분적으로 연속([그림 3.1] 참조)이라는 조건을 부가하였으며, 또한 함수 $f(t)$에 대해 다음 식을 만족하는 상수 M이 존재한다는 조건을 추가함으로써 두 번째 문제를 극복할 수 있다. 즉

$$|f(t)| \le Me^{bt} \quad \text{모든 } t \ge 0 \tag{3.1.4}$$

이다. 이를 정리하면 다음 요점이 얻어진다.

요점 3.1 라플라스 변환의 존재성

$t \ge 0$ 내의 모든 구간에서 함수 $f(t)$가 연속, 또는 구분적(piecewise)으로 연속이고, 또한 $t \ge 0$에서 식 (3.1.4)를 만족하는 M, b가 존재한다면, $\mathcal{L}[f]$를 모든 $s > b$에 대해서 항상 계산할 수 있다.

[요점 3.1]을 확인하여 보자. 함수 $f(t)$가 구분적으로 연속이기 때문에 식 (3.1.2)의 피적분함수 $e^{-st}f(t)$는 시간 t축 상에서 적분가능하다. 따라서 $s > b$로 가정한다면, 식 (3.1.4)로부터

$$|\mathcal{L}(f)| = \left|\int_0^\infty e^{-st}f(t)dt\right| \le \int_0^\infty |f(t)|e^{-st}dt \le \int_0^\infty Me^{-bt}e^{-st}dt = \frac{M}{s-b} \tag{3.1.5}$$

로 되어 라플라스 변환 $\mathcal{L}[f]$가 존재한다는 것을 알 수 있다. 여기서 임의의 M에 대해 식 (3.1.4)를 만족하지 않는 함수로서는, 예를 들어 e^{t^2} 등을 들 수 있지만, 이러한 형식의 함수는 일상적인 문제에서 별로 사용하지 않기 때문에 거의 대부분의 물리적인 양을 나타내는 함수는 그의 라플라스 변환을 가지는 것으로 보아도 무관하다. 따라서 식 (3.1.4)를 만족하는 함수는 $t \to \infty$에서 지수차수(exponential order)로 감소하며, 동시에 구분적으로 연속이므로 적분

$$\mathcal{L}[f(t)] = \int_0^\infty f(t)e^{-st}dt \tag{3.1.6}$$

는 항상 계산가능하다. 더욱이 식 (3.1.5)로부터

$$\lim_{s\to\infty}|sF(s)| \le \lim_{s\to\infty}\left|\frac{sM}{s-b}\right| = M \tag{3.1.7}$$

로 되어 일정한 값을 가진다. 또한 이로부터

$$\lim_{s\to\infty}F(s) = 0 \tag{3.1.8}$$

이라는 사실을 확인할 수 있다. 따라서 예를 들어 $F(s)=1$은 위에서 언급한 두 가지의 조건을 만족하는 함수로부터 얻어진 라플라스 변환이라고 볼 수 없다. 다시 말하면, 구간 $0<t<t_0$ 에서 연속이며 동시에 $t\to\infty$ 에서 지수차수로 감소하는 함수 $f(t)$는 라플라스 변환이 존재한다는 것이다.

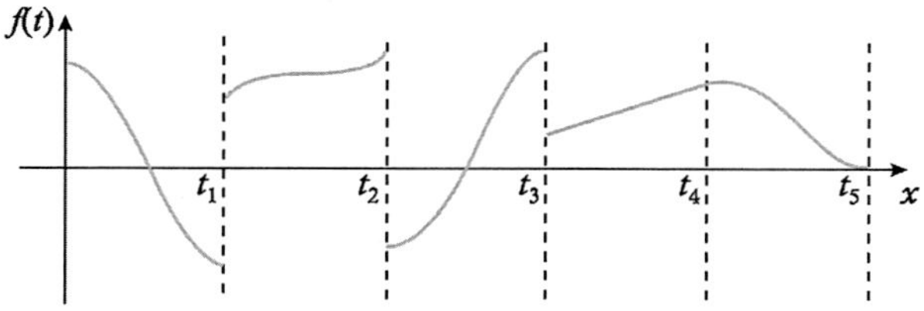

그림 3.1 구분적으로 연속인 함수

▶ 예제 3.1.1

다음과 같이 정의되는 단위계단(unit step)함수의 라플라스 변환을 구하여 보자.

$$1_0(t)=\begin{cases}1, & (t>0)\\ 0, & (t<0)\end{cases}$$

◇ 해

라플라스 변환의 정의를 이용하면

$$\mathcal{L}\,[1_0(t)]=\int_0^\infty 1_0(t)e^{-st}dt=\int_0^\infty e^{-st}dt=-\frac{1}{s}e^{-st}\Big|_0^\infty=\frac{1}{s}$$

이다. 이 경우 라플라스 변환식의 적분의 하한값이 0이므로 $\mathcal{L}\,[1]=1/s$ 로 표기할 수 있다.

▶ 예제 3.1.2

지수함수 $f(t)=e^{at}$, $(t\ge 0)$인 함수의 라플라스 변환을 계산하여 보자. 단 a는 실수이다.

◇ 해

식 (3.1.6)으로부터

$$\mathcal{L}\,[f(t)]=\int_0^\infty e^{-st}e^{at}dt=\frac{1}{a-s}e^{-(s-a)t}\Big|_0^\infty \qquad ①$$

에서 $s-a>0$이면 ①의 결과는 다음과 같다.

$$\mathcal{L}\,[e^{at}]=\frac{1}{s-a}\,.$$

3.1.1 MATLAB에 의한 풀이

```
% [예제 3.1.1]
u=sym('Heaviside(t)');              % 'Heaviside' 함수를 이용한 계단함수의 정의
U=laplace(u)                        % 라플라스 변환

% [예제 3.1.2]
syms a t                            % symbolic 변수의 정의
u=exp(a*t); U=laplace(u)            % u = e^{at} 를 지정
```

연습문제 3.1.2

1. 다음 함수의 라플라스 변환을 변환식 (3.1.1)의 적분을 이용하여 계산하여라.

(1) $t-3$　　(2) $2\sin t$　　(3) $t^{1/2}$　　(4) $4t^2-3$

(5) $(t-1)^2$　　(6) e^{2t-1}　　(7) $\sin t\cos t$　　(8) $\sin\left(3t-\frac{1}{2}\right)$

(9) 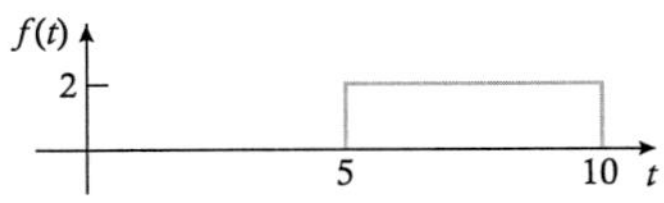

그림 P3.1

(10) 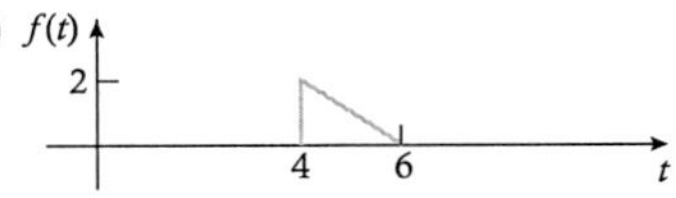

그림 P3.2

2. $\mathcal{L}\left[e^{at}\right]=1/(s-a)$ 를 사용하여

$$\mathcal{L}\left[e^{(a+jb)t}\right]=\frac{s-a+jb}{(s-a)^2+b^2}$$

임을 증명하여라. 여기서 a 와 b 는 실수이고 j 는 복소수, 즉 $j^2=-1$ 이다.

3. $s>c_1$ 에 대해서 $\mathcal{L}\left[f_1(t)\right]=F_1(s)$ 이고 $s>c_2$ 에 대해서 $\mathcal{L}\left[f_2(t)\right]=F_2(s)$ 라 한다. 이때 $\mathcal{L}\left[f_1(t)+f_2(t)\right]=F_1(s)+F_2(s)$ 는 언제나 가능한가?

4. 함수 e^{t^2} 의 라플라스 변환이 존재하지 않는다는 것을 식 (3.1.7)을 이용하여 증명하여라.

3.2 라플라스 변환의 성질 I: 시간이동

3.1절의 정의식을 이용하여 여러 종류의 함수에 대한 라플라스 변환을 수행하기 전에 먼저 라플라스 변환이 가지는 몇 가지의 중요한 성질에 대하여 알아보기로 한다.

(1) 선형성(linearity): 라플라스 연산자 $\mathcal{L}$ 은 선형연산자이다. 즉

$$\mathcal{L}\,[af(t)+bg(t)]=a\mathcal{L}\,[f(t)]+b\mathcal{L}\,[g(t)] \tag{3.2.1}$$

여기서 a와 b는 정수이다. 이것을 증명하기 위해서는 $[af(t)+bg(t)]$를 정의식에 대입하여 전개하면

$$\begin{aligned}\mathcal{L}\,[af(t)+bg(t)] &= \int_0^\infty [af(t)+bg(t)]e^{-st}dt \\ &= a\int_0^\infty f(t)e^{-st}dt+b\int_0^\infty g(t)e^{-st}dt \\ &= a\mathcal{L}\,[f(t)]+b\mathcal{L}\,[g(t)]\end{aligned} \tag{3.2.2}$$

로 되어 선형성이 증명되었다.

(2) 지수함수와의 곱(multiplication by an exponential): 이것은 때때로 제 1 이동정리로 불리며 다음으로 주어진다.

$$\mathcal{L}\,[e^{at}f(t)]=F(s-a) \tag{3.2.3}$$

여기서 $F(s)=\mathcal{L}\,[f(t)]$ 이다. 이것은 식 (3.1.2)에 $f(t)$ 대신 $e^{at}f(t)$를 대입하여 적분을 수행하면 확인할 수 있다. 즉

$$\mathcal{L}\,[e^{at}f(t)]=\int_0^\infty e^{at}f(t)e^{-st}dt=\int_0^\infty f(t)e^{-(s-a)t}dt \tag{3.2.4}$$

에서 $s-a=\tau$로 두면

$$\mathcal{L}\,[e^{at}f(t)]=\int_0^\infty f(t)e^{-\tau t}dt=F(\tau)=F(s-a) \tag{3.2.5}$$

이다. 여기서 $s>a$, 즉 $\tau>0$으로 가정하였다.

(3) 시간이동(Right-Shift in time): 시간함수를 오른쪽으로 시간 a만큼 수평이동한 것으로 제2이동정리라고 하기도 하며 다음과 같이 정의한다. 함수 $f(t)$의 라플라스 변환이

$$\mathcal{L}\,[f(t)] = F(s) \tag{3.2.6}$$

로 주어졌을 때, 만약

$$g(t) = \begin{cases} f(t-a), & (t > a) \\ 0, & (t < a) \end{cases} \tag{3.2.7}$$[1]

로 정의되는 함수 $g(t)$의 라플라스 변환은

$$\mathcal{L}\,[g(t)] = e^{-as}F(s) \tag{3.2.8}$$

이다. 위의 사실을 증명하기 위해서 식 (3.2.7)의 $g(t)$를 라플라스 변환 정의식에 대입하면

$$\mathcal{L}\,[g(t)] = \int_0^\infty g(t)e^{-st}dt = \int_0^a 0 \cdot e^{-st}dt + \int_a^\infty f(t-a)e^{-st}dt \tag{3.2.9}$$

이다. 여기에 $\tau = t-a$의 변수변환을 이용하면 $dt = d\tau$이므로

$$\mathcal{L}\,[g(t)] = \int_0^\infty f(\tau)e^{-s(\tau+a)}d\tau = e^{-as}\int_0^\infty f(\tau)e^{-s\tau}d\tau = e^{-as}F(s) \tag{3.2.10}$$

으로 되어 제2이동정리가 증명되었다.

(4) 시간 축의 변경: 함수의 시간 축을 변경하였을 경우에 얻어지는 정리이다. 이것은 $f(t)$의 라플라스 변환

$$F(s) = \int_0^\infty f(t)e^{-st}dt \tag{3.2.11}$$

에서 $\tau = at$ (a는 임의의 양의 실수이다)의 변수변환을 수행하면 $dt = d\tau/a$이므로 식 (3.2.11)은

1) 이것을 단위계단함수를 이용하여 나타내면 $g(t) = f(t-a) \cdot 1(t-a)$로 쓸 수 있다.

$$F(s) = \frac{1}{a}\int_0^{\infty} f\left(\frac{\tau}{a}\right)e^{-(s/a)\tau}d\tau \tag{3.2.12}$$

된다. 위 식의 오른쪽 적분은 함수 $f(t/a)$ 에 대한 라플라스 변환이므로 식 (3.2.12)는

$$aF(as) = \mathcal{L}\left[f\left(\frac{t}{a}\right)\right] \tag{3.2.13}$$

임을 알 수 있다.

위에서 언급한 네 가지의 성질을 이용하면 함수 $f(t)$ 의 라플라스 변환을 구하거나 또는 그의 역변환을 계산하는 과정을 간략화 할 수 있으므로 많이 사용하고 있다. 이러한 사실은 다음 예제를 통하여 확인할 수 있다.

▶ 예제 3.2.1

제 1 이동정리를 이용하여 e^{at} 의 라플라스 변환을 구하여 보자.

◇ 해

식 (3.2.3)으로부터

$$\mathcal{L}[e^{at} \cdot 1] = F(s-a)$$

이다. 여기서 $\mathcal{L}[1] = F(s) = 1/s$ 이므로 s 대신에 $s-a$ 를 대입하면

$$\mathcal{L}[e^{at}] = \frac{1}{s-a}$$

이 되어 [예제 3.1.2]의 결과와 동일함을 알 수 있다.

▶ 예제 3.2.2

제 2 이동정리를 이용하여 [그림 3.2]와 같이 오른쪽으로 이동된 단위계단함수의 라플라스 변환을 구하여 보고, 이것을 라플라스 변환의 정의식을 이용한 결과와 비교하여 보자.

$$1(t-a) = \begin{cases} 1, & (t > a) \\ 0, & (t < a) \end{cases}$$

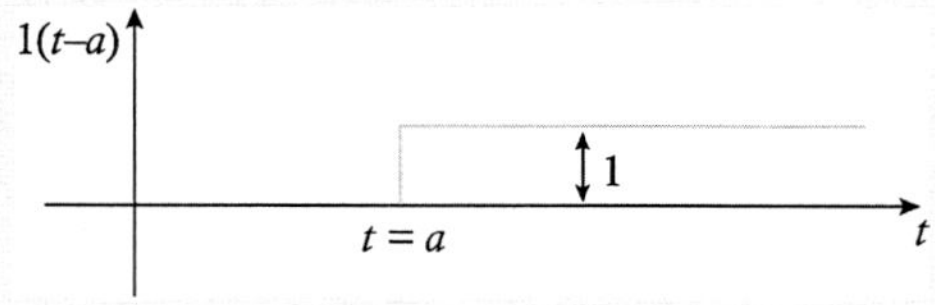

그림 3.2 시간 이동한 단위계단함수

◇ 해

식 (3.2.8)의 제 2 이동정리를 적용하면

$$\mathcal{L}[1(t-a)] = e^{-as}F(s) = \frac{1}{s}e^{-as}$$

이며, 여기서 $F(s)$는 단위계단함수의 라플라스 변환이다. 이것을 라플라스 변환의 정의식을 이용하면 다음과 같다.

$$\mathcal{L}[1(t-a)] = \int_0^{\infty} 1(t-a)e^{-st}dt = \int_0^{a} 0 \cdot e^{-st}dt + \int_a^{\infty} e^{-st}dt$$

$$= -\frac{1}{s}e^{-st}\Big|_a^{\infty} = \frac{1}{s}e^{-as}$$

따라서 두 경우에 의한 결과가 일치한다는 것을 확인할 수 있다.

▶ 예제 3.2.3 라플라스 변환의 선형성

제 1 이동정리 및 다음 관계식을 이용하여 삼각함수 $\sin\omega t$와 $\cos\omega t$에 대한 라플라스 변환을 구하여 보자.

$$e^{j\theta} = \cos\theta + j\sin\theta \qquad ①$$

◇ 해

제 1 이동정리에 의해

$$\mathcal{L}[e^{j\omega t}] = \frac{1}{s-j\omega} = \frac{s}{s^2+\omega^2} + j\frac{\omega}{s^2+\omega^2} \qquad ②$$

임을 알 수 있다. 또한 라플라스 변환은 선형변환이므로

$$\mathcal{L}[e^{j\omega t}] = \mathcal{L}[\cos\omega t + j\sin\omega t] = \mathcal{L}[\cos\omega t] + j\mathcal{L}[\sin\omega t] \qquad ③$$

로 나타낼 수 있다. 따라서 ②와 ③의 실수부와 허수부를 서로 비교하면 다음과 같은 삼각함수의 라플라스 변환을 얻을 수 있다.

$$\mathcal{L}[\cos\omega t] = \frac{s}{s^2+\omega^2}, \quad \mathcal{L}[\sin\omega t] = \frac{\omega}{s^2+\omega^2}$$

물론 위 관계식은 삼각함수를 정의식 (3.1.2)에 직접 대입하여 부분적분을 적용하면 얻을 수 있다.

▶ 예제 3.2.4

함수 t^k 의 라플라스 변환을 구하여 보자.

◇ 해

정의식에 대입하면

$$\mathcal{L}\,[t^k] = \int_0^\infty t^k e^{-st}\,dt \qquad ①$$

이다. 위 식을 부분적분의 공식을 이용하여 적분하기 위해서 다음과 같은 변수변환을 실시한다.

$$\tau = st, \quad dt = \frac{d\tau}{s} \qquad ②$$

이 결과 ①은

$$\mathcal{L}\,[t^k] = \int_0^\infty t^k e^{-st} dt = \frac{1}{s^{k+1}} \int_0^\infty \tau^k e^{-\tau}\,d\tau = \frac{1}{s^{k+1}} \Gamma(k+1) \qquad ③$$

으로 된다. 여기서 감마함수 $\Gamma(k+1)$ 은 제 2 장의 식 (2.4.1)로 주어진다. 따라서 k가 양의 정수, 예를 들어 $k=n$ 이라면

$$\Gamma(n+1) = n!$$

이다. 따라서 ③은

$$\mathcal{L}\,[t^k] = \frac{k!}{s^{k+1}} \qquad ④$$

이다.

▶ 예제 3.2.5

라플라스 변환의 선형성을 이용하여 $\cosh\omega t$ 과 $\sinh\omega t$ 의 라플라스 변환을 구하여 보자.

◇ 해

삼각함수의 공식에 의해

$$\cosh\omega t = \frac{1}{2}(e^{\omega t} + e^{-\omega t}) \qquad ①$$

$$\sinh\omega t = \frac{1}{2}(e^{\omega t} - e^{-\omega t}) \qquad ②$$

이다. 따라서 라플라스 변환은

$$\mathcal{L}\,[\cosh\omega t] = \mathcal{L}\left[\frac{1}{2}e^{\omega t} + \frac{1}{2}e^{-\omega t}\right] = \frac{1}{2}\mathcal{L}\,[e^{\omega t}] + \frac{1}{2}\mathcal{L}\,[e^{-\omega t}] \qquad ③$$

$$\mathcal{L}\,[\sinh\omega t] = \mathcal{L}\left[\frac{1}{2}e^{\omega t} - \frac{1}{2}e^{-\omega t}\right] = \frac{1}{2}\mathcal{L}\,[e^{\omega t}] + \frac{1}{2}\mathcal{L}\,[e^{-\omega t}] \qquad ④$$

이다. [예제 3.2.2]의 결과를 이용하면

$$\mathcal{L}[\cosh \omega t] = \frac{1}{2(s-\omega)} + \frac{1}{2(s+\omega)} = \frac{s}{s^2-\omega^2} \quad ⑤$$

$$\mathcal{L}[\sinh \omega t] = \frac{1}{2(s-\omega)} - \frac{1}{2(s+\omega)} = \frac{\omega}{s^2-\omega^2} \quad ⑥$$

임을 쉽게 확인할 수 있다.

▶ 예제 3.2.6

[그림 3.3]의 구형파의 라플라스 변환을 구하여 보자.

$$f(t) = \begin{cases} 0, & (t < a) \\ A, & (a < t < b) \\ 0, & (b < t) \end{cases}$$

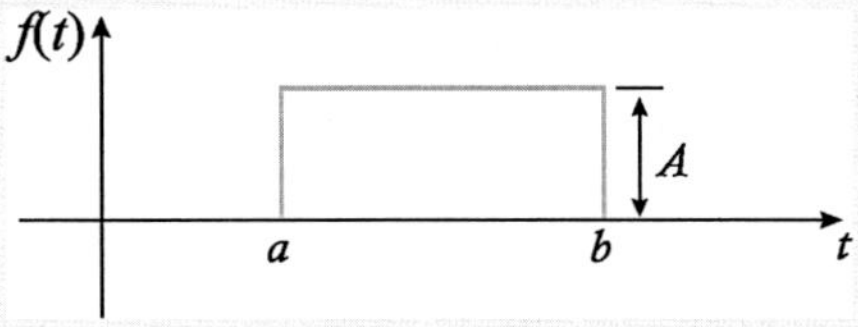

그림 3.3 구형파

◇ 해

구형파를 계단함수를 이용하여 나타내면 다음과 같다.

$$f(t) = A \cdot 1(t-a) - A \cdot 1(t-b)$$

따라서 [예제 3.2.3]의 결과를 이용하여 위 식을 라플라스 변환하면

$$\mathcal{L}[f(t)] = \frac{A}{s}e^{-as} - \frac{A}{s}e^{-bs} = \frac{A}{s}\left[e^{-as} - e^{-bs}\right]$$

이다.

▶ 예제 3.2.7

[그림 3.4]의 구형파에서 $\epsilon \to 0$ 이면, 폭은 영에 가까워지고 높이는 거의 무한대인 함수로 바뀌게 된다(면적은 1의 값을 유지한다). 이러한 함수를 임펄스(impulse)함수라고 하며 $\delta_0(t)$ 로 표현한다. (a) $t=0$ 에서 임펄스 $\delta_0(t)$ 와, (b) $t=a$ 에서의 임펄스 $\delta_a(t)$ 의 라플라스 변환을 각각 구하여 보자.

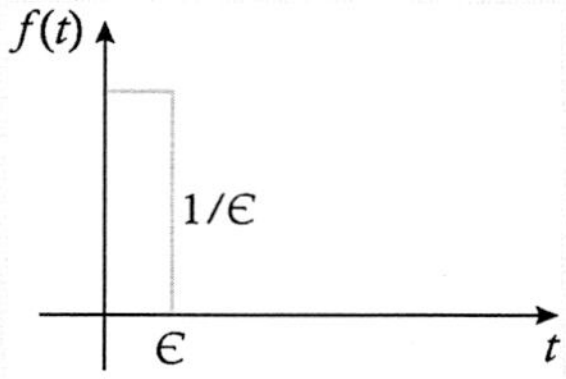

그림 3.4 임펄스함수

◇ 해

[그림 3.3]의 함수 $f(t)$ 의 라플라스 변환은 $A=1/\epsilon$ 로 두면

$$\mathcal{L}[f(t)]=\frac{1}{\epsilon s}[1-e^{-\epsilon s}] \qquad ①$$

로 된다. 여기서 $e^{-\epsilon s}$ 를 급수전개한 뒤 $\epsilon \to 0$ 으로 가져간다. 즉

$$e^{-\epsilon s}=1-\epsilon s+\frac{\epsilon^2 s^2}{2!}-\frac{\epsilon^3 s^3}{3!}+\cdots \qquad ②$$

이므로

$$\frac{1-e^{-\epsilon s}}{\epsilon s}=1-\frac{\epsilon s}{2!}+\frac{\epsilon^2 s^2}{3!}-\cdots \qquad ③$$

임을 알 수 있다. 여기서 $\epsilon \to 0$ 로 두면 ③의 오른쪽은 1로 되어

$$\mathcal{L}[\delta_0(t)]=1 \qquad ④$$

이라는 것을 알 수 있다. 한편 $t=a$ 에서 발생하는 임펄스함수는 제 2 이동정리를 이용하면

$$\mathcal{L}[\delta_a(t)]=e^{-as}$$

이라는 것을 쉽게 확인할 수 있다.

▶ 예제 3.2.8

다음과 같은 함수의 라플라스 변환을 구하여 보자.

$$f(t)=\begin{cases} 0, & (0<t<1) \\ t^2, & (1<t<2) \\ 0, & (2<t) \end{cases} \qquad ①$$

◇ 해

먼저 ①을 계단함수를 이용하면

$$f(t)=1(t-1)\cdot t^2-1(t-2)\cdot t^2 \qquad ②$$

이다. 그런데 여기에 라플라스 변환의 이동정리를 적용하기 위해서는 식 (3.2.7)에 따라 $f(t)$가 다음과 같은 형식으로 되어야 한다. 즉

$$f(t)=1(t-1)\cdot f_1(t-1)-1(t-2)\cdot f_2(t-2) \quad ③$$

이다. 따라서 ②와 ③이 동일한 표현으로 되기 위해서 $f_1(t)=(t+1)^2$, $f_2(t)=(t+2)^2$로 두면 ③은 ②로 됨을 알 수 있다. 따라서

$$f_1(t)=t^2+2t+1,\ f_2(t)=t^2+4t+4 \quad ④$$

에 대한 라플라스 변환은 각각

$$\mathcal{L}[f_1]=\frac{2}{s^3}+\frac{2}{s^2}+\frac{1}{s},\quad \mathcal{L}[f_2]=\frac{2}{s^3}+\frac{4}{s^2}+\frac{4}{s} \quad ⑤$$

로 되어 제 2 이동정리를 적용할 수 있게 되었다. 이 결과

$$\mathcal{L}[f(t)]=e^{-s}\left[\frac{2}{s^3}+\frac{2}{s^2}+\frac{1}{s}\right]-e^{-2s}\left[\frac{2}{s^3}+\frac{4}{s^2}+\frac{4}{s}\right] \quad ⑤$$

을 얻는다.

▶ 예제 3.2.9

[그림 3.5]와 같은 정방형의 함수에 대한 라플라스 변환을 구하여 보자.

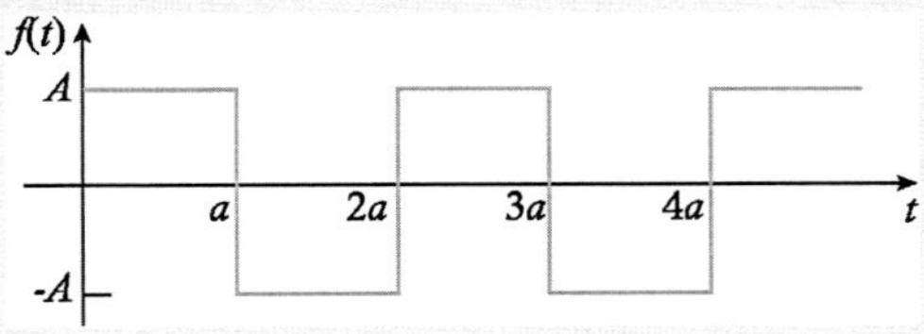

그림 3.5 정방형함수

◇ 해

그림의 함수를 단위계단함수를 이용하여 나타내면 다음과 같다.

$$f(t)=A\cdot 1(t)-2A\cdot 1(t-a)+2A\cdot 1(t-2a)-2A\cdot 1(t-3a)+\cdots \quad ①$$

[예제 3.2.3]의 결과를 이용하여 ①의 라플라스 변환을 계산하면

$$\begin{aligned}\mathcal{L}[f(t)]&=A\left[\frac{1}{s}-\frac{2}{s}e^{-as}+\frac{2}{s}e^{-2as}-\frac{2}{s}e^{-3as}+\cdots\right]\\&=\frac{A}{s}\left[1-2e^{-as}(1-e^{-as}+e^{-2as}-\cdots)\right]\end{aligned} \quad ②$$

이다. 여기서 $e^{-as}=\xi$로 두면 ②는

$$\mathcal{L}[f(t)]=\frac{A}{s}[1-2\xi(1-\xi+\xi^2-\xi^3+\cdots)] \quad ③$$

이고, ③의 괄호 안은 $1/(1+\xi)$를 급수전개한 것이므로 ③은

$$\mathcal{L}[f(t)]=\frac{A}{s}\left[1-\frac{2e^{-as}}{1+e^{-as}}\right] \quad ④$$

이다. ④의 오른쪽 항을 다음과 같이 전개하면 쌍곡선함수(hyperbolic function)로 나타낼 수 있다.

$$\mathcal{L}[f(t)]=\frac{A}{s}\frac{1-e^{-as}}{1+e^{-as}}=\frac{A}{s}\frac{e^{as/2}-e^{-as/2}}{e^{as/2}+e^{-as/2}}\frac{e^{-as/2}}{e^{-as/2}}=\frac{A}{s}\frac{e^{as/2}-e^{-as/2}}{e^{as/2}+e^{-as/2}} \quad ⑤$$

따라서

$$\mathcal{L}[f(t)]=\frac{A}{s}\tanh\frac{as}{2}$$

이다.

표 3.1 **기본적인 함수의 라플라스 변환표**

	$f(t)$	$\mathcal{L}[f]$		$f(t)$	$\mathcal{L}[f]$
1	1	$1/s$	7	$\cos\omega t$	$\frac{s}{s^2+\omega^2}$
2	t	$1/s^2$	8	$\sin\omega t$	$\frac{\omega}{s^2+\omega^2}$
3	t^2	$2!/s^3$	9	$\cosh at$	$\frac{s}{s^2-a^2}$
4	$t^n\ (n=0, 1, 2, \cdots)$	$\frac{n!}{s^{n+1}}$	10	$\sinh at$	$\frac{a}{s^2-a^2}$
5	t^a (a는 양의 정수)	$\frac{\Gamma(a+1)}{s^{a+1}}$	11	$e^{at}\cos\omega t$	$\frac{s-a}{(s-a)^2+\omega^2}$
6	e^{at}	$\frac{1}{s-a}$	12	$e^{at}\sin\omega t$	$\frac{\omega}{(s-a)^2+\omega^2}$

3.2.1 MATLAB에 의한 풀이

```
% [예제 3.2.3]
syms omega t                                % symbolic 변수의 지정
```

```
us=sin(omega*t); uc=cos(omega*t);          % sin(ωt), cos(ωt) 의 symbolic 지정
ue=exp(j*omega*t);                          % e^jωt
Us=laplace(us), Uc=laplace(uc), Ue=laplace(ue)      % 라플라스 변환

% [예제 3.2.4]
syms t
u=t^4; U=laplace(u)                         % k=4 인 경우, 즉 u=t^4 의 라플라스 변환

% [예제 3.2.5]
syms omega t
ush=sinh(omega*t); uch=cosh(omega*t);      % sinh(ωt), cosh(ωt) 의 symbolic 지정
Ush=laplace(ush), Uch=laplace(uch)          % 라플라스 변환
% 공식 ①을 사용하였을 경우
ue1=exp(omega*t); ue2=exp(-omega*t);        % e^ωt, e^-ωt 의 symbolic 지정
Ue1=laplace(ue1); Ue2=laplace(ue2);         % 라플라스 변환
simple(1/2*Ue1+1/2*Ue2)                     % ③의 확인
```

❖ [예제 3.2.7]의 경우 'Dirac 함수'(즉 임펄스함수)를 명령어 'dirac'를 이용하여 정의하고 있다. 즉 'dirac(*t*)'를 실행하면 $t=0$ 인 점을 제외하고는 모든 곳에서 영으로 되는 함수를 얻을 수 있다.

연습문제 3.2.2

1. 라플라스 변환의 여러 성질을 이용하여 다음 함수의 라플라스 변환을 구하여라.

(1) $3te^{3t}$　　(2) $e^{-2t}\cos 4t$　　(3) $4e^{-2t}\cosh t$

(4) $e^{-2t}(t^2+4t+5)$　　(5) $e^{-2t}(\sinh 2t+3\cosh 2t)$　　(6) $1(t-4)\sin \pi t$

(7) $\dfrac{t}{2}-1(t-4)\dfrac{t}{2}$　　(8) $f(t)=\begin{cases} t, & (0<t<2) \\ 2, & (2<t) \end{cases}$　　(9) $f(t)=\begin{cases} \sin t, & (0<t<\pi) \\ \sin 2t, & (\pi<t) \end{cases}$

(10) $(t+1)^3$

2. 다음 쌍곡선함수를 지수함수를 이용하여 나타내고 이것을 라플라스 변환하여라.

(1) $2\sinh 3t\cos 2t$　　(2) $6\sinh t\cos t$　　(3) $2\cosh t\cos 2t$

3. 만약 $\mathcal{L}[f(t)] = F(s)$ 이며 c는 임의의 양의 실수라고 한다. 이때 $\mathcal{L}[f(ct)] = \dfrac{F(s/c)}{c}$ 임을 라플라스 변환의 정의식을 이용하여 증명하여라. 이것을 이용하여 $\mathcal{L}[\cos t]$ 로부터 $\mathcal{L}[\cos \omega t]$ 를 구하여 보라.

3.3 라플라스 변환의 성질 Ⅱ: 미분과 적분

여기서는 라플라스 변환이 가지는 중요한 성질 중의 하나인 시간함수의 미분과 적분에 관한 라플라스 변환에 대해 알아본다. 이러한 성질을 이용하면 미분방정식의 해를 쉽게 계산할 수 있다.

3.3.1 시간영역에서의 미분

주어진 함수 $f(t)$는 연속이며 1계도함수 $f'(t)$가 구분적으로 연속이라고 가정한다. 이러한 특성을 가지는 함수의 예를 [그림 3.6]에 표시하였다. $f(t)$가 구간 $0 < t < \infty$에서 불연속인 점을 가지는 경우는 뒤에서 다시 언급하기로 하고, 여기서는 이러한 경우는 생기지 않는 것으로 한다. 이때 1 계도함수의 라플라스 변환은 정의식에 의해

$$\mathcal{L}[f'(t)] = \int_0^\infty f'(t)e^{-st}dt \tag{3.3.1}$$

로 된다. 부분적분을 이용하여 위 적분을 수행하기 위해

$$\begin{aligned} u &= e^{-st} \quad \rightarrow \quad du = -se^{-st}dt \\ v &= f \quad\quad \rightarrow \quad dv = f'(t)dt = df \end{aligned} \tag{3.3.2}$$

로 두고 이를 식 (3.3.1)에 적용하여 적분을 수행하면

$$\mathcal{L}[f'(t)] = f(t)e^{-st}\Big|_0^\infty + s\int_0^\infty f(t)e^{-st}dt \tag{3.3.3}$$

가 얻어진다. 이때 $f(t)e^{-st}$ 는 $t \rightarrow \infty$ 에서 영으로 된다고 하면, 식 (3.3.3)은

$$\mathcal{L}[f'(t)] = -f(0) + s\int_0^\infty f(t)e^{-st}dt = sF(s) - f(0) \tag{3.3.4}$$

로 되어 1계도함수의 라플라스 변환에 대한 식이 얻어진다. 이때 $\mathcal{L}[f(t)] = F(s)$로 두었다. 이 결과는 쉽게 2계도함수에도 적용할 수 있다. 이 경우 $f(t)$의 1 계도함수가 연속이어야 한다는 조건이 필요하다. 식 (3.3.4)를 이용하면

$$\begin{aligned} \mathcal{L}[f''(t)] &= s\,\mathcal{L}[f'(t)] - f'(0) \\ &= s[sF(s) - f(0)] - f'(0) \\ &= s^2F(s) - sf(0) - f'(0) \end{aligned} \tag{3.3.5}$$

이다. 따라서 여기서 계산을 수행하기 위해서는 $t=0$에서 $f(t)$와 $f'(t)$의 값, 즉 $f(0)$과 $f'(0)$이 반드시 필요하다는 사실을 알 수 있다.

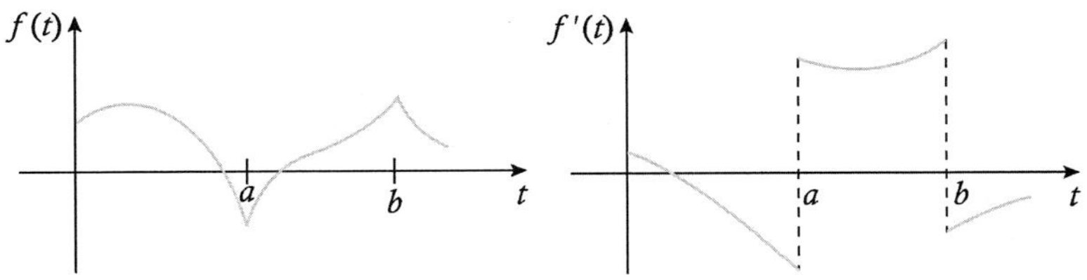

그림 3.6 구분적으로 연속인 도함수를 가지는 연속함수

식 (3.3.5)를 연속적으로 적용하면 고계도함수에 대한 라플라스 변환의 관계식을 얻을 수 있다. 즉

$$\mathcal{L}[f^{(n)}(t)] = s^nF(s) - s^{n-1}f(0) - s^{n-2}f'(0) - \cdots - f^{(n-1)}(0) \tag{3.3.6}$$

이다. 물론 이 경우에도 함수 $f(t)$, $f'(t)$, $\cdots$, $f^{(n-1)}(t)$는 연속이어야 하며, 동시에 $f^{(n-1)}(t)e^{-st}$의 항은 $t\to\infty$에서 영이어야 한다. 이러한 사실은 n 계도함수 $f^{(n)}(t)$가 구분적으로 연속이라는 것을 의미한다.

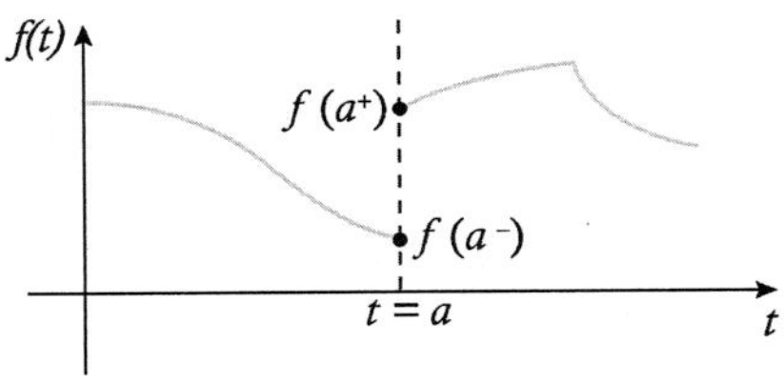

그림 3.7 $t = a$에서 불연속인 점을 가지는 함수 $f(t)$

다음에 함수 $f(t)$가 $t=a$에서 불연속, 즉 [그림 3.7]과 같이 $f(a^+)$의 오른쪽과 $f(a^-)$의 왼쪽이 다른 값을 가지는 함수인 경우에 라플라스 변환을 구하여 보자. 우선 $f(t)$의 1계도함수에 대한 라플라스 변환은

$$\mathcal{L}[f'(t)] = \int_0^a f'(t)e^{-st}dt + \int_a^\infty f'(t)e^{-st}dt \tag{3.3.7}$$

이며, 위 식을 부분적분하면 다음과 같다.

$$\begin{aligned}\mathcal{L}[f'(t)] &= f(t)e^{-st}\Big|_0^{a^-} + s\int_0^{a^-} f(t)e^{-st}dt + f(t)e^{-st}\Big|_{a^+}^{\infty} + s\int_{a^+}^\infty f(t)e^{-st}dt \\ &= f(a^-)e^{-as} - f(0) + s\int_0^{a^-} f(t)e^{-st}dt - f(a^+)e^{-as} \\ &\quad + s\int_{a^+}^\infty f(t)e^{-st}dt\end{aligned} \tag{3.3.8}$$

[그림 3.7]에서 알 수 있다시피 구간 $t=a^+$와 $t=a^-$에서는 $f(t)$가 값을 가지지 않기 때문에 식 (3.3.8)의 두 적분을 하나로 묶을 수 있다. 즉

$$\begin{aligned}\mathcal{L}[f'(t)] &= s\int_0^\infty f(t)e^{-st}dt - f(0) - [f(a^+) - f(a^-)]e^{-as} \\ &= sF(s) - f(0) - [f(a^+) - f(a^-)]e^{-as}\end{aligned} \tag{3.3.9}$$

이다. 만약 $f(t)$가 $t=b$에 또 하나의 불연속점을 가진다면, 식 (3.3.9)에 단순히 $[f(b^+) - f(b^-)]$항을 추가하면 된다.

▶ 예제 3.3.1

함수 $f(t)=t^2$의 라플라스 변환을 미분에 관한 라플라스의 성질을 이용하여 계산하여 보자.

◇ 해

식 (3.3.6)을 이용하여 주어진 함수의 3계도함수의 라플라스 변환을 계산하여보자. 이때 $f(0), f'(0)=1$ 및 $f''(0)=2$이므로 식 (3.3.6)에 의해

$$\mathcal{L}[f^{(3)}(t)] = s^3F(s) - s^2f(0) - sf'(0) - f''(0) \qquad ①$$

이다. 여기서 $f^{(3)}(t)=0$이라는 사실을 이용하면 ①은

$$\mathcal{L}[0] = s^3F(s) - 2 = 0$$

이다. 따라서

$$\mathcal{L}[t^3] = \frac{2}{s^3}$$

임을 알 수 있다.

▶ 예제 3.3.2

미분에 관한 라플라스 변환의 성질을 이용하여 $f(t) = t\sin t$ 의 라플라스 변환 $\mathcal{L}[f(t)] = F(s)$를 구하여 보자.

◇ 해

먼저 $f(t)$ 의 도함수는 $f'(t) = t\cos t + \sin t$, $f''(t) = 2\cos t - t\sin t$ 이다. 식 (3.3.6)에 의해

$$\mathcal{L}[f''(t)] = s^2F(s) - sf(0) - f'(0) \qquad ①$$

이다. 이때 $f(0) = f'(0) = 0$이므로 ①은

$$\mathcal{L}[2\cos t - t\sin t] = s^2F(s) \qquad ②$$

이다. 라플라스 변환의 선형성의 성질에 의해 ②는

$$2\mathcal{L}[\cos t] - F(s) = s^2F(s) \rightarrow (s^2+1)F(s) = 2\mathcal{L}[\cos t] \qquad ③$$

이다. 여기서 $\mathcal{L}[\cos t] = s/(s^2+1)$ 이므로 ③을 정리하면

$$\mathcal{L}[t\sin t] = F(s) = \frac{2s}{(s^2+1)^2}$$

를 얻을 수 있다.

3.3.2 시간영역에서의 적분

시간함수의 적분으로 주어진 함수

$$g(t) = \int_0^t f(\tau)d\tau \qquad (3.3.10)$$

의 라플라스 변환을 구하여 보자. $g(t)$ 의 도함수는

$$g'(t) = f(t) \qquad (3.3.11)$$

이며, 여기에 미분에 관한 라플라스 변환 성질 식 (3.3.4)를 적용하면

$$\mathcal{L}\,[g'(t)] = s\,\mathcal{L}\,[g(t)] - g(0) \tag{3.3.12}$$

이다. 이때 $g(0) = 0$ 이므로 정리하면

$$\mathcal{L}\,[g(t)] = \frac{\mathcal{L}\,[g'(t)]}{s} = \frac{1}{s}\mathcal{L}\,[f(t)] \tag{3.3.13}$$

이다. 위 식에 원래의 (3.3.10)을 대입하여 다시 전개하면 함수 $f(t)$ 의 적분과 관련된 다음 성질을 얻는다.

$$\mathcal{L}\left[\int_0^t f(\tau)d\tau\right] = \frac{1}{s}\mathcal{L}\,[f(t)] = \frac{1}{s}F(s) \tag{3.3.14}$$

지금까지 설명한 미분과 적분에 관한 라플라스 변환의 성질은, 특히 미분방정식의 해를 구하고자 하는 경우에 상당히 유용하게 사용된다.

▶ 예제 3.3.3

임의 함수 $f(t)$ 의 라플라스 변환을 $F(s) = 16/(s^2+4)^2$ 이라고 한다. 이때 $\mathcal{L}\,[t\sin 2t] = 4s/(s^2+4)^2$ 이라는 사실을 이용하여 $f(t)$ 를 구하여 보자.

해

주어진 변환을 다시 쓰면

$$\mathcal{L}\,[f(t)] = F(s) = \frac{1}{s}\frac{16s}{(s^2+4)^2} \quad ①$$

이다. 이때 식 (3.3.14)로부터 ①은

$$\mathcal{L}\left[\int_0^t 4\tau\sin 2\tau d\tau\right] = \frac{1}{s}\frac{16s}{(s^2+4)^2} \quad ②$$

과 같이 적분의 라플라스 변환이라는 것을 알 수 있다. 따라서

$$f(t) = 4\int_0^t \tau\sin 2\tau d\tau \quad ③$$

이다. ③의 적분을 부분적분의 공식을 이용하여 수행하기 위해서

$$u = \tau \ \rightarrow du = d\tau$$

$$v = -\frac{1}{2}\cos 2\tau \ \rightarrow dv = \sin 2\tau d\tau \quad ④$$

로 두고 ③의 적분을 계산하면

$$f(t) = -2t\cos 2t + 2\int_0^t \cos 2\tau d\tau = -2t\cos 2t + \sin 2t \qquad ⑤$$

이다.

3.3.3 시간 t 의 멱급수와의 곱

먼저 함수 $tf(t)$ 의 라플라스 변환을 계산하여 보자. 정의식에 의하여

$$\mathcal{L}\,[tf(t)] = \int_0^\infty t\,f(t)e^{-st}\,dt \tag{3.3.15}$$

로 주어진다. 여기에 다음과 같은 적분의 미분에 관한 라이프니츠(Leibniz) 공식

$$\frac{d}{dt}\int_{a(t)}^{b(t)} f(\tau,t)d\tau = \frac{db}{dt}f(b,t) - \frac{da}{dt}f(a,t) + \int_{a(t)}^{b(t)} \frac{\partial f}{\partial t}d\tau \tag{3.3.16}$$

를 이용하여 라플라스 변환의 정의식 (3.1.2)를 미분하면

$$\begin{aligned} F'(s) &= \frac{d}{ds}\int_0^\infty f(t)e^{-st}\,dt = \int_0^\infty f(t)\frac{\partial}{\partial s}(e^{-st})\,dt \\ &= -\int_0^\infty tf(t)e^{-st}\,dt \end{aligned} \tag{3.3.17}$$

이다. 이것을 식 (3.3.15)와 비교하면 함수 $tf(t)$ 의 라플라스 변환에 관한 다음과 같은 성질을 확인할 수 있다.

$$\mathcal{L}\,[tf(t)] = -\frac{d}{ds}F(s) \tag{3.3.18}$$

또한 $F(s)$ 의 s 에 관한 2 계 도함수는

$$\frac{d^2}{ds^2}F(s) = \int_0^\infty f(t)\frac{\partial^2}{\partial s^2}(e^{-st})dt = \int_0^\infty t^2 f(t)e^{-st}dt$$

즉

$$\mathcal{L}\,[t^2 f(t)] = \frac{d^2}{ds^2}F(s) \tag{3.3.19}$$

이다. 이것을 일반식으로 나타내면 다음과 같은 함수 $f(t)$ 와 시간 t 의 멱급수와의 곱에 관한 라플라스 변환의 성질을 얻는다.

$$\mathcal{L}\,[t^N f(t)] = (-1)^N \frac{d^N}{ds^N} F(s) \tag{3.3.20}$$

여기서 N은 양의 정수이다.

다음에 식 (3.3.20)에서 N이 음의 정수인 경우의 라플라스 변환에 대하여 알아보자. 먼저 $N = -1$의 경우, 즉 $f(t)/t$의 라플라스 변환을 구하여 본다. 우선

$$f(t) = t\,g(t) \tag{3.3.21}$$

로 두고, 식 (3.3.18)을 이용하여 식 (3.3.21)을 라플라스 변환하면

$$F(s) = \mathcal{L}\,[f(t)] = \mathcal{L}\,[t\,g(t)] = -G'(s) \tag{3.3.22}$$

이며, 이 식은

$$-\frac{dG(s)}{ds} = F(s) \;\rightarrow\; -dG(s) = F(s)ds \tag{3.3.23}$$

로 쓸 수 있다. 여기서 식 (3.3.23)의 양변을 ∞에서 s까지 적분하여 보자. 이 경우 $\mathcal{L}\,[g(t)] = G(s)$이므로 라플라스 변환의 정의에 의해 $s \to \infty$이면 $G(s) \to 0$이기 때문에[2] 식 (3.3.23)의 적분은

$$-G(s) = \int_{\infty}^{s} F(\sigma)d\sigma \tag{3.3.24}$$

이다. 이것은 결국

$$G(s) = \int_{s}^{\infty} F(\sigma)d\sigma \tag{3.3.25}$$

임을 알 수 있다. 따라서 식 (3.3.21)을 대입하면 다음과 같은 관계식을 얻는다.

$$\mathcal{L}\left[\frac{f(t)}{t}\right] = \int_{s}^{\infty} F(\sigma)d\sigma \tag{3.3.26}$$

▶ 예제 3.3.4

함수 $f(t) = \sin\omega t$의 라플라스 변환 $F(s)$의 미분을 계산하고, 이 결과를 이용하여 $t\sin\omega t$의 라플라스 변환을 구하여 보자.

---

2) 다시 말하면 $g(t)$는 구분적으로 연속이며 동시에 $t \to 0$에서 영으로 된다는 것을 의미한다.

◇ 해

식 (3.3.18)을 이용하면

$$\mathcal{L}\,[t\sin\omega t] = -\frac{d}{ds}\mathcal{L}\,[\sin\omega t] = -\frac{d}{ds}\left(\frac{\omega}{s^2+\omega^2}\right) = \frac{2\omega s}{(s^2+\omega^2)^2}$$

이다. 이러한 변환의 방법은 [예제 3.3.2]에서 사용한 것보다 훨씬 쉽다는 것을 알 수 있다.

▶ 예제 3.3.5

다음 변환식을 이용하여 함수 $(e^{-t}-1)/t$ 의 라플라스 변환을 구하여 보자.

$$\mathcal{L}\,[e^{-t}] = \frac{1}{s+1},\quad \mathcal{L}\,[1] = \frac{1}{s}$$

◇ 해

먼저 $f(t)=e^{-t}-1$ 의 라플라스 변환은

$$\mathcal{L}\,[f(t)] = \frac{1}{s+1} - \frac{1}{s}$$

이다. 따라서 $(e^{-t}-1)/t$ 의 라플라스 변환은 식 (3.3.26)을 이용하면 얻을 수 있다.

$$\begin{aligned}\mathcal{L}\,[f(t)/t] &= \int_s^\infty \left(\frac{1}{\sigma+1} - \frac{1}{\sigma}\right)d\sigma \\ &= [\ln(\sigma+1) - \ln\sigma]\Big|_s^\infty = \ln\frac{\sigma+1}{\sigma}\Big|_s^\infty = \ln\frac{s}{s+1}\end{aligned}$$

▶ 예제 3.3.6

$\mathcal{L}\,[g(t)] = G(s) = \ln[s^2/(s^2+4)]$ 인 관계가 있을 경우, 원래의 함수 $g(t)$ 를 구하여 보자. 이러한 과정을 라플라스 역변환이라고 한다.

◇ 해

$G(s)$ 를 미분하면 log가 사라지고 일반적인 함수로 된다. 즉

$$\begin{aligned}F(s) &= -G'(s) = -\frac{2s}{s^2} + \frac{2s}{s^2+4} \\ &= -\frac{2}{s} + \frac{2s}{s^2+4}\end{aligned} \qquad ①$$

이므로 ①을 라플라스 변환표를 이용하여 역변환하면

$$f(t) = -2 + 2\cos 2t$$

임을 쉽게 알 수 있다. 따라서 $g(t)$ 는 식 (3.3.26)에 의해

$$\mathcal{L}\,[g(t)] = \mathcal{L}\left[\frac{f(t)}{t}\right] \to \mathcal{L}^{-1}[G(s)] = \frac{f(t)}{t}$$

의 관계가 성립하므로 최종적으로

$$\mathcal{L}^{-1}\left[\ln\frac{s^2}{s^2+4}\right] = -\frac{2}{t}(1-\cos 2t)$$

를 얻는다.

▶ 예제 3.3.7

식 (3.3.26)를 이용하여

$$f(t) = \mathcal{L}^{-1}\left[\frac{2s}{(s^2-1)^2}\right]$$

를 계산하여 보자.

◇ 해

식 (3.3.26)으로부터

$$f(t) = \mathcal{L}^{-1}\left[\frac{2s}{(s^2-1)^2}\right] = t\mathcal{L}^{-1}\left[\int_s^\infty \frac{2\sigma}{(\sigma^2-1)^2}d\sigma\right] = t\left\{\mathcal{L}^{-1}\left[\frac{-1}{\sigma^2-1}\right]_s^\infty\right\}$$

$$= t\mathcal{L}^{-1}\left[\frac{1}{s^2-1}\right] = t\sinh t$$

$$\left(\because\ \mathcal{L}\,[\sinh t] = \frac{1}{s^2-1}\right)$$

이다.

▶ 예제 3.3.8

식 (3.3.18)을 이용하여 다음 라플라스 변환표를 확인하여 보자.

$f(t)$	$F(s)$
$\frac{1}{2\beta^3}[\sin\beta t - \beta t\cos\beta t]$	$\frac{1}{(s^2+\beta^2)^2}$
$\frac{t}{2\beta}\sin\beta t$	$\frac{s}{(s^2+\beta^2)^2}$
$\frac{1}{2\beta}[\sin\beta t + \beta t\cos\beta t]$	$\frac{s^2}{(s^2+\beta^2)^2}$

◇ 해

식 (3.3.18)을 이용하면 위 표의 두 번째 변환은

$$\mathcal{L}\,[t\sin\beta t] = -\frac{d}{ds}\left[\frac{\beta}{s^2+\beta^2}\right] = \frac{2\beta s}{(s^2+\beta^2)^2}$$

라는 사실에서 양변을 2β로 나누면 얻어진다. 마찬가지로 식 (3.3.18)로부터

$$\mathcal{L}\,[t\cos\beta t] = -\frac{d}{ds}\left[\frac{s}{s^2+\beta^2}\right]$$

$$= -\frac{s^2+\beta^2-2s^2}{(s^2+\beta^2)^2} = \frac{s^2-\beta^2}{(s^2+\beta^2)^2}$$

이 성립하기 때문에

$$\mathcal{L}\left[t\cos\beta t \pm \frac{1}{\beta}\sin\beta t\right] = \frac{s^2-\beta^2}{(s^2+\beta^2)^2} \pm \frac{1}{s^2+\beta^2} = \frac{(s^2+\beta^2)\pm(s^2-\beta^2)}{(s^2+\beta^2)^2}$$

을 얻는다. 위 식에서 '+' 기호를 취하고 양변을 2로 나누면 표의 세 번째의 변환을 얻을 수 있으며, '−' 기호를 취하여 양변을 $2\beta^2$으로 나누면 표의 첫번째 변환을 얻는다.

3.3.4 주기함수의 라플라스 변환

여기서는 주기적인 특성을 가지는 함수의 라플라스 변환에 대하여 알아보자. 주기함수란 임의의 a값에 대해

$$f(t) = f(t+a) = f(t+2a) = f(t+3a) = \cdots = f(t+na) = \cdots \tag{3.3.27}$$

을 만족하는 함수이다. 다시 말하면 [그림 3.8]과 같이 간격 a마다 동일한 모양의 함수가 반복되는 것을 의미한다. 이때 식 (3.3.27)의 라플라스 변환은

$$\mathcal{L}\,[f(t)] = \int_0^\infty f(t)e^{-st}\,dt \tag{3.3.28}$$

$$= \int_0^a f(t)e^{-st}\,dt + \int_a^{2a} f(t)e^{-st}\,dt + \int_{2a}^{3a} f(t)e^{-st}\,dt + \cdots$$

로 쓸 수 있다. 이때 위 식의 두 번째 적분에서는 $t=\tau+a$, 세 번째 적분에서는 $t=\tau+2a$

등과 같이 변수변환을 수행하면 각 적분의 하한과 상한을 모두 0과 a로 만들 수 있다. 즉 식 (3.3.28)은

$$\mathcal{L}[f(t)] = \int_0^a f(t)e^{-st}dt + \int_0^a f(\tau+a)e^{-s(\tau+a)}d\tau + \int_0^a f(\tau+2a)e^{-s(\tau+2a)}d\tau + \cdots \tag{3.3.29}$$

이다. 이때 $f(t)$는 식 (3.3.27)의 관계가 성립하는 주기함수이므로 식 (3.3.29)는

$$\begin{aligned}\mathcal{L}[f(t)] &= \int_0^a f(t)e^{-st}dt + e^{-as}\int_0^a f(t)e^{-st}dt + e^{-2as}\int_0^a f(t)e^{-st}dt + \cdots \\ &= [1+e^{-as}+e^{-2as}+\cdots]\int_0^a f(t)e^{-st}dt + \cdots\end{aligned} \tag{3.3.30}$$

이다. 여기서 무한급수의 공식 $1/(x-1) = 1+x+x^2+\cdots$을 적용하면 식 (3.3.30)은

$$\mathcal{L}[f(t)] = \frac{1}{1-e^{-as}}\int_0^a f(t)e^{-st}dt \tag{3.3.31}$$

와 같은 주기 a인 주기함수의 라플라스 변환에 관한 공식을 얻을 수 있다.

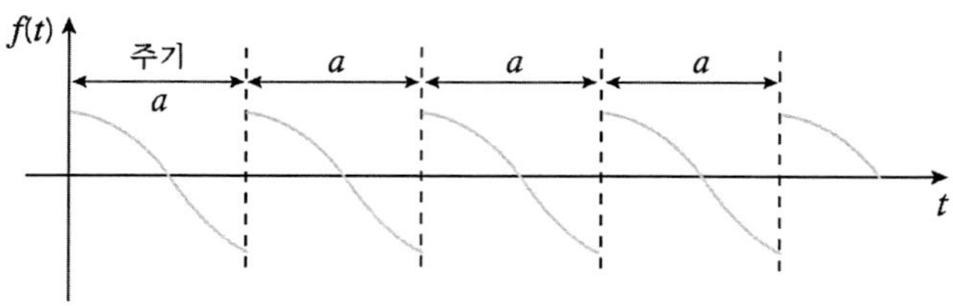

그림 3.8 주기 a인 주기함수

▶ 예제 3.3.9

[그림 3.9]와 같은 정방형(square wave) 주기함수의 라플라스 변환을 구하여 보자.

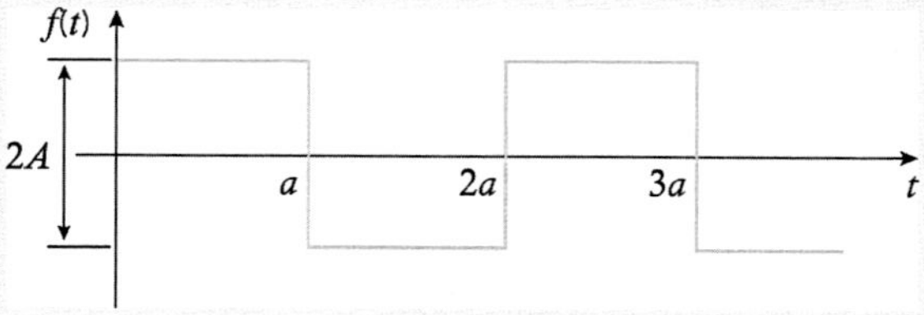

그림 3.9 정방형 주기함수

◈ 해

위 함수는 주기가 $2a$ 인 주기함수이므로 식 (3.3.31)을 이용하여 계산할 수 있다. 즉

$$\begin{aligned}\mathcal{L}[f(t)] &= \frac{1}{1-e^{-2as}}\int_0^{2a} f(t)e^{-st}dt \\ &= \frac{1}{1-e^{-2as}}\left[\int_0^a Ae^{-st}dt + \int_a^{2a}(-A)e^{-st}dt\right] \\ &= \frac{1}{1-e^{-2as}}\left[-\frac{A}{s}e^{-st}\Big|_0^a + \frac{A}{s}e^{-st}\Big|_a^{2a}\right] \\ &= \frac{A}{s}\frac{1-2e^{-as}+e^{-2as}}{1-e^{-2as}} = \frac{A}{s}\frac{1-e^{-as}}{1+e^{-as}}\end{aligned}$$

이다. 이것은 [예제 3.2.9]에서 얻은 결과와 동일하다. 위 식을 삼각함수를 이용하여 표현하면

$$\mathcal{L}[f(t)] = \frac{A}{s}\tanh\frac{as}{2}$$

이다.

▶ 예제 3.3.10

[그림 3.10]과 반파 정류된 주기 2π 인 함수의 라플라스 변환을 구하여 보자.

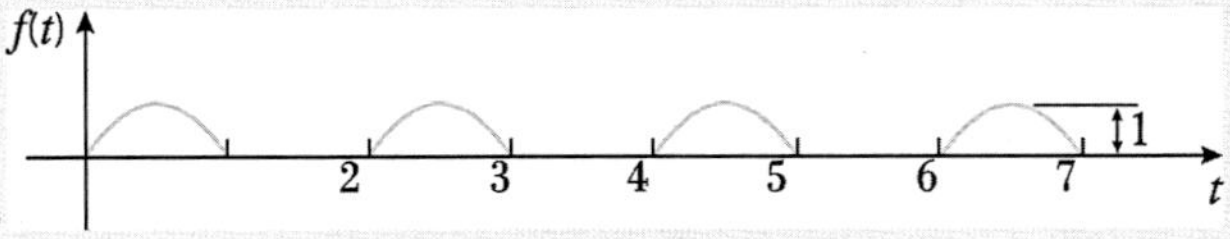

그림 3.10 [예제 3.3.10]

◈ 해

그림의 함수를 수식으로 나타내면

$$f(t) = \begin{cases} \sin t, & (0 < t < \pi) \\ 0, & (\pi < t < 2\pi) \end{cases} \quad ①$$

이다. 식 (3.3.31)을 이용하여 계산하면

$$\mathcal{L}[f(t)] = \frac{1}{1-e^{-2\pi s}}\int_0^{2\pi} f(t)e^{-st}dt = \frac{1}{1-e^{-2\pi s}}\int_0^{\pi}\sin t\, e^{-st}dt \quad ②$$

이다. 위 식을 다음과 같이 변수변환 하여 부분적분을 수행한다.

$$u = \sin t \quad \rightarrow \quad du = \cos t\,dt$$
$$v = -\frac{1}{s}e^{-st} \quad \rightarrow \quad dv = e^{-st}dt \qquad ③$$

따라서

$$\int_0^{\pi} \sin t e^{-st}\,dt = -\frac{1}{s}e^{-st}\sin t\Big|_0^{\pi} + \frac{1}{s}\int_0^{\pi}\cos t e^{-st}\,dt \qquad ④$$

이다. ④의 오른쪽 항의 적분은 ②의 적분과 유사한 모양을 하고 있으므로 다시 ③과 유사한 변수변환

$$u = \cos t \quad \rightarrow \quad du = -\sin t\,dt$$
$$v = -\frac{1}{s}e^{-st} \quad \rightarrow \quad dv = e^{-st}dt \qquad ⑤$$

를 실행하여 ④의 오른쪽 항의 적분을 수행하면

$$\int_0^{\pi}\sin t e^{-st}\,dt = \frac{1}{s}\left[-\frac{1}{s}e^{-st}\cos t\Big|_0^{\pi} - \frac{1}{s}\int_0^{\pi}\sin t e^{-st}\,dt\right] \qquad ⑥$$

이며, 이것을 정리하면

$$\int_0^{\pi}\sin t e^{-st}\,dt = \frac{s^2}{s^2+1}\left[\frac{1}{s^2}(e^{-s\pi}+1)\right] = \frac{1+e^{-\pi s}}{s^2+1}$$

로 되어 최종적으로 [그림 3.10]의 라플라스 변환은 다음과 같다.

$$\mathcal{L}[f(t)] = \frac{1+e^{-\pi s}}{(1-e^{-2\pi s})(s^2+1)} = \frac{1}{(1-e^{-\pi s})(s^2+1)} \qquad ⑦$$

▶ 예제 3.3.11

[그림 3.11]의 주기적인 삼각함수의 라플라스 변환을 구하여 보자.

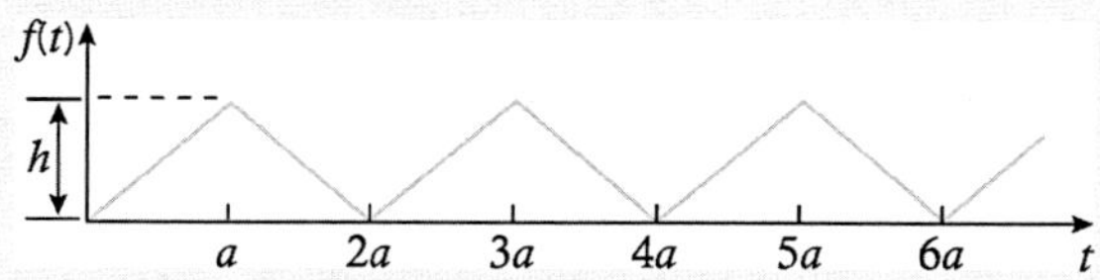

그림 3.11 주기적인 삼각함수

해

식 (3.3.31)을 적용하기 위해 삼각함수를 다음과 같이 수식으로 나타내어야 한다.

$$f(t) = \begin{cases} \dfrac{h}{a}t, & (0 < t < a) \\ \dfrac{h}{a}(2a-t), & (a < t < 2a) \end{cases} \qquad ①$$

위와 같이 주어지는 함수의 라플라스 변환의 계산은 그다지 어려운 것은 아니나, [예제

3.3.7]의 정방형함수를 적분하면 [그림 3.11]의 삼각함수로 된다는 사실에 유의하면, ①의 라플라스 변환은 식 (3.3.14)를 이용하여 간단히 수행할 수 있다. 즉

$$\mathcal{L}\,[f(t)] = \mathcal{L}\left[\int_0^t g(\tau)d\tau\right] = \frac{1}{s}\mathcal{L}\,[g(t)] \qquad ②$$

이다. 여기서 $\mathcal{L}\,[g(t)]$ 는 [예제 3.3.7]에 이미 계산되어 있으므로, ②에 대입하면

$$\mathcal{L}\,[f(t)] = \frac{h}{as^2}\tanh\frac{as}{2} \qquad ③$$

이다.

3.3.5 MATLAB에 의한 풀이

```
% [예제 3.3.2]
syms t
f=t*sin(t); F=laplace(f); pretty(factor(simple(F)))    % f=tsin(t) 의 라플라스 변환

% [예제 3.3.3]
syms t s
Fs=16/(s^2+4)^2; ft=ilaplace(Fs)                % Fs=16/(s^2+4)^2 의 지정, 라플라스 역변환

% [예제 3.3.4]
syms t omega
f1=sin(omega*t); F1=laplace(f1);                % sin(ωt)의 지정, 라플라스 변환
pretty(-diff(F1,'s'))                           % F1을 s로 미분하여 간단한 형식으로 변환

% [예제 3.3.5]
syms t
f=(exp(-t)-1)/t; F=laplace(f),pretty(F)         % f=(e^-t-1)/t 의 지정, 라플라스 변환

% [예제 3.3.6]
syms s
Gs=log(s^2/(s^2+4)); gt=ilaplace(Gs)            % Gs=ln[s^2/(s^2+4)] 의 지정, 역변환

% [예제 3.3.7]
syms s
Fs=2*s/(s^2-1)^2; ft=ilaplace(Fs)               % Fs=2s/(s^2-1)^2 를 지정, 역변환

% [예제 3.3.8]
syms t beta s
ft=(sin(beta*t)-beta*t*cos(beta*t))/(2*beta^3); % f=[sin(βt)-βt cos(βt)]/2β^3 의 지정
```

```
Fs=simple(laplace(ft,t,s))                          % 라플라스 변환
gt=t*sin(beta*t)/(2*beta); Gs=laplace(gt,t,s)       % tsin(βt)/2β 의 지정, 라플라스 변환
ht=(sin(beta*t)+beta*t*cos(beta*t))/(2*beta);       % f = [sin(βt)+βt cos(βt)]/2β 의 지정
Hs=simple(laplace(ht,t,s))                          % 라플라스 변환

% [예제 3.3.9]
syms s t A a
f1=A*exp(-s*t); f2=-A*exp(-s*t);                    % f1 = Ae^(-st), f2 = -Ae^(-st) 를 지정
Fi1=int(f1,t,0,a);                                  % f1 을 0 에서 a 까지 적분
Fi2=int(f2,t,a,2*a);                                % f2 를 a 에서 2a 까지 적분
F=1/(1-exp(-2*a*s))*(Fi1+Fi2); pretty(simple(F))    % [1/(1-e^(-2as))] ∫_0^2a f(t)dt 의 계산

% [예제 3.3.10]
syms s t
f1=sin(t)*exp(-s*t);                                % f1 = sin(t)e^(-st) 를 지정
Fi1=int(f1,t,0,pi)                                  % ⑥의 적분을 수행
F=1/(1-exp(-2*pi*s))*(Fi1); pretty(simple(F))       % ⑦의 계산

% [예제 3.3.11]
syms a h t s
f1=h/a*t; f2=h/a*(2*a-t);                           % f1 = ht/a, f2 = h(2a-t)/a 를 지정
Fi1=int(f1*exp(-s*t),t,0,a);                        % f1*e^(-st) 를 0에서 a까지의 적분
Fi2=int(f2*exp(-s*t),t,a,2*a);                      % f2*e^(-st) 를 a에서 2a까지의 적분
F=1/(1-exp(-2*a*s))*(Fi1+Fi2); pretty(simple(F))    % 무한급수의 공식을 적용
```

❖ [예제 3.3.11]을 실행하면

$$\frac{h(1-e^{-sa})}{s^2(1+e^{-sa})}$$

가 얻어지나, 여기에 다음과 같은 관계식을 적용하면 ③의 결과를 얻을 수 있다.

$$\tanh z = \frac{\sinh\ z}{\cosh\ z} = \frac{(e^z - e^{-a})/2}{(e^z + e^{-a})/2} = \frac{(1-e^{-2z})}{(1+e^{-2z})}$$

연습문제 3.3.6

1. 함수 $f(t)$ 가 $t=a$ 및 $t=b$ 에서 불연속점을 가지는 경우, $\mathcal{L}\left[\frac{df}{dt}\right]$ 에 대한 표현식을 유도하여라.

2. 식 (3.3.5)를 이용하여 다음 함수를 라플라스 변환하여라.

(1) $\sin \omega t$ (2) $\cos \omega t$ (3) $\sinh at$ (4) $\cosh at$

3. $f(t) = \begin{cases} t, & (0<t<1) \\ 1, & (1<t) \end{cases}$ 일 때 $\mathcal{L}[f(t)]$ 와 $\mathcal{L}\left[\dfrac{df}{dt}\right]$ 를 구하여라. 이 경우 식 (3.3.4)가 성립하는가?

4. 식 (3.3.20)을 이용하여 다음 함수의 라플라스 변환을 계산하여라.

(1) te^t (2) $t\cos t$ (3) $te^t \sin t$ (4) $t\cosh 2t$ (5) $t\sinh 2t$

5. 라플라스 변환표 등을 이용하여 다음 함수를 라플라스 변환하여라.

(1) $t^2 \sinh t$ (2) $t(e^t - e^{-t})$ (3) $\dfrac{2}{t}(1-\cosh 2t)$ (4) $\dfrac{2}{t}(e^{2t}-1)$

6. 다음 주기함수를 라플라스 변환하여라. 각 함수는 한 주기의 식으로 표현되어 있다.

(1) $f(t) = \sin t, \ (0<t<\pi)$ (2) $f(t) = t-2, \ (0<t<4)$

(3) $f(t) = \begin{cases} 1, & (0<t<2) \\ 0, & (2<t<4) \end{cases}$ (4) $f(t) = \begin{cases} 2-t, & (0<t<1) \\ 0, & (1<t<2) \end{cases}$

(5) $f(t) = \begin{cases} 2, & (0<t<1) \\ 0, & (1<t<2) \\ -2, & (2<t<3) \\ 0, & (3<t<4) \end{cases}$

3.4 라플라스 역변환

함수 $f(t)$ 의 라플라스 변환 $F(s)$ 에 대한 라플라스 역변환(inverse Laplace transformation)이란, 시간적으로 연속인 $\mathcal{L}[f(t)] = F(s)$ 를 만족하는 유일한 함수 $f(t)$ 를 뜻하고

$$f(t) = \mathcal{L}^{-1}[F(s)] \tag{3.4.1}$$

로 표현한다. 만약에 $\mathcal{L}[f(t)] = F(s)$ 를 만족하는 유일한 함수가 시간적으로 불연속인

점을 가지는 경우에는 구분적으로 연속인 함수를 $\mathcal{L}^{-1}[F(s)]$로 택한다. 당연히 라플라스 변환표를 이용하면 $F(s)$의 라플라스 역변환을 구하는 데 많은 도움이 되지만, 변환표에서 직접 구할 수 없는 경우에는 $F(s)$를 적절히 변형하여야 한다.

▶ 예제 3.4.1

$F(s)=(s+1)/(s^2+2s+5)$의 라플라스 역변환을 구하여 보자.

◇ 해

위 식의 경우 변환표로부터 직접 $f(t)$를 구할 수는 없으나, $F(s)$의 분모를 제곱형식으로 변형한 다음 3.4절의 제1이동정리를 적용하면

$$\mathcal{L}^{-1}\left[\frac{s+1}{s^2+2s+5}\right]=\mathcal{L}^{-1}\left[\frac{s+1}{(s+1)^2+2^2}\right]=e^{-t}\cos 2t$$

로 주어진다.

여기서는 라플라스 변환 $F(s)$가 s의 유리함수 $F(s)=P(s)/Q(s)$로 주어지고, $P(s)$와 $Q(s)$가 공통인자를 갖지 않는 s의 다항식으로서 $P(s)$의 차수가 $Q(s)$보다 낮은 경우, $\mathcal{L}^{-1}[F(s)]$를 구하려면 $F(s)=P(s)/Q(s)$를 부분분수로 분해함으로써 쉽게 구할 수 있다. 부분분수로 분해할 때 분모 $Q(s)$가 가지는 근의 종류에 따라 다음과 같이 분류할 수 있다.

3.4.1 반복되지 않는 근 $(s-a)$를 가지는 경우

$Q(s)$가 중복되지 않는 1차인수의 곱으로 인수분해 될 수 있다면, 즉 a_i가 모두 서로 다른 실수일 때

$$Q(s)=(s-a_1)(s-a_2)\cdots(s-a_n) \tag{3.4.2}$$

로 된다면 부분분수로의 분해형식은 다음과 같다.

$$F(s)=\frac{P(s)}{Q(s)}=\frac{A_1}{s-a_1}+\frac{A_2}{s-a_2}+\frac{A_3}{s-a_3}+\cdots+\frac{A_n}{s-a_n} \tag{3.4.3}$$

이때 A_i, $(i=1,\ 2,\ \cdots,\ n)$는 결정되어야 할 값이다. 예를 들어 A_3를 구하는 방법에 대하

여 알아보자. 식 (3.4.3)의 양변에 $(s-a_3)$를 곱하고 s를 a_3로 수렴시킨다면, 양변의 각 항에 곱한 $(s-a_3)$로 인해

$$\lim_{s\to a_3}\frac{P(s)}{Q(s)}(s-a_3)=A_3 \tag{3.4.4}$$

임을 알 수 있다. 여기서 식 (3.4.4)에 나타나는 극한(limit)을 제거하여 보자. 우선 식 (3.4.4)는

$$\lim_{s\to a_3}\frac{P(s)}{Q(s)}(s-a_3)=\lim_{s\to a_3}\left[P(s)\frac{s-a_3}{Q(s)}\right]=P(a_3)\frac{0}{0} \tag{3.4.5}$$

로 되어 오른쪽 항에 $0/0$의 항이 나타난다. 이와 같이 극한을 취하여 $0/0$이 나오는 경우는 로피탈(L'Hospital)의 정리에 의하여 분자, 분모를 s로 미분한 뒤 $s\to a_3$를 대입하면 된다. 즉

$$A_3=P(a_3)\lim_{s\to a_3}\frac{1}{Q'(s)}=\left.\frac{P(s)}{Q'(s)}\right|_{s=a_3} \tag{3.4.6}$$

임을 알 수 있다. 이러한 과정을 일반화하면 식 (3.4.3)의 계수 $A_i,(1=1,\ 2,\ \cdots,\ n)$는 다음과 같이 구할 수 있다.

$$A_i=\left.\frac{P(s)}{Q'(s)}\right|_{s=a_i}\quad \text{또는}\quad A_i=\frac{P(a_i)}{[Q(s)/(s-a_i)]_{s=a_i}} \tag{3.4.7}$$

식 (3.4.3)과 같이 인수분해되었을 경우의 라플라스 역변환은 $\mathcal{L}^{-1}[1/(s-a_i)]=e^{a_i t}$ 이라는 사실과 라플라스 변환의 선형성의 성질을 이용하면

$$\mathcal{L}^{-1}[F(s)]=\sum_{i=1}^{n}A_i e^{a_i t} \tag{3.4.8}$$

로 주어진다.

▶ 예제 3.4.2

$f(t)$의 라플라스 변환 $F(s)$가 다음과 같이 주어졌을 경우 $f(t)$를 계산하여 보자.

$$F(s)=\frac{s^3+3s^2-2s+4}{s(s-1)(s-2)(s^2+4s+3)} \quad ①$$

◇ 해

$s^3+4s+3=(s+3)(s+1)$ 이기 때문에 $F(s)$ 의 부분분수전개는

$$F(s)=\frac{P(s)}{Q(s)}=\frac{A_1}{s}+\frac{A_2}{s-1}+\frac{A_3}{s-2}+\frac{A_4}{s+1}+\frac{A_5}{s+3}$$

이며, 각 계수 $A_i,(1=1, 2, \cdots, 5)$ 는 다음과 같이 계산할 수 있다.

$$A_1=\frac{P(0)}{[Q(s)/s]_{s=0}}=\frac{2}{3}$$

$$A_2=\frac{P(1)}{[Q(s)/(s-1)]_{s=1}}=\frac{3}{-4},\quad A_3=\frac{P(2)}{[Q(s)/(s-2)]_{s=2}}=\frac{2}{3}$$

$$A_4=\frac{P(-1)}{[Q(s)/(s+1)]_{s=-1}}=\frac{2}{-3},\quad A_5=\frac{P(-3)}{[Q(s)/(s+3)]_{s=-3}}=\frac{1}{12}$$

이것을 라플라스 변환에 대한 표를 참고하여 라플라스 역변환을 수행하면 다음과 같다.

$$f(t)=\frac{2}{3}-\frac{3}{4}e^t+\frac{2}{3}e^{2t}-\frac{2}{3}e^{-t}+\frac{1}{12}e^{-3t}.$$

3.4.2 반복되는 $(s-a)^m$ 을 가지는 경우

$F(s)$ 의 분모 $Q(s)$ 가 $(s-a)^m$ 를 갖는 경우, 인수 $(s-a)^m$ 에 대응하는 부분분수로의 분해형식은

$$\frac{B_1}{s-a}+\frac{B_2}{(s-a)^2}+\cdots+\frac{B_m}{(s-a)^m} \tag{3.4.9}$$

이며, 여기서 $B_k,(k=1,\ 2,\ \cdots,\ m)$ 는 결정되어야 할 값이다. $F(s)$ 를 부분분수전개하였을 때 식 (3.4.9)에 포함되지 않는 부분을 $G(s)$ 라 하면 $F(s)$ 의 분해형식은

$$F(s)=\frac{P(s)}{Q(s)}=\frac{B_1}{s-a}+\frac{B_2}{(s-a)^2}+\cdots+\frac{B_m}{(s-a)^m}+G(s) \tag{3.4.10}$$

로 주어진다. 위 식의 양변에 $(s-a)^m$ 를 곱하면

$$\begin{aligned}(s-a)^m F(s)=\ &B_1(s-a)^{m-1}+\cdots+B_k(s-a)^{m-k}+\cdots \\ &+B_m+(s-a)^m G(s)\end{aligned} \tag{3.4.11}$$

이므로 여기서 $s\to a$ 로 가져가면 B_m은

$$B_m = \frac{P(a)}{[Q(s)/(s-a)^m]_{s=a}} \tag{3.4.12}$$

이다. 다음에 식 (3.4.11)을 s에 관하여 1회 미분하여 다시 $s \to a$로 가져가면 B_{m-1}은

$$B_{m-1} = \frac{d}{ds}\left[\frac{P(s)}{Q(s)/(s-a)^m}\right]_{s=a} \tag{3.4.13}$$

로 구할 수 있다. 이와 같은 과정을 되풀이하면 $B_k, (k=1, 2, \cdots, m)$는

$$B_k = \frac{1}{(m-k)!}\frac{d^{m-k}}{ds^{m-k}}\left[\frac{P(s)}{Q(s)/(s-a)^m}\right]_{s=a} \tag{3.4.14}$$

로 결정된다. 이와 같이 얻어진 B_k를 식 (3.4.10)에 대입하고 $\mathcal{L}^{-1}\left[\frac{1}{(s-a)^k}\right] = e^{at}\frac{t^{k-1}}{(k-1)!}$ 과 라플라스 변환의 선형성을 이용하면 $\mathcal{L}^{-1}[f(t)]$를 구할 수 있다.

▶ 예제 3.4.3

다음 함수의 역라플라스 변환을 구하여 보자.

$$F(s) = \frac{s^2-1}{(s-2)^2(s^2+s-6)} \qquad ①$$

◇ 해

위 식의 분모는

$$Q(s) = (s-2)^3(s+3)$$

로 인수분해되므로 $s=2$에서 3중근을 가진다. 따라서 식 (3.4.10)에 의해

$$F(s) = \frac{B_3}{(s-2)^3} + \frac{B_2}{(s-2)^2} + \frac{B_1}{(s-2)} + \frac{A}{(s+3)}$$

이다. $B_i, (i=1, 2, 3)$는 식 (3.4.14)에 의해 다음과 같이 계산 가능하다.

$$B_3 = \left[\frac{s^2-1}{s+3}\right]_{s=2} = \frac{3}{5}$$

$$B_2 = \frac{1}{1!}\frac{d}{ds}\left[\frac{s^2-1}{s+3}\right]_{s=2} = \left[\frac{s^2+6s+1}{(s+3)^2}\right]_{s=2} = \frac{17}{25}$$

$$B_1 = \frac{1}{2!}\frac{d^2}{ds^2}\left[\frac{s^2-1}{s+3}\right]_{s=2} = \frac{82}{125}$$

다음에 A는

$$A = \frac{P(-3)}{[Q(s)/(s+3)]_{s=-3}} = \frac{8}{125}$$

이다. 이 결과와 라플라스 변환표 등을 이용하면 $F(s)$의 라플라스 역변환은

$$f(t) = \frac{3}{10}t^2e^{2t} + \frac{17}{25}te^{2t} + \frac{82}{125}e^{2t} + \frac{8}{125}e^{-3t}$$

이다.

3.4.3 중복하지 않는 인수 $[(s-\alpha)^2+\beta^2]$을 가지는 경우

$F(s)$의 분모 $Q(s)$가 중복되지 않는 $[(s-\alpha)^2+\beta^2]$를 인수로 가지는 경우에 부분분수로의 분해형식은

$$F(s) = \frac{P(s)}{Q(s)} = \frac{B_1 s + B_2}{(s-\alpha)^2+\beta^2} + G(s) \tag{3.4.15}$$

이다. 여기서 $G(s)$는 $Q(s)$의 $[(s-\alpha)^2+\beta^2]$을 포함하지 않는 부분을 나타낸다. 위 식의 양변에 $[(s-\alpha)^2+\beta^2]$를 곱하고 $s\to(\alpha+j\beta)$로 하면

$$B_1(\alpha+j\beta)+B_2 = \left\{\frac{P(s)}{Q(s)/[(s-\alpha)^2+\beta^2]}\right\}_{s=\alpha+j\beta} \tag{3.4.16}$$

으로 되어 양변의 복소수의 실수부와 허수부를 비교함으로써 식 (3.4.15)의 두 개의 계수 B_1과 B_2를 구할 수 있다.

▶ 예제 3.4.4

질량-스프링-마찰을 가지는 시스템을 나타내는 미분방정식에서 출력(질량의 움직인 거리)이 어떤 특정한 초기조건 아래서 다음과 같이 주어졌다고 한다. 이때 $y(t)$를 계산하여 보자.

$$Y(s) = \frac{\omega F_0/M}{(s^2+\omega_0^2)(s^2+\omega^2)} \quad ①$$

◇ 해

①을 라플라스 역변환하기 위해 인수분해하면

$$Y(s) = \frac{\omega F_0/M}{(s^2+\omega_0^2)(s^2+\omega^2)} = \frac{A_1 s + A_2}{s^2+\omega_0^2} + \frac{B_1 s + B_2}{s^2+\omega^2} \quad ②$$

이다. 여기서 식 (3.4.16)을 이용하면

$$A_1(j\omega_0)+A_2=\frac{\omega F_0/M}{(j\omega_0)^2+\omega^2}=\frac{\omega F_0/M}{\omega^2-\omega_0^2}$$

$$B_1(j\omega)+B_2=\frac{\omega F_o/M}{(j\omega)^2+\omega_0^2}=-\frac{\omega F_o/M}{\omega^2-\omega_0^2}$$ ③

이다. 위 식의 실수부와 허수부를 비교하면 ②의 계수를 구할 수 있다. 즉

$$A_1=0,\ \ A_2=\frac{\omega F_0/M}{\omega^2-\omega_0^2}$$

$$B_1=0,\ \ B_2=-\frac{\omega F_0/M}{\omega^2-\omega_0^2}$$

이다. 따라서 ②로부터

$$Y(s)=\frac{\omega F_0/M}{\omega^2-\omega_0^2}\left[\frac{1}{s^2+\omega_0^2}-\frac{1}{s^2+\omega^2}\right]$$

이므로, 이를 라플라스 변환표를 이용하여 역라플라스 변환하면

$$y(t)=\frac{\omega F_0/M}{\omega^2-\omega_0^2}\left[\frac{1}{\omega_0}\sin\omega_0 t-\frac{1}{\omega}\sin\omega t\right]$$ ④

이다.

3.4.4 중복하는 인수 $[(s-\alpha)^2+\beta^2]^m$ 을 가지는 경우

만약 분모 $Q(s)$에 $[(s-\alpha)^2+\beta^2]^2$이 존재한다면 $F(s)$의 부분분수전개는 다음과 같이 할 수 있다.

$$F(s)=\frac{P(s)}{Q(s)}=\frac{C_1 s+C_2}{[(s-\alpha)^2+\beta^2]^2}+\frac{B_1 s+B_2}{(s-\alpha)^2+\beta^2}+G(s) \tag{3.4.17}$$

여기서 계수는 식 (3.4.14)를 참고하여 계산하면

$$C_1(\alpha+j\beta)+C_2=\left\{\frac{P(s)}{Q(s)/[(s-\alpha)^2+\beta^2]^2}\right\}_{s=\alpha+j\beta} \tag{3.4.18}$$

및

$$B_1(\alpha+j\beta)+B_2=\frac{d}{ds}\left\{\frac{P(s)}{Q(s)/[(s-\alpha)^2+\beta^2]^2}\right\}_{s=\alpha+j\beta} \tag{3.4.19}$$

으로 된다. $m > 2$ 인 경우에는 식 (3.4.17)을 참고하면 쉽게 확장할 수 있다.

3.4.5 MATLAB에 의한 풀이

```
% [예제 3.4.1]
syms s
Fs=(s+1)/(s^2+2*s+5); ft=ilaplace(Fs)        % Fs=(s+1)/(s^2+2s+5) 의 지정, 역변환

% [예제 3.4.2]
syms s
Fs=(s^3+3*s^2-2*s+4)/(s*(s-1)*(s-2)*(s^2+4*s+3));                    % ①의 지정
ft=ilaplace(Fs); pretty(ft)

% [예제 3.4.3]
syms s
Fs=(s^2-1)/(s-2)^2/(s^2+s-6);               % Fs=(s^2-1)/{(s-2)^2(s^2+s-6)} 의 지정
ft=ilaplace(Fs); pretty(ft)                 % 라플라스 역변환

% [예제 3.4.4]
syms s omega Fo M omegao                              % symbolic 변수의 지정
Ys=(omega*Fo/M)/(s^2+omegao^2)/(s^2+omega^2);         % ①의 지정
convert(Ys,parfrac,s) % Extended Symbolic Math Toolbox인 경우에 가능한 명령어
Ys1=1/(s^2+omegao^2); Ys2=-1/(s^2+omega^2);           % 1/(s^2+ω_o^2), 1/(s^2+ω^2) 의 지정
yt=(omega*Fo)/M*(omega^2-omegao^2)*(ilaplace(Ys1)+ilaplace(Ys2))     % ④의 계산
pretty((yt))
```

연습문제 3.4.6

1. 다음 각 라플라스 변환식에 대한 시간함수 $f(t)$ 를 계산하여라.

(1) $\dfrac{5s^2+20}{s(s-1)(s^2+5s+4)}$

(2) $\dfrac{s^2+2s+1}{(s-1)(s^2+2s-3)}$

(3) $\dfrac{s^2-3s+2}{s^2(s-1)^2(s^2-5s+4)}$

(4) $\dfrac{5}{(s^2+400)(s^2+441)}$

(5) $\dfrac{s^2+1}{(s+1)^2(s^2+4)}$

(6) $\dfrac{10}{(s^2+4)^2(s^2+1)^2}$

3.5 컨볼루션의 정의와 성질

라플라스 변환식을 두 함수의 곱으로 표현할 수 있을 경우, 예를 들어

$$Y(s) = F(s)G(s) = \frac{s}{s^2+1} \cdot \frac{1}{s^2+1} \tag{3.5.1}$$

인 경우 역라플라스 변환 $\mathcal{L}^{-1}[Y(s)]$에 대하여 생각하여 보자. 식 (3.5.1)의 경우

$$Y(s) = \mathcal{L}[\cos t] \cdot \mathcal{L}[\sin t] \tag{3.5.2}$$

의 관계는 $y(t) = \mathcal{L}^{-1}[Y(s)]$ 에는 두 함수 $\sin t$와 $\cos t$ 에 의한 어떤 결합방법이 당연히 존재할 것이라는 것을 강하게 암시하고 있다. 그러나 분명히

$$\mathcal{L}[\cos t \cdot \sin t] = \mathcal{L}\left[\frac{1}{2}\sin 2t\right] = \frac{1}{s^2+4}$$

로 되어 식 (3.5.1)과는 다르다. 따라서 $\mathcal{L}[\cos t \cdot \sin t] \neq \mathcal{L}[\cos t] \cdot \mathcal{L}[\sin t]$ 이지만, 두 함수의 컨볼루션(convolution)을 도입함으로써 이를 해결할 수 있다.

먼저 $\mathcal{L}^{-1}[F(s)G(s)]$ 를 $\mathcal{L}^{-1}[F(s)] = f(t)$ 와 $\mathcal{L}^{-1}[G(s)] = g(t)$ 를 이용하여 나타내어 보자. 이를 위해

$$G(s) = \int_0^\infty e^{-sv} g(v)dv, \qquad F(s) = \int_0^\infty e^{-su} g(u)du \tag{3.5.3}$$

의 관계로부터

$$\begin{aligned} F(s)G(s) &= \left(\int_0^\infty e^{-su} f(u)du\right)\left(\int_0^\infty e^{-sv} g(v)dv\right) \\ &= \int_0^\infty \int_0^\infty e^{-s(u+v)} f(u)g(v)dudv \end{aligned} \tag{3.5.4}$$

로 된다. 여기서 식 (3.5.4)의 오른쪽의 적분은 (u, v) 평면의 제 1 상한인 $u > 0, v > 0$ 인 영역에서 이루어지므로 변수변환

$$u = t - \tau \rightarrow du = dt, \quad v = \tau \rightarrow dv = d\tau \tag{3.5.5}$$

를 실시하여 (t, τ) 평면의 적분으로 고치면 적분영역은 $t-\tau>0, \tau>0$으로 되고([그림 3.12] 참조), 식 (3.5.4)의 오른쪽은

$$\int_0^\infty e^{-st}\left\{\int_0^t f(t-\tau)g(\tau)d\tau\right\}dt = F(s)G(s) \tag{3.5.6}$$

로 된다. 식 (3.5.6)을 라플라스 변환의 정의식 (3.1.2)와 비교하면

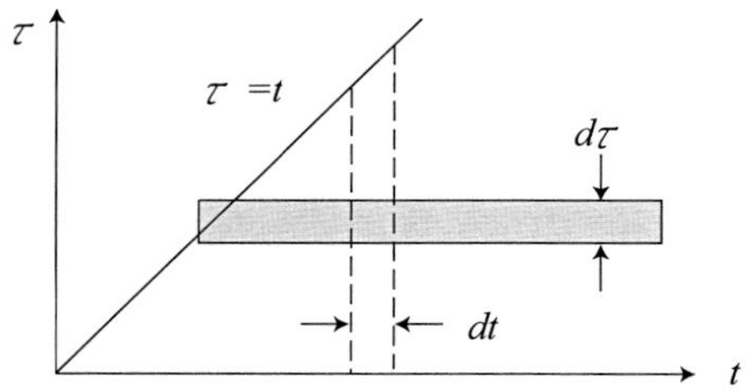

그림 3.12 합성곱

$$\mathcal{L}\left[\int_0^t f(t-\tau)g(\tau)d\tau\right] = F(s)G(s) \tag{3.5.7}$$

의 관계가 성립함을 알 수 있다. 식 (3.5.7)을 역라플라스 변환하면

$$\begin{aligned}\mathcal{L}^{-1}[F(s)G(s)] &= \int_0^t f(t-\tau)g(\tau)d\tau \\ &= \int_0^t g(t-\tau)f(\tau)d\tau\end{aligned} \tag{3.5.8}$$

이다. 식 (3.5.8)의 두 번째 행은 첫번째 행을 변수변환하면 얻어진다. 이때 식 (3.5.8)을 컨볼루션 정리라고 하며, 오른쪽의 적분을 컨볼루션 적분이라고 한다.

일반적으로 컨볼루션 적분을 간략히 나타내기 위하여 다음과 같은 표현식을 사용한다.

$$h(t) = f(t) * g(t) = \int_0^t f(t-\tau)g(\tau)d\tau \tag{3.5.9}$$

이 표현식을 이용하면 식 (3.5.7)은

$$\mathcal{L}[f(t) * g(t)] = F(s)G(s) \tag{3.5.10}$$

과 같이 쓸 수 있다. 이상을 정리하면 다음 요점을 얻는다.

요점 3.2 컨볼루션 정리

두 함수 $f(t)$와 $g(t)$가 [요점 3.1]을 만족하여 라플라스 변환이 존재하며, 이때 변환식을 각각 $F(s)$와 $G(s)$라고 한다. 이때 두 변환식의 곱 $H(s) = F(s)G(s)$는 식 (3.5.9)로 정의되는 함수 $h(t)$의 라플라스 변환이다.

컨볼루션은 다음의 성질을 만족한다. 즉 $f(t)$, $g(t)$ 및 $h(t)$가 $t \geq 0$에 대해서 구분적으로 연속이라 하면, 다음의 법칙이 성립한다.

요점 3.3 컨볼루션 성질

(1) 교환법칙(commutative law)

$$f(t) * g(t) = g(t) * f(t), \quad f(t) * 0 = 0 * f(t) = 0 \tag{3.5.11}$$

(2) 준선형성(pseudo linearity): c_1, c_2가 임의의 상수일 때

$$\begin{aligned} (c_1 f_1(t) + c_2 f_2(t)) * g(t) &= c_1 f_1(t) * g(t) + c_2 f_2(t) * g(t) \\ f(t) * (c_1 g_1(t) + c_2 g_2(t)) &= c_1 f(t) * g_1(t) + c_2 f(t) * g_2(t) \end{aligned} \tag{3.5.12}$$

(3) 결합법칙(associative law)

$$(f(t) * g(t)) * h(t) = f(t) * (g(t) * h(t)) \tag{3.5.13}$$

(4) 분배법칙(distributive law)

$$f(t) * (g(t) + h(t)) = (f(t) * g(t)) + (f(t) * h(t)) \tag{3.5.14}$$

위 교환법칙은 식 (3.5.9)의 적분에서 $u = t - \tau$의 치환을 실시하면

$$\begin{aligned} f(t) * g(t) &= \int_0^t f(\tau) g(t-\tau) d\tau = \int_t^0 f(t-u) g(u)(-du) \\ &= \int_0^t g(u) f(t-u) du = g(t) * f(t) \end{aligned}$$

이므로 성립한다.

예제 3.5.1

다음 함수를 컨볼루션 정리를 이용하여 라플라스 역변환을 구하여보자.

$$\frac{1}{(s+a)(s+b)}$$

해

$F(s) = \dfrac{1}{s+a}$, $G(s) = \dfrac{1}{s+b}$로 두면

$$\mathcal{L}^{-1}[F(s)] = f(t) = e^{-at}, \quad \mathcal{L}^{-1}[G(s)] = g(t) = e^{-bt}$$

이므로 식 (3.5.8)로부터

$$\mathcal{L}^{-1}\left[\frac{1}{(s+a)(s+b)}\right]=f(t)*g(t)$$

이므로 컨볼루션을 실행하면

$$\begin{aligned}f(t)*g(t)&=\int_0^t g(t-\tau)f(\tau)d\tau\\&=\int_0^t e^{-b(t-\tau)}e^{-a\tau}d\tau=e^{-bt}\int_0^t e^{-(a-b)\tau}d\tau\\&=\frac{e^{-at}-e^{-bt}}{b-a}\end{aligned}$$

이다.

▶ 예제 3.5.2

다음 함수 $H(s)$의 역변환 $h(t)$를 계산하여 보자.

$$H(s)=\frac{1}{(s^2+\omega^2)^2}$$

해

$1/(s^2+\omega^2)$ 의 역변환은 $\sin\omega t/\omega$ 이다. 따라서 식 (3.5.9)로부터

$$h(t)=\frac{\sin\omega t}{\omega}*\frac{\sin\omega t}{\omega}=\frac{1}{\omega^2}\int_0^t \sin\omega\tau\,\sin\omega(t-\tau)d\tau$$

이다. 위 식을 삼각함수의 공식[3])을 적용하여 전개하면

$$\begin{aligned}h(t)&=\frac{1}{2\omega^2}\int_0^t[-\cos\,\omega t+\cos\,\omega\tau]\,d\tau\\&=\frac{1}{2\omega^2}\left[-\tau\cos\omega t+\frac{\sin\omega\tau}{\omega}\right]_{\tau=0}^{t}\\&=\frac{1}{2\omega^2}\left[-t\cos\omega t+\frac{\sin\omega t}{\omega}\right]\end{aligned}$$

이다.

---

3) $\sin x\,\sin y=\frac{1}{2}[-\cos(x+y)+\cos(x-y)]$, $\sin x\cos y=\frac{1}{2}[\sin(x+y)+\sin(x-y)]$,

$\cos x\cos y=\frac{1}{2}[\cos(x+y)+\cos(x-y)]$.

3.5.1 MATLAB에 의한 풀이

```
% [예제 3.5.1]
syms s a b
Fs=1/(s+a)/(s+b); ft=ilaplace(Fs); pretty(ft)      % Fs=1/{(s+a)(s+b)} 의 역변환

% [예제 3.5.2]
syms s omega
Hs=1/(s^2+omega^2)^2; ht=ilaplace(Hs), pretty(ht)  % Hs=1/(s^2+ω^2)^2 의 역변환
```

연습문제 3.5.2

1. 직접 적분을 수행하여 컨볼루션을 계산하여라.

(1) $1*1$ (2) $t*e^t$ (3) $1*\cos\omega t$ (4) $e^{kt}*e^{-kt}$ (5) $\sin\omega t*\sin\omega t$

2. 컨볼루션 정리를 이용하여 다음 역변환을 계산하여라.

(1) $\mathcal{L}^{-1}\left[\dfrac{1}{(s^2+a^2)^2}\right]$ (2) $\mathcal{L}^{-1}\left[\dfrac{s^2}{(s^2-a^2)}\right]$ (3) $\mathcal{L}^{-1}\left[\dfrac{1}{s^2(s^2+\omega^2)}\right]$

(4) $\mathcal{L}^{-1}\left[\dfrac{s}{(s^2+16^2)^2}\right]$ (5) $\mathcal{L}^{-1}\left[\dfrac{5}{(s^2+1)(s^2+25)}\right]$

3. $F(s)=\mathcal{L}[f(t)]$ 라고 할 때 컨볼루션 정리를 이용하여 다음이 성립함을 증명하여라.

(1) $\mathcal{L}^{-1}\left[\dfrac{F(s)}{(s+a)^2+b^2}\right]=\dfrac{1}{b}e^{-at}\displaystyle\int_0^t f(\tau)e^{a\tau}\sin b(t-\tau)\,d\tau$

(2) $\mathcal{L}^{-1}\left[\dfrac{F(s)}{(s+a)^2}\right]=\displaystyle\int_0^t \tau e^{-a\tau}f(t-\tau)\,d\tau$

3.6 라플라스 변환을 이용한 미분방정식의 해

상수계수를 가진 선형 상미분방정식의 해를 구하는 문제는 제 1 장에서 충분히 취급하였으나, 여기서는 제 1 장의 경우와 마찬가지로 문제를 2 계 상미분방정식으로 한정하여 라플

라스 변환을 적용하여 해를 구하기로 한다. 이 방법은 고계 미분방정식에 대해서도 물론 쉽게 확장할 수 있다.

먼저 다음의 미분방정식에 대하여 생각하여 본다.

$$\frac{d^2y(t)}{dt^2}+a\frac{dy(t)}{dt}+by(t)=r(t) \tag{3.6.1}$$

식 (3.6.1)의 양변을 3.2절의 라플라스 변환의 성질을 이용하여 변환하면

$$s^2Y(s)-sy(0)-y'(0)+a[sY(s)-y(0)]+bY(s)=R(s) \tag{3.6.2}$$

이다. 여기서 $Y(s)=\mathcal{L}[y(t)]$ 및 $R(s)=\mathcal{L}[r(t)]$ 이다. 식 (3.6.2)를 정리하면

$$Y(s)=\frac{(s+a)y(0)+y'(0)}{s^2+as+b}+\frac{R(s)}{s^2+as+b} \tag{3.6.3}$$

이다. 위 식으로부터 초기값은 식 (3.6.3)의 오른쪽 첫번째 항, 외부입력 항(즉 비제차방정식 부분)은 오른쪽의 두 번째 항과 연관되어 있음을 알 수 있다. 미분방정식 (3.6.1)의 해는 식 (3.6.3)을 라플라스 역변환함으로써 얻어진다. 즉

$$y(t)=\mathcal{L}^{-1}[Y(s)] \tag{3.6.4}$$

이다. 몇 가지 예제로서 이 과정을 설명한다.

예제 3.6.1

[그림 3.13 (a)] RC-회로에 [그림 3.13 (b)]의 구형파가 입력되었다고 한다. 이때 회로에 흐르는 전류를 계산하여 보자. 단 커패시터는 초기전압을 가지고 있지 않는 것으로 한다.

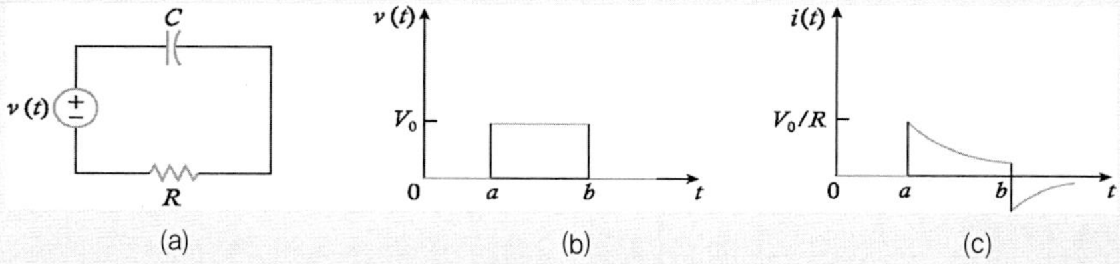

그림 3.13 [예제 3.6.1]의 전기회로, 입력 및 전류

◇ 해

구형파 입력을 식으로 표현하면 $V_0[1(t-a)-1(t-b)]$ 이며, 위 회로에 대한 미분방정식은

$$Ri(t)+\frac{1}{C}\int_0^t i(\tau)d\tau = V_0[1(t-a)-1(t-b)] \quad ①$$

이다. ①의 양변을 라플라스 변환하면

$$RI(s)+\frac{I(s)}{Cs} = \frac{V_0}{s}[e^{-as}-e^{-bs}] \quad ②$$

이므로 이것을 전류 $I(s)$에 대하여 정리한다. 즉

$$I(s)=F(s)(e^{-as}-e^{-bs}) \quad ③$$

이다. 여기서 $F(s)$는

$$F(s)=\frac{V_0/R}{s+1/(RC)} \xrightarrow{\mathcal{L}^{-1}} f(t)=\frac{V_0}{R}e^{-t/(RC)} \quad ④$$

이다. 따라서 식 (3.2.8)의 제 2 이동정리를 이용하여 ②를 역변환하면

$$i(t)=\mathcal{L}^{-1}[F(s)e^{-as}]-\mathcal{L}^{-1}[F(s)e^{-bs}] \quad ⑤$$

$$=\frac{V_0}{R}[e^{-(t-a)/(RC)}\cdot 1(t-a)-e^{-(t-b)/(RC)}\cdot 1(t-b)]$$

이다. 이를 정리하면

$$i(t)=\begin{cases} K_1e^{-t/(RC)}, & (a<t<b) \\ (K_1-K_2)e^{-t/(RC)}, & (t>b) \end{cases} \quad ⑥$$

이다(그림 3.13). 단 $K_1=V_0\,e^{a/(RC)}/R$ 와 $K_2=V_0e^{b/(RC)}/R$로 주어진다.

▶ 예제 3.6.2

[그림 3.14]의 질량–스프링–마찰 시스템의 미분방정식

$$\frac{d^2y(t)}{dt^2}+4\frac{dy(t)}{dt}+8y(t)=0 \quad ①$$

의 해를 구하여 보자. 단 초기값은 $y(0)=2, y'(0)=0$ 이다.

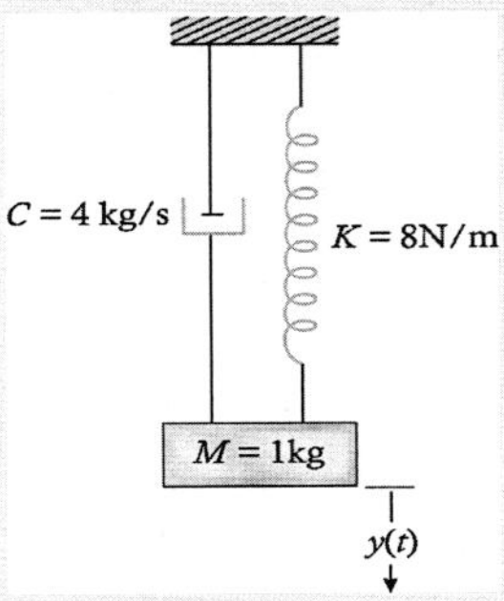

그림 3.14 질량–스프링–마찰 시스템

◇ 해

①의 양변을 라플라스 변환하면

$$s^2 Y(s) - sy(0) - y'(0) + 4[sY(s) - y(0)] + 8Y(s) = 0 \qquad ②$$

이다. 여기에 초기값을 대입하고 $Y(s)$ 로 정리하면

$$Y(s) = \frac{2s+8}{s^2+4s+8} \qquad ③$$

이다. 위 식을 3.5절의 부분분수전개하면

$$Y(s) = \frac{2(s+2)+4}{(s+2)^2+4} = \frac{2(s+2)}{(s+2)^2+4} + \frac{4}{(s+2)^2+4}$$

이고, 이것을 변환표 등을 이용하여 역변환하면

$$y(t) = 2e^{-2t}\cos 2t + 2e^{-2t}\sin 2t = 2e^{-2t}(\cos 2t + \sin 2t)$$

이다.

▶ 예제 3.6.3

[그림 3.15]의 간단한 전기회로에서 입력전압으로 $100\sin\omega t$ 가 인가되었다고 한다. 커패시터의 초기전압과 인덕터의 초기전류는 모두 영이라고 했을 때, 커패시터 C 에 충전되는 전하 $q(t)$ 를 구하여 보자.

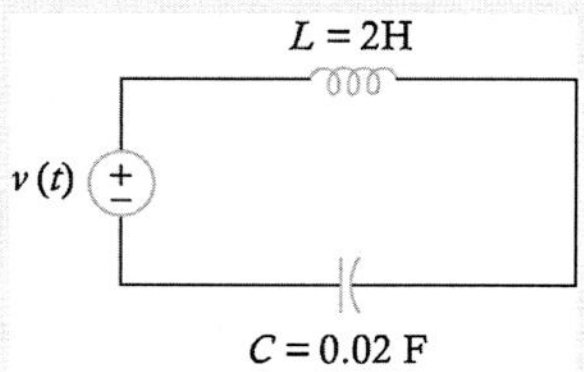

그림 3.15 전기회로

◇ 해

회로에 흐르는 전류를 $i(t)$ 로 하여 키르히호프의 전압법칙을 적용하면

$$2\frac{di}{dt} + \frac{q}{0.02} = 200\sin\omega t \qquad ①$$

가 얻어진다. 여기서 커패시터의 전압은 $v_C = q/C$ 임을 이용하였다. 여기서 $i = dq/dt$ 를 사용하여 ①을 다시 쓰면

$$2\frac{d^2q}{dt^2} + 50q = 100\sin\omega t \qquad ②$$

이다. 위 식의 양변을 라플라스 변환하면

$$2\left[s^2Q(s)-2q(0)-q'(0)\right]+50Q(s)=\frac{100\omega}{s^2+\omega^2} \qquad ③$$

이고, 여기서 초기값 $i(0)=q'(0)=0$ 및 $q(0)=0$ 을 적용하여 ③을 정리하면

$$Q(s)=\frac{50\omega}{(s^2+\omega^2)(s^2+25)} \qquad ④$$

이다. 라플라스 역변환을 위하여 ④를 부분분수전개하면

$$Q(s)=\frac{A_1s+A_2}{s^2+\omega^2}+\frac{B_1s+B_2}{s^2+25} \qquad ⑤$$

이다. 식 (3.4.16)으로부터

$$A_1(j\omega)+A_2=\frac{50\omega}{-\omega^2+25},\quad B_1(j5)+B_2=\frac{50\omega}{-25+\omega^2} \qquad ⑥$$

이므로, 이로부터 각 계수는

$$A_1=0,\quad A_2=\frac{50\omega}{25-\omega^2},\quad B_1=0,\quad B_2=\frac{50\omega}{\omega^2-25} \qquad ⑦$$

이다. 따라서 ⑤는

$$Q(s)=\frac{50}{25-\omega^2}\left[\frac{\omega}{s^2+\omega^2}-\frac{\omega}{s^2+25}\right]$$

이고, 이것을 라플라스 역변환하면

$$q(t)=\frac{50}{25-\omega^2}\left[\sin\omega t-\sin 5t\right] \qquad ⑧$$

이다. 이로부터 커패시터에 충전되는 전하 q는, 만약 $\omega\neq 5$ 의 조건에서 인가된 전압과 유사한 모양의 sine 파로 된다는 것을 알 수 있다. 여기서 $\omega\to 5$ [rad/s]라면 ⑧의 진폭이 무한대로 커진다는 것을 알아보자. 즉 $\omega=5$ [rad/s]일 때 ④를 부분분수전개하면

$$Q(s)=\frac{250}{(s^2+25)^2}=\frac{A_1s+A_2}{(s^2+25)^2}+\frac{B_1s+B_2}{s^2+25} \qquad ⑨$$

이다. 여기서 식 (3.4.18)과 (3.4.19)를 이용하여 ⑨의 계수를 결정하면

$$A_1(j5)+A_2=250,\quad B_1(j5)+B_2=\frac{d}{ds}(250)=0$$

로부터 다음이 얻어진다.

$$A_1=0,\ A_2=250,\ B_1=0,\ B_2=0$$

이로부터 ⑨는

$$Q(s) = \frac{250}{(s^2+25)^2} \qquad ⑩$$

이므로 라플라스 역변환하면

$$\begin{aligned} q(t) &= 250\left[\frac{1}{2\times 5^3}(\sin 5t - 5t\cos 5t)\right] \\ &= \sin 5t - 5t\cos 5t \end{aligned}$$

로 되어 시간의 경과에 따라 $q(t)$는 (그 절대값이) 무한대로 발산한다.

[예제 3.6.3]와 같이 t가 커짐에 따라 진폭이 무한대로 가는 경우를 공진(resonance)이라고 한다(1.9절 참조).

▶ 예제 3.6.4

경계조건(boundary condition)을 가지는 미분방정식의 예로서 [그림 3.16]과 같이 빔(beam)이 두 지점에 걸쳐 놓여 있다고 한다. 이때 이 시스템의 미분방정식은

$$\frac{d^4y}{dx^4} = \frac{w}{EI} \qquad ①$$

로 주어진다. 이때 경계조건이 $y(0) = y''(0) = y(L) = y''(L) = 0$이라고 했을 때 $y(t)$를 구하여 보자.

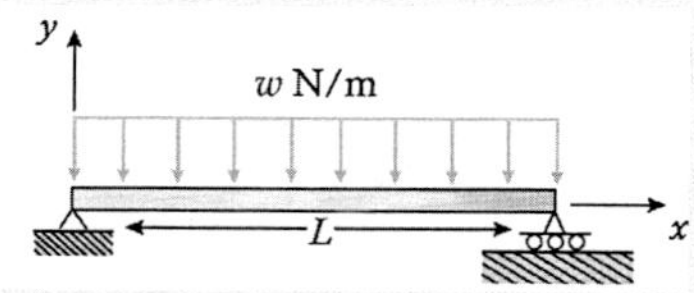

그림 3.16 [예제 3.6.4]

◇ 해

①의 라플라스 변환은

$$s^4Y(s) - s^3y(0) - s^2y'(0) - sy''(0) - y'''(0) = \frac{w}{EIs} \qquad ②$$

이고, 두 개의 미지의 초기값을 각각

$$y'(0) = c_1,\ y'''(0) = c_2$$

로 두고 ②를 정리하면

$$Y(s) = \frac{c_1}{s^2} + \frac{c_2}{s^4} + \frac{w}{EIs^5} \qquad ③$$

이다. ③을 라플라스 역변환하면

$$y(x) = c_1 x + c_2 \frac{x^3}{6} + \frac{w}{EI}\frac{x^4}{24} \quad ④$$

이다. 다음 미지의 초기값 c_1과 c_2를 결정하기 위하여 경계조건을 대입한다. 즉

$$y(L) = c_1 L + c_2 \frac{L^3}{6} + \frac{w}{EI}\frac{L^4}{24} = 0,$$

$$y''(L) = c_2 L + \frac{w}{EI}\frac{L^2}{2} = 0 \quad ⑤$$

이다. 이로부터

$$c_2 = -\frac{wL}{2EI}, \quad c_1 = \frac{wL^3}{EI}$$

이고, 최종적인 해는

$$y(x) = \frac{w}{24EI}[xL^3 - 2x^3L + x^4]$$

이다.

▶ 예제 3.6.5

다음 미분방정식의 해를 구하여 보자. 단 외부입력 항 $f(t)$는 [그림 3.17]과 같이 주어졌으며, 시스템의 모든 초기값은 영이다.

$$\frac{d^2y(t)}{dt^2} + 0.02\frac{dy(t)}{dt} + 25y(t) = f(t) \quad ①$$

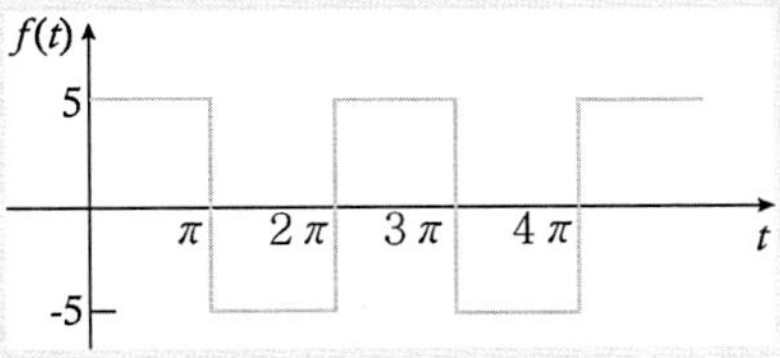

그림 3.17 [예제 3.6.5]

◈ 해

①을 라플라스 변환하면

$$s^2Y(s) - sy(0) - y'(0) + 0.02[sY(s) - y(0)] + 25Y(s) = F(s) \quad ②$$

이다. 한편 $F(s)$는 그림으로부터

$$F(s) = \frac{5}{s}[1 - 2e^{-\pi s} + 2e^{-2\pi s} - 2e^{-3\pi s} + \cdots] \quad ③$$

임을 알 수 있다. 모든 초기값이 영이라는 사실과 ③을 ②에 대입하여 정리하면

$$\begin{aligned} Y(s) &= \frac{F(s)}{s^2+0.02s+25} \\ &= \frac{5}{s(s^2+0.02s+25)}\left[1-2e^{-\pi s}+2e^{-2\pi s}-\cdots\right] \end{aligned} \quad ④$$

이다. ④를 각 항별로 라플라스 역변환한다. 먼저

$$\mathcal{L}^{-1}\left[\frac{5}{(s+0.01)^2+5^2}\right]=e^{-0.01t}\sin 5t \quad ⑤$$

이므로 식 (3.3.14)를 이용하여 ④의 첫번째 항을 역변환한다.

$$\begin{aligned} y_0(t) &= \mathcal{L}^{-1}\left[\frac{5}{s\left[(s+0.01)^2+5^2\right]}\right] \\ &= \int_0^t e^{-0.01\tau}\sin 5\tau d\tau \approx \frac{1}{5}-\frac{1}{5}e^{-0.01t}\cos 5t \end{aligned} \quad ⑥^{4)}$$

다음 ④의 두 번째 항의 역변환은 제 2 이동정리를 이용하면 가능하다. 즉

$$\begin{aligned} y_1(t) &= \mathcal{L}^{-1}\left[-2e^{-\pi s}\frac{5}{s(s^2+0.02s+25)}\right] \\ &= -2\cdot 1(t-\pi)\left\{\frac{1}{5}-\frac{1}{5}e^{-0.01(t-\pi)}\cos 5(t-\pi)\right\} \\ &= -2\cdot 1(t-\pi)\left\{\frac{1}{5}+\left[\frac{1}{5}-y_0(t)\right]e^{0.01\pi}\right\} \end{aligned} \quad ⑦$$

⑦에서 $1(t-\pi)$는 $t\geq\pi$에서 크기 1인 단위계단함수를 나타내며, $\cos(t-\pi)=-\cos t$와 $\sin(t-\pi)=-\sin t$라는 사실을 이용하였다. 또한 ④의 세 번째 항의 역변환은

$$\begin{aligned} y_2(t) &= \mathcal{L}^{-1}\left[2e^{-2\pi s}\frac{5}{s(s^2+0.02s+25)}\right] \\ &= -2\cdot 1(t-2\pi)\left\{\frac{1}{5}-\frac{1}{5}e^{-0.01(t-2\pi)}\cos 5(t-2\pi)\right\} \\ &= -2\cdot 1(t-2\pi)\left\{\frac{1}{5}-\left[\frac{1}{5}-y_0(t)\right]e^{0.02\pi}\right\} \end{aligned} \quad ⑧$$

이다. 이러한 과정을 반복하면 $y(t)$는

4) 정확한 값은 $y_0(t)=1/5-1/5e^{-0.01t}(\cos 5t+4\times 10^{-6}\sin 5t)$이다.

$$y(t)=y_0(t)\approx\frac{1}{5}-\frac{1}{5}e^{-0.01t}\cos 5t,\quad 0<t<\pi$$

$$y(t)=y_0(t)+y_1(t)\approx-\frac{1}{5}-\frac{1}{5}e^{-0.01t}\cos 5t\cdot\left(1+2e^{0.01\pi}\right),\quad \pi<t<2\pi$$

$$\begin{aligned}y(t)&=y_0(t)+y_1(t)+y_3(t)\\&\approx\frac{1}{5}-\frac{1}{5}e^{-0.01t}\cos 5t\cdot\left(1+2e^{0.01\pi}+2e^{0.02\pi}\right),\ 2\pi<t<3\pi\end{aligned}$$

와 같이 표현가능하다. 위 결과로부터 임의의 t, 즉 $n\pi<t<(n+1)\pi$ (단 $n\gg 1$ 이다)에서의 해는 약간의 복잡한 전개과정을 거치면

$$\begin{aligned}y(t)=&\ (-1)^n+\left[\frac{1}{5}-\frac{2}{5(1-e^{0.01\pi})}\right]e^{-0.01t}(\cos 5t)+\frac{2e^{(n+1)0.01\pi-0.01t}}{5(1-e^{0.01\pi})}\cos 5t \qquad ⑨^{5)}\\&\simeq(-1)^n-12.5e^{0.01[(n+1)\pi-1]}\cos 5t\end{aligned}$$

이다. 이 과정에서 $e^{-0.01t}\to 0$ 으로 두었다.

$n=10$ 인 경우에 ⑨를 [그림 3.18]에 나타내었다. 입력 $f(t)$ 의 주기가 2 [rad/s]인데 반하여 출력의 주기는 5 [rad/s]이며, 동시에 출력의 진폭이 상당히 크게 되고 있음을 알 수 있다. 이것은 ①의 미분방정식과 같이 감쇠가 거의 없는(이 경우 $\zeta=0.002$ 이다) 시스템에 비 sine 파의 입력이 인가되었을 때 나타나는 현상으로 알려져 있다.

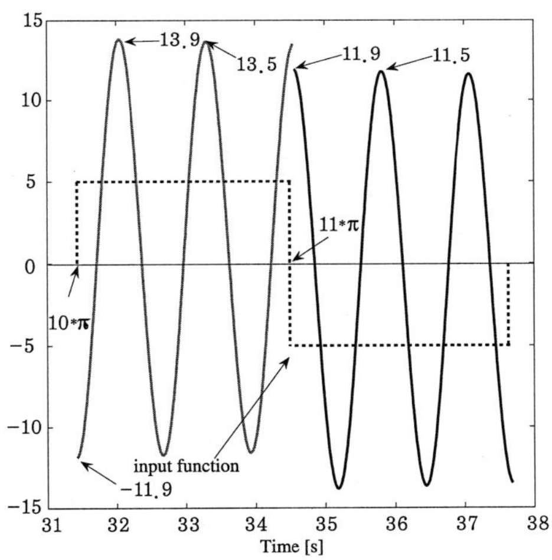

그림 3.18 출력 $y(t)$

5) 이 과정에서 다음의 공식을 사용하였다.

$$\frac{1}{1+x}=1+x+x^2+\cdots+x^n+\cdots\ (\text{무한급수}),\ 1+x+x^2+\cdots+x^n=\frac{1-x^{n+1}}{1-x}\ (\text{유한급수})$$

3.6.1 MATLAB에 의한 풀이

```
% [예제 3.6.1]
% 라플라스 변환을 이용
syms R C Vo a b s t                         % symbolic 변수의 지정
Vos=int(Vo*exp(-s*t),t,a,b);                % 입력함수의 라플라스 변환(②의 오른쪽 항)
Fs=(Vo/R)/(s+1/R/C);                        % ④의 함수
it1=ilaplace(Fs*exp(-a*s));                 % F(s)e^(-as) 의 라플라스 역변환
it2=ilaplace(Fs*exp(-b*s));                 % F(s)e^(-bs) 의 라플라스 역변환
it=it1-it2;                                 % ⑤의 계산
%
Vo=1; a=1; b=2; R=1; C=1;                   %적절한 크기의 선정
its=subs(it);
ezplot(its), axis([0 6 -1 1.5])             % 회로에 흐르는 전류의 표시
xlabel(' Time [sec.] '), ylabel(' Current i(t) ')

% [예제 3.6.2]
yt=dsolve('D2y+4*Dy+8*y=0','Dy(0)=0','y(0)=2'); pretty(yt)  % 미분방정식 ①의 해

% [예제 3.6.3]
syms L C omega t
qt=dsolve('2*D2q+50*q=100*sin(omega*t)','Dq(0)=0','q(0)=0')
pretty(simple(qt))                          % ②의 해
omega=10;                                   % omega=10[rad/s]인 경우(진동한다)
ezplot(subs(qt),[0 5]), pause, ylabel(' q(t) [Coulomb] ')
figure(2), omega=4.9;                       % omega=4.9[rad/s]인 경우(발산한다)
ezplot(subs(qt),[0 5]), ylabel(' q(t) [Coulomb] ')

% [예제 3.6.4]
syms EI w L
y=dsolve('D4y=w/EI','y(0)=0','D2y(0)=0','y(L)=0','D2y(L)=0','x'); pretty(y)  % ①의 해

% [예제 3.6.5]
syms s t
Yso=5/s/(s^2+0.02*s+25);                    % Yso=5/[s(s^2+0.02s+25)] 의 지정
yto=ilaplace(Yso);                          % ⑥의 계산
Ys1=Yso*(-2)*exp(-pi*s); yt1=ilaplace(Ys1);     % ⑦의 계산
Ys2=Yso*(2)*exp(-2*pi*s); yt2=ilaplace(Ys2);    % ⑧의 계산
Ys3=Yso*(-2)*exp(-3*pi*s); yt3=ilaplace(Ys3);   % ④의 세 번째 항의 계산
Ys4=Yso*(2)*exp(-4*pi*s); yt4=ilaplace(Ys4);    % ④의 네 번째 항의 계산
ezplot(yto+yt1+yt2+yt3+yt4,[0 20])              % n=3인 경우의 y(t) 의 그림
```

❖ [예제 3.6,5]는 미분방정식의 입력으로 [그림 3.17]과 같은 주기함수가 인가되었을 경우의 출력을 MATLAB에 의해 직접적으로 계산하기가 어렵기 때문에, 위 프로그램과

같이 일단 라플라스 변환을 수행하여 입력에 대한 라플라스 변환을 수행한 뒤, 각 항의 역변환을 구할 때 제 2 이동정리를 적용하면 최종적인 출력파형을 얻을 수 있다.

연습문제 3.6.2

1. 라플라스 변환을 이용하여 다음 미분방정식의 해를 구하여라.

(1) $y'' - 4y = 0,\ \ y(0) = 2,\ y'(0) = 0$

(2) $y'' + 4y = 2\cos t,\ \ y(0) = 0,\ y'(0) = 0$

(3) $y'' + y = e^t + 2,\ \ y(0) = 0,\ y'(0) = 0$

(4) $y'' + 4y' + 4y = 0,\ \ y(0) = 1,\ y'(0) = 0$

(5) $y'' + 5y' + 6y = 12,\ \ y(0) = 2,\ y'(0) = 10$

(6) $y'' + 4y' + 4y = 4\sin 2t,\ \ y(0) = 1,\ y'(0) = 10$

(7) $y'' + 2y' + 101y = 5\sin 10t,\ \ y(0) = 2,\ y'(0) = 20$

(8) $y'' + 9y = f(t),\ \ y(0) = 0,\ y'(0) = 4$, 단 $f(t) = \begin{cases} 8\sin t, & (0 < t < \pi) \\ 0 &, (\pi < t) \end{cases}$

(9) $y'' + 4y = 5 \cdot 1(t-1),\ \ y(0) = 0,\ y'(0) = 0$

(10) $y'' + 6y' + 8y = 2\delta(t-1) + 2\delta(t-2),\ \ y(0) = 1,\ y'(0) = 0$

2. [그림 P3.3]의 질량－스프링－마찰 시스템에 대하여 마찰계수 C의 값이 다음과 같이 네 가지로 주어졌을 경우, 각 입력에 대한 출력 $y(t)$를 라플라스 변환을 이용하여 계산하여라.

(1) $C = 0$ [kg/s] (2) $C = 2$ [kg/s]

(3) $C = 24$ [kg/s] (4) $C = 40$ [kg/s]

ⓐ $F(t) = 2$ [N] ⓑ $F(t) = 10\sin 2t$

ⓒ $F(t) = 10\sin 6t$ ⓓ $F(t) = 10\left[1(t) - 1_{4\pi}(t)\right]$

ⓔ $F(t) = 10e^{-0.2t}$ ⓕ $F(t) = 100\,\delta(t)$

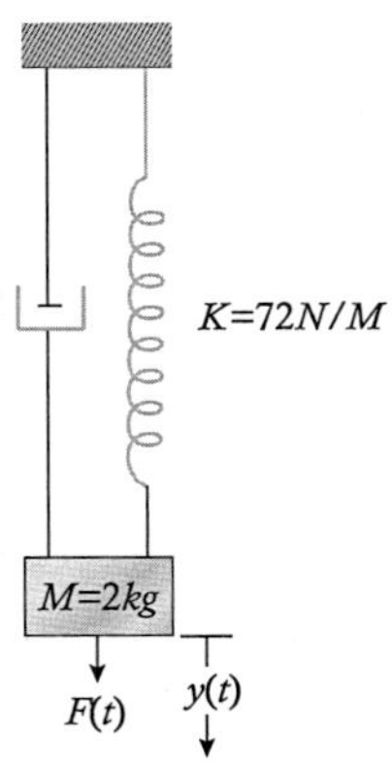

그림 P3.3

3. [그림 P3.4]의 전기회로에 [그림 P3.5]의 입력전압이 인가되었을 때 인덕터에 흐르는 전류 $i(t)$ 를 계산하여라. 초기값은 모두 영으로 둔다.

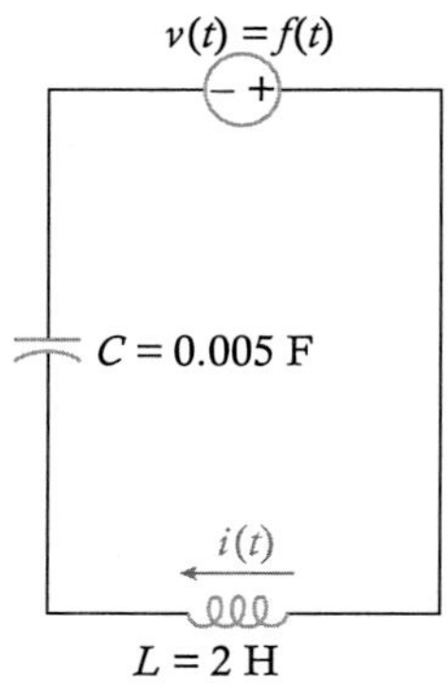

그림 P3.4

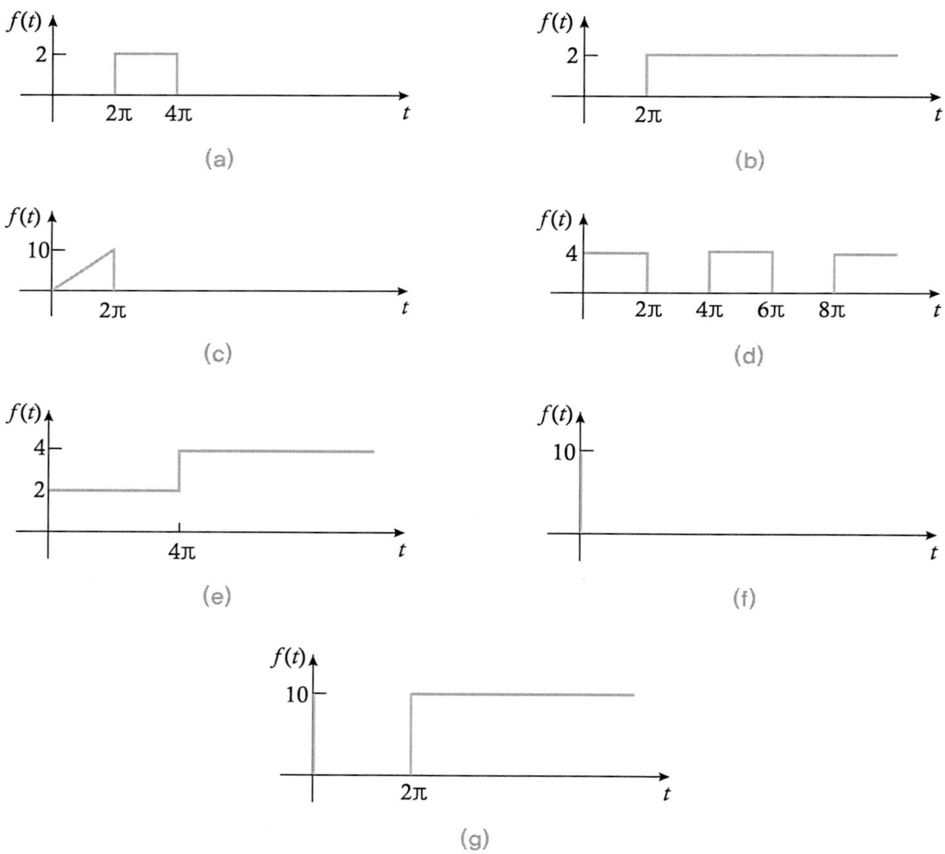

그림 P3.4

4. [그림 P3.6]과 [그림 P3.7]의 두 시스템에 [문제 3]의 입력을 인가하였을 때의 출력 ($y(t)$와 $q(t)$)를 계산하여라.

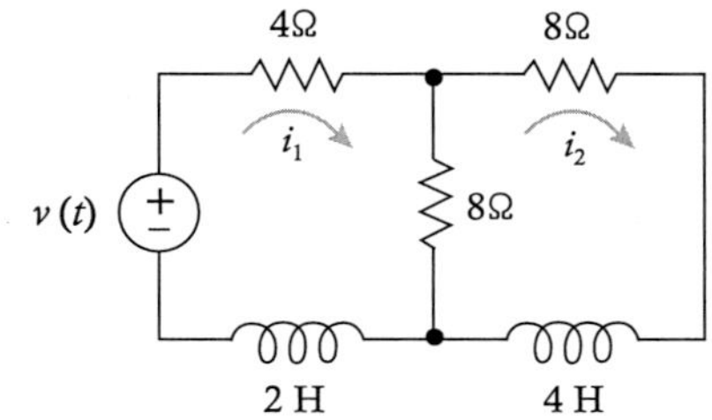

그림 P3.6

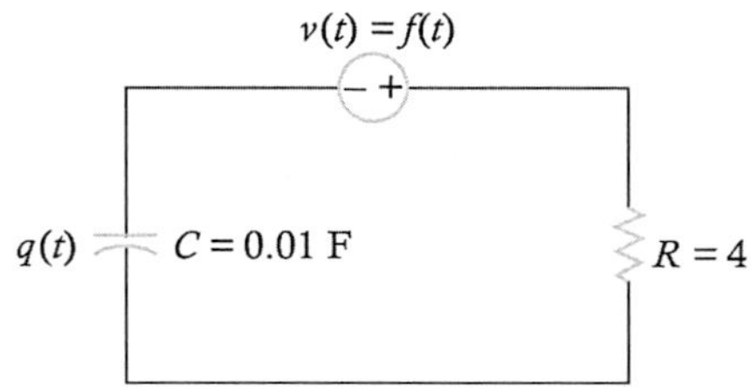

그림 P3.7

3.7 연립미분방정식

라플라스 변환을 이용하면 여러 개의 미분방정식으로 표현된 시스템의 해를 간단히 구할 수 있다. 먼저 상수계수를 가지는 1계 연립미분방정식에 대하여 생각하여 보자.

$$\begin{cases} y_1' = a_{11}y_1 + a_{12}y_2 + g_1(t) \\ y_2' = a_{21}y_1 + a_{22}y_2 + g_2(t) \end{cases} \tag{3.7.1}$$

이때 $Y_1(s) = \mathcal{L}[y_1]$, $Y_2(s) = \mathcal{L}[y_1]$, $G_1(s) = \mathcal{L}[g_1(t)]$ 및 $G_2(s) = \mathcal{L}[g_2(t)]$로 두고 위 식의 양변을 라플라스 변환하면

$$\begin{aligned} sY_1(s) - y_1(0) &= a_{11}Y_1(s) + a_{12}Y_2(s) + G_1(s) \\ sY_2(s) - y_2(0) &= a_{21}Y_1(s) + a_{22}Y_2(s) + G_2(s) \end{aligned}$$

이다. 이것을 정리하면

$$\begin{aligned} (a_{11} - s)Y_1(s) + a_{12}Y_2(s) &= -y_1(0) - G_1(s) \\ a_{21}Y_1(s) + (a_{22} - s)Y_2(s) &= -y_2(0) - G_2(s) \end{aligned} \tag{3.7.2}$$

이다. 위 식을 $Y_1(s)$와 $Y_2(s)$에 관한 연립방정식으로 간주하여 해를 구하고, 라플라스 역

변환을 적용하면 y_1과 y_2를 얻을 수 있다. 제 5 장에서 언급하겠지만 식 (3.7.1)과 (3.7.2)는 다음과 같은 벡터의 형식으로 나타낼 수 있다. 즉

$$\vec{y} = [y_1,\ y_2]^T,\ \boldsymbol{A} = [a_{ij}]_{(i,j=1,2)},\ \vec{g} = [g_1,\ g_2]^T,\ \vec{Y} = [Y_1,\ Y_2]^T,\ \vec{G} = [G_1,\ G_2]^T$$

로 두면

$$\vec{y}\,' = \boldsymbol{A}\vec{y} + \vec{g} \xrightarrow{\ \mathcal{L}\ } (\boldsymbol{A} - s\boldsymbol{I})\vec{Y}(s) = -\vec{y}(0) - \vec{G} \qquad (3.7.3)^{6)}$$

로 쓸 수 있다.

▶ 예제 3.7.1

[그림 3.19]의 시스템에서 왼쪽 수조 T_1에는 100 [L]의 순수한 물이 들어있으며, 오른쪽의 수조 T_2에는 150 [g]의 소금이 녹아있는 100 [L]의 물이 들어있는 것으로 한다. 이때 T_2에서 T_1쪽으로 분당 2 [L]의 물이 흘러들어가며, 동시에 T_1의 위쪽으로부터 6 [g]의 소금을 포함하는 물이 분당 6 [L]로 흘러들어온다. 또한 T_1에서 T_2로 분당 8 [L]의 물이 흘러들어가며, 동시에 T_2에서는 분당 6 [L]이 흘러나간다고 한다. 단 수조 속 소금의 용도는 장소에 관계없이 일정한 것으로 가정한다. 이때 각 수조에 있는 소금의 양 $y_1(t)$와 $y_2(t)$를 계산하여 보자.

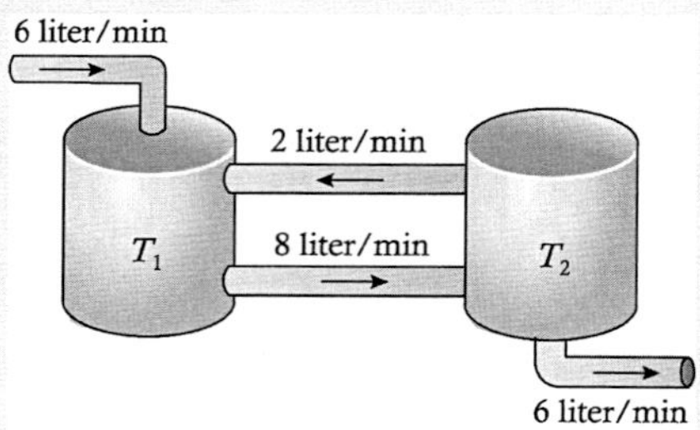

그림 3.19 두 개의 수조 시스템

◇ 해

위 시스템에 대한 모델링은 두 개의 수조에 대하여

소금의 양에 대한 시간적 변화 = 분당 흘러들어오는 양 − 분당 흘러나가는 양

에 대한 관계식을 유도함으로써 얻어진다. 따라서 $y_1(t)$과 $y_2(t)$를 임의의 시각 t에서 각 수조에 들어있는 소금의 양이라 하면

---

6) $\vec{y}\,' = [dy_1/dt,\ dy_2/dt]^T$, 즉, 벡터의 미분을 의미한다.

$$y_1{}' = -\frac{8}{100}y_1 + \frac{2}{100}y_2 + 6, \quad y_2{}' = \frac{8}{100}y_1 - \frac{8}{100}y_2 \qquad ①$$

가 얻어진다. 단 위 미분방정식의 초기값은 $y_1(0)=0, y_2(0)=150$으로 주어진다. ①의 양변을 라플라스 변환하면

$$(-0.08-s)\,Y_1(s) + 0.02\,Y_2(s) = -\frac{6}{s}$$

$$0.08\,Y_1(s) + (-0.08-s)\,Y_2(s) = -150$$

이다. 위 연립방정식을 적절한 방법으로 풀면

$$Y_1(s) = \frac{9s+0.48}{s(s+0.12)(s+0.04)} = \frac{100}{s} - \frac{62.5}{s+0.12} - \frac{37.5}{s+0.04}$$

$$Y_2(s) = \frac{150s^2+12s+0.48}{s(s+0.12)(s+0.04)} = \frac{100}{s} + \frac{125}{s+0.12} - \frac{75}{s+0.04}$$

이고, 이것을 라플라스 역변환하면

$$y_1(t) = 100 - 62.5e^{-0.12t} - 37.5e^{-0.04t}$$
$$y_2(t) = 100 + 125e^{-0.12t} - 75e^{-0.04t} \qquad ②$$

이며, 이것을 [그림 3.20]에 나타내었다.

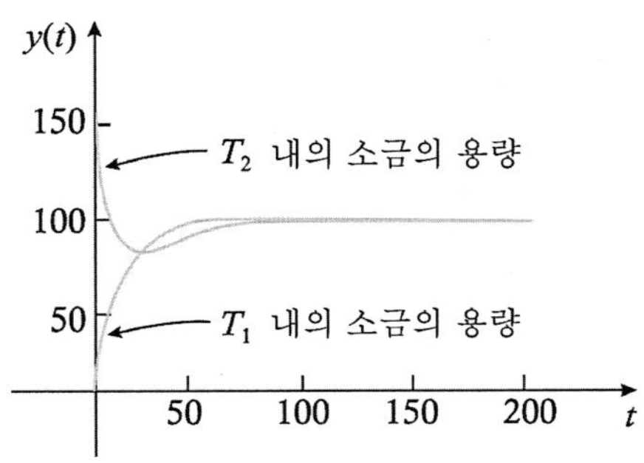

그림 3.20 두 수조의 소금의 양

위 예제의 경우와 같이 대부분의 연립미분방정식은 라플라스 변환을 이용하여 연립미분방정식을 선형인 1차의 연립방정식으로 변환하여 적절한 방법으로 해를 구한 뒤[7], 여기에 라플라스 역변환을 수행하여 해를 얻을 수 있다. 다음에 몇 개의 예를 이용하여 이에 대하여 자세히 설명한다.

7) 제 4 장의 행렬이론을 참조하여라.

▶ 예제 3.7.2

[그림 3.21]의 전기회로에, 입력으로 $v(t)=100[\mathrm{V}]$가 시간 $0 \le t \le 0.5$ 동안 인가되었을 때 각 루프에 흐르는 전류를 계산하여 보자. 단 초기값은 모두 영으로 한다(즉 $i(0)=0$, $i'(0)=0$ 이다).

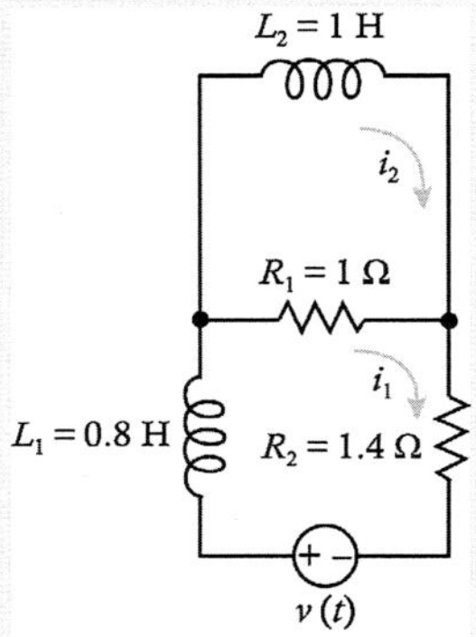

그림 3.21
[예제 3.7.2]의 전기회로

해

키르히호프의 법칙에 의해 두 루프에 대한 방정식은

$$0.8 i_1' + 1 \cdot (i_1 - i_2) + 1.4 i_1 = 100 \cdot \left[1(t) - 1\left(t - \frac{1}{2}\right)\right] \quad ①$$

$$1 \cdot i_2' + 1 \cdot (i_2 - i_1) = 0 \quad ②$$

이다. 위 식을 주어진 초기값을 이용하여 라플라스 변환하고 정리하면

$$(s+3)I_1(s) - 1.25\, I_2(s) = 125\left(\frac{1}{s} - \frac{e^{-s/2}}{s}\right)$$

$$-I_1(s) + (s+1)I_2(s) = 0$$

이다. 위 식을 두 변수 $I_1(s)$와 $I_2(s)$에 대하여 정리하면

$$I_1(s) = \frac{125(s+1)}{s\left(s+\frac{1}{2}\right)\left(s+\frac{7}{2}\right)}(1-e^{-s/2}),$$

$$I_2(s) = \frac{125}{s\left(s+\frac{1}{2}\right)\left(s+\frac{7}{2}\right)}(1-e^{-s/2}) \quad ③$$

이다. 위 식을 라플라스 역변환하기 위해서는 시간대를 두 부분, 즉 $0 \le t \le 0.5$와 $t > 0.5$로 나누어서 생각한다. 즉 구간 $0 \le t \le 0.5$에서는 입력이 인가되므로 ③에서 $e^{-s/2}$를 제외한 부분을 역변환하면

$$i_1(t) = -\frac{125}{3}e^{-t/2} - \frac{625}{21}e^{-7t/2} + \frac{500}{7}$$

$$i_2(t) = -\frac{250}{3}e^{-t/2} + \frac{250}{21}e^{-7t/2} + \frac{500}{7} \quad ④$$

이며, 구간 $t > 0.5$ 에서의 출력은 ③의 $e^{-s/2}$에 의해 $i_1(t) - i_1(t-0.5)$과 $i_2(t) - i_2(t-0.5)$로 된다. 따라서 라플라스의 이동정리를 이용하면

$$i_1(t) = -\frac{125}{3}(1-e^{1/4})e^{-t/2} - \frac{625}{21}(1-e^{7/4})e^{-7t/2} \quad ⑤$$

$$i_2(t) = -\frac{250}{3}(1-e^{1/4})e^{-t/2} + \frac{250}{21}(1-e^{7/4})e^{-7t/2}$$

이다(단 $t > \frac{1}{2}$). 위 결과를 그림으로 나타낸 것이 [그림 3.22]이다.

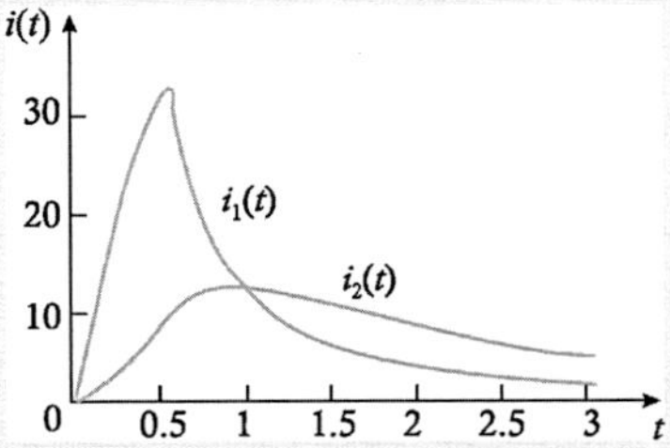

그림 3.22 [예제 3.7.2]의 출력

▶ 예제 3.7.3

[그림 3.23]과 같이 두 개의 질량이 스프링 상수 k를 가지는 같은 종류의 스프링을 통하여 연결되어 있는 시스템의 출력에 대하여 생각하여 보자. 스프링은 질량은 무시하며, 마찰은 없는 것으로 가정한다.

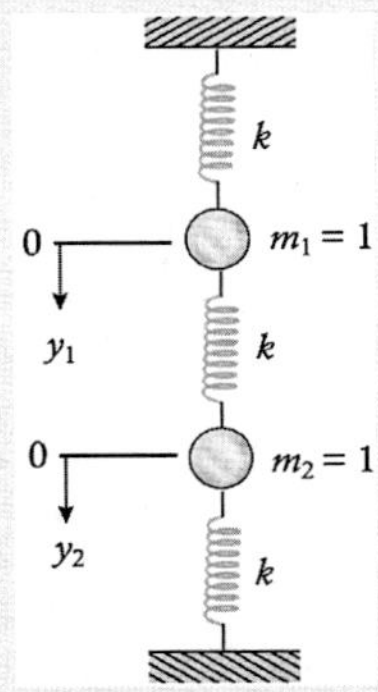

그림 3.23
[예제 3.7.3]

◈ 해

뉴턴의 제 2 법칙에 의한 운동방정식을 구하면

$$\begin{aligned} y_1'' &= -ky_1 + k(y_2 - y_1) \\ y_2'' &= -k(y_2 - y_1) - ky_2 \end{aligned} \qquad ①$$

이다. 여기서 y_1과 y_2는 평형상태에서 질량의 이동거리를 나타낸다. 이 시스템에 대하여 초기값으로 $y_1(0)=1$, $y_2(0)=1$, $y_1'(0)=\sqrt{3k}$ 및 $y_2'(0)=-\sqrt{3k}$로 두고 해를 구하여 보자. ①을 라플라스 변환하고 정리하면

$$Y_1(s) = \frac{(s+\sqrt{3k})(s^2+2k)+k(s-\sqrt{3k})}{(s^2+2k)^2-k^2} = \frac{s}{s^2+k} + \frac{\sqrt{3k}}{s^2+3k}$$

$$Y_2(s) = \frac{(s-\sqrt{3k})(s^2+2k)+k(s+\sqrt{3k})}{(s^2+2k)^2-k^2} = \frac{s}{s^2+k} - \frac{\sqrt{3k}}{s^2+3k}$$

이며 이것을 라플라스 역변환하면

$$\begin{aligned} y_1(t) &= \cos\sqrt{k}\,t + \sin\sqrt{k}\,t \\ y_2(t) &= \cos\sqrt{k}\,t - \sin\sqrt{k}\,t \end{aligned} \qquad ②$$

임을 쉽게 확인할 수 있다. [그림 3.24]에 ②를 그림으로 나타내었다. 그림으로부터 두 질량은 조화진동을 하고 있으며, 빠른 진동부분과 느린 진동부분이 중첩되어 나타나고 있음을 알 수 있다.

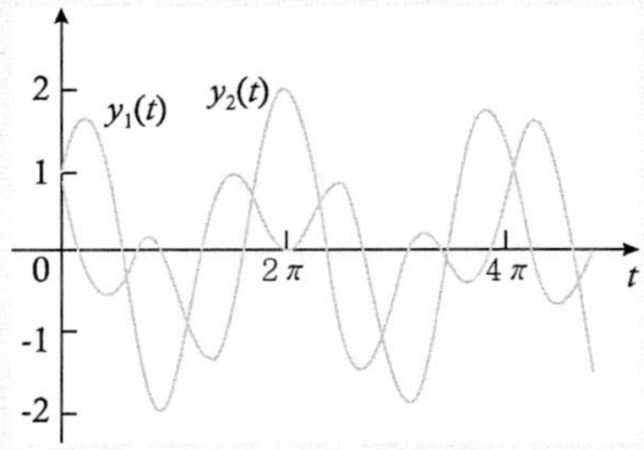

그림 3.24 [예제 3.7.3]의 출력

3.7.1 MATLAB에 의한 풀이

```
% [예제 3.7.1] - {f:y1, g:y2}
[f,g]=dsolve('Df=-0.08*f+0.02*g+6','Dg=0.08*f-0.08*g','f(0)=0','g(0)=150'); % ①의 해
ezplot(f,[0,150]), hold on, ezplot(g,[0,150]), hold off      % [그림 3.20]

% [예제 3.7.2]
syms s
I1s=(125*s+125)/(s*(s+1/2)*(s+7/2))*(1-exp(-s/2));          % ③의 I1(s) 지정
I2s=(125)/(s*(s+1/2)*(s+7/2))*(1-exp(-s/2));                % ③의 I2(s) 지정
i1t=ilaplace(I1s);i2t=ilaplace(I2s);       % ④의 계산
ezplot(i1t,[0 5]), hold on, ezplot(i2t,[0 5]), axis([0 5 0 35]), hold off    % [그림 3.22]

% [예제 3.7.3] - {f:y1, g:y2}
syms k
[f,g]=dsolve('D2f=-k*f+k*(g-f)','D2g=-k*(g-f)-k*g',...
'f(0)=1','Df(0)=sqrt(3*k)','g(0)=1','Dg(0)=-sqrt(3*k)');   % 연립미분방정식 ①의 해
y1t=subs(f,k,2);y2t=subs(g,k,2);                              % k=2를 대입
ezplot(y1t,[0 5*pi]),hold on ,ezplot(y2t,[0 5*pi]),hold off  % [그림 3.24]
```

❖ [예제 3.7.2]의 경우, 입력함수 $100[1(t)-1(t-1/2)]$를 수식으로 나타내기 어렵기 때문에 일단 라플라스 변환을 수행 후 명령어 'ilaplace'를 사용하여 역변환한 뒤 그림으로 표현하였다.

연습문제 3.7.2

1. 라플라스 변환을 이용하여 다음 연립미분방정식의 해를 구하여라.

(1) $y_1' = -6y_1 + 4y_2,\ y_2' = -4y_1 + 4y_2,\ y_1(0) = -2,\ y_2(0) = -7$

(2) $y_1' = -4y_1 - 2y_2 + t,\ y_2' = 3y_1 + y_2 - t,\ y_1(0) = 5.75,\ y_2(0) = -6.75$

(3) $y_1' = 5y_1 + 5y_2 - 15\cos t + 27\sin t,\ y_2' = -10y_1 - 5y_2 - 150\sin t,$

$y_1(0) = 2,\ y_2(0) = 2$

(4) $y_1' = y_2 + 1 - 1(t-1),\ y_2' = -y_1 + 1 - 1(t-1),\ y_1(0) = 0,\ y_2(0) = 0$

(5) $y_1' = -3y_1 + y_2 + 1(t-1)\cdot e^t,\ y_2' = -4y_1 + 2y_2 + 1(t-1)\cdot e^t,$

$y_1(0) = 0,\ y_2(0) = 3$

(6) $y_1'' = 4y_1 + 8y_2,\ y_2'' = 5y_1 + y_2,\ y_1(0) = 8,$

$y_1'(0) = -18,\ y_2(0) = 5,\ y_2'(0) = -21$

(7) $y_1' + y_2' = 2e^t + e^{-t},\ y_2' + y_3' = 2\sinh t,\ y_3' + y_1' = e^t$

$y_1(0) = 0,\ y_2(0) = 1,\ y_3(0) = 1$

2. [그림 P3.8]의 전기회로에 흐르는 전류를 구하여라. 단 입력은 $v(t) = 390\cos t$ 이며 초기 전류는 전부 영으로 한다. 이때 전류가 정상 상태에 이르기까지에는 얼마의 시간이 필요한가?

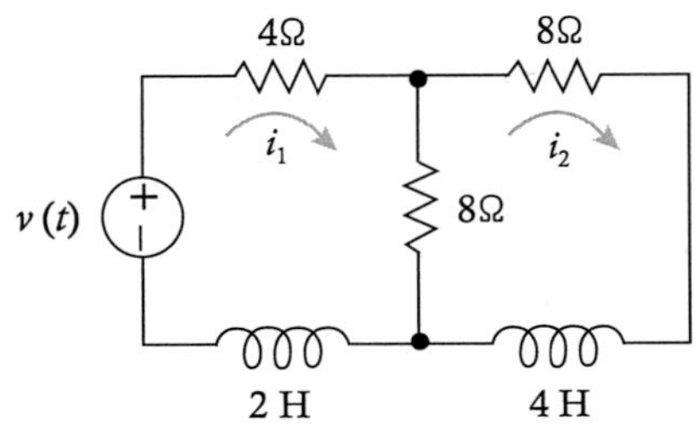

그림 P3.8 [문제 2]

Chapter_04

04

행 렬 이 론

행렬이론은 선형인 대수 연립방정식의 해를 구하기 위한 수단으로 사용되었지만, 현재는 통계학, 수치해석, 미분방정식 및 최적화 이론 등의 분야를 포함하는 수학의 전반에서 사용되고 있다. 여기서는 행렬과 관련된 기본적인 내용에 대하여 설명한다.

4.1 행렬의 기초

• 정의와 용어

수학에서는 함수나 수의 배열을 다루는 문제에 자주 접한다. 예를 들면, 다음과 같은 연립방정식을 푼다고 하자.

$$2x - y = 1$$
$$3x + y = 4$$

위 식의 변수를 나타내기 위하여 사용되는 기호에 상관없이 연립방정식의 해는 단지 그 방정식에 나타난 수에 의해서만 좌우된다. 따라서 연립방정식은 다음과 같이 방정식의 계수만을 적절히 배치하여 조작함으로써 그 답을 얻을 수 있다(4.2절 참조).

$$\begin{bmatrix} 2 & -1 & 1 \\ 3 & 1 & 4 \end{bmatrix}$$

이러한 배열을 행렬이라고 하며 영국의 수학자 케일리(Arthur Cayley)(1821)가 창안하였다. 여기서 정의한 행렬을 일반화하여 m 개의 행(row)과 n 개의 열(column)로 배열된 $(m \cdot n)$개의 수(또는 함수)의 직사각형 배열을 크기 $(m \times n)$인 행렬이라 하고 다음과 같이 표기한다.

$$\boldsymbol{A} = [a_{ij}]_{(m \times n)} = \begin{bmatrix} a_{11} & a_{12} \cdots & a_{1j} \cdots & a_{1n} \\ a_{21} & a_{22} \cdots & a_{2j} \cdots & a_{2n} \\ \vdots & \vdots & \vdots & \vdots \\ a_{m1} & a_{m2} \cdots & a_{mj} \cdots & a_{mn} \end{bmatrix} \tag{4.1.1}$$

괄호속에 배열된 수(또는 함수)를 행렬 $\boldsymbol{A}$ 의 성분(entry)이라 하며, $\boldsymbol{A}$ 의 (i,j) 성분을 a_{ij}로 표기한다. 식 (4.1.1)에서 $m = n$(행의 수와 열의 수가 같은 경우)일 때 행렬 $\boldsymbol{A}$를 정방행렬(square matrix)이라 하고, $m \neq n$ 일 때는 직사각행렬(rectangular matrix)이라고 한다. n차 정방행렬 $\boldsymbol{A}$ 에서 왼쪽 위, 즉 a_{11}에서 오른쪽 아래쪽, 즉 a_{nn}으로 그은 주대각선(principal diagonal)상에 있는 성분 $a_{11}, a_{22}, \cdots, a_{nn}$을 행렬 $\boldsymbol{A}$ 의 주대각성분(main diagonal entries)이라 한다.

크기 $(1 \times n)$ 인 행렬을 행벡터(row vector), $(n \times 1)$ 인 행렬을 열벡터(column vector)라 한다. 이 책에서는 행렬은 알파벳 대문자의 굵은 활자체(Bold 체)로 표기하고, 행벡터와 열벡터는 소문자 위에 화살표로서 벡터임을 표기하기로 한다. 예컨대

$$\boldsymbol{A} = \begin{bmatrix} a_{11} & a_{12} & a_{13} \\ a_{21} & a_{22} & a_{23} \\ a_{31} & a_{32} & a_{33} \end{bmatrix} = \begin{bmatrix} \vec{a}_{1j} \\ \vec{a}_{2j} \\ \vec{a}_{3j} \end{bmatrix} = \begin{bmatrix} \vec{a}_{i1} & \vec{a}_{i2} & \vec{a}_{i3} \end{bmatrix}, \quad (i,j = 1,\ 2,\ 3) \tag{4.1.2}$$ [1]

같이 나타낼 수 있다.

• 행렬의 덧셈, 뺄셈과 스칼라곱

두 행렬 $\boldsymbol{A}$와 $\boldsymbol{B}$가 같은 크기를 가질 때 그들의 대응원소를 더함으로써 합을 구할 수 있다.

---

1) 따라서 $\{\vec{a}_{1j}, \vec{a}_{2j}, \vec{a}_{3j}\}$는 각각$(1 \times 3)$인 행벡터, $\{\vec{a}_{i1}, \vec{a}_{i2}, \vec{a}_{i3}\}$는 각각$(3 \times 1)$인 열벡터이다.

요점 4.1 **행렬의 덧셈과 뺄셈**

행렬 $A=[a_{ij}]$와 $B=[b_{ij}]$의 크기가 $(m\times n)$이면 합과 차는 다음으로 정의된다.

$$A \pm B = [a_{ij} \pm b_{ij}]_{m\times n} \tag{4.1.3}$$

두 행렬의 대응원소가 서로 같을 때, 즉

$$a_{ij} = b_{ij}\,,\ (\forall\ i,j) \tag{4.1.4}$$

일 때 두 행렬은 상등(equal)하다고 한다. 따라서 같은 크기의 행렬이 아니면 상등은 정의되지 않는다. 예를 들어

$$\begin{bmatrix} a & b \\ c & d \end{bmatrix} = \begin{bmatrix} 1 & 0 \\ -1 & 2 \end{bmatrix} \rightarrow\ a=1,\ b=0,\ c=-1,\ d=2$$

이다.

- **행렬의 스칼라곱**

행렬 A와 스칼라 α와의 곱은 A의 모든 성분에 α를 곱한 행렬로 된다.

요점 4.2 **행렬의 스칼라곱**

α가 실수이면 행렬 $A=[a_{ij}]$의 스칼라곱은 다음과 같다.

$$\alpha A = A\alpha = [\alpha\, a_{ij}]_{m\times n} \tag{4.1.5}$$

보통 $\alpha=-1$인 경우

$$-A = [-a_{ij}]_{m\times n} \tag{4.1.6}$$

이며, 이것을 A의 음 행렬(negative matrix)이라 한다.

지금까지 언급한 행렬의 덧셈, 뺄셈 및 스칼라곱과 관련하여 다음의 성질이 성립한다.

요점 4.3 행렬의 덧셈, 뺄셈 및 스칼라곱의 성질

A, B 및 C는 크기가 $(m\times n)$인 행렬이고 α_1과 α_2는 스칼라라고 하자. 이때 다음의 성질이 성립한다.

(i) $A+B=B+A$ (교환법칙)

(ii) $A+(B+C)=(A+B)+C$ (결합법칙)

(iii) $(k_1k_2)A=k_1(k_2A)$

(iv) $1A=A$

(v) $k_1(A+B)=k_1A+k_1B$ (분배법칙)

(vi) $(k_1+k_2)A=k_1A+k_2A$ (분배법칙)

• 행렬의 곱셈

임의의 행렬 A에 다른 행렬을 곱하는 경우에 대하여 생각하여 보자.

요점 4.4 행렬의 곱셈

$(m\times n)$인 $A=[a_{ij}]_{m\times n}$와 $(r\times p)$인 행렬 $B=[b_{ij}]_{r\times p}$의 곱 $C=AB$는 $r=n$인 경우에 한하여 가능하며 $m\times p$인 $C=[c_{ij}]$로 된다. 이때 각 요소는 다음과 같이 계산된다.

$$c_{jk}=\sum_{l=1}^{n}a_{jl}b_{lk}=a_{j1}b_{1k}+a_{j2}b_{2k}+\cdots+a_{jn}b_{nk} \tag{4.1.7}$$

$$(j=1,\ 2,\ \cdots,\ m\,;\ k=1,\ 2,\ \cdots,\ p)$$

위 요점으로부터 알 수 있는 바와 같이 행렬의 곱 $C=AB$는 행렬 A의 열의 수와 행렬 B의 행의 수가 같을 경우에만 정의된다는 사실에 유의한다. 또한 식 (4.1.7)로부터 행렬 C의 (i,j)번째 요소는 행렬 A의 i번째 행벡터 $\vec{a}_i$와 행렬 B의 j번째 열벡터 $\vec{b}_j$와의 곱[2)]으로 이루어짐을 이해하여야 한다.

2) 이를 벡터의 내적(inner product)이라 하며 제 5 장에서 자세히 언급한다.

▶ 예제 4.1.1

다음의 계산을 하여 보자.

$$A=\begin{bmatrix}0&1\\0&2\end{bmatrix},\ B=\begin{bmatrix}1&1\\3&4\end{bmatrix},\ C=\begin{bmatrix}2&5\\3&4\end{bmatrix},\ D=\begin{bmatrix}3&7\\0&0\end{bmatrix}$$

(a) AB, (b) BA, (c) AC, (d) AD

◇ 해

(a) $AB=\begin{bmatrix}3&4\\6&8\end{bmatrix}$, (b) $BA=\begin{bmatrix}0&3\\0&11\end{bmatrix}$, (c) $AC=\begin{bmatrix}3&4\\6&8\end{bmatrix}$, (d) $AD=\begin{bmatrix}0&0\\0&0\end{bmatrix}$

위 [예제 4.1.1]의 (a), (b)로부터 $BA \neq AB$임을 알 수 있다. 즉 행렬의 덧셈(또는 뺄셈)과 달리 행렬의 곱은 일반적으로 가환적(commutative)이지 않으며, 때때로 AB의 계산은 가능하더라도 BA는 계산할 수 없는 경우도 있다. 또한 (a), (c)로부터 $B \neq C$ 및 $A \neq 0$인 경우에도 $AB=AC$일 수 있으며, (b)와 (d)로부터 $A \neq 0$ 및 $D \neq 0$임에도 $AD=0$이라는 점에 주의한다. 이때 $A \neq 0$ 또는 $B \neq 0$이지만 $AB=0$일 때 A와 B를 각각 좌영인자(left zero divisor), 우영인자(right zero divisor)라 한다.

행렬의 곱셈과 관련하여 다음의 성질이 성립한다.

요점 4.5 행렬의 곱셈

A를 크기가 $(m\times n)$인 행렬이라 하고 행렬 B와 C를 아래의 곱셈이 정의될 수 있는 크기를 갖는 행렬이라고 할 때 다음과 같은 성질이 성립한다.

(i) $A(BC)=(AB)C$ (곱셈의 결합법칙)

(ii) $A(B+C)=AB+AC$ (좌분배법칙)

(iii) $(B+C)A=BA+CA$ (우분배법칙)

(iv) $\alpha(AB)=(\alpha A)B=A(\alpha B)$ (단 α는 스칼라)

행렬의 곱이 가환적이 아니라는 사실은 우리가 잘 알고 있는 일반적인 대수학의 내용을 행렬에 적용하는 과정에서 복잡성을 가중시킨다. 예를 들어

$$\begin{aligned}(A+B)^2 &= (A+B)(A+B) = (A+B)A+(A+B)B \\ &= A^2+BA+AB+B^2 \neq A^2+2AB+B^2\end{aligned} \tag{4.1.8}$$

이다[3]. 그러나 $B=I$ 인 경우에는 식 (4.1.8)의 등호가 성립한다. 즉

$$(A+I)^2 = A^2 + 2A + I \tag{4.1.9}$$

이다.

• 행렬의 나눗셈

행렬의 나눗셈을 정의하기 위해서는 단위행렬이 필요하다. 단위행렬은 정방행렬에 대해서만 정의된다. 임의 크기의 정방행렬에서 주대각성분이 모두 1이고 주대각선 이외의 모든 성분이 0 인 정방행렬을 단위행렬(identity matrix)이라 하며 간단히 I 로서 표기되나, 특히 I 의 크기가 n 차임을 강조할 필요가 있는 경우에는 I_n 으로 표현한다. 크로네커의 델타(Kronecker's δ)의 정의인

$$\delta_{ij} = \begin{cases} 1, & (i=j) \\ 0, & (i \neq j) \end{cases}, \ (i,\ j = 1,\ 2,\ \cdots,\ n) \tag{4.1.10}$$

을 사용하여 I_n 을 표현하면

$$I_n = \left[\delta_{ij}\right]_n, \ (i,\ j = 1,\ 2,\ \cdots,\ n) \tag{4.1.11}$$

이다. 모든 정방행렬 A 에 대해서 단위행렬 I 가 A 와 같은 크기일 때

$$AI = A = IA \tag{4.1.12}$$

임을 알 수 있다. 위 관계를 이용하여 역행렬을 정의한다.

요점 4.6 역행렬

A 와 B 가 같은 크기의 행렬일 때

$$AB = I = BA \tag{4.1.13}$$

를 만족하면 B 를 A 의 역행렬(inverse matrix)이라 한다.

3) A, B 가 가환적이라면 식 (4.1.8)에서 등호가 성립한다.

식 (4.1.13)을 만족하는 B가 존재하면 반드시 유일하므로 B를 A^{-1}로 표기하고, 이 표현을 이용하면 식 (4.1.13)은

$$AA^{-1} = I = A^{-1}A \tag{4.1.14}$$

로 된다. A의 역인 A^{-1}이 존재하면 A를 정칙행렬(nonsingular matrix) 또는 가역행렬(invertible matrix)이라 하고, A^{-1}이 존재하지 않으면 A를 특이행렬(singular matrix)이라 한다.

▶ 예제 4.1.2

다음 행렬의 역행렬의 존재여부를 확인하여 보자.

$$\text{(a) } A = \begin{bmatrix} 2 & 1 \\ 5 & 3 \end{bmatrix} \qquad \text{(b) } B = \begin{bmatrix} 1 & 0 \\ 2 & 0 \end{bmatrix}$$

◇ 해

(a) A의 역행렬을 X로 두면

$$AX = \begin{bmatrix} 2 & 1 \\ 5 & 3 \end{bmatrix}\begin{bmatrix} x_1 & x_2 \\ x_3 & x_4 \end{bmatrix} = \begin{bmatrix} (2x_1 + x_3) & (2x_2 + x_4) \\ (5x_1 + 3x_3) & (5x_2 + 3x_4) \end{bmatrix} = \begin{bmatrix} 1 & 0 \\ 0 & 1 \end{bmatrix}$$

이므로 이것을 풀면

$$x_1 = 3,\ x_2 = -1,\ x_3 = -5,\ x_4 = 2$$

이다. 따라서 역행렬은 존재하며

$$AX = I \quad \text{및} \quad XA = I$$

임을 확인할 수 있다.

(b) B의 역행렬을 X로 두면

$$BX = \begin{bmatrix} 1 & 0 \\ 2 & 0 \end{bmatrix}\begin{bmatrix} x_1 & x_2 \\ x_3 & x_4 \end{bmatrix} = \begin{bmatrix} (x_1) & (x_2) \\ (2x_1) & (2x_2) \end{bmatrix} \neq \begin{bmatrix} 1 & 0 \\ 0 & 1 \end{bmatrix}$$

이므로 $BX = I$를 만족하는 X는 존재하지 않는다. 따라서 특이행렬이다.

역행렬과 관련하여 다음의 성질이 알려져 있다.

요점 4.7 역행렬의 성질

(i) 역행렬의 곱셈: A와 B가 정칙행렬이면 AB도 정칙이며, 따라서

$$(AB)^{-1} = B^{-1}A^{-1} \tag{4.1.15}$$

이다.

(ii) 행렬의 지수법칙: m, n이 자연수일 때

$$A^m A^n = A^{m+n} \quad (4.1.16\ a)$$

$$(A^m)^n = A^{m \times n} \quad (4.1.16\ b)$$

이 성립한다.

식 (4.1.14)에서 다음의 관계식은 쉽게 얻을 수 있다.

$$A^0 = I,\ (A^{-1})^n = A^{-n},\ \ (A^n)^{-1} = A^{-n} \tag{4.1.17}$$

• 몇 가지 특수행렬

특별한 형식을 가지는 행렬을 도입하면 행렬끼리의 계산이나 행렬의 이론전개에 매우 편리하다.

(1) 전치행렬: A를 크기 $(m \times n)$인 행렬이라 할 때 A의 행과 열을 서로 교환하여 얻은 $(n \times m)$의 행렬을 A의 전치행렬(transpose matrix)이라 한다.

$$A = [a_{ij}]_{m \times n} \ \rightarrow \ A^T = [a_{ji}]_{n \times m} \tag{4.1.18}$$

(2) 삼각행렬: 정방행렬의 주대각선 아래쪽에 있는 모든 성분이 0인 정방행렬을 위삼각행렬(upper triangular matrix)이라 하고, 주대각선 위쪽에 있는 모든 성분이 0인 정방행렬을 아래삼각행렬(lower triangular matrix)이라 한다. 즉

위삼각행렬: $A = [a_{ij}]_n$에서 $i > j$에 대해서 $a_{ij} = 0$
아래삼각행렬: $A = [a_{ij}]_n$에서 $i < j$에 대해서 $a_{ij} = 0$

(3) 대칭행렬: 정방행렬 A에서 행과 열을 교환해도 변하지 않는 행렬을 대칭행렬(symmetric matrix)이라 한다. 즉

$$A = [a_{ij}]_n \rightarrow A^T = [a_{ji}]_n = A \tag{4.1.19}$$

또한

$$A^T = [a_{ij}]_n \rightarrow \; -A = [-a_{ji}]_n \tag{4.1.20}$$

을 만족하는 정방행렬을 왜대칭행렬(skew-symmetric matrix)[4]이라고 한다. 임의의 정방행렬은 대칭행렬과 왜대칭행렬의 합으로 타나낼 수 있다. 즉

$$A = \left(\frac{A}{2} + \frac{A^T}{2}\right) + \left(\frac{A}{2} - \frac{A^T}{2}\right) \tag{4.1.21}$$

이다. 여기서 대칭행렬을 A_s, 왜대칭행렬을 A_a로 표시한다면 식 (4.1.21)로부터 행렬 A를 다음과 같이 나눌 수 있음을 알 수 있다.

$$A_s = \frac{A}{2} + \frac{A^T}{2}, \quad A_a = \frac{A}{2} - \frac{A^T}{2} \tag{4.1.22}$$

(4) 대각행렬: 정방행렬의 주대각선 상의 성분 a_{ii} 이외의 모든 성분 $a_{ij}, (i \neq j)$가 영인 정방행렬을 대각행렬(diagonal matrix)이라 한다. 즉

$$A = [a_{ij}]_n \text{에서 } a_{ij} = 0, \; (i \neq j) \tag{4.1.23}$$

이다. 따라서 대각행렬은 대칭행렬의 일종이다.

▶ 예제 4.1.3

다음 행렬을 대칭행렬과 왜대칭행렬의 합으로 표현하여 보자.

$$A = \begin{bmatrix} 2 & 0 & 3 \\ 2 & 0 & 2 \\ -3 & 4 & 2 \end{bmatrix}$$

◇ 해

먼저 대칭행렬 A^T는

$$A^T = \begin{bmatrix} 2 & 2 & -3 \\ 0 & 0 & 4 \\ 3 & 2 & 2 \end{bmatrix}$$

이다. 식 (4.1.22)를 이용하면 대칭행렬은

$$A_s = \frac{1}{2}(A + A^T) = \frac{1}{2}\begin{bmatrix} 4 & 2 & 0 \\ 2 & 0 & 6 \\ 0 & 6 & 4 \end{bmatrix} = \begin{bmatrix} 2 & 1 & 0 \\ 1 & 0 & 3 \\ 0 & 3 & 2 \end{bmatrix}$$

4) anti-symmetric matrix라고 부르기도 한다.

이며, 왜대칭행렬은

$$A_a = \frac{1}{2}(A - A^T) = \frac{1}{2}\begin{bmatrix} 0 & -2 & 6 \\ 2 & 0 & -2 \\ -6 & 2 & 0 \end{bmatrix} = \begin{bmatrix} 0 & -1 & 3 \\ 1 & 0 & -1 \\ -3 & 1 & 0 \end{bmatrix}$$

이다. 이것은

$$A = A_s + A_a$$
$$= \begin{bmatrix} 2 & 1 & 0 \\ 1 & 0 & 3 \\ 0 & 3 & 2 \end{bmatrix} + \begin{bmatrix} 0 & -1 & 3 \\ 1 & 0 & -1 \\ -3 & 1 & 0 \end{bmatrix} = \begin{bmatrix} 2 & 0 & 3 \\ 2 & 0 & 2 \\ -3 & 4 & 2 \end{bmatrix}$$

이므로 식 (4.1.22)를 확인할 수 있다.

4.1.1 MATLAB에 의한 풀이

```
% [예제 4.1.1]
A=[0 1;0 2]; B=[1 1;3 4]; C=[2 5;3 4]; D=[3 7; 0 0]; % 행렬의 입력
disp(' A*B = '), disp(A*B)                           % A*B 의 계산결과
disp(' B*A = '), disp(B*A)                           % B*A
disp(' A*C = '), disp(A*C)                           % A*C
disp(' A*D = '), disp(A*D)                           % A*D

% [요점 4.4]의 확인
syms a11 a12 a21 a22 b11 b12 b21 b22                 % symbolic 변수의 정의
A=[a11 a12;a21 a22]; B=[b11 b12;b21 b22];            % symbolic 변수로 행렬의 정의
C=A*B

% [예제 4.1.2]
syms x1 x2 x3 x4                                     % symbolic 변수의 정의
X=[x1 x2;x3 x4]; A=[2 1;5 3]; B=[1 0;2 0];
S=A*X-[1 0;0 1];                                     % S=AX-I_2 의 계산
% (a)번
S=solve(S(1,1),S(1,2),S(2,1),S(2,2));                % 연립방정식 0=AX-I_2의 계산
X=[S.x1 S.x2;S.x3 S.x4]  % 해 X의 표현
% (b)번
S=B*X-[1 0;0 1]; S=solve(S(1,1),S(1,2),S(2,1),S(2,2)); % 0=BX-I_2의 계산 - 불가능

% [예제 4.1.3]
A=[2 0 3;2 0 2;-3 4 2];
As=(A+A')/2; Aa=(A-A')/2;                      % A_s=(A+A^T)/2, A_a=(A-A^T)/2
disp(' A ='), disp(A), disp(' As+Aa ='), disp(As+Aa)       % 화면에 표시
```

연습문제 4.1.2

1. 다음 행렬에 대하여 (1) ~ (6)이 성립하는지의 여부를 설명하여라.

$$A=\begin{bmatrix} 3 & 0 & 4 \\ -1 & 2 & 2 \\ 6 & 5 & -4 \end{bmatrix},\ B=\begin{bmatrix} 0 & -5 & -3 \\ -5 & 2 & 4 \\ -3 & 4 & 0 \end{bmatrix},\ C=\begin{bmatrix} 0 & 2 \\ 0 & 4 \\ 1 & 3 \end{bmatrix},\ D=\begin{bmatrix} 6 & 1 \\ -4 & 7 \\ -8 & 3 \end{bmatrix}$$

(1) $C+D,\ D+C,\ 6(D-C),\ 6C-6D$

(2) $4C,\ 2D,\ 4C+2D,\ 8C-0D$

(3) $A-C-D,\ C-D,\ D-C,\ B+2C+4D$

(4) $2(A+B),\ 2A+2B,\ 5A+\frac{1}{2}B,\ A+B+C$

(5) $3C-8D,\ 4(3A),\ (4\cdot 3)A,\ B-\frac{1}{10}A$

(6) $5A-3C,\ A-B+D,\ 4(B-6A),\ 4B-24A$

2. 행렬의 크기가 지시된 연산이 수행될 수 있는 크기라 할 때 다음이 성립함을 증명하여라.

(1) $(A^T)^T=A$

(2) $(A\pm B)^T=A^T\pm B^T$

(3) $(kA)^T=kA^T$, (단 k는 임의의 스칼라)

(4) $(AB)^T=B^TA^T$

(5) A가 가역이면 A^T도 가역이고 $(A^T)^{-1}=(A^{-1})^T$

3. 행렬의 크기가 지시된 연산이 수행될 수 있는 크기라 할 때, 다음이 성립함을 보여라.

(1) 두 개의 아래삼각행렬의 곱은 아래삼각행렬이고, 두 개의 위삼각행렬의 곱은 위삼각행렬이다.

(2) 삼각행렬이 가역이기 위한 필요충분조건은 그의 주대각성분이 모두 영이 아닌 것이다.

(3) 가역인 아래삼각행렬의 역행렬은 아래삼각행렬이고, 가역인 위삼각행렬의 역행렬은 위삼각행렬이다.

4. A와 B를 n차 (즉 $n\times n$) 대칭행렬이라 하고, k를 임의의 스칼라(실수)라 할 때 다음이 성립함을 확인하여라.

(1) $\boldsymbol{A}^T$는 대칭행렬 (2) $\boldsymbol{A} \pm \boldsymbol{B}$는 대칭행렬

(3) $k\boldsymbol{A}$는 대칭행렬 (4) $\boldsymbol{A}$가 가역인 대칭행렬이면 $\boldsymbol{A}^{-1}$은 대칭행렬

5. n 차의 대각행렬 $\boldsymbol{D}$와 스칼라곱 단위행렬 $\boldsymbol{S}$는 각각

$$\boldsymbol{D} = \begin{bmatrix} d_1 & 0 & \cdots & 0 \\ 0 & d_2 & \cdots & 0 \\ \vdots & & \ddots & \vdots \\ 0 & 0 & \cdots & d_n \end{bmatrix}, \quad \boldsymbol{S} = k\boldsymbol{I}_n = \begin{bmatrix} k & 0 & \cdots & 0 \\ 0 & k & \cdots & 0 \\ \vdots & & \ddots & \vdots \\ 0 & 0 & \cdots & k \end{bmatrix}$$

로 표기할 수 있다. 대각행렬 $\boldsymbol{D}$가 가역이기 위한 필요충분조건은 주대각성분 d_i, $(i=1, 2, \cdots, n)$이 영이 아닌 것이다. 즉

$$\boldsymbol{D}^{-1} = \begin{bmatrix} \frac{1}{d_1} & 0 & \cdots & 0 \\ 0 & \frac{1}{d_2} & \cdots & 0 \\ \vdots & & \ddots & \vdots \\ 0 & 0 & \cdots & \frac{1}{d_n} \end{bmatrix}, \quad \boldsymbol{D}^n = \begin{bmatrix} d_1^n & 0 & \cdots & 0 \\ 0 & d_2^n & \cdots & 0 \\ \vdots & & \ddots & \vdots \\ 0 & 0 & \cdots & d_n^n \end{bmatrix}, (n > 0)$$

이다. 3차 대각행렬 $\boldsymbol{A} = \begin{bmatrix} 1 & 0 & 0 \\ 0 & -3 & 0 \\ 0 & 0 & 2 \end{bmatrix}$의 $\boldsymbol{A}^{-1}$, $\boldsymbol{A}^5$ 및 $\boldsymbol{A}^{-5}$를 구하여라.

4.2 연립 1 차방정식과 가우스 소거법

행렬이론의 가장 고전적 적용대상은 연립 대수방정식의 해를 구하는 것이다[5]. 즉 n 개의 미지수 x_1, x_2, $\cdots$, x_n을 가지는 m 개의 1 차방정식으로 이루어진 연립 1 차방정식(system of linear equations)은

$$\begin{cases} a_{11}x_1 + a_{12}x_2 + \cdots + a_{1n}x_n = b_1 \\ a_{21}x_1 + a_{22}x_2 + \cdots + a_{2n}x_n = b_2 \\ \quad \vdots \qquad\qquad \vdots \qquad\qquad\quad \vdots \qquad\quad \vdots \\ a_{m1}x_1 + a_{m2}x_2 + \cdots + a_{mn}x_n = b_m \end{cases} \tag{4.2.1}$$

로 주어진 방정식의 집합이고, 여기서 a_{ij}, $(i = 1, 2, \cdots, m,\ j = 1, 2, \cdots, n)$는 주어진

5) 이것의 필요성에 의해 행렬이 처음으로 고안되었다.

상수로서 연립방정식 (4.2.1)의 계수(coefficients)라고 한다. 그리고 b_i, $(i=1,\ 2, \cdots,\ m)$ 역시 주어진 정수이다. 이때 b_i의 값에 따라 연립방정식 (4.2.1)을 다음과 같이 분류한다.

(1) 모든 $b_i = 0$, $(i=1, \cdots, m)$이면 식 (4.2.1)은 제차 연립방정식(homogeneous system)

(2) 적어도 하나의 $b_i \neq 0$이면 식 (4.2.1)은 비제차 연립방정식(non-homogeneous system)

식 (4.2.1)의 m 개의 방정식을 모두 만족하는 수의 집합 $\{x_1,\ x_2, \cdots,\ x_n\}$을 식 (4.2.1)의 해(solution)라 하고, 식 (4.2.1)의 해로 이루어진 벡터 $\vec{x} = [x_1,\ x_2, \cdots,\ x_n]^T$를 해 벡터(solution vector)라고 한다.

번거로운 스칼라 표기법으로 표현된 식 (4.2.1)은 행렬의 곱의 정의를 이용하면

$$\begin{bmatrix} a_{11} & a_{12} & \cdots & a_{1n} \\ a_{21} & a_{22} & \cdots & a_{2n} \\ \vdots & & \ddots & \vdots \\ a_{m1} & a_{m2} & \cdots & a_{mn} \end{bmatrix} \begin{bmatrix} x_1 \\ x_2 \\ \vdots \\ x_n \end{bmatrix} = \begin{bmatrix} b_1 \\ b_2 \\ \vdots \\ b_m \end{bmatrix} \quad \rightarrow \quad \boldsymbol{A}\vec{x} = \vec{b} \tag{4.2.2}$$

로 표현된다. 여기서 행렬 $\boldsymbol{A}$를 계수행렬(coefficient matrix), 열벡터 $\vec{x}$를 변수벡터(variable vector), 및 벡터 $\vec{b}$를 비제차항 벡터(vector of non-homogeneous terms)라고 부른다. 또한 계수행렬 $\boldsymbol{A}$의 마지막 열 오른쪽에 열벡터 $\vec{b}$를 추가한 행렬

$$\widetilde{\boldsymbol{A}} = \left[\begin{array}{cccc|c} a_{11} & a_{12} & \cdots & a_{1n} & b_1 \\ a_{21} & a_{22} & \cdots & a_{2n} & b_2 \\ \vdots & & \ddots & \vdots & \vdots \\ a_{m1} & a_{m2} & \cdots & a_{mn} & b_m \end{array}\right] \tag{4.2.3}$$

을 식 (4.2.1)의 확대행렬(augmented matrix)이라 한다. 확대행렬 $\widetilde{\boldsymbol{A}}$ 는 방정식 (4.2.1)에 나타난 모든 상수를 포함하기 때문에 연립 1 차방정식 (4.2.1)의 해를 결정하는 데 주로 사용된다.

• 해의 존재가능성

이제 연립 1 차방정식의 해를 구하고자 하는 경우에 생기는 가장 기본적인 문제, 즉 주어진 방정식을 모두 만족하는 해 벡터 $\vec{x}$의 존재여부에 대하여 생각하여 보기로 한다. 이에 대한 설명을 간단히 하기 위해 식 (4.2.1)에서 $m = n = 2$ 인 경우, 즉 미지수 x_1, x_2를 가지는 두 개의 방정식

$$\begin{cases} a_{11}x_1 + a_{12}x_2 = b_1 \\ a_{21}x_1 + a_{22}x_2 = b_2 \end{cases} \tag{4.2.4}$$

를 생각하기로 한다. 위 식은 두 변수 x_1과 x_2에 관한 1 차식이므로, 해를 얻기 위해서 식 (4.2.4)를 (x_1, x_2)-평면에 나타내고 이를 각각 l_1과 l_2로 둔다. 이때 연립방정식의 해는 두 개의 방정식 (4.2.4)를 동시에 만족하여야 하므로 두 직선 l_1과 l_2가 (x_1, x_2)-평면에서 만나는 점에 대응한다. [그림 4.1]에서 알 수 있는 바와 같이 다음 세 가지의 가능성이 존재한다.

(1) 직선 l_1과 l_2가 평행하여 만나지 않는다(그림 4.1 (a)). 즉 해가 없다.
(2) 직선 l_1과 l_2가 오직 한 점에서 만난다(그림 4.1 (b)). 즉 유일한 해를 가진다.
(3) 직선 l_1과 l_2가 일치한다(그림 4.1 (c)). 즉 무한개의 해를 가진다.

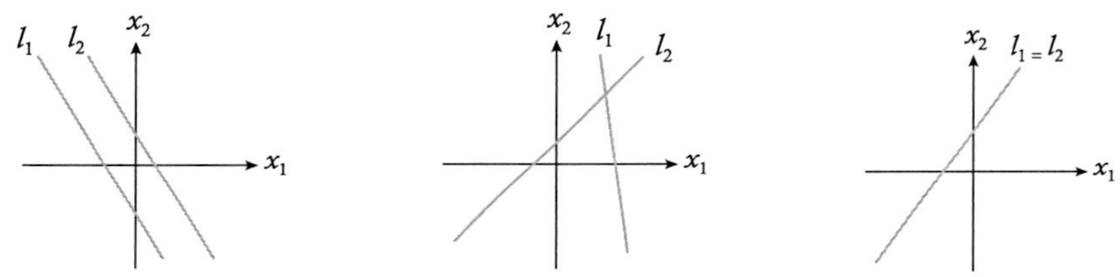

(a) (b) (c)

그림 4.1 연립방정식 (4.2.4)의 해의 존재가능성

식 (4.2.1) 형태의 연립방정식의 해를 위와 같이 세 종류로 분류하였을 때 다음과 같은 문제점에 부딪치게 된다.

(a) 어떤 경우에 연립방정식은 적어도 하나의 해를 갖는가, 또 하나 이상의 해를 가진다면 이들을 어떻게 표현할 것인가.
(b) 해가 존재한다면 어떤 조건에 의해서 해는 유일(unique)한가.
(c) 어떤 경우에 연립방정식의 해는 존재하지 않는가.

이와 같은 문제를 해결하는 방법에 대하여 설명한다.

4.2.1 가우스 소거법

먼저 연립 1 차방정식의 해를 얻기 위한 기초적인 방법을 설명하기 위해 다음과 같은 간단한 방정식에 대하여 생각하여 보자.

$$\begin{cases} x \quad\ + z = 1 \\ 2x + y + \ z = 0 \\ x + y + 2z = 1 \end{cases} \tag{4.2.5}$$

위와 같은 연립방정식은 순차적으로 미지수를 제거함으로써 해를 구하는 것이 일반적이다. 즉 먼저, 위 식의 첫번째 방정식을 이용하여 두 번째, 세 번째 방정식에서 미지수 x를 소거하면[6)]

$$\begin{aligned} x \quad + z &= \ \ 1 \\ y - z &= -2 \\ y + z &= \ \ 0 \end{aligned} \tag{4.2.6}$$

이다. 다음에 식 (4.2.6)의 두 번째, 세 번째 방정식으로부터 미지수 y를 소거하면

$$\begin{aligned} x + z &= \ \ 1 \\ y - z &= -2 \\ 2z &= \ \ 2 \end{aligned} \tag{4.2.7}$$

로 되어 $z = 1$임을 알 수 있으며, 이를 식 (4.2.7)의 두 번째 방정식에 대입하여 $y = -1$을 얻고, 다시 이것을 첫번째 방정식에 대입하여 $x = 0$을 얻는다.

위와 같이 순차적으로 미지수를 제거하는 과정은 미지수 x, y 및 z에는 무관하고 각 방정식의 계수에 의존한다. 다시 말하면 식 (4.2.5)의 방정식에서 계수값이 달라진다면 위에서 언급한 미지수 제거순서도 달라질 수 있다는 것이다. 따라서 식 (4.2.5)의 모든 계수와 오른쪽 항의 값을 하나로 묶어 다음과 같은 확대행렬

$$\begin{bmatrix} 1 & 0 & 1 & 1 \\ 2 & 1 & 1 & 0 \\ 1 & 1 & 2 & 1 \end{bmatrix} \tag{4.2.8}$$

을 만들어서, 식 (4.2.6)과 (4.2.7)에서 수행한 것과 동일한 과정을 되풀이하여 보자. 먼저

6) $x = -z + 1$ 을 두 번째와 세 번째 방정식에 대입한다.

행렬 (4.2.8)의 첫번째 행의 모든 요소에 (-2)를 곱하여 두 번째 행에 각 요소별로 더한다. 다음에 역시 첫번째 행의 모든 요소에 (-1)을 곱하여 세 번째 행에 각 요소별로 더하면

$$\begin{bmatrix} 1 & 0 & 1 & 1 \\ 0 & 1 & -1 & -2 \\ 0 & 1 & 1 & 0 \end{bmatrix} \tag{4.2.9}$$

로 되어 방정식 (4.2.6)의 계수와 오른쪽 항을 묶어 만들어진 확대행렬임음을 알 수 있다. 다음에 식 (4.2.9)의 두 번째 행의 각 요소에 (-1)을 곱하여 세 번째 행에 각 요소별로 더하면

$$\begin{bmatrix} 1 & 0 & 1 & 1 \\ 0 & 1 & -1 & -2 \\ 0 & 0 & 2 & 2 \end{bmatrix} \tag{4.2.10}$$

로 되며, 이것은 물론 방정식 (4.2.7)의 확대방정식을 나타내고 있다. 일단 여기까지의 전개되었다면 더 이상의 행렬에 대한 조작을 할 필요는 없으나, 여기서는 이러한 조작의 마무리를 위하여 행렬 (4.2.10)의 세 번째 행을 (2)로 나누어서 세 번째 행으로 둔다. 마지막으로 세 번째 행을 두 번째 행과 첫번째 행에 각 요소별로 더하면 다음의 확대행렬을 얻을 수 있다.

$$\begin{bmatrix} 1 & 0 & 0 & 0 \\ 0 & 1 & 0 & -1 \\ 0 & 0 & 1 & 1 \end{bmatrix} \tag{4.2.11}$$

위 행렬을 다시 방정식의 형태로 나타내면

$$\begin{aligned} x &= \ \ \, 0 \\ y &= -1 \\ z &= \ \ \, 1 \end{aligned} \tag{4.2.12}$$

로 되어 위에서 구한 것과 동일한 연립방정식의 해를 얻을 수 있다.

위와 같이 연립방정식 (4.2.5)를 간략히 나타내기 위한 식 (4.2.8)에서 식 (4.2.11)까지의 과정을 기본행연산(elementary row operations)이라 하며, 다음 세 가지 종류로 이루어져 있다.

(i) 두 행을 서로 교환한다.
(ii) 한 행에 임의의 수 k, $(k \neq 0)$를 곱한 것을 다른 행에 더하거나 뺀다.
(iii) 한 행에 임의의 수 k, $(k \neq 0)$를 곱한다.

위의 과정에서 알 수 있듯이, 연립방정식에서 두 식의 순서를 교환하거나 또는 하나의 식에 임의의 수를 곱하거나, 또는 곱한 식을 다른 식에 더하거나 빼어도 방정식의 해는 변하지 않는다는 것을 알았다. 이와 같이 원래의 시스템에 기본행연산을 수행하여 얻은 시스템을 행동치(row-equivalent)라고 하며 다음의 요점을 얻는다.

요점 4.8 행동치의 성질

행동치인 선형시스템은 동일한 해의 집합을 가진다.

여기서 주의할 점은 열(column)에 관한 위와 같은 조작은 해를 변화시키기 때문에 수행되어서는 안 된다는 것이다. 기본행연산의 요점은 원래의 연립방정식(예를 들어 식 (4.2.5))을 동일한 해를 가지지만 해를 구하기 쉬운 형태를 하고 있는 연립방정식(예를 들어 식 (4.2.11))으로 바꾼다는 것이다. 다시 말하면, 여러 개의 미지수로 이루어진 식 (4.2.5)의 각 방정식을 하나의 미지수만으로 이루어진 방정식 (4.2.12)로 변환하는 것으로, 이 과정을 가우스 소거법(Gaussian elimination)이라고 한다. 연립방정식의 해를 구하기 위한 가우스 소거법의 순서를 요점으로 정리하면 다음과 같다.

요점 4.9 가우스 소거법의 순서

(1) 주어진 연립방정식으로부터 확대방정식을 구한다.
(2) 확대방정식의 선두성분(leading entry)[7]이 '1'이 되도록 행에 대한 연산을 실시한다. 만약 선두성분이 영이면 행교환을 통하여 영이 아닌 행으로 교환한다.
(3) 여기에 기본행연산을 통하여 주축열(pivot column)[8] 아래의 선두성분을 모두 소거한다(즉 영으로 만든다).
(4) 두 번째 행의 선두성분을 '1'로 만들고[9], 역시 주축열의 아래 성분을 전부 소거한다. 이 과정에서도 선두성분이 '0'으로 되었다면 행교환을 통하여 영이 아닌 행으로 교환한다.
(5) 각 행의 선두성분 아래쪽의 성분이 전부 '0'으로 될 때까지 위 과정을 반복한다.

7) 확대행렬에서 가장 왼쪽에 있는 요소의 성분, 즉 (1,1)을 의미한다.
8) 선두성분이 속하는 열을 의미한다.
9) 두 번째 행이므로 확대행렬의 요소 (2, 2)를 의미한다.

▶ 예제 4.2.1

다음 연립방정식의 해를 구하여 보자.

$$\begin{cases} x \quad\quad + z = 1 \\ 2x \quad\quad + z = 0 \\ x + y + z = 1 \end{cases}$$

◇ **해**

확대방정식은

$$\begin{bmatrix} 1 & 0 & 1 & 1 \\ 2 & 0 & 1 & 0 \\ 1 & 1 & 1 & 1 \end{bmatrix}$$

이므로 위에서 언급한 가우스 소거법을 실시한다. (1) 첫 번째 행의 선두성분이 '1'이므로 행연산을 통하여 선두성분 아래를 전부 '0'으로 만든다. (2) 두 번째 행의 선두성분이 '0'이므로 세 번째 행과 교환하고 다시 행연산을 통하여 선두성분 아래를 '0'으로 만든다. 이 과정은

$$\begin{bmatrix} 1 & 0 & 1 & 1 \\ 2 & 0 & 1 & 0 \\ 1 & 1 & 1 & 1 \end{bmatrix} \rightarrow \begin{bmatrix} 1 & 0 & 1 & 1 \\ 0 & 0 & -1 & -2 \\ 0 & 1 & 0 & 0 \end{bmatrix} \rightarrow \begin{bmatrix} 1 & 0 & 1 & 1 \\ 0 & 1 & 0 & 0 \\ 0 & 0 & -1 & -2 \end{bmatrix}$$

로 나타낼 수 있다. 따라서 위 식으로부터 연립방정식은

$$\begin{aligned} x + z &= 1 \\ y &= 0 \\ -z &= -2 \end{aligned}$$

로 변환되어, 해는 $x = -1$, $y = 0$ 및 $z = 2$임을 쉽게 알 수 있다.

식 (4.2.1)로 주어진 연립방정식에서 m은 방정식의 개수이며, n은 미지수의 개수를 나타낸다. 이때 m과 n의 크기와 연립방정식의 해 사이에 다음 관계가 있다.

- $m = n$인 경우 식 (4.2.1)은 해를 가질 수도 갖지 않을 수도 있으나, 해를 가지는 경우에는 유일한 해를 가진다. 이러한 이 경우의 식 (4.2.1)을 결정계(determined system)라고 한다.
- $m > n$이면 일반적으로 해를 갖지 않으나, 해를 가지는 경우도 있다. 이런 경우의 식 (4.2.1)을 과잉결정계(over-determined system)라고 한다.
- $m < n$이면 일반적으로 무한개의 해를 가진다. 이런 경우의 식 (4.2.1)을 과소결정계(under-determined system)라고 한다.

▶ 예제 4.2.2 결정계의 경우

다음 연립 1차방정식의 해를 가우스 소거법에 의하여 구하여 보자.

$$\begin{cases} x_1 - 2x_2 + x_3 = 0 \\ 2x_2 - 8x_3 = 8 \\ -4x_1 + 5x_2 + 9x_3 = -9 \end{cases}$$

◇ 해

위 식에 대한 확대방정식을 구하여 가우스 소거법의 과정을 따른다. 여기서 식 표현을 위해 다음 기호를 도입한다.

(i) $R_i \leftrightarrow R_j, (i \neq j)$: i행과 j행을 서로 교환한다.
(ii) $R_j \to R_j \pm kR_i$: i행에 $k, (\neq 0)$배한 것을 j행에 더하거나 뺀다.
(iii) $R_i \to kR_i$: i행에 수 $k, (\neq 0)$를 곱한다.

$$\begin{bmatrix} 1 & -2 & 1 & 0 \\ 0 & 2 & -8 & 8 \\ -4 & 5 & 9 & -9 \end{bmatrix} \xrightarrow{R_3 \to 4R_1 + R_3} \begin{bmatrix} 1 & -2 & 1 & 0 \\ 0 & 2 & -8 & 8 \\ 0 & -3 & 13 & -9 \end{bmatrix}$$

$$\xrightarrow{R_2 \to \frac{1}{2}R_2} \begin{bmatrix} 1 & -2 & 1 & 0 \\ 0 & 1 & -4 & 4 \\ 0 & -3 & 13 & -9 \end{bmatrix} \quad ①$$

$$\xrightarrow{R_3 \to 3R_2 + R_3} \begin{bmatrix} 1 & -2 & 1 & 0 \\ 0 & 1 & -4 & 4 \\ 0 & 0 & 1 & 3 \end{bmatrix}$$

따라서 위의 마지막 확대행렬에 대응하는 방정식은

$$\begin{aligned} x_1 - 2x_2 + x_3 &= 0 \\ x_2 - 4x_3 &= 4 \\ x_3 &= 3 \end{aligned} \quad ②$$

이다. 여기서 가장 아래쪽에 있는 값을 연차적으로 방정식에 대입하면 $x_1 = 29, x_2 = 16$ 및 $x_3 = 3$ 인 유일한 해를 얻는다. 위 식에서 알 수 있다시피, 가우스 소거법을 마지막까지 수행한 확대행렬의 모양은 항상 위삼각행렬의 모양을 하게 된다.

사실상 더 이상의 가우스 소거법은 필요하지 않으나, ①의 마지막 단계에서

$$\begin{bmatrix} 1 & -2 & 1 & 0 \\ 0 & 1 & -4 & 4 \\ 0 & 0 & 1 & 3 \end{bmatrix} \xrightarrow[R_2 \to 4R_3 + R_2]{R_1 \to (-R_3) + R_1} \begin{bmatrix} 1 & -2 & 0 & -3 \\ 0 & 1 & 0 & 16 \\ 0 & 0 & 1 & 3 \end{bmatrix}$$

$$\xrightarrow{R_1 \to 2R_2 + R_1} \begin{bmatrix} 1 & 0 & 0 & 29 \\ 0 & 1 & 0 & 16 \\ 0 & 0 & 1 & 3 \end{bmatrix} \quad ③$$

로 되어 역시 ②의 결과 마찬가지인 $x_1 = 29, x_2 = 16$ 및 $x_3 = 3$ 인 해를 얻는다. 이와 같이 ①의 마지막 단계에서 다시 가우스 소거법을 실시하면 최종적으로는 ③의 마지막 식과 같이 대각선상에 '1'이 배치되고 오른쪽 마지막 열에 구하고자 하는 해가 들어있게 된다. 이 과정은 뒤에서 역행렬 등의 계산에 사용된다.

▶ 예제 4.2.3 과잉결정계의 경우

다음 과잉결정계($m > n$)의 해가 존재하는지를 확인하고 존재하는 경우 그 해를 구하여 보자.

$$\text{(a)} \begin{cases} x_1 + x_2 = 1 \\ x_1 - x_2 = 3 \\ -x_1 + 2x_2 = -2 \end{cases} \qquad \text{(b)} \begin{cases} x_1 + 2x_2 + x_3 = 1 \\ 2x_1 - x_2 + x_3 = 2 \\ 4x_1 + 3x_2 + 3x_3 = 4 \\ 3x_1 + x_2 + 2x_3 = 3 \end{cases}$$

◇ 해

이미 [예제 4.2.2]에서 가우스 소거법의 과정을 언급하였기 때문에 여기서는 확대행렬을 위삼각행렬로 만드는 과정은 생략하고 해의 존재여부에 대한 설명만을 수행한다.

(a) 확대행렬로부터 가우스 소거법에 의해

$$\begin{bmatrix} 1 & 1 & 1 \\ 1 & -1 & 3 \\ -1 & 2 & 2 \end{bmatrix} \rightarrow \begin{bmatrix} 1 & 1 & 1 \\ 0 & 1 & -1 \\ 0 & 0 & 1 \end{bmatrix} \qquad ①$$

이므로 여기에 대응하는 1차방정식은

$$\begin{cases} x_1 + x_2 = 1 \\ \quad x_2 = -1 \\ 0x_1 + 0x_2 = 1 \end{cases} \qquad ②$$

이다. 위 방정식의 마지막 행은 $0 = 1$을 의미하므로 모순이다. 따라서 위 연립방정식은 해가 존재하지 않는다.

(b) 가우스 소거법에 의해

$$\begin{bmatrix} 1 & 2 & 1 & 1 \\ 2 & -1 & 1 & 2 \\ 4 & 3 & 3 & 4 \\ 3 & 1 & 2 & 3 \end{bmatrix} \rightarrow \begin{bmatrix} 1 & 2 & 1 & 1 \\ 0 & 1 & 1/5 & 0 \\ 0 & 0 & 0 & 0 \\ 0 & 0 & 0 & 0 \end{bmatrix} \qquad ③$$

이므로 여기에 대응하는 1차방정식은

$$\begin{cases} x_1 + 2x_2 + x_3 = 1 \\ \quad x_2 + \frac{1}{5}x_3 = 0 \end{cases} \qquad ④$$

이다. ④의 연립방정식은 미지변수가 세 개이지만 식은 두 개뿐이다. 따라서 이러한 경우에는 하나의 미지변수, 예를 들어 x_3를 임의의 값, 즉 $x_3 = k$으로 두면 해를 구할 수 있다. 이 결과 ④의 두 번째 방정식에서 $x_2 = -0.2k$이고, 이를 ④의 첫번째 방정식에 대입하면 $x_1 = 1-0.6k$를 얻을 수 있다. 이를 다음과 같이 해 벡터를 이용하여 표시할 수 있다10).

$$\vec{x} = \begin{bmatrix} x_1 \\ x_2 \\ x_3 \end{bmatrix} = \begin{bmatrix} 1-0.6k \\ -0.2k \\ k \end{bmatrix} = \begin{bmatrix} 1 \\ 0 \\ 0 \end{bmatrix} + k \begin{bmatrix} -0.6 \\ -0.2 \\ 1 \end{bmatrix} \qquad ⑤$$

⑤를 주어진 연립방정식의 일반해(general solution)라 하고, 자유변수의 개수를 주어진 연립방정식의 자유도(degree of freedom)라고 한다.

위 예제로부터 알 수 있는 바와 같이 가우스 소거법을 실행하여 확대행렬이 위삼각행렬로 되었을 때의 마지막 행이

$$[0\ \ 0\ \ \cdots\ \ 0\ \ b] \qquad (4.2.13)$$

의 형식인 경우, 만약 $b \neq 0$이면 연립방정식은 해가 존재하지 않으며, $b = 0$이면 무한개의 해가 존재한다.

▶ 예제 4.2.4 과소결정계

다음 과소결정계의 해가 존재하는지의 여부를 확인하고 존재하는 경우에는 해를 구하여보자.

(a) $\begin{cases} x_1 + 2x_2 + x_3 = 1 \\ 2x_1 + 4x_2 + 2x_3 = 3 \end{cases}$

(b) $\begin{cases} x_1 + x_2 + x_3 + x_4 + x_5 = 2 \\ x_1 + x_2 + x_3 + 2x_4 + 2x_5 = 3 \\ x_1 + x_2 + x_3 + 2x_4 + 3x_5 = 2 \end{cases}$

◇ 해

[예제 4.2.3]과 마찬가지로 가우스 소거법의 중간과정은 생략하고 최종결과만을 가지고 해의 존재여부를 확인하기로 한다.

(a) 확대행렬로부터

$$\begin{bmatrix} 1 & 2 & 1 & 1 \\ 2 & 4 & 2 & 3 \end{bmatrix} \rightarrow \begin{bmatrix} 1 & 2 & 1 & 1 \\ 0 & 0 & 0 & 1 \end{bmatrix} \qquad ①$$

이므로 식 (4.2.13)의 $b \neq 0$인 경우에 해당하므로 위 연립방정식은 해가 존재하지 않는다.

(b) 확대행렬에 가우스 소거법을 실행하면 다음과 같다.

$$\begin{bmatrix} 1 & 1 & 1 & 1 & 1 & 2 \\ 1 & 1 & 1 & 2 & 2 & 3 \\ 1 & 1 & 1 & 2 & 3 & 2 \end{bmatrix} \rightarrow \begin{bmatrix} 1 & 1 & 1 & 0 & 0 & 1 \\ 0 & 0 & 0 & 1 & 0 & 2 \\ 0 & 0 & 0 & 0 & 1 & -1 \end{bmatrix} \qquad ②$$

10) 이때 x_1과 x_2를 기본변수(basic variable), x_3를 자유변수(free variable)라고 한다.

이므로 여기에 해당하는 연립방정식은

$$\begin{cases} x_1 + x_2 + x_3 = \ \ 1 \\ \qquad\qquad x_4 = \ \ 2 \\ \qquad\qquad x_5 = -1 \end{cases} \qquad ③$$

으로 된다. ③의 연립방정식의 다섯 개의 미지수 중에서 x_4와 x_5는 이미 결정되어 있으므로, ③의 첫번째 방정식에서 나머지 세 개의 미지수를 결정하여야 한다. 따라서 자유변수를 $x_2 = k_1,\ x_3 = k_2$로 두면 연립방정식의 일반해는

$$x_1 = 1 - k_1 - k_2,\ \ x_2 = k_1,\ \ x_3 = k_2,\ \ x_4 = 2,\ \ x_5 = -1 \qquad ④$$

이다. 위 연립방정식의 자유도는

$$2 = n(\text{미지수의 개수}) - (\text{기본변수의 개수})$$

이다. ④를 해 벡터를 이용하여 다음과 같이 나타낼 수도 있다.

$$\vec{x} = \begin{bmatrix} x_1 \\ x_2 \\ x_3 \\ x_4 \\ x_5 \end{bmatrix} = \begin{bmatrix} 1 - k_1 - k_2 \\ k_1 \\ k_2 \\ 2 \\ -1 \end{bmatrix} = \begin{bmatrix} 1 \\ 0 \\ 0 \\ 2 \\ -1 \end{bmatrix} + k_1 \begin{bmatrix} -1 \\ 1 \\ 0 \\ 0 \\ 0 \end{bmatrix} + k_2 \begin{bmatrix} -1 \\ 0 \\ 1 \\ 0 \\ 0 \end{bmatrix} \qquad ⑤$$

[예제 4.2.4]에서 알 수 있는 바와 같이 과소결정계는 일반적으로 해가 존재하지 않거나, 또는 무한개의 일반해를 가질 수도 있다.

4.2.2 MATLAB에 의한 풀이

```
% [예제 4.2.1]
A=[1 0 1 1; 2 0 1 0; 1 1 1 1];              % 확대방정식
rref(sym(A))                                % A를 symbolic으로 정의하여 'rref' 에 대입
rref(A)                                     % MATLAB의 기본 명령어
rrefmovie(A)                                % 실행과정을 화면상에서 확인가능

% [예제 4.2.2]
A=[1 -2 1 0; 0 2 -8 8;-4 5 9 -9]; rref(sym(A)), rrefmovie(A)

% [예제 4.2.3]
A=[1 1 1;1 -1 3;-1 2 2]; B=[1 2 1 1;2 -1 1 2;4 3 3 4;3 1 2 3];  % 확대방정식 (a),(b)
rref(sym(A)), rrefmovie(A), rref(sym(B)), rrefmovie(B)          % 가우스 소거의 결과 확인
```

```
% [예제 4.2.4]
A=[1 2 1 1;2 4 2 3]; B=[1 1 1 1 1 1 2; 1 1 1 2 2 3;1 1 1 2 3 2];   % 확대방정식 (a), (b)
rref(sym(A)), rrefmovie(A), rref(sym(B)), rrefmovie(B)
```

❖ [예제 4.2.1]에서 명령어 'rref'는 MATLAB의 기본명령어이나 Symbolic Math Toolbox 에서도 사용할 수 있다. 또한 'rrefmovie'를 실행하면 가우스 소거법을 실행하여 해를 구하는 과정을 단계적으로 볼 수 있으므로 편리하다.

연습문제 4.2.3 ●●●

1. 다음 행렬을 기본행연산을 사용하여 위삼각행렬로 변환하여라.

(1) $\begin{bmatrix} 1 & 0 & 0 \\ -2 & 2 & 0 \\ 1 & 3 & -1 \end{bmatrix}$ (2) $\begin{bmatrix} 0 & 1 & 0 \\ 1 & 0 & 0 \\ 0 & 0 & 1 \end{bmatrix}$

(3) $\begin{bmatrix} a & b \\ c & d \end{bmatrix}$(단, $a=0$ 및 $a \neq 0$ 인 경우) (4) $\begin{bmatrix} 1 & 2 & 1 \\ 2 & 4 & -2 \\ 0 & 0 & 1 \end{bmatrix}$

2. (1) $x_1+x_2-x_3=1$ 의 해를 구하여라.

(2) $\begin{cases} x_1+x_2-x_3=1 \\ x_1+x_2+x_3=-1 \end{cases}$ 의 해를 구하여라.

(3) 문제 (2)의 해와 (1)의 해 사이에는 어떤 관계가 있는가?

3. 가우스 소거법을 이용하여 다음 연립방정식의 해를 구하여라.

(1) $\begin{cases} 0.5x_1+3.5x_2=5.7 \\ -x_1+5x_2=7.8 \end{cases}$ (2) $\begin{cases} 0.8x_1+1.2x_2-0.6x_3=-7.8 \\ 2.6x_1+1.7x_3=15.3 \\ 4.0x_1-7.3x_2-1.5x_3=1.1 \end{cases}$

(3) $\begin{cases} x_2+x_3=-2 \\ 4x_2+6x_3=-12 \\ x_1+x_2+x_3=2 \end{cases}$ (4) $\begin{cases} 4x_2+4x_3=24 \\ 3x_1-11x_2-2x_3=-6 \\ 6x_1-17x_2+1x_3=18 \end{cases}$

(5) $\begin{cases} 2x_1-x_2+3x_3=-1 \\ -4x_1+2x_2-6x_3=2 \end{cases}$ (6) $\begin{cases} x_2+x_3-2x_4=0 \\ -4x_1-x_2-x_3+2x_4=-4 \\ -2x_1+3x_2+3x_3-6x_4=-2 \end{cases}$

(7) $\begin{cases} 3x_2+7x_3-4x_4 = -46 \\ 5x_1+4x_2+8x_3+x_4 = 7 \\ 8x_1+4x_3-2x_4 = 0 \\ -x_1+6x_2+2x_4 = 13 \end{cases}$ (8) $\begin{cases} x_1-x_2+x_3 = 54 \\ 2x_1-4x_2+3x_3 = 0 \\ x_1-6x_2+2x_3 = 3 \end{cases}$

4.3 벡터공간과 행렬의 랭크

4.3.1 벡터공간

여기서는 행렬의 랭크(rank)를 설명하기 위하여 필요한 벡터의 선형독립성 및 벡터공간 등에 대하여 간략하게 언급한다. 자세한 내용은 선형대수의 교과서를 참고하기 바란다.

• 벡터의 선형독립성

n개의 요소를 가지는 m개의 벡터(즉 n차원벡터이다) $\vec{v}_i, (i=1, 2, \cdots, m)$가 주어졌다고 한다. 이때 m개의 벡터가 선형독립(linearly independent)이라는 것은 미지의 스칼라 계수 $\alpha_i, (i=1, 2, \cdots, m)$에 의해

$$\alpha_1\vec{v}_1+\alpha_2\vec{v}_2+\cdots+\alpha_m\vec{v}_m=\vec{0} \tag{4.3.1}$$

일 때 위 식을 만족하는 α_i는 $\alpha_1=\alpha_2=\cdots=\alpha_m=0$을 제외하고는 다른 해가 없는 경우를 의미한다. 반대로 하나라도 '0'이 아닌 계수 α_i가 존재하여 식 (4.3.1)의 해일 경우, α_i와 관련된 벡터 $\vec{v}_i$는 나머지 $(n-1)$개의 벡터 $\vec{v}_j, (j\neq i)$에 대하여 선형종속(linearly dependent)이라고 한다. 예를 들어 만약 3차원 공간에 존재하는 세 개의 벡터 $\vec{x}$, $\vec{y}$, $\vec{z}$가 서로 평행하지 않을 경우 이들 세 개의 벡터는 서로 선형독립이지만, 만약 세 개의 벡터가 공간 내의 동일한 평면에 존재한다면 이들 중 적어도 하나는 나머지 둘에 대해 선형종속이라는 것을 의미한다[11].

만약 $\alpha_i\neq 0$으로 되어 벡터 $\vec{v}_i$가 선형종속이라면, 식 (4.3.1)의 양변을 α_i로 나누어 정리하면

11) 평면상에서 두 개의 선형독립인 벡터의 결합법칙을 이용하면 (평면상에 존재하는) 어떤 종류의 (세 번째) 벡터라도 만들어 낼 수 있다.

$$\vec{v}_i = -\frac{\alpha_1}{\alpha_i}\vec{v}_1 - \cdots - \frac{\alpha_{i-1}}{\alpha_i}\vec{v}_{i-1} - \frac{\alpha_{i+1}}{\alpha_i}\vec{v}_{i+1} - \cdots - \frac{\alpha_m}{\alpha_i}\vec{v}_m \quad (4.3.2)$$

로 나타낼 수 있다. 다시 말하면 벡터 $\vec{v}_i$는 이것을 제외한 나머지 $(n-1)$개 벡터의 스칼라곱의 합으로 나타낼 수 있다. 식 (4.3.2)와 같은 벡터의 합을 선형결합(linear combination)이라고 한다. 따라서 선형독립이라는 것은, 이들 중 어떤 벡터도 다른 벡터의 선형결합으로 나타낼 수 없는 경우를 말한다. 예를 들면

$$\vec{v}_1 = \begin{bmatrix} 1 \\ 2 \\ 3 \end{bmatrix}, \quad \vec{v}_2 = \begin{bmatrix} 2 \\ 4 \\ 6 \end{bmatrix} \quad (4.3.3)$$

에서 $\vec{v}_2 = 2\vec{v}_1$의 관계가 성립하기 때문에 두 벡터 $\vec{v}_1$, $\vec{v}_2$는 선형종속이다. 또

$$\vec{v}_1 = \begin{bmatrix} 1 \\ 2 \\ 3 \end{bmatrix}, \quad \vec{v}_2 = \begin{bmatrix} 1 \\ 0 \\ 1 \end{bmatrix} \quad (4.3.4)$$

에서 $\vec{v}_2$는 $\vec{v}_1$의 스칼라곱으로 나타낼 수 없기 때문에 $\vec{v}_1$, $\vec{v}_2$는 선형독립이다. 더욱이

$$\vec{v}_1 = \begin{bmatrix} 1 \\ 2 \\ 3 \end{bmatrix}, \quad \vec{v}_2 = \begin{bmatrix} 1 \\ 0 \\ 1 \end{bmatrix}, \quad \vec{v}_2 = \begin{bmatrix} 0 \\ 0 \\ 1 \end{bmatrix} \quad (4.3.5)$$

에서는 어떤 벡터도 나머지 두 개 벡터의 선형결합으로 나타낼 수 없기 때문에 $\vec{v}_1$, $\vec{v}_2$, $\vec{v}_3$는 선형독립이다.

또한 $\vec{v}_i$, $(i = 1, 2, \cdots, m)$가 선형독립이기 위해서는 $n \geq m$의 조건이 필요하다. 다시 말하면 n차원을 가지는 $(n+1)$개 이상의 벡터는 반드시 선형종속이며, 최고 n개의 선형독립인 벡터만 존재한다. 특히 선형독립인 n개의 n차원인 벡터를 n차원 벡터공간의 기저벡터(base vector)라고 한다. 따라서 임의의 n차원인 벡터는 항상 기저벡터의 선형결합으로 나타낼 수 있다. 이때 임의의 벡터를 식 (4.3.2)와 같이 선형결합으로 표현하였을 때 각 계수는 주어진 기저벡터에 대하여 유일하게 정해진다. 따라서 벡터공간에 존재하는 임의 벡터의 표현법은 기저벡터의 선정에 따라 달라질 것이다[12].

12) 3차원 공간에서 선형독립인 세 개의 기저 $\vec{e}_1 = [1,\ 0,\ 0]^T$, $\vec{e}_2 = [0,\ 1,\ 0]^T$ 및 $\vec{e}_3 = [0,\ 0,\ 1]^T$를 이용하면 임의 벡터, 예를 들어 $\vec{x} = [2, 3, 4]^T$는 $\vec{x} = 2\vec{e}_1 + 3\vec{e}_2 + 4\vec{e}_3$으로 된다. 그러나 선형독립인 다른 기저, 예를 들어 식 (4.3.5)를 기저로 했을 경우의 표현식은 $\vec{x} = -\frac{3}{2}\vec{v}_1 + \frac{7}{2}\vec{v}_2 + 5\vec{v}_3$이다.

여기서 벡터의 집합 $V=\{\vec{v}, \vec{v}_2, \cdots, \vec{v}_k\}$의 선형독립과 선형종속을 검정하는 방법을 요점으로 정리한다.

요점 4.10 **벡터의 선형독립과 종속**

단계 1: $x_1\vec{v}_1+x_2\vec{v}_2+\cdots+x_k\vec{v}_k=\vec{0}$ 이라고 가정한다.

단계 2: 위의 방정식을 제차연립방정식 $A\vec{x}=\vec{0}$ 의 형식으로 정리한다.

단계 3: 가우스 소거법을 사용하여 단계 2에서의 연립방정식이 영이 아닌 해를 갖는가를 결정한다.

연립방정식의 해가, (1) $\vec{x}=\vec{0}$만을 가진다면 $\vec{v}_i, (i=1, \cdots, k)$는 선형독립이며, (2) $\vec{x}\neq\vec{0}$인 해가 하나라도 존재한다면 $\vec{v}_i, (i=1, \cdots, k)$는 선형종속이다.

유클리드 n차원 공간(Euclidean n space)[13] $\mathbb{R}^n$을 크기가 $(n\times 1)$인 행렬(즉 n차원의 열벡터)의 집합으로 정의하자. 이때 $\mathbb{R}^n$에 속하는 크기가 $(n\times 1)$인 행렬을 $\mathbb{R}^n$의 원소(element) 또는 벡터(vector)라 한다.

• 벡터공간

n차원의 벡터를 그 요소로서 가지는 공간 $\mathbb{R}^n$이 다음과 같은 조건을 만족할 때 $\mathbb{R}^n$을 벡터공간(vector space)이라고 하며, $\mathbb{R}^n$을 구성하고 있는 n차원인 요소 $\vec{x}, \vec{y}, \vec{z}, \cdots$를 벡터라고 한다.

요점 4.11 **벡터공간의 조건**

(1) $\mathbb{R}^n$에 포함되어 있는 임의의 벡터 $\vec{x}, \vec{y}\in\mathbb{R}^n$에 대해서 덧셈이 정의되어 $\vec{x}+\vec{y}\in\mathbb{R}^n$이며, 다음의 법칙이 성립한다.

(1-a) $\vec{x}, \vec{y}\in\mathbb{R}^n$에 대해서 $\vec{x}+\vec{y}=\vec{y}+\vec{x}$ (교환법칙)

(1-b) $\vec{x}, \vec{y}, \vec{z}\in\mathbb{R}^n$에 대해서 $(\vec{x}+\vec{y})+\vec{z}=\vec{x}+(\vec{y}+\vec{z})$ (결합법칙)

(1-c) $\vec{0}\in\mathbb{R}^n$이 존재해서 $\vec{x}+\vec{0}=\vec{x}$ (영원의 존재)

(1-d) $-\vec{x}\in\mathbb{R}^n$가 존재해서 $\vec{x}+(-\vec{x})=\vec{0}$ (역원의 존재)

13) Euclidean norm이 정의되는 공간으로 제 5 장을 참조.하라.

(2) 임의의 스칼라 α와 $\vec{x} \in \mathbb{R}^n$에 대한 곱셈이 정의되어 $\alpha\vec{x} \in \mathbb{R}^n$이며, 동시에 다음의 법칙이 성립한다.

(2-a) 스칼라 1과 $\vec{x} \in \mathbb{R}^n$에 대해 $1 \cdot \vec{x} = \vec{x}$

(2-b) 스칼라 α, β와 $\vec{x} \in \mathbb{R}^n$에 대해서 $\alpha(\beta\vec{x}) = (\alpha\beta)\vec{x}$

(2-c) $(\alpha+\beta)\vec{x} = \alpha\vec{x}+\beta\vec{x}$ (스칼라에 관한 분배법칙)

(2-d) $\alpha(\vec{x}+\vec{y}) = \alpha\vec{x}+\alpha\vec{y}$ (벡터에 관한 분배법칙)

벡터공간 $\mathbb{R}^n$의 요소로서 실수 전체를 취한다면 $\mathbb{R}^n$은 실벡터공간(real vector space)이라 하며, 만약 허수까지도 포함한다면 집합을 $\mathbb{C}^n$으로 표기하며, 복소벡터공간(complex vector space)이라 한다.

벡터공간 $V \subset \mathbb{R}^n$에서 r개의 벡터 $\vec{v}_i$, $(i=1,2,\cdots,r)$ $(r \leq n)$을 임의로 추출했다고 하자. 이때 벡터공간 V와 r개의 벡터 사이의 관련성에 대하여 다음의 요점이 주어진다.

요점 4.12 벡터공간과 벡터의 선형독립

r개의 벡터 $\vec{v}_i$, $(i=1,\ 2,\ \cdots,\ r)$가 공간 V의 기저로 된다는 사실과 다음 두 조건은 서로 필요충분조건의 관계에 있다.

(i) $\vec{v}_1,\ \vec{v}_2,\ \cdots,\ \vec{v}_r$은 선형독립이다.

(ii) $\vec{v}_1,\ \vec{v}_2,\ \cdots,\ \vec{v}_r$은 공간 V를 생성한다. 즉 $V=\mathrm{span}\{\vec{v}_1,\ \vec{v}_2,\ \cdots,\ \vec{v}_r\}$이다[14].

임의 벡터공간 V내에 존재하는 선형독립인 벡터의 최대 개수를 공간 V의 차원(dimension)이라고 하며, 일반적으로 $\dim(V)$로 표기한다.

• 부분공간

공간 V에 속하는 $l, (\leq r)$개의 선형독립인 벡터의 선형결합으로 이루어지는 공간은

14) $V=\mathrm{span}\{\vec{v}_1,\ \vec{v}_2,\ \cdots,\ \vec{v}_r\}$이란 r개의 벡터의 선형결합으로 이루어지는 공간 전체를 의미한다. 즉 $\vec{v}=\alpha_1\vec{v}_1+\alpha_2\vec{v}_2+\cdots+\alpha_r\vec{v}_r \in V$에서 계수 $(\alpha_1,\ \cdots,\ \alpha_r)$을 적당히 취한다면 공간 V에 속하는 모든 벡터를 나타낼 수 있다는 것을 말한다.

V의 부분공간 S를 이루며 다음과 같이 나타낸다.

$$S = \mathrm{span}\left\{\vec{v}_1, \vec{v}_2, \cdots, \vec{v}_l\right\} \tag{4.3.6}$$

또한 공간 S가 V의 부분공간이며 S 내에 임의로 l개의 선형독립인 벡터 $\left\{\vec{v}_1, \vec{v}_2, \cdots, \vec{v}_l\right\}$를 선정하여 식 (4.3.6)과 같이 표현가능하다면 벡터 $\left\{\vec{v}_1, \vec{v}_2, \cdots, \vec{v}_l\right\} \in S$는 공간 S에 대한 기저벡터라고 한다. 그러나 임의의 부분공간을 나타내는 기저벡터는 유일하게 존재하는 것은 아니지만 기저를 이루는 벡터의 개수는 항상 동일하다. 이를 부분공간 S의 차원이라 한다. 부분공간 역시 [요점 4.8]에서 언급한 벡터공간의 조건을 만족한다. 예를 들어 $\mathbb{R}^3$에서

$$\vec{v}_1 = \begin{bmatrix} 1 \\ 1 \\ 0 \end{bmatrix}, \ \vec{v}_2 = \begin{bmatrix} 0 \\ 3 \\ 0 \end{bmatrix}$$

를 기저로 하는 부분공간 S_2는 [그림 4.2]와 같이 평면을 이루고 있다.

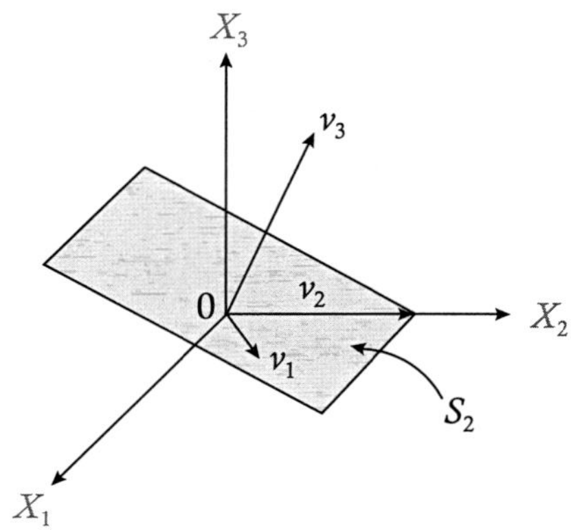

그림 4.2 부분공간 S

• 영공간, 행공간 및 열공간

크기가 $(m \times n)$인 행렬 $\boldsymbol{A}$는 m개의 행과 n개의 열을 가지고 있다. 식 (4.1.2)의 표현법을 이용하면 다음과 같은 표현이 가능하다.

$$\boldsymbol{A}_{(m\times n)} = \begin{bmatrix} \vec{a}_{1r} \\ \vec{a}_{2r} \\ \vdots \\ \vec{a}_{mr} \end{bmatrix} = \begin{bmatrix} \vec{a}_{c1} & \vec{a}_{c2} & \cdots & \vec{a}_{cn} \end{bmatrix} \tag{4.3.7}$$

여기서 $\vec{a}_{ir}$, $(i = 1, \cdots, m)$는 행렬 $\boldsymbol{A}$의 행벡터, $\vec{a}_{cj}$, $(j = 1, \cdots, n)$는 $\boldsymbol{A}$의 열벡터를 의미한다. 즉 행렬은 크기가 $(1\times n)$인 m개의 행벡터 $\vec{a}_{ir}$, 혹은 크기가 $(m \times 1)$인 n개의 열벡터 $\vec{a}_{cj}$로 이루어져 있는 것으로 볼 수 있다. 식 (4.3.7)과 같이 행렬을 행벡터 또는 열벡터의 집합으로 표현하면, 행렬과 관련된 중요한 개념을 다음과 같이 정리할 수 있다.

요점 4.13 **행렬의 영공간, 행공간 및 열공간**

A를 임의의 $(m\times n)$인 행렬이라고 한다.

(1) 제차방정식 $A\vec{x}=\vec{0}$의 모든 해의 집합을 A의 영공간(null space)이라 하고

$$N(A)=\{\vec{x}\in\mathbb{R}^n\,|\,A\vec{x}=\vec{0}\}\in R^n \tag{4.3.8}$$

로 나타낸다.

(2) A의 행벡터 $\vec{a}_{ir}$, $(i=1,\cdots,m)$에 의하여 생성되는 공간을 행공간(row space)이라 하며 다음과 같이 나타낸다.

$$R(A)=\text{span}\{\vec{a}_{1r},\ \vec{a}_{2r},\ \cdots,\ \vec{a}_{mr}\}\in\mathbb{R}^n \tag{4.3.9}$$

(3) A의 열벡터 $\vec{a}_{cj}$, $(j=1,\cdots,n)$에 의하여 생성되는 공간을 열공간(column space)이라 하며 다음과 같이 나타낸다.

$$C(A)=\text{span}\{\vec{a}_{c1},\ \vec{a}_{c2},\ \cdots,\ \vec{a}_{cn}\}\in\mathbb{R}^m \tag{4.3.10}$$

위에서 언급한 세 가지 공간 중 특히 영공간은 연립 1 차방정식의 해를 구하는 과정에서 중요한 역할을 하는 부분공간이다. 여기서는 식 (4.3.8), 즉 $N(A)\in\mathbb{R}^n$임을 확인하여 보자. 먼저 만약 $\vec{x}_1,\ \vec{x}_2\in N(A)$이면 $A\vec{x}_1=\vec{0}$, $A\vec{x}_2=\vec{0}$이므로 [요점 4.5]의 (ii)의 좌분배법칙에 의하여 $A(\vec{x}_1+\vec{x}_2)=A\vec{x}_1+A\vec{x}_2=\vec{0}+\vec{0}=\vec{0}$이고, 따라서 $\vec{x}_1+\vec{x}_2\in N(A)$이며, 또한 $A(\alpha\vec{x}_1)=\alpha A\vec{x}_1=\alpha\vec{0}=\vec{0}$이므로 $\alpha\vec{x}_1\in N(A)$이다. 따라서 [요점 4.8]에서 언급한 벡터공간의 조건을 전부 만족하므로 $N(A)$는 $\mathbb{R}^n$의 부분공간이다.

식 (4.3.10)으로 정의되는 열공간은 간혹 A의 치역(range)이라고 불리기도 한다. 이것은 4.2절에서 설명한 연립 1 차방정식의 해를 구하는 과정과 밀접한 관계가 있다. 이를 알아보기 위해 식 (4.2.2)의 연립 1 차방정식 $A\vec{x}=\vec{b}$를 생각하여 보자. 이것을 식 (4.3.7)의 표현법을 이용하면

$$A\vec{x}=\left[\vec{a}_{c1},\ \vec{a}_{c2},\ \cdots\ \vec{a}_{cn}\right]\begin{bmatrix}x_1\\x_2\\\vdots\\x_n\end{bmatrix}=x_1\vec{a}_{c1}+x_2\vec{a}_{c2}+\cdots+x_n\vec{a}_{cn}=\vec{b} \tag{4.3.11}$$

이다. 여기서 해 벡터 $\vec{x}\in\mathbb{R}^n$가 임의의 값을 가질 수 있는 것으로 가정한다면 $(m\times n)$인 행렬 A에 대해서

$$C(\boldsymbol{A})=\{\boldsymbol{A}\vec{x} \mid \vec{x} \in \mathbb{R}^{n}\} \tag{4.3.12}$$

이다. 따라서 연립 1차방정식 $\boldsymbol{A}\vec{x}=\vec{b}$가 해를 가지기 위해서는 벡터 $\vec{b}$가 $\boldsymbol{A}$의 열공간의 원소(열벡터)로 되어야 한다는 것을 알 수 있다. 즉

$$\vec{b} \in C(\boldsymbol{A}) \tag{4.3.13}$$

이어야 한다.

▶ 예제 4.3.1

다음 연립 1차방정식이 해를 가지는지의 여부를 확인하여라.

$$\begin{cases} x_1+x_2+x_3+\ x_4+\ x_5=2 \\ x_1+x_2+x_3+2x_4+2x_5=3 \\ x_1+x_2+x_3+2x_4+3x_5=2 \end{cases}$$

◇ 해

위 문제를 $\boldsymbol{A}\vec{x}=\vec{b}$로 표현하면

$$A=\begin{bmatrix} 1&1&1&1&1 \\ 1&1&1&2&2 \\ 1&1&1&2&3 \end{bmatrix}=[\vec{a}_{1c},\ \vec{a}_{2c},\ \vec{a}_{3c},\ \vec{a}_{4c},\ \vec{a}_{5c}],\ \vec{b}=\begin{bmatrix} 2 \\ 3 \\ 2 \end{bmatrix} \qquad ①$$

이다. 이로부터

$$\vec{b}=\vec{a}_{1c}+2\vec{a}_{4c}+(-1)\vec{a}_{5c} \in C(\boldsymbol{A}) \qquad ②$$

이고, $\vec{b}$가 $C(\boldsymbol{A})$에 포함되어 있으므로 위 연립 1차방정식은 해가 존재한다([예제 4.2.4] 참조). 일반적으로 ②와 같이 $C(\boldsymbol{A})$ 속에 벡터 $\vec{b}$가 포함되는지의 여부를 확인하기에는 많은 시간과 노력이 필요하다. 이를 확인하기 위한 다른 방법은 [예제 4.2.4]와 같이 확대방정식에 대해 가우스 소거법을 실시하는 것이다. 즉

$$\begin{bmatrix} 1&1&1&1&1&2 \\ 1&1&1&2&2&3 \\ 1&1&1&2&3&2 \end{bmatrix} \to \begin{bmatrix} 1&1&1&0&0&1 \\ 0&0&0&1&0&2 \\ 0&0&0&0&1&-1 \end{bmatrix} \qquad ③$$

이다. ③의 오른쪽 항을

$$\begin{bmatrix} 1&1&1&0&0&1 \\ 0&0&0&1&0&2 \\ 0&0&0&0&1&-1 \end{bmatrix}=[\vec{a}'_{1c},\ \vec{a}'_{2c},\ \vec{a}'_{3c},\ \vec{a}'_{4c},\ \vec{a}'_{5c},\ \vec{b}'] \qquad ④$$

으로 두면

$$\vec{b}' = \vec{a}'_{1c} + 2\vec{a}'_{4c} + (-1)\vec{a}'_{5c} \in C(\boldsymbol{A}') = C(\boldsymbol{A}) \qquad ⑤$$

임을 쉽게 알 수 있다. 행연산을 실시한 행렬의 열공간은 원래 행렬의 열공간과 동일하다는 사실은 이미 언급한 바 있다.

지금까지 설명한 공간의 개념을 이용하여 연립 1 차방정식의 해의 존재조건에 대하여 다시 한 번 생각하여 보기로 한다. 해의 존재가능성에 대해서는 이미 여러 번 언급한 바 있지만, 여기서는 영공간(null space)의 개념을 이용하여 설명하기로 한다. 이해를 돕기 위하여 다음과 같은 두 개의 미지수와 두 개의 방정식으로 이루어진 1 차방정식

$$\begin{aligned} a_{11}x_1 + a_{12}x_2 = 0, \ (a_{11}, a_{12}\text{는 모두 영이 아니다}) \\ a_{21}x_1 + a_{22}x_2 = 0, \ (a_{21}, a_{22}\text{는 모두 영이 아니다}) \end{aligned} \tag{4.3.14}$$

을 생각하자. 위 식을 행렬을 이용하여 표시하면

$$\begin{bmatrix} a_{11} & a_{12} \\ a_{21} & a_{22} \end{bmatrix} \begin{bmatrix} x_1 \\ x_2 \end{bmatrix} = \begin{bmatrix} 0 \\ 0 \end{bmatrix} \rightarrow \boldsymbol{A}\vec{x} = \vec{0} \rightarrow [\,\vec{a}_{1c}\ \vec{a}_{2c}\,]\vec{x} = \vec{0} \tag{4.3.15}$$

이다. 따라서 식 (4.3.14)가 해를 가지기 위해서는 $\vec{b} \in C(\boldsymbol{A})$를 만족해야 하지만, 이 경우 $\vec{b} = \vec{0}$ 이므로 항상 성립한다. 즉

$$x_1\vec{a}_{1c} + x_2\vec{a}_{2c} = \vec{0} \tag{4.3.16}$$

인 경우는 a) $x_1 = x_2 = 0$, b) $x_1\vec{a}_{1c} = -x_2\vec{a}_{2c}$ 이다. 이때 각각의 해가 가지는 의미를 생각하여 보자.

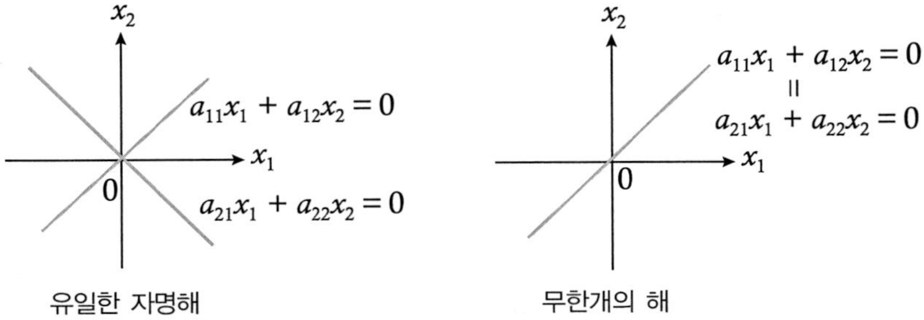

그림 4.3 식 (4.3.14)의 표현

a) $x_1 = x_2 = 0$ **인 경우**: 식 (4.3.14)의 두 개의 방정식이 [그림 4.3 (a)]와 같이 원점 $(x_1, x_2) = (0, 0)$을 지나가는 경우를 의미하며, 이것은 식 $\boldsymbol{A}\vec{x} = \vec{0}$ 에서 알 수 있다시피 $\vec{x} = [0,\ 0]^T$는 주어진 연립방정식을 당연히 만족한다. 이와 같이 해 벡터의 모든 요소가 영(즉 영벡터)인 해를 자명해(trivial solution)라고 한다.

b) $x_1\vec{a}_{1c} = -x_2\vec{a}_{2c}$ **인 경우**: [그림 4.3 (b)]와 같이 식 (4.3.14)의 두 방정식이 일치하여 완전히 겹치므로 무한개의 해가 존재한다. 이것은 사실상 두 개의 미지수에 방정식은 하나 뿐인 경우, 즉 과소결정계에 해당한다. 따라서 연립방정식의 해는 하나의 자유변수를 이용하여 표현할 수 있다. 예를 들어 $x_2 = k$, (k는 임의의 상수)로 두면 $x_1 = -(a_{12}/a_{11})x_2$의 관계에 있으므로 해 벡터 표현식의 하나로서

$$\vec{x} = k\begin{bmatrix} -(a_{12}/a_{11}) \\ 1 \end{bmatrix} \tag{4.3.17}$$

로 될 수 있다. 또한 식 (4.3.8)로부터 식 (4.3.17)은 $\vec{x} \in N(\boldsymbol{A})$라는 사실은 쉽게 확인할 수 있을 것이다. 이와 같이 해 벡터 중에서 영벡터가 아닌 해를 비자명한 해(non trivial solution)라고 한다.

위의 사실을 정리하면 다음과 같다. 식 (4.3.14)의 연립 1차방정식이 비자명한 해를 가지기 위해서는 $x_1\vec{a}_{1c} = -x_2\vec{a}_{2c}$인 관계를 만족해야 한다. 이 관계는 $\vec{a}_{1c} = -\left(\dfrac{x_2}{x_1}\right)\vec{a}_{2c}$를 의미하므로 이것은 식 (4.3.15)의 행렬 $\boldsymbol{A}$의 두 열벡터가 서로 선형종속의 관계에 있음을 나타내고 있다(식 (4.3.2) 참조). 따라서 만약 $x_1\vec{a}_{1c} \neq -x_2\vec{a}_{2c}$인 경우, 즉 두 열벡터가 선형독립인 경우에는 식 (4.3.14)의 연립방정식은 자명한 해, 즉 $\vec{x} = \vec{0}$만을 가진다는 것을 알 수 있다.

일반적으로 n개의 벡터 $\vec{v}_i$, $(i = 1,\ 2,\ \cdots,\ n)$가 선형독립인지의 여부를 결정하기 위해서는 식 (4.3.1)을 풀어서 $\alpha_1 = \alpha_2 = \cdots = \alpha_m = 0$인지를 확인하여야 한다. 이러한 과정은 [요점 4.10]을 이용하면 그리 어렵지 않게 확인할 수 있다.

▶ 예제 4.3.2

다음 행렬의 영공간에 대한 기저와 차원을 구하여 보자.

$$\boldsymbol{A} = \begin{bmatrix} 3 & -1 & -1 & -3 \\ -2 & 2 & -2 & 2 \\ -1 & -1 & 3 & 1 \end{bmatrix}$$

◇ 해

영공간 $N(\boldsymbol{A})$는 제차방정식 $\boldsymbol{A}\vec{x}=\vec{0}$의 모든 해로서 이루어지는 까닭에, 연립방정식의 일반해를 구할 필요가 있다. 확대방정식을 가우스 소거법에 의하여 전개하면

$$[\boldsymbol{A} \mid \vec{0}\,] = \left[\begin{array}{cccc|c} 3 & -1 & -1 & -3 & 0 \\ -2 & 2 & -2 & 2 & 0 \\ -1 & -1 & 3 & 1 & 0 \end{array}\right] \rightarrow \left[\begin{array}{cccc|c} 0 & -4 & 8 & 0 & 0 \\ 0 & 4 & -8 & 0 & 0 \\ -1 & -1 & 3 & 1 & 0 \end{array}\right]$$

$$\rightarrow \left[\begin{array}{cccc|c} 1 & 0 & -1 & -1 & 0 \\ 0 & 1 & -2 & 0 & 0 \\ 0 & 0 & 0 & 0 & 0 \end{array}\right] \qquad ①$$

로 되어 ①의 마지막 항으로부터

$$x_1 - x_3 - x_4 = 0, \quad x_2 - 2x_3 = 0 \qquad ②$$

를 얻는다. 이 연립방정식은 네 개의 미지수에 두 개의 방정식을 가지므로, 두 개의 자유변수가 존재한다. 이를 $x_3 = k_1$, $x_4 = k_2$라 하면[15)]

$$\vec{x} = \begin{bmatrix} k_1 + k_2 \\ 2k_1 \\ k_1 \\ k_2 \end{bmatrix} = k_1 \begin{bmatrix} 1 \\ 2 \\ 1 \\ 0 \end{bmatrix} + k_2 \begin{bmatrix} 1 \\ 0 \\ 0 \\ 1 \end{bmatrix} = k_1 \vec{v}_1 + k_2 \vec{v}_2 \qquad ③$$

이고, 여기서 k_1과 k_2는 임의의 실수이다. 따라서 ③으로부터

$$N(\boldsymbol{A}) = \mathrm{span}\{\vec{v}_1,\ \vec{v}_2\} \qquad ④$$

이다. ③에서 알 수 있다시피 두 개의 벡터 $\vec{v}_1$과 $\vec{v}_2$는 분명히 독립이므로 이들은 $N(\boldsymbol{A})$의 기저를 이루고, 동시에 $\dim(N(\boldsymbol{A}))=2$이다.

4.3.2 행렬의 랭크

임의의 행렬에 행연산을 반복적으로 수행하면, 위의 예제에서 본 것과 같은 위삼각행렬로 변환이 가능하다. 즉

$$\boldsymbol{A} \rightarrow \boldsymbol{A}_1 \rightarrow \boldsymbol{A}_2 \rightarrow \cdots \rightarrow \boldsymbol{A}_R \qquad (4.3.18)$$

와 같이 나타낼 수 있다. 어떠한 행렬에 대해서도 기본행연산의 결과 얻어진 행렬 $\boldsymbol{A}_R$은 다음과 같은 성질을 가진다.

---

15) 자유변수의 선정은 임의적이지만, 일반적으로 가우스 소거법을 실시한 마지막 단계에서 주축열의 주축성분(즉 피봇(pivot))이 '1'인 항을 기본변수로 취하고, 나머지를 자유변수로 하는 것이 식의 표기상 편리하다.

(1) 행의 모든 성분이 영으로 되는 것은 $\boldsymbol{A}_R$의 마지막 행에서 나타난다[16].
(2) $\boldsymbol{A}_R$의 모든 행의 성분에서 첫번째 영이 아닌 값은 항상 '1'로 된다. 이것을 그 행의 선두 '1'(leading 1)이라고 한다.
(3) 선두 '1' 아래에 있는 열의 모든 성분 값은 항상 영이다.
(4) i번째 행의 선두 '1'은 항상 j, $(i< j)$번째 행의 왼쪽에 나타난다.

위와 같은 네 가지 성질을 가지는 행렬은 RREF(row reduced echelon form)를 가진다고 한다. RREF와 관련하여 다음 사실이 알려져 있다.

요점 4.14 RREF의 유일성

임의의 행렬에 연속적인 행연산을 적용하여 얻은 RREF는 유일하다.

다음에 행렬이 가질 수 있는 몇 가지의 RREF를 나타내었다[17].

(a) $\boldsymbol{I}_n$ (b) $\boldsymbol{0}_{m\times n}$ (c) $\begin{bmatrix} 1 & * & * & * \\ 0 & 0 & 0 & 0 \\ 0 & 0 & 0 & 0 \end{bmatrix}$ (d) $[1 \quad * \quad * \quad *]$

(e) $\begin{bmatrix} 1 \\ 0 \\ 0 \end{bmatrix}$ (f) $\begin{bmatrix} 1 & 0 & * & \cdots & * \\ 0 & 1 & * & \cdots & * \end{bmatrix}$ (g) $\begin{bmatrix} 1 & 0 \\ 0 & 1 \\ 0 & 0 \\ 0 & 0 \end{bmatrix}$

만약 $\boldsymbol{A}_R$이 행렬 $\boldsymbol{A}$의 RREF라고 한다면, $\boldsymbol{A}$의 랭크(rank $\boldsymbol{A}$로 표기)는 $\boldsymbol{A}_R$에 존재하는 선두 1의 개수와 같다. 이것은 바로 $\boldsymbol{A}_R$의 행공간의 차원, 즉 $\dim\{R(\boldsymbol{A}_R)\}$를 의미한다. 그런데 앞서 설명한 바와 같이, 행연산을 수행한 임의 행렬의 행공간과 원래 행렬의 행공간은 동일하므로 행렬의 랭크는 다음과 같이 정의할 수 있다.

$$\dim R(\boldsymbol{A}) = \dim R(\boldsymbol{A}_R) = \mathrm{rank}(\boldsymbol{A}) \tag{4.3.19}$$

식 (4.3.19)를 이용하면 위의 RREF 행렬의 예 (a)~(g)의 랭크는 각각 n, 0, 1, 1, 1, 2 및 2이다.

행렬의 랭크는 그 행렬이 가지는 영공간의 차원 $\dim N(\boldsymbol{A})$와 밀접한 관계가 있다. 일

16) A_R의 마지막 행이란, 행연산의 결과 얻어진 행렬에서 '위삼각' 블록 바깥쪽의 첫번째 행을 의미한다.
17) *는 임의의 값을 가질 수 있음을 의미한다.

반적으로 제차방정식 $A\vec{x}=\vec{0}$ 의 일반해의 차원은 자유변수의 개수에 의존한다는 것은 이미 언급하였다. 즉 [예제 4.3.2]에서는 두 개의 자유변수가 존재하여 일반해는 $\vec{x}=k_1\vec{v}_1+k_2\vec{v}_2$이다. 이때 자유변수의 개수(이를 연립방정식의 자유도라고 하였다)는 $\dim N(A)$이며, 이를 보통 행렬 A의 퇴화차수(nullity)라 하며 Nullity(A)로 표기한다. 즉

$$\dim N(A)=\text{Nullity}(A) \tag{4.3.20}$$

이다. 이상의 사실을 정리하면 다음과 같다.

요점 4.15 행렬의 랭크와 퇴화차수

> A를 $(m\times n)$인 행렬이라 하면
>
> $$\dim N(A)=n-\dim R(A) \tag{4.3.21}$$
>
> 이다. 이것은 다음과 같이 표현가능하다.
>
> (자유변수의 개수) = (A의 열의 수(=미지수의 수)) − (독립인 행벡터의 개수)
>
> 따라서 식 (4.3.21)로부터
>
> $$\text{rank}(A)=n-\dim N(A) \tag{4.3.22}$$
>
> 가 성립한다.

이상의 사실을 4.2 절에서 다룬 예제들에 적용하여 보자. 우선 [예제 4.2.2]의 확대행렬 $\widetilde{A}$를 가우스 소거법을 적용하면

$$\widetilde{A}=\begin{bmatrix}1&-2&1&0\\0&2&-8&8\\-4&5&9&-9\end{bmatrix}\to\begin{bmatrix}1&-2&0&-3\\0&1&0&16\\0&0&1&3\end{bmatrix}\to\begin{bmatrix}1&0&0&29\\0&1&0&16\\0&0&1&3\end{bmatrix}=\widetilde{A}_R \tag{4.3.23}$$

이다. 위 식으로부터 [예제 4.2.2]의 행렬 A에 대한 다음 사실을 확인할 수 있다.

$$\text{rank}(A)=\dim R(A)=\dim C(A)=\text{rank}(\widetilde{A})=3 \tag{4.3.24}$$

같은 방법으로 [예제 4.2.4 (b)]에서 다룬 행렬에 대해서도 가우스 소거법을 실시하면

$$\widetilde{A}=\begin{bmatrix}1&1&1&1&1&2\\1&1&1&2&2&3\\1&1&1&2&3&2\end{bmatrix}\rightarrow\begin{bmatrix}1&1&1&0&0&1\\0&0&0&1&0&2\\0&0&0&0&1&-1\end{bmatrix}=\widetilde{A_R} \tag{4.3.25}$$

이며, 식 (4.3.22)로부터

$$\text{rank}(A)=\dim R(\widetilde{A})=5-2=3 \tag{4.3.26}$$

임을 확인할 수 있다.

비제차방정식 $A\vec{x}=\vec{b}$ 의 해가 존재하기 위한 조건은 식 (4.3.13), 즉 $\vec{b}\in C(A)$ 이었다. 이 조건은 벡터 $\vec{b}$ 를 행렬 A 에 포함시킨 확대행렬 $\widetilde{A}$ 에 대한 다음의 식과 동일하다는 것을 쉽게 이해할 수 있을 것이다.

$$\text{rank}(A)=\text{rank}(\widetilde{A})=\text{rank}(\widetilde{A_R}) \tag{4.3.27}$$

다시 말해서, 기존행렬 A 에 $\vec{b}$ 를 추가하여 확대행렬을 만들었을 경우에도 원래 행렬이 갖는 랭크는 변화가 없어야 한다는 것이다.

지금까지 설명한 행렬의 랭크와 관련된 내용을 이용하여 4.2절에서 취급한 연립 1차방정식의 일반해를 구하는 방법에 대한 몇 가지를 예를 들어본다.

예제 4.3.3

다음 제차방정식의 일반해를 구하여 보자.

$$A\vec{x}=\begin{bmatrix}1&1&1&1\\1&-1&-1&1\\2&0&0&2\end{bmatrix}\begin{bmatrix}x_1\\x_2\\x_3\\x_4\end{bmatrix}=\vec{0}$$

해

행렬 A 에 대하여 가우스 소거법을 실행하여 RREF로 고치면

$$\begin{bmatrix}1&1&1&1\\1&-1&-1&1\\2&0&0&2\end{bmatrix}\rightarrow\begin{bmatrix}1&1&1&1\\0&-2&-2&0\\2&0&0&2\end{bmatrix}\rightarrow\begin{bmatrix}1&1&1&1\\0&1&1&0\\2&0&0&2\end{bmatrix}$$

$$\rightarrow\begin{bmatrix}1&1&1&1\\0&1&1&0\\0&-2&-2&0\end{bmatrix}\rightarrow\begin{bmatrix}1&1&1&1\\0&1&1&0\\0&0&0&0\end{bmatrix}\rightarrow\begin{bmatrix}1&0&0&1\\0&1&1&0\\0&0&0&0\end{bmatrix} \qquad ①$$

①의 마지막 행렬로부터 제차방정식은

$$x_1 + x_4 = 0$$
$$x_2 + x_3 = 0 \quad ②$$

로 되어 두 개의 자유변수를 가진다는 것을 알 수 있다. 앞서 언급한 바와 같이 자유변수로 $x_3 = k_1$ 및 $x_4 = k_2$로 두면 $x_1 = -k_2$ 및 $x_2 = -k_1$으로 된다. 이를 해벡터로 표시하면

$$\vec{x} = k_1 \begin{bmatrix} 0 \\ -1 \\ 1 \\ 0 \end{bmatrix} + k_2 \begin{bmatrix} -1 \\ 0 \\ 0 \\ 1 \end{bmatrix} = k_1 \vec{v}_1 + k_2 \vec{v}_2 \quad ③$$

이다. 따라서 행렬 $\boldsymbol{A}$ 의 영공간은

$$N(\boldsymbol{A}) = \text{span}\{\vec{v}_1, \vec{v}_2\} \quad ④$$

이므로 식 (4.3.22)로부터

$$\text{rank}(\boldsymbol{A}) = n - \dim N(\boldsymbol{A}) = 4 - 2 = 2$$

임을 알 수 있다.

예제 4.3.4

다음 연립 1차방정식의 일반해를 구하여 보자.

$$\begin{cases} x_1 + x_2 + x_3 = 1 \\ 2x_1 + 2x_2 + 2x_3 = 2 \\ 3x_1 + 3x_2 + 3x_3 = 3 \end{cases}$$

◇ **해**

확대행렬에 대한 가우스 소거법을 실행하면

$$\begin{bmatrix} 1 & 1 & 1 & 1 \\ 2 & 2 & 2 & 2 \\ 3 & 3 & 3 & 3 \end{bmatrix} \rightarrow \begin{bmatrix} 1 & 1 & 1 & 1 \\ 0 & 0 & 0 & 0 \\ 0 & 0 & 0 & 0 \end{bmatrix}$$

이다. 따라서 위에 대한 연립 1차방정식은

$$x_1 + x_2 + x_3 = 1$$

이므로 세 개의 미지수에 대하여 하나의 방정식만이 존재하므로 두 개의 자유변수를 가진다. 이를 각각 $x_2 = k_1$ 및 $x_3 = k_2$로 두면 $x_1 = 1 - k_1 - k_2$이므로 해 벡터는

$$\vec{x} = \begin{bmatrix} 1 \\ 0 \\ 0 \end{bmatrix} + k_1 \begin{bmatrix} -1 \\ 1 \\ 0 \end{bmatrix} + k_2 \begin{bmatrix} -1 \\ 0 \\ 1 \end{bmatrix} \equiv \begin{bmatrix} 1 \\ 0 \\ 0 \end{bmatrix} + k_1 \vec{x}_1 + k_2 \vec{x}_2$$

이다. 여기서 벡터 $[1\ 0\ 0]^T$는 연립방정식의 특수해이며, 두 개의 벡터 $\vec{x}_1$와 $\vec{x}_2$는 영공간의 기저이다.

▶ 예제 4.3.5

다음과 같이 변수 a, b를 포함하는 연립 1차방정식의 해를 구하여 보자.

$$\begin{cases} 2x_2+4x_3+2x_4=2 \\ -x_1+x_2+3x_3+2x_4=2 \\ x_1+2x_2+3x_3+x_4=b \\ -2x_1-x_2+ax_4=1 \end{cases}$$

◇» 해

위 식을 $A\vec{x}=\vec{b}$의 형식으로 고친 뒤 확대방정식에 대한 가우스 소거법을 실행하면

$$\begin{bmatrix} 0 & 2 & 4 & 2 & 2 \\ -1 & 1 & 3 & 2 & 2 \\ 1 & 2 & 3 & 1 & b \\ -2 & -1 & 0 & a & 1 \end{bmatrix} \rightarrow \begin{bmatrix} 1 & -1 & -3 & -2 & -2 \\ 0 & 1 & 2 & 1 & 1 \\ 0 & 3 & 6 & 3 & b+2 \\ 0 & -3 & -6 & a-4 & -3 \end{bmatrix}$$

$$\rightarrow \begin{bmatrix} 1 & 0 & -1 & -1 & -1 \\ 0 & 1 & 2 & 1 & 1 \\ 0 & 0 & 0 & 0 & b-1 \\ 0 & 0 & 0 & a-1 & 0 \end{bmatrix} \quad ①$$

이다. $a=1$이라면 가우스 소거법은 여기서 종료된다. 이때 $b\neq 1$이라면 위 연립 1차방정식의 해는 존재하지 않는다. $b=1$이라면 네 개의 미지수에 두 개의 방정식이 존재하므로 두 개의 자유변수가 필요하다. 이를 $x_3=k_1$ 및 $x_4=k_2$로 두면 일반해는

$$\vec{x}=\begin{bmatrix} -1 \\ 1 \\ 0 \\ 0 \end{bmatrix}+k_1\begin{bmatrix} 1 \\ -1 \\ 1 \\ 0 \end{bmatrix}+k_2\begin{bmatrix} 1 \\ -2 \\ 0 \\ 1 \end{bmatrix} \quad ②$$

로 된다[18]. 다음에 $a\neq 1$이라면 ①의 마지막 행렬의 네 번째 행을 로 나누고 세 번째 행과 교환하면

$$\begin{bmatrix} 1 & 0 & -1 & -1 & -1 \\ 0 & 1 & 2 & 1 & 1 \\ 0 & 0 & 0 & 1 & 0 \\ 0 & 0 & 0 & 0 & b-1 \end{bmatrix} \quad ③$$

18) 일반해의 표현방법은 ②가 유일한 것이 아니다. 이것은 앞에서 다룬 예제에서도 마찬가지이다.

이다. 여기서도 $b \neq 1$이면 해는 존재하지 않고, $b=1$이면 네 개의 미지수에 세 개의 방정식이 존재하므로 한 개의 자유변수가 필요하다. 이를 $x_3 = k_1$으로 두면 일반해는

$$\vec{x} = \begin{bmatrix} -1 \\ 1 \\ 0 \\ 0 \end{bmatrix} + k_1 \begin{bmatrix} 1 \\ -2 \\ 1 \\ 0 \end{bmatrix} \quad ④$$

이다.

4.3.3 MATLAB에 의한 풀이

```
% [예제 4.3.1]
A=[1 1 1 1 1; 1 1 1 2 2;1 1 1 2 3];                    % 행렬
At=[1 1 1 1 1 2; 1 1 1 2 2 3;1 1 1 2 3 2];             % 확대 방정식 Ã 의 표현
A=sym(A); At=sym(At); AR=rref(At); A(:,1)+2*A(:,4)-A(:,5)   % ②,③,④의 확인
AR(:,1)+2*AR(:,4)-AR(:,5)                              % ⑤의 확인

% [예제 4.3.2]
A=[3 -1 -1 -3;-2 2 -2 2;-1 -1 3 1];
X=null(sym(A))                                         % A의 null공간의 기저벡터, 즉 ③
A*X                                                    % Ax⃗=0⃗ 으로 됨을 확인한다.

% [예제 4.3.3]
A=[1 1 1 1;1 -1 -1 1;2 0 0 2];
X=null(sym(A))                                         % A의 null공간의 기저벡터
disp('행렬A의 rank='),disp( rank(sym(A)))              % rank(A)=n-dim N(A) 의 확인
disp('n-dimN(A)=' ), disp(4-min(size(X)))

% [예제 4.3.4]
syms k1 k2 x
A=[1 1 1;2 2 2;3 3 3]; At=[1 1 1 1;2 2 2 2;3 3 3 3];   % 확대행렬 Ã
rref(sym(At))                                          % x1+x2+x3=1 의 확인
% 벡터 b⃗가 행렬 A의 column space내에 존재여부
C=colspace(sym(A))                                     % b<=col(A)이므로 해가 존재
X=null(sym(A));                                        % A의 null공간
x=sym([1 0 0]')+k1.*X(:,1)+k2.*X(:,2)                  % Ax⃗=b⃗의 일반해
```

- [예제 4.3.1]에서 벡터 $\vec{b}$가 행렬 $\boldsymbol{A}$의 열벡터의 선형결합으로 표현된다는 것을 보였다. 또한 행연산을 수행한 뒤에도 동일한 결과를 얻는다는 것을 확인하였다.
- [예제 4.3.2]에서는 행렬 $\boldsymbol{A}$의 영공간을 명령어 'null'을 사용하여 구한 뒤, $\boldsymbol{A}\vec{x} = \vec{0}$으로 된다는 것을 확인하였다.

❖ [예제 4.3.4]에서 해의 존재여부를 우선, 행렬 $\boldsymbol{A}$의 열공간을 명령어 'colspace'를 이용하여 구하면 $[1\ 2\ 3]^T = \vec{b}$로 되어 해의 존재성이 확인되었다. 따라서 일반해는 특수해인 $[1\ 2\ 3]^T$과 일반해인 행렬 $\boldsymbol{A}$의 영공간에 임의의 상수를 곱한 것을 더한 것으로 표현된다.

```
% [예제 4.3.5]
syms a b k1 k2                    % symbolic 변수의 지정
A=sym([0 2 4 2 2;-1 1 3 2 2;1 2 3 1 b;-2 -1 0 a 1]);  % 행렬 A를 symbolic으로 지정
% Gauss 소거법을 직접 수행한다.
E1=sym([0 -1 0 0;1/2 0 0 0;0 0 1 0;0 0 0 1]); % 2행×(−1), 1행×(1/2)하여 서로 교환
E2=sym([1 0 0 0;0 1 0 0;-1 0 1 0;0 0 0 1]);           % 1행×(−1)하여 3행에 더한다.
E3=sym([1 0 0 0;0 1 0 0;0 0 1 0;2 0 0 1]);            % 1행×(2)하여 4행에 더한다.
E4=sym([1 1 0 0;0 1 0 0;0 0 1 0;0 0 0 1]);            % 2행을 1행에 더한다.
E5=sym([1 0 0 0;0 1 0 0;0 -3 1 0;0 0 0 1]);           % 2행× (-3) 하여 3행에 더한다.
E6=sym([1 0 0 0;0 1 0 0;0 0 1 0;0 3 0 1]);            % 2행× (3) 하여 4행에 더한다.
Ag1=E6*E5*E4*E3*E2*E1*A                               % ①의 확인
% if a=1 and b=1
X=null(subs(Ag1(:,1:4),{a,b},{1,1}));
x=sym([-1 1 0 0]')+k1.*X(:,1)+k2.*X(:,2)              % Ax=b 의 일반해
% if a != 1 and b=1 이면
E7=sym([1 0 0 0;0 1 0 0;0 0 0 1;0 0 1 0]);            % 4행과 3행을 교환한다.
E8=sym([1 0 0 0;0 1 0 0;0 0 1/(-1+a) 0;0 0 0 1]);     % 3행×(1/a−1)한다.
Ag2=E8*E7*E6*E5*E4*E3*E2*E1*A                         % ③의 확인
X2=null(subs(Ag2(:,1:4),b,1));
x2=sym([-1 1 0 0]')+k1.*X2                            % ④의 확인
```

❖ [예제 4.3.5]는 확대행렬 속에 미확정 변수가 포함되어 있기 때문에, 기본행연산을 위한 기본행렬 E_i를 구하여, 이것을 주어진 행렬의 왼쪽에 곱하여 가우스 소거법을 수행하였다.

연습문제 4.3.4

1. 주어진 벡터가 선형독립인지의 여부를 확인하여라.

(1) $\vec{v}_1 = \begin{bmatrix} 3 \\ -2 \\ 0 \\ 4 \end{bmatrix}, \vec{v}_2 = \begin{bmatrix} 5 \\ 0 \\ 0 \\ 1 \end{bmatrix}, \vec{v}_3 = \begin{bmatrix} -6 \\ 1 \\ 0 \\ 1 \end{bmatrix}, \vec{v}_4 = \begin{bmatrix} 2 \\ 0 \\ 0 \\ 3 \end{bmatrix}$

(2) $\vec{v}_1 = \begin{bmatrix} 1 \\ 1 \\ 0 \end{bmatrix}, \vec{v}_2 = \begin{bmatrix} 1 \\ 0 \\ 0 \end{bmatrix}, \vec{v}_3 = \begin{bmatrix} 1 \\ 1 \\ 1 \end{bmatrix}$

(3) $\vec{v}_1 = \begin{bmatrix} 6 \\ 0 \\ 3 \\ 1 \\ 4 \\ 2 \end{bmatrix}, \vec{v}_2 = \begin{bmatrix} 0 \\ -1 \\ 2 \\ 7 \\ 0 \\ 5 \end{bmatrix}, \vec{v}_3 = \begin{bmatrix} 12 \\ 3 \\ 0 \\ -19 \\ 8 \\ -11 \end{bmatrix}$

(4) $\vec{v}_1 = \begin{bmatrix} 3 \\ 4 \\ 7 \end{bmatrix}, \vec{v}_2 = \begin{bmatrix} 2 \\ 0 \\ 3 \end{bmatrix}, \vec{v}_3 = \begin{bmatrix} 8 \\ 2 \\ 3 \end{bmatrix}, \vec{v}_4 = \begin{bmatrix} 5 \\ 5 \\ 6 \end{bmatrix}$

(5) $\vec{v}_1 = \begin{bmatrix} 1 \\ 2 \\ 3 \\ 4 \end{bmatrix}, \vec{v}_2 = \begin{bmatrix} 2 \\ 3 \\ 4 \\ 5 \end{bmatrix}, \vec{v}_3 = \begin{bmatrix} 3 \\ 4 \\ 5 \\ 6 \end{bmatrix}, \vec{v}_4 = \begin{bmatrix} 4 \\ 5 \\ 6 \\ 7 \end{bmatrix}$

2. 다음 행렬의 랭크와 각 행렬에 대한 열공간과 행공간의 기저를 구하여라.

(1) $\begin{bmatrix} 1 & -2 \\ 0 & 0 \\ -3 & 6 \end{bmatrix}$　(2) $\begin{bmatrix} 8 & 2 & 5 \\ 16 & 6 & 29 \\ 4 & 0 & -7 \end{bmatrix}$　(3) $\begin{bmatrix} 0 & -2 & 1 & 3 \\ 1 & 4 & 0 & 7 \\ 5 & 5 & 5 & 5 \end{bmatrix}$

(4) $\begin{bmatrix} 0 & 3 & 4 \\ -3 & 0 & -5 \\ -4 & 5 & 0 \end{bmatrix}$　(5) $\begin{bmatrix} 8 & 0 & 4 \\ 0 & 2 & 0 \\ 4 & 0 & 2 \\ 0 & 4 & 0 \end{bmatrix}$　(6) $\begin{bmatrix} 1 & 0 & 3 & 0 \\ 0 & 5 & 8 & -37 \\ 3 & 8 & 7 & 0 \\ 0 & -37 & 0 & 37 \end{bmatrix}$

3. 비제차방정식 $\boldsymbol{A}\vec{x} = \vec{b}$ 의 해 $\vec{x}$ 는 제차방정식 $\boldsymbol{A}\vec{x} = \vec{0}$ 의 해를 $\vec{x}_h$, $\boldsymbol{A}\vec{x} = \vec{b}$ 의 특수해를 $\vec{x}_0$ 라 할 때

$$\vec{x} = \vec{x}_h + \vec{x}_0$$

의 형식으로 주어진다는 것을 증명하여라.

4. 다음에 주어진 연립방정식 (1), (2)의 일반해를 가우스 소거법을 사용하여 구하고, 이것이 문제 3의 결과와 일치한다는 것을 보여라.

(1) $\begin{cases} 3x_1+5x_2-4x_3=0 \\ -3x_1-2x_2+4x_3=0 \\ 6x_1+\ x_2-8x_3=0 \end{cases}$　　(2) $\begin{cases} 3x_1+5x_2-4x_3=\ 7 \\ -3x_1-2x_2+4x_3=-1 \\ 6x_1+\ x_2-8x_3=-4 \end{cases}$

5. 다음을 간단히 증명하여라.

(1) $\text{rank}(\boldsymbol{B}^T\boldsymbol{A}^T)=\text{rank}(\boldsymbol{A}\boldsymbol{B})$

(2) $\text{rank}(\boldsymbol{A})=\text{rank}(\boldsymbol{B})$가 $\text{rank}(\boldsymbol{A}^2)=\text{rank}(\boldsymbol{B}^2)$를 의미하지 않는다는 하나의 예를 들어보아라.

(3) $\boldsymbol{A}$가 정방행렬이 아니라면, 행벡터 또는 열벡터 중에는 선형독립으로 되지 않는 것이 반드시 존재한다는 것을 증명하여라.

(4) 두 행렬의 곱의 랭크는 두 행렬의 랭크의 중 큰 값을 가지는 것보다 항상 같거나 작다는 것을 증명하여라. 즉

$$\text{rank}(\boldsymbol{AB}) \le \max\{\ \text{rank}(\boldsymbol{A}),\ \text{rank}(\boldsymbol{B})\}$$

를 확인하여라.

4.4 정방행렬의 행렬식

임의의 정방행렬 $\boldsymbol{A}$에 실수 $f(\boldsymbol{A})$를 대응시키는 행렬변수의 실수값 함수(real-valued function of a matrix variable)를 행렬 $\boldsymbol{A}$의 행렬식(determinant)이라 하며

$$\det \boldsymbol{A} \quad \text{또는} \quad |\boldsymbol{A}| \tag{4.4.1}$$

로 표기한다. 이와 같은 행렬식은 행렬이론의 전개에 중요한 역할을 하고 있는데, 이 중 연립 1 차방정식의 풀이와 관련된 것으로 다음이 있다.

(1) 제차방정식

$$\begin{cases} a_{11}x+a_{12}y+a_{13}z=0 \\ a_{21}x+a_{22}y+a_{23}z=0 \\ a_{31}x+a_{32}y+a_{33}z=0 \end{cases} \tag{4.4.2}$$

이 비자명한 해를 가지기 위한 필요충분조건은 식 (4.4.2)의 계수로 구성되는 행렬식이 영이어야 한다는 것이다. 즉

$$\begin{vmatrix} a_{11} & a_{12} & a_{13} \\ a_{21} & a_{22} & a_{23} \\ a_{31} & a_{32} & a_{33} \end{vmatrix} = 0 \tag{4.4.3}$$

이다.

(2) 크라머의 법칙을 사용하여 연립 1 차방정식의 해를 얻기 위해서는 행렬식의 계산이 필요하다.

(3) 2차원 공간상[19]에 적당한 값을 가지는 두 개의 벡터 $\vec{v}_1$과 $\vec{v}_2$로 이루어지는 평행사변형의 면적은, 두 벡터로 행렬을 만들었을 때 그 행렬에 대한 행렬식의 절대값과 같다([그림 4.4] 참조). 즉

$$\text{abs}|\vec{v}_1, \ \vec{v}_2| = \text{평행사변형의 면적} \qquad (4.4.4)^{20)}$$

이다.

(4) [그림 4.5]와 같이 3차원 공간상에 적당한 크기를 가지는 세 개의 벡터로서 이루어는 직육면체의 체적은, 세 개의 벡터로 이루어진 행렬에 대한 행렬식의 절대값과 같다. 즉

$$\text{abs}|\vec{v}_1, \vec{v}_2, \vec{v}_3| = \text{직육면체의 체적} \tag{4.4.5}$$

이다.

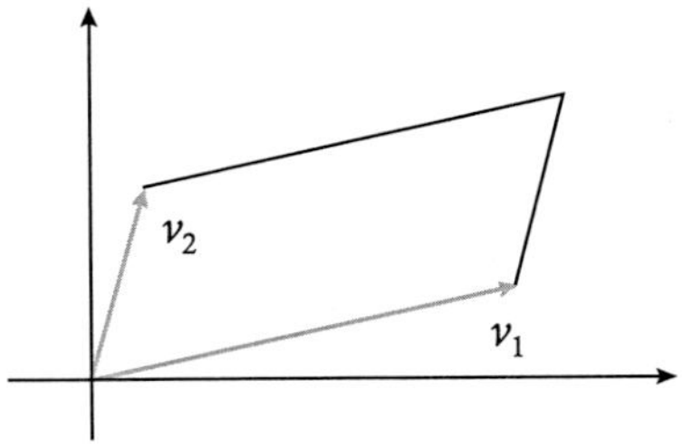

그림 4.4 평면상의 두 벡터

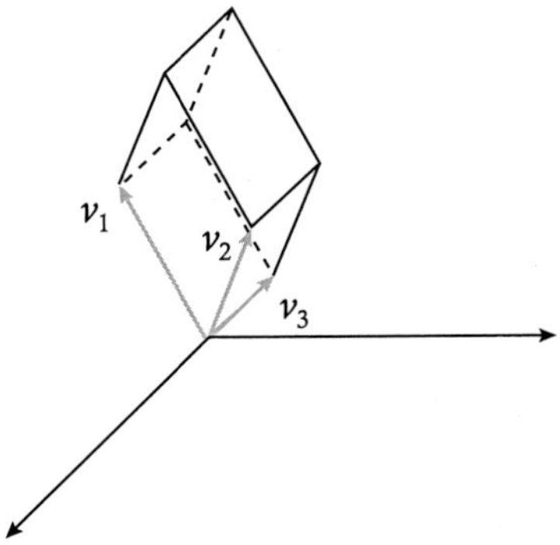

그림 4.5 공간상의 세 벡터

19) 2차원 공간이란 다시 말하면 평면을 의미한다.
20) abs는 절대값(absolute)을 취하였다는 것을 나타낸다.

2차(2×2) 또는 3차(3×3)행렬의 행렬식은 [그림 4.6]과 같은 사루스의 법칙(Sarrus' law)에 의하여 전개하여 그 값을 구하는 것이 보통이다. 즉 그림으로부터

$$\det \boldsymbol{A} = \det \begin{vmatrix} a_{11} & a_{12} \\ a_{21} & a_{22} \end{vmatrix} = a_{11}a_{22} - a_{12}a_{21} \tag{4.4.6}$$

또는

$$\det \boldsymbol{A} = \det \begin{bmatrix} a_{11} & a_{12} & a_{13} \\ a_{21} & a_{22} & a_{23} \\ a_{31} & a_{32} & a_{33} \end{bmatrix} = \begin{vmatrix} a_{11} & a_{12} & a_{13} \\ a_{21} & a_{22} & a_{23} \\ a_{31} & a_{32} & a_{33} \end{vmatrix} \tag{4.4.7}$$

$$= a_{11}a_{22}a_{33} + a_{12}a_{23}a_{31} + a_{13}a_{21}a_{32} - a_{13}a_{22}a_{31} - a_{12}a_{21}a_{33} - a_{11}a_{23}a_{32}$$

임을 쉽게 확인할 수 있다.

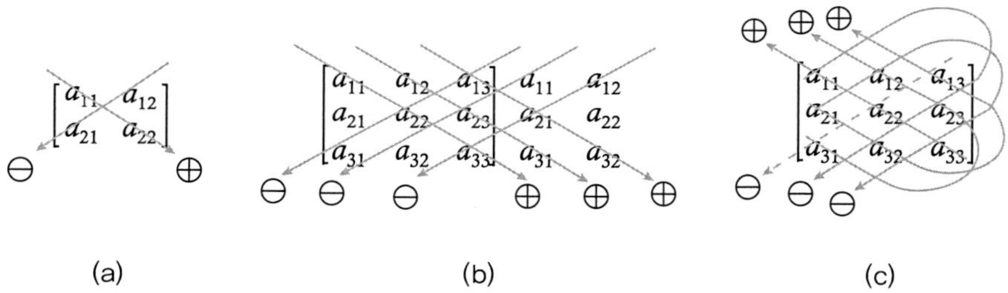

그림 4.6 행렬식의 계산방법

▶ 예제 4.4.1

다음 행렬의 행렬식을 구하여 보자.

(a) $\boldsymbol{A} = \begin{bmatrix} 3 & 1 \\ 4 & -2 \end{bmatrix}$ (b) $\boldsymbol{B} = \begin{bmatrix} 1 & 2 & 3 \\ -4 & 5 & 6 \\ 7 & -8 & 9 \end{bmatrix}$

◈ 해

사루스의 법칙에 의하여

(a) $\det \boldsymbol{A} = (3)(-2) - (1)(4) = -10$

(b) $\det \boldsymbol{B} = (45) + (84) + (96) - (105) - (-48) - (-72)$
$= 240.$

[그림 4.6]에서 설명한 사루스의 법칙은 4차 이상의 행렬에 대한 행렬식의 계산에는 사용할 수 없음을 강조해 둔다. 고차 $(n \geq 4)$인 행렬의 행렬식을 구하기 위해서는 라플라스 전개를 사용하며, 이를 위해서는 다음 사항이 필요하다.

4.4.1 소행렬식과 여인자

정방행렬 $\boldsymbol{A} = [a_{ij}]_n$에서 i 번째 행과 j 번째 열을 삭제한 소행렬의 행렬식을 $\boldsymbol{M}_{ij}$로 표기하고 이것을 $\boldsymbol{A}$의 성분 a_{ij}에 대한 소행렬식(minor)이라 한다. 예를 들어

$$\boldsymbol{A} = \begin{bmatrix} 1 & -1 & 2 \\ 0 & -2 & 3 \\ 4 & -4 & 6 \end{bmatrix} \tag{4.4.8}$$

인 경우, 행렬 $\boldsymbol{A}$ 의 첫번째 행에 대한 세 개의 소행렬식은 각각 다음과 같다.

$$\boldsymbol{M}_{11} = \begin{vmatrix} -2 & 3 \\ -4 & 6 \end{vmatrix}, \quad \boldsymbol{M}_{12} = \begin{vmatrix} 0 & 3 \\ 4 & 6 \end{vmatrix}, \quad \boldsymbol{M}_{13} = \begin{vmatrix} 0 & -2 \\ 4 & -4 \end{vmatrix}$$

성분 a_{ij}에 대하여 $C_{ij} = (-1)^{i+j}\boldsymbol{M}_{ij}$ 로 정의된 양을 a_{ij}의 여인자(cofactor)라고 하며, 식 (4.4.8)의 첫번째 행 a_{1i}, $(i = 1,2,3)$에 대한 여인자는 각각

$$C_{11} = (-1)^2 \begin{vmatrix} -2 & 3 \\ -4 & 6 \end{vmatrix}, \quad C_{12} = (-1)^3 \begin{vmatrix} 0 & 3 \\ 4 & 6 \end{vmatrix}, \quad C_{13} = (-1)^3 \begin{vmatrix} 0 & -2 \\ 4 & -4 \end{vmatrix}$$

로 주어진다. 3차행렬 $\boldsymbol{A}$의 행렬식 (4.4.7)을 제 1 열의 성분으로 정돈하면

$$\det \boldsymbol{A} = \begin{vmatrix} a_{11} & a_{12} & a_{13} \\ a_{21} & a_{22} & a_{23} \\ a_{31} & a_{32} & a_{33} \end{vmatrix} \tag{4.4.9}$$

$$= a_{11}(a_{22}a_{33} - a_{23}a_{32}) + a_{21}(a_{13}a_{32} - a_{12}a_{33}) + a_{31}(a_{12}a_{13} - a_{13}a_{22})$$

이고, 위 오른쪽 항의 괄호 속은 제 1 열에 대한 성분에 대한 여인자 C_{11}, C_{21}, C_{31}과 같으므로 식 (4.4.9)는

$$\det \boldsymbol{A} = a_{11}C_{11} + a_{21}C_{21} + a_{31}C_{31}$$

이다. 이것은 $\boldsymbol{A}$의 제 1 열의 각 성분과 그 성분의 여인자를 곱한 것을 전부 더한 것으로,

행렬 A의 제 1 열에 대한 라플라스 전개(Laplace expansion) 또는 여인자 전개(cofactor expansion)라 한다. 또한 식 (4.4.7)을 제 1 행과 제 1 열 또는 제 2 행과 제 2 열 또는 제 3 행과 제 3 열의 각 성분에 관해서 정돈하면

$$\begin{aligned} \det \boldsymbol{A} &= a_{11}C_{11} + a_{12}C_{12} + a_{13}C_{13} = a_{11}C_{11} + a_{21}C_{21} + a_{31}C_{31} \\ &= a_{21}C_{21} + a_{22}C_{22} + a_{23}C_{23} = a_{12}C_{12} + a_{22}C_{22} + a_{32}C_{32} \\ &= a_{31}C_{31} + a_{32}C_{32} + a_{33}C_{33} = a_{13}C_{13} + a_{23}C_{23} + a_{33}C_{33} \end{aligned} \tag{4.4.10}$$

이다. 따라서 임의의 행이나 열을 이용해서 행렬 A 의 행렬식 $\det A$를 라플라스 전개할 수 있다. 이를 정리하면 다음과 같다.

요점 4.16 행렬식의 계산

$\boldsymbol{A} = [a_{ij}]_n$의 행렬식은 다음과 같이 계산된다.

$$\det \boldsymbol{A} = a_{i1}C_{i1} + a_{i2}C_{i2} + \cdots + a_{in}C_{in} = \sum_{j=1}^{n} (-1)^{i+j} a_{ij}\boldsymbol{M}_{ij} \qquad (4.4.11\ \text{a})$$

(제 i 행에 의한 라플라스 전개)

$$\det \boldsymbol{A} = a_{1j}C_{1j} + a_{2j}C_{2j} + \cdots + a_{nj}C_{nj} = \sum_{i=1}^{n} (-1)^{i+j} a_{ij}\boldsymbol{M}_{ij} \qquad (4.4.11\ \text{b})$$

(제 j 열에 의한 라플라스 전개)

행렬식의 계산을 효율적으로 수행하기 위해서는 먼저 기본행연산을 실시하여 될 수 있는 대로 특정한 행 또는 열에 0인 원소가 많이 나오도록 한 후에 식 (4.4.11)을 적용한다.

▶ 예제 4.4.2

다음 행렬의 행렬식을 계산하여 보자.

$$\boldsymbol{A} = \begin{bmatrix} 3 & 5 & -2 & 6 \\ 1 & 2 & -1 & 1 \\ 2 & 4 & 1 & 5 \\ 3 & 7 & 5 & 3 \end{bmatrix}$$

해

먼저 주어진 행렬에 대한 기본행연산을 수행한다[21].

21) 기본행연산을 수행하여도 행렬식값은 변화가 없다. 4.5절을 참조하여라.

$$A=\begin{bmatrix} 3 & 5 & -2 & 6 \\ 1 & 2 & -1 & 1 \\ 2 & 4 & 1 & 5 \\ 3 & 7 & 5 & 3 \end{bmatrix} \xrightarrow[\substack{R_3 \to (-2)R_2+R_3 \\ R_4 \to (-3)R_2+R_4}]{R_1 \to (-3)R_2+R_1} \begin{bmatrix} 0 & -1 & 1 & 3 \\ 1 & 2 & -1 & 1 \\ 0 & 0 & 3 & 3 \\ 0 & 1 & 8 & 0 \end{bmatrix} = \widetilde{A} \qquad ①$$

다음 행렬 $\widetilde{A}$ 의 제 1 열에 대한 라플라스 전개를 실행하면

$$\det A = \det \widetilde{A} = (-1)^{2+1}\begin{vmatrix} -1 & 1 & 3 \\ 0 & 3 & 3 \\ 1 & 8 & 0 \end{vmatrix} \qquad ②$$

이다. ②의 3×3 인 행렬식의 계산을 간단히 하기 위하여 다시 기본행연산을 수행하면

$$\det A = (-1)^{2+1}\begin{vmatrix} -1 & 1 & 3 \\ 0 & 3 & 3 \\ 1 & 8 & 0 \end{vmatrix} \xrightarrow[R_3 \to R_1+R_3]{} (-1)^{2+1}\begin{vmatrix} -1 & 1 & 3 \\ 0 & 3 & 3 \\ 0 & 9 & 3 \end{vmatrix} = \det A \qquad ③$$

로 되어 3×3 인 행렬식의 계산이 간단해진다. 즉 ③에 대하여 제 1 열에 대한 라플라스 전개를 적용하면 행렬 A의 행렬식은

$$\det A = (-1)^{2+1}(-1)^{1+1}(-1)\begin{vmatrix} 3 & 3 \\ 9 & 3 \end{vmatrix} = -18$$

이다.

▶ 예제 4.4.3

다음과 같은 위삼각행렬의 행렬식을 계산하여 보자.

$$A=\begin{bmatrix} 2 & 7 & -3 & 8 \\ 0 & -3 & 7 & 5 \\ 0 & 0 & 6 & 7 \\ 0 & 0 & 0 & 2 \end{bmatrix}$$

≫ 해

행렬의 모양으로부터 쉽게 알 수 있는 바와 같이 제 1 열에 가장 많은 '0' 이 있으므로 제 1 열에 대한 라플라스 전개를 계속적으로 수행하면 간단히 행렬식을 얻을 수 있다.

$$\det A = \begin{vmatrix} 2 & 7 & -3 & 8 \\ 0 & -3 & 7 & 5 \\ 0 & 0 & 6 & 7 \\ 0 & 0 & 0 & 2 \end{vmatrix} = (2)(-1)^{1+1}\begin{vmatrix} -3 & 7 & 5 \\ 0 & 6 & 7 \\ 0 & 0 & 2 \end{vmatrix}$$

$$= (2)(-1)^{1+1}(-3)\begin{vmatrix} 6 & 7 \\ 0 & 2 \end{vmatrix} = -72$$

4.4.2 행렬식의 성질

행렬식을 능률적으로 계산하기 위해서는 다음과 같은 행렬식의 성질을 이용하면 편리하다.

(1) 행벡터 또는 열벡터의 성분이 전부 0의 값을 가지는 경우

n차행렬 $\boldsymbol{A}$의 한 행(또는 열)벡터의 모든 요소가 0의 값을 가진다면

$$\det \boldsymbol{A} = |\boldsymbol{A}| = 0 \tag{4.4.12}$$

이다. 이 사실은 $\boldsymbol{A}$의 제 i행 벡터가 영벡터라면 식 (4.4.11)로부터

$$\det \boldsymbol{A} = 0 \cdot C_{i1} + 0 \cdot C_{i2} + \cdots + 0 \cdot C_{in} = 0$$

이므로 성립한다.

(2) 행 또는 열벡터의 스칼라곱

n차행렬 $\boldsymbol{A}$의 하나의 행(또는 열)벡터에 스칼라 $k, (\neq 0)$를 곱한 행렬 $\boldsymbol{B}$의 행렬식은

$$\det \boldsymbol{B} = k \det \boldsymbol{A}\,, \ (\text{단 } k \neq 0) \tag{4.4.13}$$

이다. 이 사실은 행렬 $\boldsymbol{A}$의 제 i행 벡터를 k배한 행렬을 $\boldsymbol{B}$라 하면 식 (4.4.11)를 이용하여 $\boldsymbol{B}$의 i행에 대한 라플라스 전개를 수행하면

$$\begin{aligned} \det \boldsymbol{B} &= k a_{i1} C_{i1} + k a_{i2} C_{i2} + \cdots + k a_{in} C_{in} \\ &= k(a_{i1} C_{i1} + a_{i2} C_{i2} + \cdots + a_{in} C_{in}) = k \det \boldsymbol{A} \end{aligned} \tag{4.4.14}$$

로 되어 식 (4.4.13)이 성립함을 알 수 있다. 예를 들어

$$\boldsymbol{A} = \begin{bmatrix} 1 & -1 & 2 \\ 3 & 1 & 4 \\ 0 & -2 & 5 \end{bmatrix} \xrightarrow{R_2 \to 4R_2} \begin{bmatrix} 1 & -1 & 2 \\ 12 & 4 & 16 \\ 0 & -2 & 5 \end{bmatrix} = \boldsymbol{B}$$

인 경우, $\det \boldsymbol{A} = 16$ 및 $\det \boldsymbol{B} = 64$이다. 이것은 다음과 같이 확인할 수 있다.

$$\det \boldsymbol{B} = \det \begin{bmatrix} 1 & -1 & 2 \\ 12 & 4 & 16 \\ 0 & -2 & 5 \end{bmatrix} = 4 \cdot \det \begin{bmatrix} 1 & -1 & 2 \\ 3 & 1 & 4 \\ 0 & -2 & 5 \end{bmatrix} = 4 \det \boldsymbol{A} = (4)(16) = 64$$

(3) 행 또는 열벡터의 분해

세 개의 n차행렬 $\boldsymbol{A}, \boldsymbol{B}$ 및 $\boldsymbol{C}$ 사이에 다음의 관계가 성립한다고 가정한다. 즉 세 행렬의 제 i 번째 행(또는 제 j 번째 열)벡터를 제외한 나머지 행(또는 열)벡터가 모두 같으며, 행렬 $\boldsymbol{C}$의 제i 번째 행(또는 제 j 번째 열)벡터는 $\boldsymbol{A}$ 와 $\boldsymbol{B}$ 의 제 i 번째 행(또는 제 j 번째 열)벡터의 합으로 주어졌다고 한다. 이 경우 세 행렬의 행렬식 사이에 다음의 관계가 성립한다.

$$\det \boldsymbol{C} = \det \boldsymbol{A} + \det \boldsymbol{B} \tag{4.4.15}$$

이 사실은 다음과 같이 확인할 수 있다. 먼저 행렬 $\boldsymbol{C}$의 제 i 행에 대한 라플라스 전개를 이용하여 행렬식을 계산하면

$$\det \boldsymbol{C} = (a_{i1} + b_{i1})C_{i1}(\boldsymbol{C}) + (a_{i2} + b_{i2})C_{i2}(\boldsymbol{C}) + \cdots + (a_{in} + b_{in})C_{in}(\boldsymbol{C}) \tag{4.4.16}$$

이다. 여기서 $C_{ij}(\boldsymbol{C}), (j=1, \cdots, n)$는 행렬 $\boldsymbol{C}$의 성분인 $c_{ij}, (j=1, \cdots, n)$의 여인자를 의미한다. 이때 식 (4.4.15)의 오른쪽 항을 $a_{ij}, (j=1, \cdots, n)$과 $b_{ij}, (j=1, \cdots, n)$로 분리하면

$$\begin{aligned} \det \boldsymbol{C} = & \left[a_{i1} C_{i1}(\boldsymbol{C}) + a_{i2} C_{i2}(\boldsymbol{C}) + \cdots + a_{in} C_{in}(\boldsymbol{C})\right] \\ & + \left[b_{i1} C_{i1}(\boldsymbol{C}) + b_{i2} C_{i2}(\boldsymbol{C}) + \cdots + b_{in} C_{in}(\boldsymbol{C})\right] \end{aligned} \tag{4.4.17}$$

이다. 그런데 행렬 $\boldsymbol{A}$ 와 $\boldsymbol{C}$, $\boldsymbol{B}$ 와 $\boldsymbol{C}$ 는 i 번째 행을 제외하고는 같은 값을 가지므로 $j=1, \cdots, n$에 대하여

$$C_{ij}(\boldsymbol{C}) = C_{ij}(\boldsymbol{A}), \; C_{ij}(\boldsymbol{C}) = C_{ij}(\boldsymbol{B}) \tag{4.4.18}$$

이다. 이것을 식 (4.4.17)에 적용하면

$$\begin{aligned} \det \boldsymbol{C} &= \left[a_{i1} C_{i1}(\boldsymbol{A}) + a_{i2} C_{i2}(\boldsymbol{A}) + \cdots + a_{in} C_{in}(\boldsymbol{A})\right] \\ &\quad + \left[b_{i1} C_{i1}(\boldsymbol{B}) + b_{i2} C_{i2}(\boldsymbol{B}) + \cdots + b_{in} C_{in}(\boldsymbol{B})\right] \\ &= \det \boldsymbol{A} + \det \boldsymbol{B} \end{aligned} \tag{4.4.19}$$

가 성립한다. 예를 들어

$$\boldsymbol{A} = \begin{bmatrix} 1 & -1 & 2 \\ 3 & 1 & 4 \\ 0 & -2 & 5 \end{bmatrix}, \; \boldsymbol{B} = \begin{bmatrix} 1 & -6 & 2 \\ 3 & 2 & 4 \\ 0 & 4 & 5 \end{bmatrix}, \; \boldsymbol{C} = \begin{bmatrix} 1 & (-1-6) & 2 \\ 3 & (1+2) & 4 \\ 0 & (-2+4) & 5 \end{bmatrix}$$

라면 $\det \boldsymbol{A} = 16$ 및 $\det \boldsymbol{B} = 108$ 이므로

$$\det \boldsymbol{C} = \begin{bmatrix} 1 & (-1-6) & 2 \\ 3 & (1+2) & 4 \\ 0 & (-2+4) & 5 \end{bmatrix}$$

$$= \det \begin{bmatrix} 1 & -1 & 2 \\ 3 & 1 & 4 \\ 0 & -2 & 5 \end{bmatrix} + \det \begin{bmatrix} 1 & -6 & 2 \\ 3 & 2 & 4 \\ 0 & 4 & 5 \end{bmatrix} = 16 + 108 = 124$$

이다.

(4) 행 또는 열벡터의 교환

n차행렬 $\boldsymbol{A}$의 임의의 두 행(또는 열)벡터를 서로 교환한 행렬 $\boldsymbol{B}$의 행렬식을 $\det \boldsymbol{B}$라 하면

$$\det \boldsymbol{B} = -\det \boldsymbol{A} \tag{4.4.20}$$

가 성립한다. 위 사실은 다음과 같이 확인 가능하다. 예를 들어 $\boldsymbol{A}$ 의 i 번째 행을 $i+1$ 번째 행과 교환한 것을 $\boldsymbol{B}$ 라 두면

$$\boldsymbol{A} = \begin{bmatrix} a_{11} & a_{12} & \cdots & a_{1n} \\ \vdots & \vdots & & \vdots \\ a_{i1} & a_{i2} & \cdots & a_{in} \\ a_{i+1,1} & a_{i+1,2} & \cdots & a_{i+1,n} \\ \vdots & \vdots & & \vdots \\ a_{n1} & a_{n2} & \cdots & a_{nn} \end{bmatrix} \xrightarrow{R_i \to R_{i+1}} \begin{bmatrix} a_{11} & a_{12} & \cdots & a_{1n} \\ \vdots & \vdots & & \vdots \\ a_{i+1,1} & a_{i+2,2} & \cdots & a_{i+1,n} \\ a_{i1} & a_{i2} & \cdots & a_{in} \\ \vdots & \vdots & & \vdots \\ a_{n1} & a_{n2} & \cdots & a_{nn} \end{bmatrix} = \boldsymbol{B} \tag{4.4.21}$$

이다. 여기서 $\det \boldsymbol{A}$ 를 위해 행렬 $\boldsymbol{A}$ 의 i 번째 행에 대한 라플라스 전개와, 또한 $\det \boldsymbol{B}$ 의 계산을 위해 행렬 $\boldsymbol{B}$ 의 $i+1$ 번째 행에 대한 라플라스 전개는 각각

$$\det \boldsymbol{A} = a_{i1} C_{i1}(\boldsymbol{A}) + a_{i2} C_{i2}(\boldsymbol{A}) + \cdots + a_{in} C_{in}(\boldsymbol{A}) \tag{4.4.22 a}$$

$$\det \boldsymbol{B} = a_{i1} C_{i+1,1}(\boldsymbol{B}) + a_{i2} C_{i+1,2}(\boldsymbol{B}) + \cdots + a_{in} C_{i+1,n}(\boldsymbol{B}) \tag{4.4.22 b}$$

와 같다. 그런데

$$C_{ij}(\boldsymbol{A}) = (-1)^{i+j} \boldsymbol{M}_{ij} \tag{4.4.23 a}$$

$$C_{i+1,j}(\boldsymbol{B}) = (-1)^{i+1+j} \boldsymbol{M}_{ij} \tag{4.4.23 b}$$

이므로 식 (4.4.23 b)는 다음과 같이 고쳐 쓸 수 있다.

$$C_{i+1,j}(\boldsymbol{B}) = (-1)^{i+1+j}\boldsymbol{M}_{ij} = -(-1)^{i+j}\boldsymbol{M}_{ij} = -C_{ij}(\boldsymbol{A}) \tag{4.4.24}$$

식 (4.4.24)로부터 식 (4.4.20)이 성립함을 알 수 있다.

(5) 행 또는 열벡터의 비례

n차행렬 $\boldsymbol{A}$의 두 행(또는 열)벡터가 같거나 또는 비례한다면 그의 행렬식은 영이다. 즉

$$\det \boldsymbol{A} = 0 \tag{4.4.25}$$

이 사실은 위의 성질 (4)와 (2)를 이용하면 확인할 수 있다. 먼저 $\boldsymbol{A}$의 제i번째 행벡터와 제j번째 행벡터가 서로 같다고 하고, 이들 두 행벡터를 서로 교환한 행렬을 $\boldsymbol{B}$라 하면, 성질 (4)로부터 $\det \boldsymbol{B} = -\det \boldsymbol{A}$이다. 그러나 $\boldsymbol{B}$는 $\boldsymbol{A}$와 같은 행렬이므로 $\det \boldsymbol{A} = -\det \boldsymbol{A}$, 즉 $2\det \boldsymbol{A} = 0$으로부터 $\det \boldsymbol{A} = 0$을 얻는다.

둘째, $\boldsymbol{A}$의 제 j번째 행벡터가 제 i번째 행벡터의 스칼라 k, $(k \neq 0)$배라 하면, 성질 (2)로부터 $\det \boldsymbol{A}$는 k를 앞으로 가져오면 $k\det \boldsymbol{A}'$로 된다. 여기서 $\boldsymbol{A}'$는 i번째 행과 j번째 행이 서로 같은 행렬이므로 그의 행렬식은 영으로 된다. 따라서 $\det \boldsymbol{A} = 0$이다. 예를 들어

$$\det\begin{bmatrix} 2 & 1 & 3 \\ 4 & 2 & 6 \\ 1 & 3 & 1 \end{bmatrix} = 2\det\begin{bmatrix} 2 & 1 & 3 \\ 2 & 1 & 3 \\ 1 & 3 & 1 \end{bmatrix} = 2 \cdot 0 = 0$$

이다.

(6) 한 행 또는 열벡터를 k배 하여 다른 행 또는 열벡터에 더함

n차행렬 $\boldsymbol{A}$의 한 행(또는 열)벡터를 스칼라 k, $(k \neq 0)$배 하여 다른 행(또는 열)벡터에 더한 행렬 $\boldsymbol{B}$의 행렬식은 행렬 $\boldsymbol{A}$의 행렬식과 같다. 즉

$$\det \boldsymbol{B} = \det \boldsymbol{A} \tag{4.4.26}$$

이다. 이 사실은 성질 (3)으로부터 확인할 수 있다. 즉

$$\boldsymbol{A} \xrightarrow{R_j \to R_j + kR_i} \boldsymbol{B}$$

라 하면 $\boldsymbol{B}$의 j번째 행은

$$[b_{j1},\ b_{j2},\ \cdots,\ b_{jn}] = [a_{j1} + ka_{i1},\ a_{j2} + ka_{i2},\ \cdots,\ a_{jn} + ka_{in}] \tag{4.4.27}$$

으로 되어 성질 (3)에 의하여

$$\det \boldsymbol{B} = \det \boldsymbol{A} + \det \boldsymbol{C} \tag{4.4.28}$$

로 된다. 여기서 행렬 $\boldsymbol{C}$의 j번째 행은 i번째 행을 k배 한 것이기 때문에 성질 (5)에 의하여 $\det \boldsymbol{C} = 0$이고, 따라서 $\det\boldsymbol{B} = \det\boldsymbol{A}$가 성립한다.

(7) 한 행의 성분과 다른 행의 여인자와의 곱

$\boldsymbol{A}$를 n차의 행렬이라 할 때 제 i행의 성분과 제 j행의 여인자와의 곱은 영이다. 즉

$$\sum_{k=1}^{n} a_{ik} C_{jk}(\boldsymbol{A}) = 0, \ (i \neq j) \tag{4.4.29}$$

위 사실은 다음과 같이 증명할 수 있다. 행렬 $\boldsymbol{A}$의 제j번째 행을 제i번째 행으로 대치하여 얻은 행렬을 $\boldsymbol{B}$라고 한다. 따라서 이 경우 $b_{jk} = a_{ik}$이며, $\boldsymbol{B}$의 i번째 행과 j번째 행은 서로 동일하기 때문에 성질 (5)에 의하여 $\det\boldsymbol{B} = 0$이고, 또한 $C_{jk}(\boldsymbol{B}) = C_{jk}(\boldsymbol{A})$이다. 여기서 행렬 $\boldsymbol{B}$를 i번째 행에 대한 라플라스 전개를 하면

$$0 = \det\boldsymbol{B} = \sum_{k=1}^{n} b_{jk} C_{jk}(\boldsymbol{B}) = \sum_{k=1}^{n} a_{ik} C_{jk}(\boldsymbol{A}) \tag{4.4.30}$$

이므로 식 (4.4.29)가 성립한다. 예를 들어

$$\boldsymbol{A} = \begin{bmatrix} 6 & 2 & 7 \\ -4 & -3 & 2 \\ 2 & 4 & 8 \end{bmatrix}$$

이라 하고 제 1 행의 성분에 제 3 행의 여인자를 곱하여 더하면

$$\begin{aligned} a_{11}C_{31} + a_{12}C_{32} + a_{13}C_{33} &= 6\begin{vmatrix} 2 & 7 \\ -3 & 2 \end{vmatrix} + 2(-1)^{3+2}\begin{vmatrix} 6 & 7 \\ -4 & 2 \end{vmatrix} + 7\begin{vmatrix} 6 & 2 \\ -4 & -3 \end{vmatrix} \\ &= 6(25) + 2(-40) + 7(-10) = 0 \end{aligned}$$

으로 되어 영임을 알 수 있다.

(8) 행렬의 곱으로 주어진 행렬의 행렬식

$\boldsymbol{A}$와 $\boldsymbol{B}$를 모두 n차의 행렬이라고 하면

$$\det(\boldsymbol{AB}) = \det \boldsymbol{A} \cdot \det \boldsymbol{B} \tag{4.4.31}$$

가 성립한다. 이 사실은 다음과 같이 간단하게 확인할 수 있다. 즉 행렬 $\boldsymbol{A}$ 에 기본행연산을 수행하여 다음과 같은 대각행렬로 변환되었다고 가정한다.

$$\boldsymbol{A} \to \boldsymbol{D} = \begin{bmatrix} d_1 & 0 & \cdots & 0 \\ 0 & d_2 & \cdots & 0 \\ \vdots & \vdots & \ddots & \vdots \\ 0 & 0 & \cdots & d_n \end{bmatrix} \tag{4.4.32}$$

여기서 성질 (2)를 되풀이 적용하여 $\det(\boldsymbol{DB})$를 나타내면 다음과 같다.

$$\det(\boldsymbol{DB}) = \begin{vmatrix} d_1b_{11} & d_1b_{12} & \cdots & d_1b_{1n} \\ d_2b_{21} & d_2b_{22} & \cdots & d_2b_{2n} \\ \vdots & \vdots & \ddots & \vdots \\ d_nb_{n1} & d_nb_{n2} & \cdots & d_nb_{nn} \end{vmatrix} = d_1 \begin{vmatrix} b_{11} & b_{12} & \cdots & b_{1n} \\ d_2b_{21} & d_2b_{22} & \cdots & d_2b_{2n} \\ \vdots & \vdots & \ddots & \vdots \\ d_nb_{n1} & d_nb_{n2} & \cdots & d_nb_{nn} \end{vmatrix}$$

$$= \cdots = d_1 d_2 \cdots d_n \begin{vmatrix} b_{11} & b_{12} & \cdots & b_{1n} \\ b_{21} & b_{22} & \cdots & b_{2n} \\ \vdots & \vdots & \ddots & \vdots \\ b_{n1} & b_{n2} & \cdots & b_{nn} \end{vmatrix} \tag{4.4.33}$$

$$= \det\boldsymbol{D} \cdot \det\boldsymbol{B}$$

따라서 기본행연산을 수행한 행렬의 행렬식은 원래 행렬의 행렬식과 같은 값을 가지므로 식 (4.4.33)으로부터 $\det(\boldsymbol{AB}) = \det \boldsymbol{A} \cdot \det \boldsymbol{B}$ 가 성립함을 알 수 있다.

4.3절에서 행렬의 랭크를 구하는 두 가지 방법에 대하여 언급하였다. 즉 첫번째로 행렬 $\boldsymbol{A}$ 에 가우스 소거법을 실행하여 얻은 RREF에서 각 행의 선두 '1'(leading 1)의 개수, 또는 주축열(pivot column)의 개수, 두 번째로 [요점 4.12]에 의한 방법 등이었다. 여기서는 행렬의 행렬식과 랭크와의 관계를 요점으로 정리한다.

요점 4.17 행렬식과 랭크

$\boldsymbol{A}$ 를 $(m \times n)$인 행렬이라 할 때 $\boldsymbol{A}$ 의

(1) r 차의 소행렬식에 영이 아닌 것이 존재한다.
(2) $r+1$ 차의 소행렬식은 존재하지 않든지 또는 모두 영이다.

위 조건을 만족하는 경우 r를 행렬 $\boldsymbol{A}$ 의 랭크(rank)라 한다.

▶ 예제 4.4.4

다음 행렬의 랭크를 구하여 보자.

$$\text{(a) } \boldsymbol{A} = \begin{bmatrix} 1 & 2 & 3 \\ 2 & 4 & 6 \\ 3 & 6 & 9 \end{bmatrix} \qquad \text{(b) } \boldsymbol{B} = \begin{bmatrix} 1 & 3 & -1 & 2 \\ 4 & 1 & 5 & 6 \end{bmatrix}$$

◇ 해

(a) $\boldsymbol{A}$ 는 3차의 행렬이므로 우선 3차의 행렬식을 구하여 본다. 이때 $\boldsymbol{A}$ 의 첫번째 행과 두 번째 행 사이에는 스칼라곱의 관계가 성립하므로 성질 (2)에 의해 $\det\boldsymbol{A} = 0$이다. 따라서 랭크는 3은 아니다. 다음에 2차의 소행렬식 9개를 계산하여 보면 전부 영임을 알 수 있다. 따라서 행렬 $\boldsymbol{A}$의 랭크는 1이다. 즉

$$\text{rank}(\boldsymbol{A}) = 1.$$

(b) $\boldsymbol{B}$ 는 (2×4)인 행렬이므로 랭크의 최대값은 2이다. 우선 $\boldsymbol{B}$ 에 존재하는 2차의 소행렬식 네 개를 계산하여 보면 적어도 한 개 이상이 영이 아닌 값을 가진다는 것을 쉽게 확인할 수 있다. 따라서

$$\text{rank}(\boldsymbol{B}) = 2.$$

4.4.3 MATLAB에 의한 풀이

```
% [예제 4.4.1]
A=[3 1;4 -2];B=[1 2 3;-4 5 6;7 -8 9];
det(A), det(B)                                    % 행렬식의 계산

% [예제 4.4.2]
A=sym([3 5 -2 6;1 2 -1 1;2 4 1 5;3 7 5 3]);
E1=sym([1 -3 0 0;0 1 0 0;0 0 1 0;0 0 0 1]);       % 2행×(-3)하여 1행에 더한다.
E2=sym([1 0 0 0;0 1 0 0;0 -2 1 0;0 0 0 1]);       % 2행×(-2)하여 3행에 더한다.
E3=sym([1 0 0 0;0 1 0 0;0 0 1 0;0 -3 0 1]);       % 2행×(-3)하여 4행에 더한다.
At=E3*E2*E1*A, det(A),det(At)                     % ①의 확인

% [예제 4.4.3]
A=sym([2 7 -3 8;0 -3 7 5;0 0 6 7;0 0 0 2]); det(A)   % A의 행렬식 계산

% [예제 4.4.4]
A=sym([1 2 3;2 4 6;3 6 9]); B=sym([1 3 -1 2;4 1 5 6]);
rref(A), rref(B)                          % rank(A) = 1, rank(B) = 2 를 확인
% "4.4.2 행렬식의 성질"을 확인
% 성질 (1)의 확인
```

```
A=sym([4 6 0;1 5 0;8 -1 0]);det(A)          % 세 번째 열이 전부 영이다.
% 성질 (2)의 확인
syms k
A=sym([1 -1 2;3 1 4;0 -2 5]); E=sym([1 0 0;0 k 0;0 0 1]);
B=E*A; det(A), det(B)                        % det(B) = k*det(A)의 확인
% 성질 (3)의 확인
A=sym([1 -1 2;3 1 4;0 -2 5]);
B=[A(:,1),[-6 2 4]', (:,3)]; C=[A(:,1),A(:,2)+B(:,2),A(:,3)];
det(C), det(A)+det(B)                        % detC=detA+detB 확인
% 성질 (4)의 확인
A=sym([1 -1 2;3 1 4;0 2 5]); E=sym([0 0 1;0 1 0;1 0 0]);
B=E*A;                              % 1행과 3행을 교환
det(A), -det(B)                     % detB = - detA 의 확인
% 성질 (5)의 확인
A=sym([2 1 3;4 2 6;1 3 1]); det(A)          % 2행은 1행을 두 배한 경우 det(A)=0을 확인
% 성질 (6)의 확인
A=sym([1 -1 2;3 1 4;0 -2 5]); E=sym([1 0 0;0 1 4;0 0 1]);
B=E*A;                              % A의 3행을 4배하여 2행에 더하며 행렬 B이다.
det(A), det(B)                      % detA=detB 의 확인
% 성질 (7)의 확인
syms a11 a12 a13
A=sym([a11 a12 a13;-4 -3 2;2 4 8]);
C31=A; C31(:,1)=[]; C31(3,:)=[];
C32=A; C32(:,2)=[]; C32(3,:)=[];
C33=A; C33(:,3)=[]; C33(3,:)=[];
ans=a11*(-1)^(3+1)*det(C31)+a12*(-1)^(3+2)*det(C32)+a13*(-1)^(3+3)*det(C33);
simple(ans)                         % 식(4.4.31)의 확인
% 성질 (8)의 확인
A=sym([1 -1 2;3 1 4;0 -2 5]); B=sym([1 -2 3;0 -1 4;2 0 -2]);
det(A)*det(B), det(A*B)             % 식 (4.4.32)의 확인
```

❖ 4.4.2절에서 언급한 행렬식의 성질을 MATLAB을 이용하여 확인하였다.

연습문제 4.4.4

1. 다음 행렬식을 계산하여라.

(1) $\begin{vmatrix} 13 & 8 \\ -2 & 7 \end{vmatrix}$ (2) $\begin{vmatrix} \cos n\theta & \sin n\theta \\ -\sin n\theta & \cos n\theta \end{vmatrix}$ (3) $\begin{vmatrix} \cos\alpha & \sin\alpha \\ \sin\beta & \cos\beta \end{vmatrix}$

(4) $\begin{vmatrix} 70.4 & 0.3 & 0.8 \\ 0 & 0.5 & 2.6 \\ 0 & 0 & -1.9 \end{vmatrix}$ (5) $\begin{vmatrix} 0 & 3 & -1 \\ -3 & 0 & -4 \\ 1 & 4 & 0 \end{vmatrix}$ (6) $\begin{vmatrix} u & v & w \\ w & u & v \\ v & w & u \end{vmatrix}$

(7) $\begin{vmatrix} 1 & 2 & 0 & 0 \\ 3 & 4 & 0 & 0 \\ 0 & 0 & 5 & 6 \\ 0 & 0 & 7 & 8 \end{vmatrix}$ (8) $\begin{vmatrix} 0 & -2 & 1 & 0 \\ 2 & 0 & -2 & 4 \\ -1 & 2 & 0 & 1 \\ 0 & -4 & -1 & 0 \end{vmatrix}$

2. [요점 4.17]에 의해 다음 행렬의 랭크를 계산하여라.

(1) $\begin{bmatrix} 8 & 4 \\ -2 & -1 \\ 6 & 3 \end{bmatrix}$ (2) $\begin{bmatrix} 2 & 1 & 0 \\ 13 & -13 & 12 \\ -3 & 5 & -4 \end{bmatrix}$ (3) $\begin{bmatrix} 0.4 & 0 & -2.4 & 3.0 \\ 1.2 & 0.6 & 0 & 0.3 \\ 0 & 1.2 & 1.2 & 0 \end{bmatrix}$

3. 행렬 $A = \begin{bmatrix} 2 & 3 & 4 \\ 1 & -1 & 2 \\ -2 & 3 & 5 \end{bmatrix}$ 에 대하여 주어진 소행렬식 또는 여인자를 구하여라.

(1) M_{12} (2) M_{32} (3) C_{13} (4) C_{22}

4. 다음의 행렬식

$$\begin{vmatrix} a_1 & a_2 & a_3 \\ b_1 & b_2 & b_3 \\ c_1 & c_2 & c_3 \end{vmatrix} = 5$$

를 이용하여 주어진 행렬의 행렬식을 계산하여라.

(1) $\boldsymbol{A} = \begin{bmatrix} a_3 & a_2 & a_1 \\ b_3 & b_2 & b_1 \\ c_3 & c_2 & c_1 \end{bmatrix}$ (2) $\boldsymbol{B} = \begin{bmatrix} 2a_1 & a_2 & a_3 \\ 6b_1 & 3b_2 & 3b_3 \\ 2c_1 & c_2 & c_3 \end{bmatrix}$

(3) $\boldsymbol{C} = \begin{bmatrix} -a_1 & -a_2 & -a_3 \\ b_1 & b_2 & b_3 \\ c_1-a_1 & c_2-a_2 & c_3-a_3 \end{bmatrix}$ (4) $\boldsymbol{D} = \begin{bmatrix} a_1 & b_1 & c_1 \\ a_2 & b_2 & c_2 \\ a_3 & b_3 & c_3 \end{bmatrix}$

5. A 가 $A^2 = I_n$ 인 $(n \times n)$인 행렬이다. 여기서 $A^2 = AA$ 이다. 이때 $\det A = \pm 1$임을 밝혀라.

6. 적당한 방법으로 다음을 증명하여라.

$$\begin{vmatrix} 1 & 1 & 1 \\ a & b & c \\ a^2 & b^2 & c^2 \end{vmatrix} = (b-a)(c-a)(c-b)$$

또 위 결과를 이용하여

$$\begin{vmatrix} 1 & 1 & 1 & 1 \\ a & b & c & d \\ a^2 & b^2 & c^2 & d^2 \\ a^3 & b^3 & c^3 & d^3 \end{vmatrix}$$

의 값을 구하여라.

7. 다음을 증명하여라.

(1) $\boldsymbol{A}$의 행렬식이 -7로 되는 (5×5)인 행렬이라고 한다. 이때 $\det(2\boldsymbol{A})$의 값은 얼마인가?

(2) 왜대칭인 행렬 $\boldsymbol{A}$, 즉 $\boldsymbol{A}^T = -\boldsymbol{A}$인 $(n\times n)$인 행렬의 행렬식은 영으로 됨을 보여라.

4.5 역행렬

역행렬은 이미 4.1.3절에서 언급한 바 있으므로 여기서는 역행렬의 계산방법을 중심으로 설명한다. [요점 4.6]에서 역행렬을 다음과 같이 정의하였다. 즉 행렬 $\boldsymbol{A}$와 $\boldsymbol{B}$가 같은 크기의 행렬일 때

$$\boldsymbol{AB} = \boldsymbol{BA} = \boldsymbol{I} \tag{4.5.1}$$

를 만족하는 정방행렬 $\boldsymbol{B}$가 존재한다면, $\boldsymbol{A}$는 정칙행렬(nonsingular matrix) 또는 역행렬을 가진다고 한다. 식 (4.5.1)로부터 알 수 있는 바와 같이 모든 정방행렬이 역행렬을 가지는 것은 아니다. 그러나 만약 역행렬이 존재한다면 그것은 식 (4.5.1)에 의해 유일하게 주어진다. 예를 들어 행렬 $\boldsymbol{C}$가 $\boldsymbol{AC} = \boldsymbol{I}$를 만족한다고 하자. 그러면

$$\boldsymbol{B}(\boldsymbol{AC}) = \boldsymbol{B}(\boldsymbol{I}) = \boldsymbol{B} \tag{4.5.2}$$

이지만 식 (4.5.1)로부터

$$\boldsymbol{B}(\boldsymbol{AC}) = (\boldsymbol{BA})\boldsymbol{C} = (\boldsymbol{I})\boldsymbol{C} = \boldsymbol{C} \tag{4.5.3}$$

로 되어 $\boldsymbol{B} = \boldsymbol{C}$이다.

주어진 임의의 정방행렬 $\boldsymbol{A}$에 대해서 식 (4.5.1)을 만족하는 행렬은 단 하나뿐이기 때문에 행렬 $\boldsymbol{B}$를 $\boldsymbol{A}$의 역행렬이라 하며 $\boldsymbol{A}^{-1}$로 표기한다. 이를 이용하면 식 (4.5.1)은

$$A A^{-1} = A^{-1}A = I \tag{4.5.4}$$

로 쓸 수 있다. 또한 역행렬이 존재하지 않는 정방행렬을 특이행렬(singular matrix)이라고 한다(4.1절 참조).

다음은 비정칙행렬의 예이다.

(a) $\begin{bmatrix} 1 & 1 & 1 \\ 1 & 1 & 1 \\ 1 & 1 & 1 \end{bmatrix}$ (b) $\begin{bmatrix} 0 & 0 \\ a & b \end{bmatrix}$ (c) $\begin{bmatrix} 1 & 1 & 1 \\ 2 & 2 & 2 \\ 3 & 3 & 3 \end{bmatrix}$ (d) $[0]$

▶ 예제 4.5.1

위의 (c)가 비정칙임을 증명하여 보자.

◇ 해

비정칙인지의 여부는 식 (4.5.1)로부터 $AB = I$를 만족하는 행렬이 존재하는지를 확인하면 된다. 즉

$$\begin{bmatrix} 1 & 1 & 1 \\ 2 & 2 & 2 \\ 3 & 3 & 3 \end{bmatrix}\begin{bmatrix} b_{11} & b_{12} & b_{13} \\ b_{21} & b_{22} & b_{23} \\ b_{31} & b_{32} & b_{33} \end{bmatrix} = \begin{bmatrix} 1 & 0 & 0 \\ 0 & 1 & 0 \\ 0 & 0 & 1 \end{bmatrix} \tag{①}$$

이다. 위 식을 만족하는 행렬 B가 존재하지 않는다는 것은 ①의 오른쪽 행렬의 $(1,1)$과 $(2,1)$성분에 대한 식이 서로 모순이라는 점으로부터 쉽게 확인할 수 있다. 다시 말하면

$$\begin{aligned} b_{11} + b_{21} + b_{31} &= 1 \\ 2b_{11} + 2b_{21} + 2b_{31} &= 0 \end{aligned}$$

이므로 모순이다.

일반적으로 특별한 몇 가지의 경우를 제외하고는 행렬 A가 정칙인지의 여부를 확인하거나, 또는 A^{-1}을 계산하기는 쉽지 않다. 여기서는 역행렬과 관련된 몇 가지 성질을 증명 없이 나열한다.

(1) $(AB)^{-1} = B^{-1}A^{-1}$ (4.5.5)

(2) $(A^T)^{-1} = (A^{-1})^T$ (4.5.6)

(3) $(A^{-1})^{-1} = A$ (4.5.7)

4.5.1 수반행렬

여기서는 역행렬 $\boldsymbol{A}^{-1}$의 계산에 필요한 수반행렬에 대하여 설명한다. 앞에서 n차행렬 $\boldsymbol{A}=[a_{ij}]_n$의 여인자는 $C_{ij}=(-1)^{i+j}\boldsymbol{M}_{ij}$, (단 $\boldsymbol{M}_{ij}$는 a_{ij}의 소행렬식)로 정의하였다. 이때 여인자를 성분으로 갖는 행렬을 수반행렬(adjoint matrix)이라고 한다. 즉 행렬 $\boldsymbol{A}$의 수반행렬 adj $\boldsymbol{A}$는 $\boldsymbol{A}$의 성분 a_{ij}를 자신의 여인자 C_{ji}로 대치한 뒤 전치한 행렬로서 다음과 같이 정의한다.

$$\text{adj } \boldsymbol{A}=\begin{bmatrix} C_{11} & C_{21} & \cdots & C_{n1} \\ C_{12} & C_{22} & \cdots & C_{n2} \\ \vdots & & \ddots & \vdots \\ C_{1n} & C_{2n} & \cdots & C_{nn} \end{bmatrix}=[C_{ij}]^T \tag{4.5.8}$$

▶ 예제 4.5.2

다음 행렬의 수반행렬 adj $\boldsymbol{A}$와 $\boldsymbol{A}\cdot(\text{adj } \boldsymbol{A})$ 및 $(\text{adj } \boldsymbol{A})\cdot\boldsymbol{A}$를 각각 계산하여 보자.

$$\boldsymbol{A}=\begin{bmatrix} 1 & 3 & -2 \\ 0 & 1 & 5 \\ -2 & -6 & 7 \end{bmatrix}$$

◇ 해

식 (4.5.8)에 의하여

$$\text{adj } \boldsymbol{A}=\begin{bmatrix} C_{11} & C_{21} & \cdots & C_{n1} \\ C_{12} & C_{22} & \cdots & C_{n2} \\ \vdots & & \ddots & \vdots \\ C_{1n} & C_{2n} & \cdots & C_{nn} \end{bmatrix}=\begin{bmatrix} 37 & -9 & 17 \\ -10 & 3 & -5 \\ 2 & 0 & 1 \end{bmatrix}$$

이다. 위 결과를 이용하면

$$\boldsymbol{A}\cdot(\text{adj } \boldsymbol{A})=3\boldsymbol{I}_3 \text{ 및 } (\text{adj } \boldsymbol{A})\cdot\boldsymbol{A}=3\boldsymbol{I}_3$$

임을 쉽게 확인할 수 있다.

일반적으로 n차의 정방행렬 $\boldsymbol{A}$와 수반행렬 adj $\boldsymbol{A}$과의 곱

$$\boldsymbol{A}\cdot(\text{adj } \boldsymbol{A})=\begin{bmatrix} a_{11} & a_{12} & \cdots & a_{1n} \\ a_{21} & a_{22} & \cdots & a_{2n} \\ \vdots & & & \vdots \\ a_{n1} & a_{n2} & \cdots & a_{nn} \end{bmatrix}\begin{bmatrix} C_{11} & C_{21} & \cdots & C_{n1} \\ C_{12} & C_{22} & \cdots & C_{11} \\ \vdots & & & \vdots \\ C_{1n} & C_{2n} & \cdots & C_{nn} \end{bmatrix} \tag{4.5.9}$$

의 (i,j)–성분은

$$(\boldsymbol{A} \cdot (\text{adj}\,\boldsymbol{A}))_{ij} = (\boldsymbol{A}\text{의 제 }i\text{ 행}) \cdot (\text{adj}\,(\text{A})\text{의 제 }j\text{ 열}) \tag{4.5.10}$$
$$= [a_{i1}\, a_{i2} \cdots a_{in}] \begin{bmatrix} C_{j1} \\ C_{j2} \\ \vdots \\ C_{jn} \end{bmatrix} = a_{i1}C_{j1} + a_{i2}C_{j2} + \cdots + a_{in}C_{jn}$$

이며, 식 (4.4.11)로부터 $i=j$ 이면 식 (4.5.10)은 행렬 $\boldsymbol{A}$ 의 제 i 행에 대한 라플라스 전개를 이용한 행렬식, 즉 $\det \boldsymbol{A}$이다. 또 $i \neq j$ 인 경우는 행렬식의 성질 (7)에 의해 식 (4.5.10)은 영의 값을 가진다. 따라서 식 (4.5.10)의 각 성분은

$$(\boldsymbol{A} \cdot (\text{adj}\,\boldsymbol{A}))_{ij} = \begin{cases} \det A, & (i=j) \\ 0 & , (i \neq j) \end{cases} \tag{4.5.11}$$

로 되어, 이 결과로부터 식 (4.5.9)는 다음으로 됨을 알 수 있다.

$$\boldsymbol{A} \cdot (\text{adj}\,\boldsymbol{A}) = \begin{bmatrix} \det \boldsymbol{A} & 0 & \cdots & 0 \\ 0 & \det \boldsymbol{A} & \cdots & 0 \\ \vdots & & \ddots & \vdots \\ 0 & 0 & \cdots & \det \boldsymbol{A} \end{bmatrix} = (\det \boldsymbol{A})\boldsymbol{I}_n \tag{4.5.12}$$

[예제 4.5.2]에서와 같이 식 (4.5.12)는 $\boldsymbol{A} \cdot (\text{adj}\,\boldsymbol{A}) = (\text{adj}\,\boldsymbol{A}) \cdot \boldsymbol{A} = (\det \boldsymbol{A})\boldsymbol{I}_n$로 쓸 수 있으며 이를 역행렬에 관한 정의식 (4.5.1)과 비교하면 역행렬에 관한 다음의 요점을 얻을 수 있다.

요점 4.18 행렬식에 의한 역행렬

n차행렬 $\boldsymbol{A}$ 가 정칙이기 위한 필요충분조건은 $\det \boldsymbol{A} \neq 0$이다. 이때 $\boldsymbol{A}$의 역행렬은 다음과 같다.

$$\boldsymbol{A}^{-1} = \frac{1}{\det \boldsymbol{A}} \text{adj}\,\boldsymbol{A} \tag{4.5.13}$$

예제 4.5.3

3차행렬 $\boldsymbol{A}$를

$$\boldsymbol{A} = \begin{bmatrix} 1 & 1 & a \\ -a & 1 & -a \\ a & -1 & 1 \end{bmatrix}$$

라 할 때

(a) $\boldsymbol{A}^{-1}$이 존재하기 위한 a의 조건을 구하고, (b) 이 경우의 $\boldsymbol{A}^{-1}$를 구하여 보자.

◇ 해

(a) $\det \boldsymbol{A} = 1-a^2$ 이므로 $1-a^2 \neq 0$, 즉 $a \neq \pm 1$일 때 $\boldsymbol{A}^{-1}$이 존재한다.

(b) $\boldsymbol{A}$의 수반행렬 adj $\boldsymbol{A}$는

$$\text{adj}\,\boldsymbol{A} = \begin{bmatrix} C_{11} & C_{21} & C_{31} \\ C_{12} & C_{22} & C_{32} \\ C_{13} & C_{23} & C_{33} \end{bmatrix} = \begin{bmatrix} (1-a) & (-1-a) & (-2a) \\ (a-a^2) & (1-a^2) & (a-a^2) \\ 0 & (1+a) & (1+a) \end{bmatrix}$$

이므로 식 (4.5.12)에 의하여

$$\boldsymbol{A} \cdot (\text{adj}\,\boldsymbol{A}) = (1-a^2)\boldsymbol{I}_3$$

이다. 따라서 식 (4.5.13)에 의하면 $\boldsymbol{A}^{-1}$은 다음과 같다.

$$\boldsymbol{A}^{-1} = \frac{1}{1-a^2}\begin{bmatrix} (1-a) & (-1-a) & (-2a) \\ (a-a^2) & (1-a^2) & (a-a^2) \\ 0 & (1+a) & (1+a) \end{bmatrix}, \quad (\text{단 } a \neq \pm 1 \text{ 이다})$$

[요점 4.18]은 크라머의 법칙(Cramer's rule)으로 알려진 연립 1차방정식에 대한 하나의 해법을 제시한다. 즉 n개의 미지수와 n개의 방정식을 가지는 비제차 연립방정식

$$\begin{cases} a_{11}x_1 + a_{12}x_2 + \cdots + a_{1n}x_n = b_1 \\ a_{21}x_1 + a_{22}x_2 + \cdots + a_{2n}x_n = b_2 \\ \vdots \\ a_{n1}x_1 + a_{n2}x_2 + \cdots + a_{nn}x_n = b_n \end{cases} \tag{4.5.14}$$

를 행렬을 이용하여 나타내면 다음과 같다. 즉

$$\boldsymbol{A} = \begin{bmatrix} a_{11} & a_{12} & \cdots & a_{1n} \\ a_{21} & a_{22} & \cdots & a_{2n} \\ \vdots & & & \vdots \\ a_{n1} & a_{n2} & \cdots & a_{nn} \end{bmatrix}, \quad \vec{x} = \begin{bmatrix} x_1 \\ x_2 \\ \vdots \\ x_n \end{bmatrix}, \quad \vec{b} = \begin{bmatrix} b_1 \\ b_2 \\ \vdots \\ b_n \end{bmatrix} \tag{4.5.15}$$

로 두면 단일 행렬방정식

$$\boldsymbol{A}\vec{x} = \vec{b} \tag{4.5.16}$$

로 표현됨은 이미 알고 있는 사실이다. 식 (4.5.16)의 해를 얻기 위한 하나의 방법으로 크라머의 법칙이 있다.

요점 4.19 **크라머의 법칙**

식 (4.5.14)의 연립방정식에 대한 행렬 표현이 식 (4.5.16)으로 주어졌다고 한다. 이때 계수행렬 $\boldsymbol{A}$의 각 열벡터를

$$\boldsymbol{A} = [\,\vec{a}_1 \ \vec{a}_2 \ \cdots \ \vec{a}_n]$$

으로 두면 식 (4.5.16)의 해는 다음과 같다.

$$x_1 = \frac{\det \boldsymbol{A}_1}{\det \boldsymbol{A}},\ x_2 = \frac{\det \boldsymbol{A}_2}{\det \boldsymbol{A}},\ \cdots,\ x_n = \frac{\det \boldsymbol{A}_n}{\det \boldsymbol{A}} \tag{4.5.17}$$

이때 $\det \boldsymbol{A}_i$는 행렬 $\boldsymbol{A}$의 제 i번째 열의 성분을 벡터 $\vec{b}$로 대치하여 얻은 행렬에 대한 행렬식을 의미한다.

위 식은 다음과 같이 간단히 확인할 수 있다. 먼저

$$\boldsymbol{A}_1 = [\,\vec{b} \ \vec{a}_2 \cdots \ \vec{a}_n]$$

으로 두고, $\det \boldsymbol{A}_1$을 $\boldsymbol{A}_1$의 첫번째 열에 의한 라플라스 전개(식 (4.4.12) 참조)를 수행하면

$$\det \boldsymbol{A}_1 = b_1 C_{11} + b_2 C_{21} + \cdots + b_n C_{n1} \tag{4.5.18}$$

이다. 여기서 식 (4.5.14)로 주어진 비제차 연립방정식이 유일한 해를 가지기 위해서는 $\boldsymbol{A}$가 정칙이어야 하므로(4.2절 참조) $\boldsymbol{A}^{-1}$이 존재하여 식 (4.5.16)의 양변에 $\boldsymbol{A}^{-1}$를 왼쪽에서 곱하면

$$\boldsymbol{A}^{-1}(\boldsymbol{A}\,\vec{x}) = \boldsymbol{A}^{-1}\vec{b} \ \rightarrow \ \vec{x} = \boldsymbol{A}^{-1}\vec{b} = \frac{\operatorname{adj} \boldsymbol{A}}{\det \boldsymbol{A}}\,\vec{b} \tag{4.5.19}$$

이다. 따라서 연립방정식의 해 $\vec{x}$의 첫번째 요소인 x_1은 식 (4.5.19)의 분자 $(\operatorname{adj} \boldsymbol{A}) \cdot \vec{b}$를 식 (4.5.8)을 이용하여 계산하면

$$x_1 = \frac{b_1 C_{11} + b_2 C_{21} + \cdots + b_n C_{n1}}{\det \boldsymbol{A}} = \frac{\det \boldsymbol{A}_1}{\det \boldsymbol{A}} \tag{4.5.20}$$

으로 되어 식 (4.5.17)이 확인되었다.

예제 4.5.4

크라머의 법칙을 사용하여 다음 연립 1차방정식의 해를 구하여 보자.

$$\begin{cases} x_1 \quad\quad + 2x_3 = 6 \\ -3x_1 + 4x_2 + 6x_3 = 30 \\ -x_1 - 2x_2 + 3x_3 = 8 \end{cases}$$

해

연립방정식으로부터 계수행렬 $\boldsymbol{A}$과 $\boldsymbol{A}_i (i=1, 2, 3)$를 계산하면 다음과 같다.

$$\boldsymbol{A} = \begin{bmatrix} 1 & 0 & 2 \\ -3 & 4 & 6 \\ -1 & -2 & 3 \end{bmatrix}, \quad \boldsymbol{A}_1 = \begin{bmatrix} 6 & 0 & 2 \\ 30 & 4 & 6 \\ 8 & -2 & 3 \end{bmatrix}$$

$$\boldsymbol{A}_2 = \begin{bmatrix} 1 & 6 & 2 \\ -3 & 30 & 6 \\ -1 & 8 & 3 \end{bmatrix}, \quad \boldsymbol{A}_3 = \begin{bmatrix} 1 & 0 & 6 \\ -3 & 4 & 30 \\ -1 & -2 & 8 \end{bmatrix}$$

이로부터 약간의 계산을 통하여 $\det \boldsymbol{A} = 44$이고, $\det \boldsymbol{A}_1 = -40$, $\det \boldsymbol{A}_2 = 72$, $\det \boldsymbol{A}_3 = 152$이므로 식 (4.5.17)에 의하여

$$x_1 = \frac{\det \boldsymbol{A}_1}{\det \boldsymbol{A}} = \frac{-40}{44} = -\frac{10}{11}, \quad x_2 = \frac{\det \boldsymbol{A}_2}{\det \boldsymbol{A}} = \frac{72}{44} = \frac{18}{11}, \quad x_3 = \frac{\det \boldsymbol{A}_3}{\det \boldsymbol{A}} = \frac{152}{44} = \frac{38}{11}$$

이다.

4.5.2 기본행연산에 의한 역행렬

n차의 정칙행렬 $\boldsymbol{A}$의 역행렬을 $\boldsymbol{X}$라 하고 이것의 각 열벡터를

$$\boldsymbol{X} = [\vec{x}_1, \vec{x}_2, \cdots, \vec{x}_n] \tag{4.5.21}$$

로 두면 역행렬의 정의에 의해 $\boldsymbol{X}$는 $\boldsymbol{AX} = \boldsymbol{I}$를 만족한다. 즉

$$\boldsymbol{AX} = [\boldsymbol{A}\vec{x}_1, \boldsymbol{A}\vec{x}_2, \cdots, \boldsymbol{A}\vec{x}_n] = \boldsymbol{I} \tag{4.5.22}$$

이다. 따라서 $\boldsymbol{X}$를 구하기 위해서는 다음과 같은 n개의 연립방정식의 해가 필요하다.

$$\boldsymbol{A}\,\vec{x}_1 = \begin{bmatrix} 1 \\ 0 \\ \vdots \\ 0 \end{bmatrix},\ \boldsymbol{A}\,\vec{x}_2 = \begin{bmatrix} 0 \\ 1 \\ \vdots \\ 0 \end{bmatrix},\ \cdots,\ \boldsymbol{A}\,\vec{x}_n = \begin{bmatrix} 0 \\ 0 \\ \vdots \\ 1 \end{bmatrix} \tag{4.5.23}$$

따라서 n개의 연립방정식을 하나의 식으로 해결하기 위해 식 (4.5.23)에 대한 확대행렬 $[\,\boldsymbol{A}\ \vdots\ \boldsymbol{I}\,]$을 구성한 뒤, 여기에 가우스 소거법을 적용하여 행렬 $\boldsymbol{A}$를 위삼각행렬(이 경우에는 단위행렬로 된다)로 변환한다면 오른쪽의 단위행렬 $\boldsymbol{I}$의 위치에 식 (4.5.23)의 해, 즉 $\boldsymbol{A}$의 역행렬, 즉 $\boldsymbol{A}^{-1}$이 들어간다. 즉

$$[\,\boldsymbol{A}\ \vdots\ \boldsymbol{I}\,] \xrightarrow[\text{변환}]{(\text{기본행연산})} [\,\boldsymbol{I}\ \vdots\ \boldsymbol{A}^{-1}\,] \tag{4.5.24}$$

이다. 식 (4.5.24)에 의해 역행렬을 구하는 계산과정은 다음과 같다.

요점 4.20 역행렬을 구하는 알고리즘

n차행렬 $\boldsymbol{A}$에 대하여

[단계 1] 확대행렬 $[\,\boldsymbol{A}\ \vdots\ \boldsymbol{I}\,]$를 표기한다(단 $\boldsymbol{A}$와 $\boldsymbol{I}$는 같은 차수의 행렬이다).

[단계 2] $\boldsymbol{A}$가 정칙인지의 여부를 결정한다. 즉 $\det\boldsymbol{A} \neq 0$를 확인한다.

[단계 3] 가우스 소거법에 의하여 $\boldsymbol{A}$를 가우스 행렬로 변환한다. 이 경우

(a) $\det\boldsymbol{A} \neq 0$이면 $\boldsymbol{A}$는 단위행렬 $\boldsymbol{I}$로 변환되고 확대행렬의 오른쪽이 역행렬 $\boldsymbol{A}^{-1}$로 된다.

(b) $\det\boldsymbol{A} = 0$이면 $\boldsymbol{A}$의 가우스 행렬에는 모든 성분이 영인 하나 이상의 행이 존재한다. 따라서 역행렬이 존재하지 않는다.

예제 4.5.5

다음 행렬의 역행렬을 가우스 소거법에 의하여 구하여 보자.

(a) $\boldsymbol{A} = \begin{bmatrix} 1 & 2 & 3 \\ 2 & 5 & 3 \\ 1 & 0 & 8 \end{bmatrix}$ (b) $\boldsymbol{A} = \begin{bmatrix} 1 & 6 & 4 \\ 2 & 4 & -1 \\ -1 & 2 & 5 \end{bmatrix}$

해

(a) [단계 1]

확대행렬을 구성한다.

$$[A \ \vdots \ I] = \begin{bmatrix} 1 & 2 & 3 & \vdots & 1 & 0 & 0 \\ 2 & 5 & 3 & \vdots & 0 & 1 & 0 \\ 1 & 0 & 8 & \vdots & 0 & 0 & 1 \end{bmatrix}$$

[단계 2] $\det A = -1 \neq 0$ 이다. 따라서 정칙행렬이므로 A^{-1}이 존재한다.

[단계 3] $[A \ \vdots \ I]$에 가우스 소거법을 실시한다.

$$\begin{bmatrix} 1 & 2 & 3 & \vdots & 1 & 0 & 0 \\ 2 & 5 & 3 & \vdots & 0 & 1 & 0 \\ 1 & 0 & 8 & \vdots & 0 & 0 & 1 \end{bmatrix} \xrightarrow[R_3 \to -R_1 + R_3]{R_2 \to (-2)R_1 + R_2} \begin{bmatrix} 1 & 2 & 3 & \vdots & 1 & 0 & 0 \\ 0 & 1 & -3 & \vdots & -2 & 1 & 0 \\ 0 & -2 & 5 & \vdots & -1 & 0 & 1 \end{bmatrix}$$

$$\xrightarrow{R_3 \to 2R_2 + R_3} \begin{bmatrix} 1 & 2 & 3 & \vdots & 1 & 0 & 0 \\ 0 & 1 & -3 & \vdots & -2 & 1 & 0 \\ 0 & 0 & -1 & \vdots & -5 & 2 & 1 \end{bmatrix}$$

$$\xrightarrow{R_3 \to -R_3} \begin{bmatrix} 1 & 2 & 3 & \vdots & 1 & 0 & 0 \\ 0 & 1 & -3 & \vdots & -2 & 1 & 0 \\ 0 & 0 & 1 & \vdots & 5 & -2 & -1 \end{bmatrix}$$

$$\xrightarrow[R_1 \to (-3)R_3 + R_1]{R_2 \to 3R_3 + R_2} \begin{bmatrix} 1 & 2 & 0 & \vdots & -14 & 6 & 3 \\ 0 & 1 & 0 & \vdots & 13 & -5 & -3 \\ 0 & 0 & 1 & \vdots & 5 & -2 & -1 \end{bmatrix}$$

$$\xrightarrow{R_1 \to (-2)R_2 + R_1} \begin{bmatrix} 1 & 0 & 0 & \vdots & -40 & 16 & 9 \\ 0 & 1 & 0 & \vdots & 13 & -5 & -3 \\ 0 & 0 & 1 & \vdots & 5 & -2 & -1 \end{bmatrix}$$

$$\therefore A^{-1} = \begin{bmatrix} -40 & 16 & 9 \\ 13 & -5 & -3 \\ 5 & -2 & -1 \end{bmatrix}$$

(b) [단계 1] 확대행렬을 구성한다.

$$[A \ \vdots \ I] = \begin{bmatrix} 1 & 6 & 4 & \vdots & 1 & 0 & 0 \\ 2 & 4 & -1 & \vdots & 0 & 1 & 0 \\ -1 & 2 & 5 & \vdots & 0 & 0 & 1 \end{bmatrix}$$

[단계 2] $\det A = 0$ 이다. 따라서 A는 특이행렬이므로 역행렬이 존재하지 않는다.

[단계 3] $[A \ \vdots \ I]$에 가우스 소거법을 실시하면 다음과 같다.

$$\begin{bmatrix} 1 & 6 & 4 & \vdots & 1 & 0 & 0 \\ 2 & 4 & -1 & \vdots & 0 & 1 & 0 \\ -1 & 2 & 5 & \vdots & 0 & 0 & 1 \end{bmatrix} \xrightarrow[R_3 \to R_1 + R_3]{R_2 \to (-2)R_1 + R_2} \begin{bmatrix} 1 & 6 & 4 & \vdots & 1 & 0 & 0 \\ 0 & -8 & -9 & \vdots & -2 & 1 & 0 \\ 0 & 8 & 9 & \vdots & 1 & 0 & 1 \end{bmatrix}$$

$$\xrightarrow[R_3 \to R_2 + R_3]{} \begin{bmatrix} 1 & 6 & 4 & \vdots & 1 & 0 & 0 \\ 0 & -8 & -9 & \vdots & -2 & 1 & 0 \\ \boxed{0 \quad 0 \quad 0} & & & \vdots & -1 & 1 & 1 \end{bmatrix}$$

가우스 행렬에 모든 성분이 영인 행이 나타났다. 따라서 A^{-1}는 존재하지 않는다.

4.5.3 기본행렬

[예제 4.5.5]에서 설명한 바와 같이 임의의 n차 정칙행렬 $\boldsymbol{A}$에 대한 역행렬 $\boldsymbol{A}^{-1}$을 구하는 과정은, 확대행렬 $[\,\boldsymbol{A} : \boldsymbol{I}\,]$에 대하여 기본행연산을 반복적으로 수행하여 $[\,\boldsymbol{I} : \boldsymbol{A}^{-1}\,]$의 형태로 만드는 것이다. 여기서는 이와 같은 반복적인 기본행연산을 수학적으로 표현하는 방법에 대하여 알아보기로 한다. 이를 위해 일반적으로 단위행렬 $\boldsymbol{I}_n$에 1회의 기본행연산을 실시하여 얻은 n차의 행렬을 기본행렬(elementary matrix)이라 한다. 예를 들어 3차의 단위행렬 $\boldsymbol{I}_3$에 기본행연산을 1 회 실시하여 얻어지는 기본행렬은 다음과 같다.

[형식 Ⅰ] 두 행을 교환한다.

$$\boldsymbol{E}_1 = \begin{bmatrix} 0 & 1 & 0 \\ 1 & 0 & 0 \\ 0 & 0 & 1 \end{bmatrix}, \quad (R_1 \rightarrow R_2\text{: 1행과 2행의 교환}) \tag{4.5.25 a}$$

$$\det \boldsymbol{E}_1 = -1 \tag{4.5.25 b}$$

[형식 Ⅱ] 한 행에 수 $k(\neq 0)$를 곱한다.

$$\boldsymbol{E}_2 = \begin{bmatrix} 1 & 0 & 0 \\ 0 & 1 & 0 \\ 0 & 0 & 9 \end{bmatrix}, \quad (R_3 \rightarrow 9R_3\text{: 3행에 9를 곱한다}) \tag{4.5.26 a}$$

$$\det \boldsymbol{E}_2 = 9 \tag{4.5.26 b}$$

[형식 Ⅲ] 한 행의 배수를 다른 행에 더한다.

$$\boldsymbol{E}_3 = \begin{bmatrix} 1 & 0 & 5 \\ 0 & 1 & 0 \\ 0 & 0 & 1 \end{bmatrix}, \quad (R_1 \rightarrow 5R_3 + R_1\text{: 3행의 5배를 1행에 더한다}) \tag{4.5.27 a}$$

$$\det \boldsymbol{E}_3 = 1 \tag{4.5.27 b}$$

위 사실을 참고하면 기본행렬의 행렬식은 다음 값을 가진다.

$$\det \boldsymbol{E} = \left\{ \begin{array}{l} -1 : (\text{행교환}) \\ \;\; k : (\text{한 행을 } k\text{배}) \\ \;\; 1 : (\text{한 행을 } k\text{배 하여 다른 행에 더함}) \end{array} \right\} \neq 0 \tag{4.5.28}$$

따라서 각 기본행렬은 정칙이므로 역행렬을 가진다. 위에서 예로 든 세 종류의 기본행렬에 대한 역행렬은 각각 다음과 같다.

$$E_1^{-1} = \begin{bmatrix} 0 & 1 & 0 \\ 1 & 0 & 0 \\ 0 & 0 & 1 \end{bmatrix}^{-1} = \begin{bmatrix} 0 & 1 & 0 \\ 1 & 0 & 0 \\ 0 & 0 & 1 \end{bmatrix} \tag{4.5.29 a}$$

$$(R_1 \leftrightarrow R_2)^{-1} = (R_2 \leftrightarrow R_1)$$

$$E_2^{-1} = \begin{bmatrix} 1 & 0 & 0 \\ 0 & 1 & 0 \\ 0 & 0 & 9 \end{bmatrix} = \begin{bmatrix} 1 & 0 & 0 \\ 0 & 1 & 0 \\ 0 & 0 & \frac{1}{9} \end{bmatrix} \tag{4.5.29 b}$$

$$(R_3 \to 9R_3)^{-1} = \left(R_3 \to \frac{1}{9}R_3\right)$$

$$E_3^{-1} = \begin{bmatrix} 1 & 0 & 5 \\ 0 & 1 & 0 \\ 0 & 0 & 1 \end{bmatrix} = \begin{bmatrix} 1 & 0 & -5 \\ 0 & 1 & 0 \\ 0 & 0 & 1 \end{bmatrix} \tag{4.5.29 c}$$

$$(R_1 \to R_1 + 5R_3)^{-1} = (R_1 \to R_1 + (-5)R_3)$$

따라서 기본행렬의 역행렬 $\boldsymbol{E}^{-1}$ 역시 기본행렬임을 알 수 있다.

기본행렬 $\boldsymbol{E}$를 행렬 $\boldsymbol{A}$의 왼쪽에서 곱한 $\boldsymbol{EA}$는 $\boldsymbol{E}$에 적용된 기본행연산을 $\boldsymbol{A}$에 실행한 결과이다.

▶ 예제 4.5.6

다음 행렬을 기본행렬의 곱으로 나타내어 보자.

$$\boldsymbol{A} = \begin{bmatrix} -2 & 3 \\ 1 & 0 \end{bmatrix}$$

◇≫ 해

$\det\boldsymbol{A} = -3 \neq 0$ 이므로 정칙행렬이다. $\boldsymbol{A}$ 를 단위행렬 $\boldsymbol{I}$로 만들기 위한 기본행연산은 다음과 같다.

$$\boldsymbol{A} = \begin{bmatrix} -2 & 3 \\ 1 & 0 \end{bmatrix} \xrightarrow{(R_1 \leftrightarrow R_2)} \begin{bmatrix} 1 & 0 \\ -2 & 3 \end{bmatrix}$$

$$\xrightarrow{(R_2 \to R_2 + 2R_1)} \begin{bmatrix} 1 & 0 \\ 0 & 3 \end{bmatrix} \xrightarrow{\left(R_2 \to \frac{1}{3}R_2\right)} \begin{bmatrix} 1 & 0 \\ 0 & 1 \end{bmatrix} = \boldsymbol{I}_2 \quad ①$$

이때 ①에 표시된 기본행연산은 각각 다음과 같다.

$$(R_1 \leftrightarrow R_2): \boldsymbol{E}_1 = \begin{bmatrix} 0 & 1 \\ 1 & 0 \end{bmatrix},$$

$$(R_2 \to R_2 + 2R_1): \boldsymbol{E}_2 = \begin{bmatrix} 1 & 0 \\ 2 & 1 \end{bmatrix}$$

$$\left(R_3 \to \frac{1}{3}R_3\right): \boldsymbol{E}_3 = \begin{bmatrix} 1 & 0 \\ 0 & \frac{1}{3} \end{bmatrix} \qquad ②$$

이 관계를 이용하여 ①을 표시하면

$$\boldsymbol{E}_3\boldsymbol{E}_2\boldsymbol{E}_1\boldsymbol{A} = \boldsymbol{I}_2 \qquad ③$$

이고, 각 기본행렬은 정칙이므로 ③의 양변에 $(\boldsymbol{E}_3\boldsymbol{E}_2\boldsymbol{E}_1)^{-1}$을 왼쪽에서 곱하면

$$\boldsymbol{A} = (\boldsymbol{E}_3\boldsymbol{E}_2\boldsymbol{E}_1)^{-1} = \boldsymbol{E}_1^{-1}\boldsymbol{E}_2^{-1}\boldsymbol{E}_3^{-1} = \begin{bmatrix} 0 & 1 \\ 1 & 0 \end{bmatrix}\begin{bmatrix} 1 & 0 \\ -2 & 1 \end{bmatrix}\begin{bmatrix} 1 & 0 \\ 0 & 3 \end{bmatrix} \qquad ④$$

이다. 각 기본행렬의 역행렬 역시 정칙이므로 $\boldsymbol{A}$는 ④와 같이 기본행렬의 곱으로 표현되었다.

일반적으로 크기가 $(n \times n)$인 행렬 $\boldsymbol{A}$가 정칙이면 가우스 소거법의 결과로 얻어지는 RREF는 단위행렬 $\boldsymbol{I}_n$으로 된다. 즉

$$\boldsymbol{A} \underset{R}{\longrightarrow} (\boldsymbol{E}_1\boldsymbol{A}) \underset{R}{\longrightarrow} (\boldsymbol{E}_2\boldsymbol{E}_1\boldsymbol{A}) \underset{R}{\longrightarrow} \cdots \underset{R}{\longrightarrow} (\boldsymbol{E}_k\boldsymbol{E}_{k-1}\cdots\boldsymbol{E}_2\boldsymbol{E}_1\boldsymbol{A}) = \boldsymbol{I}_n \qquad (4.5.30)$$

을 만족하는 일련의 기본행렬 $\boldsymbol{E}_i, (i = 1, 2, \cdots, k)$가 존재한다. 식 (4.5.30)의 양변에 $(\boldsymbol{E}_k\boldsymbol{E}_{k-1}\cdots\boldsymbol{E}_2\boldsymbol{E}_1)^{-1}$를 왼쪽에서 곱하면

$$\boldsymbol{A} = (\boldsymbol{E}_k\boldsymbol{E}_{k-1}\cdots\boldsymbol{E}_2\boldsymbol{E}_1)^{-1}\boldsymbol{I}_n = \boldsymbol{E}_1^{-1}\boldsymbol{E}_2^{-1}\cdots\boldsymbol{E}_{k-1}^{-1}\boldsymbol{E}_k^{-1} \qquad (4.5.31)$$

이고, 또한 위 식의 역행렬을 취하면

$$\boldsymbol{A}^{-1} = \boldsymbol{E}_k\boldsymbol{E}_{k-1}\cdots\boldsymbol{E}_2\boldsymbol{E}_1 \qquad (4.5.32)$$

이다. 따라서 $\det\boldsymbol{A} \neq 0$이면 $\boldsymbol{A}$와 $\boldsymbol{A}^{-1}$은 모두 일련의 기본행렬의 곱으로 표현할 수 있다.

지금까지의 결과를 요점으로 정리하면 다음과 같다.

요점 4.21 **정칙행렬의 정리**

$\boldsymbol{A}$ 를 $(n \times n)$인 행렬이라 하면 다음의 사실은 서로 등가이다.

(a) $\boldsymbol{A}$ 는 정칙행렬이다.
(b) 연립 1차방정식 $\boldsymbol{A}\vec{x} = \vec{0}$ 는 자명한 해(즉 $\vec{x} = \vec{0}$)만을 가진다.
(c) $\boldsymbol{A}$ 의 가우스 행렬은 단위행렬 $\boldsymbol{I}_n$ 이다.
(d) $\boldsymbol{A}$ 는 일련의 기본행렬의 곱으로 표현될 수 있다.
(e) 비제차연립방정식 $\boldsymbol{A}\vec{x} = \vec{b}$ 는 크기 $(n \times 1)$인 모든 벡터 $\vec{b}$ 에 대해 유일한 해 $\vec{x} = \boldsymbol{A}^{-1}\vec{b}$ 를 가진다.

[요점 4.21]에서 언급한 다섯 가지 사항의 등가성은 지금까지 설명한 내용을 참조하면 간단하게 확인할 수 있다. 다음은 4.2절에서 언급한 제차연립방정식의 비자명한 해의 존재성과 관련하여 다음 사실이 알려져 있다.

요점 4.22 **$\boldsymbol{A}\vec{x} = \vec{0}$ 가 비자명한 해를 갖기 위한 조건**

$\boldsymbol{A}$ 를 $(n \times n)$인 행렬이라 하자. 이때 제차방정식 $\boldsymbol{A}\vec{x} = \vec{0}$ 가 자명하지 않은 해(즉 $\vec{x} \neq \vec{0}$ 인 해)를 갖기 위한 필요충분조건은 $\det \boldsymbol{A} = 0$ 이다.

위 사실은 다음과 같이 증명할 수 있다.

(i) 필요조건: [요점 4.22 (b)]로부터 $\det \boldsymbol{A} \neq 0$ 이면 $\boldsymbol{A}\vec{x} = \vec{0}$ 는 자명한 해를 가진다는 것은 이미 언급하였다. 여기서는 이것의 대우를 취하면, 즉

$$\boldsymbol{A}\vec{x} = \vec{0} \text{ 이 비자명한 해를 가진다면 } \det \boldsymbol{A} = 0 \text{ 이다}$$

로 쓸 수 있고 이것은 항상 성립한다.

(ii) 충분조건: 여기서는 $\det \boldsymbol{A} = 0$이면 $\boldsymbol{A}\vec{x} = \vec{0}$는 비자명한 해를 가진다는 것을 보인다. 크라머의 법칙 (4.5.17)에 의해 $x_j = \dfrac{\det \boldsymbol{A}_j}{\det \boldsymbol{A}}$ 이고, 여기서 $\boldsymbol{A}\vec{x} = \vec{0}$ 이면

$$\det \boldsymbol{A}_j = \det \begin{bmatrix} a_{11} & a_{12} & \cdots & 0 & \cdots & a_{1n} \\ a_{21} & a_{22} & \cdots & 0 & \cdots & a_{2n} \\ \vdots & \vdots & \ddots & \vdots & & \vdots \\ a_{n1} & a_{n2} & \cdots & 0 & \cdots & a_{nn} \end{bmatrix} = 0, \quad (j = 1,\ 2,\ \cdots,\ n) \tag{4.5.33}$$

↑ j열

이므로 $(\det \boldsymbol{A})x_j = \det \boldsymbol{A}_j = 0$ 이다. 따라서 $\det \boldsymbol{A} = 0$이면 $0x_j = 0$이므로 $x_j \neq 0$, $(j = 1, \cdots, n)$, 즉 x_j는 임의의 값을 갖는다.

4.5.4 MATLAB에 의한 풀이

```
% [예제 4.5.1]
A=sym([1 1 1;2 2 2;3 3 3]);det(A), rank(A)            % A가 비정칙임을 확인

% [예제 4.5.2]
A=sym([1 3 -2;0 1 5;-2 -6 7]);
AJ=adjoint(A)                          % 수반행렬을 구하는 명령어 adjoint를 사용
A*AJ, AJ*A                             % A*(adjA)=(adjA)*A=3I의 확인

% [예제 4.5.3]
syms a real
A=sym([1 1 a;-a 1 -a;a -1 1]);AJ=adjoint(A);
simple(A*AJ)                                % A*(adjA)=(1-a^2)I_3 의 확인
inv(A                                       % a=1,-1 을 제외한 값을 가지는 경우

% [예제 4.5.4]
A=sym([1 0 2;-3 4 6;-1 -2 3]);
A1=sym([6 0 2;30 4 6;8 -2 3]);
A2=sym([1 6 2;-3 30 6;-1 8 3]);
A3=sym([1 0 6;-3 4 30;-1 -2 8]);
x1=det(A1)/det(A), x1=det(A2)/det(A), x1=det(A3)/det(A)

% [예제 4.5.5]
Aa=sym([1 2 3;2 5 3;1 0 8]); Ab=sym([1 6 4;2 4 -1;-1 2 5]);
% (Aa)
Ag=[Aa,eye(3)];
E1=sym([1 0 0;-2 1 0;0 0 1]);               % 1행×(-2)하여 2행에 더한다.
E2=sym([1 0 0;0 1 0;-1 0 1]);               % 1행×(-1)하여 3행에 더한다.
E3=sym([1 0 0;0 1 0;0 2 1]);                % 2행×(2)하여 3행에 더한다.
E4=sym([1 0 0;0 1 0;0 0 -1]);               % 3행에 (-1)을 곱한다.
E5=sym([1 0 0;0 1 3;0 0 1]);                % 3행×(3)하여 2행에 더한다.
E6=sym([1 0 -3;0 1 0;0 0 1]);               % 1행×(-1)하여 3행에 더한다.
E7=sym([1 -2 0;0 1 0;0 0 1]);               % 2행×(-2)하여 1행에 더한다.
E7*E6*E5*E4*E3*E2*E1*Ag                     % [I, A^-1]의 확인
% (Ab)
Ag=[Ab,eye(3)];
E1=sym([1 0 0;-2 1 0;0 0 1]);               % 1행×(-3)하여 2행에 더한다.
E2=sym([1 0 0;0 1 0;1 0 1]);                % 1행×(1)하여 3행에 더한다.
E3=sym([1 0 0;0 1 0;0 1 1]);                % 2행×(1)하여 3행에 더한다.
E3*E2*E1*Ag                                 % A^(-1) 이 존재하지 않음을 확인
```

❖ [예제 4.5.2]에서 계산상의 편리를 위해 수반행렬을 구하는 명령어 'adjoint'를 새로이 작성하였다(부록 참조).

```
% [예제 4.5.6]
A=sym([-2 3;1 0]);
E1=sym([0 1;1 0]); E2=sym([1 0;2 1]); E3=sym([1 0;0 1/3]);
E3*E2*E1*A                                  % 단위행렬로 됨을 확인한다.
(E3*E2*E1)^(-1)                             % A=(E3*E2*E1)^(-1)을 확인
```

연습문제 4.5.5

1. 다음 각 항에 대하여 설명하여라.

(1) 크기 $(n \times n)$의 행렬 $\boldsymbol{A}$가 $\boldsymbol{AC}=\boldsymbol{B}$를 만족하며 동시에 $\boldsymbol{A}^{-1}$가 존재한다고 하자. 이 경우 행렬의 곱 $\boldsymbol{A}^{-1}\boldsymbol{B}$가 성립할 수 있는지를 설명하여라. 또한 이 경우 $\boldsymbol{B}\boldsymbol{A}^{-1}$의 계산도 가능한가?

(2) $(\boldsymbol{A}^T)^{-1}=(\boldsymbol{A}^{-1})^T$와 $(\boldsymbol{A}^{-1})^{-1}=\boldsymbol{A}$를 간단히 증명하여라.

(3) 일반적으로 $(\boldsymbol{A}+\boldsymbol{B})^{-1} \neq \boldsymbol{A}^{-1}+\boldsymbol{B}^{-1}$라는 것을 간단한 예를 들어 설명하여라.

(4) $(\boldsymbol{A}^{-1}\boldsymbol{B}\boldsymbol{A})^2=\boldsymbol{A}^{-1}\boldsymbol{B}^2\boldsymbol{A}$ 임을 증명하여라.

2. 기본행연산에 의해 다음 행렬의 역행렬이 존재하는지를 밝히고 이를 계산하여라.

(1) $\begin{bmatrix} 2 & 0 & 1 \\ 0 & 3 & 4 \\ 0 & 0 & 7 \end{bmatrix}$ (2) $\begin{bmatrix} -1 & 0 & 1 \\ 1 & 0 & 0 \\ 0 & 0 & 1 \end{bmatrix}$ (3) $\begin{bmatrix} \cos\theta & \sin\theta \\ -\sin\theta & \cos\theta \end{bmatrix}$

(4) $\begin{bmatrix} 2 & 0 & 0 \\ 4 & -1 & 0 \\ 0 & 1 & -1 \end{bmatrix}$ (5) $\begin{bmatrix} 1 & 0 & 2 \\ 0 & 1 & 0 \\ 0 & 5 & 0 \end{bmatrix}$

3. (3×3)인 대각행렬

$$\boldsymbol{A}=\begin{bmatrix} a_{11} & 0 & 0 \\ 0 & a_{22} & 0 \\ 0 & 0 & a_{33} \end{bmatrix}$$

에서 $\boldsymbol{A}$가 정칙일 조건을 구하여라. 또한 $\boldsymbol{A}$가 정칙이면 $\boldsymbol{A}^{-1}$을 계산하고 이 결과를

$(n\times n)$ 행렬로 확장하여 보아라.

4. 다음 연립방정식을 크라머의 법칙 등을 이용하여 풀어라.

(1) $\begin{cases} x_1+x_2=4 \\ 2x_1-x_2=14 \end{cases}$ (2) $\begin{cases} 4x_1-6x_2=6 \\ 2x_1+\ x_2=1 \end{cases}$

(3) $\begin{cases} x_1 \quad\quad +x_3=-4 \\ x_1+x_2+x_3=\ \ 0 \\ 5x_1-x_2 \quad\quad =\ \ 6 \end{cases}$ (4) $\begin{cases} x_1+2x_2+2x_3=\ \ 1 \\ x_1-2x_2+2x_3=-3 \\ 3x_1-\ x_2+5x_3=\ \ 7 \end{cases}$

5. 다음 연립방정식의 해를 구하지는 말고, 주어진 방정식이 자명하지 않는 해를 가지는지의 여부만 확인하여라.

(1) $\begin{cases} x_1+2x_2-\ x_3=0 \\ 4x_1-\ x_2+\ x_3=0 \\ 5x_1+\ x_2-2x_3=0 \end{cases}$ (2) $\begin{cases} x_1+\ x_2+\ x_3=0 \\ x_1-2x_2+\ x_3=0 \\ -2x_1+\ x_2-2x_3=0 \end{cases}$

(3) $\begin{cases} x_1\ +x_2-x_3+\ x_4=0 \\ \quad 5x_2 \quad\quad +2x_4=0 \\ x_1 \quad\quad +x_3-\ x_4=0 \\ 3x_1+2x_2-x_3+\ x_4=0 \end{cases}$ (4) $\begin{cases} x_1+x_2-x_3+x_4=0 \\ x_1+x_2+x_3-x_4=0 \\ \quad 2x_2+x_3+x_4=0 \\ \quad x_2-x_3-x_4=0 \end{cases}$

4.6 고유값문제

공학을 포함한 여러 응용분야에서 발생하는 문제의 많은 부분이 고유값과 고유벡터의 이론에 의존하고 있다. 이러한 문제를 총칭하여 고유값문제(eigenvalue problems)라고 한다. 간단한 예를 이용하여 이 문제의 본질을 살펴보자.

첫번째 단계로서 2차원 공간 $\mathbb{R}^2$(즉 평면)상에서 고유값과 고유벡터가 가지는 기하학적인 의미를 소개한다. 다음과 같은 행렬 $\boldsymbol{A}$와 임의의 벡터 $\vec{u}\in\mathbb{R}^2$가 주어졌다고 한다.

$$\boldsymbol{A}=\begin{bmatrix} 1 & 1 \\ -2 & 4 \end{bmatrix} \tag{4.6.1}$$

4.5 절에서 설명한 바와 같이 행렬 $\boldsymbol{A}$의 역할은 $\mathbb{R}^2$ 내의 임의 벡터 $\vec{u}$를 선형변환하여, 일반적으로 크기와 방향이 다른 벡터 $\vec{v}$를 만들어 내는 것이다[22]. 이러한 관계는

22) 만약 행렬이 $\boldsymbol{A}(m\times n)$이라면, 이 행렬에 의한 선형변환은 n차원공간의 벡터가 m차원공간의 벡터로 바뀌게 된다.

$T(\vec{u}) = \boldsymbol{A}\,\vec{u} = \vec{v}$ 로 나타낼 수 있다. 여기서 T는 선형작용소를 의미한다. 이것을 다음 두 종류의 벡터를 이용하여 확인하여 보자.

$$\vec{u}_1 = \begin{bmatrix}1\\0\end{bmatrix} \Rightarrow T(\vec{u}_1) = \boldsymbol{A}\,\vec{u}_1 = \begin{bmatrix}1 & 1\\-2 & 4\end{bmatrix}\begin{bmatrix}1\\0\end{bmatrix} = \begin{bmatrix}1\\-2\end{bmatrix} = \vec{v}_1 \tag{4.6.2 a}$$

$$\vec{u}_2 = \begin{bmatrix}-1\\1\end{bmatrix} \Rightarrow T(\vec{u}_2) = \boldsymbol{A}\,\vec{u}_2 = \begin{bmatrix}1 & 1\\-2 & 4\end{bmatrix}\begin{bmatrix}-1\\1\end{bmatrix} = \begin{bmatrix}0\\6\end{bmatrix} = \vec{v}_2 \tag{4.6.2 b}$$

두 벡터 $\vec{u}_1, \vec{u}_2$ 로부터 선형변환된 벡터 $\vec{v}_1, \vec{v}_2$ 를 [그림 4.7]에 표시하였다. 그림에서와 같이 두 쌍의 벡터 사이에는 특별한 관련성이 없지만, 또 다른 두 개의 벡터 $\vec{u}_3 = [-1, -1]^T$ 와 $\vec{u}_4 = [1, 2]^T$ 를 선형변환한 벡터 $\vec{v}_3, \vec{v}_4$ 는 원 벡터 $\vec{u}_3, \vec{u}_4$ 를 연장한 선 상에 존재하고 있음을 알 수 있다.

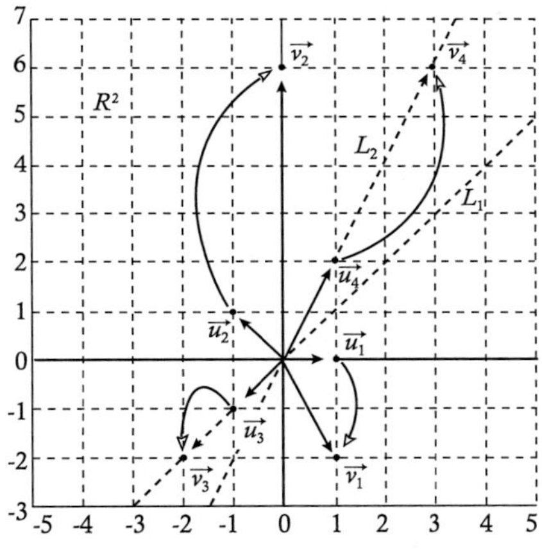

그림 4.7 행렬 $\boldsymbol{A}$의 고유벡터의 표시

[그림 4.7]로부터, 원점을 지나가는 두 개의 선분 L_1과 L_2상에 존재하는 임의의 벡터는 행렬 $\boldsymbol{A}$에 의한 선형변환 후에도 여전히 L_1과 L_2의 연장선상에 존재하므로, 행렬 $\boldsymbol{A}$의 선형변환으로서의 특성은 두 직선 L_1과 L_2에 의하여 결정된다고 볼 수 있다. 예를 들어

$$\vec{u}_3 = \begin{bmatrix}-1\\-1\end{bmatrix} \Rightarrow T(\vec{u}_3) = \boldsymbol{A}\,\vec{u}_3 = \begin{bmatrix}1 & 1\\-2 & 4\end{bmatrix}\begin{bmatrix}-1\\-1\end{bmatrix} = \begin{bmatrix}-2\\-2\end{bmatrix} = 2\vec{u}_3 = \vec{v}_3 \tag{4.6.3 a}$$

$$\vec{u}_4 = \begin{bmatrix}1\\2\end{bmatrix} \Rightarrow T(\vec{u}_4) = \boldsymbol{A}\,\vec{u}_4 = \begin{bmatrix}1 & 1\\-2 & 4\end{bmatrix}\begin{bmatrix}1\\2\end{bmatrix} = \begin{bmatrix}3\\6\end{bmatrix} = 3\vec{u}_4 = \vec{v}_4 \tag{4.6.3 b}$$

이다. 이러한 두 개의 벡터 $\vec{u}_3$, $\vec{u}_4$는 식 (4.6.3)으로부터 알 수 있는 바와 같이 다음 방정식에 의하여 정의된다.

$$A\vec{u}_3 = \lambda\vec{u}_3, \quad (\lambda = 2) \tag{4.6.4}$$

$$A\vec{u}_4 = \lambda\vec{u}_4, \quad (\lambda = 3)$$

이때 식 (4.6.4)에서 스칼라 $\lambda = 2$ 또는 $\lambda = 3$을 행렬 A의 고유값(eigenvalue)이라 하고, 식 (4.6.4)를 만족하는 영이 아닌 두 개의 벡터 $\vec{u}_3, \vec{u}_4$를 고유벡터(eigenvector)라고 한다. 만약 A가 $(n \times n)$인 행렬이라면 n개의 실수 또는 복소수인 고유값을 가진다. 앞으로 설명하겠지만 식 (4.6.4)를 만족하는 고유값은 유일하지만, 고유벡터는 유일하게 결정되는 것은 아니다.

동일한 크기의 고유값 $\lambda = 3, 3$(중복 고유값)을 가지는 행렬 B에 대하여 생각하여 보자.

$$B = \begin{bmatrix} 4 & 1 \\ -1 & 2 \end{bmatrix}, \quad \vec{u} = c\begin{bmatrix} 1 \\ -1 \end{bmatrix}, \ (c\text{는 영이 아닌 실수}) \tag{4.6.5}$$

위 식의 벡터 $\vec{u}$는 $B\vec{u} = 3\vec{u}$를 만족하므로 고유값 $\lambda = 3$에 대한 고유벡터이다. 행렬 B의 선형변환으로서의 특성은 [그림 4.8]로부터 $\mathbb{R}^2$공간에서 원점을 지나가는 하나의 선분 L에 의하여 유일하게 결정된다는 사실을 알 수 있다[23]. [그림 4.8]은 두 개 벡터

$$\vec{u}_1 = \begin{bmatrix} 2/3 \\ -2/3 \end{bmatrix}, \quad \vec{u}_2 = \begin{bmatrix} -1/2 \\ 1/2 \end{bmatrix}$$

에 대한 행렬 B의 선형변환을 나타내고 있다.

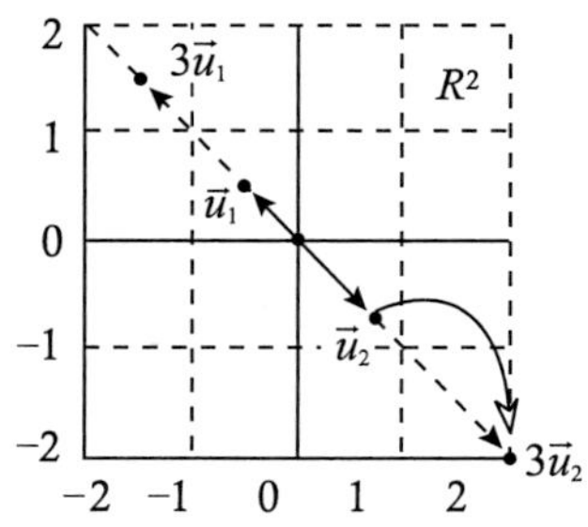

그림 4.8 $\mathbb{R}^2$공간에서의 벡터 $\vec{u}$

23) 식 (4.6.1)의 행렬 A는 두 개의 선분에 의해 선형변환이 결정된다는 점에 유의한다.

고유값이 복소수로 주어질 수 있다. 예를 들어 아래의 실수값을 가지는 행렬 $\boldsymbol{C}$는 두 개의 복소수 고유값 $\lambda = 2 \pm j$를 가진다. 즉

$$\boldsymbol{C} = \begin{bmatrix} 2 & 1 \\ -1 & 2 \end{bmatrix}, \quad \vec{u}_1 = c\begin{bmatrix} 1 \\ j \end{bmatrix}, \quad (\lambda = 2 + j), \quad \vec{u}_2 = c\begin{bmatrix} 1 \\ -j \end{bmatrix} \quad (\lambda = 2 - j) \tag{4.6.6}$$

이다(c는 영이 아닌 실수). 복소수의 성질로부터 짐작할 수 있는 바와 같이, 두 개의 고유값이 서로 공역의 관계에 있으므로 각 고유값에 대한 고유벡터도 서로 공역의 관계가 성립한다.

4.6.1 고유값과 고유벡터

고유값과 고유벡터의 이론은 정방행렬에만 적용된다. 지금까지의 설명을 정리하면 다음과 같다.

요점 4.23 고유값과 고유벡터

$\boldsymbol{A}$를 $(n \times n)$인 정방행렬이라고 한다. 이때 다음의 행렬방정식이 벡터공간 $\mathbb{R}^n$에 존재하는 임의의 영이 아닌 벡터 $\vec{x}$에 대하여 만족한다면, λ를 행렬 $\boldsymbol{A}$의 고유값이라고 한다.

$$\boldsymbol{A}\vec{x} = \lambda \vec{x} \tag{4.6.7}$$

또 위 식을 만족하는 벡터 $\vec{x}$를 고유값 λ에 대응하는 고유벡터라고 한다.

행렬의 고유값에 대응하는 고유벡터의 집합으로 이루어진 공간을 고유공간(eigenspace)이라 하고

$$\boldsymbol{W}_\lambda = \{\vec{x} \mid \boldsymbol{A}\vec{x} = \lambda \vec{x}\} \tag{4.6.8}$$

로 표기하기로 한다. 여기서 $\boldsymbol{W}_\lambda$는 영벡터도 포함하는 것으로 한다.

고유벡터와 관련하여 다음 사항이 알려져 있다.

(a) λ가 행렬 $\boldsymbol{A}$의 고유값이며 벡터 $\vec{x}$를 그에 대응하는 고유벡터라고 하자. 이때 임의의 영이 아닌 스칼라 c에 대하여

$$\boldsymbol{A}(c\vec{x}) = c\boldsymbol{A}\vec{x} = c\lambda\vec{x} = \lambda(c\vec{x}) \tag{4.6.9}$$

가 성립한다. 다시 말하면 $c\vec{x}$ 도 역시 행렬 $\boldsymbol{A}$ 의 고유값 λ 에 대응하는 고유벡터로 된다는 것을 의미한다.

(b) 식 (4.6.7)에서 $\vec{x} = \vec{0}$ 으로 두면 어떠한 λ 값에 대해서도 $\boldsymbol{A}\,\vec{0} = \vec{0} = \lambda\vec{0}$ 로 된다. 그러나 영벡터는 $\boldsymbol{A}$의 고유벡터로 인정되지 않는다. 그러나 고유값은 영의 값을 가지는 경우가 있다.

• 고유값의 계산

λ 가 $(n \times n)$ 크기의 정방행렬 $\boldsymbol{A}$의 고유값이라면, 식 (4.6.7)을 만족하는 벡터 $\vec{x}$ 가 존재한다. 식 (4.6.7)을 정리하면

$$(\boldsymbol{A} - \lambda \boldsymbol{I}_n)\vec{x} = \vec{0} \tag{4.6.10}$$

이다. 식 (4.6.10)은 4.2절에서 설명한 n 개의 미지수와 n 개의 방정식을 가지는 제차연립 방정식이므로 [요점 4.17]에 의해 비자명한 해(즉 $\vec{x} \neq \vec{0}$)를 가지기 위해서는 $\det(\boldsymbol{A} - \lambda \boldsymbol{I}_n) = 0$이어야 한다. 즉

$$P(\lambda) = \det(\boldsymbol{A} - \lambda \boldsymbol{I}_n) = \begin{vmatrix} a_{11} - \lambda & a_{12} & \cdots & a_{1n} \\ a_{21} & a_{22} - \lambda & \cdots & a_{2n} \\ \vdots & & & \vdots \\ a_{n1} & a_{n2} & \cdots & a_{nn} - \lambda \end{vmatrix} = 0 \tag{4.6.11}$$

이다. 단 a_{ij}, $(i,\ j = 1,\ \cdots,\ n)$는 $\boldsymbol{A}$의 각 성분을 나타낸다. 식 (4.6.11)을 전개하면

$$P(\lambda) = \lambda^n + \alpha_{n-1}\lambda^{n-1} + \cdots + \alpha_1\lambda + \alpha_o = 0 \tag{4.6.12}$$

와 같은 λ 에 관한 n 차의 다항식이 얻어진다. 식 (4.6.12)를 행렬 $\boldsymbol{A}$의 고유방정식(eigen equation) 또는 특성다항식(characteristic equation)이라고 부른다. 여기서 식 (4.6.11)의 행렬식을 라플라스 전개하여 식 (4.6.12)와 비교함으로써 α_i, $(i = 0,\ 1,\ \cdots,\ n-1)$ 와 행렬 $\boldsymbol{A}$의 성분 a_{ij}, $(i,\ j = 1,\ \cdots,\ n)$ 사이에 다음과 같은 관련성을 확인할 수 있다.

$$\alpha_{n-1} = -(a_{11} + a_{22} + \cdots + a_{nn}) = -\operatorname{trace}\boldsymbol{A} \tag{4.6.13 a}$$

$$\alpha_0 = P(0) = \det(-\boldsymbol{A}) = (-1)^n \det\boldsymbol{A} \tag{4.6.13 b}$$

여기서 $\operatorname{trace}\boldsymbol{A}$란 행렬 $\boldsymbol{A}$의 대각선상 성분의 합을 나타낸다. 식 (4.6.13)은 다음과 같이 확

인할 수도 있다. 즉 특성다항식 (4.6.12)가 n 개의 근(즉 행렬 $\boldsymbol{A}$의 고유값) $\lambda_1,\ \lambda_2,\ \cdots,\ \lambda_n$을 가진다면 특성다항식은 다음과 같이 전개될 것이다.

$$\begin{aligned} P(\lambda) &= (\lambda-\lambda_1)(\lambda-\lambda_2)\cdots\ (\lambda-\lambda_n) \\ &= \lambda^n-(\lambda_1+\lambda_2+\cdots+\lambda_n)\lambda^{n-1}+\ \cdots\ +(-1)^n\lambda_1\lambda_2\cdots\lambda_n \end{aligned} \tag{4.6.14}$$

여기서 식 (4.6.14)와 (4.6.13)을 비교하면, 행렬 $\boldsymbol{A}$의 고유값과 행렬의 각 성분 사이의 관련성을 보여주는 식 (4.6.13)의 관계식을 얻는다.

$$\text{trace}\,\boldsymbol{A}=\sum_{i=1}^{n}\lambda_i,\ (\text{고유값의 합}) \tag{4.6.15 a}$$

$$\det\boldsymbol{A}=\prod_{i=1}^{n}\lambda_i,\ (\text{고유값의 곱}) \tag{4.6.15 b}$$

예를 들어 2×2인 행렬

$$\boldsymbol{A}=\begin{bmatrix} a & b \\ c & d \end{bmatrix}$$

에 대해서 식 (4.6.11)을 계산하면

$$P(\lambda)=\det(\boldsymbol{A}-\lambda\boldsymbol{I}_2)=\begin{vmatrix} a-\lambda & b \\ c & d-\lambda \end{vmatrix}=\lambda^2-(a+d)\lambda+(ad-bc)=0 \tag{4.6.16}$$

이다. 따라서 식 (4.6.16)을 만족하는 두 개의 $\lambda_1,\ \lambda_2$가 $\boldsymbol{A}$의 고유값이다. 즉

$$\lambda_1+\lambda_1=a+d=\text{trace}\,\boldsymbol{A},\quad \lambda_1\lambda_2=ad-bc=\det\boldsymbol{A}$$

의 관계로부터 고유값을 계산할 수 있다.

• 고유벡터의 계산

식 (4.6.7), 즉 제차방정식 $(\boldsymbol{A}-\lambda\boldsymbol{I}_n)\vec{x}=\vec{0}$를 만족하는 벡터의 계산은 확대방정식 $[\boldsymbol{A}-\lambda_i\boldsymbol{I}\ \vert\ \vec{0}\ ]$에 가우스 소거법을 적용하여 RREF의 형식으로 변환하면 간단하게 얻을 수 있다. 그러나 [요점 4.12]에서 언급한 바와 같이 $\dim\{N(\boldsymbol{A}-\lambda_i\boldsymbol{I})\}\geq 1$의 개수만큼의 자유변수가 존재한다는 점에 유의한다. 이때 얻어지는 n개의 고유벡터를 $\boldsymbol{A}$ 가 가지는 고유공간의 기저벡터라고 한다. 예제를 이용하여 고유벡터와 고유공간을 구하는 방법에 대하여 설명한다.

▶ 예제 4.6.1

다음 행렬의 고유값과 고유벡터를 구하고, 이것의 고유공간을 확인하여 보자.

$$A=\begin{bmatrix}0&1&0\\0&0&1\\2&1&-2\end{bmatrix}$$

◇ 해

A 의 특성다항식은

$$P(\lambda)=\det(A-\lambda I_3)=\begin{vmatrix}-\lambda&1&0\\0&-\lambda&1\\2&1&-(\lambda+2)\end{vmatrix}=(\lambda-1)(\lambda+1)(\lambda+2)=0$$

이므로 A 의 고유값은 $\lambda_1=1, \lambda_1=-1$ 및 $\lambda_3=-2$ 이다.

(i) $\lambda_1=1$ 에 대응하는 고유벡터 $\vec{x}_1=[x_{11},\ x_{21},\ x_{31}]^T$는 제차방정식 $(A-\lambda_1 I_3)\vec{x}_1=\vec{0}$ 의 확대행렬 $[A-\lambda_1 I_3 \mid \vec{0}]$에 가우스 소거법을 실시한다. 즉

$$[A-I_3 \mid \vec{0}\,]=\left[\begin{array}{ccc|c}-1&1&0&0\\0&-1&1&0\\2&1&-3&0\end{array}\right]\xrightarrow[(R_3\to 2R_1+R_3)]{}\left[\begin{array}{ccc|c}-1&1&0&0\\0&-1&1&0\\0&3&-3&0\end{array}\right]$$

$$\xrightarrow[\begin{pmatrix}R_1\to(-1)R_1\\R_2\to(-1)R_2\end{pmatrix}]{(R_3\to 3R_2+R_3)}\left[\begin{array}{ccc|c}1&-1&0&0\\0&1&-1&0\\0&0&0&0\end{array}\right] \quad ①$$

이므로 $x_{11}-x_{21}=0, x_{21}-x_{31}=0$ 가 얻어진다. 이때 자유변수로 $x_{31}=\alpha$ 로 두면

$$\vec{x}_1=\begin{bmatrix}x_{11}\\x_{21}\\x_{31}\end{bmatrix}=\alpha\begin{bmatrix}1\\1\\1\end{bmatrix} \quad ②$$

이다. 또한 고유값 $\lambda_1=1$에 대한 고유공간은 $W_{\lambda_1}=\mathrm{span}\{\vec{x}_1\}$ 으로 표기한다.

(ii) $\lambda_2=-1$에 대응하는 고유벡터는 제차방정식 $(A-\lambda_2 I_3)\vec{x}_2=\vec{0}$ 의 확대행렬에 가우스 소거법을 실시하여 얻는다. 즉

$$[A+I_3 \mid \vec{0}\,]=\left[\begin{array}{ccc|c}1&1&0&0\\0&1&1&0\\2&1&-1&0\end{array}\right]\xrightarrow[(R_3\to R_3-2R_1)]{}\left[\begin{array}{ccc|c}1&1&0&0\\0&1&1&0\\0&-1&-1&0\end{array}\right]$$

$$\xrightarrow[\begin{pmatrix}R_3\to R_2+R_3\\R_1\to R_1-R_2\end{pmatrix}]{}\left[\begin{array}{ccc|c}1&0&-1&0\\0&1&1&0\\0&0&0&0\end{array}\right] \quad ③$$

이므로 $x_{12}-x_{32}=0, x_{12}+x_{32}=0$ 의 식에서 자유변수로서 $x_{32}=\beta$ 로 두면

$$\vec{x}_2 = \begin{bmatrix} x_{12} \\ x_{22} \\ x_{32} \end{bmatrix} = \beta \begin{bmatrix} 1 \\ -1 \\ 1 \end{bmatrix}, \quad W_{\lambda_2} = \text{span}\{\vec{x}_2\} \qquad ④$$

이다.

(iii) $\lambda_3 = -2$에 대응하는 고유벡터 역시 제차방정식 $(A - \lambda_3 I_3)\vec{x}_3 = \vec{0}$의 확대행렬에 가우스 소거법을 실시하여 얻는다. 즉

$$[A + 2I_3 \mid \vec{0}\,] = \left[\begin{array}{ccc|c} 2 & 1 & 0 & 0 \\ 0 & 2 & 1 & 0 \\ 2 & 1 & 0 & 0 \end{array}\right] \xrightarrow[(R_3 \to R_3 - R_1)]{} \left[\begin{array}{ccc|c} 2 & 1 & 0 & 0 \\ 0 & 2 & 1 & 0 \\ 0 & 0 & 0 & 0 \end{array}\right]$$

$$\xrightarrow[\left(\begin{array}{l} R_1 \to (1/2)R_1 \\ R_2 \to (1/2)R_2 \end{array}\right)]{} \left[\begin{array}{ccc|c} 1 & (1/2) & 0 & 0 \\ 0 & 1 & (1/2) & 0 \\ 0 & 0 & 0 & 0 \end{array}\right] \qquad ⑤$$

이므로 $x_{13} + \left(\dfrac{1}{2}\right)x_{23} = 0,\ x_{23} + \left(\dfrac{1}{2}\right)x_{33} = 0$로부터 자유변수로서 $x_{33} = \gamma$로 두면

$$\vec{x}_3 = \begin{bmatrix} x_{13} \\ x_{23} \\ x_{33} \end{bmatrix} = \gamma \begin{bmatrix} 1 \\ -2 \\ 4 \end{bmatrix}, \quad W_{\lambda_3} = \text{span}\{\vec{x}_3\} \qquad ⑥$$

이다. 따라서 행렬 A의 고유공간은 식 (4.6.8)에 의해

$$W_\lambda = \text{span}\left\{ \begin{bmatrix} 1 \\ 1 \\ 1 \end{bmatrix}, \begin{bmatrix} 1 \\ -1 \\ 1 \end{bmatrix}, \begin{bmatrix} 1 \\ -2 \\ 4 \end{bmatrix} \right\} \qquad ⑦$$

이다.

위 예제의 결과로부터 다음 두 가지 사실을 확인할 수 있다.

요점 4.24 고유값과 고유벡터에 관한 기본성질

A를 $(n \times n)$인 정방행렬이라 하면

(a) A가 정칙행렬이기 위한 필요충분조건은 A는 '0'을 고유값으로 가지지 않는다.

(b) A의 서로 다른 고유값 $\lambda_1, \lambda_2, \cdots, \lambda_n$에 대응하는 고유벡터를 $\vec{x}_1, \vec{x}_2, \cdots, \vec{x}_n$이라 하였을 때, 이들 고유벡터는 서로 선형독립이다.

[요점 4.19]의 (a)는 식 (4.6.15 b)로부터 쉽게 알 수 있으며, (b)는 예를 들어 $(n-1)$개

의 벡터 $\{\vec{x}_1,\ \vec{x}_2,\ \cdots,\ \vec{x}_{n-1}\}$가 선형독립이고, $\vec{x}_n$은 이들 벡터의 선형결합으로 주어진다고 가정하면

$$\alpha_1 \vec{x}_1 + \alpha_2 \vec{x}_2 + \cdots + \alpha_{n-1} \vec{x}_{n-1} = \vec{x}_n \tag{4.6.17}$$

을 만족하는 상수 $\alpha_1, \cdots, \alpha_{n-1}$이 존재한다. 이것이 주어진 명제(즉 $\vec{x}_1 \sim \vec{x}_n$이 전부 선형독립)와 모순임을 밝히기로 한다. 식 (4.6.17)의 양변에 $\boldsymbol{A}$를 곱하고 $\boldsymbol{A}\vec{x}_i = \lambda_i \vec{x}_i$라는 사실을 이용하면

$$\alpha_1 \lambda_1 \vec{x}_1 + \alpha_2 \lambda_2 \vec{x}_2 + \cdots + \alpha_{n-1} \lambda_{n-1} \vec{x}_{n-1} = \lambda_n \vec{x}_n \tag{4.6.18}$$

이 얻어진다. 다시 식 (4.6.17)의 양변에 λ_n을 곱하여 식 (4.6.18)로부터 빼면

$$\alpha_1(\lambda_1 - \lambda_n)\vec{x}_1 + \alpha_2(\lambda_2 - \lambda_n)\vec{x}_2 + \cdots + \alpha_{n-1}(\lambda_{n-1} - \lambda_n)\vec{x}_{n-1} = \vec{0} \tag{4.6.19}$$

이다. 위에서 $\{\vec{x}_1,\ \vec{x}_2,\ \cdots,\ \vec{x}_{n-1}\}$는 선형독립이라고 하였기 때문에 식 (4.6.19)의 모든 계수는 영이어야 한다. 즉 $\lambda_i - \lambda_n = 0,\ (i = 1,\ \cdots,\ n-1)$이다. 이것은 $\boldsymbol{A}$의 모든 고유값이 동일한 값을 가진다는 것을 의미하므로, 행렬 $\boldsymbol{A}$의 고유값이 서로 다르다는 전제 조건에 모순이다. 따라서 $\{\vec{x}_1,\ \vec{x}_2,\ \cdots,\ \vec{x}_n\}$은 선형독립이어야 한다는 사실을 확인할 수 있다.

크기가 $(n \times n)$인 행렬 $\boldsymbol{A}$의 특성다항식은 n차의 다항식이므로 대수학의 기본정리에 따라 반드시 n개의 근을 가지며 물론 복소근을 가질 수도 있다. 따라서 고유값은 다음과 같이 세 종류로 분류할 수 있다.[24)]

(i) 서로 다른 값을 가지는 실고유값
(ii) 복소고유값
(iii) 중복하는 실고유값

[예제 4.6.1]은 위의 (i)에 해당하는 것으로 비교적 쉽게 고유벡터를 구할 수 있었다. 그러나 특히 위 세 번째 경우, 즉 중복하는 실고유값에 대한 고유벡터의 계산을 위해서는 중복도와 관련된 새로운 개념이 필요하다. 먼저 (ii) 복소고유값을 가지는 경우에 고유벡터를 구하는 과정을 예를 이용하여 설명하기로 한다.

24) 이것 외에 중복하는 복소고유값을 가지는 경우도 있지만 여기서는 생략한다.

▶ 예제 4.6.2

다음 행렬의 고유값, 고유벡터 및 고유공간을 각각 구하여보자.

$$\boldsymbol{A}=\begin{bmatrix} 1 & 2 \\ -2 & 1 \end{bmatrix}$$

◇ 해

$\boldsymbol{A}$ 의 고유방정식은

$$\det(\boldsymbol{A}-\lambda \boldsymbol{I})=\begin{vmatrix} 1-\lambda & 2 \\ -2 & 1-\lambda \end{vmatrix}=\lambda^2-2\lambda+5=0 \quad ①$$

이므로 고유값은 $\lambda_1=1+j2,\ \lambda_2=1-j2$ 이다.

(i) $\lambda_1=1+j2$ 에 대응하는 고유벡터는

$$(\boldsymbol{A}-\lambda_1\boldsymbol{I})\vec{x}=[A-(1+j2)\boldsymbol{I}]\vec{x}=\begin{bmatrix} -j2 & 2 \\ -2 & -j2 \end{bmatrix}\begin{bmatrix} x_{11} \\ x_{21} \end{bmatrix}=0 \quad ②$$

로부터 $jx_{11}-x_{21}=0,\ x_{11}+jx_{21}=0$ 이므로 임의의 스칼라(실수) α 에 대해서 $x_{11}=\alpha,\ x_{21}=j\alpha$ 이므로

$$\vec{x}_1=\begin{bmatrix} x_{11} \\ x_{21} \end{bmatrix}=\alpha\begin{bmatrix} 1 \\ j \end{bmatrix} \quad ③$$

이다.

(ii) $\lambda_2=1-j2$ 에 대응하는 고유벡터는 위의 ②, ③과 동일한 과정을 이용하면 구할 수 있으나, $\overline{\lambda}_1=\lambda_2$ 의 관계가 있기 때문에 고유벡터에도 동일한 관계가 성립한다. 즉 $\overline{\vec{x}}_1=\vec{x}_2$ 이다. 따라서 ③으로부터

$$\vec{x}_2=\begin{bmatrix} x_{12} \\ x_{22} \end{bmatrix}=\alpha\begin{bmatrix} 1 \\ -j \end{bmatrix} \quad ④$$

이다. 고유공간은

$$\boldsymbol{W}_\lambda=\mathrm{span}\{\vec{x}_1,\ \vec{x}_2\}$$

이다.

세 번째 경우인 중복하는 실고유값과 관련하여 다음 사항이 알려져 있다.

요점 4.25 기하학적인 중복도와 대수적인 중복도

크기$(n\times n)$인 행렬 $\boldsymbol{A}$ 의 다항식이 다음과 같이 인수분해되었다고 한다.

$$P(\lambda)=\det(\boldsymbol{A}-\lambda \boldsymbol{I}_n)=(\lambda-\lambda_1)^{m_1}(\lambda-\lambda_2)^{m_2}\cdots(\lambda-\lambda_r)^{m_r} \tag{4.6.20}$$

단

$$m_1+m_2+\cdots+m_r=n, \qquad (r\le n) \tag{4.6.21}$$

이다. 이때 중복도 $m_i, (i=1, \cdots, r)$ 와 관련하여

(a) 대수적인 중복도(Algebraic multiplicity): 행렬 $\boldsymbol{A}$ 의 고유값 $\lambda_i, (i=1, \cdots, r)$ 의 반복하는 회수 $m_i, (i=1, \cdots, r)$를 의미한다.

(b) 기하학적인 중복도(Geometric multiplicity): $\boldsymbol{A}$ 의 고유값 $\lambda_i, (i=1, \cdots, r)$ 에 대한 고유공간의 차원을 의미하며, 일반적으로 g_{λ_i}로 나타낸다.[25)]

▶ 예제 4.6.3

다음 행렬의 고유값과 고유벡터를 계산하고, 각 고유값이 가지는 고유공간의 차원으로부터 대수적인 중복도와 기하학적인 중복도의 차이를 확인하여 보자.

$$\boldsymbol{A}=\begin{bmatrix} 1 & -2 & 4 \\ 3 & -4 & 4 \\ 3 & -2 & 2 \end{bmatrix}$$

◇ 해

위 행렬에 대한 특성다항식으로부터 고유값을 구하면

$$P(\lambda)=\det(\boldsymbol{A}-\lambda \boldsymbol{I}_3)=\begin{vmatrix} 1-\lambda & -2 & 4 \\ 3 & -4-\lambda & 4 \\ 3 & -2 & 2-\lambda \end{vmatrix}=(\lambda+2)^2(\lambda-3)=0 \qquad ①$$

으로부터 고유값은 $\lambda_1=-2$ (2중근)와 $\lambda_2=3$이다. 즉 대수적인 중복도는 각각 $m_1=2$ 및 $m_2=1$이다. 다음 2중근인 $\lambda_1=-2$에 대한 고유벡터를 구하여 보자. 이는 1차연립방정식 $(\boldsymbol{A}-\lambda_1\boldsymbol{I}_3)\vec{x}=\vec{0}$ 을 만족하는 벡터 $\vec{x}$ 로부터 얻어진다. 이를 위해 앞에서 언급한 바와 같이 확대방정식 $[\boldsymbol{A}-\lambda_1\boldsymbol{I}_3 \mid \vec{0}\,]$에 가우스 소거법을 적용하여 RREF의 형식으로 고치면

$$[\boldsymbol{A}+2\boldsymbol{I}_3 \mid \vec{0}\,]=\left[\begin{array}{ccc|c} 3 & -2 & 4 & 0 \\ 3 & -2 & 4 & 0 \\ 3 & -2 & 4 & 0 \end{array}\right] \xrightarrow[\begin{pmatrix} R_3\to R_3-R_1 \\ R_1\to(1/3)R_1 \end{pmatrix}]{(R_2\to R_2-R_1)} \left[\begin{array}{ccc|c} 1 & -(2/3) & (4/3) & 0 \\ 0 & 0 & 0 & 0 \\ 0 & 0 & 0 & 0 \end{array}\right] \qquad ②$$

이다. ②로부터 $x_{11}-\frac{2}{3}x_{21}+\frac{4}{3}x_{31}=0$를 얻는다. 따라서 세 개의 미지수에 하나의 식이 존재하므로 두 개의 자유변수가 필요하다. 이를 예를 들어 $x_{21}=\alpha, x_{31}=\beta$로 두면 고유벡터는

$$\vec{x}=\begin{bmatrix} (2/3)\alpha-(4/3)\beta \\ \alpha \\ \beta \end{bmatrix}=\alpha\begin{bmatrix} (2/3) \\ 1 \\ 0 \end{bmatrix}+\beta\begin{bmatrix} -(4/3) \\ 0 \\ 1 \end{bmatrix} \qquad ③$$

25) 다시 말하면, 중복하는 고유값 λ_i에 대응하는 고유벡터의 개수이다.

이다. 따라서 중복하는 고유값 $\lambda_1 = -2$에 대한 고유공간은

$$\vec{x}_1 = \begin{bmatrix} 2 \\ 3 \\ 0 \end{bmatrix},\ \vec{x}_2 = \begin{bmatrix} -4 \\ 0 \\ 3 \end{bmatrix} \qquad ④$$

을 기저로 하는 공간이 된다.[26] 즉

$$\boldsymbol{W}_{\lambda_1} = \mathrm{span}\{\vec{x}_1, \vec{x}_2\} \qquad ⑤$$

이다. 나머지 고유값 $\lambda_3 = 3$에 대해서도 위와 동일한 과정을 거치면 확대방정식이

$$[\boldsymbol{A} - 3\boldsymbol{I}_3 \mid \vec{0}\,] = \left[\begin{array}{ccc|c} -2 & -2 & 4 & 0 \\ 3 & -7 & 4 & 0 \\ 3 & -2 & -1 & 0 \end{array}\right] \rightarrow \left[\begin{array}{ccc|c} 1 & 0 & -1 & 0 \\ 0 & 1 & -1 & 0 \\ 0 & 0 & 0 & 0 \end{array}\right] \qquad ⑥$$

으로 되어 $\lambda_3 = 3$에 대한 고유공간은

$$\vec{x} = \gamma \begin{bmatrix} 1 \\ 1 \\ 1 \end{bmatrix} = \gamma \vec{x}_3 \qquad ⑦$$

이므로, 벡터 $\vec{x}_3$를 기저로 한다. 즉 $\boldsymbol{W}_{\lambda_2} = \mathrm{span}\{\vec{x}_3\}$이다. 이 결과로서 중복하는 고유값 $\lambda_1 = -2$에 대응하는 고유공간의 차원이 2이므로 이에 대한 기하학적인 중복도 역시 2, 즉 $g_{\lambda_1} = 2$이다. 중복하지 않는 단순고유값은 대수적인 중복도와 기하학적인 중복도가 항상 '1'이다.

▶ 예제 4.6.4

다음 행렬이 가지는 고유값에 대한 대수적 및 기하학적인 중복도의 관계를 비교하여 보자.

$$\boldsymbol{A} = \begin{bmatrix} 2 & 1 & 0 \\ 0 & 1 & -1 \\ 0 & 2 & 4 \end{bmatrix}$$

◇ 해

특성다항식으로부터

$$P(\lambda) = \det(\boldsymbol{A} - \lambda \boldsymbol{I}_3) = \begin{vmatrix} 2-\lambda & 1 & 0 \\ 0 & 1-\lambda & -1 \\ 0 & 2 & 4-\lambda \end{vmatrix} = (\lambda-2)^2(\lambda-3) = 0 \qquad ①$$

이다. 따라서 고유값은 $\lambda_1 = 2$ (2중근)과 $\lambda_2 = 3$이며, 대한 대수적 중복도는 $m_1 = 2, m_2 = 1$이다. 중근인 $\lambda_1 = 2$에 대한 기하학적인 중복도를 확인하기 위하여 고유벡터를 계산하면

26) 이 경우는 $\alpha = 3, \beta = 3$으로 두었다. 물론 이것 외에도 무한가지의 표현방법이 있으나 가장 단순한 형태의 표현식이 바람직하다.

$$[A-2I_3 \mid \vec{0}\,]=\left[\begin{array}{ccc|c} 0 & 1 & 0 & 0 \\ 0 & -1 & -1 & 0 \\ 0 & 2 & 2 & 0 \end{array}\right] \xrightarrow[(R_3 \to R_2+R_3)]{(R_2 \to R_1+R_2)} \left[\begin{array}{ccc|c} 0 & 1 & 0 & 0 \\ 0 & 0 & 1 & 0 \\ 0 & 0 & 0 & 0 \end{array}\right] \qquad ②$$

이므로 $x_{21}=0,\ x_{31}=0$ 이다. 자유변수로 $x_{11}=\alpha$ 로 두면 고유공간은

$$\vec{x}=\alpha\begin{bmatrix} 1 \\ 0 \\ 0 \end{bmatrix}=\alpha\,\vec{x}_1 \qquad ③$$

이므로, 벡터 $\vec{x}_1$를 기저로 한다. 즉 $W_{\lambda_1}=\text{span}\{\vec{x}_1\}$이므로 $\dim W_{\lambda_1}=1$ 이다. 따라서 기하학적인 중복도는 $g_{\lambda_1}=1$ 이다. 또한 $\lambda_2=3$는 단근이므로 당연히 $m_2=g_{\lambda_2}=1$ 이다.

위의 예제에서 알 수 있는 바와 같이, 만약 고유값 λ의 대수적 중복도가 m_λ라면 이것의 기하학적인 중복도는 다음 관계를 만족한다.

$$g_\lambda \le m_\lambda \tag{4.6.22}$$

위 식에서 부등호를 만족하는 행렬의 경우는, [예제 4.6.4]에와 같이, 확대방정식을 통하여 중복하는 고유값의 중복도와 동일한 개수의 고유벡터를 구할 수 없다. 다시 말하면, 고유공간의 기저형성을 위한 선형독립인 고유벡터의 개수가 부족하게 된다는 것이다.

4.6.2 고유값 문제의 응용

여기서는 행렬의 고유값 문제가 적용되는 수많은 응용분야 중에서 가장 전형적인 것을 예제를 통하여 간단하게 알아보기로 한다.

▶ 예제 4.6.5

$(x_1\ x_2)$-평면상에서 식 $x_1^2+x_2^2=1$(즉 중심을 원점에 가지며, 반지름이 1 인 원)을 만족하는 점 $P:(x_1,x_2)$ 에서 다른 점 $Q:(y_1,y_2)$로 선형변환이 다음 식으로 정의된다고 한다.

$$\vec{y}=\begin{bmatrix} y_1 \\ y_2 \end{bmatrix}=A\vec{x}=\begin{bmatrix} 5 & 3 \\ 3 & 5 \end{bmatrix}\begin{bmatrix} x_1 \\ x_2 \end{bmatrix} \qquad ①$$

여기서 점 Q를 나타내는 위치벡터 $\vec{y}$ 의 방향이 ①의 변환에 의해 $\vec{x}$와 일치하거나 정반대로 될 수 있는 점 P를 나타내는 위치벡터 $\vec{x}$ 의 방향을 결정하여 보자. 이와 같은 방향을 주축방향(principal direction)이라고 한다.

◇ 해

위 문제는 $\vec{y}=\lambda\vec{x}$ 를 만족하는 벡터 $\vec{x}$ 를 계산하는 것이다. ①은 $\vec{y}=\boldsymbol{A}\vec{x}$ 로 쓸 수 있으므로 $\boldsymbol{A}\vec{x}=\lambda\vec{x}$ 로 되어, 결국 행렬 $\boldsymbol{A}$ 의 고유벡터를 구하는 문제로 귀착되었다. 따라서 행렬 $\boldsymbol{A}$의 특성다항식은

$$\begin{vmatrix} 5-\lambda & 3 \\ 3 & 5-\lambda \end{vmatrix} = (5-\lambda)^2-9=0$$

으로부터 두 개의 실근 $\lambda_1=8$과 $\lambda_2=2$를 얻는다. 여기서 각각의 경우에 대한 행렬 $\boldsymbol{A}$ 의 고유벡터를 계산하면

$$(\lambda_1=8) : \vec{x}_{\lambda_1}=\begin{bmatrix} 1/\sqrt{2} \\ 1/\sqrt{2} \end{bmatrix}, \quad (\lambda_2=2) : \vec{x}_{\lambda_2}=\begin{bmatrix} -1/\sqrt{2} \\ 1/\sqrt{2} \end{bmatrix} \qquad ②$$ [27]

이다. 즉 ②의 두 벡터는 $\boldsymbol{A}\vec{x}_{\lambda_1}=8\vec{x}_{\lambda_1}$과 $\boldsymbol{A}\vec{x}_{\lambda_2}=2\vec{x}_{\lambda_2}$를 만족하며 $(x_1 x_2)$ – 평면의 x_1축의 양의 방향과 45°와 135°를 이루고 있다(즉 45°오른쪽으로 기울어진 타원을 나타낸다). 이는 행렬 $\boldsymbol{A}$의 주축방향이며, 구하고자 하는 방향이다([그림 4.9] 참조).[28]

다음 위에서 구한 두 고유벡터로 구성되는 행렬에 대하여 생각하여 보자. 즉

$$\boldsymbol{T}=\left[\vec{x}_{\lambda_1}\ \vec{x}_{\lambda_2}\right]=\begin{bmatrix} \dfrac{1}{\sqrt{2}} & -\dfrac{1}{\sqrt{2}} \\ \dfrac{1}{\sqrt{2}} & \dfrac{1}{\sqrt{2}} \end{bmatrix}=\begin{bmatrix} \cos\phi & -\sin\phi \\ \sin\phi & \cos\phi \end{bmatrix} \qquad ③$$

이며, 이를 이용한 좌표변환, 즉 $\vec{u}=\boldsymbol{T}\vec{x}$는 벡터 $\vec{x}$를 시계방향으로 $\phi(=45^\circ)$만큼 회전하여 벡터 $\vec{u}$를 얻는 것을 의미한다. 따라서

$$\vec{u}=\begin{bmatrix} u_1 \\ u_2 \end{bmatrix}=\boldsymbol{A}\left[\vec{x}_{\lambda_1}\ \vec{x}_{\lambda_1}\right]=\left[\vec{x}_{\lambda_1}\ \vec{x}_{\lambda_1}\right]\begin{bmatrix} 8 & 0 \\ 0 & 2 \end{bmatrix} \qquad ④$$

의 관계로부터 $u_1=8\cos\phi$, $u_2=2\sin\phi$를 새로운 좌표계의 축(즉 $(u_1 u_2)$ – 평면)으로 취한다면, $\cos^2\phi+\sin^2\phi=1$ 의 관계로부터

$$\frac{u_1^2}{8^2}+\frac{u_2^2}{2^2}=1 \qquad ⑤$$

가 얻어지고, 이것은 새로 정의한 $(u_1 u_2)$ – 평면에서 역시 타원을 나타내는 식으로 된다.

---

27) 간단히 $\vec{x}_{\lambda_1}=[1\ 1]^T$와 $\vec{x}_{\lambda_2}=[-1\ 1]^T$로 나타낼 수도 있으나, 단위벡터로 만들기 위해 $1/\sqrt{2}$를 곱했다.

28) 기울어진 타원을 나타내는 식은

$$[x_1\ x_2]\begin{bmatrix} 5 & 3 \\ 3 & 5 \end{bmatrix}\begin{bmatrix} x_1 \\ x_2 \end{bmatrix}=5x_1^2+6x_1x_2+5x_2^2=1$$

이며, 이를 2 차형식이라고 한다(제 5 장 참조).

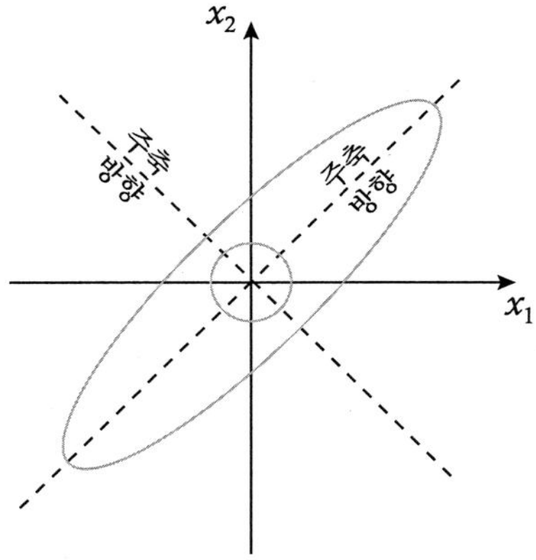

그림 4.9 [예제 4.6.5]에서 새로운 좌표축과 타원

▶ 예제 4.6.6

몇 개의 질량과 스프링으로 이루어진 질량-스프링 시스템은 고유값 문제로 볼 수 있다. 예를 들어 [그림 4.10]의 시스템에 대한 미분방정식은 다음과 같다.

$$\begin{aligned} y_1'' &= -5y_1 + 2y_2 \\ y_2'' &= \quad 2y_1 - 2y_2 \end{aligned} \qquad ①$$

여기서 y_1과 y_2는 각 질량이 평형점에서부터 움직인 거리를 나타낸다. ①을 벡터의 형식으로 표현하면

$$\vec{y}'' = \begin{bmatrix} y_1'' \\ y_2'' \end{bmatrix} = \boldsymbol{A}\vec{y} = \begin{bmatrix} -5 & 2 \\ 2 & -2 \end{bmatrix} \begin{bmatrix} y_1 \\ y_2 \end{bmatrix} \qquad ②$$

이다. 여기서 위 식의 해로서

$$\vec{y} = \vec{x}\, e^{\omega t} \qquad ③$$

을 가정한다. 이러한 형식의 해는 이미 제 1 장에서 다룬 것으로 충분히 예측되는 것이다. ③을 ②에 대입하면

$$\omega^2 \vec{x}\, e^{\omega t} = \boldsymbol{A}\vec{x}\, e^{\omega t}$$

이다. 위 식을 $e^{\omega t}$로 나누고 $\omega^2 = \lambda$로 두면

$$\boldsymbol{A}\vec{x} = \lambda \vec{x} \qquad ④$$

임을 알 수 있다. 따라서 위 식에 대한 고유값은 $\lambda_1 = -1$과 $\lambda_2 = -6$이다. 이로부터 $\omega = \pm j$와 $\omega = \pm j\sqrt{6}$이며, 고유벡터는

$$\vec{x}_1 = \begin{bmatrix} 1 \\ 2 \end{bmatrix}, \quad \vec{x}_2 = \begin{bmatrix} 2 \\ -1 \end{bmatrix} \qquad ⑤$$

이다. 따라서 ③으로부터 ①에 대한 네 개의 복소해를 얻을 수 있다.

$$\vec{x}_1 e^{\pm jt} = \vec{x}_1(\cos t \pm j\sin t)$$

$$\vec{x}_2 e^{\pm j\sqrt{6}\,t} = \vec{x}_2(\cos\sqrt{6}\,t \pm j\sin\sqrt{6}\,t)$$

이로부터 ①의 미분방정식에 대한 네 개의 기본해는

$$\vec{x}_1 \cos t, \quad \vec{x}_1 \sin t, \quad \vec{x}_2 \cos\sqrt{6}\,t, \quad \vec{x}_2 \sin\sqrt{6}\,t$$

이며(1.8절 참조), 이 결과 ①의 일반해는 기본해의 선형결합으로서 다음과 같이 주어진다. 즉

$$\vec{y} = \vec{x}_1(a_1\cos t + b_1\sin t) + \vec{x}_2(a_2\cos\sqrt{6}\,t + b_2\sin\sqrt{6}\,t)$$

이다. 여기서 a_1, a_2, b_1, 및 b_2는 임의상수이며, 초기값에 의해 결정된다. ⑤에 의해 [그림 4.10]의 두 질량의 변화량 y_1과 y_2는

$$\begin{aligned} y_1 &= a_1\cos t + b_1\sin t + 2a_2\cos\sqrt{6}\,t + 2b_2\sin\sqrt{6}\,t \\ y_2 &= 2a_1\cos t + 2b_1\sin t - a_2\cos\sqrt{6}\,t - b_2\sin\sqrt{6}\,t \end{aligned} \qquad ⑥$$

이다. 위 결과는 두 질량이 조화진동(harmonic oscillation)을 하고 있음을 보여주고 있으며, 시스템에서 마찰을 무시한다면 출력은 지속적인 진동으로 된다는 것을 알 수 있다.

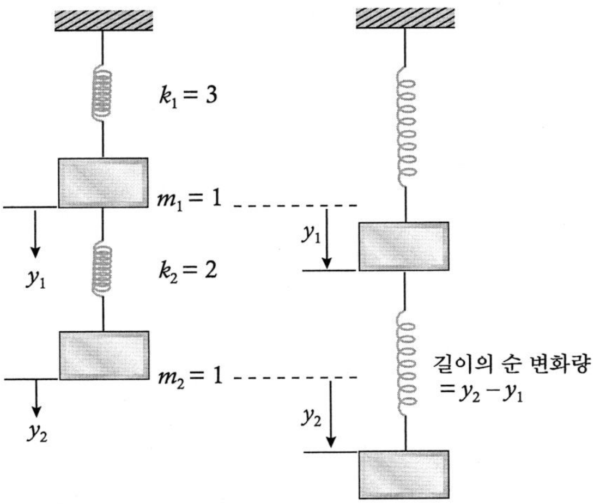

그림 4.10 [예제 4.6.6]의 질량-스프링 시스템

4.6.3 MATLAB에 의한 풀이

```
% [예제 4.6.1]
A=sym([0 1 0;0 0 1;2 1 -2]);
% λ1 =1 인 경우
Ag=[A-eye(3),zeros(3,1)];
E1=sym([1 0 0;0 1 0;2 0 1]);          % 1행×(2)하여 3행에 더한다.
E2=sym([1 0 0;0 1 0;0 3 1]);          % 2행×(3)하여 3행에 더한다.
E3=sym([-1 0 0;0 1 0;0 0 1]);         % 1행의 부호를 바꾼다.
E4=sym([1 0 0;0 -1 0;0 0 1]);         % 2행의 부호를 바꾼다.
E4*E3*E2*E1*Ag                        % ①식의 확인
% λ2 = -1 인 경우
Ag=[A+eye(3),zeros(3,1)];
E1=sym([1 0 0;0 1 0;-2 0 1]);         % 1행×(-2)하여 3행에 더한다.
E2=sym([1 0 0;0 1 0;0 1 1]);          % 2행×(1)하여 3행에 더한다.
E3=sym([1 -1 0;0 1 0;0 0 1]);         % 3행을 1행에 더한다.
E3*E2*E1*Ag                           % ③의 확인
% λ3 = -2 인 경우
Ag=[A+2*eye(3),zeros(3,1)];
E1=sym([1 0 0;0 1 0;-1 0 1]);         % 1행×(-1)하여 3행에 더한다.
E2=sym([1/2 0 0;0 1 0;0 0 1]);        % 1행을 (1/2)한다.
E3=sym([1 0 0;0 1/2 0;0 0 1]);        % 2행을 (1/2)한다.
E3*E2*E1*Ag                           % ⑤의 확인
% MATLAB의 명령어에 의한 확인
[V,D]=eig(A)                          % V: 고유벡터, D: 고유값

% [예제 4.6.2]
A=sym([1 2;-2 1]); [V,D]=jordan(A)    % V: 고유벡터, D: 고유값

% [예제 4.6.3]
A=sym([1 -2 4;3 -4 4;3 -2 2]);
Ag=[A+2*eye(3),zeros(3,1)];           % [A+2I_3, 0⃗]의 구성
E1=sym([1 0 0;-1 1 0;0 0 1]);         % 1행×(-1)하여 2행에 더한다.
E2=sym([1 0 0;0 1 0;-1 0 1]);         % 1행×(-1)하여 3행에 더한다.
E3=sym([1/3 0 0;0 1 0;0 0 1]);        % 1행을 (1/3)한다.
E3*E2*E1*Ag                           % ②의 확인
rank(A+2*eye(3)), [V,J]=jordan(A)     % A의 고유벡터와 고유값

% [예제 4.6.4]
A=sym([2 1 0;0 1 -1;0 2 4]); rref([A-2*eye(3), zeros(3,1)])  % ②의 확인
```

❖ [예제 4.6.3]에서 $A+2I_3$의 랭크(rank)가 1이므로 기하학적인 중복도는 $3-1=2$로 되어, 중복하는 고유값 $\lambda=-2$에 대한 선형독립인 고유벡터가 두 개 존재한다. 또한 명령어 'jordan'를 사용하여 고유벡터를 계산하는 경우 ③의 값과 다르게 표현될 수 있지만,

기본적인 사항(즉 선형독립 등)은 동일하다.

❖ [예제 4.6.4]의 경우 랭크가 '2'이기 때문에 기하학적인 중복도는 $3-2=1$이다. 따라서 선형독립인 고유벡터는 하나뿐이다.

```
% [예제 4.6.5]
A=sym([5 3;3 5]); [V,D]=eig(A)                          % A의 고유값과 고유벡터
Po=[0,0];% 원점의 표시
Q1=D(1,1)*V(:,1); Q2=D(2,2)*V(:,2);                     % λ1 x→λ1, λ2 x→λ2
arrow(Po,double(Q1)), hold on, arrow(Po,-double(Q1),'r')   % [그림 4.9]
arrow(Po,double(Q2)), arrow(Po,-double(Q2),'r')
axis([-10 10 -10 10]), xlabel(' x_1 '), ylabel(' x_2 ')
axis square, hold off

% [예제 4.6.6] - {y1==f, y2==g 로 치환}
y=dsolve('D2f=-5*f+2*g','D2g=2*f-2*g')                  % ⑥의 확인
```

❖ [예제 4.6.5]의 경우 명령어 'arrow'에 의해 $(x_1\ x_2)$ − 평면에 두 개의 주축방향을 나타낼 수 있다. 'arrow'에 대한 설명은 부록을 참조한다.

연습문제 4.6.4

1. 다음 행렬의 고유값과 고유벡터를 계산하여라(인수분해시에 주어진 값을 이용할 것).

(1) $\begin{bmatrix} 5 & -2 \\ 9 & -6 \end{bmatrix}$

(2) $\begin{bmatrix} \cos\theta & -\sin\theta \\ \sin\theta & \cos\theta \end{bmatrix}$

(3) $\begin{bmatrix} 6 & 2 & -2 \\ 2 & 5 & 0 \\ -2 & 0 & 7 \end{bmatrix}$, $(\lambda=3)$

(4) $\begin{bmatrix} 1 & 0 & 0 \\ 2 & 4 & 0 \\ 6 & 4 & 2 \end{bmatrix}$

(5) $\begin{bmatrix} 4 & -2 & 3 \\ -2 & 1 & 6 \\ 1 & 2 & 2 \end{bmatrix}$, $(\lambda=-3)$

(6) $\begin{bmatrix} 0 & -2 & 2 & 0 \\ -4 & 2 & -2 & 4 \\ 0 & 2 & 2 & -4 \\ 0 & 2 & -6 & 4 \end{bmatrix}$, $(\lambda=4)$

(7) $\begin{bmatrix} -1 & 0 & 12 & 0 \\ 0 & -1 & 0 & 12 \\ 0 & 0 & -1 & -4 \\ 0 & 0 & -4 & -1 \end{bmatrix}$, $(\lambda+1)^2$

2. 다음 내용을 간단히 설명하여라.

(1) 행렬 A의 고유값과 A^T의 고유값이 서로 동일하다는 것을 증명하여라. 이 경우 고유벡터도 서로 동일한가?

(2) 행렬 A가 가역행렬이고, $B=A^{-1}$이라면 B의 고유값은

$$\frac{1}{\lambda_1},\ \frac{1}{\lambda_2},\ \cdots,\ \frac{1}{\lambda_n}$$

임을 증명하여라.

(3) 두 개의 벡터가 $\vec{u}\neq\vec{0}$ 및 $\vec{v}\neq\vec{0}$ 라고 한다. 이때 $\vec{u}^T\vec{v}\neq 0$ 이라면, 행렬 $\vec{u}\vec{v}^T$ 의 특성다항식은 $P(\lambda)=(-\lambda)^{n-1}(\alpha-\lambda)$ 라는 것을 증명하여라. 단 $\alpha=\vec{u}^T\vec{v}$ 이다. (힌트: 행렬 $\vec{u}\vec{v}^T$의 랭크는 1이며 $\vec{u}$는 $\vec{u}\vec{v}^T$의 고유벡터이다.)

3. 행렬 A의 특성다항식을 $P(\lambda)$로 하고 $B=P(A)$로 두었다. 이때 행렬 B의 고유값은 전부 영으로 된다는 것을 증명하여라(이를 케일리–해밀턴의 정리라 한다).

4. 행렬

$$A=\begin{bmatrix} 0 & 1 & 0\ \cdots & 0 \\ 0 & 0 & 1\ \cdots & 0 \\ \vdots & & & \\ 0 & 0 & 0\ \cdots & 1 \\ -a_n & -a_{n-1} & \cdots & -a_1 \end{bmatrix}$$

의 특성다항식은

$$P(\lambda)=(-1)^n\left(\lambda^n+a_1\lambda^{n-1}+a_2\lambda^{n-2}+\cdots+a_n\right)$$

임을 증명하여라.

5. 행렬 A^{-1}의 고유값은 정칙행렬 A의 고유값의 역수이다. 더욱이 A와 A^{-1}의 고유벡터는 동일하다. 다음 두 행렬에 대하여 위 사실을 확인하여라.

(a) $A=\begin{bmatrix} 5 & 1 \\ 1 & 5 \end{bmatrix}$　　(b) $A=\begin{bmatrix} 1 & 2 & -1 \\ 1 & 0 & 1 \\ 4 & -4 & 5 \end{bmatrix}$

6. 다음 행렬의 기하학적인 중복도와 대수적인 중복도를 확인하여라.

(1) $\begin{bmatrix} \alpha & 1 \\ 0 & \alpha \end{bmatrix}$　　(2) $\begin{bmatrix} \alpha & 1 & 0 \\ 0 & \alpha & * \\ 0 & 0 & \beta \end{bmatrix}$　　(3) $\begin{bmatrix} \alpha & 1 & 0 & 0 \\ 0 & \alpha & * & * \\ 0 & 0 & \gamma & * \\ 0 & 0 & 0 & \delta \end{bmatrix}$

7. $\vec{u}^T\vec{v}\neq 0$ 이면 행렬 $\vec{u}\vec{v}^T$ 는 기하학적인 중복도와 대수적인 중복도가 항상 같다는 것을 증명하여라. 또 이것을 $\vec{u}=\begin{bmatrix}1\\-1\end{bmatrix}$과 $\vec{v}^T=[1\ \ 1]$에 대하여 확인하여라.

8. $\vec{y}=A\vec{x}$ 인 선형변환에서 주축방향과 이에 대응하는 변환의 크기(수축 또는 확장)에 대하여 설명하여라.

(1) $\begin{bmatrix}3 & 5\\5 & 3\end{bmatrix}$ (2) $\begin{bmatrix}2.5 & 1.5\\1.5 & 6.5\end{bmatrix}$ (3) $\begin{bmatrix}7 & \sqrt{6}\\\sqrt{6} & 2\end{bmatrix}$ (4) $\begin{bmatrix}-2 & 3\\3 & -2\end{bmatrix}$

4.7 행렬의 대각화

4.6 절의 설명을 통해 임의의 $(n\times n)$인 정방행렬 A는 (중복하는 것을 포함하여) n개의 고유값을 가지며, 동시에 선형독립인 n개의 고유벡터를 가진다는 것을 알았다.[29] 위에서 언급한 바와 같이 행렬의 고유값은

(i) 서로 다른 값을 가지는 실고유값 (ii) 복소고유값 (iii) 중복하는 실고유값

의 세 종류로 분류할 수 있다. 우선 (i)의 경우, 즉 n개의 서로 다른 실고유값을 가지는 경우에 대한 행렬의 대각화 과정을 설명한다. 이 경우에는 행렬 A의 특성다항식은

$$\det(A-\lambda I)=(\lambda-\lambda_1)(\lambda-\lambda_2)\cdots(\lambda-\lambda_n)=0 \tag{4.7.1}$$

으로 인수분해된다. 이때 각 고유값 $\{\lambda_1,\ \lambda_2,\ \cdots,\ \lambda_n\}$에 대응하는 고유벡터를 $\{\vec{x}_1,\ \vec{x}_2,\cdots,\vec{x}_n\}$으로 두면 고유벡터는 서로 선형독립이라는 것은 [요점 4.19]에 의하여 명백하다. 따라서 n개의 고유벡터로 이루어진 행렬

$$T=[\vec{x}_1,\ \vec{x}_2,\ \cdots,\ \vec{x}_n] \tag{4.7.2}$$

은 정칙행렬로 되어 다음이 성립한다.

$$T^{-1}AT=\Lambda=\begin{bmatrix}\lambda_1 & 0 & \cdots & 0\\0 & \lambda_2 & \cdots & 0\\\vdots & & \ddots & \vdots\\0 & 0 & \cdots & \lambda_n\end{bmatrix} \tag{4.7.3}$$

29) 기하학적인 중복도와 대수적인 중복도의 값이 다를 경우에도 다음에 설명하는 방법을 동원하면 대수적인 중복도의 개수만큼 고유벡터를 구할 수 있다.

이 결과, $\boldsymbol{A}$는 대각행렬(diagonal matrix)로 불리는 Λ로 변환된다. 이와 같은 과정을 행렬의 대각변환(diagonalization)이라고 하며, 행렬 $\boldsymbol{T}$를 대각변환행렬이라고 한다. 식 (4.7.3)은 다음과 같이 확인할 수 있다. $\boldsymbol{A}\vec{x}_i = \lambda_i \vec{x}_i$, $(i=1, \cdots, n)$의 관계를 이용하면

$$\begin{aligned} \boldsymbol{A}\left[\vec{x}_1, \vec{x}_2, \cdots, \vec{x}_n\right] &= \left[\boldsymbol{A}\vec{x}_1, \boldsymbol{A}\vec{x}_2, \cdots, \boldsymbol{A}\vec{x}_n\right] \\ &= \left[\lambda_1\vec{x}_1, \lambda_2\vec{x}_2, \cdots, \lambda_n\vec{x}_n\right] \\ &= \left[\vec{x}_1, \vec{x}_2, \cdots, \vec{x}_n\right]\begin{bmatrix} \lambda_1 & 0 & \cdots & 0 \\ 0 & \lambda_2 & \cdots & 0 \\ \vdots & & \ddots & \vdots \\ 0 & 0 & \cdots & \lambda_n \end{bmatrix} \end{aligned} \tag{4.7.4}$$

이며 고유벡터의 선형독립성으로 인하여 $\det \boldsymbol{T} \neq 0$이므로 식 (4.7.4)의 양변에 왼쪽에서 $\boldsymbol{T}^{-1}$을 곱하면 식 (4.7.3)을 얻을 수 있다.

▶ 예제 4.7.1

다음 행렬을 대각화하여 보자.

$$\boldsymbol{A} = \begin{bmatrix} 3 & 2 \\ -1 & 0 \end{bmatrix}$$

◇ 해

위 행렬에 대한 고유값과 고유벡터를 계산하면 다음과 같다.

$$\lambda_1 = 1 \ \rightarrow \vec{x}_1 = \begin{bmatrix} -1 \\ 1 \end{bmatrix}, \quad \lambda_2 = 2 \ \rightarrow \vec{x}_2 = \begin{bmatrix} -2 \\ 1 \end{bmatrix}$$

위 두 개의 벡터는 선형독립이므로 이를 이용한 대각변환행렬

$$\boldsymbol{T} = \left[\vec{x}_1, \vec{x}_2\right] = \begin{bmatrix} -1 & -2 \\ 1 & 1 \end{bmatrix}$$

은 정칙행렬이다. 따라서

$$\boldsymbol{T}^{-1} = \begin{bmatrix} 1 & 2 \\ -1 & -2 \end{bmatrix}, \ \boldsymbol{T}^{-1}\boldsymbol{A}\boldsymbol{T} = \begin{bmatrix} 1 & 0 \\ 0 & 2 \end{bmatrix} = \begin{bmatrix} \lambda_1 & 0 \\ 0 & \lambda_2 \end{bmatrix}$$

임을 쉽게 확인할 수 있다.

이와 같이 주어진 행렬의 고유값이 서로 다른 경우에는 비교적 간단하게 각 고유값에 대응하는 고유벡터를 구할 수 있어 대각변환이 수월하다. 다음에 두 번째 경우, 즉 복소고유값을 가지는 경우에 대한 행렬의 대각화는 예제를 이용하여 설명하나, 기본적으로 (i)의 경우와 과정은 동일하다.

▶ 예제 4.7.2

다음 행렬을 대각화하여 보자.

$$A = \begin{bmatrix} 0 & 1 \\ -2 & -2 \end{bmatrix}$$

◇ 해

위 행렬의 특성다항식은

$$\det(A - \lambda I) = \lambda^2 + 2\lambda + 2 = (\lambda + 1 + j)(\lambda + 1 - j) = 0 \quad ①$$

이므로 두 개의 복소고유값 $\lambda_{1,2} = -1 \pm j$을 가진다. 각각에 대한 고유벡터를 구하여 보자.

(i) $\lambda_1 = -1 + j$: 일반적인 방법으로는 확대방정식 $\left[A - \lambda_1 I \mid \vec{0} \right]$에 대하여 가우스 소거법을 적용하는 것이나, 이 경우에는 고유값이 복소수인 관계로 확대방정식을 가우스 소거법으로 더 이상 간단히 할 수 없기 때문에 고유벡터를 $\vec{x}_1 = [x_{11}, x_{21}]^T$로 두고

$$(A - \lambda_1 I)x_1 = \begin{bmatrix} 1-j & 1 \\ -2 & -1-j \end{bmatrix} \begin{bmatrix} x_{11} \\ x_{21} \end{bmatrix} = \vec{0} \quad ②$$

로부터 두 개의 미지수에 관한 식 $(1-j)x_{11} + x_{21} = 0$ 및 $-2x_{11} - (1+j)x_{21} = 0$을 얻는다. 그러나 이 두 식은 등가이기 때문에 결국 $x_{21} = (-1+j)x_{11}$을 얻는다. 따라서 자유변수로서 $x_{11} = \alpha$, (α는 임의의 실수)로 두면 고유벡터는

$$\vec{x}_1 = \alpha \begin{bmatrix} 1 \\ -1+j \end{bmatrix} \quad ③$$

이다.

(ii) $\lambda_2 = -1 - j$: 위와 동일한 과정을 이용하여 구할 수 있으나, 고유값이 서로 공역의 관계(즉 $\overline{\lambda}_1 = \lambda_2$)에 있으므로 고유벡터로 서로 공역의 관계를 이룬다. 따라서

$$\vec{x}_2 = \overline{\vec{x}}_1 = \alpha \begin{bmatrix} 1 \\ -1-j \end{bmatrix} \quad ④$$

이다. 이들에 의해 대각변환행렬은

$$T = \begin{bmatrix} 1 & 1 \\ -1+j & -1-j \end{bmatrix}$$

이다. 각자 다음이 성립되는지의 여부를 확인하기 바란다.

$$T^{-1}AT = \begin{bmatrix} -1+j & 0 \\ 0 & -1-j \end{bmatrix} = \begin{bmatrix} \lambda_1 & 0 \\ 0 & \lambda_2 \end{bmatrix}$$

마지막으로 서로 중복하는 실고유값을 가지는 경우의 대각화에 대해서는 4.7.2 절에서 설명한다.

4.7.1 대칭행렬의 대각화

일반적으로 중복하는 고유값을 가지는 행렬을 대각변환하기 위해서는 대수적 중복도와 동일한 개수의 고유벡터가 필요하다. 그러나 [예제 4.6.4]에서 알 수 있는 바와 같이, 일반적인 행렬의 경우 $(\boldsymbol{A}-\lambda \boldsymbol{I}_n)\vec{x}=\vec{0}$ 를 만족하는 고유벡터의 개수는 고유값 λ의 기하학적인 중복도와 동일하다. 그러나 대수적 중복도와 기하학적인 중복도 사이에는 식 (4.6.22)의 관계가 성립하기 때문에 특별한 경우를 제외하고는 항상 $\Delta_\lambda = m_\lambda - g_\lambda \geq 0$만큼의 고유벡터가 부족하다. 이를 고유값 λ의 부족수(defect)라고 하며, 어떤 특별한 방법으로 이를 보충하지 않으면 대각화를 수행할 수 없다.

여기서는 중복하는 고유값 λ에 대해서 항상 $\Delta_\lambda = m_\lambda - g_\lambda = 0$를 만족하는 특별한 형식의 행렬, 즉 대칭행렬의 대각화에 대하여 알아보기로 한다. 먼저 $\boldsymbol{A}$가 대칭행렬 $(\boldsymbol{A}=\boldsymbol{A}^T)$인 경우에 다음의 사실이 알려져 있다.

요점 4.26 대칭행렬의 특성

$\boldsymbol{A}$가 대칭행렬$(\boldsymbol{A}=\boldsymbol{A}^T)$이면

(1) $\boldsymbol{A}$의 고유값은 전부 실수이다.

(2) 값이 서로 다른 고유값에 대한 고유벡터는 선형독립이며 동시에 서로 직교하고 있다.

(3) 중복 고유값에 대해서는 대수적 중복도와 같은 수만큼의 선형독립인 고유벡터가 존재하며 동시에 그들이 서로 직교하도록 선택할 수 있다.

위 요점의 세 번째 특성은, 중복하고 있는 것을 포함해서 순서대로 번호를 붙인 고유값을 $\lambda_1, \lambda_2, \cdots, \lambda_n$으로, 이에 대응하는 고유벡터를 $\vec{x}_1, \vec{x}_2, \cdots, \vec{x}_n$으로 두었을 때, 고유벡터는 선형독립이며 동시에 직교(orthogonal)조건30)

$$\left(\vec{x}_i^{\,T}\right) \cdot \vec{x}_j = 0\,,\ (\forall\, i \neq j) \tag{4.7.5}$$

를 만족하도록 선택할 수 있다.

또한 식 (4.7.5)를 만족하는 적당한 고유벡터가 구해졌다고 가정했을 때

30) 직교성 등에 대해서는 제 5 장을 참조하여라.

$$\boldsymbol{T}=\left[\frac{\vec{x}_1}{\alpha_1},\ \frac{\vec{x}_2}{\alpha_2},\ \cdots,\ \frac{\vec{x}_n}{\alpha_n}\right],\quad \alpha_i=\left(\vec{x}_i^{\,T}\cdot\vec{x}_i\right)^{(1/2)} \tag{4.7.6}$$

로 주어지는 대각변환행렬을 구성해서 식 (4.7.3)의 방법을 사용하면 대각변환할 수 있다. 그렇지만 고유벡터가 서로 직교하고 있다는 사실과 $\boldsymbol{T}$를 식 (4.7.6)과 같이 정규화(normalization)했다는 사실로부터

$$\boldsymbol{T}^T\boldsymbol{T}=\begin{bmatrix}(\vec{x}_1^{\,T})/\alpha_1\\ \vdots\\ (\vec{x}_n^{\,T})/\alpha_n\end{bmatrix}\left[\vec{x}_1/\alpha_1,\cdots,\vec{x}_n/\alpha_n\right]=\begin{bmatrix}1&0\cdots&0\\0&1&0\\ \vdots&\ddots&\vdots\\0&0\cdots&1\end{bmatrix}=\boldsymbol{I} \tag{4.7.7}$$

가 성립하기 때문에 $\boldsymbol{T}^T=\boldsymbol{T}^{-1}$ 로 되어[31] 식 (4.7.3)은

$$\boldsymbol{T}^T\boldsymbol{A}\boldsymbol{T}=\boldsymbol{\Lambda}=\begin{bmatrix}\lambda_1&0&\cdots&0\\0&\lambda_2&\cdots&0\\ \vdots&&\ddots&\vdots\\0&0&\cdots&\lambda_n\end{bmatrix} \tag{4.7.8}$$

로 둘 수 있다. 이와 같이 $\boldsymbol{A}$가 대칭행렬인 경우에는 $\boldsymbol{T}^{-1}$를 계산하는 대신에 $\boldsymbol{T}^T$를 이용하면 대각화가 가능하며, 동시에 중복고유값이 존재하는 경우에도 $(\boldsymbol{A}-\lambda\boldsymbol{I}_n)\vec{x}=\vec{0}$ 를 만족하는 고유벡터를 대수적 중복도와 동일한 개수만큼 구할 수 있기 때문에 편리하다.

▶ 예제 4.7.3

다음 대칭행렬을 대각화하여 보자.

$$\boldsymbol{A}=\begin{bmatrix}0&1&1\\1&0&1\\1&1&0\end{bmatrix}$$

◇ 해

특성다항식은

$$\det(\boldsymbol{A}-\lambda\boldsymbol{I})=(\lambda-2)(\lambda+1)^2=0 \quad ①$$

에 의해 $\lambda_1=2,\ \lambda_{2,3}=-1$을 얻는다. 먼저 λ_1에 대한 고유벡터 $\vec{x}_1=[x_{11},x_{21},x_{31}]^T$는 확대방정식을 구성하여 가우스 소거법을 적용하면 다음의 RREF를 얻을 수 있다. 즉

31) 이와 같은 행렬을 직교행렬이라고 한다. 제 5 장을 참조하라.

$$[\boldsymbol{A}-2\boldsymbol{I}_3 \mid \vec{0}\,]=\left[\begin{array}{ccc|c} -2 & 1 & 1 & 0 \\ 1 & -2 & 1 & 0 \\ 1 & 1 & -2 & 0 \end{array}\right] \rightarrow \left[\begin{array}{ccc|c} 1 & 0 & -1 & 0 \\ 0 & -1 & 1 & 0 \\ 0 & 0 & 0 & 0 \end{array}\right] \quad ②$$

이다. 이로부터 두 개의 방정식 $x_{11}-x_{31}=0, -x_{21}+x_{31}=0$이 존재하므로 하나의 자유변수, 예를 들어 $x_{31}=\alpha=1$로 두면[32)]

$$\vec{x}_1=\alpha\begin{bmatrix}1\\1\\1\end{bmatrix}=\begin{bmatrix}1\\1\\1\end{bmatrix} \quad ③$$

을 얻는다. 또한 $\lambda_2=-1$에 대한 고유벡터 $\vec{x}_2=[x_{12}, x_{22}, x_{32}]^T$ 역시 확대방정식으로부터

$$[\boldsymbol{A}+\boldsymbol{I}_3 \mid \vec{0}\,]=\left[\begin{array}{ccc|c} 1 & 1 & 1 & 0 \\ 1 & 1 & 1 & 0 \\ 1 & 1 & 1 & 0 \end{array}\right] \rightarrow \left[\begin{array}{ccc|c} 1 & 1 & 1 & 0 \\ 0 & 0 & 0 & 0 \\ 0 & 0 & 0 & 0 \end{array}\right] \quad ④$$

로 된다. 따라서 세 개의 미지수에 하나의 식 $x_{12}+x_{22}+x_{32}=0$가 존재하여 두 개의 자유변수가 필요하므로, 이를 $x_{22}=\beta, x_{32}=\gamma$로 두면 ④를 만족하는 벡터는

$$\vec{x}_2=\begin{bmatrix}-\beta-\gamma\\-\beta\\-\gamma\end{bmatrix} \quad ⑤$$

이다. 따라서 $\beta=1, \gamma=-2$로 두면 ⑤로부터 ④를 만족하는 두 개의 고유벡터를 얻을 수 있다. 즉

$$\vec{x}_2=\begin{bmatrix}1\\-1\\0\end{bmatrix}, \quad \vec{x}_3=\begin{bmatrix}1\\1\\-2\end{bmatrix} \quad ⑥^{33)}$$

이다. 이때 ⑥의 두 벡터는 $(\vec{x}_2^T)\cdot\vec{x}_3=0$으로 되어 서로 직교하고 있음을 알 수 있다. 여기서

$$\alpha_1=(\vec{x}_1^T\cdot\vec{x}_1)^{(1/2)}=\sqrt{3} \quad ⑦$$
$$\alpha_2=(\vec{x}_2^T\cdot\vec{x}_2)^{(1/2)}=\sqrt{2}$$
$$\alpha_3=(\vec{x}_3^T\cdot\vec{x}_3)^{(1/2)}=\sqrt{6}$$

로 두어 대각변환행렬을

32) 가장 간단한 형식으로 표현될 수 있도록 $\alpha=1$로 두었다.
33) 여기서 β, γ를 다른 값으로 취하여도 ④를 만족하는 벡터로 되지만, 서로 직교하지는 않는다. 따라서 대칭행렬의 경우 직교하는 벡터를 선정하기 위해서는 약간의 노력이 필요하다.

$$\boldsymbol{T}=\left[\frac{\vec{x}_1}{\alpha_1}, \frac{\vec{x}_2}{\alpha_2}, \frac{\vec{x}_3}{\alpha_3}\right]=\begin{bmatrix} \frac{1}{\sqrt{3}} & \frac{1}{\sqrt{2}} & \frac{1}{\sqrt{6}} \\ \frac{1}{\sqrt{3}} & \frac{-1}{\sqrt{2}} & \frac{1}{\sqrt{6}} \\ \frac{1}{\sqrt{3}} & 0 & \frac{-2}{\sqrt{6}} \end{bmatrix} \quad ⑧$$

라 하면 다음과 같은 대각행렬을 얻을 수 있다.

$$\boldsymbol{T}^T\boldsymbol{A}\boldsymbol{T}=\mathrm{diag}(\lambda_1,\ \lambda_2,\ \lambda_3)=\mathrm{diag}(2,\ -1,\ -1)$$

4.7.2 조르단 행렬

대칭행렬이 아닌 임의의 정방행렬 $\boldsymbol{A}$의 고유값 중에서 중복하는 것이 존재할 경우에는 일반적으로 대각변환행렬 $\boldsymbol{T}$의 구성을 위한 제차방정식 $(\boldsymbol{A}-\lambda\boldsymbol{I}_n)\vec{x}=\vec{0}$ 을 만족하는 고유벡터 $\vec{x}$ 를 고유값 λ 의 대수적 중복도만큼 구할 수 없다. 이와 같은 경우에는 식 (4.7.8)과 같은 완전한 대각변환은 불가능하고 다음에 설명하는 조르단 행렬로의 변환은 가능하다. 이를 위해 먼저 조르단 행렬에 대하여 설명한다.

λ_m를 실수라 하고 m을 양의 정수라 할 때, 다음 m차의 정방행렬을 조르단 세포(Jordan cell)라고 한다.

$$\boldsymbol{J}(\lambda_m, m)=\begin{bmatrix} \lambda_m & 1 & \cdots & 0 \\ 0 & \ddots & \ddots & \\ \vdots & & \ddots & 1 \\ 0 & 0 & \cdots & \lambda_m \end{bmatrix} \tag{4.7.9}$$

단 $m=1$ 인 경우는 $\boldsymbol{J}(\lambda_1, 1)=[\lambda_1]=\lambda_1$로 정의한다. $\boldsymbol{J}(\lambda_m, m)$의 주대각성분은 모두 λ_m이고, 주대각성분의 바로 오른쪽 위 대각성분은 모두 1 이며 그 외의 다른 모든 성분은 0 인 m 차의 정방행렬이다. 식 (4.7.9)에 대한 행렬식은

$$\det(\boldsymbol{J}(\lambda_m,\ m)-\lambda\boldsymbol{I})=(\lambda-\lambda_m)^m=0 \tag{4.7.10}$$

이므로 조르단 세포의 고유값은 m 중의 λ_m이다. 이와 같은 조르단 세포를 대각선상에 나열하고 나머지 성분을 전부 0 으로 하여 이루어진 행렬

$$\mathrm{diag}\left[\boldsymbol{J}(\lambda_1,m_1),\ \boldsymbol{J}(\lambda_2,m_2),\ \cdots,\ \boldsymbol{J}(\lambda_k,m_k)\right]=\begin{bmatrix}\boldsymbol{J}(\lambda_1,m_1) & & 0\\ & \ddots & \\ 0 & & \boldsymbol{J}(\lambda_k,m_k)\end{bmatrix} \tag{4.7.11}$$

을 조르단 행렬(Jordan matrix)이라 한다.

$\boldsymbol{A}$ 를 임의의 n 차 정방행렬, $\boldsymbol{J}$를 임의의 n 차 조르단 행렬이라 할 때, 적당한 정칙행렬 $\boldsymbol{T}$가 존재하여 $\boldsymbol{T}^{-1}\boldsymbol{A}\boldsymbol{T}=\boldsymbol{J}$ 또는 $\boldsymbol{T}\boldsymbol{J}\boldsymbol{T}^{-1}=\boldsymbol{A}$를 만족하면 $\boldsymbol{A}$ 와 $\boldsymbol{J}$는 서로 상사(similarity)의 관계에 있다고 하고 $\boldsymbol{A}\leftrightarrow\boldsymbol{J}$ 로 표기한다. 이 경우 식 (4.7.11)은

$$\boldsymbol{T}^{-1}\boldsymbol{A}\boldsymbol{T}=\mathrm{diag}\left[\boldsymbol{J}(\lambda_1,\ m_1),\boldsymbol{J}(\lambda_2,\ m_2),\ \cdots,\ \boldsymbol{J}(\lambda_k,\ m_k)\right] \tag{4.7.12}$$

$$(m_1+m_2+\ \cdots\ +m_k=n)$$

로 표시할 수 있다. $\boldsymbol{A}$ 를 $\boldsymbol{T}^{-1}\boldsymbol{A}\boldsymbol{T}=\boldsymbol{J}$ 의 관계를 이용하여 대각변환한 행렬 $\boldsymbol{J}$의 고유값은

$$\det(\boldsymbol{J}-\lambda\boldsymbol{I})=\det(\boldsymbol{T}^{-1}\boldsymbol{A}\boldsymbol{T}-\lambda\boldsymbol{I})=\det\{\boldsymbol{T}^{-1}(\boldsymbol{A}-\lambda\boldsymbol{I})\boldsymbol{T}\} \tag{4.7.13}$$

이다. 여기서 행렬식의 성질 $\det(\boldsymbol{AB})=\det\boldsymbol{A}\cdot\det\boldsymbol{B}$과 $\det(\boldsymbol{A}^{-1})=1/\det(\boldsymbol{A})$를 식 (4.7.13)에 적용하면

$$\begin{aligned}\det(\boldsymbol{J}-\lambda\boldsymbol{I})&=\det(\boldsymbol{T}^{-1})\det(\boldsymbol{A}-\lambda\boldsymbol{I})\det(\boldsymbol{T})\\&=\frac{1}{\det(\boldsymbol{T})}\det(\boldsymbol{A}-\lambda\boldsymbol{I})\det(\boldsymbol{T})=\det(\boldsymbol{A}-\lambda\boldsymbol{I})\end{aligned} \tag{4.7.14}$$

이므로 다음의 요점을 얻는다.

요점 4.27 조르단 행렬의 고유값

$(n\times n)$인 행렬 $\boldsymbol{A}$ 와 $\boldsymbol{J}$가 상사이면 $\boldsymbol{A}$ 와 $\boldsymbol{J}$는 동일한 고유값을 가진다.

또한 식 (4.7.14)의 관계로부터 $\boldsymbol{A}$의 고유값은

$$\begin{aligned}\det(\boldsymbol{J}-\lambda\boldsymbol{I})&=\det\{\mathrm{diag}\left[\boldsymbol{J}(\lambda_1,\ m_1),\ \boldsymbol{J}(\lambda_2,m_2),\ \cdots,\ \boldsymbol{J}(\lambda_k,m_k)\right]-\lambda\boldsymbol{I}\}\\&=(\lambda-\lambda_1)^{m_1}(\lambda-\lambda_2)^{m_2}\cdots(\lambda-\lambda_k)^{m_k}=0\end{aligned} \tag{4.7.15}$$

이다.

다음 대칭행렬이 아니면서 중복하는 고유값을 가지는 크기가 $(n\times n)$ 인 행렬 $\boldsymbol{A}$ 의 조르단 행렬에서 각 조르단 세포의 차수는 행렬 $\boldsymbol{A}$ 의 구조에 따라 달라진다. 일반적으로 대수적 중복도가 m_λ 인 고유값 λ 에 대해서 다음 사실이 알려져 있다.

요점 4.28 조르단 행렬의 구조

$(n\times n)$ 인 행렬 $\boldsymbol{A}$ 에서 대수적 중복도가 m_λ 인 고유값 λ 에 대해서 다음 사실이 알려져 있다.

(1) $(\boldsymbol{A}-\lambda\boldsymbol{I})$ 의 랭크가 $n-p$ 이면 고유값 λ 에 대응하는 선형독립인 고유벡터가 p 개 존재한다. 이때 p 는 $\boldsymbol{A}$ 의 기하학적인 중복도 g_λ 와 일치한다.

(2) 이 고유벡터에 대응하는 p 개의 조르단 세포가 존재한다.

(3) 각 조르단 세포의 차수의 합은 대수적 중복도 m_λ 와 같다.

위 사실에 따르면 $\boldsymbol{A}$ 에 대한 조르단 행렬 표현은, $\boldsymbol{A}$ 의 각 고유값이 가지는 기하학적인 중복도 g_λ 에 따라 결정된다. 예를 들어 특성다항식이

$$\det(\boldsymbol{A}-\lambda\boldsymbol{I}) = (\lambda-\lambda_1)^3(\lambda-\lambda_2)^2 = 0 \tag{4.7.16}$$

인 행렬 $\boldsymbol{A}$ 의 조르단 행렬 J 의 구조에 대하여 알아보자. 단 $\boldsymbol{A}$ 는 대칭행렬이 아니라고 가정한다. 먼저 고유값 λ_1 의 대수적인 중복도와 기하학적인 중복도 사이에는 식 (4.6.22)에 의해 $g_{\lambda_1}\le m_{\lambda_1}=3$ 과 $g_{\lambda_2}\le m_{\lambda_2}=2$ 의 관계가 성립하고 있기 때문에 조르단 세포 $J(\lambda_1,\ 3)$ 과 $J(\lambda_2,\ 2)$ 가 가질 수 있는 구조는 다음과 같다.

$$J(\lambda_1,\ 3)=\begin{bmatrix}\lambda_1 & 1 & 0\\ 0 & \lambda_1 & 1\\ 0 & 0 & \lambda_1\end{bmatrix},\ (g_{\lambda_1}=1)$$

$$\mathrm{diag}[J(\lambda_1,\ 2),\ J(\lambda_1,\ 1)]=\left[\begin{array}{cc|c}\lambda_1 & 1 & 0\\ 0 & \lambda_1 & 0\\ \hline 0 & 0 & \lambda_1\end{array}\right],\ (g_{\lambda_1}=2) \tag{4.7.17 a}$$

$$\mathrm{diag}[J(\lambda_1,\ 1),\ J(\lambda_1,\ 1),\ J(\lambda_1,\ 1)]=\left[\begin{array}{c|c|c}\lambda_1 & 0 & 0\\ \hline 0 & \lambda_1 & 0\\ \hline 0 & 0 & \lambda_1\end{array}\right],\ (g_{\lambda_1}=3)$$

$$J(\lambda_2, 2) = \begin{bmatrix} \lambda_2 & 1 \\ 0 & \lambda_2 \end{bmatrix}, \ (g_{\lambda_2} = 1) \tag{4.7.17 b}$$

$$\text{diag}\left[J(\lambda_2, 1), J(\lambda_2, 1)\right] = \begin{bmatrix} \lambda_2 & 0 \\ 0 & \lambda_2 \end{bmatrix}, (g_{\lambda_2} = 2)$$

따라서 행렬 A가 가질 수 있는 조르단 행렬의 구조는 $g_{\lambda_i}, (i = 1, 2)$의 값에 따라 식 (4.7.17)로부터 얻어진다. 만약 A가 대칭행렬이라면 [요점 4.21]에 의하여 A의 조르단 행렬은

$$J = \text{diag}\left[J(\lambda_1,1), J(\lambda_1,1), J(\lambda_1,1), J(\lambda_2,1), J(\lambda_2,1)\right]$$

$$= \begin{bmatrix} J(\lambda_1,1) & 0 & 0 & 0 & 0 \\ 0 & J(\lambda_1,1) & 0 & 0 & 0 \\ 0 & 0 & J(\lambda_1,1) & 0 & 0 \\ 0 & 0 & 0 & J(\lambda_2,1) & 0 \\ 0 & 0 & 0 & 0 & J(\lambda_2,1) \end{bmatrix} = \begin{bmatrix} \lambda_1 & 0 & 0 & 0 & 0 \\ 0 & \lambda_1 & 0 & 0 & 0 \\ 0 & 0 & \lambda_1 & 0 & 0 \\ 0 & 0 & 0 & \lambda_2 & 0 \\ 0 & 0 & 0 & 0 & \lambda_2 \end{bmatrix}$$

이다. 일반적으로 $(n \times n)$인 비대칭행렬 A 를 조르단 행렬로 변환하기 위해서는 A를 다음과 같이 분류할 필요가 있다.

요점 4.29 **행렬의 분류**

$(n \times n)$인 비대칭행렬 A 는 다음과 같이 두 종류로 분류할 수 있다.

(1) 비축퇴행렬(non-derogatory matrix): 모든 고유값 λ 에 대해서 그 고유값이 가지는 대수적 중복도에 관계없이 $(A-\lambda I)$ 의 랭크가 $(n-1)$로 되는 행렬.
(2) 축퇴행렬(derogatory matrix): $(A-\lambda I)$ 의 랭크가 $(n-2)$ 이하로 되는 고유값이 하나라도 존재하는 행렬.

중복하지 않는 고유값에 대해서는 $(A-\lambda I)$의 랭크가 항상 $(n-1)$로 되기 때문에 축퇴행렬인지의 여부는 중복하고 있는 고유값에 대해서만 $(A-\lambda I)$의 랭크를 확인하면 된다.

- **비축퇴행렬의 경우**

이 경우에는 $(\boldsymbol{A}-\lambda \boldsymbol{I})$의 랭크가 항상 $(n-1)$이기 때문에 각 고유값에 대하여 중복도와 같은 차수를 가지는 단 한 개의 조르단 세포가 존재한다.

지금 $(n\times n)$인 비대칭행렬 $\boldsymbol{A}$의 고유값을 λ_1, λ_2, $\cdots$, λ_k, 중복도를 각각 m_1, m_2, $\cdots$, m_k로 둔다. 단 $m_1+m_2+\cdots+m_k=n$이다. 이때 λ_1, λ_2, $\cdots$, λ_k 중에서 중복도가 m인 어떤 고유값을 λ로 두면, 이 고유값에 대한 고유벡터는 제차방정식 $(\boldsymbol{A}-\lambda \boldsymbol{I}_n)\vec{x}=\vec{0}$로부터 얻어진다. 이 경우 λ의 중복도가 m이므로 고유벡터도 m개가 필요하지만, $\boldsymbol{A}$가 비축퇴행렬이기 때문에 $\text{rank}(\boldsymbol{A}-\lambda \boldsymbol{I}_n)=n-1$로 되어 $(\boldsymbol{A}-\lambda \boldsymbol{I}_n)\vec{x}=\vec{0}$을 만족하는 선형독립인 해 $\vec{x}$는 단 하나만이 존재한다. 이 경우 $\vec{x}$와 선형독립인 나머지 $(m-1)$개의 고유벡터는 다음과 같이 구할 수 있다.

$$\begin{aligned}(\boldsymbol{A}-\lambda \boldsymbol{I}_n)\vec{x}^{\,1} &= \vec{0}\\ (\boldsymbol{A}-\lambda \boldsymbol{I}_n)\vec{x}^{\,2} &= \vec{x}^{\,1}\\ &\vdots\\ (\boldsymbol{A}-\lambda \boldsymbol{I}_n)\vec{x}^{\,m} &= \vec{x}^{\,m-1}\end{aligned} \tag{4.7.18}$$

위 식에서 $\vec{x}^{\,1}$이 고유값 λ에 대한 유일한 고유벡터이다.[34] 식 (4.7.18)의 고유벡터를 이용하여 $(n\times m)$인 크기의 행렬을 다음과 같이 둔다.

$$\boldsymbol{T}(\lambda)=\left[\,\vec{x}^{\,1},\ \vec{x}^{\,2},\ \cdots,\ \vec{x}^{\,m}\,\right] \tag{4.7.19}$$

이와 같은 과정을 모든 고유값 λ_1, λ_2, $\cdots$, λ_k에 대하여 실행하여 행렬 $\boldsymbol{T}(\lambda_1)$, $\cdots$, $\boldsymbol{T}(\lambda_k)$를 구하여 다음과 같은 정칙행렬 $\boldsymbol{T}$를 구성한다.

$$\boldsymbol{T}=\left[\,\boldsymbol{T}(\lambda_1),\ \boldsymbol{T}(\lambda_2),\ \cdots,\ \boldsymbol{T}(\lambda_k)\right] \tag{4.7.20}$$

위 식을 이용하여 대각변환을 수행하면 식 (4.7.8)과 같은 완전한 대각행렬이 아니라 다음과 같은 조르단 행렬이 얻어진다. 이것은 중복도 m인 고유값에 대하여 부족한 $(m-1)$개의 고유벡터를 식 (4.7.18)과 같이 하여 구한 뒤 대각변환행렬 $\boldsymbol{T}$를 얻었기 때문이다([예제 4.7.4] 참조).

34) $\vec{x}^{\,2}$, $\cdots$, $\vec{x}^{\,m}$을 일반화 고유벡터(generalized eigenvector)라고 한다.

$$T^{-1}AT = J = \begin{bmatrix} J(\lambda_1, m_1) \cdots & 0 \\ \vdots \quad \ddots & \vdots \\ 0 \quad \cdots & J(\lambda_k, m_k) \end{bmatrix} \tag{4.7.21}$$

중복하는 고유값이 없는 행렬은 모든 고유값에 대해서 $\text{rank}(A - \lambda I_n) = n-1$이기 때문에 비축퇴행렬의 특별한 경우에 해당한다. 이 경우 고유값 λ_1, λ_2, $\cdots$, λ_n에 대해 $m_1 = m_2 = \cdots = m_n = 1$로 되어 식 (4.7.21)은 대각행렬이다.

▶ 예제 4.7.4

다음 행렬의 조르단 행렬을 구하여 보자.

$$A = \begin{bmatrix} 1 & 1 & 2 \\ 0 & 1 & 3 \\ 0 & 0 & 2 \end{bmatrix}$$

◇ 해

위 행렬의 특성다항식은

$$\det(A - \lambda I) = (\lambda - 2)(\lambda - 1)^2 = 0 \quad ①$$

이므로 고유값 $\lambda_1 = 1$에 대해서 $m_1 = 2$이며, $\lambda_2 = 2$는 $m_2 = 1$이다. 먼저 중복고유값 λ_1에 대해서는

$$A - \lambda_1 I = \begin{bmatrix} 0 & 1 & 2 \\ 0 & 0 & 3 \\ 0 & 0 & 1 \end{bmatrix} \quad ②$$

의 랭크가 2이므로 행렬 A는 비축퇴행렬이며 λ_1에 대한 선형독립인 고유벡터는 하나만 존재한다. 따라서 식 (4.7.18)을 이용하여 λ_1에 대응하는 두 개의 고유벡터를 선정한다. 먼저 $(A - \lambda_1 I_3)\vec{x}^1 = \vec{0}$을 만족하는 $\vec{x}_1^1 = [x_{11}^1, x_{21}^1, x_{31}^1]$를 계산하기 위하여 확대방정식 $[A - \lambda_1 I_3 \mid \vec{0}]$를 구성하여 가우스 소거법을 적용한다. 즉

$$[A - \lambda_1 I \mid \vec{0}] = \left[\begin{array}{ccc|c} 0 & 1 & 2 & 0 \\ 0 & 0 & 3 & 0 \\ 0 & 0 & 1 & 0 \end{array}\right] \rightarrow \left[\begin{array}{ccc|c} 0 & 1 & 2 & 0 \\ 0 & 0 & 1 & 0 \\ 0 & 0 & 0 & 0 \end{array}\right] \quad ③$$

로부터 두 개의 방정식 $x_{21}^1 + 2x_{31}^1 = 0$, $x_{31}^1 = 0$을 얻는다. 따라서 자유변수로 $x_{11}^1 = \alpha = 1$을 두면

$$\vec{x}_1^1 = \begin{bmatrix} 1 \\ 0 \\ 0 \end{bmatrix} \quad ④$$

이다. 다음 두 번째 벡터 $\vec{x}_1^2 = [x_{11}^2, x_{21}^2, x_{31}^2]^T$는 식 (4.7.18)의 두 번째 식 $(A - \lambda I_3)\vec{x}_1^2 = \vec{x}_1^1$

의 양변에 왼쪽에서 $(A-\lambda I_3)$을 곱하면

$$(A-\lambda I_3)^2 \vec{x}_1^2 = (A-\lambda I_3)\vec{x}_1^1 = \vec{0} \qquad ⑤$$

이다. 위 식에 대한 확대방정식 $\left[(A-\lambda_1 I)^2 \mid \vec{0}\right]$을 구성하여 역시 가우스 소거법을 적용하면

$$\left[(A-\lambda_1 I_3)^2 \mid \vec{0}\right] = \left[\begin{array}{ccc|c} 0 & 0 & 5 & 0 \\ 0 & 0 & 3 & 0 \\ 0 & 0 & 1 & 0 \end{array}\right] \rightarrow \left[\begin{array}{ccc|c} 0 & 0 & 1 & 0 \\ 0 & 0 & 0 & 0 \\ 0 & 0 & 0 & 0 \end{array}\right] \qquad ⑥$$

으로 되어 하나의 식 $x_{31}^2 = 0$를 얻는다. 따라서 두 개의 자유변수가 필요하므로, $x_{11}^2 = \alpha = 0$, $x_{21}^2 = \beta = 1$로 두면 $\vec{x}_1^1$과는 선형독립인 고유벡터

$$\vec{x}_1^2 = \begin{bmatrix} 0 \\ 1 \\ 0 \end{bmatrix} \qquad ⑦$$

를 얻는다. 또한 $\lambda_2 = 2$에 대한 고유벡터는 간단한 계산에 의해

$$\vec{x}_2^1 = \begin{bmatrix} 5 \\ 3 \\ 1 \end{bmatrix} \qquad ⑧$$

이다. 이와 같은 세 개의 벡터로 변환행렬 $T = \left[\vec{x}_1^1,\ \vec{x}_1^2,\ \vec{x}_2^1\right]$를 구성하여 AT를 식 (4.7.18)을 참고하여 계산하면 다음과 같다.

$$\begin{aligned} A\left[\vec{x}_1^1, \vec{x}_1^2, \vec{x}_2^1\right] &= \left[A\vec{x}_1^1,\ A\vec{x}_1^2,\ A\vec{x}_2^1\right] \\ &= \left[\lambda_1\vec{x}_1^1, (\vec{x}_1^1 + \lambda_1\vec{x}_1^2), \lambda_2\vec{x}_2^1\right] = \left[\vec{x}_1^1, \vec{x}_1^1, \vec{x}_2^1\right]\begin{bmatrix} \lambda_1 & 1 & 0 \\ 0 & \lambda_1 & 0 \\ 0 & 0 & \lambda_2 \end{bmatrix} \end{aligned} \qquad ⑨$$

따라서 ⑨의 왼쪽에서 T^{-1}을 곱하면

$$T^{-1}AT = J = \begin{bmatrix} J(\lambda_1, 2) & 0 \\ 0 & J(\lambda_2, 1) \end{bmatrix} = \left[\begin{array}{cc|c} \lambda_1 & 1 & 0 \\ 0 & \lambda_1 & 0 \\ \hline 0 & 0 & \lambda_2 \end{array}\right] \qquad ⑩$$

로 되어 A의 조르단 행렬이 계산되었다.

• 축퇴행렬의 경우

이 경우에는 고유값 λ에 대한 $(A-\lambda I_n)$의 랭크가 $n-p, (p \geq 2)$로 되어 고유값에 대응하는 p개의 조르단 세포가 존재하게 된다. 이때 각 조르단 세포의 차수나 변환행렬 T를 구성하는 고유벡터는 비축퇴행렬의 경우와 유사하게 구할 수 있다.

먼저 A의 고유값 λ의 대수적 중복도를 m_λ라 하고 이때 $\text{rank}(A-\lambda I_n) = n-p$라고 한다. 이 경우 λ에 대응하는 m_λ개의 고유벡터는 다음과 같이 계산한다.

$$
\begin{array}{ll}
(\boldsymbol{A}-\lambda \boldsymbol{I}_n)\vec{x}_1^{\,1}=\vec{0} & (\boldsymbol{A}-\lambda \boldsymbol{I}_n)\vec{x}_p^{\,1}=\vec{0} \\
(\boldsymbol{A}-\lambda \boldsymbol{I}_n)\vec{x}_1^{\,2}=\vec{x}_1^{\,1} & (\boldsymbol{A}-\lambda \boldsymbol{I}_n)\vec{x}_p^{\,2}=\vec{x}_p^{\,1} \\
\vdots & \vdots \\
(\boldsymbol{A}-\lambda \boldsymbol{I}_n)\vec{x}_1^{\,r_1}=\vec{x}_1^{\,r_1-1} & (\boldsymbol{A}-\lambda \boldsymbol{I}_n)\vec{x}_p^{\,r_p}=\vec{x}_p^{\,r_p-1}
\end{array}
\tag{4.7.22}
$$

이때

$$r_1+r_2+\cdots+r_p=m_\lambda \tag{4.7.23}$$

이다. 식 (4.7.22)에 의한 m_λ개의 벡터 $\vec{x}_1^{\,1},\ \cdots,\ \vec{x}_1^{\,r_1},\ \cdots,\ \vec{x}_p^{\,1},\ \cdots,\ \vec{x}_p^{\,r_p}$의 계산에서 유의할 점은 식 (4.7.23)의 관계를 만족하는 값 $r_1,\cdots,r_p$는 임의라는 사실이다. 예를 들어 $m_\lambda=5$ 및 $p=2$라면 식 (4.7.23)을 만족하는 값으로 $1+4=5$, $2+3=5$ 의 두 가지 경우가 있으므로 $r_1=1,\ r_2=4$ 또는 $r_1=2,\ r_2=3$으로 될 수 있다는 사실이다.

식 (4.7.22)의 결과로 구해진 벡터로 다음과 같은 행렬을 정의한다.

$$\boldsymbol{T}(\lambda)=\left[\vec{x}_1^{\,1},\ \vec{x}_1^{\,2},\cdots,\vec{x}_1^{\,r_1},\cdots,\vec{x}_p^{\,1},\cdots,\vec{x}_p^{\,r}\right] \tag{4.7.24}$$

이와 같은 과정을 모든 고유값 $\lambda_1,\ \lambda_2,\ \cdots,\ \lambda_k$에 대해서 반복하여 $\boldsymbol{T}(\lambda_i),\ (i=1,\ \cdots,\ k)$를 구한 뒤 변환행렬을

$$\boldsymbol{T}(\lambda)=\left[\boldsymbol{T}(\lambda_1),\ \boldsymbol{T}(\lambda_2),\cdots,\ \boldsymbol{T}(\lambda_k)\right] \tag{4.7.25}$$

로 두면 $\boldsymbol{T}^{-1}\boldsymbol{A}\boldsymbol{T}$는 조르단 행렬 $\boldsymbol{J}$이며, 이 중에서 고유값 λ에 대응하는 조르단 세포는 다음과 같은 구조를 한다.

$$\boldsymbol{J}(\lambda,m_\lambda)=\begin{bmatrix} \boldsymbol{J}(\lambda,r_1) & 0 & \cdots & 0 \\ 0 & \boldsymbol{J}(\lambda,r_2) & \cdots & 0 \\ \vdots & & \ddots & \vdots \\ 0 & 0 & \cdots & \boldsymbol{J}(\lambda,r_p) \end{bmatrix},\ (m_\lambda\times m_\lambda) \tag{4.7.26}$$

중복고유값을 가지는 대칭행렬의 경우는 항상 $m_\lambda=p$인 축퇴행렬의 특별한 경우에 해당한다. 즉 $r_1=r_2=\cdots=r_p=1$로 되어 중복도와 같은 수의 조르단 세포가 존재하므로 모든 조르단 세포의 차수는 1로 되어 조르단 행렬은 대각행렬이다.

모든 고유값에 대해서 $m_\lambda=p$인 행렬(대칭행렬이 아닌 경우에도 존재한다)을 단순구조행렬(simple structure matrix)이라고 하며 단순구조행렬만이 완전대각으로 변환이 가능하

다. 이에 반해서 $m_\lambda < p$ 인 경우는 완전대각으로 변환이 불가능하며, 이를 일반적으로 불완전행렬(defective matrix)이라고 한다.

▶ 예제 4.7.5

다음 행렬의 조르단 행렬을 구하여 보자.

$$A = \begin{bmatrix} 0 & 1 & 0 & 1 \\ 0 & -1 & 0 & 0 \\ 0 & 0 & 0 & 1 \\ 0 & 0 & -1 & -2 \end{bmatrix}$$

◇ 해

특성방정식은

$$\det(A - \lambda I_4) = (\lambda+1)^3\lambda = 0 \qquad ①$$

이므로 $\lambda_1 = -1$에서 $m_1 = 3$ 으로, $\lambda_2 = 0$ 에서 $m_2 = 1$ 로 된다. 중복고유값 λ_1에 대해서

$$A - \lambda_1 I_4 = \begin{bmatrix} 1 & 1 & 0 & 1 \\ 0 & 0 & 0 & 0 \\ 0 & 0 & 1 & 1 \\ 0 & 0 & -1 & -1 \end{bmatrix} \qquad ②$$

의 랭크가 $2(=4-2)$ 이므로 $p=2$ 로 되어 A 는 축퇴행렬이다. 따라서 λ_1에 대응하는 조르단 세포가 두 개 존재하며, 이때 $r_1 + r_2 = 3$ 이다. 따라서 두 개의 조르단 세포는 각각 2차와 1차로 이루어져 있음을 알 수 있다. 이때 $r_1 = 2, r_2 = 1$ 로 두고 식 (4.7.22)를 계산한다. 즉

$$(A - \lambda_1 I_4)\vec{x}_1^1 = \vec{0}\ ,\ (A - \lambda_1 I_4)\vec{x}_2^1 = \vec{0} \qquad ③$$

$$(A - \lambda_1 I_4)\vec{x}_1^2 = \vec{x}_1^1 \qquad ④$$

을 만족하는 세 개의 벡터 $\vec{x}_1^1$, $\vec{x}_1^2$, $\vec{x}_2^1$를 구한다. 먼저 ③으로부터

$$\left[A - \lambda_1 I_4 \mid \vec{0}\right] = \left[\begin{array}{cccc|c} 1 & 1 & 0 & 1 & 0 \\ 0 & 0 & 0 & 0 & 0 \\ 0 & 0 & 1 & 1 & 0 \\ 0 & 0 & -1 & -1 & 0 \end{array}\right] \rightarrow \left[\begin{array}{cccc|c} 1 & 1 & 0 & 1 & 0 \\ 0 & 0 & 1 & 1 & 0 \\ 0 & 0 & 0 & 0 & 0 \\ 0 & 0 & 0 & 0 & 0 \end{array}\right] \qquad ⑤$$

로 되어 두 개의 방정식 $x_{11}^1 + x_{21}^1 + x_{41}^1 = 0,\ x_{31}^1 + x_{41}^1 = 0$ 을 얻는다. 따라서 두 개의 자유변수가 필요하므로 이를 각각 $x_{41}^1 = \alpha, x_{21}^1 = \beta$ 로 두면 $(A - \lambda_1 I_4)\vec{x}_i^1 = \vec{0}$, $(i=1,2)$ 를 만족하는 두 개의 벡터를 얻을 수 있다.

$$\vec{x}_i^1 = \alpha \begin{bmatrix} -1 \\ 0 \\ -1 \\ 1 \end{bmatrix} + \beta \begin{bmatrix} -1 \\ 1 \\ 0 \\ 0 \end{bmatrix} \qquad ⑥$$

따라서 ⑥으로부터 ③의 첫번째 방정식과 ④를 만족하는 벡터를 다음과 같이 둘 수 있다.

$$\vec{x}_1^1 = \begin{bmatrix} -1 \\ 0 \\ -1 \\ 1 \end{bmatrix}, \quad \vec{x}_2^1 = \begin{bmatrix} -1 \\ 1 \\ 0 \\ 0 \end{bmatrix} \qquad ⑦$$

다음 ③의 두 번째 방정식의 양변에 $(\boldsymbol{A} - \lambda_1 \boldsymbol{I}_4)$를 왼쪽에서부터 곱하면 확대방정식은

$$\left[(\boldsymbol{A} - \lambda_1 \boldsymbol{I}_4)^2 \mid \vec{0} \right] = \left[\begin{array}{cccc|c} 1 & 1 & -1 & 0 & 0 \\ 0 & 0 & 0 & 0 & 0 \\ 0 & 0 & 0 & 0 & 0 \\ 0 & 0 & 0 & 0 & 0 \end{array} \right] \qquad ⑧$$

이다. ⑧로부터 하나의 방정식 $x_{11}^2 + x_{21}^2 - x_{31}^2 = 0$를 얻는다. 이것을 만족하는 가장 간단한 형식의 벡터는

$$\vec{x}_1^2 = \begin{bmatrix} 0 \\ 0 \\ 0 \\ 1 \end{bmatrix} \qquad ⑨$$

임을 알 수 있다. 이 결과로서

$$\boldsymbol{T}(\lambda_1) = \left[\vec{x}_1^1, \ \vec{x}_1^2, \ \vec{x}_2^1 \right] \qquad ⑩$$

이다. 다음 고유값 λ_2는 중복하고 있지 않기 때문에 쉽게 $(\boldsymbol{A} - \lambda_2 \boldsymbol{I}_4)\vec{x}_2^1 = \vec{0}$ 로부터 구할 수 있으며

$$\boldsymbol{T}(\lambda_2) = \vec{x}_2^1 = \begin{bmatrix} 1 \\ 0 \\ 0 \\ 0 \end{bmatrix} \qquad ⑪$$

를 얻는다. 여기서

$$\boldsymbol{T}(\lambda) = \left[\boldsymbol{T}(\lambda_1), \boldsymbol{T}(\lambda_2) \right] \qquad ⑫$$

로 두면 다음과 같은 조르단 행렬

$$\begin{aligned} \boldsymbol{T}^{-1}\boldsymbol{A}\boldsymbol{T} &= \text{block diag}\left[\boldsymbol{J}(\lambda_1, 2), \ \boldsymbol{J}(\lambda_1, 1), \ \boldsymbol{J}(\lambda_2, 1) \right] \\ &= \left[\begin{array}{cc|c|c} -1 & 1 & 0 & 0 \\ 0 & -1 & 0 & 0 \\ \hline 0 & 0 & -1 & 0 \\ \hline 0 & 0 & 0 & 0 \end{array} \right] \end{aligned} \qquad ⑬$$

을 얻는다.

4.7.3 MATLAB에 의한 풀이

```
% [예제 4.7.1]
A=sym([3 2;-1 0]); [T,D]=eig(A), inv(T)*A*T                  % T^-1AT의 확인

% [예제 4.7.2]
A=sym([0 1;-2 -2]); [T,D]=eig(A), inv(T)*A*T                 % T^-1AT의 확인

% [예제 4.7.3]
A=sym([0 1 1;1 0 1;1 1 0]); rref([A-2*eye(3),zeros(3,1)])    % ②의 확인
rref([A+eye(3),zeros(3,1)])                                    % ④의 확인
A=double(A); [T,D]=eig(A);
alpha1=sqrt(norm(double(T(:,1)))); alpha2=sqrt(norm(double(T(:,2))));
alpha3=sqrt(norm(double(T(:,3))));                   % 정규화를 위한 ⑦의 계산
Tn=[T(:,1)/alpha1,T(:,2)/alpha2,T(:,3)/alpha3]; Tn'*A*Tn     % T^-1AT=I로 됨을 확인

% [예제 4.7.4]
A=sym([1 1 2;0 1 3;0 0 2]); rref([A-eye(3),zeros(3,1)])      % ③의 확인
rref([(A-eye(3))^2,zeros(3,1)])                                % ⑥의 확인
[T,J]=jordan(A)                                                % ⑩의 확인

% [예제 4.7.5]
A=sym([0 1 0 1;0 -1 0 0;0 0 0 1;0 0 -1 -2]); eig(A)          % 고유값의 확인
rank(A+eye(4))                               % rank가 4-2=2로 되어 축퇴행렬
rref([A+eye(4),zeros(4,1)])                  % ⑤의 확인
rref([(A+eye(4))^2,zeros(4,1)])              % ⑧의 확인
[T,J]=jordan(A)                              % ⑬의 확인
```

연습문제 4.7.4

1. 다음에 주어진 행렬 A 의 고유값, 고유벡터 및 대각변환행렬 T 를 각각 구하여라.

(1) $A=\begin{bmatrix} 0 & 0 & -1 \\ 1 & 0 & 0 \\ 1 & 1 & -1 \end{bmatrix}$ (2) $A=\begin{bmatrix} 28 & 50 & 100 \\ 15 & -33 & 60 \\ -15 & 30 & -57 \end{bmatrix}$ (3) $A=\begin{bmatrix} -1 & 1 & 1 & -2 \\ 7 & -4 & -6 & 11 \\ 5 & -1 & 1 & 3 \\ 6 & -2 & -2 & 6 \end{bmatrix}$

2. 다음에 주어진 행렬 A와 조르단 행렬 J에 대하여 $T^{-1}AT=J$를 만족하는 변환행렬 T를 계산하여라.

(1) $A=\begin{bmatrix} 5 & 1 & -3 \\ 0 & 5 & 2 \\ 0 & 0 & 3 \end{bmatrix}$, $J=\begin{bmatrix} 3 & 0 & 0 \\ 0 & 5 & 1 \\ 0 & 0 & 5 \end{bmatrix}$ (2) $A=\begin{bmatrix} 3 & 0 & 0 & 0 \\ 1 & 3 & 0 & 0 \\ 0 & 0 & 4 & 0 \\ 0 & 0 & 1 & 4 \end{bmatrix}$, $J=\begin{bmatrix} 4 & 1 & 0 & 0 \\ 0 & 4 & 0 & 0 \\ 0 & 0 & 3 & 1 \\ 0 & 0 & 0 & 3 \end{bmatrix}$

3. 다음 행렬 A 와 T 에 대해 $\widetilde{A}=T^{-1}AT$ 임을 확인하고, 행렬 $\widetilde{A}$ 의 고유벡터 $\vec{y}$ 를 구하여라. 이때 $\vec{x}=T\vec{y}$ 는 행렬 A 의 고유벡터임을 증명하여라.

(1) $A=\begin{bmatrix} -5 & 0 \\ 0 & 2 \end{bmatrix}$, $T=\begin{bmatrix} 4 & -2 \\ -3 & 1 \end{bmatrix}$ (2) $A=\begin{bmatrix} 4 & 2 \\ -4 & -2 \end{bmatrix}$, $T=\begin{bmatrix} 1 & 3 \\ 3 & 6 \end{bmatrix}$

(3) $A=\begin{bmatrix} 4 & 0 & 0 \\ 12 & -2 & 0 \\ 21 & -6 & 1 \end{bmatrix}$, $T=\begin{bmatrix} 4 & 0 & 6 \\ 0 & 2 & 0 \\ 6 & 0 & 10 \end{bmatrix}$

Chapter_05

05

행렬의 응용

엔지니어들이 종종 부딪치는 문제 중에는 관측된, 또는 실험적으로 얻은 데이터로부터 어떤 예측을 해야 하는 것이 있다. 예를 들어, 어떤 물체의 시간적 흐름에 대한 온도의 변화를 50회 측정하여 [그림 5.1]과 같이 표시하였다고 하자. 이와 같이 얻어진 데이터 사이에 존재하는 어떤 함수적인 관계를 알아내는 것은 문제의 해결을 위한 중요한 과정의 하나이다. 이 경우 최소 2 승법은 데이터 사이에 존재하는 관련성을 알아내는 가장 유효한 방법 중의 하나이다. 즉 [그림 5.1]의 경우에 최소 2 승법을 적용하면 온도 c와 시간 t 사이에 $c = 1.01t + 46.69$의 방정식이 주어진 데이터 사이의 오차를 가장 작게 하는 방정식이라는 것을 알 수 있다. 이러한 과정은 행렬응용의 하나로서 여러 분야에서 널리 사용되고 있다.

먼저 이러한 과정을 위한 전제로서 행렬을 구성하는 요소인 벡터의 놈과 직교성 및 직교행렬 등에 관하여 언급한다. 마지막으로 행렬의 고유값 문제를 이용한 연립미분방정식의 해를 구하는 방법 등에 대해서도 설명한다.

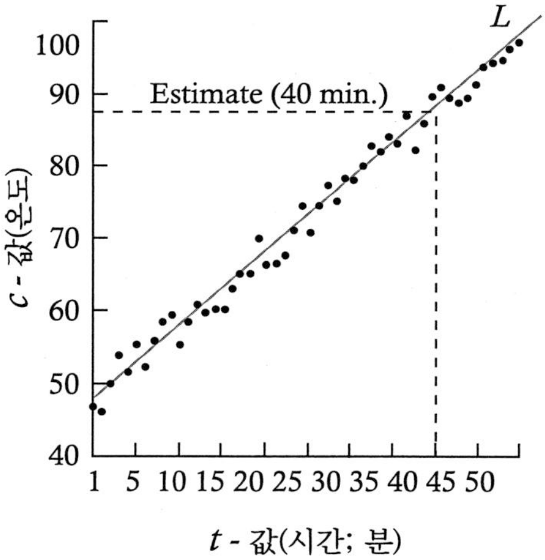

그림 5.1 50개의 데이터와 회귀곡선

5.1 벡터의 놈과 내적

먼저 2차원 공간 $\mathbb{R}^2$ 또는 3차원 공간 $\mathbb{R}^3$에 존재하는 한 쌍의 벡터가 서로 직교하기 위한 대수적인 조건을 만들어보자. [그림 5.2 (a)]에 두 개의 영이 아닌 벡터 $\vec{u}=[u_1, u_2]^T$와 $\vec{v}=[v_1, v_2]^T$를 표시하였다. 피타고라스의 정리에 의해 각 벡터의 크기는

$$|\overrightarrow{OA}| = \sqrt{u_1^2+u_2^2}, \quad |\overrightarrow{OB}| = \sqrt{v_1^2+v_2^2}, \tag{5.1.1}$$

로 주어진다. 또한 공간상의 두 점 $A=(u_1, u_2)$와 $B=(v_1, v_2)$ 사이의 거리는 간단한 계산에 의해

$$|\overrightarrow{AB}| = \sqrt{(u_1-v_1)^2+(u_2-v_2)^2} \tag{5.1.2}$$

이다. 이때 두 벡터가 이루는 각이 $\theta=90°$, $(=\pi/2\,[\mathrm{rad}])$라면 피타고라스의 정리를 삼각형 ΔOAB에 적용함으로써

$$|\overrightarrow{OA}|^2+|\overrightarrow{OB}|^2 = |\overrightarrow{AB}|^2 \tag{5.1.3}$$

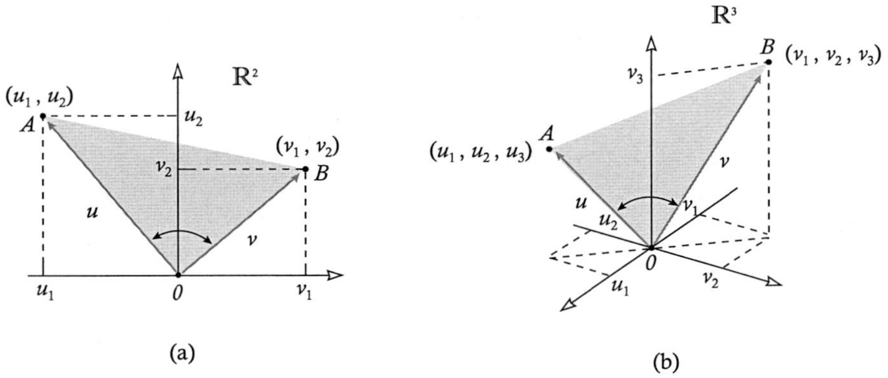

그림 5.2 두 개의 벡터 $\vec{u}$ 와 $\vec{v}$ 에 의하여 2차원과 3차원 공간에 정의된 삼각형

으로 되어 여기에 식 (5.1.1)과 (5.1.2)를 대입함으로써

$$\left(u_1^2+u_2^2\right)+\left(v_1^2+v_2^2\right)=\left(u_1-v_1\right)^2+\left(u_2-v_2\right)^2 \tag{5.1.4}$$

의 관계를 얻을 수 있으며, 위 식을 양변을 정리하면 다음으로 된다.

$$u_1v_1+u_2v_2=0 \tag{5.1.5}$$

이로부터 [그림 5.2 (a)]의 두 개의 벡터가 서로 직교한다면 조건식 (5.1.5)가 성립한다는 것을 알 수 있다. 반대로 식 (5.1.5)가 성립하는 두 개의 벡터는 서로 직교한다는 사실도 간단히 증명할 수 있다. 다시 말하면 식 (5.1.5)는 두 개의 벡터가 직교하기 위한 필요충분조건이라는 사실이다.

식 (5.1.5)는 3차원 공간으로도 자연스럽게 확장할 수 있다. 즉 [그림 5.2 (b)]에서 두 개의 벡터 $\vec{u}=[u_1, u_2, u_3]^T$와 $\vec{v}=[v_1, v_2, v_3]^T$로 이루어지는 삼각형 ΔOAB에 위의 과정을 적용한다. 먼저 두 벡터의 크기는

$$|\overrightarrow{OA}|=\sqrt{u_1^2+u_2^2+u_3^2}, \quad |\overrightarrow{OB}|=\sqrt{v_1^2+v_2^2+v_3^2} \tag{5.1.6}$$

이며, 두 벡터 사이의 거리는

$$|\overrightarrow{AB}|=\sqrt{\left(u_1-v_1\right)^2+\left(u_2-v_2\right)^2+\left(u_3-v_3\right)^2} \tag{5.1.7}$$

이다. 위와 마찬가지로 두 벡터가 이루는 각을 $\theta=90°\,(=\pi/2\,[\mathrm{rad}])$로 두면 식 (5.1.5)와

동일한 모양을 하는 다음의 조건을 얻을 수 있다.

$$u_1v_1+u_2v_2+u_3v_3=0 \tag{5.1.8}$$

즉 식 (5.1.8)은 3차원 공간에서 두 벡터가 서로 직교하기 위한 필요충분조건이다. 이상의 사실을 n차원 공간으로 확장하면 다음의 요점을 얻는다.

요점 5.1 벡터의 내적

n차원 공간 $\mathbb{R}^n$에 두 개의 벡터 $\vec{u}=[u_1, u_2, \cdots, u_n]^T$과 $\vec{v}=[v_1, v_2, \cdots, v_n]^T$가 존재한다고 한다. 이 경우 두 벡터의 내적(inner product 또는 dot product)은

$$\vec{u}\cdot\vec{v}=\sum_{i=1}^{n}u_iv_i=u_1v_1+u_2v_2+\cdots+u_nv_n \tag{5.1.9}$$ [1]

로 주어진다.

일반적으로 벡터는 $\mathbb{R}^n$차원 공간에서 열벡터의 형식으로 주어지므로 식 (5.1.9)를 다음과 같이 벡터의 곱을 이용하여 표현할 수도 있다. 즉

$$\vec{u}\cdot\vec{v}=[u_1, u_2, \cdots, u_n]\begin{bmatrix}v_1\\v_2\\\vdots\\v_n\end{bmatrix}=[v_1, v_2, \cdots, v_n]\begin{bmatrix}u_1\\u_2\\\vdots\\u_n\end{bmatrix} \tag{5.1.10}$$

이로부터 $\vec{u}\cdot\vec{v}=\vec{u}^T\vec{v}=\vec{v}^T\vec{u}$ 임을 알 수 있다.

• 내적의 성질

세 개의 벡터 $\vec{u}, \vec{v}, \vec{w}$가 $\mathbb{R}^n$차원의 벡터이고 c를 실수의 스칼라양이라고 하면, 다음 관계가 성립한다.

(DP 1) $\vec{u}\cdot\vec{v}=\vec{v}\cdot\vec{u}$ (교환법칙)

(DP 2) $\vec{u}\cdot(\vec{v}+\vec{w})=\vec{u}\cdot\vec{v}+\vec{u}\cdot\vec{w}$ (분배법칙)

(DP 3) $c(\vec{u}\cdot\vec{v})=(c\vec{u})\cdot\vec{v}=\vec{u}\cdot(c\vec{v})$

---

1) $\vec{u}\cdot\vec{v}=\langle\vec{u},\vec{v}\rangle$와 같이 표현하기도 한다.

(DP 4) $\vec{v} \cdot \vec{v} \geq 0$ 및 $\vec{v} \cdot \vec{v} = 0 \;\leftrightarrow\; \vec{v} = \vec{0}$

위의 성질 (DP 1) ~ (DP 4)는 일반적으로 내적을 정의하기 위한 공리로 사용된다. 4.3절의 [요점 4.8]에서 언급한 벡터공간의 조건을 증명하기 위해서는 위의 내적에 관한 공리를 이용하면 간단하다.

▶ 예제 5.1.1

두 개의 벡터 $\vec{u}$와 $\vec{v}$가 영벡터가 아니며 α가 실수의 스칼라라고 할 때 식

$$(\alpha\vec{u}+\vec{v}) \cdot (\alpha\vec{u}+\vec{v})$$

를 위 공리를 이용하여 전개하여 보자.

◇ 해

$$\begin{aligned}(\alpha\vec{u}+\vec{v}) \cdot (\alpha\vec{u}+\vec{v}) &= (\alpha\vec{u}+\vec{v}) \cdot (\alpha\vec{u}) + (\alpha\vec{u}+\vec{v}) \cdot \vec{v} && \text{(DP 2)}\\ &= (\alpha\vec{u}) \cdot (\alpha\vec{u}+\vec{v}) + \vec{v} \cdot (\alpha\vec{u}+\vec{v}) && \text{(DP 1)}\\ &= (\alpha\vec{u}) \cdot (\alpha\vec{u}) + (\alpha\vec{u}) \cdot \vec{v} + \vec{v} \cdot (\alpha\vec{u}) + \vec{v} \cdot \vec{v} && \text{(DP 2)}\\ &= (\vec{u} \cdot \vec{u})\alpha^2 + 2(\vec{u} \cdot \vec{v})\alpha + \vec{v} \cdot \vec{v} && \text{(DP 3),(DP 1)}\end{aligned}$$

위 계산의 결과를 이용하면, $(\alpha\vec{u}+\vec{v}) \cdot (\alpha\vec{u}+\vec{v})$를 일반적인 대수학의 원리에 따라 전개할 수 있다는 사실을 알 수 있다.

5.1.1 놈

일반적으로 벡터는 크기와 방향을 가지는 양이라고 정의되지만, 이것의 수학적인 표현법은 벡터가 사용되는 용도에 따라 여러 가지 정의가 사용되고 있다. 크기를 나타내는 가장 일반적인 용어로서 놈(norm)이 사용되며, 이것은 2차원 공간 $\mathbb{R}^2$ 또는 3차원 공간 $\mathbb{R}^3$에 존재하는 벡터 $\vec{v}$의 유클리드 크기(Euclidean length)로서 식 (5.1.1) 또는 식 (5.1.6)과 같이 정의하여 일반적으로 벡터 $\vec{v}$의 놈으로 사용하고 있다. 이를 정리하면 다음 요점을 얻는다.

요점 5.2 **유클리드 놈(Euclidean norm)**

벡터 $\vec{v}=[v_1, v_2, \cdots, v_n]^T$가 n차원 공간 $\mathbb{R}^n$의 요소라고 한다. 이때 $\vec{v}$의 유클리드 놈, 또는 2-norm은 비음(non-negative)인 실수값을 가지는 다음 식으로 주어지는 양이다.

$$\|\vec{v}\| = \left(v_1^2 + v_2^2 + \cdots + v_n^2\right)^{1/2} \quad (5.1.11)$$

때로는 필요에 따라 $\|\vec{v}\|_2$로 유클리드 놈을 나타내기도 한다.

위 결과로부터 $\|\vec{v}\|^2 = \vec{v} \cdot \vec{v}$ 및 $\|\vec{v}\| = (\vec{v} \cdot \vec{v})^{1/2}$임을 알 수 있다.

예제 5.1.2

$\mathbb{R}^4$공간에서의 유클리드 놈을 계산하여 보자.

해

예를 들어 $\vec{v}=[3, -1, 2, 0]^T$이면

$$\|\vec{v}\| = \sqrt{3^2+(-1)^2+2^2+0^2} = \sqrt{14} \approx 3.7417$$

이다.

유클리드 놈과 관련하여 다음의 요점이 알려져 있다.

요점 5.3(a)

$\vec{v}$가 n차원 공간 $\mathbb{R}^n$의 요소이며 c를 실수값을 가지는 스칼라양이라고 한다. 이때 다음 사실이 성립한다.

(N 1) $\|\vec{v}\| \geq 0$

(N 2) $\|\vec{v}\| = 0$이면 $\vec{v}=0$이다. (필요충분조건)

(N 3) $\|c\vec{v}\| = |c|\,\|\vec{v}\|$

위 요점 중 (N 3)은 다음과 같이 증명할 수 있다.

$$\begin{aligned}\|c\vec{v}\|^2 &= \sum_{i=1}^{n}(cv_i)^2 \\ &= c^2\sum_{i=1}^{n}v_i^2 = c^2\|\vec{v}\|^2\end{aligned} \tag{5.1.12}$$

여기서 $\sqrt{c^2} = |c|$로 두면 (N 3)이 증명된다. 예를 들어 $\|-\vec{v}\| = \|-1\| \cdot \|\vec{v}\| = \|\vec{v}\|$라는 것은 (N 3)을 이용하면 쉽게 확인할 수 있다.

다음 요점은 내적과 놈을 서로 연결시키며, 동시에 내적의 상한값에 대한 정보를 제공한다.

요점 5.4 코시-슈바르츠 부등식(Cauchy-Schwartz Inequality)

$\vec{u}$와 $\vec{v}$를 n차원 공간 $\mathbb{R}^n$의 요소라고 한다. 그러면

$$|\vec{u} \cdot \vec{v}| \le \|\vec{u}\| \, \|\vec{v}\| \tag{5.1.13}$$

가 성립한다. 여기서 $|\vec{u} \cdot \vec{v}|$는 내적의 절대값을 의미한다.

위 요점은 지금까지의 설명한 내용을 참고하면 쉽게 증명할 수 있다. 즉

(a) $\vec{u} = \vec{0}$이면 어떤 값의 $\vec{v}$라 할지라도

$$|\vec{0} \cdot \vec{v}| = 0 = \|\vec{0}\| \cdot \|\vec{v}\|$$

가 성립한다. 따라서 식 (5.1.13)의 등호가 성립한다.

(b) $\vec{u} \neq \vec{0}$인 경우 $\vec{w} = \alpha\vec{u} + \vec{v}$를 만족하는 스칼라 양 α가 주어졌다고 한다. 이때 [요점 5.3]의 (N 1)에 의해 모든 α 값에 대해서 $\|\vec{w}\|^2 = \vec{w} \cdot \vec{w} \ge 0$이 성립한다. 따라서 [예제 5.1.1]을 적용하면

$$\begin{aligned}\|\vec{w}\|^2 &= \|\alpha\vec{u} + \vec{v}\|^2 = (\alpha\vec{u} + \vec{v}) \cdot (\alpha\vec{u} + \vec{v}) \\ &= \|\vec{u}\|^2\alpha^2 + 2(\vec{u} \cdot \vec{v})\alpha + \|\vec{v}\|^2 \ge 0\end{aligned} \tag{5.1.14}$$

임을 알 수 있다. 위 식에서 $a = \|\vec{u}\|^2$, $b = 2\vec{u} \cdot \vec{v}$ 및 $c = \|\vec{v}\|$로 두면 가정에 의해 $a \neq 0$이므로, 식 (5.1.14)의 오른쪽 항은 2차식 $ax^2 + bx + c \ge 0$로 된다. 이것은

$$ax^2+bx+c \geq 0 \rightarrow \left(x+\frac{b}{2a}\right)^2+\left(\frac{c}{a}-\frac{b^2}{4a^2}\right) \geq 0$$

이므로 위 식이 항상 성립하기 위해서는

$$\left(\frac{c}{a}-\frac{b^2}{4a^2}\right) \geq 0 \rightarrow (4ac-b^2) \geq 0$$

이어야 한다. 이로부터

$$b^2-4ac=4(\vec{u}\cdot\vec{v})-4\|\vec{u}\|^2\|\vec{v}\|^2 \leq 0 \rightarrow |\vec{u}\cdot\vec{v}| \leq \|\vec{u}\|^2\|\vec{v}\|^2$$

을 얻는다.

[그림 5.3]을 보자. 영이 아닌 두 개의 벡터 $\vec{u}$와 $\vec{v}$로 이루어진 2차원 또는 3차원 공간의 삼각형 OAC에서 삼각형의 원리에 의해

$$|\overrightarrow{OC}| \leq |\overrightarrow{OA}|+|\overrightarrow{AC}|$$

로 된다. 이것을 벡터로서 표시하면 다음과 같다.

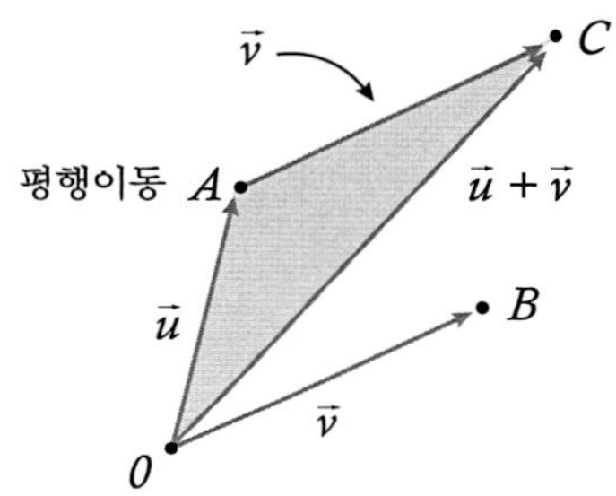

그림 5.3 삼각형의 정리

$$\|\vec{u}+\vec{u}\| \leq \|\vec{u}\|+\|\vec{v}\| \tag{5.1.15}$$

이것을 확인하기 위해서는 [요점 5.3]에 추가되는 다음의 성질이 필요하다.

요점 5.3(b) **유클리드 놈**

$\vec{u}$와 $\vec{v}$가 n차원 공간 $\mathbb{R}^n$의 요소이다. 이때 다음 사실이 성립한다.

(N 4) $\|\vec{u}+\vec{u}\| \leq \|\vec{u}\|+\|\vec{v}\|$ (삼각부등식)

위 요점의 증명은 [예제 5.1.1]에서 $\alpha=1$로 두면

$$\begin{aligned}\|\vec{u}+\vec{v}\|^2 &= (\vec{u}+\vec{v})\cdot(\vec{u}+\vec{v}) \\ &= \vec{u}\cdot\vec{u}+2(\vec{u}\cdot\vec{v})+\vec{v}\cdot\vec{v}\end{aligned} \tag{5.1.16}$$

$$\begin{aligned} &\le \|\vec{u}\|^2 + 2|\vec{u}\cdot\vec{v}| + \|\vec{v}\|^2 && (\because\ \vec{u}\cdot\vec{v} \le |\vec{u}\cdot\vec{v}|) \\ &\le \|\vec{u}\|^2 + 2\|\vec{u}\|\|\vec{v}\| + \|\vec{v}\|^2 && (\leftarrow \text{코시-슈바르츠}) \\ &= (\|\vec{u}\| + \|\vec{v}\|)^2 \end{aligned}$$

이므로 식 (5.1.15)가 확인되었다.

• 놈이 정의된 선형공간(벡터공간)

벡터공간 V에 존재하는 모든 벡터 $\vec{v}$에 실수인 수 $\|\vec{v}\|$(즉 벡터의 놈)을 1 : 1로 대응시키고, 이것이 [요점 5.3]의 모든 성질을 만족한다면, V를 놈이 정의된 선형공간이라고 한다. 유클리드 놈이 정의되어 있는 $\mathbb{R}^n$공간은 놈이 정의된 선형공간의 한 예이다.

• 두 벡터 사이의 거리

어떤 축 상의 두 개의 점 사이의 거리 $d(p, q)$는 $d(p, q) = |p-q|$이다. 예를 들어 $p = -2$이고 $q = 3$이라면, 두 점 사이의 거리는 $d(-2, 3) = |-2-3| = |-5| = 5$이다.

이와 유사하게 $\mathbb{R}^2$ 공간에서의 두 벡터 $\vec{u}$와 $\vec{v}$ 사이의 거리 $d(\vec{u}, \vec{v})$도 [그림 5.2]에서와 같이, 두 화살표의 끝점에 대한 유클리드 거리로서 식 (5.1.2)와 같이 정의할 수 있으며, $\mathbb{R}^3$에서는 식 (5.1.7)로 주어진다. 이것을 일반화하면 다음과 같이 표현할 수 있다.

요점 5.5 $\mathbb{R}^n$공간에서 두 벡터 사이의 유클리드 거리

두 개의 벡터 $\vec{u} = [u_1, u_2, \cdots, u_n]^T$과 $\vec{v} = [v_1, v_2, \cdots, v_n]^T$가 n차원 공간 $\mathbb{R}^n$의 요소이다. 이때 두 벡터 사이의 유클리드 거리 $d(\vec{u}, \vec{v})$는 다음과 같다.

$$d(\vec{u}, \vec{v}) = \|\vec{u} - \vec{v}\| = \{(u_1 - v_1)^2 + (u_2 - v_2)^2 + \cdots + (u_n - v_n)^2\}^{1/2} \quad (5.1.17)$$

• 두 벡터 사이의 각도

[그림 5.2]에서 영이 아닌 벡터 두 개의 벡터 $\vec{u}$와 $\vec{v}$로 이루어지는 각도 $\angle AOB = \theta$에 대하여 알아보자.

삼각형 ΔOAB에서 코사인법칙을 적용하면

$$|\overrightarrow{AB}|^2 = |\overrightarrow{OA}|^2 + |\overrightarrow{OB}|^2 - 2|\overrightarrow{OA}| \cdot |\overrightarrow{OB}|\cos\theta \tag{5.1.18}$$

라는 것은 피타고라스의 정리로부터 쉽게 확인할 수 있다. 여기에 [요점 5.2]의 유클리드 놈을 적용하면 식 (5.1.18)은

$$\|\vec{u} - \vec{v}\|^2 = \|\vec{u}\|^2 + \|\vec{v}\|^2 - 2\|\vec{u}\|\,\|\vec{v}\|\cos\theta \tag{5.1.19}$$

이다. [예제 5.1.1]에서와 같이 $\|\vec{u} - \vec{v}\|^2$를 전개하면

$$\|\vec{u}\|^2 - 2(\vec{u} \cdot \vec{v}) + \|\vec{v}\|^2 = \|\vec{u}\|^2 + \|\vec{v}\|^2 - 2\,\|\vec{u}\|\,\|\vec{v}\|\cos\theta \tag{5.1.20}$$

임을 알 수 있다. 따라서 식 (5.1.18)과 (5.1.19)를 비교하면 두 벡터가 이루는 각도에 관한 다음의 공식을 얻는다.

$$\cos\theta = \frac{\vec{u} \cdot \vec{v}}{\|\vec{u}\|\;\|\vec{v}\|} \tag{5.1.21}$$

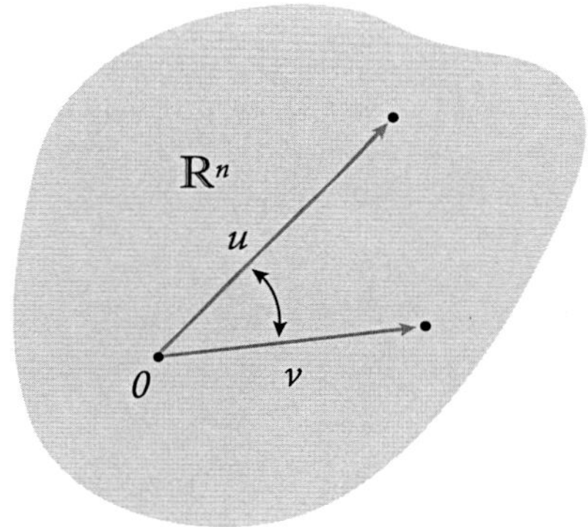

그림 5.4 공간 $\mathbb{R}^n$에서 $\vec{u}$과 $\vec{v}$가 이루는 각

여기서 두 벡터가 모두 영이 아닌 벡터라고 가정하였기 때문에 위 식의 분모가 영으로 되지는 않는다는 점에 유의한다. 이 결과로부터 두 개의 벡터가 공간 $\mathbb{R}^2$ 또는 $\mathbb{R}^3$상에서 서로 직교하기 위한 조건은 $\theta = 90°$이므로 $\cos\theta = 0$, 즉 식 (5.1.21)의 분자 $\vec{u} \cdot \vec{v} = 0$를 의미한다. 반대로 두 벡터의 내적이 영, 즉 $\vec{u} \cdot \vec{v} = 0$이라면 식 (5.1.21)로부터 $\cos\theta = 0$이어야 하므로 이는 두 벡터가 이루는 각 $\theta = 90°$라는 것을 나타낸다. 결론적으로, 공간 $\mathbb{R}^2$ 또는 $\mathbb{R}^3$에 존재하는 두 개의 벡터가 서로 직교하기 위한 필요충분조건은 $\vec{u} \cdot \vec{v} = 0$이라는 것을 알 수 있다.

다음 위 조건을 확대하여 $\mathbb{R}^n$상에 존재하는 두 개의 벡터 $\vec{u}$와 $\vec{v}$에 대한 직교조건을 구하여 보자. 먼저 $|p| \le q$를 만족하는 두 개의 실수 p와 $q > 0$가 있다. 이 경우

$$|p| \le q \;\leftrightarrow\; -q \le p \le q \;\leftrightarrow\; -1 \le \frac{p}{q} \le 1 \tag{5.1.22}$$

이다. [그림 5.4]와 같이 $\vec{u}$와 $\vec{v}$는 영이 아닌 $\mathbb{R}^n$상의 벡터라고 가정한다. 여기서 $p = \vec{u} \cdot \vec{v}$와 $q = \|\vec{u}\|\|\vec{v}\|$로 두고, 식 (5.1.13)의 코시–슈바르츠의 부등식을 식 (5.1.22)에 적용하면

$$-1 \leq \frac{\vec{u} \cdot \vec{v}}{\|\vec{u}\| \; \|\vec{v}\|} \leq 1 \tag{5.1.23}$$

로 된다. θ가 $[0, \pi]$의 범위에서 변화할 때 $y = \cos\theta$는 $-1 \leq y \leq 1$ 내에서 변동한다([그림 5.5] 참조). 이 사실로부터

$$y = \frac{\vec{u} \cdot \vec{v}}{\|\vec{u}\| \; \|\vec{v}\|}$$

로 두면 y는 식 (5.1.23)에 의해 구간 $[-1, 1]$ 내에서 변동하고 있으며, 동시에 두 벡터 $\vec{u}$ 와 $\vec{v}$ 에 대해 단 하나의 각 θ가 대응하고 있음을 알 수 있다. 예를 들어 $\cos(1.3243) \approx 0.224$ 및 $\cos(2.4981) \approx -0.8$ 등이다. 또한 극단적으로 $\cos\theta = 1$, 즉 $\theta = 0°$이면 두 개의 벡터는 서로 평행하며, 반대로 $\cos\theta = -1$, 즉 $\theta = \pi$이면 두 개의 벡터는 서로 반대방향으로 평행하다는 것을 의미한다. 이상을 정리하면 [요점 5.6]을 얻는다.

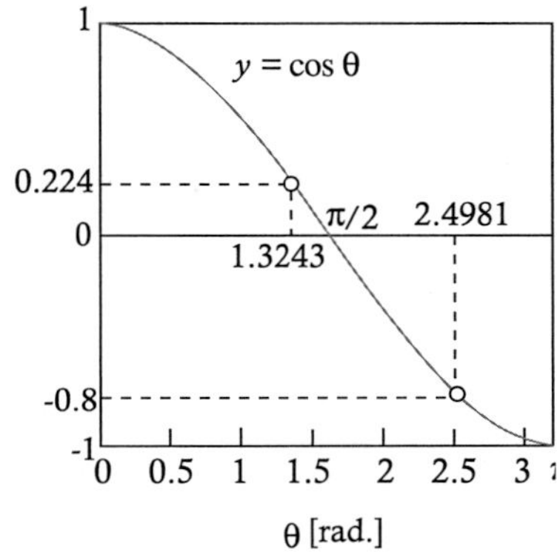

그림 5.5 $[0, \pi]$의 범위에서의 $y = \cos\theta$

요점 5.6 $\mathbb{R}^n$ **공간에서 두 벡터 사이의 각도**

두 개의 벡터 $\vec{u}$ 과 $\vec{v}$ 가 n차원 공간 $\mathbb{R}^n$상에 존재한다고 한다. 이때 두 벡터가 이루는 각 θ, $(0 \leq \theta \leq \pi)$는 다음 식을 만족한다.

$$\cos\theta = \frac{\vec{u} \cdot \vec{v}}{\|\vec{u}\| \; \|\vec{v}\|} \tag{5.1.24}$$

식 (5.1.24)를 다음과 같이 표현하기도 한다.

$$\vec{u} \cdot \vec{v} = \|\vec{u}\|\|\vec{v}\| \cos\theta \tag{5.1.25}$$

▶ 예제 5.1.3

$\mathbb{R}^4$상의 두 벡터 $\vec{u}=[-1, 2, 3, 0]^T$과 $\vec{v}=[2, -1, 3, 4]^T$가 이루는 각을 계산하여 보자.

◇ 해

식 (5.1.24)에 의해

$$\cos\theta = \frac{\vec{u}\cdot\vec{v}}{\|\vec{u}\|\,\|\vec{v}\|} = \frac{5}{\sqrt{14}\sqrt{30}} \approx 0.2440 \rightarrow \theta = \cos^{-1}(0.2440)$$

이다.

▶ 예제 5.1.4 내적에 의한 일

일정한 크기의 힘 $\vec{p}$에 의하여 어떤 물체가 [그림 5.6]과 같이 힘과 α[degree]의 각을 이루면서 $\vec{d}$ 만큼 이동했다고 한다. 이때 힘 $\vec{p}$에 의해 물체의 이동에 작용한 일(work)은

$$W = |\vec{p}||\vec{d}|\cos\alpha = \vec{p}\cdot\vec{d} \qquad ①[2]$$

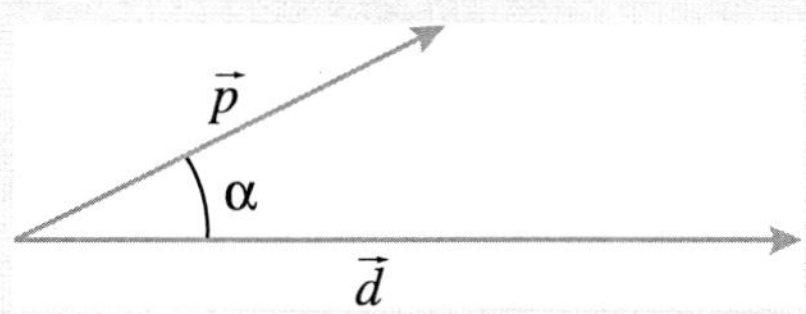

그림 5.6 [예제 5.1.4]

로 주어진다. 여기서 만약 $\alpha < 90°$이라면 $W > 0$이며, $\vec{p}$와 $\vec{d}$가 서로 직교한다면 $W=0$으로 된다. 또한 $\alpha > 90°$라면 $W < 0$이므로, 이것은 물체의 이동이 반대로 일어났다는 것을 의미한다.

• 직교성(Orthogonality)

식 (5.1.24)로부터 다음 사실을 확인할 수 있다. 즉

$$\theta = \frac{\pi}{2}(=90°) \;\leftrightarrow\; \cos\theta = 0 \;\leftrightarrow\; \vec{u}\cdot\vec{v} = 0 \tag{5.1.26}$$

이다.

요점 5.7 $\mathbb{R}^n$ 공간에서 벡터의 직교성

두 개의 벡터 $\vec{u}$과 $\vec{v}$가 n차원 공간 $\mathbb{R}^n$상에 존재한다고 한다. 이때 두 벡터의 내적이 영, 즉 $\vec{u}\cdot\vec{v}=0$이라면 두 벡터는 서로 직교(orthogonal)한다고 하며 $\vec{u}\perp\vec{v}$와 같이 나타낸다.

---

2) $|\vec{p}|$, $|\vec{d}|$는 $\|\vec{p}\|$ $\|\vec{d}\|$를 의미한다.

요점 5.7로부터 만약 하나의 벡터가 영벡터($\vec{0}$)라면 항상 $\vec{u} \cdot \vec{0} = 0$이다. 따라서 영벡터는 모든 벡터와 직교하는 벡터라는 것을 알 수 있다.

• 단위벡터(unit vector)

$\| \vec{u} \| = 1$인 벡터를 단위벡터라고 한다. 만약 영이 아닌 벡터 $\vec{v}$는

$$\vec{u} = \frac{\vec{v}}{\| \vec{v} \|} \tag{5.1.27}$$

로 두면 $\vec{v}$를 단위벡터로 만들 수 있다. 이와 같은 과정을 벡터의 정규화(normalize)라고 한다. 또한 직교좌표계에서 임의의 벡터를 나타내기 위해 가장 일반적으로 사용하는 세 개의 단위벡터로서

$$\vec{i} = [1,\ 0,\ 0]^T, \quad \vec{j} = [0,\ 1,\ 0]^T, \quad \vec{k} = [0,\ 0,\ 1]^T \tag{5.1.28}$$

를 사용한다. 예를 들어 벡터 $\vec{a} = [a_1, a_2, a_3]^T$의 요소 a_1, a_2 및 a_3는

$$\vec{a} = a_1 \vec{i} + a_2 \vec{j} + a_3 \vec{k} \tag{5.1.29}$$

의 관계로부터 주어진다.

▶ 예제 5.1.5

$\mathbb{R}^4$상의 두 벡터 $\vec{v} = [-1, 2, 3, 1]^T$과 $\vec{w} = [4, -5, 6, -4]^T$가 주어져 있다. 이때 두 벡터 사이에는 $\vec{v} \cdot \vec{w} = 0$의 관계가 성립하므로 $\vec{v} \perp \vec{w}$ 이다. 또 $\vec{v}$를 정규화하여보자. 이때 $\| \vec{v} \| = \sqrt{15}$ 이므로

$$\vec{u} = \frac{\vec{v}}{\sqrt{15}} = \frac{1}{\sqrt{15}}[-1, 2, 3, 1]^T \approx [-0.26, 0.52, 0.77, 0.26]^T$$

은 단위벡터이다.

일반적인 피타고라스의 정리(Pythagorean theorem)는 [그림 5.2]에서 $\theta = 90°$인 경우에 해당하므로, 이 결과 삼각형 OAB로부터 다음 요점을 얻는다.

요점 5.8 $\mathbb{R}^n$ 공간에서 피타고라스의 정리

벡터 $\vec{u}$과 $\vec{v}$가 공간 $\mathbb{R}^n$상에 존재한다고 한다. 이 경우 $\vec{u}$과 $\vec{v}$가 서로 직교하기 위한 필요충분조건은

$$\|\vec{u}+\vec{v}\|^2 = \|\vec{u}\|^2+\|\vec{v}\|^2 \tag{5.1.30}$$

이다.

이 요점은 [예제 5.1.1]에서 $\alpha=1$로 두면

$$\|\vec{u}+\vec{v}\|^2 = \|\vec{u}\|^2+2(\vec{u}\cdot\vec{v})+\|\vec{v}\|^2 \tag{5.1.31}$$

이므로 $\vec{u}\cdot\vec{v}=0$이면 식 (5.1.30)이 성립한다. 이것은 두 벡터 중의 하나가 영벡터가 아니라면 $\vec{u}$과 $\vec{v}$는 서로 직교한다는 것을 의미하므로 식 (5.1.30)이 확인되었다.

5.1.2 공간에서 선분 또는 평면의 표시

지금까지 설명한 내적을 이용하면 공간상에 있는 선이나 평면을 간단하게 나타낼 수 있다. $\mathbb{R}^2$상에 존재하는 선분 L은 선분과 직교하는 벡터 $\vec{n}=[a,\ b]^T$와 선분 상에 있는 두 점 (p_1, p_2)와 (x_1, x_2)를 특정화시킴으로써 유일하게 정의할 수 있다([그림 5.7] 참조). 이러한 용도로 사용되는 벡터 $\vec{n}$을 법선벡터(normal vector)라고 한다. 벡터 $\vec{x}=[x_1, x_2]^T$의 끝점(terminal point)이 선분 L상에 존재(즉 점 (x_1,x_2)이 선분상에 존재)하는 경우, 벡터 $\vec{x}-\vec{p}=[x_1-p_1, x_2-p_2]^T$는 선분 L과 평행하며 동시에 벡터 $\vec{n}$과는 직교한다([그림 5.7 (a)] 참조). 따라서 점 (x_1, x_2)가 선분 L상에 존재하기 위한 조건은

$$\vec{n}\cdot(\vec{x}-\vec{p})=0 \text{ 또는 } (a,\ b)\cdot(x_1-p_1,\ x_2-p_2)=0 \tag{5.1.32}$$

이라는 것을 알 수 있다. 위 식을 선분 L에 대한 법선방정식(normal equation)이라고 한다. 식 (5.1.32)로부터 선분 L에 대한 카테시안(Cartesian) 방정식[3]은 $d=ap_1+bp_2$로 두었을 때 $ax_1+bx_2=d$이다. 예를 들어 $\vec{n}=[1,-3]^T$ 및 $\vec{p}=[4,5]^T$이면, L의 방정식은 식 (5.1.32)로부터 $-x_1+3x_2=11$이다. 따라서 평면(즉 $\mathbb{R}^2$공간)에서 선분을 정의하는 방정

3) Cartesian 좌표계, 즉 같은 크기의 눈금으로 이루어진 두 개($\mathbb{R}^2$) 또는 세 개($\mathbb{R}^3$)의 서로 직교하는 축으로 이루어진 직교좌표상에 존재하는 선분의 방정식을 의미한다.

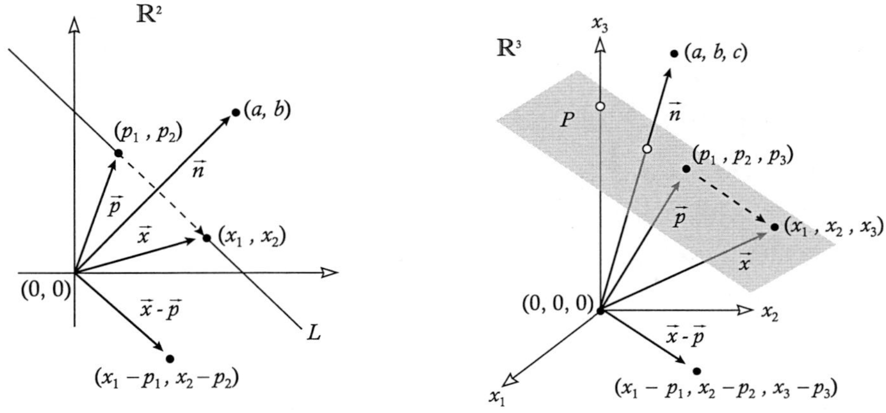

(a) (b)

그림 5.7 $\mathbb{R}^2$상의 선분과 $\mathbb{R}^3$상의 평면

식은 $ax_1+bx_2=d$의 형식으로 주어진다는 것을 알 수 있다. 이러한 선분을 나타내는 방정식은 $\vec{n}=[a,b]^T$, (단 $a\neq 0$)이며 $\vec{p}=[d/a,\ 0]^T$로 가정했을 경우에도 식 (5.1.32)의 법선방정식의 형태로 주어진다.[4]

$\mathbb{R}^3$공간의 한 평면 P는 평면상의 한 점 $(p_1,\ p_2,\ p_3)$와 평면에 수직인 벡터 $\vec{n}=[a,b,c]^T$에 의해 유일하게 정의된다([그림 5.7 (b)] 참조). 벡터 $\vec{x}=[x_1,x_2,x_3]^T$의 끝점이 평면 P상에 존재(즉 점 $(x_1,\ x_2,\ x_3)$이 평면상에 존재)하는 경우, 벡터 $\vec{x}-\vec{p}=[x_1-p_1, x_2-p_2, x_3-p_3]^T$는 P와 평행하며 동시에 벡터 $\vec{n}$과는 직교한다(그림 참조). 따라서 $(x_1,\ x_2,\ x_3)$가 평면 P상에 존재하기 위한 조건은

$$\vec{n}\cdot(\vec{x}-\vec{p})=0 \text{ 또는 } (a,\ b,\ c)\cdot(x_1-p_1,\ x_2-p_2,\ x_3-p_3)=0 \tag{5.1.33}$$

이다. 이것을 평면 P의 법선방정식(normal equation)이라고 한다. P에 대한 카테시안 방정식은 $d=ap_1+bp_2+cp_3$일 때 $ax_1+bx_2+cx_3=d$이다. 예를 들어 $\vec{n}=[2,-3,4]^T$ 및 $\vec{p}=[1,1,2]^T$이면, P의 방정식은 $2x_1-3x_2+4x_3=7$이다.

$\mathbb{R}^2$에서와 마찬가지로 방정식 $ax_1+bx_2+cx_3=d$ 는 $\mathbb{R}^3$에서 평면을 정의한다. 이러한 평면의 방정식은 $\vec{n}=[a,b,c]^T$, (단 $a\neq 0$)이며 $\vec{p}=[d/a,0,0]^T$로 가정했을 경우에도 식 (5.1.33)의 법선방정식의 형태로 주어진다.

4) 이 경우 $P_1=d/a$, $P_2=0$를 $d=aP_1+aP_2$에 대입하면 $d=d$로 되어 변화가 없음을 알 수 있다.

▶ 예제 5.1.6

평면(즉 $\mathbb{R}^2$ 공간)상에 주어진 직선 $L_2 : x-2y+2=0$과 직교하면서 점 $P:(1,3)$을 지나가는 직선 L_1을 구하여 보자(그림 5.8).

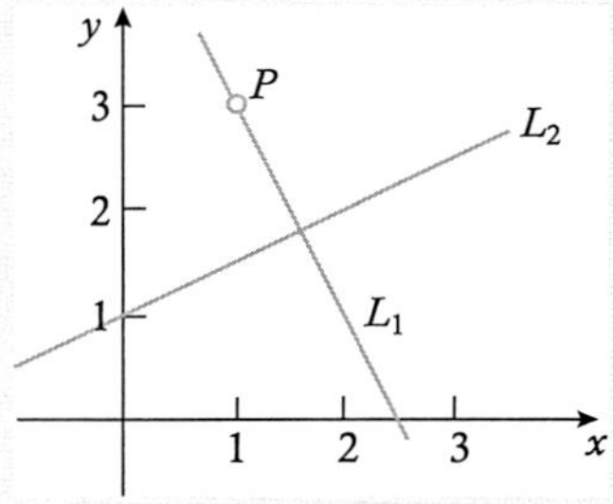

그림 5.8 [예제 5.1.6]

◇ 해

구하고자 하는 직선을 $L_1 : a_1x+a_2y=c$ 로 두면 식 (5.1.9)에 의해

$$\vec{a}\cdot\vec{r}=c\text{, (단 }\vec{a}=[a_1,\ a_2]^T,\ \vec{r}=[x,\ y]^T\text{이다)}$$

로 나타낼 수 있다. 이 경우 원점을 지나면서 직선 L_1과 평행하는 직선 L_1^*은 $\vec{a}\cdot\vec{r}=0$을 만족한다. 따라서 [요점 5.7]에 의해 벡터 $\vec{a}$는 $\vec{r}$와 직교한다. 다시 말하면 $\vec{a}$는 직선 L_1^* 및 L_1에 직교하는 벡터, 즉 법선벡터로 된다는 것을 의미한다.[5)]

한편 L_2의 법선벡터는 식 (5.1.32)로부터 $\vec{b}=[1,-2]^T$이므로, 만약 $\vec{b}\cdot\vec{a}=a_1-2a_2=0$을 만족한다면 두 직선 L_1과 L_2는 서로 직교한다는 것을 알 수 있다. 따라서 예를 들어 $\vec{a}=[2,\ 1]^T$로 두면 L_1은 $2x+y=c$로 된다. 이 직선이 점 $P:(1,3)$을 지나기 위해서는 $2\cdot1+3=c$로부터 구하고자 하는 직선은 $y=-2x+5$이다.

▶ 예제 5.1.7

$\mathbb{R}^3$공간상에서 평면 : $4x+2y+4z=-7$에 직교하는 단위벡터를 계산하여 보자.

◇ 해

식 (5.1.32)에 의해 평면의 방정식은

$$\vec{a}\cdot\vec{r}=a_1x+a_2y+a_3z=c \qquad ①$$

로 주어진다. 단 $\vec{a}=[a_1,a_2,a_3]^T\neq\vec{0}$ 및 $\vec{r}=[x,y,z]^T$이다. 여기서 벡터 $\vec{a}$ 방향의 단위벡터를

$$\vec{n}=\frac{1}{\|\vec{a}\|}\vec{a} \qquad ②$$

로 두고 ①의 양변을 $\|\vec{a}\|$로 나누면

$$\vec{n}\cdot\vec{r}=p\text{, (단 }p=\frac{c}{\|\vec{a}\|}\text{이다)} \qquad ③$$

이다. 뒤에서 설명하는 바와 같이(5.2.3절 참조) ③은 벡터 $\vec{r}$의 벡터 $\vec{n}$방향으로의 직교사영을

5) L_1과 L_1^*는 평행하기 때문이다.

의미하며, 이 값 p는 평면상의 임의의 점을 나타내는 벡터 $\vec{r}$에 관계없이 일정하다. 다시 말하면 ③이 벡터 $\vec{r}$에 관계없이 일정하다는 것은 벡터 $\vec{n}$이 평면과 직교한다는 것을 나타내고 있다(그림 5.9). 따라서 여기서는 $\vec{a}=[4, 2, 4]^T$, $c=-7$이므로 $\|\vec{a}\|=6$이고

$$\vec{n}=\frac{1}{6}\vec{a}=\left[\frac{2}{3}, \frac{1}{3}, \frac{2}{3}\right]^T$$

는 평면에 직교하는 단위벡터이다.

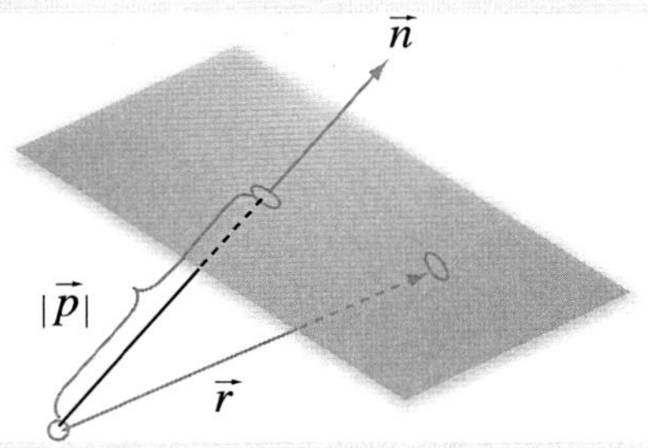

그림 5.9 평면에 수직인 벡터

▶ 예제 5.1.8

$\mathbb{R}^3$ 공간에서 다음 세 개의 벡터의 끝점(terminal point)을 포함하는 평면 P를 나타내는 식을 구하여 보자.

$$\vec{p}_1=[3,0,-1]^T,\quad \vec{p}_2=[1,1,-1]^T,\quad \vec{p}_3=[2,2,2]^T$$

◇ 해

우선 두 개의 벡터

$$\vec{u}=\vec{p}_1-\vec{p}_2=[3,0,-1]^T-[1,1,-1]^T=[2,-1,0]^T$$

$$\vec{v}=\vec{p}_1-\vec{p}_3=[3,0,-1]^T-[2,2,2]^T=[1,-2,-3]^T$$

는 평면 P와 평행한다. 여기서 $\vec{n}=[a,b,c]^T$를 P의 법선벡터(normal vector)로 두면 $\vec{n}\cdot\vec{u}=0$ 및 $\vec{n}\cdot\vec{v}=0$이다. 따라서 이 관계로부터 평면을 나타내는 두 개의 제차방정식

$$\begin{cases} 2a-b=0 \\ a-2b-3c=0 \end{cases}$$

을 얻는다. 이것을 풀면 자유변수 t에 의해[6)]

$$(a, b, c)=t(-1, -2, 1)$$

와 같이 됨을 알 수 있다. 여기서 $t=-1$로 둔다면 $\vec{n}=[1,2,-1]^T$를 얻는다. 따라서 $\vec{x}=[x_1, x_2, x_3]^T$와 $\vec{p}=[3,0,-1]^T$을 이용하면 식 (5.1.31)에 의해 평면의 방정식은 다음과 같은 법선방정식으로 나타낼 수 있다.

6) 세 개의 미지수에 두 개의 방정식이므로 한 개의 자유변수가 필요하다.

$$(1,\ 2,\ -1)\cdot(x_1-3,\ x_2,\ x_3+1)=0$$

또한 카테시안 방정식은 $x_1+2x_2-x_3=4$이다.

• 직교(또는 정)사영

n차원 공간 $\mathbb{R}^n$에서 영이 아닌 벡터 $\vec{a}$를 1차원인 부분공간(즉 직선) L에 평행한 부분 $\vec{u}_1$과 L에 수직인 부분 $\vec{u}_2$인 두 항의 합으로 분할(decompose)하는 경우에 대하여 생각하여 보자. 만일 $\vec{a}$와 $\vec{u}_1$의 시점이 어떤 점에서 일치하도록 만들었다면 벡터 $\vec{a}$를 다음과 같이 분할할 수 있다. 즉 [그림 5.10]에서 $\vec{u}_2=\vec{a}-\vec{u}_1$이므로 $\vec{u}_1+\vec{u}_2=\vec{u}_1+\left(\vec{a}-\vec{u}_1\right)=\vec{a}$이다. 여기서 $\vec{u}_1$은 $\vec{a}$를 L로 직교사영(orthogonal projection)한 벡터, 즉 L을 따르는 $\vec{a}$의 벡터성분으로

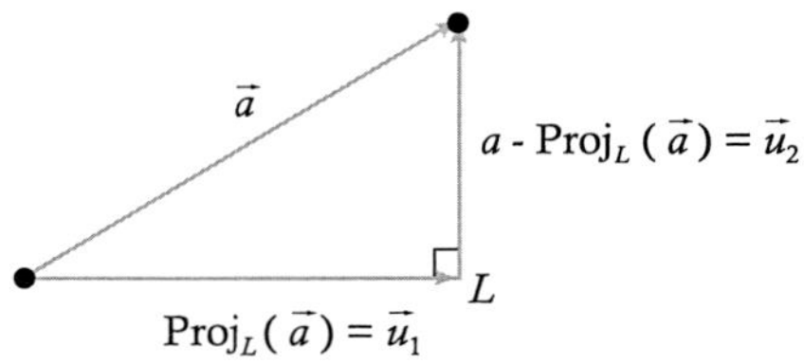

그림 5.10 직교사영

$$\vec{u}_1=\mathrm{Proj}_L\left(\vec{a}\right) \tag{5.1.34}$$

로 표시한다. 이로부터

$$\vec{u}_2=\vec{a}-\mathrm{Proj}_L\left(\vec{a}\right)=\mathrm{Proj}_{L^\perp}\vec{a} \tag{5.1.35}$$

이다. 여기서

$$\vec{a}=\vec{u}_1+\vec{u}_2=kL+\vec{u}_2\ ,\quad (\text{단 } k\text{는 스칼라이다.}) \tag{5.1.36}$$

이고, 식 (5.1.36)의 양변을 직선 L과의 내적을 취하면

$$\vec{a}\cdot L=\left(kL+\vec{u}_2\right)\cdot L=k\,\|L\|^2+\vec{u}_2\cdot L=k\,\|L\|^2$$

로 되어[7)]

$$k=\frac{\vec{a}\cdot L}{\|L\|^2}$$

가 얻어진다. 여기서 $\vec{u}_1=kL$로부터

7) $\vec{u}_2\perp L$이므로 내적은 '영'이다.

$$\mathrm{Proj}_L(\vec{a}) = \frac{\vec{a}\cdot L}{\|L\|^2}L, \quad (\text{직선 } L\text{을 따르는 } \vec{a}\text{의 성분}) \tag{5.1.37 a}$$

$$\mathrm{Proj}_{L^\perp}(\vec{a}) = \vec{a} - \frac{\vec{a}\cdot L}{\|L\|^2}L, \quad (\text{직선 } L\text{에 수직인 } \vec{a}\text{의 벡터성분}) \tag{5.1.37 b}$$

로 주어진다. L를 따르는 벡터 $\vec{a}$의 크기(norm)는

$$\begin{aligned}\|\mathrm{Proj}_L(\vec{a})\| &= \left\|\frac{\vec{a}\cdot L}{\|L\|^2}L\right\| = \left|\frac{\vec{a}\cdot L}{\|L\|^2}\right|\|L\| \\ &= \frac{\|\vec{a}\cdot L\|}{\|L\|^2}\|L\| = \frac{\|\vec{a}\cdot L\|}{\|L\|} \\ &= \|\vec{a}\|\,|\cos\theta|\end{aligned} \tag{5.1.38}$$

이다.

5.1.3 MATLAB에 의한 풀이

```
% [예제 5.1.1]
syms x real, vec_u=sym([1 2 3]'); vec_v=sym([4 5 6]');   % symbolic 변수와 벡터의 지정
u2=(norm(double(vec_u)))^2; v2=(norm(double(vec_v)))^2;   % u2=<u,u>, v2=<v,v>
% (x*vec_u+vecv) (dot) (x*vec_u+vecv) 의 계산결과(왼쪽 항)
expand((x*vec_u+vec_v)'*(x*vec_u+vec_v))
% 오른쪽 항
u2*x^2+2*(vec_u'*vec_v)*x+v2                              % 양변이 동일함을 확인한다.

% [예제 5.1.2]
vec_v=sym([3 -1 2 0]'); v=norm(double(vec_v))

% [예제 5.1.3]
vec_u=[-1 2 3 0]'; vec_v=[2 -1 3 4]';
v=norm(vec_v); u=norm(vec_u);
theta=(acos((vec_u'*vec_v)/(u*v)))*180/pi                 % 단위는 degree

% [예제 5.1.5]
vec_v=sym([-1 2 3 1]'); vec_w=sym([4 -5 6 -4]); vec_v*vec_w'   % v · w=0 의 확인
v=(norm(double(vec_v))); nor_v=double(vec_v/v)
nor_v2=(norm(double(nor_v)))^2;                           % 단위벡터임(크기가 1)을 확인

% [예제 5.1.7]
veca=[4 2 4]'; vecn=[2/3 1/3 2/3]';
plane(veca,vecn), grid                                    % 3차원 그래프의 작성
```

❖ [예제 5.1.7]에서 공간상에서 점과 법선벡터가 주어졌을 경우, 법선벡터에 수직인 평면을 그래프로 나타내는 명령어로서 'plane'을 사용하였다(부록 참조).

```
% [예제 5.1.8]
% 3D graph 의 사용
t=linspace(0,1,100); x1=3.*t; y1=0.*t; z1=-t;        % vector p1
x2=t; y2=t; z2=-t;                                    % vector p2
x3=2.*t; y3=2.*t; z3=2.*t;                            % vector p3
% 세 개 벡터의 공간상의 표시
plot3(x1,y1,z1), grid, hold on, plot3(x2,y2,z2), plot3(x3,y3,z3)
xlabel('x_1-축'), ylabel('x_2-축'), zlabel('x_3-축'), axis([-1 4 -2 5 -2 4])
% x1+2*x2-x3=4 가 나타내는 평면
xa=0:0.1:3; ya=0:0.1:3; [X,Y]=meshgrid(xa,ya);
Z=X+2.*Y-4; mesh(X,Y,Z), hold off
%
P0=[0 0 0]'; P1=[3 0 -1]'; P2=[1 1 -1]';P3=[2 2 2]';
arrow3(P0,P1), grid, hold on, arrow3(P0,P2), arrow3(P0,P3)
plane(P3,[1 2 -1]')
```

❖ [예제 5.1.8]의 경우, 전반부에서 MATLAB의 3D 관련명령어를 사용하여 공간상의 벡터와 평면을 표시하였고, 후반부에서 부록의 'arrow3'와 'plane'를 사용하여 공간상에 존재하는 벡터와 이것에 수직인 벡터를 나타내었다.

연습문제 5.1.4

1. 다음의 각 항에 대하여 간단히 답하여라.

(1) [요점 5.3]의 (N 1)과 (N 2)를 증명하여라.

(2) 식 (5.1.10)과 (5.1.11)을 이용하여 $\|\vec{u}-\vec{v}\|^2=\|\vec{u}\|^2+\|\vec{v}\|^2-2(\vec{u}\cdot\vec{v})$와 $(\vec{u}+\vec{v})\cdot(\vec{u}-\vec{v})=\|\vec{u}\|^2-\|\vec{v}\|^2$를 각각 증명하여라.

(3) $\|\vec{u}+\vec{v}\|^2-\|\vec{u}-\vec{v}\|^2$를 내적으로 표현하여라.

2. 각 항의 내적을 구하여라.

(1) $\begin{bmatrix} 1 \\ -1 \\ 1 \end{bmatrix} \cdot \begin{bmatrix} 0 \\ 1 \\ 1 \end{bmatrix}$　　(2) $\begin{bmatrix} \cos\theta \\ \\ \sin\theta \end{bmatrix} \cdot \begin{bmatrix} -\sin\theta \\ \\ \cos\theta \end{bmatrix}$　　(3) $\begin{bmatrix} \sqrt{y} \\ \\ \sqrt{x} \end{bmatrix} \cdot \begin{bmatrix} \sqrt{x} \\ \\ \sqrt{y} \end{bmatrix}$

3. 코시-슈바르츠의 부등식을 $\begin{bmatrix} \sqrt{y} \\ \\ \sqrt{x} \end{bmatrix} \cdot \begin{bmatrix} \sqrt{x} \\ \\ \sqrt{y} \end{bmatrix}$에 적용하여 다음 식을 유도하여 보아라.

$$\sqrt{xy} \le \frac{x+y}{2}, \quad 0 \le x,\ 0 \le y$$

4. 다음 각 항에 답하여라.

(1) $\vec{u} \perp \vec{v}$ 이고 $\vec{v} \perp \vec{w}$ 이면 $\vec{u} \perp \vec{w}$로 되는가? 이유를 설명하여라.

(2) $\vec{u} \perp \vec{v}$ 이고 $\vec{u} \perp \vec{w}$ 이면 $\vec{u} \perp (\vec{v}+\vec{w})$로 되는가? 이유를 설명하여라.

(3) $\| \vec{u} \| = 1$ 이라면 $(\vec{u}\,\vec{u}^{T})^2 = \vec{u}\,\vec{u}^{T}$임을 증명하여라.

(4) 임의의 실수 λ에 대해 다음을 증명하여라.

$$\| \vec{u}+\lambda\vec{v} \|^2 = \| \vec{u} \|^2 + \lambda^2 \| \vec{v} \|^2 + 2\lambda(\vec{u} \cdot \vec{v})$$

5. 다음 두 벡터가 이루는 각도를 계산하여라.

(1) $[2, -3]^T,\ [5,\ 2]^T$　　(2) $[2, -3, 1]^T,\ [4,\ -2,\ -3]^T$

6. (a) 벡터 $\vec{u} = [-3, 4]^T$에 수직인 모든 벡터를 구하여라. 또 (b) $\vec{u} = [-3, 4]^T$에 수직인 단위벡터를 구하여라.

7. 2차원 공간(즉 평면)에서 물체가 점 A에서 점 B로 직선상으로 옮겨졌다고 한다. 이때 힘 $\vec{p}$가 한 일을 구하여라.

(1) $\vec{p} = [8, -4,\ 11]^T,\quad A : (1, 2, 0),\ B : (3, 6, 0)$

(2) $\vec{p} = [5,\ -2,\ 1]^T,\quad A : (4, 0, 3),\ B : (6, 0, 8)$

(3) $\vec{d} = 2 \cdot \vec{i}$ 이고 벡터 $\vec{p}$가 각각 a) $\vec{i}$, b) $\vec{p} = \vec{i} + \vec{j}$, c) $\vec{j}$, d) $-\vec{i} + \vec{j}$일 때 일 $W = \vec{p} \cdot \vec{d}$를 계산하고, [그림 5.6]과 같은 그림을 그려보아라.

8. 정규직교벡터 $\vec{v}_1 = [0, 1, 0]^T$과 $\vec{v}_2 = \left[-\frac{4}{5}, 0, \frac{3}{5}\right]^T$가 생성하는 $\mathbb{R}^3$의 부분공간을 W라

고 한다. $\mathbb{R}^3$ 내의 벡터 $\vec{a}=[1,1,1]^T$의 W로의 직교사영인 $\text{Proj}_W(\vec{a})$와 $\text{Proj}_{W^\perp}(\vec{a})$를 구하여라.

5.2 직교집합과 직교행렬

5.1 절에서 $\mathbb{R}^n$상에서 내적이 영, 즉 $\vec{u}\cdot\vec{v}=0$인 두 벡터 $\vec{u}$와 $\vec{v}$는 서로 직교하고 $\vec{u}\perp\vec{v}$로 표기하였다. 이때 $\vec{u}\cdot\vec{v}=0$의 조건은 $\vec{u}^T\vec{v}=0$ 또는 $\vec{v}^T\vec{u}=0$으로 쓸 수 있었다. 여기서는 먼저 $\mathbb{R}^n$상의 두 벡터의 직교성에 대한 개념을 서로 직교하는 벡터의 집합으로 확장하여 일반화하기로 한다.

요점 5.9 직교집합과 정규직교집합

$\mathbb{R}^n$ 공간상의 벡터의 집합 $S=\{\vec{u}_1,\vec{u}_2,\cdots,\vec{u}_k\}$가 $i\neq j$인 모든 i, j값에 대하여 $\vec{u}_i\cdot\vec{u}_j=0$라면, S는 직교집합(orthogonal set)이라고 한다. 직교집합 S의 모든 요소가 단위 놈(unit norm, $\|\vec{u}_i\|=1$)의 크기를 가진다면 S를 정규직교집합(orthonormal set)이라고 한다.

예제 5.2.1

$\mathbb{R}^3$에 존재하는 세 개 벡터의 집합

$$\vec{u}_1=\begin{bmatrix}2\\1\\0\end{bmatrix},\quad \vec{u}_2=\begin{bmatrix}-1\\2\\-1\end{bmatrix},\quad \vec{u}_3=\begin{bmatrix}-1\\2\\5\end{bmatrix}$$

의 직교성을 확인하여 보자.

해

내적을 계산한다. 즉

$$\vec{u}_1^T\vec{u}_2=\vec{u}_1^T\vec{u}_3=\vec{u}_2^T\vec{u}_3=0$$

이므로 세 개 벡터의 집합 S는 직교집합이지만 정규직교는 아니다. 이것을 정규화하기 위해서는 각 벡터의 크기(놈)를 계산하여

$$\vec{u}_1{}' = \frac{1}{\sqrt{5}}\begin{bmatrix} 2 \\ 1 \\ 0 \end{bmatrix},$$

$$\vec{u}_2{}' = \frac{1}{\sqrt{6}}\begin{bmatrix} -1 \\ 2 \\ -1 \end{bmatrix},$$

$$\vec{u}_3{}' = \frac{1}{\sqrt{30}}\begin{bmatrix} -1 \\ 2 \\ 5 \end{bmatrix}$$

로 두면 정규직교집합으로 된다. $\mathbb{R}^3$ 공간에서 영이 아닌 직교벡터의 집합은 최대 세 개로 구성되어 있다([그림 5.11] 참조). 따라서 $\mathbb{R}^n$ 공간에서의 표준기저 $\left\{\vec{e}_1, \vec{e}_2, \cdots, \vec{e}_n\right\}$는 $\vec{e}_i \cdot \vec{e}_j = 0, (i \neq j)$이며 동시에 $\|\vec{e}_i\| = 1$이므로 정규직교집합이다.

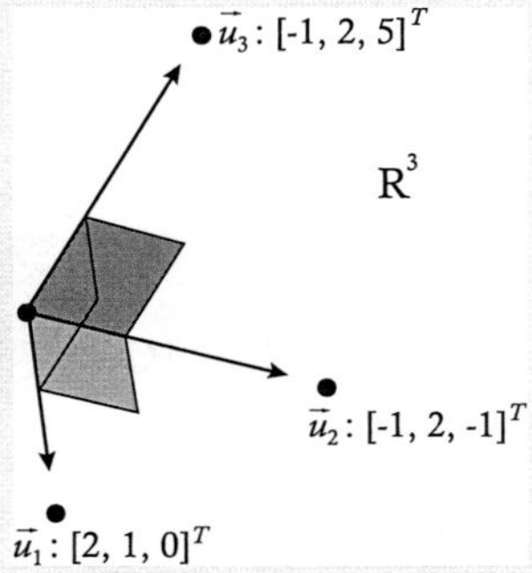

그림 5.11 [예제 5.2.1]

제 4 장에서 언급한 벡터의 선형독립성과 직교성과의 관련성은 다음 요점으로 주어진다.

요점 5.10 직교성과 선형독립성

$S = \left\{\vec{u}_1, \vec{u}_2, \cdots, \vec{u}_k\right\}, (k \le n)$를 $\mathbb{R}^n$상의 영이 아닌 벡터의 집합이라고 한다. 이때 S 가 직교집합이라면, S는 선형독립이다.

제 4 장에서 k개의 벡터 $\left\{\vec{u}_1, \vec{u}_2, \cdots, \vec{u}_k\right\}$의 선형독립성은 다음과 같은 벡터방정식

$$\alpha_1\vec{u}_1 + \alpha_2\vec{u}_2 + \cdots + \alpha_k\vec{u}_k = \vec{0} \tag{5.2.1}$$

이 $\alpha_1 = \alpha_2 = \cdots = \alpha_k = 0$ 이외의 해를 가지는지의 여부에 달려 있다는 사실은 이미 언급하였다. 여기서는 이것을 벡터의 내적을 이용하여 확인하여 보기로 한다. 우선 식 (5.2.1)을 벡터 $\vec{u}_1$과 내적을 취하면

$$\alpha_1\left(\vec{u}_1 \cdot \vec{u}_1\right) + \alpha_2\left(\vec{u}_1 \cdot \vec{u}_2\right) + \cdots + \alpha_n\left(\vec{u}_1 \cdot \vec{u}_k\right) = \vec{0} \tag{5.2.2}$$

이다. 그런데 S가 직교집합이므로 $\vec{u}_i \cdot \vec{v}_j = 0, (i \neq j)$이므로 식 (5.2.2)는

$$\alpha_1\left(\vec{u}_1 \cdot \vec{u}_1\right) = 0 \tag{5.2.3}$$

이다. 여기서 $(\vec{u}_1 \cdot \vec{u}_1) = \|\vec{u}_1\|^2 \neq 0$이므로 식 (5.2.3)을 만족하기 위해서는 $\alpha_1 = 0$이어야 한다. 이러한 과정을 $\vec{u}_i$, $(i=2, \cdots, k)$에 대하여 되풀이하면 $\alpha_1 = \alpha_2 = \cdots = \alpha_n = 0$으로 되어 S는 선형독립이라는 것을 알 수 있다.

- **[요점 5.10]과 관련한 주의사항**

(1) [요점 5.10]의 역은 사실이 아니다. 다시 말하면, $\mathbb{R}^n$상에서 선형독립인 영이 아닌 벡터의 집합은 반드시 직교집합으로 되지는 않는다.

(2) 선형독립인 벡터로 이루어진 $\mathbb{R}^n$의 부분공간은 최대 n개의 벡터를 가진다. 즉 $\mathbb{R}^n$에서 영이 아닌 벡터의 직교집합은 최대 n개의 벡터로 이루어져 있다.

$\mathbb{R}^n$의 부분공간 U의 기저벡터의 집합 B가 직교집합(또는 정규직교집합)이라면, B를 직교기저(또는 정규직교기저)라고 한다. [예제 5.2.1]에서 S는 $\mathbb{R}^3$에 대한 직교기저이며, S'는 정규직교기저이다. 공간 $\mathbb{R}^n$에 대한 표준기저로 불리는 $\{\vec{e}_1, \vec{e}_2, \cdots, \vec{e}_n\}$은 이미 언급한 바와 같이 정규직교기저이다.

▶ 예제 5.2.2

$\mathbb{R}^3$의 부분공간인 평면(그림 5.12)에 대한 직교기저를 구하여 보자.

해

[그림 5.12]에서 $\mathbb{R}^3$의 부분공간인 U는 방정식 $x-2y+z=0$으로 정의된다. 여기서 $y=s$와 $z=t$로 두면(s, t는 자유변수이다.) $x=2s-t$로 되어, U에 포함되는 모든 벡터는 다음과 같이 나타낼 수 있다.

$$\begin{bmatrix} x \\ y \\ z \end{bmatrix} = s\begin{bmatrix} 2 \\ 1 \\ 0 \end{bmatrix} + t\begin{bmatrix} -1 \\ 0 \\ 1 \end{bmatrix} = s\vec{u} + t\vec{v},\ \text{단}\ \vec{u} = \begin{bmatrix} 2 \\ 1 \\ 0 \end{bmatrix},\ \vec{v} = \begin{bmatrix} -1 \\ 0 \\ 1 \end{bmatrix}\text{이다.} \qquad ①$$

위 식으로부터 벡터의 집합 $B = \{\vec{u}, \vec{v}\}$는 부분공간 U의 기저를 이루지만 직교하지는 않는다. 여기서 집합 B로부터 공간 U의 직교기저 B'를 정사영을 이용하여 구하여 보자. 먼저 직선 L을 벡터 $\{\vec{u}\}$로 이루어지는 $\mathbb{R}^3$의 부분공간(즉 직선)으로 두면, 식 (5.1.37 b)로부터

$$\vec{u}' = \text{Proj}_{L^\perp}(\vec{v}) = \vec{v} - \text{Proj}_L(\vec{v}) = \vec{v} - \frac{\vec{v} \cdot L}{\|L\|^2} L \qquad ②$$

은 벡터 $\vec{u}$에 수직인 벡터 $\vec{v}$의 성분으로 된다. ②를 계산하면

$$\vec{u}' = \vec{v} - \frac{\vec{u} \cdot \vec{u}}{\| \vec{u} \|^2} \vec{v} = \left(I_3 - \frac{1}{5} \begin{bmatrix} 4 & 2 & 0 \\ 2 & 1 & 0 \\ 0 & 0 & 0 \end{bmatrix} \right) \begin{bmatrix} -1 \\ 0 \\ 1 \end{bmatrix} = \begin{bmatrix} -0.2 \\ 0.4 \\ 1 \end{bmatrix} \quad ③$$

이다. 따라서 벡터 $B' = \{\vec{u}, \vec{u}'\}$는 부분공간 U에 대한 직교기저이다. 이와 비슷한 과정을 거치면 역시 U에 대한 직교기저로서 $B' = \{\vec{v}, \vec{v}'\}$를 얻을 수도 있다.

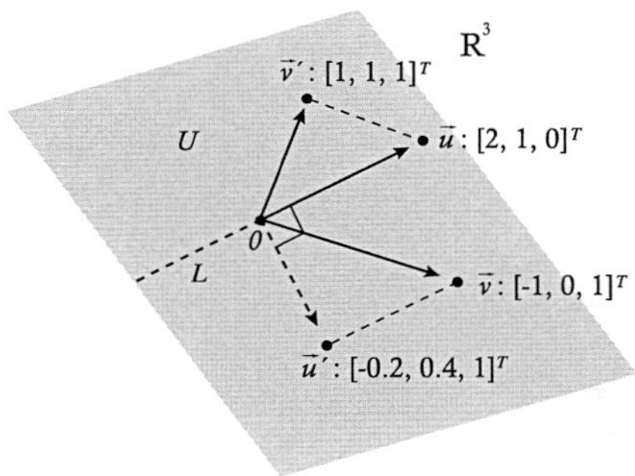

그림 5.12 $\mathbb{R}^3$의 부분공간

만약 집합 B가 $\mathbb{R}^n$의 부분공간 U의 기저, 특히 직교기저라 한다면, U에 존재하는 임의의 벡터 $\vec{u}$의 표현식은 다음과 같이 쉽게 표현할 수 있다.

요점 5.11 직교기저에 대한 벡터의 표현

U는 $\mathbb{R}^n$의 부분공간이며 $B = \{\vec{u}_1, \vec{u}_2, \cdots, \vec{u}_k\}, (k \le n)$는 U의 직교기저라고 한다. 이때 U에 존재하는 임의의 벡터 $\vec{u}$는 다음과 같이 유일하게 나타낼 수 있다.

$$\vec{u} = \frac{\vec{u} \cdot \vec{u}_1}{\| \vec{u}_1 \|^2} \vec{u}_1 + \frac{\vec{u} \cdot \vec{u}_2}{\| \vec{u}_2 \|^2} \vec{u}_2 + \cdots + \frac{\vec{u} \cdot \vec{u}_k}{\| \vec{u}_k \|^2} \vec{u}_k \quad (5.2.4)$$

위 요점은 다음과 같이 확인할 수 있다. 집합 B가 $\mathbb{R}^n$의 부분공간 U의 직교기저이기 때문에 U 내의 임의의 벡터는 제 4 장의 벡터의 선형독립성에 의해

$$\vec{u} = \alpha_1 \vec{u}_1 + \alpha_2 \vec{u}_2 + \cdots + \alpha_k \vec{u}_k \quad (5.2.5)$$

로 나타낼 수 있다. 이때 스칼라 α_1, α_2, $\cdots$, α_k는 유일하게 정해진다. 식 (5.2.5)의 양변을 $\vec{u}_1$과 내적을 취하면 $u_i \perp u_j$, $(i \neq j)$이므로

$$\vec{u} \cdot \vec{u}_1 = \alpha_1(\vec{u}_1 \cdot \vec{u}_1) + \alpha_2(\vec{u}_2 \cdot \vec{u}_1) + \cdots + \alpha_k(\vec{u}_k \cdot \vec{u}_1) = \alpha_1 \|\vec{u}_1\|^2$$

이다. 이때 $\vec{u}_1$은 영벡터가 아니고 $\|\vec{u}_1\| > 0$이므로

$$\alpha_1 = \frac{(\vec{u} \cdot \vec{u}_1)}{\|\vec{u}_1\|^2}$$

을 얻는다. 식 (5.2.5)의 나머지 계수 α_2, $\cdots$, α_k에 대해서 위와 동일한 과정을 거치면 식 (5.2.4)를 확인할 수 있다.

▶ 예제 5.2.3

$\mathbb{R}^3$공간에서의 세 개 벡터 $B = \{\vec{u}_1, \vec{u}_2, \vec{u}_3\}$에 대한 임의벡터 $\vec{u}$의 표현식을 구하여 보자.

$$\vec{u}_1 = \begin{bmatrix} -1 \\ 1 \\ 2 \end{bmatrix}, \ \vec{u}_2 = \begin{bmatrix} 1 \\ -1 \\ 1 \end{bmatrix}, \ \vec{u}_3 = \begin{bmatrix} 1 \\ 1 \\ 0 \end{bmatrix}, \ \vec{u} = \begin{bmatrix} p \\ q \\ r \end{bmatrix}$$

◇ 해

먼저 $B = \{\vec{u}_1, \vec{u}_2, \vec{u}_3\}$의 각 벡터가 서로 직교하는지의 여부를 확인한다. 이 경우 B는 직교집합이며, 식 (5.2.4)를 이용하면

$$x_1 = \frac{(\vec{u} \cdot \vec{u}_1)}{\|\vec{u}_1\|^2} = \frac{-p+q+2r}{6}, \quad x_2 = \frac{(\vec{u} \cdot \vec{u}_2)}{\|\vec{u}_2\|^2} = \frac{p-q+r}{3}$$

$$x_3 = \frac{(\vec{u} \cdot \vec{u}_3)}{\|\vec{u}_3\|^2} = \frac{p+q}{2}$$

를 얻는다.

[요점 5.11]에서 기저벡터 $B = \{\vec{u}_1, \vec{u}_2, \cdots, \vec{u}_k\}$, $(k \leq n)$가 정규직교기저인 경우 $\|\vec{u}_i\|^2 = 1$이므로 식 (5.2.4)는 다음과 같이 간략하게 쓸 수 있다.

$$\vec{u} = (\vec{u} \cdot \vec{u}_1)\vec{u}_1 + (\vec{u} \cdot \vec{u}_2)\vec{u}_2 + \cdots + (\vec{u} \cdot \vec{u}_k)\vec{u}_k \qquad (5.2.6)$$

5.2.1 직교행렬

$\mathbb{R}^n$ 공간상에서 서로 직교하는 k개의 열벡터 $\{\vec{v}_1, \vec{v}_2, \cdots, \vec{v}_k\}$로 이루어진 행렬 $\boldsymbol{A} = [\vec{v}_1, \vec{v}_2, \cdots, \vec{v}_k]$에 대하여 생각하여 보자. 이때 $\boldsymbol{A}$의 전치행렬 $\boldsymbol{A}^T$의 각 행은 $\{\vec{v}_1^T, \vec{v}_2^T, \cdots, \vec{v}_k^T\}$으로 구성되어 있으므로 두 행렬의 곱을 실행하면

$$\boldsymbol{A}^T\boldsymbol{A} = \begin{bmatrix} \vec{v}_1^T \\ \vec{v}_2^T \\ \vdots \\ \vec{v}_k^T \end{bmatrix} [\vec{v}_1, \vec{v}_2, \cdots, \vec{v}_k] = \begin{bmatrix} \|\vec{v}_1\|^2 & \vec{v}_1^T\vec{v}_2 & \cdots & \vec{v}_1^T\vec{v}_k \\ \vec{v}_2^T\vec{v}_1 & \|\vec{v}_2\|^2 & & \vec{v}_2^T\vec{v}_2 \\ \vdots & & \ddots & \vdots \\ \vec{v}_k^T\vec{v}_1 & \vec{v}_k^T\vec{v}_2 & \cdots & \|\vec{v}_k\|^2 \end{bmatrix} \tag{5.2.7}$$

$$= \begin{bmatrix} \|\vec{v}_1\| & 0 & \cdots & 0 \\ 0 & \|\vec{v}_2\| & \cdots & 0 \\ \vdots & & \ddots & \vdots \\ 0 & 0 & \cdots & \|\vec{v}_k\| \end{bmatrix}$$

인 크기가 $k \times k$인 행렬을 얻는다. 그러나 $\boldsymbol{A}\boldsymbol{A}^T$는 크기가 $n \times n$인 대칭행렬로 된다는 점에 유의한다([예제 5.2.4] 참조).

▶ 예제 5.2.4

다음과 같은 3×2인 행렬에 대해 $\boldsymbol{A}\boldsymbol{A}^T$와 $\boldsymbol{A}^T\boldsymbol{A}$를 비교하여 보자.

$$\boldsymbol{A} = [\vec{v}_1, \vec{v}_2] = \begin{bmatrix} 1 & -1 \\ 1 & 1 \\ 1 & 0 \end{bmatrix}, \quad \boldsymbol{A}^T = \begin{bmatrix} \vec{v}_1^T \\ \vec{v}_2^T \end{bmatrix} = \begin{bmatrix} 1 & 1 & 1 \\ -1 & 1 & 0 \end{bmatrix}$$

◇ 해

식 (5.2.7)을 이용하면

$$\boldsymbol{A}^T\boldsymbol{A} = \begin{bmatrix} \|\vec{v}_1\|^2 & 0 \\ 0 & \|\vec{v}_2\|^2 \end{bmatrix} = \begin{bmatrix} 3 & 0 \\ 0 & 2 \end{bmatrix},$$

$$\boldsymbol{A}\boldsymbol{A}^T = \begin{bmatrix} 2 & 0 & 1 \\ 0 & 2 & 1 \\ 1 & 1 & 1 \end{bmatrix}$$

이다.

식 (5.2.7)을 이용하면 행렬 $\boldsymbol{A}$에 대한 역행렬의 존재조건을 구할 수 있다.

요점 5.12 **행렬 $\boldsymbol{A}$의 역행렬**

$\boldsymbol{A}$를 $n \times k, (k \leq n)$인 행렬이라고 한다. 이때 $\boldsymbol{A}^T\boldsymbol{A} = \boldsymbol{I}_k$이기 위한 필요충분조건은 $\boldsymbol{A}$의 열벡터가 $\mathbb{R}^n$ 공간에서 정규직교집합을 이루는 것이다.

위 요점은 식 (5.2.7)로부터 쉽게 확인할 수 있다. 이하 $k = n$인 행렬 $\boldsymbol{A}$를 $\boldsymbol{Q}$로 나타내기로 약속하면,[8] [요점 5.12]에서 $\boldsymbol{Q}^T\boldsymbol{Q} = \boldsymbol{I}_n$를 얻는다. 이와 같은 조건을 만족하는 정방행렬을 직교행렬(orthogonal matrix)이라고 한다. [요점 5.12]로부터 임의의 정방행렬이 직교행렬로 되기 위해서는 행렬의 열벡터는 정규직교집합이어야 한다는 것을 알 수 있다. 직교행렬과 관련하여 다음 사실이 알려져 있다.

(a) $\boldsymbol{Q}^T\boldsymbol{Q} = \boldsymbol{I}_n$이므로 역행렬의 성질에 의하여 $\boldsymbol{Q}^T = \boldsymbol{Q}^{-1}$이다. 따라서 역행렬의 계산이 간편하다.

(b) $\boldsymbol{Q}^T\boldsymbol{Q} = \boldsymbol{I}_n$의 조건으로부터 간단히 $\boldsymbol{Q}\boldsymbol{Q}^T = \boldsymbol{I}_n$이 유도된다. 이로부터 행렬 $\boldsymbol{Q}$의 행벡터의 집합도 정규직교집합이라는 것을 알 수 있다.

(c) 제 4 장의 행렬식에 관한 정리를 적용하면 정규직교행렬의 행렬식은 항상 ± 1의 값을 가진다.

위의 (c)를 확인하여 보자. [요점 5.12]로부터

$$|\boldsymbol{Q}\boldsymbol{Q}^T| = |\boldsymbol{I}| = 1$$

이다. 그러나 $|\boldsymbol{Q}^T| = |\boldsymbol{Q}|$이므로

$$|\boldsymbol{Q}\boldsymbol{Q}^T| = |\boldsymbol{Q}||\boldsymbol{Q}^T| = |\boldsymbol{Q}|^2$$

이다. 따라서 정규직교행렬의 행렬식은

$$|\boldsymbol{Q}|^2 = 1 \rightarrow |\boldsymbol{Q}| = \pm 1$$

8) 직교행렬을 $\boldsymbol{Q}$로 나타내는 것이 일반적인 표현법이다.

임을 알 수 있다.

정방행렬이 직교행렬로 되기 위한 필요충분조건은 내적을 이용하면 얻을 수 있다.

요점 5.13 직교행렬의 성질

$\boldsymbol{Q}$를 $(n\times n)$인 행렬이라고 한다. 이때 다음 사실은 서로 등가이다.
(a) $\boldsymbol{Q}$는 직교행렬이다.
(b) $\mathbb{R}^n$공간의 임의의 벡터 $\vec{u}$와 $\vec{v}$에 대하여 $(\boldsymbol{Q}\vec{u})\cdot(\boldsymbol{Q}\vec{v})=\vec{u}\cdot\vec{v}$이다.

위 요점을 확인하기 위해서는 (a) → (b)와 (b) → (a)임을 보여야 한다. 먼저

(i) (a) → (b): $\boldsymbol{Q}$가 직교행렬이므로 $\boldsymbol{Q}^T\boldsymbol{Q}=\boldsymbol{I}_n$이다. 따라서 임의의 벡터 $\vec{u}$와 $\vec{v}$에 대하여

$$\boldsymbol{Q}\vec{u}\cdot\boldsymbol{Q}\vec{v}=(\boldsymbol{Q}\vec{u})^T\boldsymbol{Q}\vec{v}=\vec{u}^T\boldsymbol{Q}^T\boldsymbol{Q}\vec{v}=\vec{u}^T\vec{v}=\vec{u}\cdot\vec{v} \tag{5.2.8}$$

로 되어 (b)가 확인되었다.

(ii) (b) → (a): $(n\times n)$인 행렬 $\boldsymbol{Q}=[\vec{v}_1,\vec{v}_2,\cdots,\vec{v}_n]$에서 두 개의 열벡터를 각각 $\vec{v}_i$ 및 $\vec{v}_j$로 둔다. 그러면 $\mathbb{R}^n$공간에서의 표준기저인 $\vec{e}_i$와 $\vec{e}_j$를 이용하면 $\vec{v}_i=\boldsymbol{Q}\vec{e}_i$와 $\vec{v}_j=\boldsymbol{Q}\vec{e}_j$로 나타낼 수 있다. 이때

$$\vec{v}_i\cdot\vec{v}_j=\boldsymbol{Q}\vec{e}_i\cdot\boldsymbol{Q}\vec{v}_j=\vec{e}_i\cdot\vec{e}_j=\begin{cases}1, & i=j\\ 0, & i\neq j\end{cases} \tag{5.2.9}$$

로 된다. 즉 $\boldsymbol{Q}$는 정규직교행렬이다.

[요점 5.13]의 조건 (b)에서 $\vec{u}=\vec{v}$로 두면 $\|\boldsymbol{Q}\vec{v}\|^2=\|\vec{v}\|^2$로 되어

$$\|\boldsymbol{Q}\vec{v}\|=\|\vec{v}\| \tag{5.2.10}$$

을 얻는다. 위 식으로부터 직교행렬 $\boldsymbol{Q}$에 의한 선형변환은 행렬의 놈(즉 크기)을 변화시키지 않는다는 것을 알 수 있다. 이러한 선형변환을 등장변환(isometry)이라고 한다. $\mathbb{R}^n$공간에서 유일한 등장변환은 위에서 설명한 직교행렬로서 표현된다. 직교행렬에 의한 간단한 변환의 예를 보자.

▶ 예제 5.2.5

크기가 2×2인 정규직교행렬 $\boldsymbol{Q}=\left[\vec{v}_1, \vec{v}_2\right]$에 대해서 생각하여 보자. 만약 $\boldsymbol{Q}$의 첫번째 열 $\vec{v}_1$을 $\vec{e}_1=[1,0]^T$을 θ 만큼 시계반대방향으로 회전시킨 벡터, 즉 $\vec{v}_1=[\cos\theta, \sin\theta]^T$라면, $\boldsymbol{Q}$가 정규직교행렬이라는 조건으로부터 두 번째 열 $\vec{v}_2$은 $\vec{v}_1$과 직교하면서 크기가 '1' 이어야 하므로, 이를 만족하는 벡터는 $[-\sin\theta, \cos\theta]^T$ 또는 $[\sin\theta, -\cos\theta]^T$가 있다. 따라서 2×2의 크기를 가지는 직교행렬은 다음 두 종류를 들 수 있다.

$$(\text{I 형}):\ \begin{bmatrix} \cos\theta & -\sin\theta \\ \sin\theta & \cos\theta \end{bmatrix}, \qquad (\text{II 형}):\ \begin{bmatrix} \cos\theta & \sin\theta \\ \sin\theta & -\cos\theta \end{bmatrix}$$

이때 (I 형)의 직교행렬에 의한 변환은 $\mathbb{R}^2$공간의 임의 벡터를 시계반대방향으로 θ 만큼 회전시키는 역할을 하지만, (II 형)에 의한 변환은 x축을 $\theta/2$ 만큼 시계반대방향으로 회전시켜서 얻는 원점을 지나가는 직선 L에 대한 임의 벡터의 반사벡터(reflection vector)[9]를 얻지만 자세한 설명은 생략한다.

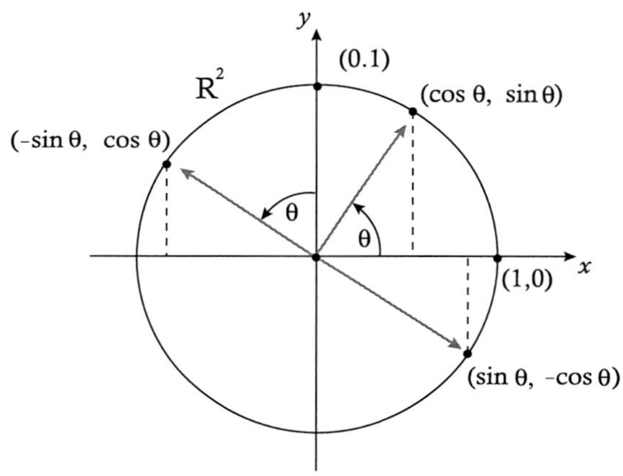

그림 5.13 $\mathbb{R}^2$공간에서의 정규직교행렬

▶ 예제 5.2.6

다음에 주어진 정규직교벡터

$$\vec{q}_1=\frac{1}{2}\begin{bmatrix}1\\1\\1\\1\end{bmatrix},\quad \vec{q}_2=\frac{1}{2}\begin{bmatrix}1\\-1\\-1\\1\end{bmatrix},\quad \vec{q}_3=\frac{1}{2}\begin{bmatrix}-1\\1\\-1\\1\end{bmatrix}$$

9) [그림 5.10]에서 벡터 $\vec{a}$를 직선 L의 반대쪽에 투영시킨 벡터를 의미하는 것으로 $\text{Refl}_L(\vec{a})=2\cdot\text{Proj}_L(\vec{a})-\vec{a}$로 주어진다.

를 적절히 선형결합하면 다음 벡터를 얻을 수 있다는 것을 보여라.

$$\vec{b} = \begin{bmatrix} 2 \\ 0 \\ 1 \\ 1 \end{bmatrix}$$

◇ 해

벡터의 선형결합에 관한 정리에 의해 다음 식을 만족하는 스칼라 α_1, α_2 및 α_3를 계산하면 된다.

$$\alpha_1 \vec{q}_1 + \alpha_2 \vec{q}_2 + \alpha_3 \vec{q}_3 = \vec{b} \qquad ①$$

위 식의 계산은 제 4 장에서 설명한 선형 1 차연립방정식의 해를 구하는 과정을 적용하면 간단히 계산할 수 있지만, 여기서는 세 개의 벡터 $\vec{q}_1, \vec{q}_2$ 및 $\vec{q}_3$가 정규직교벡터라는 점을 이용하면 다음과 같이 계산할 수도 있다. 우선 문제를 연립방정식의 형태로 만든다. 즉

$$\boldsymbol{Q} = [\vec{q}_1, \vec{q}_2, \vec{q}_3], \quad \vec{x} = \begin{bmatrix} x_1 \\ x_2 \\ x_3 \end{bmatrix}$$

로 두면 ①은

$$\boldsymbol{Q}\vec{x} = \vec{b}$$

로 된다. 이때 행렬 $\boldsymbol{Q}$는 정방행렬이며 정규직교행렬이며 정방행렬은 아니지만, $\boldsymbol{Q}^T\boldsymbol{Q} = \boldsymbol{I}_3$의 관계가 성립하기 때문에

$$\begin{aligned} \vec{x} &= \boldsymbol{Q}^T\boldsymbol{Q}\vec{x} = \boldsymbol{Q}^T \vec{b} \\ &= \frac{1}{2}\begin{bmatrix} 1 & 1 & 1 & 1 \\ 1 & -1 & -1 & 1 \\ -1 & 1 & -1 & 1 \end{bmatrix}\begin{bmatrix} 2 \\ 0 \\ 1 \\ 1 \end{bmatrix} = \begin{bmatrix} 2 \\ 1 \\ -1 \end{bmatrix} \end{aligned}$$

와 같이 계산가능하다. 이로부터 $x_1 = 2, x_2 = 1$ 및 $x_3 = -1$, 즉 $2\vec{q}_1 + \vec{q}_2 - \vec{q}_3 = \vec{b}$로 된다. 한편 세 개의 벡터 $\vec{q}_1, \vec{q}_2$ 및 $\vec{q}_3$가 정규직교라는 사실을 개별적으로 적용하여 다음과 같이 계산하는 방법도 있다. ①의 양변에 $\vec{q}_i^T$, $(i = 1, 2, 3)$를 곱하고 $\vec{q}_i^T \vec{q}_j = \delta_{ij}$를 적용한다. 즉

$$x_1 \vec{q}_1^T \vec{q}_1 = x_1 = \vec{q}_1^T \vec{b} = 2$$

$$x_2 \vec{q}_2^T \vec{q}_2 = x_2 = \vec{q}_2^T \vec{b} = 1$$

$$x_1 \vec{q}_3^T \vec{q}_3 = x_3 = \vec{q}_3^T \vec{b} = -1$$

이다.

5.2.2 그람-슈미트의 직교화법과 QR 분해정리

선형독립인 벡터의 집합 $\{\vec{a}_1, \vec{a}_2, \cdots, \vec{a}_n\}$으로부터 정규직교인 벡터의 집합 $\{\vec{q}_1, \vec{q}_2, \cdots, \vec{q}_n\}$을 구성하는 것은 항상 가능하다. 따라서 선형독립인 벡터의 선형결합으로 표현된 임의의 벡터는 정규직교인 벡터의 선형결합으로도 표현할 수 있다. 이와 같이 정규직교인 벡터의 집합 $\{\vec{q}_1, \vec{q}_2, \cdots, \vec{q}_n\}$을 이용하여 임의의 벡터를 표현하는 방법은 그람-슈미트(Gram-Schmidt)의 과정으로 알려져 있다. 그람-슈미트의 방법을 이용하여 선형독립인 벡터의 집합 $\{\vec{a}_1, \vec{a}_2, \cdots, \vec{a}_n\}$을 정규직교화 하는 방법은 다음과 같다.

요점 5.14 그람-슈미트의 직교화법

[단계 1] 먼저 벡터 $\vec{a}_1$에 대해서는

$$\vec{v}_1 = \vec{a}_1 \tag{5.2.11}$$

으로 둔다. 이때 $\vec{v}_1$의 크기(놈)는 $r_1 = \|\vec{v}_1\|$이다. 따라서

$$\vec{q}_1 = \frac{\vec{v}_1}{r_1} \tag{5.2.12}$$

로 둠으로써 정규화, 즉 크기가 1로 된다.

[단계 2] 벡터 $\vec{a}_2$는

$$\vec{v}_2 = \vec{a}_2 - (\vec{q}_1 \cdot \vec{a}_2)\vec{q}_1 \qquad (5.2.13)^{10)}$$

로 두고, $\vec{v}_2$의 크기 $r_2 = \|\vec{v}_2\|$를 계산한다. 따라서

$$\vec{q}_2 = \frac{\vec{v}_2}{r_2} \tag{5.2.14}$$

와 같이 정규화한다.

[단계 3] 벡터 $\vec{a}_3$는

$$\vec{v}_3 = \vec{a}_3 - (\vec{q}_1 \cdot \vec{a}_3)\vec{q}_1 - (\vec{q}_2 \cdot \vec{a}_3)\vec{q}_2 \tag{5.2.15}$$

두고, 크기 $r_3 = \|\vec{v}_3\|$를 이용하여 정규화하면

$$\vec{q}_3 = \frac{\vec{v}_3}{r_3} \tag{5.2.16}$$

10) 이 과정은 식 (5.1.36 b)에 의한 직교사영을 구하는 과정으로 볼 수 있다.

로 된다.

[단계 i] i–번째 벡터 $\vec{a}_i$는

$$\vec{v}_i = \vec{a}_i - \sum_{k=1}^{i-1} (\vec{q}_k \cdot \vec{a}_i) \vec{q}_k, \quad i > 1 \tag{5.2.17}$$

로 두고, 크기를 $r_i = \|\vec{v}_i\|$를 계산하여 정규화를 수행한다. 즉

$$\vec{q}_i = \frac{\vec{v}_i}{r_i} \tag{5.2.18}$$

로 되어 벡터 $\vec{q}_i$로 정규화되었다.

위의 과정에서 $r_i = 0$ 으로만 되지 않는다면, 정규화된 벡터 $\vec{q}_i$, $(i = 1 \sim n)$을 계산할 수 있다. 따라서 만약 모든 i값에 대해서 $r_i \neq 0$로 된다면, $\vec{q}_i \perp \vec{q}_j$, $(i \neq j)$가 성립한다는 사실을 알 수 있다. 이것에 대해서는 뒤에서 다시 언급한다.

▶ 예제 5.2.7

그람–슈미트의 방법을 이용하여 다음 세 개의 벡터를 정규직교화하여라.

$$\vec{a}_1 = \begin{bmatrix} 1 \\ 1 \\ 1 \\ 1 \end{bmatrix}, \ \vec{a}_2 = \begin{bmatrix} 1 \\ 0 \\ 0 \\ 1 \end{bmatrix}, \ \vec{a}_3 = \begin{bmatrix} -1 \\ 0 \\ -2 \\ 1 \end{bmatrix}$$

◇ 해

위에서 언급한 과정을 그대로 따르면 된다.

[단계 1] $\vec{v}_1 = \begin{bmatrix} 1 \\ 1 \\ 1 \\ 1 \end{bmatrix} = \vec{a}_1, \quad r_1 = \|\vec{v}_1\| = \sqrt{4} = 2, \ \vec{q}_1 = \frac{1}{2}\begin{bmatrix} 1 \\ 1 \\ 1 \\ 1 \end{bmatrix}$

[단계 2] $\vec{v}_2 = \vec{a}_2 - (\vec{q}_1 \cdot \vec{a}_2)\vec{q}_1 = \begin{bmatrix} 1 \\ 0 \\ 0 \\ 1 \end{bmatrix} - \left(\begin{bmatrix} 1/2 \\ 1/2 \\ 1/2 \\ 1/2 \end{bmatrix} \cdot \begin{bmatrix} 1 \\ 0 \\ 0 \\ 1 \end{bmatrix} \right) \vec{q}_1 = \frac{1}{2}\begin{bmatrix} 1 \\ -1 \\ -1 \\ 1 \end{bmatrix}$

$$r_2 = \|\vec{v}_2\| = 1, \quad \vec{q}_2 = \frac{1}{2}\begin{bmatrix} 1 \\ -1 \\ -1 \\ 1 \end{bmatrix}$$

[단계 3] $\vec{v}_3 = \vec{a}_3 - (\vec{q}_1 \cdot \vec{a}_3)\vec{q}_1 - (\vec{q}_2 \cdot \vec{a}_3)\vec{q}_2 = \begin{bmatrix} -1 \\ 1 \\ -1 \\ 1 \end{bmatrix}$

$$r_3 = \| \vec{v}_3 \| = 2, \ \vec{q}_3 = \frac{1}{2}\begin{bmatrix} -1 \\ 1 \\ -1 \\ 1 \end{bmatrix}$$

위의 계산과정이 정확한지의 여부는 $\vec{q}_i^T \vec{q}_j = \delta_{ij}$를 이용하여 확인한다.

▶ 예제 5.2.8

다음 벡터에 대응하는 정규직교벡터를 계산하여라.

$$\vec{a}_1 = \begin{bmatrix} 1 \\ 1 \end{bmatrix}, \vec{a}_2 = \begin{bmatrix} 1 \\ 0 \end{bmatrix}$$

해

$$\vec{v}_1 = \vec{a}_1 = \begin{bmatrix} 1 \\ 1 \end{bmatrix}, \ r_1 = \|\vec{v}_1\| = \sqrt{2}, \ \vec{q}_1 = \frac{\sqrt{2}}{2}\begin{bmatrix} 1 \\ 1 \end{bmatrix}$$

$$\vec{v}_2 = \begin{bmatrix} 1 \\ 0 \end{bmatrix} - \left(\frac{\sqrt{2}}{2}\begin{bmatrix} 1 \\ 1 \end{bmatrix} \cdot \begin{bmatrix} 1 \\ 0 \end{bmatrix}\right)\vec{q}_1 = \begin{bmatrix} 1/2 \\ -1/2 \end{bmatrix}$$

$$r_2 = \| \vec{v}_2 \| = \frac{\sqrt{2}}{2}, \ \vec{q}_2 = \frac{\sqrt{2}}{2}\begin{bmatrix} 1 \\ -1 \end{bmatrix}.$$

▶ 예제 5.2.9

다음 벡터에 대응하는 정규직교벡터를 계산하여라.

$$\vec{a}_1 = \begin{bmatrix} 1 \\ 0 \end{bmatrix}, \ \vec{a}_2 = \begin{bmatrix} 1 \\ 1 \end{bmatrix}$$

해

$$\vec{v}_1 = \begin{bmatrix} 1 \\ 0 \end{bmatrix} = \vec{q}_1, \ \vec{v}_2 = \begin{bmatrix} 1 \\ 1 \end{bmatrix} - \left(\begin{bmatrix} 1 \\ 0 \end{bmatrix} \cdot \begin{bmatrix} 1 \\ 1 \end{bmatrix}\right)\vec{q}_1 = \begin{bmatrix} 0 \\ 1 \end{bmatrix} = \vec{q}_2.$$

예제 5.2.8과 예제 5.2.9로부터 정규직교벡터 $\vec{q}_i$를 구하는 과정에서는 주어진 벡터 $\{\vec{a}_1, \vec{a}_2, \cdots, \vec{a}_n\}$의 순서가 중요한 역할을 하고 있다는 것을 알 수 있다. 그러나 일단 벡터 $\{\vec{a}_1, \vec{a}_2, \cdots, \vec{a}_n\}$의 순서가 정해졌다면 정규직교벡터 $\vec{q}_i$와 그의 순서는 상기의 알고리즘에 의해 유일하게 결정된다는 것이다.

그람-슈미트의 정규화과정 중의 식 (5.2.17)에 대하여 생각하여 보자. 우선 $\vec{v}_i$를 $r_i\vec{q}_i$로 대치한 뒤 벡터 $\vec{a}_i$로 전개하면

$$\vec{a}_i = r_i\vec{q}_i + \sum_{k=1}^{i-1}\left(\vec{q}_k \cdot \vec{a}_i\right)\vec{q}_k \tag{5.2.19}$$

로 된다. 여기서 두 개의 행렬 $\boldsymbol{A} = \left[\vec{a}_1, \vec{a}_2, \cdots, \vec{a}_n\right]$과 $\boldsymbol{Q} = \left[\vec{q}_1, \vec{q}_2, \cdots, \vec{q}_n\right]$을 정의하고

$$R = \begin{bmatrix} r_1 & r_{12} & \cdots & r_{1n} \\ 0 & r_2 & & r_{2n} \\ \vdots & & & \vdots \\ 0 & 0 & \cdots & r_n \end{bmatrix} \tag{5.2.20}$$

$$r_{ik} = \left(\vec{q}_i \cdot \vec{a}_k\right),\ (k \le i-1) \tag{5.2.21}$$

으로 두면 식 (5.2.19)는

$$\boldsymbol{A} = \boldsymbol{Q}\,\boldsymbol{R} \tag{5.2.22}$$

이라는 것을 알 수 있다. 식 (5.2.22)는 행렬 $\boldsymbol{A}$의 QR분해로 알려져 있다.

▶ 예제 5.2.10

다음 행렬의 QR분해를 계산하여보자.

(a) $\boldsymbol{A} = \begin{bmatrix} 1 & 1 & -1 \\ 1 & 0 & 0 \\ 1 & 0 & -2 \\ 1 & 1 & 1 \end{bmatrix}$ (b) $\boldsymbol{A} = \begin{bmatrix} 1 & 1 \\ 1 & 0 \end{bmatrix}$ (c) $\boldsymbol{A} = \begin{bmatrix} 1 & 1 \\ 0 & 1 \end{bmatrix}$

해

[예제 5.2.7]에서 [예제 5.2.9]까지의 과정을 이용하면 QR분해는 다음과 같다.

(a) $\boldsymbol{A} = \begin{bmatrix} 1/2 & 1/2 & -1/2 \\ 1/2 & -1/2 & 1/2 \\ 1/2 & -1/2 & -1/2 \\ 1/2 & 1/2 & 1/2 \end{bmatrix}\begin{bmatrix} 2 & 1 & -1 \\ 0 & 1 & 1 \\ 0 & 0 & 2 \end{bmatrix}$

행렬 $\boldsymbol{Q}$의 열벡터는 [예제 5.2.7]에서 구한 세 개의 벡터 $\vec{q}_1, \vec{q}_2, \vec{q}_3$로 이루어져 있다. 또한 행

렬 $\boldsymbol{R}$의 대각요소 r_1, r_2, r_3는 이미 계산되어 있으며, 나머지 요소의 값은 식 (5.2.21)을 이용하여 다음과 같이 구할 수 있다.

$$r_{12}=(\vec{q}_1 \cdot \vec{a}_2)=1,\ r_{13}=(\vec{q}_1 \cdot \vec{a}_3)=-1,\ r_{23}=(\vec{q}_2 \cdot \vec{a}_3)=1$$

(b)와 (c)의 결과는 다음과 같다.

(b) $\begin{bmatrix} 1 & 1 \\ 1 & 0 \end{bmatrix}=\begin{bmatrix} \sqrt{2}/2 & \sqrt{2}/2 \\ \sqrt{2}/2 & -\sqrt{2}/2 \end{bmatrix}\begin{bmatrix} \sqrt{2} & \sqrt{2}/2 \\ 0 & \sqrt{2}/2 \end{bmatrix}=\frac{1}{2}\begin{bmatrix} 1 & 1 \\ 1 & -1 \end{bmatrix}\begin{bmatrix} 2 & 1 \\ 0 & 1 \end{bmatrix}$

(c) $\begin{bmatrix} 1 & 1 \\ 0 & 1 \end{bmatrix}=\begin{bmatrix} 1 & 0 \\ 0 & 1 \end{bmatrix}\begin{bmatrix} 1 & 1 \\ 0 & 1 \end{bmatrix}$

위의 예제로부터 알 수 있는 바와 같이, 행렬 $\boldsymbol{A}$의 QR분해는 앞서 언급한 정규직교벡터의 집합을 구하기 위한 그람-슈미트 과정을 행렬에 적용한 것으로 볼 수 있다.

이제 그람-슈미트 과정을 진행하는 데 있어 필요한 다음 두 가지 사실을 확인하여 보기로 한다.

1. 모든 i에 대하여 $\vec{v}_i \neq \vec{0}$이며, 따라서 각 정규직교벡터 $\vec{q}_i$는 정의될 수 있다.
2. 만약 $i \neq j$이면 $\vec{q}_i \perp \vec{q}_j$로 된다.

- **[1의 확인]:** 집합 $\{\vec{a}_1, \vec{a}_2, \cdots, \vec{a}_n\}$는 선형독립이기 때문에 $\vec{a}_1 \neq \vec{0}$이다. 따라서 $\vec{v}_1 = \vec{a}_1 \neq \vec{0}$이다. 다음

$$\vec{v}_2=\vec{a}_2-(\vec{q}_1 \cdot \vec{a}_2)\vec{q}_1 \tag{5.2.23}$$

$$=\vec{a}_2-\frac{(\vec{q}_1 \cdot \vec{a}_2)}{r_1}\vec{v}_1=\vec{a}_2-\frac{(\vec{q}_1 \cdot \vec{a}_2)}{r_1}\vec{a}_1$$

이기 때문에, 만약 $\vec{v}_2=\vec{0}$이라면 $\{\vec{a}_1, \vec{a}_2\}$는 선형종속이어야 한다. 그러나 집합 $\{\vec{a}_1, \vec{a}_2, \cdots, \vec{a}_n\}$는 선형독립이기 때문에 $\vec{v}_2 \neq \vec{0}$이어야 한다. 동일한 과정에 의해 나머지의 벡터 $\vec{v}_i \neq \vec{0}$, $(i=2, \cdots, n)$임을 쉽게 확인할 수 있을 것이다.

- **[2의 확인]:** 먼저 $\vec{q}_1 \perp \vec{q}_2$를 증명하기 위하여 $\vec{q}_1 \perp \vec{v}_2$를 확인한다.

$$\vec{v}_2=\vec{a}_2-(\vec{q}_1 \cdot \vec{a}_2)\vec{q}_1 \tag{5.2.24}$$

로 주어지므로 $\vec{q}_1$과 $\vec{v}_2$의 내적을 계산하면

$$(\vec{q}_1 \cdot \vec{v}_2) = (\vec{q}_1 \cdot \vec{a}_2) - (\vec{q}_1 \cdot \vec{a}_2)(\vec{q}_1 \cdot \vec{q}_1) \tag{5.2.25}$$

으로 된다. 그런데 $(\vec{q}_1 \cdot \vec{q}_1) = \|\vec{q}_1\|^2 = 1$이므로 식 (5.2.25)에서 $(\vec{q}_1 \cdot \vec{v}_2) = 0$가 얻어지고 따라서 $\vec{q}_1 \perp \vec{q}_2$가 확인되었다. 또 $\vec{q}_1 \perp \vec{q}_2$와 식 (5.2.17)을 이용하면 $\vec{v}_3 \perp \vec{q}_1$과 $\vec{v}_3 \perp \vec{q}_2$를 증명할 수 있다. 이러한 반복적인 과정을 마지막까지 수행하면 2의 확인이 완료된다.

이상을 정리하면 다음 요점을 얻는다.

요점 5.15 행렬 A의 QR분해

$\boldsymbol{A}$가 $(m \times n)$인 열(column) 풀(full) 랭크[11]를 가지는 행렬이라면

$$\boldsymbol{A} = \boldsymbol{Q}\boldsymbol{R} \tag{5.2.26}$$

를 만족하는 $(m \times n)$크기인 정규직교행렬 $\boldsymbol{Q}$와 $(n \times n)$크기의 정칙행렬이며, 위삼각행렬 $\boldsymbol{R}$가 존재한다.

식 (5.2.20)의 행렬 $\boldsymbol{R}$는 위삼각의 구조를 가지는 정칙행렬이기 때문에, 역행렬 $\boldsymbol{S} = \boldsymbol{R}^{-1}$ 역시 위삼각행렬의 구조를 가진다. 따라서 식 (5.2.26)은

$$\boldsymbol{A}\,\boldsymbol{S} = \boldsymbol{Q} \tag{5.2.27}$$

이며, 이 식은 벡터 $\vec{q}_i$가 벡터 $\{\vec{a}_1, \vec{a}_2, \cdots, \vec{a}_i\}$의 선형결합으로 이루어져 있다는 것을 의미한다. 이는 식 (5.2.26)의 $\boldsymbol{A} = \boldsymbol{Q}\boldsymbol{R}$는 벡터 $\vec{a}_i$가 벡터 $\{\vec{q}_1, \vec{q}_2, \cdots, \vec{q}_i\}$의 선형결합으로 이루어져 있음을 보이는 것과 동일한 것으로 해석할 수 있다. 또한 행렬 $\boldsymbol{Q}$는 일반적으로 정방행렬이 아니지만 $\boldsymbol{Q}^T\boldsymbol{Q} = \boldsymbol{I}_n$을 만족한다. 또한 $\boldsymbol{Q}$가 $(n \times n)$인 경우[12]를 제외하고는 $\boldsymbol{Q}\boldsymbol{Q}^T$는 비정칙행렬로 된다.

행렬 $\boldsymbol{A}$의 QR분해가 미리 계산되어 있다고 가정하고 $\boldsymbol{A}\vec{x} = \vec{b}$의 형태로 주어지는 선형

---

11) 행렬 $\boldsymbol{A}$의 모든 열이 서로 선형독립인 경우를 의미한다. 이렇게 되기 위해서는 $m \geq n$의 조건이 필요하다.
12) 이 경우는 $\boldsymbol{Q}^T = \boldsymbol{Q}^{-1}$이다.

1차연립방정식에 대하여 생각하여 보자. 즉

$$\boldsymbol{A}\vec{x} = \vec{b} \ \leftrightarrow \ \boldsymbol{QR}\vec{x} = \vec{b} \tag{5.5.28}$$

이며, 따라서

$$\boldsymbol{Q}^T\boldsymbol{Q}\boldsymbol{R}\,\vec{x} = \boldsymbol{Q}^T\vec{b} \tag{5.2.29}$$

이다. 그런데 $\boldsymbol{Q}^T\boldsymbol{Q} = \boldsymbol{I}_n$이므로

$$\boldsymbol{A}\vec{x} = \vec{b} \leftrightarrow \boldsymbol{R}\vec{x} = \boldsymbol{Q}^T\vec{b} \tag{5.2.30}$$

의 관계가 얻어진다. 따라서 행렬 $\boldsymbol{R}$와 $\boldsymbol{Q}$의 특성을 이용하면 간단하게 연립방정식의 해를 구할 수 있다.

5.2.3 사영행렬

공간 $\mathbb{R}^n$에서 주어진 벡터 $\vec{a}$의 선분 L에 대한 직교사영은 식 (5.1.37 a)로 주어진다. 여기서는 $\mathrm{Proj}_L(\vec{a}) = \boldsymbol{P}\vec{a}$와 $\mathrm{Proj}_{L^\perp}(\vec{a}) = \boldsymbol{C}\vec{a}$의 관계를 만족하는 행렬 $\boldsymbol{P}$와 $\boldsymbol{C}$에 대하여 생각하여 보자. 식 (5.1.37 a)에서 직선 L을 $L = k\vec{u}$로 두었을 때

$$(\vec{a} \cdot \vec{u})\vec{u} = (\vec{u}\,\vec{u}^T)\,\vec{a} \tag{5.2.31}$$

임은 쉽게 확인할 수 있다. 이때 $(\vec{u}\,\vec{u}^T)$은 $(n \times n)$인 대칭행렬이다. 여기서 $\|\vec{u}\|^2 = \vec{u}^T\vec{u}$이므로 식 (5.1.37 a)는

$$\mathrm{Proj}_L(\vec{a}) = \frac{\vec{u}\,\vec{u}^T}{\vec{u}^T\vec{u}}\,\vec{a} \quad \rightarrow \ \boldsymbol{P} = \frac{\vec{u}\,\vec{u}^T}{\vec{u}^T\vec{u}} \tag{5.2.32}$$

로 쓸 수 있다. 위와 동일한 과정을 식 (5.1.37 b)에 적용하면

$$\mathrm{Proj}_{L^\perp}(\vec{a}) = \left(\boldsymbol{I}_n - \frac{\vec{u}\,\vec{u}^T}{\vec{u}^T\vec{u}}\right)\vec{a} \ \rightarrow \ \boldsymbol{C} = \boldsymbol{I}_n - \frac{\vec{u}\,\vec{u}^T}{\vec{u}^T\vec{u}} \tag{5.2.33}$$

가 얻어진다.

식 (5.2.32)는 $\mathbb{R}^n$공간의 임의 벡터 $\vec{a}$를 부분공간 L(즉 직선 상)로 직교사영하였을 때의 결과를 나타내는 것으로, 이러한 역할을 하는 행렬 $\boldsymbol{P}$를 사영행렬(projection matrix)이라고 하며, 다음 조건을 만족한다.

$$\text{(i)}\ \boldsymbol{P}^T = \boldsymbol{P}$$
$$\text{(ii)}\ \boldsymbol{P}^2 = \boldsymbol{P} \tag{5.2.34}$$

식 (5.2.34)의 정의에 따르면, $\boldsymbol{I}_n$이나 $0_{n\times n}$은 사영행렬이다.

▶ 예제 5.2.11

다음의 대칭행렬은 사영행렬임을 확인하여 보자.

$$\frac{1}{n}\boldsymbol{J}_n = \frac{1}{n}\begin{bmatrix} 1 & 1 \cdots & 1 \\ 1 & 1 \cdots & 1 \\ \vdots & & \vdots \\ 1 & 1 \cdots & 1 \end{bmatrix},\ (n \times n)$$

◇ 해

위 식이 다음의 관계식을 만족하고 있다는 사실로부터 사영행렬이라는 것을 알 수 있다.

$$\boldsymbol{J}_n^2 = n\,\boldsymbol{J}_n\ .$$

▶ 예제 5.2.12

단위행렬 $\boldsymbol{I}_n$를 제외한 모든 사영행렬은 비정칙임을 확인하여 보자.

◇ 해

$\boldsymbol{P}$가 사영행렬이며 $\boldsymbol{P}^{-1}$이 존재한다고 가정한다. 이때 $\boldsymbol{P}^2 = \boldsymbol{P}$의 조건으로부터

$$\boldsymbol{P}^{-1}(\boldsymbol{P}^2) = \boldsymbol{P}^{-1}\boldsymbol{P} = \boldsymbol{I}$$

이다. 그러나 $\boldsymbol{P}^{-1}\boldsymbol{P}^2 = \boldsymbol{P}$이기 때문에 $\boldsymbol{P} = \boldsymbol{I}$ 로 되어야 한다. 이로부터 사영행렬은 비정칙이며 $\boldsymbol{P} = \boldsymbol{I}$인 경우에만 정칙이라는 것을 알 수 있다.

▶ 예제 5.2.13

$\|\vec{u}\|^2 = 1$로 가정한다. 이때 $\vec{u}\,\vec{u}^T$는 사영행렬임을 확인하여 보자.

◇ 해

$\vec{u}\,\vec{u}^T$는 대칭행렬이기 때문에

$$(\vec{u}\,\vec{u}^T)^2 = (\vec{u}\,\vec{u}^T)(\vec{u}\,\vec{u}^T) = \vec{u}\,(\vec{u}^T\vec{u})\vec{u}^T$$

이다. 그런데

$$\vec{u}^T \vec{u} = \langle \vec{u}, \vec{u} \rangle = \| \vec{u} \|^2 = 1$$

이므로 다음 사실을 쉽게 확인할 수 있다.

$$(\vec{u}^T \vec{u})^2 = \vec{u}\vec{u}^T$$

따라서 $\vec{u}\vec{u}^T$는 사영행렬이다.

다음 예는 식 (5.2.34)를 만족하는 행렬로서 $\boldsymbol{P} = \vec{u}\,\vec{u}^T$, (단 $\vec{u}$는 단위벡터이다)를 선정하여 사영행렬의 역할에 대해 설명하기 위한 것이다. [그림 5.14]를 참고로 '벡터 $\vec{u}$'로 이루어지는 공간(즉 직선) L에 임의의 벡터 $\vec{b}$를 사영하였을 때 만들어지는 벡터를 $\vec{p}$로 한다. 이 경우 그림에서와 같이 $\vec{p}$는 $\vec{u}$의 반대방향으로 주어진다. [그림 5.14]에 간단한 도형의 성질을 적용하면 $\vec{p}$의 위치는 $(\sqrt{3}/2, -1/2)$로 주어진다는 것을 확인할 수 있다. 우선 $\boldsymbol{P}\vec{b}$를 계산하여 보자.

$$(\vec{u}\,\vec{u}^T)\vec{b} = \begin{bmatrix} -\sqrt{3}/2 \\ 1/2 \end{bmatrix} \begin{bmatrix} -\sqrt{3}/2 & 1/2 \end{bmatrix} \begin{bmatrix} \sqrt{3} \\ 1 \end{bmatrix} \tag{5.2.35}$$

$$= \begin{bmatrix} 3/4 & -\sqrt{3}/4 \\ -\sqrt{3}/4 & 1/4 \end{bmatrix} \begin{bmatrix} \sqrt{3} \\ 1 \end{bmatrix} = \begin{bmatrix} \sqrt{3}/2 \\ -1/2 \end{bmatrix}$$

따라서 $\boldsymbol{P}\vec{b} = (\vec{u}\,\vec{u}^T)\vec{b} = \vec{p}$임을 알 수 있다. 다시 말하면, $\boldsymbol{P} = \vec{u}\,\vec{u}^T$는 임의의 벡터 $\vec{b}$를 $\vec{u}$에 의하여 정해지는 선분 상에 사영하는 역할을 하고 있다는 것을 의미한다.

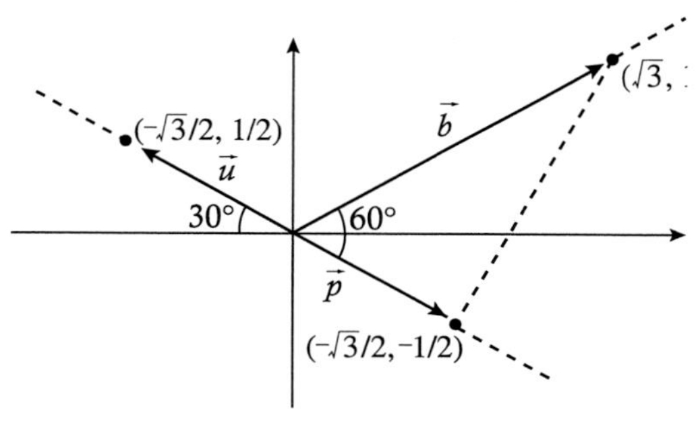

그림 5.14 사영의 의미

▶ 예제 5.2.14

풀 랭크를 가지는 모든 행렬 $\boldsymbol{A}$, $(m \times n)$로서 행렬 $\boldsymbol{P}$ 를 다음과 같이 정의할 때, 이는 사영행

렬임을 확인하여 보자.

$$P = A(A^TA)^{-1}A^T$$

◇ 해

A가 풀 랭크를 가진다면 A^TA는 정칙행렬로 된다.[13] 이때 $(A^TA)^{-1}$는 대칭행렬로 되기 때문에 P 도 대칭으로 된다. 즉

$$\begin{aligned} P^T &= \{A(A^TA)^{-1}A^T\}^T \\ &= A\{(A^TA)^{-1}\}^T A^T = P \end{aligned}$$

이다. 또한

$$\begin{aligned} P^2 &= \{A(A^TA)^{-1}A^T\}\{A(A^TA)^{-1}A^T\} \\ &= A(A^TA)^{-1}(A^TA)(A^TA)^{-1}A^T \\ &= A(A^TA)^{-1}A^T = P \end{aligned}$$

로 되어 사영행렬의 조건 식 (5.2.34)를 만족하므로 사영행렬이다.

요점 5.16

만약 P가 사영행렬이라면, 임의의 두 벡터 $\vec{b}$와 $\vec{y}$에 대하여 다음의 식이 성립한다.

$$P\vec{y} \perp (\vec{b} - P\vec{b}) \tag{5.2.36}$$

위 요점은 다음과 같이 식 (5.2.36)의 두 벡터가 서로 직교한다는 것을 직접 계산을 통하여 확인할 수 있다. 즉

$$\begin{aligned} (P\vec{y})^T(\vec{b} - P\vec{b}) &= \vec{y}^T P^T (\vec{b} - P\vec{b}) \\ &= \vec{y}^T P(\vec{b} - P\vec{b}), \quad (\because P^T = P) \\ &= \vec{y}^T (P\vec{b} - P^2\vec{b}), \quad (\because P^2 = P) \\ &= 0 \end{aligned}$$

이다. 따라서 [요점 5.16]이 확인되었다.

13) 5.3절에서 증명한다.

5.2.4 MATLAB에 의한 풀이

```
% [예제 5.2.1]
vec_u1=sym([2 1 0]'); vec_u2=sym([-1 2 -1]'); vec_u3=sym([-1 2 5]'); % u→1, u→2, u→3
vec_u1'*vec_u2, vec_u2'*vec_u3, vec_u3'*vec_u1                       % 직교성의 확인
% [그림 5.11]
P0=[0 0 0]'; P1=double(vec_u1); P2=double(vec_u2); P3=double(vec_u3);
arrow3(P0,P1), hold on, grid, arrow3(P0,P2), arrow3(P0,P3),
axis([-1 2 -1 2 -1 2]), axis square, hold off

% [예제 5.2.2]
t=linspace(0,1,100); x1=2.*t; y1=1.*t; z1=0.*t;                       % u→
x2=-0.2.*t; y2=0.4.*t; z2=1.*t;                                       % u→' (③)
plot3(x1,y1,z1), grid, hold on, plot3(x2,y2,z2)
xlabel('x_1-축'), ylabel('x_2-축'), zlabel('x_3-축'), hold on
% 평면의 그림
xa=-1:0.1:2; ya=-1:0.1:2; [X,Y]=meshgrid(xa,ya);
Z=-X+2.*Y; mesh(X,Y,Z), hold off

% [예제 5.2.3]
syms p q r
vec_u1=sym([-1 1 2]'); vec_u2=sym([1 -1 1]'); vec_u3=sym([1 1 0]');   % u→1, u→2, u→3
vec_u=sym([p q r]');                                                  % u→
vec_u1'*vec_u2, vec_u2'*vec_u3, vec_u3'*vec_u1                        % 직교성의 확인
x1=(vec_u'*vec_u1)/(norm(double(vec_u1)))^2
x2=(vec_u'*vec_u2)/(norm(double(vec_u2)))^2
x1=(vec_u'*vec_u3)/(norm(double(vec_u3)))^2

% [예제 5.2.4]
A=[1 -1;1 1;1 0]; AT=[1 1 1;-1 1 0]; AT*A, A*AT

% [예제 5.2.5]
syms theta
Q1=[cos(theta),-sin(theta);sin(theta) cos(theta)];
Q2=[cos(theta),sin(theta);sin(theta) -cos(theta)];
P1=subs(Q1,theta,pi/3)*[1 1]';                                        % I 형-변환
P2=subs(Q2,theta,pi/3)*[1 1]';                                        % II 형-변환
arrow([0 0],[1 1],'r'), grid, hold on, arrow([0 0],P1), arrow([0 0],P2) % [그림 5.13]
axis([-1 2 -0.5 2]), hold off

% [예제 5.2.6]
q1=sym([1/2 1/2 1/2 1/2]'); q2=sym([1/2 -1/2 -1/2 1/2]');
q3=sym([-1/2 1/2 -1/2 1/2]'); Q=[q1, q2, q3];
Q'*Q                                                  % Q^T Q=I 로 됨을 확인한다.
vec_x=Q'*[2 0 1 1]'
```

❖ [예제 5.2.5]에서 임의의 벡터를 $\vec{v}=[1,\ 1]^T$로 두고 (I 형)변환을 수행하면 시계반대방향으로 60°회전한 결과인 $[-0.360\ 1.3660]^T$가 얻어진다. 또한, (II 형)변환을 수행하면, 즉 x 축을 30°(=60°/2) 시계반대방향으로 회전하여 원점을 지나가는 직선 L에 대한 reflection인 $[1.3660\ \ 0.3660]^T$가 얻어지는 것을 확인할 수 있다.[14)]

```
% [예제 5.2.7]
a1=sym([1 1 1 1]'); a2=sym([1 0 0 1]'); a3=sym([-1 0 -2 1]');
vec_v1=a1; r1=norm(double(a1)); q1=a1./r1                         % Step 1
vec_v2=a2-(double(q1'*a2))*q1; r2=norm(double(vec_v2)); q2=vec_v2./r2  % Step 2
vec_v3=a3-(double(q1'*a3)).*q1-(double(q2'*a3)).*q2;              % Step 3
r3=norm(double(vec_v3)); q3=vec_v3./r3
% 결과의 확인
q1'*q2, q2'*q3, q3'*q1, q1'*q1, q2'*q2, q3'*q3
Q=orth(double([a1,a2,a3]))                          % MATLAB 명령어 orth의 사용

% [예제 5.2.8], [예제 5.2.9]는 [예제 5.2.7]을 참조.
% [예제 5.2.10] - [예제 5.2.7]로부터 계속
r12=double(q1'*a2); r13=double(q1'*a3);             % 문제 (a)
r23=double(q2'*a3); Q=[q1, q2, q3]
R=[r1 r12 r13;0 r2 r23;0 0 r3]
Q*R                                                 % A=QR의 확인
% MATLAB 명령어 qr의 사용
Aa=[a1 a2 a3]; [Q,R]=qr(double(Aa))
% 자체 작성한 명령어 gramschmit의 사용
[Q,R]=gramschmit(Aa)
Ab=sym([1 1;1 0]); [Q,R]=gramschmit(Ab)             % 문제 (b)
Ac=sym([1 1;0 1]); [Q,R]=gramschmit(Ac)             % 문제 (c)
```

❖ [예제 5.2.7]의 경우, MATLAB의 명령어인 'orth'를 사용하면 간단히 정규직교화를 수행할 수 있으나, [요점 5.14]의 결과와 다른 값이 얻어질 수도 있다. 그러나 $\boldsymbol{Q}^T\boldsymbol{Q}=\boldsymbol{I}$가 만족된다는 점에서는 동일한 결과이다.

❖ [예제 5.2.10]의 경우에도 MATLAB명령어 'qr'를 사용하면 간단히 분해할 수 있으나, [요점 5.14]의 순서에 따른 결과와는 다른 값을 나타낼 수 있다. 또한 자체 작성한 'gramschmit'를 사용하면 간단히 QR분해의 결과를 얻을 수 있다.

14) 이 경우 직선 L은 $y=(\tan^{-1}(30°))x=0.5774x$로 주어지는 직선이다.

연습문제 5.2.5

1. 다음 행렬이 직교행렬임을 확인하여라.

$$P=\begin{bmatrix}\sin\phi\cos\theta & \sin\phi\sin\theta & \cos\theta \\ -\sin\phi & \cos\theta & 0 \\ \cos\phi\cos\theta & \cos\phi\sin\theta & -\sin\theta\end{bmatrix}$$

2. 그람-슈미트의 직교화법을 사용하여 다음 벡터의 집합을 직교화하여라.

(1) $\vec{a}_1=\begin{bmatrix}1\\1\\1\end{bmatrix},\ \vec{a}_2=\begin{bmatrix}1\\1\\0\end{bmatrix}$

(2) $\vec{a}_1=\begin{bmatrix}1\\0\\0\end{bmatrix},\ \vec{a}_2=\begin{bmatrix}1\\1\\0\end{bmatrix},\ \vec{a}_3=\begin{bmatrix}0\\1\\1\end{bmatrix}$

(3) $\vec{a}_1=\begin{bmatrix}1\\0\\0\end{bmatrix},\ \vec{a}_2=\begin{bmatrix}1\\1\\1\end{bmatrix},\ \vec{a}_3=\begin{bmatrix}\alpha_1\\\alpha_2\\\alpha_3\end{bmatrix}$

(4) $\vec{a}_1=\begin{bmatrix}3\\0\\0\\0\end{bmatrix},\ \vec{a}_2=\begin{bmatrix}0\\1\\2\\1\end{bmatrix},\ \vec{a}_3=\begin{bmatrix}0\\-1\\3\\2\end{bmatrix}$

3. 다음 사항에 대하여 설명하여라.

(1) 직교집합의 모든 요소는 선형독립으로 된다는 것을 증명하여라.

(2) 행렬 $\boldsymbol{A}$가 $(k\times n)$, $k>n$이라고 한다. 이때 $\boldsymbol{A}\boldsymbol{A}^T$는 비정칙행렬로 된다는 것을 증명하여라.

(3) $\boldsymbol{P}_1$과 $\boldsymbol{P}_2$가 사영행렬이라면 $\boldsymbol{P}_1\boldsymbol{P}_2$도 사영행렬로 되는가? 또한 $\boldsymbol{P}_1\boldsymbol{P}_2=\boldsymbol{P}_2\boldsymbol{P}_1$가 만족된다면 $\boldsymbol{P}_1\boldsymbol{P}_2$는 사영행렬인가?

4. [예제 5.2.14]에서 행렬 $\boldsymbol{A}=\begin{bmatrix}1&1\\0&1\end{bmatrix}$로 두고 행렬 $\boldsymbol{P}$를 계산하여라.

5. 다음 연립방정식 $\boldsymbol{A}\vec{x}=\vec{b}$를 식 (5.2.30)과 QR분해를 이용하여 해를 구하여라.

$$\boldsymbol{A}=\begin{bmatrix}1&1&-1\\1&0&0\\1&0&-2\\1&1&1\end{bmatrix},\ \vec{b}=\begin{bmatrix}2\\-1\\1\\0\end{bmatrix}$$

6. 세 개의 벡터와 행렬이 주어져 있다.

$$\vec{v}_1 = \begin{bmatrix} 4 \\ 1 \\ -1 \end{bmatrix}, \vec{v}_2 = \begin{bmatrix} 1 \\ 0 \\ 4 \end{bmatrix}, \vec{v}_1 = \begin{bmatrix} 1 \\ -4 \\ 0 \end{bmatrix}, \quad \boldsymbol{A} = \begin{bmatrix} 7 & 4 & -4 \\ 4 & -8 & -1 \\ -4 & -1 & -8 \end{bmatrix}$$

(1) 세 개의 벡터는 행렬 $\boldsymbol{A}$의 고유벡터임을 확인하여라.

(2) 행렬 $\boldsymbol{A}$에 대해 서로 직교하는 세 개의 고유벡터를 계산하여라.

(3) 대칭행렬이 아닌 경우에도 (2)의 결과와 같이 서로 직교하는 고유벡터가 존재하는가?

5.3 최소 2 승법

어떤 시스템에 기지의 입력을 인가하여 얻어진 출력데이터를 이용하여 입력과 출력 사이에 존재하는 관련성을 찾아내는 과정을 생각하여 보자. 대부분의 경우, 대상 시스템의 입력과 출력 사이에는 어떠한 적절한 변수에 함수적으로 의존하는 특정한 관련성이 있는 것으로 생각하는 것이 자연스러운 것이다. 예를 들어, 시스템의 입력 x에 의한 출력 y 사이에는 이론적인 해석의 결과

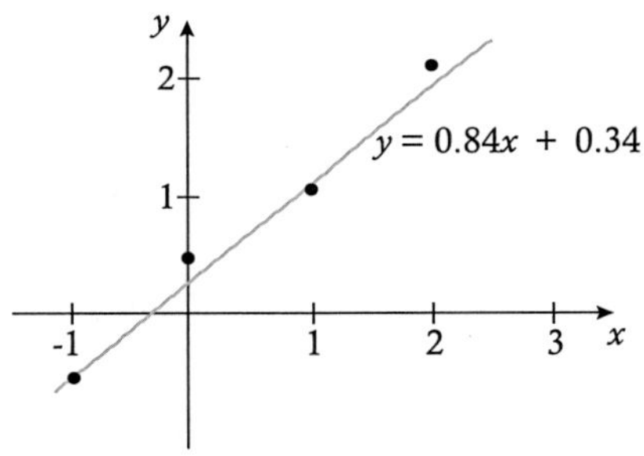

그림 5.15 [표 5.1]의 데이터와 최적 직선

$$y = ax + b \tag{5.3.1}$$

로서 연결되어 있는 것으로 확인되어 있다고 하자. 이때 식 (5.3.1)의 두 개의 파라미터 a, b는 시스템을 실제로 사용하는 경우의 주위환경이나 사용된 재료 등에 의하여 결정될 것이다. 식 (5.3.1)의 두 개의 미지 파라미터를 결정하기 위해, 직접 실험을 통하여 얻어진 상기 시스템의 입출력 데이터([표 5.1] 참조)를 그래프로 나타낸 것이 [그림 5.15]이다. 그림으로부터 식 (5.3.1)은 시스템의 입력과 출력 사이를 연결하는 식으로서 상당히 합리적인 것으로 볼 수 있다. 이 경우, 문제가 되는 것은 얻어진 데이터와 식 (5.3.1)을 연결시키는 가장 바람직한 a, b값을 어떻게 찾아내는가 하는 것이며, 동시에 '가장 바람직한'이라는 의미를 어떻게 수학적으로 표현할 것인가가 문제의 핵심이다.

표 5.1 실험에 의한 데이터

입력 x	−1	0	1	2
출력 y	−0.5	0.5	1.1	2.1

네 개의 출력 데이터를 이용하여 두 개의 미지변수를 찾아내는 문제를 선형 1 차연립방정식 $\boldsymbol{A}\vec{x}=\vec{b}$의 문제로 생각하면

$$\begin{bmatrix} -1 & 1 \\ 0 & 1 \\ 1 & 1 \\ 2 & 1 \end{bmatrix}\begin{bmatrix} a \\ b \end{bmatrix}=\begin{bmatrix} -0.5 \\ 0.5 \\ 1.1 \\ 2.1 \end{bmatrix} \tag{5.3.2}$$

로 되어 '과잉결정계의 경우'에 해당되므로 일반적으로 해가 존재하지 않는다(제 4 장 참조). 따라서 여기서는 얻어진 입출력 데이터가 식 (5.3.1)로 주어진 직선 위에 존재하지는 않더라도 이것이 네 개의 데이터에 가장 근접할 수 있도록, 즉 데이터와 직선 사이의 오차를 최소로 할 수 있는 a, b를 구하는 문제를 생각하여 보자. 이때 각 오차의 제곱의 합은 다음과 같이 표현된다.

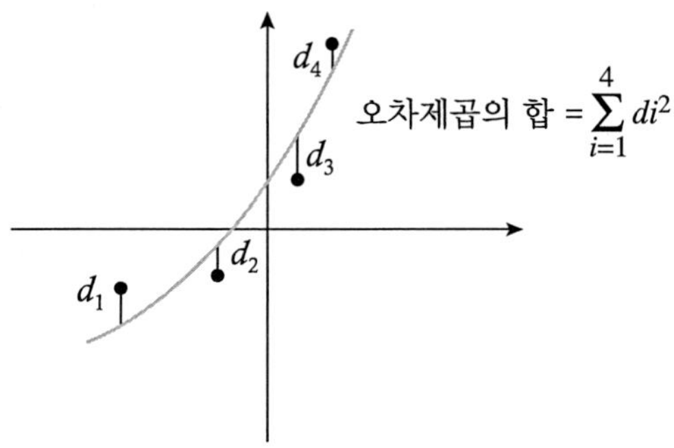

그림 5.16 오차

$$(-a+b+0.5)^2+(b-0.5)^2+(a+b-1.1)^2+(2a+b-2.1)^2$$

[그림 5.16]에 직선과 데이터 사이의 오차를 나타내었다.

위와 같이, 얻어진 데이터와 구하고자 하는 식 사이의 오차를 구하는 문제를 일반화하여 보자. 여기서 다음과 같이 $(m \times n)$(일반적으로 $n \ll m$이다)인 크기의 행렬 $\boldsymbol{A}$를 이용하여 표현된 연립방정식

$$\boldsymbol{A}\vec{x}=\vec{b} \tag{5.3.3}$$

가 주어졌다고 한다. 여기서 $\boldsymbol{A}$는 R^m 공간의 벡터 $\vec{v}_i$를 이용하여 $\boldsymbol{A}=\left[\vec{v}_1, \vec{v}_2, \cdots, \vec{v}_n\right]$와 같이 나타낼 수 있으며, $\vec{b} \in R^m$ 은 상수벡터, $\vec{x} \in R^n$ 은 미지변수를 나타내는 벡터를 의미

한다. 이미 제 4 장에서 설명한 바와 같이, 식 (5.3.3)의 해가 존재하기 위해서는 $\vec{b}$가 행렬 $\boldsymbol{A}$의 열벡터로서 이루어지는 공간속에 포함되어야 한다. 즉

$$\vec{b} \in \mathrm{C}(\boldsymbol{A}) = \mathrm{span}\{\vec{v}_1, \vec{v}_2, \cdots, \vec{v}_n\} \tag{5.3.4}$$

인 경우에 한하며, 그렇지 않은 경우에는 식 (5.3.3)을 만족하는 해가 존재하지 않는다[15].

[그림 5.17]에서 보는 바와 같이, 식 (5.3.3)이 해를 가지지 않는다면 $\mathbb{R}^n$공간의 어떤 벡터 $\vec{x}$에 대해서도 $\boldsymbol{A}\vec{x}$와 $\vec{b}$는 일치하지 않는다. 여기서 $\mathbb{R}^n$공간의 임의의 벡터 $\vec{x}$가 주어졌다고 하자. 그러면 m 차원의 벡터

$$\vec{r}(\vec{x}) = \vec{b} - \boldsymbol{A}\vec{x} \tag{5.3.5}$$

는 해 $\vec{x}$에 의한 오차(residual)를 나타내는 양이다. 따라서 식 (5.3.3)은 어떤 벡터 $\vec{x}$에 대하여 $\vec{r}(\vec{x}) = \vec{0}$인 경우에 한해서 해를 가지며, 모든 $\vec{x}$에 대해서 $\| \vec{r}(\vec{x}) \| > 0$이면 해가 존재하지 않는다. 이와 같이 해가 존재하지 않는 경우 식 (5.3.3)의 (근사)해를 구하기 위한 최상의 방법은 $\mathbb{R}^n$공간에서 $\|\vec{r}(\vec{x})\|$을 최소로 하는 $\vec{x}$를 찾아내는 것이다.

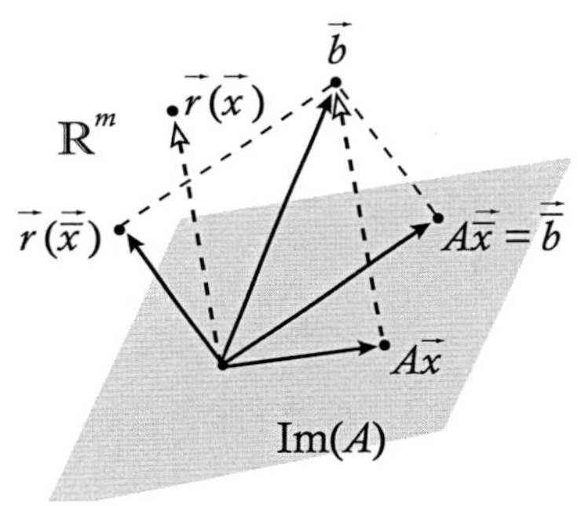

그림 5.17 해가 존재하지 않는 연립방정식의 해

벡터 $\vec{b}$를 행렬 $\boldsymbol{A}$의 열공간 $U = C(\boldsymbol{A})$로 직교사영한 결과를 $\bar{\vec{b}}$로 두면 식 (5.1.37 a)로부터

$$\bar{\vec{b}} = \mathrm{proj}_U \vec{b} = \frac{\vec{b} \cdot \vec{u}}{\| \vec{u} \|^2} \vec{u}, \ (\vec{u}\text{는 공간 } C(\boldsymbol{A})\text{의 기저벡터}) \tag{5.3.6}$$

로 두면 $\bar{\vec{b}} \in C(\boldsymbol{A})$로 된다. 따라서 방정식 $\boldsymbol{A}\bar{\vec{x}} = \bar{\vec{b}}$를 만족하는 해 $\bar{\vec{x}} \in \mathbb{R}^n$은 반드시 존재한다. 이때 벡터 $\bar{\vec{b}} \in C(\boldsymbol{A})$와 부분공간 U상의 임의의 벡터 $\vec{v}$ 사이에는 다음 사실이 성립한다는 것이 알려져 있다.[16]

15) 이런 경우를 'inconsistent'하다고 한다.
16) [그림 5.13]에서 직교사영으로 이루어진 벡터와의 사이에 구성되는 삼각형에 피타고라스의 정리를 적용하면 [요점 5.17]의 내용을 확인할 수 있다.

요점 5.17 **최적근사(optimal approximation)**

U를 $\mathbb{R}^n$상의 부분공간이라 하고, $\vec{v}$를 $\mathbb{R}^n$공간의 임의의 벡터라 가정한다. 이때 $\vec{v}$의 U상으로의 직교사영 $\overline{\vec{v}} = \text{proj}_U \vec{v}$는 모든 $\vec{x} \in U$에 대하여 다음 부등식을 만족한다([그림 5.18] 참조).

$$\| \vec{v} - \vec{x} \| > \| \vec{v} - \overline{\vec{v}} \| \tag{5.3.7}$$

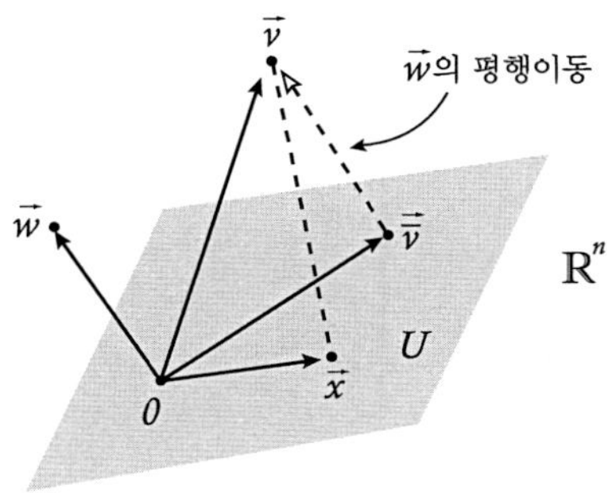

그림 5.18 최적근사

[그림 5.17]과 [그림 5.18]을 비교하여 보면, 식 (5.3.7)은 다음과 같이 쓸 수 있다.

$$\| \vec{r}(\vec{x}) \| = \| \vec{b} - \boldsymbol{A}\vec{x} \| > \| \vec{b} - \boldsymbol{A}\overline{\vec{x}} \| = \| \vec{r}(\overline{\vec{x}}) \| \tag{5.3.8}$$

이때 $\vec{b}$는 벡터 $\boldsymbol{A}\vec{x}$ $(\in C(\boldsymbol{A}))$와 동일하지 않는 것으로 한다. 따라서 식 (5.3.8)로부터 식 (5.3.5)는 $\overline{\vec{x}}$에서 최소값을 가지는 것을 알 수 있다.

식 (5.3.5)로 주어지는 오차를 최소화하는 $\overline{\vec{x}}$를 구하기 위한 대수적인 방법은 다음과 같다. 즉 $\|\vec{r}(\overline{\vec{x}})\|$가 최소로 되기 위한 필요충분조건은 $\|\vec{r}(\overline{\vec{x}})\|^2 = r_1^2 + r_2^2 + \cdots + r_m^2$이 최소값을 가지는 것이다. 단 $\vec{r}(\overline{\vec{x}}) = [r_1, r_2, \cdots, r_m]^T$이다. 이것이 '최소 2 승법'이라는 용어가 사용된 이유이다. 다음에 최소 2 승법으로 해를 구하는 과정을 살펴본다.

• 정상방정식

연립방정식 (5.3.3)의 양변에 왼쪽에서부터 $\boldsymbol{A}^T$를 곱하면

$$\boldsymbol{A}^T\boldsymbol{A}\vec{x} = \boldsymbol{A}\vec{b} \tag{5.3.9}$$

이다. 이것을 정상방정식(normal equation)이라 한다. 여기서 $(m\times n)$인 행렬 $\boldsymbol{A}$가 풀 랭크를 가지는 것으로 하고(즉 $\mathrm{rank}(\boldsymbol{A})=n,\ m<n$), 이때 크기 $(n\times n)$의 정방행렬인 $\boldsymbol{A}^T\boldsymbol{A}$가 역행렬을 가지는지의 여부를 확인하는 것은 식 (5.3.9)의 해를 구하는 데 있어 중요한 역할을 한다.

먼저, $\boldsymbol{A}^T\boldsymbol{A}$가 정칙행렬이기 위한 필요충분조건은 $\boldsymbol{A}^T\boldsymbol{A}\vec{x}=\vec{0}$가 자명해인 $\vec{x}=\vec{0}$을 유일해로서 가지는 것이다. 따라서 여기서는 이것의 역, 즉

$$\boldsymbol{A}^T\boldsymbol{A}\vec{x}_0=\vec{0},\quad \vec{x}_0\neq\vec{0} \tag{5.3.10}$$

인 해를 가지는 것으로 가정하고, 이것이 모순이라는 사실로부터 $\boldsymbol{A}^T\boldsymbol{A}$가 정칙임을 확인한다. 식 (5.3.10)의 양변에 왼쪽에서 $\vec{x}_0^T$를 곱하면

$$\vec{x}_0^T\boldsymbol{A}^T\boldsymbol{A}\vec{x}_0=\vec{x}_0^T\,\vec{0}=0 \tag{5.3.11}$$

로 된다. 그러나 $\vec{x}_0^T\boldsymbol{A}^T\boldsymbol{A}\vec{x}_0=\left(\boldsymbol{A}\vec{x}_0\right)^T\boldsymbol{A}\vec{x}_0=\|\boldsymbol{A}\vec{x}_0\|^2$이므로 식 (5.3.11)은

$$\|\boldsymbol{A}\vec{x}_0\|^2=0 \tag{5.3.12}$$

로 되어, 이것은 내적의 정의에 의하여 $\boldsymbol{A}\vec{x}_0=\vec{0}$을 의미한다. 이때 $\boldsymbol{A}$가 풀 랭크를 가진다면 $\boldsymbol{A}\vec{x}_0=\vec{0}$의 해는 $\vec{x}_0=\vec{0}$이어야 한다(제 4 장 참조). 이것은 식 (5.3.10)과 모순되므로 $\boldsymbol{A}^T\boldsymbol{A}$는 정칙행렬이다. 이상을 정리하면 다음 요점이 얻어진다.

요점 5.18 **A^TA의 정칙성**

크기 $(m\times n),\ (m\geq n)$인 행렬 $\boldsymbol{A}$가 풀 랭크를 가진다면 $\boldsymbol{A}^T\boldsymbol{A}$는 정칙행렬로 된다.

[요점 5.18]로부터 식 (5.3.9)의 정상방정식은

$$\vec{x}=\left(\boldsymbol{A}^T\boldsymbol{A}\right)^{-1}\boldsymbol{A}^T\vec{b} \tag{5.3.13}$$

로 주어지는 유일해를 가진다는 것을 알 수 있다. 뒷부분에서 언급하겠지만, 정상방정식의 해 (5.3.13)은 식 (5.3.8)을 최소화하는 해 $\vec{x}$와 일치한다. 다시 말하면 해를 가지지 않는

선형방정식 (5.3.3)의 근사해는

$$\vec{x} = (\boldsymbol{A}^T \boldsymbol{A})^{-1} \boldsymbol{A}^T \vec{b} \tag{5.3.14}$$

로서 계산할 수 있다. 여기서 만약 $\boldsymbol{A}^{-1}$이 존재, 즉 $n = m$이라면

$$(\boldsymbol{A}^T \boldsymbol{A})^{-1} = \boldsymbol{A}^{-1} (\boldsymbol{A}^T)^{-1} \tag{5.3.15}$$

로 되어 식 (5.3.3)은

$$\vec{x} = \boldsymbol{A}^{-1} \vec{b} \tag{5.3.16}$$

로 주어지는 유일해를 가진다.

▶ 예제 5.3.1

[표 5.1]의 데이터에 대한 최적의 직선을 구하여보자.

◈ 해

식 (5.3.2)로부터

$$\boldsymbol{A} = \begin{bmatrix} 1 & -1 \\ 1 & 0 \\ 1 & 1 \\ 1 & 2 \end{bmatrix}, \quad \vec{x} = \begin{bmatrix} b \\ a \end{bmatrix}, \quad \vec{b} = \begin{bmatrix} -0.5 \\ 0.5 \\ 1.1 \\ 2.1 \end{bmatrix}$$

이다. 따라서 이에 대한 정상방정식은

$$\begin{bmatrix} 4 & 2 \\ 2 & 6 \end{bmatrix} \begin{bmatrix} b \\ a \end{bmatrix} = \begin{bmatrix} 3.2 \\ 5.8 \end{bmatrix}$$

로 되어, [표 5.1]에 있어서 최적의 (즉 오차를 최소로 하는) 직선은 다음과 같이 됨을 알 수 있다.

$$\begin{bmatrix} b \\ a \end{bmatrix} = \begin{bmatrix} 0.84 \\ 0.38 \end{bmatrix} \to y = 0.84x + 0.38$$

▶ 예제 5.3.2

주어진 n개의 점 $[(x_i, y_i)]$에 대하여, 식 (5.3.8)의 의미에서 오차를 최소로 하는 직선

$$y = ax + b$$

를 구하여 보자.

◇ 해

위 문제에 대한 선형연립방정식은, 미지수의 개수보다 방정식의 개수가 많은 과잉결정계의 경우이다. 즉

$$\begin{bmatrix} 1 & x_1 \\ 1 & x_2 \\ \vdots & \vdots \\ 1 & x_n \end{bmatrix} \begin{bmatrix} b \\ a \end{bmatrix} = \begin{bmatrix} y_1 \\ y_2 \\ \vdots \\ y_n \end{bmatrix} \qquad ①$$

이며, 이때 행렬 $\boldsymbol{A}$는 풀 랭크(즉 2)를 가지므로 정상방정식 (5.3.9)는 다음과 같이 될 것이다.

$$\begin{bmatrix} n & \sum x_i \\ \sum x_i & \sum x_i^2 \end{bmatrix} \begin{bmatrix} b \\ a \end{bmatrix} = \begin{bmatrix} \sum y_i \\ \sum x_i y_i \end{bmatrix} \qquad ②$$

여기서 $\bar{x}$를 $\{x_1, x_2, \cdots, x_n\}$의 평균값, $\bar{y}$를 $\{y_1, y_2, \cdots, y_n\}$의 평균값이라 하며, 이는

$$\bar{x} = \frac{\sum x_i}{n}, \quad \bar{y} = \frac{\sum y_i}{n}$$

로 주어진다. 여기서 ②의 연립방정식의 해를 구하기 위한 확대행렬(제 4 장 참조)에 기본행연산을 수행하면 다음으로 됨을 알 수 있다.

$$\begin{bmatrix} n & \sum x_i & \sum y_i \\ \sum x_i & \sum x_i^2 & \sum x_i y_i \end{bmatrix} \to \begin{bmatrix} 1 & \bar{x} & \bar{y} \\ \bar{x} & \sum x_i^2/n & \sum x_i y_i/n \end{bmatrix} \qquad ③$$

위 식에서

$$a = \frac{\dfrac{\sum x_i y_i}{n} - \bar{x}\bar{y}}{\dfrac{\sum x_i^2}{n} - \bar{x}^2} \qquad ④$$

으로 두면 ③은

$$\begin{bmatrix} 1 & \bar{x} & \bar{y} \\ 0 & 1 & a \end{bmatrix} \to \begin{bmatrix} 1 & 0 & \bar{y} - a\bar{x} \\ 0 & 1 & a \end{bmatrix}$$

로 되어 ①을 만족하는 최적의 해는 다음과 같다.

$$b = \bar{y} - a\bar{x} \qquad ⑤$$

여기서 ④의 a를 변환하여 다음과 같이 나타낼 수도 있다.

$$a = \frac{\sum (x_i - \bar{x})(y_i - \bar{y})}{\sum (x_i - \bar{x})^2}$$

반복되는 실험을 통하여 얻어진 데이터에 가장 적합한 직선을 구하고자 하는 경우 [예제 5.3.2]의 결과는 상당히 유용하다. 다음의 예제는 직선이 아닌 좀더 일반적인 곡선으로 데이터를 나타내고자 하는 경우[17]에 대한 설명이다.

▶ 예제 5.3.3

아래 표에 주어진 데이터를 xy 평면에 표시하고, 두 변수 사이의 관계를 나타내는 식

$$y = Me^{-kx} \qquad ①$$

에 가장 적절한 M과 k 값을 구하여라([그림 5.19] 참조).

x	0	0.5	1	1.5	2	2.5
y	3	2.34	1.82	1.42	1.1	0.86

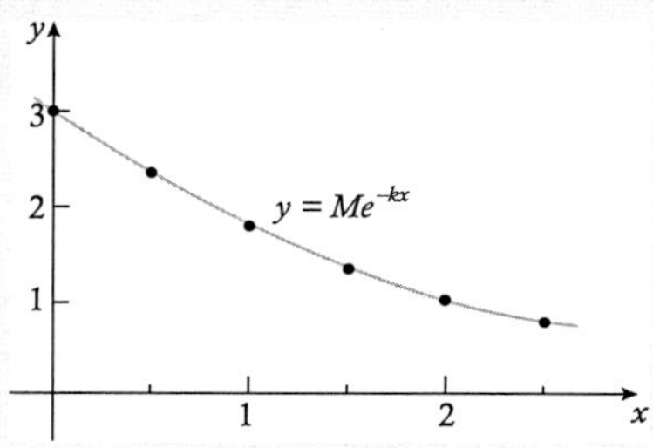

그림 5.19 [예제 5.3.3]

◇ 해

xy 평면에 표의 데이터와 예상되는 곡선을 [그림 5.19]에 표시하였다. 따라서 오차를 최소로 하는 곡선을 구하기 위해, 위에서 언급한 과정을 이용하기로 한다. 먼저 주어진 방정식 ①을 다음과 같이 변형할 수 있다.

$$z = \ln y = -kx + \ln M$$

여기서 $a = -k$와 $b = \ln M$으로 두면, 표의 y 값은 다음과 같이 바뀐다.

x	0	0.5	1	1.5	2	2.5
$z = \ln y$	1.1	0.85	0.60	0.35	0.10	-0.15

위 표를 이용하여 다음의 항을 계산한다. 즉

$$\bar{x} = \frac{\sum x_i}{6} = 1.25, \quad \bar{z} = \frac{\sum z_i}{6} = 0.47$$

$$\frac{\sum x_i^2}{6} = 2.29, \qquad \frac{\sum x_i z_i}{6} = 0.23$$

17) 이러한 과정을 'curve fitting'이라고 한다.

이다. 이를 이용하면 [예제 5.3.2]의 ④, ⑤로부터

$$a = -0.50, \ b = 1.10$$

가 얻어지고

$$M = e^b = 3.00$$

이므로, ①의 최종 근사값은 다음과 같다.

$$y = 3.00\, e^{-0.5}$$

5.3.1 사영행렬에 의한 $\|\vec{b} - A\vec{x}\|$의 최소화

[요점 5.16]에서 P가 사영행렬이고 벡터 $\vec{b}$와 $\vec{y}$가 임의의 벡터라면

$$P\vec{y} \perp (P\vec{b} - \vec{b}) \tag{5.3.17}$$

가 성립한다는 것을 강조했다. 이때 $P\vec{y}$ 와 $(P\vec{b} - \vec{b})$를 한 변으로 하는 직각삼각형에 피타고라스의 정리를 적용하면

$$\|P\vec{b} - \vec{b} + P\vec{y}\|^2 = \|P\vec{b} - \vec{b}\|^2 + \|P\vec{y}\|^2 \tag{5.3.18}$$

이 성립한다. 이때 임의의 벡터 $\vec{z}$가 주어졌다고 가정하고, $\vec{y} = A\vec{z}$로 정의한다. 그러면 $A^T\vec{y} = A^TA\vec{z}$이며, 따라서

$$\vec{z} = (A^TA)^{-1}A^T\vec{y} \tag{5.3.19}$$

로 된다. 위 식의 양변에 A를 왼쪽에서 곱하면 다음의 식을 얻는다.

$$A\vec{z} = A(A^TA)^{-1}A^T\vec{y} \tag{5.3.20}$$

여기서 $P = A(A^TA)^{-1}A^T$로 두면, P는 사영행렬의 조건을 만족한다(예제 5.2.14). 따라서 행렬 P는 벡터 $\vec{y}$를 행렬 A의 열공간, 즉 $C(A)$로 사영하는 작용을 한다. 다시 말하면 $\vec{\bar{y}} = \mathrm{proj}_{C(A)}(\vec{y})$로 두면 식 (5.3.19)의 벡터 $\vec{z}$는

$$A\vec{z} = P\vec{y} = \vec{\bar{y}} \tag{5.3.21}$$

를 만족하는 벡터이다. 여기서 식 (5.3.21)을 만족하는 $\vec{z}$를 방정식 $A\vec{x} = \vec{b}$의 하나의 근사

해로 두었을 때의 오차 $\vec{r}(\vec{z})$는

$$\vec{r}(\vec{z}) = \|\vec{b} - \boldsymbol{A}\vec{z}\|^2 = \|\vec{b} - \boldsymbol{A}\vec{z} + \boldsymbol{P}\vec{b} - \boldsymbol{P}\vec{b}\|^2 \tag{5.3.22}$$
$$= \|\vec{b} - \boldsymbol{P}\vec{y} + \boldsymbol{P}\vec{b} - \boldsymbol{P}\vec{b}\|^2$$

이다. 위 식은 다시 다음과 같이 됨을 쉽게 확인할 수 있다.

$$\|\vec{b} - \boldsymbol{A}\vec{z}\|^2 = \|\vec{b} - \boldsymbol{P}\vec{b} + \boldsymbol{P}\vec{b} - \boldsymbol{P}\vec{y}\|^2 \tag{5.3.23}$$
$$= \|\vec{b} - \boldsymbol{P}\vec{b} + \boldsymbol{P}(\vec{b} - \vec{y})\|^2$$
$$= \|\vec{b} - \boldsymbol{P}\vec{b}\|^2 + \|\boldsymbol{P}(\vec{b} - \vec{y})\|^2$$

위 식의 마지막 항은 식 (5.3.19)의 $\vec{y}$를 $(\vec{b} - \vec{y})$로 두면 얻어진다. 따라서 식 (5.3.21)을 만족하는 모든 벡터 $\vec{z}$에 대하여

$$\|\vec{b} - \boldsymbol{A}\vec{z}\|^2 \geq \|\vec{b} - \boldsymbol{P}\vec{b}\|^2 \tag{5.3.24}$$

가 성립한다. $\boldsymbol{P}$의 정의에 의하여 $\boldsymbol{P}\vec{b} = \boldsymbol{A}(\boldsymbol{A}^T\boldsymbol{A})^{-1}\boldsymbol{A}^T\vec{b}$로 되지만, 식 (5.3.14)로 주어지는 $\vec{\bar{x}}$의 정의를 이용하면 $\boldsymbol{P}\vec{b} = \boldsymbol{A}(\boldsymbol{A}^T\boldsymbol{A})^{-1}\boldsymbol{A}^T\vec{b} = \boldsymbol{A}\vec{\bar{x}}$로 되어 식 (5.3.24)는

$$\|\vec{b} - \boldsymbol{A}\vec{z}\|^2 \geq \|\vec{b} - \boldsymbol{A}\vec{\bar{x}}\|^2 \tag{5.3.25}$$

로 된다. 따라서 식 (5.3.14)로 주어지는 $\vec{\bar{x}}$는 $\|\vec{b} - \boldsymbol{A}\vec{x}\|$를 최소화하는 값이라는 것을 알 수 있다.

5.3.2 MATLAB에 의한 풀이

```
% [예제 5.3.2]
% [표 5.1]을 이용한 데이터의 작성
% eData (:,1): 입력 x,  eData(:,2): 출력 y
x=[0 0.5 1 1.5 2 2.5]'; y=[3 2.34 1.82 1.42 1.1 0.86]'; z=log(y);       % z=ln(M)
[n,p]=size(x); e=ones(n,1); xbar=x'*e./n; zbar=z'*e./n;
a=(z'*x-n.*zbar.*xbar)./(x'*x-n.*(xbar.^2));                              % ④
b=(zbar.*(x'*x)-xbar.*(z'*x))./(x'*x-n.*xbar.^2);                         % ⑤
M=exp(b); k=-a; yhat=M.*exp(-k.*x);
plot(x,y,'o',x,yhat,'-'), xlabel(' x '), ylabel(' y '), text(1.5,2,' y = M e^-^k^x ')
```

연습문제 5.3.3

1. 주어진 데이터 (x_1, y_1), (x_2, y_2), $\cdots$, (x_n, y_n)에 대하여 다음 주어진 시스템에 대한 정상방정식을 구하여라.

$$\begin{aligned} \alpha + \beta x_1 + \gamma x_1^2 &= y_1 \\ \alpha + \beta x_2 + \gamma x_2^2 &= y_2 \\ &\vdots \\ \alpha + \beta x_n + \gamma x_n^2 &= y_n \end{aligned}$$

2. 다음과 같은 두 종류의 연립방정식 $A\vec{x} = \vec{b}$에 대하여 정상방정식으로부터 최적의 해를 구하여라.

(1) $A = \begin{bmatrix} 1 & 1 \\ 0 & 1 \\ 1 & -1 \end{bmatrix}$, $\vec{b} = \begin{bmatrix} 1 \\ 1 \\ 0 \end{bmatrix}$　　(2) $A = \begin{bmatrix} 1 & -2 \\ -1 & 2 \\ 1 & -2 \end{bmatrix}$, $\vec{b} = \begin{bmatrix} 1 \\ 1 \\ 0 \end{bmatrix}$

3. (1) 방정식 $A\vec{x} = \vec{b}$에 대한 해로 주어진 벡터 $\vec{x}_0$에 대하여 오차벡터, 즉 식 (5.3.22)를 계산하여라.

$$A = \begin{bmatrix} 1 & -2 \\ 3 & 2 \\ -1 & 2 \end{bmatrix}, \ \vec{b} = \begin{bmatrix} 1 \\ 0 \\ 2 \end{bmatrix}, \ \vec{x}_0 = \begin{bmatrix} 1 \\ 1 \end{bmatrix}$$

(2) 과학실험결과 다음과 같은 네 개의 데이터를 얻었다. 이때 최소 2 승법을 이용하여 데이터에 존재하는 선형적인 관계식 $y = mx + c$를 최적으로 만족하는 m과 c의 값을 결정하여라. 또한 이 경우 오차벡터의 크기를 계산하여라.

$$A = (0, 1), \ B = (1, 2), \ C = (2, 1), \ D = (3, 5)$$

4. 방정식 $A\vec{x} = \vec{b}$에 대한 모든 최소 2 승(least square)의 해를 구하여라. 단

$$A = \begin{bmatrix} 1 & 2 & 3 \\ -1 & 1 & 3 \\ 2 & 2 & 2 \\ 3 & 1 & -1 \end{bmatrix}, \ \vec{b} = \begin{bmatrix} -1 \\ 0 \\ 2 \\ 1 \end{bmatrix}$$

이다.

5.4 연립 선형미분방정식의 문제: 제차방정식의 경우

다음 식으로 주어지는 선형이며 1계인 연립미분방정식에 대하여 생각하여 보자.

$$\dot{x}_1 = x_1 + x_2 \tag{5.4.1}$$

[18]

$$\dot{x}_2 = 4x_1 + x_2$$

위 식과 같이 정수 계수를 가지는 미분방정식의 해는 일반적으로 다음과 같은 지수함수의 형태로 주어진다. 즉

$$x_1(t) = u_1 e^{\lambda t}, \; x_2(t) = u_2 e^{\lambda t} \tag{5.4.2}$$

이다. 여기서 u_1, u_2 및 λ는 정수이다. 따라서 식 (5.4.2)를 식 (5.4.1)에 대입하면

$$\lambda u_1 e^{\lambda t} = u_1 e^{\lambda t} + u_2 e^{\lambda t}, \quad \lambda u_2 e^{\lambda t} = 4u_1 e^{\lambda t} + u_2 e^{\lambda t} \tag{5.4.3}$$

이다. 이때 $e^{\lambda t} > 0$ 이므로 식 (5.4.3)은 다음과 같이 간략화 가능하다.

$$\lambda u_1 = u_1 + u_2, \quad \lambda u_2 = 4u_1 + u_2 \tag{5.4.4}$$

위 식으로부터 세 개의 변수 λ, u_1 및 u_2를 결정하여 식 (5.4.2)에 대입하면 식 (5.4.1)의 해를 얻는다. 식 (5.4.4)로 주어진 연립방정식의 해를 구하기 위해, 위 식을 행렬과 벡터를 이용하여 표현하면

$$\begin{bmatrix} 1 & 1 \\ 4 & 1 \end{bmatrix} \begin{bmatrix} u_1 \\ u_2 \end{bmatrix} = \lambda \begin{bmatrix} u_1 \\ u_2 \end{bmatrix} \tag{5.4.5}$$

로 된다. 위 식은 제 4 장에서 취급한 행렬의 고유값과 고유벡터를 구하는 문제, 즉 $\boldsymbol{A}\vec{x} = \lambda\vec{x}$와 동일한 형태를 취하고 있다는 것을 알 수 있다. 따라서 식 (5.4.1)로 주어지는 연립미분방정식의 해인 식 (5.4.2)는

$$(\boldsymbol{A} - \lambda \boldsymbol{I}_2)\vec{x} = 0 \tag{5.4.6}$$

에 의한 행렬 $\boldsymbol{A}$의 고유값 λ와 고유벡터 $\vec{x}$에 의해 결정된다.

---

18) 여기서 변수 위의 ·(점)은 시간에 의한 미분을 의미한다. 즉 $\dot{x} = dx/dt$이다. 또한 변수의 미분은 x'(1계), x''(2계) 등을 사용하기도 한다.

이와 같이 고유값과 고유벡터를 이용하여 연립미분방정식의 해를 구하는 과정을 일반화하면 다음과 같다. 먼저 식 (5.4.1)의 형태로 주어지는 연립미분방정식은 다음과 같이 행렬과 벡터를 이용하여 간략하게 표현된다.

$$\dot{\vec{x}} = \boldsymbol{A}\,\vec{x} \tag{5.4.7}$$

단

$$\vec{x} = \begin{bmatrix} x_1(t) \\ x_2(t) \\ \vdots \\ x_n(t) \end{bmatrix}, \quad \dot{\vec{x}} = \begin{bmatrix} \dot{x}_1(t) \\ \dot{x}_2(t) \\ \vdots \\ \dot{x}_n(t) \end{bmatrix} \tag{5.4.8}$$

이며, $\boldsymbol{A}$는 정수행렬이다. 이러한 형태의 연립방정식을 제차(homogeneous)연립방정식이라고 하며

$$\dot{\vec{x}} = \boldsymbol{A}\,\vec{x} + \vec{f} \tag{5.4.9}$$

는 비제차(nonhomogeneous)연립방정식이라고 한다. 이때 $\vec{f}$는 다음과 같이 정의되며, 주로 시스템의 입력부분을 나타낸다.

$$\vec{f} = \begin{bmatrix} f_1(t) \\ f_2(t) \\ \vdots \\ f_n(t) \end{bmatrix} \neq \vec{0} \tag{5.4.10}$$

제차방정식에 대한 일반해를 구할 수 있다면, 비제차방정식에 대한 완전한 해도 비교적 간단하게 계산할 수 있다.

한편 식 (5.4.9)와 같이 주어진 비제차연립방정식에서 시각 $t = t_0$에서의 값 $\vec{x}(t_0)$가 주어졌을 경우의 완전한 해를 구하는 문제를 '초기값 문제(initial-value problem)'라고 한다. 즉

$$\dot{\vec{x}} = \boldsymbol{A}\,\vec{x} + \vec{f}, \quad \vec{x}(t_0) = \vec{x}_0 \tag{5.4.11}$$

이다. 여기서 $\tau = t - t_0$와 같은 간단한 변수변환을 수행함으로써 식 (5.4.11)을 다음과 같은 표준형의 초기값 문제로 변환할 수 있다.

$$\dot{\vec{x}} = A\vec{x} + \vec{f}, \quad \vec{x}(0) = \vec{x}_0 \tag{5.4.12}$$

이후 특별히 언급되는 경우를 제외하고는 초기값은 $t_0 = 0$에서 주어지는 것으로 한다.

▶ 예제 5.4.1

[그림 5.21]로 주어진 기계시스템을 나타내는 미분방정식을 구하여 이것을 식 (5.4.9)의 형식으로 변환하여 보자.

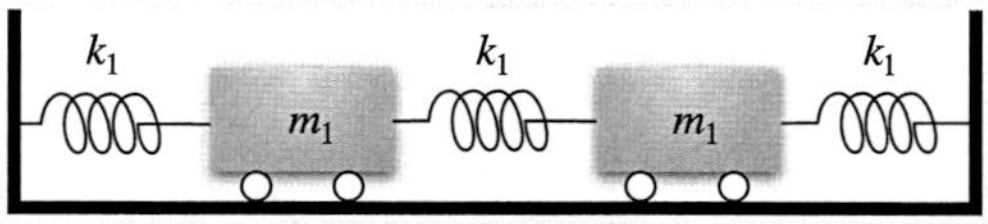

그림 5.20 [예제 5.4.1]의 기계시스템

◇ 해

두 질량의 중심의 평형점으로부터의 변위를 각각 $x_1(t), x_2(t)$로 두면, 뉴턴의 제 2 법칙에 의해

$$m_1 x_1'' = -k_1 x_1 + k_2(x_2 - x_1), \quad m_2 x_2'' = -k_2(x_2 - x_1) - k_3 x_2 \qquad ①$$

을 얻는다. 두 물체의 속도를 나타내는 새로운 변수로

$$y_1 = x_1', \quad y_2 = x_2' \qquad ②$$

를 도입하여 2계인 미분방정식 ①을 x_1, y_1, x_2, y_2 (즉 두 질량의 위치와 속도)를 미지의 함수로 하는 1 계미분방정식으로 구성되는 연립방정식으로 변환한다. 즉

$$\begin{aligned} x_1' &= y_1 \\ y_1' &= \frac{-k_1 x_1 + k_2(x_2 - x_1)}{m_1} \\ x_2' &= y_2 \\ y_2' &= \frac{-k_2(x_2 - x_1) - k_3 x_2}{m_2} \end{aligned} \qquad ③$$

으로 된다. 이것을 행렬의 형식으로 바꾸면

$$\begin{bmatrix} x_1' \\ y_1' \\ x_2' \\ y_2' \end{bmatrix} = \begin{bmatrix} 0 & 1 & 0 & 0 \\ -\dfrac{k_1 + k_2}{m_1} & 0 & \dfrac{k_2}{m_1} & 0 \\ 0 & 0 & 0 & 1 \\ \dfrac{k_2}{m_2} & 0 & -\dfrac{k_2 + k_3}{m_2} & 0 \end{bmatrix} \begin{bmatrix} x_1 \\ y_1 \\ x_2 \\ y_2 \end{bmatrix} \qquad ④$$

이다. 미지함수로 이루어지는 벡터, 계수행렬 및 초기조건을 각각

$$\vec{u} = \begin{bmatrix} x_1 \\ y_1 \\ x_2 \\ y_2 \end{bmatrix},\ \boldsymbol{A} = \begin{bmatrix} 0 & 1 & 0 & 0 \\ -\dfrac{k_1+k_2}{m_1} & 0 & \dfrac{k_2}{m_1} & 0 \\ 0 & 0 & 0 & 1 \\ \dfrac{k_2}{m_2} & 0 & -\dfrac{k_2+k_3}{m_2} & 0 \end{bmatrix},\ \vec{u}_0 = \begin{bmatrix} x_1(0) \\ y_1(0) \\ x_2(0) \\ y_2(0) \end{bmatrix} \qquad ⑤$$

로 두면 초기값 문제는

$$\vec{u}' = \boldsymbol{A}\vec{u},\quad \vec{u}(0) = \vec{u}_0 \qquad ⑥$$

으로 쓸 수 있다.

여기서는 우선 $\vec{f} = \vec{0}$인 제차방정식 (5.4.7)의 해를 구하는 문제를 다루기로 한다. 이 경우, $\vec{u}$를 정수벡터라고 할 때

$$\lambda\vec{u}\,e^{\lambda t} = \boldsymbol{A}\,\vec{u}\,e^{\lambda t} \qquad (5.4.13)^{19)}$$

가 만족한다면

$$\vec{x}(t) = \vec{u}\,e^{\lambda t} \qquad (5.4.14)$$

는 식 (5.4.7) $\dot{\vec{x}} = \boldsymbol{A}\,\vec{x}$의 해이다. 그런데 $e^{\lambda t} > 0$ 이므로 식 (5.4.13)은

$$\boldsymbol{A}\,\vec{u} = \lambda\,\vec{u} \qquad (5.4.15)$$

로 된다. 따라서 식 (5.4.15)로 주어지는 행렬 $\boldsymbol{A}$의 고유값과 고유벡터 문제를 해결할 수 있다면, 식 (5.4.7)의 제차방정식에 대한 해를 구할 수 있다는 것을 알 수 있다. 또한 $\vec{x}(t) \neq \vec{0}$인 해가 존재하기 위해 행렬 $\boldsymbol{A}$는 서로 다른 n개의 고유값 $\{\lambda_1, \lambda_2, \cdots, \lambda_n\}$에 대해 n개의 선형독립인 고유벡터를 가지는 것으로 가정한다(제 4 장 참조). 그러면 식 (5.4.7)은 n개의 선형독립인 해

$$\vec{x}_i(t) = \vec{u}_i e^{\lambda_i t},\quad i = 1, 2, \cdots, n \qquad (5.4.16)$$

를 가진다. 식 (5.4.16)으로 주어지는 n개의 해의 선형결합으로 이루어지는 벡터 $\vec{x}(t)$, 즉

19) 식 (5.4.14)를 식 (5.4.7)에 대입하면 얻어진다.

$$\vec{x}(t) = c_1\vec{x}_1(t) + c_2\vec{x}_2(t) + \cdots + c_n\vec{x}_n(t) \tag{5.4.17}$$
$$= \sum_{k=1}^{n} c_k \vec{u}_k e^{\lambda_k t}$$

는 제차방정식 (5.4.7)의 해집합을 나타낸다. 이와 같은 해집합 중에서 초기조건, 즉 $t=0$ 에서 $\vec{x}_0$을 만족하는 해는 다음과 같이 구할 수 있다. 즉

$$\vec{x}(0) = \vec{x}_0 = \sum_{k=1}^{n} c_k \vec{u}_k \tag{5.4.18}$$

에서 미지상수 $c_k, (k=1 \sim n)$를 결정한다. 이때 식 (5.4.18)의 n개의 벡터 $\vec{u}_k$는 서로 선형독립이기 때문에 항상 식 (5.4.18)에 의해 유일한 해(즉 $c_k, (k=1 \sim n)$)를 구할 수 있다(제 4 장 참조). 이를 위해 식 (5.4.18)을 행렬로 표시하면

$$\boldsymbol{U}\vec{c} = \vec{x}_0 \tag{5.4.19}$$

이다. 단

$$\boldsymbol{U} = \left[\vec{u}_1, \vec{u}_2, \cdots, \vec{u}_n\right], \quad \vec{c} = \begin{bmatrix} c_1 \\ c_2 \\ \vdots \\ c_n \end{bmatrix} \tag{5.4.20}$$

이며 $\boldsymbol{U}$는 정칙행렬이다. 일반적으로 식 (5.4.17)을 연립미분방정식 $\dot{\vec{x}} = \boldsymbol{A}\vec{x}$의 일반해(general solution)라고 한다.

▶ 예제 5.4.2

식 (5.4.1)의 연립방정식의 행렬표현식인 식 (5.4.7)에서 행렬 $\boldsymbol{A}$와 초기조건이 다음과 같이 주어졌을 때 해를 구하여 보자.

$$\boldsymbol{A} = \begin{bmatrix} 1 & 1 \\ 4 & 1 \end{bmatrix}, \quad \vec{x}_0(0) = \begin{bmatrix} 1 \\ 1 \end{bmatrix}$$

◇ **해**

이를 위해서 먼저 행렬 $\boldsymbol{A}$의 두 개의 고유값 $\lambda_1 = -1$와 $\lambda_2 = 3$에 대한 고유벡터를 계산하면 다음과 같다(제 4 장 참조).

$$\vec{u}_1 = \begin{bmatrix} -\frac{1}{2} \\ 1 \end{bmatrix},\ \vec{u}_2 = \begin{bmatrix} \frac{1}{2} \\ 1 \end{bmatrix} \qquad ①$$

따라서 일반해는

$$\vec{x}(t) = c_1 \begin{bmatrix} -\frac{1}{2} \\ 1 \end{bmatrix} e^{-t} + c_2 \begin{bmatrix} \frac{1}{2} \\ 1 \end{bmatrix} e^{3t} \qquad ②$$

이다. 다음에 주어진 초기값으로부터 ②의 계수를 계산한다. 즉

$$\vec{x}(0) = \begin{bmatrix} 1 \\ 1 \end{bmatrix} = \begin{bmatrix} -\frac{1}{2} & \frac{1}{2} \\ 1 & 1 \end{bmatrix} \begin{bmatrix} c_1 \\ c_2 \end{bmatrix} \to \vec{c} = \begin{bmatrix} -\frac{1}{2} \\ \frac{3}{2} \end{bmatrix} \qquad ③$$

이다. 따라서 초기조건을 만족하는 최종해는

$$\vec{x}(t) = -\frac{1}{2} \begin{bmatrix} -\frac{1}{2} \\ 1 \end{bmatrix} e^{-t} + \frac{3}{2} \begin{bmatrix} \frac{1}{2} \\ 1 \end{bmatrix} e^{3t} \qquad ④$$

임을 알 수 있다.

▶ 예제 5.4.3

다음과 같은 초기값의 조건을 가지는 연립미분방정식의 해를 구하여 보자.

$$\dot{\vec{x}} = \begin{bmatrix} 0 & 1 & 0 \\ 0 & 0 & 1 \\ 2 & 1 & -2 \end{bmatrix} \vec{x}, \qquad \vec{x}_0 = \begin{bmatrix} 1 \\ 0 \\ 1 \end{bmatrix}$$

◇ 해

먼저 행렬 $\boldsymbol{A}$의 고유값과 고유벡터를 적절한 방법(예를 들어 가우스 소거법 등)을 이용하여 계산하면, 세 개의 고유값 $\lambda_1 = -1, \lambda_2 = 1$ 및 $\lambda_3 = -2$에 대한 고유벡터는 다음과 같다.

$$\vec{u}_1 = \begin{bmatrix} 1 \\ -1 \\ 1 \end{bmatrix},\ \vec{u}_2 = \begin{bmatrix} 1 \\ 1 \\ 1 \end{bmatrix},\ \vec{u}_3 = \begin{bmatrix} 1 \\ -2 \\ 4 \end{bmatrix}$$

이로부터 일반해는 식 (5.4.17)에 의해 다음과 같이 주어진다.

$$\vec{x}(t) = c_1 \begin{bmatrix} 1 \\ -1 \\ 1 \end{bmatrix} e^{-t} + c_2 \begin{bmatrix} 1 \\ 1 \\ 1 \end{bmatrix} e^{t} + c_3 \begin{bmatrix} 1 \\ -2 \\ 4 \end{bmatrix} e^{-2t}$$

주어진 초기값에 의해 식 (5.4.19)는

$$\vec{x}(0) = \begin{bmatrix} 1 \\ 0 \\ 1 \end{bmatrix} = \begin{bmatrix} 1 & 1 & 1 \\ -1 & 1 & -2 \\ 1 & 1 & 4 \end{bmatrix} \vec{c}$$

로부터 다음의 결과를 얻을 수 있다.

$$\vec{c} = \begin{bmatrix} 1/2 \\ 1/2 \\ 0 \end{bmatrix}$$

따라서 최종적인 해는 다음으로 됨을 알 수 있다.

$$\vec{x}(t) = \frac{1}{2}\begin{bmatrix} 1 \\ -1 \\ 1 \end{bmatrix} e^{-t} + \frac{1}{2}\begin{bmatrix} 1 \\ 1 \\ 1 \end{bmatrix} e^{t}$$

$$= \begin{bmatrix} 1/2(e^t + e^{-t}) \\ 1/2(e^t - e^{-t}) \\ 1/2(e^t + e^{-t}) \end{bmatrix} = \begin{bmatrix} \cosh t \\ \sinh t \\ \cosh t \end{bmatrix}$$

▶ 예제 5.4.4

[그림 5.21]과 같은 질량–스프링으로 이루어진 시스템의 식을 세우고 해를 구하여보자.

◇ 해

그림에 대한 자유물체선도를 이용하여 식을 세우면 다음과 같다.

$$M_1 y''_1 + K_1 y_1 = K_2(y_2 - y_1)$$

$$M_2 y''_2 + K_2(y_2 - y_1) = 0$$

위 식에 각 변수의 값을 대입하여 전개하면

$$y''_1 = -5y_1 + 3y_2$$

$$y''_2 = 2y_1 - 2y_2 \quad ①$$

이고, 이것을 식 (5.4.7)인 $\ddot{\vec{y}} = A\vec{y}$로 변경하면 행렬 A는 다음과 같다[20].

$$A = \begin{bmatrix} -5 & 3 \\ 2 & -2 \end{bmatrix}$$

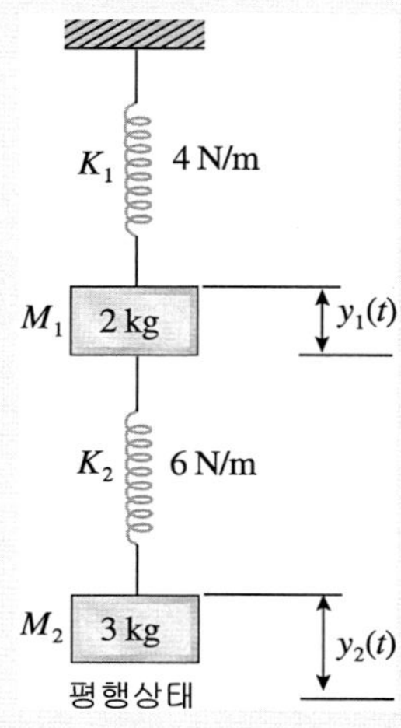

그림 5.21 [예제 5.4.4]

위 식에서 두 개의 독립변수는 모두 정수이므로, 연립미분방정식의 해는 다음과 같은 형태를 가진다고 가정한다.

20) 제어이론 등에서 사용되는 일반적인 표현법과 일치시키기 위하여 벡터의 미분을 나타내는 표현은 $\vec{y}'$ 보다 $\dot{\vec{y}}$를 사용하기로 한다.

$$\vec{y} = \vec{u}\, e^{mt} \qquad ②$$

이것을 ①에 대입하면

$$\vec{u}\, m^2 e^{mt} = \boldsymbol{A}\vec{u}\, e^{mt} \;\rightarrow\; \boldsymbol{A}\,\vec{u} = \lambda\vec{u} \qquad ③$$

로 되어 역시 고유값 문제로 됨을 알 수 있다. 따라서 위 문제 ①의 해는 행렬 $\boldsymbol{A}$의 고유값과 고유벡터를 계산함으로써 해결할 수 있다. 먼저 고유값은

$$\lambda_1 = \frac{-7+\sqrt{33}}{2} = -0.6277,\quad \lambda_2 = \frac{-7-\sqrt{33}}{2} = -6.372$$

이며, 위 고유값에 대응하는 고유벡터는 다음과 같음을 쉽게 확인할 수 있을 것이다.

$$\vec{u}_1 = \begin{bmatrix} 1 \\ 1.46 \end{bmatrix},\ \vec{u}_2 = \begin{bmatrix} 1 \\ -0.457 \end{bmatrix}$$

이때 임의의 상수는 두 고유벡터의 크기가 1로 될 수 있도록 적절히 정하였다. ③에서 $m^2 = \lambda$의 관계, 즉 $m_1^2 = -0.6277,\, m_2^2 = -6.372$의 관계가 성립하므로

$$m_1 = \pm j0.7923,\quad m_2 = \pm j2.524$$

가 얻어진다. 따라서 일반해는 ②로부터 다음과 같다.

$$\vec{y}(t) = \vec{u}_1\left(c_1 e^{j0.7923t} + d_1 e^{-j0.7923t}\right) + \vec{u}_2\left(c_2 e^{j2.524t} + d_2 e^{-j2.524t}\right) \qquad ④$$

위 식에서 네 개의 임의 상수는 초기값으로부터 결정되어야 할 것이다. ④의 일반해를 오일러 정리를 적용하여 정리하면 다음과 같이 사인파함수로 표현할 수 있다. 즉

$$y_1(t) = a_1 \cos 0.7923t + b_1 \sin 0.7923t + a_2 \cos 2.524t + b_2 \sin 2.524t$$

$$y_2(t) = 1.46\left[a_1 \cos 0.7923t + b_1 \sin 0.7923t\right] - 0.457\left[a_2 \cos 2.524t + b_2 \sin 2.524t\right]$$

여기서는 ②를 만족하는 고유벡터의 크기가 1이 되도록 고유벡터를 설정하였기 때문에, 일반해의 표현식 ④는 초기값에 의한 질량이 움직인 실제거리를 나타내는 양이다.

5.4.1 복소고유값을 가지는 경우의 해

여기서는 행렬 $\boldsymbol{A}$가 (2×2)의 크기를 가지며 동시에 두 개의 복소고유값 $\lambda_{1,2} = a \pm jb$를 가지는 것으로 가정한다. 물론 이때 a, b는 실수이며 동시에 $b \neq 0$이다. 이미 제4장에서도 언급하였지만, 두 개의 고유값에 대응하는 두 개의 고유벡터 $\vec{u}_1$, $\vec{u}_2$가 존재하며, 식 (5.4.16)에 의하여 이 경우에도 두 개의 해가 존재한다. 그 중 하나는

$$\vec{x}_1(t) = \vec{u}_1 e^{(a+jb)t} = \vec{u}_1 e^{at} e^{jbt} \tag{5.4.21}$$

로 된다. 이때 복소지수함수 e^{jbt}는 오일러의 공식

$$e^{j\theta} = \cos\theta + j\sin\theta \tag{5.4.22}$$

를 이용하여 전개하는 것이 일반적이다. 또한 특별한 방식을 채용하지 않는 한 복소수의 고유값에 대한 고유벡터는 반드시 복소벡터로 되기 때문에, $\vec{u}_{1,2} = \vec{g} \pm j\vec{h}$로 나누어 표현하는 것이 편리하다. 따라서 식 (5.4.21)은

$$\begin{aligned}\vec{x}_1(t) &= (\vec{g} + j\vec{h})e^{at}(\cos bt + j\sin bt) \\ &= e^{at}\{\vec{g}\cos bt - \vec{h}\sin bt + j(\vec{h}\cos bt + \vec{g}\sin bt)\} \\ &= e^{at}(\vec{g}\cos bt - \vec{h}\sin bt) + je^{at}(\vec{h}\cos bt + \vec{g}\sin bt)\end{aligned} \tag{5.4.23}$$

로 된다. $\vec{x}_2(t) = \vec{u}_2 e^{(a-jb)t}$에 대해서도 위와 동일한 과정을 실행하면

$$\vec{x}_2(t) = e^{at}(\vec{g}\cos bt - \vec{h}\sin bt) - je^{at}(\vec{h}\cos bt + \vec{g}\sin bt) \tag{5.4.24}$$

로 되어, 각각의 해가 실수부와 허수부로 분리되었다. 식 (5.4.23)(또는 식 (5.4.24))을

$$\begin{aligned}\vec{x}_1(t) &= e^{at}(\vec{g}\cos bt - \vec{h}\sin bt) + je^{at}(\vec{h}\cos bt + \vec{g}\sin bt) \\ &= \vec{x}_R + j\vec{x}_I\end{aligned} \tag{5.4.25}$$

로 두면 이것은 원래의 미분방정식 $\dot{\vec{x}} = \boldsymbol{A}\vec{x}$의 해이므로

$$\frac{d}{dt}\vec{x}_1 = \boldsymbol{A}\vec{x}_1 \rightarrow \vec{x}_R{}' + j\vec{x}_I{}' = \boldsymbol{A}\vec{x}_R + j\boldsymbol{A}\vec{x}_I \tag{5.4.26}$$

를 만족한다. 여기서 위 식의 실수부와 허수부를 같도록 놓으면

$$\vec{x}_R{}' = \boldsymbol{A}\vec{x}_R, \quad \vec{x}_I{}' = \boldsymbol{A}\vec{x}_I \tag{5.4.27}$$

이므로, $\vec{x}_R$과 $\vec{x}_I$는 복소공역인 고유값 $\lambda_{1,2} = a \pm jb$, $(b \neq 0)$에 대응하는 미분방정식 $\dot{\vec{x}} = \boldsymbol{A}\vec{x}$의 실수인 해벡터이고, $\vec{g} = \mathrm{Re}(\vec{u}_1)$와 $\vec{h} = \mathrm{Im}(\vec{u}_1)$는 모두 영이 아닌 벡터이므로 $\vec{x}_R$과 $\vec{x}_I$는 구간 $(-\infty, \infty)$에서 선형독립인 해벡터이다. 이 결과를 이용하면 복소고유

값을 가지는 연립미분방정식의 선형독립인 두 개의 해는

$$\vec{x}_R(t) = e^{at}\left(\vec{g}_1 \cos bt - \vec{h} \sin bt\right),\ \ \vec{x}_I(t) = e^{at}\left(\vec{g}_1 \cos bt + \vec{h} \sin bt\right) \tag{5.4.28}$$

로 주어진다. 따라서 두 개의 선형독립인 기본해로부터 일반해는

$$\vec{x}(t) = c_1 \vec{x}_R(t) + c_2 \vec{x}_I(t) \tag{5.4.29}$$

이다.

▶ 예제 5.4.5

다음 미분방정식의 일반해를 구하여 보자.

$$\frac{d\vec{x}}{dt} = \begin{bmatrix} 4 & -3 \\ 3 & 4 \end{bmatrix}\vec{x},\ \ (\text{단 } \vec{x} = [x_1, x_2]^T)$$

◇ 해

계수행렬 $\boldsymbol{A}$의 고유값은 4.6절의 결과를 이용하면 $\lambda_{1,2} = 4 \pm j3$ 이며, 고유벡터는

$$\vec{u}_{1,2} = \alpha\left(\begin{bmatrix} 1 \\ 0 \end{bmatrix} \pm j \begin{bmatrix} 0 \\ 1 \end{bmatrix}\right) \equiv \vec{a} \pm j\vec{b},\ (\text{단 } \alpha = 1\text{로 두었다}) \quad ①$$

임을 확인할 수 있다. 따라서 선형독립인 복소해벡터는 식 (5.4.28)로부터

$$\vec{x}_R = e^{4t}\left(\begin{bmatrix} 1 \\ 0 \end{bmatrix}\cos 3t + \begin{bmatrix} 0 \\ 1 \end{bmatrix}\sin 3t\right) = e^{4t}\begin{bmatrix} \cos 3t \\ \sin 3t \end{bmatrix}$$
$$\vec{x}_I = e^{4t}\left(\begin{bmatrix} 0 \\ 1 \end{bmatrix}\cos 3t - \begin{bmatrix} 1 \\ 0 \end{bmatrix}\sin 3t\right) = e^{4t}\begin{bmatrix} -\sin 3t \\ \cos 3t \end{bmatrix} \quad ②$$

로 되어 일반해는

$$\vec{x} = c_1\vec{x}_R + c_2\vec{x}_I = e^{4t}\begin{bmatrix} c_1\cos 3t - c_2\sin 3t \\ c_1\sin 3t + c_2\cos 3t \end{bmatrix} \quad ③$$

이며, 이것을 스칼라 형식으로 고치면

$$x_1(t) = e^{4t}(c_1\cos 3t - c_2\sin 3t),\ \ x_2(t) = e^{4t}(c_1\cos 3t + c_2\sin 3t) \quad ④$$

이다.

▶ 예제 5.4.6

다음과 같은 연립미분방정식의 해를 구하여 보자.

$$\dot{\vec{x}} = \begin{bmatrix} 1 & -15 \\ 7 & 2 \end{bmatrix}\vec{x},\ \ \vec{x}_0(0) = \begin{bmatrix} 1 \\ 2 \end{bmatrix}$$

◇ 해

먼저 위 행렬의 고유값을 구한다.

$$\lambda_1 = \frac{3+j\sqrt{419}}{2} = 1.5 + j10.2347, \quad \lambda_2 = \frac{3-j\sqrt{419}}{2} = 1.5 - j10.2347$$

식 (5.4.21)의 표현에 따르면 $a = 1.5$ 및 $b = 10.2347$로 된다. 이에 대응하는 두 개의 고유벡터는

$$\vec{u}_{1,2} = \vec{g} \pm j\vec{h} = \begin{bmatrix} -0.0714 \\ 1 \end{bmatrix} \pm j \begin{bmatrix} 1.4621 \\ 0 \end{bmatrix}$$

로 된다. 따라서 일반해는 식 (5.4.29)에 의해

$$\vec{x} = c_1 e^{1.5t}\left(\begin{bmatrix} -0.0714 \\ 1 \end{bmatrix}\cos(10.2347t) - \begin{bmatrix} 1.4621 \\ 0 \end{bmatrix}\sin(10.2347t)\right)$$

$$+ jc_2 e^{1.5t}\left(\begin{bmatrix} -0.0714 \\ 1 \end{bmatrix}\cos(10.2347t) + \begin{bmatrix} 1.4621 \\ 0 \end{bmatrix}\sin(10.2347t)\right)$$

이다. 만약 $t = 0$에서

$$\vec{x}(0) = c_1\vec{g} + c_2\vec{h}$$

를 가진다면 간단한 계산에 의해 임의의 상수는 $c_1 = 2$와 $c_2 = 0.7816$으로 된다. 이때 $a > 0$이므로 지수함수 e^{at}는 시간의 경과와 함께 발산한다. 이것을 MATLAB를 사용하여 나타내면 [그림 5.22]와 같다.

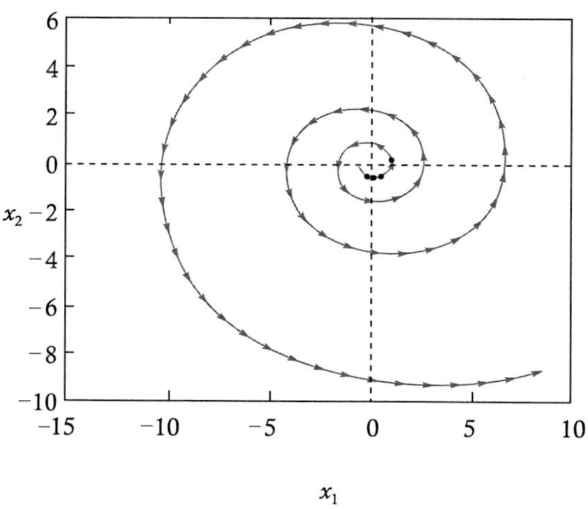

그림 5.22 [예제 5.4.6]의 결과

5.4.2 중복하는 고유값을 가지는 경우

식 (5.4.7)의 연립방정식 $\dot{\vec{x}} = \boldsymbol{A}\vec{x}$의 행렬 $\boldsymbol{A}$의 고유값에 중복하는 것이 존재하는 경우에는 식 (5.4.17)의 일반식을 표현하기 위한 n개의 고유벡터를 구할 수 없게 된다. 여기서는 $\boldsymbol{A}$를 (2×2)로 한정하고 이 경우에 대처하는 방법에 대하여 간략하게 설명한다.

먼저 $\boldsymbol{A}$의 특성다항식이 $(\lambda-\lambda_1)^2=0$으로 되어 고유값이 $\lambda=\lambda_1$에서 중복한다고 가정한다. 먼저 $\lambda=\lambda_1$에 대한 고유벡터 $\vec{u}_1$은 쉽게 계산되어 식 (5.4.7)에 대한 하나의 특수해는 식 (5.4.16)에 의해 $\vec{x}_1=\vec{u}_1 e^{\lambda_1 t}$로 주어진다. 다음 고유값 $\lambda=\lambda_1$에 대한 두 번째의 특수해를 얻기 위해 임의 벡터 $\vec{u}_2$에 대해서

$$\vec{x} = \vec{u}_1 t e^{\lambda_1 t} + \vec{u}_2 e^{\lambda_1 t} = \left(\vec{u}_1 t + \vec{u}_2\right) e^{\lambda_1 t} \tag{5.4.30}$$

를 생각한다. 식 (5.4.30)이 식 (5.4.7)의 해이기 위해서는

$$\dot{\vec{x}} = \boldsymbol{A}\vec{x} \quad \rightarrow \quad \vec{u}_1 e^{\lambda_1 t} + \lambda_1 \vec{u}_1 t e^{\lambda_1 t} + \lambda_1 \vec{u}_2 e^{\lambda_1 t} = \boldsymbol{A}\vec{x} \tag{5.4.31}$$

를 만족하여야 하므로

$$\left(\boldsymbol{A}\vec{u}_1 - \lambda_1 \vec{u}_1\right) t e^{\lambda_1 t} + \left(\boldsymbol{A}\vec{u}_2 - \lambda_1 \vec{u}_2 - \vec{u}_1\right) e^{\lambda_1 t} = \vec{0} \tag{5.4.32}$$

이 모든 t에 대하여 성립되어야 한다. 따라서

$$\begin{aligned} \boldsymbol{A}\vec{u}_1 &= \lambda_1 \vec{u}_1 \\ \left(\boldsymbol{A} - \lambda_1 \boldsymbol{I}_2\right)\vec{u}_2 &= \vec{u}_1 \end{aligned} \tag{5.4.33}$$

를 얻는다. 위 식은 제4장의 '조르단 행렬'부분에서 중복하는 고유값에 대한 고유벡터의 계산을 위해 사용된 식과 일치한다는 것을 알 수 있다. 따라서 중복하는 고유값 λ_1을 가지는 식 (5.4.7)에 대한 일반해는 다음으로 주어진다.

$$\alpha \vec{u}_1 e^{\lambda_1 t} + \beta\left(\vec{u}_1 t e^{\lambda_1 t} + \vec{u}_2 e^{\lambda_1 t}\right) = \left(\alpha \vec{u}_1 + \beta \vec{u}_2\right) e^{\lambda_1 t} + \beta \vec{u}_1 t e^{\lambda_1 t} \tag{5.4.34}$$

▶ 예제 5.4.7

다음 연립미분방정식의 해를 구하여 보자.

$$\begin{aligned} \dot{x}_1 &= 3x_1 + x_2 \\ \dot{x}_2 &= -x_1 + x_2 \end{aligned}$$

◇ 해

위 연립방정식에서 행렬 $\boldsymbol{A}$는

$$\boldsymbol{A}=\begin{bmatrix} 3 & 1 \\ -1 & 1 \end{bmatrix}$$

이므로 고유값은 $\lambda=2$에서 2중근을 가진다. 먼저 $\lambda=2$에 대한 고유벡터는

$$\vec{u}_1=\begin{bmatrix} 1 \\ -1 \end{bmatrix}$$

이므로 특수해는 $\vec{x}_1=\vec{u}_1 e^{2t}$이 된다. 두 번째 특수해를 위해 $\vec{x}_2=\vec{u}_1 te^{2t}+\vec{u}_2 e^{2t}$로 두고 식 (5.4.32)를 계산하면

$$\begin{cases} u_{21}+u_{22}=1 \\ -u_{21}-u_{22}=-1 \end{cases}$$

얻는다. 단 $\vec{u}_2=[u_{21}, u_{22}]^T$로 두었다. 이로부터 $u_{21}=1-s,\ u_2=s$,(s는 자유변수)이므로, 예를 들어 $s=0$으로 두면 주어진 연립방정식의 일반해는

$$\vec{x}=\alpha\vec{u}_1 e^{2t}+\beta\left(\vec{u}_1 te^{2t}+\vec{u}_2 e^{2t}\right)$$

또는

$$\vec{x}=\left(\alpha\begin{bmatrix} 1 \\ -1 \end{bmatrix}+\beta\begin{bmatrix} 1 \\ 0 \end{bmatrix}\right)e^{2t}+\beta\begin{bmatrix} 1 \\ -1 \end{bmatrix}te^{2t}$$

이다.

5.4.3 MATLAB에 의한 풀이

```
% [예제 5.4.2]
% dsolve를 이용한 방법
[x1,x2]=dsolve('Dx1=x1+x2','Dx2=4*x1+x2', 'x1(0)=1,x2(0)=1')    % ④의 확인
% 교과서의 방법
A=sym([1 1;4 1]); [U,D]=eig(A); % U : 고유벡터, D: 고유값
syms t C1 C2
x=U*diag(exp(diag(D*t)))*[C1;C2];                                 % ②의 확인
% 고유벡터 U 의 순서에 주의한다.
vec_c=[1 1;2 -2]\[1 1]'                                          % ③의 계수벡터 c

% [예제 5.4.3]
[x,y,z]=dsolve('Dx=y','Dy=z','Dz=2*x+y-2*z', 'x(0)=1,y(0)=0,z(0)=1')
A=sym([0 1 0;0 0 1;2 1 -2]); [U,D]=eig(A);              % U: 고유벡터, D: 고유값
% 고유값과 고유벡터의 순서에 주의한다.
vec_c=U\[1 0 1]';                                               % ④와 비교
```

```
% [예제 5.4.4]
[y1,y2]=dsolve('D2y1=-5*y1+3*y2','D2y2=2*y1-2*y2','y1(0)=1,y2(0)=2,Dy1(0)=0,Dy
2(0)=0');
y1=simple(y1), y2=simple(y2)
ezplot(y1,[0 50])             % 초기값이 y1(0)=1로 주어졌을 경우의 y1(t) 의 응답 곡선
ezplot(y2,[0,50])             % 초기값이 y2(0)=2로 주어졌을 경우의 y2(t) 의 응답곡선

% [예제 5.4.5]
[x1,x2]=dsolve('Dx1=4*x1-3*x2','Dx2=3*x1+4*x2')          % ④의 확인
A=sym([4 -3;3 4]); [U,D]=eig(A);
```

❖ [예제 5.4.2]에서 행렬을 이용하지 않고 명령어 'dsolve'를 이용하면 간단히 연립미분방정식의 해가 얻어진다. 그러나 위 프로그램과 같이 명령어 'eig'로서 고유값과 고유벡터를 구한 뒤 공식에 대입하여도 동일한 해를 얻을 수 있다.

```
% [예제 5.4.6]
syms t
[x1,x2]=dsolve('Dx1=x1-15*x2','Dx2=7*x1+ 2*x2','x1(0)=1,x2(0)=2')
T=-1:0.02:1; x1T=double(subs(x1,t,T)); x2T=double(subs(x2,t,T));
u=gradient(x1T); v=gradient(x2T);
quiver(x1T,x2T,u,v), hold on, xlabel('x_1'), ylabel('x_2'), hod off

% [예제 5.4.7]
syms t
[x1,x2]=dsolve('Dx1=3*x1+x2','Dx2=-x1+x2')
% 두 결과의 비교
A=sym([3 1;-1 1]); [V,J]=jordan(A);              % V=[u1 u2] 두 개의 고유벡터
```

❖ [예제 5.4.7]의 행렬 A는 중근을 가지므로 명령어 'jordan'을 수행하여 고유값과 고유벡터를 얻어 식 (5.4.34)에 대입하면 해를 얻을 수 있다. 이때 명령어 'eig'를 이용하면 중복하는 고유값에 대한 하나의 고유벡터만이 얻어진다.

연습문제 5.4.4

1. 주어진 행렬 A에 대한 미분방정식 $\dot{\vec{x}}(t) = A\vec{x}(t)$의 일반해 또는 특수해(초기값이 주어진 경우)를 구하여라.

(1) $A = \begin{bmatrix} 1 & 3 \\ 1 & -3 \end{bmatrix}$ (2) $A = \begin{bmatrix} 2 & 1 \\ 2 & 3 \end{bmatrix}$ (3) $A = \begin{bmatrix} 1 & 1 & 1 \\ 0 & 2 & 1 \\ 0 & 0 & 3 \end{bmatrix}$

(4) $A = \begin{bmatrix} 1 & 1 & -1 \\ 0 & 0 & 1 \\ 0 & -2 & -3 \end{bmatrix}, \vec{x}_0 = \begin{bmatrix} 0 \\ 1 \\ 0 \end{bmatrix}$ (5) $A = \begin{bmatrix} 1 & 1 & -1 \\ 0 & 0 & 1 \\ 0 & -2 & -3 \end{bmatrix}, \vec{x}_0 = \begin{bmatrix} 0 \\ 0 \\ 1 \end{bmatrix}$

2. 다음 전기회로를 보고 각 물음에 답하여라.

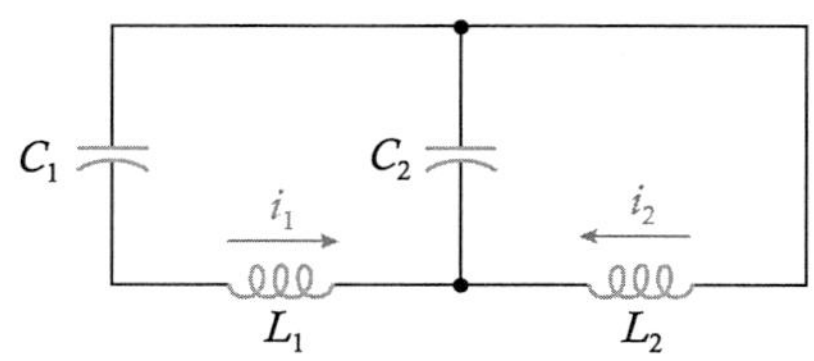

그림 P5.1 [문제 2]

(1) 두 개의 루프에 흐르는 전류 $i_1(t)$와 $i_2(t)$에 대한 미분방정식을 유도하여라.

(2) (1)에서 구한 미분방정식을 $\frac{d}{dt}\vec{i}(t) = A\vec{i}(t)$의 형식으로 고쳐라.

(3) $\vec{i}(t) = \vec{x}e^{mt}$로 두고 고유값 문제의 해를 구하여라.

(4) 위 회로에서 $L_1 = 1, L_2 = 2, C_1 = 0.02$ 및 $C_2 = 0.01$일 경우 위 행렬의 고유값과 고유벡터를 구하여라.

(5) 미분방정식 $\frac{d}{dt}\vec{i}(t) = A\vec{i}(t)$의 일반해 $i_1(t)$와 $i_2(t)$를 구하여라.

(6) 초기값 $i_1(0) = 1, i_2(0) = 0, i_1'(0) = 0$ 및 $i_2'(0) = 0$인 경우의 특수해를 구하여라.

3. [예제 5.4.4]의 질량-스프링 시스템에서 $M_1 = 2, M_2 = 2, K_1 = 12$ 및 $K_2 = 8$로 두었을 경우에 대하여 물음에 답하여라.

(1) 고유값과 고유벡터는 무엇인가?

(2) 일반해를 구하여라.

(3) 초기값이 $y_1(0) = 0, y_2(0) = 0, y_1'(0) = 0$ 및 $y_2'(0) = 10$일 경우의 특수해를 구하여라.

5.5 연립 선형미분방정식의 문제: 비제차방정식인 경우

여기서는 비제차 선형연립미분방정식

$$\dot{\vec{x}} = \boldsymbol{A}\vec{x} + \vec{f}, \quad \vec{f} \neq \vec{0} \tag{5.5.1}$$

의 해를 구하는 문제를 생각한다. 5.4 절에서 제차방정식

$$\dot{\vec{x}} = \boldsymbol{A}\vec{x} \tag{5.5.2}$$

의 일반해는

$$\vec{x}(t) = \sum_{k=1}^{n} c_k \vec{u}_k e^{\lambda_k t} \tag{5.5.3}$$

로 주어진다는 것을 언급하였다. 또한 식 (5.5.3)은 다음과 같이 표현할 수 있다.

$$\vec{x}(t) = \left[\vec{u}_1 e^{\lambda_1 t},\ \vec{u}_2 e^{\lambda_2 t},\ \cdots,\ \vec{u}_n e^{\lambda_n t}\right] \begin{bmatrix} c_1 \\ c_2 \\ \vdots \\ c_n \end{bmatrix} \tag{5.5.4}$$

여기서 행렬 $\boldsymbol{A}$가 중복하는 고유값을 가지지 않는 것으로 가정하면, $\boldsymbol{A}$의 고유벡터 $\left\{\vec{u}_1, \vec{u}_2, \cdots, \vec{u}_n\right\}$은 서로 선형독립이다. 이로부터

$$\boldsymbol{\Phi}(t) = \left[\vec{u}_1 e^{\lambda_1 t}, \vec{u}_2 e^{\lambda_2 t}, \cdots, \vec{u}_n e^{\lambda_n t}\right] \tag{5.5.5}$$

로 두면 제차방정식 $\dot{\vec{x}} = \boldsymbol{A}\vec{x}$의 일반해는 다음과 같이 쓸 수 있다.

$$\vec{x}(t) = \boldsymbol{\Phi}(t)\vec{c}, \qquad \vec{c} = \begin{bmatrix} c_1 \\ c_2 \\ \vdots \\ c_n \end{bmatrix} \tag{5.5.6}$$

식 (5.5.5)로 정의되는 행렬 $\boldsymbol{\Phi}(t)$는 제차방정식 $\dot{\vec{x}} = \boldsymbol{A}\vec{x}$의 기본행렬(fundamental matrix)로서 $\boldsymbol{\Phi}(0) = \left[\vec{u}_1, \vec{u}_2, \cdots, \vec{u}_n\right]$는 항상 정칙행렬이다. 여기서는 식 (5.5.1)로 주어지는 비제차방정식의 해를 매개변수 변화법(method of variation of parameters)을 이용하여 $\boldsymbol{\Phi}(t)$로서 표현하기로 한다. 이를 위해 먼저 다음 식을 만족하는 함수 $\vec{u}(t)$가 존재하는 것으로 가정한다. 즉

$$\vec{x}_p(t) = \boldsymbol{\Phi}(t)\vec{u}(t) \tag{5.5.7}$$

를 비제차연립방정식 $\dot{\vec{x}} = \boldsymbol{A}\vec{x} + \vec{f}$의 하나의 해(특수해)로 되게 하는 $\vec{u}(t)$가 존재한다는 것이다. 이때 식 (5.5.7)을 시간 t로 미분하면

$$\dot{\vec{x}}_p(t) = \frac{d\boldsymbol{\Phi}(t)}{dt}\vec{u}(t) + \boldsymbol{\Phi}(t)\frac{d\vec{u}(t)}{dt} \tag{5.5.8}$$

가 얻어진다. 여기서 $\boldsymbol{\Phi}(t)$의 미분값은 식 (5.5.5)로부터

$$\begin{aligned}\frac{d\boldsymbol{\Phi}(t)}{dt} &= \left[\lambda_1\vec{u}_1 e^{\lambda_1 t}, \cdots, \lambda_n\vec{u}_n e^{\lambda_n t}\right] \qquad (5.5.9)\\ &= \left[\boldsymbol{A}\vec{u}_1 e^{\lambda_1 t}, \cdots, \boldsymbol{A}\vec{u}_n e^{\lambda_n t}\right]\\ &= \boldsymbol{A}\left[\vec{u}_1 e^{\lambda_1 t}, \cdots, \vec{u}_n e^{\lambda_1 t}\right] = \boldsymbol{A}\boldsymbol{\Phi}(t)\end{aligned}$$

임을 알 수 있다. 그런데 식 (5.5.7)로 주어지는 $\vec{x}_p(t)$는 비제차방정식의 해로 가정했기 때문에 $\dot{\vec{x}}_p(t) = \boldsymbol{A}\vec{x}_p(t) + \vec{f}(t)$를 만족한다. 따라서 식 (5.5.8)로부터

$$\begin{aligned}\dot{\vec{x}}_p(t) &= \boldsymbol{A}\boldsymbol{\Phi}(t)\vec{u}(t) + \boldsymbol{\Phi}(t)\dot{\vec{u}}(t) \qquad (5.5.10)\\ &= \boldsymbol{A}\boldsymbol{\Phi}(t)\vec{u}(t) + \vec{f}(t)\end{aligned}$$

이며, 이로부터

$$\boldsymbol{\Phi}(t)\dot{\vec{u}}(t) = \vec{f}(t) \tag{5.5.11}$$

는 $\vec{x}_p(t) = \boldsymbol{\Phi}(t)\vec{u}(t)$가 식 (5.5.1)의 해로 되기 위한 필요충분조건이라는 것을 확인할 수 있다.

▶ 예제 5.5.1

다음 비제차 선형연립미분방정식의 특수해를 매개변수변화법을 이용한 공식 (5.5.11)을 이용하여 구하여 보자.

$$\dot{\vec{x}} = \begin{bmatrix} 1 & 0 \\ -1 & 3 \end{bmatrix}\vec{x} + \begin{bmatrix} e^t \\ 1 \end{bmatrix}$$

◇ 해

먼저 행렬 $\boldsymbol{A}$에 대한 고유값과 고유벡터를 구하여 $\boldsymbol{\Phi}(t)$를 계산하면 다음으로 된다.

$$\boldsymbol{\Phi}(t)=\begin{bmatrix} 2e^t & 0 \\ e^t & e^{3t} \end{bmatrix}$$

이것을 미분하면

$$\frac{d\boldsymbol{\Phi}(t)}{dt}=\begin{bmatrix} 2e^t & 0 \\ e^t & 3e^{3t} \end{bmatrix}=\begin{bmatrix} 1 & 0 \\ -1 & 3 \end{bmatrix}\begin{bmatrix} 2e^t & 0 \\ e^t & e^{3t} \end{bmatrix}$$

로 되어 식 (5.5.9)의 관계를 확인할 수 있다. 또한 식 (5.5.11)로부터

$$\begin{bmatrix} 2e^t & 0 \\ e^t & 3e^{3t} \end{bmatrix}\dot{\vec{u}}=\begin{bmatrix} e^t \\ 1 \end{bmatrix}$$

을 만족하는 벡터 $\vec{u}$는 기본행연산에 의해 계산가능하다. 즉

$$\begin{bmatrix} 2e^t & 0 \\ 0 & e^{3t} \end{bmatrix}\dot{\vec{u}}(t)=\begin{bmatrix} e^t \\ 1-e^t/2 \end{bmatrix}$$

로부터

$$\dot{\vec{u}}(t)=\begin{bmatrix} 1/2 \\ e^{-3t}-e^{-2t}/2 \end{bmatrix}$$

이므로 이를 다시 적분하면[21)]

$$\vec{u}(t)=\begin{bmatrix} t/2 \\ -e^{-3t}/3+e^{-2t}/4 \end{bmatrix}$$

이다. 따라서 해는

$$\begin{aligned}\vec{x}_p(t)&=\boldsymbol{\Phi}(t)\vec{u}(t)\\&=\begin{bmatrix} te^t \\ te^t/2-(1/3)+e^t/4 \end{bmatrix}\end{aligned}$$

이다. 위에서 구한 $\vec{x}_p(t)$가 비제차연립방정식을 만족하는지의 여부는 다음 식을 통하여 확인할 수 있다.

$$\dot{\vec{x}}_p=\boldsymbol{A}\vec{x}_p+\vec{f}$$

21) 이 경우 적분상수는 무시한다.

▶ 예제 5.5.2

다음 식을 만족하는 특수해를 구하여라.

$$\dot{\vec{x}} = \begin{bmatrix} 0 & -1 \\ -1 & 0 \end{bmatrix} \vec{x} + \begin{bmatrix} e^{2t} \\ e^{2t} \end{bmatrix}$$

◈ 해

위 문제와 마찬가지로 기본행렬을 계산한다.

$$\boldsymbol{\Phi}(t) = \begin{bmatrix} e^t & e^{-t} \\ -e^t & e^{-t} \end{bmatrix}$$

따라서

$$\boldsymbol{\Phi}(t)\dot{\vec{u}}(t) = e^{2t} \begin{bmatrix} 1 \\ 1 \end{bmatrix}$$

로부터 $\dot{\vec{u}}(t)$를 계산한다. 다음에 기본행연산에 의해

$$\begin{bmatrix} e^t & 0 \\ 0 & e^{-t} \end{bmatrix} \dot{\vec{u}}(t) = \begin{bmatrix} 0 \\ e^{2t} \end{bmatrix}$$

이므로 이로부터

$$\vec{u}(t) = \begin{bmatrix} 0 \\ e^{3t}/3 \end{bmatrix}$$

가 얻어진다. 따라서 최종적인 해는 다음으로 된다.

$$\vec{x}_p(t) = \begin{bmatrix} e^t & e^{-t} \\ -e^t & e^{-t} \end{bmatrix} \begin{bmatrix} 0 \\ e^{3t}/3 \end{bmatrix} = \frac{1}{3} \begin{bmatrix} e^{2t} \\ e^{2t} \end{bmatrix} = \frac{1}{3} e^{2t} \begin{bmatrix} 1 \\ 1 \end{bmatrix}$$

식 (5.5.5)로부터 기본행렬은 임의의 시각 t에서 항상 정칙이라는 사실이 알려져 있다[22]. 이를 이용하면 식 (5.5.11)은

$$\dot{\vec{u}}(t) = \boldsymbol{\Phi}^{-1}(t)\vec{f}(t) \tag{5.5.12}$$

로 쓸 수 있고, 이로부터

$$\vec{u}(t) = \int_0^t \boldsymbol{\Phi}^{-1}(s)\vec{f}(s)ds + \vec{c} \tag{5.5.13}$$

임을 알 수 있다. 단 $\vec{c}$는 적분상수를 의미한다. 이것을 정리하면 다음 요점을 얻는다.

22) 미분방정식 또는 상태방정식 등에 관련된 책을 참고하여라.

요점 5.19 비제차연립미분방정식의 해(I)

함수

$$\vec{x}_p(t) = \boldsymbol{\Phi}(t)\vec{u}(t) \tag{5.5.14}$$

는 비제차연립방정식 $\dot{\vec{x}} = \boldsymbol{A}\vec{x} + \vec{f}$의 해로 된다. 단

$$\vec{u}(t) = \int_0^t \boldsymbol{\Phi}^{-1}(s)\vec{f}(s)ds + \vec{c} \tag{5.5.15}$$

이다.

▶ 예제 5.5.3

[예제 5.5.1]에 대한 특수해를 [요점 5.19]를 이용하여 계산하여보자.

해

[예제 5.5.1]에서

$$\dot{\vec{u}}(t) = \begin{bmatrix} 1/2 \\ e^{-3t} - e^{-2t}/2 \end{bmatrix}$$

이므로 식 (5.5.15)에 의하면

$$\vec{u}(t) = \int_0^t \begin{bmatrix} 1/2 \\ -e^{-3s} - e^{-2s}/2 \end{bmatrix} ds = \begin{bmatrix} t/2 \\ -e^{-3t}/3 + e^{-2t}/4 + 1/12 \end{bmatrix}$$

로 된다. 따라서 특수해는 다음으로 된다.

$$\vec{x}_p(t) = \boldsymbol{\Phi}(t)\vec{u}(t) = \begin{bmatrix} te^t \\ te^t/2 - 1/3 + e^t/4 + e^{3t}/12 \end{bmatrix} \qquad ①$$

위의 결과로부터 비제차연립미분방정식 $\dot{\vec{x}} = \boldsymbol{A}\vec{x} + \vec{f}$ 의 일반해는 다음의 형태를 가진다.

$$\vec{x}(t) = \boldsymbol{\Phi}(t)\vec{c} + \vec{x}_p(t) \tag{5.5.16}$$

여기서 $\vec{x}_p(t)$는 $\dot{\vec{x}} = \boldsymbol{A}\vec{x} + \vec{f}$의 특수해이며, $\boldsymbol{\Phi}(t)\vec{c}$는 제차연립방정식 $\dot{\vec{x}} = \boldsymbol{A}\vec{x}$의 일반해를 나타내고 있다. 따라서 [예제 5.5.1]의 일반해는

$$\vec{x}(t) = \begin{bmatrix} 2e^t & 0 \\ e^t & e^{3t} \end{bmatrix}\vec{c} + \begin{bmatrix} te^t \\ te^t/2 - (1/3) + e^t/4 \end{bmatrix}$$

이다.

5.5.1 비제차연립미분방정식의 해를 위한 특수기법

일반적으로 $\dot{\vec{x}} = \boldsymbol{A}\vec{x} + \vec{f}$의 일반해는 $\dot{\vec{x}} = \boldsymbol{A}\vec{x} + \vec{f}$의 특수해와 $\dot{\vec{x}} = \boldsymbol{A}\vec{x}$의 일반해로 구성되어 있다. 이것은 제차연립방정식 $\dot{\vec{x}} = \boldsymbol{A}\vec{x}$의 일반해를 알고 있다면 매개변수변화법에 의해 $\dot{\vec{x}} = \boldsymbol{A}\vec{x} + \vec{f}$의 특수해를 항상 구할 수 있기 때문이다. 그러나 때로는 일반해보다는 주어진 외부함수(forcing function) $\vec{f}(t)$에 의해 결정되는 특수해를 비제차방정식의 형식으로부터 간단히 구할 수 있는 경우가 있다. 예를 들어 다음과 같은 시스템

$$\dot{\vec{x}} = \boldsymbol{A}\vec{x} - \vec{b} \tag{5.5.17}$$

에서 외부함수 $\vec{b}$가 일정한 것으로 가정한다면, 위 식의 해는 다음과 같이 두면 간단히 구할 수 있다. $\boldsymbol{A}$가 안정행렬이라면 $t \to \infty$에서 $\vec{x}(t)$는 일정한 값에 수렴하므로

$$\vec{x}(t) = \vec{k} \tag{5.5.18}$$

로 둔다. 이 경우 $\dot{\vec{x}}(t) = \vec{0}$이며, 동시에 식 (5.5.17)은 $\vec{0} = \boldsymbol{A}\vec{x} - \vec{b}$로 된다. 이때 만약 $\boldsymbol{A}^{-1}$이 존재한다면 $\vec{k} = \boldsymbol{A}^{-1}\vec{b}$로 되어

$$\vec{x}(t) = \boldsymbol{A}^{-1}\vec{b} \tag{5.5.19}$$

는 식 (5.5.17)을 만족하므로 해도 된다. 이 방법을 비확정계수법(method of undetermined coefficients)이라고 한다. 이것을 정리하면 다음 요점을 얻는다.

요점 5.20 비제차연립미분방정식의 해(II)

비제차방정식

$$\dot{\vec{x}} = \boldsymbol{A}\vec{x} - \vec{b}e^{\omega t} \tag{5.5.20}$$

의 특수해는, 만약 ω가 행렬 $\boldsymbol{A}$의 고유값이 아니라면 다음과 같이 주어진다.

$$\vec{x}_p(t) = \vec{k}e^{\omega t} \tag{5.5.21}$$

이때 벡터 $\vec{k}$는 식 (5.5.20)으로부터 정해진다.

위 요점을 확인하기 위하여 식 (5.5.21)을 식 (5.5.20)에 대입하면

$$(\boldsymbol{A}-\omega\boldsymbol{I})\vec{k}=\vec{b} \tag{5.5.22}$$

이며, 이때 $(\boldsymbol{A}-\omega\boldsymbol{I})$가 정칙이라면 $\vec{k}$는 값을 가진다. 따라서 이 경우 ω는 행렬 $\boldsymbol{A}$의 고유값으로 되어서는 안 된다. 만약 $\omega=0$가 $\boldsymbol{A}$의 고유값이 아니라면 $\boldsymbol{A}$는 정칙행렬로 되어, 식 (5.5.19)와 (5.5.22)는 같게 되어 [요점 5.20]이 확인되었다.

▶ 예제 5.5.4

다음 비제차연립미분방정식의 특수해를 구하여보자.

$$\dot{\vec{x}}=\begin{bmatrix}0&-1\\-1&0\end{bmatrix}\vec{x}+e^{2t}\begin{bmatrix}1\\1\end{bmatrix}$$

◇ 해

먼저 특수해로서

$$\vec{x}_p(t)=\vec{k}e^{2t}$$

로 두면

$$2\vec{k}e^{2t}=\begin{bmatrix}0&-1\\-1&0\end{bmatrix}\vec{k}e^{2t}+e^{2t}\begin{bmatrix}1\\1\end{bmatrix}$$

로부터 $\vec{k}$를 구할 수 있다. 위 식의 양변을 e^{2t}로 나누고 정리하면

$$\begin{bmatrix}-2&-1\\-1&-2\end{bmatrix}\vec{k}=\begin{bmatrix}-1\\-1\end{bmatrix}$$

로 되어 다음을 얻는다.

$$\vec{k}=\frac{1}{3}\begin{bmatrix}1\\1\end{bmatrix}\ \rightarrow\ \vec{x}_p(t)=\frac{1}{3}e^{2t}\begin{bmatrix}1\\1\end{bmatrix}$$

[요점 5.20]은 외부함수의 종류에 따라 다음과 같이 확장 가능하다.

$$\dot{\vec{x}}=\boldsymbol{A}\vec{x}-\vec{b}e^{j\omega t} \tag{5.5.23 a}$$

$$\dot{\vec{x}}=\boldsymbol{A}\vec{x}-\vec{b}\cos\omega t \tag{5.5.23 b}$$

$$\dot{\vec{x}}=\boldsymbol{A}\vec{x}-\vec{b}\sin\omega t \tag{5.5.23 c}$$

여기서 $\boldsymbol{A}$는 실수행렬, $\vec{b}$는 정수벡터이며 ω는 실수값을 가진다. 만약 $\vec{x}_p(t)$가 식 (5.5.23

a)의 해라고 가정한다면

$$\dot{\vec{x}}_p(t) = \boldsymbol{A}\,\vec{x}_p(t) - \vec{b}\,e^{j\omega t} \tag{5.5.24}$$

가 성립하므로, 위 식의 실수부와 허수부를 다음과 같이 분리한다.

$$\mathrm{Re}[\dot{\vec{x}}_p(t)] = \boldsymbol{A}\,\mathrm{Re}[\vec{x}_p(t)] - \vec{b}\cos\omega t \tag{5.5.25}$$

$$\mathrm{Im}[\dot{\vec{x}}_p(t)] = \boldsymbol{A}\,\mathrm{Im}[\vec{x}_p(t)] - \vec{b}\sin\omega t$$

위 식은, 식 (5.5.23 a)의 해의 실수부는 식 (5.5.23 b)의 해로 되며, 동시에 허수부는 식 (5.5.23 c)의 해로 된다는 것을 보여주고 있다.

▶ 예제 5.5.5

비확정계수법을 이용하여 다음 비제차미분방정식의 특수해를 구하여보자.

$$\dot{\vec{x}} = \begin{bmatrix} 0 & -2 \\ 1 & -1 \end{bmatrix}\vec{x} + \sin t\begin{bmatrix} 0 \\ 1 \end{bmatrix}$$

◇≫ 해

먼저 위 식을 변형하여

$$\dot{\vec{x}} = \begin{bmatrix} 0 & -2 \\ 1 & -1 \end{bmatrix}\vec{x} + e^{jt}\begin{bmatrix} 0 \\ 1 \end{bmatrix} \qquad ①$$

로 두고 해를 다음의 형태로 가정한다.

$$\vec{x}_p(t) = \vec{k}\,e^{jt} \qquad ②$$

위의 해를 구한 다음, 해의 허수부를 취하면 원식에 대한 해를 얻을 수 있다. 먼저 ②를 ①에 대입하면

$$j e^{jt}\vec{k} = e^{jt}\begin{bmatrix} 0 & -2 \\ 1 & -1 \end{bmatrix}\vec{k} + e^{jt}\begin{bmatrix} 0 \\ 1 \end{bmatrix}$$

이다. 이를 정리하면

$$\begin{bmatrix} -j & -2 \\ 1 & -1-j \end{bmatrix}\vec{k} = \begin{bmatrix} 0 \\ -1 \end{bmatrix}$$

이고 이로부터 다음 값이 얻어진다.

$$\vec{k} = \begin{bmatrix} -1+j \\ (1+j)/2 \end{bmatrix}$$

따라서 특수해는

$$\vec{x}_p(t) = e^{jt}\begin{bmatrix} -1+j \\ (1+j)/2 \end{bmatrix}$$

$$= (\cos t + j\sin t)\begin{bmatrix} -1+j \\ (1+j)/2 \end{bmatrix}$$

$$= \begin{bmatrix} -\cos t - \sin t \\ (\cos t - \sin t)/2 \end{bmatrix} + j\begin{bmatrix} \cos t - \sin t \\ (\cos t + \sin t)/2 \end{bmatrix}$$

이므로 이것의 허수부를 취하면[23] 원래의 미분방정식을 만족하는 하나의 특수해

$$\mathrm{Im}[\vec{x}_p(t)] = \begin{bmatrix} \cos t - \sin t \\ (\cos t + \sin t)/2 \end{bmatrix}$$

를 얻는다.

[요점 5.20]에 중첩의 원리를 적용하면 다음과 같이 비제차미분방정식의 해를 구하는 데 더욱 편리한 형식으로 변환할 수 있다.

요점 5.21 비제차연립미분방정식의 해(Ⅲ)

두 개의 벡터 $\vec{x}_{p1}(t)$과 $\vec{x}_{p2}(t)$가 각각 비제차미분방정식

$$\dot{\vec{x}} = \boldsymbol{A}\vec{x} + \vec{f}_1 \tag{5.5.26}$$

와

$$\dot{\vec{x}} = \boldsymbol{A}\vec{x} + \vec{f}_2 \tag{5.5.27}$$

의 특수해라고 한다. 이때 벡터

$$\vec{x}_p(t) = \vec{x}_{p1}(t) + \vec{x}_{p2}(t) \tag{5.5.28}$$

는

$$\dot{\vec{x}} = \boldsymbol{A}\vec{x} + \vec{f}_1 + \vec{f}_2 \tag{5.5.29}$$

의 해로 된다.

23) 비제차미분방정식이 식 (5.5.23 c)의 형태로 주어졌기 때문이다.

위 요점도 다음과 같이 간단하게 확인할 수 있다. 즉

$$\begin{aligned}\dot{\vec{x}}_p(t) &= \dot{\vec{x}}_{p1}(t) + \dot{\vec{x}}_{p2}(t) \\ &= [\boldsymbol{A}\vec{x}_{p1}(t) + \vec{f}_1] + [\boldsymbol{A}\vec{x}_{p2}(t) + \vec{f}_2] \\ &= \boldsymbol{A}[\vec{x}_{p1}(t) + \vec{x}_{p2}(t)] + \vec{f}_1 + \vec{f}_2\end{aligned} \tag{5.5.30}$$

▶ 예제 5.5.6

다음 비제차 연립미분방정식의 특수해를 구하여보자.

$$\dot{\vec{x}} = \begin{bmatrix} 0 & -2 \\ 1 & -1 \end{bmatrix}\vec{x} + (1+\cos t)\begin{bmatrix} 0 \\ 1 \end{bmatrix}$$

◇ 해

먼저

$$\vec{f}_1 = \begin{bmatrix} 0 \\ 1 \end{bmatrix},\ \vec{f}_2 = \cos t\begin{bmatrix} 0 \\ 1 \end{bmatrix}$$

로 둔다. 이 경우 제차미분방정식

$$\dot{\vec{x}} = \boldsymbol{A}\vec{x} + \begin{bmatrix} 0 \\ 1 \end{bmatrix} \quad ①$$

의 해로서 $\vec{x}_{p1}(t) = \vec{k}$ 를 가정하고 이것을 ①에 대입하면 다음을 얻는다.

$$\vec{x}_{p1}(t) = -\begin{bmatrix} 1 \\ 0 \end{bmatrix}$$

또한 미분방정식

$$\dot{\vec{x}} = \boldsymbol{A}\vec{x} + \cos t\begin{bmatrix} 0 \\ 1 \end{bmatrix}$$

에 대해서는 [예제 5.5.5]에서 계산되어 있는 해의 실수부를 취하여 $\vec{x}_{p2}(t)$로 두면 된다. 즉

$$\vec{x}_{p2}(t) = \begin{bmatrix} -\cos t - \sin t \\ (\cos t - \sin t)/2 \end{bmatrix}$$

이다. 따라서 식 (5.5.28)에 의해

$$\vec{x}_p(t) = -\begin{bmatrix} 1 \\ 0 \end{bmatrix} + \begin{bmatrix} -\cos t - \sin t \\ (\cos t - \sin t)/2 \end{bmatrix} = \begin{bmatrix} -1 - \cos t - \sin t \\ (\cos t - \sin t)/2 \end{bmatrix}$$

가 구하고자 하는 특수해이다.

5.5.2 초기값 문제

앞서 언급한 바와 같이 일반해로부터 초기값 조건을 만족하는 해를 구할 수 있다. 다음과 같이 초기값을 가지는 비제차미분방정식

$$\dot{\vec{x}} = \boldsymbol{A}\vec{x} + \vec{f}, \quad \vec{x}(t_0) = \vec{x}_0 \tag{5.5.31}$$

을 만족하는 해를 구하여 보자. 먼저 일반해는 식 (5.5.16)에 의해

$$\vec{x}(t) = \boldsymbol{\Phi}(t)\vec{c} + \vec{x}_p(t) \tag{5.5.32}$$

로 주어진다. 여기서 $\boldsymbol{\Phi}(t)$는 $\dot{\vec{x}} = \boldsymbol{A}\vec{x}$의 기본행렬이며, $\vec{x}_p(t)$는 $\dot{\vec{x}} = \boldsymbol{A}\vec{x} + \vec{f}$의 특수해를 나타내고 있다. 따라서 초기값의 조건에 의해

$$\vec{x}(t_0) = \vec{x}_0 = \boldsymbol{\Phi}(t_0)\vec{c} + \vec{x}_p(t_0) \tag{5.5.33}$$

이다. 이로부터 식 (5.5.32)가 식 (5.5.31)의 해이기 위해서는 벡터 $\vec{c}$는

$$\vec{c} = \boldsymbol{\Phi}^{-1}(t_0)\{\vec{x}_0 - \vec{x}_p(t_0)\} \tag{5.5.34}$$

이어야 한다.

▶ 예제 5.5.7

다음의 초기값 문제를 만족하는 해를 구하여 보자.

$$\dot{\vec{x}} = \begin{bmatrix} 1 & 0 \\ -1 & 3 \end{bmatrix}\vec{x} + \begin{bmatrix} e^t \\ 1 \end{bmatrix}, \quad \vec{x}(0) = \begin{bmatrix} 2 \\ 1 \end{bmatrix}$$

해

위 예제는 [예제 5.5.1]에서 취급한 것으로, 문제의 일반해는 다음과 같이 계산되었다.

$$\vec{x}(t) = \begin{bmatrix} 2e^t & 0 \\ e^t & e^{3t} \end{bmatrix}\vec{c} + \begin{bmatrix} te^t \\ te^t/2 - (1/3) + e^t/4 \end{bmatrix} \quad ①$$

여기서 벡터 $\vec{c}$는 ①에서 $t=0$으로 두면

$$\vec{x}(0) = \begin{bmatrix} 2 \\ 1 \end{bmatrix} = \begin{bmatrix} 2 & 0 \\ 1 & 1 \end{bmatrix}\vec{c} + \begin{bmatrix} 0 \\ -1/12 \end{bmatrix} \quad ②$$

이다. 따라서

$$\vec{c} = \begin{bmatrix} 1 \\ 1/12 \end{bmatrix}$$

이며 최종적인 해는 다음으로 됨을 알 수 있다.

$$\vec{x}(t) = \begin{bmatrix} 2e^t & 0 \\ e^t & e^{3t} \end{bmatrix} \begin{bmatrix} 1 \\ 1/12 \end{bmatrix} + \begin{bmatrix} te^t \\ te^t/2 - 1/3 + e^t/4 \end{bmatrix} \quad ③$$

$$= \begin{bmatrix} 2e^t + te^t \\ 5e^t/4 + e^{3t}/12 + te^t/2 - 1/3 \end{bmatrix}$$

수치계산상의 관점에서 식 (5.5.33)으로부터 초기값 조건을 만족하는 벡터 $\vec{c}$가 여러 개 존재할 가능성은 없는지 살펴보기로 하자. 예를 들어 벡터 $\vec{x}(t)$와 $\vec{y}(t)$가 초기값 문제 $\dot{\vec{x}} = \boldsymbol{A}\vec{x} + \vec{f}$, $\vec{x}(t_0) = \vec{x}_0$의 해라고 가정하면

$$\dot{\vec{x}} = \boldsymbol{A}\vec{x} + \vec{f}, \quad \dot{\vec{y}} = \boldsymbol{A}\vec{y} + \vec{f} \tag{5.5.35}$$

가 성립하므로, 두 식의 차를 구하면

$$(\dot{\vec{x}} - \dot{\vec{y}}) = \boldsymbol{A}(\vec{x} - \vec{y}) \tag{5.5.36}$$

이다. 또한 $\vec{x}(t_0) - \vec{y}(t_0) = \vec{x}_0 - \vec{x}_0 = \vec{0}$이므로 $\vec{z}(t) = \vec{x}(t) - \vec{y}(t)$로 두면 식 (5.5.36)으로부터 다음이 얻어진다.

$$\dot{\vec{z}} = \boldsymbol{A}\vec{z}(t), \quad \vec{z}(t_0) = \vec{0} \tag{5.5.37}$$

위 식은 제차미분방정식의 초기값 문제이며, 동시에 이것을 만족하는 해는 $\vec{z}(t) = \vec{0}$, (즉 $\vec{x}(t) = \vec{y}(t)$) 뿐이라는 것을 쉽게 확인할 수 있다. 따라서 초기값 문제의 해는 항상 유일하다는 것을 알 수 있다.

5.5.3 MATLAB에 의한 풀이

```
% [예제 5.5.1]
syms t
[x1,x2]=dsolve('Dx1=x1+exp(t)','Dx2=-x1+3*x2+1','x1(0)=0,x2(0)=0')
diff(x1)-x1-exp(t), diff(x2)+x1-3*x2-1                    % 0으로 됨을 확인
```

```
% [예제 5.5.2]
syms t
[x1,x2]=dsolve('Dx1=-x2+exp(2*t)','Dx2=-x1+exp(2*t)','x1(0)=0,x2(0)=0')
diff(x1)+x2-exp(2*t), diff(x2)+x1-exp(2*t)                    % 해로 됨을 확인

% [예제 5.5.3]
syms t real
du1=sym(1/2); du2=exp(-3*t)-exp(-2*t)/2; Phi=[2*exp(t),0;exp(t) exp(3*t)];
u1=int(du1,t), u2=int(du2), vec_xp=Phi*[u1, u2]'              % ①의 확인

% [예제 5.5.4] -> [예제 5.5.2] 와 동일
```

❖ [예제 5.5.1]에서 명령어 'dsolve'에 의한 결과는 본문의 결과와는 다른 형식을 하고 있지만 원래의 미분방정식을 만족하고 있음을 쉽게 확인할 수 있다.

```
% [예제 5.5.5]
syms t
[x1,x2]=dsolve('Dx1=-2*x2','Dx2=x1-x2+sin(t)','x1(0)=0,x2(0)=0');
x1=simple(x1), x2=simple(x2)
diff(x1)+2*x2, diff(x2)-x1+x2-sin(t)                          % 해의 확인

% [예제 5.5.6]
syms t
[x1,x2]=dsolve('Dx1=-2*x2','Dx2=x1-x2+cos(t)+1','x1(0)=0,x2(0)=0');
x1=simple(x1), x2=simple(x2)
diff(x1)+2*x2, diff(x2)-x1+x2-cos(t)-1                        % 해의 확인
```

❖ [예제 5.5.5]와 [예제 5.5.7]의 결과 얻어지는 값, 즉 x1과 x2의 표현식에서 행렬 $\boldsymbol{A}$의 고유값으로부터 얻어지는 지수항 $\exp(-1/2^*t)$를 제외한다면 본문과 동일한 결과로 됨을 확인할 수 있다.

```
% [예제 5.5.7]
syms t
[x1,x2]=dsolve('Dx1=x1+exp(t)','Dx2=-x1+3*x2+1','x1(0)=2,x2(0)=1')
%명령어 ode23 또는 ode45 사용
tspan=[0 1]; xo=[2 1]'; [t,x]=ode23('ex557',tspan,xo);
x1=x(:,1); x2=x(:,2); plot(t,x1,'--',t,x2),
xlabel(' Time (sec.) '), ylabel(' x1 and x2 ')

% 아래를 file로 만들어(즉,ex557.m) 저장하고 위의 명령어를 실행한다.
```

```
function xdot = ex557(t,x)
% Call syntax: xdot = ex557(t,x)
% Inputs are: t = time
% x = [x(1) ; x(2)] = [ x1(t) ; x2(t)]
% Output is:xdot=[x2+exp(t);-x1+3x2+1 ]
xdot = [x(2) + exp(t); -x(1)+3*x(2) + 1];
%
```

❖ 미분방정식의 해의 표현식을 얻기보다는 시간 t의 변화에 따른 해의 그래프를 얻고자 하는 경우에는 명령어 'ode23' 또는 'oder45'를 사용하는 것이 훨씬 효과적이다. 이 경우, 미분방정식을 나타내는 file을 따로 만들어서 적당한 이름으로 저장하여 두고, 이것을 명령어 'ode23' 등에 대입하여 실행한다.

연습문제 5.5.4

1. 미분방정식 $\dot{\vec{x}} = \begin{bmatrix} 0 & 1 \\ 1 & 0 \end{bmatrix}\vec{x} + \vec{f}$의 일반해를 구하여라. 단 $\vec{f}$는 다음과 같다.

(1) $\vec{f} = \begin{bmatrix} 0 \\ e^t \end{bmatrix}$　　(2) $\vec{f} = \begin{bmatrix} 1 \\ 1-e^t \end{bmatrix}$

2. 미분방정식 $\dot{\vec{x}} = A\vec{x} = \begin{bmatrix} 0 & 1 \\ -1 & 2 \end{bmatrix}\vec{x}$ 의 기본행렬이 다음으로 주어졌다.

$$\Phi(t) = e^t \begin{bmatrix} 1 & -1+t \\ 1 & t \end{bmatrix}$$

이때 비제차미분방정식 $\dot{\vec{x}} = A\vec{x} + \vec{f}$, $\vec{x}(0) = \vec{x}_0$의 해를 구하여라. 단

(1) $\vec{f}(t) = \begin{bmatrix} 0 \\ 1 \end{bmatrix}$, $\vec{x}_0 = \begin{bmatrix} 0 \\ 1 \end{bmatrix}$　　(2) $\vec{f}(t) = \begin{bmatrix} 1 \\ -1 \end{bmatrix}e^{-t}$, $\vec{x}_0 = \begin{bmatrix} 0 \\ 0 \end{bmatrix}$

이다.

3. 직접 대입에 의해 다음 벡터가 [예제 5.5.1]의 해로 된다는 것을 보여라.

(1) $\vec{x}_p(t) = \begin{bmatrix} te^t \\ te^t/2 - 1/3 + e^t/4 \end{bmatrix}$　　(2) $\vec{x}_p(t) = \begin{bmatrix} te^t \\ te^t/2 - 1/3 + e^t/4 - e^{3t}/12 \end{bmatrix}$

4. 비확정계수법을 사용하여 다음 미분방정식의 특수해를 구하여라.

$$\dot{\vec{x}} = \begin{bmatrix} 0 & -2 \\ 1 & -1 \end{bmatrix} \vec{x} + \begin{bmatrix} \cos t \\ \sin t \end{bmatrix}$$

5. 미분방정식 $\dot{\vec{x}} = A\vec{x}$ 의 기본행렬을 $\Phi(t)$ 라고 한다. 단 $\Phi(0) = I$ 이다. 이때 벡터

$$\vec{x}_p(t) = \int_0^t \Phi(t-s)\vec{f}(s)ds$$

의 미분을 이용하여, $\vec{x}_p(t)$ 는 미분방정식 $\dot{\vec{x}} = A\vec{x} + \vec{f}$, $\vec{x}(0) = \vec{0}$ 의 해로 된다는 것을 보여라.

Chapter_06

06

벡터의 미분

벡터는 공간적인 개념을 표현하는 데 매우 편리하며 동시에 대부분의 물리현상을 설명하는 기본적인 도구이다. 따라서 물리시스템을 모델링하고자 하는 경우에 필요한 여러 현상, 예를 들어 속도, 가속도, 힘, 전기와 자기장 및 열의 흐름 등과 같은 양을 표현하기 위해서는 벡터를 이해하지 않고서는 불가능하다. 또한 (벡터로서) 물리시스템의 수학모델을 유도하고 나아가서 이에 대한 해를 구하기 위하여 요구되는 수학적 연산은 벡터해석을 이용하면 상당부분 단순화할 수 있다.

벡터가 물리시스템의 해석에 사용되는 경우, 이들은 대부분 2 차 또는 3 차원의 벡터로서 이루어져 있으므로, 이들에 대한 특별한 표현법이나 연산 등을 사용한다면 편리할 것이다. 이미 5.1절에서 행렬의 구성요소로서의 벡터에 대하여 언급하였으나, 여기서는 벡터를 2 차원 또는 3 차원 공간상에 존재하는 것으로 한정하여 벡터가 가지는 물리적인 의미를 중심으로, 특히 벡터가 동적인 시스템에 사용되는 경우 관련된 여러 사항에 대하여 설명하고자 한다. 또한 벡터의 연산과 벡터의 미적분을 포함한 벡터의 대수학에 대해서도 언급한다.[1)]

---

1) 벡터의 적분은 제 7 장 참고하여라.

6.1 공간상의 벡터

물리와 기하학 또는 이들의 응용분야에서 스칼라(scalar)와 벡터(vector)라고 하는 두 종류의 양이 사용되고 있다. 스칼라는 적절한 단위로서 얻어진(또는 측정된) 크기만을 가지는 양으로서, 예를 들어 길이(length), 전압(voltage), 및 기온 등을 들 수 있다.

한편 벡터는 크기(magnitude)와 방향(direction)이라는 두 가지 양으로 결정되는 것으로, 예를 들어 물체에 가해진 힘(force) 또는 움직이는 물체의 속도(velocity) 등을 들 수 있다 (그림 6.1 (a)).

지금까지와 마찬가지로 벡터는 주로 영어소문자를 이용하여 $\vec{a}$, $\vec{b}$, $\vec{c}$와 같이 나타내기로 한다. 벡터는 시점(initial point)과 종점(terminal point)을 가지는데 이것은 [그림 6.1 (b)]와 같이 벡터 $\vec{a}$의 작용에 의해 삼각형이 P($\vec{a}$의 시점)에서 Q($\vec{a}$의 종점)로 평행이동한 것으로 볼 수 있다. 이때 화살표의 길이는 P와 Q 사이의 거리를 나타내는 것으로, 이것을 벡터 $\vec{a}$의 크기(magnitude)[2]라고 하며 보통 $\|\vec{a}\|$로 표현한다.

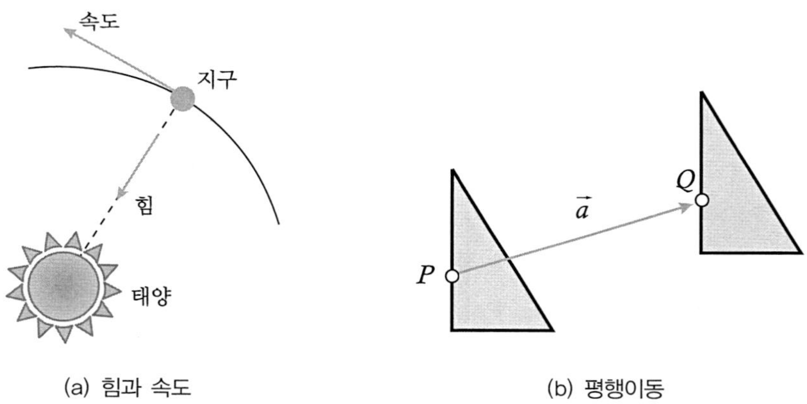

그림 6.1 벡터의 예

스칼라와 마찬가지로 벡터에 있어서도 대수적인 계산이 가능하다. 예를 들어 다른 크기를 가지는 서로 평행하는 두 힘을 비교하는 것이다. 이를 위해 벡터의 성분(components)을 정의하고, 이로부터 벡터의 합과 스칼라곱 등의 계산이 가능하게 된다.

먼저 벡터의 동일성(equality of vectors)에 대하여 알아보자.

---

2) 제 5 장에서는 벡터의 크기를 놈(norm 또는 Euclidean norm)이라 하였다.

요점 6.1 **벡터의 동일성**

두 개의 벡터 $\vec{a}$ 와 $\vec{b}$ 가 동일한 크기와 방향을 가진다면 두 벡터는 동일하다고 하며, $\vec{a}=\vec{b}$로 표현한다. 따라서 두 벡터의 동일성은 각 벡터가 가지는 시점과는 무관하다는 것을 알 수 있다.

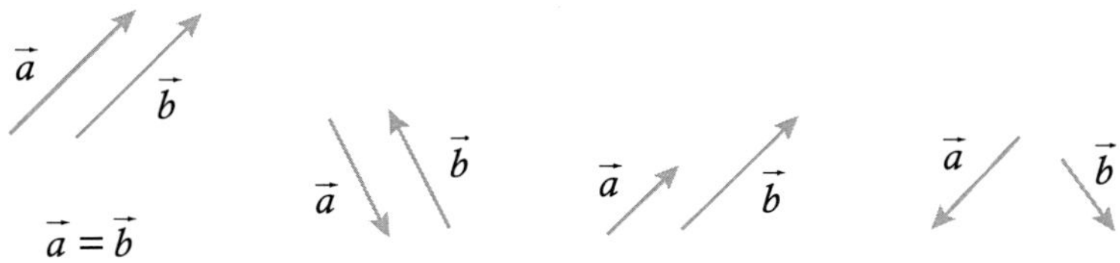

그림 6.2 동일한 벡터와 동일하지 않는 벡터

[요점 6.1]로부터 두 벡터가 동일하다고 해서 동일한 위치에서 작동할 필요는 없다는 것을 알 수 있다. 따라서 [그림 6.3]과 같이 벡터의 시점은 어느 곳에서나 가질 수 있지만, 벡터의 평행이동을 이용하면 공간좌표의 원점(origin of coordinates)에서 시작하는 것으로 항상 가정할 수 있다. 또한 $\vec{a}$ 와 동일한 크기를 가지지만 방향이 반대인 벡터는 $-\vec{a}$ 로 나타낸다.

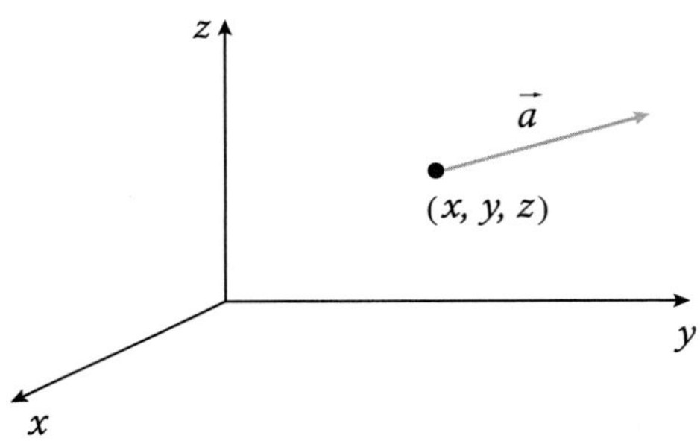

그림 6.3 공간상의 벡터

제 5 장의 식 (5.1.27)에서 정의한 바와 같이 단위벡터(unit vector)란 벡터의 크기가 '1'인 벡터를 의미하며, 임의 벡터방향(예를 들어, $\vec{a}$)의 단위벡터는 $\vec{i}_a$로 표기하며, 이는

$$\vec{i}_a = \frac{\vec{a}}{\| \vec{a} \|} \tag{6.1.1}$$

를 의미한다. 임의의 벡터는 자신의 단위벡터에 크기를 곱하는 것으로 표현된다.

6.1.1 벡터의 성분

공간상의 위치를 나타내기 위하여, 서로 직교하는 세 개의 축으로 이루어진 직교좌표계[3)]

3) 이를 Cartesian coordinate system이라고 부르고 있다는 것은 5.1절에서 언급하였다.

를 도입한다(그림 6.4). 공간상에서 시점을 $P:(x_1,y_1,z_1)$, 종점을 $rQ:(x_2,y_2,z_2)$에 가지는 벡터 $\vec{a}$ 가 주어졌다고 한다. 이때 세 개의 축성분이 가지는 차이, 즉

$$a_x = x_2 - x_1,\ a_y = y_2 - y_1,\ a_z = z_2 - z_1 \tag{6.1.2}$$

는 직교좌표계에서의 벡터 $\vec{a}$ 의 성분이라고 하며, 보통 $\vec{a}=[a_x,\ a_y,\ a_z]^T$로 나타낸다(그림 6.5). 벡터 $\vec{a}$의 크기는 [그림 6.5]에서 화살표의 길이를 의미하므로, 이를 벡터의 성분을 이용하여 나타내면 피타고라스 정리에 의하여

$$\| \vec{a} \| = \sqrt{a_x^2 + a_y^2 + a_z^2} \tag{6.1.3}$$

임은 쉽게 이해할 수 있다.

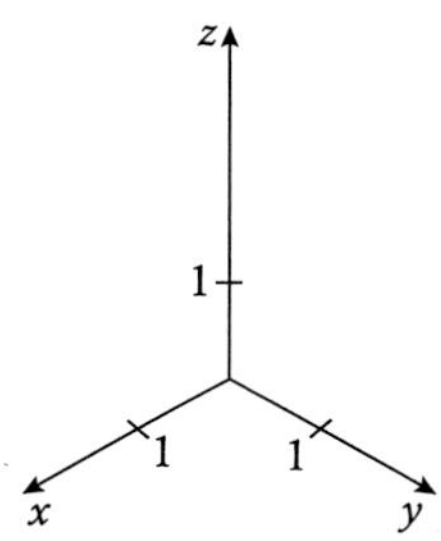

그림 6.4 직교좌표계

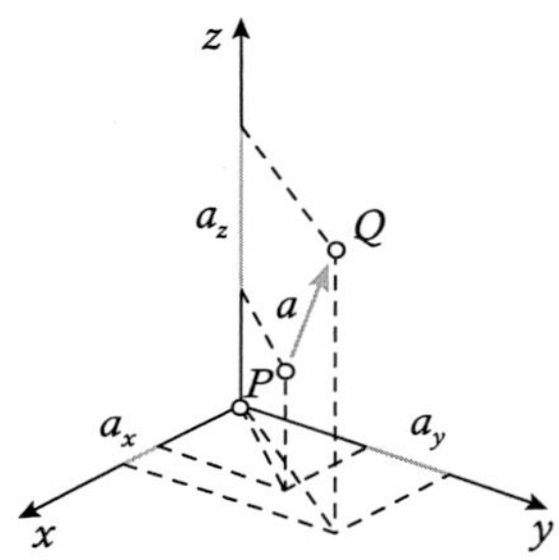

그림 6.5 벡터의 성분

▶ 예제 6.1.1

시점 $P:(4,0,2)$와 종점 $Q:(6,-1,2)$를 가지는 벡터 $\vec{a}$의 성분과 크기를 계산하여 보자.

◇ 해

각 성분은 $a_x = 6-4=2,\ a_y = -1-0=-1,\ a_z = 2-2=0$

이므로 $\vec{a}=[2,-1,0]^T$이다. 식 (6.1.3)으로부터 크기는

$$\| \vec{a} \| = \sqrt{2^2+(-1)^2+0^2} = \sqrt{5}$$

이다. 만약 $\vec{a}$의 시점으로 $(-1, 5, 8)$을 선정하였다면 종점은 $(1, 4, 8)$이어야 할 것이다. 따라서 만약 $\vec{a}$의 시점으로 원점 $(0, 0, 0)$을 취했다면 종점은 $(2, -1, 0)$으로 되어, $\vec{a}$가 가지는 성분과 일치한다. 이 경우 공간상에 $\vec{a}$를 표시하면 [그림 6.6]과 같이 되며, 이를 점 A의 위치벡터(position vector)라고 한다.

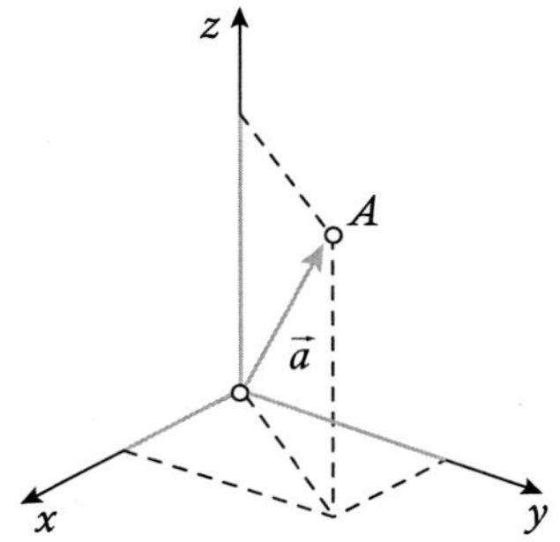

그림 6.6 점 $A:(x, y, z)$에서의 위치벡터 $\vec{a}$

직교좌표계에서는 공간상의 점 $A:(x, y, z)$의 위치벡터 $\vec{a}$는, 원점 $(0, 0, 0)$을 시점, 점 A를 종점으로 하는 벡터로 되기 때문에 그 성분은 항상 $\vec{a}=[x, y, z]^T$이다. 따라서 시점 P와 종점 Q를 가지는 벡터 $\vec{a}$를 평행이동(translate)한다면 식 (6.1.2)에 의한 성분은 변화하지 않는다는 것을 알 수 있다.

요점 6.2 **직교좌표계의 벡터성분**

직교좌표계에서 주어진 벡터는 세 개의 좌표축 값에 의해 유일하게 결정된다. 반대로 세 개의 실수값 $(a_x,\ a_y,\ a_z)$에 대하여, 이를 성분으로 가지는 벡터 $\vec{a}=[a_x,\ a_y,\ a_z]^T$는 직교좌표계 상에 유일하게 존재한다.

• 벡터의 합과 차

벡터의 합은 실수에 대한 합과 마찬가지로 간단하다.

요점 6.3 **벡터의 합**

두 벡터 $\vec{a}=[a_x, a_y, a_z]^T$와 $\vec{b}=[b_x, b_y, b_z]^T$의 합 $\vec{a}+\vec{b}$는 대응하는 각 성분의 합을 취함으로써 얻어진다. 즉

$$\vec{a}+\vec{b}=[a_x+b_x,\ a_y+b_y,\ a_z+b_z]^T \tag{6.1.4}$$

기하학적으로는 [그림 6.7]에서 보는 바와 같이 벡터 $\vec{b}$의 시점을 벡터 $\vec{a}$의 종점에 가져간다면, $\vec{a}+\vec{b}$는 벡터 $\vec{a}$의 시점에서 $\vec{b}$의 종점까지로 이루어진 벡터로 된다.

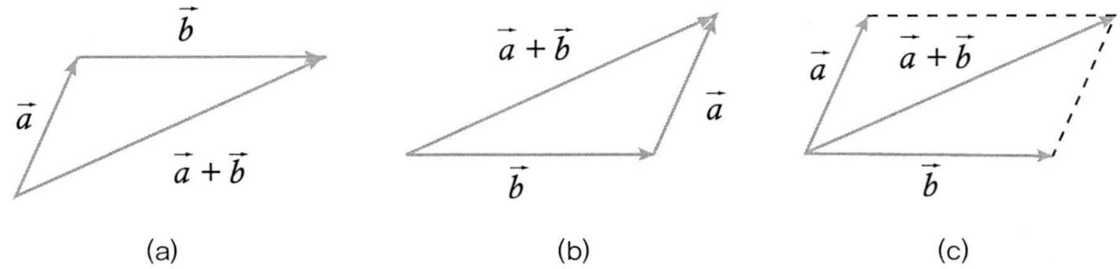

그림 6.7 벡터의 합

[그림 6.7 (c)]로부터 알 수 있는 바와 같이 두 벡터의 합은 두 벡터의 시점을 일치시켜서도 구할 수 있다. 벡터의 합과 관련하여 다음과 같은 기본적인 법칙이 성립한다.

$$\begin{aligned}&\text{(a)}\ \vec{a}+\vec{b}=\vec{b}+\vec{a}\quad(\text{교환법칙}) &&(6.1.5)\\&\text{(b)}\ \vec{a}+(\vec{b}+\vec{c})=(\vec{a}+\vec{b})+\vec{c}\quad(\text{결합법칙})\\&\text{(c)}\ \vec{a}+\vec{0}=\vec{0}+\vec{a}=\vec{a}\\&\text{(d)}\ \vec{a}+(-\vec{a})=\vec{0}\end{aligned}$$

또한 [그림 6.8]을 이용하면 (b)의 결합법칙이 성립함을 확인할 수 있다.

두 벡터의 차는 합의 특별한 경우로 생각할 수 있다. 즉

$$\vec{a}-\vec{b}=\vec{a}+(-\vec{b}) \tag{6.1.6}$$

이다. [그림 6.9]에 벡터의 차를 나타내었다. [그림 6.7]과 [그림 6.9]를 비교하면 $(\vec{a}-\vec{b})$와 $(\vec{a}+\vec{b})$의 차이를 확인할 수 있을 것이다.

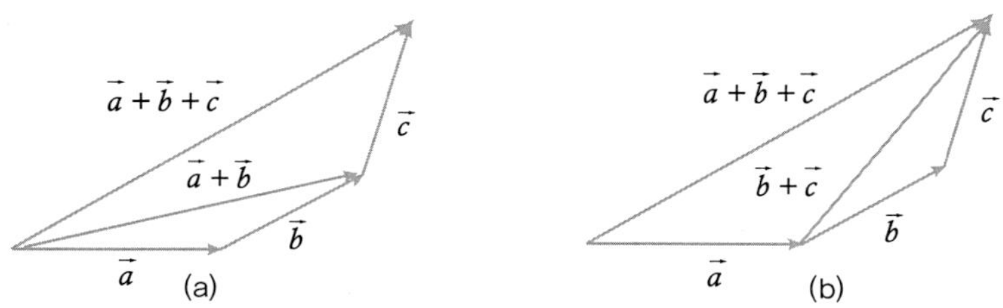

그림 6.8 벡터의 결합법칙

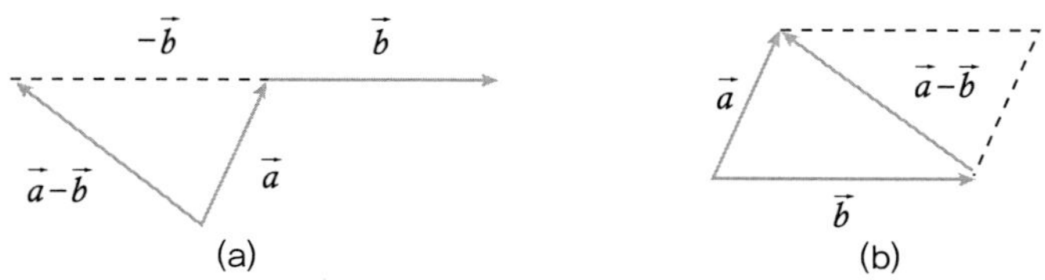

그림 6.9 벡터의 차

요점 6.4 **벡터의 스칼라곱**

벡터 $\vec{a} = [a_x, a_y, a_z]^T$에 임의의 스칼라 α를 곱한 $\alpha\vec{a}$는 $\vec{a}$의 모든 성분을 α배함으로써 얻어진다.

$$\alpha\vec{a} = [\alpha a_x, \alpha a_y, \alpha a_z]^T \tag{6.1.7}$$

벡터 $\alpha\vec{a}$의 크기는 $\|\alpha\vec{a}\| = |\alpha|\|\vec{a}\|$로 되며, $\alpha\vec{a} = 0$이면 $\vec{a} = \vec{0}$, 또는 $\alpha = 0$을 의미한다.

벡터의 스칼라곱과 관련하여 다음과 같은 기본법칙이 성립한다.

$$\begin{aligned} &\text{(a)}\ \ \alpha(\vec{a} + \vec{b}) = \alpha\vec{a} + \alpha\vec{b} \\ &\text{(b)}\ \ (\alpha + \beta)\vec{a} = \alpha\vec{a} + \beta\vec{a} \\ &\text{(c)}\ \ \alpha(\beta\vec{a}) = (\alpha\beta)\vec{a} \end{aligned} \tag{6.1.8}$$

- **기본단위벡터**

벡터의 성분표현식인 $\vec{a} = [a_x, a_y, a_z]^T$ 외에 벡터를 나타내는 일반적인 표현식으로 다음이 있다.

$$\vec{a} = a_x\vec{i} + a_y\vec{j} + a_z\vec{k} \tag{6.1.9}$$

이 표현식에서 벡터 $\vec{i}$, $\vec{j}$, $\vec{k}$는 직교좌표계의 세 축 x, y, z의 방향을 나타내기 위하여 사용하는 것으로 기본단위벡터(elementary unit vector)라고 부른다. 이것을 제 5 장에서와 같이 벡터의 성분으로 나타내면 다음과 같다.

$$\vec{i} = \begin{bmatrix} 1 \\ 0 \\ 0 \end{bmatrix} = \vec{e}_1, \quad \vec{j} = \begin{bmatrix} 0 \\ 1 \\ 0 \end{bmatrix} = \vec{e}_2, \quad \vec{k} = \begin{bmatrix} 0 \\ 0 \\ 1 \end{bmatrix} = \vec{e}_3 \tag{6.1.10}$$

이미 제 5 장에서 설명한 바와 같이, 벡터 $\vec{a} = [a_x, a_y, a_z]^T = a_x\vec{i} + a_y\vec{j} + a_z\vec{k}$는 3차원 실벡터공간 $\mathbb{R}^3$에 존재하며, 위에서 설명한 벡터의 합과 스칼라곱에 관한 모든 법칙은 이 공간 내에서 정의된다. 위에서 언급한 세 개의 단위벡터 $\vec{i}, \vec{j}, \vec{k}$는 $\mathbb{R}^3$의 표준기저(standard basis)라고 불리며, 공간 내의 모든 벡터는 표준기저로서 유일하게 표현된다.

▶ 예제 6.1.2

다음 [그림 6.10]의 평행사변형에서 대각선 벡터 $\vec{c}$ 와 $\vec{d}$ 는 서로 만나는 점에서 $(1/2)$ 로 양분되고 있음을 증명하여 보자.

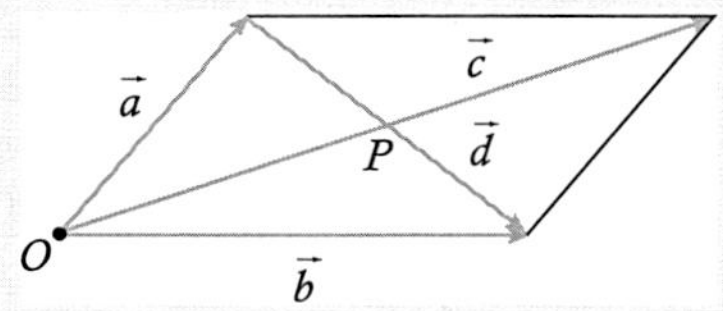

그림 6.10 평행사변형

◈ 해

[그림 6.10]으로부터

$$\vec{a}+\vec{b}=\vec{c},\quad \vec{b}-\vec{a}=\vec{d} \qquad ①$$

이다. 두 대각선의 만나는 점 P는 벡터 $\vec{c}$의 일부분이므로, 예를 들어 $m\vec{c}$로 두고, 마찬가지로 벡터 $\vec{d}$에 대해서도 만나는 점까지를 $n\vec{d}$로 둔다([그림 6.11] 참조). 따라서 만약 m과 n이 모두 $1/2$ 이라면 두 대각선의 중심에 점 P가 존재하는 것으로 된다.

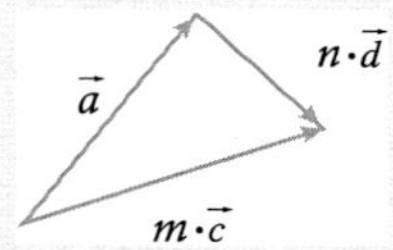

그림 6.11

[그림 6.11]로부터

$$\vec{a}+n\vec{d}=m\vec{c} \qquad ②$$

가 얻어지고, ②의 $\vec{C}$와 $\vec{D}$에 ①을 대입하면

$$\vec{a}+n(\vec{b}-\vec{a})=m(\vec{a}+\vec{b}) \qquad ③$$

이다. 이것을 정리하면 다음과 같다.

$$(1-n-m)\vec{a}=(m-n)\vec{b} \qquad ④$$

④의 양변은 모두 벡터이나, [그림 6.9]에서 보는 바와 같이 방향이 서로 다른 두 개의 벡터 $\vec{a}$와 $\vec{b}$ 가 서로 일치하기 위해서는 각 계수가 영으로 되어야 한다. 즉

$$1-n-m=0 \qquad ⑤$$
$$m-n=0$$

이므로, 이것을 풀면

$$m=n=\frac{1}{2}$$

로 되어, 두 대각선은 서로를 양분하는 점에서 만나고 있다는 것을 알 수 있다.

6.1.2 벡터의 방향코사인

[그림 6.12]와 같이 시점을 원점(origin)에 가지는 벡터 $\vec{a}$가 공간상에 주어져 있다고 한다. 이때 이 벡터를 x, y 및 z 축 상에 사영하였을 때의 크기를 각각 a_x, a_y 및 a_z라 하면 $\vec{a}$는 기본단위벡터를 이용하여 다음과 같이 표현된다.

$$\vec{a} = a_x \vec{i} + a_y \vec{j} + a_z \vec{k} \tag{6.1.11}$$

여기서 벡터 $\vec{a}$가 x, y 및 z 축과 만드는 각을 α, β 및 γ라고 하면 [그림 6.12]로부터

$$a_x = \|\vec{a}\|\cos\alpha, \quad a_y = \|\vec{a}\|\cos\beta, \quad a_z = \|\vec{a}\|\cos\gamma \tag{6.1.12}$$

로 되어, 벡터 $\vec{a}$를 성분표현식으로 나타내면 다음과 같다.

$$\vec{a} = \begin{bmatrix} a_x \\ a_y \\ a_z \end{bmatrix} = \begin{bmatrix} \|\vec{a}\| \cos\alpha \\ \|\vec{a}\| \cos\beta \\ \|\vec{a}\| \cos\gamma \end{bmatrix}, \ \|\vec{a}\| = \left(a_x^2 + a_y^2 + a_z^2\right)^{1/2} \tag{6.1.13}$$

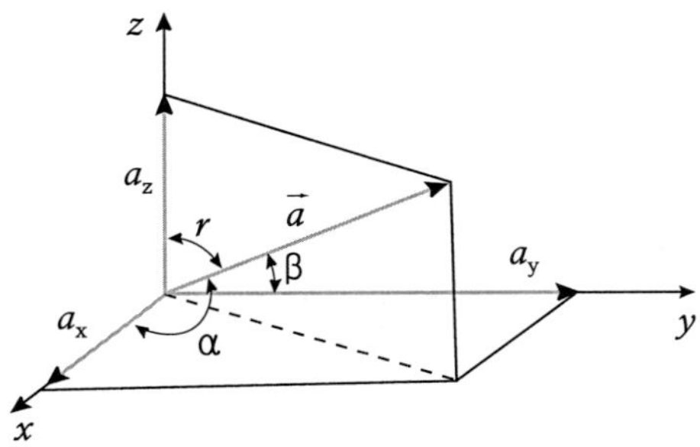

그림 6.12 벡터 $\vec{a}$의 성분

식 (6.1.12)를 벡터 $\vec{a}$의 크기를 나타내는 식 (6.1.3)에 대입하면 다음과 같은 익숙한 표현식을 얻을 수 있다.

$$\cos^2\alpha + \cos^2\beta + \cos^2\gamma = 1 \tag{6.1.14}$$

또는 식 (6.1.12)를 식 (6.1.11)에 대입한다면

$$\vec{a} = \| \vec{a} \| (\cos\alpha \vec{i} + \cos\beta \vec{j} + \cos\gamma \vec{k}) \tag{6.1.15}$$

로 되며, 위 식의 양변을 크기 $\|\vec{a}\|$로 나누어 단위벡터로 만들면

$$\vec{i}_a = \cos\alpha \vec{i} + \cos\beta \vec{j} + \cos\gamma \vec{k} \tag{6.1.16}$$

로 된다. 벡터 $\vec{a}$의 표현에 사용된 세 개의 값 $\cos\alpha$, $\cos\beta$ 및 $\cos\gamma$는 종종 l, m 및 n으로 표시하며

$$l = \cos\alpha = \frac{a_x}{\| \vec{a} \|}, \quad m = \cos\beta = \frac{a_y}{\| \vec{a} \|}, \quad n = \cos\gamma = \frac{a_z}{\| \vec{a} \|} \tag{6.1.17}$$

로 주어지며, 이를 $\vec{a}$의 방향코사인(direction cosines)이라고 한다.

임의의 벡터가 항상 원점에서 출발한다고 할 수 없기 때문에 벡터 $\vec{b} = \overrightarrow{P_1 P_2}$의 시점을 $P_1(x_1, y_1, z_1)$, 종점을 $P_2(x_2, y_2, z_2)$라 하면 $\vec{b} = \overrightarrow{P_1 P_2}$의 성분표현은

$$\begin{aligned} \vec{b} &= \overrightarrow{P_1 P_2} = \overrightarrow{OP_2} - \overrightarrow{OP_1} \\ &= [x_2, y_2, z_2]^T - [x_1, y_1, z_1]^T \\ &= [x_2 - x_1, y_2 - y_1, z_2 - z_1]^T \\ &= [b_1, b_2, b_3]^T \end{aligned} \tag{6.1.18}$$

으로 된다([그림 6.13] 참조).

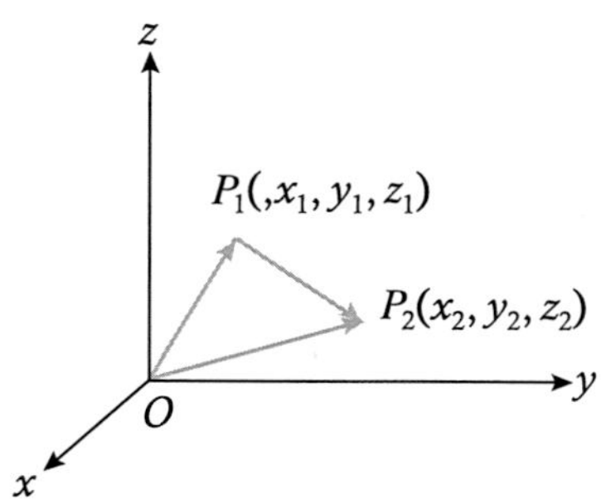

그림 6.13 공간상의 임의벡터 표현

▶ 예제 6.1.3

벡터 $\vec{a}=2\vec{i}+3\vec{j}+6\vec{k}$ 방향의 단위벡터를 구하여 보자.

◇ 해

$\vec{a}$의 크기는

$$\|\vec{a}\| = \sqrt{a_x^2+a_y^2+a_z^2} = \sqrt{2^2+3^2+6^2}=7$$

이므로 단위벡터는

$$\vec{i}_a=\frac{\vec{a}}{\|\vec{a}\|}=\frac{2\vec{i}+3\vec{j}+6\vec{k}}{7}=\frac{2}{7}\vec{i}+\frac{3}{7}\vec{j}+\frac{6}{7}\vec{k}$$

이다.

▶ 예제 6.1.4

직교좌표계에서 두 점 P와 Q의 위치벡터가 각각 $\vec{p}=\vec{i}+3\vec{j}-7\vec{k}$ 및 $\vec{q}=5\vec{i}-2\vec{j}+4\vec{k}$일 때 벡터 $\overrightarrow{PQ}$를 구하고, 이 벡터의 크기와 방향코사인을 계산하여 보자.

◇ 해

식 (6.1.18)에 의해

$$\overrightarrow{PQ}=[5-1,\ -2-3,\ 4+7]^T=4\vec{i}-5\vec{j}+11\vec{k}$$

이다. $\overrightarrow{PQ}$의 크기는 식 (6.1.3)에 의해

$$\|\overrightarrow{PQ}\| = \sqrt{4^2+(-5)^2+11^2}=9\sqrt{2}$$

이다. 또한 방향코사인은 식 (6.1.17)에 의해

$$l=\cos\alpha=\frac{4}{9\sqrt{2}},$$

$$m=\cos\beta=-\frac{5}{9\sqrt{2}},$$

$$n=\cos\gamma=\frac{11}{9\sqrt{2}}$$

로 주어진다.

6.1.3 MATLAB에 의한 풀이

```
% [예제 6.1.1]
Og=[0 0 0]'; P=[4 0 2]'; Q=[6 -1 2]';
arrow3(Og,P,'r')m hold on, arrow3(P,Q-P), grid                % P, a 의 표시
xlabel('x-axis'), ylabel('y-axis'), zlabel('z-axis '), hold off
norm(Q-P)                                                     % 벡터의 크기

% [예제 6.1.4]
Og=[0 0 0]'; P=[1 3 -7]'; Q=[5 -2 4]';
arrow3(Og,P,'r'), hold on, arrow3(Og, Q), grid                % P, Q의 표시
xlabel('x-axis'), ylabel('y-axis'), zlabel('z-axis'), hold off
norm(Q-P)                                                     % 벡터의 크기
```

❖ [예제 6.1.1]에서 명령어 'arrow3'은 3차원 공간상에 벡터의 위치를 나타내는 명령어이다 (부록 참조).

연습문제 6.1.4

1. 두 개의 벡터 $\vec{a}$와 $\vec{b}$가 [그림 P6.1]과 같이 주어져 있다. 이때 $(\vec{a}+\vec{b})$와 $(\vec{a}-\vec{b})$를 각 그림의 크기와 방향으로부터 결정하여라.

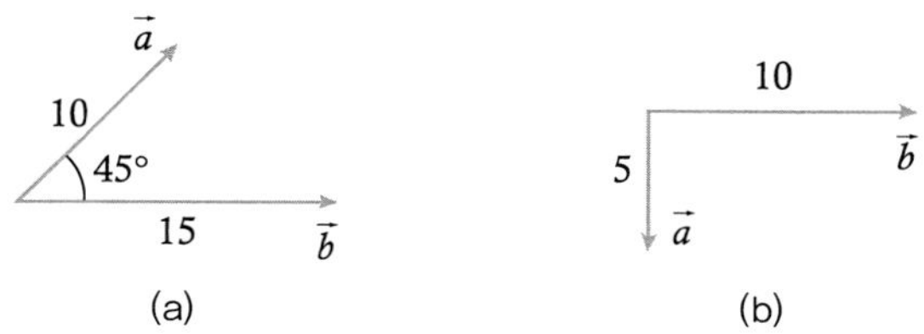

그림 P6.1

2. [그림 P6.2]에 주어진 각 벡터를 성분으로 표현하여라. 또한 주어진 방향을 가지는 단위벡터 표현식을 구하여라.

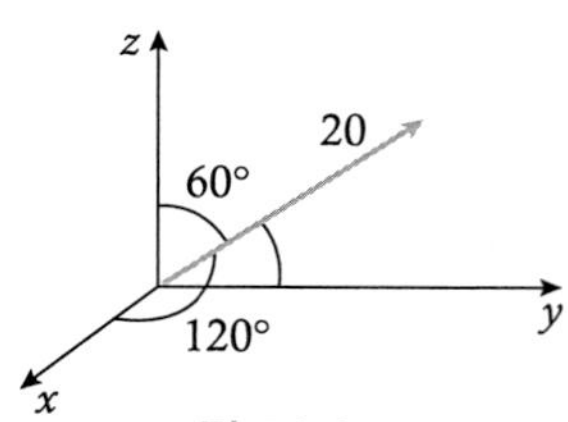

그림 P6.2

3. 주어진 벡터 $\vec{a}=2\vec{i}-4\vec{j}-4\vec{k}$, $\vec{b}=4\vec{i}+7\vec{j}-4\vec{k}$ 및 $\vec{c}=3\vec{i}-4\vec{k}$에 대하여 다음 계산을 수행하여라.

(1) $\vec{a}+\vec{b}$　　(2) $\vec{a}-\vec{c}$　　(3) $\vec{a}+\vec{b}-\vec{c}$

4. 3차원 공간상에서 주어진 시점 P에서 종점 Q로 향하는 벡터 $\vec{v}$의 표현식을 구하라. 또 크기가 $\|\vec{v}\|$이며 $\vec{v}$와 동일한 방향을 하는 단위벡터를 계산하여라.

(1) $P:(3, 2, 0)$, $Q:(5, -2, 0)$　　(2) $P:(1, 0, 1.2)$, $Q:(0, 0, 6.2)$

(3) $P:(4, 3, 2)$, $Q:(-4, -3, 2)$

5. 벡터 $\vec{v}$ 의 세 성분과 공간상의 한 점 P가 주어져 있다. 이때 각각에 대응하는 벡터의 종점 Q의 위치를 구하고 벡터 $\vec{v}$ 의 크기를 계산하여라.

(1) $v_1=3, v_2=-1, v_3=0$:　$P:(4, 6, 0)$

(2) $v_1=\dfrac{1}{4}, v_2=2, v_3=\dfrac{3}{4}$:　$P:\left(0, -\dfrac{1}{2}, \dfrac{3}{2}\right)$

(3) $v_1=4, v_2=\dfrac{1}{2}, v_3=-\dfrac{3}{2}$:　$P:\left(-4, \dfrac{1}{2}, 2\right)$

6. 다음 벡터들의 방향코사인과 방향각을 구하여라.

(1) $\vec{a}=\vec{i}+2\vec{j}+3\vec{k}$　　(2) $\vec{a}=[1, 0, -\sqrt{3}]^T$　　(3) $\vec{a}=6\vec{i}+6\vec{j}-3\vec{k}$

6.2 벡터의 내적과 외적

벡터의 곱셈으로 정의되는 두 가지 중요한 사항에 대하여 설명한다.

6.2.1 내적

두 벡터의 곱셈으로 얻어지는 스칼라 양으로, 크기는 두 벡터가 이루는 각도에 의존한다.

요점 6.5 벡터의 내적(inner product 또는 dot product)

두 벡터 $\vec{a}$와 $\vec{b}$의 내적은 다음과 같이 정의된다.

$$\vec{a} \cdot \vec{b} = \| \vec{a} \| \; \| \vec{b} \| \cos\theta, \quad (\text{단 } \vec{a} \neq \vec{0}, \vec{b} \neq \vec{0}) \tag{6.2.1}$$

이때 $\theta, (0 \le \theta \le \pi)$는 두 벡터가 이루는 각도를 나타낸다(그림 6.14). 만약 두 벡터의 성분이

$$\vec{a} = [a_x, a_y, a_z]^T, \vec{b} = [b_x, b_y, b_z]^T$$

로 주어졌다면

$$\vec{a} \cdot \vec{b} = a_x b_x + a_y b_y + a_z b_z \tag{6.2.2}$$

로 된다.

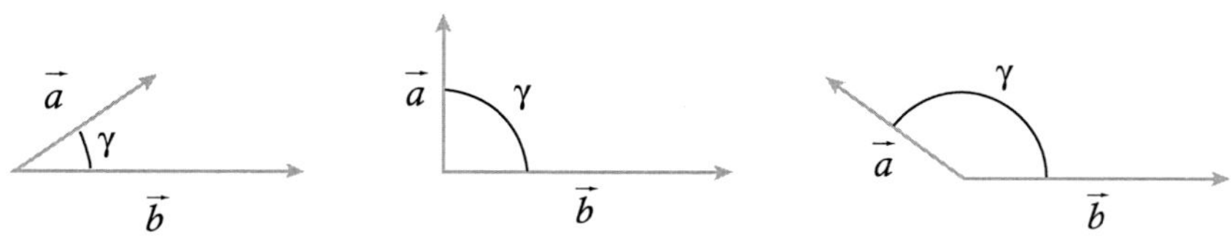

그림 6.14 두 벡터가 이루는 각도와 내적

벡터의 내적은 두 벡터 중 하나가 영벡터, 즉 $\vec{a} = \vec{0}$ 또는 $\vec{b} = \vec{0}$인 경우에는 정의되지 않기 때문에 만약 하나가 영벡터라면 내적은 영, 즉 $\vec{a} \cdot \vec{b} = 0$으로 둔다.

• 직교성(Orthogonality)

식 (6.2.1)에서 $\cos\theta$는 양(+), 영(0) 또는 음(−)의 값을 가질 수 있으므로 이에 따라 내적의 크기도 달라진다. 이때 특히 내적이 영으로 되는 경우가 중요한 역할을 한다. 즉 $\vec{a} \cdot \vec{b} = 0$(단, $\vec{a} \neq \vec{0}, \vec{b} \neq \vec{0}$)이면, 두 벡터 $\vec{a}$와 $\vec{b}$는 서로 직교하고 있다고 한다. 이것은 식 (6.2.1)에서 $\cos\theta = 0$, 즉 $\theta = \pi/2\,(90°)$이면 성립한다는 것을 쉽게 확인할 수 있다.

요점 6.6 벡터의 직교성

두 벡터의 내적이 영이라는 사실과 두 벡터가 직교하고 있다는 사실은 등가이다.

• 벡터의 크기와 각도

식 (6.1.18)에서 $\vec{b}=\vec{a}$로 두면 $\vec{a}\cdot\vec{a}=\|\vec{a}\|^2$로 되어

$$\|\vec{a}\| = (\vec{a}\cdot\vec{a})^{1/2} \tag{6.2.3}$$

을 얻는다. 또한 각도 θ는 식 (6.2.1)로부터 다음으로 주어진다.

$$\theta = \cos^{-1}\left(\frac{\vec{a}\cdot\vec{b}}{\|\vec{a}\|\ \|\vec{b}\|}\right) = \cos^{-1}\left(\frac{\vec{a}\cdot\vec{b}}{(\vec{a}\cdot\vec{a})^{1/2}(\vec{b}\cdot\vec{b})^{1/2}}\right) \tag{6.2.4}$$

▶ 예제 6.2.1

두 벡터 $\vec{a}=[1,2,0]^T$, $\vec{b}=[3,-2,1]^T$가 주어졌을 때, 두 벡터가 이루는 각도를 계산하여보자.

◇ 해

내적은

$$\vec{a}\cdot\vec{b}=1\cdot 3+2\cdot(-2)+0\cdot 1=-1$$

이며, 두 벡터의 크기는 $\|\vec{a}\|=\sqrt{5}$, $\|\vec{b}\|=\sqrt{14}$ 이므로 식 (6.2.4)로부터

$$\theta=\cos^{-1}\left(\frac{\vec{a}\cdot\vec{b}}{\|\vec{a}\|\ \|\vec{b}\|}\right)=\cos^{-1}(-0.11952)$$

$$=1.69061\,[\mathrm{rad}]=96.865^\circ$$

로 된다.

[요점 6.5]로부터 내적이 가지는 몇 가지 성질을 유도할 수 있다. 즉 임의의 벡터 $\vec{a}$, $\vec{b}$ 및 $\vec{c}$ 와 스칼라 α, β에 대하여 다음이 성립한다.

$$\text{(a)}\ (\alpha\vec{a}+\beta\vec{b})\cdot\vec{c}=\alpha\vec{a}\cdot\vec{c}+\beta\vec{b}\cdot\vec{c},\quad \text{(선형성)} \tag{6.2.4 a}$$

$$\text{(b)}\ \vec{a}\cdot\vec{b}=\vec{b}\cdot\vec{a},\quad \text{(가환성)} \tag{6.2.4 b}$$

$$\text{(c)}\ \begin{cases}\vec{a}\cdot\vec{a}\ge 0\\ \vec{a}\cdot\vec{a}=0 \leftrightarrow \vec{a}=\vec{0}\end{cases} \tag{6.2.4 c}$$

또한 식 (6.2.4 a)에서 $\alpha = 1$, $\beta = 1$로 두면

$$(\vec{a} + \vec{b}) \cdot \vec{c} = \vec{a} \cdot \vec{c} + \vec{b} \cdot \vec{c} \tag{6.2.5}$$

로 되어 분배법칙이 성립한다. 한편, 식 (6.2.1)과 $|\cos\theta| \le 1$이라는 사실로부터

$$\| \vec{a} \cdot \vec{b} \| \le \| \vec{a} \| \ \| \vec{b} \| \tag{6.2.6}$$

가 얻어진다. 이것은 코시-슈바르츠의 부등식(Cauchy-Schwarz inequality)으로 불리는 것으로 식의 증명 등에서 자주 사용되는 공식이다. 또한 식 (6.2.3)을 이용하면 다음과 같은 삼각부등식을 증명할 수 있을 것이다.

$$\| \vec{a} + \vec{b} \| \le \| \vec{a} \| + \| \vec{b} \| \tag{6.2.7}$$

식 (6.2.7)의 부등호(<)는 기하학적으로는 삼각형의 두 변의 합은 나머지 한 변의 크기보다는 항상 크다는 것을 의미하고 있는 것으로 해석할 수 있다. 여기서 식 (6.2.2)를 식 (6.2.1)로부터 유도하여 보자. 우선 두 벡터를 $\vec{a} = a_x \vec{i} + a_y \vec{j} + a_z \vec{k}$ 및 $\vec{b} = b_x \vec{i} + b_y \vec{j} + b_z \vec{k}$로 두고, 이것을 식 (6.2.5)의 분배법칙을 적용하여 내적 $\vec{a} \cdot \vec{b}$에 대입하여 전개하여 보자. 이때 단위벡터 사이에

$$\vec{i} \cdot \vec{i} = \vec{j} \cdot \vec{j} = \vec{k} \cdot \vec{k} = 1, \text{ 및 } \vec{i} \cdot \vec{j} = \vec{j} \cdot \vec{k} = \vec{k} \cdot \vec{i} = 0 \tag{6.2.8}$$

의 관계가 성립하고 있다는 사실로부터

$$\vec{a} \cdot \vec{b} = (a_x b_x)\vec{i} \cdot \vec{i} + (a_y b_y)\vec{j} \cdot \vec{j} + (a_z b_z)\vec{k} \cdot \vec{k}$$

로 되어 식 (6.2.2)가 얻어짐을 확인할 수 있다. 또한 위 식으로부터 벡터 $\vec{a}$ 자신과의 내적은

$$\vec{a} \cdot \vec{a} = \| \vec{a} \|^2 = a_x^2 + a_y^2 + a_z^2 \tag{6.2.9}$$

으로 된다. 마지막으로 벡터 $\vec{a}$의 x축 방향의 성분 a_x는 다음과 같이 $\vec{a}$와 x축방향의 기본단위벡터 $\vec{i}$와의 내적을 구함으로써 얻을 수 있다.

$$\vec{a} \cdot \vec{i} = (a_x \vec{i} + a_y \vec{j} + a_z \vec{k}) \cdot \vec{i} = a_x \tag{6.2.10 a}$$

마찬가지로

$$\vec{a} \cdot \vec{j} = (a_x \vec{i} + a_y \vec{j} + a_z \vec{k}) \cdot \vec{j} = a_y \tag{6.2.10 b}$$

로 된다. 다시 말하면, 임의 방향의 벡터의 성분은 그 방향의 기본단위벡터와 주어진 벡터와의 내적을 구함으로써 계산된다.

6.2.2 내적의 응용

내적이 가지는 물리적인 의미를 다음 예제를 가지고 생각하여 보자.

▶ 예제 6.2.2

내적의 주된 응용분야의 하나로서 물체에 작용하는 힘을 들 수 있다. 즉 어떤 물체와 각도 α 방향으로 힘 $\vec{p}$가 작용하여 물체가 $\vec{d}$만큼 이동하였을 경우(그림 6.15)의 물체가 받은 힘은

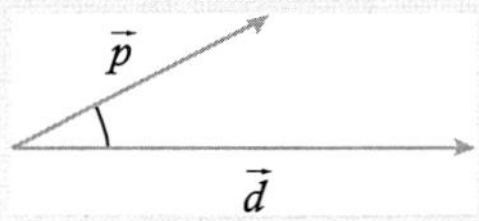

그림 6.15 힘(force)에 의한 일(work)

$$W = \| \vec{p} \| \ \| \vec{d} \| \cos\alpha = \vec{p} \cdot \vec{d} \tag{6.2.11}$$

와 같이 내적을 이용하여 표현된다. [그림 6.15]에서와 같이 $\alpha < 90°$이면 $W > 0$으로 되어 물체는 힘을 받아 이동한다는 것을 알 수 있다. 반대로 $\alpha > 90°$이면 $W < 0$된다. 이것은 물체가 움직인 거리벡터 $\vec{d}$가 힘과 반대방향으로 작용한다는 것을 나타내고 있다.[4)]

▶ 예제 6.2.3

[그림 6.16]과 같이 무게 1000kg의 차량이 $25°$의 경사각을 가지는 비탈길에서 정지해 있기 위해서는 로프에 어느 정도의 힘이 주어져야 하는가에 대하여 생각하여 보자.

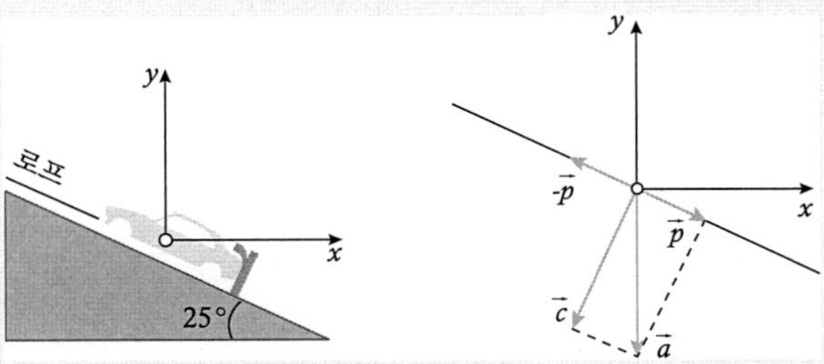

(a) (b)

그림 6.16 [예제 6.2.3]

4) $\vec{p}$와 $\vec{d}$가 수직이면 힘이 영으로 되는 물리적인 이유를 생각하여 보자.

◈ 해

주어진 상황을 벡터를 이용하여 나타내면 [그림 6.16 (b)]로 된다. 차량의 중량은 수직(즉 $-y$축 방향)으로 작용하기 때문에 $\vec{a}=[0,-1000]^T$이다. 이때 $\vec{a}$는 두 힘의 합, 즉 $\vec{a}=\vec{c}+\vec{p}$로 분할 가능하다. 여기서 $\vec{c}$는 경사면에 수직으로 작용하는 힘이며, $\vec{p}$는 로프에 평행하게 반대방향으로 작용하는 힘으로써 그 크기는 다음과 같다.

$$\| \vec{p} \| = \| \vec{a} \| \cos\gamma = 1000\cos 65° = 422.6\,[\mathrm{kg}] \qquad ①$$

따라서 벡터 $\vec{p}$와 반대방향으로 422.6[kg]의 힘을 작용시키면 차량을 비탈길에 정지시킬 수 있다. 이것을 벡터의 내적을 이용하여 나타내어 보자. 우선 로프와 반대방향의 단위벡터를 $\vec{u}$라 두고, 로프 방향의 벡터 $\vec{b}$를 도입한다.

$$\vec{b}=[-1, \tan 25°]^T=[-1,\ 0.4663]^T \qquad ②$$

②를 이용하면

$$\vec{u}=-\frac{\vec{b}}{\| \vec{b} \|}=[\,0.90631,\ -0.42262\,]^T \qquad ③$$

으로 표현된다. $\| \vec{u} \| =1$ 이므로 ①은

$$\begin{aligned}\| \vec{p} \| &= (\, \| \vec{a} \| \cos\gamma\,)\, \| \vec{u} \| = \vec{a} \cdot \vec{u} \qquad ④\\ &= -\frac{\vec{a} \cdot \vec{u}}{\| \vec{b} \|} = \frac{1000 \cdot 0.46631}{1.10338} = 422.6\ [\mathrm{kg}]\end{aligned}$$

로 되어 422.6[kg]의 힘이 필요함을 확인할 수 있다.

[예제 6.2.3]은 힘의 작용과 관련한 전형적인 예의 하나이다. 다시 말하면 벡터 $\vec{a}$ 방향으로 작용하는 힘의 벡터 $\vec{b}$ 로의 사영(projection)은

$$p= \| \vec{a} \| \cos\gamma \qquad (6.2.12)$$

로 주어진다는 것을 의미한다. 따라서 p는 벡터 $\vec{b}$에 평행하는 직선 l 상에 벡터 $\vec{a}$를 직교사영하였을 때의 길이를 나타내며, $p>0$이면 $\vec{b}$와 동일한 방향, $p<0$이면 반대방향으로 작용한다는 것을 나타낸다(그림 6.17).

식 (6.2.12)에 $\vec{b}/\| \vec{b} \| = 1$을 곱하면 내적의 정의로부터

$$p=\frac{\vec{a} \cdot \vec{b}}{\| \vec{b} \|},\ (\vec{b} \neq \vec{0}) \qquad (6.2.13)$$

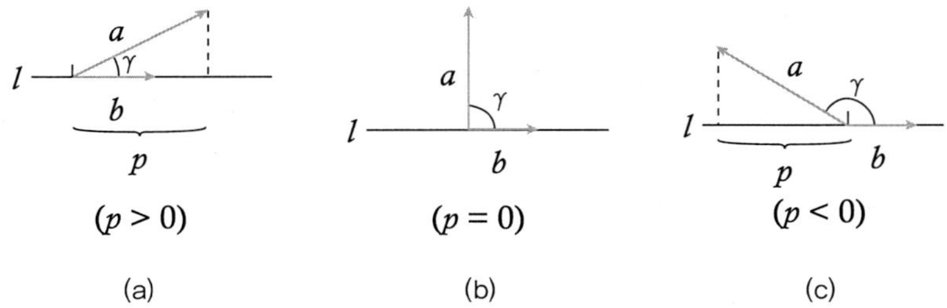

그림 6.17 $\vec{a}$를 $\vec{b}$방향으로 사영하였을 때의 $\vec{a}$의 성분

을 얻는다. 이때 벡터 $\vec{b}$ 는 주로 방향을 나타내기 위하여 사용되기 때문에 단위벡터로 두는 것이 편리하다. 이 경우 식 (6.2.13)은

$$p = \vec{a} \cdot \vec{b}\,,\ (\,\|\vec{b}\| = 1\,) \tag{6.2.14}$$

로 된다. [그림 6.18]에 벡터 $\vec{a}$를 $\vec{b}$의 방향으로 사영했을 경우의 크기 p와, $\vec{b}$를 $\vec{a}$방향으로 사영했을 경우의 크기 $q = \|\vec{b}\| \cos\gamma$를 각각 나타내었다.

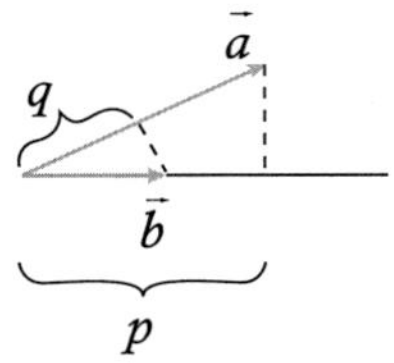

그림 6.18 $\vec{b}$로의 $\vec{a}$의 사영 및 $\vec{a}$상으로의 $\vec{b}$의 사영

▶ 예제 6.2.4

벡터의 내적에 관한 정의를 이용하여 $\cos(\alpha-\beta) = \cos\alpha\,\cos\beta + \sin\alpha\,\sin\beta$ 로 된다는 것을 증명하여 보자.

◇ 해

[그림 6.19]에서 두 벡터 $\vec{a}$ 와 $\vec{b}$ 와의 내적은

$$\vec{a} \cdot \vec{b} = \|\vec{a}\|\,\|\vec{b}\|\cos\theta$$

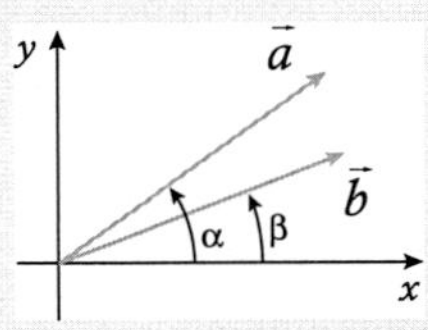

그림 6.19 [예제 6.2.4]

이다. 여기서 θ는 두 벡터가 이루는 각도로서

$$\theta = \alpha - \beta$$

로 주어진다. 이때

$$\| \vec{a} \| = \sqrt{a_x^2 + a_y^2}, \quad \| \vec{b} \| = \sqrt{b_x^2 + b_y^2}$$

이고, 내적은

$$\vec{a} \cdot \vec{b} = a_x b_x + a_y b_y$$

이다. 따라서

$$\cos\theta = \frac{\vec{a} \cdot \vec{b}}{\| \vec{a} \| \ \| \vec{b} \|} = \frac{a_x b_x + a_y b_y}{\sqrt{a_x^2 + a_y^2}\sqrt{b_x^2 + b_y^2}}$$

이므로 이것을 정리하면

$$\cos(\alpha - \beta) = \frac{a_x}{\sqrt{a_x^2 + a_y^2}} \frac{b_x}{\sqrt{b_x^2 + b_y^2}} + \frac{a_y}{\sqrt{a_x^2 + a_y^2}} \frac{b_y}{\sqrt{b_x^2 + b_y^2}}$$

$$= \cos\alpha \cos\beta + \sin\alpha \sin\beta$$

로 되어 주어진 식이 만족된다는 것이 확인되었다.

▶ 예제 6.2.5

$\vec{a} = 12\vec{i} - 3\vec{j} + 6\vec{k}$, $\vec{b} = 2\vec{i} + 4\vec{j} + 4\vec{k}$ 일 때 벡터 $\vec{a}$의 $\vec{b}$상으로의 사영을 구하여 보자.

◇ 해

먼저 벡터 $\vec{b}$방향의 단위벡터 $\vec{i}_b$가 계산되었다면, $\vec{a}$의 $\vec{b}$로의 사영은 $\vec{a} \cdot \vec{i}_b$로 나타낼 수 있다. 즉

$$\vec{i}_b = \frac{\vec{b}}{\| \vec{b} \|} = \frac{2\vec{i} + 4\vec{j} + 4\vec{k}}{\sqrt{2^2 + 4^2 + 4^2}} = \frac{2\vec{i} + 4\vec{j} + 4\vec{k}}{6}$$

이므로 $\vec{a}$ 의 $\vec{b}$ 로의 사영은

$$\vec{a} \cdot \vec{i}_b = (12\vec{i} - 3\vec{j} + 6\vec{k}) \cdot \left(\frac{1}{3}\vec{i} + \frac{2}{3}\vec{j} + \frac{2}{3}\vec{k} \right) = 4 - 2 + 4 = 6$$

로 된다. 이 결과를 제 5 장의 결과와 비교하여 보자. 즉 $\vec{a}$ 의 $\vec{b}$ 로의 사영은 $\vec{a}$ 를 $\vec{b}$상으로 사영하였을 얻어지는 벡터의 크기이다. 그런데 제 5 장에서 $\vec{u}\,\vec{u}^T\vec{b'}$는 $\vec{b}'$를 $\vec{u}$방향으로 사영하였을 때의 벡터를 나타내는 것이라고 하였다(식 (5.2.34) 참조). 따라서 여기서 $\vec{u} = \vec{i}_b$와 $\vec{b}' = \vec{a}$로 두면

$$\vec{u} = \begin{bmatrix} 2/6 \\ 4/6 \\ 4/6 \end{bmatrix}, \quad \vec{b}' = \begin{bmatrix} 12 \\ -3 \\ 6 \end{bmatrix}$$

로 되어

$$\vec{u}\vec{u}^T\vec{b}' = \frac{1}{9}\begin{bmatrix} 1 & 2 & 2 \\ 2 & 4 & 4 \\ 2 & 4 & 4 \end{bmatrix}\begin{bmatrix} 12 \\ -3 \\ 6 \end{bmatrix} = \frac{1}{9}\begin{bmatrix} 18 \\ 36 \\ 36 \end{bmatrix} = \begin{bmatrix} 2 \\ 4 \\ 4 \end{bmatrix}$$

로 된다. 따라서 이 벡터의 크기는

$$\| \vec{u}\vec{u}^T\vec{b}' \| = \sqrt{4+16+16} = 6$$

로 되어 동일함을 알 수 있다.

6.2.3 벡터의 외적

지금까지 언급한 내적과 달리 두 벡터의 곱이 다시 벡터의 성질을 가지는 외적에 대하여 설명한다.

요점 6.7 벡터의 외적(Cross product)

두 벡터 $\vec{a}$와 $\vec{b}$의 외적 $\vec{v}=\vec{a}\times\vec{b}$는 벡터이며 다음과 같은 성질을 가진다.

(1) 두 벡터 $\vec{a}$와 $\vec{b}$가 동일한 방향, 또는 서로 정반대의 방향을 가지거나, $\vec{a}=\vec{0}$, 또는 $\vec{b}=\vec{0}$이면 $\vec{v}=\vec{a}\times\vec{b}=\vec{0}$ 로 된다.

(2) (1) 이외의 경우에는 $\vec{v}=\vec{a}\times\vec{b}$로 되며 그 크기는

$$\|\vec{v}\| = \|\vec{a}\times\vec{b}\| = \|\vec{a}\|\cdot\|\vec{b}\|\sin\gamma \tag{6.2.15}$$

이다. 이것은 [그림 6.20]에 표시한 바와 같이 두 개의 벡터로 이루어진 평행사변형의 밑면적을 나타내며, γ는 두 벡터 $\vec{a}$와 $\vec{b}$가 이루는 각도이다. 벡터 $\vec{v}$의 방향은 벡터 $\vec{a}$와 $\vec{b}$가 이루는 평면에 수직이며, 동시에 세 개의 벡터 $\vec{a}, \vec{b}, \vec{v}$에 의한 오른손의 법칙(또는 오른나사의 법칙)을 따른다(그림 6.21).

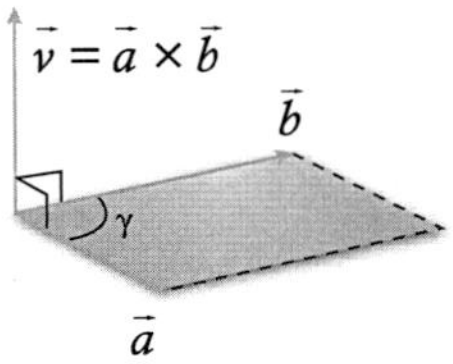

그림 6.20 벡터의 외적

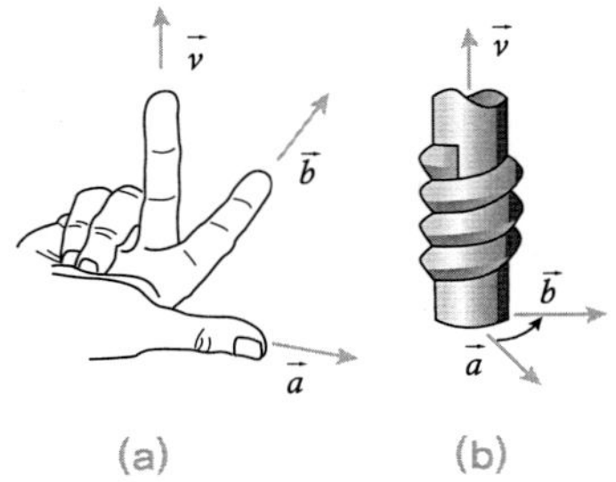

그림 6.21 $\vec{a}, \vec{b}, \vec{v}$에 의한 오른손의 법칙

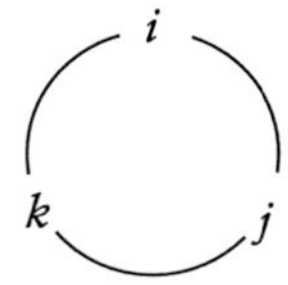

그림 6.22 단위벡터의 외적을 나타내는 원

여기서 직교좌표계에서 외적의 표현식을 구하기 위해서 우선 기본단위벡터 $\vec{i}$, $\vec{j}$, $\vec{k}$를 이용하여 외적을 계산하면 식 (6.2.15)로부터

$$\vec{i}\times\vec{i}=\vec{0},\quad \vec{j}\times\vec{j}=\vec{0},\quad \vec{k}\times\vec{k}=\vec{0} \tag{6.2.16 a}$$

와

$$\vec{i}\times\vec{j}=\vec{k},\qquad \vec{j}\times\vec{k}=\vec{i},\qquad \vec{k}\times\vec{i}=\vec{j} \tag{6.2.16 b}$$

$$\vec{j}\times\vec{i}=-\vec{k},\quad \vec{k}\times\vec{j}=-\vec{i},\quad \vec{i}\times\vec{k}=-\vec{j} \tag{6.2.16 c}$$

를 얻을 수 있다. 이러한 관계식은 기본단위벡터로 이루어진 원을 [그림 6.22]와 같이 생각하면 쉽게 기억할 수 있을 것이다. 즉 원에서 시계방향으로 서로 인접하는 단위벡터의 외적을 취하면 그 결과는 나머지의 기본단위벡터로 되며, 시계반대방향으로 인접하는 벡터와의 외적은 나머지 기본단위벡터의 역방향의 값으로 된다는 것이다.

이를 이용하면 벡터 $\vec{a}$ 와 $\vec{b}$ 의 외적을 직교좌표계에서 다음과 같이 나타낼 수 있다.

$$\begin{aligned}\vec{v}=\vec{a}\times\vec{b}&=\left(a_x\vec{i}+a_y\vec{j}+a_z\vec{k}\right)\times\left(b_x\vec{i}+b_y\vec{j}+b_z\vec{k}\right)\\&=\left(a_yb_z-a_zb_y\right)\vec{i}+\left(a_zb_x-a_xb_z\right)\vec{j}+\left(a_xb_y-a_yb_x\right)\vec{k}\\&=\begin{vmatrix}a_y & a_z\\ b_y & b_z\end{vmatrix}\vec{i}+\begin{vmatrix}a_x & a_z\\ b_x & b_z\end{vmatrix}\vec{j}+\begin{vmatrix}a_x & a_y\\ b_x & b_y\end{vmatrix}\vec{k}\end{aligned} \tag{6.2.17}$$

이것은 3행 3열 행렬식을 이용하여

$$\vec{v}=\vec{a}\times\vec{b}=\begin{vmatrix}\vec{i} & \vec{j} & \vec{k}\\ a_x & a_y & a_z\\ b_x & b_y & b_z\end{vmatrix} \tag{6.2.18}$$

와 같이 표현할 수 있다. 식 (6.2.17)로부터 외적벡터의 각 성분, $\vec{v}=\left[v_x, v_y, v_z\right]^T$는

$$v_x=a_yb_z-a_zb_y,\ \ v_y=a_zb_x-a_xb_z,\ v_z=a_xb_y-a_yb_x \tag{6.2.19}$$

로 된다.

외적의 방향을 결정하기 위한 방법으로, 세 개의 벡터 $\vec{a}$, $\vec{b}$ 및 $\vec{v}$를 각각 오른손의 엄지, 검지, 및 중지에 대응시켰을 때의 관계를 [그림 6.21 (a)]에 나타내었으며, [그림 6.21 (b)]는 오른나사의 법칙을 의미하는 것으로, 나사를 $\vec{a}$에서 $\vec{b}$쪽으로 돌리면 나사는 위쪽 방향, 즉 $\vec{v}$의 방향으로 되는 것을 보여주고 있다.

▶ 예제 6.2.6

두 벡터가 각각 $\vec{a}=[1,1,0]^T$, $\vec{b}=[3,0,0]^T$로 주어졌을 경우 외적을 구하여보자.

◇ 해

식 (6.2.18)에 의하여

$$\vec{v}=\vec{a}\times\vec{b}=\begin{vmatrix}\vec{i} & \vec{j} & \vec{k}\\ 1 & 1 & 0\\ 3 & 0 & 0\end{vmatrix}=\begin{vmatrix}1 & 0\\ 0 & 0\end{vmatrix}\vec{i}+\begin{vmatrix}1 & 0\\ 3 & 0\end{vmatrix}\vec{j}+\begin{vmatrix}1 & 1\\ 3 & 0\end{vmatrix}\vec{k}=-3\vec{k}=[0,0,-3]^T$$

이다.

▶ 예제 6.2.7

두 벡터 $\vec{a}=2\vec{i}-\vec{j}+\vec{k}$, $\vec{b}=3\vec{i}+4\vec{j}-\vec{k}$에 수직인 단위벡터와 두 벡터가 이루는 각 θ의 sine 값을 구하여 보자.

◇ 해

두 벡터 $\vec{a}$와 $\vec{b}$에 수직인 벡터는 $\vec{a}\times\vec{b}$이므로 식 (6.2.18)로부터

$$\vec{a}\times\vec{b}=\begin{vmatrix}\vec{i} & \vec{j} & \vec{k}\\ 2 & -1 & 1\\ 3 & 4 & -1\end{vmatrix}=\begin{vmatrix}-1 & 1\\ 4 & -1\end{vmatrix}\vec{i}-\begin{vmatrix}2 & 1\\ 3 & -1\end{vmatrix}\vec{j}+\begin{vmatrix}2 & -1\\ 3 & 4\end{vmatrix}\vec{k}$$

이다. 이때

$$\|\vec{a}\times\vec{b}\|=\sqrt{(-3)^2+5^2+11^2}=\sqrt{155}$$

이므로 $\vec{a}$와 $\vec{b}$에 수직인 단위벡터는

$$\frac{\vec{a}\times\vec{b}}{\|\vec{a}\times\vec{b}\|}=(-3\vec{i}+5\vec{j}+11\vec{k})/\sqrt{155}$$

이고, 식 (6.2.15)로부터

$$\sin\theta = \frac{\| \vec{a} \times \vec{b} \|}{\| \vec{a} \| \, \| \vec{b} \|} = \frac{\sqrt{155}}{\sqrt{6}\sqrt{26}} = \frac{\sqrt{155}}{2\sqrt{39}}$$

가 얻어진다.

벡터의 외적과 관련하여 성립되는 몇 가지 성질을 요점으로 정리하였다.

요점 6.8 외적이 가지는 일반적인 성질

(a) 임의의 스칼라 α에 대하여

$$(\alpha\vec{a}) \times \vec{b} = \alpha(\vec{a} \times \vec{b}) = \vec{a} \times (\alpha\vec{b}) \quad (6.2.20)$$

(b) 외적은 분배법칙이 성립한다.

$$\vec{a} \times (\vec{b} + \vec{c}) = (\vec{a} \times \vec{b}) + (\vec{a} \times \vec{c}) \quad (6.2.21\text{ a})$$

$$(\vec{a} + \vec{b}) \times \vec{c} = (\vec{a} \times \vec{c}) + (\vec{b} \times \vec{c}) \quad (6.2.21\text{ b})$$

(c) 외적은 가환적이지 않다.

$$\vec{b} \times \vec{a} = -(\vec{a} \times \vec{b}) \quad (6.2.22)$$

(d) 외적은 결합법칙이 성립하지 않는다.

$$\vec{a} \times (\vec{b} \times \vec{c}) \neq (\vec{a} \times \vec{b}) \times \vec{c} \quad (6.2.23)$$

위 성질은 외적의 기본식 (6.2.17)을 적절히 적용하면 어렵지 않게 확인할 수 있을 것이다.

6.2.4 외적의 응용 예

공간상의 어떤 점 Q에서 $\vec{r}$ 만큼 떨어진 점 A에 작용하는 힘 $\vec{p}$에 의하여 생성되는 모멘트(moment) m은 벡터 $\vec{p}$가 작용하는 방향의 연장선상에 점 Q에서 수직으로 내린 선의 거리 d와의 곱, 즉 $m = \| \vec{p} \| d$로 주어진다(그림 6.23). 이때 d는 $\| \vec{r} \| \sin\gamma$이므로

$$m = \| \vec{r} \| \, \| \vec{p} \| \sin\gamma \quad (6.2.24)$$

이다. 이때 γ는 두 벡터 $\vec{r}$과 $\vec{p}$가 이루는 각도를 나타내기 때문에 식 (6.2.15)로부터

$$\overrightarrow{m} = \vec{r} \times \vec{p} \tag{6.2.25}$$

이며, 이것을 공간상의 점 Q에서 $\vec{p}$의 벡터모멘트(vector moment)라고 한다. 만약 $\overrightarrow{m} \neq \vec{0}$ 라면 $\overrightarrow{m}$의 방향은 $\vec{p}$와 $\vec{r}$가 이루는 평면에 수직으로 작용한다.

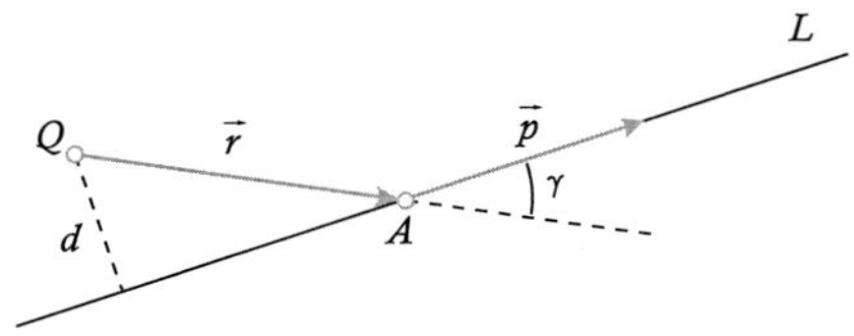

그림 6.23 점 Q에서의 힘 $\vec{p}$의 모멘트

▶ 예제 6.2.8

[그림 6.24]에서 바퀴의 중심인 점 Q에서 1.5[m] 떨어진 점에 대한 힘 $\vec{p}$의 모멘트를 계산하여 보자.

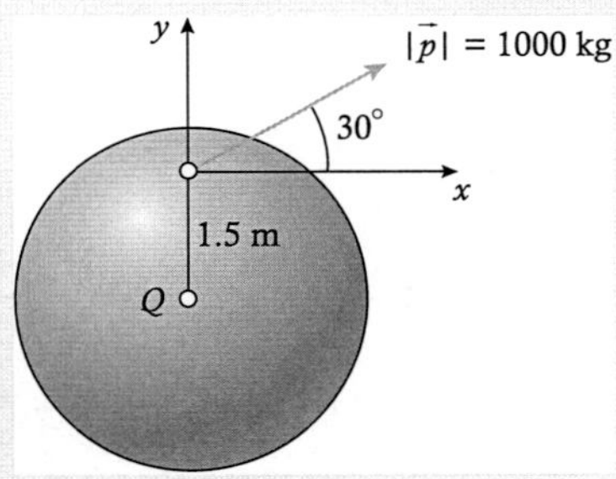

그림 6.24 [예제 6.2.8]

◇ 해

[그림 6.24]에 좌표계를 도입하면

$$\vec{p} = [1000\cos 30°,\ 1000\sin 30°,\ 0]^T = [866,\ 500,\ 0]^T$$

$$\vec{r} = [0,\ 1.5,\ 0]^T$$

이다. 따라서 식 (6.2.25)와 식 (6.2.18)에 의해

$$\overrightarrow{m} = \vec{r} \times \vec{p} = \begin{vmatrix} \vec{i} & \vec{j} & \vec{k} \\ 0 & 1.5 & 0 \\ 866 & 500 & 0 \end{vmatrix} = 0\vec{i} - 0\vec{j} + \begin{vmatrix} 0 & 1.5 \\ 866 & 500 \end{vmatrix} \vec{k}$$

$$= [0,\ 0,\ -12990]^T$$

이다. 위 계산결과로부터 알 수 있는 바와 같이, $\overrightarrow{m}$은 힘 $\vec{p}$에 의해 생성되는 바퀴의 중심의 회전에 대해 수직방향, 즉 $-z$축으로 작용한다.

공간상에서 회전하는 강체(rigid body) B상의 임의 점에서의 속도에 대하여 생각하여 보자(그림 6.25 (a)). 공간상에서 회전하는 물체는 다음과 같이 정의되는 벡터 $\vec{w}$를 이용하면 유일하게 나타낼 수 있다. 즉 [그림 6.25 (a)]와 같이 벡터 $\vec{w}$의 방향은 물체의 회전축과 같은 방향이며, 이것은 벡터 $\vec{w}$의 시점에서 종점방향으로 보았을 때[5] 회전체가 시계방향으로 회전하고 있다는 것을 의미한다. 이때 $\vec{w}$의 크기는 회전체의 각속도 $\omega, (>0)$와 같은 값을 가진다.

B 상의 임의의 점 P와 회전축과의 수직거리를 d라 하면, 점 P의 속도는 ωd로 된다. 이때 회전축상의 한 점에 원점을 두고 점 P의 위치벡터를 $\vec{r}$로 한다면 $d = \|\vec{r}\| \sin\gamma$이다. 여기서 γ는 두 벡터 $\vec{w}$와 $\vec{r}$ 사이의 각도이다. 따라서

$$\omega d = \|\vec{w}\| \, \|\vec{r}\| \sin\gamma = \|\vec{w} \times \vec{r}\| \tag{6.2.26}$$

가 얻어지며, 외적의 정의에 의해 회전하는 물체 B 상의 임의의 점 P에서의 속도는

$$\vec{v} = \vec{w} \times \vec{r} \tag{6.2.27}$$

로 주어짐을 알 수 있다.

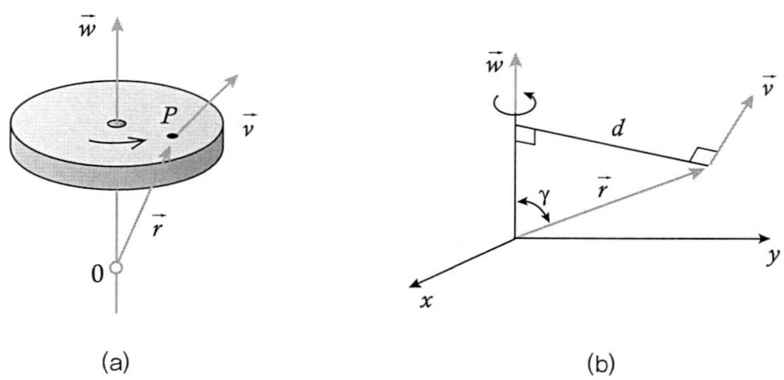

그림 6.25 강체의 회전

6.2.5 스칼라 삼중적

두 개 이상의 벡터에 의한 곱으로 스칼라 삼중적(scalar triple product)이 있다. 이것은 세 개의 벡터 $\vec{a}$, $\vec{b}$ 및 $\vec{c}$에 의해

5) 즉 회전체 아래쪽에서 위로 보았을 경우이다.

$$(\vec{a}, \vec{b}, \vec{c}) \equiv \vec{a} \cdot (\vec{b} \times \vec{c}) \tag{6.2.28}$$

로 주어지며, 결과는 스칼라 양으로 됨을 알 수 있다. 이것을 각 벡터의 성분을 이용하여 나타내어 보자. 즉 $\vec{a} = [a_x, a_y, a_z]^T$, $\vec{b} = [b_x, b_y, b_z]^T$, 및 $\vec{c} = [c_x, c_y, c_z]^T$로 두면 식 (6.2.2)와 (6.2.19)에 의해

$$\begin{aligned}\vec{a} \cdot (\vec{b} \times \vec{c}) &= c_x(a_y b_z - a_z b_y) + c_y(a_z b_x - a_x b_z) + c_z(a_x b_y - a_y b_x) \\ &= \begin{vmatrix} a_x & a_y & a_z \\ b_x & b_y & b_z \\ c_x & c_y & c_z \end{vmatrix}\end{aligned} \tag{6.2.29}$$

임을 확인할 수 있다.

스칼라 삼중적과 관련된 중요한 성질로 다음이 있다.

요점 6.9 스칼라 삼중적의 성질

(a) 식 (6.2.29)에서 · 와 × 는 교환가능하다.

$$(\vec{a}, \vec{b}, \vec{c}) = \vec{a} \cdot (\vec{b} \times \vec{c}) = (\vec{a} \times \vec{b}) \cdot \vec{c} \tag{6.2.30}$$

(b) $\mathbb{R}^3$공간에서 세 개 벡터가 선형독립이라는 사실과 세 벡터에 의한 스칼라 삼중적이 영의 값을 가지지 않는 것과는 등가이다.

이미 설명한 바와 같이 스칼라 삼중적은 두 벡터의 외적과 나머지 벡터와의 내적을 취하는 것이다. 식 (6.2.29)로부터

$$(\vec{a}, \vec{b}, \vec{c}) = \vec{a} \cdot (\vec{b} \times \vec{c}) = \|\vec{a}\| \ \|\vec{b}\| \ \|\vec{c}\| \sin\alpha \cos\theta \tag{6.2.31}$$

로 된다. 여기서 α는 두 벡터 $\vec{b}$와 $\vec{c}$가 이루는 각도이며, θ는 $(\vec{b} \times \vec{c})$와 $\vec{a}$가 이루는 각도를 각각 나타낸다. 이때 $\|\vec{b}\| \|\vec{c}\| \sin\alpha$는 두 벡터 $\vec{b}$와 $\vec{c}$가 만드는 평행사변형의 면적을 나타내며, $\|\vec{a}\| \cos\theta$는 벡터 $\vec{a}$ 에서 벡터 $(\vec{b} \times \vec{c})$로 수직선을 내렸을 경우의 길이를 나타낸다(그림 6.26). 따라서 세 개의 벡터로 평행육면체를 만들면 밑면적은 $S = \|\vec{b} \times \vec{c}\|$이고, 높이는 $h = \|\vec{a}\| \cos\theta$로 되어 결국 삼중적은

$$\vec{a} \cdot (\vec{b} \times \vec{c}) = Sh \tag{6.2.32}$$

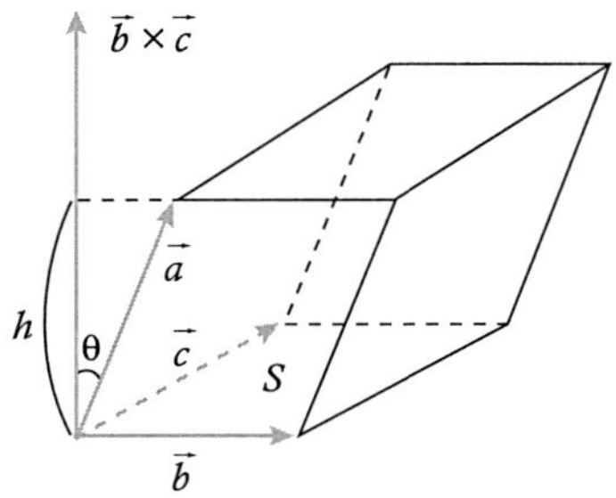

그림 6.26 스칼라 삼중적의 기하학적인 해석

로 되어 평행육면체의 체적으로 된다. 따라서 세 개의 벡터로서 스칼라 삼중적을 어떻게 구성하는가에 관계없이 평행육면체의 체적은 항상 일정하므로

$$(\vec{a}, \vec{b}, \vec{c}) = \vec{a} \cdot (\vec{b} \times \vec{c}) = \vec{b} \cdot (\vec{c} \times \vec{a}) = \vec{c} \cdot (\vec{a} \times \vec{b}) \tag{6.2.33}$$

가 성립한다. 일반적으로 외적의 계산이 내적의 계산보다 우선하므로 식 (6.2.33)에서 괄호는 의미가 없다.6)

공간상에 존재하는 점의 위치를 나타내는 벡터 $\vec{p}$를 스칼라 삼중적을 이용하여 표현하여 보자. 이것은 임의로 주어진 세 개의 선형독립인 벡터 $\vec{a}$, $\vec{b}$ 및 $\vec{c}$에 관하여

$$\vec{p} = \alpha\vec{a} + \beta\vec{b} + \gamma\vec{c} \tag{6.2.34}$$

로 분해할 수 있다는 것을 의미한다.7) $(\vec{b} \times \vec{c})$는 $\vec{b}$와 $\vec{c}$에 수직이므로 식 (6.2.34)의 오른쪽 항과 $(\vec{b} \times \vec{c})$와의 내적을 취하면

$$\begin{aligned}\vec{p} \cdot (\vec{b} \times \vec{c}) &= \alpha\vec{a} \cdot (\vec{b} \times \vec{c}) + \beta\vec{b} \cdot (\vec{b} \times \vec{c}) + \gamma\vec{c} \cdot (\vec{b} \times \vec{c}) \\ &= \alpha\vec{a} \cdot (\vec{b} \times \vec{c})\end{aligned}$$

이므로

$$\alpha = \frac{\vec{p} \cdot (\vec{b} \times \vec{c})}{\vec{a} \cdot (\vec{b} \times \vec{c})} = \frac{(\vec{p}, \vec{b}, \vec{c})}{(\vec{a}, \vec{b}, \vec{c})} \tag{6.2.35 a}$$

를 얻는다. 비슷한 방법으로 벡터 $\vec{p}$의 계수를

6) 만약 내적의 계산을 먼저 한다고 하면 식 (6.2.33)은 아무런 의미를 가지지 못할 것이다.
7) $\mathbb{R}^3$공간에서 임의의 벡터는 선형독립인 세 개의 벡터에 의해 유일하게 표현된다(4.3절 참조).

$$\beta=\frac{(\vec{a},\vec{p},\vec{c})}{(\vec{a},\vec{b},\vec{c})} \tag{6.2.35 b}$$

$$\gamma=\frac{(\vec{a},\vec{b},\vec{p})}{(\vec{a},\vec{b},\vec{c})} \tag{6.2.35 c}$$

와 같이 계산할 수 있다. 만약 $\vec{a}$, $\vec{b}$ 및 $\vec{c}$가 주어진 순서대로 정규직교기저를 이루면 $(\vec{a},\vec{b},\vec{c})=1$이고 $\vec{b}\times\vec{c}=\vec{a}$이므로 $\alpha=\vec{p}\cdot\vec{a}=\vec{i}(\vec{p}\cdot\vec{i})$으로 되어 식 (6.2.34)의 정규직교기저 $\vec{i}$, $\vec{j}$ 및 $\vec{k}$에 의한 표현식을 얻을 수 있다.

▶ 예제 6.2.9

벡터 $\vec{a}=3\vec{i}-2\vec{j}+\vec{k}$, $\vec{b}=2\vec{i}-\vec{k}$에 대하여 (a) $\vec{a}\cdot\vec{b}$, (b) $\vec{a}\times\vec{b}\cdot\vec{a}$를 각각 계산하여보자.

◇ 해

(a) 내적은

$$\begin{aligned}\vec{a}\cdot\vec{b}&=(3\vec{i}-2\vec{j}+\vec{k})\cdot(2\vec{i}-\vec{k})\\&=6\vec{i}\cdot\vec{i}-3\vec{i}\cdot\vec{k}-4\vec{j}\cdot\vec{i}+2\vec{j}\cdot\vec{k}+2\vec{k}\cdot\vec{i}-\vec{k}\cdot\vec{k}\\&=6-1=5\end{aligned}$$

이다.

(b) 먼저 외적을 계산한다.

$$\begin{aligned}(\vec{a}\times\vec{b})&=(a_yb_z-a_zb_y)\vec{i}+(a_zb_x-a_xb_z)\vec{j}+(a_xb_y-a_yb_x)\vec{k}\\&=[(-2)(-1)-1\cdot 0]\vec{i}+[1\cdot 2-3(-1)]\vec{j}+[3\cdot 0-(-2)(2)]\vec{k}\\&=2\vec{i}+5\vec{j}+4\vec{k}\end{aligned}$$

여기에 내적으로 실행하면

$$\vec{a}\times\vec{b}\cdot\vec{a}=(2\vec{i}+5\vec{j}+4\vec{k})\cdot(3\vec{i}-2\vec{j}+\vec{k})=6-10+4=0$$

이다. $(\vec{a}\times\vec{b}\cdot\vec{a})$를 잘 살펴보면, 외적의 벡터 $(\vec{a}\times\vec{b})$와 벡터 $\vec{a}$는 서로 직교하기 때문에 두 벡터의 내적이 영으로 된다는 사실은 당연한 것이다.

▶ 예제 6.2.10

벡터의 삼중외적 $(\vec{a}\times\vec{b})\times\vec{c}$ 에 대한 직교좌표계에서의 적절한 표현식을 구하여 보자.

◇ 해

먼저 외적 $(\vec{a}\times\vec{b})$를 계산하면

$$\vec{a}\times\vec{b}=(a_yb_z-a_zb_y)\vec{i}+(a_zb_x-a_xb_z)\vec{j}+(a_xb_y-a_yb_x)\vec{k}$$

이다. 이것을 벡터 $\vec{c}$와 외적을 취하면 다음으로 된다.

$$\begin{aligned}(\vec{a}\times\vec{b})\times\vec{c}=&\ [(a_zb_x-a_xb_z)c_z-(a_xb_y-a_yb_x)c_y]\vec{i}\\&+[(a_xb_y-a_yb_x)c_x-(a_yb_z-a_zb_y)c_z]\vec{j}\\&+[(a_yb_z-a_zb_y)c_y-(a_zb_x-a_xb_z)c_x]\vec{k}\end{aligned} \qquad ①$$

위 식에서 각 벡터의 계수를 풀어서 정리하는 과정에서 각 항을 내적의 형식으로 나타날 수 있도록 정리한다. 즉

$$\begin{aligned}(\vec{a}\times\vec{b})\times\vec{c}=&\ (a_zc_z+a_yc_y+a_xc_x)b_x\vec{i}-(b_zc_z+b_yc_y+b_xc_x)a_x\vec{i}\\&+(a_xc_x+a_zc_z+a_yc_y)b_y\vec{i}-(b_xc_x+b_zc_z+b_yc_y)a_y\vec{j}\\&+(a_yc_y+a_xc_x+a_zc_z)b_z\vec{i}-(b_yc_y+b_xc_x+b_zc_z)a_z\vec{k}\end{aligned}$$

이므로 이를 다시 정리하면

$$\begin{aligned}(\vec{a}\times\vec{b})\times\vec{c}=&\ (\vec{a}\cdot\vec{c})b_x\vec{i}+(\vec{a}\cdot\vec{c})b_y\vec{j}+(\vec{a}\cdot\vec{c})b_z\vec{k}\\&-(\vec{b}\cdot\vec{c})a_x\vec{i}-(\vec{b}\cdot\vec{c})a_y\vec{j}-(\vec{b}\cdot\vec{c})a_z\vec{k}\end{aligned} \qquad ②$$

이다. 위 식은 다음과 같이 나타낼 수도 있다.

$$(\vec{a}\times\vec{b})\times\vec{c}=(\vec{a}\cdot\vec{c})\vec{b}-(\vec{b}\cdot\vec{c})\vec{a} \qquad ③$$

위와 동일한 방법을 적용하면

$$\vec{a}\times(\vec{b}\times\vec{c})=(\vec{a}\cdot\vec{c})\vec{b}-(\vec{b}\cdot\vec{a})\vec{c}$$

라는 것을 확인할 수 있다. 따라서

$$(\vec{a}\times\vec{b})\times\vec{c}\neq\vec{a}\times(\vec{b}\times\vec{c}) \qquad ④$$

임을 알 수 있다. 그러나 세 개의 벡터 $\vec{a}$, $\vec{b}$ 및 $\vec{c}$ 중에서 하나가 영벡터라면 ④는 등호가 성립한다.

6.2.6 MATLAB에 의한 풀이

```
% [예제 6.2.1]
vec_a=[1 2 0]'; vec_b=[3 -2 1]';
theta=acos(dot(vec_a,vec_b)/(norm(vec_a)* norm(vec_b)))          % [rad]

% [예제 6.2.3]
vec_a=[0 -1000]'; norm(vec_a)*cos(65/180*pi)                       % [kg]

% [예제 6.2.4]
syms a b real, expand(cos(a-b))                          % cos(a-b)의 전개식

% [예제 6.2.5]
vec_a=sym([12 -3 6]'); vec_b=sym([2 4 4]');
vec_ib=vec_b./sqrt(vec_b'*vec_b), vec_a'*vec_ib          % 6으로 됨을 확인

% [예제 6.2.6]
vec_a=sym([1 1 0]'); vec_b=sym([3 0 0]'); cross(vec_a, vec_b)      % 벡터의 외적

% [예제 6.2.7]
vec_a=sym([2 -1 1]'); vec_b=sym([3 4 -1]');
vec_ab=cross(vec_a, vec_b)                               % 벡터의 외적
cos_theta=sqrt(vec_ab'*vec_ab)/(sqrt(vec_a'*vec_a)*sqrt(vec_b'*vec_b));
double(cos_theta)                                        % 0.9968의 확인

% [예제 6.2.8]
vec_p=sym([866 500 0]'); vec_r=sym([0 15 0]');
vec_m=cross(vec_r,vec_p)                                 % [0 0 -12990]'의 확인

% [예제 6.2.9]
vec_a=sym([3 -2 1]'); vec_b=sym([2 0 -1]'); vec_a'*vec_b     % 내적의 확인
vec_ab=cross(vec_a, vec_b); vec_ab'*vec_a                    % 0으로 됨을 확인
```

연습문제 6.2.7

1. 세 개의 벡터 $\vec{a}=[2,-1,4]^T$, $\vec{b}=[-4,0,3]^T$, $\vec{c}=[3,-2,1]^T$에 대하여 다음 계산을 수행하여라.

(1) $\vec{a}\cdot\vec{b}$, $\vec{b}\cdot\vec{a}$　　(2) $|3\vec{a}-2\vec{b}|$, $|2\vec{b}-3\vec{a}|$

(3) $(\vec{a} \cdot \vec{b})\vec{c}$, $\vec{a}(\vec{b} \cdot \vec{c})$

(4) $(\vec{a} - \vec{b}) \cdot \vec{c}$, $\vec{a} \cdot \vec{c} - \vec{b} \cdot \vec{c}$

(5) $\vec{a} \cdot (\vec{b} - \vec{c})$, $\vec{a} \cdot (\vec{c} - \vec{b})$

(6) $6(\vec{a} + \vec{b}) \cdot (\vec{a} - \vec{b})$

2. (1) $\vec{u} \cdot \vec{v} = \vec{u} \cdot \vec{w}$, (단 $\vec{u} \neq \vec{0}$)은 항상 $\vec{v} = \vec{w}$를 의미하는가?

(2) 식 (6.2.6)으로 주어지는 코시–슈바르츠의 부등식을 증명하여라.

3. $\vec{a} = [1, 1, 1]^T$, $\vec{b} = [2, 3, 1]^T$, $\vec{c} = [-1, 1, 0]^T$일 때 다음 두 벡터가 이루는 각을 계산하여라.

(1) $\vec{b}$, $\vec{c}$

(2) $\vec{a} + \vec{b}$, $\vec{c}$

4. 벡터 $\vec{a}$를 벡터 $\vec{b}$ 위로의 사영을 구하여라.

(1) $\vec{a} = -5\vec{i} + 5\vec{j}$, $\vec{b} = -3\vec{i} + 4\vec{j}$

(2) $\vec{a} = -\vec{i} - 2\vec{j} + 7\vec{k}$, $\vec{b} = 6\vec{i} - 3\vec{j} - 2\vec{k}$

5. 썰매 앞에 달린 끈으로 썰매를 얼음 위로 수평이 되게 끈다고 한다. 이때 수평과 각이 60° 되게 작용하는 2 [kg]의 힘이 썰매를 100 [m] 이동시켰다고 한다. 이때 한 일을 구하여라.

6. 직교좌표계에서 벡터가 $\vec{a} = [1, 2, 0]^T$, $\vec{b} = [3, -4, 0]^T$, $\vec{c} = [3, 5, 2]^T$ 및 $\vec{d} = [6, 2, 3]^T$로 주어졌다고 한다. 다음을 각각 계산하여라.

(1) $\vec{a} \times \vec{b}$, $\vec{b} \times \vec{a}$

(2) $(\vec{a} + \vec{b}) \times \vec{c}$, $\vec{a} \times \vec{c} + \vec{b} \times \vec{c}$

(3) $2\vec{a} \times 3\vec{b}$, $3\vec{a} \times 2\vec{b}$, $6\vec{a} \times \vec{b}$

(4) $\vec{a} \cdot (\vec{b} \times \vec{c})$, $(\vec{a} \times \vec{b}) \cdot \vec{c}$

(5) $(\vec{a} \times \vec{b}) \cdot (\vec{c} \times \vec{d})$, $(\vec{b} \times \vec{a}) \cdot (\vec{d} \times \vec{c})$

(6) $\vec{d} \times \vec{c}$, $|\vec{d} \times \vec{c}|$, $|\vec{c} \times \vec{d}|$

(7) $\vec{a} \times (\vec{b} + \vec{c} - \vec{d})$

7. 점 Q에 대한 힘 $\vec{p}$의 모멘트 벡터 $\vec{m}$을 구하여 보자. 단 $\vec{p}$는 점 A를 지나가는 선분 L을 통하여 작용한다([그림 6.23] 참조).

(1) $\vec{p} = [4, 4, 0]^T$, Q: (2, 1, 0), A: (0, 3, 0)

(2) $\vec{p} = [1, 2, 3]^T$, Q: (0, 1, 1), A: (1, 0, 3)

8. 다음에 주어진 벡터를 세 개의 변으로 하는 평행육면체의 부피를 구하여라.

(1) $\vec{a} = \vec{i} + \vec{j}$, $\vec{b} = -\vec{i} + 4\vec{j}$, $\vec{c} = 2\vec{i} + 2\vec{j} + 2\vec{k}$

(2) $\vec{a} = 3\vec{i} + \vec{j} + \vec{k}$, $\vec{b} = \vec{i} + 4\vec{j} + \vec{k}$, $\vec{c} = \vec{i} + \vec{j} + 5\vec{k}$

9. [그림 P6.3]에서와 같이, 벡터 $\vec{a}$는 xy 평면에 있고 벡터 $\vec{b}$는 양의 z축 위에 있다. 이들의 크기는 $\|\vec{a}\|=6.4$ 및 $\|\vec{b}\|=5$이다.

(1) 벡터의 외적에 관한 정의를 이용하여 $\|\vec{a}\times\vec{b}\|$를 계산하여라.

(2) $(\vec{a}\times\vec{b})$의 방향을 결정하여라.

(3) (2)의 결과를 이용하여 $(\vec{a}\times\vec{b})$를 기본단위벡터 $\vec{i}, \vec{j}, \vec{k}$로 표현하여라.

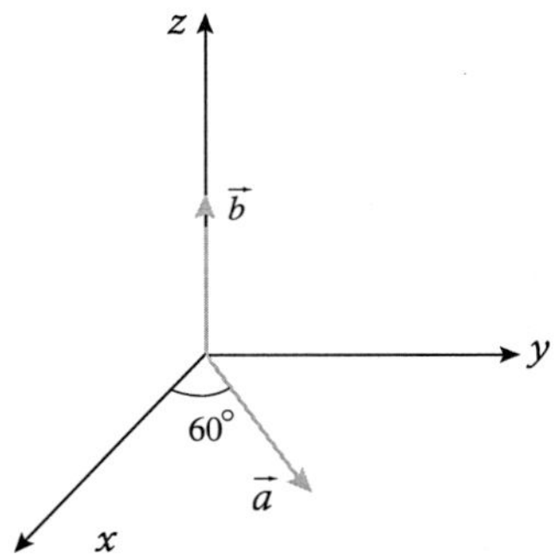

그림 P6.3

6.3 벡터의 미분

6.3.1 벡터장과 스칼라장

공간상의 한 점 $P(x, y, z)$에 대해서 스칼라양을 갖는 함수 $f(P)$를 스칼라함수(scalar function)라 한다. 이 경우 점 P의 위치벡터를 $\vec{r}$라 하면 $f(\vec{r})$로 표기하기도 하며, 이를 스칼라 점함수(point-function)라고 부르는 경우도 있다. 예를 들어 도체 내부의 각 점은 밀도가 다르기 때문에 만약 내부에 전하가 존재한다면 도체 내에 전위의 분포, 또는 도체 내부의 각 점에서의 온도분포 등은 도체 내부의 위치에 따른 스칼라함수로 표현될 수 있을 것이다. 이와 같이 공간에 스칼라양이 분포하고 있는 영역을 스칼라장(scalar field)이라 하고 이 값은 스칼라함수로 표현된다. 스칼라함수값이 일정한 값 C를 가지는 점은 곡면

$$f(x, y, z) = C$$

상에 있으며 이 곡면을 등위면(level surface)이라 한다. 온도가 같으면 등온면, 압력이 같으면 등압면, 전계에 있어서 등전위면 등은 등위면의 예이다. 일반적으로 한 점을 지나는 등위면은 오직 하나이므로 많은 등위면을 만들면 스칼라양의 분포상태를 알 수 있다. 이를 위해 스칼라양을 일정한 차이로 변화시킨 여러 개의 등위면을 만든다. 예컨대 스칼라값을 단위별로 바꾸어서

$$f(x,y,z) = 0,\ f(x,y,z) = 1,\ f(x,y,z) = 2,\ \cdots$$

이라 하면 지도상의 등고선과 같이 등위면이 조밀한 곳에서는 스칼라값의 변화량은 크고, 드문 곳에서는 스칼라의 변화량은 작다.

한편 공간상의 점 P에 의존하는 벡터, 예를 들어

$$\vec{v}(P) = [\, v_x(P), v_y(P), v_z(P) \,]^T \tag{6.3.1}$$ [8]

는 임의의 점 P에 따라 결정되는 벡터함수이다. 스칼라함수와 같이 벡터함수를 $\vec{v}(x,y,z)$, $\vec{v}(\vec{r})$ 또는 $\vec{v}(P)$로 표기하며 이 역시 점함수이다. 흐르는 물의 경우에는 지점에 따라 유속이 다르며,[9] 대전체가 있는 주위의 각 점에 단위 양전하를 놓으면 여기에 전기력이 미쳐서 크기와 방향을 가지는 전하(즉 벡터)로 이루어진 전계(electric field)를 이룬다. 이와 같이 공간에 벡터(즉 크기와 방향을 가진 양)가 분포하고 있을 때 그 분포하고 있는 영역을 벡터장(vector field)이라 하고, 각 점에 있어서 벡터의 크기(norm 값)를 그 점에 있어서 벡터장의 세기(강도), 벡터의 방향을 벡터장의 방향(direction)이라고 한다.

벡터장의 예로서 [그림 6.27 (a)]는 공간상의 곡선에 대한 접선의 장을, [그림 6.27 (b)]는 공간상의 평면에 대한 법선벡터의 장을 각각 보여주고 있다. 또한 스칼라장의 예로는, 신체의 각 부분에서의 온도나 대기권 내에서의 각 지역에서의 기압 등을 들 수 있다. 벡터나 스칼라함수는 시간 t 또는 어떤 특정한 변수의 함수로 될 수 있다.

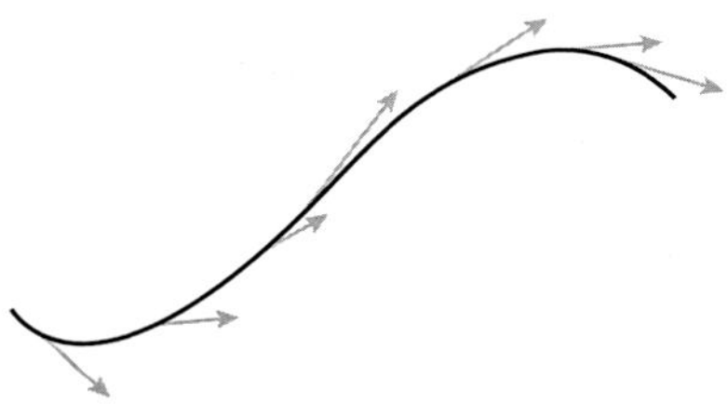

(a) 곡선의 접선벡터의 장

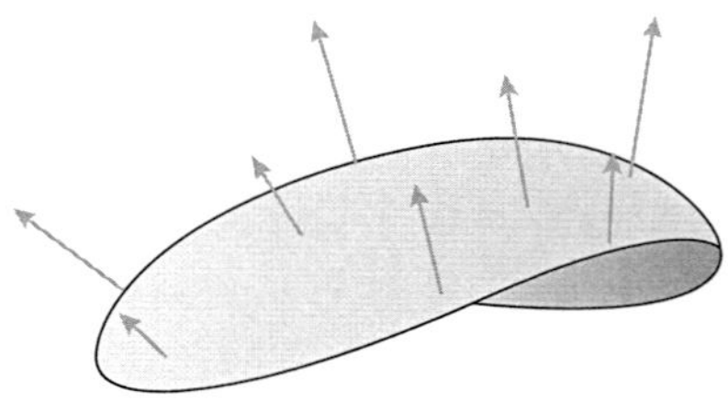

(b) 평면의 법선벡터의 장

그림 6.27 법선벡터의 장

▶ 예제 6.3.1 스칼라함수

공간상의 고정된 점 P_0에서 임의의 점 P까지의 거리 $f(P)$는, 정의역을 전 공간으로 가지는 스칼라함수이다. 여기서 직교좌표계를 도입하여, P_0의 위치를 x_0, y_0, z_0로 하면 함수 $f(P)$는

$$f(P) = f(x,y,z) = \sqrt{(x-x_0)^2 + (y-y_0)^2 + (z-z_0)^2}$$

8) 이것을 직교좌표계를 사용하여 표현하면 $\vec{v}(x,y,z) = [v_x(x,y,z), v_y(x,y,z), v_z(x,y,z)]^T$로 된다. 따라서 이 표현식은 사용한 좌표계에 따라서 달라질 것이다.

9) 즉 위치 P에 따라 유속은 크기와 방향이 다르므로 $\vec{v}(P)$로 나타낼 수 있다.

이다. 이때 x, y, z는 P의 좌표이다. 물론 이 경우 직교좌표계가 아닌 다른 좌표계, 예를 들어 원통좌표계를 도입하였다 하더라도 두 점의 사이의 거리 $f(P)$는 불변이므로 스칼라함수라는 것을 알 수 있다.

▶ 예제 6.3.2 중력장(gravitational force field)

질량 M인 지구 A가 3차원 공간 $\mathbb{R}^3$의 원점 O에 고정되어 있고, 질량이 m 인 입자 B가 임의의 점 $P(x,y,z)$ 에 있다고 하자. 이때 지구중력에 의해 A는 B를 끌어당기며 뉴턴의 만유인력의 법칙에 의하면 인력 $\vec{F}(x,y,z)$ 는 P에서 O로 향하고 크기는 $1/r^2$에 비례한다. 여기서 r는 원점 O에서 점 P까지의 거리 $r = \sqrt{x^2+y^2+z^2}$ 이다. 따라서 인력의 크기는

$$\| \vec{F}(x,\ y,\ z) \| = \frac{C}{r^2} \qquad ①$$

(단, $C = -mMg = -6244.6$이며, g 는 중력가속도인 상수이다)

이다. O에 관한 점 P의 위치벡터 $\vec{r}(x,\ y,\ z)$는

$$\vec{r} = x\vec{i} + y\vec{j} + z\vec{k},\ \ \| \vec{r} \| = r = \sqrt{x^2+y^2+z^2} \qquad ②$$

이고, r 의 단위벡터는 $\vec{r}/r$ 이므로 힘 $\vec{F}$는

$$\vec{F}(x,y,z) = -\frac{mMg}{r^3}\vec{r} = -\frac{mMg}{r^3}(x\vec{i} + y\vec{j} + z\vec{k}) \qquad ③$$

로 주어진다. 즉 질량 m인 입자에 미치는 지구의 중력은 $1/r^3$의 벡터장, 즉 중력장으로 기술된다(그림 6.28).

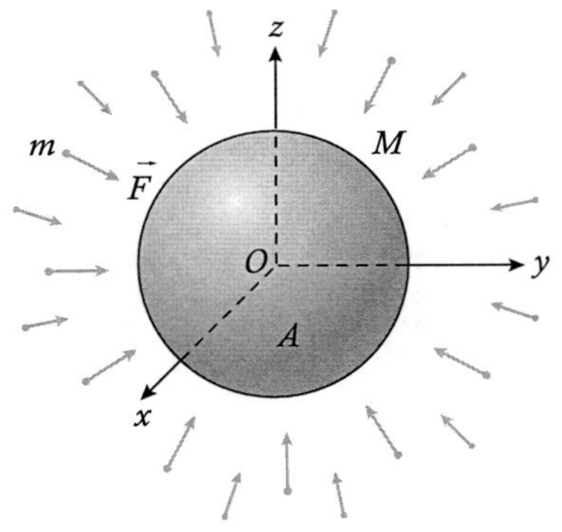

그림 6.28 [예제 6.3.2]

▶ 예제 6.3.3 속도장(velocity field)

[그림 6.29]와 같이 물통의 마개를 열었을 때 나타나는 원형운동을 하는 물의 속도 $\vec{v}$를 구하여 보자. [그림 6.29 (a)]와 같이 z축상의 정점을 O라 하고 P에서 z 축으로 수직선을 $\overrightarrow{PN}$이라 하면 점 P는 N을 중심, $\|\overrightarrow{PN}\|$을 반지름으로 하는 원운동을 이룬다. 이때 회전하는 강체의 회전축에서 거리 $\|\overrightarrow{PN}\|$만큼 떨어진 점의 접선방향의 속도는 식 (6.2.26)에 의해, 회전축 양의 방향[10]으로 크기가 ω인 각속도를 $\vec{w}$라 하면

$$\text{접선방향의 속력} = (\text{회전각속도}) \times (\text{회전반지름}) \quad ①$$

의 형태로 주어지므로 [그림 6.29 (a)]에서는

$$\omega \cdot d = \omega\{\overline{OP}(\sin\angle PON)\} = \|\vec{w}\|\,\overline{OP}\sin\angle PON \quad ②$$

로 된다. $\vec{r} = [x, y, z]^T$을 점 P의 원점 O에 관한 위치벡터라 하면 $\vec{w} = \omega\vec{k}$이며, 점 P의 속도 $\vec{v}$는 식 (6.2.27)로부터

$$\vec{v} = \vec{w} \times \vec{r} = \omega\vec{k} \times \vec{r} = \begin{vmatrix} \vec{i} & \vec{j} & \vec{k} \\ 0 & 0 & \omega \\ x & y & z \end{vmatrix} = \omega(-y)\vec{i} + \omega x\vec{j} \quad ③$$

임을 알 수 있다. ③을 이용하면 원형운동을 하는 물체의 임의의 점에서의 속도를 쉽게 얻을 수 있다. 그런데 [그림 6.29 (b)]와 같이 아래쪽 마개를 열었을 경우의 각속도 ω는, 축으로부터 수면상의 임의의 점 $P(x,y)$까지의 거리의 제곱에 반비례하므로 $\omega = -1/r^2 = -1/(x^2+y^2)$로 된다.[11] 따라서 회전하는 물통 내의 유체표면에서의 벡터장, 즉 유체의 속도장은

$$\vec{v} = \frac{y}{x^2+y^2}\vec{i} - \frac{x}{x^2+y^2}\vec{j} \quad ④$$

로 주어진다.

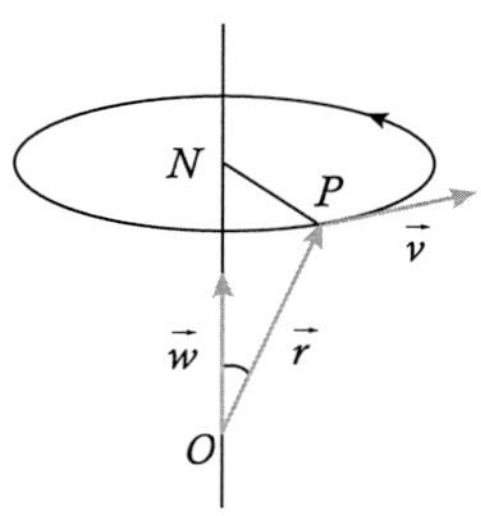

(a)

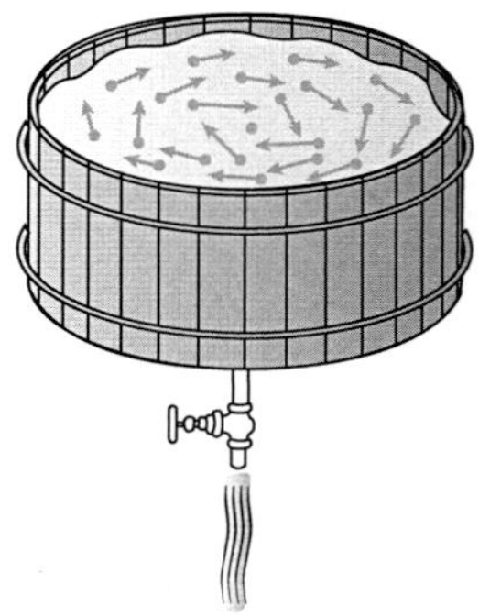

(b)

그림 6.29 [예제 6.3.3]

10) [그림 6.29 (a)]에서 $\overline{ON}$방향을 의미한다.

11) (−) 부호는 $\vec{w}$ 방향과 [그림 6.29 (b)]의 물의 흐름과는 반대라는 것을 나타낸다.

▶ 예제 6.3.4 2차원 벡터장

2차원 벡터장 $\vec{F}(x,y) = -y\vec{i} + x\vec{j}$의 그래프를 그려보자.

◇ 해

이것은 뒤에서 설명하는 바와 같이 MATLAB를 이용하면 간단하게 그릴 수 있으나 여기서는 벡터장의 개념을 재확인하기 위한 하나의 과정으로서 설명한다.

이를 위한 한 가지 방법은 xy 평면의 한 점을 선택하고 그 점에서 벡터 $\vec{F}$의 그래프를 그린다. 예를 들면 $(1,1)$에서 간단히 $\vec{F}(1,1) = -\vec{i} + \vec{j}$를 그릴 수 있다.

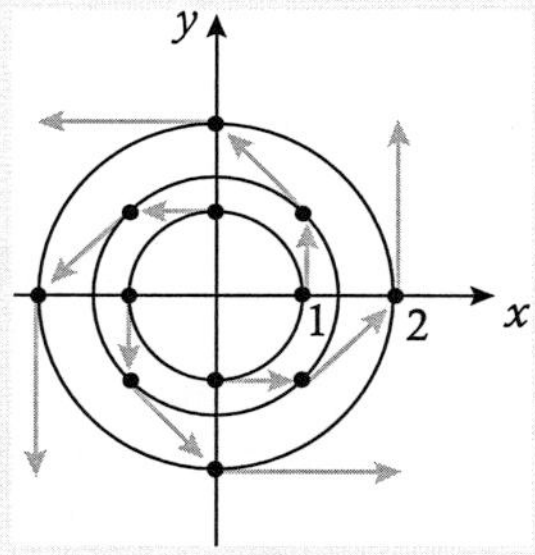

그림 6.30 [예제 6.3.4]

주어진 벡터장에 대하여 같은 크기의 벡터를 체계적으로 그리는 방법에 대하여 알아보자. 우선 $\| \vec{F} \| = \sqrt{x^2+y^2}$ 임에 주목하면 같은 크기의 벡터들은 $\sqrt{x^2+y^2} = k$로 정의되는 곡선을 따라 놓여야 할 것이다. 즉 원 $x^2+y^2 = k^2$의 임의의 점에서 벡터는 크기 k를 가진다. 간단히 하기 위하여 직교좌표계상에서 반지름이, 예를 들어 $k=1$, $k=\sqrt{2}$ 및 $k=2$인 원을 선택한다. 이 경우 각각에 대한 벡터장은 [그림 6.30]으로 주어지며, 그리는 방법은 다음과 같다.

(i) $x^2+y^2=1$: 점 $(1,0)$, $(0,1)$, $(-1,0)$, $(0,-1)$에 대응하는 벡터 $\vec{j}, -\vec{i}, -\vec{j}, \vec{i}$는 크기 1을 갖는다.

(ii) $x^2+y^2=2$: 점 $(1,1)$, $(-1,1)$, $(-1,-1)$, $(1,-1)$에 대응하는 벡터 $(-\vec{i}+\vec{j}), (-\vec{i}-\vec{j}), (\vec{i}-\vec{j}), (\vec{i}+\vec{j})$는 같은 크기 $\sqrt{2}$를 갖는다.

(iii) $x^2+y^2=4$: 점 $(2,0)$, $(0,2)$, $(-2,0)$, $(0,-2)$에 대응하는 벡터 $2\vec{j}, -2\vec{i}, -2\vec{j}, 2\vec{i}$는 크기 2를 갖는다.

6.3.2 벡터의 미분

먼저 벡터의 미분을 정의하는 데 필요한 벡터의 수렴(convergence)과 연속성에 대하여 알아본다.

• 수렴성

벡터의 수열 $\vec{a}_{(n)}$, $(n=1, 2, \cdots)$에 대하여

$$\lim_{n\to\infty} \| \vec{a}_{(n)} - \vec{a} \| = 0 \tag{6.3.2}$$

를 만족하는 벡터 $\vec{a}$가 존재한다면 $\vec{a}_{(n)}$은 수렴한다고 한다. 이때의 벡터 $\vec{a}$를 벡터수열의 한계벡터(limit vector)라고 하며 다음과 같이 나타낸다.

$$\lim_{n\to\infty} \vec{a}_{(n)} = \vec{a} \tag{6.3.3}$$

이것과 유사하게 변수 t의 벡터함수 $\vec{v}(t)$가 $t \to t_0$일 때 어떤 벡터에 수렴한다면, 즉

$$\lim_{t\to t_0} \| \vec{v}(t) - \vec{l} \| = 0 \tag{6.3.4}$$

을 만족하면 $\vec{v}(t)$는 한계(limit) $\vec{l}$을 가진다고 하며

$$\lim_{t\to t_0} \vec{v}(t) = \vec{l} \tag{6.3.5}$$

로 표현한다.

- **연속성(Continuity)**

벡터함수 $\vec{v}(t)$가 임의의 시각 t_0의 근방에서 정의되며, 동시에

$$\lim_{t\to t_0} \vec{v}(t) = \vec{v}(t_0) \tag{6.3.6}$$

가 성립한다면 $\vec{v}(t)$는 $t = t_0$에서 연속이라고 한다. 만약 직교좌표계를 사용한다면 $\vec{v}(t)$는

$$\vec{v}(t) = \left[v_x(t), v_y(t), v_z(t)\right]^T = v_x(t)\vec{i} + v_y(t)\vec{j} + v_z(t)\vec{k} \tag{6.3.7}$$

와 같이 쓸 수 있으므로, 식 (6.3.6)이 성립하기 위해서는 $\vec{v}(t)$의 모든 성분이 t_0에서 연속이어야 한다는 것을 알 수 있다.

이러한 사실을 이용하면 벡터의 미분을 정의할 수 있다.

요점 6.10 벡터함수의 미분

다음 식으로 주어지는 극한이 존재한다면 벡터함수 $\vec{v}(t)$는 시각 t에서 미분가능(differentiable)하다고 한다.

$$\frac{d\vec{v}(t)}{dt} = \lim_{\Delta t \to 0} \frac{\vec{v}(t+\Delta t) - \vec{v}(t)}{\Delta t} \tag{6.3.8}$$

이때 $d\vec{v}(t)/dt$를 벡터함수 $\vec{v}(t)$의 미분이라 하며 공간상의 의미는 [그림 6.31]을 참조한다.

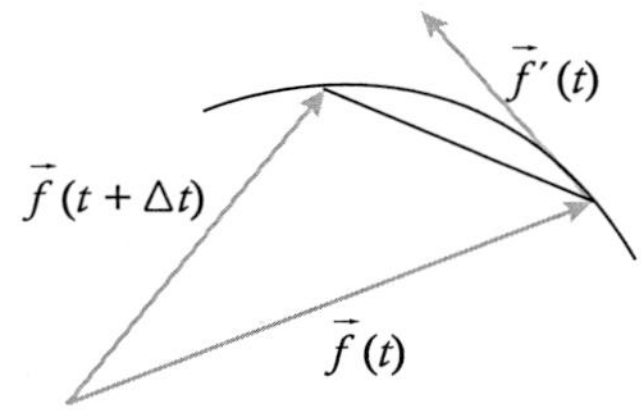

그림 6.31 벡터함수의 미분

벡터함수 $\vec{v}(t)$의 직교좌표계의 표현식을 이용하면 미분은

$$\frac{d\vec{v}(t)}{dt} = \left[\frac{dv_x(t)}{dt}, \frac{dv_y(t)}{dt}, \frac{dv_z(t)}{dt}\right]^T \tag{6.3.9}$$

로 되어 $\vec{v}(t)$의 미분은 각 성분을 미분함으로써 얻어진다는 것을 알 수 있다. 예를 들어, $\vec{v}(t) = [t, t^2, 0]^T$라면 $d\vec{v}(t)/dt = [1, 2t, 0]^T$로 된다.

식 (6.3.8)로 정의되는 벡터의 미분은 스칼라함수에 대한 미분의 정의식과 동일하다. 따라서 벡터함수의 곱이나 합에 대한 미분 역시 일반적인 대수학의 법칙에 따라 결정된다. 예를 들어

$$\frac{d}{dt}(\alpha\vec{v}) = \alpha\frac{d\vec{v}}{dt}, \text{(단 } \alpha\text{는 정수이다)} \tag{6.3.10 a}$$

$$\frac{d}{dt}(\vec{v}+\vec{u}) = \frac{d}{dt}\vec{v} + \frac{d}{dt}\vec{u} \tag{6.3.10 b}$$

이다. 또한 벡터의 내적, 외적 및 스칼라 삼중적의 미분과 관련해서 다음의 공식이 성립한다.

$$\frac{d}{dt}(\vec{v}\cdot\vec{u}) = \vec{v}\cdot\frac{d\vec{u}}{dt} + \vec{u}\cdot\frac{d\vec{v}}{dt} \tag{6.3.11 a}$$

$$\frac{d}{dt}(\vec{v}\times\vec{u})=\vec{v}\times\frac{d\vec{u}}{dt}+\frac{d\vec{v}}{dt}\times\vec{u} \tag{6.3.11 b}$$

$$\frac{d}{dt}(\vec{v},\vec{u},\vec{w})=\left(\frac{d}{dt}\vec{v},\vec{u},\vec{w}\right)+\left(\vec{v},\frac{d}{dt}\vec{u},\vec{w}\right)+\left(\vec{v},\vec{u},\frac{d}{dt}\vec{w}\right) \tag{6.3.11 c}$$

외적은 교환법칙이 성립하지 않기 때문에 미분의 경우에는 순서에 유의하여야 한다.

▶ 예제 6.3.5 2차원 벡터장

크기가 일정한 벡터 $\vec{v}(t)$가 주어져 있다고 한다. 즉 $\|\vec{v}(t)\|=c$ 이므로

$$\|\vec{v}(t)\|^2=\vec{v}(t)\cdot\vec{v}(t)=c^2$$

로 된다. 따라서 식 (6.3.11 a)로부터 $(\vec{v}\cdot\vec{v})$의 미분은 영으로 되어야 하므로

$$\frac{d}{dt}(\vec{v}\cdot\vec{v})=2\dot{\vec{v}}\cdot\vec{v}=0$$

가 성립한다. 이 결과로부터 일정한 크기를 가지는 벡터함수 $\vec{v}(t)$의 미분은 영으로 되거나 혹은 $\vec{v}(t)$에 직교하는 벡터로 된다는 것을 알 수 있다.

▶ 예제 6.3.6

미분의 정의를 이용하여 식 (6.3.11 a)를 증명하여 보자.

$$\frac{d}{dt}(\vec{v}\cdot\vec{u})=\vec{v}\cdot\frac{d\vec{u}}{dt}+\vec{u}\cdot\frac{d\vec{v}}{dt} \quad ①$$

◇ 해

미분의 정의를 이용하면 다음 관계식을 얻을 수 있다.

$$\frac{d}{dt}(\vec{v}\cdot\vec{u})=\lim_{\Delta t\to 0}\frac{\vec{v}(t+\Delta t)\cdot\vec{u}(t+\Delta t)-\vec{v}(t)\cdot\vec{u}(t)}{\Delta t} \quad ②$$

그러나 [그림 6.31]에서

$$\vec{v}(t+\Delta t)-\vec{v}(t)=\Delta\vec{v}$$
$$\vec{u}(t+\Delta t)-\vec{u}(t)=\Delta\vec{u} \quad ③$$

로 두고 이것을 ②에 대입하면 다음의 관계를 얻는다.

$$\frac{d}{dt}(\vec{v}\cdot\vec{u})=\lim_{\Delta t\to 0}\frac{[\vec{v}(t)+\Delta\vec{v}]\cdot[\vec{u}(t)+\Delta\vec{u}]-\vec{v}(t)\cdot\vec{u}(t)}{\Delta t} \quad ④$$

위 식의 내적을 전개하면

$$\frac{d}{dt}(\vec{v}\cdot\vec{u})=\lim_{\Delta t\to 0}\frac{\Delta\vec{v}\cdot\Delta\vec{u}+\vec{v}\cdot\Delta\vec{u}+\vec{u}\cdot\Delta\vec{v}+\vec{v}(t)\cdot\vec{u}(t)-\vec{v}(t)\cdot\vec{u}(t)}{\Delta t} \quad ⑤$$

로 된다. 여기서 $\Delta t\to 0$이면 $\Delta\vec{v}\to\vec{0}$ 및 $\Delta\vec{u}\to\vec{0}$으로 된다. 따라서 ⑤의 오른쪽 항의 분자 중에서

$$\lim_{\Delta t\to 0}\frac{\Delta\vec{v}\cdot\Delta\vec{u}}{\Delta t}\to 0 \quad ⑥$$

로 되는 항이 발생하고, 이 결과와 미분의 정의를 적용하면

$$\begin{aligned}\frac{d}{dt}(\vec{v}\cdot\vec{u})&=\lim_{\Delta t\to 0}\left(\vec{v}\cdot\frac{\Delta\vec{u}}{\Delta t}+\vec{u}\cdot\frac{\Delta\vec{v}}{\Delta t}\right)\\&=\vec{v}\cdot\frac{d\vec{u}}{dt}+\vec{u}\cdot\frac{d\vec{v}}{dt}\end{aligned} \quad ⑦$$

로 되어 ①이 증명되었다.

- **벡터함수의 편미분**

두 개 이상의 변수를 가지는 벡터함수에 대한 편미분은 다음과 같다. 벡터함수가

$$\vec{v}=[v_x, v_y, v_z]^T=v_x\vec{i}+v_y\vec{j}+v_z\vec{k}$$

로 주어지고, 각 성분은 n개의 변수 t_1, t_2, $\cdots$, t_n으로 미분가능하다고 한다. 이때 변수 t_n에 관한 $\vec{v}$의 편미분은

$$\frac{\partial\vec{v}}{\partial t_n}=\frac{\partial v_x}{\partial t_n}\vec{i}+\frac{\partial v_y}{\partial t_n}\vec{j}+\frac{\partial v_z}{\partial t_n}\vec{k} \quad (6.3.12)$$

로 된다. 이와 유사하게 2계 편미분은

$$\frac{\partial^2\vec{f}}{\partial t_m\partial t_n}=\frac{\partial^2 f_x}{\partial t_m\partial t_n}\vec{i}+\frac{\partial^2 f_y}{\partial t_m\partial t_n}\vec{j}+\frac{\partial^2 f_z}{\partial t_m\partial t_n}\vec{k} \quad (6.3.13)$$

로 되며, 3계 이상의 고계미분에 대해서도 동일한 방법으로 전개할 수 있다.

▶ 예제 6.3.7

벡터함수가 $\vec{v}(t_1,t_2)=a\cos t_1\vec{i}+a\sin t_1\vec{j}+t_2\vec{k}$로 주어졌다면

$$\frac{\partial\vec{v}}{\partial t_1}=-a\sin t_1\vec{i}+a\cos t_1\vec{j}, \quad \frac{\partial\vec{v}}{\partial t_2}=\vec{k}$$

이다.

6.3.3 MATLAB에 의한 풀이

```
% [예제 6.3.2]
% C=1
fx=inline('-1./((x.^2+y.^2+z.^2).^3/2).*x','x','y','z');
fy=inline('-1./((x.^2+y.^2+z.^2).^3/2).*y','x','y','z');
fz=inline('-1./((x.^2+y.^2+z.^2).^3/2).*z','x','y','z');
x=linspace(-1.4,1.6,6); y=x; [X,Y]=meshgrid(x,y);
for z=-1.4:0.6:1.6
   Z=z+0*X; U=fx(X,Y,Z); V=fy(X,Y,Z); W=fz(X,Y,Z); quiver3(X,Y,Z,U,V,W), hold on
end
sphere, hold off

% [예제 6.3.3]
syms omega x y z real
vec_w=sym([0 0 omega]'); vec_r=sym([x y z]'); vec_wr=cross(vec_w, vec_r) % ③의 확인
% omega=1/r^2, r^2=x^2+y^2
% 유체의 속도장을 확인한다(원형운동)
vx=inline('y./(x.^2+y.^2)','x','y'); vy=inline('-x./(x.^2+y.^2)','x','y');
x=linspace(-2,3,7); y=linspace(-2,3,7); [X,Y]=meshgrid(x,y);
for z=0:0.4:2.4
   Z=z+0*X; U=vx(X,Y); V=vy(X,Y); W=0*V; quiver3(X,Y,Z,U,V,W); hold on
end
xlabel(' x -axis '), ylabel(' y -axis '), hold off
```

- [예제 6.3.2]에서는 $C=1$로 두고 지구에 가까울수록 중력의 크기가 커진다는 것을 3차원그래프의 화살표의 길이를 이용하여 나타내었다.
- [예제 6.3.3]에서는 [그림 6.29 (b)]에서 물이 원형운동을 하면서 아래쪽으로 흘러나가는 모양을 화살표(즉 벡터)를 이용하여 나타내었다.

연습문제 6.3.4

1. 다음 함수의 등위면은 어떤 모양을 가지는가?

(1) $f(x,y,z)=x^2+y^2+4z^2$　　(2) $f(x,y,z)=z-\sqrt{x^2+y^2}$

(3) $f(x,y,z)=4x+3y-5z$

2. 다음 벡터에 대하여 [그림 6.27 (a)]와 같은 벡터장을 그려보아라.

(1) $\vec{v}(x,y)=\vec{i}-\vec{j}$　　(2) $\vec{v}(x,y)=\vec{i}+x^2\vec{j}$

(3) $\vec{v}(x,y)=y\vec{i}-x\vec{j}$　　(4) $\vec{v}(x,y)=(x-y)\vec{i}+(x+y)\vec{j}$

3. 미분의 정의를 이용하여 식 (6.3.11 b)와 (6.3.11 c)를 각각 증명하여라.

4. 다음에 주어진 벡터함수의 1 계미분 $\vec{v}'(t)$와 2 계미분 $\vec{v}''(t)$를 각각 계산하여라.

(1) $\vec{v}(t)=\ln t\,\vec{i}+\dfrac{1}{t}\vec{j},\ t>0$　　(2) $\vec{v}(t)=te^{2t}\vec{i}+t^3\vec{j}+(4t^2-t)\vec{k}$

5. 다음 벡터함수의 미분을 구하고 주어진 값에서 미분함수의 그래프를 그려라.

(1) $\vec{v}(t)=2\cos t\,\vec{i}+6\sin t\,\vec{j}\ ;\ t=\pi/6$　　(2) $\vec{v}(t)=2\vec{i}+t\vec{j}+\dfrac{4}{1+t^2}\vec{k}\ ;\ t=\pi/4$

6. 식 (6.3.11)을 이용하여 다음의 도함수를 구하여라. 단 모든 벡터함수는 미분가능하다고 한다.

(1) $\dfrac{d}{dt}[\vec{v}\times\vec{v}'(t)]$　　(2) $\dfrac{d}{dt}[\vec{v}\cdot(\vec{v}'(t)\times\vec{v}''(t))]$

(3) $\dfrac{d}{dt}\left[\vec{v}_1(2t)\times\vec{v}_2\left(\dfrac{1}{t}\right)\right]$

6.4 스칼라장의 기울기와 방향도함수

6.3 절에서 설명한 스칼라장과 벡터장의 관계에 대하여 알아보자. 이미 언급한 바와 같이 벡터장의 일부는 스칼라장으로부터 얻을 수 있고, 또한 스칼라장이 벡터장에 비해 취급하

기가 쉽기 때문에 벡터를 이용한 여러 계산에 있어 상당한 이점으로 작용한다. 먼저 이와 같은 두 종류의 장 사이에 작용하는 관계, 즉 기울기에 대하여 언급한다. 이러한 스칼라함수의 기울기에 관한 개념은 향후 공간에서의 벡터 응용에 중요한 역할을 한다.

공간에서 곡면을 나타내는 스칼라함수 $f(x,y,z)$에 대하여 정의되는 기울기에 대하여 알아보자.

요점 6.11 기울기(gradient)

스칼라함수 $f(x,y,z)$의 기울기는 $\text{grad}\, f$ 또는 ∇f [12]로 표시하며 다음 식과 같은 벡터함수로 된다.

$$\begin{aligned} \text{grad}\, f &= \nabla f = \left[\frac{\partial f}{\partial x}, \frac{\partial f}{\partial y}, \frac{\partial f}{\partial z}\right]^T \\ &= \frac{\partial f}{\partial x}\vec{i} + \frac{\partial f}{\partial y}\vec{j} + \frac{\partial f}{\partial z}\vec{k} \end{aligned} \tag{6.4.1}$$

여기서 x, y, z는 미분 가능한 함수 f가 정의되어 있는 직교좌표계의 축을 의미한다.

예를 들어, $f(x,y,z) = 2y^3 + 4xz + 3x$라 한다면, $\text{grad}\, f = [4z+3,\ 6y^2, 4x]^T$이다. ∇f의 표시는 다음과 같이 정의되는 미분연산자 ∇를 이용하여 나타낸 것이다.

$$\nabla = \frac{\partial}{\partial x}\vec{i} + \frac{\partial}{\partial y}\vec{j} + \frac{\partial}{\partial z}\vec{k} \tag{6.4.2}$$

여기서 함수 f가 이변수함수, 즉 $f(x,y)$로 가정하고 식 (6.4.1)의 편도함수의 의미를 살펴보자. 즉 편도함수 $\partial f/\partial x$는 $z = f(x,y)$로 주어지는 곡면을 '$y=$일정'인 평면, 즉 x축에 평행한 평면으로 자른 단면이 나타내는 곡선의 기울기를 나타낸다. 이와 마찬가지로 $\partial f/\partial y$는 $z = f(x,y)$의 그래프를 '$x=$일정'인 평면, 즉 y축에 평행인 평면으로 자른 단면의 기울기로 된다. 이를 다른 말로 표현하면 $\partial f/\partial x$는 벡터 $\vec{i}$ 방향으로의 함수변화율이고, $\partial f/\partial y$는 벡터 $\vec{j}$ 방향으로의 함수변화율이다([그림 6.32] 참조).

기울기라는 개념은 공간상에서 주어진 함수 $f(x,y,z)$에 대한 임의의 방향으로의 변화의 비를 계산하거나, 주어진 평면에 법선벡터를 구하거나 스칼라장으로부터 벡터장을 유도하고자 하는 경우 등에 광범위하게 사용된다.

---

12) 'nabla(나블라) f'라고 읽는다.

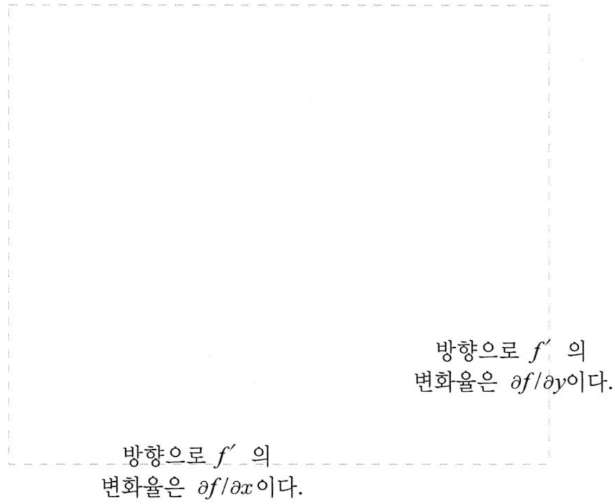

그림 6.32 '$f(x,y,z)=$일정' 의 기울기[13)]

6.4.1 방향도함수

식 (6.4.1)로부터 기울기는 세 좌표축(즉 $\vec{i}$, $\vec{j}$ 및 $\vec{k}$)방향으로의 함수 $f(x,y,z)$의 변화량을 나타내고 있다는 것을 알 수 있다. 그러나 함수의 변화율을 알기 위하여, 좌표축과 평행한 $\vec{i}$와 $\vec{j}$으로만 방향을 제한할 필요는 없다. 즉 다른 임의의 방향으로 함수의 변화율을 생각할 수 있다. 다시 말하면, 고정된 방향이 아니라 공간상에서 임의의 방향, 예를 들어 [그림 6.33]의 벡터 $\vec{b}$방향으로의 함수 f의 변화율에 대하여 생각하여 보기로 한다.

요점 6.12 방향도함수(directional derivative)

함수 $f(x,y,z)$상의 점 P에서 벡터 $\vec{b}$방향으로의 방향도함수 $D_{\vec{b}}f$ 또는 df/ds는 다음과 같이 정의된다(그림 6.33).

$$D_{\vec{b}}f = \frac{df}{ds} = \lim_{s\to 0}\frac{f(Q)-f(P)}{s} \tag{6.4.3}$$

여기서 Q는 직선 L상에서 벡터 $\vec{b}$방향에 존재하는 변위점이며, $|s|$는 P와 Q 사이의 거리를 나타낸다. 만약 Q가 [그림 6.33]과 같이 $\vec{b}$와 같은 방향에 놓여 있다면 $s>0$으로 되며, $-\vec{b}$의 방향이라면 $s<0$이다. 단 $Q=P$이면 $s=0$이다.

---

13) '$f(x, y, z)=$일정'은 $z=f(x, y)$와 같은 의미이다.

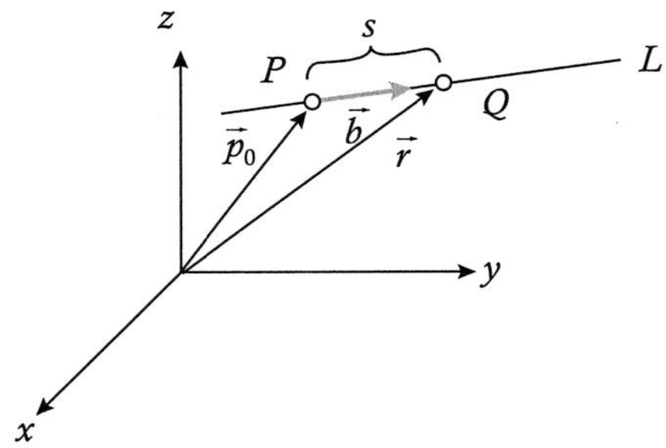

그림 6.33 방향도함수

식 (6.4.3)의 방향도함수를 직교좌표계를 이용하여 나타내어보자. 우선 편의상 $\vec{b}$를 단위벡터로 하면, 직선 L상의 점 Q는 다음 식으로 주어진다.

$$\vec{r}(s) = x(s)\vec{i} + y(s)\vec{j} + z(s)\vec{k} = \vec{p}_0 + s\,\vec{b} \tag{6.4.4}$$

여기서 $\vec{p}_0$는 점 P의 위치벡터이다. 이 경우 식 (6.4.3)은 [그림 6.33]으로부터

$$f(Q) - f(P) = f(\vec{r}\,) - f(\vec{p}_0)$$

이므로 벡터 $\vec{b}$방향의 길이 s 에 대한 함수 $f(x(s), y(s), z(s))$의 기울기를 나타낸다. 따라서 함수 f가 연속적인 편미분값을 가지는 것으로 가정하고, 미분을 수행하면

$$D_{\vec{b}} f = \frac{df}{ds} = \frac{\partial f}{\partial x}\frac{dx}{ds} + \frac{\partial f}{\partial y}\frac{dy}{ds} + \frac{\partial f}{\partial z}\frac{dz}{ds} \qquad (6.4.5)^{14)}$$

임을 알 수 있다. 여기서 식 (6.4.4)를 s로 미분하면 $\dfrac{d\vec{r}}{ds} = \dfrac{dx}{ds}\vec{i} + \dfrac{dy}{ds}\vec{j} + \dfrac{dz}{ds}\vec{k} = \vec{b}$이기 때문에 식 (6.4.5)의 방향도함수는

---

14) $w = f(x, y, z)$가 스칼라함수이며 $x = x(t), y = y(t), z = z(t)$라면

$$\frac{dw}{dt} = \frac{\partial w}{\partial x}\frac{dx}{dt} + \frac{\partial w}{\partial y}\frac{dy}{dt} + \frac{\partial w}{\partial z}\frac{dz}{dt}$$

이다. 또한 벡터함수 $\vec{r}$가 미분 가능하고, $s = u(t)$ 역시 미분 가능한 스칼라함수이면 t에 관한 $\vec{r}(s)$의 도함수는 다음으로 주어진다. 이러한 법칙을 연쇄법칙(chain rule)이라고 한다.

$$\frac{d\vec{r}}{dt} = \frac{d\vec{r}}{ds}\frac{ds}{dt} = \vec{r}\,'(s)\,u'(t)$$

$$D_{\vec{b}}f = \frac{df}{ds} = \vec{b} \cdot \operatorname{grad} f \tag{6.4.6}$$

로 나타낼 수 있다. 만약 벡터 $\vec{b}$가 단위벡터가 아닌 임의의 벡터 $\vec{a}$라면 식 (6.4.6)은

$$D_{\vec{a}}f = \frac{df}{ds} = \frac{1}{\| \vec{a} \|}\vec{a} \cdot \operatorname{grad} f \tag{6.4.7}$$

이다.

▶ 예제 6.4.1

함수 $f(x,y,z) = 2x^2 + 3y^2 + z^2$상의 점 $P = [2,1,3]^T$에서 벡터 $\vec{a} = [1, 0, -2]^T$방향으로의 방향도함수를 구하여보자.

◇ 해

함수 f의 기울기 $\operatorname{grad} f = [4x, 6y, 2z]^T$이므로 $\operatorname{grad} f(P) = [8, 6, 6]^T$이다. 이를 식 (6.4.7)에 적용하면 다음을 얻는다.

$$D_{\vec{a}}f(P) = \frac{1}{\sqrt{5}}([1, 0, -2]^T \cdot [8, 6, 6]^T) = \frac{1}{\sqrt{5}}(8 + 0 - 12) = -1.789$$

위 식에서 음(minus)의 부호는 점 P에서 함수 f가 $\vec{a}$방향으로 감소하고 있다는 것을 의미한다.

▶ 예제 6.4.2

점 $P = [2, -1, 1]^T$에서 벡터 $\vec{a} = 2\vec{i} - 4\vec{j} + 4\vec{k}$ 방향으로 함수 $f = x^2 - 2xy + z^2$의 방향도함수를 구하여 보자.

◇ 해

어떤 특별한 점에서 함수의 미분을 구하기 위해서 먼저 함수의 기울기는 식 (6.4.1)로부터

$$\begin{aligned} \operatorname{grad} f &= \left(\frac{\partial}{\partial x}\vec{i} + \frac{\partial}{\partial y}\vec{j} + \frac{\partial}{\partial z}\vec{k}\right)(x^2 - 2xy + z^2) \\ &= (2x - 2y)\vec{i} - 2x\vec{j} + 2z\vec{k} \end{aligned}$$

이므로 점 P에서

$$\operatorname{grad} f(P) = 6\vec{i} - 4\vec{j} + 2\vec{k}$$

이다. 원하는 방향(즉 $\vec{a}$ 방향)으로의 단위벡터는 다음과 같다.

$$\vec{n}_a = \frac{\vec{a}}{\|\vec{a}\|} = \frac{2\vec{i} - 4\vec{j} + 4\vec{k}}{6} = \frac{1}{3}\vec{i} - \frac{2}{3}\vec{j} + \frac{2}{3}\vec{k}$$

따라서 $\vec{a}$ 방향으로의 미분은 식 (6.4.7)로부터

$$D_{\vec{a}}f = \vec{n}_a \cdot \operatorname{grad} f(P) = (6\vec{i} - 4\vec{j} + 2\vec{k}) \cdot \left(\frac{1}{3}\vec{i} - \frac{2}{3}\vec{j} + \frac{2}{3}\vec{k}\right)$$
$$= 2 + \frac{8}{3} + \frac{4}{3} = 6$$

이다.

• 방향도함수의 최대값

스칼라함수 $f(x,y,z)$의 기울기를 나타내는 식 (6.4.1)은 세 개의 성분을 가지는 벡터이므로 당연히 크기와 방향을 가진다. 이때 f의 기울기, 즉 $\operatorname{grad} f$의 방향은 응용상 중요한 역할을 한다.

요점 6.13 기울기의 방향

$f(P) = f(x,y,z)$는 공간상의 어떤 영역(즉 f의 정의역) B에서 편미분가능한 연속적인 스칼라함수라고 하면, 영역 B에서 벡터로 주어지는 $\operatorname{grad} f$가 존재한다. 즉 공간의 표현법에 관계없이 벡터 $\operatorname{grad} f$는 항상 크기와 방향을 가진다. 만약 어떤 점 P에서 $\operatorname{grad} f(P) \neq \vec{0}$라면, 기울기벡터의 방향은 점 P에서 함수 f의 최대증가방향이다.

위 사실은 식 (6.4.6)으로부터 확인할 수 있다. 즉 함수 f의 벡터 $\vec{b}$방향으로의 방향도함수의 크기는

$$D_{\vec{b}}f = \|\vec{b}\| \, \|\operatorname{grad} f\| \cos\gamma = \|\operatorname{grad} f\| \cos\gamma \tag{6.4.8}$$

이다. 단 γ는 $\vec{b}$와 $\operatorname{grad} f$가 이루는 각도를 의미한다. 식 (6.4.8)은 점 P에서 도함수의 크기는 P에만 의존하지 이것의 표현법(즉 좌표계)과는 무관하다는 것을 보여주고 있다. 따라서 방향도함수는 $\gamma = 0$일 때 최대값 $D_{\vec{b}}f = \|\operatorname{grad} f\|$를 가지며, 이것은 기울기를 나타내는 벡터 $\operatorname{grad} f$가 $\vec{b}$와 동일한 방향, 즉 점 P에서 함수 f의 최대증가방향임을 의미하고 있다.

• 곡면의 법선과 접평면

미분가능한 곡면의 방정식이 일정한 값을 가지는 경우, 즉

$$f(x,y,z)=c \ \ (\text{상수}) \tag{6.4.9}$$

이면 스칼라함수 $f(x,y,z)$는 등위면을 이룬다는 것은 이미 언급하였다(6.3.1절 참조). 이러한 곡면상의 한 점 P를 지나가는 곡선 C는

$$\vec{r}(t)=[x(t), y(t), z(t)]^T = x(t)\vec{i}+y(t)\vec{j}+z(t)\vec{k} \tag{6.4.10}$$

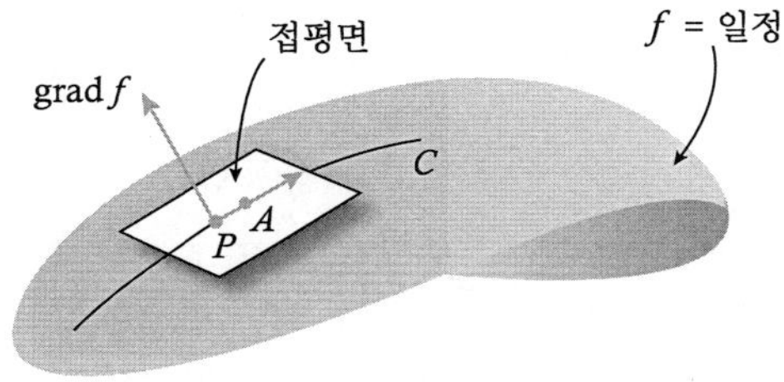

그림 6.34 곡면의 법선벡터로서의 기울기

로 표현되며, 동시에 $f(x(t),y(t),z(t))=c$를 만족한다. 또한 곡선 C의 접선벡터는

$$\frac{d\vec{r}(t)}{dt}=\frac{dx(t)}{dt}\vec{i}+\frac{dy(t)}{dt}\vec{j}+\frac{dz(t)}{dt}\vec{k} \tag{6.4.11}$$

이고, 이 벡터는 곡선 C상의 하나의 접선벡터로 된다. 곡면상의 고정된 점 P를 지나는 곡면상의 모든 접선벡터들은 하나의 평면을 구성하며, 이 평면을 접평면(tangential plane)이라 한다(그림 6.34). 이 접평면의 점 P를 지나고 접평면에 수직인 직선을 P에서 곡면의 곡면법선(surface normal), 이 법선과 평행하게 작용하는 벡터를 P에서 곡면의 법선벡터(surface normal vector)라 한다. 식 (6.4.9)를 미분의 연쇄법칙을 사용하여 t에 관하여 미분하면

$$\frac{\partial f}{\partial x}\frac{dx}{dt}+\frac{\partial f}{\partial y}\frac{dy}{dt}+\frac{\partial f}{\partial z}\frac{dz}{dt}=(\text{grad}\, f)\cdot\frac{d\vec{r}}{dt}=0 \tag{6.4.12}$$

이다. 이로부터 기울기벡터 $\text{grad}\, f$는 접평면상의 모든 벡터(접선벡터) $d\vec{r}(t)/dt$와 직교한다는 것을 알 수 있다(그림 6.34). 따라서 점 P에서 $\text{grad}\, f$는 점 P를 지나는 등위면에 수직

이고 f가 증가하는 방향을 향하며,[15] 그 크기는 법선방향에서 f의 증가율과 같다.

곡면상의 한 점 P의 위치벡터를 $\vec{p}$, 점 P를 지나가는 곡면의 접평면상의 임의의 점 A의 위치벡터를 $\vec{a}$라 하면 $\vec{a}-\vec{p}$는 접평면상의 벡터이므로 법선방향의 $\mathrm{grad}\,f$와 수직이다. 따라서

$$(\mathrm{grad}\,f)\cdot(\vec{a}-\vec{p})=0 \tag{6.4.13}$$

이고, 이것이 곡면상의 점 P에서 접평면의 벡터방정식(equation of tangential plane)이다.

요점 6.14 접평면의 법선벡터

f를 공간상에서 미분가능한 스칼라함수라 하고, $f(x,y,z)=c$를 곡면 S를 나타내는 방정식이라고 한다. 이때 S상의 점 P에서 f의 기울기가 영벡터가 아니라면, 즉 $\mathrm{grad}\,f(P)\neq\vec{0}$이면, 점 P에서 곡면 S의 법선벡터는 $\mathrm{grad}\,f(P)$로 된다.

▶ 예제 6.4.3

곡면 $f(x,y,z)=x^2-4y^2+z^2=16$상의 점 $(2,1,4)$에서 접평면의 방정식과 단위법선벡터를 구하여보자.

해

$\dfrac{\partial f}{\partial x}=2x,\ \dfrac{\partial f}{\partial y}=-8y,\ \dfrac{\partial f}{\partial z}=2z$이므로

$$\mathrm{grad}\,f(x,y,z)=2x\vec{i}-8y\vec{j}+2z\vec{k}\ \rightarrow\ \mathrm{grad}\,f(2,1,4)=4\vec{i}-8\vec{j}+8\vec{k} \quad ①$$

이다. 식 (6.4.13)에서 $\vec{p}=2\vec{i}+\vec{j}+4\vec{k}$이므로

$$\begin{aligned}&(\mathrm{grad}\,f(2,1,4))\cdot(\vec{a}-\vec{p})\\&=(4\vec{i}-8\vec{j}+8\vec{k})\cdot[(x-2)\vec{i}+(y-1)\vec{j}+(z-4)\vec{k}]=0\end{aligned}$$

이고, 이를 스칼라방정식으로 나타내면

$$4(x-2)-8(y-1)+8(z-4)=0\ \rightarrow\ x-2y+2z=8 \quad ②$$

이다. 또한 단위법선벡터는 $\|\mathrm{grad}\,f(2,1,4)\|=12$이므로

$$\vec{n}=\frac{\mathrm{grad}f}{\|\mathrm{grad}f\|}=\frac{1}{3}\vec{i}-\frac{2}{3}\vec{j}+\frac{2}{3}\vec{k}$$

이다.

15) f가 증가하는 방향이란 $f(\vec{r})=c$에서 c의 증가 방향을 의미한다.

▶ 예제 6.4.4

점 $P=[1,2,-1]^T$에서 방정식 $x^2+y^2-z^2=4$으로 이루진 곡면에 접하는 평면의 방정식을 구하여 보자.

◇ 해

함수 f의 기울기는 함수 $f=c$로 이루어지는 곡면과 직교한다. 따라서 $f(x,y,z)=x^2+y^2-z^2$로 두면 기울기

$$\text{grad}\, f=\frac{\partial f}{\partial x}\vec{i}+\frac{\partial f}{\partial y}\vec{j}+\frac{\partial f}{\partial z}\vec{k}=2x\vec{i}+2y\vec{j}-2z\vec{k}$$

는 곡면과 직교한다. 따라서 점 $(1,2,-1)$에서 곡면과 직교하는 벡터는

$$\text{grad}\, f(1,2,-1)=2\vec{i}+4\vec{j}+2\vec{k} \qquad ①$$

이다. 이때 [그림 6.35]를 참고하면, 주어진 점 P를 나타내는 벡터 $\vec{r}_0=\vec{i}+2\vec{j}-\vec{k}$와 공간상의 임의의 점을 나타내는 벡터 $\vec{r}=x\vec{i}+y\vec{j}+z\vec{k}$의 차로 이루어진 벡터

$$\begin{aligned}\vec{r}-\vec{r}_0&=(x\vec{i}+y\vec{j}+z\vec{k})-(\vec{i}+2\vec{j}-\vec{k}) \qquad ②\\ &=(x-1)\vec{i}+(y-2)\vec{j}+(z+1)\vec{k}\end{aligned}$$

는 곡면에 접하는 접평면에 존재한다. 위 벡터와 기울기벡터 $\text{grad}\, f$와의 내적을 계산하면 영이어야 한다. 이를 확인하여 보자.

$$\begin{aligned}\text{grad}\, f\cdot(\vec{r}-\vec{r}_0)&=(2\vec{i}+4\vec{j}+2\vec{k})\cdot[(x-1)\vec{i}+(y-2)\vec{j}+(z+1)\vec{k}]\\ &=2(x-1)+4(y-2)+2(z+1)=0\end{aligned}$$

따라서 곡면에 접하는 평면의 방정식은

$$x+2y+z=4 \qquad ③$$

이다.

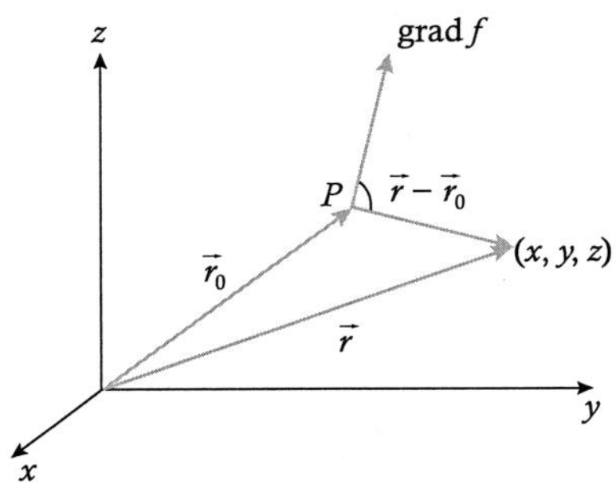

그림 6.35 [예제 6.4.4]

▶ 예제 6.4.5

함수 $f(x,y,z)=xy^2-4x^2y+z^2$의 점 $(1,-1,2)$에서 벡터 $\vec{r}=6\vec{i}+2\vec{j}+3\vec{k}$ 방향으로의 도함수와 점 $(1,-1,2)$에서 방향도함수의 최대-최소값을 구하여 보자. 또한 f가 가장 빠르게 감소하는 방향을 계산하여 보자.

◈ 해

$\dfrac{\partial f}{\partial x}=y^2-8xy,\ \dfrac{\partial f}{\partial y}=2xy-4x^2,\ \dfrac{\partial f}{\partial z}=2z$이므로

$$\mathrm{grad}\,f=\frac{\partial f}{\partial x}\vec{i}+\frac{\partial f}{\partial y}\vec{j}+\frac{\partial f}{\partial z}\vec{k}=(y^2-8xy)\vec{i}+(2xy-4x^2)\vec{j}+2z\vec{k}$$

이고, 점 $(1,-1,2)$에서의 기울기벡터 $\mathrm{grad}\,f$는

$$\mathrm{grad}\,f(1,-1,2)=9\vec{i}-6\vec{j}+4\vec{k}$$

이다. $\vec{r}$의 단위벡터 $\vec{i}_r$는 $\|\vec{r}\|=\|6\vec{i}+2\vec{j}+3\vec{k}\|=7$이므로 $\vec{r}/\|\vec{r}\|=\dfrac{6}{7}\vec{i}+\dfrac{2}{7}\vec{j}+\dfrac{3}{7}\vec{k}$이다.
따라서 $\vec{i}_r$ 방향으로의 방향도함수는 식 (6.4.6)으로부터

$$D_{\vec{i}_r}f=\frac{df}{ds}=\vec{i}_r\cdot\mathrm{grad}\,f$$
$$\vec{i}_r\cdot\mathrm{grad}\,f=(9\vec{i}-6\vec{j}+4\vec{k})\cdot\left(\frac{6}{7}\vec{i}+\frac{2}{7}\vec{j}+\frac{3}{7}\vec{k}\right)=\frac{54}{7}$$

이다. 방향도함수의 최대와 최소값은 식 (6.4.8)로부터

$$-\|\mathrm{grad}\,f\|\le D_{\vec{i}_r}f\le\|\mathrm{grad}\,f\|$$

이므로 $D_{\vec{i}_r}f$의 최대값은

$$\|\mathrm{grad}\,f(1,-1,2)\|=\sqrt{133}$$

이고, 최소값은

$$-\|\mathrm{grad}\,f(1,-1,2)\|=-\sqrt{133}$$

이며, 점 $(1,-1,2)$에서 f가 가장 빠르게 감소하는 방향은

$$-\mathrm{grad}\,f(1,-1,2)=-(9\vec{i}-6\vec{j}+4\vec{k})=-9\vec{i}+6\vec{j}-4\vec{k}$$

이다.

• 스칼라장의 기울기로서의 벡터장

어떤 벡터장은 스칼라장으로부터 얻어진다는 것은 이미 언급하였다. 즉 점 P에서의 벡

터함수 $\vec{v}(P)$ 역시 점 P에서의 스칼라함수의 기울기, 즉 $\vec{v}(P) = \text{grad}\, f(P)$로서 주어지며, 이때 함수 $f(P)$를 점 P에서의 퍼텐셜함수(potential function), 또는 $\vec{v}(P)$의 퍼텐셜이라고 한다. 이러한 $f(P)$와 이에 대응하는 벡터장은, 장 내에서의 한 점 P에서 다른 점으로 이동한 뒤 다시 원래의 위치로 돌아갔을 경우 에너지의 손실이나 이득이 발생하지 않는다는 관점에서 보존장(conservative field)이라고 부른다.

이와 같은 보존장은 공학과 물리학에서 중요한 역할을 한다. 가장 기본적인 예로서 중력장을 들 수 있다(예제 6.3.2). 여기서는 물리학에서 가장 중요한 편미분방정식 중의 하나인 라플라스 방정식(Laplace equation)을 만족하는 퍼텐셜함수에 대하여 생각한다.

요점 6.15 중력장과 라플라스 방정식

두 점 $P_0 : (x_0, y_0, z_0)$와 $P : (x, y, z)$ 사이에 존재하는 입자에 작용하는 인력(attraction)은

$$\vec{p} = -\frac{c}{r^3}\vec{r} = -c\left[\frac{x-x_0}{r^3}, \frac{y-y_0}{r^3}, \frac{z-z_0}{r^3}\right]^T \tag{6.4.14}$$

로 주어지며, 이 벡터함수는 퍼텐셜함수 $f(x,y,z) = c/r$를 가진다. 단 $r, (>0)$는 두 점 P_0과 P 사이의 거리를 나타낸다.

따라서 $\vec{p} = \text{grad} f = \text{grad}(c/r)$이며, 이때 퍼텐셜함수 f는 다음 라플라스 방정식의 해로서 주어진다.

$$\nabla^2 f = \frac{\partial^2 f}{\partial x^2} + \frac{\partial^2 f}{\partial y^2} + \frac{\partial^2 f}{\partial z^2} = 0 \tag{6.4.15}$$

여기서 $\nabla^2 f$는 f의 라플라시안(Laplacian)이라고 부른다.[16)]

먼저 식 (6.4.1)을 이용하여 $\text{grad} f = \vec{p}$임을 확인하여보자. 공간상의 두 점 P_0과 P 사이의 거리는 $r = \left((x-x_0)^2 + (y-y_0)^2 + (z-z_0)^2\right)^{1/2}$이므로, 약간의 계산에 의하여

$$\frac{\partial}{\partial x}\left(\frac{1}{r}\right) = \frac{-2(x-x_0)}{2\left[(x-x_0)^2 + (y-y_0)^2 + (z-z_0)^2\right]^{2/3}} = -\frac{x-x_0}{r^3} \tag{6.4.16 a}$$

임을 알 수 있다. 이와 마찬가지 과정에 의해

16) $\nabla^2 f$는 '나블라 제곱 f(nabla squared f)'라고 읽는다.

$$\frac{\partial}{\partial y}\left(\frac{1}{r}\right) = -\frac{y-y_0}{r^3} \qquad (6.4.16\ \text{b})$$

$$\frac{\partial}{\partial z}\left(\frac{1}{r}\right) = -\frac{z-z_0}{r^3} \qquad (6.4.16\ \text{c})$$

가 얻어지므로, 식 (6.4.14)에 의해 $\text{grad}(c/r) = \nabla f = \vec{p}$가 확인되었다. 다음 식 (6.4.15), 즉 $\nabla(\nabla f)$의 확인을 위하여 식 (6.4.16)의 각 항을 다시 편미분하면, 즉

$$\frac{\partial^2}{\partial x^2}\left(\frac{1}{r}\right) = -\frac{1}{r^3} + \frac{3(x-x_0)^2}{r^5} \qquad (6.4.17)$$

$$\frac{\partial^2}{\partial y^2}\left(\frac{1}{r}\right) = -\frac{1}{r^3} + \frac{3(y-y_0)^2}{r^5}$$

$$\frac{\partial^2}{\partial z^2}\left(\frac{1}{r}\right) = -\frac{1}{r^3} + \frac{3(z-z_0)^2}{r^5}$$

이며, 위 식의 각 항을 전부 더하면

$$3(x-x_0)^2 + 3(y-y_0)^2 + 3(z-z_0)^2 = 3r^2$$

라는 사실을 이용하면 식 (6.4.17)의 분자의 합이 영으로 되어 $\nabla^2 f = 0$이 확인되었다.

$\nabla^2 f$는 Δf로 표시하기도 한다. 다음으로 정의되는 미분연산자

$$\nabla^2 = \Delta = \frac{\partial^2}{\partial x^2} + \frac{\partial^2}{\partial y^2} + \frac{\partial^2}{\partial z^2} \qquad (6.4.18)$$

은 라플라스 연산자(Laplace operator)로 불리며 향후 중요한 역할을 한다.

라플라스 방정식의 중요성은, 중력에서 뉴턴의 법칙과 동일한 모양의 식이 물리학에서의 법칙으로 얻어질 수 있다는 것이다. 예를 들어, 정전계(electrostatics)에서 서로 같은(또는 반대되는) 전하 Q_1과 Q_2를 가진 두 물체 사이의 인력(또는 반발력)은

$$\vec{p} = \frac{k}{r^3}\vec{r} \qquad (6.4.19)$$

이며, 이것은 소위 쿨롱의 법칙(Coulomb's law)으로 불리는 것으로 정전계에서 사용되는 중요한 공식의 하나이다.

▶ 예제 6.4.6

[예제 6.3.2]의 결과로부터 중력장의 퍼텐셜을 구하여 보자.

◇ 해

[예제 6.3.2]의 ①로부터 중력장은 $\vec{v}(x,y,z) = -\frac{mMg}{r^3}\vec{r}$이다. 이제 mMg를 상수 C로 취하면, 즉 $mMg = C$이면

$$\vec{v}(x,y,z) = -\frac{C}{r^3}\vec{r} = -C\left(\frac{x}{r^3}\vec{i} + \frac{y}{r^3}\vec{j} + \frac{z}{r^3}\vec{k}\right)$$

이다. 그런데 $\|\vec{r}\| = r = \sqrt{x^2+y^2+z^2}$ 이므로

$$\frac{\partial}{\partial x}\left(\frac{1}{r}\right) = \frac{\partial}{\partial r}\left(\frac{1}{r}\right)\frac{\partial r}{\partial x} = -\frac{1}{r^2}\frac{1}{2}(x^2+y^2+z^2)^{-\frac{1}{2}}2x = -\frac{x}{r^3}$$

이고, 같은 방법으로

$$\frac{\partial}{\partial y}\left(\frac{1}{r}\right) = -\frac{y}{r^3}, \quad \frac{\partial}{\partial z}\left(\frac{1}{r}\right) = -\frac{z}{r^3}$$

이다. 따라서

$$\vec{v}(x,y,z) = -C\left(\frac{x}{r^3}\vec{i} + \frac{y}{r^3}\vec{j} + \frac{z}{r^3}\vec{k}\right) = -\nabla\left(-\frac{C}{r}\right)$$

이므로 $\vec{v}(x,y,z)$는 스칼라함수 $f(x,y,z) = -C/r$의 기울기를 의미한다. 따라서 $f(x,y,z) = -\frac{C}{r}$는 중력장의 퍼텐셜이고, 또한 임의의 상수 k에 대해서 $f(x,y,z)+k$도 중력장의 퍼텐셜이다.

6.4.2 MATLAB에 의한 풀이

```
% [예제 6.4.1]
% f(P)=20을 만족하는 평면의 그림
vec_P=[2 1 3]'; f=inline('2*x.^2+3*y.^2+z.^2','x','y','z');
corners=[-1 4 -1 4 -1 4];
impl(f,corners,20); hold on, plot3(2,1,3,'r*'), grid
arrow3(vec_P,[1 0 -2]','k')                % 점P=[2 1 3]에서 vec_a=[1 0 -2]방향의 벡터
% 점 P=[2 1 3]에서 grad(f)의 기울기(grad)
vec_gradf=[8 6 6]'; vec_gradfu=vec_gradf./(norm(vec_gradf));
arrow3(vec_P,(vec_gradfu),'g'), hold off

% [예제 6.4.2]
% f(P)=9을 만족하는 평면의 그림
vec_P=[2 -1 1]'; f=inline('x.^2-2*x.*y+z.^2','x','y','z');
```

```
corners=[0 4 -2 2 0 4]; impl(f,corners,9); hold on, plot3(2,-1,1,'r*'), grid
arrow3(vec_P,[2 -4 4]','k'),                 % 점P=[2 -1 1]에서 vec_a=[2 -4 4]방향벡터
% 점 P=[2 1 3]에서 grad(f)의 기울기(grad)
vec_gradf=[6 -4 2]'; vec_gradfu=vec_gradf./(norm(vec_gradf));
arrow3(vec_P,(vec_gradfu),'g'), hold off
```

- [예제 6.4.1]에서 $v(P)=20$[17]을 만족하는 등위면(level surface)을 명령어 'impl'(부록참조)을 이용하여 3차원공간상에 나타낸 뒤, 점 $P=[2,1,3]^T$에서 벡터 $\vec{a}$ 방향으로 벡터를 명령어 'arrow3'으로 표시하였다. 얻어진 3차원그림으로부터 함수 $v(x,y,z)$는 $\vec{a}$방향으로 감소하고 있다는 것을 확인할 수 있다.
- [예제 6.4.2]는 [예제 6.4.1]과 동일한 과정이다.

```
% [예제 6.4.3]
% f(x,y,z)=16을 만족하는 평면
f=inline('x.^2-4*y.^2+z.^2','x','y','z'); corners=[-10 10 -10 10 -10 10];
impl(f,corners,16), grid, hold on
% 접평면의 식(6.4.13)
syms x y z real
vec_gradf=[4 -8 8]'; vec_p=[2 1 4]'; vec_a=[x y z]';
vec_gradf'*(vec_a-vec_p)                                        % ②의 확인
tp=inline('-1/2*x+y+4','x','y'); qsurf(tp,[0,4,-1,3]), plot3(2,1,4,'r*') % 접평면의 그림
arrow3(vec_p, [-5/3,-4/3, -10/3]','r'), hold off                % 단위법선벡터

% [예제 6.4.4]
% f(x,y,z)=4을 만족하는 평면
f=inline('x.^2+y.^2-z.^2','x','y','z'); corners=[-10 10 -10 10 -10 10];
impl(f,corners,16), grid, hold on
% 접평면의 식(6.4.13)
syms x y z real
vec_gradf=[2 4 2]'; vec_p=[1 2 -1]'; vec_a=[x y z]';
vec_gradf'*(vec_a-vec_p)                                        % ③의 확인
tp=inline('4-x-2*y','x','y'); qsurf(tp,[-1,3,0,4]), plot3(1,2,-1,'r*') % 접평면의 그림
arrow3(vec_p, [1 2 3]','r'), hold off                           % (단위)법선벡터
```

- [예제 6.4.3]에서 ②를 만족하는 식을 확인할 수 있으며, 이를 이용하여 3차원공간상에 명령어 'qsurf'(부록 참조)를 이용하여 평면을 표시할 수 있다. 또한 접평면에 수직인 단위법선벡터를 'arrow3'를 이용하여 나타낼 수 있다.
- [예제 6.4.4]는 [예제 6.4.3]과 동일한 형식의 문제이다.

17) 점 P를 함수 $f(x,y,z)$에 대입하면 $f(2,1,3)=20$이다.

```
% [예제 6.4.5]
% f(P)=9을 만족하는 평면의 그림
vec_P=[1 -1 2]'; f=inline('x.*y.^2-4*x.^2.*y+z.^2','x','y','z');
corners=[-1 3 -3 1 0 4]; impl(f,corners,9); grid, hold on, plot3(1,-1,2,'r*')
vec_a=[6 2 3]'; arrow3(vec_P,vec_a,'r') % P=[1 -1 2]에서 vec_a=[6 2 3]방향의 벡터
% 점 P=[1 -1 2]에서 grad(f)의 벡터표시
vec_gradf=[9 -6 4]'; vec_gradfu=vec_gradf./(norm(vec_gradf));
arrow3(vec_P,vec_gradfu,'g'), hold off
```

연습문제 6.4.3

1. 스칼라함수 $f(x,y)$ 의 기울기를 계산하여라. 또 '$f=$일정' 인 등위면을 나타내고 여기에 화살표로 ∇v를 표시하여라.

(1) $f(x,y)=x^2+y^2$　　(2) $f(x,y)=\dfrac{x}{y}$　　(3) $f(x,y)=(x-2)(y+2)$

2. 유체의 흐름을 나타내는 함수 $f(x,y,z)$로부터 속도 $\vec{v}=\nabla f$를 계산하여라. 또 주어진 점 P에서의 값을 구하고 $\vec{v}(P)$를 그림으로 나타내어라.

(1) $f(x,y,z)=x^2+y^2+z^2$, P: $[3, 2, 2]^T$

(2) $f(x,y,z)=\cos x \sin y$, P: $\left[\dfrac{\pi}{2}, \ln 2\right]^T$

(3) $f(x,y,z)=e^x \sin y$, P: $[1, \pi]^T$

3. 실험에 의하면 온도장(temperature field)에서 열은 온도 T의 최대감소방향으로 흘러간다는 것이 밝혀졌다. 주어진 온도장 함수 T에서 임의 점 P에서 최대감소방향을 구하여라. 또 이것을 화살표로 나타내어라.

(1) $T(x,y)=x^2-y^2$, P: $[2, 1]^T$　　(2) $T(x,y)=x^3-3xy^2$, P: $[\sqrt{8}, \sqrt{2}]^T$

(3) $T(x,y)=3x^2y-y^3$, P: $[4, -2]^T$

4. 정전계(electrostatic field) $v(x,y,z)$ 내에서의 힘은 함수 f의 기울기의 방향을 가진다. 이때 ∇f 와 점 P에서의 값을 계산하여라.

(1) $f(x,y)=(x-1)^2-(y+1)^2$, P: $[4, -3]^T$

(2) $f(x,y)=x^2-2x-y^2$, P: $[-2, 6]^T$

(3) $f(x,y,z)=(x^2+y^2+z^2)^{-1/2}$, P: $[12, 0, 16]^T$

5. 스칼라장에서의 두 점 P와 Q에서 $|\text{grad}\, f(P)| < |\text{grad}\, f(Q)|$는 무엇을 의미하는가?

6. 주어진 점 P에서 곡면의 법선방정식을 구하여라.

(1) $ax+by+cz=d$, 임의의 P

(2) $x^2+y^2=25$, P: $[4, 3, 8]^T$

(3) $x^4+y^4+z^4=243$, P: $[3, 3, 3]^T$

7. 주어진 점 P에서 벡터 $\vec{a}$ 방향으로 함수 f의 방향도함수를 계산하여라.

(1) $f=x^2+y^2-z$, P: $[1, 1, 2]^T$, $\vec{a}=\vec{i}+\vec{j}+2\vec{k}$

(2) $f=xyz$, P: $[-1, 1, 3]^T$, $\vec{a}=\vec{i}-2\vec{j}+2\vec{k}$

(3) $f=e^x \sin y$, P: $\left[2, \frac{\pi}{2}, 0\right]^T$, $\vec{a}=2\vec{i}+3\vec{j}$

8. 식 (6.4.15)를 이용하여 다음 함수의 라플라시안을 계산하여라.

(1) $f=(y+x)/(y-x)$

(2) $f=e^{x^2-y^2}\cos 2xy$

(3) $f=e^{xyz}$

6.5 벡터장의 발산과 회전

6.5.1 벡터의 발산

6.4 절에서 스칼라장의 기울기를 이용하면 벡터장을 얻을 수 있다는 사실을 설명하였다. 여기서는, 이것과 반대로 발산(divergence)을 통해 벡터장으로부터 스칼라장을 얻을 수 있다는 사실에 대해 설명한다. 이러한 개념은 기본적인 물리적 특성으로부터 얻어진 것이다.

먼저, $\vec{v}(x,y,z)$는 직교좌표계로 주어진 벡터로서 그 성분으로 v_x, v_y, v_z를 가진다고 한다. 이때 다음 식으로 주어지는 함수

$$\text{div}\,\vec{v}=\frac{\partial v_x}{\partial x}+\frac{\partial v_y}{\partial y}+\frac{\partial v_z}{\partial z} \tag{6.5.1}$$

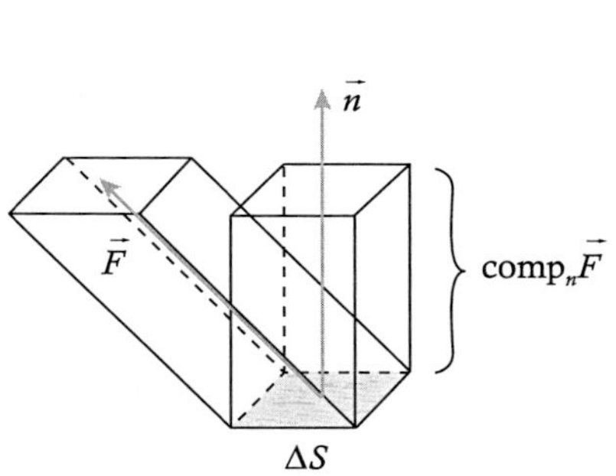

그림 6.36 미소곡면적을 통과하는 유량

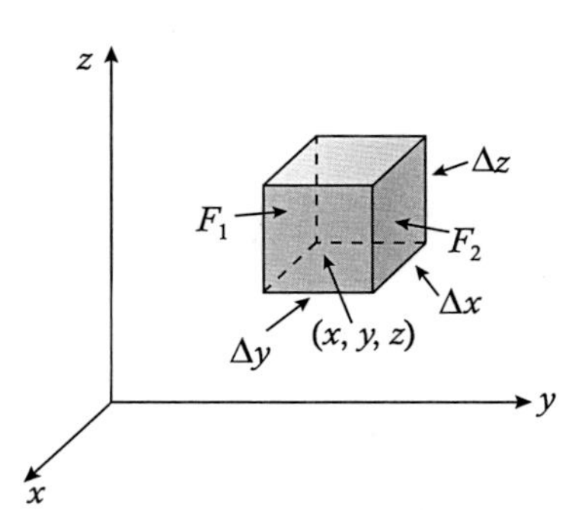

그림 6.37 미소직육면체로부터의 발산

를 벡터 $\vec{v}(x,y,z)$의 발산, 또는 $\vec{v}$로 정의되는 벡터장의 발산이라고 한다. 예를 들어, 만약

$$\vec{v} = \left[3xz, 2xy, -yz^2\right]^T = 3xz\vec{i} + 2xy\vec{j} - yz^2\vec{k}$$

가 주어졌다면 발산은

$$\text{div}\,\vec{v} = 3z + 2x - 2yz$$

로 된다. 여기서 발산의 물리적 이해를 돕기 위해 우선 식 (6.5.1)이 가지는 의미를 유체의 흐름과 관련시켜 알아보기로 한다.

$$\vec{v} = v_x(x,y,z,)\vec{i} + v_y(x,y,z,)\vec{j} + v_z(x,y,z,)\vec{k}$$

가 유체의 벡터장이라고 하면, [그림 6.36]에 보인 바와 같이 단위시간당 미소곡면적 ΔS를 통과하는 유체의 체적, 즉 면적 ΔS를 지나가는 벡터장 $\vec{F}$의 유량은 근사적으로

$$(\text{높이})\times(\text{밑면의 면적}) = (\text{comp}_n\vec{F})\Delta S = (\vec{F}\cdot\vec{n})\Delta S \qquad (6.5.2)^{18)}$$

이며, 이때 $\vec{n}$은 곡면에 수직인 단위벡터이다.

다음 미소면적 ΔS로 구성된 미소직육면체인 [그림 6.37]로부터 흘러나가는 유량에 대하여 생각하여 보자. 여섯 면을 통하여 밖으로 향하는 $\vec{v}$의 전체 유량을 계산하기 위하여 공간의 각 평면(xy, yz, zx평면)에 평행인 면들로부터 나오는 전체 유량을 계산하기로 한다. 면 F_1의 면적은 $\Delta x\,\Delta z$이고 밖으로 향하는 단위법선벡터는 $-\vec{j}$이므로 식 (6.5.2)에 의하여 F_1을 지나는 $\vec{v}$의 모든 유량은 근사적으로

18) $\text{comp}_n\vec{F}$는 벡터장 $\vec{F}$의 ΔS에 수직인 성분을 나타낸다.

$$\vec{v}\cdot(-\vec{j}\,)\Delta x\,\Delta z = -\,v_y(x,y,z)\Delta x\,\Delta z \tag{6.5.3}$$

이다. 다음 밖으로 향하는 법선이 $\vec{j}$인 면 F_2로부터 나오는 유량은

$$(\vec{v}\cdot\vec{j}\,)\Delta x\,\Delta z = v_y(x,y+\Delta y,z)\Delta x\,\Delta z \tag{6.5.4}$$

로 근사된다. 따라서 xz 면에 평행한 면에서 나오는 전체 유량은

$$\begin{aligned} &v_y(x,y+\Delta y,z)\Delta x\,\Delta z + \left(-\,v_y(x,y,z)\Delta x\,\Delta z\right) \\ &\qquad = \left[v_y(x,y+\Delta y,z) - v_y(x,y,z)\right]\Delta x\,\Delta z \end{aligned} \tag{6.5.5}$$

이다. 식 (6.5.5)에 $\Delta y/\Delta y$를 곱하고 편도함수의 정의를 적용시키면, 미소한 크기의 Δy에 대하여

$$\frac{\left[v_y(x,y+\Delta y,z) - v_y(x,y,z)\right]}{\Delta y}\Delta x\,\Delta y\Delta z \approx \frac{\partial v_y}{\partial y}\Delta x\,\Delta y\Delta z \tag{6.5.6}$$

을 얻는다. 같은 방법을 적용하면 yz 평면에 평행한 두 면으로부터 나온 직육면체의 모든 유량과, xy 평면에 평행한 두 면으로부터 나온 직육면체의 모든 유량은 각각 다음과 같음을 알 수 있다.

$$\frac{\partial v_x}{\partial x}\Delta x\,\Delta y\,\Delta z \quad \text{및} \quad \frac{\partial v_z}{\partial z}\Delta x\,\Delta y\,\Delta z$$

이 결과를 전부 더하면 평행육면체로부터 나오는 $\vec{v}$의 순유량은 근사적으로

$$\left(\frac{\partial v_x}{\partial x} + \frac{\partial v_y}{\partial y} + \frac{\partial v_z}{\partial z}\right)\Delta x\,\Delta y\,\Delta z \tag{6.5.7}$$

임을 알 수 있다. 다시 식 (6.5.7)을 $\Delta x\,\Delta y\,\Delta z$로 나누면 단위체적당 $\vec{v}$의 배출유량

$$\left(\frac{\partial v_x}{\partial x} + \frac{\partial v_y}{\partial y} + \frac{\partial v_z}{\partial z}\right)$$

을 얻는다. 이와 같은 편도함수의 결합이 식 (6.5.1)로 주어진 발산이다.

지금까지의 설명에 의하여 속도장 $\vec{v}$ 내의 점 $P(x,y,z)$ 근방에서의 발산은 단위체적당의 배출유량이라는 것을 알 수 있다. 따라서 $\mathrm{div}\,\vec{v}(P) > 0$이면 P 근방에서 유체가 밖으로

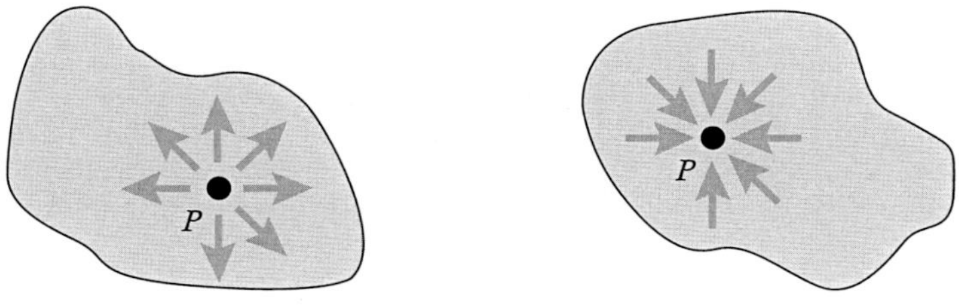

(a) $\operatorname{div}\vec{v}(P)>0$: P는 원천 (b) $\operatorname{div}\vec{v}(P)<0$: P는 흡입

그림 6.38

흘러나온 것이 있다는 것이므로 P를 $\vec{v}$ 의 원천(source)이라고 한다. 그리고 $\operatorname{div}\vec{v}(P)<0$ 이면 P 근방에서 유체가 흘러들어간 것이 있으므로 P를 $\vec{v}$의 흡입(sink)이라고 한다. 예를 들어 수도꼭지와 세면대는 각각 원천과 흡입의 유사한 역할을 하는 것으로 볼 수 있다. 만일 $\operatorname{div}\vec{v}(P)=0$이면 P 근방에서 원천이나 흡입이 없다는 것이다(그림 6.38).

식 (6.5.1)은 다음과 같은 수식 전개를 통하여 얻을 수도 있다.

$$\begin{aligned}\operatorname{div}\vec{v}=\nabla\cdot\vec{v}&=\left[\frac{\partial}{\partial x},\frac{\partial}{\partial y},\frac{\partial}{\partial z}\right]^T\cdot\left[v_x,v_y,v_z\right]^T \\ &=\left(\frac{\partial}{\partial x}\vec{i}+\frac{\partial}{\partial y}\vec{j}+\frac{\partial}{\partial z}\vec{k}\right)\cdot\left(v_x\vec{i}+v_y\vec{j}+v_z\vec{k}\right) \\ &=\frac{\partial v_x}{\partial x}+\frac{\partial v_y}{\partial y}+\frac{\partial v_z}{\partial z}\end{aligned}\tag{6.5.8}$$

위 식은 6.4 절의 ∇, (nabla)를 이용하여 표현한 것으로 식 (6.5.1)의 발산과 표현방법의 차이 외에는 다른 의미를 가지지 않는다. 여기서 $\nabla\cdot\vec{v}$는 스칼라양인 $\operatorname{div}\vec{v}$를 의미하며, 반면에 ∇f는 벡터의 기울기 $\operatorname{grad} f$를 나타내는 것으로 벡터양이이라는 사실에 주의한다.

식 (6.5.1) 또는 식 (6.5.2)는 직교좌표계로 표현된 발산의 정의식이지만, 어떤 점에서의 발산은 당연히 표현방법(즉 좌표계의 선정)에 관계없이 일정한 크기를 가질 것이다.

요점 6.16 **발산의 불변성**

발산 $\operatorname{div}\vec{v}$는 스칼라함수이다. 즉 발산의 양은 공간상의 위치(즉 벡터 $\vec{v}$)에만 의존하며, 식 (6.5.1) 또는 식 (6.5.2)에서의 좌표축의 선정방법과는 관계가 없다. 따라서 공간상의 좌표축을 x^*, y^*, z^*로 취하였을 경우의 벡터 $\vec{v}$의 성분을 v_x^*, v_y^*, v_z^*라 하면 식 (6.5.1)은

$$\operatorname{div} \vec{v} = \frac{\partial v_x^*}{\partial x^*} + \frac{\partial v_y^*}{\partial y^*} + \frac{\partial v_z^*}{\partial z^*} \tag{6.5.9}$$

으로 된다.

발산에 대한 의미를 좀더 명확히 하기 위하여 다음을 생각하여 보자. 즉 $f(x,y,z)$가 2계 미분 가능한 스칼라함수라고 한다면, 기울기가 존재하며 그 값은

$$\vec{v} = \operatorname{grad} f = \left[\frac{\partial f}{\partial x}, \frac{\partial f}{\partial y}, \frac{\partial f}{\partial z}\right]^T = \frac{\partial f}{\partial x}\vec{i} + \frac{\partial f}{\partial y}\vec{j} + \frac{\partial f}{\partial z}\vec{k} \tag{6.5.10}$$

로 주어진다. 식 (6.5.9)의 기울기에 대해 발산의 식 (6.5.1)을 적용하여 보자. 즉

$$\begin{aligned}\operatorname{div} \vec{v} &= \operatorname{div}(\operatorname{grad} f) = \nabla \cdot (\nabla f) \\ &= \left(\frac{\partial}{\partial x}\vec{i} + \frac{\partial}{\partial y}\vec{j} + \frac{\partial}{\partial z}\vec{k}\right) \cdot \left(\frac{\partial f}{\partial x}\vec{i} + \frac{\partial f}{\partial y}\vec{j} + \frac{\partial f}{\partial z}\vec{k}\right) \\ &= \frac{\partial^2 f}{\partial x^2} + \frac{\partial^2 f}{\partial y^2} + \frac{\partial^2 f}{\partial z^2}\end{aligned} \tag{6.5.11}$$

이다. 그런데 ∇^2을 벡터연산자 ∇와 ∇와의 내적 $(\nabla \cdot \nabla)$이라고 생각하면

$$\begin{aligned}\nabla^2 &= \left(\frac{\partial}{\partial x}\vec{i} + \frac{\partial}{\partial y}\vec{j} + \frac{\partial}{\partial z}\vec{k}\right) \cdot \left(\frac{\partial}{\partial x}\vec{i} + \frac{\partial}{\partial y}\vec{j} + \frac{\partial}{\partial z}\vec{k}\right) \\ &= \frac{\partial^2}{\partial x^2} + \frac{\partial^2}{\partial y^2} + \frac{\partial^2}{\partial z^2}\end{aligned} \tag{6.5.12}$$

즉

$$\nabla \cdot \nabla f = \nabla^2 f = \frac{\partial^2 f}{\partial x^2} + \frac{\partial^2 f}{\partial y^2} + \frac{\partial^2 f}{\partial z^2} \tag{6.5.13}$$

와 같이 표현가능하다. 여기서 $\nabla \cdot (\nabla f)$는 식 (6.4.15)에서 정의한 함수 f의 라플라시안이며, 식 (6.5.11)은 스칼라함수 f의 기울기에 대한 발산은 $\nabla^2 f$로 된다는 것을 의미하고 있다.

한편 라플라시안은 벡터함수에 대해서도 사용된다. 즉

$$\nabla^2 \vec{v} = \frac{\partial^2 \vec{v}}{\partial x^2} + \frac{\partial^2 \vec{v}}{\partial y^2} + \frac{\partial^2 \vec{v}}{\partial z^2} \tag{6.5.14}$$

이고, 각 성분은

$$x\text{-성분: } \nabla^2 v_x = \frac{\partial^2 v_x}{\partial x^2} + \frac{\partial^2 v_x}{\partial y^2} + \frac{\partial^2 v_x}{\partial z^2} \tag{6.5.15 a}$$

$$y\text{-성분: } \nabla^2 v_y = \frac{\partial^2 v_y}{\partial x^2} + \frac{\partial^2 v_y}{\partial y^2} + \frac{\partial^2 v_y}{\partial z^2} \tag{6.5.15 b}$$

$$z\text{-성분: } \nabla^2 v_z = \frac{\partial^2 v_z}{\partial x^2} + \frac{\partial^2 v_z}{\partial y^2} + \frac{\partial^2 v_z}{\partial z^2} \tag{6.5.15 c}$$

이다. 그런데 벡터함수의 라플라시안의 경우 $\nabla^2 \vec{v}$는 $\nabla \cdot (\nabla \vec{v})$, 즉 $\text{grad}(\nabla \vec{v})$와는 의미가 다르기 때문에 $\nabla^2 \vec{v}$를 $\nabla \cdot (\nabla \vec{v})$로 생각해서는 안 되며, 단지 스칼라연산자 $\nabla^2 = \frac{\partial^2}{\partial x^2} + \frac{\partial^2}{\partial y^2} + \frac{\partial^2}{\partial z^2}$를 벡터 $\vec{v}$에 작용시킨 것임에 유의해야 한다.

▶ 예제 6.5.1

6.4 절의 [요점 6.16]에서 두 점 사이의 중력 $\vec{p}$는 스칼라함수 $f(x,y,z) = c/r$의 기울기, 즉 $\vec{p} = \text{grad}(c/r)$로 되며, 이것은 라플라시안 방정식 $\nabla^2 f = 0$을 만족한다는 것을 언급하였다. 따라서 식 (6.5.8)로부터 중력의 발산은 영, 즉 $\text{div}\ \vec{p} = 0$, $(r > 0)$이라는 것을 알 수 있다.

▶ 예제 6.5.2

$\vec{r}$를 공간상에서의 위치벡터라고 할 때 $\vec{a} = e\frac{\vec{r}}{m^3}$의 발산을 구하여 보자. 여기서 $r = \|\vec{r}\|$이고 e는 상수이다.

◇ 해

$\vec{r} = x\vec{i} + y\vec{j} + z\vec{k}$로 두면

$$a_x = e\frac{x}{r^3},\ a_y = e\frac{y}{r^3},\ a_z = e\frac{z}{r^3} \text{ 및 } r = \|\vec{r}\| = \sqrt{x^2+y^2+z^2}$$

이므로

$$\frac{\partial a_x}{\partial x} = e\left(\frac{3}{r^3} - \frac{3x^2}{r^5}\right),\ \frac{\partial a_y}{\partial y} = e\left(\frac{3}{r^3} - \frac{3y^2}{r^5}\right),\ \frac{\partial a_z}{\partial z} = e\left(\frac{3}{r^3} - \frac{3z^2}{r^5}\right)$$

이다. 따라서 식 (6.5.1)에 의해

$$\text{div}\ \vec{a} = e\left\{\frac{3}{r^3} - \frac{3(x^2+y^2+z^2)}{r^5}\right\} = e\left(\frac{3}{r^3} - \frac{3}{r^3}\right) = 0$$

로 되어 원점 이외의 모든 점에서 발산은 영이다. 이 벡터장 $\vec{a}$의 유선(stream line)은 원점에서 방사상으로 출발하며($e > 0$일 때), 크기는 원점으로부터의 거리의 제곱에 반비례한다. 이 관계식은 원점에 전하(charge) e가 있을 경우 방사상으로 전개되는 전계(electric field)를 나타낸다.

6.5.2 벡터장의 회전

앞서 설명한 기울기와 발산 및 지금 소개하는 회전은 장(field)과 관련된 가장 기본적인 사항이다.

직교좌표계로 표현된 벡터함수 $\vec{v}(x,y,z,) = [v_x, v_y, v_z]^T = v_x\vec{i} + v_y\vec{j} + v_z\vec{k}$가 미분 가능하다고 한다. 이때 벡터함수 $\vec{v}$의 회전은

$$\left(\frac{\partial v_z}{\partial y} - \frac{\partial v_y}{\partial z}\right),\ \left(\frac{\partial v_x}{\partial z} - \frac{\partial v_z}{\partial x}\right),\ \left(\frac{\partial v_y}{\partial x} - \frac{\partial v_x}{\partial y}\right) \tag{6.5.16}$$

을 x, y, z의 성분으로 하는 벡터이며, 이는 다음과 같이 행렬식을 이용하여 상징적으로 나타낼 수 있다.

$$\begin{aligned}
\text{curl}\,\vec{v} = \nabla \times \vec{v} &= \left(\frac{\partial v_z}{\partial y} - \frac{\partial v_y}{\partial z}\right)\vec{i} + \left(\frac{\partial v_x}{\partial z} - \frac{\partial v_z}{\partial x}\right)\vec{j} + \left(\frac{\partial v_y}{\partial x} - \frac{\partial v_x}{\partial y}\right)\vec{k} \qquad (6.5.17)\\
&= \begin{vmatrix} \frac{\partial}{\partial y} & \frac{\partial}{\partial z} \\ v_y & v_z \end{vmatrix}\vec{i} + \begin{vmatrix} \frac{\partial}{\partial z} & \frac{\partial}{\partial x} \\ v_z & v_x \end{vmatrix}\vec{j} + \begin{vmatrix} \frac{\partial}{\partial x} & \frac{\partial}{\partial y} \\ v_x & v_y \end{vmatrix}\vec{k} \\
&= \begin{vmatrix} \vec{i} & \vec{j} & \vec{k} \\ \frac{\partial}{\partial x} & \frac{\partial}{\partial y} & \frac{\partial}{\partial z} \\ v_x & v_y & v_z \end{vmatrix}
\end{aligned}$$

curl $\vec{v}$라는 표현 외에 rot $\vec{v}$를 사용하기도 한다.

▶ 예제 6.5.3

$\vec{v} = [yz, 3zx, z]^T = yz\vec{i} + 3zx\vec{j} + z\vec{k}$가 직교좌표계에서 주어졌을 때 회전은

$$\nabla \times \vec{f} = \begin{vmatrix} \vec{i} & \vec{j} & \vec{k} \\ \frac{\partial}{\partial x} & \frac{\partial}{\partial y} & \frac{\partial}{\partial z} \\ yz & 3zx & z \end{vmatrix} = -3x\vec{i} + y\vec{j} + 2z\vec{k}$$

이다.

회전의 물리적인 의미는 유체의 흐름과 관련시키면 비교적 쉽게 이해된다. [그림 6.39]와 같은 페달 장치를 속도장 $\vec{v}$를 가지는 흐르는 액체 속에 집어넣었다면, $\vec{v}$의 회전은 수직축 w의 주위에서 페달이 돌려고 하는 경향을 측정하는 것으로 간주할 수 있다.

만약 $\text{curl}\,\vec{v} = \vec{0}$이면 유체의 흐름은 비회전적이라고 하는데, 이것은 페달을 돌게 하는 소용돌이가 없다는 것을 의미한다. [그림 6.39]에서 페달의 축 w는 지면에 수직방향으로 향한다. [그림 6.40 (b)]에서 '비회전적'이라는 것은 소용돌이(vortex or whirlpool)가 없다는 뜻으로 유체 자체가 회전하지 않는다는 것을 의미하는 것은 아니라는 사실에 주의하기 바란다.

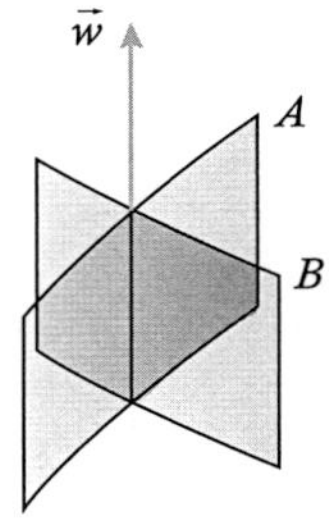

그림 6.39 페달

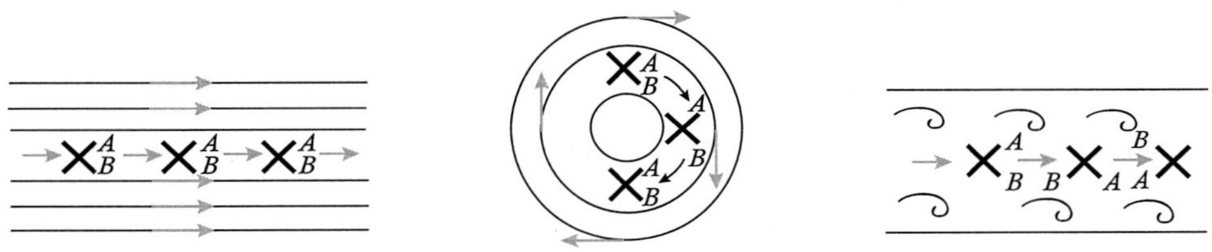

(a) 비회전적 흐름 (b) 비회전적 흐름 (c) 회전적 흐름

그림 6.40 회전의 물리적 의미

▶ 예제 6.5.4

$\vec{v} = y^2\vec{i} + 2xy\vec{j} - z^2\vec{k}$로 주어진 벡터장에서, 점 $(1,2,1)$에서 $\vec{v}$의 발산과 회전을 계산하고, 벡터장이 비회전인지의 여부를 확인하여 보자.

해

$\vec{v}$의 발산은 식 (6.5.1)에 의하여

$$\nabla \cdot \vec{v} = \frac{\partial v_x}{\partial x} + \frac{\partial v_y}{\partial y} + \frac{\partial v_z}{\partial z} = 0 + 2x - 2z$$

이므로 점 $(1,2,1)$에서는

$$\nabla \cdot \vec{v} = 2 - 2 = 0$$

이다. 한편 회전은 식 (6.5.16)에 의하여

$$\nabla \times \vec{v} = \left(\frac{\partial v_z}{\partial y} - \frac{\partial v_y}{\partial z}\right)\vec{i} + \left(\frac{\partial v_x}{\partial z} - \frac{\partial v_z}{\partial x}\right)\vec{j} + \left(\frac{\partial v_y}{\partial x} - \frac{\partial v_x}{\partial y}\right)\vec{k}$$

$$= 0\vec{i}+0\vec{j}+(2y-2y)\vec{k}$$
$$= \vec{0}$$

이므로, $\vec{v}$의 회전은 벡터장의 모든 점에서 영이므로 비회전 벡터장임을 알 수 있다.

▶ 예제 6.5.5

6.2절에서 언급한 바와 같이 공간상의 고정된 축을 중심으로 회전하는 강체 B의 회전은 회전하는 축방향으로 크기 ω를 가지는 벡터 $\vec{w}$로 나타낼 수 있다. 이때 $\omega(>0)$는 회전체의 각속도이며, $\vec{w}$의 방향은 벡터 $\vec{w}$의 시점에서 종점쪽으로 보았을 때 회전체가 시계방향으로 회전하는 것을 양의 방향으로 한다. 이때 회전체의 임의의 점 P에서의 속도는 식 (6.2.27)에 의해

$$\vec{v} = \vec{w}\times\vec{r}$$

로 주어진다. 여기서 $\vec{r}$은 B 상의 임의점 P의 좌표이다. 이때 속도 $\vec{v}$의 회전을 직교좌표계를 이용하여 표현하여 보자. 즉

$$\vec{w}=[0,0,\omega]^T=\omega\vec{k},\quad \vec{r}=[x,y,z]=x\vec{i}+y\vec{j}+z\vec{k}$$

이므로

$$\vec{v}=\vec{w}\times\vec{r}=[-\omega y,\omega x,0]^T=-\omega y\vec{i}+\omega x\vec{j} \qquad ①$$

이다. 따라서 회전은

$$\nabla\times\vec{v}=\begin{vmatrix}\vec{i} & \vec{j} & \vec{k}\\ \dfrac{\partial}{\partial x} & \dfrac{\partial}{\partial y} & \dfrac{\partial}{\partial z}\\ -\omega y & \omega x & 0\end{vmatrix}=[0,\,0,\,2\omega]^T=2\omega\vec{k}=2\vec{w}$$

로 되어 위에서 언급한 바와 같이 회전하는 축방향임을 알 수 있다.

요점 6.17 회전하는 강체와 회전

회전하는 강체에 의한 속도장의 회전은 회전체의 축과 동일한 방향으로 회전체의 각속도의 두 배의 크기를 가진다.

다음 [요점 6.18]은 기울기, 발산 및 회전 사이에 작용하는 관계를 정리한 것으로, 지금까지 설명한 내용과 비교하면 회전의 본질을 이해할 수 있을 것이다.

요점 6.18 기울기, 발산 및 회전

스칼라함수의 기울기는 비회전(irrotational)이다. 다시 말하면, 연속적으로 미분가능한 벡터함수는 스칼라함수 f 의 기울기이며 이것의 회전은 영(즉 영벡터)이다.

$$\nabla \times (\operatorname{grad} f) = \vec{0} \tag{6.5.18}$$

한편, 연속적으로 두 번 미분가능한 벡터함수 $\vec{v}$ 의 회전에 대한 발산은 영이다.[19] 즉

$$\operatorname{div}(\nabla \times \vec{v}) = 0, \ (\text{또는 } \nabla \cdot (\nabla \times \vec{v}) = 0\ ) \tag{6.5.19}$$

이다.

식 (6.5.18)은 다음과 같이 확인할 수 있다. 먼저 스칼라함수 f 의 기울기는 식 (6.4.1)로부터

$$\operatorname{grad} f = \nabla f = \left[\frac{\partial f}{\partial x}, \frac{\partial f}{\partial y}, \frac{\partial f}{\partial z}\right]^T = \frac{\partial f}{\partial x}\vec{i} + \frac{\partial f}{\partial y}\vec{j} + \frac{\partial f}{\partial z}\vec{k}$$

이므로 이에 대한 회전을 구하면

$$\begin{aligned} \operatorname{curl}(\operatorname{grad} f) &= \nabla \times \left(\frac{\partial f}{\partial x}\vec{i} + \frac{\partial f}{\partial y}\vec{j} + \frac{\partial f}{\partial z}\vec{k}\right) \\ &= \begin{vmatrix} \vec{i} & \vec{j} & \vec{k} \\ \dfrac{\partial}{\partial x} & \dfrac{\partial}{\partial y} & \dfrac{\partial}{\partial z} \\ \dfrac{\partial f}{\partial x} & \dfrac{\partial f}{\partial y} & \dfrac{\partial f}{\partial z} \end{vmatrix} \\ &= \left(\frac{\partial^2 f}{\partial y \partial z} - \frac{\partial^2 f}{\partial y \partial z}\right)\vec{i} + \left(\frac{\partial^2 f}{\partial x \partial z} - \frac{\partial^2 f}{\partial x \partial z}\right)\vec{j} + \left(\frac{\partial^2 f}{\partial x \partial y} - \frac{\partial^2 f}{\partial x \partial y}\right)\vec{k} = 0 \end{aligned} \tag{6.5.20}$$

임을 알 수 있다. 즉 기울기 $(\operatorname{grad} f)$의 회전은 항상 영으로 되어 비회전이다. 반대로 벡터장 $\vec{v}$가 비회전이라면, 즉 $\nabla \times \vec{v} = \vec{0}$이면 $\vec{v} = (\operatorname{grad} f)$를 만족하는 스칼라함수 f는 항상 존재하여야 한다.

19) 발산이 영인 벡터장을 solenoidal vector field라고 한다.

앞에서 잠깐 언급한 바와 같이 스칼라장의 기울기로서 얻어지는 벡터장을 보존계라고 하였다. 식 (6.5.18)은 이와 같은 보존계에서의 회전은 항상 영으로 된다는 것을 알려 주고 있다. 또한 식 (6.5.19)는 임의 벡터의 회전에 대한 발산이 영으로 된다는 것은 발산의 정의를 생각하면 이해할 수 있을 것이다([예제 6.5.2] 참조).

발산에 대한 [요점 6.17]에 대응하여 회전에서도 동일한 원칙이 성립한다.

요점 6.19 회전의 불변성

curl $\vec{v}$는 벡터값을 가진다. 이때 벡터의 크기와 방향은 사용되는 공간상의 좌표계의 표현법과는 무관하고 위치벡터 $\vec{v}$에만 의존한다.

예제 6.5.6

[예제 6.3.3]에 대하여 다시 생각하여 보자. 즉 [그림 6.29]와 같이 주어진 물통의 아래에 있는 마개를 열었을 때 나타나는 원형운동의 물의 흐름속도는 ④에 의해

$$\vec{v} = \frac{y}{x^2+y^2}\vec{i} - \frac{x}{x^2+y^2}\vec{j}$$

로 주어진다. 이것은 z 축의 둘레로 회전이나 속력이 z 축으로부터의 거리에 반비례하여 감소하는 경우이다([그림 6.41 (a)] 참조). 회전을 계산하면

$$\frac{\partial v_x}{\partial y} = \frac{x^2-y^2}{(x^2+y^2)^2}, \quad \frac{\partial v_y}{\partial x} = \frac{x^2-y^2}{(x^2+y^2)^2}$$

이고, $\nabla \times \vec{v}$의 x, y, z성분을 각각 $(\nabla \times \vec{v})_x$, $(\nabla \times \vec{v})_y$, 및 $(\nabla \times \vec{v})_z$라 두면 식 (6.5.12)로부터

$$(\nabla \times \vec{v})_x = \frac{\partial v_z}{\partial y} - \frac{\partial v_y}{\partial z}, \quad (\nabla \times \vec{v})_y = \frac{\partial v_x}{\partial z} - \frac{\partial v_z}{\partial x}, \quad (\nabla \times \vec{v})_z = \frac{\partial v_y}{\partial x} - \frac{\partial v_x}{\partial y}$$

이므로

$$(\nabla \times \vec{v})_x = (\nabla \times \vec{v})_y = (\nabla \times \vec{v})_z = 0$$

이다. 그러므로 $\nabla \times \vec{v} = \vec{0}$임을 알 수 있다. 따라서 $\vec{v}$ 는 비회전 벡터장을 이룬다. 이 흐름에 떠 있는 나뭇잎은 [그림 6.41 (b)]와 같이 방향을 바꾸지 않고서 z축의 둘레를 회전할 것이다. 그러나 z 축에 놓인 나뭇잎은 급속히 회전한다. $\nabla \times \vec{v} = \vec{0}$이 성립하는 것은 $x=y=0$ 이외의 곳이고, $x=y=0$인 곳에서는 $(\nabla \times \vec{v}) \to \infty$로 된다. 즉 소용돌이는 z 축에 집중한다.

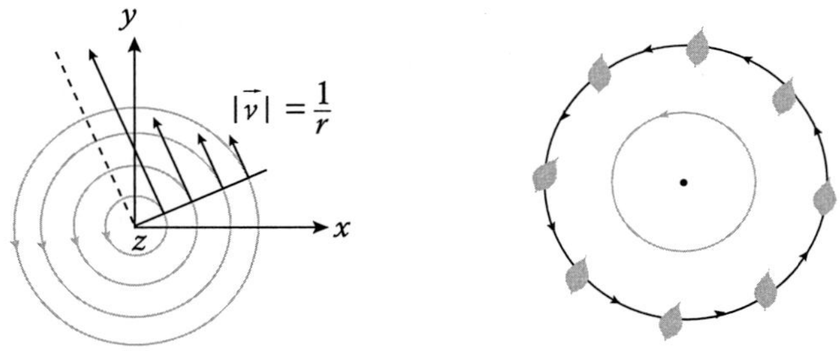

(a) (b)

그림 6.41 [예제 6.5.6]

지금까지 다루어 온 연산자 사이의 관계와 성질은 벡터장을 해석할 때 중요하기 때문에 [표 6.1]에 기본공식을 정리하여 둔다. 이표에서 ϕ는 스칼라장을, $\vec{v}$, $\vec{u}$는 벡터장을 표시한다.

표 6.1

Vector Identities
$\nabla \times \nabla \phi = \vec{0}$
$\nabla \cdot \nabla \times \vec{v} = 0$
$\nabla \cdot (\phi \vec{v}) = \nabla \phi \cdot \vec{v} + \phi \nabla \cdot \vec{v}$
$\nabla \times (\phi \vec{v}) = (\nabla \phi) \times \vec{v} + \phi (\nabla \times \vec{v})$
$\nabla \times (\nabla \times \vec{v}) = \nabla (\nabla \cdot \vec{v}) - \nabla^2 \vec{v}$
$\vec{v} \times (\nabla \times \vec{v}) = \frac{1}{2} \nabla v^2 - (\vec{v} \cdot \nabla) \vec{v}$
$\nabla \cdot (\vec{v} \times \vec{u}) = (\nabla \times \vec{v}) \cdot \vec{u} - \vec{v} \cdot (\nabla \times \vec{u})$
$\nabla \times (\vec{v} \times \vec{u}) = \vec{v}(\nabla \cdot \vec{u}) - \vec{u}(\nabla \cdot \vec{v}) + (\vec{u} \cdot \nabla)\vec{v} - (\vec{v} \cdot \nabla)\vec{u}$
$\nabla (\vec{v} \cdot \vec{u}) = (\vec{v} \cdot \nabla)\vec{u} + (\vec{u} \cdot \nabla)\vec{v} + \vec{v} \times (\nabla \times \vec{u}) + \vec{u} \times (\nabla \times \vec{v})$

▶ 예제 6.5.7

벡터장 $\vec{v} = y^2 \vec{i} + 2xy \vec{j} - z^2 \vec{k}$에 대해서 스칼라 퍼텐셜함수 $f(x,y,z)$를 구하여보자.

◇ 해

벡터 $\vec{v}$가 비회전이라면(즉 $\nabla \times \vec{v} = \vec{0}$) 스칼라 퍼텐셜함수 $f(x,y,z)$와 벡터장과는 식 (6.4.1)

에 의해

$$\nabla f = \vec{v} \qquad ①$$

의 관계가 있다. 따라서 $\vec{v}$가 비회전인지의 여부를 먼저 확인하여야 한다. 간단한 계산에 의해 $\nabla \times \vec{v} = \vec{0}$로 되어 비회전이므로 스칼라 퍼텐셜함수 f가 존재한다. ①을 전개하면

$$\frac{\partial f}{\partial x}\vec{i} + \frac{\partial f}{\partial y}\vec{j} + \frac{\partial f}{\partial z}\vec{k} = y^2\vec{i} + 2xy\vec{j} - z^2\vec{k} \qquad ②$$

로 된다. 위 식으로부터 세 개의 성분 x, y 및 z를 비교하면

$$\frac{\partial f}{\partial x} = y^2, \quad \frac{\partial f}{\partial y} = 2xy, \quad \frac{\partial f}{\partial z} = -z^2 \qquad ③$$

이며, 이를 적분하여 ③을 만족하는 함수 f를 계산한다. 이를 위해

$$f(x,y,z) = xy^2 + g(y,z) \qquad ④$$

로 두고, ③을 만족하도록 함수 $g(y,z)$를 결정한다. ③의 첫번째 적분은 $g(y,z)$ 항에 관계없이 성립하기 때문에 g는 (y,z)의 함수로 되었다. 다음 ④를 ③의 두 번째에 대입하면

$$2xy + \frac{\partial g}{\partial y} = 2xy \qquad ⑤$$

로 되어 $\partial g/\partial y = 0$을 얻는다. 즉 g는 성분 y와는 무관하므로 g는 z의 함수로 되어야 할 것이다. 이를 다시 ③의 세 번째에 대입하면

$$\frac{dg}{dz} = -z^2 \qquad ⑥$$

이므로 함수 g는

$$g(z) = -\frac{z^3}{3} + c \qquad ⑦$$

이다. 여기서 c는 적분상수이다. 따라서 원하는 스칼라함수는

$$f(x,y,z) = xy^2 - \frac{z^3}{3} + c \qquad ⑧$$

이다. $\nabla f = \vec{v}$라는 것은 다음과 같이 간단하게 확인가능하다.

$$\nabla f = \frac{\partial f}{\partial x}\vec{i} + \frac{\partial f}{\partial y}\vec{j} + \frac{\partial f}{\partial z}\vec{k} = y^2\vec{i} + 2xy\vec{j} - z^2\vec{k} \qquad ⑨$$

즉 주어진 벡터함수와 일치한다.

6.5.3 MATLAB에 의한 풀이

```
% [예제 6.5.2]
syms x y z e real
r=sqrt(x^2+y^2+z^2); vec_a=[e*x/r^3, e*y/r^3, e*z/r^3]';
div_ax=diff(vec_a(1),'x'); div_ay=diff(vec_a(2),'y'); div_az=diff(vec_a(3),'z');
div_a=div_ax+div_ay+div_az; simple(div_a)          % div (vec_a)=0 으로 됨을 확인

% [예제 6.5.4]
vx=inline('y.^2','x','y','z'); vy=inline('2*x.*y','x','y','z'); vz=inline('-z.^2','x','y','z');
x=linspace(-1,3,8); y=linspace(-1,3,8); z=linspace(-1,3,8);
[X,Y,Z]=meshgrid(x,y,z); U=vx(X,Y,Z); V=vy(X,Y,Z); W=vz(X,Y,Z);

% vec_v의 벡터장: 비회전임을 확인
quiver3(X,Y,Z,U,V,W), hold on, plot3(1,2,1,'r*'), hold off
% 명령어 curl의 사용
[curlx,curly,curlz,cav]=curl(X,Y,Z,U,V,W);
quiver3(X,Y,Z,curlx,curly,curlz,'c'), xlabel('x'), ylabel('y'), zlabel('z'), hold on
plot3(1,2,1,'r*'), hold off

% [예제 6.5.5]
syms omega x y z real
vec_w=[0 0 omega]'; vec_r=[x y z]'; vec_v=cross(vec_w,vec_r)      % ①의 확인
```

❖ [예제 6.5.4]에서 명령어 'quiver3'의 실행결과 얻어지는 3D 그래프를 x, y, z 방향으로 회전시켜보면 벡터 $\vec{v}$에 의한 벡터장은 점 $(1,2,1)$에서 비회전임을 확인할 수 있다.[20] 또한 MATLAB이 제공하는 명령어 'curl'을 사용하여 점 $(1,2,1)$에서의 회전을 그림으로 확인할 수 있다.

```
% [예제 6.5.6]
vx=inline('y./(x.^2+y.^2)','x','y','z');
vy=inline('-x./(x.^2+y.^2)','x','y','z');
vz=inline('0*x','x','y','z');
x=linspace(-3,3,10);
y=linspace(-3,3,10);
z=linspace(0,6,10);

[X,Y,Z]=meshgrid(x,y,z);
```

20) MATLAB의 실행결과 얻어지는 그림화면에서 'Rotate 3D'의 아이콘을 클릭하면 3D그래프를 자유자재로 회전할 수 있다.

```
U=vx(X,Y,Z);
V=vy(X,Y,Z);
W=vz(X,Y,Z);
% vec_v의 벡터장: 비회전임을 확인
quiver3(X,Y,Z,U,V,W)
xlabel('x'), ylabel('y')
hold on

% curl (vec_v)의 벡터장: zero vector로 됨을 확인
[curlx,curly,curlz,cav] = curl(X,Y,Z,U,V,W);
quiver3(X,Y,Z,curlx,curly,curlz,'r')
hold off
```

❖ [예제 6.5.6]의 경우, 명령어 'quiver3'에 의한 3D 그래프로부터, 원형운동의 물의 흐름에 떠 있는 나뭇잎은 [그림 6.41]과 같이 중심으로 방향을 바꾸지 않고 z축의 둘레를 회전한다는 것을 확인할 수 있다. 특히, 벡터장의 회전과 각속도를 계산하는 MATLAB 명령어인 'curl'을 이용하여 3D 그래프상에 표시한 결과를 이용하면 $\vec{v}$가 비회전임을 확인할 수 있다.

연습문제 6.5.4

1. 다음 벡터함수의 발산을 계산하여라.

(1) $\vec{v}=(x^3+y^3)\vec{i}+3xy^2\vec{j}+3zy^2\vec{k}$　　(2) $\vec{v}=(x^2+y^2)\vec{i}+2xyz\,\vec{j}+(z^2+x^2)\vec{k}$

(3) $\vec{v}=\sin xy\,\vec{i}+\sin xy\,\vec{j}+z\cos xy\,\vec{k}$　　(4) $\vec{v}=x^2y^2z^2(x\vec{i}+y\vec{j}+z\vec{k})$

2. 다음 벡터함수 $\vec{v}$에 대하여 회전을 계산하여라.

(1) $\vec{v}=[y,\ 2x^2,\ 0]^T$　　(2) $\vec{v}=[e^x\cos y,\ e^x\sin y,\ 0]^T$

(3) $\vec{v}=[\ln(x^2+y^2),\ 2\tan^{-1}(y/x),\ 0]^T$

3. 벡터함수 $\vec{u}=xy\vec{i}+y^2\vec{j}+z\vec{k}$와 $\vec{v}=x^2\vec{i}+xy\vec{j}+yz\vec{k}$를 사용하여 점 $[-1,\ 2,\ 2]^T$에서의 다음 각 항을 계산하여라.

(1) $\nabla\cdot\vec{u}$　　(2) $\nabla\times\vec{v}$　　(3) $\nabla\cdot\vec{u}\times\vec{v}$

(4) $\nabla\times(\vec{u}\times\vec{v})$　　(5) $(\vec{u}\times\nabla)\times\vec{v}$　　(6) $\nabla(\vec{u}\cdot\vec{v})$

4. 다음 벡터함수로 주어진 벡터장은 비회전인지 혹은 솔레노이드인지의 여부를 확인하여라.

(1) $\vec{v}=x\vec{i}+y\vec{j}+z\vec{k}$ (2) $\vec{v}=y\vec{i}+x\vec{j}$ (3) $\vec{v}=y^2\vec{i}+2xy\vec{j}+z^2\vec{k}$

(4) $\vec{v}=\sin y\vec{i}+\sin x\vec{j}+e^z\vec{k}$ (5) $\vec{v}=\vec{r}/r^3$ ($\vec{r}$은 공간상의 임의 위치벡터이다)

5. 다음 벡터함수에 대한 스칼라 퍼텐셜함수가 반드시 하나는 존재한다는 가정하에 다음을 구하여라.

(1) $\vec{v}=x^2\vec{i}+y^2\vec{j}+z^2\vec{k}$ (2) $\vec{v}=e^x\sin y\vec{i}+e^x\cos y\vec{j}$

(3) $\vec{v}=2xz\vec{i}+y^2\vec{j}+x^2\vec{k}$

6. 다음에 주어진 등식을 증명하여라(일부는 [표 6.1]에 있음).

(1) $\nabla\cdot(\vec{v}+\vec{u})=\nabla\cdot\vec{v}+\nabla\cdot\vec{u}$ (2) $\nabla\times(\vec{v}+\vec{u})=\nabla\times\vec{v}+\nabla\times\vec{u}$

(3) $\nabla\cdot(\phi\vec{v})=\phi(\nabla\cdot\vec{v})+\vec{v}\cdot\nabla\phi$ (4) $\nabla\times(\phi\vec{v})=\phi(\nabla\times\vec{v})+(\nabla\phi)\times\vec{v}$

(5) $\nabla\times(\nabla\phi)=\vec{0}$ (6) $\nabla\cdot(\nabla\times\vec{v})=0$

(7) $\nabla\cdot(\vec{v}\times\vec{u})=\vec{u}\cdot\nabla\times\vec{v}-\vec{v}\cdot\nabla\times\vec{u}$ (8) $\nabla\times(\nabla\times\vec{v}+\nabla\phi)=\nabla\times(\nabla\times\vec{v})$

Chapter_07

07 벡터의 적분

벡터의 미분에 이어서 여기서는 벡터의 적분에 관하여 설명한다. 벡터적분은 곡선(선적분), 평면(면적분) 및 입체에 대한 적분까지를 포함한다. 이러한 사항은 유체의 흐름이나 열전달 등과 같은 분야에서 중요한 역할을 담당하고 있다.

이와 같은 여러 종류의 적분은 적절한 변환, 예를 들어 그린의 정리(선적분과 이중적분의 연결), 가우스 정리(면적분과 삼중적분의 연결) 및 스토크스의 정리(선적분과 면적분의 연결) 등을 통하여 서로 연결되어 있다. 여기서는 이와 같은 세 가지의 정리를 예제를 중심으로 비교적 간략하게 설명한다.

7.1 선적분

선적분의 개념은 대수학에서 익숙한 정적분(definite integral)

$$\int_a^b f(x)dx \tag{7.1.1}$$

의 단순하면서 자연적인 일반화이다. 식 (7.1.1)은 피적분함수 $f(x)$를 $x=a$에서 $x=b$까지 x축을 따라 적분하는 것이다. 그러나 선적분에서는 피적분함수를 공간(또는 평면)상의 임의 곡선 C를 따라 적분하는 것으로, 선적분(line integral) 이라기보다는 곡선적분(curve integral)으로 부르는 것이 더 적절한 것으로 보인다.[1)]

공간상의 곡선 C를 변수를 이용하여 표현하면

$$\vec{r}(t) = [x(t), y(t), z(t)]^T$$
$$= x(t)\vec{i} + y(t)\vec{j} + z(t)\vec{k} \ (a \le t \le b) \quad (7.1.2)$$

이다(그림 7.1).

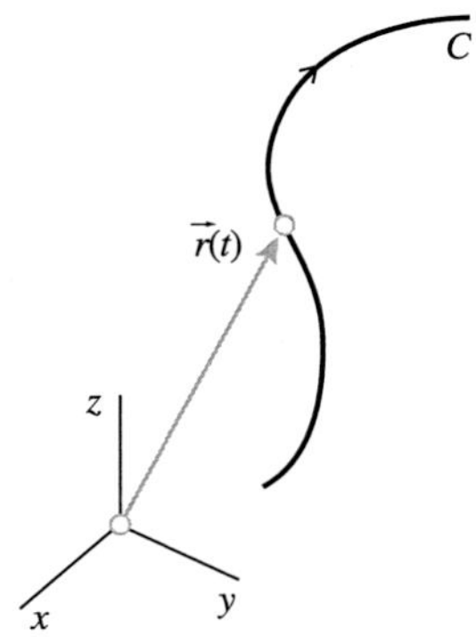

그림 7.1 곡선의 변수를 이용한 표현

이때 곡선 C는 적분경로(path of integration)이며 점 $A: \vec{r}(a)$는 적분의 시점, $B: \vec{r}(b)$는 종점이라고 하며(그림 7.2 (a)), 이 경우 C는 방향을 가진다고 한다. 시간 t의 증가에 따른 점 A에서 B로의 방향을 C의 양(positive)의 방향이라고 하며, [그림 7.2 (a)]와 같이 화살표로 표시한다. 한편 시점과 종점이 일치하는 경우($A=B$)의 C를 폐경로(closed path)[2)]라고 한다(그림 7.2 (b)).

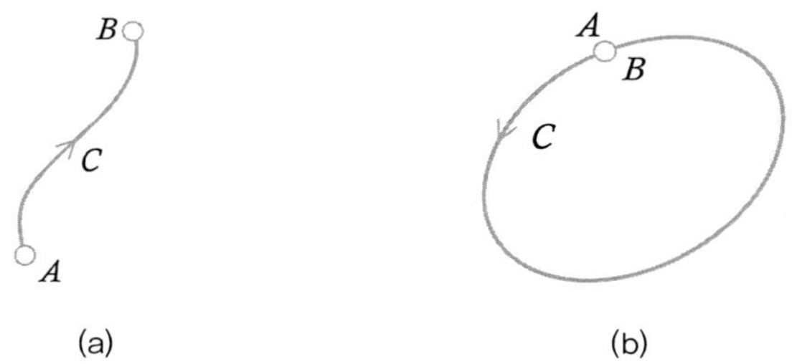

그림 7.2 방향을 가지는 경로

벡터함수 $\vec{r}(t)$의 성분함수들의 도함수가 연속이며, $d\vec{r}(t)/dt \ne \vec{0}$일 때 C는 매끄러운 곡선이라고 한다. 이와 같이 유한개의 매끄러운 곡선의 합집합으로 이루어진 곡선을 조각적으로 매끄러운 곡선(piecewise smooth curve)이라고 한다. 다시 말하면, 끝점들이 연결된 n개의 곡선 $C_1, C_2, \cdots, C_n$이 매끄러운 곡선일 때, $C = C_1 \cup C_2 \cup \cdots \cup C_n$은 조각적으로 매끄러운 곡선이라고 한다.

1) 그러나 선적분이 정식명칭이다.
2) 특히 경로가 교차하지 않는 경우를 단순폐경로라고 한다.

• 선적분의 정의

곡선 $C: \vec{r}(t)$ (식 (7.1.2))에 대한 벡터함수 $\vec{F}(\vec{r})$의 선적분은 다음으로 정의된다.

$$\int_C \vec{F}(\vec{r}) \cdot d\vec{r} = \int_a^b \vec{F}(\vec{r}(t)) \cdot \vec{r}'(t)\, dt, \left(\vec{r}' = \frac{d\vec{r}}{dt} \right) \tag{7.1.3}$$

위 식을 성분으로 표현하기 위하여 $\vec{F}(\vec{r}) = [F_x, F_y, F_z]^T$, $d\vec{r} = [dx, dy, dz]^T$ 및 $(\,')= d/dt$의 표현법을 이용하면 식 (7.1.3)은

$$\begin{aligned} \int_C \vec{F}(\vec{r}) \cdot d\vec{r} &= \int_C (F_x dx + F_y dy + F_z dz) \\ &= \int_a^b (F_x x' + F_y y' + F_z z') dt \end{aligned} \tag{7.1.4}$$

로 된다. 식 (7.1.3) 또는 식 (7.1.4)에서 C가 폐경로를 이루는 경우에는 $\int_C$ 대신에 $\oint_C$의 표현을 사용하기도 한다. 여기서 선적분의 정의식 (7.1.3)의 피적분함수는 벡터가 아니고 스칼라임에 유의하여야 한다. 다시 말하면 식 (7.1.3)의 피적분함수에서 $\vec{F} \cdot \vec{r}'$은 식 (6.2.13)으로부터 알 수 있는 바와 같이 벡터 $\vec{F}$를 곡선 $C: \vec{r}(t)$의 접선인 $r'(t)$에 수직으로 사영하였을 때의 크기, 즉 $\vec{F}$의 접선성분(tangential component)인 스칼라양이다. 또한 식 (7.1.3)의 오른쪽 항의 정적분의 적분구간은 $a \le t \le b$로서 t축상에서 양의 방향(즉 t의 증가 방향)을 취하고 있으며, 벡터함수 $\vec{F}$가 연속이고 경로 C가 매끄러운 곡선이라면 정적분은 항상 계산가능하다.

경로 C를 따라 힘 $\vec{F}$로서 어떤 물체를 이동시켰을 경우를 생각하면, 이때의 선적분은 힘에 의한 일(work)을 나타내고 있다. 이러한 경우 선적분을 일 적분(work integral)이라고도 한다.

▶ 예제 7.1.1 평면상에서의 선적분

[그림 7.3]의 경로 C를 따라

$\vec{F}(\vec{r}) = [-y, -xy]^T = -y\vec{i} - xy\vec{j}$를 선적분하여 보자.

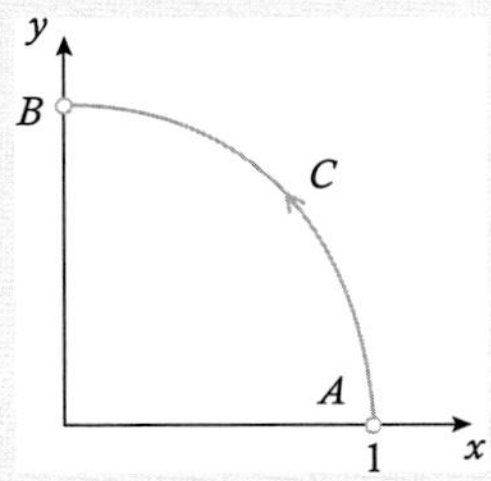

그림 7.3 [예제 7.1.1]

◇ 해

경로를 $\vec{r}(t) = [\cos t, \sin t]^T = \cos t\,\vec{i} + \sin t\,\vec{j}$,
$(0 \le t \le \pi/2)$로 표현하면, $x(t) = \cos t$, $y(t) = \sin t$ 이므로

$$\vec{F}(\vec{r}(t)) = -y(t)\,\vec{i} - x(t)y(t)\,\vec{j} = [-\sin t,\, -\cos t \sin t]^T$$
$$= -\sin t\,\vec{i} - \cos t\ \sin t\,\vec{j}$$

로 된다. 따라서

$$\vec{r}\,'(t) = [-\sin t,\, \cos t]^T = -\sin t\,\vec{i} + \cos t\,\vec{j}$$

이며, 식 (7.1.3)에 의해

$$\begin{aligned}\int_C \vec{F}(\vec{r}) \cdot d\vec{r} &= \int_0^{\pi/2} [-\sin t,\, -\cos t \sin t]^T \cdot [-\sin t,\, \cos t]^T dt \\ &= \int_0^{\pi/2} (\sin^2 t - \cos^2 t \sin t)\,dt \\ &= \int_0^{\pi/2} \frac{1}{2}(1-\cos 2t)\,dt - \int_1^0 u^2(-du) \\ &= \frac{\pi}{4} - 0 - \frac{1}{3} \approx 0.4521\end{aligned}$$

을 얻는다.[3)]

▶ 예제 7.1.2 공간상에서의 선적분

공간상에서의 선적분도 기본적으로 평면에서의 그것과 동일하다. 이를 확인하여 보자. 벡터함수 $\vec{F}(\vec{r}) = [z, x, y]^T = z\,\vec{i} + x\,\vec{j} + y\,\vec{k}$의 선적분을 [그림 7.4]와 같은 나선형(helix)을 따른 경로 C에 대한 선적분을 계산하여 보자.

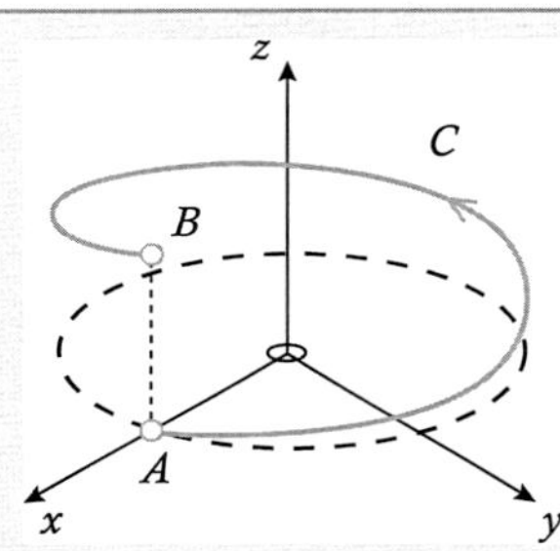

그림 7.4 [예제 7.1.2]

◇ **해**

$$\vec{r}(t) = [\cos t,\, \sin t,\, 3t]^T$$
$$= \cos t\,\vec{i} + \sin t\,\vec{j} + 3t\,\vec{k}\,,\ (0 \le t \le 2\pi) \qquad ①$$

①로부터 $x(t) = \cos t$, $y(t) = \sin t$, $z(t) = 3t$ 를 얻는다. 따라서

$$\vec{F}(\vec{r}(t)) \cdot \vec{r}\,'(t) = (3t\,\vec{i} + \cos t\,\vec{j} + \sin t\,\vec{k}) \cdot (-\sin t\,\vec{i} + \cos t\,\vec{j} + 3\vec{k}) \qquad ②$$
$$= 3t(-\sin t) + \cos^2 t + 3\sin t$$

이다. 따라서 식 (7.1.3)으로부터

3) 식의 전개에서 $\cos^2 x = \frac{1}{2}(1+\cos 2x)$, $\sin^2 x = \frac{1}{2}(1-\cos 2x)$를 이용하였으며, 마지막 항에서 $\cos t = u$로 두고, $\sin t\, dt = -du$로 치환하였다.

$$\int_C \vec{F}(\vec{r})\cdot d\vec{r} = \int_0^{2\pi}(-3t\sin t + \cos^2 t + 3\sin t)dt = 6\pi + \pi + 0 = 7\pi \qquad ③$$

가 얻어진다.

▶ 예제 7.1.3

경로 C가 $y = x^3, (-1 \le x \le 2)$ 에 의하여 주어졌을 경우의 $\vec{F}(\vec{r}) = xy\vec{i} + x^2\vec{j}$를 선적분하여 보자.

◇ 해

이 경우의 경로 C는 양함수 $y = x^3$에 의해 정의되었으므로 x를 매개변수로 사용할 수 있다.[4] 따라서 식 (7.1.4)에 의해 $dy = 3x^2\,dx$이므로

$$\begin{aligned}\int_C \vec{F}(\vec{r})\cdot d\vec{r} &= \int_C (F_x\,dx + F_y\,dy) \\ &= \int_{-1}^{2}\{x(x^3)dx + x^2(3x^2dx)\} \\ &= \int_{-1}^{2} 4x^4dx = \frac{132}{5}\end{aligned}$$

를 얻는다.

• 선적분의 특성과 물리적 의미

정의식 (7.1.3)으로부터 정적분의 경우와 유사한 다음과 같은 특성이 얻어진다.

$$\int_C k\vec{F}\cdot d\vec{r} = k\int_C \vec{F}\cdot d\vec{r}, \text{ (단 } k\text{는 상수)} \qquad (7.1.5\text{ a})$$

$$\int_C (\vec{F} + \vec{G})\cdot d\vec{r} = \int_C \vec{F}\cdot d\vec{r} + \int_C \vec{G}\cdot d\vec{r} \qquad (7.1.5\text{ b})$$

$$\int_C \vec{F}\cdot d\vec{r} = \int_{C_1} \vec{F}\cdot d\vec{r} + \int_{C_2} \vec{F}\cdot d\vec{r} \qquad (7.1.5\text{ c})$$

식 (7.1.5 c)에서는 경로 C가 두 개의 경로 C_1과 C_2로 분할된 경우를 의미한다. 여기서 만약 경로의 방향이 반대로 되었다면 선적분은 부호가 바뀐다는 점에 유의한다. 또한 공간

4) 매개변수는 7.3절을 참조하여라.

(또는 평면)상에서 경로 C는 여러 가지 방법으로 나타낼 수 있다. 이것과 관련하여 다음 요점이 주어진다.

요점 7.1 선적분과 경로 표현식

선적분 식 (7.1.3)은 경로 C를 나타내는 식 $\vec{r}(t)$의 표현법에 관계없이 일정하다.

위 요점을 확인하여 보자. 곡선 $C: \vec{r}(t)$, $(a \le t \le b)$의 표현을 $t = \phi(t^*)$의 관계를 사용하여 변환하였다고 한다. 여기서 t^*의 구간 $a^* \le t^* \le b^*$는 $a \le t \le b$에 대응하는 것으로 가정한다. 이때 선적분은 $\vec{r}(t) = \vec{r}(\phi(t^*)) = r^*(t^*)$로 쓸 수 있으므로 $dt = (dt/dt^*)dt^*$이다. 즉 식 (7.1.3)은

$$\int_C \vec{F}(\vec{r}^*(t^*)) \cdot d\vec{r}^* = \int_{a^*}^{b^*} \vec{F}(\vec{r}(\phi(t^*))) \cdot \frac{d\vec{r}}{dt}\frac{dt}{dt^*}dt^*$$

$$= \int_a^b \vec{F}(\vec{r}) \cdot \frac{d\vec{r}}{dt}dt = \int_C \vec{F}(\vec{r}) \cdot d\vec{r}$$

로 되어 경로의 표현법과 무관하다는 것을 알 수 있다.[5)]

제 6 장의 식 (6.2.11)에 의하면 직선구간을 나타내는 벡터 $\vec{d}$를 따라 일정한 크기의 힘 $\vec{F}$를 작용하였을 때의 일은 $W = \vec{F} \cdot \vec{d}$로 주어진다. 이 사실을 이용하면, 직선이 아닌 곡선 $C: \vec{r}(t)$를 따라 변화하는 힘 $\vec{F}$에 의한 일은, 곡선 C를 n개의 작은 직선구간으로 나누었을 때 각 구간에서의 한 일의 합을 취하면 가능하다는 것을 알 수 있다. 이것을 확인하여 보자.

이를 위해 우선 구간을 n등분하여 $t_0 (= a) < t_1 < t_2 < \cdots < t_n (= b)$로 두고 임의의 구간에서 한 점을 취한다. 이때 힘 $\vec{F}(\vec{r}(t_m))$에 의해 곡선구간의 $\vec{r}(t_m)$에서 $\vec{r}(t_{m+1})$까지 직선적으로[6)] 이동하였을 때의 일 ΔW_m은

$$\Delta W_m = \vec{F}(\vec{r}(t_m)) \cdot [\vec{r}(t_{m+1}) - \vec{r}(t_m)] \tag{7.1.6}$$

$$\approx \vec{F}(\vec{r}(t_m)) \cdot \vec{r}'(t_m)\Delta t_m, \quad (\Delta t_m = t_{m+1} - t_m)$$

---

5) $\vec{r}(t) = \vec{r}^*(t^*)$이므로 $d\vec{r}^*/dt^* = d\vec{r}/dt$이다.

6) n에 대해서 극한을 취하면 곡선구간을 직선구간으로 간주할 수 있다.

으로 된다. 따라서 구간 전체에 대하여 한 일은

$$W_n = \sum_{k=1}^{n} \vec{F}\big(\vec{r}(t_k)\big) \cdot \vec{r}\,'(t_k)\Delta t_k \tag{7.1.7}$$

이다. 여기서 부분곡선의 길이가 영으로 수렴할 수 있도록 극한을 취하면 경로 C를 따라 힘 $\vec{F}$가 한 일을 구할 수 있다. 실제로 식 (7.1.7)의 극한을 취하면 적분의 정의에 의하여

$$W = \int_a^b \vec{F}\big(\vec{r}(t)\big) \cdot \frac{d\vec{r}(t)}{dt}dt = \int_C \vec{F} \cdot d\vec{r}(t) \tag{7.1.8}$$

이 되어 C를 따라 벡터함수 $\vec{F}$를 선적분한 식 (7.1.3)으로 됨을 알 수 있다.

▶ 예제 7.1.4

곡선 $C : \vec{r}(t) = 2\cos t\,\vec{i} + 2\sin t\,\vec{j}$를 따라서 $t=0$에서 $t=\pi$까지 힘 $\vec{F} = x\vec{i} + y\vec{j}$가 한 일의 양을 계산하여 보자.

◇ 해

주어진 곡선은 반지름이 2인 반원이기 때문에 힘 $\vec{F}$는 C상의 모든 점과 수직이다. 따라서 힘 $\vec{F}$의 접선방향의 성분은 영으로 되어 C를 따라서 한 일의 양은 영이 된다. 이를 계산을 통하여 확인해 보자. 즉

$$\begin{aligned} W &= \int_C \vec{F} \cdot d\vec{r} = 2\int_0^{\pi} (\cos t\,\vec{i} + \sin t\,\vec{j}) \cdot (-2\sin t\,\vec{i} + 2\cos t\,\vec{j})dt \\ &= 2\int_0^{\pi} (-2\cos t \sin t + 2\sin t \cos t)dt = 0 \end{aligned}$$

이므로 관찰과 일치하는 결과를 얻는다.

▶ 예제 7.1.5

선적분의 정의식 (7.1.3)에서 $\vec{F}$를 힘으로 두면 선적분은 일(work)로 된다. 여기서 t가 시간이므로 $d\vec{r}/dt = \vec{v}$, 즉 속도로 된다. 이때 식 (7.1.3)은

$$W = \int_C \vec{F} \cdot d\vec{r} = \int_a^b \vec{F}\big(\vec{r}(t)\big) \cdot \vec{v}(t)dt \qquad ①$$

이다. 여기서 뉴턴의 제 2 법칙, 즉 힘 = (질량) × (가속도)에 의하여

$$\vec{F} = m\vec{r}\,''(t) = m\vec{v}\,'(t) \qquad ②$$

가 성립하므로, 이것을 ②에 대입하면

$$W = \int_a^b m\vec{v}' \cdot \vec{v}\,dt = \int_a^b m\left(\frac{\vec{v} \cdot \vec{v}}{2}\right)' dt = \frac{m}{2} \parallel \vec{v} \parallel^2 \Big|_{t=a}^{t=b} \qquad ③$$

이다. 위 식에서 m은 이동한 물체의 질량이다. ③의 오른쪽 항은 물체의 운동에너지를 나타내므로, 어떤 물체에 인가된 일은 그 물체의 운동에너지의 이득과 같다고 하는 운동역학의 기본법칙을 나타내고 있다.

• 경로 의존성

선적분의 정의식에 의하면 선적분의 값은 경로 C에 따라 달라진다. 이를 선적분의 경로 의존성(path dependence)이라 하며 다음의 요점으로 정리하였다.

요점 7.2 선적분의 경로 의존성

선적분 식 (7.1.3)은 벡터 $\vec{F}$, 시점 A, 종점 B의 위치뿐만 아니라, 점 A, B를 잇는 경로에 따라 다른 값을 가진다.

위 요점은 다음과 같이 확인 가능하다. 예를 들어 [그림 7.5]와 같이 점 A에서 점 B까지의 경로를 직선인 $C_1 : \vec{r}_1(t) = [t,\ t,\ 0]^T$과 곡선인 $C_2 : \vec{r}_2(t) = [t,\ t^2,\ 0]^T$, $(0 \le t \le 1)$로 취하고, 벡터함수 $\vec{F} = [0,\ xy,\ 0]^T$에 대한 선적분을 계산하여 보자. 이 경우 피적분함수는 각각 $\vec{F}(\vec{r}_1(t)) \cdot \vec{r}_1{}'(t) = t^2$와 $\vec{F}(\vec{r}_2(t)) \cdot \vec{r}_2{}'(t) = 2t^4$이므로 선적분을 계산하면 $1/3$과 $2/5$로 되어 적분경로에 따라 다른 값을 갖는다는 [요점 7.2]의 사실을 확인할 수 있다.

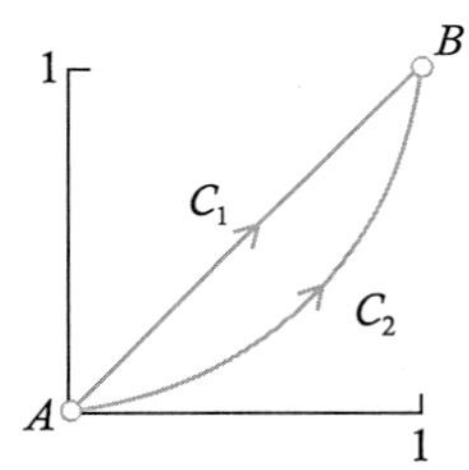

그림 7.5
선적분의 경로 의존성

7.1.1 MATLAB에 의한 풀이

```
% [예제 7.1.1]
u=inline('-y','x','y'); v=inline('-x.*y','x','y');          % 벡터 F의 정의
% Simpson's rule에 의한 적분을 위한 준비
n=200; t=linspace(0,pi/2,n+1); dt=pi/2/n; s=simpvec(n);
```

```
x=cos(t); y=sin(t);                                   % 경로 r(t)의 직교좌표 표현
xdot=-sin(t); ydot=cos(t);                            % 경로에 따른 r'(t)의 성분의 계산
I1=u(x,y).*xdot; I2=v(x,y).*ydot;                     % 피적분함수 F(r)*dr의 각 성분 계산
% Simpson's rule에 의한 선적분의 계산
integral=dot(s,(I1+I2))*dt/3                          % 0.4521로 됨을 확인

% [예제 7.1.2]
% 벡터 F의 정의
u=inline('z','x','y','z'); v=inline('x','x','y','z'); w=inline('y','x','y','z');
% Simpson's rule에 의한 적분을 위한 준비
n=200; t=linspace(0,2*pi,n+1); dt=2*pi/n; s=simpvec(n);
x=cos(t); y=sin(t); z=3*t;                            % 경로 r(t)의 직교좌표 표현
xdot=-sin(t); ydot=cos(t); zdot=3+0*t;                % 경로에 따른 r'(t)의 성분의 계산
% 피적분함수 F(r)*dr의 각 성분 계산
I1=u(x,y,z).*xdot; I2=v(x,y,z).*ydot; I3=w(x,y,z).*zdot;
% Simpson's rule에 의한 선적분의 계산
integral=dot(s,(I1+I2+I3))*dt/3                       % 21.99로 됨을 확인
```

[예제 7.1.1]과 [예제 7.1.2]에서 명령어 'simpvec'은 심프슨의 법칙에 따른 적분을 수행하는데 필요한 n개의 벡터를 형성하기 위한 것이다. 일반적인 정적분을 계산하기 위한 심프슨의 법칙을 대략적으로 설명하면 다음과 같다. 즉 $h=(b-a)/n$로 두면

$$\int_a^b g(x)dx = S_n(g) + E_n(g)$$

여기서

$$S_n(g) = \frac{h}{3}[g(x_1)+4g(x_2)+2g(x_3)+\cdots+2g(x_{n-1})+4g(x_n)+g(x_{n+1})]$$

이며, 위 식의 오차는 구간 $[a,b]$ 내의 임의의 점 ξ에서

$$E_n(g) = -\frac{1}{180}(b-a)h^4 g^{(4)}(\xi)$$

이다. 여기서는 주어진 문제가 선적분이므로 이를 문제에서와 같이 구간적분(즉 일반적인 정적분)으로 바꾸고 $S_n(g)$의 계산은 명령어 'dot'를 사용하여 수행하였다.

```
% [예제 7.1.4]
% F에 의한 벡터장과 경로 C가 서로 직교한다는 것을 확인한다.
u=inline('x','x','y'); v=inline('y','x','y');        % F=xi+yj의 두 변수를 정의
```

```
x=linspace(-pi,pi,10); y=linspace(-pi,pi,10);    % x,y 축의 구간을 -π ~ π 까지를 10등분
[X,Y]=meshgrid(x,y);                             % 3차원그래프의 작성을 위한 준비
U=u(X,Y); V=v(X,Y);
quiver(X,Y,U,V), hold on                         % (x,y) 평면상의 각 점에서의 방향을 표시
t=linspace(0,2*pi,101);                          % 경로 C를 도시하기 위한 구간
xx=2*cos(t); yy=2*sin(t);                        % 경로 r(t)의 좌표
plot(xx,yy,'r'), axis square, hold off           % 경로 r(t)와 힘 F의 방향이 직각임을 확인
```

❖ [예제 7.1.4]에서 실제 계산은 [예제 7.1.1]을 이용하여 수행할 수 있으나, 여기서는 힘 $\vec{F}$에 의한 벡터장과 경로 C가 서로 수직한다는 것을 그림으로 살펴봄으로써 $W=0$임을 확인하였다.

연습문제 7.1.2

1. 경로 C상에서의 주어진 벡터함수의 선적분을 계산하여라.

(1) 경로 $C: \vec{r}(t) = 5\cos t\,\vec{i} + 5\sin t\,\vec{j}$, $(0 \le t \le \pi/4)$, $\vec{F}(\vec{r}) = 2xy\,\vec{i}$

(2) $C: \vec{r}(t) = \cos t\,\vec{i} + \sin t\,\vec{j} + t\,\vec{k}$, $(0 \le t \le \pi/2)$, $\vec{F}(\vec{r}) = z\,\vec{k}$

(3) $C: y = 2x+1$, $(-1 \le x \le 0)$, $\vec{F}(\vec{r}) = 3x^2\,\vec{i} + 6y^2\,\vec{j}$

(4) $\vec{r}(t) = e^{-2t}\,\vec{i} + e^{t}\,\vec{j}$, $(0 \le t \le \ln 2)$, $\vec{F}(\vec{r}) = y^3\,\vec{i} - x^2 y\,\vec{j}$

(5) $\vec{r}(t) = 2t\,\vec{i} + (1+\cos t)^2\,\vec{j} + 4\sin^3 t\,\vec{k}$, $(0 \le t \le \pi/2)$,

$\vec{F}(\vec{r}) = (y - yz\sin x)\,\vec{i} + (x + z\cos x)\,\vec{j} + y\cos x\,\vec{k}$

2. $(0,\ 0)$과 $(1, 1)$ 사이에 경로 C가 다음과 같이 주어졌다. 함수 $\vec{F}(\vec{r}) = [y,\ x]^T$를 계산하여라.

(1) $C: y = x^2$

(2) C가 $(0,\ 0)$에서 $(1,\ 0)$까지의 선분과 $(1,\ 0)$에서부터 $(1, 1)$까지의 선분으로 구성되었다.

3. $\int_C \vec{F}(\vec{r}) \cdot d\vec{r}$를 주어진 경로 C에 대하여 계산하여라.

(1) $\vec{F} = [y^3, x^3]^T$이며, 경로 C는 점 $A:(0,0)$에서 $B:(2,20)$까지로 주어지는 포물선 $y = 5x^2$ 이다.

(2) (1)번 문제에서 경로를 점 A에서 점 $(2,0)$까지 직선으로 이동한 뒤, 점 B까지 수직으로 가는 경로를 취하였다.

(3) $\vec{F} = [xy^2, x^2y]^T$, 경로 $C: \vec{r}(t) = [\cosh t, \sinh t, 0]^T$, $(0 \le t \le 2)$이다.

(4) $\vec{F} = [z, x, y]^T$, 경로 $C: \vec{r}(t) = [\cos t, \sin t, t]^T$이며 점 $(1,0,0)$에서 점 $(1,0,4\pi)$까지 이동한다.

(5) $\vec{F} = [e^x, e^y, e^z]^T$, 경로 $C: \vec{r}(t) = [t, t^2, t^2]^T$이며 점 $(0,0,0)$에서 점 $(2,4,4)$까지 이동한다.

7.2 선적분의 경로에 대한 독립성

7.1 절에서와 같이 경로 C를 따른 벡터함수 $\vec{F} = F_x\vec{i} + F_y\vec{j} + F_z\vec{k}$의 선적분

$$\int_C \vec{F}(\vec{r}) \cdot d\vec{r} = \int_C (F_x\,dx + F_y\,dy + F_z\,dz),\ (d\vec{r} = [dx,\ dy,\ dz]^T) \tag{7.2.1}$$

은 경로에 의존한다. 여기서는 공간상의 영역 D 내에서 식 (7.2.1)의 적분이 경로에 무관하게 될 수 있는 조건에 대하여 알아본다. 이것은 [그림 7.6]과 같이 영역 D의 시점 A에서 종점 B까지의 모든 경로에 대해서 선적분이 동일한 값을 가진다는 것으로, 이것은 실용상 매우 중요한 의미를 가진다. 힘의 선적분은 경로를 따라 힘이 한 일을 나타낸다는 점을 상기하면, 선적분이 경로에 무관하다는 의미는 어떠한 경로를 따라서 힘을 작용시켜도 일의 양은 일정하다는 것을 나타낸다. 물론 모든 힘이 이러한 성질을 갖는 것은 아니며, 힘이 스칼라함수의 기울기(gradient)로 표현될 수 있을 때에만 성립한다. 선적분의 경로 독립성에 대하여 알아보자.

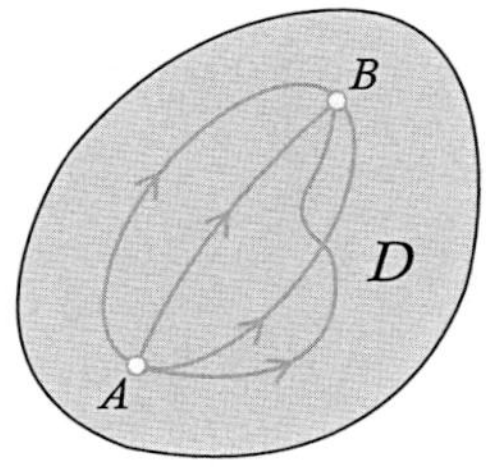

그림 7.6 경로의 독립성

다음 세 가지의 조건이 개별적으로 만족되는 경우, 영역 D에서 선적분 (7.2.1)은 경로에

무관하며 항상 일정한 값으로 된다.

(1) $\vec{F}=\text{grad}\, f$ 인 경우(요점 7.3).

(2) 영역 D 에서 폐경로 C 에 따른 적분은 항상 영이다(요점 7.4).

(3) $\text{curl}\, \vec{F}=\vec{0}$ ([요점 7.5], [요점 7.6]).

위에서 언급한 각각의 조건에 대하여 생각하여 보자.

• $\vec{F}=\text{grad}\, f$ 인 경우

요점 7.3 **경로 독립성 I**

공간상의 영역 D에서 연속인 함수 F_x, F_y, F_z에 의한 벡터함수의 선적분 (7.2.1)이 경로 독립성을 가지기 위한 필요충분조건은

$$\vec{F}=\text{grad}\, f \tag{7.2.2 a}$$

를 만족하는 스칼라함수 f가 존재하는 것이다. 이로부터 벡터함수 $\vec{F}$의 각 성분은

$$F_x=\frac{\partial f}{\partial x},\ F_y=\frac{\partial f}{\partial y},\ F_z=\frac{\partial f}{\partial z} \tag{7.2.2 b}$$

임을 알 수 있다.

위 요점을 간략히 증명하여 보자. 영역 D에서 점 A에서 점 B까지의 임의의 경로 C의 표현식으로 $\vec{r}(t)=[x(t), y(t), z(t)]^T$, $(a\le t\le b)$가 주어졌다고 한다. 이때 식 (7.2.2)를 만족한다면 선적분은 식 (7.1.4)에서

$$\begin{aligned}\int_C (F_x\,dx+F_y\,dy+F_z\,dz) &= \int_C \left(\frac{\partial f}{\partial x}dx+\frac{\partial f}{\partial y}dy+\frac{\partial f}{\partial z}dz\right) \\ &= \int_a^b \left(\frac{\partial f}{\partial x}\frac{dx}{dt}+\frac{\partial f}{\partial y}\frac{dy}{dt}+\frac{\partial f}{\partial z}\frac{dz}{dt}\right)dt \\ &= \int_a^b \frac{df}{dt}dt = f[x(t), y(t), z(t)]\Big|_{t=a}^{t=b} \\ &= f(x(b), y(b), z(b)) - f(x(a), y(a), z(a)) \\ &= f(B)-f(A)\end{aligned} \tag{7.2.3}$$

로 되어 경로에 무관하고, 시점과 종점에만 의존한다는 것을 알 수 있다.

여기서 선적분의 경로 독립성을 보장하기 위한 조건식 $\vec{F} = \text{grad}\, f$를 만족하는 함수 f는 식 (7.2.3)으로부터

$$\int_A^B (F_x\, dx + F_y\, dy + F_z\, dz) = f(B) - f(A) \tag{7.2.4}$$

를 이용하여 얻을 수 있다.

▶ 예제 7.2.1 선적분

선적분

$$\int_C \vec{F}(\vec{r}) \cdot d\vec{r} = \int_C (2x\, dx + 2y\, dy + 4z\, dz)$$

는 공간상의 어떤 영역에서도 경로 독립이라는 것을 보이고, 점 $A:(0,0,0)$에서 $B:(2,2,2)$까지의 선적분을 계산하여 보자.

해

$\vec{F} = [2x, 2y, 4z]^T = \text{grad} f$ 로 두면, $\partial f/\partial x = 2x = F_x$, $\partial f/\partial y = 2y = F_y$, $\partial f/\partial z = 4z = F_z$ 이므로 $f = x^2 + y^2 + 2z^2$ 을 얻는다. 따라서 선적분은 경로 독립성이 보장되어 식 (7.2.4)에 의해

$$f(B) - f(A) = f(2,2,2) - f(0,0,0) = 4 + 4 + 8 = 16$$

을 얻는다.

이 결과를 점 A에서 B까지의 가장 편리한 경로 $C: \vec{r}(t) = [t, t, t]^T, (0 \le t \le 2)$를 이용하여 선적분을 수행하여 보자. 이 경우 $\vec{F}(\vec{r}(t)) = [2t, 2t, 4t]^T$이므로

$$\vec{F}(\vec{r}(t)) \cdot \vec{r}\,'(t) = 2t + 2t + 4t = 8t$$

이다. 이를 0에서 2까지 적분하면 역시 $8 \cdot 2^2/2 = 16$을 얻어 동일한 결과임을 확인할 수 있다.

• 폐곡선의 경우

경로의 시점과 종점이 일치하는 경우 경로 C는 폐곡선을 구성하며, 이 경우 경로의 독립성이 보장된다.

요점 7.4 경로 독립성 II

영역 D에서 선적분 (7.2.1)의 경로 독립성이 보장되기 위한 필요충분조건은 영역 D 내에서의 모든 폐경로 C에 대하여

$$\oint_C \vec{F}(\vec{r}) \cdot d\vec{r} = 0 \tag{7.2.5}$$

인 것이다.

경로 독립성에 관한 식 (7.2.5)에 대하여 생각하여 보자. [그림 7.7]에서 점 A에서 B까지의 선적분을 경로 C_1과 C_2를 이용하여 수행하는 경우, 만약 경로의 독립성이 보장된다면 경로에 관계없이 동일한 값으로 될 것이다. 이 경우 점 A에서 출발하여 C_1을 이용하여 B까지 적분을 수행하고 다시 C_2를 이용하여 B에서 A까지의 선적분을 수행한다면 두 적분의 합은 영으로 될 것이며, 이것은 결국 폐경로 $C(=C_1+C_2)$에 대한 선적분으로 되어 식 (7.2.5)가 성립한다.

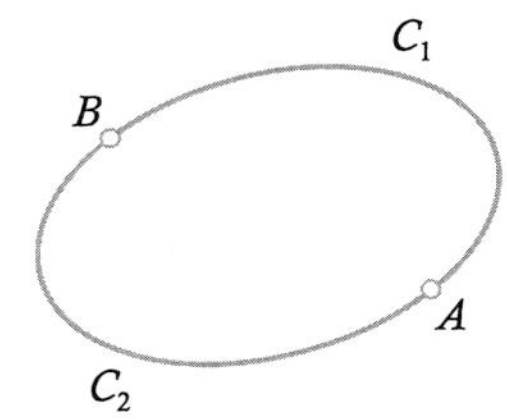

그림 7.7 경로의 독립성

반대로 영역 D에서 어떤 폐경로를 따른 선적분을 영이라고 가정한다. 이때 임의의 점 A, B와 두 점을 잇는 두 경로 C_1과 C_2가 영역 D 내에 주어졌을 경우, C_1과 C_2 중 한 경로의 방향을 반대로(즉 −)로 하면 하나의 폐경로를 이루게 되어 두 경로에 대한 적분의 합은 가정에 의해 영이어야 한다. 다시 말하면 경로에 관계없이 A에서 B까지의 선적분은 동일한 값을 가져야 한다. 따라서 식 (7.2.5)는 경로의 독립성을 위한 필요충분조건임을 확인할 수 있다.

• 완전미분의 형식인 경우

[요점 7.3]은 선적분의 경로 독립성을 스칼라함수의 기울기와 연결시켰고, [요점 7.4]는 폐경로를 따른 선적분에서의 경로 독립성에 대해 언급하였다. 세 번째는 식 (7.2.1)의 피적분함수

$$\vec{F} \cdot d\vec{r} = F_x\,dx + F_y\,dy + F_z\,dz \tag{7.2.6}$$

의 미분방정식으로서의 완전성과 적분경로의 독립성과의 관련에 대해 설명한다. 식 (7.2.6)의 미분방정식이 만약 영역 D 내의 모든 곳에서 미분가능한 함수 $f(x,y,z)$의 미분, 즉

$$df = \frac{\partial f}{\partial x}dx + \frac{\partial f}{\partial y}dy + \frac{\partial f}{\partial z}dz = (\mathrm{grad}\, f) \cdot d\vec{r} \tag{7.2.7}$$

를 만족하는 $f(x, y, z)$가 존재한다면 식 (7.2.6)의 미분방정식은 완전하다고 한다. 다시 말하면

$$\vec{F} \cdot d\vec{r} = df$$

이면 식 (7.2.6)은 완전(exact)하다.[7] 완전성의 조건인 식 (7.2.6)과 식 (7.2.7)로부터 경로의 독립성은 영역 D 내의 모든 점에서

$$\vec{F} = \mathrm{grad} f \ \rightarrow \ F_x = \frac{\partial f}{\partial x},\ F_y = \frac{\partial f}{\partial y},\ F_z = \frac{\partial f}{\partial z} \tag{7.2.8}$$

를 만족하는 미분 가능한 함수 $f(x,y,z)$가 존재하는 것이다. 이로부터 다음 요점을 얻는다.

요점 7.5 **경로독립성 Ⅲ-a**

영역 D에서 선적분 (7.2.1)의 경로 독립성이 보장되기 위한 필요충분조건은, 식 (7.2.6)의 계산이 가능하기 위한 연속인 함수 F_x, F_y, F_z가 존재하여야 하며 동시에 영역 D 내에서 완전(즉 식 (7.2.8)을 만족하는 f가 존재)해야 한다는 것이다.

- **회전이 영인 경우**(즉 $\mathrm{curl}\,\vec{F} = \vec{0}$)

곡선 C가 폐경로를 이룬다면

$$\oint_C \vec{F}(\vec{r}) \cdot d\vec{r} \tag{7.2.9}$$

를 경로 C상에서 벡터 $\vec{F}$의 회전도(circulation)라고 한다. 따라서 [요점 7.4]에 의해 회전도가 영이라는 조건은 선적분이 경로에 무관하기 위한 필요충분조건이다. 회전도라는 이름 자체가 의미하듯이 이는 회전과 밀접한 관계가 있다. $\vec{F}$가 유체의 속도장을 나타낸다면 식 (7.2.9)의 크기는 유체가 경로 C를 순환하여 회전하는 방향과 관련이 있다. 만약 $\oint_C \vec{F}(\vec{r}) \cdot d\vec{r} > 0$이면 유체가 경로와 같은 방향으로 회전하려는 경향을 의미하고, $\oint_C \vec{F}(\vec{r}) \cdot d\vec{r} < 0$이면 반대방향으로 회전하려는 경향을 나타낸다. 또 $\oint_C \vec{F}(\vec{r}) \cdot$

7) 완전 미분방정식의 조건인 식 (1.3.19)를 참고한다.

$d\vec{r}=0$은 유체가 움직이지 않는다는 뜻이다.

6.5절에서 설명한 바와 같이 회전이 (유체의 경우) 내부의 소용돌이(circulation)와 관련이 있다는 점([그림 6.40] 참조)을 상기하면, 선적분이 경로에 무관하다는 조건이 회전과 밀접한 연관이 있다는 것을 짐작할 수 있다. $\vec{F}$의 선적분이 경로에 무관하면, [요점 7.3]에 의해 $\vec{F}=\text{grad}\, f$를 만족하는 스칼라함수 f가 존재하고, 이로부터

$$\text{curl}\,\vec{F}=\nabla\times\vec{F}=\nabla\times(\text{grad}\, f)=\vec{0} \tag{7.2.10}$$

가 얻어진다. 다시 말하면 $\vec{F}$의 선적분이 경로에 무관하다면 $\text{curl}\,\vec{F}=\vec{0}$으로 된다. 만일 함수의 정의역이 특별한 형태를 가진다면, 위의 역도 성립한다. 즉 $\text{curl}\,\vec{F}=\vec{0}$이면 $\vec{F}$의 선적분은 경로에 무관하다는 것이다. 이것이 성립하기 위한 정의역의 모양에 대하여 알아보자.

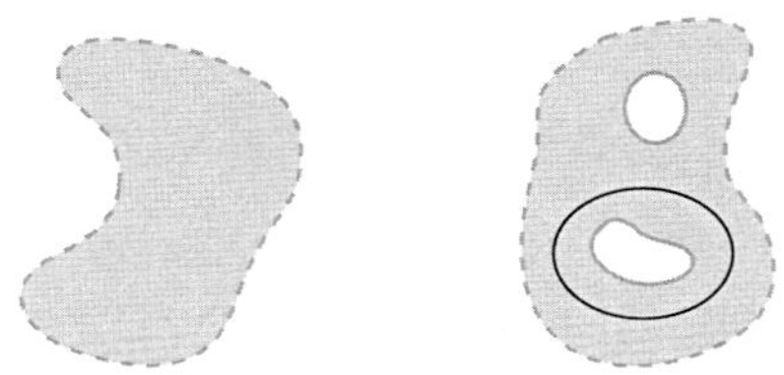

그림 7.8 단일연결영역과 다중연결영역

영역 D의 내부에 포함된 모든 단순 폐경로의 내부 영역이 D의 원소만으로 이루어져 있다면, D를 단일연결영역(simply connected domain)이라고 하고, 그렇지 않은 경우에는 다중연결영역(multiply connected domain)이라고 한다. 달리 표현하면, D 내부의 모든 단순 폐경로를 D 내부로 수축시켜 한 점으로 만들 수 있는 영역 D를 단일연결영역이라고 한다(그림 7.8).

요점 7.6 경로 독립성 Ⅲ-b

공간상의 영역 D에서 벡터함수 $\vec{F}=F_x\vec{i}+F_y\vec{j}+F_z\vec{k}$의 성분함수 F_x, F_y, F_z의 1계 편도함수가 연속이라고 가정한다. 이때 D 내의 모든 곡선 C에 대하여 $\vec{F}$의 선적분

$$\int_C \vec{F}(\vec{r})\cdot d\vec{r}$$

가 경로에 무관하다면

$$\text{curl}\,\vec{F}=\nabla\times\vec{F}=\vec{0} \tag{7.2.11}$$

즉

$$\frac{\partial F_z}{\partial y}=\frac{\partial F_y}{\partial z},\quad \frac{\partial F_x}{\partial z}=\frac{\partial F_z}{\partial x},\quad \frac{\partial F_y}{\partial x}=\frac{\partial F_x}{\partial y} \tag{7.2.12 a}$$

가 성립한다. D가 단일연결영역이면 이것의 역도 성립한다. 즉 단일연결영역 D 내에서 $\nabla\times\vec{F}=\vec{0}$이면, 영역 내부의 모든 곡선 C에 대하여 $\vec{F}$의 선적분

$$\int_C \vec{F}(\vec{r})\cdot d\vec{r}$$

은 경로에 독립이다.

위 요점을 평면에 존재하는 벡터함수에 적용시켜보자. 즉

$$\int_C \vec{F}(\vec{r})\cdot d\vec{r}=\int_C (F_x dx+F_y dy)$$

이면 회전은 단 하나의 성분(z축 성분)만을 가진다.[8] 따라서 식 (7.2.12 a)는

$$\frac{\partial F_y}{\partial x}=\frac{\partial F_x}{\partial y} \tag{7.2.12 b}$$ [9]

이다.

▶ 예제 7.2.2

식 (7.2.12 a)를 이용해서 다음 적분의 피적분함수는 완전이며, 따라서 적분은 경로에 무관하다는 것을 확인하고, 점 $A:(0,0,1)$ 에서 $B:(1,\pi/4,2)$까지의 선적분값 I를 계산하여 보자.

$$I=\int_C \left[2xyz^2\,dx+\left(x^2z^2+z\cos yz\right)dy+\left(2x^2yz+y\cos yz\right)dz\right]$$

◇ 해

식 (7.2.12 a)을 먼저 계산한다. 즉

$$\begin{aligned}&\frac{\partial F_z}{\partial y}=2x^2z+\cos yz-yz\sin yz=\frac{\partial F_y}{\partial z}\\ &\frac{\partial F_x}{\partial z}=4xyz=\frac{\partial F_z}{\partial x},\quad \frac{\partial F_y}{\partial x}=2xz^2=\frac{\partial F_x}{\partial y}\end{aligned} \qquad ①$$

이므로 피적분함수는 완전하여 선적분은 경로에 무관하다. 다음 선적분을 계산하기 위해 식 (7.2.2 a)를 만족하는 스칼라함수 f를 계산한다. 먼저 ①에서 F_y를 y로 적분한 뒤 이를 x와 z로 편미분하여 F_z와 F_z와 비교한다. 즉

---

8) 회전의 정의식 (6.5.11)에서 z축 성분의 값을 영으로 두면 $\text{curl}\,\vec{F}=\left(\frac{\partial F_y}{\partial x}-\frac{\partial F_x}{\partial y}\right)\vec{k}$가 얻어진다.

9) 이것은 제 1장의 식 (1.3.23)에서 취급한 완전미분방정식의 조건식과 일치한다.

$$f=\int F_y dy=\int (x^2z^2+z\cos yz)\,dy=x^2z^2y+\sin yz+g(x,z)$$

$$\frac{\partial f}{\partial x}=2xz^2y+\frac{\partial g}{\partial x}=F_x \quad\rightarrow\quad \frac{\partial g}{\partial x}=0 \quad\rightarrow\quad g=h(z)$$

$$\frac{\partial f}{\partial z}=2x^2zy+y\cos yz+\frac{\partial h}{\partial z}=F_z \quad\rightarrow\quad \frac{\partial h}{\partial z}=0$$

이로부터 $h=c$(c는 임의의 값)가 얻어지는데, 만약 $h=0$으로 취하면 $g=0$으로 된다. 따라서 식 (7.2.4)에 의해

$$f(x,y,z)=x^2yz^2+\sin yz,\quad f(B)-f(A)=1\cdot\frac{\pi}{4}\cdot 4+\sin\frac{\pi}{2}-0=\pi+1$$

이 얻어진다.

- **보존력**

벡터장 $\vec{F}$가 스칼라함수 f의 기울기(gradient), 즉 $\vec{F}=\mathrm{grad}\,f$이면 이 경우의 함수 f를 제 6 장의 [요점 6.16]에서 퍼텐셜함수(potential function) 이러한 벡터장을 보존장이라고 하였다. 이것을 선적분과 연결시켜 생각하여 보기로 한다. 즉 벡터장 $\vec{F}$가 힘을 나타내며, 이 힘이 공간상에 존재하는 한 점 $\vec{r}_0$에서 $\vec{r}_1$까지 입자를 움직이는 데 한 일은, 이 두 점을 잇는 모든 경로에 대하여 같은 값을 가진다. 또한 보존장이므로 폐경로를 따라 한 일은 영으로 되기 때문에 이러한 힘 $\vec{F}$를 보존력(conservative force)이라고 부른다.

이러한 경우에 f는 퍼텐셜에너지를 나타내며, 운동에너지와 퍼텐셜에너지의 합은 일정하다는 에너지보존의 법칙이 성립한다. 이것은 다음과 같이 설명할 수 있다. 임의의 상수 c_1과 c_2에 대하여, 두 개의 등위면 $f(x,y,z)=c_1$과 $f(x,y,z)=c_2$가 주어졌다고 한다. 이때 (x_1,y_1,z_1)을 등위면 $f(x,y,z)=c_1$상에, (x_2,y_2,z_2)를 등위면 $f(x,y,z)=c_2$상에 있는 점이라고 하면, 식 (7.2.4)에 의해 점 (x_1,y_1,z_1)에서 점 (x_2,y_2,z_2)까지의 선적분은 경로에 관계없이

$$\int_C \vec{F}(\vec{r})\cdot d\vec{r}=f(x_2,y_2,z_2)-f(x_1,y_1,z_1)=c_2-c_1$$

로 될 것이다. 따라서 등위면 $f(x,y,z)=c_1$상의 한 점에서 등위면 $f(x,y,z)=c_2$상의 한 점까지 움직이는 데 필요한 일의 양은 경로에 관계없이 퍼텐셜에너지의 차이인 c_1-c_2로 되어 에너지가 보존된다.

▶ 예제 7.2.3

$\vec{F}(x,y,z)=y^2\vec{i}+2(xy+z)\vec{j}+2y\vec{k}$의 퍼텐셜함수를 구하여 보자.

◇ 해

먼저 $\vec{F}$ 의 퍼텐셜이 존재하는지의 여부를 확인하기 위해 $\vec{F}$의 회전을 계산한다. 즉

$$\operatorname{curl}\vec{F}=\begin{vmatrix}\vec{i} & \vec{j} & \vec{k}\\ \dfrac{\partial}{\partial x} & \dfrac{\partial}{\partial y} & \dfrac{\partial}{\partial z}\\ y^2 & 2(xy+z) & 2y\end{vmatrix}$$

$$=(2-2)\vec{i}+(0-0)\vec{j}+(2y-2y)\vec{k}=\vec{0}$$

이므로 공간상에서 $\vec{F}$의 선적분은 경로에 의존하지 않으며, $\vec{F}=\operatorname{grad}f$인 퍼텐셜함수 f가 존재한다. 따라서

$$\frac{\partial f}{\partial x}=y^2,\qquad \frac{\partial f}{\partial y}=2(xy+z),\qquad \frac{\partial f}{\partial z}=2y \qquad ①$$

를 만족해야 한다. 먼저 첫번째 식을 x에 대하여 적분하면

$$f(x,\,y,\,z)=xy^2+g(y,\,z) \qquad ②$$

가 된다. 여기서 $g(y,z)$는 적분상수이며, ②를 ①의 두 번째 식에 대입하면

$$2xy+\frac{\partial g(y,z)}{\partial y}=2(xy+z)\ \rightarrow\ \frac{\partial g(y,z)}{\partial y}=2z \qquad ③$$

가 된다. 이 식을 다시 y에 관하여 적분하면 $g(y,z)=2yz+h(z)$를 얻는다. 여기서도 $h(z)$는 적분상수이다. 이를 ②에 대입하면

$$f(x,y,z)=xy^2+2yz+h(z) \qquad ④$$

를 얻고, $h(z)$를 결정하기 위해 ④를 ①의 세 번째 식에 대입하면

$$2y+h'(z)=2y\ \rightarrow\ h'(z)=0\ \rightarrow\ h(z)=c \qquad ⑤$$

를 얻는다. 여기서 c는 임의의 상수이며 이것을 ④에 대입하면

$$f(x,y,z)=xy^2+2yz+c$$

가 얻어진다.

7.2.1 MATLAB에 의한 풀이

```
% [예제 7.2.1]
% 벡터 F의 정의
u=inline('2*x','x','y','z'); v=inline('2*y','x','y','z'); w=inline('4*z','x','y','z');
% Simpson's rule에 의한 적분을 위한 준비
n=200; t=linspace(0,2,n+1); dt=2/n; s=simpvec(n);
x=t; y=t; z=t;                                              % 경로 r(t)의 직교좌표 표현
xdot=1+0*t; ydot=1+0*t; zdot=1+0*t;                         % 경로에 따른 r'(t)의 성분의 계산
% 피적분함수 F(r)*dr의 각 성분 계산
I1=u(x,y,z).*xdot; I2=v(x,y,z).*ydot; I3=w(x,y,z).*zdot;
% Simpson's rule에 의한 선적분의 계산
integral=dot(s,(I1+I2+I3))*dt/3                             % 16으로 됨을 확인
% curl F=0 의 의미를 그래프로 확인
x=linspace(1,5,10); y=linspace(1,5,10); z=linspace(1,5,10);           % 구간의 정의
[X,Y,Z]=meshgrid(x,y,z);
U=u(X,Y,Z); V=v(X,Y,Z); W=w(X,Y,Z);                         % 3차원그래프 작성준비
% F 의 벡터장을 나타내는 그림
quiver3(X,Y,Z,U,V,W); xlabel('x'), ylabel('y')
% curl (F)의 계산 (curl.m의 사용)
[curlx,curly,curlz,cav]=curl(X,Y,Z,U,V,W);                  % 전부 0으로 됨을 확인
```

❖ [예제 7.2.1]에서 선적분의 계산은 7.1절의 경우와 동일하나, 이 문제의 경우는 선적분이 경로에 무관하다, 즉 curl $\vec{F}=\vec{0}$이다. 이것은 $\vec{F}$의 벡터장을 3D 그래프에 표시하면 모두 한쪽 방향으로 향하고 있으므로, 즉 회전이 발생하지 않는다는 것을 확인할 수 있다. 또한 명령어 'curl'을 사용하여 각 축 방향의 크기가 영으로 됨을 확인할 수도 있다.

```
% [예제 7.2.2]
% 경로에 무관하기 때문에 가장 간단한 경로, 즉 x, y, z 축을 따라 적분하는 것으로 한다.
x=[0 1]; y=[0 pi/4]; z=[1 2];
% 벡터 F의 성분
u=inline('2*x.*y.*z.^2','x','y','z');
v=inline('x.^2.*z.^2+z.*cos(y.*z)','x','y','z');
w=inline('2*x.^2.*y.*z+y.*cos(y.*z)','x','y','z');
% Simpson의 방법에 의한 적분 준비
n=50; s=simpvec(n); dt=1/n;
% 적분의 수행
xx=linspace(0,1,n+1); yy=linspace(0,pi/4,n+1); zz=linspace(1,2,n+1);
work=(x(2)-x(1))*u(xx,yy,zz)+(y(2)-y(1))*v(xx,yy,zz)+(z(2)-z(1))*w(xx,yy,zz);
I=dot(s,work)*dt/3                                          % 4.14로 되는지의 확인
```

연습문제 7.2.2

1. 다음에 주어진 선적분이 적분경로에 독립임을 보여라. 이를 다음 두 가지 방법으로 확인한다.
(A) [요점 7.3]을 이용한다. (B) 가장 편리한 경로를 따라 적분한다.

(1) $\oint_C \vec{F}(\vec{r}) \cdot d\vec{r} = \int_{(0,0)}^{(2,2)} (x^2dx + y^2dy)$

(2) $\oint_C \vec{F}(\vec{r}) \cdot d\vec{r} = \int_{(1,0)}^{(3,2)} \{(x+2y)dx + (2x-y)dy\}$

(3) $\oint_C \vec{F}(\vec{r}) \cdot d\vec{r} = \int_{(1,2)}^{(3,6)} \{(2y^2x-3)dx + (2yx^2+4)dy\}$

(4) $\oint_C \vec{F}(\vec{r}) \cdot d\vec{r} = \int_{(0,0)}^{(2,8)} \{(y^3+3x^2y)dx + (x^3+3y^2x+1)dy\}$

2. 다음에 주어진 벡터장은 스칼라함수의 기울기의 벡터장으로 되는지의 여부를 결정하여라(즉 $\vec{F} = \mathrm{grad} f$를 확인하여라). 이때 $\vec{F}$의 퍼텐셜함수 f를 구하여라.

(1) $\vec{F}(x,y) = (4x^3y^3+3)\vec{i} + (3x^4y^2+1)\vec{j}$

(2) $\vec{F}(x,y) = (y^2\cos xy^2)\vec{i} - (2xy + \sin xy^2)\vec{j}$

(3) $\vec{F}(x,y) = (x^3+y)\vec{i} + (x+y^3)\vec{j}$

3. 다음의 선적분이 적분경로에 독립임을 밝히고, 이를 계산하여라.

(1) $\oint_C \vec{F}(\vec{r}) \cdot d\vec{r} = \int_{(1,1,1)}^{(2,4,8)} (yzdx + xzdy + xydz)$

(2) $\oint_C \vec{F}(\vec{r}) \cdot d\vec{r} = \int_{(1,0,0)}^{(2,\pi/2,1)} \{(2x\sin y + e^{3z})dx + x^2\cos y\, dy + (3xe^{3z}+5)dz\}$

(3) $\oint_C \vec{F}(\vec{r}) \cdot d\vec{r} = \int_{(1,1,\ln 3)}^{(2,2,\ln 3)} (e^{2z}dx + 3y^2dy + 2xe^{2z}dz)$

4. 두 질량 m_1과 m_2 사이에 작용하는 만유인력의 역제곱법칙은 $\vec{F} = -gm_1m_2\vec{r}/\|\vec{r}\|^3$이고, $\vec{r} = x\vec{i} + y\vec{j} + z\vec{k}$이다. $\vec{F}$가 보존적임을 밝히고, 이때의 퍼텐셜함수 f를 계산하여라.

7.3 평면에서의 그린의 정리

그린의 정리를 위하여 필요한 이중적분에 대하여 간단히 언급한다.

7.3.1 이중적분

x축의 정해진 구간에서 함수 $f(x)$를 적분하는 것을 의미하는 정적분 식 (7.1.1)은 자연스럽게 2차원 정적분으로 확장될 수 있다. 유계이며 닫힌 2차원 영역 R(즉 평면)에서 연속으로 정의된 함수 $f(x,y)$의 이중적분을 유도하여 보자. 좌표축에 평행한 선으로 이루어진 그물모양으로 영역 R를 잘게 나누어 R 안에 포함된 n개의 사각형 모양의 미소영역으로 영역 R를 근사화하여 각 사각형에 번호를 1에서부터 n까지 부여한다(그림 7.9). 사각형 R_k 내부의 한 점 (x_k, y_k)를 선택하고, 이 사각형의 가로 세로를 각각 $\Delta x_k, \Delta y_k$라 하면 R_k의 면적은 $\Delta A_k = \Delta x_k \Delta y_k$가 된다. 각 사각형의 면적과 점 (x_k, y_k)에서의 함수값을 곱한 다음 모두 더하여

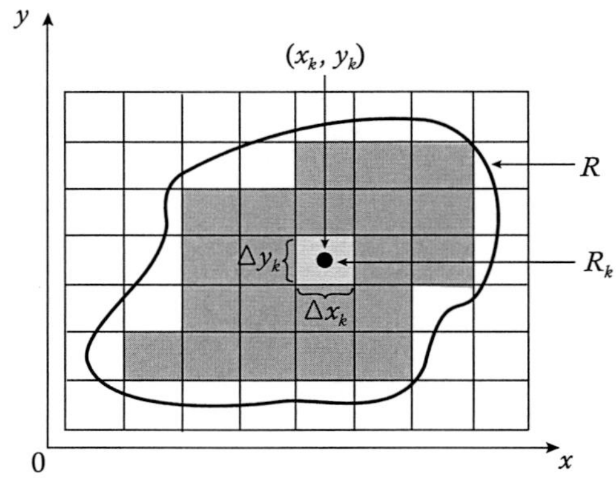

그림 7.9 영역의 분할

$$J_n = \sum_{k=1}^{n} f(x_k, y_k)\Delta A_k \tag{7.3.1}$$

로 둔다. 여기서 $n \to \infty$로 하는 극한을 취하면 사각형 R_k는 점으로 되며 이때의 식 (7.3.1)을 영역 R에서 함수 $f(x,y)$의 이중적분(double integral)이라고 하고

$$\iint_R f(x,y)dx\,dy \qquad \text{또는} \qquad \iint_R f(x,y)dA$$

로 표기한다.

이중적분은 정적분과 상당히 유사한 성질을 가진다. 예를 들어 함수 f와 g가 영역 R에서 정의된 (x,y)의 함수라면 다음과 같은 선형성이 존재한다.

$$\iint_R kf(x,y)\,dx\,dy = k\iint_R f(x,y)\,dx\,dy\,, \quad (k \text{ 는 상수}) \tag{7.3.2 a}$$

$$\iint_R (f+g)\,dx\,dy = \iint_R f\,dx\,dy + \iint_R g\,dx\,dy \tag{7.3.2 b}$$

$$\iint_R f\,dx\,dy = \iint_{R_1} f\,dx\,dy + \iint_{R_2} f\,dx\,dy \tag{7.3.2 c}$$

식 (7.3.2 c)에서 R는 R_1과 R_2의 합집합으로 이루어진 영역으로, R_1과 R_2가 경계를 제외하고는 겹치지 않을 경우에 식 (7.3.2 c)가 성립한다. 또한 R의 면적을 A라고 할 때 함수 $f(x,y)$가 이 영역에서 연속이면

$$\iint_R f(x,y)\,dx\,dy = f(x_0,y_0)A \tag{7.3.3}$$

를 만족하는 점 $(x_0, y_0) \in R$가 존재하며, 이를 이중적분에 대한 평균값정리(mean value theorem)라고 한다.

• 이중적분의 계산

영역 R에 관한 이중적분은 연속적인 두 번의 적분에 의해 얻을 수 있다. 다시 말하면, 먼저 y에 대하여 적분한 뒤 다시 x에 대하여 적분하는 것이다. 즉

$$\iint_R f(x,y)dxdy = \int_a^b \left[\int_{g(x)}^{h(x)} f(x,y)dy \right] dx \tag{7.3.4}$$

이다. 여기서 $y=g(x)$와 $y=h(x)$는 R의 경계선을 나타낸다(그림 7.10). 식 (7.3.4)는 x를 일정하게 유지하면서 $f(x,y)$를 $g(x)$에서 $h(x)$까지 적분하여 얻어진 x만의 함수를 다시 $x=a$에서 $x=b$까지 적분하는 것을 의미한다.

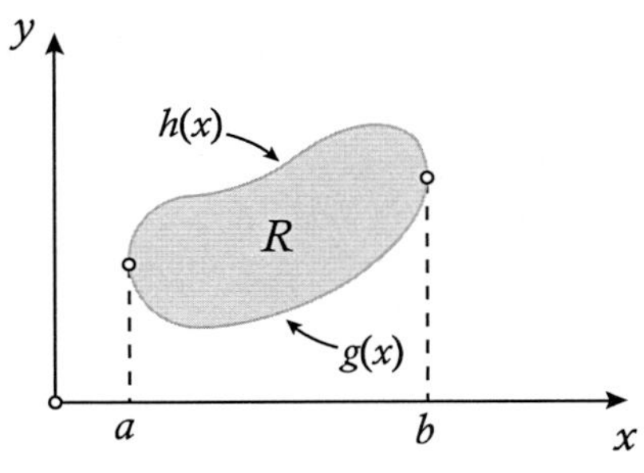

그림 7.10 이중적분의 계산 식 (7.3.4)

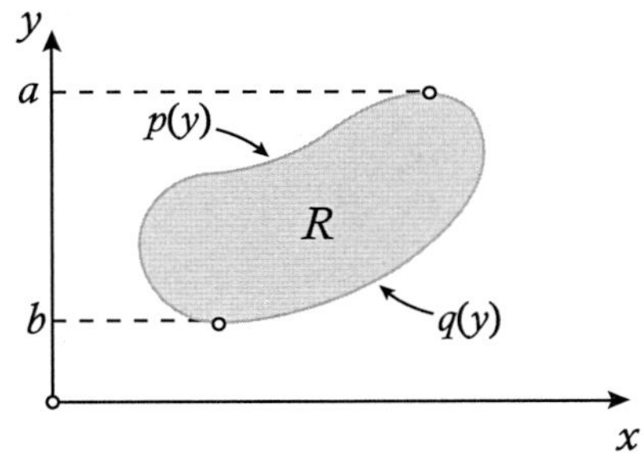

그림 7.11 이중적분의 계산 식 (7.3.5)

이와 유사하게 적분의 순서를 바꾸면 식 (7.3.4)는

$$\iint_R f(x,y)dxdy = \int_c^d \left[\int_{p(x)}^{q(x)} f(x,y)dx \right] dy \tag{7.3.5}$$

와 같이 나타낼 수도 있다(그림 7.11). 이 경우 영역 R의 경계는 $x = p(y)$와 $x = q(y)$로 주어지며, 나머지 적분과정은 위와 마찬가지이다.

식 (7.3.4)의 경우에는 영역 R가 $a \le x \le b$와 $g(x) \le y \le h(x)$로, 식 (7.3.5)인 경우에는 $c \le y \le d$와 $p(y) \le x \le q(y)$로 각각 주어지는 것으로 가정하고 적분을 수행한 것이다. 그러나 R가 이와 같이 하나의 범위로 주어지지 않는 경우에는 R를 좀더 작은 몇 개의 부영역으로 구분하여 식 (7.3.4) 또는 식 (7.3.5)에 대하여 연속적인 적분을 수행하면 이중적분값을 얻을 수 있다.

• 이중적분의 응용

이중적분은 물리적 및 기하학적인 응용분야를 가지고 있다. 예를 들어 xy 평면에서 영역 R의 면적 A는 다음과 같은 이중적분으로 주어진다.

$$A = \iint_R dxdy$$

또 xy 평면에서 영역 R와 곡면 $z = f(x,y)$, (>0)로 이루어진 부피 역시 이중적분을 이용하여 표현할 수 있다(그림 7.12).

$$V = \iint_R f(x,y)dxdy$$

이것은 식 (7.3.1)에서 $f(x_k, y_k)\Delta A_k$를 미소한 사각형의 면적 ΔA_k에 높이 $f(x_k, y_k)$를 곱한 것으로 간주한다면 식 (7.3.1)은 부피를 나타내는 것으로 볼 수 있기 때문이다.

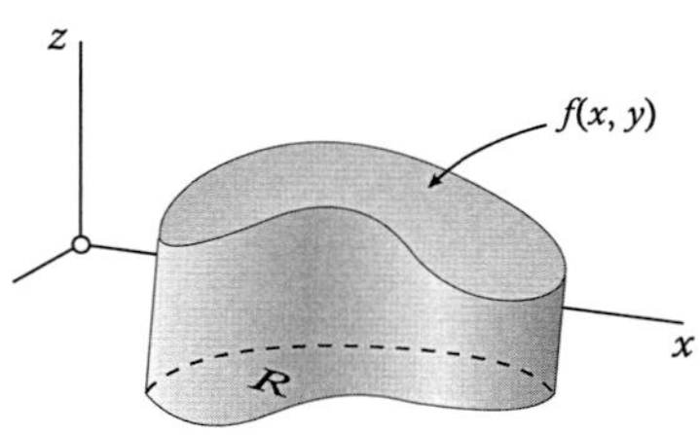

그림 7.12 부피를 얻기 위한 이중적분

또 다른 응용의 하나로서, 함수 $f(x,y)$가 xy 평면에서 질량의 밀도분포를 나타내는

것[10]이라 하면 R에서 전체 질량 M은

$$M = \iint_R f(x,y)dxdy$$

이다. 이때 질량의 R에서의 무게중심(center of gravity)을 나타내는 두 좌표값은 각각

$$\overline{x} = \frac{1}{M}\iint_R xf(x,y)dxdy \quad \text{및} \quad \overline{y} = \frac{1}{M}\iint_R yf(x,y)dxdy \tag{7.3.6}$$

로 정의된다. 또한 x축 및 y축에 관한 R에서의 질량의 관성모멘트(moments of inertia) I_x와 I_y는

$$I_x = \iint_R y^2 f(x,y)dxdy, \quad I_y = \iint_R x^2 f(x,y)dxdy \tag{7.3.7}$$

이다. 단 관성모멘트는 회전하는 질량의 경우에 해당한다.

• 이중적분의 변수치환

이중적분을 수행하는 과정에서 적분변수를 치환하여 계산하면 편리한 경우가 많다. 정적분에서 $f(x)$가 연속함수이고, u의 함수 $x = x(u)$가 연속이면

$$\int_a^b f(x)dx = \int_\alpha^\beta f(x(u))\frac{dx}{du}du \tag{7.3.8}$$

가 성립한다. 이때 구간 $\{a, b\}$와 $\{\alpha, \beta\}$ 사이에는 $x(\alpha) = a$, $x(\beta) = b$의 관계가 성립한다.

이중적분에서 변수 $\{x, y\}$에서 $\{u, v\}$로의 치환은

$$\iint_R f(x,y)dxdy = \iint_{R^*} f(x(u,v), y(u,v))\left|\frac{\partial(x,y)}{\partial(u,v)}\right| dudv \tag{7.3.9}$$

로 주어진다. 다시 말하면, 이중적분의 피적분함수는 (u, v)의 함수로 치환되며 $dxdy$는 야코비안 함수

$$J = \frac{\partial(x,y)}{\partial(u,v)} = \begin{vmatrix} \dfrac{\partial x}{\partial u} & \dfrac{\partial x}{\partial v} \\ \dfrac{\partial y}{\partial u} & \dfrac{\partial y}{\partial v} \end{vmatrix} = \frac{\partial x}{\partial u}\frac{\partial y}{\partial v} - \frac{\partial x}{\partial v}\frac{\partial y}{\partial u} \tag{7.3.10}$$

10) 이 경우 $f(x,y)$는 단위면적당 질량, 즉 밀도함수이다.

의 절대값을 곱한 $dudv$로 바뀐다. 이와 같은 변수치환을 하기 위해서는 uv 평면의 영역 내에서 정의된 함수

$$x = x(u,v), \quad y = y(u,v) \tag{7.3.11}$$

에 의해서 uv 평면의 R^*이 xy 평면의 영역 R와 일대일 대응되어야 하며, 또한 야코비안 함수 J가 영역 R^*에서 영으로 되어서는 안된다는 조건이 필요하다.

▶ 예제 7.3.1

[그림 7.13]의 영역에서 다음 이중적분을 수행하여 보자.

$$\iint_R (x^2+y^2)dxdy$$

해

영역 R의 모양으로부터 $y=x-v, (0 \le v \le 2)$와 $y=-x+u, (0 \le u \le 2)$이 얻어지고, 이로부터 $x+y=u$, $x-y=v$의 변환이 가능함을 알 수 있다. 즉 $x=\frac{1}{2}(u+v)$, $y=\frac{1}{2}(u-v)$을 얻는다. 따라서 야코비안은 $0 \le u \le 2, 0 \le v \le 2$의 영역에서

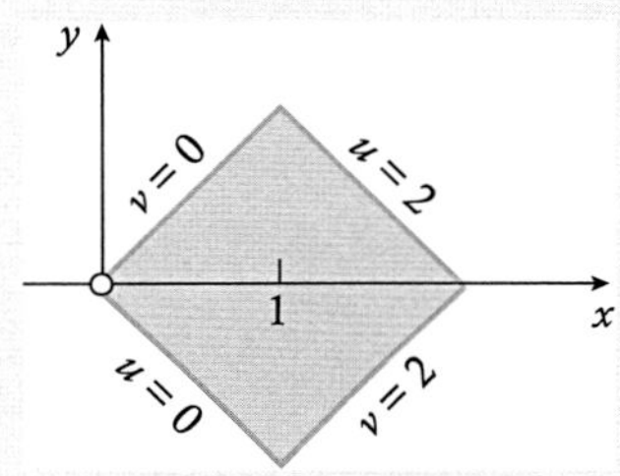

그림 7.13 [예제 7.3.1]의 영역

$$J = \frac{\partial(x,y)}{\partial(u,v)} = \begin{vmatrix} \frac{1}{2} & \frac{1}{2} \\ \frac{1}{2} & -\frac{1}{2} \end{vmatrix} = -\frac{1}{2} \neq 0$$

이다. 이로부터

$$\iint_R (x^2+y^2)dxdy = \int_0^2 \int_0^2 \frac{1}{2}(u^2+v^2)\frac{1}{2}dudv = \frac{8}{3}$$

을 얻는다.

종종 (x,y)를 이용한 직교좌표계의 표현보다는 (r,θ)에 의한 극좌표(polar coordinates)의 표현식이 적분에 유리한 경우가 많다. 이때 두 변수 사이에는 $x=r\cos\theta$, $y=r\sin\theta$의 관계가 성립한다. 따라서 (u,v)로서 (r,θ)를 사용하면 식 (7.3.10)은

$$J = \frac{\partial(x,y)}{\partial(r,\theta)} = \begin{vmatrix} \cos\theta & -r\sin\theta \\ \sin\theta & r\cos\theta \end{vmatrix} = r \tag{7.3.12}$$

로 되어 식 (7.3.9)는 다음과 같이 간단하게 표현된다.

$$\iint_R f(x,y)dxdy = \iint_{R^*} f(r\cos\theta, r\sin\theta)r\,drd\theta \tag{7.3.13}$$

여기서 R^*은 xy 평면에서의 R에 대응하는 $r\theta$ 평면에서의 영역이다.

▶ 예제 7.3.2

[그림 7.14]의 영역에서 함수 $f(x,y)=1$은 질량의 밀도분포를 나타내는 것으로 한다. 이때 전체 질량, 무게중심 및 관성모멘트 등을 구하여 보자.

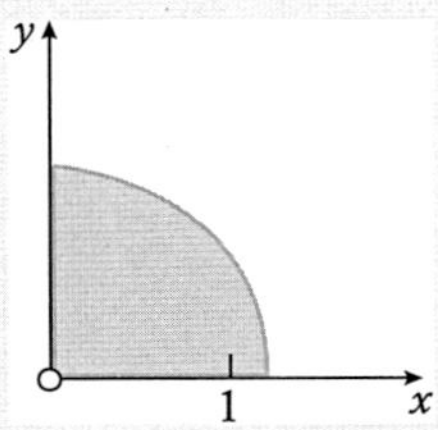

그림 7.14 [예제 7.3.2]

◈ 해

여기서는 식 (7.3.13)의 극좌표 표현식을 사용하기로 한다. 따라서 전체 질량은

$$M = \iint_R dxdy = \int_0^{\pi/2}\int_0^1 r\,drd\theta = \int_0^{\pi/2}\frac{1}{2}d\theta = \frac{\pi}{4}$$

이다. 무게중심은 식 (7.3.6)으로부터

$$\bar{x} = \frac{\pi}{4}\int_0^{\pi/2}\int_0^1 r\cos\theta\, r\,dr\,d\theta \equiv \frac{\pi}{4}\int_0^{\pi/2}\frac{1}{3}\cos\theta\,d\theta = \frac{4}{3\pi} = 0.4244$$

$$\bar{y} = 0.4244, \text{(대칭성에 의해)}$$

이다. 또한 관성모멘트는 식 (7.3.7)로부터

$$I_x = \iint_R y^2 dx\,dy = \int_0^{\pi/2}\int_0^1 r^2\sin^2\theta\, r\,dr\,d\theta = \int_0^{\pi/2}\frac{1}{4}\sin^2\theta\,d\theta$$

$$= \int_0^{\pi/2}\frac{1}{8}(1-\cos 2\theta)\,d\theta = \frac{1}{8}\left(\frac{\pi}{2}-0\right) = \frac{\pi}{16} = 0.1963$$

$$I_y = \frac{\pi}{16}, \text{(대칭성에 의해)}$$

$$I_0 = I_x + I_y = \pi/8 = 0.3927$$

이다.

7.3.2 평면상의 그린의 정리

평면에서의 이중적분은 영역의 경계를 따르는 선적분으로 변환할 수 있고, 이와 반대로 곡선에서의 선적분은 곡선이 감싸는 영역에서의 이중적분으로 변환할 수 있다. 보통 이중적분이나 선적분 중의 하나는 계산상 용이한 경우가 많기 때문에 이와 같은 변환은 실용적인 측면에서도 유용하다. 이 변환은 다음의 요점으로 요약할 수 있다.[11)]

요점 7.7 **평면에서의 그린의 정리**

xy 평면에서 닫힌 영역 R의 경계가 조각적으로 매끄러운 곡선이라고 한다. 이때 두 함수 $F_x(x,y)$와 $F_y(x,y)$ 및 이것의 1계 편도함수가 R를 포함하는 영역 내에서 연속이라고 가정하면 다음 식이 성립한다.

$$\iint_R \left(\frac{\partial F_y}{\partial x} - \frac{\partial F_x}{\partial y} \right) dx\,dy = \oint_C (F_x\,dx + F_y\,dy) \tag{7.3.14}$$

이 경우 R의 모든 경계선을 따라 수행되는 선적분 C는, 영역 R가 적분경로의 왼쪽에 있도록 하는 방향을 따른다[12](그림 7.15).

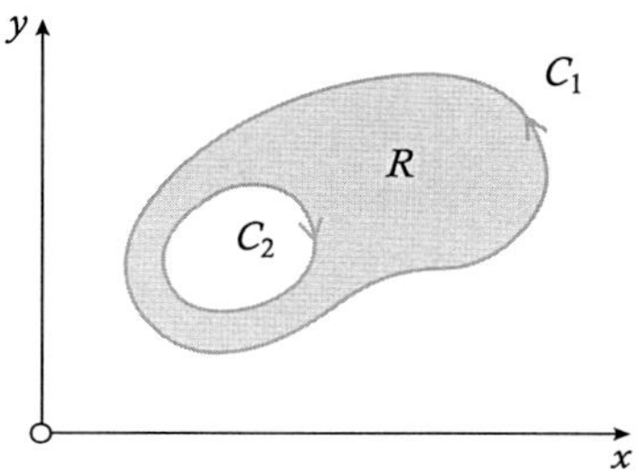

그림 7.15 경계선 C가 두 부분으로 나누어진 영역 R

[요점 7.7]에서 $\vec{F} = [F_x, F_y]^T = F_x\vec{i} + F_y\vec{j}$로 두고 식 (6.5.11)을 이용하면

$$\text{curl}\,\vec{F} = \begin{vmatrix} \vec{i} & \vec{j} & \vec{k} \\ \frac{\partial}{\partial x} & \frac{\partial}{\partial y} & \frac{\partial}{\partial z} \\ F_x & F_y & 0 \end{vmatrix} = \left(\frac{\partial F_y}{\partial x} - \frac{\partial F_x}{\partial y} \right)\vec{k} \tag{7.3.15}$$

로 되어 식 (7.3.14)를 다음과 같은 벡터형식으로 변환할 수 있다.

$$\iint_R (\text{curl}\,\vec{F}) \cdot \vec{k}\,dxdy = \oint_C \vec{F} \cdot d\vec{r} \tag{7.3.16}$$

이때 R는 xy 평면에 있는 영역이므로 벡터 $\vec{k}$는 R에 수직인 단위벡터이다.

---

11) 그린의 정리는 앞으로의 설명에 있어 중요하지만, 자세한 증명은 생략한다.

12) 선적분에서 C의 방향은 C를 따라서 걸어갈 때 영역 R가 왼쪽에 위치하는 방향을 양의 방향(positive orientation), 그 반대를 음의 방향(negative orientation)이라고 한다.

▶ 예제 7.3.3 그린의 정리의 검증

함수 $F_x = y^2 - 7y,\ F_y = 2xy + 2x$ 이고 경로 C는 평면상의 원 $x^2 + y^2 = 1$ 이라고 하였을 때 그린의 정리를 확인하여 보자.

◇ 해

영역 R의 면적은 π 이기 때문에 식 (7.3.14)의 왼쪽 항은

$$\iint_R \left(\frac{\partial F_y}{\partial x} - \frac{\partial F_x}{\partial y} \right) dx\, dy = \iint_R [(2y+2) - (2y-7)]\, dxdy = 9 \iint_R dx\, dy = 9\pi$$

로 된다. 다음 식 (7.3.14)의 오른쪽 항을 확인해보자. 경로 C는 반지름이 1인 원을 시계반대방향으로 회전하기 때문에 $\vec{r}(t) = [\cos t, \sin t]^T$로 두면, $\vec{r}'(t) = [-\sin t, \cos t]^T$이므로 C상에서

$$F_x = y^2 - 7y = \sin^2 t - 7\sin t, \quad F_y = 2xy + 2x = 2\cos t \sin t + 2\cos t$$

로 된다. 따라서 식 (7.3.14)의 오른쪽 선적분은

$$\begin{aligned}\oint_C (F_x x' + F_y y')\, dt &= \int_0^{2\pi} [(\sin^2 t - 7\sin t)(-\sin t) + 2(\cos t \sin t + \cos t)(\cos t)]\, dt \\ &= \int_0^{2\pi} (-\sin^3 t + 7\sin^2 t + 2\cos^2 t \sin t + 2\cos^2 t)\, dt \\ &= 0 + 7\pi - 0 + 2\pi = 9\pi\end{aligned}$$

로 되어 그린의 정리가 검증되었다.

• 그린 정리의 응용

식 (7.3.14)에서 $F_x = 0,\ F_y = -x$ 및 $F_x = -y,\ F_y = 0$으로 둔다면

$$\iint_R dx\, dy = \oint_C x\, dy \text{ 와 } \iint_R dx\, dy = -\oint_C y\, dx \tag{7.3.17}$$

이다. 위 식 왼쪽의 이중적분은 영역 R의 면적을 A라고 가정한다면 식 (7.3.17)의 두 식을 더해서 2로 나누면 면적이 되므로

$$A = \frac{1}{2} \oint_C (xdy - ydx) \tag{7.3.18}$$

로 된다. 위 식은 영역의 면적을 경계에서의 선적분으로 표현한 것으로 여러 분야에서 응용된다. 이것을 이용하여 타원형 $x^2/a^2 + y^2/b^2 = 1$의 면적을 구하여 보자. 타원을

$$x = a\cos t, \quad y = b\sin t, \quad (0 \le t \le 2\pi)$$

로 매개변수화하면 $x' = -a\sin t$ 와 $y' = b\cos t$ 로 되어

$$\begin{aligned} A &= \frac{1}{2}\oint_C (xdy - ydx) = \frac{1}{2}\int_0^{2\pi}(xy' - yx')dt \\ &= \frac{1}{2}\int_0^{2\pi}[(a\cos t)(b\cos t) - (b\sin t)(-a\sin t)]\,dt \\ &= \frac{ab}{2}\int_0^{2\pi} dt = \pi ab \end{aligned}$$

를 얻을 수 있다.

▶ 예제 7.3.4 극좌표에서의 면적

r와 θ를 $x = r\cos\theta$, $y = r\sin\theta$로 연결되는 극좌표로 두면

$$dx = \cos\theta\,dr - r\sin\theta\,d\theta, \quad dy = \sin\theta\,dr + r\cos\theta\,d\theta$$

의 관계와 식 (7.3.18)로부터

$$A = \frac{1}{2}\oint_C r^2 d\theta \tag{7.3.19}$$

로 주어지는 관계식을 얻는다. 위 식의 응용으로 [그림 7.16]과 같은 심장형(cardioid) $r = a(1 - \cos\theta)$ (단, $0 \le \theta \le 2\pi$)의 면적은

$$A = \frac{a^2}{2}\int_0^{2\pi}(1 - \cos\theta)^2 d\theta = \frac{3\pi}{2}a^2$$

임을 쉽게 알 수 있다.

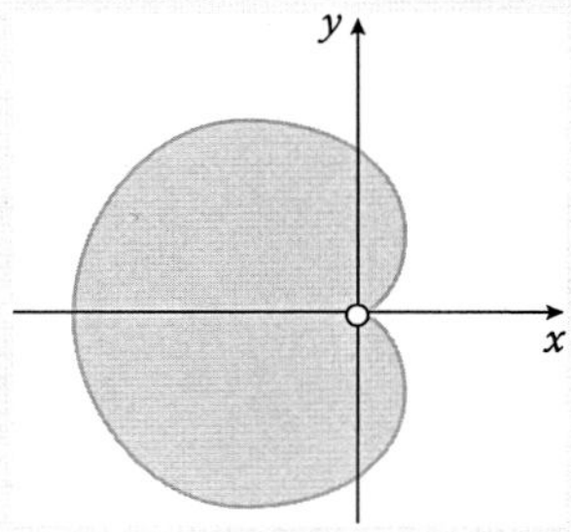

그림 7.16 Cardioid

7.3.3 MATLAB에 의한 풀이

```
% [예제 7.3.1]
% 매개변수변환, x=(u+v)/2, y=(u-v)/2로 두고
% f(x,y)=f(u,v)로 표현식에 Jacobian을 곱한다
q=inline('(u.^2+v.^2)/4','u','v'); corners=[0 2 0 2];
% 명령어 riemann 사용(영역 R이 사각형일 경우에만 가능)
riemann(q, [0 2 0 2],1)
% Simpson의 방법에 의한 double integral
simp2(q,corners)                                    % 8/3=2.667로 됨을 확인
dblquad(q,0,2,0,2)                                  % MATLAB 자체명령어 사용
% 변수변환한 뒤 Symbolic Toolbox의 사용
syms u v real
f=(u^2+v^2)/4; int(int(f,v,0,2),0,2)                % 8/3로 됨을 확인
% 변수변환으로 [그림 7.12]가 정사각형 모양으로 변환되었는지의 확인
```

```
fx=inline('(u+v)./2','u','v'); fy=inline('(u-v)./2','u','v');
corners=[0 2 0 2]; trf(fx, fy, corners)              % 변환 전후의 모양과 면적계산
```

❖ [예제 7.3.1]의 문제에서 면적분(double integral)을 계산하는 방법으로 다음이 있다.

(1) 매개변수변환을 통하여 [그림 7.13]의 마름모형을 사각형의 모양으로 만들어 명령어 'riemann', 또는 'simp2'를 사용하는 것이다. 두 명령어 사이의 차이점은 부록을 참조한다.

(2) MATLAB이 제공하는 2중적분을 계산하는 명령어 'dblquad'를 사용하는 것이다.

(3) 역시 매개변수변환을 통하여 얻어진 적분에 Symbolic Math Toolbox의 명령어를 사용하는 것이다.

위 세 가지 방법은 함수가 가지는 특이점 등에 의한 error의 크기에서 그 차이가 존재하지만, 위 예제의 경우에는 거의 동일한 결과를 얻을 수 있다.

마지막으로 명령어 'trf'를 이용하여 매개변수변환으로 얻어진 영역이 사각형의 모양을 하고 있는지의 여부를 그림으로 확인할 수 있다(부록 참조).

```
% [예제 7.3.2]
% 극좌표 표현식의 사용
q=inline('r','r','theta'); corners=[0 1 0 pi/2];
simp2(q,corners), dblquad(q,0,1,0,pi/2)             % π/4=0.7584를 확인
syms r theta real
f=r; int(int(f,r,0,1),0,pi/2)                        % π/4로 됨을 확인

% [예제 7.3.3]
% Green의 정리 식(7.3.14)의 왼쪽 항 확인
q=inline('9*r','r','theta'); corners=[0 1 0 2*pi];
simp2(q,corners)                                     % 9π=28.2743
% Green의 정리 식(7.3.14)의 오른쪽 항 확인
u=inline('y.^2-7*y','x','y'); v=inline('2*x.*y+2*x','x','y'); % 벡터 F의 정의
% Simpson's rule에 의한 적분을 위한 준비
n=200; t=linspace(0,2*pi,n+1); dt=2*pi/n; s=simpvec(n);
x=cos(t); y=sin(t);                          % 경로 r⃗(t)의 직교좌표 표현
xdot=-sin(t); ydot=cos(t);                   % 경로에 따른 r⃗'(t)의 성분의 계산
I1=u(x,y).*xdot; I2=v(x,y).*ydot;            % 피적분함수 F⃗(r⃗)dr⃗의 각 성분 계산
% Simpson's rule에 의한 선적분의 계산
integral=dot(s,(I1+I2))*dt/3                 % 9π=28.2743

% [예제 7.3.4]
syms a theta real
r=a*(1-cos(theta)); A=int(r^2,theta,0, 2*pi)/2    % 3/2(πa^2)
```

❖ 위 문제의 경우는 적분영역을 사각형으로의 매개변수변환이 어렵기 때문에 명령어 'riemann', 'simp2'와 'dblquad' 등을 사용할 수 없다([예제 7.3.2] 제외). 여기서는 그린의 정리를 이용하여 면적분을 선적분으로 변환하여 실제의 적분을 수행하는 방법을 제시하고 있다.

연습문제 7.3.4

1. 다음 이중적분의 영역을 나타내고 이를 계산하여라.

(1) $\int_0^1 \int_x^{2x} (x+y)^2 dydx$

(2) $\int_0^1 \int_{x^2}^{x} (1-2xy)\, dy\, dx$

(3) $\int_0^3 \int_0^{y} \cosh(x+y)\, dy\, dx$

(4) $\int_0^4 \int_{-x}^{x} e^{x+2y}\, dy\, dx$

(5) $\int_0^{\pi/2} \int_0^{\sin y} e^x \cos y\, dx\, dy$

2. 평면 $z = x^2 + y^2$의 아래 부분과 네 개의 점 $(1, 1)$, $(-1, 1)$, $(-1, -1)$ 및 $(1, -1)$로 이루어진 사각형의 윗부분으로 이루어진 영역의 부피를 계산하여라.

3. [그림 P7.1]의 영역에서 함수 $f(x,y) = 1$은 질량의 밀도분포를 나타내는 것으로 한다. 이때 전체 질량, 무게중심 및 관성모멘트를 구하여라.

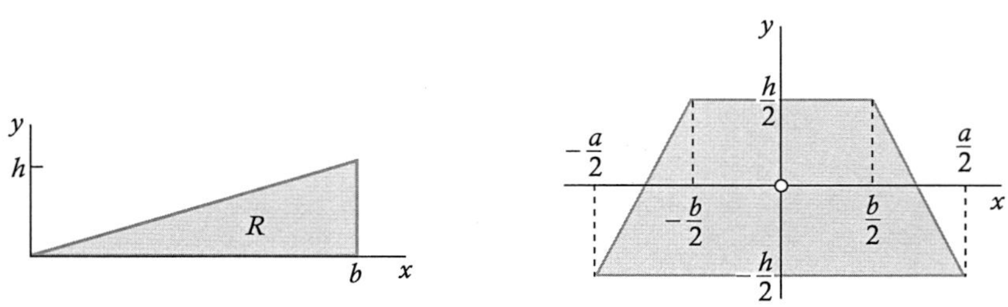

(a) (b)

그림 P7.1

4. 그린의 정리를 이용하여 적분 $\int_C \vec{F}(\vec{r}) \cdot d\vec{r}$를 계산하여라. 단 C는 주어진 영역 R 내에서 시계반대방향으로 회전한다.

(1) $\vec{F} = \left[\frac{1}{2}xy^4,\ \frac{1}{2}x^4y\right]$, R는 네 개의 정점 $(0,0), (3,0), (3,2)$및 $(0,2)$로 이루어진 사각형이다.

(2) $\vec{F} = [-y^3,\ x^3]$, C 는 $x^2+y^2=25$ 의 원이다.

(3) $\vec{F} = [e^{x+y},\ e^{x-y}]$, R는 세 개의 정점 $(0,0), (1,1)$ 및 $(1,2)$로 이루어진 삼각형이다.

(4) $\vec{F} = [x^2+y^2,\ x^2-y^2]$, $R: 1 \le y \le 2-x^2$ (영역 R를 그려보아라.)

(5) $\vec{F} = \mathrm{grad}\left(x^3\cos^2(xy)\right)$, $R: 1 \le y \le 2-x^2$

(6) $\vec{F} = [2x-3y,\ x+5y]$, $R:\ 16x^2+25y^2 \le 400,\ y \ge 0$

7.4 면적분

이중적분을 이용하여 공간상에 존재하는 물체의 표면(surface), 예를 들어 구(sphere) 또는 원통과 같은 물체의 표면적을 구하는 문제에 대해 생각하여 본다. 이를 계산하기 위해서 먼저 이들의 표면을 식으로 표현하는 방법에 대하여 설명한다.

7.4.1 면적분을 위한 곡면의 식

• 곡면의 표현법

xyz평면(즉 공간)에 존재하는 곡면 S의 표현방법으로

$$z = f(x,y)$$

또는

$$g(x,y,z) = 0 \tag{7.4.1}$$

이 있다. 예를 들어 $z = \sqrt{a^2-x^2-y^2}$ (또는 $x^2+y^2+z^2-a^2=0,\ (z \ge 0)$)는 공간에서 원점 $(0,0,0)$에 중심을 가지는 반지름이 a인 반구(hemisphere)를 나타내고 있다.

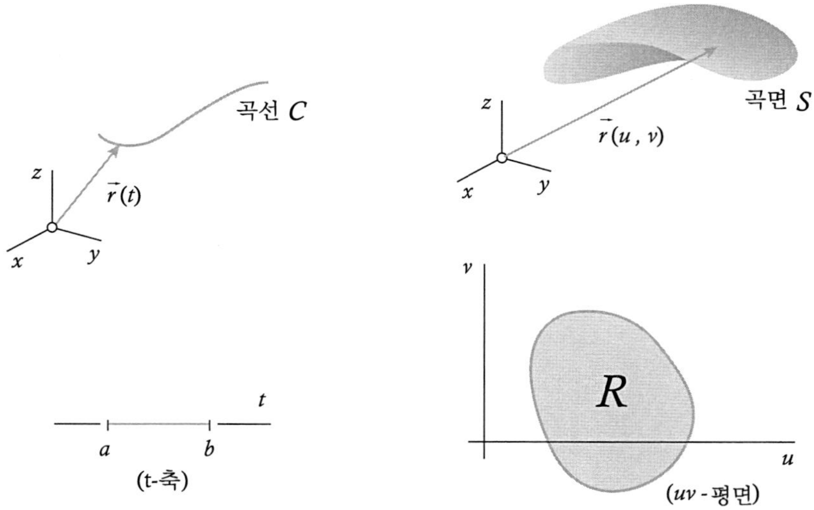

(a) 곡선　　　　(b) 곡면

그림 7.17　곡선 C와 곡면 S의 매개변수 표현

7.3 절에서 선적분의 경로 C를 나타내기 위하여 $\vec{r}=\vec{r}(t)$, $(a \le t \le b)$와 같이 매개변수를 사용하였다. 이것은 t축의 구간 $a \le t \le b$에서의 $\vec{r}(t)$값을 xyz 평면으로 사상하는 것이었다. 다시 말하면, 구간 내의 모든 t 값을 위치벡터 $\vec{r}(t)$에 따른 공간상의 점으로 사영시키는 것을 의미한다(그림 7.17 (a)).

면적분을 위한 곡면 S의 표현법에서도 선적분에서의 경로표현법과 유사하게 매개변수를 이용하면 편리하다. 그러나 곡면은 3차원상에 존재하기 때문에, 두 개의 매개변수 u와 v를 이용하여 등위면으로 표현할 수 있다. 즉 공간상에서 곡면 S의 매개변수 표현법(parametric representation)은 다음의 형식을 가진다.

$$S : \vec{r}(u,v) = [x(u,v), y(u,v), z(u,v)]^T = x(u,v)\vec{i} + y(u,v)\vec{j} + z(u,v)\vec{k} \qquad (7.4.2)$$

여기서 (u,v)의 값은 uv 평면의 영역 R에 따라 변화한다. 따라서 식 (7.4.2)는 R에 있는 모든 점(u,v)를 위치벡터 $\vec{r}(u,v)$에 따라 곡면 S상의 점으로 사영한다는 것을 나타낸다 (그림 7.17 (b)).

▶ 예제 7.4.1　매개변수를 이용한 원기둥의 표현법

$x^2+y^2=a^2, (-1 \le z \le 1)$은 반지름이 a, 높이가 2이며 z축 방향의 축을 가지는 원기둥을 나타낸다(그림 7.18). 이것의 매개변수를 이용한 표현식은

$$\vec{r}(u,v) = [\,a\cos u,\ a\sin u,\ v\,]^T = a\cos u\,\vec{i} + a\sin u\,\vec{j} + v\,\vec{k}$$

로 주어진다. 따라서 벡터 $\vec{r}$의 직교좌표 성분은 $x = a\cos u$, $y = a\sin u$, $z = v$이며, 변수 u, v는 uv 평면의 영역 $\{R: 0 \le u \le 2\pi,\ -1 \le v \le 1\}$에 따라 변화한다. 여기서 '$u$=일정' 인 곡선은 ($xy$평면에) 수직인 선을, '$v$= 일정' 인 곡선은 ($xy$평면에) 평행인 원을 각각 의미한다.[13] [그림 7.18]에서의 점 P는 $u = \pi/3, v = 0.7$에 대응한다.

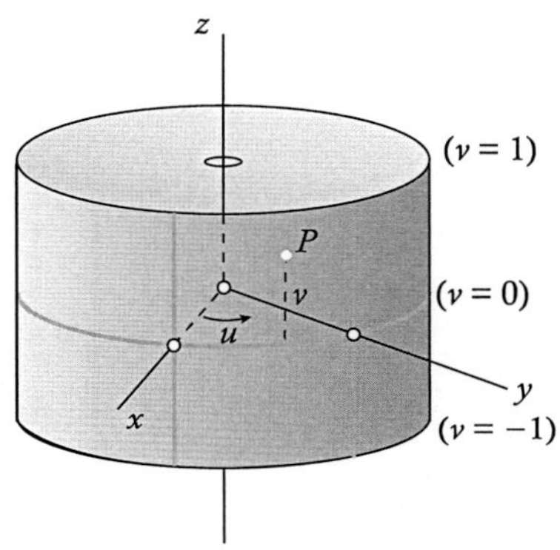

그림 7.18 원기둥의 매개변수 표현법

▶ 예제 7.4.2 구의 매개변수 표현법

구를 나타내는 식 $x^2 + y^2 + z^2 = a^2$은 다음과 같이 매개변수를 이용하여 나타낼 수 있다.

$$\vec{r}(u,v) = a\cos u\cos v\,\vec{i} + a\sin u\cos v\,\vec{j} + a\sin v\,\vec{k}$$

여기서 변수 u, v는 $0 \le u \le 2\pi$, $-\pi/2 \le v \le \pi/2$로 주어지는 uv 평면의 영역인 사각형 R에 따라 변한다. 벡터 $\vec{r}$의 성분은

$$x = a\cos u\cos v, \quad y = a\sin u\cos v, \quad z = a\sin v$$

로 주어지며, v 및 u는 구의 표면에서 위도(parallel) 및 경도(meridian)를 나타낸다(그림 7.19). 구를 나타내는 다른 형태의 매개변수 표현법으로

$$\vec{r}(u,v) = a\cos u\sin v\,\vec{i} + a\sin u\sin v\,\vec{j} + a\cos v\,\vec{k}$$

가 있다. 단 $0 \le u \le 2\pi$, $0 \le v \le \pi$이다.

---

13) 'u=일정'이면 직교좌표계에서 '$x=y$=고정'이고 z만 변동한다. 'v=일정'이면 반대로 'z=고정'이고 $x^2 + y^2 = a^2$로 되어 원으로 된다.

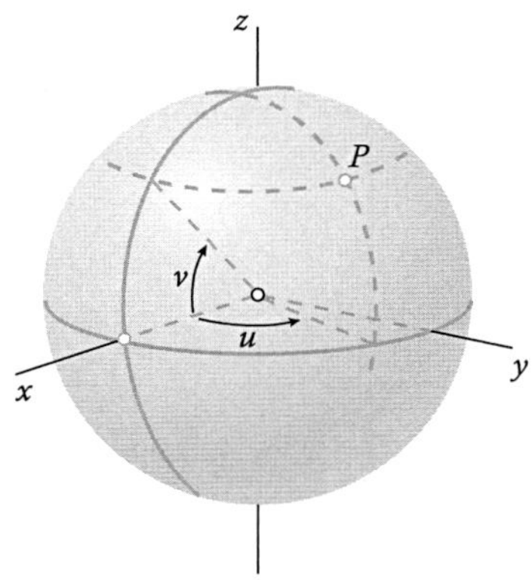

그림 7.19 구의 매개변수 표현법

▶ 예제 7.4.3 원추의 매개변수 표현법

원추 $z=\sqrt{x^2+y^2}$, $(0 \le t \le H)$에 대한 매개변수 표현법은

$$\vec{r}(u,v)=[u\cos v,\ u\sin v,\ u]^T = u\cos v\,\vec{i}+u\sin v\,\vec{j}+u\,\vec{k}$$

이다. 변수 u, v는 $0 \le u \le H$, $0 \le v \le 2\pi$인 uv 평면의 영역인 사각형 R에 따라 변한다.

• 접평면과 법선벡터

6.4절에서와 마찬가지로 곡면 S 위에 있는 점 $P_0(x_0,\ y_0,\ z_0)$를 지나는 S상의 모든 곡선의 접선벡터로서 이루어지는 평면을 S의 점 P_0에서의 접평면(tangent plane)(그림 7.20), 접평면에 수직인 벡터를 S의 P_0에서의 법선벡터(normal vector)라고 한다. 여기서는 이들의 표현방법에 대하여 알아본다.[14)]

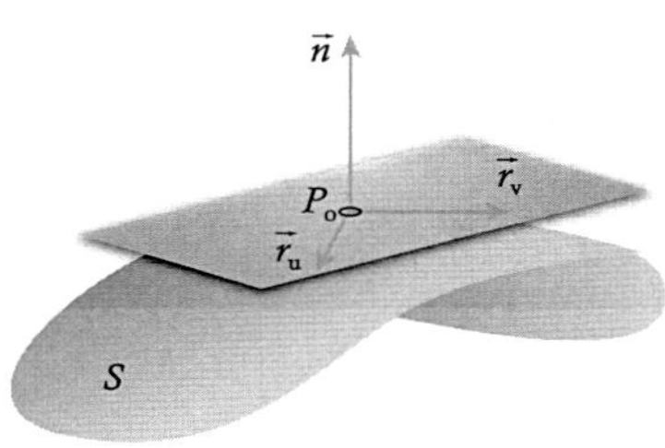

그림 7.20 접평면과 법선벡터

14) [요점 6.14] 참고한다.

곡면 S는 식 (7.4.2)와 같이 $\vec{r}=\vec{r}(u,v)$로 주어지기 때문에 다음과 같은 한쌍의 미분 가능한 함수

$$u=u(t), \quad v=v(t) \tag{7.4.3}$$

를 취하여 S 상에 존재하는 곡선 C를 표현한다. 이 경우 C는 위치벡터 $\vec{\tilde{r}}(t)=\vec{r}(u(t),v(t))$를 가진다. 미분에 관한 연쇄법칙에 의해 S 상의 접선벡터는[15)]

$$\vec{\tilde{r}}'(t)=\frac{d\vec{\tilde{r}}}{dt}=\frac{\partial\vec{r}}{\partial u}u'+\frac{\partial\vec{r}}{\partial v}v' \equiv \vec{r}_u u'+\vec{r}_v v' \tag{7.4.4}$$[16)]

로 되어, 서로 독립인 두 개의 편도함수 $\vec{r}_u$와 $\vec{r}_v$는 점 P_0에서 곡면 S에 접하게 된다(그림 7.20). 이때 '독립'의 기하학적인 의미는, S 상의 점 P_0에서 '$u=$일정' 및 '$v=$일정'으로 두었을 때 두 개의 편미분벡터가 이루는 각도가 영이 아니라는 것을 나타내고 있다. 다시 말하면 점 $P_0(x_0, y_0, z_0)$에 접하는 평면 (x,y,z)는

$$(x,y,z)=P_0+s\vec{r}_u+t\vec{r}_v, \quad (s,t\in\mathbb{R}) \tag{7.4.5}$$

로 나타낼 수 있다. 또한 $\vec{\tilde{r}}(t)$가 $\vec{\tilde{r}}(0)=P_0$를 만족하는 임의의 곡선이라면, 식 (7.4.4)에 의하여 $\vec{\tilde{r}}(0)$는 식 (7.4.5)의 평면에 존재한다. 이러한 이유로 인해 두 벡터 $\vec{r}_u$와 $\vec{r}_v$에 의해 이루어지는 평면을 접평면이라고 한다.[17)] 두 벡터의 외적은 점 P_0에서 곡면 S의 법선벡터 $\vec{N}$으로 된다. 즉

$$\vec{N}=\vec{r}_u\times\vec{r}_v\neq\vec{0} \tag{7.4.6}$$

이다(그림 7.20). 이 경우 점 P_0에서의 접평면의 방정식은

$$(P-P_0)\cdot\vec{N}=0 \tag{7.4.7}$$

로 주어진다. 단 P는 접평면 상에 존재하는 점 (x, y, z)를 의미한다. $\vec{N}$의 단위법선벡터는

---

15) 곡선 C의 접선벡터를 나타내는 식 (6.4.11)을 이용한다.

16) 이 값이 존재하면, 즉 $\vec{\tilde{r}}(t)=\vec{r}(u(t),v(t))$의 1계편도함수가 연속이면 S를 매끄러운 곡면이라고 한다.

17) 접평면 = span$\{\vec{r}_u, \vec{r}_v\}$를 의미한다.

$$\vec{n} = \frac{1}{\| \vec{N} \|} \vec{N} = \frac{1}{\| \vec{r}_u \times \vec{r}_v \|} \vec{r}_u \times \vec{r}_v \tag{7.4.8}$$

이며, 만약 S가 $g(x,y,z)=0$으로 표현되었다면 [요점 6.15]에 의해

$$\vec{n} = \frac{1}{\| \operatorname{grad} g \|} \operatorname{grad} g \tag{7.4.9}$$

가 점 P_0에서 곡면 S의 법선벡터로 된다. 이상을 정리하면 다음과 같다.

요점 7.8 접평면과 법선벡터

식 (7.4.2)의 곡면 S의 매개변수 표현식에서, $\vec{r}(u,v)$의 편도함수 $\vec{r}_u = \partial \vec{r}/\partial u$ 및 $\vec{r}_u = \partial \vec{r}/\partial u$는 연속이며 동시에 식 (7.4.6)을 만족한다고 한다. 이때 S 상의 점 P_0를 지나가는 접평면은 두 개의 편도함수 $\vec{r}_u$와 $\vec{r}_v$에 의해 구성되며, 이때 식 (7.4.8)로 주어지는 유일한 법선벡터를 가진다.

▶ 예제 7.4.4

식 (7.4.8)로부터 $g(x,y,z) = x^2 + y^2 + z^2 - a^2 = 0$으로 주어지는 구의 법선벡터를 구하면

$$\vec{n}(x,y,z) = \left[\frac{x}{a}, \frac{y}{a}, \frac{z}{a} \right]^T = \frac{x}{a}\vec{i} + \frac{y}{a}\vec{j} + \frac{z}{a}\vec{k}$$

이다. 이로부터 결국 구의 표면에 대한 법선벡터는 대응하는 점 (x,y,z)에서 위치벡터라는 것을 알 수 있다.

▶ 예제 7.4.5

함수 $f(x,y) = (1-y^2)\cos x$로 주어진 곡면의 점 $(x_0, y_0) = (0.2, -0.4)$에서의 접평면을 구하여 보자.

◇ **해**

이 문제의 경우는 매개변수를 사용하지 않았기 때문에 식 (7.4.3)에서 $u = x$ 및 $v = y$로 되어 곡면을 나타내는 벡터는 $\vec{r} = x\vec{i} + y\vec{j} + f(x,y)\vec{k}$로 된다. 따라서 식 (7.4.6)을 만족하는 선형독립인 두 개의 벡터는

$$\vec{r}_u = \frac{\partial \vec{r}}{\partial u} = \frac{\partial \vec{r}}{\partial x} = \vec{i} + \frac{\partial f}{\partial x}\vec{k} = \left[1,\ 0,\ \frac{\partial f}{\partial x}\right]^T \qquad ①$$

$$\vec{r}_v = \frac{\partial \vec{r}}{\partial v} = \frac{\partial \vec{r}}{\partial y} = \vec{j} + \frac{\partial f}{\partial y}\vec{k} = \left[0,\ 1,\ \frac{\partial f}{\partial y}\right]^T \qquad ②$$

이다. 위 식을 곡면상의 점 $P_0 = (x_0,\ y_0,\ f(x_0,\ y_0)) = (0.2,\ -0.4,\ 0.8233)$에서 계산하여 식 (7.4.6)에 대입한다. 즉

$$\begin{aligned}\vec{N} = \vec{r}_u \times \vec{r}_v &= \left[\left.\frac{\partial f}{\partial x}\right|_{(x_0,\ y_0)},\ \left.\frac{\partial f}{\partial y}\right|_{(x_0,\ y_0)},\ 1\right]^T \\ &= [-0.1669,\ 0.7841,\ 1]^T\end{aligned} \qquad ③$$

이다. 따라서 접평면의 방정식은 식 (7.4.7)에 의해

$$(P(x,y,z) - P_0(x_0,\ y_0,\ f(x_0,\ y_0))) \cdot \vec{N} = 0$$

을 전개하면

$$\begin{aligned}z &= f(x_0,\ y_0) + \left.\frac{\partial f}{\partial x}\right|_{(x_0,\ y_0)}(x - x_0) + \left.\frac{\partial f}{\partial y}\right|_{(x_0,\ y_0)}(y - y_0) \\ &= 0.8233 - 0.1699(x - 0.2) + 0.7841(y + 0.4)\end{aligned} \qquad ④$$

가 얻어진다.

7.4.2 면적분

면적분을 정의하기 위해, 매끄러운 곡면 S의 매개변수 표현을 식 (7.4.2)와 마찬가지로

$$S : \vec{r}(u,v) = [x(u,v), y(u,v), z(u,v)]^T = x(u,v)\vec{i} + y(u,v)\vec{j} + z(u,v)\vec{k} \qquad (7.4.10)$$

로 둔다. 여기서 (u,v)는 uv 평면에서의 영역 R에 따라 변화한다. S를 매끄러운 곡면으로 가정했기 때문에 S의 법선벡터

$$\vec{N} = \vec{r}_u \times \vec{r}_v \quad \text{또는} \quad \text{단위법선벡터: } \vec{n} = \frac{1}{\|\vec{N}\|}\vec{N} \qquad (7.4.11)$$

가 S상의 모든 점에서 정의된다. 이 경우 임의로 주어진 벡터함수 $\vec{F}(x, y, z)$에 대한 S의

면적분은 다음과 같이 정의한다.

$$\iint_S \vec{F} \cdot \vec{n}\, dA = \iint_R \vec{F}(\vec{r}(u,v)) \cdot \vec{N}(u,v) du\, dv \tag{7.4.12}$$

여기서 $\|\vec{N}\| = \|\vec{r}_u \times \vec{r}_v\|$는 외적의 정의에 의해 $\vec{r}_u$와 $\vec{r}_v$로 이루어지는 평행사변형의 면적이다. 따라서

$$\vec{n}\, dA = \vec{n} \,\|\, \vec{N} \,\|\, du\, dv = \vec{N} du\, dv \tag{7.4.13}$$

이며, $dA = \|\, \vec{N} \,\|\, du\, dv$는 S 내의 미소면적을 의미한다.

식 (7.4.12)를 $\vec{F} = [F_x, F_y, F_z]^T$, $\vec{N} = [N_x, N_y, N_z]^T$ 및 $\vec{n} = [\cos\alpha, \cos\beta, \cos\gamma]^T$를 이용하여 성분으로 표시하여 보자. 여기서 α, β, γ는 단위법선벡터 $\vec{n}$과 각 좌표축이 이루는 각도를 나타낸다. 예를 들어 $\vec{n}$과 $\vec{i}$가 이루는 각은 식 (6.1.17)에 의해 $\cos\alpha = \vec{n} \cdot \vec{i} / (\|\vec{n}\| \cdot \|\vec{i}\|) = \vec{n} \cdot \vec{i}$이다. 이들을 식 (7.4.12)에 대입하면

$$\iint_S \vec{F} \cdot \vec{n}\, dA = \iint_S (F_x \cos\alpha + F_y \cos\beta + F_z \cos\gamma) dA \tag{7.4.14}$$

$$= \iint_R (F_x N_x + F_y N_y + F_z N_z) du\, dv$$

이다. 위 식에서 $\cos\alpha\, dA = dy\, dz$, $\cos\beta\, dA = dz\, dx$, $\cos\gamma\, dA = dx\, dy$라는 사실을 이용하면 식 (7.4.14)는 다음과 같이 유량에 대한 적분으로 고칠 수 있다.

$$\iint_S \vec{F} \cdot \vec{n}\, dA = \iint_S (F_x\, dy\, dz + F_y\, dz\, dx + F_z\, dx\, dy) \tag{7.4.15}$$

위 식을 이용하면 면적분의 피적분함수 $(\vec{F} \cdot \vec{n}\, dA)$를 xyz 좌표계(즉 직교좌표계)의 각 축에 대응하는 평면에서 정의된 영역에 대한 이중적분으로 변환시킴으로써 면적분을 계산할 수 있다. 이때 벡터함수의 면적분은 곡면의 방향에 따라서 두 개의 값을 가질 수 있기 때문에 S의 방향(즉 $\vec{n}$의 선정)에 각별한 주의를 기울여야 한다. 여기서는 F_z항에 대한 적분을 이용하여 S의 방향이 가지는 중요성에 대하여 좀더 자세히 설명한다. 즉 $F_x = F_y = 0$, $F_z \neq 0$이면 식 (7.4.14)는

$$\iint_S F_z \cos\gamma\, dA = \iint_S F_z\, dx\, dy \tag{7.4.16}$$

이며, 이때 곡면 S가 $z=h(x,y)$로 주어지고, (x,y)는 xy 평면에서의 영역 R_1 내에서 변화하며, 동시에 S가 $\cos\gamma > 0$으로 되는 방향으로 곡면을 이루고 있다고 가정한다. 이 경우 식 (7.4.16)은

$$\iint_S F_z \cos\gamma \, dA = +\iint_{R_1} F_z(x,y,h(x,y))\,dx\,dy \tag{7.4.17}$$

로 된다. 그러나 만약 $\cos\gamma < 0$이면, 식 (7.4.17)의 적분에는 (−)부호가 들어가게 된다. 이것은 다음과 같이 설명할 수 있다. xy 평면에서의 면적 $dx\,dy$의 요소는 곡면 S의 면적 dA 요소의 xy 평면으로의 사영인 $|\cos\gamma|dA$ 요소로 된다는 점에 유의하면, 이때 $\cos\gamma > 0$이면 $\cos\gamma = +|\cos\gamma|$이고, 반대로 $\cos\gamma < 0$이면 $\cos\gamma = -|\cos\gamma|$이기 때문이다. 식 (7.4.15)의 나머지 두 항 F_x 및 F_y에 대해서도 동일한 관계가 성립한다. 일반적으로 벡터함수의 면적분은 곡면의 방향과 함께 주어진다.

• 벡터함수 면적분의 물리적인 의미

벡터함수 $\vec{F} = F_x\vec{i} + F_y\vec{j} + F_z\vec{k}$가 유체의 속도를 나타낸다고 하자. 그러면 단위시간 동안 표면적이 ΔA인 미소한 곡면을 통과하여 흐르는 유체의 부피는 (높이×밑면적)이므로 $(\vec{F}\cdot\vec{n})\Delta A$로 근사할 수 있다. 따라서 곡면에 접하는 같은 면적의 평면으로 곡면을 근사한다면, 단위 시간 동안 부분곡면을 통과한 유체가 이루는 가상적인 기둥의 높이는 $\vec{F}\cdot\vec{n}$이고 여기에 밑면적 ΔA를 곱하면 유체의 부피가 된다(그림 7.21). 여기서 $\vec{n}$은 곡면의 단위법선벡터이다. 따라서 단위시간 동안 곡면 S를 통과하는 유체의 부피는

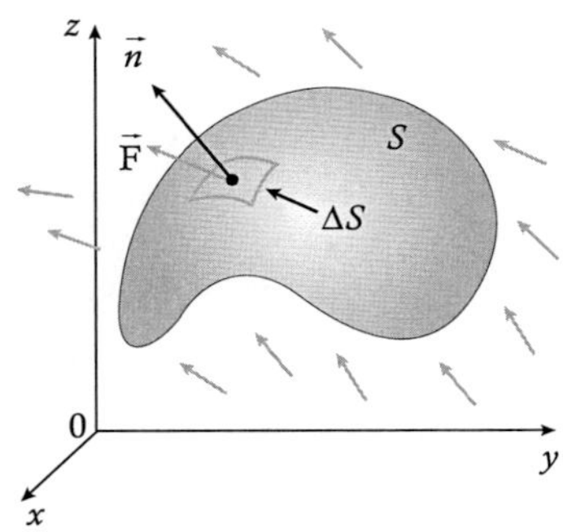

그림 7.21 속도벡터의 면적분

$$\iint_S \vec{F}\cdot\vec{n}\,dA \tag{7.4.18}$$

이다. 위 식은 S를 통과하는 $\vec{F}$의 유량(flux)이라고 한다. 이로부터 면적분 (7.4.18)을 유량적분(flux integral)이라고도 한다.

만약 S가 경계가 없는 곡면, 즉 폐곡면(closed surface)이고 $\vec{n}$이 S의 외부를 향하는 방향이면, 식 (7.4.18)은 단위시간 동안 S를 통과하여 유출되는 유체의 부피이고, $\vec{n}$이 S의 내부를 향하고 있으면 식 (7.4.18)은 단위시간 동안 S 통과하여 유입되는 유체의 부피가 된다.

▶ 예제 7.4.6

유체의 속도벡터가 $\vec{v}=\vec{F}=[3z^2, 6, 6xz]^T$[m/s]로 주어졌을 때,[18] 포물선 모양의 원통 (parabolic cylinder) $S: y=x^2, (0 \le x \le 2, 0 \le z \le 3)$(그림 7.22)을 통해 흘러가는 유량을 계산하여 보자.

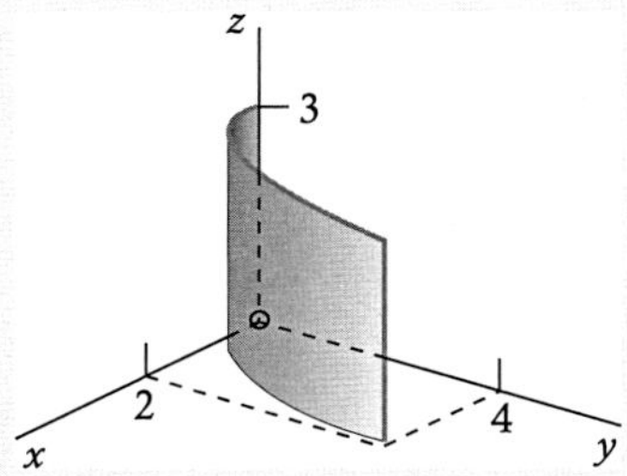

그림 7.22 [예제 7.4.6]의 그림

◇ 해

$x=u$ 및 $z=v$로 두면 $y=x^2=u^2$이다. 이를 이용한 곡면 S의 매개변수 표현은

$$S: \vec{r}=[u, u^2, v]^T, \quad (0 \le u \le 2,\ 0 \le v \le 3) \qquad ①$$

으로 나타낼 수 있다. ①을 편미분하여 외적의 정의에 대입하면 벡터 $\vec{N}$은

$$\vec{N}=\vec{r}_u \times \vec{r}_v=[1,\ 2u,\ 0]^T \times [0,\ 0,\ 1]^T=[2u,\ -1,\ 0]^T \qquad ②$$

이다. 곡면 S상의 한 점에서의 유체속도 $\vec{F}(\vec{r}(u,v))$를 간단히 $\vec{F}(S)$로 나타낸다면 $\vec{F}(S)=[3v^2, 6, 6uv]^T$로 되어, $\vec{F}(S) \cdot \vec{N}=6uv^2-6$가 얻어진다. 식 (7.4.12)를 이용하면 유량은

$$\iint_S \vec{F} \cdot \vec{n}\, dA=\int_0^3 \int_0^2 (6uv^2-6)\,du\,dv=\int_0^3 (3u^2v^2-6u)\Big|_{n=0}^{2} dv$$
$$=\int_0^3 (12v^2-12)\,dv=(4v^3-12v)\Big|_{v=0}^{3}=108-36 \qquad ③$$
$$=72\ [\mathrm{m^3/sec}]$$

로 된다. 여기서 $\vec{F}$의 y방향 성분이 항상 양(+)이므로, [그림 7.22]에서 유체는 왼쪽에서 오른쪽으로 흐른다는 것을 의미한다. 이것을 식 (7.4.15)를 가지고 확인하여 보자.

$$\vec{N}=\|\vec{N}\|\,\vec{n}=\|\vec{N}\|\,[\cos\alpha,\ \cos\beta,\ \cos\gamma]^T=[2u,\ -1,\ 0]^T=[2x,\ -1,\ 0]^T$$

18) 일반적으로 $\vec{F}=\rho\vec{v}$이지만, 물의 경우 밀도는 $\rho=1\ \mathrm{ton/m^3}$이다.

이므로, 이로부터 $\cos\alpha > 0$, $\cos\beta < 0$ 및 $\cos\gamma = 0$임을 알 수 있다. 따라서 식 (7.4.15)의 오른쪽 두 번째 항은 음(−)의 부호를 가지며, 마지막 항은 영으로 된다. 이러한 사실로부터

$$\vec{F}\cdot\vec{n}\,dA = \vec{F}\cdot\vec{N}\,du\,dv = [3z^2,\ 6,\ 6xz]^T\cdot[2x,\ -1,\ 0]^T$$
$$= 6xz^2 - 6$$

으로 되어 $\vec{F}(s)\cdot\vec{N}$과 동일한 값을 얻는다. 따라서 면적분, 즉 유량은 식 (7.4.15)에 의해

$$\iint_S \vec{F}\cdot\vec{n}\,dA = \int_0^3\int_0^4 3z^2 dy\,dz - \int_0^2\int_0^3 6\,dz\,dx$$
$$= \int_0^3 4(3z^2)\,dz - \int_0^2 6\cdot 3\,dx = 4\cdot 3^3 - 6\cdot 3\cdot 2 = 72 \qquad ④$$

로 ③의 결과와 일치하는 것을 확인할 수 있다.

▶ 예제 7.4.7 스칼라함수의 면적분

곡면 $S: y = x^2+1,\ (0 \le x \le 1, 0 \le z \le 1)$에서 $f(x,y,z) = xz^2$ 의 면적분을 계산하여 보자(그림 7.23).

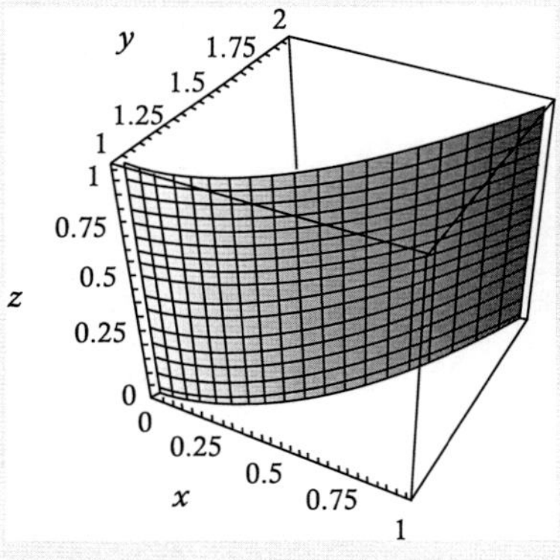

그림 7.23 [예제 7.4.7]의 곡면

◇ 해

$x = u$와 $z = v$로 두면 $y = u^2+1$이므로 곡면 S의 매개변수 표현식은

$$S: \vec{r}(u,v) = u\vec{i} + (u^2+1)\vec{j} + v\vec{k},\ (0 \le u \le 1, 0 \le v \le 1)$$

로 된다. 이를 편미분하면

$$\vec{r}_u(u,v) = \vec{i} + 2u\vec{j}, \quad \vec{r}_v(u,v) = \vec{k}$$

이므로 법선벡터는

$$\vec{N}(u,v)=\vec{r}_u(u,v)\times\vec{r}_v(u,v)$$
$$=\begin{vmatrix}\vec{i} & \vec{j} & \vec{k}\\ 1 & 2u & 0\\ 0 & 0 & 1\end{vmatrix}=2u\vec{i}-\vec{j}$$

이다. 이때 법선벡터의 길이는

$$\|\vec{N}(u,v)\|=\|\vec{r}_u(u,v)\times\vec{r}_v(u,v)\|=\|2u\vec{i}-\vec{j}\|=\sqrt{4u^2+1}$$

이므로, 면적분의 정의식 (7.4.12)를 적용하여 면적분을 계산한다. 이 경우 함수 $f(\cdot)$가 스칼라이므로 내적의 계산은 필요하지 않으므로 식 (7.4.12)는

$$\iint_S \vec{F}\cdot\vec{n}\,dA=\iint_S \vec{F}(\vec{r}(u,v))\cdot\vec{N}(u,v)\,du\,dv$$
$$=\iint_R f(\vec{r}(u,v))\,\|\vec{N}(u,v)\|\,du\,dv$$

이다. 이것을 수행하면 다음과 같다.

$$\iint_S f(x,y,z)\,dA=\iint_R f(\vec{r}(u,v))\,\|\vec{N}(u,v)\|\,du\,dv$$
$$=\int_0^1\int_0^1 uv^2\sqrt{4u^2+1}\,dv\,du$$
$$=\int_0^1 u\sqrt{4u^2+1}\left[\frac{1}{3}v^3\Big|_0^1\right]du$$
$$=\frac{1}{3}\int_0^1 u\sqrt{4u^2+1}\,du$$
$$=\frac{1}{3}\cdot\frac{1}{8}\cdot\frac{2}{3}(4u^2+1)^{3/2}\Big|_0^1$$
$$=\frac{1}{36}(5^{3/2}-1)=0.2828$$

7.4.3 MATLAB에 의한 풀이

```
% [예제 7.4.1]
% (u,v)공간에서의 좌표축의 선정 및 반지름=1이다
u=linspace(0,2*pi,21); v=linspace(-1,1,21); [U,V]=meshgrid(u,v); a=1;
```

```
X=a*cos(U); Y=a*sin(U); Z=V;                                    % 좌표축함수의 정의
mesh(X,Y,Z), hidden off, xlabel('x 축'),ylabel('y 축'), zlabel('z 축'), hold on
axisgraph(1.5,1.5,1.5,21); hold off                             % 좌표(x,y,z)축의 그림

% [예제 7.4.2]
% 0<u<2*pi, -pi/2<v<pi/2 (sphere:구)
a=2; u=linspace(0,2*pi,41); v=linspace(-pi/2,pi/2,41);
[U,V]=meshgrid(u,v); X=a*cos(V).*cos(U);
Y=a*cos(V).*sin(U); Z=a*sin(V); mesh(X,Y,Z), hidden off, axis square
xlabel('x 축'), ylabel('y 축'), zlabel('z 축')
axisgraph(2,2,2,41); hold off
u=linspace(pi/4,pi/4,41); v=linspace(-pi/2,pi/2,41);       % u=pi/4로 고정(경도의 표시)
[U,V]=meshgrid(u,v); X=a*cos(V).*cos(U); Y=a*cos(V).*sin(U); Z=a*sin(V);
mesh(X,Y,Z), hold on, mesh(-X,-Y,-Z), axisgraph(2,2,2,41); hold off
u=linspace(0,2*pi,41); v=linspace(pi/5,pi/5,41);           % v=pi/5로 고정(위도의 표시)
[U,V]=meshgrid(u,v); X=a*cos(V).*cos(U); Y=a*cos(V).*sin(U); Z=a*sin(V);
mesh(X,Y,Z), xlabel('x 축'), ylabel('y 축'), zlabel('z 축')
axisgraph(2,2,2,41); hold off
```

- [예제 7.4.1]에서 원기둥을 매개변수를 이용하여 3D 그래프상에 나타내고 여기에 원기둥의 중심에 좌표축을 표시하는 명령어 'axisgraph(2,2,2,41)'를 실행함으로써 공간상의 점의 위치를 파악할 수 있다. 이때 사용된 변수 (2,2,2,41)은 각 축의 표시길이와 이를 위한 데이터의 개수를 나타낸다. 다시 말하면, 위의 경우 x 축은 $-2 \le x \le 2$ 의 범위를 41개의 간격으로 나누어서 표현하는 것이다.[19] y 및 z 축도 마찬가지이다.
- [예제 7.4.2]에서 반지름 $a=2$인 구를 매개변수를 이용하여 나타내었다. 또한 '$v=\pi/5$'인 위도곡선과, '$u=\pi/4$'인 경도곡선을 각각 3D 그래프상에 표시함으로써 확인할 수 있다.

```
% [예제 7.4.3]
H=3; u=linspace(0,H,41); v=linspace(0,2*pi,41); [U,V]=meshgrid(u,v);
X=U.*cos(V); Y=U.*sin(V); Z=U; mesh(X,Y,Z), hidden off
xlabel('x 축'), ylabel('y 축'), zlabel('z 축'), axisgraph(3,3,3,41); hold off

% [예제 7.4.5]
f=inline('(1-y.^2).*cos(x)','x','y');
l=inline('0.8233-0.1699*(x-0.2)+0.7841*(y+0.4)','x','y');
qsurf(f,[-1 1 -1 1]); hold on
qsurf(l,[-0.2 0.5 -0.5 0.1],10); hold off
```

19) 여기서는 MATLAB 명령어인 linespace(−2,−2,41)을 이용하였다.

❖ [예제 7.4.5]에서 명령어 'qsurf'를 이용하여 3D 그래프상에 곡면에 접하는 평면을 나타내었다(부록 참조).

```
% [예제 7.4.6]
% 곡면 S 의 모양
S=inline('y-x.^2','x','y','z'); impl(S,[0 2 0 4 0 3],0); grid, hold on
z=2;                                                    % 법선벡터 N→의 표시
for x=0.1:0.5 :2
   y=x^2;arrow3([x,y,z],0.5.*[2*x,-1,0],'r')
end
% F의 벡터장
u=inline('3*z.^2','x','y','z'); v=inline('6','x','y','z'); w=inline('6*x.*z','x','y','z');
x=linspace(0,2,8); y=linspace(0,4,8); z=linspace(0,3,8);
[X,Y,Z]=meshgrid(x,y,z); U=u(X,Y,Z); V=v(X,Y,Z); W=w(X,Y,Z); quiver3(X,Y,Z,U,V,W)
% ③의 이중적분계산
syms u v real
f=(6*u*v^2-6); int(int(f,v,0,3),0,2)                    % 72로 됨을 확인

% [예제 7.4.7]
% 곡면 S 의 모양
S=inline('x.^2-y+1','x','y','z'); impl(S,[0 1 0 2 0 1],0); grid, hold on
z=0.5;                                                  % 법선벡터의 모양
for x=0.1:0.3 :1
   y=x^2+1;arrow3([x,y,z],0.5.*[2*x,-1,0],'r')
end
% 이중적분계산
syms u v real
f=(u*v^2*sqrt(4*u^2+1)); double(int(int(f,v,0,1),0,1))   % 0.2828로 됨을 확인
```

❖ [문제 7.4.6]에서 [그림 7.22]의 3D 그래프와 벡터 $\vec{F}$에 의한 벡터장의 모양을 나타내었다. 그림으로부터 $\vec{F}$의 y 방향 성분이 양의 방향임을 확인할 수 있고, 동시에 곡면 S에 대한 법선벡터 $\vec{N}$을 표시하여 식 (7.4.15)의 의미(즉 ④)를 확인할 수 있다.

연습문제 7.4.4

1. 매개변수에 의한 위치벡터 $\vec{r}(u,v)$로 주어지는 평면 S를 식 (7.4.1)의 형식으로 나타내고, 이

때의 법선벡터 $\vec{N}=\vec{r}_u \times \vec{r}_v$을 구하여라.

(1) xy 평면에서 $\vec{r}(u,v)=[u,\ v]^T=u\vec{i}+v\vec{j}$

(2) 타원형의 원통의 표면을 나타내는 위치벡터 $\vec{r}(u,v)=[a\cos v,\ b\sin v,\ u]^T$

(3) 원추의 표면을 나타내는 위치벡터 $\vec{r}(u,v)=[au\cos v,\ au\sin v,\ cu]^T$

(4) 타원형의 포물면을 나타내는 위치벡터 $\vec{r}(u,v)=[3u\cos v,\ 4u\sin v,\ u^2]^T$

(5) 타원면을 나타내는 위치벡터 $\vec{r}(u,v)=[2\cos v\cos u,\ 3\cos v\sin u,\ 4\sin v]^T$

2. 다음 식으로 주어지는 곡면 S에 대한 매개변수 표현식과 그의 법선벡터를 구하여라.

(1) 평면 : $4x-2y+10z=16$

(2) 구 : $(x+2)^2+y^2+(z-2)^2=1$

(3) 포물선 모양의 원통 : $z=3y^2$

(4) 타원의 원뿔 : $z=\sqrt{9x^2+y^2}$

3. 식 (7.4.12)를 이용하여 다음 주어진 값에 대한 면적분을 계산하여라. 또 표면의 종류를 나타내어라.

(1) $\vec{F}=[2x,\ 5y,\ 0]^T$, S: $\vec{r}(u,v)=[u,\ v,\ 4u+3v]^T$

(2) $\vec{F}=[x-z,\ y-x,\ z-y]^T$,
S: $\vec{r}(u,v)=[u\cos v,\ u\sin v,\ u]^T,\ 0\le u\le 3,\ 0\le v\le \pi$

(3) $\vec{F}=[x,\ y,\ z]^T$,
S: $\vec{r}(u,v)=[u\cos v,\ u\sin v,\ u^2]^T,\ 0\le u\le 4,\ -\pi\le v\le\pi$

(4) $\vec{F}=[1,\ 1,\ 1]^T$, S: 중심을 0에 가지는 반지름 1의 구

(5) $\vec{F}=[0,\ x,\ 0]^T$, S: $x^2+y^2+z^2=a^2$, $x\ge 0,\ y\ge 0,\ z\ge 0$

(6) $\vec{F}=[y^3,\ x^3,\ z^3]^T$, S: $x^2+4y^2=4$, $x\ge 0,\ y\ge 0,\ 0\le z\le h$

4. 다음 각 $\vec{F}$는 벡터장이라고 한다. 주어진 곡면을 통하는 $\vec{F}$의 유량을 구하여라.

(1) $\vec{F}=x\vec{i}+2z\vec{j}+y\vec{k}$, S 는 $x=0, x=3, y=0, z=0$ 로 경계를 가지는 제 1 팔분(1st octant)공간에 있는 면 $y^2+z^2=4$ 의 부분.

(2) $\vec{F}=x\vec{i}+y\vec{j}+2\vec{k}$, S 는 원주 $x^2+y^2=4$ 의 내부에 있는 포물면 $z=5-x^2-y^2$의 부분.

(3) $\vec{F}=(1/2)x^2\vec{i}+(1/2)y^2\vec{j}+z\vec{k}$, S는 포물면 $z=4-x^2-y^2, 0\le z\le 4$의 부분.

5. 쿨롱의 법칙에 의해 원점의 점전하 q로 인한 전장 $\vec{E}$는 $\vec{E}=kq\vec{r}/\|\vec{r}\|^3$로 주어진다. 여기서 k는 상수이고 $\vec{r}=x\vec{i}+y\vec{j}+z\vec{k}$이다. 구 $x^2+y^2+z^2=a^2$으로부터 나오는 전하를 결정하여라.

7.5 가우스의 발산정리

가우스의 발산정리(Divergence theorem of Gauss)의 설명에 필요한 삼중적분에 대하여 먼저 간단히 언급한다.

7.5.1 삼중적분

유계이며 닫힌 공간에서 정의된 함수 $f(x,y,z)$를 영역 T에 대하여 적분하는 것에 대하여 생각하여 보자. 우선 영역 T를 각 좌표축에 수직인 평면으로 이루어진 격자로 잘게 나누어, T 안에 포함된 n개의 육면체상자로 영역 T를 근사하여 1에서 n까지 번호를 부여한다. 이때 k번째 육면체 영역 T_k에서 한 점 (x_k, y_k, z_k)를 선택한다(그림 7.24). x축, y축 및 z축에 평행한 T_k의 세 변의 길이를 각각 $\Delta x_k, \Delta y_k, \Delta z_k$라고 하면 T_k의 부피는 $\Delta V_k=\Delta x_k\Delta y_k\Delta z_k$이다. 이때 각 육면체의 부피와 점 (x_k, y_k, z_k)에서의 함수값을 곱한 다음에 이들을 모두 더하여

$$J_n=\sum_{k=1}^{n} f(x_k, y_k, z_k)\Delta V_k \tag{7.5.1}$$

로 둔다. 이때 $n\to\infty$로 하여 $\Delta x_k, \Delta y_k, \Delta z_k$가 영으로 수렴하도록 영역 T_k를 더욱 잘게 나누었을 때 식 (7.5.1)을 영역 T에서의 함수 f의 삼중적분(triple integral)이라고 하고

$$\iiint_T f(x,y,z)\,dxdydz \quad \text{또는} \quad \iiint_T f(x,y,z)\,dV \tag{7.5.2}$$

로 표기한다.

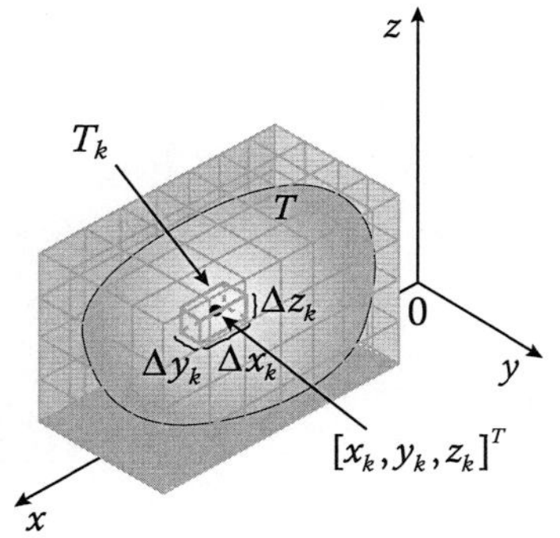

그림 7.24 영역을 육면체로 분할

• 삼중적분의 계산

영역 T가

$$T : g_1(x,y) \le z \le g_2(x,y), \quad (x,y) \in R \tag{7.5.3}$$

에 의해서 두 개의 곡면에 의해 둘러싸인 영역이면(그림 7.25), 삼중적분 (7.5.2)는 $\int_{g_1(x,y)}^{g_2(x,y)} f(x,y,z)dz$의 이중적분으로 다음과 같이 쓸 수 있다.

$$\iiint_T f(x,y,z)dxdydz = \iint_R \left[\int_{g_1(x,y)}^{g_2(x,y)} f(x,y,z)dz \right] dx\,dy \tag{7.5.4}$$

xy 평면의 영역 R는 T를 xy 평면으로 직교사영(orthogonal projection)한 그림자이다. 이때 xy 평면의 영역 R가

$$R : h_1(x) \le y \le h_2(x), \quad (a \le x \le b) \tag{7.5.5}$$

로 결정되는 형태이면 식 (7.5.4)의 이중적분도 다시 반복되는 적분으로 표현하여

$$\iiint_T f(x,y,z)dxdydz = \int_a^b \int_{h_1(x)}^{h_2(x)} \int_{g_1(x,y)}^{g_2(x,y)} f(x,y,z)dzdydz \tag{7.5.6}$$

를 얻을 수 있다. 위 식은 x를 a에서 b까지 움직이면서 적분할 때, 고정된 x에 관하여 y를 $h_1(x)$부터 $h_2(x)$까지 적분하고, 고정된 y에 관해서 z를 $g_1(x,y)$부터 $g_2(x,y)$까지 적분한다는 것을 의미하고 있다.

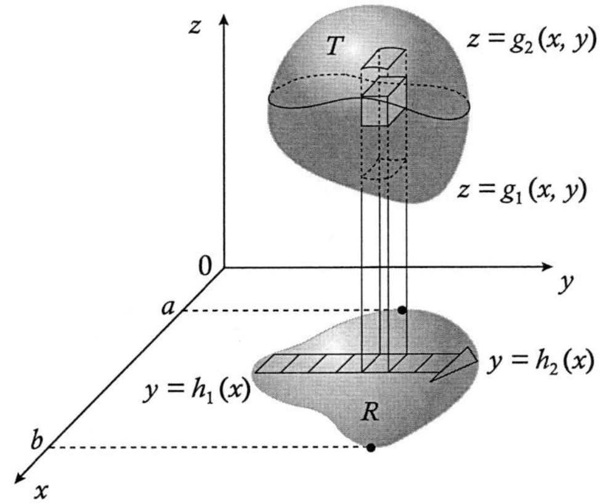

그림 7.25 삼중적분의 계산

- **응용**

영역 T상에서 $f(x,y,z)=1$의 삼중적분

$$\iiint_T dxdydz$$

은 T의 부피가 된다. $\rho(x,y,z)$가 단위부피당 질량, 즉 밀도를 나타내면 T 전체의 질량은

$$M = \iiint_T \rho(x,y,z)dxdydz \tag{7.5.7}$$

로 된다. 그리고 T의 질량중심점(center of mass)의 좌표 $(\bar{x}, \bar{y}, \bar{z})$는

$$\bar{x} = \frac{1}{M}\iiint_T x\,\rho(x,y,z)dxdydz \tag{7.5.8 a}$$

$$\bar{y} = \frac{1}{M}\iiint_T y\,\rho(x,y,z)dxdydz \tag{7.5.8 b}$$

$$\bar{z} = \frac{1}{M}\iiint_T z\,\rho(x,y,z)dxdydz \tag{7.5.8 c}$$

로 주어지며, 위 식의 분자를 각각 yz, xz 및 xy 평면에 관한 1차모멘트(first moment)라고 한다. 그리고 각 좌표축에 관한 2차모멘트(second moment), 즉 관성모멘트(moment of inertia)는

$$I_x = \iiint_T (y^2+z^2)\rho(x,y,z)dxdydz \tag{7.5.9 a}$$

$$I_y = \iiint_T (x^2+z^2)\rho(x,y,z)dxdydz \tag{7.5.9 b}$$

$$I_z = \iiint_T (x^2+y^2)\rho(x,y,z)dxdydz \tag{7.5.9 c}$$

로 주어진다.

▶ 예제 7.5.1

영역 $T: x^2+y^2+z^2 \le 1,\ x^2+y^2-y \le 0,\ z \ge 0$의 부피를 구하여보자.

◇ 해

영역 T는 중심이 원점이고 반지름이 1인 단위구(unit sphere)의 내부와 반지름이 $1/2$인 원기둥 $x^2+y^2-y=0$의 내부와의 교집합 중에서 xy평면의 상단에 해당한다.[20] xy평면과 원기둥 내부와의 교집합을 $R: x^2+(y-1/2)^2 \le (1/2)^2$으로 놓으면 T의 부피는 R에서 구면의 높이인 $\sqrt{1-x^2-y^2}$을 적분한 값과 일치한다. 즉

$$V = \iiint_T dxdydz = \iint_R \left[\int_0^{\sqrt{1-x^2-y^2}} dz \right] dxdy$$

$$= \iint_R \sqrt{1-x^2-y^2}\, dxdy$$

이다. R에서의 이중적분을 극좌표로 변환하여 계산하자. xy평면에서 원의 방정식 $x^2+y^2-y=0$은 극좌표에서 $x=r\cos\theta,\ y=r\sin\theta$의 관계가 있으므로 $r=1/2$로 하여 $x^2+y^2-y=0$에 대입하면 $r=\sin\theta$를 얻는다. 따라서 영역 R는

$$R: -\pi/2 \le \theta \le \pi/2,\ 0 \le r \le \sin\theta$$

로 표현된다. 이를 이용하면

$$V = \int_{-\pi/2}^{\pi/2} \int_0^{\sin\theta} r\sqrt{1-r^2}\, dr d\theta$$

$$= \int_{-\pi/2}^{\pi/2} -\frac{1}{3}(1-r^2)^{3/2} \Big|_0^{\sin\theta} d\theta$$

$$= -\frac{1}{3}\int_{-\pi/2}^{\pi/2} \left[(1-\sin^2\theta)^{3/2} - 1 \right] d\theta$$

20) MATLAB 프로그램 참조하여라.

$$= \frac{1}{3}\int_{-\pi/2}^{\pi/2}(1-\cos^3\theta)d\theta$$

$$= \frac{1}{3}\int_{-\pi/2}^{\pi/2}[1-(1-\sin^2\theta)\cos\theta]d\theta$$

$$= \frac{1}{3}\left(\theta-\sin\theta+\frac{1}{3}\sin^3\theta\right)\Big|_{-\pi/2}^{\pi/2} = \frac{\pi}{3}-\frac{4}{9}$$

를 얻는다.

7.5.2 가우스의 발산정리

위에서 언급한 삼중적분은 공간상 영역의 표면에 대한 표면적분으로 변화시킬 수 있으며, 혹은 그 반대로 표면적분을 삼중적분으로 변화시킬 수도 있다. 이러한 변환은 여러 응용분야, 예를 들어 유체의 흐름, 열전달 등에서 특히 중요한 역할을 한다. 이 과정은 공간상의 벡터함수

$$\vec{F} = [F_x, F_y, F_z]^T = F_x\vec{i} + F_y\vec{j} + F_z\vec{k}$$

의 발산, 즉

$$\mathrm{div}\,\vec{F} = \nabla\cdot\vec{F} = \frac{\partial F_x}{\partial x} + \frac{\partial F_y}{\partial y} + \frac{\partial F_z}{\partial z} \tag{7.5.10}$$

을 이용하여 수행되며, 이를 가우스의 발산정리(divergence theorem of Gauss)라고 한다.

요점 7.9 가우스의 발산정리

공간상에서 유계이며 구분적으로 매끄러우며 닫힌 영역 T의 경계를 S라고 한다. 이때 T를 포함하는 영역에서 정의된 함수 $\vec{F}(x,y,z,)$ 의 1계편도함수가 연속함수이면 다음이 성립한다.

$$\iiint_T (\mathrm{div}\vec{F})\,dV = \iint_S \vec{F}\cdot\vec{n}\,dA \tag{7.5.11}$$

여기서 $\vec{n}$은 S에서 외부로 향하는 단위법선벡터이며, dA는 S의 미소면적을 나타낸다. 위 식을 직교좌표계의 벡터성분 $\vec{F} = [F_x, F_y, F_z]^T$와 $\vec{n} = [\cos\alpha, \cos\beta, \cos\gamma]^T$를 이용하면

$$\iiint_T \left(\frac{\partial F_x}{\partial x}+\frac{\partial F_y}{\partial y}+\frac{\partial F_z}{\partial z}\right)dx\,dy\,dz$$

$$\begin{aligned}&=\iint_S \left(F_x\vec{i}+F_y\vec{j}+F_z\vec{k}\right)\cdot\vec{n}\,dA\\&=\iint_S \left(F_x\cos\alpha+F_y\cos\beta+F_z\cos\gamma\right)dA\\&=\iint_S \left(F_x\,dy\,dz+F_y\,dz\,dx+F_z\,dx\,dy\right)\end{aligned} \qquad (7.5.12)$$

이다

먼저 발산정리를 이해하기 위한 간단한 예를 하나 생각하여 본다.

▶ 예제 7.5.2

다음 면적분을 수행하여 보자.

$$I=\iint_S \left(x^3\,dydz+x^2y\,dzdx+x^2z\,dxdy\right) \qquad ①$$

단 곡면 S는 [그림 7.26]과 같이 원기둥 $x^2+y^2=a^2$, $(0\le z\le b)$과 $z=0$, $z=b$, $(x^2+y^2\le a^2)$인 두 개의 원으로 이루어지는 원통의 표면을 나타낸다.

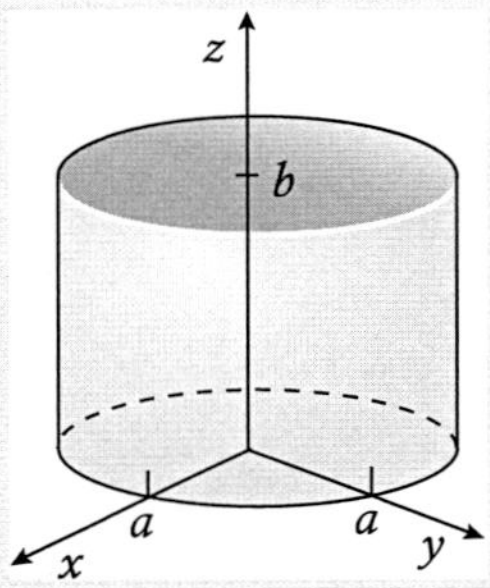

그림 7.26 [예제 7.5.2]의 곡면 S

◇ 해

$F_x=x^3$, $F_y=x^2y$, $F_z=x^2z$로 두면 $\operatorname{div}\vec{F}=3x^2+x^2+x^2=5x^2$을 얻는다. 적분을 실행하기 위해서는 극좌표의 형식이 편리하기 때문에, $x=r\cos\theta$, $y=r\sin\theta$ 로 둔다. 그러면 부피는 $dxdydz=r\,dr\,d\theta\,dz$이므로 주어진 적분 ①에 발산정리 (7.5.11)을 적용하면

$$\begin{aligned}I&=\iiint_T 5x^2\,dxdydz\\&=\int_{z=0}^{b}\int_{\theta=0}^{2\pi}\int_{r=0}^{a}\left(5r^2\cos^2\theta\right)r\,dr\,d\theta\,dz\\&=5\int_{z=0}^{b}\int_{\theta=0}^{2\pi}\frac{a^4}{4}\cos^2\theta\,d\theta\,dz\\&=5\int_{z=0}^{b}\frac{a^4\pi}{4}dz=\frac{5\pi}{4}a^4b\end{aligned}$$

으로 되어 계산이 간단하게 이루어짐을 알 수 있다.

위의 발산정리를 확인하여 보자. 먼저 영역 T의 경계 S가

$$S_1 : z = g_1(x,y)\,, \qquad \{(x,y) \in R\} \tag{7.5.13}$$
$$S_2 : z = g_2(x,y)\,, \qquad \{(x,y) \in R\}$$
$$S_3 : g_1(x,y) \le z \le g_2(x,y)\,, \qquad \{(x,y) \in C\}$$

로 정의된 부분곡면 S_1, S_2, S_3의 합집합인 경우에 대하여 증명한다(그림 7.27). 여기서 R는 T를 xy평면으로 직교사영한 영역이다. 아래 증명과정에서 알 수 있듯이 xy 평면과 수직인 평면 S_3는 없어도 된다. 다시 말하면 [그림 7.28]과 같이 곡면 S_1, S_2만으로 이루어진 경우에도 증명과정은 동일하게 성립한다.

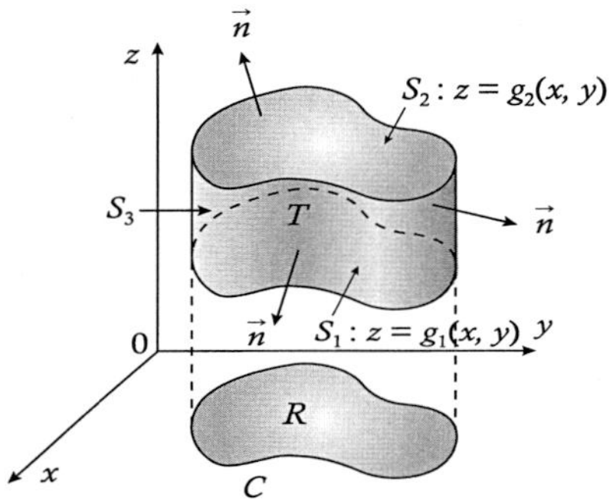

그림 7.27 발산정리의 증명을 위한 그림 I

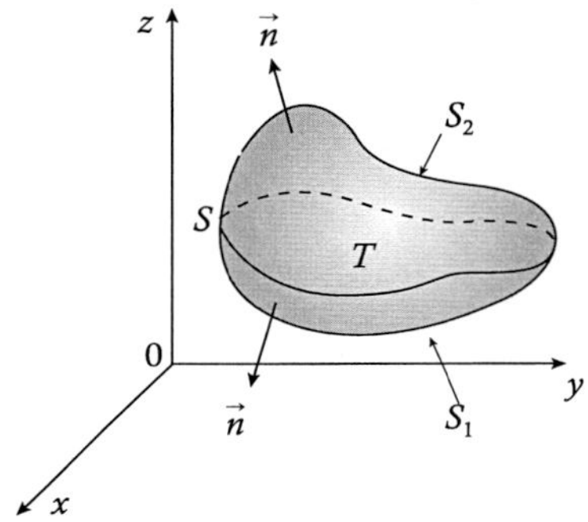

그림 7.28 발산정리의 증명을 위한 그림 II

공간상의 벡터

$$\vec{F}(x,y,z) = F_x(x,y,z)\,\vec{i} + F_y(x,y,z)\,\vec{j} + F_z(x,y,z)\,\vec{k} \tag{7.5.14}$$

라고 놓으면

$$\operatorname{div}\vec{F} = \frac{\partial F_x}{\partial x} + \frac{\partial F_y}{\partial y} + \frac{\partial F_z}{\partial z} \tag{7.5.15}$$

$$\vec{F}\cdot\vec{n} = F_x\left(\vec{i}\cdot\vec{n}\right) + F_y\left(\vec{j}\cdot\vec{n}\right) + F_z\left(\vec{k}\cdot\vec{n}\right) \tag{7.5.16}$$

이므로 이를 식 (7.5.12)에 대입하면 왼쪽 항과 오른쪽 항은 각각

$$\iiint_T (\mathrm{div}\ \vec{F})\, dx\, dy\, dz = \iiint_T \frac{\partial F_x}{\partial x} dx\, dy\, dz + \iiint_T \frac{\partial F_y}{\partial y} dx\, dy\, dz + \iiint_T \frac{\partial F_z}{\partial z} dx\, dy\, dz \tag{7.5.17}$$

$$\iint_S \vec{F} \cdot \vec{n}\, dA = \iint_S F_x(\vec{i} \cdot \vec{n})dA + \iint_S F_y(\vec{j} \cdot \vec{n})dA + \iint_S F_z(\vec{k} \cdot \vec{n})dA \tag{7.5.18}$$

로 쓸 수 있다. 따라서 다음 세 개의 등식

$$\iiint_T \frac{\partial F_x}{\partial x} dx\, dy\, dz = \iint_S F_x(\vec{i} \cdot \vec{n})dA \tag{7.5.19 a}$$

$$\iiint_T \frac{\partial F_y}{\partial y} dx\, dy\, dz = \iint_S F_y(\vec{j} \cdot \vec{n})dA \tag{7.5.19 b}$$

$$\iiint_T \frac{\partial F_z}{\partial z} dx\, dy\, dz = \iint_S F_z(\vec{k} \cdot \vec{n})dA \tag{7.5.19 c}$$

가 성립한다면 식 (7.5.11)이 증명된다. 여기서는 식 (7.5.19 c)에 대해서만 증명하며, 나머지 두 개도 유사한 방식으로 증명 가능하다. 식 (7.5.4)를 이용해서 식 (7.5.19 c)의 왼쪽 항과 오른쪽 항을 각각 풀어쓰면

$$\iiint_T \frac{\partial F_z}{\partial z} dx\, dy\, dz = \iint_R \left[\int_{g_1(x,y)}^{g_2(x,y)} \frac{\partial F_z}{\partial z} dz\right] dz\, dy = \iint_R [F_z(x,y,g_2(x,y)) - F_z(x,y,g_1(x,y))]\, dx\, dy \tag{7.5.20}$$

과

$$\iint_S F_z(\vec{k} \cdot \vec{n})dA = \iint_{S_1} F_z(\vec{k} \cdot \vec{n})dA + \iint_{S_2} F_z(\vec{k} \cdot \vec{n})dA + \iint_{S_3} F_z(\vec{k} \cdot \vec{n})dA \tag{7.5.21}$$

가 된다. 여기서 식 (7.5.20)과 (7.5.21)의 오른쪽 항이 서로 같다는 것을 보이겠다.

S_1에서 T의 외부를 향한 법선벡터 $\vec{N}$은 아래쪽을 향하고 있으므로, 곡면 S_1은 $h(x,y,z) = f_1(x,y) - z = 0$인 등위면으로 표현할 수 있다. 그러면

$$\vec{N} = \text{grad}\, h = \frac{\partial f_1}{\partial x}\vec{i} + \frac{\partial f_1}{\partial y}\vec{j} - \vec{k} \tag{7.5.22}$$

이고,

$$\vec{n}\, dA = (\vec{N} / \| \vec{N} \|) \| \vec{N} \| \, dx\, dy = \vec{N}\, dx\, dy \tag{7.5.23}$$

이므로 식 (7.4.14)를 이용하면

$$\iint_{S_1} F_z(\vec{k} \cdot \vec{n}) dA = \iint_R F_z(\vec{k} \cdot \vec{N}) dx\, dy \tag{7.5.24}$$

$$= -\iint_R F_z(x, y, g_1(x,y)) dx\, dy$$

을 얻는다. 다음 S_2에서 T의 외부를 향하는 법선벡터는 위쪽을 향하고 있으므로, 곡면 S_2를 $h(x,y,z) = z - f_2(x,y) = 0$ 인 등위면으로 표현가능하다. 그러면

$$\vec{N} = \text{grad}\, h = -\frac{\partial f_2}{\partial x}\vec{i} - \frac{\partial f_2}{\partial y}\vec{j} + \vec{k} \tag{7.5.25}$$

이므로

$$\iint_{S_2} F_z(\vec{k} \cdot \vec{n}) dA = \iint_R F_z(\vec{k} \cdot \vec{N}) dx\, dy \tag{7.5.26}$$

$$= \iint_R F_z(x, y, g_2(x,y)) dx\, dy$$

가 된다. 따라서 식 (7.5.24)와 식 (7.5.26)을 더하면 식 (7.5.19 c)의 오른쪽 항으로 되어 발산정리가 확인되었다.

▶ 예제 7.5.3

상수 $a,b,c > 0$에 대하여, 곡면 $S: x^2 + y^2 = a^2$, $(0 \le z \le b)$ 상에서 $\vec{F}(x,y,z) = x^3\vec{i} + x^2 y\vec{j} + x^2 z\vec{k}$의 면적분 $\iint_S \vec{F} \cdot \vec{n}\, dA$를 계산하여 보자.

◇ 해

발산정리를 이용하여 곡선 S에서 $\vec{F}$의 면적분을 S 내부에서 $\mathrm{div}\,\vec{F}$의 삼중적분으로 변환하여 계산한다. 즉

$$\mathrm{div}\,\vec{F}(x,y,z) = 3x^2 + x^2 + x^2 = 5x^2$$

이므로, 곡면 S가 경계를 이루는 유계영역을 $T: x^2+y^2 \le a^2,\ (0 \le z \le b)$라고 놓으면 발산의 정리에 의해

$$\iint_S \vec{F} \cdot \vec{n}\, dA = \iiint_T (\mathrm{div}\,\vec{F})dx\,dy\,dz = \iiint_T 5x^2 dxdydz$$

로 된다. 따라서 $\vec{F}$의 면적분은 $5x^2$을 원기둥의 내부에서 적분한 값과 같게 된다. 적분영역이 원기둥이므로 적분계산을 편하게 하기 위하여, 직교좌표계를 원통좌표계로 변환한다. 다시 말하면 $x = r\cos\theta,\ y = r\sin\theta$를 이용하여 적분변수 x, y를 극좌표 r, θ로 변환한다. 그러면 $dxdydz = rdrd\theta dz$이므로

$$\begin{aligned}
\iint_S \vec{F} \cdot \vec{n}\, dA &= 5\int_0^b \int_0^{2\pi} \int_0^a r^2(\cos^2\theta) r\, drd\theta\, dz \\
&= 5\int_0^b \int_0^{2\pi} \left(\frac{1}{4}r^4\cos^2\theta\right)\Big|_0^a d\theta\, dz \\
&= \frac{5}{4}a^4 \int_0^b \int_0^{2\pi} \cos^2\theta\, d\theta\, dz \\
&= \frac{5}{4}a^4 \int_0^b \left(\frac{1}{4}\sin 2\theta + \frac{1}{2}\theta\right)\Big|_0^{2\pi} dz \\
&= \frac{5}{4}a^4 \int_0^b \pi dz \\
&= \frac{5}{4}\pi a^4 b
\end{aligned}$$

를 얻는다.[21)]

위의 발산정리 (7.5.11)은 직교좌표계에서 발산의 표현식인 식 (6.5.1)보다 '발산'의 정의에 자주 사용된다. 영역 T 내에서의 임의의 점 (x_0, y_0, z_0)에서 체적이 미소변화, 즉 ΔV 만큼 증가했다고 하면 식 (7.5.11)은

21) [예제 7.5.2]의 결과와 일치함을 알 수 있다.

$$\mathrm{Me}\left\{\mathrm{div}\,\vec{F}(x_0,y_0,z_0)\right\}\Delta V = \iint_{\Delta S}\vec{F}(x_0,y_0,z_0)\cdot\vec{n}\,dA \qquad (7.5.27)$$

로 나타낼 수 있다. 여기서 ΔS는 체적의 변화에 의한 표면의 미소변화를 의미하며, $\mathrm{Me}\left\{\mathrm{div}\ \vec{F}(x_0,\ y_0,\ z_0)\right\}$는 ΔV에서 $(\mathrm{div}\,\vec{F})$의 평균값을 나타내고 있다. 따라서 ΔV를 점점 축소하여 점(point)의 상태로 가져가면, $\mathrm{Me}\{\mathrm{div}\,\vec{F}\}$는 점 (x_0,y_0,z_0)에서 $\vec{F}$의 발산, 즉 $(\mathrm{div}\,\vec{F})$로 된다. 이를 식으로 표현하면

$$\mathrm{div}\,\vec{F}(x_0,y_0,z_0) = \lim_{\Delta V\to 0}\frac{\iint_{\Delta S}\vec{F}(x_0,y_0,z_0)\cdot\vec{n}\,dA}{\Delta V} \qquad (7.5.28)$$

이다. 따라서 점 (x_0,y_0,z_0)에서의 발산 $\vec{F}(x_0,y_0,z_0)$은 좌표계의 선정과는 관계없이 일정한 값을 가지는 단위부피당의 유량으로 볼 수 있다.

• 발산정리의 물리적인 이해

발산의 정의(6.5.1절 참조)에서 밖으로 유출되는 양을 언급하였다. 다시 말하면 $\vec{v}$를 유체의 속도장이며 $\rho(x,y,z,t)$는 시간 t에서 점 (x,y,z)의 유체밀도라고 가정하면 $\rho\vec{v}$의 발산은

$$\mathrm{div}\,\rho\vec{v} = \begin{cases} +:\ \mathrm{source} \\ -:\ \mathrm{sink} \end{cases}$$

인 개념을 나타내는 것으로 이해하였다. 이것을 확인하여 보자. 영역 T의 내부에 있는 유체의 전체 질량은

$$m = \iiint_T \rho(x,y,z,t)\,dV$$

로 주어진다. 질량이 T에서 증가하는 율은

$$\frac{dm}{dt} = \frac{d}{dt}\iiint_T \rho(x,y,z,t)\,dV = \iiint_T \frac{\partial\rho}{\partial t}\,dV \qquad (7.5.29)$$

로 주어진다. [그림 6.36]으로부터 단위시간당 미소곡면적 ΔA를 통하여 흐르는 유체의 체적은 $(\vec{F}\cdot\vec{n})\Delta A$로 근사된다고 언급하였다(식 (6.5.2)). 단위시간당 미소곡면적 ΔA를 통

하여 흐르는 유체의 질량은 $(\rho\vec{F}\cdot\vec{n})\Delta A$이다. 만약 A에서의 질량의 변화는 A로 들어가고 나오는 흐름에만 기인한다고 가정하면, 단위시간당 A로부터 흘러나오는 액체의 체적은 식 (7.4.18), 즉 $\iint_S \vec{F}\cdot\vec{n}\,d\Delta A$로 주어지지만, 단위시간당 A로부터 흘러나가는 액체의 질량은 $\iint_S (\rho\vec{F}\cdot\vec{n})\,dA$이다. 따라서 질량이 R에서 증가하는 비율을 나타내는 또 하나의 식은

$$-\iint_S (\rho\vec{F}\cdot\vec{n})\,dA \tag{7.5.30}$$
[22]

이다. 발산정리 식 (7.5.11)에 의하면 위 식은

$$-\iiint_T \mathrm{div}\,(\rho\vec{F})\,dV \tag{7.5.31}$$

로 된다. 식 (7.5.29)와 식 (7.5.31)을 같이 놓으면 다음을 얻는다.

$$\iiint_T \frac{\partial\rho}{\partial t}dV = -\iiint_T \mathrm{div}\,(\rho\vec{F})dV \quad \text{또는} \quad \iiint_T \left(\frac{\partial\rho}{\partial t} + \mathrm{div}\,(\rho\vec{F})\right)dV = 0$$

위의 결과는 모든 영역 T에 대하여 성립하므로 여기서 액체의 흐름에 대한 연속방정식 (continuity equation)

$$\frac{\partial\rho}{\partial t} + \mathrm{div}\,\rho\vec{v} = 0 \tag{7.5.32}$$

를 얻는다. 6.5절에서 $\mathrm{div}\,\vec{F} = 0$이면 액체는 원천이나 흡입이 없는 비압축성의 액체[23]라고 하였다. 이 사실은 식 (7.5.32)로부터, 만약 액체가 비압축성이면 ρ는 일정하다. 따라서 $\nabla\cdot(\rho\vec{F}) = \rho\nabla\cdot\vec{F}$로 되나, $\partial\rho/\partial t = 0$이므로 식 (7.5.32)로부터 $\mathrm{div}\,\vec{F} = 0$가 얻어진다.

발산정리에서 벡터함수 $\vec{F}$를 여러 종류의 형태로, 예를 들어 $\mathrm{div}\,\vec{F}$, $f\,\vec{i}$ 및 $\psi\,(\mathrm{div}\,\vec{f}\,)$ 등으로 취함으로써 적분과 관련된 다른 형태의 유용한 정리를 얻을 수 있으며, 이 결과를 [표 7.2]에 나타내었다. 표에서 f, g는 스칼라 함수이다.

---

22) '−'는 감소를 의미한다.
23) 대표적인 예로서 물을 들 수 있다.

표 7.2 **적분공식**

$$\iiint_T (\nabla \cdot \vec{F})\, dV = \iint_S \vec{F} \cdot \vec{n}\, dA$$

$$\iiint_T (\nabla^2 f)\, dV = \iint_S \frac{\partial f}{\partial n}\, dA$$

$$\iiint_T (\nabla f)\, dV = \iint_S f\vec{n}\, dA$$

$$\iiint_T (\nabla \times \vec{F})\, dV = \iint_S (\vec{n} \times \vec{F})\, dA$$

$$\iiint_T (g\nabla^2 f - f\nabla^2 g)\, dV = \iint_S \left(g\frac{\partial f}{\partial n} - f\frac{\partial g}{\partial n}\right) dA$$

$$\iiint_T (g\nabla^2 f + \nabla f \cdot \nabla g)\, dV = \iint_S g\frac{\partial f}{\partial n}\, dA$$

$$\iint_S (\nabla \times \vec{F}) \cdot \vec{n}\, dA = \oint_C \vec{F} \cdot d\vec{l}$$

$$\iint_S (\vec{n} \times \nabla) \times \vec{F}\, dS = -\oint_C \vec{F} \times d\vec{l}$$

예제 7.5.4

벡터함수를 $\vec{F} = f\vec{i}$로 두고 발산의 정리를 적용하여 보자. 단 f는 스칼라함수이다.

해

식 (7.5.11)에 의한 발산정리에서 $\vec{F} = f\vec{i}$로 두면

$$\iiint_T (\operatorname{div} f\vec{i})\, dV = \iint_S f\vec{i} \cdot \vec{n}\, dA \quad ①$$

이다. 이때 단위벡터 $\vec{i}$는 적분과는 관계없는 항이며, $\operatorname{div}(f\vec{i}) = \vec{i} \cdot \operatorname{grad} f$ 이므로 ①은

$$\vec{i} \cdot \iiint_T (\operatorname{grad} f)\, dV = \vec{i} \cdot \iint_S f\,\vec{n}\, dA \quad ②$$

이다. 이것은 다시

$$\vec{i} \cdot \left[\iiint_T (\operatorname{grad} f)\, dV - \iint_S f\vec{n}\, dA\right] = 0 \quad ③$$

로 쓸 수 있다. 여기서 $\vec{i}$는 영이 아니며, 또한 $\vec{i}$와 ③의 괄호 안의 값은 서로 직교하지도 않는다. 결과적으로 ③이 성립하기 위해서는 괄호 안의 값이 영이어야 하므로

$$\iiint_T (\mathrm{grad}\, f)\, dV = \iint_S f\vec{n}\, dA \qquad ④$$

이어야 한다. 즉 이것은 또 다른 형태의 가우스의 발산정리로 볼 수 있다.

▶ 예제 7.5.5

발산정리에서 $\vec{F} = g(\mathrm{grad} f)$와 $\vec{F} = f(\mathrm{grad} g)$로 두고 식 (7.5.11)의 적분을 계산한 다음 그 차이를 비교하여 보자.

해

먼저 $\vec{F} = g(\mathrm{grad} f)$를 식 (7.5.11)의 발산정리에 대입하면

$$\iiint_T \{\mathrm{div}(g\, \mathrm{grad} f)\} dV = \iint_S g\,(\mathrm{grad} f) \cdot \vec{n}\, dA \qquad ①$$

이다. 또한 [표 7.2]로부터[24)]

$$\nabla \cdot (g \nabla f) = \nabla g \cdot \nabla f + g \nabla^2 f \qquad ②$$

가 성립하므로 여기에 식 (6.5.9)를 이용하면 ①은 다음으로 된다.

$$\iiint_T [g\nabla^2 f + \nabla g \cdot \nabla f]\, dV = \iint_S g \frac{\partial f}{\partial n}\, dA \qquad ③$$

다음 $\vec{F} = f \nabla g$로 두고 위와 동일한 과정을 거치면

$$\iiint_T [f\nabla^2 g + \nabla g \cdot \nabla f]\, dV = \iint_S f \frac{\partial g}{\partial n}\, dA \qquad ④$$

이다. 따라서 ③에서 ④를 빼면

$$\iiint_T [g\nabla^2 f - f\nabla^2 g]\, dV = \iint_S \left[g\frac{\partial f}{\partial n} - f\frac{\partial g}{\partial n} \right] dA \qquad ⑤$$

가 얻어진다. 이 식을 그린(Green)의 정리, 또는 그린 정리의 제 2 형식이라 한다.

24) 수식적인 이해를 돕기 위해 여기서는 div를 ∇로 나타내기로 한다.

▶ 예제 7.5.6

[그림 7.29]과 같이 $\mathbb{R}^3$ 공간에서 체적 V가 놓여 있다. 이때 벡터함수가 다음과 같이 주어졌을 때 발산정리의 결과를 구하여 보자.

$$\vec{F}=\vec{F}(x,y)=\phi\vec{i}+\psi\vec{j}$$

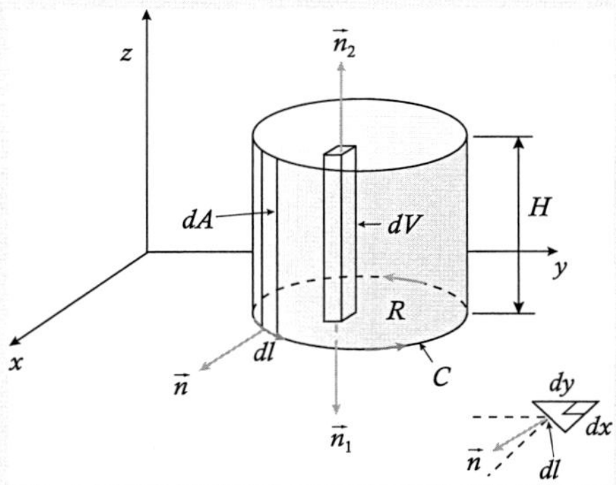

그림 7.29 [예제 7.5.6]

◇ 해

식 (7.5.11)의 발산정리는 식 (7.5.20)을 참고하면

$$\iint_R\left[\int_0^H(\mathrm{div}\vec{F})\,dz)\right]dxdy=\iint_S\vec{F}\cdot\vec{n}\,dA \quad ①$$

로 쓸 수 있다. 여기서 $\vec{F}=\vec{F}(x,y)$이기 때문에 $(\mathrm{div}\vec{F})$는 z 축과는 무관하여

$$\int_0^H(\mathrm{div}\,\vec{F})\,dz=H(\mathrm{div}\,\vec{F}) \quad ②$$

로 된다. 한편 원기둥의 윗면에서 $\vec{F}$는 z 축의 값을 가지지 않으므로 $\vec{F}\cdot\vec{n}_2=\vec{F}\cdot\vec{k}=0$으로 된다. 마찬가지로 아랫면에서도 $\vec{F}\cdot\vec{n}_1=0$으로 되어 결과적으로 측면만이 표면의 적분에 기여하고 있다는 것을 알 수 있다. 원기둥 측면에서의 미소면적을 고려하면 $dA=Hdl$로 쓸 수 있고, (H는 고정이므로) 이를 이용하여 폐곡선 C의 주위를 따라 적분의 수행이 가능하다. 이 경우 발산정리는 다음과 같은 형식으로 된다.

$$H\iint_R(\mathrm{div}\vec{F})\,dxdy=\oint_C\vec{F}\cdot\vec{n}\,H\,dl \quad ③$$

그런데

$$\vec{F}=\phi\vec{i}+\psi\vec{j} \quad \text{및} \quad \vec{n}=\frac{dy}{dl}\vec{i}-\frac{dx}{dl}\vec{j} \quad ④$$

이기 때문에([그림 7.29] 참조)

$$\operatorname{div}\vec{F} = \frac{\partial \phi}{\partial x} + \frac{\partial \psi}{\partial y}, \quad \vec{F} \cdot \vec{n} = \phi \frac{dy}{dl} - \psi \frac{dx}{dl} \qquad ⑤$$

를 얻을 수 있다. 이를 이용하면 다음과 같은 편리한 공식을 얻는다.

$$\iint_R \left(\frac{\partial \phi}{\partial x} + \frac{\partial \psi}{\partial y} \right) dydx = \oint_C (\phi dy - \psi dx) \qquad ⑥$$

위 식은 평면에서의 그린의 정리로 알려져 있다.

7.5.3 MATLAB에 의한 풀이

```
% [예제 7.5.1]
% 반지름이 1인 구
[x,y,z]=sphere(40); mesh(x,y,z), hidden off, hold on
% 반지름이 1/2인 원기둥
u=linspace(0,2*pi,41); v=linspace(-pi/2,pi/2,41); [U,V]=meshgrid(u,v);
a=1/2; X=a*cos(U); Y=a*sin(U); Z=V;
mesh(X,Y,Z), axis square, hidden off, hold off, axisgraph(1,1,1,41)

syms r theta
f=r*sqrt(1-r^2);
V=int(int(f,r,0, sin(theta)),theta,-pi/2,pi/2)        % 이중적분의 계산: π/3−4/9의 확인
% [예제 7.5.2]
syms r theta z a b
f=5*r^2*cos(theta)^2*r; I=int(int(int(f,r,0,a),theta,0,2*pi),z,0,b)

% [예제 7.5.3]
syms r theta z a b
f=5*r^2*cos(theta)^2*r; II=int(int(int(f,r,0,a),theta,0,2*pi),z,0,b)
```

연습문제 7.5.4

1. 공간상의 영역 T에서 밀도 σ의 질량분포를 가지는 물체의 전체 질량을 계산하여라.

(1) $\sigma = x^2y^2z^2$, T: 상자로서 $|x| \le a, |y| \le b, |z| \le c$ 로 주어진다.

(2) $\sigma = \sin x \cos y$, T: $0 \le x \le \frac{1}{2}\pi, \ \frac{1}{2}\pi - x \le y \le \frac{1}{2}\pi, \ 0 \le z \le 12$

(3) $\sigma = \frac{1}{2}(x^2+y^2)^2$, T : 원통으로 $x^2+y^2 \le 4$, $|z| \le 2$

(4) $\sigma = 1+y+z^2$, T : 원통으로 $y^2+z^2 \le 9, 1 \le x \le 9$

2. 밀도가 1 인 질량의 x 축에 관한 관성모멘트가 영역 T 에서 $I_x = \iiint_T (y^2+z^2)dx\,dy\,dz$ 이다. 이때 T가 다음과 같이 주어질 때 I_x를 계산하여라.

(1) 정육면체 : $0 \le x \le a,\ 0 \le y \le a,\ 0 \le z \le a$

(2) 원통 : $y^2+z^2 \le a^2,\ 0 \le x \le h$

(3) 원추 : $y^2+z^2 \le x^2,\ 0 \le x \le h$

3. 다음 벡터함수에 대한 면적분을 발산정리를 이용하여 계산하여라.

(1) $\vec{F} = [x, y, z]^T$, S : 구 $x^2+y^2+z^2=9$

(2) $\vec{F} = [z-y, y^3, 2z^3]^T$, $S : y^2+z^2 \le 4, -3 \le x \le 3$ 의 표면

(3) $\vec{F} = [\sin y, \cos x, \cos z]^T$, $S : x^2+y^2 \le 4, -2 \le z \le 2$ 의 표면

(4) $\vec{F} = [4x^2, 2x+y^2, x^2+z^2]^T$, S : 네 곳의 정점 $(0, 0, 0), (2, 0, 0), (0, 2, 0), (0, 0, 2)$로 구성되는 사면체의 표면

(5) $\vec{F} = [5x^3, 5y^3, 5z^3]^T$, $S : x^2+y^2+z^2=4$

7.6 스토크스의 정리

스토크스의 정리를 이용하면 선적분을 면적분으로 또는 그 반대로 변환할 수 있다. 따라서 이것은 7.3절에서 언급한 그린의 정리를 일반화한 것으로 볼 수 있다. 스토크스의 정리는 6.5절에서 설명한 벡터의 회전

$$\text{curl } \vec{F} = \nabla \times \vec{F} = \begin{vmatrix} \vec{i} & \vec{j} & \vec{k} \\ \frac{\partial}{\partial x} & \frac{\partial}{\partial y} & \frac{\partial}{\partial z} \\ F_x & F_y & F_z \end{vmatrix} \tag{7.6.1}$$

을 사용한다.

요점 7.10 스토크스의 정리(Stokes' Theorem)

S를 공간상에서 조각적으로 매끄럽고 방향을 가진 곡면이며, S의 경계 C 역시 조각적으로 매끄러운 폐곡선이라고 가정한다. S를 포함하는 영역에서 벡터함수 $\vec{F}(x,y,z)$의 1계 편도함수가 연속이면 다음이 성립한다.

$$\iint_S (\operatorname{curl}\vec{F}) \cdot \vec{n}\, dA = \oint_C \vec{F} \cdot \vec{r}'(s)\, ds \tag{7.6.2}$$

여기서 $\vec{n}$은 S에서의 단위법선벡터이며, 폐곡선 C를 따르는 적분의 방향은 벡터 $\vec{n}$에 따라 [그림 7.30]과 같이 결정된다. 또한 $\vec{r}' = d\vec{r}/ds$는 단위접선벡터이며, s는 곡선 C의 원호의 길이를 나타낸다.

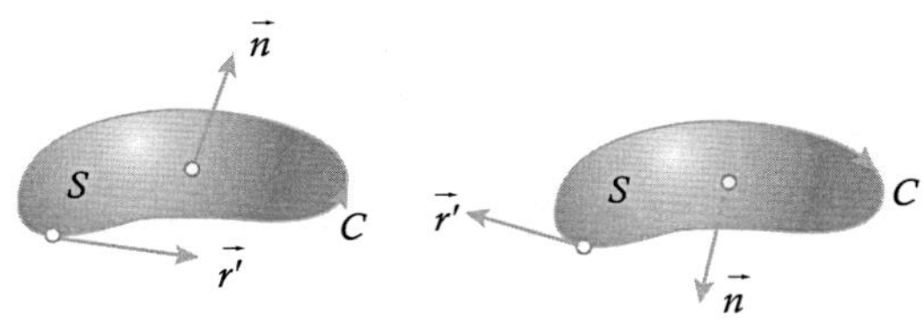

그림 7.30 스토크스의 정리

벡터함수 $\vec{F} = F_x\vec{i} + F_y\vec{j} + F_z\vec{k}$로 두고 식 (7.6.2)를 벡터의 성분을 이용하여 표현하여 보자. 곡면 S의 매개변수 표현을 식 (7.4.2)를 이용하여

$$S:\ \vec{r}(u,v) = [x(u,v), y(u,v), z(u,v)]^T = x(u,v)\vec{i} + y(u,v)\vec{j} + z(u,v)\vec{k},\ ((u,v) \in R)$$

로 두면

$$\vec{N} = \vec{r}_u \times \vec{r}_v = [N_x, N_y, N_z]^T,\quad \vec{n}\, dA = (\vec{N}/\|\vec{N}\|)\|\vec{N}\|\, dudv = \vec{N}\, dudv$$

로 된다. 또한, $\vec{r}'ds = [dx, dy, dz]^T$이며, $\vec{r}(u,v)$로 표현된 곡면 S에 대응하는 uv 평면에서의 경계를 $\tilde{C}$를 가지는 영역을 R로 두면 식 (7.6.2)는

$$\iint_R \left[\left(\frac{\partial F_z}{\partial y} - \frac{\partial F_y}{\partial z}\right)N_x + \left(\frac{\partial F_x}{\partial z} - \frac{\partial F_z}{\partial x}\right)N_y + \left(\frac{\partial F_y}{\partial x} - \frac{\partial F_x}{\partial y}\right)N_z\right] dudv \tag{7.6.3}$$
$$= \oint_{\tilde{C}} (F_x dx + F_y dy + F_z dz)$$

으로 된다. 스토크스의 정리에 대한 확인을 하기 전에 간단한 예를 하나 들어본다.

▶ 예제 7.6.1

곡면 S가 [그림 7.31]의 포물면으로 주어졌을 때, 벡터함수 $\vec{F}=[y,z,x]^T$에서 식 (7.6.2)를 계산하여 보자. 단 $\vec{F}$의 각 성분은 다음의 관계를 만족한다.

$$z=f(x,y)=1-(x^2+y^2),\ (z\geq 0)$$

◇ **해**

곡면 S가 포물면이므로 이것의 경계인 폐곡선 C는 [그림 7.31]에 표시된 방향을 가지는 원으로 $\vec{r}(s)=[\cos s, \sin s, 0]^T$으로 주어지며, 이것의 단위접선벡터는 $\vec{r}'(s)=[-\sin s, \cos s, 0]^T$이다. 곡선 C상에서 벡터함수 $\vec{F}=[y,z,x]^T$는 $\vec{F}(\vec{r}(s))=[\sin s,\ 0,\ \cos s]^T$이므로 식 (7.6.2)의 오른쪽 항을 계산하면

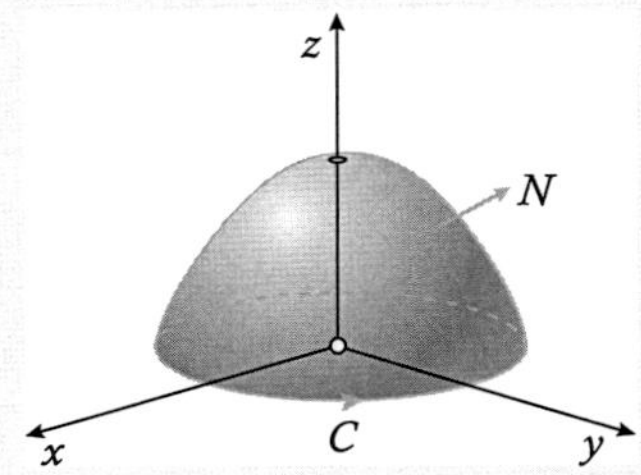

그림 7.31 [예제 7.6.1]의 곡면 S

$$\oint_C \vec{F}\cdot d\vec{r}=\int_0^{2\pi}\vec{F}(\vec{r}(s))\cdot\vec{r}'(s)\,ds$$
$$=\int_0^{2\pi}[(\sin s)(-\sin s)+0+0]\,ds=-\pi \qquad ①$$

이다. 다음 식 (7.6.2)의 왼쪽 항인 면적분의 계산을 위해, $F_x=y, F_y=z, F_z=x$이므로 식 (7.6.3)으로부터

$$\text{curl}\,\vec{F}=\text{curl}\,[F_x,\ F_y,\ F_z]^T=\text{curl}\,[y,\ z,\ x]^T=[-1,\ -1,\ -1]^T$$

을 얻는다. 곡면 S의 법선벡터는 식 (7.4.9)로부터 $\vec{N}=\text{grad}\,(z-f(x,y))=[2x,\ 2y,\ 1]^T$이므로 피적분함수는

$$(\text{curl}\,\vec{F})\cdot\vec{N}=-2x-2y-1$$

이다. 또한 $\vec{n}\,dA=\vec{N}\,dx\,dy$이므로,[25] $x=r\cos\theta, y=r\sin\theta$로 정의되는 극좌표를 사용하여 식 (7.6.2)의 왼쪽 항을 계산한다. 이때 S의 xy 평면으로의 사영을 R으로 표시하면

$$\iint_S(\text{curl}\,\vec{F})\cdot\vec{n}\,dA=\iint_R(\text{curl}\,\vec{F})\cdot\vec{N}\,dxdy=\iint_R(-2x-2y-1)\,dxdy$$
$$=\int_{\theta=0}^{2\pi}\int_{r=0}^{1}(-2r(\cos\theta+\sin\theta)-1)\,r\,dr\,d\theta \qquad ②$$
$$=\int_{\theta=0}^{2\pi}\left(-\frac{2}{3}(\cos\theta+\sin\theta)-\frac{1}{2}\right)d\theta=0+0-\frac{1}{2}(2\pi)=-\pi$$

이다. 이로부터 식 (7.6.2)가 성립함을 확인할 수 있다.

25) 식 (7.4.11)에서 u, v를 x, y로 치환함으로써 얻어진다.

스토크스의 정리를 검증하여 보자. 식 (7.6.3)에서 양변의 각 성분이 서로 일치한다면 식 (7.6.2)가 만족할 것이다. 즉

$$\iint_R \left(\frac{\partial F_x}{\partial z} N_y - \frac{\partial F_x}{\partial y} N_z \right) du\, dv = \oint_{\tilde{C}} F_x\, dx \tag{7.6.4 a}$$

$$\iint_R \left(- \frac{\partial F_y}{\partial z} N_x + \frac{\partial F_y}{\partial x} N_z \right) du\, dv = \oint_{\tilde{C}} F_y\, dy \tag{7.6.4 b}$$

$$\iint_R \left(\frac{\partial F_z}{\partial y} N_x - \frac{\partial F_z}{\partial x} N_y \right) du\, dv = \oint_{\tilde{C}} F_z\, dx \tag{7.6.4 c}$$

를 만족하는 것이다. 여기서는 곡면 S가 다음의 세 가지 식으로 동시에 표현되었을 경우에 한하여 위 식을 증명하여 본다.

$$\text{(a)}\ \ z = f(x,y), \quad \text{(b)}\ \ y = g(x,z), \quad \text{(c)}\ \ x = h(y,z) \tag{7.6.5}$$

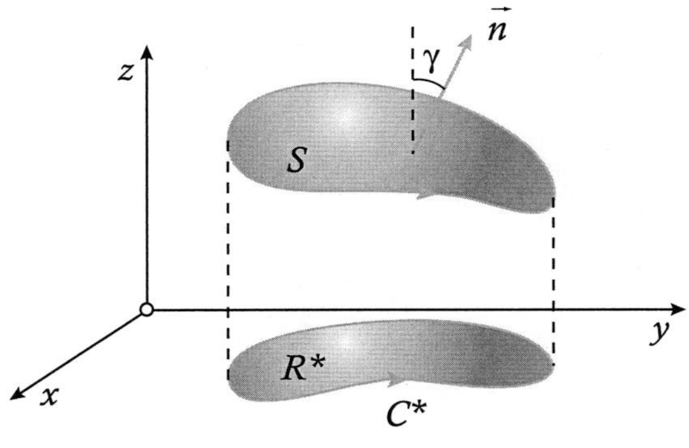

그림 7.32 스토크스 정리의 검증

먼저 식 (7.6.5)의 (a)를 이용하여 식 (7.6.4 a)를 증명하여 보자. $u = x$, $v = y$로 두고 식 (7.6.4 a)를 이용하면

$$\vec{r}(u,v) = \vec{r}(x,y) = [x, y, f(x,y)]^T = x\vec{i} + y\vec{j} + f\vec{k} \tag{7.6.6}$$

이다. 또한 직접적인 계산에 의해

$$\vec{N} = \vec{r}_u \times \vec{r}_v = \vec{r}_x \times \vec{r}_y = [-f_x, -f_y, 1]^T = -f_x\vec{i} - f_y\vec{j} + \vec{k} \tag{7.6.7}$$

가 얻어진다.[26] 이때 $\vec{N}$은 곡면 S가 양의 z성분을 가지기 때문에,[27] 위쪽으로 나가는 법선벡터로 된다. S의 xy 평면으로의 사영을 $R=R^*$, 이때의 경계를 $\overline{C}=C^*$로 두면 (그림 7.32), 식 (7.6.4 a)의 왼쪽 항은

$$\iint_{R^*}\left[\frac{\partial F_x}{\partial z}(-f_y)-\frac{\partial F_x}{\partial y}\right]dx\,dy \tag{7.6.8}$$

이다. 또한 식 (7.6.4 a)의 오른쪽 항은 식 (7.3.14)로 주어진 그린의 정리에서 $F_y=0$로 둠으로써 $\overline{C}=C^*$에 대한 선적분을 R^*에 대한 이중적분으로 변환할 수 있다. 즉

$$\oint_{C^*}F_x\,dx=\iint_{R^*}-\frac{\partial F_x}{\partial y}\,dx\,dy \tag{7.6.9}$$

가 얻어진다. 여기서 $F_x=F_x(x,y,f(x,y))$이므로 미분에 관한 연쇄법칙에 의해

$$-\frac{\partial F_x(x,y,f(x,y))}{\partial y}=-\frac{\partial F_x(x,y,z)}{\partial y}-\frac{\partial F_x(x,y,z)}{\partial z}\frac{\partial f}{\partial y},\ \ [z=f(x,y)] \tag{7.6.10}$$

이다. 이로부터 식 (7.6.4 a)의 오른쪽 항은 식 (7.6.8)과 일치한다는 것을 확인할 수 있다. 식 (7.6.5)의 (b)와 (c)를 사용하였을 경우의 식 (7.6.4 b)와 (7.6.4 c)에서도 위와 동일한 관계를 만족하고 있음을 쉽게 확인할 수 있다. 따라서 [요점 7.9]에서 주어진 스토크스의 정리가 확인되었다.

▶ 예제 7.6.2

구분적으로 매끄러운 경계 C를 가지는 곡면 S를 포함하는 xy 평면의 영역에서 연속적으로 미분 가능한 벡터함수 $\vec{F}=[F_x,F_y]^T=F_x\vec{i}+F_y\vec{j}$가 주어졌다고 한다. 그러면 식 (7.6.2)의 피적분함수는

$$(\mathrm{curl}\,\vec{F})\cdot\vec{n}=(\mathrm{curl}\,\vec{F})\cdot\vec{k}=\frac{\partial F_y}{\partial x}-\frac{\partial F_x}{\partial y}$$

---

26) 식 (7.4.4)로부터

$$\vec{r}_u=\frac{\partial\vec{r}}{\partial u}=\frac{\partial\vec{r}}{\partial x}=\left[1,\,0,\,\frac{\partial f}{\partial x}\right]^T=[1,\,0,\,f_x]^T \text{ 및 } \vec{r}_v=\frac{\partial\vec{r}}{\partial v}=\frac{\partial\vec{r}}{\partial y}=\left[1,\,0,\,\frac{\partial f}{\partial x}\right]^T=[0,\,1,\,f_y]^T$$

이다.

27) '양의 z 성분'이란 곡면 S가 $\mathbb{R}^3$공간에서 z축 방향으로 튀어나온 모양을 하고 있다는 것을 의미한다.

로 된다. 따라서 스토크스의 정리의 공식은 다음과 같이 쓸 수 있다.

$$\iint_S \left(\frac{\partial F_y}{\partial x} - \frac{\partial F_x}{\partial y} \right) dA = \oint_C (F_x\,dx + F_y\,dy)$$

이것은 평면에서의 그린의 정리인 식 (7.3.14)로서, 스토크스 정리의 특별한 경우로 간주할 수 있다는 것을 보여주고 있다.

▶ 예제 7.6.3

그림으로 주어진 곡선에 대한 벡터함수 $\vec{F} = 2y\vec{i} + x\vec{j}$의 회전을, (a) 직접 적분과, (b) 스토크스의 정리에 의한 방법을 이용하여 수행하여 보자.

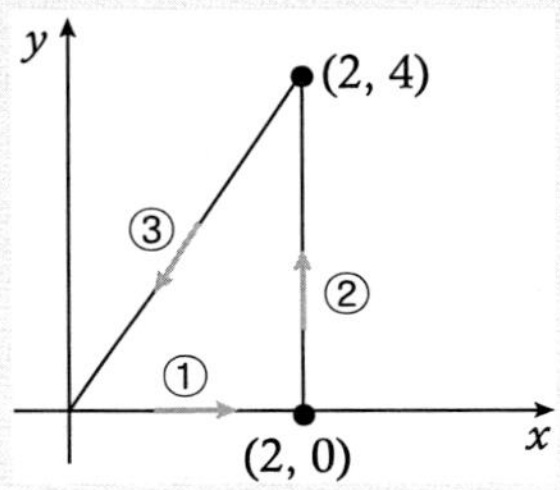

그림 7.33 [예제 7.6.3]

◇ 해

(a) 회전은

$$\Gamma = \oint_C \vec{F} \cdot d\vec{l} = \oint_C (F_x dx + F_y dy + F_z dz)$$

로 계산된다. 따라서 위 그림의 세 부분에 대한 적분은

$$\Gamma = \oint_{①} (F_x dx + F_y dy + F_z dz) + \oint_{②} (F_x dx + F_y dy + F_z dz) + \oint_{③} (F_x dx + F_y dy + F_z dz)$$

이다. 이 경우 경로 ①에서 $\int_{①} F_y dy = \int_{①} F_z dz = 0$이며, 경로 ②에서는 $\int_{②} F_x dx = \int_{②} F_z dz = 0$이며, 마지막으로 경로 ③에서는 $\int_{③} F_z dz = 0$이므로 이것을 제외한 나머지에 대한 적분을 수행한다. 즉 ①에서는 $F_x = 2y = 0$, ②에서는 $F_y = x = 2$ 및 ③에서는 $2x = y$, 이므로 $2dx = dy$ 이다. 따라서

$$\Gamma = \int_0^4 2dy + \int_2^0 (2 \cdot 2x dx + x 2dx) = 2 \cdot 4 + 3x^2 \Big|_2^0 = -4$$

이다.

(b) 스토크스의 정리에 의하면

$$\begin{aligned} \Gamma &= \iint_S (\operatorname{curl} \vec{F}) \cdot \vec{n}\, dA \\ &= \iint_S \left[\left(\frac{\partial F_z}{\partial y} - \frac{\partial F_y}{\partial z} \right) \vec{i} + \left(\frac{\partial F_x}{\partial z} - \frac{\partial F_z}{\partial x} \right) \vec{j} + \left(\frac{\partial F_y}{\partial x} - \frac{\partial F_x}{\partial y} \right) \vec{k} \right] \cdot \vec{k}\, dA \\ &= \iint_S (1-2) \vec{k} \cdot \vec{k}\, dA = -\iint dA = -4 \end{aligned}$$

이다.

▶ 예제 7.6.4

위에서 바라보았을 때 시계반대방향인 곡선 $C: x^2+y^2=1, y+z=2$를 따른 선적분 $\oint_C (z\,dx+x\,dy+y\,dz)$를 계산하여 보자.

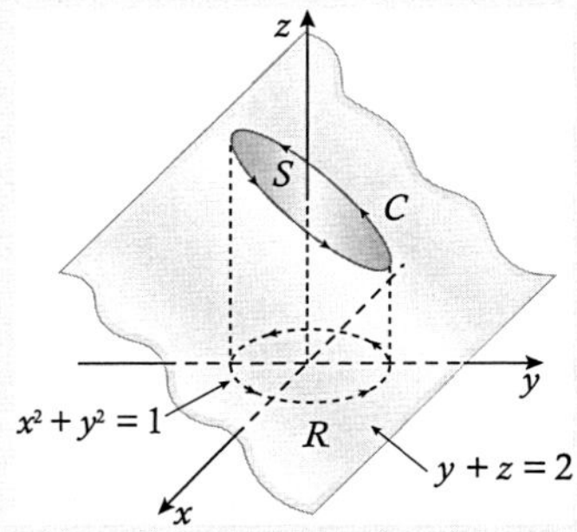

그림 7.34 [예제 7.6.4]에서의 적분경로

◇ 해

스토크스의 정리를 이용하여 곡선 C를 따른 선적분을 곡선 C를 경계로 갖는 곡면에서의 면적분으로 변경하여 계산한다.
평면 $y+z=2$ 상에서 원기둥의 내부 $x^2+y^2 \le 1$을 $S: x^2+y^2 \le 1, y+z=2$로 두면 C는 곡면 S의 경계가 된다(그림 7.34). 곡면 S를 매개변수표현으로 나타내면

$$S: \vec{r}(u,v) = u\vec{i}+v\vec{j}+(2-v)\vec{k}, \quad (u^2+v^2 \le 1) \qquad ①$$

이다. uv 평면의 정의역을 $R: u^2+v^2 \le 1$이라고 놓으면 이것은 곡면 S를 xy 평면으로 사영한 영역으로 된다. 곡면 S의 위에서 바라보았을 때 C의 방향은 시계반대방향이므로, 곡면의 방향은 위쪽방향으로 잡아야 한다. $g(x,y,z)=y+z-2$로 놓으면 S는 등위면 $g(x,y,z)=0$의 부분곡면이며 S의 법선벡터는

$$\vec{N}(u,v) = \text{grad}\, g(u,v,2-v) = \vec{j}+\vec{k} \qquad ②$$

이다. $\vec{F}(x,y,z) = z\vec{i}+x\vec{j}+y\vec{k}$로 놓으면

$$\text{curl}\,\vec{F} = \begin{vmatrix} \vec{i} & \vec{j} & \vec{k} \\ \dfrac{\partial}{\partial x} & \dfrac{\partial}{\partial y} & \dfrac{\partial}{\partial z} \\ z & x & y \end{vmatrix} = \vec{i}+\vec{j}+\vec{k} \qquad ③$$

이고

$$\text{curl}\,\vec{F}(\vec{r}(u,v)) \cdot \vec{N}(u,v) = (\vec{i}+\vec{j}+\vec{k}) \cdot (\vec{j}+\vec{k}) = 2 \qquad ④$$

이므로 면적분은

$$\iint_S \operatorname{curl} \vec{F} \cdot \vec{n}\, dA = \iint_R \operatorname{curl} \vec{F}(\vec{r}(u,v)) \cdot \vec{N}(u,v)\, dudv$$

$$= 2\iint_R dudv = 2\pi$$

이다. 따라서 스토크스의 정리에 의하여

$$\oint_C (zdx + xdy + ydz) = \iint_S \operatorname{curl} \vec{F} \cdot \vec{n}\, dA = 2\pi$$

으로 된다.

7.6.1 회전의 물리적 의미

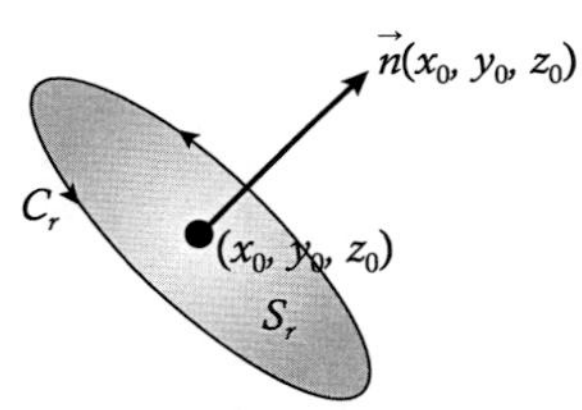

그림 7.35 식 (7.6.11)의 원판

벡터함수 $\vec{F}$가 유체의 속도장이면, 경로 C를 따르는 회전도(circulation) $\oint_C \vec{F} \cdot d\vec{r}$는 유체가 순환하면서 C를 따라 회전하는 양을 나타낸다. $\vec{F}$의 회전도는 $\vec{F}$의 회전(curl)과 밀접한 관련이 있다는 것은 이미 언급하였다. 유체 내부의 임의의 점 (x_0, y_0, z_0)에 대하여, 이 점을 중심으로 하는 반지름이 r인 아주 작은 원판을 S_r라 하고 그 경계인 원을 C_r이라고 한다(그림 7.35). 그러면 스토크스의 정리에 의해

$$\iint_{S_r} (\operatorname{curl} \vec{F}) \cdot \vec{n}\, dA = \oint_{C_r} \vec{F} \cdot d\vec{r} \tag{7.6.11}$$

이 성립한다. r가 충분히 작다면 원판 S_r의 내부에서 $\vec{F}$의 회전은 원의 중심에서의 회전으로 근사할 수 있으므로 식 (7.6.11)의 왼쪽 항은

$$\iint_{S_r} (\operatorname{curl} \vec{F}) \cdot \vec{n}\, dA \approx \iint_{S_r} \left(\operatorname{curl} \vec{F}(x_0, y_0, z_0)\right) \cdot \vec{n}(x_0, y_0, z_0)\, dA \tag{7.6.12}$$

$$= \left(\operatorname{curl} \vec{F}(x_0, y_0, z_0)\right) \cdot \vec{n}(x_0, y_0, z_0) \iint_{S_r} dA$$

$$= \left(\operatorname{curl} \vec{F}(x_0, y_0, z_0)\right) \cdot \vec{n}(x_0, y_0, z_0) A_r$$

로 근사할 수 있다. 여기서 $A_r = \pi r^2$은 원판 S_r의 면적이다. 식 (7.6.12)는 $r \to 0$이면 등

호가 성립하므로, 식 (7.6.11)과 (7.6.12)로부터 근사식

$$\left(\operatorname{curl}\vec{F}(x_0,y_0,z_0)\right)\cdot\vec{n}(x_0,y_0,z_0)\approx\frac{1}{A_r}\oint_{C_r}\vec{F}\cdot d\vec{r} \tag{7.6.13}$$

를 얻는다. 이 식은 $\vec{F}$의 회전의 법선벡터 성분이 단위면적당 회전도와 거의 같다는 것을 의미한다. 식 (7.6.13)에서 $r\to 0$의 극한을 취하면

$$\left(\operatorname{curl}\vec{F}(x_0,y_0,z_0)\right)\cdot\vec{n}(x_0,y_0,z_0)=\lim_{r\to 0}\frac{1}{A_r}\oint_{C_r}\vec{F}\cdot d\vec{r} \tag{7.6.14}$$

를 얻는다. S_r의 법선벡터가 $\operatorname{curl}\vec{F}$의 회전방향과 일치하도록 C_r를 잡으면 식 (7.6.14)의 왼쪽 항은 최대값을 갖게 되고 따라서 식 (7.6.14)의 오른쪽 항도 최대가 된다. $\vec{n}$을 $\operatorname{curl}\vec{F}$와 수직하도록 C_r를 잡으면 식 (7.6.4)의 왼쪽 항은 영으로 되어 C_r는 회전하지 않는다.

7.6.2 MATLAB에 의한 풀이

```
% [예제 7.6.1]
% 벡터 F의 정의
u=inline('y','x','y','z'); v=inline('1-(x.^2+y.^2)','x','y','z'); w=inline
('x','x','y','z');
% Simpson's rule에 의한 적분을 위한 준비
n=200; t=linspace(0,2*pi,n+1); dt=2*pi/n; s=simpvec(n);
x=cos(t); y=sin(t);z=0*y;                          % 경로 r(t)의 직교좌표 표현
xdot=-sin(t); ydot=cos(t); zdot=0*xdot;            % 경로에 따른 r'(t)의 성분의 계산
% 피적분함수 F(r)*dr의 각 성분 계산
I1=u(x,y,z).*xdot; I2=v(x,y,z).*ydot; I3=w(x,y,z).*zdot;
% Simpson's rule에 의한 선적분의 계산
integral=dot(s,(I1+I2+I3))*dt/3                    % ①의 확인
%
syms r theta
F=-2*r^2*(cos(theta)+sin(theta))-1;
integral=int(int(F,r,0,1),theta,0,2*pi)            % ②의확인

% [예제 7.6.4]
% 경로 C의 그래프([그림 7.34])
u=linspace(0,2*pi,41); [U]=meshgrid(u); X=cos(U); Y=sin(U); Z=2-Y;
surf(X,Y,Z), hold on, Y2=sqrt(1-X.^2); Z2=zeros(size(Z));
surf(X,Y2,Z2), surf(X,-Y2,Z2), axisgraph(1,1,1,41), hold off
% 벡터 F의 정의
```

```
u=inline('z','x','y','z'); v=inline('x','x','y','z'); w=inline('y','x','y','z');
% Simpson's rule에 의한 적분을 위한 준비
n=200; t=linspace(0,2*pi,n+1); dt=2*pi/n; s=simpvec(n);
x=cos(t); y=sin(t);z=2-y;                              % 경로 r(t)의 직교좌표 표현
xdot=-sin(t); ydot=cos(t); zdot=-cos(t);               % 경로에 따른 r'(t)의 성분의 계산
% 피적분함수 F(r)*dr의 각 성분계산
I1=u(x,y,z).*xdot; I2=v(x,y,z).*ydot; I3=w(x,y,z).*zdot;
% Simpson's rule에 의한 선적분의 계산
integral=dot(s,(I1+I2+I3))*dt/3                         % 2π 의 확인
```

❖ [예제 7.6.4]에서 $C: x^2+y^2=1,\ y+z=2$를 나타내는 곡선, 즉 [그림 7.6.4]를 3D 그래프에 표시하고, 실제의 적분은 심프슨의 법칙에 의해 선적분을 계산하였다.

연습문제 7.6.3

1. 주어진 $\vec{F}$와 S에 대하여 $\iint_S (\mathrm{curl}\,\vec{F})\cdot\vec{n}\,dA$를 직접 계산에 의하여 구하여라.

(1) $\vec{F}=[4z^2,\ 16x,\ 0]^T,\ S: z=y,\ (0\le x\le 1,\ 0\le y\le 1)$

(2) $\vec{F}=[-e^y,\ e^z,\ e^x]^T,\ S: z=x+y,\ (0\le x\le 1,\ 0\le y\le 1)$

(3) $\vec{F}=[e^{2z},\ e^z\sin y,\ e^z\cos y]^T,\ S: z=y^2,\ (0\le x\le 4,\ 0\le y\le 1)$

(4) $\vec{F}=\left[z^2,\ \frac{3}{2}x,\ 0\right]^T,\ S$: 정방형 , $(0\le x\le a,\ 0\le y\le a,\ z=1)$

2. 다음 선적분을 스토크스의 정리를 이용하여 계산하여라. 단 경로 C는 시계방향으로 간주한다.

(1) $\vec{F}=[-3y,\ 3x,\ z]^T,\ C: x^2+y^2=4,\ z=1$로 주어지는 원

(2) $\vec{F}=[y^2,\ x^2,\ -x+z]^T,\ C$: 세 개의 정점 $(0,0,1),\ (1,0,1),\ (1,1,1)$로 이루어지는 삼각형

(3) $\vec{F}=[y,\ z^2,\ x^3]^T,\ C: x^2+y^2=1$과 $z=y+1$이 만나는 선분

(4) $\vec{F}=[\cos\pi y,\ \sin\pi y,\ 0]^T,\ C$: 네 개의 정점 $(0,1,0),\ (0,0,1),\ (1,0,1),\ (1,1,0)$ 으

로 이루어지는 사각형

3. $\vec{F}=(x^2+y^2)^{-1}[-y,\ x]^T$, C: $x^2+y^2=1, (z=0)$에 대하여 선적분 $\oint_C \vec{F}\cdot\vec{r}'\,ds$를 계산하여라. 이 문제의 경우 스토크스의 정리가 성립되지 않는 이유를 설명하여라.

4. 스토크스의 정리를 이용하여 다음 선적분을 계산하여라. 단 C는 원 $x^2+y^2=9$이다.

$$\oint_C \left(z^2 e^{x^2}dx + xy^2 dy + \tan^{-1} y\,dz\right)$$

Chapter_08

08

푸리에 해석

주기적으로 반복되는 현상은 물리적 또는 공학적인 응용에서 많이 나타난다. 이와 같은 경우 푸리에 급수를 이용하면 임의의 주기함수를 비교적 다루기 쉬운 sine, cosine과 같은 삼각함수를 이용하여 나타낼 수 있으며, 특히 불연속 주기함수를 다룰 수 있다는 점에서 계산상 대단히 편리하다. 여기서는 푸리에 급수로서 sine과 cosine과 같은 삼각함수를 사용하게 된 배경을 먼저 설명한 뒤, 급수의 계산에 필요한 몇 가지 사항에 대하여 언급한다. 또한 비주기함수를 다룰 수 있도록 푸리에 급수의 개념을 확장한 푸리에 적분과 푸리에 변환에 대하여 알아본다.

8.1 푸리에 급수

먼저 주기함수에 대하여 정의하여 둔다. 즉 함수 $f(t)$가 모든 실수에 대해 정의되고 있을 때 임의의 t에 대해

$$f(t+T)=f(t) \tag{8.1.1}$$

를 만족하는 양의 수 T가 존재할 때 함수 $f(t)$를 주기함수(periodic function)라고 하고 T를 이 함수의 주기(period)라고 한다. 이때 식 (8.1.1)의 관계를 계속 확장하면

$$\cdots = f(t-T) = f(t) = f(t+T) = f(t+2T) = \cdots \tag{8.1.2}$$

와 같이 임의의 정수 n에 대하여 $f(t+nT)=f(t)$이므로 $T, 2T, 3T, \cdots$가 모두 주기가 된다. 따라서 주기함수의 최소주기를 기본주기(fundamental period)라고 정의한다.

삼각함수 $\sin t$와 $\cos t$는 모두 주기가 2π인 주기함수라는 사실은 잘 알려져 있으며, 특히 상수함수 $f(t)=c$는 임의의 양의 수를 주기로 갖는다.

8.1.1 함수의 내적과 직교성

제 5 장의 [요점 5.1]에 의하면 n차원 공간 $\mathbb{R}^n$에 존재하는 두 개의 벡터 $\vec{u}=[u_1, u_2, \cdots, u_n]^T$와 $\vec{v}=[v_1, v_2, \cdots, v_n]^T$의 내적은

$$\vec{u} \cdot \vec{v} = \sum_{i=1}^{n} u_i v_i = u_1 v_1 + u_2 v_2 + \cdots + u_n v_n \tag{8.1.3}$$

이며, 이때 내적이 영인 경우, 즉 $\vec{u} \cdot \vec{v}=0$이면 두 벡터는 서로 직교한다고 하였다(요점 5.7 참조). 이와같이 벡터에 대하여 정의되는 내적과 직교성의 개념을 함수에 대하여 확장한다.

요점 8.1 두 함수의 내적

주기가 T인 함수 $f(t)$와 $g(t)$의 내적은 다음 식으로 정의된다.

$$\langle f, g \rangle = \frac{2}{T}\int_{-T/2}^{T/2} f(t)g(t)dt \tag{8.1.4}$$ [1]

요점 8.2 함수 $f(t)$의 크기

주기가 T인 함수 $f(t)$의 크기는 다음 식으로 정의된다.

$$\| f \| = \sqrt{\langle f, f \rangle} = \sqrt{\frac{2}{T}\int_{-T/2}^{T/2} f^2(t)dt} \tag{8.1.5}$$

1) 벡터의 내적과 구별하기 위하여 기호 $\langle f, g \rangle$를 사용하였다.

이와 같이 함수의 내적을 정의함으로써 두 함수가 직교한다는 개념을 도입할 수 있다. 즉

$$\langle f, g \rangle = 0 \tag{8.1.6}$$

이 성립하는 경우, 두 함수 $f(t)$와 $g(t)$는 서로 직교한다고 한다. 예를 들어 $f(t) = \sin\omega_0 t$, $g(t) = \sin 2\omega_0 t$에 대하여 식 (8.1.4)를 계산하면

$$\langle f, g \rangle = \frac{2}{T}\int_{-T/2}^{T/2} \sin\omega_0 t \sin 2\omega_0 t\, dt \tag{8.1.7}$$

$$= \frac{1}{T}\left[\int_{-T/2}^{T/2} \cos\omega_0 t\, dt - \int_{-T/2}^{T/2} \cos 3\omega_0 t\, dt\right] = 0$$

이다. 단 $T = 2\pi/\omega_0$로 두고 다음과 같은 삼각함수의 공식을 이용하였다.

$$\int_{-T/2}^{T/2} \sin nt \sin mt\, dt \tag{8.1.8}$$

$$= \frac{1}{2}\int_{-T/2}^{T/2} \cos(n-m)t\, dt - \frac{1}{2}\int_{-T/2}^{T/2} \cos(n+m)t\, dt$$

$$= \begin{cases} \dfrac{T}{2}, & (n = m) \\ 0, & (n \neq m) \end{cases}$$

식 (8.1.7)로부터 두 함수 $f(t)$와 $g(t)$는 서로 직교하며, 동시에

$$\| f \| = \| g \| = 1 \tag{8.1.9}$$

이므로 함수 $\sin\omega_0 t$와 $\sin 2\omega_0 t$는 정규직교함수(orthonormal functions)라고 한다. 그런데

$$f_n(t) = \sin\omega_0 t,\ \sin 2\omega_0 t,\ \sin 3\omega_0 t,\ \cdots \tag{8.1.10}$$

으로 주어지는 함수열에 대하여

$$\langle f_n, f_m \rangle = \begin{cases} 1, & (n = m) \\ 0, & (n \neq m) \end{cases} \tag{8.1.11}$$

이 성립하기 때문에 함수열 f_n은 정규직교함수이다. 또한 cosine함수의 열

$$g_n(t) = 1,\ \cos\omega_0 t,\ \cos 2\omega_0 t,\ \cos 3\omega_0 t,\ \cdots \tag{8.1.12}$$

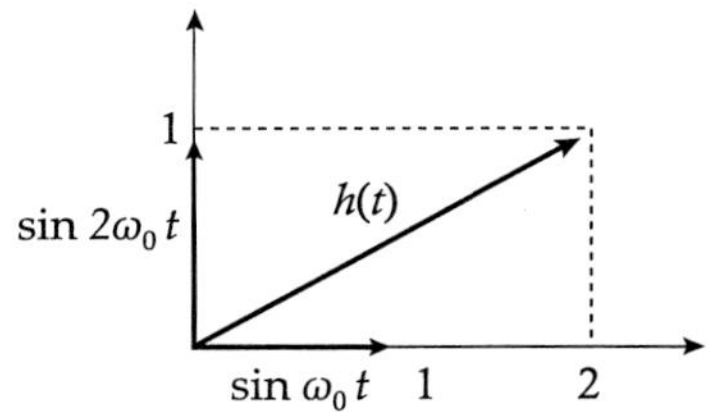

그림 8.1 정규직교함수에 의한 함수 $f(t)$의 표현

도 마찬가지로 식 (8.1.11)의 관계가 성립하기 때문에 $\{\sin n\,\omega_0 t,\ n=1,2,3,\cdots\}$과 $\{\cos n\omega_0 t,\ n=0,1,2,\cdots\}$는 모두 정규직교함수의 관계에 있다는 사실을 확인할 수 있다.

이상의 사실을 벡터의 선형독립성과 비교하면, (서로 독립인) 함수 $\sin\omega_0 t$와 $\sin 2\omega_0 t$는 xy 평면을 규정하는 x축과 y축 상의 단위벡터 $\vec{e}_1$과 $\vec{e}_2$와 동일한 역할을 한다. 이 사실을 [그림 8.1]에 나타내었다. 이때 함수 $h(t)$는

$$h(t)=2\sin\omega_0 t+\sin 2\omega_0 t$$

로 표현할 수 있다. 이와 같이 함수 $\sin\omega_0 t$와 $\sin 2\omega_0 t$에 의해 구성되는 공간을 함수공간(function space)이라고 부른다. 그러면 함수공간에 존재하는 임의의 함수 $f(t)$는 서로 직교하면서 크기가 1인 두 함수 $\{\sin\omega_0 t,\ \sin 2\omega_0 t\}$의 선형결합

$$f(t)=\alpha_1\sin\omega_0 t+\alpha_2\sin 2\omega_0 t \tag{8.1.13}$$

에 의해 표현될 수 있을 것으로 예상된다. 이때 α_1과 α_2는 [요점 5.11]의 식 (5.2.4)와 같이 함수의 내적을 이용하면 다음과 같이 계산된다.

$$\alpha_1=\langle f,\sin\omega_0 t\rangle,\quad \alpha_2=\langle f,\sin 2\omega_0 t\rangle \tag{8.1.14}$$

이상에서는 실수값을 가지는 함수를 대상으로 하였지만 복소수값을 가지는 함수에 대해서는 다음과 같이 내적의 정의를 약간 변경하면 계산가능하다. 즉

$$\langle f,g\rangle=\frac{2}{T}\int_{-T/2}^{T/2} f(t)g^*(t)dt \tag{8.1.15}$$

으로 둔다. 여기서 *는 복소수 공역을 의미한다. 이로부터 복소 지수함수 $e^{j\omega_0 t}$에 대해서도

내적 및 직교성을 정의할 수 있게 되었다. 예를 들면 복소 지수계열의 함수[2)]

$$\psi_n(t)=e^{jn\omega_0 t},\ (n=1,\pm 1,\pm 2,\cdots) \tag{8.1.16}$$

은

$$\langle \psi_n(t),\psi_m(t)\rangle=\begin{cases}1, & (n=m)\\ 0, & (n\neq m)\end{cases} \tag{8.1.17}$$

가 성립하기 때문에 정규직교함수이다.

8.1.2 푸리에 급수의 정의

앞서 언급한 바와 같이 sin 및 cosine 함수가 정규직교함수로 된다는 사실을 이용하면 임의의 주기함수를 삼각함수에 의한 급수로 표현할 수 있다.

먼저 함수 $f(t)$가 구간 $-T<t<T$에서 구분적으로 연속이고,[3)] 동시에 $f(t)$는 이 구간에서 한정된 개수의 불연속점을 가지는 것으로 한다. 또한 불연속점에서는 왼쪽 및 오른쪽의 한계가 존재한다. 다시 말하면 구간 $-T<t<T$의 양 끝점인 $-T$와 T에서 $f(t)$의 왼쪽 및 오른쪽의 한계는 $f(-T^+)$와 $f(T^-)$라고 가정한다. 이를 식으로 표현하면 다음과 같다.

$$f(-T^+)=\lim_{\substack{t\to -T\\ t>-T}} f(t),\ f(T^-)=\lim_{\substack{t\to T\\ t<T}} f(t) \tag{8.1.18}$$

이러한 가정 아래, 구간 $-T<t<T$에서 삼각함수와 같은 정규직교함수를 이용하면 $f(t)$는

$$f(t)=\frac{a_0}{2}+\sum_{n=1}^{\infty}\left(a_n\cos\frac{n\pi t}{T}+b_n\sin\frac{n\pi t}{T}\right) \tag{8.1.19}$$

와 같이 무한개 항의 합으로 주어지며, 이것을 (함수의) 푸리에 급수라고 한다. 여기서 계수 a_0, a_n과 $b_n, (n=1,\ 2,\ 3,\cdots)$은 식 (8.1.14)의 관계를 이용하면 다음과 같이 계산된다.

$$a_n=\left\langle f,\cos\frac{n\pi t}{T}\right\rangle=\frac{1}{T}\int_{-T}^{T}f(t)\cos\frac{n\pi t}{T}dt \tag{8.1.20 a}$$

2) 복소수에 대해서는 다음 장(제 9 장)을 참고하여라.
3) 따라서 $f(t)$의 주기는 $2T$이다.

$$b_n = \left\langle f, \sin\frac{n\pi t}{T} \right\rangle = \frac{1}{T}\int_{-T}^{T} f(t)\sin\frac{n\pi t}{T}dt \tag{8.1.20 b}$$

푸리에 급수가 식 (8.1.19)와 같이 항상 무한개의 항을 가지는 것은 아니다. 예를 들어 푸리에 급수를 생성하는 고유함수

$$1,\ \cos\frac{\pi t}{T},\ \sin\frac{\pi t}{T},\ \cos\frac{2\pi t}{T},\ \sin\frac{2\pi t}{T},\ \cdots$$

의 일차결합으로 이루어진 함수의 푸리에 급수는 자기 자신으로 된다. 즉 상수함수 $f(t)=1$의 푸리에 급수는 자기 자신인 $f(t)=1$이며, 이와 비슷한 경우로서 구간 $[-\pi, \pi]$에서 $\cos^3 t$ 또는 $\sin^3 t$의 푸리에 급수는

$$\cos^3 t = \frac{3}{4}\cos t + \frac{1}{4}\cos 3t \tag{8.1.21}$$

및

$$\sin^3 t = \frac{3}{4}\sin t - \frac{1}{4}\sin 3t \tag{8.1.22}$$

와 같이 유한개의 항을 가진다.

상수함수 또는 삼각함수에 대한 이러한 성질은 주어진 함수의 푸리에 급수를 구할 때 도움이 되기도 한다. 예를들어 구간 $-\pi < t < \pi$에서 정의된 함수 $f(t)=t+\pi$의 푸리에 급수는 $f(t)=t$의 푸리에 급수에 상수 π를 더하면 구할 수 있다.

일반적으로 식 (8.1.19)의 오른쪽 무한급수는 수렴하지 않을 수도 있으며, 또한 수렴하는 경우라도 그 합이 $f(t)$와 같지 않을 수도 있다. 따라서 엄밀성을 강조하기 위해서는 기호 '~'를 사용하기도 한다.

$$f(t) \sim \frac{a_0}{2} + \sum_{n=1}^{\infty}\left(a_n\cos\frac{n\pi t}{T} + b_n\sin\frac{n\pi t}{T}\right) \tag{8.1.23}$$

여기서 기호 '~'는 왼쪽의 $f(t)$와 오른쪽의 푸리에 급수(비록 발산한다고 하더라도)와는 완전히 같지 않을 수도 있음을 뜻한다. 그러나 응용에서 나타나는 대부분의 함수 $f(t)$의 푸리에 급수가 $f(t)$로 수렴한다는 사실을 생각하여 여기서는 기호 '~' 대신 등호 '='를 사용한다.

▶ 예제 8.1.1

다음 식으로 주어진 톱니파

$$f(t) = t, \ \ (-T < t < T)$$

의 푸리에 급수를 구하여 보자(그림 8.2).

◇ 해

식 (8.1.20)을 이용하여 직접 적분을 수행한다. 즉

$$a_0 = \frac{1}{T}\int_{-T}^{T} t\,dt = \frac{1}{T}\left[\frac{t^2}{2}\right]_{-T}^{T} = 0$$

$$a_n = \frac{1}{T}\int_{-T}^{T} t\cos\left(\frac{n\pi t}{T}\right)dt = \frac{1}{T}\left[\frac{Tt}{n\pi}\sin\left(\frac{n\pi t}{T}\right) + \frac{T^2}{(n\pi)^2}\cos\left(\frac{n\pi t}{T}\right)\right]_{-T}^{T} = 0$$

$$b_n = \frac{1}{T}\int_{-T}^{T} t\sin\left(\frac{n\pi t}{T}\right)dt = \frac{1}{T}\left[\frac{-Tt}{n\pi}\cos\left(\frac{n\pi t}{T}\right) + \frac{T^2}{(n\pi)^2}\sin\left(\frac{n\pi t}{T}\right)\right]_{-T}^{T}$$

$$= -\frac{2}{n\pi}\cos n\pi = \frac{2T}{n\pi}(-1)^{n+1} \ \ (\because \cos n\pi = (-1)^n), \ n = 1, 2, 3, \cdots$$

따라서 $f(t) = t$의 푸리에 급수는

$$f(t) = t = \sum_{n=1}^{\infty}\frac{2T}{n\pi}(-1)^{n+1}\sin\left(\frac{n\pi t}{T}\right)$$

$$= \frac{2T}{\pi}\left[\sin\left(\frac{\pi t}{T}\right) - \frac{1}{2}\sin\left(\frac{2\pi t}{T}\right) + \frac{1}{3}\sin\left(\frac{3\pi t}{T}\right) - \cdots\right] \quad ①$$

이다.

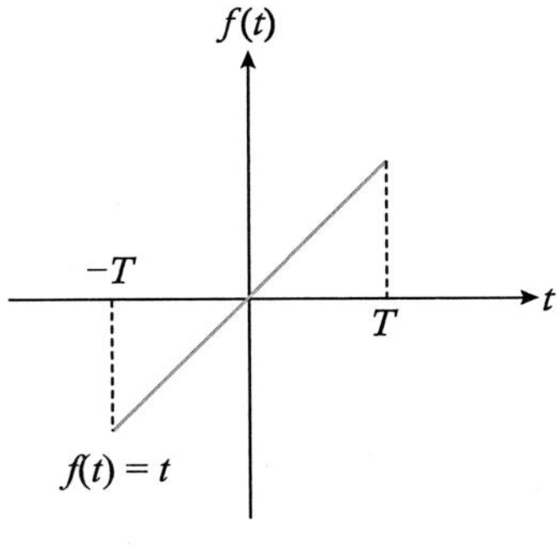

그림 8.2 [예제 8.1.1]

▶ 예제 8.1.2

사각파(square wave)

$$f(t)=\begin{cases} -1, & (-\pi < t < 0) \\ 1, & (\ 0 \le t < \pi) \end{cases}$$

의 푸리에 급수를 계산하여 보자(그림 8.3).

◇ 해

그림으로부터 $T=\pi$임에 주의하여 위의 공식을 적용하면 다음과 같다.

$$a_n=\frac{1}{\pi}\int_{-\pi}^{\pi} f(t)\cos nt\,dt=\frac{1}{\pi}\left[\int_{-\pi}^{0}(-1)\cos nt\,dt+\int_{0}^{\pi}(1)\cos nt\,dt\right]$$

$$=\frac{1}{\pi}\left[\frac{-\sin nt}{n}\Big|_{-\pi}^{0}+\frac{\sin nt}{n}\Big|_{0}^{\pi}\right]=0,\ (n=0,1,2,\cdots)$$

$$b_n=\frac{1}{\pi}\int_{-\pi}^{\pi} f(t)\sin nt\,dt=\frac{1}{\pi}\left[\int_{-\pi}^{0}(-1)\sin nt\,dt+\int_{0}^{\pi}(1)\sin nt\,dt\right]$$

$$=\frac{2}{\pi}\int_{0}^{\pi}\sin nt\,dt=\frac{2}{\pi}\left[\frac{-\cos nt}{n}\right]_0^{\pi}=\frac{2}{\pi}\left[\frac{1}{n}-\frac{(-1)^n}{n}\right],\ (n=0,1,2,\cdots)$$

$$=\begin{cases} 0, & (n:\text{ 짝수}) \\ \dfrac{4}{n\pi}, & (n:\text{ 홀수}) \end{cases}$$

따라서 구하고자 하는 푸리에 급수는

$$f(t)=\frac{2}{\pi}\sum_{n=1}^{\infty}\frac{[1-(-1)^n]}{n}\sin nt=\frac{4}{\pi}\left[\sin t+\frac{1}{3}\sin 3t+\frac{1}{5}\sin 5t+\cdots\right]$$

이다.

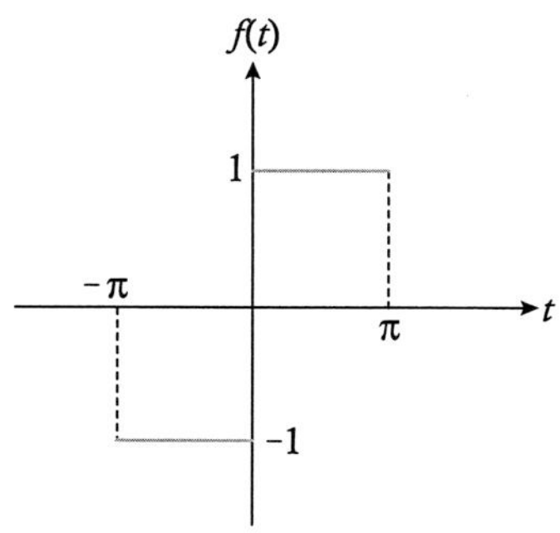

그림 8.3 [예제 8.1.2]

8.1.3 푸리에 정리

먼저 함수의 불연속점에서의 극한과 그의 도함수에 대하여 알아보자. 초등 미적분학에서 함수 $f(t)$의 불연속점 t_0에서

(1) 왼쪽 극한(left-hand limit): $f(t_0^-)=\lim\limits_{t\to t_0^-} f(t)$

(2) 오른쪽 극한(right-hand limit): $f(t_0^+)=\lim\limits_{t\to t_0^+} f(t)$

(3) 왼쪽 도함수(left-hand derivative): $f'(t_0^-)=\lim\limits_{h\to 0^-}\dfrac{f(t_0+h)-f(t_0)}{h}$

(4) 오른쪽 도함수(right-hand derivative): $f'(t_0^+)=\lim\limits_{h\to 0^+}\dfrac{f(t_0+h)-f(t_0)}{h}$

를 다룬 바 있다. 예컨대 [그림 8.4]의 불연속점 $t=t_1$, $t=0$, $t=t_2$에서 유한도약(finite jump)이 나타나면 이들 불연속점을 도약불연속점(jump discontinuous point)이라고 한다. 일반적으로 주어진 구간에서 $f(t_0^+)-f(t_0^-)=$(유한), $f'(t_0^+)-f'(t_0^-)=$(유한)이면 $f(t)$는 $f'(t)$가 정의되는 구간에서 구분적으로 연속(piecewise continuous)이라 하며, $f(t)$와 $f'(t)$가 모두 구분적으로 연속이면 $f(t)$는 구분적으로 매끄러운 함수(piecewise smooth function)라 한다.

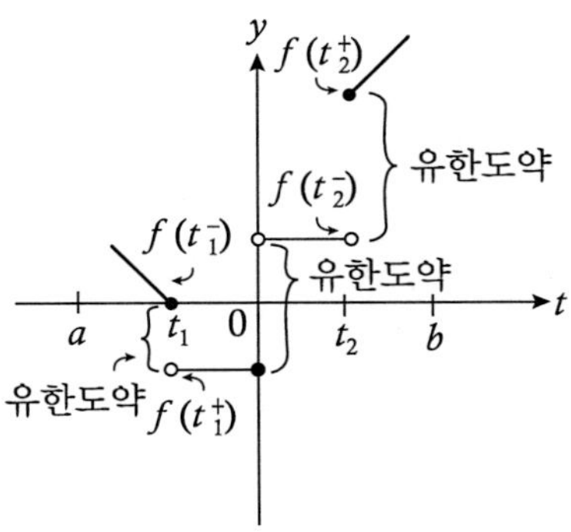

그림 8.4 불연속점에서의 유한도약

- **주기확장**

$f(t)$가 주기함수가 아니라고 하더라도 구간 $-T<t<T$에서 $f(t)$의 푸리에 급수를 나타내는 식 (8.1.19)에서 오른쪽 항은 주기적이다. 따라서 식 (8.1.19)의 오른쪽 항인 무한급

수의 합은 구간 $-T<t<T$에서 함수 $f(t)$를 나타내고 있을 뿐 아니라, 이 구간 바깥으로 확장된 $f(t)$에 대해서도 급수표현을 이용하여 전개할 수 있다는 것을 보여주고 있다. 이 과정을 그림으로 나타내려면 우선 구간 $-T<t<T$에서의 $f(t)$를 그린 다음에, 이것과 동일한 모양을 다른 구간으로 이동시키는 작업을 반복하면 된다. 이와 같은 방법을 채용하면 자동적으로 $t=0,\ \pm 2T,\ \pm 4T,\ \cdots$ (또는 $t=\pm T,\ \pm 3T,\ \cdots$)인 점에서 주기 확장된 $f(t)$의 불연속인 점이 생긴다.

이와 같이 함수를 주어진 구간 외의 영역으로 확장하여 푸리에 급수로 표현하는 것을 주기확장(periodic extension)이라고 하며 이때 발생하는 불연속인 점에 대응하기 위하여 다음과 같은 몇 가지 규정(또는 조건)이 필요하다.

(1) 만약 t_0가 $f(t)$의 구간 $-T<t<T$ 내에서의 불연속점이라면, 필요에 따라 $f(t_0)$를 다음과 같이 다시 정의한다.

$$f(t_0)=\frac{1}{2}\left[f(t_0^-)+f(t_0^+)\right] \tag{8.1.24}$$

다시 말하면, 구간 $(-T,\ T)$[4]에서 함수 $f(t)$는 임의의 불연속값 t에서 항상 왼쪽과 오른쪽 극한값의 평균값을 취하는 것으로 볼 수 있다. 물론 t에서 연속이면 $f(t_0^-)=f(t_0^+)$이므로 식 (8.1.24)는 연속인 점에 대해서도 성립함을 알 수 있다. $f(t)$의 주기확장 $\tilde{f}(t)$는 다음과 같이 정의된다.

(2) $$\tilde{f}(t)=f(t),\quad -T<t<T \tag{8.1.25}$$

(3) $$\tilde{f}(t+2T)=\tilde{f}(t),\quad \text{모든 } t \tag{8.1.26}$$

(4) $$\tilde{f}(T)=\tilde{f}(-T)=\frac{1}{2}\left[f(-T^+)+f(T^-)\right] \tag{8.1.27}$$

위의 조건 (2)는 주어진 구간(이를 기본구간(fundamental period)이라 한다) $-T<t<T$에서 $\tilde{f}(t)$와 $f(t)$가 일치해야 한다는 것을 요구하고 있으며, 조건 (3)은 $\tilde{f}(t)$가 모든 t의 값에서 정의되며 동시에 $2T$의 주기를 가지는 주기함수가 되도록 $f(t)$의 정의를 확장한 것이다. 또한 조건 (4)는 약간 미묘한 것으로서, 요컨대 불연속인 점 $\pm nT$에서의 $\tilde{f}(t)$값에 대해서도 조건 (1)인 식 (8.1.24)가 성립되도록 정의한 것으로 볼 수 있다.

4) $(-T,\ T)$의 표현은 구간 $-T<t<T$에서의 t의 집합을 의미한다. 따라서 $(-T,\ T)$의 바깥이란 $t\geq T$ 또는 $t\leq -T$인 구간에서의 t를 나타낸다.

▶ 예제 8.1.3

함수 $f(t)=t/\pi$, $-\pi<t<\pi$의 주기적 확장을 그림으로 그려보자.

◇ 해

여기서는 $f(\pi^-)=1$과 $f(-\pi^+)=-1$이므로 식 (8.1.27)에 의해 $\tilde{f}(\pi)=\tilde{f}(-\pi)=0$이다. 따라서 그래프는 다음과 같다.

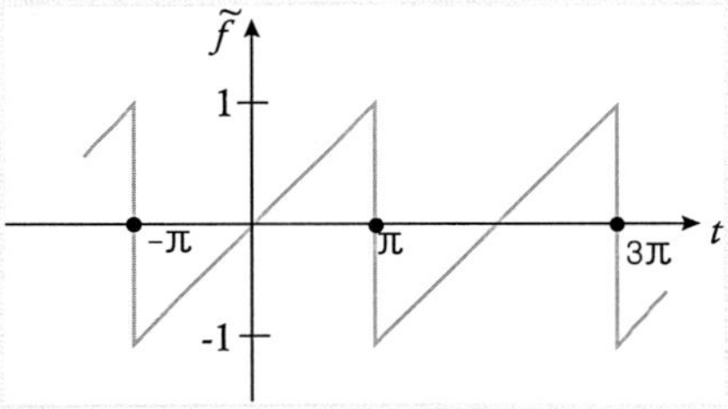

그림 8.5 [예제 8.1.3]

여기서 조건 (4)에 의하여 $\tilde{f}(t)$가 모든 t값에서 그 평균값을 가지게 된다는 점에 유의한다. 특히 모든 n값에서 $\tilde{f}(n\pi)=\tilde{f}(-n\pi)=0$이다.

▶ 예제 8.1.4

다음 함수의 주기적 확장을 그림으로 그려보자. 단 이때 기본주기는 $(-1,1)$이다.

$$\begin{cases} f(t)=0, & (t<0) \\ f(t)=1, & (t>0) \end{cases}$$

◇ 해

이 문제를 해결하기 위해서 두 번의 예비작업이 필요하다. 먼저 $t=0$에서의 $f(t)$를 재정의하여야 한다. 즉

$$f(0)=\frac{1+0}{2}=\frac{1}{2}$$

이다. 두 번째로 $f(1)=1$ 및 $f(-1)=0$이므로

$$\tilde{f}(-1)=\tilde{f}(1)=\frac{1+0}{2}=\frac{1}{2}$$

이다. $\tilde{f}(t)$를 [그림 8.6]에 표시하였다.

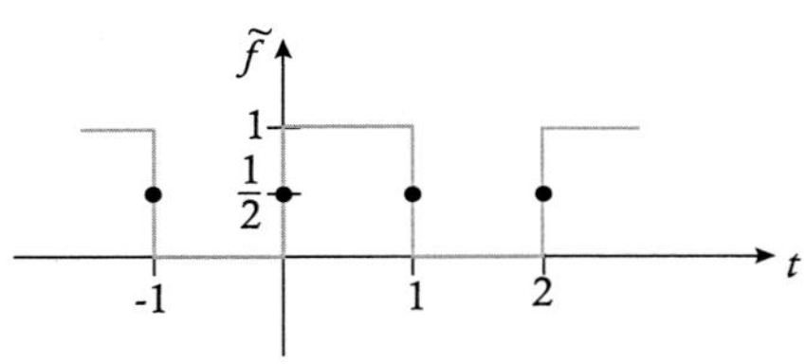

그림 8.6 [예제 8.1.4]

[그림 8.5]에서는 이와 같은 주기확장에 의하여 자동적으로 $t = \pm\pi, \pm 3\pi, \cdots$ 인 점에서 $f(t)$의 불연속점이 생기고 [그림 8.6]에서는 $t = \pm T, \pm 3T, \cdots$ 인 점에서 $f(t)$의 불연속점이 발생한다. 이와 같은 불연속점에서 푸리에 급수는 어떠한 값을 취하는가에 대해 다음과 같은 푸리에 급수의 수렴정리를 필요로 한다.

요점 8.3 푸리에 정리 (Fourier theorem)

만일 $f(t)$가 구간 $-T < t < T$에서 구분적으로 매끄러운 함수이면 $f(t)$의 푸리에 급수는

(1) 주기확장이 연속이면 $f(t)$의 주기확장으로 균일하게 수렴(uniform convert-gence)하고

(2) 주기확장이 도약불연속점 t_0를 가질 때 $t = t_0$에서는 두 극한 $f(t_0^+)$와 $f(t_0^-)$의 산술평균

$$\frac{1}{2}\left[f(t_0^+) - f(t_0^-)\right] \tag{8.1.28}$$

로 수렴한다.

(3) $f(t)$의 푸리에 급수는 모든 t에서 $f(t)$의 주기확장인 $\tilde{f}(t)$로 수렴한다.

푸리에 정리는 임의의 함수 $f(t)$의 푸리에 급수가 $f(t)$와 '밀접하게 관련 있는' 어떤 주기함수로 수렴하기 위한 충분조건의 집합을 정의한 것이다. [요점 8.3]의 성립여부에 대한 확인은 생략하지만 임의의 함수의 푸리에 급수는 각각의 주기확장을 이용하여 표현할 수 있다는 사실은 앞의 두 예제로부터 알 수 있다.[5)]

5) 주기확장의 개념은, 결국 $f(t)$가 주기함수이면 푸리에 급수를 이용한 표현이 언제나 가능하다는 것을 나타낸 것으로 이해할 수 있다.

8.1.4 MATLAB에 의한 풀이

```
% [예제 8.1.1]
syms T t n
ao=int(t,t,-T,T), an=1/T*int(t*cos(n*pi*t/T),t,-T,T)          % 계수 a0, an
bn=1/T*int(t*sin(n*pi*t/T),t,-T,T)                             % 계수 bn
subs(bn,sin(n*pi),0)                                           % sin(n×π)를 0 으로 대치

% [예제 8.1.2]
% pai=pi를 의미
syms t n pai
an=1/pi*(int(-1*cos(n*t),t,-pi,0)+int(1*cos(n*t),t,0,pi))  % 계수 an
bn=1/pai*(int(-sin(n*t),t,-pi,0)+int(sin(n*t),t,0,pi))      % 계수 bn ×π
```

❖ [예제 8.1.1]의 결과에서 $\sin(n\pi)=0$과 $\cos(n\pi)=(-1)^n$이라는 사실을 적용하면 식 ① 을 얻는다.

연습문제 8.1.5

1. 다음 각 함수에 대한 기본주기를 구하여라.

$$\cos nt,\ \sin nt,\ \cos\frac{2\pi t}{k},\ \sin\frac{2\pi t}{k},\ \cos\frac{2\pi nt}{k},\ \sin\frac{2\pi nt}{k}$$

2. [그림 P8.1]의 함수 $f(x)$에 대한 푸리에 급수를 구하여라. 단 함수의 주기는 2π이다.

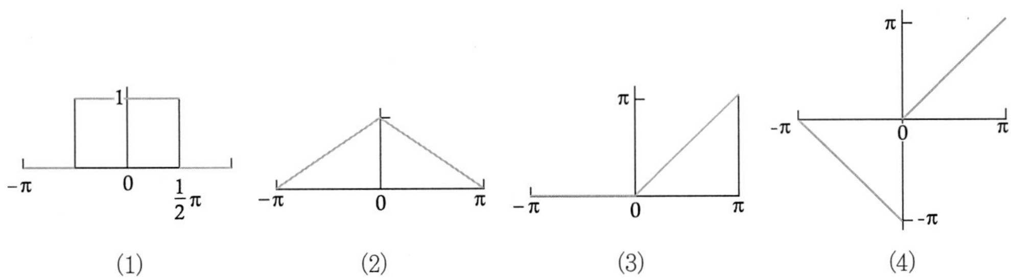

그림 P8.1

(5) $f(t)=t^2,\ (-\pi<t<\pi)$

(6) $f(t)=\begin{cases} t^2, & (-\pi/2<t<\pi/2) \\ \frac{1}{4}\pi^2, & (\pi/2<t<3\pi/2) \end{cases}$

3. 다음 각 함수에 대한 주기확장을 하고 이를 그림을 그려보아라.

(1) $f(t)=\begin{cases} -1, & (-\pi<t<0) \\ 1, & (0<t<\pi) \end{cases}$

(2) $f(t)=\begin{cases} t+\pi, & (-\pi<t<0) \\ -t+\pi, & (0<t<\pi) \end{cases}$

(3) $f(t)=\begin{cases} 0, & (-2<t<0) \\ \sin\frac{\pi t}{2}, & (0<t<2) \end{cases}$

(4) $f(t)=\begin{cases} -1, & \left(-1<t<-\frac{1}{2}\right) \\ 0, & \left(-\frac{1}{2}<t<\frac{1}{2}\right) \\ 1, & \left(\frac{1}{2}<t<1\right) \end{cases}$

(5) $f(t)=\begin{cases} 0, & (-\pi<t<0) \\ \sin t, & (0<t<\pi) \end{cases}$

(6) $f(t)=\cos t,\ (-\pi<t<\pi)$

8.2 푸리에 계수의 계산

8.2.1 크로네커의 방법

식 (8.1.20)에서 알 수 있는 바와 같이, 푸리에 급수를 얻기 위해서는 여러 종류의 k값에 대해서 다음과 같은 형식의 적분계산이 요구된다.

$$\int t^k \cos\frac{n\pi t}{L}dt \tag{8.2.1}$$

이러한 형태의 적분은 부분적분을 반복적으로 적용함으로써 얻을 수 있지만, 여기서는 반복적인 계산을 줄일 수 있는 방법에 대하여 생각하여 보자. 먼저 부분적분의 공식을 다시 정리하면

$$\int g(t)f(t)dt = g(t)\int f(t)dt - \int\left[g'(t)\int f(t)dt\right]dt \qquad (8.2.2)^{6)}$$

6) 부분적분의 일반적인 공식 $\int g(t)h'(t)\,dt = g(t)h(t) - \int g'(t)h(t)\,dt$ 에서 $h'(x)=f(x)$, 즉 $h(t)=\int f(t)dt$ 로 두면 얻어진다.

이다. 여기서

$$F_1(t) = \int f(t)dt \tag{8.2.3}$$

$$F_2(t) = \int F_1(t)dt$$

$$\vdots$$

$$F_n(t) = \int F_{n-1}(t)dt$$

으로 두면 식 (8.2.2)는 다음과 같이 쓸 수 있다.

$$\int g(t)f(t)dt = g(t)F_1(t) - \int g'(t)F_1(t)dt \tag{8.2.4}$$

여기서 다시 위 식의 오른쪽의 적분항에 부분적분을 적용하면

$$\int g(t)f(t)dt = g(t)F_1(t) - g'(t)F_2(t) + \int g''(t)F_2(t)dt \tag{8.2.5}$$

이다. 이러한 과정을 되풀이하면 최종적으로

$$\int g(t)f(t)dt = g(t)F_1(t) - g'(t)F_2(t) + g''(t)F_3(t) - \cdots \tag{8.2.6}$$

을 얻는다. 이러한 과정을 크로네커의 적분법(Kronecker's method)이라고 한다.

식 (8.2.6)의 오른쪽의 각 항은, 각 항의 바로 왼쪽에 있는 항의 g 함수를 한 번 미분하고 여기에 f 함수의 부정적분값을 곱한 뒤 부호를 (+)에서 (−)로 차례로 바꾸어 줌으로써 얻어진다는 사실에 유의한다.

▶ 예제 8.2.1

$\int_{-\pi}^{\pi} t\cos nt\, dt$의 계산을 수행하여 보자.

해

부분적분을 수행하거나 또는 크로네커의 방법을 적용하면 다음과 같다. 즉 $g(t) = t$, $f(t) = \cos nt$로 두면 $g''(t) = 0$와

$$F_1(t) = \int \cos nt\, dt = \frac{1}{n}\sin nt$$

$$F_2(t) = \int \frac{1}{n}\sin nt\, dt = \frac{-1}{n}\cos nt$$

이므로, 식 (8.2.6)으로부터 다음을 얻는다.

$$\int_{-\pi}^{\pi} t\cos nt\,dt = g(t)F_1(t) - F_2(t)$$

$$= \frac{t}{n}\sin nt\Big|_{-\pi}^{\pi} - \left(-\frac{1}{n^2}\cos nt\right)\Big|_{-\pi}^{\pi}$$

$$= 0 + \frac{1}{n^2}(\cos n\pi - \cos n\pi) = 0.$$

▶ 예제 8.2.2

$\int_{-\pi}^{\pi} t^2 \cos nt\,dt$의 계산을 수행하여 보자.

◈ 해

여기서도 부분적분을 두 번, 또는 크로네커의 방법을 사용하면 된다.

$$\int_{-\pi}^{\pi} t^2\cos nt\,dt = \left[\frac{t^2}{n}\sin nt - 2t\left(-\frac{1}{n^2}\cos nt\right) + 2\left(-\frac{1}{n^3}\sin nt\right)\right]_{-\pi}^{\pi}$$

$$= \frac{2}{n^2}(\pi\cos n\pi + \pi\cos n\pi) = \frac{4\pi}{n^2}(-1)^n.$$

▶ 예제 8.2.3

크로네커의 방법을 사용하여 $\int e^t \cos at\,dt$의 계산을 수행하여 보자.

◈ 해

먼저 $g(t) = e^t$, $f(t) = \cos at$로 치환하고 크로네커의 방법을 적용한다. 식 (8.2.6)으로부터

$$\int e^t\cos at\,dt = e^t\frac{1}{a}\sin at - e^t\left(-\frac{1}{a^2}\cos at\right) + e^t\left(\frac{-1}{a^3}\sin at\right) + \cdots$$

$$= e^t\left(\frac{1}{a}\sin at + \frac{1}{a^2}\cos at - \frac{1}{a^3}\sin at + \cdots\right)$$

$$= e^t\sin at\left(\frac{1}{a} - \frac{1}{a^3} + \cdots\right) + e^t\cos at\left(\frac{1}{a^2} - \frac{1}{a^4} + \cdots\right)$$

$$= e^t\frac{1}{a}\frac{1}{1+1/a^2}\sin at + e^t\frac{1}{a^2}\frac{1}{1+1/a^2}\cos at$$

$$= \frac{e^t}{a^2+1}(a\sin at + \cos at).$$

8.2.2 푸리에 급수의 확장

여기서는 지금까지 언급한 몇 가지의 이론을 적용하여 좀더 일반적인 형태의 함수에 대한 푸리에 급수 표현식을 예제를 통하여 알아보기로 한다.

▶ 예제 8.2.4

[그림 8.7]로 주어진 주기함수의 한 주기에 대한 푸리에 급수표현을 구하여 보자.

$$f(t) = t, \quad -\pi < t < \pi$$

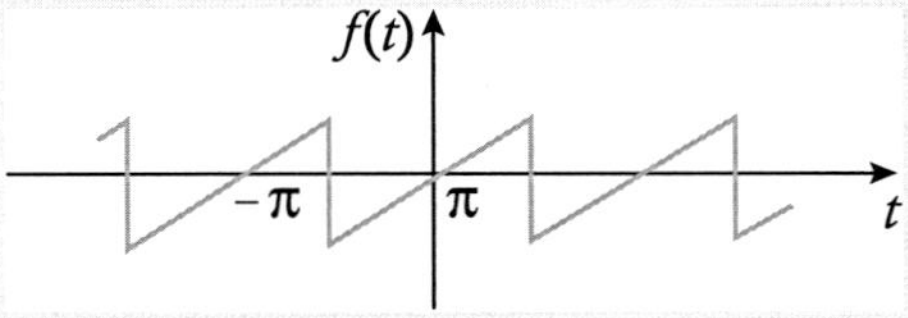

그림 8.7 [예제 8.2.4]

◇ 해

그림으로부터 주어진 함수는 $T = \pi$ 이므로 식 (8.1.20)으로부터

$$a_0 = \frac{1}{\pi}\int_{-\pi}^{\pi} f(t)dt = \frac{1}{\pi}\int_{-\pi}^{\pi} t\,dt = \frac{t^2}{2\pi}\bigg|_{-\pi}^{\pi} = 0$$

$$a_n = \frac{1}{\pi}\int_{-\pi}^{\pi} f(t)\cos nt\,dt,\; n = 1,2,3,\cdots$$

$$= \frac{1}{\pi}\int_{-\pi}^{\pi} t\cos nt\,dt = \frac{1}{\pi}\left[\frac{t}{n}\sin nt + \frac{1}{n^2}\cos nt\right]_{-\pi}^{\pi} = 0 \qquad ①$$

의 결과를 얻을 수 있다. 위 식은 $\cos n\pi = \cos(-n\pi)$ 와 $\sin n\pi = -\sin(-n\pi)$ 라는 사실로부터 쉽게 확인할 수 있다. 다음 b_n 에 대해서는

$$b_n = \frac{1}{\pi}\int_{-\pi}^{\pi} f(t)\sin nt\,dt,\; n = 1,2,3,\cdots$$

$$= \frac{1}{\pi}\int_{-\pi}^{\pi} t\sin nt\,dt = \frac{1}{\pi}\left[-\frac{t}{n}\cos nt + \frac{1}{n^2}\sin nt\right]_{-\pi}^{\pi} = -\frac{2}{n}\cos n\pi \qquad ②$$

로 된다. 따라서 주어진 함수 $f(t)$ 의 푸리에 급수는

$$f(t) = -2\sum_{n=1}^{\infty}\frac{(-1)^n}{n}\sin nt \qquad ③$$

이다. 여기서 $\cos n\pi = (-1)^n$이라는 사실을 이용하였다. ③의 푸리에 급수를 전개하여 무한급

수의 형식으로 주어진 푸리에 급수가 실제 함수 $f(t)$에 어느 정도까지 근접하는지의 여부를 확인하여 보자. 먼저 ③을 전개하면

$$\begin{aligned} f(t) &= -2\left[-\sin t+\frac{1}{2}\sin 2t-\frac{1}{3}\sin 3t+\cdots\right] \\ &= 2\sin t-\sin 2t+\frac{2}{3}\sin 3t-\cdots \end{aligned} \quad ④$$

로 된다. [그림 8.8]로부터 단지 세 개의 항으로 이루어진 푸리에 급수도 원래의 함수에 상당히 근접하고 있음을 알 수 있다. 만약 컴퓨터를 이용하여 50개의 항으로 이루어진 푸리에 급수에 대하여 그림으로 표현한다면 $f(t)$와 거의 동일한 결과를 얻을 수 있을 것으로 예상된다.

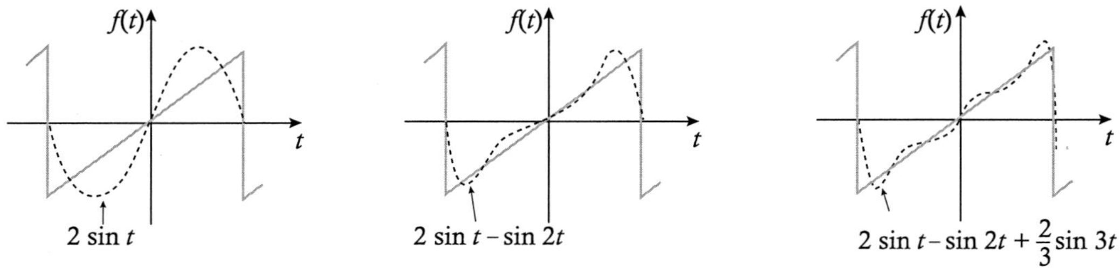

그림 8.8 푸리에 급수의 결과

▶ 예제 8.2.5

[그림 8.9]로 주어진 함수의 푸리에 급수를 계산하여 보자.

$$f(t)=\begin{cases} 0, & (-\pi<t<0) \\ t, & (0<t<\pi) \end{cases}$$

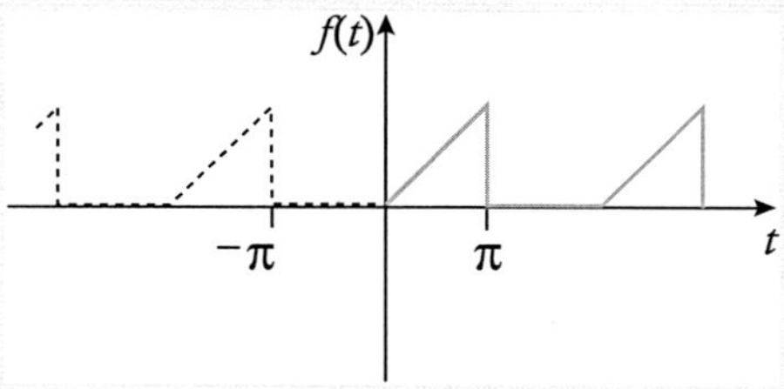

그림 8.9 [예제 8.2.5]

◇ 해

함수의 주기는 2π, 즉 $T=\pi$이므로 식 (8.1.19)를 이용하면 다음 결과를 얻을 수 있다. 즉

$$a_0 = \frac{1}{\pi}\int_{-\pi}^{\pi} f(t)\,dt = \frac{1}{\pi}\int_{0}^{\pi} t\,dt = \frac{\pi}{2}$$

$$a_n = \frac{1}{\pi}\int_{-\pi}^{\pi} f(t)\cos nt\,dt = \frac{1}{\pi}\int_{-\pi}^{0} 0\cos nt\,dt + \frac{1}{\pi}\int_{0}^{\pi} t\cos nt\,dt$$

$$= \frac{1}{\pi}\left[\frac{t}{n}\sin nt + \frac{1}{n^2}\cos nt\right]_0^{\pi} = \frac{1}{\pi n^2}(\cos n\pi - 1),\ n = 1,2,3,\cdots$$

$$b_n = \frac{1}{\pi}\int_{-\pi}^{\pi} f(t)\sin nt\,dt = \frac{1}{\pi}\int_{-\pi}^{0} 0\sin nt\,dt + \frac{1}{\pi}\int_{0}^{\pi} t\sin nt\,dt$$

$$= \frac{1}{\pi}\left[-\frac{t}{n}\cos nt + \frac{1}{n^2}\sin nt\right]_0^{\pi} = -\frac{1}{n}\cos n\pi,\ n = 1,2,3,\cdots$$

이다. 따라서 푸리에 급수는 $\cos n\pi = (-1)^n$이라는 점을 유의하면 다음으로 된다.

$$f(t) = \frac{\pi}{4} + \sum_{n=1}^{\infty}\left[\frac{(-1)^n - 1}{\pi n^2}\cos nt - \frac{(-1)^n}{n}\sin nt\right]$$

$$= \frac{\pi}{4} - \frac{2}{\pi}\cos t - \frac{2}{9\pi}\cos 3t + \cdots + \sin t - \frac{1}{2}\sin 2t + \frac{1}{3}\sin 3t + \cdots$$

위 식의 푸리에 급수에서 $n = 5, 10$ 및 10인 경우를 그림으로 나타낸 것이 [그림 8.10]이다. 원래의 함수 [그림 8.9]와 비교하여 보기 바란다.

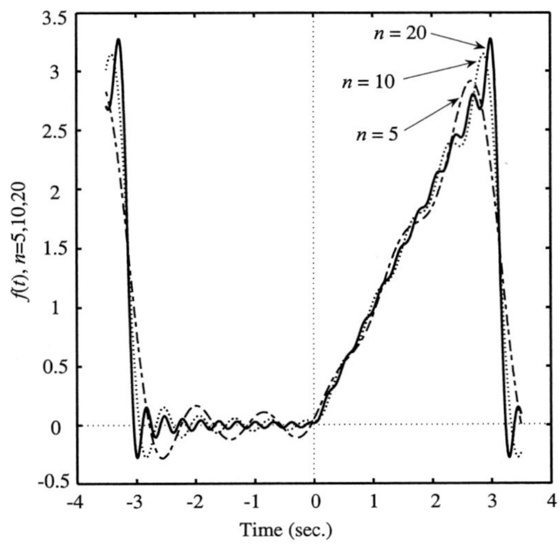

그림 8.10 [예제 8.2.5]의 결과

▶ 예제 8.2.6

[그림 8.11]의 함수에 대한 푸리에 급수 표현식을 계산하여라.

$$f(t)=\begin{cases}\sin t, & (0<t\le\pi)\\ 0, & (\pi\le t<2\pi)\end{cases}$$

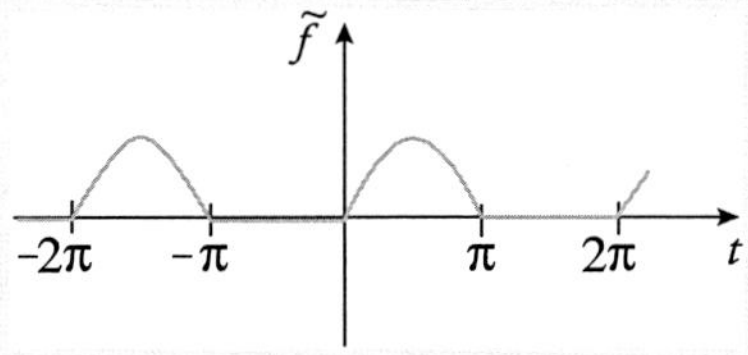

그림 8.11 [예제 8.2.6]

◇ 해

주어진 함수의 주기는 2π 이므로 지금까지의 방법을 그대로 적용하면 계산가능하다. 단 아래의 풀이에서 보는 바와 같이 계수 a_1 과 b_1은 별도의 계산이 필요하다.

$$a_0=\frac{1}{\pi}\int_0^\pi \sin t\,dt=\frac{1}{\pi}(-\cos t)\Big|_0^\pi=\frac{2}{\pi}$$

$$a_n=\frac{1}{\pi}\int_0^\pi \sin t\cos nt\,dt=\frac{1}{2\pi}\int_0^\pi[\sin(t+nt)+\sin(t-nt)]\,dt$$

$$=-\frac{1}{2\pi}\left[\frac{\cos(n+1)t}{n+1}-\frac{\cos(n-1)t}{n-1}\right]_0^\pi$$

$$=-\frac{1}{2\pi}\left[\frac{(-1)^{n+1}}{n+1}-\frac{(-1)^{n-1}}{n-1}\right]+\frac{1}{2\pi}\left[\frac{1}{n+1}-\frac{1}{n-1}\right]$$

$$=\frac{1}{\pi(n^2-1)}[(-1)^{n+1}-1]$$

$$b_n=\frac{1}{\pi}\int_0^\pi \sin t\sin nt\,dt=\frac{1}{2\pi}\int_0^\pi[-\cos(n+1)t+\cos(n-1)t]\,dt$$

$$=\frac{1}{2\pi}\left[\frac{-\sin(n+1)t}{n+1}+\frac{\sin(n-1)t}{n-1}\right]_0^\pi=0$$

위의 식에서 알 수 있는 바와 같이 $n=1$인 경우에는 분모가 영으로 되어 식이 정의되지 않기 때문에 $n=1$인 경우에는 별도의 계산이 필요하다. 즉

$$a_1=\frac{1}{\pi}\int_0^\pi \sin t\cos t\,dt=\frac{1}{\pi}\frac{\sin^2 t}{2}\Big|_0^\pi=0$$

$$b_1 = \frac{1}{\pi}\int_0^{\pi} \sin t \sin t\, dt = \frac{1}{\pi}\int_0^{\pi}\left(\frac{1}{2} - \frac{1}{2}\cos 2t\right)dt$$
$$= \frac{1}{\pi}\left(\frac{1}{2}t - \frac{1}{4}\sin 2t\right)\Big|_0^{\pi} = \frac{1}{2}$$

이다. 따라서 위의 계산에서 얻은 결과를 이용하여 주어진 함수에 대한 푸리에 급수표현식은 다음과 같다.

$$\tilde{f}(t) = \frac{1}{\pi} + \frac{1}{2}\sin t + \frac{1}{\pi}\sum_{n=2}^{\infty}\frac{(-1)^{n+1}}{n^2-1}\cos nt$$
$$= \frac{1}{\pi} + \frac{1}{2}\sin t - \frac{2}{\pi}\sum_{n=1}^{\infty}\frac{\cos 2nt}{4n^2-1} \qquad ①$$

①의 두 번째 행은 $(-1)^{2k+1}-1=-2$와 $(-1)^{2k}-1=0$이라는 사실을 이용하였다. 이 결과를 이용하면 임의의 시각 t에서 [그림 8.11]의 형태로 주어진 함수에 대한 푸리에 급수를 쉽게 얻을 수 있다. 예를 들어 $t=\pi/2$이면

$$\sin\frac{\pi}{2} = \frac{1}{\pi} + \frac{1}{2}\sin\frac{\pi}{2} - \frac{2}{\pi}\sum_{n=1}^{\infty}\frac{(-1)^n}{4n^2-1} \qquad ②$$

이다. ②의 양변을 정리하면 최종적으로 다음 식을 얻을 수 있다.

$$\frac{\pi}{4} = \frac{1}{2} - \sum_{n=1}^{\infty}\frac{(-1)^n}{4n^2-1} = \frac{1}{2} + \frac{1}{3} - \frac{1}{15} + \frac{1}{35} - \frac{1}{63} + \cdots$$

[그림 8.11]의 형태로 주어진 함수는 전기회로 등에서 많이 사용되는 다이오드를 해석하는 경우에 유용하다.

8.2.3 우함수와 기함수

주어진 함수가 어떤 대칭적인 특징을 가진다면 식 (8.1.20)의 푸리에 급수의 계수는 훨씬 적은 노력으로 얻을 수 있다. 여기서는 함수가 가지는 대칭적 특징의 하나인 우함수와 기함수에 대하여 알아보기로 한다.

요점 8.4 우함수와 기함수

$f(x)$가 임의의 구간에서

$$f(-x) = f(x) \qquad (8.2.7)$$

를 만족하면 $f(x)$는 우함수(even function)이며 기하학적으로는 수직축에 대하여

대칭을 이룬다. 한편 기함수(odd function)는

$$f(-x) = -f(x) \tag{8.2.8}$$

를 만족하며, 원점에 대하여 점대칭을 이룬다.

함수 $\cos t$, t^2-1, $\tan^2 t$ 및 $k|t|$는 우함수의 예이며, $\sin t$, $\tan t$, t 및 $t|t|$는 기함수의 예이다. [그림 8.12]에 우함수와 기함수를 표시하였다. 함수의 정의로부터 우함수의 합은 우함수이며, 기함수의 합은 기함수라는 것은 쉽게 이해할 수 있을 것이다. 한편 두 우함수의 곱과 두 기함수의 곱은 우함수이지만, 우함수와 기함수의 곱은 기함수이다. 예를 들어 $f(t)$는 우함수이고 $g(t)$를 기함수라고 하고, $h=fg$로 두면

$$h(-t) = g(-t)f(-t) = -g(t)f(t) = -h(t) \tag{8.2.9}$$

이므로 h는 기함수이다.

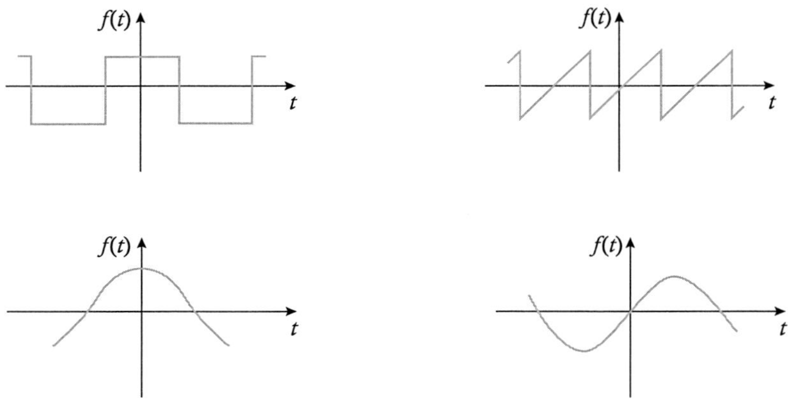

(a) 우함수　　(b) 기함수

그림 8.12 우함수와 기함수의 예

푸리에 급수의 계산에서 식 (8.2.7)과 식 (8.2.8)의 관련성은 다음 식으로부터 알 수 있다. 다시 $f(t)$는 우함수, $g(t)$를 기함수라고 하면

$$\int_{-T}^{T} f(t)dt = 2\int_{0}^{T} f(t)dt \tag{8.2.10}$$

와

$$\int_{-T}^{T} g(t)dt = 0 \tag{8.2.11}$$

의 관계식을 얻을 수 있다. 식 (8.2.10)을 증명하여 보자.

$$\begin{aligned}\int_{-T}^{T} f(t)dt &= \int_{-T}^{0} f(t)dt + \int_{0}^{T} f(t)dt \\ &= -\int_{T}^{0} f(-s)ds + \int_{0}^{T} f(t)dt\end{aligned} \tag{8.2.12}$$

이다. 여기서 $-s = t, -ds = dt$의 변수변환을 수행하면 $f(t)$가 우함수이기 때문에 식 (8.2.12)는

$$\begin{aligned}\int_{-T}^{T} f(t)dt &= \int_{0}^{T} f(-s)ds + \int_{0}^{T} f(t)dt \\ &= \int_{0}^{T} f(s)ds + \int_{0}^{T} f(t)dt\end{aligned} \tag{8.2.13}$$

이다. 식 (8.2.13)의 마지막 두 적분은 동일한 값을 가지므로 식 (8.2.10)의 결과를 얻는다. 마찬가지로 $g(-s) = -g(s)$이므로 이를 이용하면 식 (8.2.11)도 다음과 같이 증명할 수 있다.

$$\begin{aligned}\int_{-T}^{T} g(t)dt &= \int_{0}^{T} g(-s)dt + \int_{0}^{T} g(t)dt \\ &= -\int_{0}^{T} g(s)ds + \int_{0}^{T} g(t)dt = 0\end{aligned} \tag{8.2.14}$$

우함수와 기함수는 상기 외에 다음과 같은 특징이 있다.

(1) 우함수는 항상 $t = 0$에서 연속이다.
(2) 기함수의 원점에서의 값[7]은 항상 영이다.
(3) 우함수의 미분은 기함수이며, 기함수의 미분은 우함수이다.

주어진 함수가 우함수 또는 기함수인 경우에 푸리에 급수 표현식 (8.1.19)를 확인하여 보

7) 경우에 따라서는 원점에서의 평균값이 영으로 된다.

자. 먼저 $f(t)$가 우함수라고 하면 푸리에 급수는

$$f(t)=\frac{a_0}{2}+\sum_{n=1}^{\infty}a_n\cos\frac{n\pi t}{T} \tag{8.2.15}$$

로 된다. 단 계수는

$$a_0=\frac{2}{T}\int_0^T f(t)dt,\qquad a_n=\frac{2}{T}\int_0^T f(t)\cos\frac{n\pi t}{T}dt \tag{8.2.16}$$

으로 계산된다. 또한 $f(t)$가 기함수라면 다음과 같은 푸리에 급수 표현식을 얻을 수 있다. 즉

$$f(t)=\sum_{n=1}^{\infty}b_n\sin\frac{n\pi t}{T} \tag{8.2.17}$$

이며, 각 계수는 다음으로 계산된다.

$$b_n=\frac{2}{T}\int_0^T f(t)\sin\frac{n\pi t}{T}dt \tag{8.2.18}$$

신호의 물리적인 관점에서 보면, [그림 8.13]의 주기함수는 우함수도 기함수도 아니다. 임의의 함수가 우함수인가 기함수인가는 수직축, 즉 $t=0$을 어느 부분에 두는 가에 의존하며 [그림 8.14]로부터 $t=0$의 위치에 따른 차이점을 명확하게 알 수 있다. 즉 $t=0$에 따라 원래의 함수가 우함수, 기함수, 또는 어느 쪽도 아닌 함수로 될 수 있다는 것이다. 다음 예제에서 $t=0$의 위치 선정에 따른 푸리에 급수의 변화를 살펴보기로 한다.

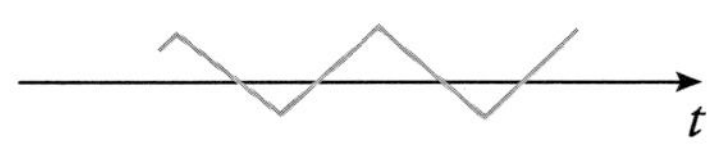

그림 8.13 주기함수

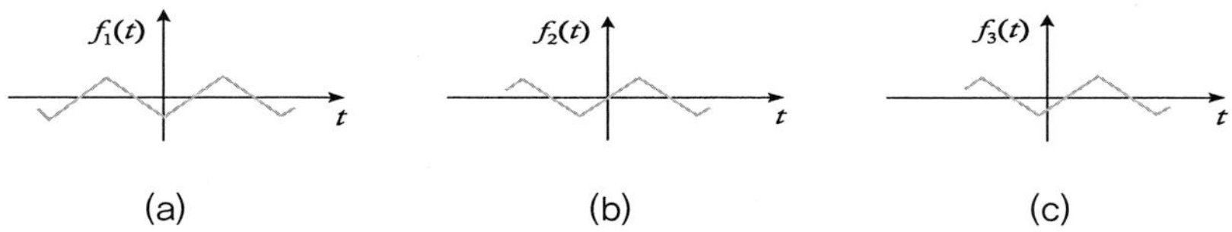

그림 8.14 $t=0$의 위치에 따른 함수의 표현

▶ 예제 8.2.7

그림과 같은 주기함수가 스프링–질량 시스템에 작용하고 있다고 한다. 이때 주어진 함수가 기함수로 두었을 때의 푸리에 급수표현식과, 함수를 우함수로 표현하였을 때의 푸리에 급수를 각각 구하여 보자.

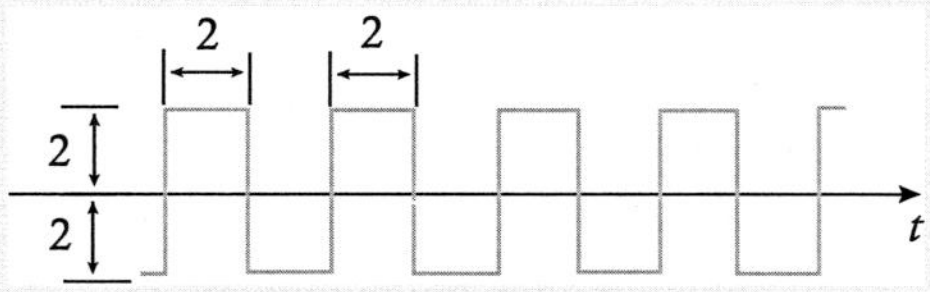

그림 8.15 [예제 8.2.7]

◇ 해

$t=0$의 위치를 [그림 8.16]과 같이 선정하였다면, 주어진 함수는 기함수로 되어 한 주기에 대해 다음과 같다.

$$f_1(t)=\begin{cases}-2, & (-2<t<0)\\ 2, & (0<t<2)\end{cases}$$

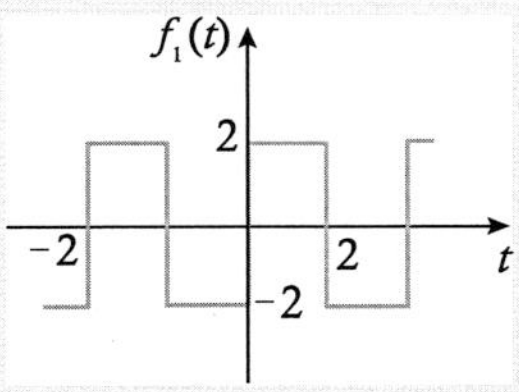

그림 8.16 [예제 8.2.7]

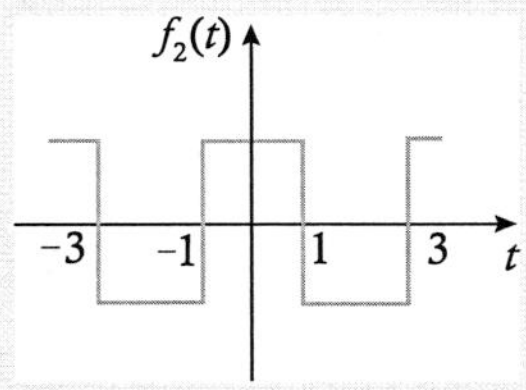

그림 8.17 [예제 8.2.7]

기함수이므로 $a_n=0$이고 $T=2$에 대하여 b_n만 계산하면 된다. 즉 식 (8.2.18)에 의해

$$\begin{aligned} b_n &= \frac{2}{T}\int_0^T f_1(t)\sin\frac{n\pi t}{T}dt, \quad n=1,2,3,\cdots \\ &= \frac{2}{2}\int_0^2 2\sin\frac{n\pi t}{2}dt = -\frac{4}{n\pi}\cos\frac{n\pi t}{2}\bigg|_0^2 = -\frac{4}{n\pi}(\cos n\pi-1) \end{aligned} \quad ①$$

이다. 따라서 $\cos n\pi=(-1)^n$를 ①에 적용하면 푸리에 급수는

$$\begin{aligned} f_1(t) &= \sum_{n=1}^{\infty}\frac{4[1-(-1)^n]}{n\pi}\sin\frac{n\pi t}{2} \\ &= \frac{8}{\pi}\sin\frac{\pi t}{2}-\frac{8}{3\pi}\sin\frac{3\pi t}{2}+\frac{8}{5\pi}\sin\frac{5\pi t}{2}-\cdots \end{aligned} \quad ②$$

이다. 다음, $t=0$을 [그림 8.17]과 같이 정하면, 주어진 함수는

$$f_2(t)=\begin{cases}-2, & (-2<t<-1)\\ 2, & (-1<t<1)\\ -2, & (1<t<2)\end{cases}$$

로 되어 우함수로 된다. 따라서 $b_n=0$이고 a_n을 계산하면 다음과 같다.

$$\begin{aligned} a_n &= \frac{2}{T}\int_0^T f_2(t)\cos\frac{n\pi t}{T}dt\ ,\quad n=1,2,3,\cdots \\ &= \frac{2}{2}\left[\int_0^1 2\cos\frac{n\pi t}{2}dt+\int_1^2(-2)\cos\frac{n\pi t}{2}dt\right] \\ &= \frac{4}{n\pi}\sin\frac{n\pi t}{2}\bigg|_0^1-\frac{4}{n\pi}\sin\frac{n\pi t}{2}\bigg|_1^2 \\ &= \frac{8}{n\pi}\sin\frac{n\pi}{2} \end{aligned} \qquad ③$$

$n=0$인 경우는

$$\begin{aligned} a_o &= \frac{2}{T}\int_0^T f_2(t)dt \\ &= \frac{2}{2}\left[\int_0^1 2dt+\int_1^2(-2)dt\right]=2-2=0 \end{aligned}$$

이므로, 최종적인 푸리에 급수는 다음과 같다.

$$\begin{aligned} f_2(t) &= \sum_{n=1}^{\infty}\frac{8}{n\pi}\sin\frac{n\pi}{2}\cos\frac{n\pi t}{2} \\ &= \frac{8}{\pi}\cos\frac{\pi t}{2}-\frac{8}{3\pi}\cos\frac{3\pi t}{2}+\frac{8}{5\pi}\cos\frac{5\pi t}{2}-\cdots. \end{aligned}$$

[예제 8.2.7]에서 $t=0$의 위치에 따라 얻어진 두 개의 함수 사이에는

$$f_1(t+1)=f_2(t) \tag{8.2.19}$$

의 관계가 성립한다. 이로부터 [예제 8.2.7]의 기함수는 우함수를 이동시킴으로써 얻을 수 있다는 것을 알 수 있다. 즉

$$
\begin{aligned}
f_1(t+1)=f_2(t) &= \sum_{n=1}^{\infty} 4\frac{[1-(-1)^n]}{n\pi}\sin\frac{n\pi(t+1)}{2} \\
&= \sum_{n=1}^{\infty} 4\frac{[1-(-1)^n]}{n\pi}\left(\sin\frac{n\pi}{2}\cos\frac{n\pi t}{2}+\cos\frac{n\pi}{2}\sin\frac{n\pi t}{2}\right) \\
&= \frac{8}{\pi}\sum_{n=1}^{\infty}\frac{(-1)^{n-1}}{2n-1}\cos\frac{2n-1}{2}\pi t
\end{aligned}
\tag{8.2.20}
$$

로 되어 예제의 결과와 일치한다는 것을 확인할 수 있다.

▶ 예제 8.2.8

(a) 임의의 함수 $f(t)$는 그 함수의 기함수 성분인 $f_e(t)$와 우함수 성분인 $f_0(t)$로 표현될 수 있다는 것을 나타내어 보자.

(b) 다음 함수의 기함수 성분과 기함수 성분을 각각 구하여 보자.

$$
f(t)=\begin{cases} e^{-t}, & (t>0) \\ 0, & (t<0) \end{cases}
$$

◇ 해

(a) $f(t)$는

$$
f(t)=\frac{1}{2}f(t)+\frac{1}{2}f(-t)+\frac{1}{2}f(t)-\frac{1}{2}f(-t) \quad ①
$$

로 표현될 수 있으므로

$$
\frac{1}{2}[f(t)+f(-t)]=f_e(t), \quad \frac{1}{2}[f(t)-f(-t)]=f_o(t) \quad ②
$$

라 놓으면

$$
\begin{aligned}
f_e(-t) &= \frac{1}{2}[f(-t)+f(t)]=f_e(t) \\
f_o(-t) &= \frac{1}{2}[f(-t)-f(t)]=-f_o(t)
\end{aligned} \quad ③
$$

가 성립하므로

$$
f(t)=f_e(t)+f_o(t)
$$

이다.

(b) 식 ②로부터

$$
f_e(t)=\frac{1}{2}[f(t)+f(-t)]=\begin{cases} \frac{1}{2}e^{-t}, & (t>0) \\ \frac{1}{2}e^{t}, & (t<0) \end{cases}
$$

$$f_o(t) = \frac{1}{2}[f(t) - f(-t)] = \begin{cases} \frac{1}{2}e^{-t}, & t > 0 \\ -\frac{1}{2}e^{t}, & t < 0 \end{cases}$$

이다.

▶ 예제 8.2.9

[그림 8.18]과 같은 톱니파 그림에 대한 푸리에 급수를 계산하여 보자.

$$f(t) = t + \pi,\ (-\pi < t < \pi) \text{ 및 } f(t+2\pi) = f(t) \qquad ①$$

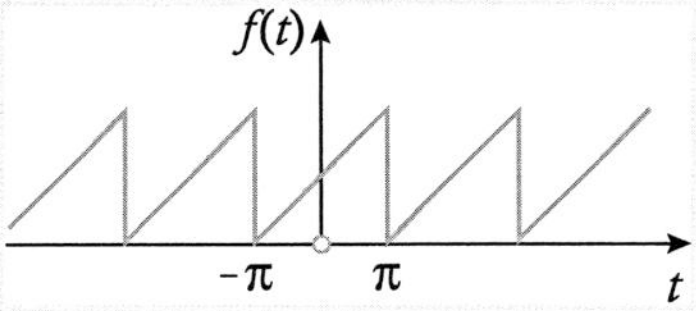

그림 8.18 톱니파 함수

◇ 해

그림으로부터 $f_1 = t$와 $f_2 = \pi$로 두면 $f = f_1 + f_2$로 표현된다. 그런데 f_2의 푸리에 계수는 직류성분을 제외하고는 영이므로, f의 푸리에 급수는 f_1의 푸리에 급수로 된다. 또한 f_1은 기함수이므로 $a_n = 0,\ (n = 1,2,\cdots)$이며

$$b_n = \frac{2}{\pi}\int_0^{\pi} f_1(t)\sin nt\,dx = \frac{2}{\pi}\int_0^{\pi} t\sin nt\,dx$$

$$= \frac{2}{\pi}\left[\left.\frac{-x\cos nt}{n}\right|_0^{\pi} + \frac{1}{n}\int_0^{\pi}\cos nt\,dx\right]$$

$$= -\frac{2}{n}\cos n\pi$$

로 되어, $b_1 = 2,\ b_2 = -2/2,\ b_3 = 2/3,\ b_4 = -2/4, \cdots$임을 알 수 있다. 따라서 푸리에 급수는

$$f(t) = \pi + 2\left(\sin t - \frac{1}{2}\sin 2t + \frac{1}{3}\sin 3t - \cdots\right) \qquad ②$$

이다. ②의 푸리에 급수를 $n = 1,2,3$ 및 20으로 취하여 원래의 그림과 비교하면 [그림 8.18]과 유사한 [그림 8.19]가 얻어진다.

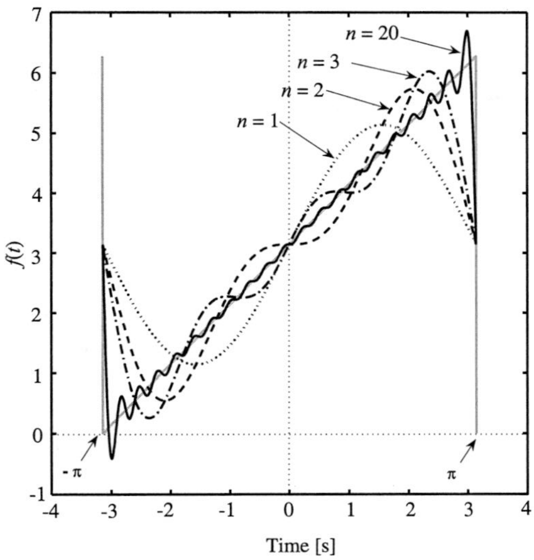

그림 8.19 [예제 8.2.9]의 결과

8.2.4 반구간 전개

물리와 공학의 여러 문제에서 구간 $0<t<T$에서만 정의된 비주기함수를 푸리에 급수로 전개할 경우가 있다. 그러나 물리적 또는 수학적 관심에 의하여 구간 $-T<t<0$에서의 함수를 적절하게 정의함으로써 주어진 함수를 주기 $2T$를 가지는 푸리에 급수로서 나타낼 수 있다. 이와 같이 구간 $0<t<T$에서만 정의된 함수를 구간 $-T<t<0$로 확장하여 함수를 정의하는 경우, 일반적으로 다음의 두 가지 방법이 이용된다.

요점 8.5 반구간 전개

$f(t)$가 반구간 $0<t<T$에서 정의된 경우

(a) 함수의 그래프를 y축에 관하여 대칭으로 사영한다.
이 경우 함수는 구간 $-T<t<T$에서 주기 $2T$인 우함수이다. 이와 같은 구간의 확장을 우확장(even extension)이라고 한다.

(b) 함수의 그래프를 y축에 관하여 점대칭[8]으로 사영한다.
이 경우 함수는 구간 $-T<t<T$에서 주기 $2T$인 기함수이다. 이러한 확장을 기확장(odd extension)이라고 한다.

8) '반대칭'이라고도 한다.

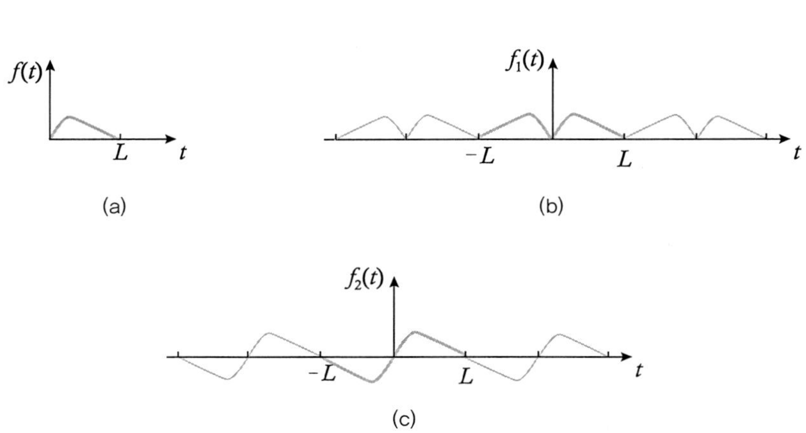

그림 8.20 (a) 구간 $0 \le x \le L$에서 정의된 함수 $f(t)$
(b) $f(t)$가 주기 $2L$의 우주기함수로서의 확장(우확장)
(c) $f(t)$가 주기 $2L$의 기주기함수로서의 확장(기확장)

8.1절에서 설명한 바와 같이, 우확장을 한 함수 $f(t)$는 푸리에 cosine급수로 전개되며, 기확장을 한 경우는 푸리에 sine급수로 전개된다. 이러한 방법으로 얻어진 cosine급수와 sine급수를 반구간 전개(half-range expansion)라고 한다.

예제 8.2.10

함수 $f(t)$가 다음과 같이 구간 $0<t<4$에서 정의되어 있다. 이 함수에 대한 반구간 cosine 및 sine전개를 하여보자.

$$f(t)=\begin{cases} t, & (0<t<2) \\ 4-t, & (2<t<4) \end{cases}$$

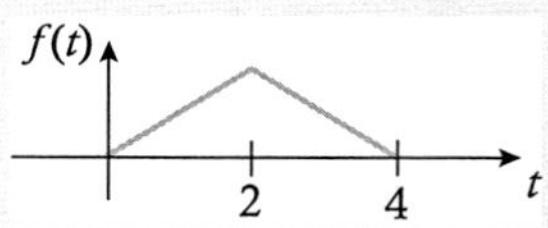

그림 8.21 [예제 8.2.10]

해

[요점 8.5]에서 언급한 바와 같이 $f(t)$를 y축에 대하여 대칭으로 사영하면 반구간 cosine 급수 전개를 얻을 수 있다. 따라서 푸리에 급수의 계수 b_n은 영이며, 계수 a_n은 다음과 같이 계산된다.

$$a_n=\frac{2}{T}\int_0^T f(t)\cos\frac{n\pi t}{T}dt\,,\quad n=1,2,3,\cdots \qquad ①$$

$$=\frac{2}{4}\int_0^2 t\cos\frac{n\pi t}{4}dt+\frac{2}{4}\int_2^4(4-t)\cos\frac{n\pi t}{4}dt$$

$$=\frac{1}{2}\left[\frac{4t}{n\pi}\sin\frac{n\pi t}{4}+\frac{16}{n^2\pi^2}\cos\frac{n\pi t}{4}\right]_0^2+\frac{1}{2}\left[\frac{16}{n\pi}\sin\frac{n\pi t}{4}\right]_2^4$$

$$-\frac{1}{2}\left[\frac{4t}{n\pi}\sin\frac{n\pi t}{4}+\frac{16}{n^2\pi^2}\cos\frac{n\pi t}{4}\right]_2^4$$

$$=-\frac{8}{n^2\pi^2}\left[1+\cos n\pi-2\cos\frac{n\pi}{2}\right]$$

또한 $n=0$일 때의 계수, 즉 a_0는

$$a_0=\frac{1}{2}\int_0^2 t\,dt+\frac{1}{2}\int_2^4(4-t)\,dt=2 \qquad ②$$

이다. 따라서 우확장인 경우의 함수는 [그림 8.22]이며, 이때의 푸리에 급수전개는 다음과 같다.

$$\tilde{f}_e(t)=1+\sum_{n=1}^{\infty}\frac{8}{n^2\pi^2}\left(2\cos\frac{n\pi}{2}-\cos n\pi-1\right)\cos\frac{n\pi t}{4}$$

$$=1-\frac{32}{\pi^2}\left[\frac{1}{2^2}\cos\frac{\pi t}{2}+\frac{1}{6^2}\cos\frac{3\pi t}{2}+\cdots\right],\qquad 0<t<4 \qquad ③$$

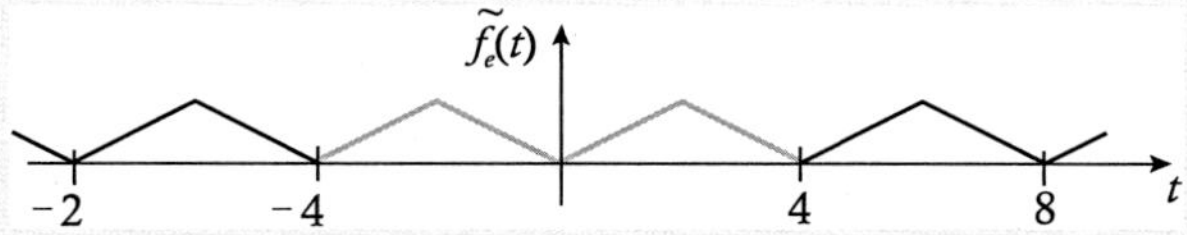

그림 8.22 [예제 8.2.10]

다음 $f(t)$를 기확장하면 계수 a_n은 영으로 되고, b_n은 다음과 같이 계산된다.

$$b_n=\frac{2}{T}\int_0^T f(t)\sin\frac{n\pi t}{T}dt,\ n=1,2,3,\cdots$$

$$=\frac{2}{4}\int_0^2 t\sin\frac{n\pi t}{4}dt+\frac{2}{4}\int_2^4(4-t)\sin\frac{n\pi t}{4}dt \qquad ④$$

$$=\frac{8}{n^2\pi^2}\sin\frac{n\pi}{2}$$

따라서 [그림 8.23]과 같은 $f(t)$의 반구간 전개에 대한 sine급수는

$$\tilde{f}_o(t)=\sum_{n=1}^{\infty}\frac{8}{n^2\pi^2}\sin\frac{n\pi}{2}\sin\frac{n\pi t}{4}$$

$$=\frac{8}{\pi^2}\left[\frac{1}{1^2}\sin\frac{\pi t}{4}-\frac{1}{3^2}\sin\frac{3\pi t}{4}+\frac{1}{5^2}\sin\frac{5\pi t}{4}-\cdots\right],\qquad (0<t<4) \qquad ⑤$$

이다.

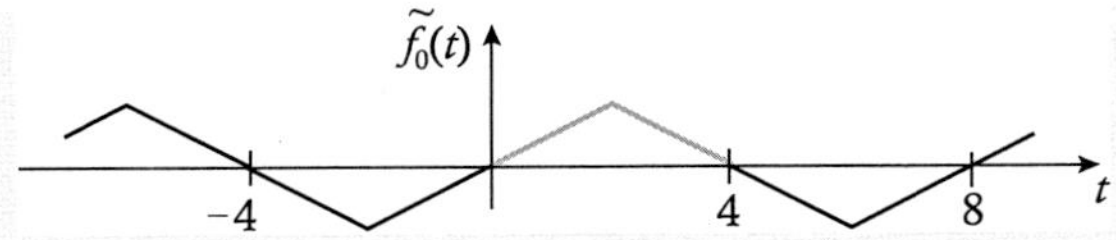

그림 8.23 [예제 8.2.10]

[그림 8.20]과 [그림 8.21]을 비교하여 보면, 함수의 반구간 전개에서 우확장보다는 기확장의 경우가 불연속인 점의 수가 적기 때문에, 각 확장된 함수의 푸리에 급수 표현식인 ③과 ⑤에서 동일한 수의 항을 취하였을 경우(예를 들어 $n=50$)에 기함수의 반구간 전개 표현식인 ⑤의 오른쪽 항이 $f(t)$에 더욱 근접한다는 것을 알 수 있다.

8.2.5 합과 크기 변환

함수 $f(t)$와 $g(t)$가 동일한 주기 $2T$를 가지며, 동시에 임의의 불연속점에서 적절하게 정의되어 있는 것으로 한다. 또한 각 함수는 구간 $-T< t < T$에서 구분적 연속으로 가정한다. 이때 각 함수에 대한 푸리에 급수는 식 (8.1.19)로부터

$$f(t) = \frac{a_0}{2} + \sum_{n=1}^{\infty}\left(a_n \cos\frac{n\pi t}{T} + b_n \sin\frac{n\pi t}{T}\right) \tag{8.2.21}$$

과

$$g(t) = \frac{\alpha_0}{2} + \sum_{n=1}^{\infty}\left(\alpha_n \cos\frac{n\pi t}{T} + \beta_n \sin\frac{n\pi t}{T}\right) \tag{8.2.22}$$

이다. 위 식으로부터

$$f(t) \pm g(t) = \frac{a_0 \pm \alpha_0}{2} + \sum_{n=1}^{\infty}\left[(a_n \pm \alpha_n)\cos\frac{n\pi t}{T} \pm (b_n \pm \beta_n)\sin\frac{n\pi t}{T}\right] \tag{8.2.23}$$

과

$$cf(t) = c\frac{a_0}{2} + \sum_{n=1}^{\infty}\left(ca_n \cos\frac{n\pi t}{T} + cb_n \sin\frac{n\pi t}{T}\right) \tag{8.2.24}$$

를 얻을 수 있다. 이러한 결과는 주어진 함수의 그래프에서 y축을 평행이동시킴으로써 얻을 수 있다. 다음 예제를 보자.

▶ 예제 8.2.11

함수 $f(t)=\sin t,\ (0<t<\pi)$의 우확장 [그림 8.24]에 대한 푸리에 급수 표현식을 구하고, 이를 [예제 8.2.6]의 결과를 이용하여 그림으로 나타내어 보자.

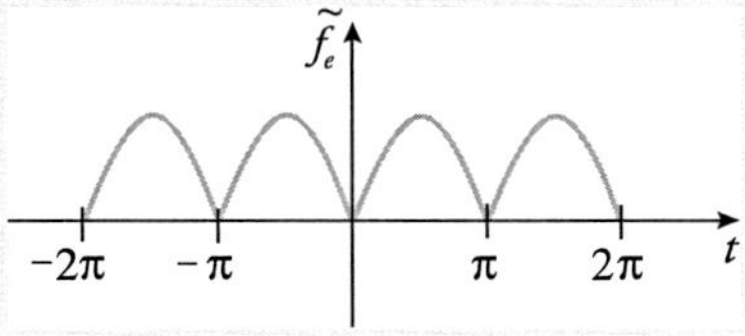

그림 8.24 [예제 8.2.11]

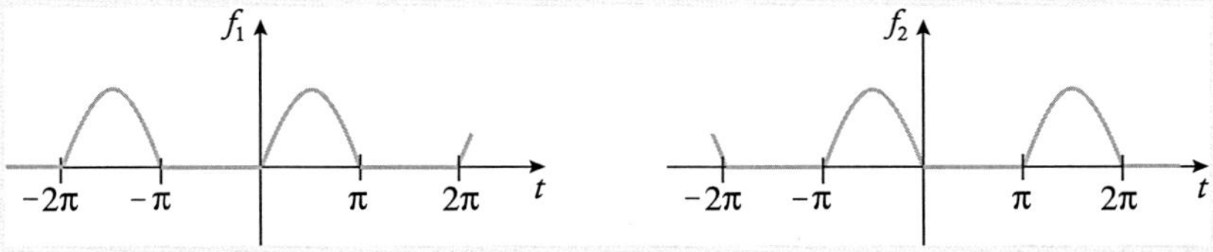

그림 8.25 [예제 8.2.11]

◇ 해

[그림 8.25]를 참고하면 $f_1(t)+f_2(t)=\tilde{f}_e(t)$임을 알 수 있다. 또한 $f_1(t+\pi)=f_2(t)$의 관계가 성립하므로 [예제 8.2.6]을 참고하면

$$f_1(t)=\frac{1}{\pi}+\frac{1}{2}\sin t-\frac{2}{\pi}\sum_{n=1}^{\infty}\frac{\cos 2nt}{4n^2-1} \qquad ①$$

이다. 따라서

$$f_2(t)=f_1(t+\pi)=\frac{1}{\pi}+\frac{1}{2}\sin(t+\pi)-\frac{2}{\pi}\sum_{n=1}^{\infty}\frac{\cos 2n(t+\pi)}{4n^2-1} \qquad ②$$

이다. 여기서 $\sin(t+\pi)=-\sin t$와 $\cos[2n(t+\pi)]=\cos 2nt$의 관계가 있으므로 ②는

$$f_2(t)=\frac{1}{\pi}-\frac{1}{2}\sin t-\frac{2}{\pi}\sum_{n=1}^{\infty}\frac{\cos 2nt}{4n^2-1} \qquad ③$$

이다. 이러한 결과를 이용하면 실제로 한 번의 적분 없이도 $f(t)$의 우확장에 대한 푸리에 급수를 다음과 같이 얻을 수 있다.

$$\begin{aligned}\tilde{f}_e(t)&=f_1(t)+f_2(t)\\&=\frac{2}{\pi}-\frac{4}{\pi}\sum_{n=1}^{\infty}\frac{\cos 2nt}{4n^2-1}.\end{aligned} \qquad ④$$

한편 시간 t의 크기를 변화시켰을 경우에 대한 푸리에 급수의 표현식에 대하여 알아보자. 예를 들어 식 (8.2.21)의 관계, 즉

$$f(t)=\frac{a_0}{2}+\sum_{n=1}^{\infty}\left(a_n\cos\frac{n\pi t}{T}+b_n\sin\frac{n\pi t}{T}\right) \tag{8.2.25}$$

에서 주기는 $2T$이다. 여기서

$$t=\frac{T}{\tau}\hat{t} \tag{8.2.26}$$

로 두면 식 (8.2.25)는 다음과 같다.

$$\hat{f}(\hat{t})\equiv f\left(\frac{T}{\tau}\hat{t}\right)=\frac{a_o}{2}+\sum_{n=1}^{\infty}\left(a_n\cos\frac{n\pi\hat{t}}{\tau}+b_n\sin\frac{n\pi\hat{t}}{\tau}\right) \tag{8.2.27}$$

위 식은 주기가 2τ인 함수 $\hat{f}(\hat{t})$의 푸리에 급수를 나타내고 있는 것으로 볼 수 있다. 여기서 $\tau=1$과 $\tau=\pi$가 실제적으로 가장 많이 사용되는 값이다.

▶ 예제 8.2.12

[그림 8.26]과 같은 우함수에 대한 푸리에 급수를 구하여 보자.

$$g(t)=\begin{cases}t, & (0\le t<1)\\ 2-t, & (1\le t<2)\end{cases}$$

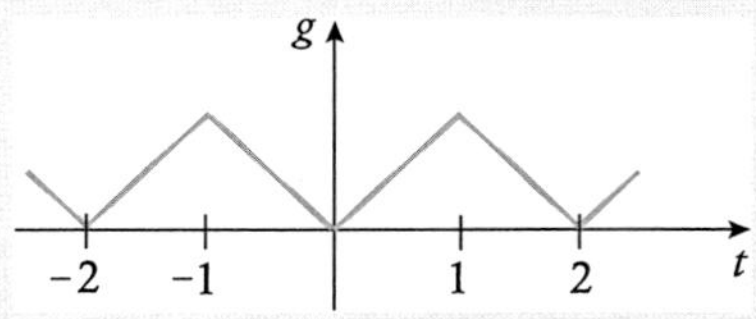

그림 8.26 [예제 8.2.12]

◇ 해

[그림 8.26]과 같은 함수의 푸리에 급수는 [예제 8.2.10]의 우확장인 경우와 유사하다. 단 여기서 주기는 2이며, [예제 8.2.10]에서는 주기가 4라는 점이 다를 뿐이다. 이러한 사실로부터 시간의 크기변경, 즉 $2\hat{t}=t$가 필요하다. 따라서 [그림 8.21]에서

$$f(t)=\begin{cases}t, & (0<t<2)\\ 4-t, & (2<t<4)\end{cases}$$

이므로

$$\hat{f}(\hat{t})=f(2\hat{t})=\begin{cases}2\hat{t}, & (0<2\hat{t}<2)\\ 4-2\hat{t}, & (2<2\hat{t}<4)\end{cases}$$

로 둔다. 여기서 $g(\hat{t}) = \hat{f}(\hat{t})/2$의 관계가 있으므로

$$g(\hat{t}) = \begin{cases} \hat{t}, & 0 < \hat{t} < 1 \\ 2 - \hat{t}, & 1 < \hat{t} < 2 \end{cases}$$

로 되어 [그림 8.26]과 일치한다. 따라서 [예제 8.2.10]의 ③에서 $g(\hat{t}) = \frac{1}{2} f(2\hat{t})$로 두면

$$g(\hat{t}) = \frac{1}{2}\left[1 - \frac{8}{\pi^2}\left(\cos \pi \hat{t} + \frac{1}{9}\cos 3\pi \hat{t} + \cdots\right)\right]$$

임을 확인할 수 있고, 여기서 다시 $\hat{t}$를 t로 대치하면 다음과 같다.

$$g(t) = \frac{1}{2} - \frac{4}{\pi^2}\left[\cos \pi t + \frac{1}{9}\cos 3\pi t + \cdots\right], \qquad (0 \le t < 2)$$

8.2.6 MATLAB에 의한 풀이

```
% [예제 8.2.1]
syms x n
Fs=int(x*cos(n*x),x,-pi,pi)

% [예제 8.2.2]
syms x n                                    % 결과식에서 cos(pi*n)=(-1)^n으로 둔다.
Fs=int(x^2*cos(n*x),x,-pi,pi); Fs=simple(Fs); subs(Fs,sin(pi*n),0)

% [예제 8.2.3]
syms a x
Fs=int(exp(x)*cos(a*x),x); pretty(Fs)       % 계산의 결과

% [예제 8.2.4]
syms t n pai
ao=1/pai*int(t,t,-pi,pi), an=1/pai*int(t*cos(n*t),t,-pi,pi)          % 계수 a0, an
bn=1/pai*int(t*sin(n*t),t,-pi,pi)                          % 계수 bn
bn=subs(bn,{sin(pi*n),pai},{0,pi})                   % sin(nπ)→0, pai→π 로 대치
% [그림 8.8]의 확인
t_ax1=-2*pi:0.01:-pi; t_ax2=-pi:0.01:pi; t_ax3=pi:0.01:2*pi;
ft1=t_ax1+2*pi; ft2=t_ax2; ft3=t_ax3-2*pi; t_ax=[t_ax1';t_ax2';t_ax3'];
ft=[ft1';ft2';ft3']; plot(t_ax,ft), hold on
%
t=-3.5:6/1000:4.5; N=input('Number of n ? ');               % n의 값을 입력한다.
fN=zeros(1,length(t));
for n=1:N
   bn=-2*(-1)^n/n;
```

```
    fN=fN+bn*sin(n*t);
end
plot(t,fN,':'), xlabel(' Time (sec.)'), ylabel([' n = ',num2str(N),'인 경우의 f(t)']), hold off
```

❖ [예제 8.2.5]의 결과인 [그림 8.8]을 확인하기 위해서는 적절한 n의 값을 입력하면 푸리에 급수가 계산되고 이것을 이용한 함수가 그래프로서 나타나므로 원래함수와 비교할 수 있다.

```
% [예제 8.2.5]
syms t n pai
ao=1/pai*int(t,t,0,pi), subs(ao,pai,pi)  % 계수 a0 에 pai에 π를 대입
an=1/pai*int(t*cos(n*t),t,0,pi); subs(an,sin(pi*n),0)        % sin(nπ)→0 를 대입
bn=1/pai*int(t*sin(n*t),t,0,pi); subs(bn,sin(pi*n),0)        % sin(nπ)→0 를 대입
% [그림 8.10]의 확인
t=-3.5:6/1000:3.5; N=[5 10 20];
for j=1:3
    fN=pi/4*ones(1,length(t));                                % n=0 인 경우
    for n=1:N(j)
        an=((-1)^n-1)/pi/n^2; bn=-(-1)^n/n;
        fN=fN+an*cos(n*t)+bn*sin(n*t);
    end
    plot(t,fN), hold on
end
xlabel(' Time (sec.)'), ylabel([' n = ',num2str(N),'인 경우의 f(t)']), hold off

% [예제 8.2.6]
syms t n pai
ao=1/pai*int(sin(t),t,0,pi), subs(ao,pai,pi)                   % 2/pi=0.6366
an=1/pai*int(sin(t)*cos(n*t),t,0,pi);
pretty(subs(an,cos(pi*n),(-1)^n)                               % 계수 a_n
bn=1/pai*int(sin(t)*sin(n*t),t,0,pi); subs(bn,sin(pi*n),0)     % n=2,3,4,...
a1=1/pai*int(sin(t)*cos(t),t,0,pi)                             % a_1 =0
b1=1/pai*int(sin(t)*sin(t),t,0,pi); subs(b1,pai,pi)            % b_1 =1/2 로 됨을 확인

% [예제 8.2.7]
syms n t
bn=int(2*sin(n*pi*t/2),t,0,2); pretty(bn)                      % ①의 확인
an=int(2*cos(n*pi*t/2),t,0,1)+int(-2*cos(n*pi*t/2),t,1,2);
pretty(subs(an,sin(pi*n),0))                                   % ③의 확인

% [예제 8.2.9]
syms n t pai
bn=2/pai*int(t*sin(n*t),t,0,pi), pretty(subs(bn,{sin(n*pi),pai},{0,pi}))
```

```
% [그림 8.19]
tt=-pi:0.01:pi;n=length(tt);                          % 시간축의 설정
t=zeros(n+2,1);ft=zeros(n+2,1);
t(1)=-pi;t(n+2)=pi;ft(1)=2*pi;ft(n+2)=0;              % (1)의 그림(삼각파)
t(2:n+1,1)=tt';ft(2:n+1,1)=tt+pi;
plot(t,ft),hold on
fs1=pi+2*sin(t);                                      % n=1
fs2=fs1-sin(2*t);                                     % n=2
fs3=fs2+2/3*sin(3*t);                                 % n=3
fs=fs3;
for j=4:20
      fs=fs+(-1)^(j-1)*2/j*sin(j*t);                  % n=20인 경우의 계산
end
plot(t,fs1,t,fs2,t,fs3,t,fs)                          % [그림 8.19]의 작성
xlabel('Time [s]'),ylabel(' f(t) ')
```

❖ [예제 8.2.9]에서 [그림 8.19]는 [예제 8.2.5]를 참조한다.

```
% [예제 8.2.10]
syms n t
an=1/2*(int(t*cos(n*pi*t/4),t,0,2)+int((4-t)*cos(n*pi*t/4),t,2,4));
pretty(simple(an))                                    % ①의 확인
bn=1/2*(int(t*sin(n*pi*t/4),t,0,2))+1/2*(int((4-t)*sin(n*pi*t/4),t,2,4));
bn=simple(subs(bn,sin(n*pi),0)); pretty(bn)           % ④의 확인
```

연습문제 8.2.7

1. 양의 정수 n의 함수로서 각 적분에 대한 일반식을 유도하여라.

(1) $\int t^n \sin at\, dt$　　(2) $\int t^n \sinh bt\, dt$

(3) $\int t^n (at+b)^\alpha\, dt$

2. 주어진 각 함수에 대한 푸리에 급수 표현식을 구하여라. 각 함수는 한 주기만이 나타나 있다.

(1) $f(t)=t^2,\ (-\pi<t<\pi)$　　(2) $f(t)=t+2\pi,\ (-2\pi<t<2\pi)$

(3)

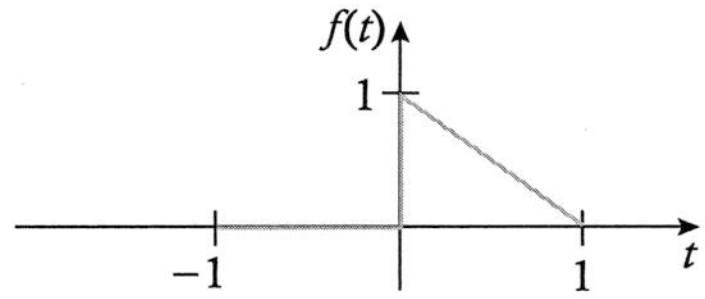

(4)

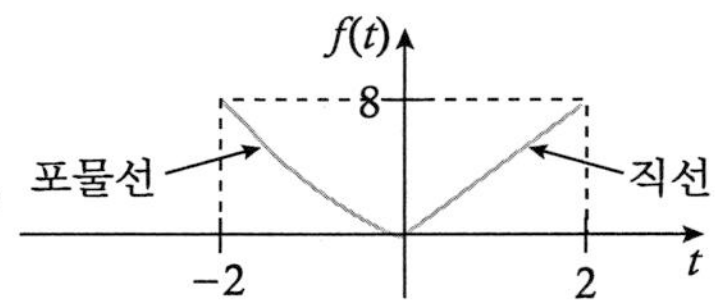

3. 다음 함수가 기함수, 우함수 또는 어느 쪽도 아닌지의 여부를 확인하여라.

(1) $|t|,\ t^2\sin nt,\ t+t^2,\ e^{-|t|},\ \ln t,\ t\cosh t$

(2) $f(t)=t^3,\ (-\pi<t<\pi)$

(3) $f(t)=e^{-4t},\ (-\pi<t<\pi)$

(4) $f(t)=t|t|-t^3,\ (-\pi<t<\pi)$

(5) $f(t)=\begin{cases} \dfrac{1}{1+t^2}, & (-\pi<t<0) \\ \dfrac{-1}{1+t^2}, & (0<t<\pi) \end{cases}$

4. 다음 함수가 기함수인지 우함수인지를 밝히고, 이것의 푸리에 급수를 계산하여라. 또 가능하면 급수합의 몇 번째까지의 합의 그림을 원 함수의 그림과 비교하여라.

(1) $f(t)=\pi-|t|,\ (-\pi<t<\pi)$

(2) $f(t)=\begin{cases} t, & (-\pi/2<t<\pi/2) \\ \pi-t, & (\pi/2<t<3\pi/2) \end{cases}$

(3) $f(t)=\begin{cases} 2, & (-2<t<0) \\ 0, & (0<t<2) \end{cases}$

5. 주어진 함수를 우확장 또는 기확장하여, (a) 푸리에 cosine 전개, (b) 푸리에 sine 전개하여라.

(1) $f(t)=1,\ (0<t<2)$

(2) $f(t)=2-t,\ (0<t<2)$

(3) $f(t)=\begin{cases} 1, & (0<t<1) \\ 2, & (1<t<2) \end{cases}$

(4) $f(t)=t,\ (0<t<L)$

(5) $f(t)=\pi-t,\ (0<t<\pi)$

6. 함수

$$f(t)=\begin{cases} 0, & (-\pi<t<0) \\ f_1(t), & (0<t<\pi) \end{cases}$$

가 다음과 같은 급수전개를 가진다고 한다.

$$f(t) = \frac{a_0}{2} + \sum_{n=1}^{\infty} (a_n \cos nt + b_n \sin nt)$$

(1) 식 (8.2.23)을 이용하여 다음을 증명하여라.

$$f(-t) = \begin{cases} f_1(-t), & (-\pi < t < 0) \\ 0, & (0 < t < \pi) \end{cases}$$

(2) 푸리에 급수에 관한 공식을 이용하여 아래 관계식을 증명하여라.

$$f(-t) = \frac{a_0}{2} + \sum_{n=1}^{\infty} a_n \cos nt - b_n \sin nt, \quad (-\pi < t < \pi)$$

(3) $f_e(t)$를 구간 $0 < t < \pi$에서의 $f_1(t)$의 우확장이라고 한다면

$$f_e(t) = a_0 + 2\sum_{n=1}^{\infty} a_n \cos nt, \quad (-\pi < t < \pi)$$

임을 증명하여라.

7. 위 문제 6의 결과와 함수

$$f(t) = \begin{cases} 0, & (-\pi < t < 0) \\ t, & (0 < t < \pi) \end{cases}$$

의 급수전개가

$$\frac{\pi}{4} + \sum_{n=1}^{\infty} \frac{(-1)^n - 1}{\pi n^2} \cos nt - \frac{(-1)^n}{n} \sin nt$$

라는 사실을 이용하여 다음 함수의 전개를 계산하여라.

$$f(t) = |t|, \quad (-\pi < t < \pi)$$

8. 함수

$$\hat{f}(t) = \begin{cases} -1, & (-\pi < t < 0) \\ 1, & (0 < t < \pi) \end{cases}$$

의 푸리에 전개가

$$\frac{4}{\pi} \sum_{n=1}^{\infty} \frac{\sin(2n-1)t}{2n-1}$$

라는 사실을 이용하여 다음 함수의 전개를 구하여라.

$$f(t) = \begin{cases} 0, & (-\pi < t < 0) \\ 1, & (0 < t < \pi) \end{cases}$$

이때 $f(t) = [1 + \hat{f}(t)]/2$라는 사실을 이용하여라.

8.3 푸리에 급수에 의한 진동시스템의 해석

푸리에 급수는 상미분방정식(ODE) 또는 편미분방정식(PDE)의 해석에 있어 중요한 역할을 한다. 여기서는 [그림 8.27]로 주어진 질량－스프링－마찰 시스템의 강제진동에 대한 응답특성을 이용하여 이에 대하여 간단히 언급한다.

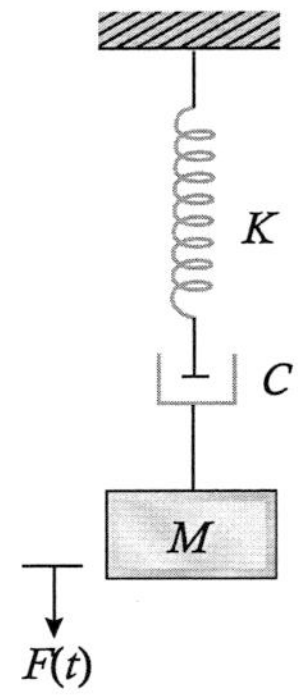

그림 8.27 질량-스프링-마찰 시스템

질량 M, 스프링 상수 K, 및 마찰계수 C인 [그림 8.27]의 시스템에 외부입력으로 $F(t)$가 인가되었을 경우의 시스템을 나타내는 미분방정식은 제 1 장의 식 (1.9.2)에 의해

$$M\frac{d^2y}{dt^2} + C\frac{dy}{dt} + Ky = F(t) \qquad (8.3.1)$$

로 된다. 여기서 $y = y(t)$는 질량 M이 평형상태에서 이동한 거리를 나타낸다. 이때 외부입력 $F(t)$가 사인파함수이고, 동시에 마찰이 존재한다면(즉 $C > 0$), [그림 8.27]의 응답(즉 $y(t)$)은 입력의 주파수와 동일한 주파수를 가지는 감쇠진동으로 된다는 것은 이미 제 1 장에서 언급하였다(1.9절 참조). 그러나 $F(t)$가 주파수 ω를 가지는 주기함수이지만 sine 또는 cosine 함수가 아니라면, 식 (8.3.1)의 정상상태응답 $y(t)$에는 ω뿐만 아니라 $F(t)$의 푸리에 급수 표현식의 각 항속에 포함되어 있는 주파수의 배수까지도 포함하게 된다. 만약 이들 고주파성분의 주파수 중 하나가 부족제동인 시스템의 고유진동수에 가까워진다면, 그 주파수성분을 포함하는 푸리에 급수의 한 항목이 시스템 전체의 응답에서 주된 역할을 하게 된다. 일반적으로 [그림 8.27]과 같은 시스템에서 입력주파수는 시스템의 고유진동수보다 상당히 낮기 때문에 고주파성분이 시스템의 응답에서 주된 역할을 한다는 사실은 놀라운 것이다. 따라서 입력이 완전한 사인파가 아닌 경우에는 이러한 문제, 즉 고주파성분에 의해 시스템에 피해를 가져올 수 있는 경우가 발생할 수 있기 때문에 주의가 필요하다.

▶ 예제 8.3.1

식 (8.3.1)에서 $M=1$, $C=0.05$ 및 $K=25$로 두면

$$y'' + 0.05y' + 25y = F(t)$$

이다. 이때 입력으로 주기가 2π인 다음과 같은 함수가 주어졌다고 한다(그림 8.28).

$$F(t)=\begin{cases} t+\dfrac{\pi}{2}, & (-\pi<t<0), \quad F(t+\pi)=F(t) \\ -t+\dfrac{\pi}{2}, & (0<t<\pi) \end{cases}$$

이때 위 식의 정상상태응답 $y(t)$를 구하여 보자.

◇ 해

우선 입력을 푸리에 급수로 표현하면

$$F(t)=\frac{4}{\pi}\left(\cos t+\frac{1}{9}\cos 3t+\frac{1}{25}\cos 5t+\cdots\right) \qquad ①$$

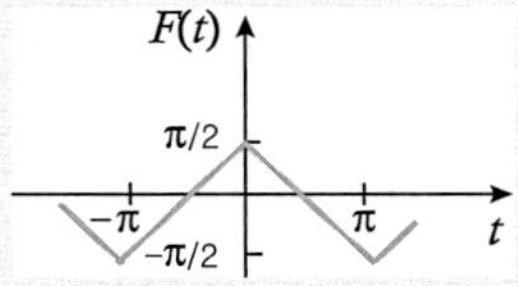

그림 8.28 [예제 8.3.1]

이다. 따라서 주어진 시스템의 미분방정식은

$$y''+0.05y'+25y=\frac{4}{n^2\pi}\cos nt,\ n=1,3,5,\cdots \qquad ②^{9)}$$

이며, 이때 미분방정식의 해는 다음과 같은 형식이라는 것은 이미 제1장에서 언급하였다. 즉

$$y_n=A_n\cos nt+B_n\sin nt \qquad ③$$

③을 ②에 대입하면 ③의 계수는

$$A_n=\frac{4(25-n^2)}{n^2\pi D_n},\quad B_n=\frac{0.2}{n\pi D_n},\ D_n=(25-n^2)^2+(0.05n)^2 \qquad ④$$

이다. 그런데 시스템의 미분방정식은 선형이기 때문에 중첩의 원리가 성립하여 정상상태응답은

$$y=y_1+y_3+y_5+\cdots \qquad ⑤$$

로 표현할 수 있다. 즉 ⑤에서 y_1은 입력 $F(t)$의 푸리에 급수 표현식의 첫번째 항인 $(4/\pi)\cos t$가 입력으로 인가되었을 때의 정상상태응답을 의미한다. ④로부터 ③의 진폭은

$$C_n=\sqrt{A_n^2+B_n^2}=\frac{4}{n^2\pi\sqrt{D_n}} \qquad ⑥$$

이므로 이를 몇 개항 전개하여 보면 다음과 같다.

$$C_1=0.0531,\ C_3=0.0088,\ C_5=0.2037,\ C_7=0.0011,\ C_9=0.0003$$

9) $n=1,3,5$인 경우의 미분방정식에 대한 초기값은 [예제 8.3.1]의 ③에서 $y_n(0)=A_n$ 이므로 A_1, A_3, A_5이다.

[그림 8.29]에 입력과 출력을 나타내었다. 즉 $n=5$일 때 D_n이 가장 작은 값을 가지므로 C_5가 가장 큰 값을 가진다. 따라서 ⑤의 출력응답에서 y_5가 주된 역할을 하여, 시스템의 출력은 입력의 다섯 배의 주파수를 가지는 조화진동(harmonic oscillation)을 하는 것으로 볼 수 있다.[10] 위 시스템의 마찰계수 C값을 변화시켜 시스템의 감쇠비를 감소시키면 이러한 현상이 더욱 심해지는 것을 볼 수 있다.

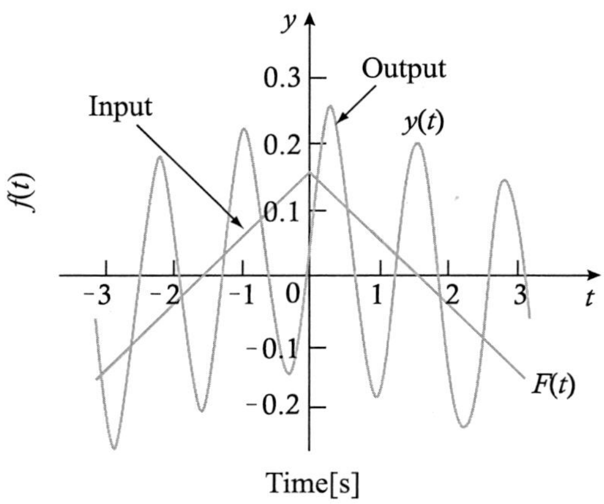

그림 8.29 [예제 8.3.1]의 결과(입력은 0.1배 하였다)

8.3.1 MATLAB에 의한 풀이

```
% [예제 8.3.1]
syms t
% n=1,3,5
y1=dsolve('D2y+0.05*Dy+25*y=4/pi*cos(t)','y(0)=0','Dy(0)=0');
y3=dsolve('D2y+0.05*Dy+25*y=4/9/pi*cos(3*t)','y(0)=0','Dy(0)=0');
y5=dsolve('D2y+0.05*Dy+25*y=4/25/pi*cos(5*t)','y(0)=0','Dy(0)=0');
ezplot(3*(simple(y1+y3+y5)))
axis([-3.5 3.5 -0.3 0.4]), hold on, t=-3.5:0.01:3.5; n=length(t);
for i=1:n
   if t(i)<=0, Ft(i)=t(i)+pi/2;
   else Ft(i)=-t(i)+pi/2;
   end
end
plot(t,0.1*Ft), hold off
```

10) y_5의 약 25% 정도의 값을 가지는 y_1에 의한 약간의 뒤틀림이 발생한다.

연습문제 8.3.2

1. 미분방정식 $y'' + \omega^2 y = f(t)$의 일반해를 구하여라. 단 외부입력 $f(t)$는 다음과 같다.

(1) $f(t) = \cos \omega t,\ \omega = 0.5,\ 0.8,\ 1.1,\ 1.5,\ 5.0,\ 10.0$

(2) $f(t) = \sum_{n=1}^{N} a_n \cos nt,\ |\omega| \neq 1, 2, \cdots, N$

(3) $f(t) = \begin{cases} t+\pi, & (-\pi < t < 0) \\ -t+\pi, & (0 < t < \pi) \end{cases}$ 및 $f(t+2\pi) = r(t), |\omega| \neq 1, 3, 5, \cdots$

(4) $f(t) = \frac{\pi}{4}|\sin t|, (-\pi < t < \pi)$ 및 $f(t+2\pi) = f(t), |\omega| \neq 0, 2, 4, \cdots$

2. 미분방정식 $y'' + cy' + y = f(t)$의 정상상태응답을 계산하여라. 단 $c > 0$이며 $f(t)$는 다음과 같다.

(1) $f(t) = \sin 3t$

(2) $f(t) = \sum_{n=1}^{N} b_n \sin nt$

8.4 푸리에 적분

푸리에 급수는 주기함수 또는 어떤 한정된 구간 내에서만 값을 가지는 함수 등을 가지는 문제에서는 이를 해결할 수 있는 강력한 도구임을 8.3절에서 설명하였다. 그러나 공학문제에 있어서 주기함수를 포함하지 않는 경우도 많이 있다. 따라서 비주기함수 또는 시간축의 모든 구간에서 정의되어 있는 함수 등을 가지는 문제를 해석하기 위해서는, 주기함수에 적용되는 푸리에 급수의 방법을 개선시킬 필요가 있으며, 이를 푸리에 적분(Fourier Integral)이라고 한다. 우선 예제를 이용하여 주기가 $2T$인 특별한 모양의 주기함수 f_T의 푸리에 급수를 계산한 다음, $T \to \infty$로 가져간다면 푸리에 급수 표현식이 어떻게 변하는가를 살펴보기로 한다. 이를 기초로 하여 일반적인 비주기함수에 대한 일반적인 정리를 유도한다.

▶ 예제 8.4.1

다음 주기가 $2T$인 구형파함수 $f_T(t)$의 푸리에 급수를 계산하고 $T\to\infty$일 때의 푸리에 급수 표현식의 변화에 대하여 알아보자.

$$f_T(t)=\begin{cases}0, & (-T<t<1)\\ 1, & (-1<t<1)\\ 0, & (1<t<T)\end{cases} \quad ①$$

◇ 해

함수의 정의 ①에 따라서 만약 T를 점점 크게 가져간다면 $f_T(t)$는 비주기함수로 될 것이다. 즉

$$f(t)=\lim_{T\to\infty}f_T(t)=\begin{cases}1, & (-1<t<1)\\ 0, & (\text{그 외의 } t \text{ 값})\end{cases} \quad ②$$

이다. 이러한 사실을 바탕으로 하여 $f_T(t)$의 푸리에 급수 표현식에서 T을 증가시켰을 경우에 대하여 알아보자. 우선 $f_T(t)$가 우함수이기 때문에 모든 n에 대하여 $b_n=0$이며, a_n은 식 (8.1.20)에 의하여

$$a_0=\frac{1}{2T}\int_{-1}^{1}dt=\frac{1}{T} \quad ③$$

$$\begin{aligned}a_n&=\frac{1}{T}\int_{-1}^{1}\cos\frac{n\pi t}{T}dt\\ &=\frac{2}{T}\int_{0}^{1}\cos\frac{n\pi t}{T}dt\\ &=\frac{2}{T}\frac{\sin(n\pi/T)}{n\pi/T}\\ &=\frac{1}{n\pi}\sin\frac{n\omega_0}{2}\end{aligned}$$

이다. $|a_n|$은 사인파 $a_n\cos(n\pi t/T)$의 최대진폭을 나타내고 있기 때문에 f_T의 진폭스펙트럼(amplitude spectrum)이라 한다. [그림 8.30]에 $2T=4,8,16$인 경우에 대한 스펙트럼을 표시하였다. 이 그림으로부터 T가 증가하면 스펙트럼은 ω_n축(단 $\omega_n=n\pi/T$이다)의 양의 방향에서 점점 간격이 좁아진다는 것을 알 수 있다(즉 밀도가 높아진다). 예를 들어 $2T=4,8,16$인 경우, 함수 $(2\sin\omega_n)/(T\omega_n)$([그림 8.30]의 점선)의 반주기당 1개, 3개, 7개의 진폭스펙트럼을 가진다. 다시 말하면 $2T=2^k$이면 반주기당 $(2^{k-1}-1)$개의 스펙트럼을 가지므로, 결과적으로 ω_n축의 모든 곳에 진폭이 존재하게 된다(즉 ω_n축에 대하여 연속이다).

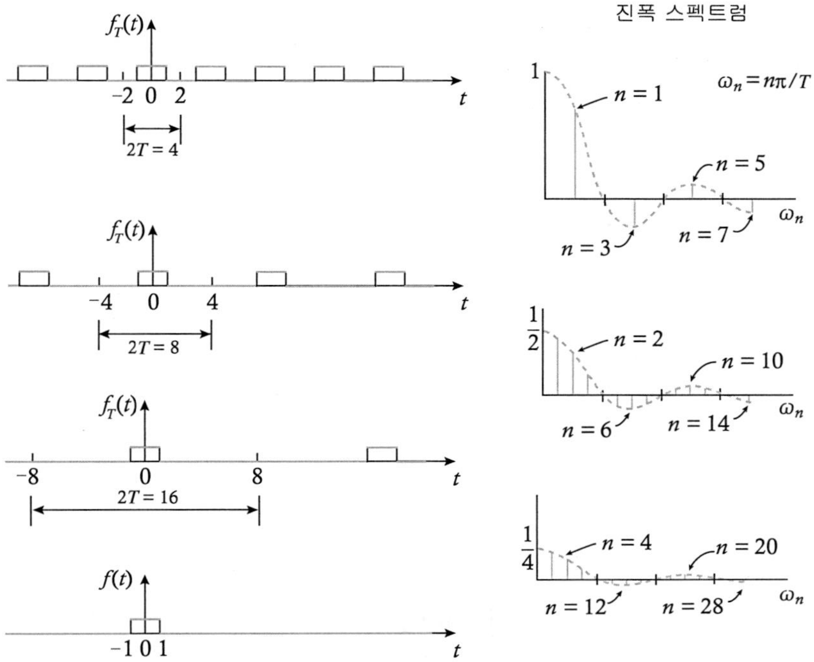

그림 8.30 [예제 8.4.1]의 파형과 진폭 스펙트럼

[예제 8.4.1]의 결과를 일반적인 모양을 가지는 주기함수에 적용하면 푸리에 적분이 얻어진다.

• 푸리에 적분으로의 변환

$2T$의 주기를 가지는 임의의 주기함수 $f_T(t)$에 대한 푸리에 급수는 식 (8.1.19)로부터

$$f(t) = \frac{a_0}{2} + \sum_{n=1}^{\infty}\left(a_n \cos\omega_n t + b_n \sin\omega_n t\right),\ \ \omega_n = \frac{n\pi}{T} \tag{8.4.1}$$

이다. 이때 함수의 주기를 $T \rightarrow \infty$로 하면 식 (8.4.1)에 어떤 변동이 생기는 가를 확인하여 보자. 먼저 [예제 8.4.1]에서 알 수 있듯이 주기가 증가함에 따라 푸리에 급수의 합(즉 Σ) 기호가 적분으로 바뀔 것으로 예상된다. 이것을 확인하여 보자.

식 (8.1.20)의 푸리에 급수의 계수 a_n과 b_n을 식 (8.4.1)에 대입한다. 단 혼란을 피하기 위해 적분변수를 v로 변경한다.

$$f_T(t) = \frac{1}{2T}\int_{-T}^{T} f_T(v)dv + \frac{1}{T}\sum_{n=1}^{\infty}\left[\cos\omega_n t\int_{-T}^{T} f_T(v)\cos\omega_n v\,dv + \sin\omega_n t\int_{-T}^{T} f_T(v)\sin\omega_n v\,dv\right] \tag{8.4.2}$$

여기서

$$\Delta\omega = \omega_{n+1} - \omega_n = \frac{(n+1)\pi}{T} - \frac{n\pi}{T} = \frac{\pi}{T} \tag{8.4.3}$$

로 두면, $1/T = \Delta\omega/\pi$로 되어 식 (8.4.2)는 다음과 같이 고쳐 쓸 수 있다.

$$f_T(t) = \frac{1}{2T}\int_{-T}^{T} f_T(v)dv + \frac{1}{\pi}\sum_{n=1}^{\infty}\left[(\cos\omega_n t)\Delta\omega\int_{-T}^{T} f_T(v)\cos\omega_n v\,dv + (\sin\omega_n t)\Delta\omega\int_{-T}^{T} f_T(v)\sin\omega_n v\,dv\right] \tag{8.4.4}$$

이때 다음으로 정의되는 비주기함수

$$f(t) = \lim_{T\to\infty} f_T(t) \tag{8.4.5}$$

가 모든 t축에서 적분가능하다고 가정한다. 다시 말하면 이것은 다음으로 주어지는 적분이 존재한다는 것을 의미한다.[11)]

$$\lim_{a\to-\infty}\int_a^0 |f(t)|dt + \lim_{b\to\infty}\int_0^b |f(t)|dt\ ,\ (\text{즉} \int_{-\infty}^{\infty}|f(t)|dt \text{ 를 의미}) \tag{8.4.6}$$

이러한 가정 아래 $T\to\infty$로 하면, $1/T\to 0$으로 되어 식 (8.4.4)의 오른쪽 첫번째 항은 영으로 수렴한다. 또한 $\Delta\omega = \pi/T\to 0$ 및 $\omega_n = n\pi/T \to\omega$이므로 무한급수 표현식은

$$\lim_{\Delta\omega\to 0}\sum_{n=1}^{\infty} F(\omega_n)\Delta\omega = \int_0^{\infty} F(\omega)d\omega \tag{8.4.7}$$

와 같이 적분형식으로 되므로 이를 식 (8.4.4)에 적용하면

$$f(t) = \frac{1}{\pi}\int_0^{\infty}\left[\cos\omega t\int_{-\infty}^{\infty} f(v)\cos\omega v\,dv + \sin\omega t\int_{-\infty}^{\infty} f(v)\sin\omega v\,dv\right]d\omega \tag{8.4.8}$$

---

11) 이를 절대적분가능(absolutely integral) 조건이라고 한다.

이므로 비주기함수 $f(t)$로 된다. 여기서

$$A(\omega)=\frac{1}{\pi}\int_{-\infty}^{\infty} f(v)\cos\omega v\,dv,\quad B(\omega)=\frac{1}{\pi}\int_{-\infty}^{\infty} f(v)\sin\omega v\,dv \tag{8.4.9}$$

와 같은 표현법을 도입하면 식 (8.4.8)은

$$f(t)=\int_{0}^{\infty}[A(\omega)\cos\omega t+B(\omega)\sin\omega t]\,d\omega,\ (\text{단 } \omega=\frac{\pi}{T}\text{ 이다}) \tag{8.4.10}$$ [12]

와 같이 표현할 수 있다. 이것이 푸리에 적분에 의한 $f(t)$(비주기함수)의 표현식이다. $\Delta\omega$가 영으로 접근할 때 식 (8.4.4)의 극한이 반드시 적분표현 (8.4.7)로 정의된다고는 할 수 없으나, 식 (8.4.10)이 성립하기 위한 충분조건은 다음과 같다.

요점 8.6 푸리에 적분의 수렴조건

함수 $f(t)$가 $(-\infty,\infty)$에서 정의되고 구분적으로 매끄러운 함수이며, 절대적분가능이면 이것의 푸리에 적분은

(a) 연속인 점에서는 $f(t)$로 수렴
(b) 불연속인 t에서는 산술평균값

$$\frac{1}{\pi}\int_{0}^{\infty}[A(\omega)\cos\omega t+B(\omega)\sin\omega t]\,d\omega=\frac{f(t^{+})+f(t^{-})}{2} \tag{8.4.11}$$

로 수렴한다. 여기서 $f(t^{+})$와 $f(t^{-})$는 8.1.3절의 (1)~(4)에 의해 $f(t)$의 왼쪽 극한과 오른쪽 극한을 나타낸다.

• 푸리에 적분의 응용

푸리에 적분의 주된 응용분야는 상미분방정식(ODE) 또는 편미분방정식(PDE)의 해를 구하는 데 있지만, 다음 예제에서 볼 수 있는 바와 같이 적분으로 주어진 함수를 해석하는 경우에도 적용할 수 있다.

---

12) 주기가 $2T$이므로 $\omega=\frac{2\pi}{2T}=\frac{\pi}{T}$이다.

▶ 예제 8.4.2

다음 함수의 푸리에 적분 표현식을 구하여 보자.

$$f(t) = \begin{cases} 1, & (|t| < 1) \\ 0, & (|t| > 1) \end{cases}$$

◇ 해

식 (8.4.9)에 의해

$$A(\omega) = \frac{1}{\pi}\int_{-\infty}^{\infty} f(v)\cos\omega v\, dv = \frac{1}{\pi}\int_{-1}^{1}\cos\omega v\, dv = \frac{\sin\omega v}{\pi\omega}\bigg|_{-1}^{1} = \frac{2\sin\omega}{\pi\omega}$$

$$B(\omega) = \frac{1}{\pi}\int_{-1}^{1}\sin\omega v\, dv = 0 \qquad ①$$

이다. 따라서 식 (8.4.10)으로부터 $f(t)$의 푸리에 적분은

$$f(t) = \frac{2}{\pi}\int_{0}^{\infty}\frac{\sin\omega}{\omega}(\cos\omega t)\, d\omega \qquad ②$$

이다. 주어진 함수 $f(t)$의 불연속점인 $t = \pm 1$에서의 ②의 평균값은 $(1+0)/2$, 즉 $1/2$이므로 [요점 8.6]으로부터 ②의 적분은

$$\frac{2}{\pi}\int_{0}^{\infty}\frac{\sin\omega}{\omega}(\cos\omega t)\, d\omega = \begin{cases} 1, & (-1 < t < 1) \\ 1/2, & (t = \pm 1) \\ 0, & (t < -1,\ t > 1) \end{cases} \qquad ③$$

로 수렴한다. ③의 적분을 디리클레(Dirchlet)의 불연속인자(discontinuous factor)라 한다. $t = 0$인 경우에 대하여 좀더 살펴보기로 하자. ③에서 $t = 0$으로 두면

$$\int_{0}^{\infty}\frac{\sin\omega}{\omega}\, d\omega = \frac{\pi}{2} \qquad ④$$

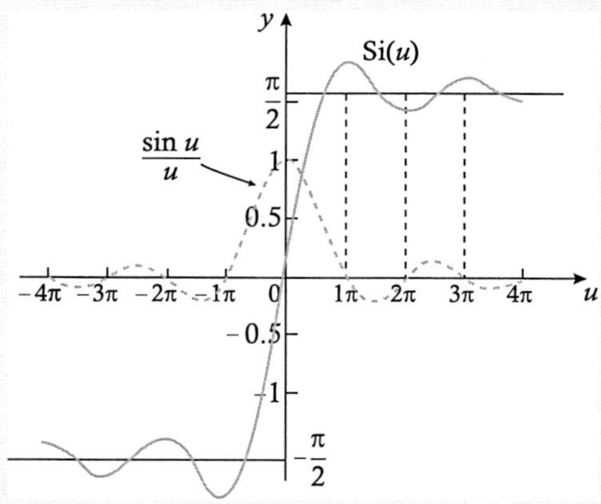

그림 8.31 sine함수 $\mathrm{Si}(u)$와 피적분함수

이것은 소위 sine적분으로 불리는 다음과 같은 적분

$$\mathrm{Si}(u)=\int_0^u \frac{\sin\omega}{\omega}d\omega \qquad ⑤$$

에서 $u\to\infty$로 둔 것이다. sine함수 $\mathrm{Si}(u)$와 피적분함수 $\sin\omega/\omega$를 [그림 8.31]에 나타내었다.

식 (8.1.19)로 정의되는 푸리에 급수의 부분적인 합(예를 들어 $n=a<\infty$까지의 합)을 나타내는 그래프는, 주어진 원래의 주기함수의 근사값을 나타내는 그래프로 볼 수 있다. 이와 마찬가지로 식 (8.4.10)의 푸리에 적분의 경우도, 적분의 상한을 ∞에서 적당한 수 a로 대체함으로써 원래 함수의 근사값을 얻을 수 있을 것이다. 따라서 적분

$$\frac{2}{\pi}\int_0^a \frac{\sin\omega}{\omega}(\cos\omega t)d\omega \qquad ⑥$$

은 ②의 오른쪽 항, 즉 함수 $f(t)$의 근사식으로 된다. a의 크기에 따른 ⑥의 값을 [그림 8.32]에 표시하였다. 이 그림으로부터 근사식 ⑥은 함수의 불연속점 근처에서 진동을 발생시키며 이 진동은 a가 증가함에 따라 $f(t)$의 불연속점, 즉 $t=\pm1$ 가까이로 이동한다는 것을 알 수 있다. 이러한 현상은 푸리에 급수에서도 볼 수 있는 것으로, 깁스 현상(Gibbs pheno menon)이라 한다.

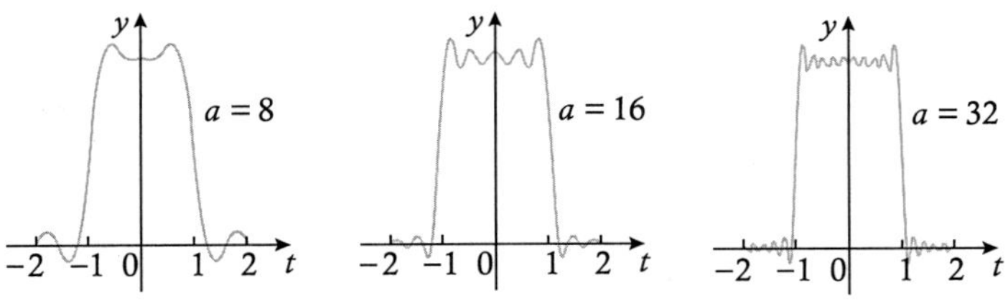

그림 8.32 $a=8, 16$ 및 32일 때의 ⑥의 계산

• 푸리에 cosine적분과 푸리에 sine적분

주어진 함수가 우함수 또는 기함수인 경우 푸리에 급수의 표현식을 간단하게 얻을 수 있음을 8.2.3절에서 언급한 바 있다. 식 (8.4.10)의 적분형식으로부터 알 수 있는 바와 같이, 푸리에 적분의 경우에도 이를 적용할 수 있을 것으로 생각된다.

실제로 만약 $f(t)$가 우함수라고 하면 식 (8.4.9)에서 $B(\omega)=0$이며 $A(\omega)$는

$$A(\omega)=\frac{2}{\pi}\int_0^\infty f(v)\cos\omega v\, dv \qquad (8.4.12)$$

이고, 식 (8.4.10)의 푸리에 cosine적분은

$$f(t) = \int_0^\infty A(\omega)\cos\omega t\,d\omega \quad (\text{우함수의 경우}) \tag{8.4.13}$$

이다. 유사하게 $f(t)$가 기함수의 경우는 식 (8.4.9)에서 $A(\omega)=0$이며

$$B(\omega)=\frac{2}{\pi}\int_0^\infty f(v)\sin\omega v\,dv \tag{8.4.14}$$

이다. 따라서 푸리에 sine적분은

$$f(t) = \int_0^\infty B(\omega)\sin\omega t\,d\omega \tag{8.4.15}$$

로 나타낼 수 있다.

• 적분의 계산

푸리에 적분의 응용분야의 하나로서 삼각함수를 피적분함수로 가지는 적분의 계산이 있다. 여기서는 이것의 적용에 관한 가장 일반적인 예로서 라플라스 적분을 가지고 설명한다.

▶ 예제 8.4.3

함수 $f(t)=e^{-kt}$, (단 $t>0,\ k>0$ 이다)에 대한 푸리에 cosine적분과 푸리에 sine적분을 유도하여 보자[13]. 이 결과는 라플라스 적분의 계산에 사용된다.

◇ 해

(a) 식 (8.4.12)에 부분적분을 적용하면

$$A(\omega)=\frac{2}{\pi}\int_0^\infty e^{-kv}\cos\omega v\,dv=-\frac{2k}{\pi(k^2+\omega^2)}e^{-kv}\left(-\frac{\omega}{k}\sin\omega v+\cos\omega v\right)\Big|_0^\infty \quad ①$$

이다. 이때 만약 $v=0$라면 ①의 오른쪽 항은 $-2k/\pi(k^2+\omega^2)$이고, 반대로 $v\to\infty$이면 ①의 오른쪽 항의 지수함수가 영으로 되어 전체는 영으로 수렴한다. 따라서 ①로부터

$$A(\omega)=\frac{2k/\pi}{k^2+\omega^2} \quad ②$$

가 얻어진다. 이것을 식 (8.4.13)에 대입하면 푸리에 적분은

13) $f(t)=e^{-kt}$, $(t>0)$은 우함수도 기함수도 아니므로, 이를 [그림 8.33]과 같이 우확장과 기확장을 수행하면 cosine과 sine적분의 계산이 가능하다.

$$f(t)=e^{-kt}=\frac{2k}{\pi}\int_0^{\infty}\frac{\cos\omega t}{k^2+\omega^2}d\omega,\quad (t>0,\ k>0) \qquad ③$$

으로 되어 이것을 적분에 대한 표현식으로 정리하면 다음으로 된다.

$$\int_0^{\infty}\frac{\cos\omega t}{k^2+\omega^2}d\omega=\frac{\pi}{2k}e^{-kt},\qquad (t>0,\ k>0) \qquad ④$$

(b) 위와 유사하게 식 (8.4.14)로부터

$$B(\omega)=\frac{2}{\pi}\int_0^{\infty}e^{-kv}\sin\omega v\,dv=-\frac{2\omega}{\pi(k^2+\omega^2)}e^{-kv}\left(\frac{k}{\omega}\sin\omega v+\cos\omega v\right)\Bigg|_0^{\infty} \qquad ⑤$$

이며, 여기서 $v=0$이면 $-2\omega/\pi(k^2+\omega^2)$. 또한 $v\to\infty$이면 영으로 수렴한다. 따라서

$$B(\omega)=\frac{2\omega/\pi}{k^2+\omega^2} \qquad ⑥$$

이며, 식 (8.4.15)로부터 푸리에 sine적분의 표현식은

$$f(t)=e^{-kt}=\frac{2}{\pi}\int_0^{\infty}\frac{\omega\sin\omega t}{k^2+\omega^2}d\omega \qquad ⑦$$

이며, 이로부터 적분의 표현식은

$$\int_0^{\infty}\frac{\omega\sin\omega t}{k^2+\omega^2}d\omega=\frac{\pi}{2}e^{-kt} \qquad ⑧$$

이다. 적분식 ④와 ⑧은 라플라스 적분으로 불리고 있다.

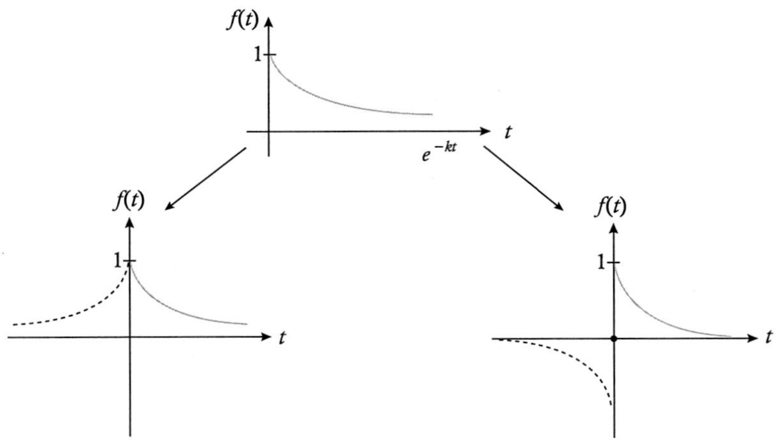

그림 8.33 $f(t)=e^{-kt}$의 푸리에 적분

8.4.1 MATLAB에 의한 풀이

```
% [예제 8.4.1]
T=input('Enter the value of T ? ');                          % 주기 T를 입력
wo=2*pi/T;                                                   % radian으로 변환
% Plot for frequecnies -30 to 30
N=30/wo; ao=1/T; n=1:N; an=[sin(n.*pi/T)/pi./n];
w=[wo*n 0 -wo*n]; Tan=T*abs([an ao an]);
subplot(211), stem(w,Tan), axis([-30 30 0 1.25]);
ylabel('T |an|'), xlabel('n\omega_o (rad/sec)')              % [그림 8.30]
% square wave
t=-5:0.01:5;
y=SQUARE(2*pi/2/T*t);, subplot(212), plot(t,y), axis([-5 5 -1.2 1.2])
```

❖ [예제 8.4.1]의 문제에서 주기 T를 점차로 크게 지정함으로써 [그림 8.30]의 스펙트럼 밀도가 점점 높아지는 것을 확인할 수 있다.

```
% [예제 8.4.2]
syms w v pai t u                                                         % pai=pi 를 의미
Aw=1/pai*int(cos(w*v),v,-1,1), pretty(Aw)                                % ①의 확인
Bw=1/pai*int(sin(w*v),v,-1,1)                                            % ②의 확인
ft=2/pai*int(sin(w)/w*cos(w*t),w,0,inf), Si_u=int(sin(w)/w,w,0,u);
subs(Si_u,u,inf)                                                         % ④의 확인
% [그림 8.31]
ezplot(sin(w)/w,[-4*pi 4*pi]), hold on, ezplot(Si_u,[-4*pi 4*pi]), grid, hold off
% [그림 8.32]
Gibbs=int(sin(w)/w*cos(w*t),w,0,u); Gibbs_8=subs(Gibbs,u,8);
Gibbs_16=subs(Gibbs,u,16); Gibbs_32=subs(Gibbs,u,32);
subplot(311), ezplot(Gibbs_8), subplot(312), ezplot(Gibbs_16),
subplot(313), ezplot(Gibbs_32),

% [예제 8.4.3]
syms k t v w pai real
Aw=int(exp(-abs(k)*v)*cos(w*v),v,0,inf); Aw=2/pai*simple(Aw)             % ②의 확인
simple(int(cos(w*t)/(k^2+w^2),w,0,inf))                                  % ④의 확인
Bw=int(exp(-abs(k)*v)*sin(w*v),v,0,inf); Bw=2/pai*simple(Bw)             % ⑥의 확인
simple(int(w*sin(w*t)/(k^2+w^2),w,0,inf))                                % ⑧의 확인
```

❖ [예제 8.4.2]의 ②의 확인과정에서 얻어지는 부호 '$\mathrm{csgn}(1+t)$'는 $1+t>0$, 즉 $t>-1$이면 $\mathrm{csgn}(1+t)=1$을 의미한다. 또한 '$\mathrm{csgn}(-1+t)$'는 $t>1$에서 $\mathrm{csgn}(-1+t)=1$

을 나타낸다. 이를 이용하면 ③에서와 같이 시간 t의 각 구간에서의 적분을 하나의 식으로 표현할 수 있다.

❖ [예제 8.4.3]에서 ③의 확인과정으로 얻어지는 식의 표현식에서 $t>0$, $k>0$의 조건으로 인해 'signum$(t*k)=1$'이며, 동시에 $\sinh t=(e^{t}-e^{-t})/2$와 $\cosh t=(e^{t}+e^{-t})/2$의 관계를 적용하면 ③과 동일한 표현식을 얻을 수 있다.

연습문제 8.4.2

1. 다음 주어진 적분의 결과가 타당하다는 것을 식 (8.4.10), 식 (8.4.13) 및 식 (8.4.15)를 이용하여 확인하여라.

(1) $\displaystyle\int_0^\infty \frac{\cos t\omega+\omega\sin t\omega}{1+\omega^2}d\omega=\begin{cases}0, & (t<0)\\ \pi/2, & (t=0)\\ \pi e^{-t}, & (t>0)\end{cases}$

(2) $\displaystyle\int_0^\infty \frac{\cos \omega t}{1+\omega^2}d\omega=\frac{\pi}{2}e^{-t},\ (t>0)$

(3) $\displaystyle\int_0^\infty \frac{\cos(\pi\omega/2)}{1-\omega^2}\cos\omega t\,d\omega=\begin{cases}\dfrac{\pi}{2}\cos t, & (0<|t|<\dfrac{\pi}{2})\\ 0, & (|t|\geq\dfrac{\pi}{2})\end{cases}$

2. 다음 함수를 식 (8.4.13)을 이용하여 cosine적분으로 나타내어라.

(1) $f(t)=\begin{cases}1, & (0<t<a)\\ 0, & (t>a)\end{cases}$

(2) $f(t)=\begin{cases}t, & (0<t<1)\\ 0, & (t>1)\end{cases}$

(3) $f(t)=\begin{cases}\sin t, & (0<t<\pi)\\ 0, & (t>\pi)\end{cases}$

3. 다음 함수를 식 (8.4.15)를 이용하여 sine적분으로 나타내어라.

(1) $f(t)=\begin{cases}\sin t, & (0<t<\pi)\\ 0, & (t>\pi)\end{cases}$

(2) $f(t)=\begin{cases}\pi-t, & (0<t<\pi)\\ 0, & (t>\pi)\end{cases}$

(3) $f(t)=\begin{cases}a-t, & (0<t<a)\\ 0, & (t>a)\end{cases}$

8.5 푸리에 변환

8.5.1 푸리에 급수로부터의 푸리에 변환

8.1절에서 주기함수 $f(t)$가 구간 $-T< t< T$에서 구분적으로 연속일 때 $f(t)$의 푸리에 급수는

$$f(t)=\frac{a_0}{2}+\sum_{n=1}^{\infty}\left(a_n\cos\frac{n\pi t}{T}+b_n\sin\frac{n\pi t}{T}\right) \tag{8.5.1}$$

라는 것을 이미 설명하였으며, 또한 [요점 8.3]에서 식 (8.5.1)이 함수 $f(t)$의 주기확장으로 수렴하기 위한 조건에 대하여서 언급하였다. 이때의 주기확장은 $2T$의 주기를 가지며, 식 (8.5.1)의 푸리에 계수 $\{a_n\}$과 $\{b_n\}$으로부터 주기확장한 함수가 임의의 주파수에서 가지고 있는 정보를 얻을 수 있다.14) 이러한 사실을 바탕으로, 함수 $f(t)$가 구간 $-\infty<t<\infty$에서 정의되어 있으나 주기함수가 아닌 경우에 임의의 주파수에서 함수가 가지는 정보를 얻고자 하는 경우에 필요한 것이 푸리에 변환(Fourier Transformation)이다. 푸리에 변환의 공식이 어떠한 과정을 거쳐 얻어지는 가를 이해하기 위하여, [그림 8.34 (b)]의 주기함수에 대한 푸리에 급수를 나타내는 식 (8.5.1)을 이용하여 $T\to\infty$로 하였을 때(즉 [그림 8.34 (a)])의 푸리에 급수 표현식, 즉 푸리에 변환을 유도하기로 한다.

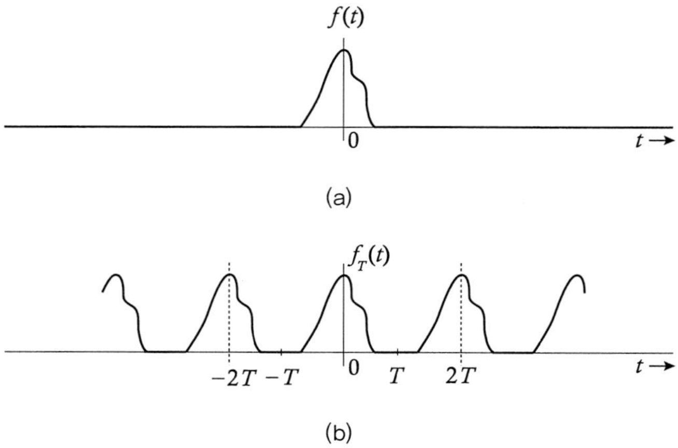

그림 8.34 $T\to\infty$에 의해 얻어지는 비주기함수

14) 식 (8.1.20)으로 주어지는 푸리에 계수는 주파수 $f(=1/T)$의 함수이다.

식 (8.5.1)의 함수 $f(t)$의 주기는 $2T$이므로 기본주파수

$$\omega_0 = \frac{2\pi}{2T} = \frac{\pi}{T} \tag{8.5.2}$$

를 이용하여 식 (8.5.1)을 다시 쓰면

$$f_T(t) = \frac{a_0}{2} + \sum_{n=1}^{\infty} (a_n \cos n\omega_0 t + b_n \sin n\omega_0 t) \tag{8.5.3}$$

이다. 여기서

$$c_n = \frac{1}{2T}\int_{-\infty}^{\infty} f(t)e^{-jn\omega_0 t}\,dt \ , (n = 0, \pm 1, \pm 2, \cdots) \qquad (8.5.4)^{15)}$$

를 도입하면 푸리에 급수의 계수 a_n과 b_n 사이에

$$c_n = \frac{1}{2}(a_n - jb_n), \ \ c_{-n} = \frac{1}{2}(a_n + jb_n) \tag{8.5.5}$$

의 관계가 성립한다. 식 (8.5.5)를 식 (8.5.3)에 적용하면 다음과 같은 푸리에 급수의 복소함수 형식을 얻을 수 있다.

$$f_T(t) = \sum_{n=-\infty}^{\infty} c_n e^{jn\omega_0 t} \tag{8.5.6}$$

식 (8.5.4)에서 T가 증가함에 따라 푸리에 급수의 스펙트럼, 즉 $|c_n|$이 어떻게 변화하는지 알아보자. 이를 위해 먼저 주파수 ω의 함수인 $\hat{f}(\omega)$를 다음과 같이 정의한다.

$$\hat{f}(\omega) = \int_{-\infty}^{\infty} f(t)e^{-j\omega t}\,dt \tag{8.5.7}$$

여기서 식 (8.5.4)와 식 (8.5.7)로부터

$$c_n = \frac{1}{2T}\hat{f}(n\omega_0) \tag{8.5.8}$$

임을 알 수 있다. 따라서 푸리에 계수 $|c_n|$은 $\hat{f}(\omega)/2T$의 곡선(포락선)을 따라 주파수축

---

15) 정확하게는 $c_n = \frac{1}{2T}\int_{-T}^{T} f_T(t)e^{-jn\omega_0 t}\,dt$, $(n = 0, \pm 1, \pm 2, \cdots)$이어야 하지만, [그림 8.33]에서 알 수 있는 바와 같이 $f_T(t)$가 한정된 구간 $-T < t < T$에서만 정의되어 있기 때문이다.

상에 ω_0간격으로 균일하게 배치된 직선을 나타내고 있다(그림 8.35). 따라서 식 (8.5.2)에 의해 T가 두 배 증가하면 기본주파수 ω_0은 $\omega_0/2$로 되므로 크기 스펙트럼의 간격은 좁아진다. 다시 말하면 밀도가 높아지게 된다는 것이다(그림 8.35 (b)). 이러한 사실로 부터 $T \to \infty$의 극한에서 $|c_n|$은 이산적인 크기 스펙트럼의 포락선을 따라가는 연속적인 주파수 성분으로 수렴하게 될 것이다. 이를 확인하여 보자.

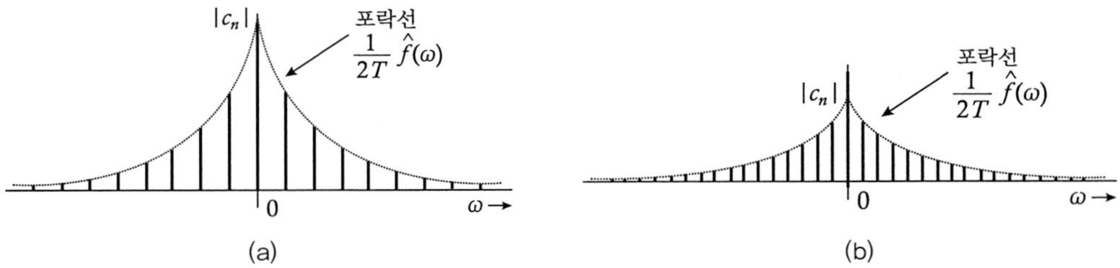

그림 8.35 주기가 두 배로 되었을 경우의 푸리에 급수의 스펙트럼 변화

식 (8.5.8)을 식 (8.5.6)에 대입하면

$$f_T(t) = \sum_{n=-\infty}^{\infty} \frac{\hat{f}(n\omega_0)}{2T} e^{jn\omega_0 t} \tag{8.5.9}$$

이다. 여기서 $T \to \infty$로 하였을 경우 식 (8.5.9)의 합(Σ)을 적분으로 변환하기 위하여

$$\Delta\omega = \frac{\pi}{T} \qquad (8.5.10)^{16)}$$

를 도입하면 식 (8.5.9)로부터

$$f_T(t) = \sum_{n=-\infty}^{\infty} \left[\frac{\hat{f}(n\Delta\omega)\Delta\omega}{2\pi} \right] e^{(jn\Delta\omega)t} \tag{8.5.11}$$

가 얻어진다. 위 식은 주기함수 $f_T(t)$의 푸리에 급수인 식 (8.5.6)과 같은 형식으로, 이는 함수 $f_T(t)$를 주파수 $0, \pm\Delta\omega, \pm 2\Delta\omega, \cdots$를 가지는 무한개의 복소 지수함수의 합으로 표현한 것이다. 여기서 $T \to \infty$의 극한을 취하면 $\Delta\omega \to 0$과 $f_T(t) \to f(t)$으로 된다. 따라서

---

16) 식 (8.5.2)로부터 $\Delta\omega = \omega_0$이다.

$$f(t) = \lim_{T \to 0} f_T(t) \qquad (8.5.12)$$
$$= \lim_{\Delta\omega \to 0} \frac{1}{2\pi} \sum_{n=-\infty}^{\infty} \hat{f}(n\Delta\omega) e^{(jn\Delta\omega)t} \Delta\omega$$

이고, 위 식 (8.5.12)의 오른쪽 항의 합($\sum$)은 [그림 8.36]에서와 같이 $\Delta\omega \to 0$에서 함수 $\hat{f}(\omega)e^{j\omega t}$의 면적(즉 적분)으로 된다. 이로부터

$$f(t) = \frac{1}{2\pi} \int_{-\infty}^{\infty} \hat{f}(\omega) e^{j\omega t} d\omega \qquad (8.5.13)$$

가 얻어진다. 위 식은 식 (8.5.7)과 함께 푸리에 변환 및 역변환이라 한다.

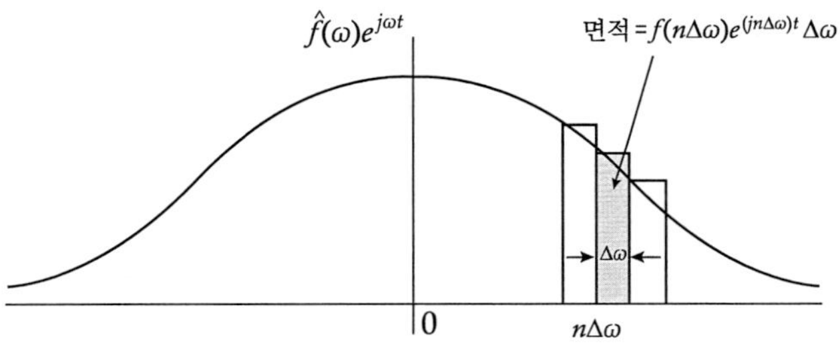

그림 8.36 $T \to \infty$에 따라 푸리에 급수가 푸리에 적분으로의 변환

요점 8.7 푸리에 변환

함수 $f(t)$가 절대적분가능하다면 임의의 ω에 대하여

$$\hat{f}(\omega) = \int_{-\infty}^{\infty} f(t) e^{-j\omega t} dt \qquad (8.5.14)$$

이 존재하며, 이 $\hat{f}(\omega)$를 함수 $f(t)$의 푸리에 변환이라고 한다.

요점 8.8 푸리에 역변환(inverse Fourier transformation)

푸리에 역변환은 다음과 같이 정의된다.

$$f(t) = \frac{1}{2\pi} \int_{-\infty}^{\infty} \hat{f}(\omega) e^{j\omega t} d\omega \qquad (8.5.15)$$

푸리에 변환의 크기 스펙트럼(magnitude spectrum)은 복소함수인 $\hat{f}(\omega)$의 크기인 $|\hat{f}(\omega)|$로 주어지며, 임의의 주파수 ω에서의 크기를 나타내고 있다. [요점 8.7]에서 푸리에 변환이 존재할 (충분)조건으로 $f(t)$의 절대적분 가능성을 언급하였는데, 이는 다음과 같이 확인할 수 있다. 즉 $e^{-j\omega t}=\cos\omega t - j\sin\omega t$이므로 $|e^{-j\omega t}|=\sqrt{\cos^2\omega t+\sin^2\omega t}=1$이며, 또한 $|f(t)e^{-j\omega t}|=|f(t)|\cdot|e^{-j\omega t}|=|f(t)|$이므로

$$\int_{-\infty}^{\infty}|f(t)e^{-j\omega t}|dt=\int_{-\infty}^{\infty}|f(t)|dt<\infty \tag{8.5.16}$$

이다. 따라서 $f(t)$가 절대적분가능하다면 푸리에 변환이 존재한다는 것을 알 수 있다.

▶ 예제 8.5.1

다음 함수의 푸리에 변환을 계산하고 크기 스펙트럼을 그림으로 그려보자.

$$f(t)=\begin{cases} e^{-2t}, & (t\geq 0) \\ 0, & (t<0) \end{cases}$$

◇ 해

위의 함수를 식 (8.5.14)에 대입하면

$$\begin{aligned}\hat{f}(\omega)&=\int_{-\infty}^{\infty}e^{-2t}e^{-j\omega t}dt \\ &=\int_{0}^{\infty}e^{-(2+j\omega)t}dt=-\frac{1}{2+j\omega}e^{-(2+j\omega)t}\Big|_0^{\infty}=\frac{1}{2+j\omega}\end{aligned} \qquad ①$$

을 얻는다. 다음 푸리에 변환식의 크기에 대한 그림을 얻기 위해서, 우선 ①을 유리화하여 실수부와 허수부로 분리한다. 즉

$$\begin{aligned}\hat{f}(\omega)&=\frac{1}{2+j\omega} \\ &=\frac{1}{2+j\omega}\cdot\frac{2-j\omega}{2-j\omega}=\frac{2-j\omega}{4+\omega^2}=\frac{2}{4+\omega^2}+j\frac{-\omega}{4+\omega^2}\end{aligned} \qquad ②$$

으로 되어 크기는 다음 식으로 주어진다.

$$|\hat{f}(\omega)|=\sqrt{\left(\frac{2}{4+\omega^2}\right)^2+\left(\frac{-\omega}{4+\omega^2}\right)^2}=\sqrt{\frac{1}{4+\omega^2}} \qquad ③$$

③으로부터 주파수 ω의 변화에 따른 크기를 그림으로 나타내면 [그림 8.37]과 같다.

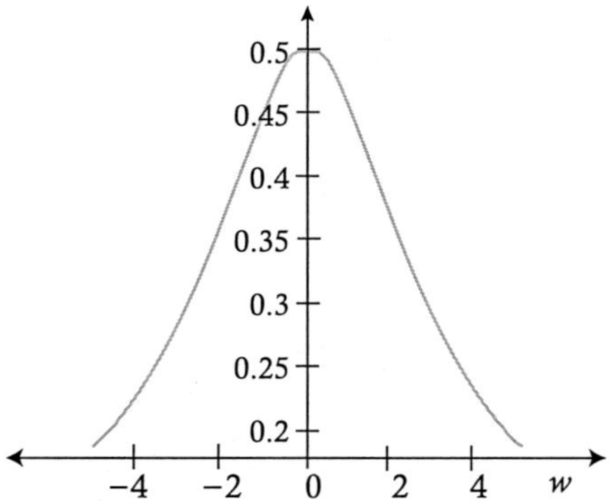

그림 8.37 $f(t)$의 주파수 특성

▶ 예제 8.5.2

[그림 8.38 (a)]의 구형파 $f(t)$의 푸리에 변환을 계산하고, 이에 대한 크기 스펙트럼을 그림으로 나타내어 보자.

$$f(t)=\begin{cases}0, & (|t|\geq \frac{\tau}{2})\\ 1, & (|t|\geq \frac{\tau}{2})\end{cases}$$

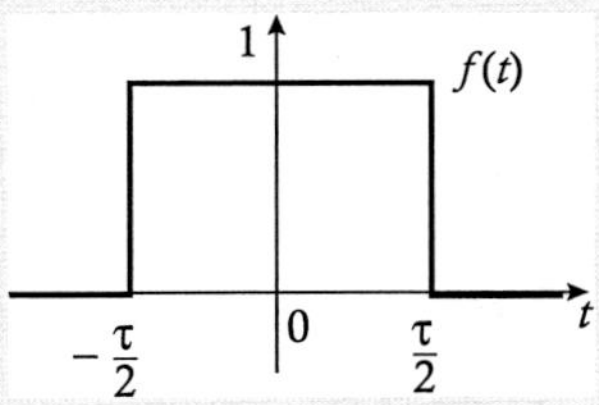

(a) 구형파 $f(t)$

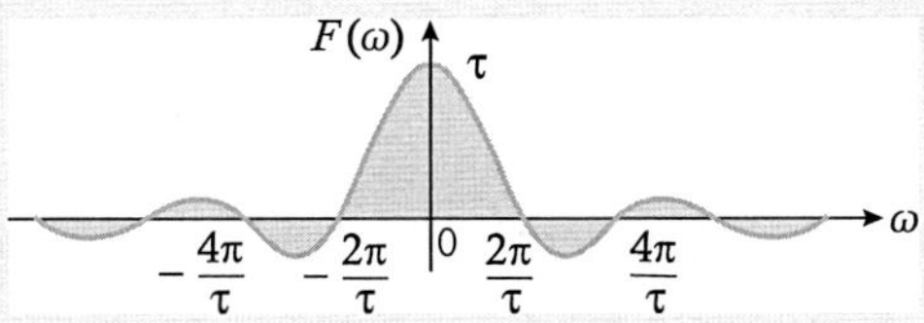

(b) 푸리에 변환 $\hat{f}(\omega)$

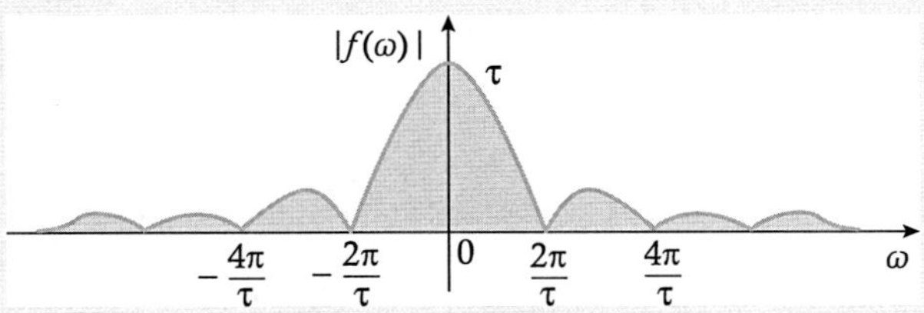

(c) 진폭 스펙트럼 $|\hat{f}(\omega)|$

그림 8.38 푸리에 변환

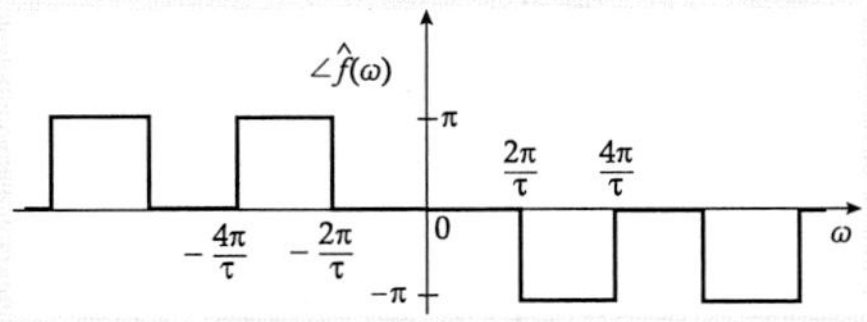

(d) 위상스펙트럼 $\angle \hat{f}(\omega)$

그림 8.38 푸리에 변환

해

식 (8.5.14)에 대입하면 푸리에 변환은 다음과 같다.

$$\begin{aligned} \hat{f}(\omega) &= \int_{-\tau/2}^{\tau/2} e^{-j\omega t}\, dt \\ &= -\frac{1}{j\omega}\left(e^{-j\omega\tau/2} - e^{j\omega\tau/2}\right) = \frac{2\sin(\omega\tau/2)}{\omega} \\ &= \tau\frac{\sin(\omega\tau/2)}{(\omega\tau/2)} = \tau \operatorname{sinc}\left(\frac{\omega\tau}{2}\right) \end{aligned} \qquad ①[17]$$

여기서 $x = \pm n\pi$ 일 때 $\sin(x)/x = 0$ 이라는 사실로부터 $\omega\tau/2 = \pm n\pi$, 즉 $\omega = \pm 2n\pi/\tau$ 일 때 $\sin(\omega\tau/2)/(\omega\tau/2) = 0$ 으로 되어 [그림 8.38 (b)]가 얻어짐을 알 수 있다. 한편 이 문제의 경우 $\hat{f}(\omega)$가 실수함수이므로, 임의의 주파수 ω에서 위상 $\angle F(\omega)$는 $0°$, 또는 $\pm 180°$의 값을 가지므로 [그림 8.38 (d)]를 얻는다.

8.5.2 푸리에 변환의 성질

제 3 장의 라플라스 변환과 마찬가지로, 푸리에 변환의 경우에도 미분방정식의 해를 구하는 과정에서 유용하게 사용할 수 있는 많은 성질이다. 여기서는 이와 같은 푸리에 변환이 가지는 특별한 성질에 대하여 설명하기로 한다. 이후 $\mathcal{F}\{f(t)\}$는 함수 $f(t)$의 푸리에 변환식인 $\hat{f}(\omega)$를 의미하는 것으로 한다.

요점 8.9 푸리에 변환의 선형성

a_1과 a_2를 실수로 정의하면 다음 식이 성립한다.[18]

$$\mathcal{F}\{a_1 f_1(t) + a_2 f_2(t)\} = a_1 \hat{f}_1(\omega) + a_2 \hat{f}_2(\omega) \qquad (8.5.17)$$

17) sinc 함수는 [예제 8.4.2]의 적분 ⑤에서 사용된 것으로 $\operatorname{sinc} x = \frac{\sin x}{x}$ 로 정의되며 $\lim_{x\to\infty} \frac{\sin x}{x} = 1$ 의 성질을 가진다.

18) a_1과 a_2가 복소수인 경우에도 성립하지만, 여기서는 실수 계수의 경우만 취급하기로 한다.

식 (8.5.17)은 적분의 선형성으로부터 쉽게 확인할 수 있다.

요점 8.10 푸리에 변환의 시간축 이동

임의의 실수 a에 대하여

$$\mathcal{F}\{f(t-a)\}=e^{-j\omega a}\mathcal{F}\{f(t)\} \tag{8.5.18}$$

위 요점의 확인을 위해서는 푸리에 변환의 적분과정에서 변수변환을 이용하면 가능하다. 즉

$$\begin{aligned}\mathcal{F}\{f(t-a)\} &= \int_{-\infty}^{\infty} f(t-a)e^{-j\omega t}\,dt \\ &= \int_{-\infty}^{\infty} f(u)e^{-j\omega(u+a)}\,du, \ (u=t-a\text{로 치환}) \\ &= \int_{-\infty}^{\infty} f(u)e^{-j\omega u}e^{-j\omega a}\,du = e^{-j\omega a}\int_{-\infty}^{\infty} f(u)e^{-j\omega u}\,du \\ &= e^{-j\omega a}\int_{-\infty}^{\infty} f(t)e^{-j\omega t}\,dt, \ (u\text{를 } t\text{로 치환}) \\ &= e^{-j\omega a}\,\mathcal{F}\{f(t)\}\end{aligned} \tag{8.5.19}$$

이다.

요점 8.11 푸리에 변환의 주파수축 이동

임의의 실수(주파수) α에 대하여

$$\mathcal{F}\{f(t)e^{j\alpha t}\}=\hat{f}(\omega-\alpha) \tag{8.5.20}$$

식 (8.5.20) 역시 식 (8.5.19)와 유사한 방법으로 확인가능하다.

요점 8.12 푸리에 변환의 공역대칭성

$$\mathcal{F}\{f(-t)\}=\hat{f}^*(\omega) \tag{8.5.21}$$

이 성질은 다음과 같은 식 변형을 이용하면 간단히 확인할 수 있다. 즉

$$\hat{f}^*(\omega) = \left[\int_{-\infty}^{\infty} f(t)e^{-j\omega t}\,dt\right]^* = \int_{-\infty}^{\infty} f^*(t)e^{j\omega t}\,dt \tag{8.5.22}$$
$$= \int_{-\infty}^{\infty} f(t)e^{j\omega t}\,dt$$
$$= \int_{-\infty}^{\infty} f(-t)e^{-j(-\omega)(-t)}\,dt = \hat{f}(-\omega)$$

이다. 위의 두 번째 과정에서 $f(t) = f^*(t)$[19]라는 사실을 이용하였다.

요점 8.13 푸리에 변환의 시간축 스케일링

임의의 영이 아닌 실수 a에 대해

$$\mathcal{F}\{f(at)\} = \frac{1}{|a|}\hat{f}\left(\frac{\omega}{a}\right) \tag{8.5.23}$$

식 (8.5.23) 역시 푸리에 변환의 적분을 약간 변형함으로써 확인가능하다. 여기서는 [요점 8.13]의 푸리에 변환의 성질에 대하여 좀더 조사하여 보기로 한다. 만약 함수 $f(t)$가 [그림 8.39 (a)]일 경우에 $f(at)$는 [그림 8.39 (b)]이며, 이것의 푸리에 변환은 [예제 8.5.2]와 식 (8.5.23)을 이용하면

$$\hat{f}_a(\omega) = \frac{1}{a}\frac{2\sin(\omega T/a)}{\omega/a} = \frac{2\sin(\omega T/a)}{\omega} \tag{8.5.24}$$

로 된다. 이때 $a > 1$인 경우의 $\hat{f}_a(\omega)$를 [그림 8.40]에 나타내었다. [그림 8.40]의 $(t1)$에 표시한 것처럼 시간축을 a배 하면 $f(at)$의 폭은 줄어든다. 한편 이때의 푸리에 변환은 $(f1)$에서 알 수 있는 바와 같이 x축(주파수축) 방향으로 a배 되며, y축(크기축) 방향으로 $1/a$배 된다. 다시 말하면 주파수 대역이 넓게 되어 버린다는 것을 의미한다. a를 점점 더 크게 하면 $(t2)$에 나타낸 바와 같이 신호는 임펄스에 가까운 형태를 가지며, 주파수영역에서는 $(t2)$와 같이 평탄한 스펙트럼의 형상을 가지게 된다. 극단적으로 $a \to \infty$로 하면 $f(at)$는 임펄스로 되며 이때의 푸리에 변환은 모든 주파수상에서 일정한 크기를 가지는 신호로 될 것이다.

19) $f(t)$는 실수함수이다.

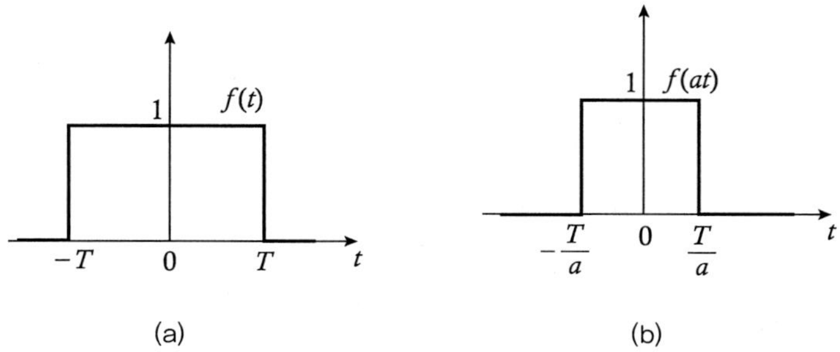

그림 8.39 시간축의 스케일링

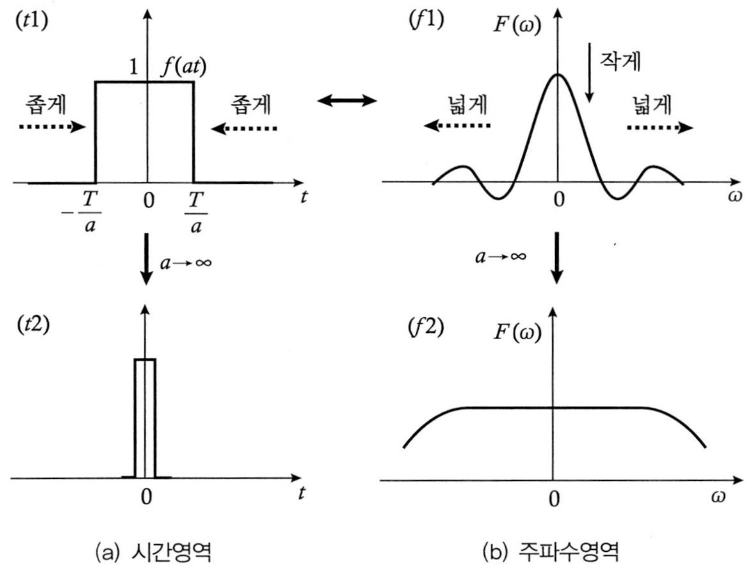

그림 8.40 시간축의 스케일링과 주파수축과의 관계

요점 8.14 푸리에 변환의 대칭정리

$$\mathcal{F}\{\hat{f}(\omega)\} = 2\pi f(-t) \tag{8.5.25}$$

이것은 다음과 같이 확인할 수 있다.

$$\mathcal{F}\{\hat{f}(\omega)\} = \int_{-\infty}^{\infty} \hat{f}(\omega) e^{-j\omega t}\, d\omega \tag{8.5.26}$$

$$= 2\pi \cdot \frac{1}{2\pi}\int_{-\infty}^{\infty} \hat{f}(\omega)e^{j\omega(-t)}\,d\omega = 2\pi f(-t)$$

8.5.3 파스벌과 컨볼류션의 정리

푸리에 변환을 포함하는 많은 정리 중에서 함수가 가지는 에너지와 관련이 있는 파스벌의 정리와 제 3 장에서 언급한 푸리에 변환의 컨볼류션에 대하여 설명하기로 한다. $\hat{f}(\omega)$는 복소함수이므로 푸리에 변환의 크기 스펙트럼 $|\hat{f}(\omega)|$는

$$|\hat{f}(\omega)|^2 = \hat{f}(\omega)\cdot\overline{\hat{f}(\omega)} \tag{8.5.27}$$

를 만족한다([예제 8.5.1] 참조). 여기서 $\overline{\hat{f}(\omega)}$는 푸리에 변환식

$$\hat{f}(\omega) = \int_{-\infty}^{\infty} f(t)e^{-j\omega t}\,dt \tag{8.5.28}$$

의 복소공역을 나타낸다. 따라서 식 (8.5.28)에 복소공역을 취하면

$$\overline{\hat{f}(\omega)} = \int_{-\infty}^{\infty} \overline{f(t)e^{-j\omega t}}\,dt \tag{8.5.29}$$

이다. 그런데 여기서는 실수값을 가지는 함수만을 다루고 있으므로

$$\begin{aligned}\overline{\hat{f}(\omega)} &= \int_{-\infty}^{\infty} f(t)\overline{e^{-j\omega t}}\,dt \\ &= \int_{-\infty}^{\infty} f(t)e^{j\omega t}\,dt = \int_{-\infty}^{\infty} f(t)e^{-j(-\omega)t}\,dt = \hat{f}(-\omega)\end{aligned} \tag{8.5.30}$$

와 같이 전개할 수 있으므로, 이로부터 다음의 요점을 얻는다.

요점 8.15

$$\overline{\hat{f}(\omega)} = \hat{f}(-\omega) \tag{8.5.31 a}$$

$$|\hat{f}(\omega)|^2 = \hat{f}(\omega)\cdot\hat{f}(-\omega) \tag{8.5.31 b}$$

임의의 함수에 포함되어 있는 에너지는

$$\int_{-\infty}^{\infty} f^2(t)\,dt \tag{8.5.32}$$

로 정의된다. 따라서 푸리에 변환으로 함수의 에너지를 해석하기 위해서는 식 (8.5.32)의 적분이 유한한 값을 가지는 경우에 한한다. 다음 [요점 8.16]은 식 (8.5.32)로 정의되는 에너지와 푸리에 변환과의 관련성을 보여주는 중요한 것으로 '파스벌(Parseval)의 정리'로 불리고 있다.

요점 8.16 (파스벌의 정리)

$$\int_{-\infty}^{\infty} f^2(t)\,dt = \frac{1}{2\pi}\int_{-\infty}^{\infty} |\hat{f}(\omega)|^2 d\omega \tag{8.5.33}$$

파스벌의 정리는 다음과 같이 확인할 수 있다.

$$\begin{aligned}\int_{-\infty}^{\infty} f^2(t)\,dt &= \int_{-\infty}^{\infty} f(t)\cdot f(t)\,dt \\ &= \int_{-\infty}^{\infty} f(t)\cdot \frac{1}{2\pi}\int_{-\infty}^{\infty} \hat{f}(\omega)e^{j\omega t}\,d\omega\,dt \\ &= \frac{1}{2\pi}\int_{-\infty}^{\infty} \hat{f}(\omega)\int_{-\infty}^{\infty} f(t)\cdot e^{j\omega t}\,dt\,d\omega \\ &= \frac{1}{2\pi}\int_{-\infty}^{\infty} \hat{f}(\omega)\hat{f}(-\omega)d\omega = \frac{1}{2\pi}\int_{-\infty}^{\infty} |\hat{f}(\omega)|^2\,d\omega\end{aligned} \tag{8.5.34}$$

[요점 8.16]으로부터, 만약 함수의 에너지양이 유한하다면(식 (8.5.33)의 왼쪽 항), 그 함수의 푸리에 변환의 에너지양도 유한하다(식 (8.5.33)의 오른 쪽 항)는 것을 알 수 있다.

마지막으로 컨볼류션의 정리에 대하여 간단히 언급한다. 컨볼류션 정리는 제 3 장의 라플라스 변환에서 설명한 바 있으나, 여기서는 그것과는 약간 다른 형태를 취하기로 한다. 즉 적분구간을 푸리에 변환과 대응하도록 다음과 같이 변경한다.

$$(f*g)(t) = \int_{-\infty}^{\infty} f(t-\tau)g(\tau)d\tau \tag{8.5.35}$$

요점 8.17 컨볼류션(Convolution)의 정리

$$\mathcal{F}\{f(t)*g(t)\} = \mathcal{F}\{f(t)\}\cdot\mathcal{F}\{g(t)\} \tag{8.5.36}$$

위 정리는 지금까지 설명한 적분과 관련한 몇 가지 특징을 적용하면 간단히 확인할 수 있다.

$$\mathcal{F}\{f(t)*g(t)\} = \int_{-\infty}^{\infty}\int_{-\infty}^{\infty} f(t-\tau)g(\tau)e^{-j\omega t}d\tau dt \tag{8.5.37}$$
$$= \int_{-\infty}^{\infty} g(\tau)\int_{-\infty}^{\infty} f(t-\tau)e^{-j\omega t}d\tau dt$$
$$= \int_{-\infty}^{\infty} g(\tau)\ \mathcal{F}\{f(t-\tau)\}d\tau$$
$$= \int_{-\infty}^{\infty} g(\tau)\hat{f}(\omega)e^{-j\omega t}d\tau = \hat{f}(\omega)\cdot\hat{g}(\omega)$$

위 결과로부터, 시간영역에서의 컨볼류션은 주파수영역에서 곱(multiplication)으로 됨을 알 수 있다. 이것은 시간영역에서 컨볼류션의 형태를 가지는, 예를 들어 필터링(filtering)과 같은 수학적인 과정을 곱으로 변환시킬 수 있다는 점에서 푸리에 변환이 가지는 중요한 정리 중의 하나이다. 다시 말하면 컨볼류션, 즉 적분보다는 곱셈이 훨씬 수학적으로 간편하기 때문에 필터의 설계는 주파수 영역에서 수행하는 것이 일반적이다.

표 8.1 푸리에 변환

	$f(t)$	$\hat{f}(\omega)$
1	$\begin{cases}1, & (-b<t<b)\\ 0, & (\text{그 외})\end{cases}$	$\sqrt{\frac{2}{\pi}}\frac{\sin b\omega}{\omega}$
2	$\begin{cases}1, & (b<t<c)\\ 0, & (\text{그 외})\end{cases}$	$\frac{e^{-jb\omega}-e^{-jc\omega}}{j\omega\sqrt{2\pi}}$
3	$\frac{1}{t^2+a^2},\ (a>0)$	$\sqrt{\frac{\pi}{2}}\frac{e^{-a\lvert\omega\rvert}}{a}$
4	$\begin{cases}t, & (0<t<b)\\ 2t-b, & (b<t<2b)\\ 0, & (\text{그 외})\end{cases}$	$\frac{-1+2e^{jb\omega}-e^{-2jb\omega}}{\sqrt{2\pi}\,\omega^2}$
5	$\begin{cases}e^{-at}, & (t>0),\ (a>0)\\ 0, & (\text{그 외})\end{cases}$	$\frac{1}{\sqrt{2\pi}\,(a+j\omega)}$
6	$\begin{cases}e^{at}, & (b<t<c)\\ 0, & (\text{그 외})\end{cases}$	$\frac{e^{(a-j\omega)c}-e^{(a-j\omega)b}}{\sqrt{2\pi}\,(a-j\omega)}$
7	$\begin{cases}e^{jat}, & (-b<t<b)\\ 0, & (\text{그 외})\end{cases}$	$\sqrt{\frac{2}{\pi}}\frac{\sin b(\omega-a)}{\omega-a}$
8	$\begin{cases}e^{jat}, & (b<t<c)\\ 0, & (\text{그 외})\end{cases}$	$\frac{j}{\sqrt{2\pi}}\frac{e^{jb(a-\omega)}-e^{jc(a-\omega)}}{(a-\omega)}$
9	$e^{-at^2},\ (a>0)$	$\frac{1}{\sqrt{2a}}e^{-\omega^2/4a}$
10	$\frac{\sin at}{t},\ (a>0)$	$\begin{cases}\sqrt{\frac{\pi}{2}}, & \lvert\omega\rvert<a\\ 0, & \lvert\omega\rvert>a\end{cases}$

8.5.4 MATLAB에 의한 풀이

```
% [예제 8.5.1]
syms w t real
Fw=int(exp(-2*t)*exp(-j*w*t),t,0,inf)                        % ①의 확인
ezplot(abs(Fw))                                              % [그림 8.34]

% [예제 8.5.2]
syms tau t w
Fw=int(exp(-i*w*t),t,-tau/2, tau/2); Fw=simple(Fw)            % ①의 확인
Fw_tau=subs(Fw,tau,1); t_ax1=-1:0.01:-0.5; t_ax2=-0.5:0.01:0.5; t_ax3=0.5:0.01:1;
ft1=zeros(length(t_ax1),1); ft2=ones(length(t_ax2),1); ft3=zeros(length(t_ax3),1);
%
n1=length(t_ax1);n2=length(t_ax2); t_ax1(n1+1)=-0.5; t_ax2(n2+1)=0.5;
ft1(n1+1)=1;ft2(n2+1)=0; subplot(221),plot(t_ax1,ft1), hold on
plot(t_ax2,ft2), plot(t_ax3,ft3), axis([-1 1 0 1.2])          % [그림 8.35](a)

% [그림 8.35](b), (c)
subplot(222), ezplot((Fw_tau),[-8*pi 8*pi]),
subplot(223), ezplot(abs(Fw_tau),[-8*pi 8*pi])

% [그림 8.35](d)
omega=linspace(-4*pi,4*pi,200); F_ph=sinc(omega./2);
subplot(224), plot(omega,180/pi*angle(F_ph)), axis([-4*pi,4*pi -20 200])
```

연습문제 8.5.5

1. 다음 함수의 푸리에 변환을 구하여라.

(1) $f(t)=\begin{cases} k, & (0<t<b) \\ 0, & (\text{그 외}) \end{cases}$

(2) $f(t)=\begin{cases} e^{kt}, & (t<0),\ (k>0) \\ 0, & (t>0) \end{cases}$

(3) $f(t)=\begin{cases} k, & (-1<t<1) \\ 0, & (\text{그 외}) \end{cases}$

(4) $f(t)=\begin{cases} te^{-t}, & (-1<t<0) \\ 0, & (\text{그 외}) \end{cases}$

(5) $f(t)=\begin{cases} -1, & (-1<t<0) \\ 1, & (0<t<1) \\ 0, & (\text{그 외}) \end{cases}$

2. 푸리에 변환의 성질을 이용하여 다음 함수를 푸리에 변환하여라.

$$f(t) = \begin{cases} te^{-t}, & (t > 0) \\ 0, & (t < 0) \end{cases}$$

3. 컨볼류션의 성질 식 (8.5.36)을 이용하여 다음 푸리에 변환식의 역변환을 구하여라.

$$\frac{1}{(1+j\omega)^2}$$

8.6 푸리에 변환을 이용한 편미분방정식의 해

푸리에 변환을 이용하여 편미분방정식의 해를 구하는 방법은 제 3 장에서 설명한 바와 같이 상미분방정식의 해를 구하기 위하여 라플라스 변환을 이용한 것과 유사하다. 이를 위한 첫 번째 단계는 전체 미분방정식을 (라플라스)변환하는 것이었다. 이 경우 라플라스 변환에 의해 미분방정식이 대수방정식으로 변환되어 간단히 해를 구할 수 있었으나, 푸리에 변환을 사용하는 편미분방정식의 경우에는 대수방정식이 아니라 상미분방정식으로 변환된다는 점이 다른 점이다. 여기서는 이와 같이 푸리에 변환을 이용하여 편미분방정식의 해를 구하는 과정에 대하여 간략하게 설명한다.

여기서 사용되는 편미분방정식의 해는 $u(x,t)$로 표현하기로 한다. 이때 일반적으로 x는 어떤 형태의 거리(distance)를 의미하며, t는 시간을 나타낸다. 식 (8.5.14), 식 (8.5.15)로 정의되는 푸리에 변환과 푸리에 역변환을 2변수함수로 자연적으로 확장하면 다음으로 된다. 즉 변수 x에 대한 $u(x,t)$의 푸리에 변환은

$$\hat{u}(\omega,t) = \int_{-\infty}^{\infty} u(x,t)e^{-j\omega x}\,dx \tag{8.6.1}$$

이며 역변환은 다음과 같다.

$$u(x,t) = \frac{1}{2\pi}\int_{-\infty}^{\infty} \hat{u}(\omega,t)e^{j\omega x}\,dx \tag{8.6.2}$$

이와 같은 푸리에 변환을 편미분방정식에 적용하기 위해서는 우선 편미분이 어떤 방식으로 변환되는가에 대한 이해가 필요하다. 다음 세 개의 요점은 이러한 과정을 설명하고 있다.

요점 8.18 **(편미분의 푸리에 변환)**

$\dfrac{\partial u}{\partial x}(x,t)$ 의 푸리에 변환은 $j\omega\hat{u}(\omega,t)$ 이다. 즉

$$\mathcal{F}\left\{\frac{\partial u}{\partial x}(x,t)\right\} = j\omega\hat{u}(\omega,t) \tag{8.6.3}$$

위 요점은 푸리에 변환의 기본식에 편미분에 관한 몇 가지 사항을 적용하면 다음과 같이 확인가능하다. 즉

$$\mathcal{F}\left\{\frac{\partial u}{\partial x}(x,t)\right\} = \int_{-\infty}^{\infty}\frac{\partial u}{\partial x}(x,t)e^{-j\omega x}\,dx$$

이므로 위 식의 오른쪽을 $u=e^{-j\omega x}$와 $v=\dfrac{\partial u}{\partial x}(x,t)$로 두고 부분적분을 적용하여 전개한다.

$$\begin{aligned}\mathcal{F}\left\{\frac{\partial u}{\partial x}(x,t)\right\} &= e^{-j\omega x}u(x,t)\Big|_{-\infty}^{\infty} + j\omega\int_{-\infty}^{\infty}u(x,t)e^{-j\omega x}\,dx \\ &= 0 + j\omega\,\hat{u}(\omega,t) \\ &= j\omega\,\hat{u}(\omega,t)\end{aligned} \tag{8.6.4}$$

요점 8.19 **(편미분의 푸리에 변환)**

$\dfrac{\partial^2 u}{\partial x^2}(x,t)$ 의 퓨리에 변환은 $-\omega^2\,\hat{u}(\omega,t)$ 이다. 즉

$$\mathcal{F}\left\{\frac{\partial^2 u}{\partial x^2}(x,t)\right\} = -\omega^2\,\hat{u}(\omega,t) \tag{8.6.5}$$

위 요점은 [요점 8.18]을 두 번 적용하면 간단히 확인할 수 있다.

요점 8.20 **(편미분의 푸리에 변환)**

$\dfrac{\partial u}{\partial t}(x,t)$ 의 푸리에 변환은 $\dfrac{\partial}{\partial t}\hat{u}(\omega,t)$ 이다. 즉

$$\mathcal{F}\left\{\frac{\partial u}{\partial t}(x,t)\right\} = \frac{\partial}{\partial t}\hat{u}(\omega,t) \tag{8.6.6}$$

이는

$$\mathscr{F}\left\{\frac{\partial u}{\partial t}(x,t)\right\}=\int_{-\infty}^{\infty}\frac{\partial u}{\partial t}(x,t)e^{-j\omega x}\,dx=\frac{\partial}{\partial t}\int_{-\infty}^{\infty}u(x,t)e^{-j\omega x}\,dx=\frac{\partial}{\partial t}\hat{u}(\omega,t)\quad(8.6.7)$$

로 되어 식 (8.6.6)이 확인되었다. 식 (8.6.7)에서 편미분 $\partial/\partial t$를 적분의 앞으로 가져올 수 있는 것은, 적분변수와 미분의 변수가 서로 다르기 때문이다.

다음 예제는 위의 요점을 이용하여 편미분방정식의 해를 구하는 방법에 대하여 설명한 것이다.

▶ 예제 8.6.1

다음 편미분방정식은 '파동방정식(wave equation)'으로 알려진 것으로, 주어진 경계조건에 대한 해를 구하여 보자.

$$\frac{\partial^2 u}{\partial t^2}=a^2\frac{\partial^2 u}{\partial x^2}$$

$$u(x,0)=0,\qquad \text{(초기위치의 조건)}$$

$$\frac{\partial u}{\partial t}(x,0)=\theta(x)\,,\quad \text{(초기속도의 조건)}$$

◇» 해

[요점 8.19]를 파동방정식의 오른쪽 항에 적용하면

$$a^2\mathscr{F}\left\{\frac{\partial^2 u}{\partial x^2}\right\}=-a^2\omega^2\hat{u}(\omega,t)\qquad ①$$

이고, [요점 8.20]을 파동방정식의 왼쪽 항에 적용하면

$$\mathscr{F}\left\{\frac{\partial^2 u}{\partial t^2}\right\}=\frac{\partial^2}{\partial t^2}\hat{u}(\omega,t)\qquad ②$$

이므로 이를 정리하면 다음과 같은 정수계수를 가지는 선형인 2계 상미분방정식을 얻는다.

$$\frac{\partial^2}{\partial t^2}\hat{u}+a^2\omega^2\hat{u}=0\qquad ③$$

여기서 t는 독립변수, $\hat{u}$는 종속변수, 및 a와 ω는 파라미터이다. 따라서 제1장에서 다룬 상미분방정식의 해를 구하는 방법을 적용하면, 다음과 같은 형태의 해를 가진다.

$$\hat{u}(\omega,t)=c_1(\omega)\cos(a\omega t)+c_2(\omega)\sin(a\omega t)\qquad ④$$

여기서 $c_1(\omega)$과 $c_2(\omega)$는 ω의 함수이지만, 거리 x에 대해서는 일정한 값을 가진다. 또 위와 마찬가지로 푸리에 변환을 경계조건에도 적용하면, 상미분방정식에 대한 다음과 같은 두 개의 초기조건을 얻을 수 있다.

$$\hat{u}(\omega,0)=0 \qquad ⑤$$

$$\frac{\partial}{\partial t}\hat{u}(\omega,0)=\hat{\theta}(\omega)$$

여기서 $\frac{\partial}{\partial t}\hat{u}(\omega,0)$는 먼저 $\hat{u}(\omega,t)$를 계산한 뒤 시간 t에 대하여 미분한 결과에 $t=0$을 대입한다는 것을 나타낸다. ⑤의 첫번째 초기조건을 ④에 대입하면 $c_1(\omega)=0$이며, 두 번째 초기조건을 대입하면

$$c_2(\omega)=\frac{1}{a\omega}\hat{\theta}(\omega) \qquad ⑥$$

이다. 따라서 ④는

$$\hat{u}(\omega,t)=\frac{1}{a\omega}\hat{\theta}(\omega)\sin(a\omega t) \qquad ⑦$$

이다. 마지막으로 ⑦을 푸리에 역변환하면 파동방정식의 해로서

$$u(x,t)=\frac{1}{2\pi}\int_{-\infty}^{\infty}\frac{1}{a\omega}\hat{\theta}(\omega)\sin(a\omega t)e^{-j\omega x}d\omega \qquad ⑧$$

을 얻는다.

푸리에 변환을 이용한 편미분방정식의 해를 구하는 방법은 특히 경계조건이 시간은 $t=0$이지만 ω에는 제약조건이 없이 주어졌을 경우에 편리하다. 이 경우, [예제 8.6.1]에서와 같이 경계조건에도 푸리에 변환을 적용할 수 있기 때문이다.

8.6.1 MATLAB에 의한 풀이

```
% [예제 8.6.1]
syms t w a hat_the x
hat_uwt=dsolve('D2u+a^2*w^2*u=0','t')                                  % ④의 확인
% 초기조건: hat_uwt(w,0)=0와 Du(0)=hat_the
hat_uwt=dsolve('D2u+a^2*w^2*u=0','Du(0)=hat_the','u(0)=0') % ⑦의 확인
uxt1=ifourier(hat_uwt)                                                 % ⑧의 역변환 수행결과
uxt2=1/2/pi*int(hat_uwt*exp(j*w*x),w,-inf,inf)
```

❖ [예제 8.6.1]에서 ③의 미분방정식을 독립변수 t에 대하여 풀면 ④가 얻어지고, 여기에 초기값의 조건 ⑤를 대입하면 ⑦을 얻을 수 있다. 그러나 ⑦을 푸리에 역변환하는 과정은 Symbolic Math Toolbox의 명령어 'ifourier'로서 간결한 형식으로 얻기는 어렵다. 또한 이것을 직접 푸리에 역변환의 식 (8.5.17)을 이용하여 역시 Symbolic Math Toolbox의 명령어 'int'를 사용할 수도 있으나, 역시 간결한 형식으로 해를 구하기는 어렵다.

연습문제 8.6.2

1. [요점 8.19]를 $u(x,t)$ 의 n번째 미분에 관한 공식으로 일반화하여라.

2. 다음과 같은 초기조건에 대하여 [예제 8.6.1]의 미분방정식을 푸리에 변환을 이용하여 해를 계산하여라.

$$u(x,0) = Q(x),\ \left.\frac{\partial u(x,t)}{\partial t}\right|_{t=0} = \theta(x)$$

3. 푸리에 변환법을 이용하여 다음의 경계값 문제의 해를 구하여라.

$$\frac{\partial u}{\partial t} = t\frac{\partial^4 u}{\partial t^4},\ u(x,0) = Q(x)$$

Chapter_09

09

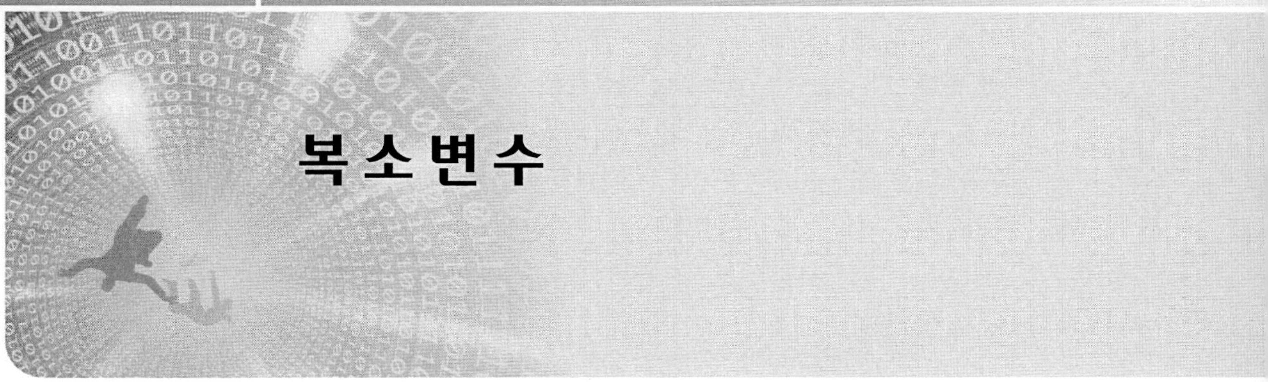

복소변수

물리적 현상에서 나타나는 다양한 형태의 문제에 대한 해를 구하기 위한 여러 종류의 수학적 도구를 개발하는 과정에서 변수가 실수가 아니라 복소수(즉 복소변수)인 함수의 이론을 응용하는 경우가 있다. 가장 간단한 예로서 스프링－질량－마찰로서 이루어진 시스템의 움직임을 나타내는 경우를 들 수 있다.[1] 또한 복소변수를 가지는 함수는 유체역학, 열전달 및 장이론 등에서 중요한 역할을 하고 있다.

여기서는 복소변수와 관련된 몇 가지의 중요한 주제에 대하여 순서대로 설명하기로 한다. 우선 복소수의 정의에서부터 복소변수, 해석함수, 선적분 등을 언급하고, 마지막으로 유명한 코시(Cauchy)의 유수정리에 대하여 간략하게 설명한다. 따라서 이와 관련한 좀더 깊은 내용이 필요한 독자는 관련부분의 전문서적을 참고하기를 바란다.

9.1 복소수의 기본 성질

예를 들어 다음과 같이 주어진 대수방정식의 해를 실수의 집합의 범위에서 구하고자 한다면 해가 존재하지 않는다.

1) sine 입력이 인가되는 경우 등을 생각할 수 있다.

$$z^2 - 12z + 52 = 0 \tag{9.1.1}$$

다시 말하면, 해는 $6 \pm \sqrt{-16}$ 으로 실수인 해를 가지지 못한다. 이를 해결하기 위해서는, 해가 존재하지 않는다는 것을 인정하든지, 아니면 위와 같은 형식의 대수방정식이 해를 가지도록 수의 집합을 확장하는 것이다. 따라서 해의 존재성을 확보하기 위해 $j^2 = -1$, 즉 $\sqrt{-1} = j$을 도입하여[2] 식 (9.1.1)의 해가 다음과 같은 형식으로 존재할 수 있도록 수의 범위를 확장한다.

$$z = x + jy \tag{9.1.2}$$

여기서 x와 y는 실수이며, 한 쌍의 실수인 x와 y가 주어지면 z는 복소수(complex number)로 정의된다. 이러한 정의를 이용하면 식 (9.1.1)은 해로서

$$\begin{aligned} z_1 &= 6 + j4 \\ z_2 &= 6 - j4 \end{aligned} \tag{9.1.3}$$

을 가진다. 이와 같은 수의 확장에 따른 가장 뚜렷한 수학적인 성과로서 가우스(Gauss)의 정리가 있다. 이것은 모든 방정식

$$a_n z^n + a_{n-1} z^{n-1} + \cdots + a_0 = 0 \tag{9.1.4}$$

은 확장된 수의 집합 내에서 반드시 해를 가진다는 것을 보여주는 정리이다. 복소수 $z = x + jy$는 x를 그의 실수부, y를 허수부로서 가지므로 다음과 같이 표현하기도 한다.

$$\text{Re } z = x, \quad \text{Im} = y \tag{9.1.5}$$

또한 $z = x + jy$의 표현법은 복소평면에서 z의 위치에 대한 기하학적인 의미를 주기도 한다. 복소평면에서 점 (x, y)는 $z = x + jy$의 위치를 나타내는 것으로, xy평면의 모든 점에 대하여 하나의 복소수가 연관되어 있으며, 이때 x축을 실수축, y축을 허수축이라고 한다([그림 9.1] 참조).

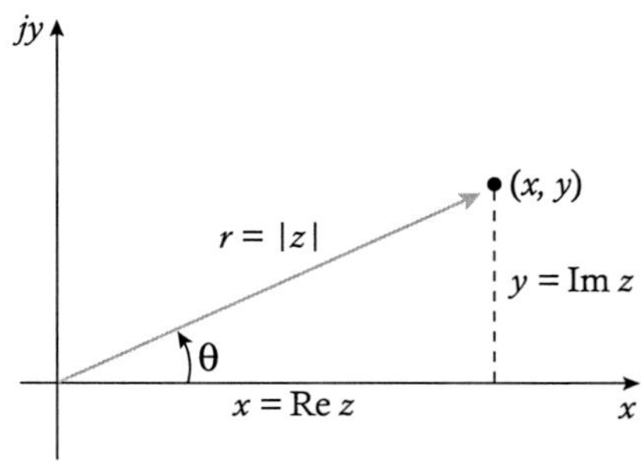

그림 9.1 복소평면(Complex plane)

2) 일반적으로 $\sqrt{-1} = i$로 정의하고 있으나, 여기서는 아마 언급한 바와 같이 'i'보다는 'j'를 복소수를 나타내는 기호로 사용하기로 한다.

[그림 9.1]에서 두 변수 (r, θ)와 x와 y 사이에는

$$x = r\cos\theta, \quad y = r\sin\theta \tag{9.1.6}$$

가 성립한다. 따라서 z는 다음과 같이 표현할 수도 있다.

$$z = r(\cos\theta + j\sin\theta) \tag{9.1.7}$$

이때 r는 복소수 z의 절대값 또는 크기라고 하며 $|z|$로 나타낸다. 즉

$$r = |z| = \sqrt{x^2 + y^2} \tag{9.1.8}$$

이다. 한편 각도 θ는 일반적으로 단위를 라디안(radian)으로 취하며 양의 실수축을 기준으로 시계반대방향을 (+)로 간주하며 복소수의 편각(argument)이라 하고 $\arg z$로 표현한다. 따라서

$$\arg z = \theta = \tan^{-1}\frac{y}{x} \tag{9.1.9}$$

이다. 각도의 주기성에 의해 식 (9.1.9)를 만족하는 θ는 무수히 많이 있기 때문에 θ는 $0 \le \theta < 2\pi$ 범위[3] 내에 있는 것으로 한정하며, 이 구간을 주편각(principal value of the argument)이라고 한다.

실수부가 영인 복소수는 순복소수라고 하며, 허수부가 영인 복소수는 실수이다. 복소수 z의 공역(conjugate)은 $\overline{z}$로 표시하며

$$\overline{z} = x - jy \tag{9.1.10}$$

로 정의된다. 이와 같은 공역을 이용하면 복소수를 포함하는 함수의 전개 등에서 상당히 편리하다. 복소수와 그의 공역의 곱은 항상 실수라는 점도 흥미로운 사실이다. 이것은

$$z\overline{z} = (x + jy)(x - jy) = x^2 - j^2y^2 = x^2 + y^2 \tag{9.1.11}$$

로부터 쉽게 알 수 있다. 따라서 식 (9.1.11)은

$$z\overline{z} = |z|^2 \tag{9.1.12}$$

와 같이 간단하게 나타내기도 한다.

---

3) 다른 형태로 $-\pi < \theta \le \pi$를 사용하기도 한다.

두 복소수 $z_1 = x_1 + jy_1$과 $z_2 = x_2 + jy_2$의 합과 차 및 곱셈과 나눗셈은 다음과 같이 수행된다.

$$z_1 + z_2 = (x_1 + jy_1) + (x_2 + jy_2) = (x_1 + x_2) + j(y_1 + y_2) \tag{9.1.13}$$

$$z_1 - z_2 = (x_1 + jy_1) - (x_2 + jy_2) = (x_1 - x_2) + j(y_1 - y_2) \tag{9.1.14}$$

$$z_1 z_2 = (x_1 + jy_1)(x_2 + jy_2) = (x_1 x_2 - y_1 y_2) + j(x_1 y_2 + x_2 y_1) \tag{9.1.15}$$

$$\begin{aligned}\frac{z_1}{z_2} &= \frac{x_1 + jy_1}{x_2 + jy_2} = \frac{x_1 + jy_1}{x_2 + jy_2}\frac{x_2 - jy_2}{x_2 - jy_2} \\ &= \frac{x_1 x_2 + y_1 y_2}{x_2^2 + y_2^2} + j\frac{x_2 y_1 - x_1 y_2}{x_2^2 + y_2^2}\end{aligned} \tag{9.1.16}$$

식 (9.1.16)에서 분모 z_2를 실수로 만들기 위하여 공역 $\overline{z}_2$를 식 (9.1.16)의 분자분모에 곱하였다. 이와 같은 과정을 유리화라고 하며 식 (9.1.16)의 마지막 부분은 다음과 같이 전개할 수 있다.

$$\begin{aligned}\frac{z_1}{z_2} &= \frac{z_1 \overline{z}_2}{z_2 \overline{z}_2} = \frac{z_1 \overline{z}_2}{|z_2|^2} \\ &= \frac{x_1 x_2 + y_1 y_2}{|z_2|^2} + j\frac{x_2 y_1 - x_1 y_2}{|z_2|^2}\end{aligned} \tag{9.1.17}$$

[그림 9.1]로부터 다음 관계식을 쉽게 확인할 수 있다.

$$\begin{aligned}|x| &= |\text{Re } z| \le |z| \\ |y| &= |\text{Im } z| \le |z|\end{aligned} \tag{9.1.18}$$

두 복소수의 합과 차에 대한 개념을 [그림 9.2]에 표시하였다. 이 그림으로부터 다음 부등식이 성립한다는 것을 알 수 있다.

$$|z_1 + z_2| \le |z_1| + |z_2| \tag{9.1.19}$$

위 식은 삼각부등식(triangle inequality)으로 불리는 것으로 앞으로 복소수의 전개에 있어 중요한 역할을 한다.

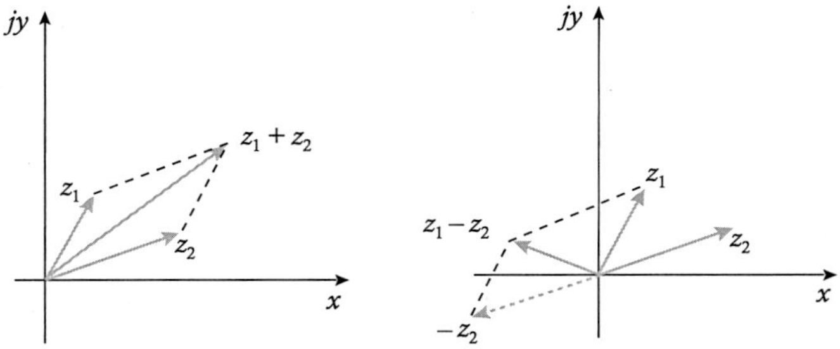

그림 9.2 두 복소수의 합과 차

한편 두 개의 복소수가 서로 일치한다는 사실은, 두 복소수의 실수부와 허수부가 서로 동일하다는 것을 의미한다. 따라서 복소변수를 포함하는 방정식의 경우, 각 방정식의 실수부와 허수부만으로서 구성되는 두 개의 식을 얻을 수 있다. 예를 들어

$$a - jb = 0$$

은 $a = 0$와 $b = 0$인 두 개의 식을 의미한다.

식 (9.1.7)과 같이 복소수 z를 표현하기 위하여 식 (9.1.6)의 관계를 사용하는 경우, z가 극형식(polar form)으로 주어졌다고 한다. 이러한 표현법은 $z_1 z_2$, z_1/z_2, z^n 및 $z^{1/n}$과 같은 계산을 수행하는 경우에 특히 편리하다. 즉 두 개의 복소수가 다음과 같이 주어졌다고 하자.

$$z_1 = r_1(\cos\theta_1 + j\sin\theta_1), \quad z_2 = r_2(\cos\theta_2 + j\sin\theta_2) \tag{9.1.20}$$

이때

$$\begin{aligned} z_1 z_2 &= r_1 r_2 \left[(\cos\theta_1 \cos\theta_2 - \sin\theta_1 \sin\theta_2) + j(\sin\theta_1 \cos\theta_2 + \sin\theta_2 \cos\theta_1) \right] \\ &= r_1 r_2 \left[\cos(\theta_1 + \theta_2) + j\sin(\theta_1 + \theta_2) \right] \end{aligned} \tag{9.1.21}$$

이로부터

$$|z_1 z_2| = r_1 r_2 = |z_1||z_2| \tag{9.1.22}$$

와

$$\arg(z_1 z_2) = \arg z_1 + \arg z_2 \tag{9.1.23}$$

의 관계를 얻는다. 다시 말하면, 두 복소수의 곱의 절대값은 각각의 절대값의 곱과

같고, 곱의 편각은 각각의 편각의 합으로 주어진다는 것이다. 마찬가지로 나눗셈의 경우도

$$\frac{z_1}{z_2} = \frac{r_1}{r_2}[\cos(\theta_1 - \theta_2) + j\sin(\theta_1 - \theta_2)] \tag{9.1.24}$$

이므로, 이로부터

$$\left|\frac{z_1}{z_2}\right| = \frac{|z_1|}{|z_2|} \tag{9.1.25}$$

와

$$\arg\left(\frac{z_1}{z_2}\right) = \arg z_1 - \arg z_2 \tag{9.1.26}$$

임을 확인할 수 있다. 또한 식 (9.1.21)을 반복적으로 적용함으로써 다음의 규칙을 얻을 수 있다.

$$z_1 z_2 \cdots z_n = r_1 r_2 \cdots r_n [\cos(\theta_1 + \theta_2 + \cdots + \theta_n) + j\sin(\theta_1 + \theta_2 + \cdots + \theta_n)] \tag{9.1.27}$$

만약 $z_1 = z_2 = \cdots = z_n$의 관계가 성립한다면 식 (9.1.27)로부터

$$z^n = r^n(\cos n\theta + j\sin n\theta), \quad (n = 0, 1, 2, \cdots) \tag{9.1.28}$$

이다. 마지막으로 복소수의 n제곱근, 즉 $z^{1/n}$의 계산에 대하여 알아보자. 임의의 복소수 $z, (\neq 0)$의 주편각을 θ라고 하면 편각은 $\theta + 2k\pi$ (단 k는 정수)이므로

$$z = r[\cos(\theta + 2k\pi) + j\sin(\theta + 2k\pi)] \tag{9.1.29}$$

와 같이 표현된다. 여기서 식 (9.1.28)의 관계를 이용하여 z의 n제곱근 $\sqrt[n]{z}$는 오일러의 공식으로부터

$$\sqrt[n]{z} = z^{1/n} = r^{1/n}\left[\cos\left(\frac{\theta + 2k\pi}{n}\right) + j\sin\left(\frac{\theta + 2k\pi}{n}\right)\right] \tag{9.1.30}$$

과 같이 n개의 서로 다른 값을 가지는 다가함수(multi-valued function)로 된다(단 $k = 0, 1, 2, \cdots, n-1$이다). 이때 $k = 0$에 대응하는 값을 $\sqrt[n]{z}$의 주값(principal value)이라고 한다. 식 (9.1.30)에서 $z = 1$이면 $|z| = r = 1$과 $\arg z = 0$이다. 이때 다음과 같은 특별한 함수

$$\omega_n = \cos\frac{2\pi}{n} + j\sin\frac{2\pi}{n} \tag{9.1.31}$$

를 정의하면, $\omega_n,\ \omega_n^2,\ \ldots, \omega_n^n = 1$은 $z^{1/n}$의 근으로 된다. 따라서

$$\omega_n^k = \cos\frac{2k\pi}{n} + j\sin\frac{2k\pi}{n} \tag{9.1.32}$$

는 1의 n제곱근(nth root of unity)이며, 이들은 원점을 중심으로 하는 반지름이 1인 원주상에 일정한 간격으로 배치된다. [그림 9.3]에 $n=3$, 즉 $\sqrt[3]{1}=1,\ -\frac{1}{2}\pm j\sqrt{3}$, $n=4$, 즉 $\sqrt[4]{1}=\pm 1, \pm j$ 및 $n=5$, 즉 $\sqrt[5]{1}$를 각각 표시하였다.

이것을 좀더 일반화하여 w_1이 임의의 복소수 $z, (\neq 0)$의 n제곱근 중의 하나라고 한다면, 식 (9.1.30)을 만족하는 $\sqrt[n]{z}$의 n개의 값은

$$w_1,\ w_1\omega_n,\ w_1\omega_n^2,\ \cdots,\ w_1\omega_n^{n-1} \tag{9.1.33}$$

이다. w_1에 ω_n^k를 곱한다는 것은 w_1의 위상각을 $2k\pi/n$만큼 증가시키는 것과 동일하기 때문이며, 이는 식 (9.1.30)으로 쉽게 확인할 수 있다.

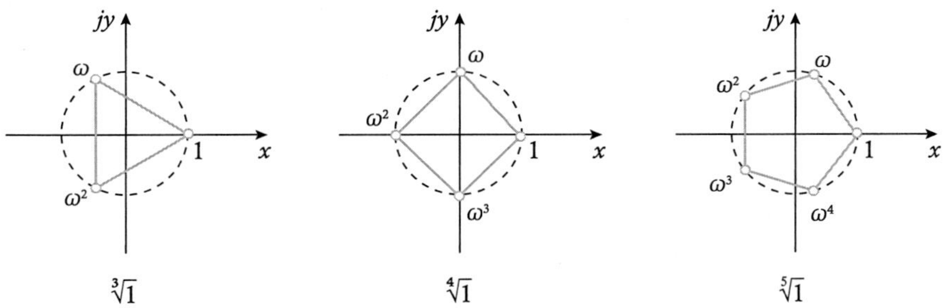

그림 9.3 $\sqrt[n]{1}$의 표시, ($n=3, 4, 5$인 경우)

▶ 예제 9.1.1

복소수 $3+j6$을 극형식으로 표현하고, 또 $2-j3$으로 나누어 보자.

◇ 해

$3+j6$을 극형식으로 표현하기 위해서는 크기 r과 편각 θ를 구하여야 한다. 이는

$$r = \sqrt{3^2+6^2} = 6.708,\ \theta = \tan^{-1}\frac{6}{3} = 63.43°$$

로 되어 극형식은

$$3+j6=6.708(\cos 63.43° + j\sin 63.43°)$$

이다. 한편 나눗셈은

$$\frac{3+j6}{2-j3}=\frac{3+j6}{2-j3}\frac{2+j3}{2+j3}=\frac{6-18+j(12+9)}{4+9}=-0.9231+j1.615$$

이다.

▶ 예제 9.1.2

복소평면에서 다음 식을 만족하는 복소수 z의 집합을 구하여보자.

$$\left|\frac{z}{z-1}\right|=2$$

◇ 해

식 (9.1.25)에 의해

$$\left|\frac{z}{z-1}\right|=\frac{|z|}{|z-1|} \quad ①$$

이다. 따라서 복소수의 절대값의 제곱은 실수부의 제곱과 허수부의 제곱의 합이므로

$$\frac{|z|^2}{|z-1|^2}=\frac{x^2+y^2}{(x-1)^2+y^2} \quad ②$$

이다. 여기서 $z-1=x-1+jy$를 이용하였다. ②로부터

$$\frac{x^2+y^2}{(x-1)^2+y^2}=4 \rightarrow x^2+y^2=4(x-1)^2+4y^2 \quad ③$$

이므로 이것을 정리하면

$$\left(x-\frac{4}{3}\right)^2+y^2=\frac{4}{9} \quad ④$$

이며, 이것은 중심이 $\left(\frac{4}{3}, 0\right)$이며 반지름이 2/3인 원을 나타내는 방정식임을 알 수 있다.

▶ 예제 9.1.3

1의 3제곱근을 구하여 보자([그림 9.3 (a)] 참조).

◇ 해

식 (9.1.31)로부터 1의 삼제곱근은 ω_3, ω_3^2, 1이다. 즉

$$\omega_3 = \cos\frac{2\pi}{3} + j\sin\frac{2\pi}{3} = -\frac{1}{2} + j\frac{\sqrt{3}}{2} \quad ①$$

이므로

$$\omega_3^2 = \left(-\frac{1}{2} + j\frac{\sqrt{3}}{2}\right)^2 = -\frac{1}{2} - j\frac{\sqrt{3}}{2} \quad ②$$

이다. ②는 당연히

$$\omega_3^2 = \cos\frac{4\pi}{3} + j\sin\frac{4\pi}{3} \quad ③$$

와 동일한 값을 가진다. 이로부터

$$\omega_3^3 = \cos\frac{2\pi \cdot 3}{3} + j\sin\frac{2\pi \cdot 3}{3} = \cos 2\pi + j\sin 2\pi = 1 \quad ④$$

를 확인할 수 있다.

▶ 예제 9.1.4

식 (9.1.34)를 이용하여 $z = -1$의 삼제곱근을 계산하여 보자.

◇》 해

$(-1)^3 = -1$이므로, -1 역시 -1의 삼제곱근이다. 따라서 $-\omega_3$, $-\omega_3^2$ 및 -1은 -1의 삼제곱으로 된다. 식 (9.130)의 표현법으로 근을 나타내면

$$z_0 = -1,\ z_1 = \frac{1}{2} - j\frac{\sqrt{3}}{2},\ z_2 = \frac{1}{2} + j\frac{\sqrt{3}}{2}$$

이므로

$$(-\omega_3)^3 = (-1)^3\omega_3^3 = -1 \quad ①$$

을 확인할 수 있다.

▶ 예제 9.1.5

식 (9.1.34)를 이용하여 $z = j$의 삼제곱근을 계산하여 보자.

◇》 해

먼저 순허수 j를 극형식으로 표현하면

$$j = \cos\frac{\pi}{2} + j\sin\frac{\pi}{2} \quad ①$$

이며, 따라서

$$z_0 = j^{1/3} = \cos\frac{\pi}{6} + j\sin\frac{\pi}{6} = \frac{\sqrt{3}}{2} + j\frac{1}{2} \qquad ②$$

이다. 이를 이용하면 나머지 두 개의 근 $z_0\omega_3$과 $z_0\omega_3^2$은

$$z_1 = \left(\frac{\sqrt{3}}{2} + j\frac{1}{2}\right)\left(-\frac{1}{2} + j\frac{\sqrt{3}}{2}\right) = -\frac{\sqrt{3}}{2} + j\frac{1}{2}$$

$$z_2 = \left(\frac{\sqrt{3}}{2} + j\frac{1}{2}\right)\left(-\frac{1}{2} - j\frac{\sqrt{3}}{2}\right) = -j \qquad ③$$

이다.

▶ 예제 9.1.6

(a) 식 (9.1.28)을 이용하여 $(3+j4)^2$을 계산하고, (b) 식 (9.1.30)으로부터 $(3+j4)^{1/3}$을 각각 구하여 보자.

◇ 해

복소수 $3+j4$를 극형식으로 나타내면

$$3 + j4 = 5(\cos 53.13° + j\sin 53.13°) \qquad ①$$

이다.

(a) 식 (9.1.28)을 적용하여 $(3+j4)^2$을 구하기 위해서는 ①로부터

$$(3+j4)^2 = 5^2(\cos 2\times 53.13° + j\sin 2\times 53.13°)$$

$$= 25(-0.280 + j0.960) \qquad ②$$

$$= -7 + j24$$

이다. ②는 다음과 같이 직접 계산을 통하여서도 가능하다. 즉

$$(3+j4)^2 = (3+j4)(3+j4)$$

$$= 9 - 16 + j12 + j12 = -7 + j24 \qquad ③$$

(b) $(3+j4)^{1/3}$의 계산을 위해서는 식 (9.1.30)에 의해 세 개의 서로 다른 삼제곱근이 반드시 계산되어야 한다. 먼저 $(3+j4)^{1/3}$는 ①을 이용하여

$$(3+j4)^{1/3} = 5^{1/3}\left(\cos\frac{53.13 + 360k}{3} + j\sin\frac{53.13 + 360k}{3}\right) \qquad ④$$

와 같이 표현함으로써 가능하다. 따라서 첫 번째 근은 $k=0$ 에서

$$\begin{aligned}(3+j4)^{1/3} &= 5^{1/3}(\cos 17.71° + j\sin 17.71°)\\ &= 1.710(0.9526 + j0.3042) \qquad ⑤\\ &= 1.629 + j0.5202\end{aligned}$$

이며, 두 번째 근은 $k=1$ 에서

$$\begin{aligned}(3+j4)^{1/3} &= 5^{1/3}(\cos 137.7° + j\sin 137.7°)\\ &= 1.710(-0.7397 + j0.6729) \qquad ⑥\\ &= -1.265 + j1.1506\end{aligned}$$

이며, 세 번째 근은 $k=2$ 에서

$$\begin{aligned}(3+j4)^{1/3} &= 5^{1/3}(\cos 257.7° + j\sin 257.7°)\\ &= 1.710(-0.2129 - j0.9771) \qquad ⑦\\ &= -0.3641 - j1.671\end{aligned}$$

이다. 만약 $k \geq 3$인 숫자를 선택하여도 위에서 계산한 ⑤, ⑥ 및 ⑦의 값으로 된다는 것은 쉽게 확인할 수 있다. 위에서 구한 세 개의 근을 [그림 9.4]에 나타내었다.

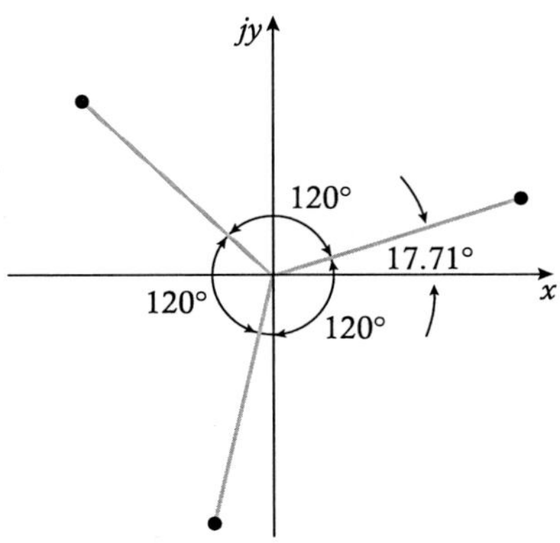

그림 9.4 [예제 9.1.6]

9.1.1 MATLAB에 의한 풀이

```
% [예제 9.1.1]
r=abs(3+j*6), theta=angle(3+j*6)                    % 단위는 radian
theta=angle(3+j*6)*180/pi                           % 단위는 degree
(3+j*6)/(2-j*3)                                     % 나눗셈

% [예제 9.1.2]
syms x y real
z=x+j*y; fxy=abs(z/(z-1))^2                 % ②의 확인
ezplot(fxy-4), axis([0 3 -1 1])             % ④: 반지름이 2/3, 중심이 (4/3,0)인 원

% [예제 9.1.3]
syms omega n
omega_n=cos(2*pi/n)+j*sin(2*pi/n)                          % 식(9.1.31)
omega3=double(subs(omega_n,n,3)), omega3^2, omega3^3       % ④의 확인

% [예제 9.1.4] - [예제 9.1.3]과 동일
% [예제 9.1.5] - [예제 9.1.3]에 이어서
zo=j^(1/3)                                                 % ②의 확인
z1=omega3*zo, z2=omega3^2*zo                               % ③의 확인

% [예제 9.1.6] - [예제 9.1.3]에 이어서
(3+j*4)^2, zo=(3+j*4)^(1/3), z1=omega3*zo, z2=omega3^2*zo  % ②, ⑤, ⑥, ⑦의 확인

% [그림 9.3]
plot([0, real(zo)],[0,imag(zo)]), hold on, plot([0, real(z1)],[0,imag(z1)])
plot([0, real(z2)],[0,imag(z2)]), circle(1),hold off, axis square
```

❖ circle(a)는 반지름이 'a'인 원을 그리는 명령어이다.

연습문제 9.1.2

1. 주어진 복소수 $z=3-j4$에 대하여 다음 각을 계산하여라.

(1) $z\bar{z}$ (2) z^2 (3) $z/\bar{z}$ (4) $\left|\frac{z+1}{z-1}\right|$

(5) $(z+1)(z-j)$ (6) $(z-j)^2/(z-1)^2$ (7) z^4

(8) $z^{1/2}$ (9) $z^{2/3}$ (10) $\frac{z^2}{z^{1/2}}$

2. 각 항의 근을 계산하여 $a+jb$ 의 형식으로 나타내어라.

(1) $1^{1/5}$ (2) $-16^{1/4}$ (3) $j^{1/3}$

(4) $9^{1/2}$ (5) $-j^{1/2}$

3. 다음과 같은 복소수의 표현이 원을 나타내고 있음을 보여라.

(1) $|z|=4$ (2) $|z-2|=2$ (3) $\left|\dfrac{(z-1)}{(z+1)}\right|=3$

4. (1) 임의의 n과 복소수 $z \neq 1$에 대해 다음 식이 성립함을 증명하여라.

$$1+z+z^2+\cdots+z^{n-1}=\frac{1-z^n}{1-z}$$

(2) 또 위 (1)의 관계를 이용하여 다음을 계산하여라.

$$1+\omega_n+\omega_n^2+\cdots+\omega_n^{n-1}$$

ω_n은 식 (9.1.31)로 주어지는 '1'의 n 제곱근이다.

9.2 기본적인 복소함수

실수를 변수로 가지는 대부분의 함수에서 단순히 실수 x를 $z=x+jy$로 치환함으로써 복소함수(complex function)로의 확장이 가능하다. 물론 $y=0$으로 두면 원래의 실수변수의 함수로 된다. 이러한 단순한 작업에 의해 실수함수에 대한 제반 수학적 성과를 복소함수에 적용할 수 있게 되어 복소함수에 대한 이해를 높일 수 있다. 이들 중 가장 기본이 되는 것은 복소함수의 다항식 표현이다. 복소다항식은

$$P_n(z)=a_n z^n+a_{n-1}z^{n-1}+\cdots+a_1 z+a_0 \tag{9.2.1}$$

의 형식으로 주어지며, 이때 계수 a_n, a_{n-1}, $\cdots$, a_1, a_0는 복소수이며 n은 영이 아닌 정수이다. 또 복소다항식의 분수 형식으로, 즉 분모다항식과 분자다항식을 가지는 유리함수의 표현식

$$Q(z)=\frac{a_n z^n+a_{n-1}z^{n-1}+\cdots+a_1 z+a_0}{b_m z^m+b_{m-1}z^{m-1}+\cdots+b_1 z+b_0} \tag{9.2.2}$$

이 있다. 이들 함수의 해석을 위하여 기본적인 복소함수의 특징에 대하여 알아본다.

위 두 종류의 함수에 대하여 먼저 다음과 같은 멱급수(power series)를 정의한다.

$$f(z) = \sum_{n=0}^{\infty} a_n z^n \tag{9.2.3}$$

여기서 무한급수는 모든 z, $(|z| < R,\ R > 0)$값에서 수렴하는 것으로 가정한다. 이때 수렴을 위한 R의 범위를 결정하기 위한 여러 종류의 테스트방법이 알려져 있다. 예를 들어

$$\lim_{n\to\infty}\left|\frac{a_{n+1}}{a_n}\right| = \frac{1}{R} \tag{9.2.4}$$

이 존재한다면 무한급수 (9.2.3)은 $|z| < R$인 모든 z값에 대하여 수렴하고, $|z| > R$에서는 발산한다. 그러나 수렴의 원(circle of convergence)인 $|z| = R$ 상에 존재하는 z 값에서 무한급수 (9.2.3)의 수렴여부를 결정하기 위한 함수 $f(z)$ 또는 그의 계수 a_0, a_1, $\cdots$에 관한 일반적인 조건을 설명할 수는 없다.

복소함수 e^z, $\sin z$ 및 $\cos z$를 모든 z에 대해서 수렴하는 다음과 같은 멱급수로 정의한다.

$$e^z = 1 + z + \frac{z^2}{2!} + \frac{z^3}{3!} + \cdots \tag{9.2.5}$$

$$\sin z = z - \frac{z^3}{3!} + \frac{z^5}{5!} - \cdots \tag{9.2.6}$$

$$\cos z = 1 - \frac{z^2}{2!} + \frac{z^4}{4!} - \cdots \tag{9.2.7}$$

이러한 급수는 $z = x + jy$에서 $y = 0$로 두었을 경우의 e^x, $\sin x$ 및 $\cos x$에 대한 표준적인 테일러 급수로 된다는 것은 쉽게 알 수 있을 것이다. 따라서 제 3 장에서 취급한 테일러 전개의 몇 가지 공식을 적용하면

$$\sin z = \frac{e^{jz} - e^{-jz}}{j2}, \quad \cos z = \frac{e^{jz} + e^{-jz}}{2} \tag{9.2.8}$$

을 얻을 수 있다. 또한 $z = j\theta$로 두면

$$\begin{aligned} e^{j\theta} &= 1 + j\theta - \frac{\theta^2}{2!} - j\frac{\theta^3}{3!} + \frac{\theta^4}{4!} + j\frac{\theta^5}{5!} + \cdots \\ &= \left(1 - \frac{\theta^2}{2!} + \frac{\theta^4}{4!} - \cdots\right) + j\left(\theta - \frac{\theta^3}{3!} + \frac{\theta^5}{5!} - \cdots\right) \\ &= \cos\theta + j\sin\theta \end{aligned} \tag{9.2.9}$$

로 되어, 앞에서 언급한 오일러의 정리가 성립함을 다시 확인할 수 있다. 이것은 복소변수 z에 대하여 대단히 유용한 표현식으로, 극형식 $z=r(\cos\theta+j\sin\theta)$를 식 (9.2.9)를 이용하여 표현하면

$$z=re^{j\theta} \tag{9.2.10}$$

이다. 이 표현식은 9.1절에서 설명한 바와 같이 복소수를 포함하는 계산이나 제곱근 등의 계산에 편리하다.

쌍곡선함수(hyperbolic function)는

$$\sinh z=\frac{e^{z}-e^{-z}}{2},\qquad \cosh z=\frac{e^{z}+e^{-z}}{2} \tag{9.2.11}$$

로 정의된다. 여기에 식 (9.2.8)을 적용하면

$$\sinh jz=j\sin z,\qquad \sin jz=j\sinh z \tag{9.2.12}$$

$$\cosh jz=\cos z,\qquad \cos jz=\cosh z$$

이다. $\sin z$와 $\cos z$에서 실수부와 허수부를 분리하여 삼각함수의 공식을 적용하면 다음의 관계식을 확인할 수 있다.

$$\begin{aligned}\sin z&=\sin(x+jy) \\ &=\sin x\cos jy+\sin jy\cos x \\ &=\sin x\cos y+j\sinh y\cos x\end{aligned} \tag{9.2.13}$$

$$\begin{aligned}\cos z&=\cos(x+jy) \\ &=\cos x\cos jy-\sin x\sin jy \\ &=\cos x\cosh y-j\sin x\sinh y\end{aligned} \tag{9.2.14}$$

변수 z의 자연대수, 즉 $\ln z$는 다음과 같이 정의된다.

$$e^{\ln z}=z \tag{9.2.15}$$

이때 식 (9.2.10)을 이용하면 자연대수는

$$\ln z=\ln\left(re^{j\theta}\right)=\ln r+j\theta \tag{9.2.16}$$

이고, 이 식 역시 자연대수의 정의식으로 사용된다. 이것을 확인하기 위하여 식 (9.2.16)을 식 (9.2.15)에 대입하고, 식 (9.2.9)의 관계를 적용하면

$$\begin{aligned} e^{\ln z} &= e^{\ln r + j\theta} \\ &= e^{\ln r} + e^{j\theta} \\ &= r(\cos\theta + j\sin\theta) = z \end{aligned} \tag{9.2.17}$$

으로 되어, 식 (9.2.15)를 만족함을 확인할 수 있다. 이때 θ는 다가함수(multi-valued)이기 때문에 $y=0$일 때 $\ln z$가 $\ln x$로 될 수 있도록 θ의 범위를 $0 \le \theta < 2\pi$, 또는 $-\pi < \theta \le \pi$로 제한하여야 한다. 따라서 $\ln z$의 주값은 $0 \le \theta < 2\pi$의 범위에 있는 경우에 얻어지는 값이다.

지금까지의 관계식을 이용하여 임의의 복소수 a에 대하여 z^a를 정의하면 자연대수식 (9.2.15)에 의해

$$z^a = e^{a \ln z} \tag{9.2.18}$$

로 된다. 여기서 $a=n$, (n은 실수)일 때 위 식은 $z^n = r^n(\cos n\theta + j\sin n\theta)$임은 쉽게 확인할 수 있다.

마지막으로 역삼각함수의 공식에 대하여 알아보자. 즉

$$w = \sin^{-1} z \tag{9.2.19}$$

로 두면 식 (9.2.8)에 의해

$$z = \sin w = \frac{e^{jw} - e^{-jw}}{j2} \tag{9.2.20}$$

이고, 다시 위 식의 양변에 $j2e^{jw}$를 곱하면

$$e^{j2w} - j2z\,e^{jw} - 1 = 0 \tag{9.2.21}$$

이다. 이와 같은 2차방정식[4)]의 해는

$$e^{jw} = jz + (1 - z^2)^{1/2} \tag{9.2.22}$$

---

4) 만약 $e^{jw} = \phi$이면, $\phi^2 - j2z\phi - 1 = 0$이다.

이며, 이것을 w에 대하여 전개하면

$$w=\sin^{-1}z=-j\ln\left[jz+\left(1-z^2\right)^{1/2}\right] \tag{9.2.23}$$

을 얻는다. 이때 w는 오른쪽의 제곱근으로 인해 2가 함수(double-valued)이며, 동시에 자연대수 ln 로 인해 다가함수로도 된다. $z=1$인 경우를 제외한 복소수 z에 대하여 두 개의 주값(principle value)을 식 (9.2.23)으로부터 얻을 수 있다. 위와 유사한 방법을 적용하여 얻은 역삼각함수에 대한 관계식을 정리하면 다음과 같다.

$$\sin^{-1}z=-j\ln\left[jz+\left(1-z^2\right)^{1/2}\right] \tag{9.2.24}$$

$$\cos^{-1}z=-j\ln\left[z+\left(z^2-1\right)^{1/2}\right]$$

$$\tan^{-1}z=\frac{j}{2}\ln\frac{1-jz}{1+jz}$$

$$\sinh^{-1}z=\ln\left[z+\left(1+z^2\right)^{1/2}\right]$$

$$\cosh^{-1}z=\ln\left[z+\left(z^2-1\right)^{1/2}\right]$$

$$\tanh^{-1}z=\frac{1}{2}\ln\frac{1+z}{1-z}$$

이러한 관계식은 복소변수를 이용한 전개이지만, 물론 실수변수의 경우에도 훌륭하게 적용된다. 예를 들어 $z=x$이면, 식 (9.2.24)의 세 번째 식은

$$\tan^{-1}x=\frac{j}{2}\ln\frac{1-jx}{1+jx} \tag{9.2.25}$$

로 된다.

▶ 예제 9.2.1

j^j의 주값을 계산하여 보자.

◇ 해

식 (9.2.18)에서 $z=j$로 두면

$$j^j=e^{j\ln j}=e^{j[\ln 1+j(\pi/2)]}=e^{j[j(\pi/2)]}=e^{-\pi/2}$$

이다.

▶ 예제 9.2.2

다음 함수의 주값을 계산하여 보자.

$$(2+j)^{1-j}$$

◇》 해

식 (9.2.18)로부터

$$(2+j)^{1-j}=e^{(1-j)\ln(2+j)}$$

이다. 여기서 $\ln(2+j)$의 주값을 이용하여 $(2+j)^{1-j}$의 주값을 계산하기로 한다. 즉 식 (9.2.16)으로부터

$$\ln(2+j)=\ln\sqrt{5}+j0.4636$$

이므로

$$\begin{aligned}(2+j)^{1-j}&=e^{(1-j)(\ln\sqrt{5}+j0.4636)}=e^{1.2683-j0.3411}\\&=e^{1.2683}(\cos 0.3411-j\sin 0.3411)\\&=3.555(0.9424-j0.3345)\\&=3.350-j1.189\end{aligned}$$

이다.

▶ 예제 9.2.3

$z=3-j4$일 때 (a) e^{jz}, (b) e^{-jz}, (c) $\sin z$, 및 (d) $\ln z$를 각각 구하여 보자.

◇》 해

(a) $$\begin{aligned}e^{j(3-j4)}&=e^{4+j3}=e^4e^{j3}\\&=54.60(\cos 3+j\sin 3)\\&=54.60(-0.990+j0.1411)\\&=-54.058+j7.7049\end{aligned}$$

(b) $$\begin{aligned}e^{-j(3-j4)}&=e^{-4-j3}=e^{-4}e^{-j3}\\&=0.01832[\cos(-3)+j\sin(-3)]\\&=0.01832[-0.990-j0.1411]\\&=-0.0181-j0.0026\end{aligned}$$

(c) $$\sin(3-j4)=\frac{e^{j(3-j4)}-e^{-j(3-j4)}}{j2}$$

$$= \frac{-54.05 + j7.704 - (-0.01814 - j0.002585)}{j2}$$

$$= 3.8537 + j27.0168$$

(d) $\ln(3-j4) = \ln r + j\theta$

$$= \ln 5 + j\tan^{-1}\frac{-4}{3}$$

$$= 1.609 - j0.927$$

위 식에서 각 θ의 단위는 라디안(radian)이다.

▶ 예제 9.2.4

$\sin z = 10$이기 위해서는 z는 어떤 값을 가져야 하는가?

◇ 해

식 (9.2.24)에 의하여

$$z = \sin^{-1}10 = -j\ln[j10 + (-99)^{1/2}] \quad ①$$

이다. 이때 (-99)의 제곱근 두 개는 $j3\sqrt{11}$과 $-j3\sqrt{11}$이다. 따라서 ①을 만족하는 두 개의 제곱근은

$$z_1 = -j\ln[j(10+3\sqrt{11})], \quad z_2 = -j\ln[j(10-3\sqrt{11})] \quad ②$$

이다. 이때 α가 실수라면 $\ln j\alpha = \ln|\alpha| + j(\pi/2)$로 되어 ②는 다음으로 된다.

$$z_1 = \frac{\pi}{2} - j\ln(10+3\sqrt{11}), \quad z_2 = \frac{\pi}{2} - j\ln(10-3\sqrt{11}) \quad ③$$

또는

$$z_1 = \frac{\pi}{2} - j2.993, \quad z_2 = \frac{\pi}{2} + j2.993 \quad ④$$

이다.

9.2.1 MATLAB에 의한 풀이

```
% [예제 9.2.1]
j^j, exp(-pi/2)

% [예제 9.2.2]
(2+j)^(1-j)
```

```
% [예제 9.2.3]
z=3-4*j; exp(j*z), exp(-j*(3-j*4)), sin(z), log(z)          % (a), (b),(c),(d)

% [예제 9.2.4]
z1=asin(10), z2=conj(z1)
```

연습문제 9.2.2

1. 복소수를 극좌표형식으로 나타내는 데 필요한, 복소수의 복소평면 상에서의 위상을 degree와 radian으로 나타내어라.

$$4+j3,\ -4+j3,\ 4-j3,\ -4-j3$$

2. 식 (9.2.5)~(9.2.7)을 이용하여 식 (9.2.8), 즉

$$\sin z = \left(e^{jz}-e^{-jz}\right)/j2,\ \cos z = \left(e^{jz}++e^{-jz}\right)/2$$

임을 증명하여라.

3. 다음 복소수를 극형식으로 나타내어라.

(1) -2　　(2) $-j2$　　(3) $5-j12$　　(4) $-5+j12$

4. 식 (9.2.8)과 식 (9.2.13)이 동일한 표현이라는 것을 복소수 $z=(\pi/2)-j$를 이용하여 확인하여라.

5. 각각의 주어진 복소수 z에 대하여 e^z를 계산하여라.

(1) $\frac{\pi}{2}j$　　(2) $j2$　　(3) $j4\pi$　　(4) $-1-j\frac{\pi}{4}$

6. 복소수 $z=\pi/2-j(\pi/4)$에 대하여 아래의 각 항을 계산하여라.

(1) $\sin z$　　(2) $\sinh z$　　(3) $\cosh z$　　(4) $|\sin z|$

7. 관계식 $z^a = e^{\ln z^a} = e^{a\ln z}$를 이용하여 다음 각 멱급수의 주값을 구하여라.

(1) j^j (2) $(3+j4)^{(1-j)}$ (3) $(4-j3)^{(2+j)}$
(4) $(1+j)^{(1+j)}$ (5) $(-1-j)^{-j/2}$

8. 다음 각 식에서 z의 주값을 구하여라.

(1) $\sin z=2$ (2) $e^z=-3$ (3) $\cos z=-2$

9.3 해석함수(analytic function)

여기서는 9.2절에서 정의한 복소함수가 다음과 같은 미분관계식을 만족한다는 것을 보임으로써 다음 절 이후에서 사용되는 복소함수의 적분에 대한 기초를 제공하기로 한다.

$$\frac{de^z}{dz}=e^z, \quad \frac{d\cos z}{dx}=-\sin z, \cdots$$

9.3.1 복소함수(Complex Function)

해석함수의 이해를 위해 필요한 복소해석(complex analysis)은, 어떤 주어진 영역 내에서 미분 가능한 복소함수와 밀접한 관련이 있다. 따라서 먼저 복소함수에 대하여 간단히 언급한 다음, 복소평면에서의 미분과 극한 등에 대하여 설명하기로 한다. 이러한 과정은 일반 대수학에서 취급한 내용과 유사하지만, 실수와 복소수 계산법 사이에 존재하는 기본적인 차이를 이해하기 위해서는 필요한 과정이다.

실수집합 S에서 정의된 실수함수 f에서, S 내의 모든 요소 x에 대한 $f(x)$는 항상 실수값을 가지며, $f(x)$를 'x에서 함수 f의 값'으로 부르고 있다. 이와 마찬가지로 복소집합 S 내에서 정의된 함수 f는, S 내의 모든 요소인 복소수 z에 대해 $f(x)$ 역시 복소수 w로 되며, 이를

$$w=f(z)$$

로 나타낸다. 여기서 z를 복소변수(complex variable), S를 함수 f의 정의역(domain)이라고 한다. 또한 함수 f가 가질 수 있는 모든 값의 집합을 f의 치역(range)이라 부른다.

w는 복소수이므로 $w=u+jv$로 쓸 수 있으며, 만약 $z=x+jy$라면 u, v는 x, y의 함수로 되어 다음 요점을 얻는다.

요점 9.1 복소함수

복소변수 $z=x+jy$에 관한 복소함수는

$$f(z)=u(x,y)+jv(x,y) \tag{9.3.1}$$

와 같이 일반적으로 복소수이다.

요점 9.2 복소함수의 정의역

복소평면에서 복소수 z로 이루어진 점의 집합 S를 정의역(domain)이라고 하고 D 로 표기한다.

앞으로 사용할 몇 가지 중요한 정의역을 [그림 9.5]에 표시하였다. 특히 복소평면에서 충분히 작은 $\rho > 0$에 대해 열린 원판(open circular disk) $|z-z_0|<\rho$를 점 $z=z_0$의 근처(neighborhood)로 정의한다.[5] 또는 같은 의미로서 점 z_0의 ρ-근처를 포함하는 z의 모든 집합을 z_0의 근처로 부르기도 한다. 특히 [그림 9.5 (c)]는 $\rho_1<|z-z_0|<\rho_2$인 열린 환상(open annular)으로 주어지는 점 z_0 근처를 나타낸 것이다.

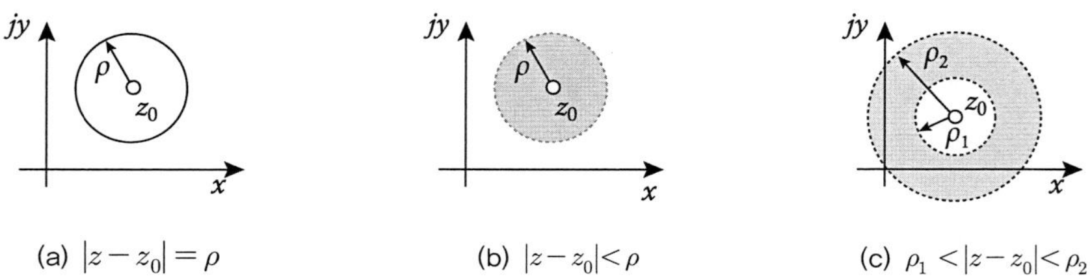

그림 9.5 복소평면 상에서 정의역의 몇 가지 형태

• 복소함수의 미분

복소함수 $f(z)$의 미분에 관한 정의는 실수함수의 경우와 마찬가지로

$$f'(z)=\lim_{\Delta z\to 0}\frac{f(z+\Delta z)-f(z)}{\Delta z} \tag{9.3.2 a}$$

5) 단순히 점 $z=z_0$에서 ρ-neighborhood라고도 한다.

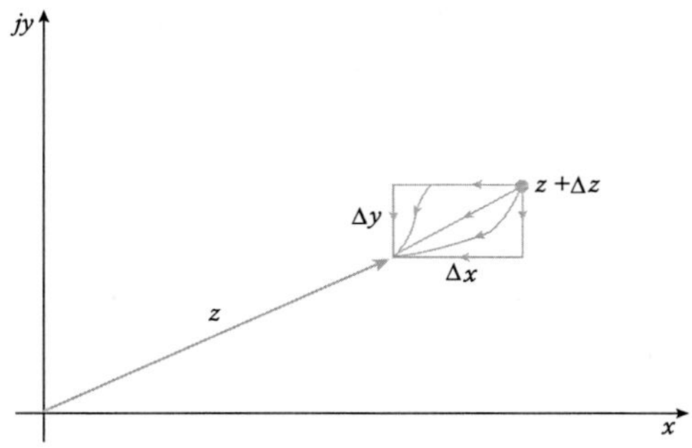

그림 9.6 $\Delta z \to 0$에 대한 여러 가지 경로

로 주어진다. 또는 $\Delta z = z - z_0$라 하면 식 (9.3.2)는

$$f'(z) = \lim_{z \to z_0} \frac{f(z) - f(z_0)}{z - z_0} \tag{9.3.2 b}$$

이다. 위 정의에서 일반적인 실수변수와 다른 중요한 점은, $\Delta z \to 0$으로 가는 극한과정에서 Δz가 취할 수 있는 경로가 수없이 많다는 것이다. 이들 중의 몇 개를 [그림 9.6]에 표시하였다. 또한 미분이 존재하기 위해서는 Δz의 경로선택과는 관계없이 $\Delta z \to 0$에서 $f'(z)$가 유일한 값을 가져야 한다. 실수변수 x의 경우에는 $\Delta x \to 0$로 가는 경로가 하나뿐이기 때문에 미분에 관한 이러한 제약은 불필요하다. 이와 같은 경로의 중요성을 함수 $f(z) = \bar{z} = x - jy$를 이용하여 확인하여 보자. $\Delta z = \Delta x + j\Delta y$이므로 정의식 (9.3.2 a)에 대입하면

$$\frac{f(z+\Delta z) - f(z)}{\Delta z} = \frac{[(x+\Delta x) - j(y+\Delta y)] - (x - jy)}{\Delta x + j\Delta y} = \frac{\Delta x - j\Delta y}{\Delta x + j\Delta y} \tag{9.3.3}$$

이다. 먼저 $\Delta y = 0$로 두고 $\Delta x \to 0$로 하면 위 식의 값은 $+1$이고, $\Delta x = 0$으로 두고 $\Delta y \to 0$으로 가져간다면 -1의 값을 가지게 된다. 이로부터, $\Delta z \to 0$의 경로에 따라 미분이 다른 값을 가진다는 것을 알 수 있다(그림 9.7). 다시 말하면 극한에서의 값이 유일하지 않기 때문에, 일반적으로 그 함수의 미분은 존재하지 않는다. 여기서는 만약 주어진 함수의 미분이 존재한다면 반드시 만족하여야 하는 미분에 대한 조건을 유도하여 보기로 한다.

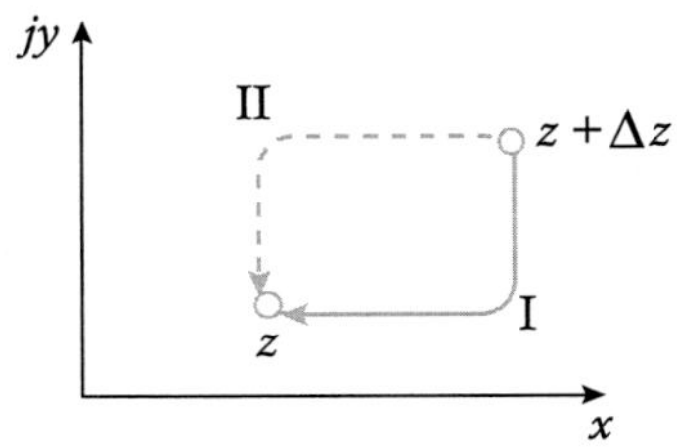

그림 9.7 적분의 경로

함수의 미분 $f'(z)$가 존재하지 않는다고 가정하고, 함수의 실수부를 $u(x,y)$, 허수부를 $v(x,y)$로 표시한다. 즉

$$f(z) = u(x,y) + j\,v(x,y) \tag{9.3.4}$$

로 둔다. 먼저, $\Delta z \to 0$의 과정이 x축과 평행하도록 $\Delta y = 0$으로 둔다. 이때 $\Delta z = \Delta x$이므로 식 (9.3.2 a)로부터

$$\begin{aligned} f'(z) &= \lim_{\Delta x \to 0} \frac{u(x+\Delta x,y) + j\,v(x+\Delta x,y) - u(x,y) - j\,v(x,y)}{\Delta x} \\ &= \lim_{\Delta x \to 0} \left[\frac{u(x+\Delta x,y) - u(x,y)}{\Delta x} + j\,\frac{v(x+\Delta x,y) - v(x,y)}{\Delta x} \right] \\ &= \frac{\partial u}{\partial x} + j\,\frac{\partial v}{\partial x} \end{aligned} \tag{9.3.5}$$

이다. 다음 $\Delta z \to 0$의 과정이 y축과 평행하도록 $\Delta x = 0$으로 두면, $\Delta z = j\,\Delta y$로 되어

$$\begin{aligned} f'(z) &= \lim_{\Delta y \to 0} \frac{u(x,y+\Delta y) + j\,v(x,y+\Delta y) - u(x,y) - j\,v(x,y)}{j\Delta y} \\ &= \lim_{\Delta x \to 0} \left[\frac{u(x,y+\Delta y) - u(x,y)}{j\Delta y} + \frac{v(x,y+\Delta y) - v(x,y)}{\Delta y} \right] \\ &= -j\,\frac{\partial u}{\partial y} + \frac{\partial v}{\partial y} \end{aligned} \tag{9.3.6}$$

가 얻어진다. 이때 미분이 존재하기 위해서는 미분 $f'(z)$에 대한 두 표현식이 일치되어야 한다. 따라서

$$\frac{\partial u}{\partial x} + j\,\frac{\partial v}{\partial x} = -j\,\frac{\partial u}{\partial y} + \frac{\partial v}{\partial y} \tag{9.3.7}$$

이어야 하므로 이로부터 다음 관계식을 얻는다.

요점 9.3 코시-리만 방정식

복소함수 $f(z)$가 미분가능한가의 판단을 위한 조건은

$$\frac{\partial u}{\partial x} = \frac{\partial v}{\partial y}, \quad \frac{\partial u}{\partial y} = -\frac{\partial v}{\partial x} \tag{9.3.8}$$

를 만족하는 것이며, 이를 코시-리만(Cauchy-Riemann) 방정식이라고 한다.

식 (9.3.7)의 유도에서 $\Delta z \to 0$의 극한에 대하여 단지 두 개의 경로만을 고려하여 방정식을 유도하였지만, 미분의 존재를 보증하기 위한 여분의 조건은 존재하지 않는다는 것도 증명가능하다. 만약 임의의 점 $z = z_0$에서 코시-리만 방정식이 성립하고, 또한 함수 $u(x,y)$와 $v(x,y)$의 편미분이 $z = z_0$에서 연속이라면, 함수의 미분 $f'(z_0)$는 존재한다. 또한 $f'(z)$가 $z = z_0$와 $z = z_0$의 근처의 모든 점에서 존재한다면, 함수 $f(z)$는 점 z_0에서 해석적(analytic)이라고 한다.

예를 들어 $f(z)$가 $z < 1$인 모든 점과 $z = j$에서 해석적이라면, $f(z)$는 적어도 [그림 9.8]에서 표시된 영역에서는 해석적이다. $f(z)$가 점 z_0에서 해석적이 아니라면, z_0는 함수 $f(z)$의 특이점(singular point)으로 된다. 대부분의 응용문제에서 점 z_0는 고립된 특이점(isolated singular point)이다. 다시 말하면 $f(z)$는 z_0에서 특이점을 가지지만 $z \neq z_0$인 모든 점에서는 해석적이라는 것을 말한다. 또한 정의역 D 내부의 모든 점에서 해석적이면 함수 $f(z)$는 해석함수(analytic function)라 한다. 이것을 정리하면 다음과 같다.

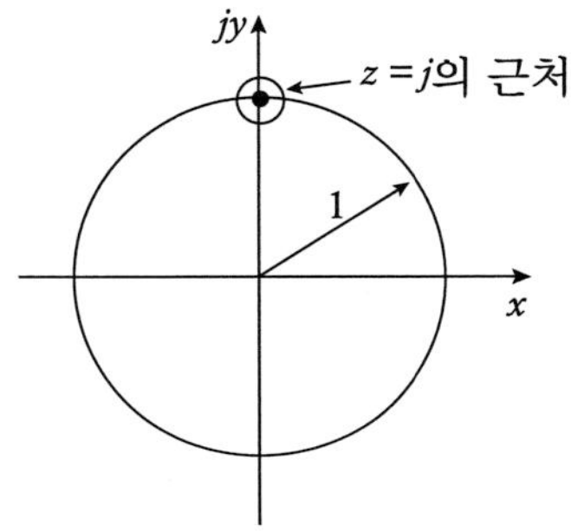

그림 9.8 점 $z = j$ 에서의 부근

요점 9.4 해석성(analyticity)

정의역 D 내의 모든 점에서 함수 $f(z)$가 정의되며 동시에 미분가능하다면, $f(z)$는 D에서 해석적이라고 한다. 또 함수 $f(z)$가 D 내의 임의의 점 z_0의 근처에서 해석적이라면 $f(z)$는 $z = z_0$에서 해석적이라고 한다. 따라서 어떤 정의역 내에서 해석적인 함수를 해석함수라고 한다.

일반적으로 함수 $f(z)$와 $g(z)$가 해석함수이면

(1) $c_1 f(z) + c_2 g(z)$, (단, c_1, c_2는 상수)

(2) $f(z)g(z)$

(3) $\dfrac{f(z)}{g(z)}$, (단, $g(z) = 0$인 점을 제외)

는 모두 해석함수이다. 위 (3)에서 짐작할 수 있는 바와 같이, 해석함수의 가장 일반적인 특이점은 분모다항식을 영으로 만드는 점에서 발생한다. 예를 들어 다음 함수는 $z_0=0$에서 고립된 특이점을 가진다.

$$\frac{1}{e^z-1},\quad \frac{1}{z(z+1)},\quad \frac{1}{z\sin z},\quad \tan z \tag{9.3.9}$$

다음 유리함수

$$Q(z)=\frac{a_n z^n+a_{n-1}z^{n-1}+\cdots+a_1 z+a_0}{b_m z^m+b_{m-1}z^{m-1}+\cdots+b_1 z+b_0} \tag{9.3.10}$$

는 분모다항식을 영으로 하는 모든 점에서 고립된 특이점을 가진다.

복소함수의 미분 $f'(z)$는 형식상으로는 실함수의 미분 $f'(x)$과 동일하기 때문에, 이 관계를 적용하면 다음과 같이 복소함수의 미분에 관한 몇 가지 관계식을 얻을 수 있다.

$$\frac{d}{dz}[f(z)\pm g(z)]=f'(z)\pm g'(z) \tag{9.3.11}$$

$$\frac{d}{dz}[kf(z)]=kf'(z) \tag{9.3.12}$$

$$\frac{d}{dz}[f(z)g(z)]=f'(z)g(z)+g'(z)f(z) \tag{9.3.13}$$

$$\frac{d}{dz}\left[\frac{f(z)}{g(z)}\right]=\frac{f'(z)g(z)-f(z)g'(z)}{g^2(z)} \tag{9.3.14}$$

$$\frac{d}{dz}[f(g(z))]=\frac{df}{dg}\frac{dg}{dz} \tag{9.3.15}$$

또한 위의 식 (9.3.11)과 식 (9.3.12)를 사용하면

$$\begin{aligned}&\frac{d}{dz}\left(a_n z^n+a_{n-1}z^{n-1}+\cdots+a_1 z+a_0\right)\\&=na_n z^{n-1}+(n-1)a_{n-1}z^{n-2}+\cdots+2a_2 z+a_1\end{aligned} \tag{9.3.16}$$

임을 쉽게 확인할 수 있으며, 동시에

$$\frac{dz}{dz}=1,\quad \frac{da_0}{dz}=0 \tag{9.3.17}$$

의 관계도 이해할 수 있다.

▶ 예제 9.3.1

복소함수 $z\bar{z}$와 z^2은 해석적인지의 여부를 확인하여 보자.

◇ 해

먼저 함수 $z\bar{z}$는

$$f(z) = z\bar{z} = (x + jy)(x - jy) = x^2 + y^2$$

이므로 항상 실수값을 가진다. 즉

$$u = x^2 + y^2, \quad v = 0$$

이다. 따라서 코시-리만 방정식으로부터

$$\begin{aligned} \frac{\partial u}{\partial x} &= \frac{\partial v}{\partial y} \rightarrow 2x = 0 \\ \frac{\partial u}{\partial y} &= -\frac{\partial v}{\partial x} \rightarrow 2y = 0 \end{aligned} \qquad ①$$

이다. 이로부터 코시-리만 방정식이 만족하기 위해서는 x와 y가 모두 영의 값을 가져야 하며, 따라서 함수 $z\bar{z}$는 원점을 제외한 모든 점에서 비해석적이다.

다음 함수 z^2에 대해서는

$$f(z) = z^2 = (x + jy)(x + jy) = x^2 - y^2 + j2xy$$

이므로 실수부와 허수부는

$$u = x^2 - y^2, \quad v = 2xy$$

이다. 따라서 코시-리만 방정식을 적용하면

$$\begin{aligned} \frac{\partial u}{\partial x} &= \frac{\partial v}{\partial y} \rightarrow 2x = 2x \\ \frac{\partial u}{\partial y} &= -\frac{\partial v}{\partial x} \rightarrow -2y = -2y \end{aligned}$$

로 되어, 위 식은 xy평면(즉 복소평면)의 모든 점에서 성립한다. 따라서 z^2은 항상 해석적이다.

▶ 예제 9.3.2

다음 함수가 해석적인 영역을 구하고 이것의 1차 미분값을 계산하여 보자.

(a) e^z (b) $\ln z$ (c) $\sin z$

◇ 해

(a) $e^z = e^{x+jy} = e^x e^{jy}$이므로

$$e^z = e^x \cos y + je^x \sin y$$

이다. 여기서 $u = e^x \cos y$ 및 $v = e^x \sin y$로 두고 코시-리만 방정식을 적용하면 e^z 는 모든 점에서 해석적임을 쉽게 확인할 수 있다. 또한 식 (9.3.7)로부터

$$\begin{aligned} \frac{de^z}{dz} &= \frac{\partial u}{\partial x} + j\frac{\partial v}{\partial y} \\ &= e^x \cos y + je^x \sin y = e^z \end{aligned}$$

이다.

(b) 우선 $\ln z = \ln re^{j\theta} = \ln r + j\theta$, $(r = \sqrt{x^2+y^2},\ \theta = \tan^{-1} y/x,\ (-\pi < \theta \le \pi))$이므로 실수부와 허수부는 각각 다음과 같다.

$$\begin{aligned} u &= \ln\sqrt{x^2+y^2} = \frac{1}{2}\ln(x^2+y^2) \\ v &= \tan^{-1}\frac{y}{x} \end{aligned}$$

이로부터

$$\begin{aligned} \frac{\partial u}{\partial x} &= \frac{1}{2}\frac{2x}{x^2+y^2} = \frac{x}{x^2+y^2} \\ \frac{\partial v}{\partial y} &= \frac{1/x}{1+(y/x)^2} = \frac{x}{x^2+y^2} \end{aligned}$$

이고, 또한

$$\begin{aligned} \frac{\partial u}{\partial y} &= \frac{1}{2}\frac{2y}{x^2+y^2} = \frac{y}{x^2+y^2} \\ \frac{\partial v}{\partial x} &= \frac{-y/x^2}{1+(y/x)^2} = -\frac{y}{x^2+y^2} \end{aligned}$$

이다. 이로부터 $x^2+y^2 \neq 0$ 이며 동시에 θ가 $-\pi < \theta \le \pi$의 범위에서 유일하게 주어진다면 코시-리만 방정식은 항상 성립한다. 마지막으로

$$\begin{aligned} \frac{d}{dz}\ln z &= \frac{\partial u}{\partial x} + j\frac{\partial v}{\partial y} \\ &= \frac{x}{x^2+y^2} - j\frac{y}{x^2+y^2} = \frac{1}{z} \end{aligned}$$

이므로 $z \neq 0$ 이고 $\ln z$ 가 연속이라면 위 식은 항상 성립한다.

(c) sine함수의 공식에 의해

$$\sin z = \sin(x+jy) = \sin x \cosh y + j\cos x \sinh y$$

의 관계가 성립하므로 실수부와 허수부는

$$u=\sin x\cosh y,\quad v=\cos x\sinh y$$

이므로, 위 식은 모든 z 값에 대하여 코시–리만 방정식을 만족한다는 것을 알 수 있다. 더욱이 식 (9.3.14)로부터

$$\begin{aligned}\frac{d}{dz}\sin z&=\frac{\partial u}{\partial x}+j\frac{\partial v}{\partial y}\\&=\cos x\cosh y-j\sin x\sinh y\\&=\cos z\end{aligned}$$

임을 확인할 수 있다.

▶ 예제 9.3.3

다음을 계산하여 보자.

$$\frac{d}{dz}\tan^{-1}z$$

◇ 해

식 (9.2.24)에 의해

$$\tan^{-1}z=\frac{j}{2}\ln\frac{1-jz}{1+jz}$$

이므로 $d/dz(\ln z)=1/z$와 식 (9.3.15)의 관계를 이용하면

$$\frac{d}{dz}\tan^{-1}z=\frac{j}{2}\frac{1+jz}{1-jz}\frac{d}{dz}\left(\frac{1-jz}{1+jz}\right)$$

을 얻는다. 그런데

$$\begin{aligned}\frac{d}{dz}\frac{1-jz}{1+jz}&=\frac{(-j)(1+jz)-j(1-jz)}{(1+jz)^2}\\&=-\frac{j2}{(1+jz)^2}\end{aligned}$$

이므로 $d/dz\left(\tan^{-1}z\right)$는

$$\begin{aligned}\frac{d}{dz}\tan^{-1}z&=\frac{j}{2}\frac{1+jz}{1-jz}\frac{-jz}{(1+jz)^2}\\&=\frac{1}{(1-jz)(1+jz)}=\frac{1}{1+z^2}\end{aligned}$$

이다.

▶ 예제 9.3.4

(r, θ)인 극좌표계(polar coordinate)에 관한 코시-리만 방정식은

$$\frac{\partial u}{\partial r} = \frac{1}{r}\frac{\partial v}{\partial \theta}, \quad \frac{\partial v}{\partial r} = -\frac{1}{r}\frac{\partial u}{\partial \theta}$$

라는 것을 확인하여 보자.

◇ 해

복소함수를 $f(z) = u + jv$로 가정하고 복소수의 극형식 $z = re^{j\theta}$를 사용한다. 이때 $\Delta z = e^{j\theta}\Delta r + jre^{j\theta}\Delta\theta$에서 $\Delta r \to 0$ 또는 $\Delta\theta \to 0$인 경우로 나누어 생각하면

$$\frac{df}{dz} = \lim_{\Delta r \to 0}\frac{\Delta u + j\Delta v}{e^{j\theta}\Delta r} = \frac{1}{e^{j\theta}}\left(\frac{\partial u}{\partial r} + j\frac{\partial v}{\partial r}\right) = e^{-j\theta}\frac{\partial f}{\partial r}$$

$$\frac{df}{dz} = \lim_{\Delta \theta \to 0}\frac{\Delta u + j\Delta v}{jre^{j\theta}\Delta\theta} = \frac{1}{re^{j\theta}}\left(-j\frac{\partial u}{\partial \theta} + \frac{\partial v}{\partial \theta}\right) = \frac{je^{-j\theta}}{r}\frac{\partial f}{\partial \theta}$$

이고, 위의 두 식에서 실수부와 허수부를 각각 비교하면

$$\frac{\partial u}{\partial r} = \frac{1}{r}\frac{\partial v}{\partial \theta}, \quad \frac{\partial v}{\partial r} = -\frac{1}{r}\frac{\partial u}{\partial \theta} \qquad ①$$

이다.

9.3.2 조화함수(Harmonic functions)

먼저 다음의 예제를 보자.

▶ 예제 9.3.5

해석함수 $f(z) = u(x,y) + jv(x,y)$의 실수부와 허수부는 모두 라플라스 방정식(식 (6.4.15) 참조)을 만족하는 함수임을 확인하여 보자.

◇ 해

$f(z) = u(x,y) + jv(x,y)$가 해석함수이면 $u(x,y)$와 $v(x,y)$는 코시-리만 방정식을 만족한다. 따라서

$$\frac{\partial}{\partial x}\left(\frac{\partial u}{\partial x}\right) = \frac{\partial}{\partial x}\left(\frac{\partial v}{\partial y}\right) = \frac{\partial^2 v}{\partial x \partial y}$$

$$\frac{\partial}{\partial y}\left(\frac{\partial u}{\partial y}\right) = \frac{\partial}{\partial y}\left(-\frac{\partial v}{\partial x}\right) = -\frac{\partial^2 v}{\partial y \partial x}$$

가 성립하고, 위의 두 식을 더하면

$$\nabla^2 u = \frac{\partial}{\partial x}\left(\frac{\partial u}{\partial x}\right) + \frac{\partial}{\partial y}\left(\frac{\partial u}{\partial y}\right) = \frac{\partial^2 v}{\partial x\,\partial y} - \frac{\partial^2 v}{\partial y\,\partial x} = 0$$

이다. 마찬가지로 허수부 $v(x,y)$에 대해서도 같은 방법을 적용하면

$$\begin{aligned}\nabla^2 v &= \frac{\partial}{\partial x}\left(\frac{\partial v}{\partial x}\right) + \frac{\partial}{\partial y}\left(\frac{\partial v}{\partial y}\right)\\ &= \frac{\partial}{\partial x}\left(-\frac{\partial u}{\partial y}\right) + \frac{\partial}{\partial y}\left(\frac{\partial u}{\partial x}\right)\\ &= -\frac{\partial^2 u}{\partial x\,\partial y} + \frac{\partial^2 u}{\partial y\,\partial x} = 0\end{aligned}$$

이므로, 결과적으로

$$\nabla^2 u = 0,\ \nabla^2 v = 0$$

을 만족한다. 따라서 해석함수의 실수부 및 허수부는 모두 라플라스 방정식을 만족한다.

위 예제를 정리하면 식 (9.3.8)로 주어진 코시-리만 방정식으로부터

$$\frac{\partial^2 u}{\partial x^2} = \frac{\partial^2 v}{\partial x\,\partial y},\quad \frac{\partial^2 u}{\partial y^2} = -\frac{\partial^2 v}{\partial x\,\partial y} \tag{9.3.18}$$

와

$$\frac{\partial^2 v}{\partial y^2} = \frac{\partial^2 u}{\partial x\,\partial y},\quad \frac{\partial^2 v}{\partial x^2} = -\frac{\partial^2 u}{\partial x\,\partial y} \tag{9.3.19}$$

가 얻어지며, 여기서 식 (9.3.18)을 만족하기 위해서는

$$\frac{\partial^2 u}{\partial x^2} = \frac{\partial^2 u}{\partial y^2} = 0 \tag{9.3.20}$$

이어야 하며, 또한 식 (9.3.29)로부터는

$$\frac{\partial^2 v}{\partial x^2} = \frac{\partial^2 v}{\partial y^2} = 0 \tag{9.3.21}$$

임을 알 수 있다.

요점 9.5 **라플라스 방정식**

함수 $f(z)=u(x,y)+jv(x,y)$가 정의역 D에서 해석적이고 동시에 2계 편미분이 존재한다면, 함수 u와 v는 다음 라플라스 방정식을 만족한다.

$$\nabla^2 u=\frac{\partial^2 u}{\partial x^2}+\frac{\partial^2 u}{\partial y^2}=0 \tag{9.3.22 a}$$

$$\nabla^2 v=\frac{\partial^2 v}{\partial x^2}+\frac{\partial^2 v}{\partial y^2}=0 \tag{9.3.22 b}$$

이와 같이 라플라스 방정식을 만족하는 함수를 조화함수(harmonic function)라고 한다. 따라서 위의 $u(x,y)$ 또는 $v(x,y)$는 조화함수이다. 이와 같이 라플라스 방정식과 코시-리만 방정식을 만족하는 두 개의 함수를 공역조화함수(conjugate harmonic functions)라 부르며, 만약 공역조화함수의 하나가 알려져 있다면 나머지 하나는 코시-리만 방정식을 이용하여 쉽게 구할 수 있다. 이를 예제를 통하여 확인하여 보자.

▶ 예제 9.3.6

실함수 $u(x,y)=Ax+By$가 라플라스 방정식을 만족하는 것은 명백하다. 이 함수의 공역조화함수 $v(x,y)$를 구하고 $f(z)=u+jv$의 형식으로 나타내어 보자.

◇ 해

공역조화함수 $v(x,y)$는 코시-리만 방정식에 의해 실수부 $u(x,y)$와 연결되어 있다. 따라서

$$\frac{\partial u}{\partial x}=\frac{\partial v}{\partial y} \quad \text{또는} \quad \frac{\partial v}{\partial y}=A$$

이므로 이것을 풀면

$$v=Ay+g(x)$$

로 된다. 여기서 $g(x)$는 앞으로 계산해야 할 함수이다. 위 관계식 역시 나머지 하나의 코시-리만 방정식

$$\frac{\partial v}{\partial x}=-\frac{\partial u}{\partial y} \quad \text{또는} \quad \frac{\partial g}{\partial x}=-B$$

를 만족하여야 하므로

$$g(x)=-Bx+C$$

를 얻는다. 여기서 C는 적분상수로서 부가된 조건에 의해 정해진다. 따라서 공역조화함수는 임의의 C에 대해

$$v(x,y) = Ay - Bx + C$$

이다. 마지막으로 함수 $f(z)$는

$$\begin{aligned} f(z) &= Ax + By + j(Ay - Bx + C) \\ &= A(x + jy) - jB(x + jy) + jC \\ &= (A - jB)z + jC \\ &= K_1 z + K_2 \end{aligned}$$

이다. 이때 K_1과 K_2는 복소수이다.

마지막으로 공역조화함수의 기하학적 구조를 예제를 이용하여 간단히 알아보자.

▶ 예제 9.3.7

$f(z) = u(x,y) + jv(x,y)$가 해석함수이면서 동시에 라플라스 방정식을 만족한다면, 이때 공역조화함수 u 및 v에 대해 $\nabla u \cdot \nabla v = 0$가 성립하는 것을 확인하여 보자.

◇ 해

$$\begin{aligned} \nabla u \cdot \nabla v &= \left(\vec{i}\frac{\partial u}{\partial x} + \vec{j}\frac{\partial u}{\partial y}\right) \cdot \left(\vec{i}\frac{\partial v}{\partial x} + \vec{j}\frac{\partial v}{\partial y}\right) \\ &= \frac{\partial u}{\partial x}\frac{\partial v}{\partial x} + \frac{\partial u}{\partial y}\frac{\partial v}{\partial y} \\ &= \frac{\partial u}{\partial x}\left(-\frac{\partial u}{\partial y}\right) + \frac{\partial u}{\partial y}\frac{\partial u}{\partial x} = 0\,. \end{aligned}$$

해석함수 $f(z) = u(x,y) + jv(x,y)$의 실수부 및 허수부가 $\nabla u \cdot \nabla v = 0$을 만족한다는 사실은, 기울기(gradient)의 정의로부터 함수 u의 기울기 $\nabla u(x,y)$는 '$u = u_0$ =일정'인 곡선에 수직이라는 것은 이미 언급하였다(제 6 장 참조). 마찬가지로 v의 기울기 $\nabla v(x,y)$는 '$v = v_0$ =일정'인 곡선에 수직이다. 따라서 $\nabla u \cdot \nabla v = 0$가 성립한다는 것은 곡선 $u = u_0$와 $v = v_0$는 서로 수직이라는 것을 의미한다. 다시 말하면 조화함수 u와 v는 서로 수직하는 직교사영으로 된다.

해석함수는 무한히 많이 존재하므로 $f(z) = u(x,y) + jv(x,y)$의 실수부와 허수부를 선택하여 서로 수직하는 곡선군을 수없이 만들어낼 수 있다. 서로 직교하는 곡선에는 정전기장에서 등퍼텐셜선(equi-potential line)과 등기전력선, 유체 속도장에서 등퍼텐셜선과 유선(stream line) 등이 있으며 물리적으로 매우 중요한 분야의 하나이다.

9.3.3 MATLAB에 의한 풀이

```
% [예제 9.3.1]
syms x y real
z=x+j*y; u=real(z*conj(z)); v=imag(z*conj(z));
% 코시-리만 방정식의 확인
cr11=diff(u,x), cr12=diff(v,y), cr21=diff(u,y), cr22=diff(v,x)        % ①의 확인

% [예제 9.3.2]
syms z
diff(exp(z),'z'), diff(log(z),'z'), diff(sin(z),'z')        % (a), (b), (c)

% [예제 9.3.3]
syms z
diff(atan(z),'z')
```

연습문제 9.3.4

1. 다음 각 복소함수 $f(z)$의 미분을 식 (9.3.5)와 식 (9.3.6)을 이용하여 각각 계산하고 이를 비교하여 보아라.

(1) z^2　　(2) $\bar{z}$　　(3) $\dfrac{1}{z+2}$　　(4) $(z-1)^2$

(5) $\ln(z-1)$　　(6) e^z

2. 다음 주어진 함수가 해석적인지의 여부를 확인하여라.

(1) $f(z)=z^4$　　(2) $f(z)=e^{2x}(\cos y+j\sin y)$

(3) $f(z)=e^{-x}(\cos y-j\sin y)$　　(4) $f(z)=\mathrm{Re}\,z+\mathrm{Im}\,z$　　(5) $f(z)=j/z^8$

3. [요점 9.5]의 라플라스 방정식을 함수 $f(z)$의 극좌표형식에 대한 표현식으로 변환하여라([예제 9.3.4]를 이용한다).

4. 다음 각 함수는 조화함수임을 확인하여라. 또한 이 경우의 공역조화함수를 계산하고, 해석함수 $f(z)$의 표현식을 구하여라.

(1) xy (2) x^2-y^2 (3) $e^y \sin x$ (4) $\ln(x^2+y^2)$

(5) $\ln|z|$ (6) x^3-3xy^2 (7) $(x^2-y^2)^2$ (8) $e^{-x}\sin 2y$

5. 함수 $u(x,y)$가 조화함수이고 $v(x,y)$가 u의 공역조화함수라고 한다. 이때 $u(x,y)$는 $-v(x,y)$의 공역조화함수라는 것을 증명하여라.

9.4 복소적분(Complex Integration)

9.4.1 곡선과 경로

복소평면에서 곡선 C를

$$C: z(t)=x(t)+jy(t) \tag{9.4.1}$$

과 같이 매개변수 t를 사용하여 나타낼 수 있다. 이때 곡선 C의 도함수

$$\frac{dz}{dt}=z'(t)=\frac{dx}{dt}+j\frac{dy}{dt} \tag{9.4.2}$$

가 곡선 위의 모든 점에서 연속이고 영이 아닌 경우, 곡선 C를 매끄러운 곡선(smooth curve)이라고 한다. 다시 말하면 매끄러운 곡선이란 다음을 만족하는 점 (x,y)의 집합을 말한다. 즉

$$x=\phi(t),\quad y=\psi(t),\quad (a\le t\le b) \tag{9.4.3}$$

로 두었을 때 $\phi'(t)$와 $\psi'(t)$는 구간 $[a,b]$에서 연속이며, 동시에 영으로 되지 않는 것으로 한다. 예를 들어 원을 나타내는 식 $x^2+y^2=1$은

$$x=\cos t,\quad y=\sin t,\quad (0\le t\le 2\pi)$$

와 같이 두면 매끄러운 곡선임을 쉽게 알 수 있다.

매끄러운 곡선의 길이는 다음으로 정의된다.

$$L=\int_a^b \sqrt{[\phi'(t)]^2+[\psi'(t)]^2}\,dt \tag{9.4.4}$$

매끄러운 곡선을 연속적으로 연결하면 경로(contour)가 되며, [그림 9.9]에 여러 형태의 경로를 표시하였다. $\phi(a)=\phi(b)$와 $\psi(a)=\psi(b)$인 점을 제외하고는 서로 가로지르지 않는 경로를 단순폐경로, 또는 조르단 경로(Jordan curve)라고 한다. 따라서 단순폐경로는 평면을 '내부(inside)'와 '외부(outside)'의 두 부분으로 나누며, 내부가 경로방향의 왼쪽에 존재한다면 단순폐경로는 평면을 양의 방향(positive sense)으로 가로지른다고 한다. [그림 9.9 (a)]의 사각형은 단순폐경로이며 화살표로 알 수 있는 바와 같이 내부가 경로의 왼쪽에 존재하기 때문에 양의 방향으로 평면을 분할하고 있다.

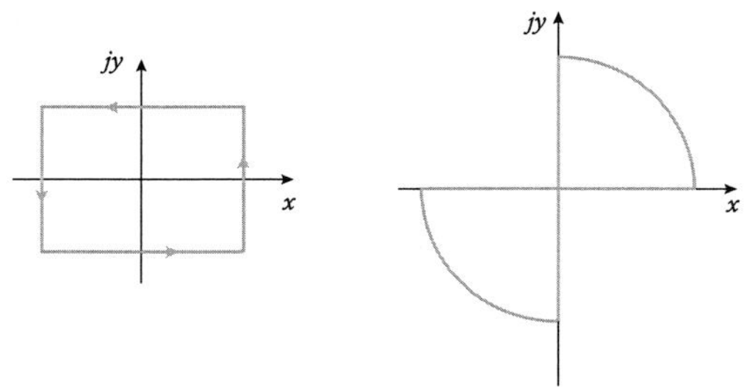

(a) 단순폐경로의 경우　　(b) 폐경로가 아닌 경우

그림 9.9 경로의 예

복소평면에서의 원은 가장 단순한 형태의 매개변수 표현으로 나타낼 수 있으므로, 복소수 z의 극형식과 지수함수 형식 등에 사용된다. 즉 원 $|z|=a$를 매개변수를 이용하여

$$z = a\cos\theta + ja\sin\theta, \quad (0 \le \theta \le 2\pi) \tag{9.4.5}$$

또는

$$z = ae^{j\theta}, \quad (0 \le \theta \le 2\pi) \tag{9.4.6}$$

와 같이 나타낼 수 있다. 위 식은 $x=a\cos\theta$, $y=a\sin\theta$로 두면

$$z = x + jy = a\cos\theta + ja\sin\theta = ae^{j\theta}$$

라는 의미에서 이해할 수 있을 것이다.

[그림 9.10]과 같이 반지름이 a이고 중심이 z_0인 원은

$$z - z_0 = ae^{j\theta} = a\cos\theta + ja\sin\theta \tag{9.4.7}$$

와 같이 표현할 수 있다. 이때 θ는 점 $z=z_0$에서 x축에 평행하도록 선을 그었을 때 벡터 $\vec{a}$와 이루는 각도이다([그림 9.10] 참조).

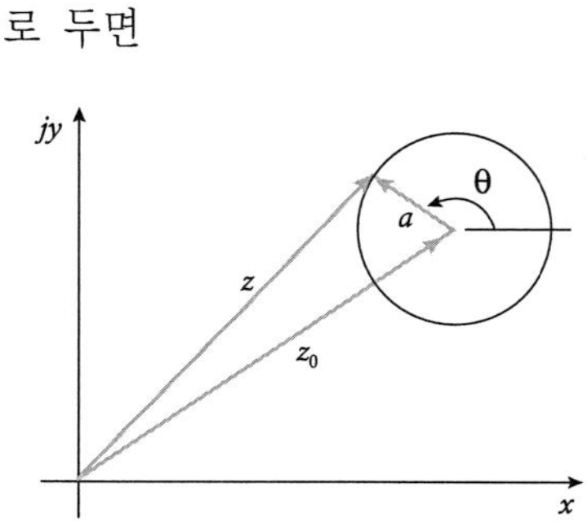

그림 9.10 원의 묘사

9.4.2 복소평면에서의 선적분

복소 유한적분(complex definite integral)은 (복소평면에서의) 선적분으로 불리며 다음과 같이 표현한다.

$$\int_C f(z)dz$$

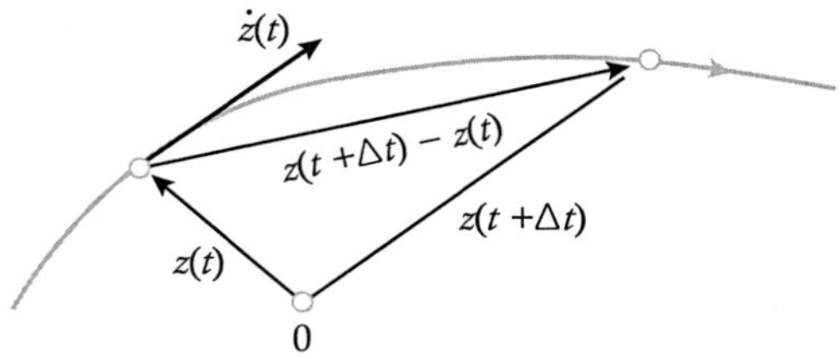

그림 9.11 곡선 C상에서의 접선벡터 $\dot{z}(t)$

위 식은 피적분함수 $f(z)$을 주어진 곡선 C에 대하여 적분을 수행한다는 것을 나타낸다. 복소평면에서의 곡선 C는 '적분의 경로'로 불리는 것으로 일반적으로 식 (9.4.1)과 같이 매개변수 t를 이용하여 표현한다. 여기서 t가 증가하는 방향을 C상에서 양의 방향이라고 한다. 예를 들어 $z(t)=t+j3t$, $(0 \le t \le 2)$라면 복소평면에서 $y=3x$의 선이 경로이며,6) $z(t)=4\cos t+j4\sin t$, $(-\pi \le t \le \pi)$는 복소평면상의 원 $|z|=4$가 경로이다. 또한 앞에서 언급한 바와 같이 C가 매끄러운 곡선이라면 임의의 점에서 연속이며, 영이 아닌 미분이 존재한다(식 (9.4.2)). 이것을 기하학적으로 설명하면, 곡선 C 상의 모든 점에서 연속인 접선을 가진다는 것으로, 다음 식

$$\begin{aligned}\dot{z}(t) &= \frac{dz(t)}{dt} = \dot{x}(t)+j\dot{y}(t)\\ &= \lim_{\Delta t \to 0}\frac{z(t+\Delta t)-z(t)}{\Delta t}\end{aligned}$$

이 존재한다는 것으로 해석할 수 있다([그림 9.11] 참조).7)

• 복소선적분의 정의

곡선 C를 복소평면상의 매끄러운 곡선이며 $f(z)$는 C상의 모든 점에서 연속인 함수라고 한다. 여기서 식 (9.4.1)로 주어지는 C의 표현에서 구간 $a \le t \le b$를

$$t_0(=a),\ t_1,\ \cdots\ ,\ t_{n-1},\ t_n(=b)$$

와 같이 다시 작은 구간으로 나눈다. 단 이때 $t_0 < t_1 < \cdots < t_n$이다. 여기서 C의 재분할

6) 복소평면에서 실수축을 x, 허수축을 y로 두면 복소수 $z(t)$는 t가 증가함에 따라 $y=3x$의 직선상에 존재한다.

7) 미분을 나타내기 위하여 z', $\dot{z}$ 모두 가능하지만, 특히 $\dot{z}$는 주로 시간 t에 대한 미분을 의미한다.

된 구간(subdivision)에 대응하는 표현식을 $z_j = z(t_j)$의 관계에 의해

$$z_0,\ z_1,\ \cdots,\ z_{n-1},\ z_n(=Z)$$

로 두고, [그림 9.12]와 같이 C의 재분할된 구간에서 임의의 점을 각각 선정한다. 예를 들어 z_0과 z_1 사이에는 ζ_1,[8] z_1과 z_2 사이에는 ζ_2 등이다. 이 경우

$$S_n = \sum_{m=1}^{n} f(\zeta_m)\Delta z_m, \quad \Delta z_m = z_m - z_{m-1} \tag{9.4.8}$$

을 $n = 2, 3, \cdots$인 경우에 대하여 각각 독립적으로 계산하여 보자. 이때 $|\Delta t_m| = |t_m - t_{m-1}|$은 $n \to \infty$로 됨에 따라 영으로 수렴한다는 사실은, [그림 9.11]로부터, $|\Delta z_m|$ 역시 영으로 수렴한다는 것을 의미한다. [그림 9.12]와 경로 C가 시간 t에 대해 연속인 매끄러운 곡선이라는 점을 고려하면 식 (9.4.8)의 복소값 $S_2, S_3, \cdots$의 극한(즉 $n \to \infty$로 둔다)은 식 (9.4.1)의 경로 C의 표현식에 대한 복소함수 $f(z)$의 복소 선적분(line integral)이라고 하며 다음과 같이 표현한다.

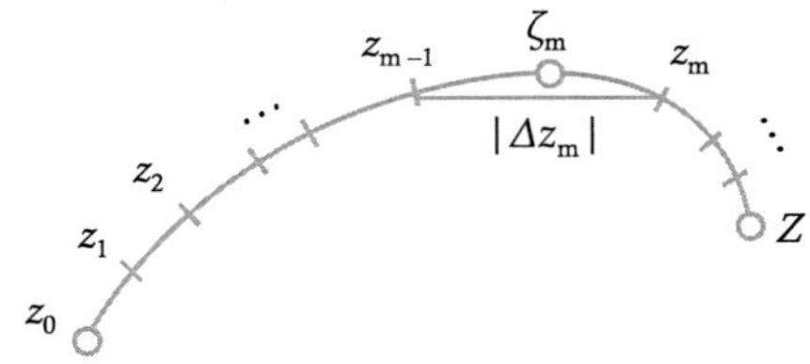

그림 9.12 복소선적분

$$\int_C f(z)dz \quad \text{또는} \quad \oint_C f(z)dz \tag{9.4.9}$$

단, 식 (9.4.9)의 후자는 C가 폐경로인 경우이다.

• 정의에 의한 몇 가지 기본성질

1. 선형성 : 적분은 선형작용소이다. 다시 말하면 합의 적분은 각 항에 대한 적분의 합으로 분할할 수 있다. 즉

$$\int_C [c_1 f_1(z) + c_2 f_1(z)]dz = c_1 \int_C f_1(z)dz + c_2 \int_C f_2(z)dz \tag{9.4.10}$$

이다.

2. 적분의 방향 : 선적분은 경로 C상의 점 z_0에서 Z까지, 또는 Z에서 z_0까지 실행할 수 있으며 이때

8) 다시 말하면 t가 $t_0 \le t \le t_1$에 존재한다면 $\zeta_1 = z(t)$이다.

$$\int_{z_0}^{Z} f(z)dz = -\int_{Z}^{z_0} f(z)dz \tag{9.4.11}$$

가 성립한다.

3. 구간의 분할 : [그림 9.13]과 같이 적분구간의 분할이 가능하다.

$$\int_C f(z)dz = \int_{C_1} f(z)dz + \int_{C_2} f(z)\,dz \tag{9.4.12}$$

그림 9.13 적분구간의 분할

- **선적분의 존재성**

선적분에서 함수 $f(z)$가 연속이며 동시에 경로 C가 구분적으로 매끄러운 곡선이라는 것은 선적분 (9.4.9)가 존재한다는 것을 암시하고 있다. 이것을 확인하여 보자.

식 (9.3.1)과 같이 $f(z) = u(x,y) + jv(x,y)$로 하고

$$\zeta_m = \xi_m + j\eta_m,\ \Delta z_m = \Delta x_m + j\Delta y_m$$

의 표현식을 정의하여 둔다. 이 경우 식 (9.4.8)은

$$S_n = \sum (u + jv)(\Delta x_m + j\Delta y_m) \tag{9.4.13}$$

으로 쓸 수 있다. 단 $u = u(\zeta_m, \eta_m)$, $v = v(\zeta_m, \eta_m)$이다. 여기서 위 식의 곱셈을 수행하여 정리하면

$$S_n = \sum u\,\Delta x_m - \sum v\,\Delta y_m + j\left[\sum u\,\Delta y_m + \sum v\,\Delta x_m\right]$$

이며, 위 오른쪽 각 항의 합(Σ)은 실수이다. 조건에 의해 함수 $f(z)$가 연속이므로 u와 v도 연속이다. 따라서 만약 $n \to \infty$이면 Δx_m과 Δy_m은 영으로 수렴하여 위 식의 합(Σ)은 실수선적분(real line integral)일 것이다. 즉

$$\lim_{n\to\infty} S_n = \int_C f(z)dz = \int_C u\,dx - \int_C v\,dy + j\left[\int_C u\,dy + \int_C v\,dx\right] \tag{9.4.14}$$

이다. 위 식은 함수 $f(z)$와 경로 C에 대한 가정이 만족한다면 선적분 (9.4.9)는 존재하며, 동시에 적분값은 경로에 대한 재분할의 방법과 중간값 ζ_m의 선정과는 무관하다는 것을 보여주고 있다.

• 선적분의 계산

(A) 방법 1: 이 방법은 대수학에서 다음과 같은 잘 알려진 공식을 사용하여 정적분을 계산하는 과정과 유사하다.

$$\int_a^b f(x)dx = F(b) - F(a)\ ,\ (\text{단 } F'(x) = f(x) \text{ 이다.})$$

이 방법은 다음에 소개하는 두 번째 방법보다는 단순하지만, 해석적인 함수에만 적용가능하다. 이 방법을 설명하기 위해 다음 요점이 필요하다.

요점 9.6 **평면의 영역(region)을 R라고 할 때**

- 연결영역(connected region) : R에 속하는 임의의 두 점이 R에 완전히 포함되는 구분적으로 매끄러운 곡선으로 연결될 수 있는 영역.
- 단순연결영역(simple connected region): 만일 연결영역 R에 포함되는 임의의 닫힌곡선 C가 R를 이탈하지 않고 한 점으로 줄이거나 수축시킬 수 있는 영역.
- 다중연결영역(multiply connected region) : 단순연결영역이 아닌 영역을 의미하는 것으로, [그림 9.14 (c)]와 같이 한 개 또는 여러 개의 구멍(hole)이 존재하여 한 개의 구멍을 둘러싸고 있는 닫힌곡선 C는 그 영역에 속하는 한 점으로 수축시킬 수 없는 경우를 의미한다.

(a) 연결영역이 아님 (b) 단순연결영역 (c) 다중연결영역

그림 9.14 영역의 종류

위 요점을 이용하여 해석함수에 대한 선적분을 정리하면 다음과 같다.

요점 9.7 해석함수의 적분

단순연결영역 R에서 함수 $f(z)$가 해석적이라고 한다. 이 경우 정의역 R에서 $f(z)$의 적분이 존재한다. 다시 말하면, R에서 $F'(z)=f(z)$의 관계를 만족하는 해석함수 $F(z)$는 R 내의 두 점 z_0와 z_1을 연결하는 모든 경로에 대해

$$\int_{z_0}^{z_1} f(z)dx = F(z_1) - F(z_1), \text{ (단 } F'(z)=f(z)\text{이다)} \qquad (9.4.15)$$

를 만족한다.(위 식에서 경로 C 대신에 두 점 z_0와 z_1을 사용하였다. 이는 두 점 z_0와 z_1을 이용하여 두 점을 연결하는 모든 경로를 표시할 수 있기 때문이다.)

위 요점에 대한 확인은 9.5절의 설명을 이용하면 가능하다.

식 (9.4.15)에서 주어진 $f(z)$로부터 $f(z)=F'(z)$을 만족하는 $F(z)$을 구하기 위해서는 $f(z)$가 해석함수라는 사실이 중요한 역할을 한다. 만약 $f(z)$가 복소평면의 모든 점에서 해석적이라면[9] 어렵지 않게 선적분의 계산이 가능하다.

▶ 예제 9.4.1

몇 가지의 적분을 계산하여 보자.

(a) $\displaystyle\int_0^{1+j} z^2 dz = \frac{1}{3}z^3\Big|_0^{1+j} = \frac{1}{3}(1+j)^3 = -\frac{2}{3}+j\frac{2}{3}$

(b) $\displaystyle\int_{-j\pi}^{j\pi} \cos z\, dz = \sin z\Big|_{-j\pi}^{j\pi} = 2\sin j\pi = j2\sinh\pi = j23.097$

(c) $\displaystyle\int_{8+j\pi}^{8-j3\pi} e^{z/2}dz = 2e^{z/2}\Big|_{8+j\pi}^{8-j3\pi} = 2\left(e^{4-j3\pi/2} - e^{4+j\pi/2}\right) = 0$

(e^z는 주기가 $j2\pi$인 주기함수이다.)

(d) $\displaystyle\int_{-j}^{j} \frac{dz}{z} = \ln j - \ln(-j) = \frac{j\pi}{2} - \left(-\frac{j\pi}{2}\right) = j\pi$

(이 경우 정의역 R는 0과 음의 실수축을 포함하지 않는 복소평면 전체로 한다.)

9) 이와 같은 경우 $f(z)$가 entire하다고 한다.

(B) 방법 2: 이 방법은 해석적인 함수뿐만 아니라 연속인 임의의 복소함수에도 적용가능하다.

요점 9.8 경로에 의한 적분

경로 C는 $z=z(t), (a \le t \le b)$로 표현되는 구분적으로 매끄러운 곡선이라고 하며, 함수 $f(z)$는 C상에서 연속이라고 가정한다. 이 경우

$$\int_C f(z)dz = \int_a^b f[z(t)]\dot{z}(t)dt \tag{9.4.16}$$

가 성립한다.

식 (9.4.16)의 왼쪽 항은 식 (9.4.14)에 의해 실수 선적분으로 변경할 수 있기 때문에, 식 (9.4.16)의 오른쪽 항 역시 식 (9.4.14)로 표현할 수 있는지를 확인하여 보자. 우선 $z=x+jy$이므로 $\dot{z}=\dot{x}+j\dot{y}$이며, 동시에 $dx=\dot{x}\,dt$와 $dy=\dot{y}\,dt$임을 알 수 있다. 따라서 식 (9.4.16)의 오른쪽 항은

$$\begin{aligned}\int_a^b f[z(t)]\dot{z}(t)dt &= \int_a^b (u+jv)(\dot{x}+j\dot{y})dt \\ &= \int_C [udx - vdy + j(u\,dy + vdx)] \\ &= \int_C (u\,dx - v\,dy) + j\int_C (u\,dy + v\,dx)\end{aligned} \tag{9.4.17}$$

로 되어 왼쪽 항과 같음을 확인할 수 있다.

[요점 9.8]의 복소 선적분을 계산하기 위한 과정을 정리하면 다음과 같다.

[단계 1]: 경로 C를 $z(t)$, $(a \le t \le b)$의 형식으로 표현한다.
[단계 2]: $\dot{z}(t) = dz/dt$를 계산한다.
[단계 3]: 함수 $f(z)$의 모든 z를 $z(t)$로 대치하여 이를 $x(t)$와 $y(t)$의 함수로 바꾼다.
[단계 4]: $f[z(t)]\dot{z}(t)$를 a에서 b까지 적분한다.

▶ 예제 9.4.2

다음 경로를 따라 $\int_0^{1+j} z^2 dz$를 계산하여보자.

(a) 0에서 $1+j$까지의 직선 (b) 0에서 1을 거쳐 $1+j$까지의 직선경로([그림 9.15] 참조).

◇ 해

(a) 단계 1: 경로 C_1은 0에서 $1+j$까지의 직선이므로 변수를 이용하면 다음과 같이 표현할 수 있다.

$$x=t,\ y=t \rightarrow z(t)=t+jt,\ (0 \le t \le 1) \qquad ①$$

단계 2: $\dot{z}(t)=dz/dt=1+j$ 이며 $dt=dx=dy$이다.

단계 3: $f(z)=z^2=(t+jt)^2$

단계 4: $f[z(t)]\dot{z}(t)=(t+jt)^2(1+j)$을 0에서 1까지 적분한다. 즉

$$\int_C z^2 dz = \int_0^1 (-2t^2+j2t^2)dt = -\frac{2}{3}+j\frac{2}{3} \qquad ②$$

이다. 위의 단계를 따르지 않고 $z=x+jy$을 원식에 대입하여 직접 적분을 수행하면

$$\begin{aligned}\int_0^{1+j} z^2 dz &= \int_0^{1+j}[(x^2-y^2)+j2xy](dx+j\,dy) \\ &= \int_0^{1+j}[(x^2-y^2)dx-2xy\,dy]+j\int_0^{1+j}[2xy\,dx+(x^2-y^2)dy]\end{aligned} \qquad ③$$

이다. ③에 위의 [단계 2], [단계 3]의 값을 대입한 뒤 적분을 수행하여도 동일한 결과를 얻는다. 즉

$$\begin{aligned}\int_0^{1+j} z^2 dz &= \int_0^1[(t^2-t^2)dt-2t^2\,dt]+j\int_0^1[2t^2\,dt+(t^2-t^2)dt] \\ &= -\frac{2}{3}+j\frac{2}{3}\end{aligned} \qquad ④$$

이다.

(b) 경로 C_2와 C_3를 따르는 적분을 수행하여 보자. 이 경우는 경로는 다각형을 이루고 있으므로 두 종류의 분리된 변수가 요구된다. 즉 경로 C_2를 따라서는 $z=x$이며, C_3에서는 $z=1+jy$로 되어

$$\int_0^{1+j} z^2 dz = \int_0^1 x^2 dx + \int_0^1 (1+jy)^2 j\,dy \qquad ⑤$$

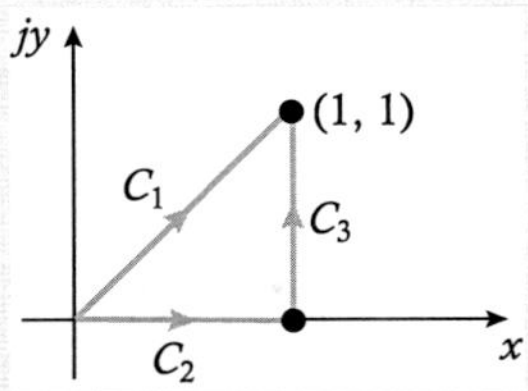

그림 9.15 [예제 9.4.2]

이다. 이것은 경로 C_2에서는 $y=0$ 및 $dy=0$이며, 경로 C_3에서는 $dx=0$이어야 하기 때문이다. 따라서

$$\int_0^{1+j} z^2 dz = \frac{1}{3} + \int_0^1 (1-y^2+j\,2y)j\,dy \qquad ⑥$$

$$= \frac{1}{3} - \int_0^1 2y\,dy + j\int_0^1 (1-y^2)\,dy$$

$$= \frac{1}{3} - 1 + j\frac{2}{3} \qquad ⑥$$

$$= -\frac{2}{3} + j\frac{2}{3}$$

이다.

• **적분의 한계(bound for integral)**

복소선적분의 절대값을 평가하여야 할 경우가 종종 있다. 이것은 다음 요점으로 주어진다.

요점 9.9 경로에 의한 적분

크기 $|f(z)| \leq M$인 함수를 길이가 L인 경로 C를 따라 적분하였을 경우 다음을 만족한다.

$$\left| \int_C f(z)\,dz \right| \leq ML \qquad (9.4.18)$$

위 요점은 식 (9.4.8)의 양변에 절대값을 취하고 식 (9.1.19)의 삼각부등식을 적용하면

$$|S_n| = \left| \sum_{m=1}^{n} f(\zeta_m)\Delta z_m \right| \leq \sum_{m=1}^{n} |f(\zeta_m)||\Delta z_m| \leq M \sum_{m=1}^{n} |\Delta z_m|$$

을 얻는다. 여기서 $|\Delta z_m|$은 [그림 9.12]에 나타낸 바와 같이 점 z_m과 z_{m-1} 사이의 현의 길이를 의미하므로, 위 식 오른쪽 항의 합은 경로 C를 $z_0, z_1, \cdots, z_n (=Z)$과 같이 재분할하여 얻은 작은 현의 길이의 합 $\tilde{L}$을 나타내고 있다. 따라서 $n \to \infty$으로 하면 $|\Delta t_m|$과 $|\Delta z_m|$은 영으로 수렴하므로 $\tilde{L}$은 경로 C의 실제길이인 L로 된다. 이로부터 식 (9.4.17)이 확인되었다.

▶ 예제 9.4.3

다음 적분의 한계값을 계산하여 보자.

$$\int_C z^2 dz$$

(단 C는 [그림 9.16]과 같이 0에서 $1+j$까지의 직선경로를 나타낸다.)

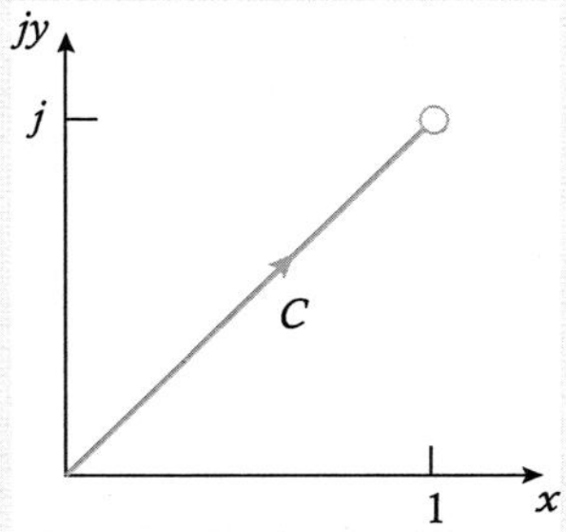

그림 9.16 [예제 9.4.3]

◇ 해

$L=\sqrt{2}$ 이며 $|f(z)|=|z^2|\le 2$이므로 식 (9.4.17)로부터 적분의 한계는

$$\left|\int_C z^2 dz\right| \le 2\sqrt{2} = 2.8284$$

이다. 실제 적분의 결과에 절대값을 취하면 [예제 9.4.1(a)]에 의하여

$$\left|-\frac{2}{3}+j\frac{2}{3}\right| = \frac{2}{3}\sqrt{2} = 0.9428$$

함수 $f(z)$의 선적분은 식 (9.4.16)에 의해 항상 계산할 수 있다. 만약 $f(z)$가 정의역에서 해석적이라면 식 (9.4.15)에 의한 적분의 계산은 더욱 편리할 것이다.

▶ 예제 9.4.4

원점이 중심인 단위원을 따라 반시계방향으로 선적분한 결과가 $\oint_C dz/z = j2\pi$임을 확인하여 보자.

◇ 해

단위원을 표현하는 가장 단순한 표현식은 복소지수 함수를 이용하는 것이다. 즉

$$z = e^{j\theta}, \quad dz = j\, e^{j\theta}\, d\theta$$

이므로, 위 식에서 원점이 중심인 단위원을 나타내기 위해서는 $r=1$이어야 한다. 따라서

$$\oint_C \frac{dz}{z} = \int_0^{2\pi} \frac{j\, e^{j\theta} d\theta}{e^{j\theta}} = \int_0^{2\pi} j\, d\theta = j2\pi$$

이다. 위 식은 복소적분에 관한 중요한 결과식의 하나이다. 한편 단위원을 삼각함수를 이용하여 나타내면

$$z(t) = \cos t + j\sin t, \quad (0 \le t \le 2\pi)$$

이고, 이로부터

$$dz = (-\sin t + j\cos t)dt = j(\cos t + j\sin t)dt$$

이므로

$$\oint_C \frac{dz}{z} = \int_0^{2\pi} \frac{j(\cos t + j\sin t)}{\cos t + j\sin t} dt = \int_0^{2\pi} j\, dt = j2\pi$$

로 되어 동일한 결과를 얻을 수 있다.

▶ 예제 9.4.5

복소함수 $f(z) = (z - z_0)^n$을 중심이 z_0이고 반지름이 ρ인 원의 둘레를 반시계방향(그림 9.17)을 따라 선적분을 수행하여 보자.

◇ 해

주어진 적분경로를 C라고 하면

$$C: |z - z_o| = \rho \qquad ①$$

또는

$$C: z = z_o + \rho e^{j\theta}, \quad 0 \le \theta \le 2\pi \qquad ②$$

로 나타낼 수 있다. 따라서

$$(z - z_0)^n = \rho^n e^{jn\theta}, \quad dz = j\rho e^{j\theta} d\theta \qquad ③$$

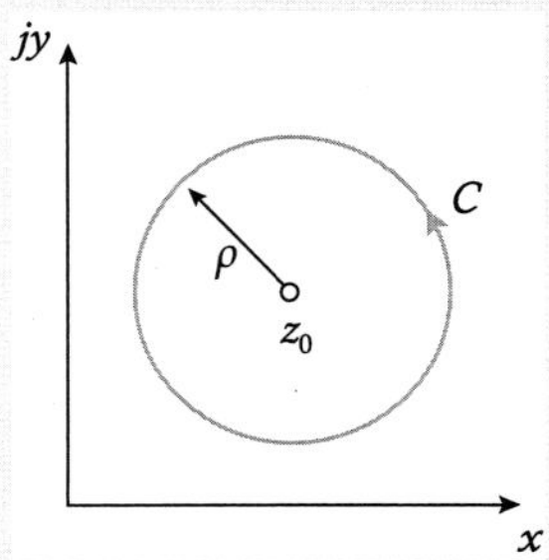

그림 9.17 [예제 9.4.5]

이므로 선적분은

$$\oint_C (z - z_0)^n dz = \int_0^{2\pi} (\rho^n e^{jn\theta}) j\rho e^{j\theta} d\theta = j\rho^{n+1} \int_0^{2\pi} e^{j(n+1)\theta} d\theta \qquad ④$$

이다. 여기서 $n = -1$이면

$$\oint_C (z - z_o)^n dz = \oint_C \frac{1}{z - z_o} dz = j\int_0^{2\pi} d\theta = j\,2\pi \qquad ⑤$$

이다. 또한 $n \ne -1$인 정수라면

$$\begin{aligned}\int_0^{2\pi} e^{j(n+1)\theta} d\theta &= \int_0^{2\pi} [\cos(n+1)d\theta] + j\int_0^{2\pi} [\sin(n+1)\theta] d\theta \\ &= \left[\frac{\sin(n+1)\theta}{n+1}\right]_0^{2\pi} + j\left[-\frac{\cos(n+1)\theta}{n+1}\right]_0^{2\pi} = 0\end{aligned} \qquad ⑥$$

이므로

$$\oint_C (z-z_0)^n dz = \begin{cases} j\,2\pi, & (n=-1) \\ 0, & (n \neq -1\text{인 정수}) \end{cases} \quad ⑦$$

의 공식을 얻는다.

▶ 예제 9.4.6

다음을 확인하여 보자.

$$\oint_C dz = \int_{z_0}^{z_1} dz = z_1 - z_0$$

◇ 해

$f(z)=1$이므로 실수부 $u=1$이며 허수부 $v=0$이다. 따라서 식 (9.4.17)로부터

$$\int_{z_0}^{z_1} dz = \int_{z_0}^{z_1} dx + j\int_{z_0}^{z_1} dy$$

이다. 이때 경로 C가 다음과 같은 매개변수 표현식을 가진다면

$$x=\phi(t),\ \ y=\psi(t),\ \ (a \le t \le b)$$

$dx = \dot{\phi}\,dt,\ \ dy = \dot{\psi}\,dt$ 로 되어

$$\begin{aligned}\int_{z_o}^{z_1} dz &= \int_a^b \dot{\phi}(t)dt + j\int_a^b \dot{\psi}(t)dt \\ &= [\phi(a)-\phi(b)] + j\,[\psi(a)-\psi(b)] \\ &= [\phi(b)+j\psi(b)] - [\phi(a)+j\psi(a)] \\ &= z_1 - z_o\end{aligned}$$

이다. 이 결과는 경로 C에 관계없이 성립한다는 점에 유의한다.

9.4.3 MATLAB에 의한 풀이

```
% [예제 9.4.1]
syms z
sol_a=int('z^2','z',0,1+j), sol_b=int('cos(z)','z',-pi*j,pi*j); double(sol_2)
sol_c=int('exp(z/2)','z',8+pi*j,8-3*pi*j); double(sol_3)
sol_d=int('1/z','z',-j,j); double(sol_d)              % 경로에 관계없기 때문이다
```

```
% [예제 9.4.2]
syms t
f=(t+j*t)^2*(1+j); int(f,0,1)                          % ②의 확인

% [예제 9.4.4]
syms r theta
z=exp(j*theta);dz=j*exp(j*theta); int(1/z*dz,'theta',0,2*pi)

% [예제 9.4.5]
syms rho theta n
z_zon=rho^n*exp(j*n*theta); dz=j*rho*exp(j*theta);     % ③
sol=int(z_zon*dz,'theta',0,2*pi)                       % ④의 적분결과
% n이 1이 아닌 임의의 수인 경우(여기서는 n=1)
double(subs(sol,n,1))                                  % 0으로 됨을 확인
% n=-1
int('j','theta',0,2*pi)                                % = j*2pi로 됨을 확인
```

연습문제 9.4.4

1. 다음 주어진 복소함수의 경로와 방향을 그림으로 나타내어라.

(1) $z(t)=(1+j3)t,\ (1\le t\le 4)$

(2) $z(t)=4+j+3e^{jt},\ (0\le t\le 2\pi)$

(3) $z(t)=e^{jt},\ (0\le t\le \pi)$

(4) $z(t)=6\cos 2t+j5\sin 2t,\ (0\le t\le \pi)$

(5) $z(t)=t+j\frac{1}{2}t^3,\ (-1\le t\le 2)$

2. [요점 9.7]을 이용하여 다음 적분을 수행하거나, 또는 [요점 9.7]을 적용할 수 없는 이유를 설명하고 이 경우 [요점 9.8]을 이용하여 적분을 계산하여라.

(1) $\int_C \mathrm{Re}\, z\,dz$, ($C$는 0에서 $1+j$까지의 최단경로)

(2) $\int_C e^{2z}dz$, (C는 $j\pi$에서 $j2\pi$까지의 최단경로)

(3) $\int_C \cos^2 z\,dz$, (C는 복소평면의 (허수축) 오른쪽 평면에서, $-j\pi$에서 $|z|=\pi$를 따라 $j\pi$까지)

(4) $\int_C \cosh 4z\,dz$, (C는 $-j\pi/8$에서 $j\pi/8$까지의 임의의 경로)

(5) $\int_C \sec^2 z\,dz$, (C는 $\pi/4$에서 $j\pi/4$까지의 임의의 경로)

(6) $\int_C z\,e^{z^2/2}\,dz$, (C는 j에서 축을 따라 1까지의 경로)

3. 다음 영역에서 단순연결영역을 확인하여라.

(1) $|z| > 1$

(2) $0 < |z| < 1$

(3) $\mathrm{Re}\, z \geq 0$ 및 $\mathrm{Im}\, z \geq 0$

(4) $0 < \arg z < \pi/4$ 및 $|z| > 1$인 모든 z

(5) $\mathrm{Im}\, z > 0$ 및 $|z| > 1$

9.5 코시의 적분정리

단순폐경로 C로 둘러싸인 단순연결영역 R 내부에서 해석적인 함수 $f(z)$의 선적분, 즉 $\oint_C f(z)dz$에 대하여 알아보자. 식 (9.4.14)로부터 다음을 얻는다.

$$\oint_C f(z)dz = \oint_C (udx - vdy) + j\oint_C (vdx + udy) \tag{9.5.1}$$

위 식에서 $f(z)$는 영역 R에서 해석적이므로, 도함수 $f'(z)$가 R에서 존재한다. 또한 $f'(z)$가 연속이라는 사실은 $u(x,y)$와 $v(x,y)$ 역시 연속인 도함수를 가진다는 것을 의미한다. 따라서 여기에 식 (7.3.14)의 그린의 정리를 적용하면[10)]

$$\oint_C f(z)dz = -\iint_R \left(\frac{\partial v}{\partial x} + \frac{\partial u}{\partial y}\right)dxdy - j\iint_R \left(-\frac{\partial u}{\partial x} + \frac{\partial v}{\partial y}\right)dxdy \tag{9.5.2}$$

이다. 식 (9.3.8)의 코시-리만 방정식으로부터 위 식의 오른쪽 항은 영으로 되어 다음과 같은 코시의 적분정리를 얻는다.

$$\oint_C f(z)dz = 0$$

10) 식 (7.3.14)의 F_x와 f_y 대신에 각각 u와 $-v$를 대입하면 된다.

이것을 요점으로 정리하면 다음과 같다.

요점 9.10 코시의 적분정리

복소함수 $f(z)$가 단순폐경로 C로 연결된 영역 R에서 해석적이면

$$\oint_C f(z)dz=0 \tag{9.5.3}$$

이다([그림 9.18] 참조).

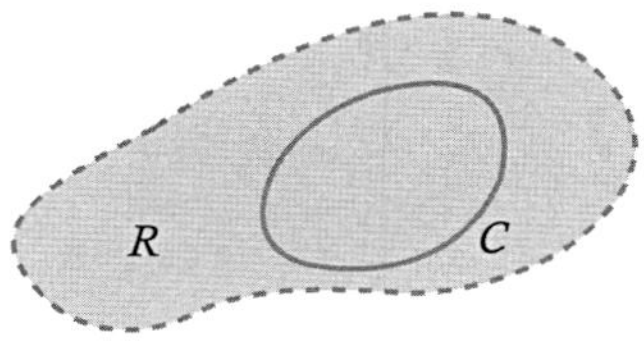

그림 9.18 코시의 적분정리

폐경로 C를 [그림 9.19]와 같이 두 부분으로 나누었다면, 코시의 적분정리는 다음과 같이 표현된다.

$$\oint_C f(z)dz=\int_{a \atop \text{along } C_1}^{b} f(z)dz+\int_{b \atop \text{along } C_2}^{a} f(z)dz \tag{9.5.4}$$

$$=\int_{a \atop \text{along } C_1}^{b} f(z)dz-\int_{a \atop \text{along } C_2}^{b} f(z)dz=0$$

위 식에서 '−' 부호를 사용하여 적분의 순서(즉 방향)를 반대로 하였다. 이로부터

$$\int_{a \atop \text{along } C_1}^{b} f(z)dz=\int_{a \atop \text{along } C_2}^{b} f(z)dz \tag{9.5.5}$$

를 얻는다. 위 식으로부터 함수 $f(z)$가 경로를 포함하는 영역 내에서 해석적이라면, 영역 내에서의 두 점 사이의 선적분은 두 점을 연결하는 경로에는 무관하다는 것을 알 수 있다.

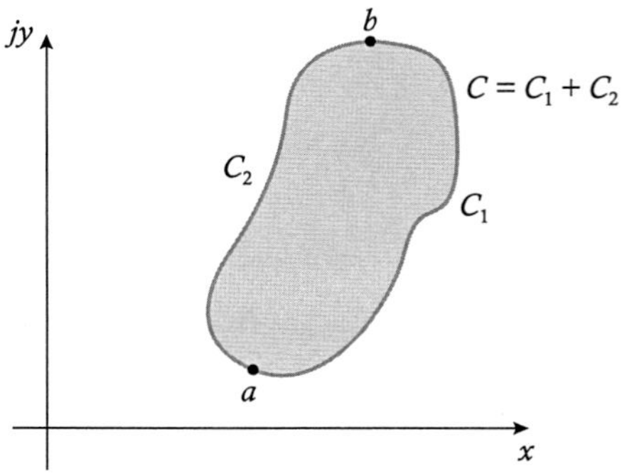

그림 9.19 단순연결영역 내에서 점 a에서 b까지의 두 경로

예를 들어 [그림 9.19]에서는 함수 $f(z)$가 xy평면의 1사분면에서 해석적이어야 한다는 것이 식 (9.5.5)가 성립하기 위한 충분한 조건이다. 앞의 [예제 9.4.1]에서 점 0과 $1+j$를 연결하는 경로를 취하여 적분을 수행하였을 때 경로에 관계없이 항상

$$\int_0^{1+j} z^2 dz = -\frac{2}{3} + j\frac{2}{3}$$

라는 것을 확인하였다. 왜냐하면 z^2은 xy평면의 모든 곳에서 해석적이기 때문에 식 (9.5.5)로부터 위 결과가 얻어진다.

▶ 예제 9.5.1

(1) $f(z)$가 특이점을 가지지 않는 경우[11)]

$$\oint_C e^z dx = 0, \qquad \oint_C \cos z dx = 0, \qquad \oint_C z^n dz = 0, \ (n = 0, 1, \cdots)$$

위 세 함수는 모든 z값에 대하여 해석적이기 때문에 어떤 폐경로 C에 대해서도 복소평면에서의 선적분은 영으로 된다.

(2) C의 외부에 특이점을 가지는 경우

$$\oint_C \sec z dz = 0, \qquad \oint_C \frac{dz}{z^2+4} = 0, \text{ (단 } C\text{는 단위원이다)}$$

$\sec z = 1/\cos z$은 $z = \pm\pi/2, \pm 3\pi/2, \cdots$에서 해석적이 아니지만 이 점은 모두 단위원 C의 바깥에 존재한다. 따라서 적분은 영이 된다. 두 번째 함수도 단위원 외부의 점 $z = \pm 2$에서 해석적이 아니기 때문에 적분은 영이 된다.

(3) 해석적이 아닌 함수의 경우

$$\oint_C \bar{z} dz = \int_0^{2\pi} e^{-jt} j e^{jt} dt = j2\pi, \text{ (단 } C: z(t) = e^{jt}\text{, 즉 단위원이다)}$$

함수 $f(z) = \bar{z}$는 해석적이지 않기 때문에 코시의 적분정리를 적용할 수 없다. [예제 9.4.4]를 이용하여 계산하면 동일한 결과를 얻는다.

(4) '해석적' 이라는 조건의 충분성

$$\oint_C \frac{dz}{z^2} = 0, \text{ (단 } C\text{는 단위원이다)}$$

위 식의 결과는 코시의 적분정리에 의한 결과가 아니다. 왜냐하면 함수 $f(z) = 1/z^2$은 $z = 0$

11) 이와 같은 함수를 완전함수(entire function)라고 하였다.

에서 해석적이 아니기 때문이다. 다시 말하면, [요점 9.10]의 적분정리에서 식 (9.5.3)이 만족하기 위해서는 $f(z)$가 R에서 해석적이어야 한다는 것은 필요조건이라기 보다는 충분조건이라는 것을 알 수 있다.

9.5.1 부정적분

코시의 정리는 해석함수의 정적분을 실수함수의 정적분과 똑같이 취급할 수 있는 근거를 제공한다. 이것은 다음과 같이 요약할 수 있다.

요점 9.11 부정적분의 존재성

단순연결된 영역 R에서 $f(z)$가 해석적이라면, R 내에서 $f(z)$의 부정적분값인 $F(z)$가 존재한다. 다시 말하면, $F'(z)=f(z)$이며, R 내의 두 점 z_0와 z_1을 연결하는 모든 경로에 대한 $f(z)$의 선적분은 식 (9.4.15)로 계산할 수 있다.

위 요점을 확인하여 보자. 먼저 코시의 적분정리의 조건이 만족하므로, R 내의 임의의 점 z_0에서 (R 내의) 다른 임의의 점 z까지의 선적분은 경로에 무관하다. 여기서 z_0를 고정하면 선적분은 z의 함수이며 이를

$$F(z)=\int_{z_0}^{z} f(w)dw \tag{9.5.6}$$

로 두면 주어진 z_0에 대하여 유일한 $F(z)$를 얻을 수 있다. 여기서는 식 (9.5.6)의 $F(z)$가 R에서 해석적이며 동시에 $F'(z)=f(z)$라는 것을 확인하여 보자.

식 (9.5.6)으로부터 z의 미소변화값인 Δz에 대한 함수 $F(z)$의 변화값인 ΔF는

$$\begin{aligned}\frac{\Delta F}{\Delta z} &= \frac{F(z+\Delta z)-F(z)}{\Delta z} \\ &= \frac{1}{\Delta z}\left(\int_{z_0}^{z+\Delta z} f(w)dw-\int_{z_0}^{z} f(w)dw\right) \\ &= \frac{1}{\Delta z}\int_{z}^{z+\Delta z} f(w)dw\end{aligned} \tag{9.5.7}$$

과 같이 쓸 수 있다. 이때 영역 R를 단순연결영역으로 가정했기 때문에 z를 고정시킨다면

점 z와 $z+\Delta z$를 끝점으로 가지는 선분을 영역 R 내에 둘 수 있도록 Δz를 선정할 수 있다([그림 9.20] 참조). 이 구간을 식 (9.5.7)의 적분경로로 사용한다. 여기서 $f(z)$의 표현식은 다음과 같이 약간의 조작을 통하여 얻을 수 있다. 즉 점 z를 고정하였으므로 '$f(z)=$일정'으로 되어

$$\int_z^{z+\Delta z} f(z)dw = f(z)\int_z^{z+\Delta z} dw = f(z)\,\Delta z$$

$$\rightarrow \quad f(z) = \frac{1}{\Delta z}\int_z^{z+\Delta z} f(z)dw$$

로 된다. 위 식과 식 (9.5.7)로부터

$$\frac{F(z+\Delta z)-F(z)}{\Delta z} - f(z) = \frac{1}{\Delta z}\int_z^{z+\Delta z}[f(w)-f(z)]\,dw \tag{9.5.8}$$

가 얻어진다. 위 식의 적분은 z와 $z+\Delta z$ 사이의 경로에는 무관하기 때문에 여기서는 이 경로를 선형이라고 간주한다. 따라서 $\Delta z \rightarrow 0$에 따라서 $f(w)\rightarrow f(z)$이므로, 임의의 작은 값 ϵ에 대하여 다음을 만족한다는 것을 알 수 있다.

$$|f(w)-f(z)| \le \epsilon, \quad (\text{작은 } |\Delta z| \text{값에 대하여})$$

위 식과 [요점 9.9]로부터

$$\left|\frac{\Delta F(z)}{\Delta z} - f(z)\right| = \frac{1}{|\Delta z|}\left|\int_z^{z+\Delta z}[f(w)-f(z)]\,dw\right|$$

$$\le \frac{|\Delta z|}{|\Delta z|}\epsilon = \epsilon$$

을 얻는다. 즉 $\Delta z \rightarrow 0$에서 $\epsilon \rightarrow 0$으로 된다. 따라서 미분의 정의로부터

$$F'(z) = \lim_{\Delta z \rightarrow 0}\frac{\Delta F(z)}{\Delta z} = f(z)$$

이다. z가 영역 R 내의 임의의 점이라는 사실은 $F(z)$ 역시 R에서 해석적이라는 것을 암시하고 있으며, 영역 R에서 다음과 같은 부정적분으로 나타낼 수 있다.

$$F(z) = \int f(z)\,dz \tag{9.5.9}$$

또한 만약 $G'(z)=f(z)$라면 R에서 $F'(z)-G'(z)=0$으로 되어 $G(z)-F(z)$는 R에서 연속이라는 것을 알 수 있다. 다시 말하면 $f(z)$에 대한 두 개의 부정적분의 차이는 단지 정수값에 지나지 않으므로 두 개의 부정적분 중 어느 것을 사용하여도 관계없다. 즉 식 (9.4.15)의 값은 일정하다는 것이다. [요점 9.11]이 확인되었다.

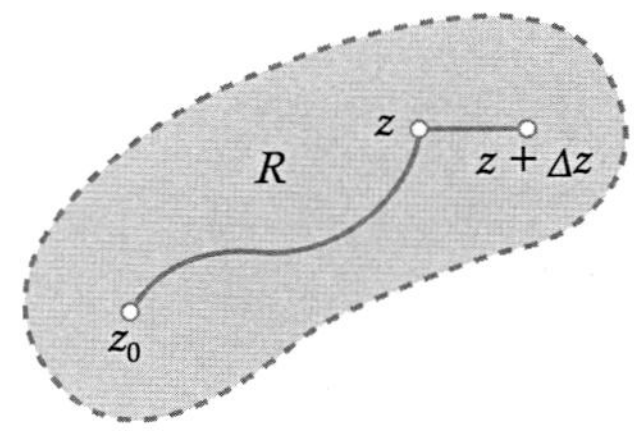

그림 9.20 적분의 경로

관계식

$$\int_a^b f(z)dz = \int_{z_0}^b f(z)dz - \int_{z_0}^a f(z)dz \tag{9.5.10}$$
$$= F(b) - F(a)$$

는 기초대수학에서 잘 알려진 공식이지만, 복소적분에서는 다음과 같은 의미를 가진다. 즉 $F'=f$를 만족하는 반미분(anti-derivative) 함수 $F(z)$를 구하고, 점 a와 b를 연결하는 경로에 대한 매개변수를 도입한다면 경로적분의 계산 없이 단순히 $[F(b)-F(a)]$의 계산에 의해 $\int_a^b f(z)dz$를 얻을 수 있다는 것을 나타내고 있는 것으로 볼 수 있다. 다음 예제를 [예제 9.4.1]과 비교하여 보자.

▶ 예제 9.5.2

다음 적분을 계산하여 보자.

$$\int_0^{1+j} z^2 dz$$

◇ 해

먼저

$$F(z) = \frac{z^3}{3}$$

으로 두면 $F'(z)=z^2$이므로

$$\int_0^{1+j} z^2 dz = F(1+j) - F(0)$$
$$= \frac{(1+j)^3}{3} - 0 = -\frac{2}{3} + j\frac{2}{3}$$

되어 [예제 9.4.1]과 같음을 알 수 있다. 위 식을 일반화하면 임의의 z에 대하여

$$\int_0^z w^2 dw = F(z) - F(0) = \frac{z^3}{3}$$

이다.

9.5.2 경로의 동일성

임의의 단순폐경로에 관련한 적분은 코시의 적분정리를 이용하여 실제의 적분에 편리한 형태의 경로(예를 들어, 원(circle)의 형태)로 대치할 수 있다. [그림 9.21]에 나타나 있는 경로 C_1에 대한 적분 $\oint_{C_1} f(z)dz$을 생각하여 보자. 이때

$$\oint_{C_1} f(z)dz = \oint_{C_2} f(z)dz \tag{9.5.11}$$

가 성립한다면 경로 C_2는 경로 C_1의 동등경로(equivalent contour)라고 한다. 이와 같은 동등경로가 되기 위해서는 경로 C_1과 C_2에 어떤 조건이 필요한지 알아보자.

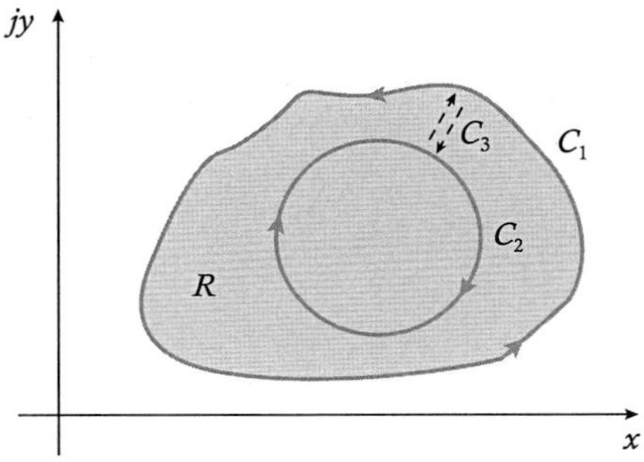

그림 9.21 동등경로 C_1과 C_2

함수 $f(z)$가 [그림 9.21]과 같은 경로 C_1과 C_2에 의해 둘러싸인 영역과 그의 경계 상에서 해석적이라고 가정한다. 이때 C_1과 C_2을 연결하는 선분 C_3를 그림과 같이 도입하여 새로운 경로 C를 다음과 같이 구성한다. 즉 C_1(시계반대방향), C_3를 거쳐 C_2(시계방향), 다시 C_2에서 C_2를 거쳐 C_1으로 연결된다. 이때 코시의 적분정리는

$$\oint_{C} f(z)dz = 0 \tag{9.5.12}$$

으로 주어지는데, 여기에 경로 C의 각 구성요소를 대입하면 다음과 같다.

$$\oint_{C} f(z)dz = \oint_{C_1} f(z)dz + \oint_{C_3} f(z)dz - \oint_{C_2} f(z)dz - \oint_{C_3} f(z)dz \tag{9.5.13}$$

여기에 식 (9.5.12)를 적용하면, 경로 C_2는 C_1과 동일한 경로라는 사실을 확인할 수 있다.

▶ 예제 9.5.3

원점을 중심으로 하는 반지름이 2인 원을 경로로 하는 적분 $\oint_{C} f(z)dz$를 계산하여 보자. 단 $f(z) = 1/(z-1)$이다.

◇ 해

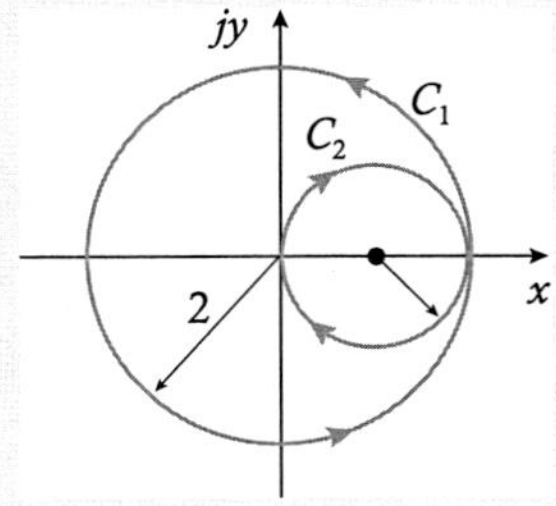

그림 9.22 [예제 9.5.3]

주어진 함수는 $z=1$에서 해석적이 아니며, 동시에 이 점은 [그림 9.22]에서 보는 바와 같이 경로 C_1의 영역 내에 존재한다. 그러나 $f(z)$는 그림의 두 원 사이와 경계선 상에서는 해석적이라는 사실을 이용하면 C_2는 C_1의 동등경로이다. 즉

$$\oint_{C_1} \frac{dz}{z-1} = \oint_{C_2} \frac{dz}{z-1}$$

이때 경로 C_2는 중심이 $z=1$인 단위원이며, 이를 식으로 나타내면

$$z-1 = e^{j\theta} \quad \text{및} \quad dz = j\,e^{j\theta}\,d\theta$$

이다. 여기서 θ는 중심 $z=1$에서의 회전각이다. 이를 이용하면 적분은

$$\oint_{C_1} \frac{dz}{z-1} = \oint_{C_2} \frac{dz}{z-1} = \int_0^{2\pi} \frac{j\,e^{j\theta}\,d\theta}{e^{j\theta}} = j2\pi$$

이다. 위 결과는 중심이 $z=1$인 원의 반지름의 크기와는 무관하다, 즉 중심이 $z=1$인 임의의 크기의 반지름을 가지는 모든 원은 동일한 결과를 나타낸다는 점에 유의한다. 또한 위 사실은 점 $z=1$을 내부에 가지는 임의의 경로에 대한 적분은 항상 크기가 $j2\pi$라는 것을 나타낸다([예제 9.4.5] 참조).

9.5.3 MATLAB에 의한 풀이

```
% [예제 9.5.2]
int('z^2','z',0,1+j)
```

연습문제 9.5.4

1. 적분경로로서 중심이 원점인 단위원의 둘레를 반시계방향으로 취하는 경우, 다음 함수의 적분을 수행하여라. 이때 코시의 적분정리를 적용할 수 있는지의 여부를 설명하여라.

(1) $f(z) = \text{re}\, z$ (2) $f(z) = e^{z^2/2}$ (3) $f(z) = \tan z^2$

(4) $f(z) = \dfrac{1}{(z^8 - 1.2)}$ (5) $f(z) = \dfrac{1}{(2|z|^3)}$ (6) $f(z) = z^2 \cot z$

2. 다음 적분을 계산하여라.

(1) $\oint_C \frac{dz}{2z-1}$, $C: |z|=3$인 원 (반시계방향)

(2) $\oint_C \text{Re}\, 2z$, C는 [그림 P9.1]

(3) $\oint_C \frac{dz}{z^2-1}$, C는 [그림 P9.2]

(4) $\oint_C \frac{\cos z}{z} dz$, $C: |z|=1$(반시계방향)과 $|z|=3$ (시계방향)

(5) $\oint_C \frac{dz}{z^2+1}$, C: (a) $|z|=\frac{1}{2}$, (b) $|z-j|=\frac{3}{2}$

(6) $\oint_C \frac{\sin z}{z+j2} dz$, $C: |z-4-j2|=5.5$ (시계방향)

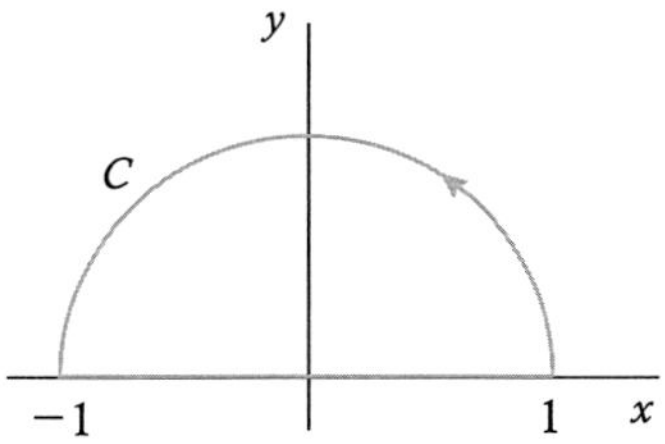

[그림 P9.1]

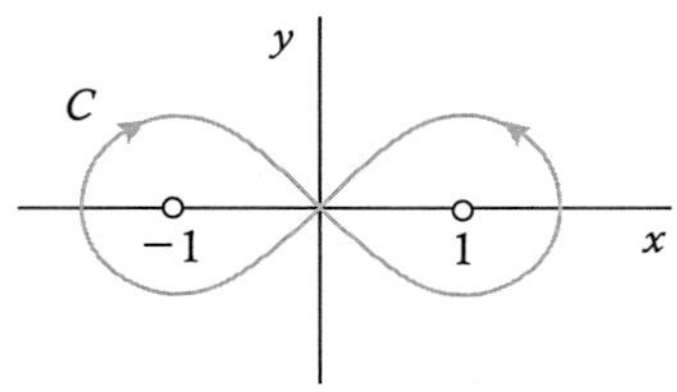

[그림 P9.2]

9.6 코시의 적분공식

9.5절의 결과를 다음과 같은 형식의 적분에 적용하여 보자.

$$\oint_C \frac{f(z)}{z-z_0} dz \tag{9.6.1}$$

여기서 C는 영역 R를 포함하는 단순폐경로라고 가정한다. 또한 점 z_0는 R의 내부에 존재하며, 동시에 함수 $f(z)$는 영역 R과 경로 C상에서 해석적이라고 한다. [그림 9.23]은 이러한 상황을 나타낸 것이다. 식 (9.6.1)의 피적분함수는 영역 안의 점 z_0에 특이점을 가지므로 코시의 적분정리를 직접 적용할 수는 없다. 그러나 9.5절의 동등경로의 개념을 이용하면

$$\oint_C \frac{f(z)}{z-z_0}dz = \oint_{\text{circle}} \frac{f(z)}{z-z_0}dz \tag{9.6.2}$$

와 같이 만들 수 있다. 이때 오른쪽 항의 circle은 미소한 크기의 원으로서 [그림 9.23]에 표시되어 있다. 미소한 크기의 반지름 ϵ인 원을 변수를 이용하여 표현하면 $\epsilon e^{j\theta}$로 나타낼 수 있으므로

$$\begin{aligned}\oint_{\text{circle}} \frac{f(z)}{z-z_0}dz &= \int_0^{2\pi} \frac{f(z_0+\epsilon e^{j\theta})}{\epsilon e^{j\theta}} \epsilon e^{j\theta} j\, d\theta \\ &= j\int_0^{2\pi} f\left(z_0+\epsilon e^{j\theta}\right)d\theta\end{aligned} \tag{9.6.3}$$

의 관계를 얻는다([그림 9.23] 참조). 이것을 식 (9.6.2)에 적용하면

$$\oint_C \frac{f(z)}{z-z_0}dz = j\int_0^{2\pi} f\left(z_0+\epsilon e^{j\theta}\right)d\theta \tag{9.6.4}$$

이다. 여기서 $\epsilon \to 0$로 하면 $f\left(z_0+\epsilon e^{j\theta}\right) \to f\left(z_0\right)$이므로, 이를 식 (9.6.4)에 적용하면 식 (9.6.4)의 오른쪽 항은

$$j\int_0^{2\pi} f\left(z_0+\epsilon e^{j\theta}\right)d\theta = j\int_0^{2\pi} f\left(z_0\right)d\theta = j f\left(z_0\right)2\pi \tag{9.6.5}$$

이다. 이로부터 코시의 적분공식(Cauchy's integral formula)으로 불리는 다음의 요점을 얻는다.

$$\oint_C \frac{f(z)}{z-z_0}dz = j2\pi f\left(z_0\right) \tag{9.6.6}$$

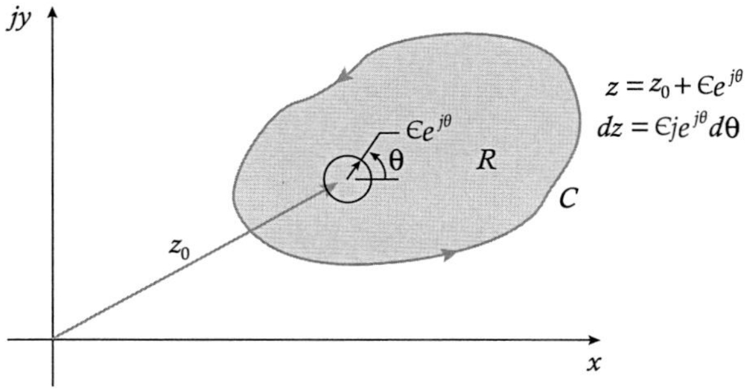

그림 9.23 경로 C와 동등경로인 작은 크기의 원

요점 9.12 코시의 적분공식

단순연결영역 R에서 함수 $f(z)$가 해석적이라고 한다. 이때 R 내의 단순폐경로 C가 임의의 점 z_0를 포함하고 있다면(그림 9.22)

$$f(z_0)=\frac{1}{j2\pi}\oint_C \frac{f(z)}{z-z_0}dz \tag{9.6.7}$$

을 만족한다. 이때 적분의 방향은 시계 반대방향으로 취한다.

[요점 9.9]를 식 (9.6.5)에 적용하여 얻어지는 관계식

$$\left|\int_0^{2\pi}\left[f\left(z_0+\epsilon e^{j\theta}\right)-f(z_0)\right]d\theta\right| \le M2\pi \tag{9.6.8}$$

를 면밀히 살펴봄으로써 식 (9.6.5) 및 식 (9.6.7)을 증명할 수 있다. 그러나 $z-z_0=\epsilon e^{j\theta}$는 미소한 크기의 반지름을 가지므로 식 (9.6.8)의 왼쪽 항의 최대값은

$$M=\max\left|f\left(z_0+\epsilon e^{j\theta}\right)-f(z_0)\right| \tag{9.6.9}$$

이며, 또한 $f(z)$는 해석적이기 때문에 $\epsilon\to 0$임에 따라 $M\to 0$으로 된다. 따라서 식 (9.6.8)로 주어진 부등식은 실제로 다음 식을 암시한다.

$$\int_0^{2\pi}\left[f\left(z_0+\epsilon e^{j\theta}\right)-f(z_0)\right]d\theta=0 \tag{9.6.10}$$

즉 식 (9.6.5)가 확인되었다.

코시의 적분공식을 이용하여 점 z_0에서 함수 $f(z)$의 미분에 대한 표현식을 유도하여 보자. 즉

$$\begin{aligned} f'(z_0) &= \lim_{\Delta z_o\to 0}\frac{f(z_0+\Delta z_0)-f(z_0)}{\Delta z_o} \\ &= \lim_{\Delta z_0\to 0}\frac{1}{\Delta z_0}\left[\frac{1}{j2\pi}\oint_C\frac{f(z)dz}{z-z_0-\Delta z_0}-\frac{1}{j2\pi}\oint_C\frac{f(z)}{z-z_0}dz\right] \\ &= \lim_{\Delta z_0\to 0}\frac{1}{\Delta z_0}\left[\frac{1}{j2\pi}\oint_C f(z)\left(\frac{1}{z-z_0-\Delta z_0}-\frac{1}{z-z_0}\right)dz\right] \end{aligned} \tag{9.6.11}$$

$$= \lim_{\Delta z_0 \to 0} \frac{1}{\Delta z_0}\left[\frac{\Delta z_0}{j2\pi}\oint_C \frac{f(z)dz}{(z-z_0-\Delta z_0)(z-z_0)}\right]$$
$$= \frac{1}{j2\pi}\oint_C \frac{f(z)}{(z-z_0)^2}dz$$

이다[12]. 위와 동일한 방법을 이용하면

$$f''(z_0) = \frac{2!}{j2\pi}\oint_C \frac{f(z)}{(z-z_0)^3}dz \tag{9.6.12}$$

이며, 이것을 일반식으로 표현하면 다음과 같다.

$$f^{(n)}(z_0) = \frac{n!}{j2\pi}\oint_C \frac{f(z)}{(z-z_0)^{n+1}}dz \tag{9.6.13}$$

보통 코시의 적분공식이라는 것은 식 (9.6.13)을 의미한다.

단순연결영역의 내부에 존재하는 점 z_0에서의 해석함수값은, 그 영역을 둘러싸는 곡선 C의 주위를 적분하여 코시의 적분공식 (9.6.7)을 적용함으로써 얻을 수 있다. 이 경우 선적분의 계산은, [요점 9.8]에 언급한 바와 같이 경로 C상에서의 함수값 만이 사용된다. 따라서 만약 해석함수 $f(z)$가 단순연결영역의 모든 경계선상에서 값을 가진다면, 영역 내부의 모든 점에서의 함수값과 그 함수의 미분값을 계산할 수 있다는 사실을 알 수 있다. 즉 식 (9.6.7)은 다음과 같이 쓸 수 있다.

$$f(a) = \frac{1}{j2\pi}\oint_C \frac{f(z)}{z-a}dz \tag{9.6.14}$$

여기서 a는 영역 내부에 있는 임의의 점 ([그림 9.24] 참조)이다. 코시의 적분공식은 식 (9.6.14)의 형식을 취하는 경우가 많다.

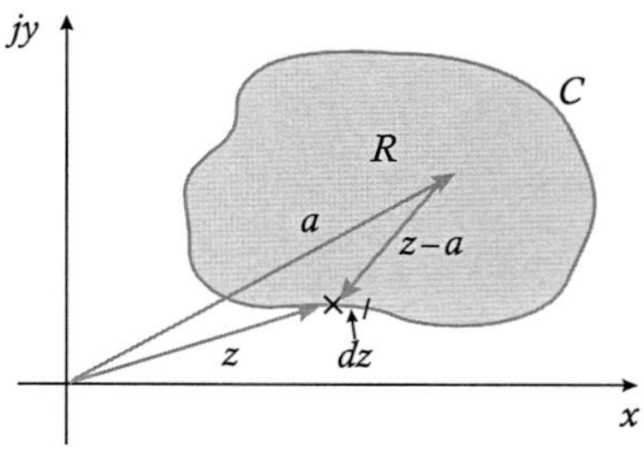

그림 9.24 코시의 적분공식을 위한 가상 적분변수

12) 식 (9.6.7)의 증명에 사용한 것과 동일한 방법을 적용하면 식 (9.6.11)의 마지막 열의 등호를 확인할 수 있다.

▶ 예제 9.6.1

코시의 적분정리를 적용하여 적분을 수행하여 보자.

$$\oint_C \frac{z^3-6}{2z-j}dz = \oint_C \frac{(1/2)z^3-3}{z-j(1/2)}dz$$

$$= j2\pi\left[\frac{1}{2}z^3-3\right]\Big|_{z=j/2}$$

$$= \frac{\pi}{8} - j6\pi$$

$z_0 = j\frac{1}{2}$로서 C의 내부에 존재한다.

▶ 예제 9.6.2

함수 $g(z)$를 [그림 9.25]의 각 경로에 따라 시계반대 방향으로 적분할 경우의 값을 계산하여 보자.

$$g(z) = \frac{z^2+1}{z^2-1} = \frac{z^2+1}{(z+1)(z-1)}$$

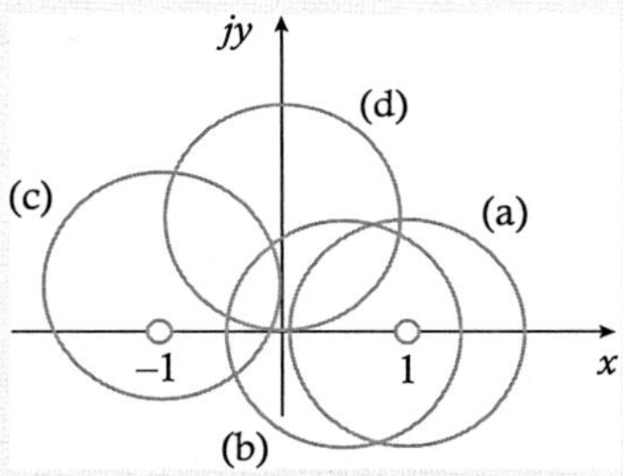

그림 9.25 [예제 9.6.2]

◇ **해**

$g(z)$는 -1과 1에서 해석적이 아니라는 점에 유의하면서 각 경로에 따른 적분을 수행한다.

(a) 원 $|z-1|=1$은 $g(z)$가 해석적이 아닌 점 $z_0=1$을 둘러싸기 때문에

$$g(z) = \frac{z^2+1}{z^2-1} = \frac{z^2+1}{(z+1)}\frac{1}{z-1}$$

이므로

$$f(z) = \frac{z^2+1}{z+1}$$

로 두면 식 (9.6.7)로부터

$$\oint_C \frac{z^2+1}{z^2-1}dz = j2\pi f(1) = j2\pi\left[\frac{z^2+1}{z+1}\right]_{z=1} = j2\pi$$

이다.

(b) 경로 (b)는 경로 (a)와 마찬가지로 해석적이 아닌 점 $z_0=1$을 둘러싸므로 (a)와 동일한 결과를 얻는다.

(c) 이 경우 경로는 $z_0=-1$을 둘러싸기 때문에 $g(z)$를

$$g(z)=\frac{z^2+1}{z-1}=\frac{1}{z+1}$$

로 두면

$$f(z)=\frac{z^2+1}{z-1}$$

이다. 이것을 (a)와 동일하게 계산하면

$$\oint_C \frac{z^2+1}{z^2-1}dz=j2\pi f(-1)=j2\pi\left[\frac{z^2+1}{z-1}\right]_{z=-1}=-j2\pi$$

이다.

(d) 경로 $g(z)$가 비해석적인 점을 포함하지 않으므로 영이다.

▶ 예제 9.6.3

원 $|z|=2$에 따라 다음을 계산하여 보자.

$$\oint_C \frac{z^2+1}{(z-1)^2}dz \text{ 및 } \oint_C \frac{\cos z}{z^3}dz$$

해

식 (9.6.11)을 이용하면 첫 번째 적분은

$$\oint_C \frac{z^2+1}{(z-1)^2}dz=j2\pi f'(1)$$

이다. 이로부터

$$f(z)=z^2+1 \text{ 및 } f'(z)=2z$$

이다. 따라서

$$f'(1)=2$$

이며, 적분값은 다음과 같음을 쉽게 파악할 수 있다.

$$\oint_C \frac{z^2+1}{(z-1)^2}dz=j2\pi f'(1)=j4\pi$$

두 번째 적분 역시 식 (9.6.11)로부터

$$\oint_C \frac{\cos z}{z^3}dz=\frac{j2\pi}{2!}f''(0)$$

이므로

$$f(z)=\cos z \text{ 및 } f''(z)=-\cos z$$

로 되어 원점에서 $f''(0)=-1$의 값을 가진다. 따라서 전체 적분은

$$\oint_C \frac{\cos z}{z^3}dz=\frac{j2\pi}{2!}(-1)=-j\pi$$

이다.

▶ 예제 9.6.4

[그림 9.26]에 보인 세 개의 경로 C_1, C_2 및 C_3에 대한 선적분 $\oint_C \frac{e^{\pi z}}{z^2+1}dz$를 각각 구하여 보자.

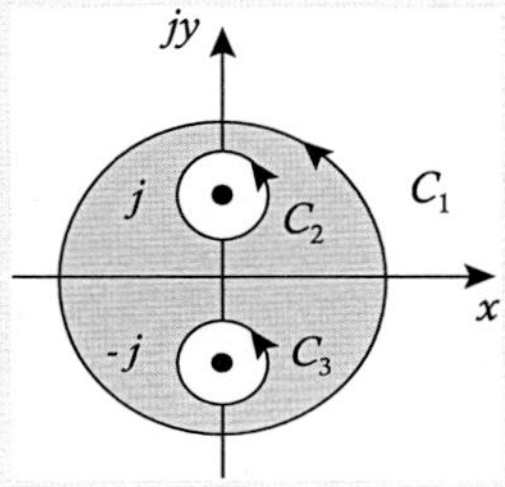

그림 9.26 [예제 9.6.4]

◇ 해

분모가 0이 되는 점은 $z^2+1=(z+j)(z-j)=0$으로부터 $z=\pm j$이다. 먼저 폐곡선 C_2에 대해서 선적분을 구하여 보자. 폐곡선 C_2의 내부에는 점 $z=j$가 포함되며 $f(z)=\frac{e^{\pi z}}{z+j}$는 해석적이므로

$$\oint_{C_2} \frac{e^{\pi z}}{z^2+1}dz=\oint_{C_2} \frac{e^{\pi z}}{z+j}\frac{dz}{z-j}=j2\pi\left[\frac{e^{\pi z}}{z+j}\right]_{z=j}=\pi e^{j\pi}=-\pi$$

이다. 비슷한 방법으로 폐곡선 C_3에 대해서도

$$\oint_{C_3} \frac{e^{\pi z}}{z^2+1}dz=\oint_{C_3} \frac{e^{\pi z}}{z-j}\frac{dz}{z+j}=j2\pi\left[\frac{e^{\pi z}}{z-j}\right]_{z=-j}=-\pi e^{-j\pi}=\pi$$

를 얻을 수 있다. 마지막으로 폐곡선 C_1에 대해서는 내부의 점 $z+j$와 $z=-j$를 제외하고는 피적분함수가 해석적이므로 색칠된 부분을 제거하여도 적분값이 같다. 즉

$$\oint_{C_1}=\oint_{C_2}+\oint_{C_3} \to \oint_{C_1} \frac{e^{\pi z}}{z^2+1}dz=(-\pi)+\pi=0$$

이다.

연습문제 9.6.1

1. 코시의 적분공식을 이용하여 원 $|z|=2$를 따라 다음 적분을 계산하여라.

(1) $\oint \frac{\sin z}{z} dz$ (2) $\oint \frac{z^2-1}{z^3-z^2+9z-9} dz$

(3) $\oint \frac{z^2}{z+j} dz$

2. (1) 다음 경로를 따라 선적분 $\oint (z-1)/(z^2+1)dz$ 를 계산하여라.

(a) $|z+j|=1$ (b) $|z-1|=1$

(2) 주어진 경로를 따라 선적분 $\oint (z^2-4)/(z^2+4)dz$를 계산하여라.

(a) $|z-j|=2$ (b) $|z+j3|=2$

3. 코시의 적분공식을 이용하여 주어진 경로를 시계반대방향으로 적분하여라.

(1) $\oint \frac{z+2}{z-2} dz$, $C: |z-1|=2$ (2) $\oint \frac{\sinh \pi z}{z^2-3z} dz$, $C: |z|=1$

(3) $\oint \frac{dz}{z^2-1}$, $C: |z+1|=1$ (4) $\oint \frac{\cos z}{2z} dz$, $C: |z|=\frac{1}{2}$

(5) $\oint \frac{e^{-3\pi z}}{2z+j} dz$, C: 네 개의 점 $\pm 1, \pm j$로 이루어지는 정사각형의 경계

(6) $\oint \frac{\ln(z-1)}{z-5} dz$, $C: |z-4|=2$

(7) $\oint \frac{\cosh^2 z}{(z-1-j)} dz$, $C: |z|=3$(반시계방향)과 $|z|=1$ (시계방향)으로 이루어지는 경로

9.7 테일러 급수

2.1절에서 멱급수의 수렴에 관하여 언급하였다. 여기서는 복소변수 z로 구성되는 멱급수의 수렴에 대하여 알아보기로 한다.

중심이 $z=z_0$인 멱급수는 일반적으로 다음으로 주어진다.

$$\sum_{n=0}^{\infty} a_n(z-z_0)^n = a_0 + a_1(z-z_0) + a_2(z-z_0)^2 + \cdots \tag{9.7.1}$$

여기서 z는 복소수이며, a_0, a_1, $\cdots$ 등은 복소수 (또는 실수)로 주어지는 값으로 급수의 계수라고 한다. 위 식은 제 2 장에서 다룬 멱급수의 일반식을 나타낸다.

만약 $z_0 = 0$이라면 식 (9.7.1)은 멱급수의 특별한 경우인 z의 멱급수

$$\sum_{n=0}^{\infty} a_n z^n = a_0 + a_1 z + a_2 z^2 + \cdots \tag{9.7.2}$$

를 얻는다.

9.7.1 멱급수의 수렴

일반적으로 변수를 가지는 급수는 변수 z의 값에 따라 수렴 혹은 발산한다는 것은 이미 제 2 장에서 언급하였지만, 멱급수의 경우는 좀더 단순하다. 식 (9.7.1)의 멱급수는 중심이 z_0인 디스크 상, 또는 z평면 전체 혹은 $z = z_0$에서만 수렴하는 경우가 있다. 이것에 대한 전형적인 예를 이용하여 알아보기로 한다.

▶ 예제 9.7.1

(a) (디스크 상에서 수렴): 멱급수

$$\sum_{n=0}^{\infty} z^n = 1 + z + z^2 + \cdots$$

는 $|z| < 1$인 디스크 상에서는 절대수렴하며 $|z| \geq 1$이면 발산한다.

(b) (모든 z에 대하여 수렴): 급수

$$\sum_{n=0}^{\infty} \frac{z^n}{n!} = 1 + z + \frac{z^2}{2!} + \frac{z^3}{3!} + \cdots$$

은 모든 z에 대하여 절대수렴한다. 이것은 임의의 고정된 z값에 대하여

$$\left| \frac{z^{n+1}/(n+1)!}{z^n/n!} \right| = \frac{|z|}{n+1}$$

로 되어 n이 증가함에 따라 영으로 수렴한다.

(c) (중심에서만 수렴): 다음 급수는 $z = 0$에서만 수렴하고, $z \neq 0$인 모든 값에 대해서는 발산한다.

$$\sum_{n=0}^{\infty} n!\,z^n = 1 + z + 2z^2 + 6z^3 + \cdots$$

이것은 다음과 같이 쉽게 확인할 수 있다.

$$\lim_{n\to\infty}\left|\frac{z^{n+1}(n+1)!}{n!\,z^n}\right| = \lim_{n\to\infty}(n+1)|z| \to \infty$$

요점 9.13 멱급수의 수렴

(a) 멱급수 (9.7.1)은 중심 $z = z_0$에서 수렴한다.
(b) 멱급수 (9.7.1)이 $z = z_1 \neq z_0$에서 수렴한다면, $|z - z_0| < |z_1 - z_0|$을 만족하는 모든 z에 대해서 절대수렴한다(그림 9.27).
(c) 멱급수 (9.7.1)이 $z = z_2$에서 발산한다면, 멱급수는 z_2보다 더 멀리 떨어진 모든 z에 대해서 발산한다(그림 9.27).

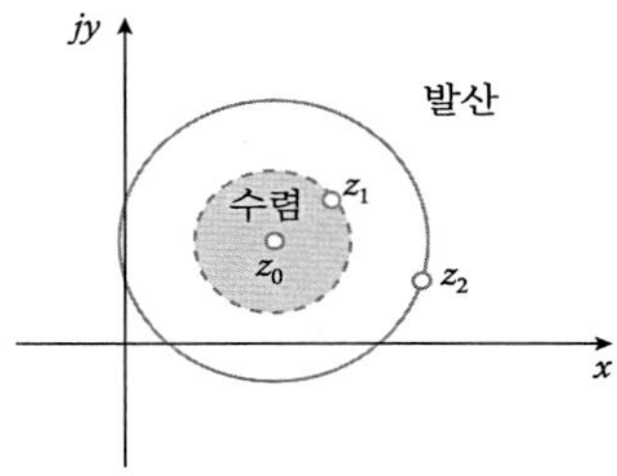

그림 9.27 [요점 9.13]

위 요점을 간단히 확인하여 보자.

(a) 식 (9.7.1)에서 $z = z_0$ 이면 a_o 항만 남게 되어 당연히 수렴한다.

(b) $z = z_1 \neq z_0$에서 수렴이라는 사실로부터 식 (9.7.1)의 멱급수에서 $n \to \infty$인 경우 $a_n(z_1 - z_0)^n \to 0$으로 됨을 알 수 있다. 이 사실은

$$|a_n(z_1 - z_0)^n| < M\,,\ (n = 0,\ 1,\ 2,\ \cdots)$$

을 암시하고 있다. 따라서 $a_n(z - z_0)^n$에 $(z_1 - z_0)^n$을 곱한 뒤 다시 나누는 과정을 반복하면

$$|a_n(z - z_0)^n| = \left|a_n(z_1 - z_0)^n\left(\frac{z - z_0}{z_1 - z_0}\right)^n\right| \le M\left|\frac{z - z_0}{z_1 - z_0}\right|^n$$

이며, 이것을 n의 증가에 대한 합으로 표현하면

$$\sum_{n=1}^{\infty}|a_n(z - z_0)^n| \le M\sum_{n=1}^{\infty}\left|\frac{z - z_0}{z_1 - z_0}\right|^n \qquad (9.7.3)$$

이다. 이때 (b)의 가정인 $|z-z_0|<|z_1-z_0|$는 결국 $|(z-z_0)/(z_1-z_0)|<1$을 의미하므로 식 (9.7.3)의 멱급수는 기하학적인 의미에서 수렴한다.

(c) 만약 (c)가 성립하지 않는다면, $z=z_2$보다 더 멀리 떨어진 z_3를 선정하여 이 점에서 멱급수가 발산한다고 하자. 이 경우 z_2는 수렴한다는 것을 의미하므로 (b)의 조건에 반한다. 따라서 (c)가 확인되었다.

• 멱급수의 수렴반경

멱급수 (9.7.1)이 수렴하는 중심이 z_0인 가장 큰 크기의 반지름을 가지는 영역(즉 원)에 대하여 생각하여 보자. D를 반지름이라 하면 멱급수가 수렴하는 원

$$|z-z_0|=D$$

는 수렴의 원, 이때의 반지름 D는 식 (9.7.1)의 수렴반경이라고 부른다([그림 9.28]). 이로부터 [요점 9.13]은 원의 내부이므로

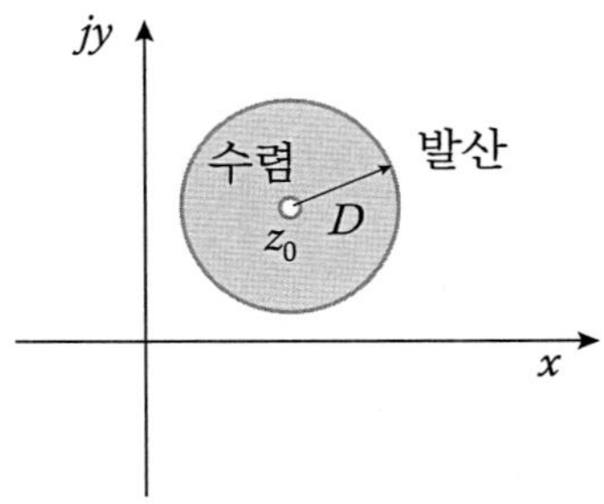

그림 9.28 수렴의 원

$$|z-z_0|<D \tag{9.7.4}$$

를 만족하는 모든 z에 대해서 수렴한다는 것을 암시한다. 이때 D는 수렴을 위한 최소의 값이므로 멱급수 (9.7.1)은

$$|z-z_0|>D \tag{9.7.5}$$

를 만족하는 모든 z에 대하여 발산한다는 것을 알 수 있다. 그러나 수렴의 원 위에서 식 (9.7.1)의 멱급수의 수렴여부는 확실하게 이야기 할 수는 없다. 이것을 다음과 같은 간단한 예를 가지고 생각하여 보자.

▶ 예제 9.7.2

수렴의 원 상에서의 움직임

(1) $\sum z^n/n^2$은 반지름 $D=1$인 원주 상에서 $\sum 1/n^2$이 수렴하기 때문에 항상 수렴한다.

(2) $\sum z^n/n$은 -1에서 수렴하지만 1에서는 발산한다.

(3) $\sum z^n$은 $D=1$인 원주 상의 모든 곳에서 발산한다.

여기서 $D=\infty$과 $D=0$인 경우에 대하여 간단히 언급한다. 즉 멱급수 (9.7.1)은 $D=\infty$이면 모든 z에 대해서 수렴한다(예제 9.7.1 (b)). 또한 $D=0$이면 $z=z_0$에서만 수렴한다(예제 9.7.1(c)).

9.7.2 테일러 급수

무한급수를 이용하여 해석함수를 표현하는 방법은 복소변수의 응용면에서 기본적이다. 여기서는 함수 $f(z)$가 임의의 점 $z=z_0$에서 해석적이라면, $f(z)$는 $(z-z_0)$의 멱급수로 나타낼 수 있다는 것을 보이기로 한다. 이와 같은 멱급수를 테일러 급수(Taylor series)라고 한다. 먼저 $(w-z)^{-1}$을 다음과 같이 전개하여 보자. 즉

$$\frac{1}{w-z}=\frac{1}{(w-z_0)-(z-z_0)}=\frac{1}{(w-z_0)}\left[\frac{1}{1-\dfrac{z-z_0}{w-z_0}}\right] \tag{9.7.6}$$

$$=\frac{1}{(w-z_0)}\left[1+\frac{z-z_0}{w-z_0}+\left(\frac{z-z_0}{w-z_0}\right)^2+\cdots+\left(\frac{z-z_0}{w-z_0}\right)^{n-1}+R_n(z,w)\right]$$

이며

$$R_n(z,w)=\frac{1}{1-\dfrac{z-z_0}{w-z_0}}\left(\frac{z-z_0}{w-z_0}\right)^n \tag{9.7.7}$$

로 주어진다. 식 (9.7.6)은 다음과 같은 대수학의 관계식으로부터 유도되었다.

$$\frac{1}{1-r}=1+r+r^2+\cdots+r^{n-1}+\frac{r^n}{1-r} \tag{9.7.8}$$

$1/(w-z)$의 전개식 (9.7.6)을 코시의 적분공식 (9.6.14)에 대입하면

$$f(z)=\frac{1}{j2\pi}\oint_C\frac{f(w)}{w-z_0}\left[1+\frac{z-z_0}{w-z_0}+\cdots+\left(\frac{z-z_0}{w-z_0}\right)^{n-1}+R_n(z,w)\right]dw \tag{9.7.9}$$

$$=\frac{1}{j2\pi}\oint_C\frac{f(w)}{w-z_0}dw+\frac{z-z_0}{j2\pi}\oint_C\frac{f(w)}{(w-z_0)^2}dw+\cdots$$

$$+\frac{(z-z_0)^{n-1}}{j2\pi}\oint_C\frac{f(w)}{(w-z_0)^n}dw+\frac{(z-z_0)^n}{j2\pi}\oint_C\frac{f(w)}{(w-z)(w-z_0)^n}dw$$

이다. 여기서 식 (9.7.7)은

$$R_n(z,w)=\frac{w-z_0}{w-z}\left(\frac{z-z_0}{w-z_0}\right)^n=\frac{(z-z_0)^n}{(w-z)(w-z_0)^{n-1}} \tag{9.7.10}$$

로 나타낼 수 있다는 사실을 이용하여 식 (9.7.9)에서 $R_n(z,w)$를 간략화하였다. 이제 식 (9.7.9)에 코시의 적분공식을 적용하면 다음과 같이 쓸 수 있다.

$$f(z)=f(z_0)+\frac{1}{1!}f'(a)(z-z_0)+\cdots+\frac{1}{(n-1)!}f^{(n-1)}(z_0)(z-z_0)^{n-1} \tag{9.7.11}$$
$$+\frac{(z-z_0)^n}{j2\pi}\oint_C\frac{f(w)dw}{(w-z)(w-z_0)^n}$$

위 식에서 오른쪽의 적분항은 무한급수의 나머지 항(remainder term)으로서 적절한 z, w 및 z_0값이 주어지면 $n\to\infty$함에 따라 영으로 수렴한다. [그림 9.29]와 같이 경로 C가 $z=z_0$에 중심을 가지는 원이고, z는 원 내부의 한 점이라고 가정한다. 또한 $f(z)$는 C 상과 그의 내부에서 해석적이며, $|z-z_0|=d$이고 $d<D=|w-z_0|$으로 가정한다. 여기서 경로 C상의 한 점 z에서 $M=\max|f(z)|$로 두면, [요점 9.9]와 $|w-z|\geq D-d$라는 사실로부터 다음 식을 얻는다.

$$\left|\frac{(z-z_0)^n}{j2\pi}\oint_C\frac{f(w)dw}{(w-z)(w-z_0)^n}\right|\leq\frac{d^n}{2\pi}\frac{M}{D-d}\frac{2\pi D}{D^n}=M\frac{D}{D-d}\left(\frac{d}{D}\right)^n \tag{9.7.12}$$

여기서 $d<D$이므로, $n\to\infty$함에 따라 $(d/D)^n\to 0$으로 된다. 이러한 사실로부터 식 (9.7.11)의 테일러 급수

$$f(z)=\sum_{n=1}^{\infty}a_n(z-z_0)^n \tag{9.7.13}$$
$$=f(z_0)+f'(z_0)(z-z_0)+f''(z_0)\frac{(z-z_0)^2}{2!}+\cdots+f^{(n)}(z_0)\frac{(z-z_0)^n}{n!}+\cdots$$

가 수렴하기 위한 조건을 확립할 수 있다. 즉 함수 $f(z)$가 해석적인 점 $z=z_0$에 중심을 가지는 가장 큰 크기의 원의 내부에서 상기 테일러 급수는 일정한 값으로 수렴한다. 만약 $|z-z_0|=D$가 원의 반지름이라면, 이때 D를 수렴의 반지름(radius of convergence)이라고 하며, $|z-z_0|<D$인 영역에 존재하는 모든 z에 대해서 수렴하는 것을 보증할 수 있다. 그러나 $|z-z_0|=D$인 경계선 상에서 테일러 급수의 수렴 또는 발산에 관해서는 상당히 어려운 문제이기 때문에 더 이상 언급하지 않는다.[13] 다만 D의 정의에 의하여

13) [예제 9.7.2] 참조하여라.

$|z-z_0|=D$ 상의 어딘가에서 $f(z)$는 반드시 특이점을 가진다는 사실을 유의한다. 이상을 정리하면 다음과 같다.

요점 9.14 테일러 정리

정의역 R에서 함수 $f(z)$는 해석적이며, $z=z_0$는 R 내의 임의의 점이다. 이 경우 중심을 z_0에 가지는 테일러 급수 (9.7.13)은 단 하나뿐이다. 이 표현식은 $f(z)$가 해석적인 영역 내에 중심 z_0가 존재하는 경우에 유효하다. 또한 이 경우 테일러 급수의 각 계수는 다음 부등식을 만족한다.

$$|a_n| \le \frac{M}{D^n} \qquad (9.7.14)^{14)}$$

여기서 M은 영역 R 내에서 원 $|z-z_0|=D$ 상에서 $f(z)$가 가지는 최대값을 나타낸다.

위에서 언급한 내용은 원점을 중심으로 하는 원, 즉 $z_0=0$인 경우에도 적용되며, 이 경우 식 (9.7.13)은

$$f(z)=f(0)+f'(0)z+f''(0)\frac{z^2}{2!}+\cdots \qquad (9.7.15)$$

이며, 위 식은 특히 $z=x$로 실수인 경우에 한하여 매클로린 급수(Maclaurin series)라고 한다.

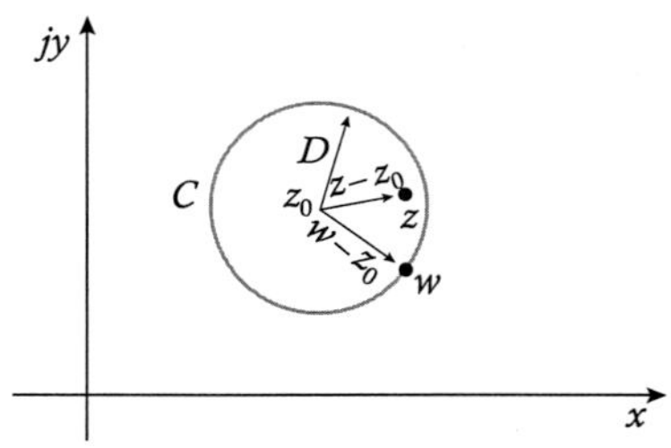

그림 9.29 테일러 급수의 원형 수렴영역

▶ 예제 9.7.3

테일러 급수 전개를 이용하여 다음 각 함수를 원점 부근에서 전개하여보자.

(a) $f(z)=\sin z$ (b) $f(z)=e^z$ (c) $f(z)=1/(1-z)^m$

◇ 해

(a) 식 (9.7.9)를 이용하기 위해서는 $z=0$에서 함수 $f(z)$의 도함수값이 필요하다. 즉

$$f'(0)=\cos 0=1,\ f''(0)=-\sin 0=0,\ f'''(0)=-\cos 0=-1,\cdots$$

14) 식 (9.7.14)는 식 (9.7.13)과 다음으로 주어지는 코시의 부등식를 이용하면 간단히 확인할 수 있다. 즉 $|f^{(n)}(z_0)| \le \dfrac{n!\,M}{D^n}$.

이므로 테일러 급수는 다음과 같이 전개된다.

$$\begin{aligned}\sin z &= \sin 0 + 1 \cdot (z-0) + 0 \cdot \frac{(z-0)^2}{2!} - 1 \cdot \frac{(z-0)^3}{3!} + \cdots \\ &= \sum_{n=0}^{\infty} (-1)^n \frac{z^{2n+1}}{(2n+1)!} \\ &= z - \frac{z^3}{3!} + \frac{z^5}{5!} - \cdots\end{aligned}$$

함수 $f(z)$가 xy평면의 모든 점에서 특이점을 가지지 않기 때문에 위 급수전개는 모든 z값에서 유효하다. 위 전개는 이미 9.2절의 식 (9.2.6)에서 취급한 것이다.

(b) 원점에서의 도함수는

$$f'(0) = e^0 = 1,\ \ f''(0) = e^0 = 1,\ \ f'''(0) = e^0 = 1,\ \cdots$$

이므로 함수 $f(z) = e^z$의 테일러 급수는

$$\begin{aligned}e^z &= e^0 + 1 \cdot z + 1 \cdot \frac{z^2}{2!} + 1 \cdot \frac{z^3}{3!} + \cdots \\ &= \sum_{n=0}^{\infty} \frac{z^n}{n!} = 1 + z + \frac{z^2}{2!} + \frac{z^3}{3!} + \cdots\end{aligned}$$

이다. (a)의 경우와 마찬가지로 함수 $f(z) = e^z$가 모든 영역에서 해석적이므로 위 급수는 항상 유효하다. 여기서 $z = jy$이면 오일러의 공식 $e^{jy} = \cos y + j\sin y$가 얻어진다.

(c) 도함수를 계산하면

$$\begin{aligned}&f'(z) = m(1-z)^{-m-1},\ \ f''(z) = m(m+1)(1-z)^{-m-2}, \\ &f'''(z) = m(m+1)(m+2)(1-z)^{-m-3},\ \cdots\end{aligned}$$

이므로 이를 식 (9.7.9)에 대입하면 다음으로 됨을 확인할 수 있다.

$$\begin{aligned}\frac{1}{(1-z)^m} &= \frac{1}{(1-0)^m} + m(1-0)^{-m-1} z + m(m+1)(1-0)^{-m-2} \frac{z^2}{2!} + \cdots \\ &= 1 + mz + m(m+1)\frac{z^2}{2!} + m(m+1)(m+2)\frac{z^3}{3!} + \cdots\end{aligned}$$

함수 $f(z)$가 $z=1$에 특이점을 가지기 때문에 위 급수는 $|z| < 1$의 영역에서는 수렴하며 $|z| \geq 1$에서는 수렴하지 않는다. $m=1$인 경우, 즉 $1/(1-z)$의 테일러 급수는 다음의 형식으로 종종 사용되고 있다.

$$\frac{1}{1-z} = 1 + z + z^2 + z^3 + \cdots$$

▶ 예제 9.7.4

다음 관계식을 이용하여 함수 $f(z) = \ln(1+z)$의 테일러 급수 전개를 하여보자.

$$\frac{d}{dz}\ln(1+z) = \frac{1}{1+z} \qquad ①$$

◇ 해

먼저 함수 $1/(1+z)$의 테일러 급수 표현식은 [예제 9.7.3]의 (c)로부터

$$\frac{1}{1+z} = \frac{1}{1-(-z)} = 1 - z + z^2 - z^3 + \cdots \qquad ②$$

이다. ①의 양변을 적분하면

$$\int d[\ln(1+z)]dz = \int \frac{1}{1+z}dz \qquad ③$$

이고 여기에 ②를 적용하여 적분을 수행하면 다음으로 됨을 쉽게 확인할 수 있다.

$$\ln(1+z) = \int \frac{1}{1+z}dz = z - \frac{z^2}{2} + \frac{z^3}{3} - \frac{z^4}{4} + \cdots + C \qquad ④$$

그런데 $z = 0$에서 $\ln(1+z) = 0$이기 때문에 ④의 적분상수는 $C = 0$이어야 한다. 따라서 테일러 급수는

$$\ln(1+z) = z - \frac{z^2}{2} + \frac{z^3}{3} - \frac{z^4}{4} + \cdots$$

이다. 주어진 함수가 $z = -1$에서 특이점을 가지므로 위 전개는 $|z| < 1$인 영역에서만 유효하다.

▶ 예제 9.7.5

다음 함수를 원점 근방에서 테일러 급수 전개식을 구하여 보자.

$$f(z) = \frac{1}{(z^2 - 3z + 2)}$$

◇ 해

먼저 주어진 함수를 부분분수 전개를 이용하여 1차식으로 나타낸다. 즉

$$f(z) = \frac{1}{(z^2 - 3z + 2)} = \frac{1}{(z-2)(z-1)} = \frac{1}{z-2} - \frac{1}{z-1}$$

이다. 위 식의 오른쪽 항을 [예제 9.7.1]의 (c)를 이용하여 급수전개하면

$$\frac{1}{z-1}=-\frac{1}{1-z}=-(1+z+z^2+\cdots)$$

$$\frac{1}{z-2}=-\frac{1}{2}\left(\frac{1}{1-z/2}\right)=-\frac{1}{2}\left[1+\frac{z}{2}+\left(\frac{z}{2}\right)^2+\left(\frac{z}{2}\right)^3+\cdots\right]$$

$$=-\frac{1}{2}\left[1+\frac{z}{2}+\frac{z^2}{4}+\frac{z^3}{8}+\cdots\right]$$

이며, 마지막으로 두 개의 급수를 더하면 주어진 함수에 대한 테일러 전개식을 얻을 수 있다.

$$f(z)=\frac{1}{(z^2-3z+2)}=\frac{1}{2}+\frac{3}{4}z+\frac{7}{8}z^2+\frac{15}{16}z^3+\cdots$$

위에서 구한 두 개의 급수를 서로 곱하여도 주어진 함수에 대한 테일러 급수가 얻어진다.

예제 9.7.6

다음 함수를 점 $z=1$의 부근에서 테일러 전개하여보자.

$$f(z)=\frac{1}{z^2-9}$$

해

먼저 주어진 함수를 부분분수 전개한다.

$$f(z)=\frac{1}{z^2-9}=\frac{1}{(z-3)(z+3)}=\frac{1}{2}\left(\frac{1}{z-3}\right)-\frac{1}{6}\left(\frac{1}{z+3}\right)$$

$$=-\frac{1}{6}\left[\frac{1}{2-(z-1)}\right]-\frac{1}{6}\left[\frac{1}{4+(z-1)}\right]$$

$$=-\frac{1}{12}\left[\frac{1}{1-\dfrac{z-1}{2}}\right]-\frac{1}{24}\left[\frac{1}{1-\left(-\dfrac{z-1}{4}\right)}\right]$$

위의 각 항에 대하여 테일러 전개하면

$$f(z)=\frac{1}{z^2-9}=-\frac{1}{12}\left[1+\frac{z-1}{2}+\left(\frac{z-1}{2}\right)^2+\left(\frac{z-1}{2}\right)^3+\cdots\right]$$

$$-\frac{1}{24}\left[1-\frac{z-1}{4}+\left(\frac{z-1}{4}\right)^2-\left(\frac{z-1}{4}\right)^3+\cdots\right]$$

$$=-\frac{1}{8}-\frac{1}{32}(z-1)-\frac{3}{128}(z-1)^2-\frac{5}{512}(z-1)^3+\cdots$$

이다. 주어진 함수가 가지는 두 개의 특이점 $z=\pm 3$에서 중점 $z=2$에 가까운 것은 $z=3$이므로 위 급수는 $|z-1|<2$인 영역에서 수렴한다. 수렴영역은 위 식 왼쪽 첫 번째 항의 첫 번째 급수에서 $|(z-1)/2|<1 \to |z-2|<2$가 얻어지고, 왼쪽 두 번째 급수에서 $|-(z-1)/4|<1 \to |z-1|<4$가 얻어지지만, 두 개의 영역이 모두 만족하는 곳은 $|z-1|<2$이므로 이것이 테일러 급수의 수렴영역이어야 한다는 사실로부터도 확인할 수 있다.

9.7.1 MATLAB에 의한 풀이

```
% [예제 9.7.3]
syms z m
pretty(taylor(sin(z),9)), pretty(taylor(exp(z),5)), sol_c=taylor(1/(1-z)^m,5); % (a),(b),(c)
pretty(sol_c), pretty(subs(sol_c,m,1))                                    % m=1인 경우

% [예제 9.7.4]
syms z
f=log(1+z); pretty(taylor(f,5))

% [예제 9.7.5]
syms z
f=1/(z^2-3*z+2); pretty(taylor(f,5))

% [예제 9.7.6]
syms z
f=1/(z^2-9); pretty(taylor(f,5,z,1))
```

❖ [예제 9.7.6]을 실행하면 '$-3.32-1/32z-\cdots$'이 얻어지나, 이것은 정리하면 '$-1/8-1/32(z-1)-\cdots$'로 쓸 수 있으므로 문제의 해와 일치함을 알 수 있다.

연습문제 9.7.2

1. 다음 급수는 수렴 또는 발산하는지를 확인하여라.

(1) $\displaystyle\sum_{n=0}^{\infty}\frac{(-1)^n(1+j2)^{2n+1}}{(2n+1)!}$ (2) $\displaystyle\sum_{n=1}^{\infty}\frac{1}{\sqrt{n}}$

(3) $\displaystyle\sum_{n=1}^{\infty}\frac{j^n}{n}$ (4) $\displaystyle\sum_{n=0}^{\infty}\frac{n-j}{3n+j2}$

2. 다음 멱급수의 수렴반경과 중심을 구하여라.

(1) $\displaystyle\sum_{n=1}^{\infty}\frac{(z+j)^n}{n^2}$ (2) $\displaystyle\sum_{n=0}^{\infty}\frac{n!}{n^n}(z+1)^n$ (3) $\displaystyle\sum_{n=0}^{\infty}\left(\frac{a}{b}\right)^n z^n$

(4) $\displaystyle\sum_{n=0}^{\infty}(n-j)^n z^n$ (5) $\displaystyle\sum_{n=1}^{\infty}\frac{(-1)^{n+1}}{n}z^n$ (6) $\displaystyle\sum_{n=2}^{\infty}n(n-1)(z-3+j2)^n$

(7) $\sum_{n=0}^{\infty} 2^n (z-j)^{4n}$ (8) $\sum_{n=0}^{\infty} \frac{n^4}{2^n} z^{2n}$

3. 테일러 급수를 이용하여 다음 함수를 원점 부근에서 전개하고, 이때 각 전개의 수렴반경에 대하여서도 언급하여라.

(1) $\frac{1}{z+1}$ (2) $\frac{z-1}{z+1}$ (3) $\sinh z$ (4) $\cosh z$

4. 함수 $1/(z-2)$에 대하여 다음 주어진 각 점을 중심으로 테일러 급수 전개하여라. 이때 이미 잘 알려진 함수 $1/(z-1)$의 전개를 이용하고, 각 급수의 수렴반경에 대하여서도 언급하여라.

(1) $z=1$ (2) $z=-1$ (3) $z=-j2$

5. 알려진 급수전개를 이용하여, 다음 각 함수를 원점에 관하여 급수 전개하여라.

(1) $\frac{z-1}{1+z^3}$ (2) $\frac{1}{z^2-3z-4}$ (3) e^{2-z}

(4) $\sin z^2$ (5) $e^z \cos z$ (6) $\frac{\sin z}{e^{-z}}$

6. 다음 각 함수를 $z=a$에 관하여 테일러 급수 전개하여라.

(1) $e^z,\ a=1$ (2) $\sin z,\ a=\frac{\pi}{2}$ (3) $\frac{1}{z^2-z-2},\ a=0$

9.8 로랑 급수

주어진 함수 $f(z)$의 특이점, 예를 들어 $z=a$의 부근에서 함수 $f(z)$를 급수를 이용하여 전개하는 것에 대하여 생각하여 보자. 9.7절에서 언급한 테일러 급수는 $f(z)$가 해석적인 점에 관한 전개라는 점을 상기하기 바란다.

먼저 함수 $f(z)$의 로랑 급수는 환상(annulus)의 영역에서 수렴하며, 이와 관련하여 다음 요점이 주어진다.

요점 9.15 로랑(Laurent)의 정리

중심이 z_0인 두 개의 동심원 C_1과 C_2 사이의 환상의 영역에서 $f(z)$가 해석적이라고 한다(그림 9.30). 이때 $f(z)$는 다음과 같은 로랑 급수로 전개할 수 있다.

$$\begin{aligned} f(z) &= \sum_{n=0}^{\infty} a_n (z-z_0)^n + \sum_{n=1}^{\infty} \frac{b_n}{(z-z_0)^n} \\ &= a_0 + a_1(z-z_0) + a_2(z-z_0)^2 + \cdots \\ &\quad + \frac{b_1}{(z-z_0)} + \frac{b_2}{(z-z_0)^2} + \cdots \end{aligned} \tag{9.8.1}$$

위 급수의 계수는 다음과 같이 선적분을 이용하여 주어진다.

$$a_n = \frac{1}{j\,2\pi} \oint_C \frac{f(w)}{(w-z_0)^{n+1}} dw, \quad b_n = \frac{1}{j\,2\pi} \oint_C (w-z_0)^{n-1} f(w)\, dw \tag{9.8.2}$$

이때 경로 C는 [그림 9.30]에서와 같이 내부의 원 C_2을 둘러싸는 환상영역 내의 단순폐경로로 주어진다.

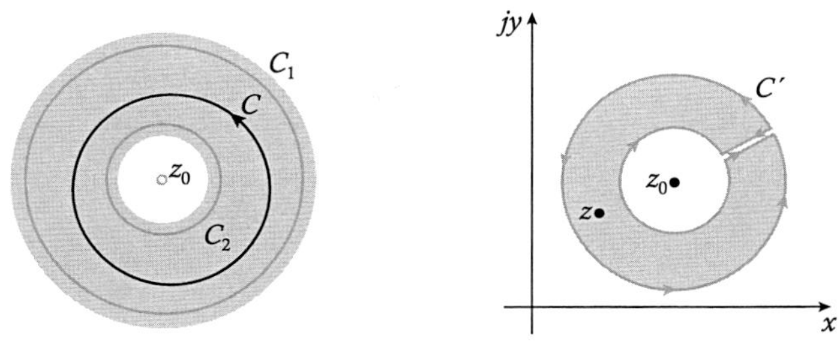

(a) 로랑의 정리 (b) 환상영역에서의 경로

[그림 9.30]

위 요점을 간단히 확인하여 보자. 요점의 조건에 의하여 $f(z)$는 [그림 9.30 (a)]의 환상영역에서 해석적이지만, 작은 원의 내부 또는 외부의 큰 원의 바깥영역에서 특이점을 가질 수도 있다고 생각한다. 이 경우 $f(z)$는 작은 원의 내부에 존재하는 특이점으로 인하여 이 영역에서 테일러 급수로 전개할 수 없게 된다. 이 경우, [그림 9.30 (b)]와 같이 영역을 잘라서 다중연결영역으로 만들어 코시의 적분공식을 적용하면, 곡선 C'에 의해 둘러싸인 단순연결영역을 형성할 수 있다. 이때 코시의 적분공식을 적용하면

$$f(z)=\frac{1}{j2\pi}\oint_{C'}\frac{f(w)}{w-z}dw \tag{9.8.3}$$
$$=\frac{1}{j2\pi}\oint_{C_2}\frac{f(w)}{w-z}dw-\frac{1}{j2\pi}\oint_{C_1}\frac{f(w)}{w-z}dw$$

으로 된다. 위 식에서 경로 C_2는 시계방향이므로 오른쪽 항의 두 번째 적분의 부호가 '−'로 되었다. 위 식의 적분을 실행하기 위해, 경로 C_1의 적분에 대해서는 $(z-z_0)$의 양의 멱급수로, 경로 C_2의 적분에 대해서는 음의 멱급수로 전개할 수 있도록 식 (9.8.1)의 피적분항 $(w-z)^{-1}$을 표현하여 보자. 이때 만약 특이점이 C_2의 내부에 존재하지 않는다면, 음의 멱급수의 계수는 영으로 되어 테일러 급수의 전개와 동일하게 된다는 점을 염두에 두고 식 (9.8.3)을 변형하면

$$f(z)=\frac{1}{j2\pi}\oint_{C_2}\frac{f(w)}{w-z_0}\left[\frac{1}{1-\dfrac{z-z_0}{w-z_0}}\right]dw \tag{9.8.4}$$
$$+\frac{1}{j2\pi}\oint_{C_1}\frac{f(w)}{w-z_0}\left[\frac{1}{1-\dfrac{w-z_0}{z-z_0}}\right]dw$$

로 된다. 9.7절에서 테일러 급수가 수렴한다는 사실을 확인하기 위하여 사용하였던 방법을 적용하여 정리하면 위 식은

$$f(z)=z_0+a_1(z-z_0)+a_2(z-z_0)^2+\cdots \tag{9.8.5}$$
$$+b_1(z-z_0)^{-1}+b_2(z-z_0)^{-2}+\cdots$$

으로 되며, 멱급수의 각 계수는 식 (9.8.2)로 주어짐을 알 수 있다. 계수 a_n의 적분표현식은 함수 $f(z)$의 도함수를 구하기 위한 공식 (9.6.13)과 유사하지만, 실제로 함수 $f(z)$는 $z=z_0$에서 특이점을 가지기 때문에 해석적이 아니므로 당연히 도함수는 존재하지 않는다. 그런데 만약 $f(z)$가 원 C_2의 내부에서 해석적이라면, 계수 b_n을 위한 적분의 피적분함수는 모든 영역에서 해석적으로 되어 b_n은 모두 영이어야 하므로,[15] 이것은 결국 로랑 급수가 결국 테일러 급수로 된다는 것을 의미한다.

로랑 급수의 계수를 위한 적분식 (9.8.2)는 보통 실제의 계수계산에는 사용되지 않는다.

15) b_n의 적분이 n의 음의 멱급수(negative power)이므로, 피적분함수가 $z=z_0$에서 영이기 때문이다.

로랑 급수 전개는 유일한 것으로 알려져 있기 때문에, 일반적으로 기본적인 기법을 통하여 로랑 급수의 계수를 얻고 있다. 이 방법은 예제를 이용하여 설명하기로 한다. 또한 로랑 급수의 수렴영역과 관련해서는, 우선 $|z^*| < 1$이 수렴영역으로 될 수 있도록 주어진 함수 $f(z)$를 $1/(1-z^*)$의 형식으로 만들면 대부분의 로랑 급수에서는 수렴영역이 존재한다.

$|z^*| < 1$라는 사실을 이용하면 다음과 같이 기하급수(geometric series)의 형태를 얻을 수 있으며, 이것은 바로 $z^* = 0$관하여 전개한 로랑 급수이다.

$$\frac{1}{1-z^*} = 1 + z^* + (z^*)^2 + (z^*)^3 + \cdots \tag{9.8.6}$$

▶ 예제 9.8.1

[그림 9.31]의 빗금친 부분에서 다음 함수의 로랑 급수 전개를 하여보자.

$$f(z) = \frac{1}{z^2 - 3z + 2}$$

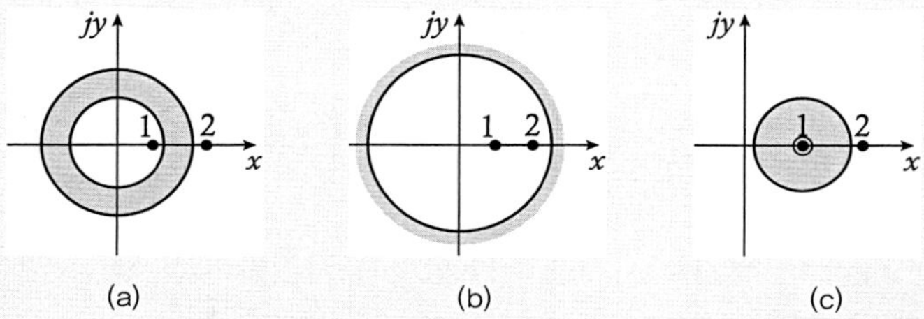

그림 9.31 [예제 9.8.1]

해

(a) [그림 9.31 (a)]의 영역에서 로랑 급수 전개식을 얻기 위해서는 원점에 관한 전개가 필요하다. 이를 위해 주어진 함수를 부부분수 전개하면

$$\frac{1}{z^2-3z+2} = \frac{1}{(z-2)(z-1)} = \frac{1}{z-2} - \frac{1}{z-1}$$
$$= -\frac{1}{2}\left(\frac{1}{1-z/2}\right) - \frac{1}{z}\left(\frac{1}{1-1/z}\right) \qquad ①$$

이다. 이로부터 첫번째 항은 $z/2 = 1$에서 특이점을 가지며, 만약 $|z/2| < 1$,즉 $|z| < 2$의 영역에서는 수렴하는 테일러 급수로서 전개할 수 있다(특이점이 빗금친 부분의 바깥에 있기 때문에). 두 번째 항은 $1/z = 1$에서 특이점을 가지며, 만약 $|1/z| < 1$, 즉 $|z| > 1$이라면 로랑 급수로서 전개할 수 있다(특이점이 작은 원의 내부에 존재하기 때문에). 이를 적절한 급수로 전개하면 다음과 같다.

$$-\frac{1}{2}\left(\frac{1}{1-z/2}\right) = -\frac{1}{2}\left[1 + \frac{z}{2} + \left(\frac{z}{2}\right)^2 + \left(\frac{z}{2}\right)^3 + \cdots\right] \qquad ②$$

$$= -\frac{1}{2} - \frac{z}{4} - \frac{z^2}{8} - \frac{z^3}{16} - \cdots$$

$$-\frac{1}{z}\left(\frac{1}{1-1/z}\right) = -\frac{1}{z}\left[1 + \frac{1}{z} + \left(\frac{1}{z}\right)^2 + \left(\frac{1}{z}\right)^3 + \cdots\right]$$
$$= -\frac{1}{z} - \frac{1}{z^2} - \frac{1}{z^3} - \frac{1}{z^4} - \cdots \qquad ③$$

위 식의 첫번째 급수는 $|z| < 2$에서 유효하며, 두 번째 급수는 $|z| > 1$에서 유효하다. 위의 두 급수 표현식을 더하면 로랑 급수를 얻을 수 있다. 즉

$$\frac{1}{z^2 - 3z + 2} = \cdots - \frac{1}{z^3} - \frac{1}{z^2} - \frac{1}{z} - \frac{1}{2} - \frac{z}{4} - \frac{z^2}{8} - \frac{z^3}{16} - \cdots \qquad ④$$

이며, 위 급수는 영역 $1 < |z| < 2$에서 유효하다.

(b) 원 $|z| = 2$의 바깥 영역에서 먼저 $-1/(z-1)$을 전개하면, 위에서와 마찬가지로

$$\frac{-1}{z-1} = -\frac{1}{z}\left(\frac{1}{1-1/z}\right) = -\frac{1}{z} - \frac{1}{z^2} - \frac{1}{z^3} - \cdots$$

로 되며, 위 전개는 $|1/z| < 1$, 즉 $|z| > 1$에서 유효하다. 다음 전개는

$$\frac{1}{z-2} = \frac{1}{z}\left(\frac{1}{1-2/z}\right) = \frac{1}{z}\left[1 + \frac{2}{z} + \left(\frac{2}{z}\right)^2 + \left(\frac{2}{z}\right)^3 + \cdots\right]$$
$$= \frac{1}{z} + \frac{2}{z^2} + \frac{4}{z^3} + \frac{8}{z^4} + \cdots \qquad ⑤$$

이며, $|2/z| < 1$, 즉 $|z| > 2$에서 유효하다. 따라서 위 두 개의 전개는 모두 $|z| > 2$에서 유효하기 때문에 로랑 급수는 두 전개를 더한 것으로 이루어진다. 즉

$$\frac{1}{z^2 - 3z + 2} = \frac{1}{z^2} + \frac{3}{z^3} + \frac{7}{z^4} + \frac{15}{z^5} + \cdots \qquad ⑥$$

이며, 역시 $|z| > 2$의 영역에서 유효하다.

(c) 영역 $0 < |z-1| < 1$에서의 급수전개식을 얻기 위해서 점 $z = 1$부근에서 주어진 함수를 전개하면

$$\frac{1}{z^2 - 3z + 2} = \frac{1}{z-1}\left(-\frac{1}{2-z}\right) = \frac{1}{z-1}\left[\frac{-1}{1-(z-1)}\right]$$
$$= \frac{-1}{z-1}\left[1 + (z-1) + (z-1)^2 + (z-1)^3 + \cdots\right] \qquad ⑦$$
$$= -\frac{1}{z-1} - 1 - (z-1) - (z-1)^2 + \cdots$$

이다. 위 로랑 급수는 $0 < |z-1| < 1$에서 유효하다.

▶ 예제 9.8.2

$f(z)=\dfrac{1}{1-z^2}$을 [그림 9.32 (a), (b)]에 보인 바와 같이 $z=1$을 중심으로 하는 두 개의 열린 환상에 대해 각각 로랑 급수 전개를 하여 보자.

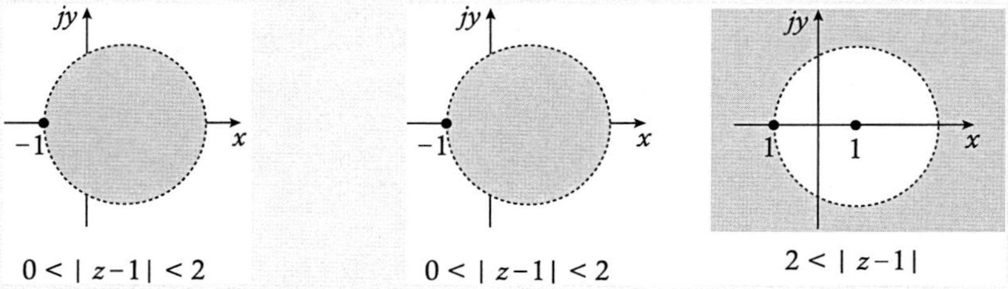

(a) (b)

그림 9.32 [예제 9.8.2]

◇ 해

주어진 함수는 $f(z)=-\dfrac{1}{z-1}\dfrac{1}{z+1}$과 같이 쓸 수 있으므로 로랑 급수를 구하기 위해 $\dfrac{1}{z+1}=\dfrac{1}{(z-1)+2}$로 두고 먼저 $z-1$에 관해 나타낸다.

(1) 환상 $0<|z-1|<2$에서는 $\left|\dfrac{z-1}{2}\right|<1$이므로

$$\frac{1}{(z-1)+2}=\frac{1}{2}\frac{1}{1+\dfrac{z-1}{2}}=\frac{1}{2}\sum_{n=0}^{\infty}\left(-\frac{z-1}{2}\right)^n \qquad ①$$

이며, (2) 환상 $2<|z-1|$에서는 $\left|\dfrac{2}{z-1}\right|<1$이므로

$$\frac{1}{(z-1)+2}=\frac{1}{z-1}\frac{1}{1+\dfrac{2}{z-1}}=\frac{1}{z-1}\sum_{n=0}^{\infty}\left(-\frac{2}{z-1}\right)^n \qquad ②$$

를 얻을 수 있다. 따라서

$$f(z)=\frac{1}{1-z^2}=-\frac{1}{z-1}\frac{1}{z+1}=\begin{cases}\displaystyle\sum_{n=0}^{\infty}(-1)^{n+1}\frac{(z-1)^{n-1}}{2^{n+1}}, & (0<|z-1|<2)\\ \displaystyle\sum_{n=0}^{\infty}(-1)^{n+1}\frac{2^n}{(z-1)^{n-1}}, & (2<|z-1|)\end{cases}$$

로 각각 로랑 급수가 얻어진다.

9.8.1 MATLAB에 의한 풀이

```
% [예제 9.8.1]
syms z
f1=-1/2*(1/(1-z/2)); f2=-z*(1/(1-z));                    % 치환을 이용한다.
ft_tay1=taylor(f1); pretty(ft_tay1)                      % ②의 확인
ft_tay2=taylor(f2); ft_tay2=subs(ft_tay2,z,1/z); pretty(ft_tay2)      % ③의 확인
pretty(ft_tay1+ft_tay2) % ④의 확인
```

연습문제 9.8.2

1. 다음 함수를 원점에 관한 로랑 급수로 전개하여라. 이때 주어진 함수는 영역 $1<|z|<D$에서 수렴한다고 하였을 때 수렴반경 D를 구하여라.

(1) $\dfrac{1}{z^2-2z}$ (2) $\dfrac{e^{z-1}}{z}$ (3) $\dfrac{1}{z(z^2+3z+2)}$

2. 다음 각 함수에 대하여, 점 $z=a$에 관한 테일러 급수와 로랑 급수 전개를 각각 구하고, 이때의 수렴반경에 대하여 언급하여라.

(1) $e^{1/z}$, $a=0$ (2) $\dfrac{1}{1-z}$, $a=1$ (3) $\dfrac{1}{z(z-1)}$, $a=0$

(4) $\dfrac{1}{z^2+1}$, $a=j$ (5) $\dfrac{1}{(z+1)(z-2)}$, $a=-1$

3. 다음 함수를 영역 $0<|z-z_0|<D$에서 수렴하는 로랑 급수로 전개하고, 수렴반경 D의 정확한 값을 구하여라.

(1) $\dfrac{e^z}{z-1}$, $z_0=1$ (2) $\dfrac{1}{z^2+1}$, $z_0=j$

(3) $\dfrac{1}{(z+j)^2-(z+j)}$, $z_0=-j$ (4) $\dfrac{z^2-4}{z-1}$, $z_0=1$

4. 다음 주어진 각 영역에서 유효한 함수

$$f(z)=\frac{1}{z^2-6z+8}$$

의 로랑 급수를 구하여라.

(1) $0<|z-4|<1$ (2) $|z|>5$ (3) $2<|z|<4$

9.9 유 수

• 유수의 정의

복소함수 $f(z)$가 폐경로 C와 그 내부에서 해석적이면 코시의 정리에 의해

$$\oint_C f(z)dz=0 \tag{9.9.1}$$

이며, 만약 $f(z)$가 폐경로 C의 내부에서 $z=z_0$를 고립특이점으로 가지면 z_0를 제거한 환상 $0<|z-z_0|<R$에서 수렴하는 로랑 급수 (9.8.1), 즉

$$f(z)=\sum_{n=0}^{\infty}a_n(z-z_0)^n+\sum_{n=1}^{\infty}\frac{b_n}{(z-z_0)^n} \tag{9.9.2}$$

로 나타낼 수 있다. 위 식의 양변을 폐경로 C를 따라 선적분하고

$$\oint_C (z-z_0)^n dz=\begin{cases} j\,2\pi, & (n=-1) \\ 0, & (n\neq -1 \text{ 인 정수}) \end{cases} \tag{9.9.3}$$[16]

인 결과를 이용하면

$$\oint_C f(z)\,dz=b_1(j\,2\pi) \tag{9.9.4}$$

와 같이 오른쪽 항에서는 계수 b_1을 포함하는 항만이 남게 된다. 여기서 선적분을 수행할 때 로랑 급수에서 '남아 있는 수'인 b_1을 유수(residue)라고 하며

$$b_1=\text{Res}\,(z_0)=\text{Res}\,(f:z_0) \tag{9.9.5}$$

로 나타낸다. 식 (9.9.4)로부터 어떤 함수의 선적분을 계산하려면 '폐경로 내부에서의 유수'를 이용하면 가능하다는 것을 알 수 있다.

16) [예제 9.4.5]의 ⑦로 주어진다.

▶ 예제 9.9.1

폐경로 C를 단위원이라고 할 때 $\oint_C \frac{\sin z}{z^2}dz$를 계산하여 보자.

◇ **해**

먼저 함수 $\frac{\sin z}{z^2}$을 로랑 급수 전개하면

$$\frac{\sin z}{z^2} = \frac{1}{z^2}\left(z - \frac{z^3}{3!} + \frac{z^5}{5!} - \cdots\right) = \frac{1}{z} - \frac{z}{3!} + \frac{z^3}{5!} - \cdots$$

에서 $z=0$에 대한 유수 $b_1=1$을 얻는다. 따라서

$$\oint_C \frac{\sin z}{z^2}dz = (j2\pi)\times 1 = j2\pi$$

로 된다. 이 문제는 코시의 적분공식을 적용하여도 해를 얻을 수 있다. 즉

$$\oint_C \frac{f(z)}{z^2}dz = (j2\pi)\frac{1}{1!}\left[\frac{d}{dz}\sin z\right]_{z=0} = j2\pi$$

가 얻어진다. 단 이 경우 $f(z) = \sin z$이다.

- **유수의 계산**

복소함수 $f(z)$가 $z=z_0$에서 단순극을 가진다면

$$f(z) = \frac{b_1}{z-z_0} + a_0 + a_1(z-z_0) + a_2(z-z_0)^2 + \cdots$$

인 로랑 급수로 나타낼 수 있다. 여기서 양변에 $z-z_0$를 곱하면

$$(z-z_0)f(z) = b_1 + a_0(z-z_0) + a_2(z-z_0)^3 + \cdots$$

으로 되고 여기서 $z\to z_0$인 극한을 취하면

$$\text{Res}(f:z_0) = \lim_{z\to z_0}(z-z_0)f(z) \tag{9.9.6}$$

로 유수를 구할 수 있다. 이것을 m중(m-multiple) 극의 경우로 확장하면

$$\text{Res}(f:z_0) = \lim_{z\to z_0}\frac{1}{(m-1)!}\frac{d^{m-1}}{dz^{m-1}}\left[(z-z_0)^m f(z)\right] \tag{9.9.7}$$

로부터 유수를 구할 수 있다(제 3 장 라플라스 변환 참조).

• 로피탈(L'Hospital)의 정리에 의한 유수의 계산

만약 $f(z)$가 $z=z_0$에서 단순극을 가지고

$$f(z)=\frac{p(z)}{q(z)}$$

와 같이 분수형으로 쓸 수 있다고 하자. 이 경우 식 (9.9.6)은

$$\text{Res}\,(f:z_0)=\lim_{z\to z_0}\frac{(z-z_o)p(z)}{q(z)}$$

으로 된다. 그런데 $z=z_0$에서 단순극을 가지므로 $q(z_0)=0$이 성립하여 분모가 영으로 되어 $z\to z_0$의 계산이 불가능하게 된다. 따라서 여기에 로피탈의 정리를 적용하면

$$\text{Res}\,(f:z_0)=\lim_{z\to z_0}\frac{(z-z_0)p'(z)+p(z)}{q'(z)}=\lim_{z\to z_0}\frac{p(z)}{q'(z)} \tag{9.9.8}$$

과 같이 유수를 계산할 수 있다.

▶ 예제 9.9.2

다음 함수의 특이점에서 유수를 구하여 보자.

(a) $f(z)=\dfrac{e^z}{z(z+1)}$　　(b) $f(z)=\cot z$,

(c) $f(z)=\dfrac{\cos z}{z^2(z-\pi)^3}$　　(d) $f(z)=\dfrac{\cosh \pi z}{z^4-1}$

◇ 해

(a) $f(z)$는 $z=0$과 $z=-1$에서 단순극을 가지므로

$$\text{Res}\,(f:0)=\lim_{z\to a}zf(z)=\lim_{z\to a}\frac{e^z}{z+1}=1$$

$$\text{Res}\,(f:-1)=\lim_{z\to -1}(z+1)f(z)=\lim_{z\to -1}\frac{e^z}{z}=-e^{-1}=-0.3679$$

이다.

(b) $\cot z = \cos z/\sin z$이므로 주어진 함수의 특이점은 $z = n\pi$, $(n = 0, \pm 1, \pm 2, \cdots)$에서 나타나는 단순극이다. 식 (9.9.8)에서 $p(z) = \cos z$, $q(z) = \sin z$로 놓으면

$$\text{Res}\,(\cot z : n\pi) = \left.\frac{\cos z}{(\sin z)'}\right|_{z = n\pi} = \frac{\cos n\pi}{\cos n\pi} = 1$$

을 얻는다.

(c) $f(z)$는 $z = 0$에서 2차극, $z = \pi$에서 3차극을 가지므로 식 (9.9.7)을 적용하면

$$\begin{aligned}\text{Res}\,(f:0) &= \lim_{z\to 0}\frac{1}{1!}\frac{d}{dz}[z^2 f(z)] = \lim_{z\to 0}\frac{d}{dz}\left[\frac{\cos z}{(z-\pi)^3}\right]\\ &= \lim_{z\to 0}\frac{d}{dz}\left[\frac{-(z-\pi)\sin z - 3\cos z}{(z-\pi)^4}\right] = \frac{-3}{\pi^4} = -0.0308\end{aligned}$$

$$\begin{aligned}\text{Res}\,(f:\pi) &= \lim_{z\to \pi}\frac{1}{2!}\frac{d^2}{dz^2}[(z-\pi)^3 f(z)] = \lim_{z\to \pi}\frac{1}{2!}\frac{d^2}{dz^2}\left[\frac{\cos z}{z^2}\right]\\ &= \lim_{z\to \pi}\frac{1}{2}\left[\frac{(6-z^2)\cos z + 4z\sin z}{z^4}\right] = \frac{-(6-\pi^2)}{2\pi^4} = 0.0199\end{aligned}$$

이다.

(d) 네 개의 특이점 중 $z = j$에 대한 유수를 구하여 보자. 우선 $z = j$가 단순극이므로 식 (9.9.6)을 이용하면

$$\text{Res}\,(f:j) = \lim_{z\to j}\frac{(z-j)\cosh \pi z}{z^4 - 1}$$

이만, 여기에 로피탈의 정리를 적용한 식 (9.9.8)을 적용하는 것이 편리하다. 즉

$$\text{Res}\,(f:j) = \lim_{z\to j}\frac{(z-j)\cosh \pi z}{z^4 - 1} = \left[\frac{\cosh \pi z}{4z^3}\right]_{z=j} = \frac{\cosh j\pi}{-j4} = \frac{1}{j4}$$

이다. 여기서는 $\cosh j\pi = \cos \pi = -1$을 이용하였다.

9.9.1 코시의 유수정리

9.8 절에서 함수 $f(z)$가 폐경로 C의 내부에서 $z = z_0$를 고립특이점으로 가지는 경우를 생각하였다. 여기서는 폐경로 C의 내부에 다수의 특이점을 가질 때 선적분의 값에 대한 유수정리를 알아본다. 이와 관련하여 다음 요점이 주어진다.

요점 9.16 **코시의 유수정리(residue theorem)**

적분경로 C를 양의 방향으로 갖는 단순폐곡선이라 하고 $f(z)$가 C 내부의 유한개의 특이점 z_1, z_2, $\cdots$, z_n을 제외하고는 경로 C 상과 그 내부에서 해석적이면

$$\oint_C f(z)dz = j2\pi \sum_{i=1}^{n} \text{Res}\,(f : a_i) \tag{9.9.9}$$

이다.

위 요점을 확인하여 보자. 여기서 적분경로 C는 양의 방향을 갖는 단순폐곡선이라 하고 $f(z)$는 C의 내부에 유한개의 고립특이점이 점, 예를 들어 [그림 9.33]과 같이 z_1, z_2, z_3을 제외하고서 경로 C상과 내부에서 해석적이라고 하자. 그러면 각 특이점 z_1, z_2, z_3가 각각의 원 $C_i, (i=1,2,3)$ 안에 포함되고 동시에 세 개의 C_i가 서로 겹치지 않으며, 또한 경로 C와도 모두 분리되도록 C_i의 반지름을 충분히 작게 취한다. $f(z)$는 $C_i, (i=1,2,3)$의 외부와 C의 내부에서 해석적이므로 다중연결영역에 코시 정리를 적용하면

$$\oint_C f(z)dz + \oint_{C_1} f(z)dz + \oint_{C_2} f(z)dz + \oint_{C_3} f(z)dz = 0 \tag{9.9.10}$$

으로 된다. 여기서 적분의 경로의 방향을 반대로 한다면 위 식은

$$\oint_C f(z)dz = \oint_{C_1} f(z)dz + \oint_{C_2} f(z)dz + \oint_{C_3} f(z)dz \tag{9.9.11}$$

이고, z_i는 C_i의 내부에 있는 $f(z)$의 단일특이점이므로

$$\oint_{C_1} f(z)dz = j\,2\pi\,\text{Res}\,(f : z_1),$$

$$\oint_{C_2} f(z)dz = j\,2\pi\,\text{Res}\,(f : z_2)$$

$$\oint_{C_3} f(z)dz = j\,2\pi\,\text{Res}\,(f : z_3)$$

이다. 따라서 식 (9.9.11)로부터

$$\oint_C f(z)dz = j\,2\pi \sum_{i=1}^{3} \text{Res}\,(f : z_i) \tag{9.9.12}$$

가 성립하므로 [요점 9.16]이 확인되었다.

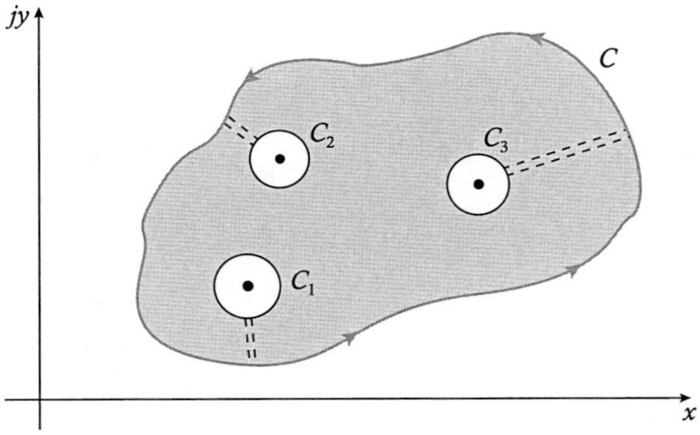

그림 9.33 특이점을 둘러싸는 곡선에 대한 적분

▶ 예제 9.9.3

다음의 선적분을 단순폐경로 C를 따라 수행하여 보자. 이때 (a) 0과 1이 C의 내부에 있는 경우, (b) 0은 내부, 1은 외부에 있는 경우, 및 (c) 0과 1이 외부에 존재하는 경우에 대하여 생각하여 보자.

$$\oint_C \frac{4-3z}{z^2-z}dz$$

◇ 해

적분의 피적분함수는 0과 1을 특이점으로 가지므로 식 (9.9.8)에 의하여 유수를 구하면

$$\mathrm{Res}\,(f:0) = \lim_{z\to 0}\frac{4-3z}{z(z-1)} = \left[\frac{4-3z}{z-1}\right]_{z=0} = -4$$

$$\mathrm{Res}\,(f:1) = \lim_{z\to 1}\frac{4-3z}{z(z-1)} = \left[\frac{4-3z}{z}\right]_{z=1} = 1$$

이를 이용하면 식 (9.9.9)에 의해 (a)는 $2\pi j = (-4+1) = -6\pi j$, (b)는 $-8\pi j$, (c)는 0임을 알 수 있다.

▶ 예제 9.9.4

함수 $f(z) = (\tan z)/(z^2-1)$을 단순폐경로 $C: |z| = 3/2$를 따라 반시계방향으로 적분하여 보자.

◇ 해

$\tan z$는 점 $z = \pm\pi/2, \pm 3\pi/2, \cdots$에서 해석적이 아니지만, 이 점은 모두 경로 바깥에 위치한다. 또한 분모 $z^2-1 = (z-1)(z+1)$은 $z = \pm 1$에서 단순특이점을 가지므로 식 (9.9.8)과 유수정리에 의해

$$\begin{aligned}\oint_C \frac{\tan z}{z^2-1}dz &= j2\pi(\operatorname{Res}(f:1)+\operatorname{Res}(f:-1)) \\ &= j2\pi\left(\left[\frac{\tan z}{2z}\right]_{z=1}+\left[\frac{\tan z}{2z}\right]_{z=-1}\right) \\ &= j2\pi\tan 1 = j9.7855\end{aligned}$$

이다.

예제 9.9.5

적분경로 C를 원 $|z|=5$라 할 때 다음의 적분을 구하여 보자.

$$\oint_C \left[\frac{e^z}{z(z+1)}+\frac{\cos z}{z^2(z-\pi)^3}\right]dz$$

해

주어진 적분은

$$\oint_C \frac{e^z}{z(z+1)}dz+\oint_C \frac{\cos z}{z^2(z-\pi)^3}dz$$

로 표현할 수 있고, 유수정리에 의하여 위 적분은

$$j2\pi\left[\operatorname{Res}\left(\frac{e^z}{z(z+1)}:\ 0\right)+\operatorname{Res}\left(\frac{e^z}{z(z+1)}:\ -1\right)+\operatorname{Res}\left(\frac{\cos z}{z^2(z-\pi)}:\ 0\right)+\operatorname{Res}\left(\frac{\cos z}{z^2(z-\pi)}:\ \pi\right)\right]$$

이다. 이들 유수는 이미 [예제 9.9.2]에서 계산되어 있으므로

$$\begin{aligned}\oint_C \left[\frac{e^z}{z(z+1)}+\frac{\cos z}{z^2(z-\pi)^3}\right]dz &= j2\pi\left[1-e^{-1}-\frac{3}{\pi^4}-\frac{(6-\pi^2)}{2\pi^4}\right] \\ &= j3.903\end{aligned}$$

이다.

• 역라플라스 변환

코시의 유수정리를 제 3장에서 다룬 라플라스 역변환에 적용하여 보자. 이를 위하여 복소평면(즉 s-평면)의 오른쪽 반면에 [그림 9.34]와 같은 경로를 취한다. 이때 함수 $F(z)$는 [그림 9.34]에 표시된 직선 $x=a$의 우측과 그 직선상에서 해석적(즉 $F(z)$는 $z \geq a$에 대해서 해석적이다)이며 동시에 $F(z)$는 $z \to \infty$일 때 균등히 0으로 접근한다고 한다. 즉

$$\lim_{z\to\infty}|F(z)| \approx 0 \tag{9.9.13}$$

이다.

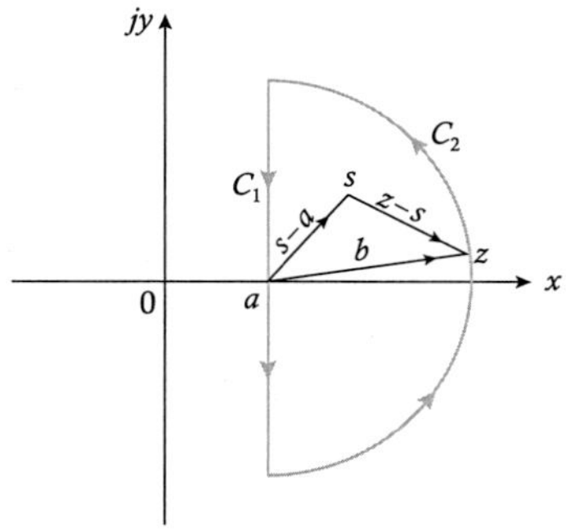

그림 9.34 역라플라스 변환

[그림 9.34]의 경로 C는 C_1과 C_2로 이루어져 있고 C_1은 직선부분이며, C_2는 반지름이 b인 반원부분이다. $F(z)$는 C상과 그의 내부에서 해석적이므로 코시의 정리에 의하여 C의 내부에 있는 점 s에 대해서

$$F(s)=\frac{1}{j2\pi}\oint_C \frac{F(z)}{z-s}dz=\frac{1}{j2\pi}\oint_{C_1}\frac{F(z)}{z-s}dz+\frac{1}{j2\pi}\oint_{C_2}\frac{F(z)}{z-s}dz \tag{9.9.14}$$

이다. [그림 9.34]를 참조하면 반원 C_2상의 값 z에 대해서

$$|z-s|+|s-a|\geq b \quad \rightarrow \quad |z-s|\geq b-|s-a|$$

가 성립하고, 여기서 $|s-a|$는 a로부터 s까지의 거리이고, $|z-s|$는 s로부터 C_2상의 임의의 점 z에 이르는 거리이다. 식 (9.9.14)의 오른쪽 항의 두 번째 적분의 크기는

$$\left|\oint_{C_2}\frac{F(z)}{z-s}dz\right| \leq \left|\oint_{C_2}\frac{F(z)}{z-s}\right||dz| \leq \oint_{C_2}\frac{|F(z)|}{b-|s-a|}|dz| \tag{9.9.15}$$

이므로, C_2상의 z값에 대해서 $|F(z)|$의 최대값을 M이라 하면

$$\left|\oint_{C_2}\frac{F(z)}{z-s}dz\right|\leq\frac{M}{b-|s-a|}\oint_{C_2}|dz|=\frac{\pi bM}{b-|s-a|} \tag{9.9.16}$$

이며, 여기서 $\oint_{C_2}|dz|=\pi b$는 C_2의 크기(즉 원호의 길이)이다. 임의의 고정되어 있는 점 s에 대해서 $|s-a|$는 상수이며

$$\lim_{b\to\infty}\frac{b}{b-|s-a|}\approx 1 \tag{9.9.17}$$

이다. $b \to \infty$ 이면 경로 C_2는 무한대의 반지름을 가지는 원으로 된다. 식 (9.9.19)로부터 $|F(z)|$는 $z \to \infty$ 일 때 균등하게 0으로 접근하므로

$$\lim_{b \to \infty} M \approx 0 \tag{9.9.18}$$

이다. 식 (9.9.17)과 (9.9.18)의 결과를 이용하여 부등식 (9.9.16)에 극한 $b \to \infty$ 을 취하면

$$\lim_{b \to \infty} \left| \oint_{C_2} \frac{F(z)}{z-s} dz \right| = \lim_{b \to \infty} \pi M \frac{b}{b - |s-a|} = \lim_{b \to \infty} \pi M \approx 0 \tag{9.9.19}$$

으로 된다. 여기서 C_2를 따르는 적분은 $b \to \infty$ 일 때 0이므로 식 (9.9.14)의 극한은

$$F(s) = \lim_{b \to \infty} \frac{1}{j2\pi} \int_{a+jb}^{a-jb} \frac{F(z)}{z-s} dz = \frac{1}{j2\pi} \int_{a-j\infty}^{a+j\infty} \frac{F(z)}{s-z} dz \tag{9.9.20}$$

이다. 여기서 $F(s)$의 라플라스 역변환인 $f(t)$를 구하여 보자. 즉 공식에 의해

$$f(t) = \mathcal{L}^{-1}[F(s)] = \mathcal{L}^{-1}\left[\frac{1}{j2\pi} \int_{a-j\infty}^{a+j\infty} \frac{F(z)}{s-z} dz \right] \tag{9.9.21}$$

로 정의되는 라플라스 역변환은 변수 s에 관하여 취해지는 것으로, 적분변수 z에 관한 것은 아니다. 따라서 적분기호 내부에서 $\mathcal{L}^{-1}$을 이동하면

$$f(t) = \mathcal{L}^{-1}[F(s)] = \frac{1}{j2\pi} \int_{a-j\infty}^{a+j\infty} F(z) \left[\mathcal{L}^{-1}\left(\frac{1}{s-z} \right) \right] dz \tag{9.9.22}$$

이다. 제 3 장의 라플라스 변환을 참조하면 $\mathcal{L}^{-1}\left(\frac{1}{s-a} \right) = e^{at}$이므로 $\mathcal{L}^{-1}\left(\frac{1}{s-z} \right) = e^{zt}$이다. 따라서 식 (9.9.22)는

$$f(t) = \mathcal{L}^{-1}[F(s)] = \frac{1}{j2\pi} \int_{a-j\infty}^{a+j\infty} F(z) e^{zt} dz \tag{9.9.23}$$

이다. 이제 z는 위 적분의 피적분함수에 있는 변수에 지나지 않으므로 z를 s로 대치하여도 문제되지 않는다. 즉

$$f(t) = \mathcal{L}^{-1}[F(s)] = \frac{1}{j2\pi} \int_{a-j\infty}^{a+j\infty} F(s) e^{st} ds \tag{9.9.24}$$

가 얻어진다. 이미 제 3 장에서 설명한 바와 같이 식 (9.9.24)는 라플라스 역변환의 정의식이고, 이것을 복소반전적분의 경로적분 표현(contour integral representation of complex inversion integral) 또는 브롬위치 적분(Bromwich integral)이라 한다. s 와 z 는 모두 복소변수를 나타내는 데 사용된 기호이다. z 는 일반적인 수학공식의 전개에 사용되고, s 는 라플라스 변환과 같은 특수한 방정식에 대해서만 사용된다. 따라서 식 (9.9.13)으로부터

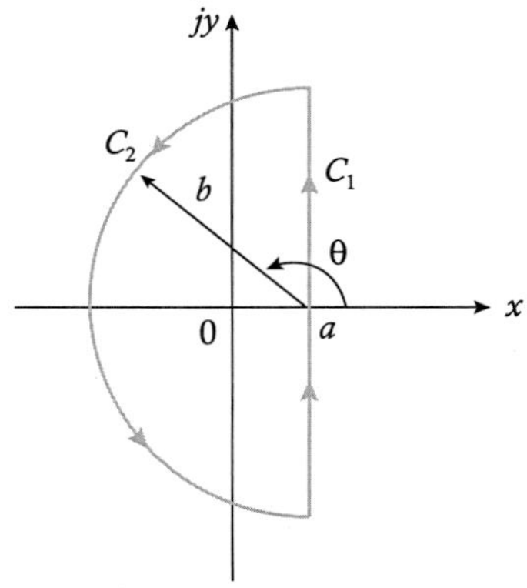

그림 9.35 역라플라스 변환의 경로

$$\lim_{s \to \infty} |F(s)| \approx 0 \tag{9.9.25}$$

가 얻어진다. 이제 유수정리에 의하여 적분 (9.9.23)의 계산을 시도하여 보자. [그림 9.35]에 표시된 경로 $C = C_1 + C_2$는 $F(s)$의 모든 고립특이점을 포함한다고 하면, C_1은 직선부분이고, C_2는 반지름이 b인 반원부분이다. C는 $F(s)$의 모든 특이점을 포함하고 e^{st}는 s의 모든 값에 대해서 해석적이므로 코시의 유수정리 (9.9.9)에 의하여

$$\begin{aligned} \frac{1}{j2\pi}\oint_C F(s)e^{st}\,ds &= \frac{1}{j2\pi}\int_{a-jb}^{a+jb} F(s)e^{st}\,ds + \frac{1}{j2\pi}\oint_{C_2} F(s)e^{st}\,ds \\ &= \sum_k \mathrm{Res}\big(F(s)e^{st} : s_k\big) \end{aligned} \tag{9.9.26}$$

가 성립한다. $F(s)$가 식 (9.9.24)를 만족한다면 C_2에 따르는 적분은 0으로 되어 $b \to \infty$ 일 때 식 (9.9.26)은

$$f(t) = \mathcal{L}^{-1}[F(s)] = \frac{1}{j2\pi}\int_{a-j\infty}^{a+j\infty} F(s)\,e^{st}\,ds = \sum_k \mathrm{Res}\big(F(s)e^{st} : s_k\big) \tag{9.9.27}$$

로 되어 제 3 장에서 취급한 공식과 일치함을 확인할 수 있다.

▶ 예제 9.9.6

식 (9.9.27)을 이용하여 $F(s) = 1/s(s+1)(s+2)$의 라플라스 역변환을 구하여 보자.

◇ 해

$F(s)$는 $s=0,\ s=-1$ 및 $s=-2$에 단순극을 가지므로 유수공식에 의하여

$$\operatorname{Res}\left(F(s)e^{st}:0\right)=\lim_{s\to 0}s\left[F(s)e^{st}\right]=\left.\frac{e^{st}}{(s+1)(s+2)}\right|_{s=0}=\frac{1}{2}$$

$$\operatorname{Res}\left(F(s)e^{st}:-1\right)=\lim_{s\to -1}s\left[F(s)e^{st}\right]=\left.\frac{e^{st}}{s(s+2)}\right|_{s=-1}=-e^{-t}$$

$$\operatorname{Res}\left(F(s)e^{st}:-2\right)=\lim_{s\to -2}s\left[F(s)e^{st}\right]=\left.\frac{e^{st}}{s(s+1)}\right|_{s=-2}=\frac{e^{-2t}}{2}$$

이므로 식 (9.9.27)에 의하여

$$f(t)=\mathcal{L}^{-1}[F(s)]=\left(\frac{1}{2}-e^{-st}+\frac{1}{2}e^{-st}\right)$$

이다.

9.9.2 실적분의 계산

유수정리를 이용하면 복잡한 실적분(real integral)을 계산하는 데 매우 세련되고 간단한 방법을 얻을 수 있다. 여기서 이와 관련된 몇 가지 예를 이용하여 간단히 설명하기로 한다. 먼저 다음 적분에 대하여 생각하여 보자.

$$I=\int_0^{2\pi}g(\cos\theta,\sin\theta)d\theta \tag{9.9.28}$$

여기서 $g(\cos\theta,\sin\theta)$는 $\cos\theta$와 $\sin\theta$로 이루어진 유리함수(rational function)로서 구간 $0\le\theta<2\pi$에서 특이점을 가지지 않는 것으로 한다. 이때

$$e^{j\theta}=z \tag{9.9.29}$$

로 두면 삼각함수의 공식으로부터 다음의 관계식을 얻어진다.

$$\begin{aligned}\cos\theta&=\frac{1}{2}\left(e^{j\theta}+e^{-j\theta}\right)=\frac{1}{2}\left(z+\frac{1}{z}\right)\\ \sin\theta&=\frac{1}{j2}\left(e^{j\theta}-e^{-j\theta}\right)=\frac{1}{j2}\left(z-\frac{1}{z}\right)\\ d\theta&=\frac{dz}{je^{j\theta}}=\frac{dz}{jz}\end{aligned} \tag{9.9.30}$$

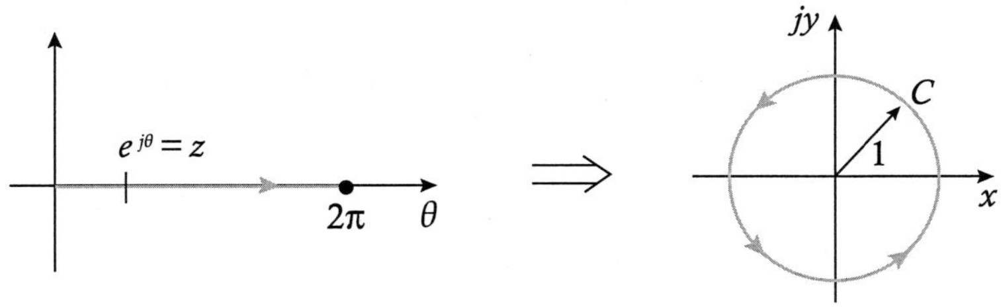

그림 9.36 θ의 변화에 따른 경로 C

[그림 9.36]에서 알 수 있는 바와 같이, θ가 0에서 2π까지 변화하면 복소변수 z는 단위원을 시계반대방향으로 한 바퀴 회전한다. 이러한 관계를 이용하면 실적분 (9.9.28)은

$$I=\int_0^{2\pi} g(\cos\theta, \sin\theta)d\theta = \oint_C \frac{f(z)}{jz}dz = j2\pi \sum_k \text{Res}\left(\frac{f(z)}{jz} : z_k\right) \tag{9.9.31}$$

로 계산된다. 여기서 $C=|z|=1$인 단위원이며 z_k는 $f(z)/z$의 단위원 내에 존재하는 특이점이다.

유수정리를 이용하여 계산할 수 있는 두 번째의 적분으로서

$$I=\int_{-\infty}^{\infty} f(x)dx \tag{9.9.32}$$

가 있다. 여기서 $f(x)$는 유리함수로서

$$f(x)=\frac{p(x)}{q(x)} \tag{9.9.33}$$

의 형태이며, 분모다항식 $q(x)$는 실수의 영점을 가지지 않으며, 동시에 분자다항식 $p(x)$보다 적어도 2차 이상 고차라고 가정한다. 이때 다음과 같은 경로적분을 생각하여 보자.

$$I_1 = \oint_C f(z)dz \tag{9.9.34}$$

여기서 C는 [그림 9.36]에 표시되어 있는 폐경로(즉 단위원)이다. 이때 만약 C_1이 경로 C의 부분인 반원을 나타낸다면 식 (9.9.34)는 유수정리에 의하여 다음과 같이 나타낼 수 있다.

$$I_1 = \oint_{C_1} f(z)dz + \int_{-D}^{D} f(x)dx = j2\pi \sum_{k=1}^{N} \text{Res}\,(f(z) : z_k) \tag{9.9.35}$$

위 식에서 N은 [그림 9.37]과 같은 반원의 내부에 존재하는 특이점의 개수를 의미한다. 여기서 반원의 반지름이 $D \to \infty$ 함에 따라서

$$\oint_{C_1} f(z)dz \to 0 \tag{9.9.36}$$

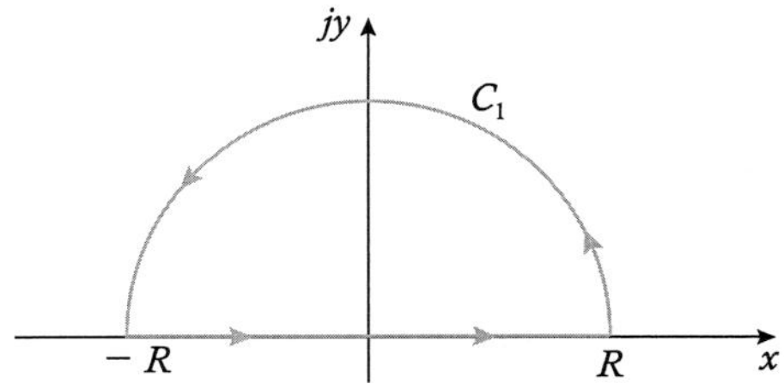

그림 9.37 식 (9.9.35)의 반원

로 된다는 것을 확인하여 보자. 식 (9.9.33)과 $q(z)$가 $p(z)$보다 적어도 2차 이상 고차라는 사실을 이용하면

$$|f(z)| = \left|\frac{p(z)}{q(z)}\right| = \frac{|p(z)|}{|q(z)|} \sim \frac{1}{D^2} \tag{9.9.37}$$

을 얻는다. 이것을 [요점 9.9]의 식 (9.4.18)을 이용하여 식 (9.9.35)에 적용하면

$$\left|\oint_C f(z)dz\right| \le |f_{\max}|\pi D \sim \frac{1}{D} \tag{9.9.38}$$

로 된다. 이때 반원의 반지름 D가 ∞로 접근함에 따라 위 식으로부터

$$\oint_{C_1} f(z)dz \to 0$$

로 될 것이다. 따라서 식 (9.9.32)는

$$\int_{-\infty}^{\infty} f(x)dx = j2\pi \sum_{k=1}^{N} \text{Res}\,(f(z):\, z_k) \tag{9.9.39}$$

로 된다. 이때 오른쪽 항은 함수 $f(z)$가 복소평면의 위쪽 부분 전체에 존재하는 특이점에 대한 유수의 합을 나타내고 있다.

유수정리를 이용하여 계산할 수 있는 실적분의 세 번째로서 다음과 같은 푸리에 적분

$$I = \int_{-\infty}^{\infty} f(x)\sin mx\,dx \;\; \text{또는} \;\; I = \int_{-\infty}^{\infty} f(x)\cos mx\,dx \tag{9.9.40}$$

에 대하여 생각하여 보자. 우선 이와 관련한 경로적분으로

$$I_1 = \oint_C f(z)e^{jmz}dz \tag{9.9.41}$$

가 주어지며, 여기서 m은 양의 실수이고 C는 [그림 9.36]의 경로이다. 여기서 $y \geq 0$인 영역에 대해서만 적분을 수행한다고 하면

$$|e^{jmz}| = |e^{jmx}||e^{-my}| = e^{-my} \leq 1 \tag{9.9.42}$$

일 것이다. 이를 식 (9.9.41)에 적용하면 피적분함수는

$$|f(z)e^{jmz}| = |f(z)||e^{jmz}| \leq |f(z)| \tag{9.9.43}$$

로 된다. 여기서 함수 $f(z)$가 두 번째 실적분의 예와 동일한 조건(즉 식 (9.9.37))으로 가정하면

$$\int_{-\infty}^{\infty} f(x)e^{jmx}dx = j2\pi \sum_{k=1}^{N} \text{Res}\left(f(z)e^{jmz}: z_k\right) \tag{9.9.44}$$

을 얻는다. 여기서 오른쪽 항은 함수 $[f(z)e^{jmz}]$가 복소평면의 상단에 가지는 특이점에 대한 유수의 합을 의미하고 있다. 이 결과 식 (9.9.40)의 적분값은 실수 또는 허수로 될 것이라는 것을 알 수 있다.

위 세 가지 경우 중에서 식 (9.9.32) 형식의 적분을 수행하는 경우, 적분의 상한과 하한이 동시에 존재하여야 한다는 점에 유의하여야 한다. 즉

$$\int_{-\infty}^{\infty} f(x)dx = \lim_{D\to\infty}\int_{0}^{D} f(x)dx + \lim_{S\to\infty}\int_{-S}^{0} f(x)dx \tag{9.9.45}$$

이다. 이때 유수정리를 적용하여 적분을 계산한다는 것은 사실상

$$\lim_{D\to\infty}\int_{-D}^{D} f(x)dx \tag{9.9.46}$$

를 계산하는 것으로 볼 수 있으며, 이것은 식 (9.9.45)가 존재하지 않는 경우에도 존재한다. 이때 식 (9.9.46)의 극한값을 적분 (9.9.32)에 대한 코시의 주값(Cauchy's principle value)라고 한다. 물론 식 (9.9.45)의 오른쪽의 두 개의 극한값이 존재한다면, 코시의 주값은 이것과 동일한 값을 가진다.

▶ 예제 9.9.7

다음의 실적분을 유수정리를 이용하여 수행하여 보자.

$$\int_0^{2\pi} \frac{d\theta}{2+\cos\theta}$$

◇ 해

식 (9.9.30)을 이용하면, 적분을 다음과 같이 변형할 수 있다.

$$\int_0^{2\pi} \frac{d\theta}{2+\cos\theta} = \oint_C \frac{dz/jz}{2+\frac{1}{2}\left(z+\frac{1}{z}\right)} = \oint_C \frac{2dz}{j(z^2+4z+1)}$$

여기서 경로 C는 단위원을 나타낸다. 피적분함수는 두 개의 극점 $z_{1,2} = -2 \pm \sqrt{3}$을 가지지만, 단위원 내부의 극점은 $z_1 = -0.2679$ 뿐이다. 이 점에 대한 유수는

$$\text{Res}\left(\frac{f(z)}{jz} : z_1\right) = \lim_{z\to z_1}(z+0.2679)\frac{2}{j(z^2+4z+1)} = \left.\frac{-2j}{(z+3.732)}\right|_{z=-0.2679} = -j0.5773$$

따라서 유수정리에 의하여

$$I = \oint_C \frac{f(z)}{jz}dz = [j2\pi(-j0.5773)] = 3.6276$$

이다.

▶ 예제 9.9.8

다음 적분을 유수정리에 의하여 계산하여 보자. 이 경우 적분의 하한이 0 이므로 식 (9.9.39) 형식의 적분을 이용하는 경우 주의가 필요하다.

$$\int_0^{\infty} \frac{dx}{(1+x^2)}$$

◇ 해

복소함수 $f(z) = 1/(1+z^2)$에 대하여 생각한다. 이 경우 두 개의 극점 $z_1 = j$와 $z_2 = -j$을 가지지만, z_1만이 복소평면의 윗부분에 존재한다. 따라서 이에 대한 유수는

$$\text{Res}\,(f(z) : z_1) = (z-j)\left.\frac{1}{(z-j)(z+j)}\right|_{z=j} = \frac{1}{j2}$$

따라서 식 (9.9.39)에 의하여

$$I = \oint_C \frac{f(z)}{jz}dz = \left[j2\pi\left(\frac{1}{j2}\right)\right] = \pi$$

이다. 그런데 주어진 적분은 우함수이므로

$$\int_0^{\infty}\frac{dx}{(1+x^2)}=\frac{1}{2}\int_{-\infty}^{\infty}\frac{dx}{(1+x^2)}$$

의 관계가 성립한다. 따라서

$$\int_0^{\infty}\frac{dx}{(1+x^2)}=\frac{\pi}{2}$$

를 얻는다.

예제 9.9.8

다음의 실적분을 구하여보자.

$$\int_{-\infty}^{\infty}\frac{\cos x}{1+x^2}dx \quad \text{및} \quad \int_{-\infty}^{\infty}\frac{\sin x}{1+x^2}dx$$

해

식 (9.9.41)에서 (9.9.44)까지의 내용을 참고하여 주어진 적분을 수행한다. 먼저

$$I_1=\oint_C\frac{e^{jz}}{1+z^2}dz$$

로 두면 경로 C는 [그림 9.32]의 반원으로 된다. 위 식의 분모 $(1+z^2)$은 $z=\pm j$에 영점을 가지나 $z=j$가 경로 내에 존재하며, 이에 대한 유수는

$$\mathrm{Res}\,(f(z):\ j)=(z-j)\frac{e^{jz}}{(z-j)(z+j)}\bigg|_{z=j}=\frac{e^{-1}}{j2}=-j0.1839$$

이다. 식 (9.9.44)에 의한 적분값은 다음으로 된다.

$$\int_{-\infty}^{\infty}\frac{e^{jx}}{1+x^2}dx=j2\pi(-j0.1839)=1.1555$$

위 적분을 다음과 같이 실수부와 허수부로 분해하면

$$\int_{-\infty}^{\infty}\frac{e^{jx}}{1+x^2}dx=\int_{-\infty}^{\infty}\frac{\cos x}{1+x^2}dx+j\int_{-\infty}^{\infty}\frac{\sin x}{1+x^2}dx$$

로 된다. 위 식의 허수부와 실수부를 비교함으로써 다음 두 개의 식을 얻을 수 있다.

$$\int_{-\infty}^{\infty}\frac{\cos x}{1+x^2}dx=1.188\,,\quad \int_{-\infty}^{\infty}\frac{\sin x}{1+x^2}dx=0$$

위 식에서 오른쪽 적분값이 0으로 된 것은 피적분함수가 기함수이므로

$$\int_0^{\infty}\frac{\sin x}{1+x^2}dx=-\int_{-\infty}^{0}\frac{\sin x}{1+x^2}dx$$

의 관계가 성립하기 때문이다.

9.9.3 MATLAB에 의한 풀이

```
% [예제 9.9.1]
syms z
f=sin(z)/z^2; [re]=resid_sym(f,2,0)                    % z=0 에 대한 유수 b1

% [예제 9.9.2]
syms z
f_a=exp(z)/z/(z+1);                                          % (a)
[re1]=resid_sym(f_a,1,-1), [re2]=resid_sym(f_a,1,0)     % z=-1, z=0 에 대한 유수
f=cos(z)/sin(z); [re]=lopital_sym(cos(z),sin(z),1,pi)       % (b)
f=cos(z)/z^2/(z-pi)^3;                                       % (c)
re1=resid_sym(f,2,0), re2=resid_sym(f,3,pi)           % z=0, z=π 에 대한 유수
% (d)
roots([1 0 0 0 -1])                                   % (z^4-1) 의 근
f_d=cosh(pi*z)/(z^2-1)/(z^2+1); [re1]=resid_sym(f_d,1,j)     % z=j 의 유수
[re]=lopital_sym(cosh(pi*z),z^4-1,1,j)     % error가 발생 -> Lhospital의 정리 이용
```

❖ [예제 9.9.2]에서 유수를 구하기 위한 프로그램으로 'resid_sym'과 'lopital_sym'의 두 종류가 준비되어 있으나, 문제의 종류에 따라 나누어서 사용하는 것이 편리하다.

```
% [예제 9.9.3]
syms z
f=(4-3*z)/(z^2-z); re1=resid_sym(f,1,0)                 % z=0 에 대한 유수
re2=resid_sym(f,1,1)                                    % z=1 에 대한 유수

% [예제 9.9.4]
syms z
f=tan(z)/(z^2-1); re1=resid_sym(f,1,1);              % z=1 에 대한 유수
re2=resid_sym(f,1,-1);                               % z=-1 에 대한 유수
sol=2*pi*j*(re1+re2)                                 % 해

% [예제 9.9.5]
syms z
f1=exp(z)/z/(z+1); f2=cos(z)/z^2/(z-pi)^3;
re11=resid_sym(f1,1,0); re12=resid_sym(f1,1,-1);     % z=0,-1 에서 f1의 유수
re21=resid_sym(f2,2,0); re22=resid_sym(f2,3,pi);     % z=0,π 에서 f2의 유수
sol=2*pi*j*(re11+re12+re21+re22)                     % 해

% [예제 9.9.6]
syms z t                                             % s 대신에 z를 사용한다.
f=1/z/(z+1)/(z+2)*exp(z*t); re1=resid_sym(f,1,0);    % s=0 에서 f의 유수
re2=resid_sym(f,1,-1); re3=resid_sym(f,1,-2);        % s=-1,-2 에서 f의 유수
```

```
syms s
f=1/s/(s+1)/(s+2); ilaplace(f)                       % 라플라스 역변환의 식

% [예제 9.9.7]
syms theta
double(int(1/(2+cos(theta)),theta,0,2*pi))           % 3.6276의 확인

% [예제 9.9.8]
syms x
double(int(1/(1+x^2),x,0,inf))                       % pi/2=1.5708

% [예제 9.9.9]
syms x
double(int(cos(x)/(1+x^2),x,-inf,inf))               % (a) 1.1555
double(int(sin(x)/(1+x^2),x,-inf,inf))               % (a) 0
```

연습문제 9.9.4

1. 다음 함수의 모든 특이점과 이에 관한 유수를 구하여라.

(1) $\dfrac{z}{z^2+4}$　(2) $\dfrac{e^z}{(z-1)^2}$　(3) $\dfrac{z^2+1}{z^2+3z+2}$

(4) $\dfrac{\sin z}{z^6}$　(5) $\cot z$　(6) $\dfrac{1}{(z^2-1)^2}$　(7) $\tan z$

2. 다음 적분을 원 $|z|=2$를 따라 계산하여라.

(1) $\oint \dfrac{\sin z}{z^3}dz$　(2) $\oint \dfrac{z+1}{z+j}dz$　(3) $\oint \dfrac{dz}{4z^2+9}$

(4) $\oint \dfrac{\sin z}{z^3-z^2}dz$　(5) $\oint \dfrac{z^2+1}{z(z+1)^3}dz$　(6) $\oint \dfrac{\cosh \pi z}{z^2+z}dz$

3. 아래 적분을 계산하여라.

(1) $\oint_C e^{1/z}dz$, $C: |z|=1$　(2) $\oint_C \tan \pi z\, dz$, $C: |z|=1$

(3) $\oint_C \dfrac{e^z}{\cos z}dz$, $C: |z|=4.5$　(4) $\oint_C \dfrac{e^z}{\cos \pi z}dz$, $C: |z-j|=1.5$

(5) $\oint_C \frac{\tan \pi z}{z^3} dz$, $C: \left| z + j\frac{1}{2} \right| = 1$ (6) $\oint_C \frac{30z^2 - 23z + 5}{(2z-1)^2(3z-1)} dz$, $C: |z| = 1$

4. 다음의 실적분을 유수정리를 이용하여 수행하여라.

(1) $\int_0^{2\pi} \frac{d\theta}{(2+\cos\theta)^2}$ (2) $\int_0^{2\pi} \frac{d\theta}{2+2\sin\theta}$

(3) $\int_0^{2\pi} \frac{\cos 2\theta \, d\theta}{5 - 4\cos\theta}$

5. 다음 적분을 계산하여라.

(1) $\int_{-\infty}^{\infty} \frac{x^2 dx}{(1+x^2)^2}$ (2) $\int_{-\infty}^{\infty} \frac{x^2 dx}{x^4 + x^2 + 1}$ (3) $\int_{-\infty}^{\infty} \frac{dx}{x^4 + 5x^2 + 2}$

(4) $\int_{-\infty}^{\infty} \frac{\cos x}{(1+x^2)^2} dx$ (5) $\int_{-\infty}^{\infty} \frac{\cos x}{(1+x^4)} dx$ (6) $\int_{-\infty}^{\infty} \frac{\cos 4x}{(1+x^2)^2} dx$

Appendix

A MATLAB의 Symbolic Math Toolbox의 사용법

Symbolic Math Toolbox가 제공하는 수식의 상징적 표현방식(symbolic representation)을 이용하면 수식을 표현되어 있는 그대로 MATLAB의 명령 Window 화면에 입력하여 수행할 수 있기 때문에 대단히 편리하다. 특히 제 2 장과 제 3 장에서 취급한 푸리에 변환과 라플라스 변환 등의 계산결과를 특별한 사전준비 없이 바로 얻을 수 있기 때문에, 수작업으로 수행한 계산결과의 확인 등에 사용한다면 편리할 것이다. 여기서는 이 책에서 다룬 수준 정도의 계산을 할 수 있기 위한 Toolbox 사용법을 간단하게 설명한다.

1. 수식의 표현

먼저 Symbolic Math Toolbox와 관련한 help의 사용에 대하여 간단히 설명한다. 일반적으로 명령 Window상에서

```
help function
```

을 입력하면 'function'과 관련된 help가 화면에 나타나게 된다. 그러나 Symbolic Math Toolbox에 사용되는 상당수의 명령어는 일반적인 MATLAB의 명령어와 중복(overload)되는 것이 많기 때문에 명령 Window 화면에서 help가 필요한 함수가 Symbolic Math Toolbox에서 나온 것이라는 것을 다음과 같이 명기할 필요가 있다. 즉

```
help sym/function
```

이다. 예를 들어 미분과 관련되는 'diff'의 많은 사용법 중에서 Symbolic Math Toolbox와 관련된 help를 보고자 한다면

```
help sym/diff
```

를 입력하여야 한다. 또한 MATLAB은 Symbolic Math Toolbox와 관련된 데모프로그램을 제공하기 때문에 이것을 실행하면 많은 정보를 얻을 수 있다.

1.1 상징적 개체 정의 및 사용법

Symbolic Math Toolbox를 사용한 수식계산을 실행하기 위해서는 우선 '상징적 개체(symbolic object)'라고 불리는 데이터형식을 미리 정의해야 하는 점이 일반적인 MATLAB 명령어의 사용법과 다른 점이다. 예를 들어 지수함수 $f(t)=e^{-2t}$의 계산을 $t=2$에서 수행하기 위해서는 MATLAB 명령어 'exp(-2*2)'를 실행하면 가능하지만, 만약 함수 $f(t)$의 라플라스 변환을 구하고자 한다면 시간 t의 함수인 f를 상징적 개체로 정의하고 이것에 라플라스 변환을 적용시켜야 한다는 것이다. 이와 같이 변수(또는 함수)를 표현하는 상징적 개체를 미리 정의하고 이 개체로서 함수를 표현할 수 있도록 하는 명령어 'sym'이 제공된다. 이것의 사용법은 다음과 같다. 즉

```
x=sym('x')
a=sym('alpha')
```

를 실행하면 변수 x가 상징적 개체 x로서, 또 변수 alpha가 역시 상징적 개체 a로서 MATLAB 상에 만들어진다. 예로서 황금률(golden ratio)의 비를 나타내는 다음의 값을 상징적 개체로 정의하여 보자. 즉

$$\rho = \frac{1+\sqrt{5}}{2}$$

```
rho=sym('(1+sqrt(5))/2')
```

를 실행하면 상징적 개체 rho가 정의되고, 앞으로 이것을 이용하여 여러 종류의 계산을 간단히 수행할 수 있다. 예를 들어

```
f=rho^2-rho-1
```

을 실행하면

```
f =
(1/2+1/2*5^(1/2))^2-3/2-1/2*5^(1/2)
```

을 얻으며, 여기에

```
simplify(f)
```

를 실행하면 0(zero)이 얻어짐을 확인할 수 있을 것이다.[1] 또한 2차식 $f = ax^2 + bx + c$를 상징적 개체로 정의하기 위해

```
f=sym('a*x^2+b*x+c')
```

를 실행하면 상징적 함수 f에 상기의 2차식이 배당되게 된다. 이 경우 Symbolic Math Toolbox는 2차식의 a, b, c, x의 각각의 변수에 대한 개체를 생성하는 것이 아니라 2차식의 형태로 상징적 함수 f를 생성한다는 점에 유의한다. 만약 위 2차식에 관하여 미분이나 적분 등을 수행하기 위해서는 다음과 같이 각각의 변수를 상징적 개체로 지정하여야 할 것이다.

```
a=sym('a')
b=sym('b')
c=sym('c')
x=sym('x')
```

1) simplify의 사용법은 뒷부분(6절)을 참조하여라.

또는 간단히 다음과 같이 할 수도 있다.

```
syms a b c x
```

2. Symbolic표현과 수식으로의 전환

상징적 표현식에 임의의 값을 대입한 결과를 얻기 위해서는 명령어 'sym'이 가지는 네 가지의 옵션을 이용하면 가능하다. 예를 들어 위에서 정의한 황금률의 비 ρ의 실제값을 구하기 위해서 명령어 'sym'이 가지는 네 종류의 옵션을 지정하여 실행하면 각각이 가지는 특징을 이해할 수 있을 것이다.[2)]

```
sym(rho,'f'), sym(rho,'r'), sym(rho,'e') 및 sym(rho,'d')
```

명령어 sym의 효과적인 용도 중의 하나로서 다음과 같은 것이 있다. 즉

```
A=hilb(3)
```

을 실행하면 다음과 같은 크기(3×3)인 힐버트행렬(Hilbert matrix)이 생성된다.

```
A =
      1.0000   0.5000   0.3333
      0.5000   0.3333   0.2500
      0.3333   0.2500   0.2000
```

여기에 sym을 적용하여

```
A=sym(A)
```

을 실행하면

```
A =
[   1, 1/2, 1/3]
[ 1/2, 1/3, 1/4]
[ 1/3, 1/4, 1/5]
```

2) 구체적 설명은 help를 이용하기 바란다.

로 되어 행렬의 요소, 예를 들어 0.3333 의 실제값인 (1/3) 을 정확하게 표현할 수 있음을 알 수 있다. sym의 또 다른 옵션이 'real'을 사용하여 상징적 개체에 대한 수학적인 특성을 정의할 수 있다. 예를 들어

```
syms x y real
z=x+i*y
```

를 실행하면 개체 z는 항상 복소수로 정의되므로 다음 명령어의 적용이 가능하다. 즉

```
conj(x), conj(z) 및 expand(z*conj(z))
```

을 실행하면 다음의 결과가 얻어짐을 확인할 수 있을 것이다.

```
x, x-i*y 및 x^2+y^2
```

위에서 'conj'는 복소함수의 공역을 얻는 명령어이다. 따라서 상징적 개체 x는 실수이기 때문에 'conj(x)==1'을 수행하면 '1'이 return된다. 만약 상징적 개체 x에 대한 실수의 특성을 제거하려면

```
syms x unreal
```

을 실행하면 된다.

3. 간단한 예

3.1 함수의 미분

먼저 함수 $f(x)$를 상징적 개체로 정의하고 이것의 미분을 계산하여 보자. 먼저

```
f=sym('f(x)')
```

를 실행하면 함수 $f(x)$가 상징적 개체인 f에 배당된다. 이 함수에 대한 미분은 다음과 같이 정의할 수 있다.

```
syms x h
df = (subs(f,x,x+h)-f)/h
```

를 실행하면 함수 $f(x)$의 변수 x에 관한 미분식을 얻을 수 있다.

```
df =
    (f(x+h)-f(x))/h
```

위에서 명령어 'subs(f,x,x+h)'는 상징적 함수 f의 변수(즉 x)를 처음의 x(old one)에서 뒷쪽(new one)의 $x+h$로 교체하라는 것을 의미한다.

3.2 상징적 행렬의 생성

상징적 개체로 이루어진 행렬을 구성하여 그 특징을 살펴보기로 하자.

```
syms a b c
A = [a b c; b c a; c a b]
```

를 실행하면

```
A =
[ a, b, c]
[ b, c, a]
[ c, a, b]
```

를 얻는다. 위 행렬 A의 각 요소는 상징적 개체로 이루어져 있지만, 행렬과 관련한 MATLAB의 일반적인 법칙은 그대로 적용 가능하다. 즉

```
sum(A(1,:))
```

을 수행하면 '$a+b+c$'가 얻어지며, 또

```
sum(A(1,:)) == sum(A( : ,2))
```

은 양변이 동일한 값을 가지기 때문에 위 명령의 실행 결과는 '1'이 return될 것이다. 또 행렬 A의 임의 요소를 다른 상징적 개체로 교체할 수도 있다. 즉

```
syms alpha beta
A(2,3)=beta;
A=subs(A,b,alpha)
```

를 실행하면 다음이 얻어진다.

```
A =
[     a, alpha,     c]
[ alpha,     c,  beta]
[     c,     a, alpha]
```

4. Symbolic Math Toolbox를 이용한 계산

Symbolic Math Toolbox는 기본적인 계산(calculus), 즉 미분, 적분, 극한, 합계 및 테일러 전개 등의 계산을 위한 명령어를 제공하고 있다. 여기서는 이 책의 내용에 필요한 것을 중심으로 간략하게 설명한다. 자세한 내용은 Symbolic Math Toolbox가 제공하는 매뉴얼 등을 참조하기 바란다.

4.1 미 분

```
syms a x
f = sin(a*x)
df = diff(f)
```

를 실행하여 보자. 이 경우 함수 $f(x)=\sin ax$의 미분인 $f'(x)=a\cos ax$가 얻어지는 것을 확인할 수 있을 것이다. 또 함수 f를 변수 a에 대하여 미분하기 위해서는

```
dfa=diff(f,a)
```

를 실행하면 된다. 또 함수 f의 2계 미분은 다음과 같다.

```
dfa = diff(f,2), 또는 diff(f,x,2)
```

이 결과 $f''(x)=-a^2\sin ax$가 얻어짐을 확인할 수 있다.

```
ans =
     -sin(a*x)*a^2
```

[표 A.1]에 명령어 'diff'를 사용한 몇 가지 예를 표시하였다.

[표 A.1]

함수 f	diff(f)
x''	x^n*n/x
$\sin(ax+b)$	a*cos(a*x+b)
$e^{j\theta}$	j*exp(i*theta)

명령어 'diff'는 상징적 행렬에 대해서도 적용 가능하다. 이때 미분은 행렬 각 요소 하나하나에 대하여 실행된다. 다음의 예를 보자.

```
syms a x
A=[cos(a*x),sin(a*x);-sin(a*x),cos(a*x)]
dy=diff(A)
```

를 실행하면

```
y=
[-sin(a*x)*a,  cos(a*x)*a]
[-cos(a*x)*a, -sin(a*x)*a]
```

임을 확인할 수 있다.

4.2 극 한

잘 알려진 바와 같이 미분은 다음과 같이 정의된다.

$$f'(x) = \lim_{h \to 0} \frac{f(x+h) - f(x)}{h}$$

Symbolic Math Toolbox를 사용하면 어떤 함수의 극한을 바로 계산할 수 있다. 다음의 예를 보자.

```
syms h n x
dc=limit((cos(x+h)-cos(x))/h,h,0)
```

의 결과 '$dc = -\sin(x)$'로 되어, $\cos x$의 미분인 $-\sin x$가 얻어졌음을 확인할 수 있다. 또

$$e^x = \lim_{n\to\infty}\left(1+\frac{x}{n}\right)^n$$

의 관계로부터

```
limit((1+x/n)^n,n,inf)
```

을 실행하면 exp(x), 즉 e^x를 얻을 수 있다. 극한과 관련된 내용을 [표 A.2]에 정리하였다.

[표 A.2]

수학적인 표현	MATLAB 표현
$\lim_{x\to 0} f(x)$	limit(f)
$\lim_{x\to a} f(x)$	limit(f,a) 또는 limit(f,x,a)
$\lim_{x\to a^-} f(x)$	limit(f,x,a,'left')
$\lim_{x\to a^+} f(x)$	limit(f,x,a,'right')

[표 A.2]에서 $x\to a^+$ 또는 $x\to a^-$는 각각 변수 x가 a의 오른쪽(즉 a보다 큰 값)에서, x가 a의 왼쪽(즉 a보다 작은 값)에서 각각 a로 향해 수렴하고 있는 것을 의미한다.

4.3 적 분

'f'가 상징적 함수라면

```
F=int(f)
```

는 'diff(F)=f'를 만족하는 또 하나의 상징적 함수 F를 생성한다. 즉 'int(f)'는 'f'의 적분을 수행하는 명령어라는 것을 알 수 있다. 또는

```
F=int(f,v)
```

를 실행하면 함수 'f'의 변수 'v'에 관한 적분이 얻어진다. [표 A.3]에 적분과 관련한 몇 가지 예를 열거하였다.

[표 A.3]

수학적인 표현	MATLAB 표현
$\int x^n dx = \frac{x^n+1}{n+1}$	`int(x^n)` 또는 `int(x^n,x)`
$\int_0^{\pi/2} \sin(2x)dx = 1$	`int(sin(2*x),0,pi/2)` 또는 `int(sin(2*x),x,0,pi/2)`
$g = \cos(at+b)$ $\int g(t)dt = \sin(at+b)/a$	`g=cos(a*t+b)`, `int(g)` 또는 `int(g,t)`

상한과 하한이 주어지는 적분 역시 가능하다. 즉 명령어

```
int(f,a,b), 또는 int(f,v,a,b)
```

의 수식표현은 다음과 같다.

$$\int_a^b f(x)dx \quad 또는 \quad \int_a^b f(v)dv$$

[표 A.4]에 적분과 관련된 몇 가지 예를 나열하였다.

[표 A.4]

함수 f	상한(b)와 하한(a)	int(f,a,b)
x^7	0, 1	$1/8$
$1/x$	1, 2	$\ln(2)$
$\ln(x)\sqrt{x}$	0, 1	$-4/9$
e^{-x^2}	0, ∞	$(1/2)\pi^{1/2}$

4.4 합($\sum$)의 계산 및 상징적 함수의 그래프 생성

상징적 개체의 합이 존재한다면 명령어 'symsum'을 이용하여 합계를 계산할 수 있다. 예를 들어

$$1+\frac{1}{2^2}+\frac{1}{3^2}+\cdots$$

은 $\pi^2/6$ 으로 수렴하며, $1+x+x^2+\cdots$은 $1/(1-x)$로 된다(단 $|x|<1$ 이다). 이러한 관계식을 Symbolic Math Toolbox를 이용하여 확인하여 보자.

```
syms x k
s1=symsum(1/k^2,1,inf)
s2=symsum(x^k,k,0,inf)
```

를 실행하면 다음의 결과를 얻는다.

```
s1=1/6*pi^2
s2=-1/(x-1)
```

다음 식으로 주어지는 함수를 이용하여 Symbolic Math Toolbox를 적용한 몇 가지의 예를 만들어보자.

$$f(x)=\frac{1}{5+4\cos x}$$

먼저 위의 함수를 다음과 같이 상징적 함수로 정의한다.

```
syms x
f=1/(5+4*cos(x))
```

다음에 Symbolic Math Toolbox가 제공하는 명령어 '`ezplot(f)`'를 이용하여 함수 `f(x)`에 대한 그래프를 작성한다. 즉

```
ezplot(f,[-6 6])
```

을 실행하면 다음의 그림을 얻는다. 이때 '`ezplot`'에서 변수 x의 범위(즉 [−6 6])를 설정하지 않는다면 ezplot는 자동적으로 가장 적절한 범위를 선정하여 그래프로 나타낸다.

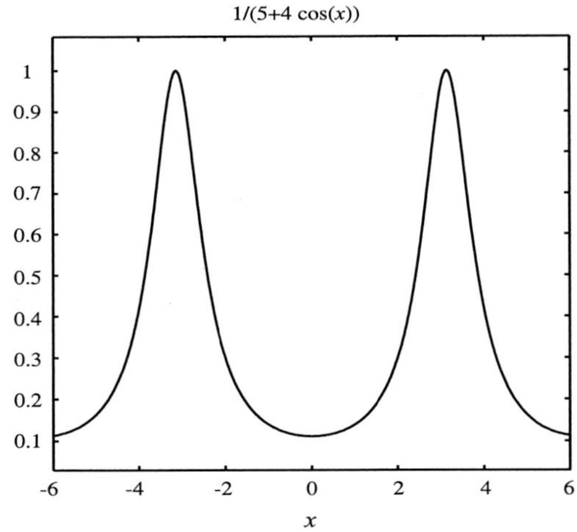

그림 A.1 함수 $f(x)$의 그림

5. 테일러 급수(Taylor Series)

명령어

```
T=taylor(f,8)
```

을 실행하면

```
T =
    1/9+2/81*x^2+5/1458*x^4+49/131220*x^6
```

가 얻어지는데, 이것은 다음 식으로 정의되는 함수 $f(x)$의 $x=a$에서의 테일러 급수를 제 8차까지 수행한 결과를 나타내고 있다.

$$\sum_{n=0}^{\infty}(x-a)^n \frac{f^n(x)}{n!}\bigg|_{x=a}$$

위 명령어 `taylor(f,8)`은 $a=0$인 경우이다. 만약 함수 $g(x)=e^{x\sin(x)}$를 $x=2$에서 테일러 급수 전개하여 처음 12번째 항까지의 합계를 얻고자 하는 경우는 다음을 실행하면 된다.

```
syms x
g=exp(x*sin(x))
t=taylor(g,12,2)
```

다음에 Symbolic Math Toolbox의 함수를 이용하여 계산한 테일러 근사값이 실제값에 어느 정도 근접하고 있는지를 그림을 통하여 알아보자. 즉

```
xd=1:0.05:3; yd=double(subs(g,x,xd));
ezplot(t,[1,3]);hold on
plot(xd,yd)
```

를 실행하면 [그림 A.2]가 얻어진다. 이 그림으로부터 실제값과 테일러 전개에 의한 근사값 사이에는 거의 차이가 없음을 확인할 수 있다.

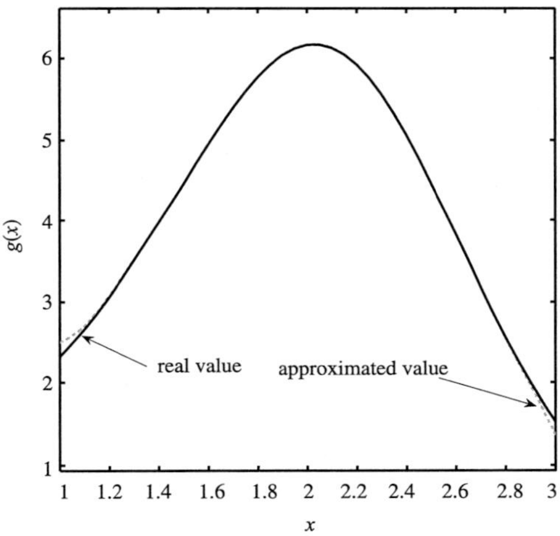

그림 A.2 $g(t) = e^{x\sin(x)}$의 실제값과 테일러 전개에 의한 근사값

함수 $f(x)$를 $x=0$에서 테일러 급수 전개하여 제 8 차까지의 전개값인 개체 t는 상당히 복잡한 모양을 가진다. 이것을 'pretty'명령어를 수행하면 보기에 편한 형태로 표현 가능하다. 즉

```
pretty(t)
```

를 실행하면 다음과 같이 8차의 테일러 급수 전개된 형식이 화면에 나타난다.3)

$$\left(\frac{1}{9}\right)+\left(\frac{2}{81}\right)x^2+\left(\frac{5}{1458}\right)x^4+\left(\frac{49}{131220}\right)x^6+$$

3) 화면상의 표시방법의 제약으로 인해 위 수식과는 약간 다르게 나타난다.

다음에 함수 $f(x)$의 2 계 미분을 구하고 이것을 그래프로 그려보자. 먼저 2 계 미분은

```
f2 = diff(f,2), 혹은 f2 = diff(f,x,2)
```

를 실행하면 다음의 결과가 얻어진다.

```
f2 =
32/(5+4*cos(x))^3*sin(x)^2+4/(5+4*cos(x))^2*cos(x)
```

이 결과를 명령어 'ezplot'를 이용한 그래프를 [그림 A.3]에 표시하였다.

```
ezplot(f2)
axis([-2*pi 2*pi -5 2])
```

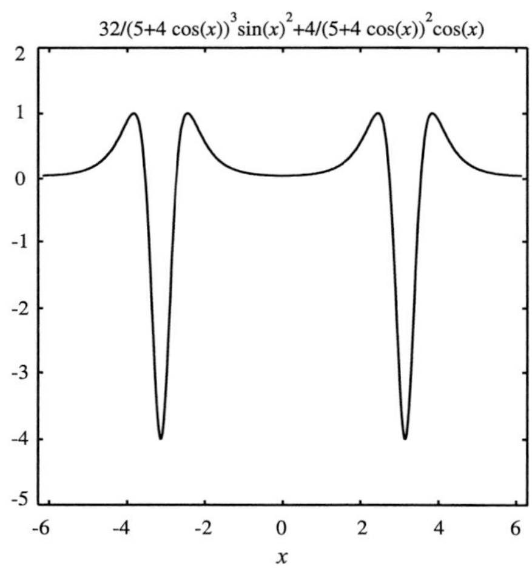

그림 A.3 함수 $d^2f(x)/dx^2$ 의 그림

[그림 A.3]으로부터 $f''(x)$는 -4에서 1 까지의 범위에 존재하는 것을 알 수 있다. 이것을 확인하여 보기로 하자. $f''(x)$의 최대값과 최소값은 $f^{(3)}(x) = 0$에서 발생하므로 먼저 함수 $f(x)$의 3 계 미분을 구하여 이 값을 영으로 하는 변수 x를 계산한다.

```
f3=diff(f2)
pretty(f3)
```

을 실행하면

$$384\frac{\sin^3 x}{(5+4\cos x)^4}+96\frac{\sin x\cos x}{(5+4\cos x)^3}-4\frac{\sin x}{(5+4\cos x)^2}$$

가 얻어지고, 위 함수를 명령어 'simple'을 이용하여 $f^{(3)}(x)=0$을 만족하는 값을 구하기 쉬운 형태로 변환한다.

```
f3=simple(f3)
pretty(f3)
```

를 실행하면

$$4\frac{\sin x\left(96\sin^2 x+80\cos x+80\cos^2 x-25\right)}{(5+4\cos x)^4}$$

가 얻어진다. 이제 $f^{(3)}(x)=0$를 명령어 'solve'를 이용하여 풀어서 $f''(x)$의 최대값과 최소값을 구하여 보자. 즉

```
z=solve(f3)
format
zr=double(z)
```

를 실행하면 5 행 1 열의 행렬이 얻어지는데, 각 행의 요소는 $f^{(3)}(x)=0$를 만족하는 값이다.

```
zr=
    0
    0 +2.438i
    0 -2.438i
    2.4483
   -2.4483
```

이 결과로부터 $x=\pm 2.4483$에서 $f''(x)$의 최대값은 명령어 'subs(f2, x, zr(4, 1)'를 실행하면 1.0051로 되어 [그림 A.3]과 일치하는 것을 알 수 있으나, $f''(x)$의 최소값은 [그림 A.3]과 일치하지 않는 것을 확인할 수 있을 것이다.4)

4) 최소값과 최대값의 결정과 관련된 더 자세한 내용은 Symbolic Math Toolbox의 매뉴얼을 참조하기 바란다.

6. Simplifications과 Substitutions

상징적 표현식을 간략하게 표현할 수 있도록 하는 몇 개의 명령어가 제공되고 있으며 이들은 상징적 표현식의 상호변환에 많이 사용되고 있다. 상징적 표현으로 자주 사용되는 것으로 다음의 세 종류가 있다.

```
syms x
f=x^3-6*x^2+11*x-6
g=(x-1)*(x-2)*(x-3)
h=x*(x*(x-6)+11)-6
```

위 표현식을 명령어 'pretty'를 사용하여 화면상에 나타내면 각각 다음의 형식으로 표시된다.

$$x^3-6x^2+11x-6,\ (x-1)(x-2)(x-3),\ x((x-6)+11)-6$$

위 세 개의 함수는 모두 x의 3차다항식으로 표현의 형식은 다르지만 모두 동일한 근을 가진다. 따라서 주어진 상황에 맞게 적절한 형태의 표현식이 사용되어야 할 것이다. Symbolic Math Toolbox에서는 여러 형식의 대수적 표현식에 맞추어 사용할 수 있도록 하나의 표현식을 다른 표현식으로 변환할 수 있는 명령어 — 'collect', 'expand', 'horner', 'factor', 'simplify' 및 'simple' — 를 제공하고 있다.

• collect

'collect(f, x)'를 실행하면 함수 $f(x)$를 변수 x의 다항식으로 전개하여 최고차수에서 내림차순으로 전개된 형식으로 변환한다. [표 A.5]에 몇 가지의 예를 나타내었다.

[표 A.5]

함수 f	collect(f)의 실행
(x-1)*(x-2)*(x-3)	x^3-6*x^2+11*x-6
x*(x*(x-6)+11)-6	x^3-6*x^2+11*x-6
(1+x)*t+x*t	2*x*t+t

• expand

명령어 'expand(f)'를 실행하면 이름대로 함수 f가 가지는 각 요소의 합으로 분해하여 전개한다. [표 A.6]에 이것의 몇 가지 예를 나타내었다.

[표 A.6]

함수 f	expand(f)
a*(x+y)	a*x+a*y
(x-1)*(x-2)*(x-3)	x^3-6*x^2+11*x-6
x*(x*(x-6)+11)-6	x^3-6*x^2+11*x-6
exp(a+b)	exp(a)+exp(b)
cos(x+y)	cos(x)*cos(y)-sin(x)*sin(y)
cos(3*acos(x))	4*x^3-3*x

• horner

명령어 'horner(f)'를 실행하면 함수 f의 표현식을 Horner 형식, 즉 nested representation의 형태로 전환한다. [표 A.7]에 예를 나타내었다.

[표 A.7]

함수 f	horner(f)
x^3-6*x^2+11*x-6	x*(x*(x-6)+11)-6
1.1+2.2*x+3.3*x^2	11/10+(11/5+33/10*x)*x

• factor

함수 f가 유리수의 계수를 가지는 다항식인 경우에, 명령어 'horner(f)'를 실행한다면 함수 f 자신보다 더 낮은 차수의 다항식의 곱의 형식으로 전개된다. 만약 더 낮은 차수의 다항식의 곱으로 분해되지 않는 경우에는 원래의 값을 그대로 가진다. [표 A.8]에 예를 나타내었다.

[표 A.8]

함수 *f*	factor(f)
x^3-6*x^2+11*x-6	(x-1)*(x-2)*(x-3)
x^3-6*x^2+11*x-5	x^3-6*x^2+11*x-5
x^6+1	(x^2+1)*(x^4-x^2+1)

• simplify

명령어 'simplify'는 여러 종류의 연산에 적용하여 연산의 결과를 이름대로 간략화 하여 보여주는 강력한 도구의 하나이다. [표 A.9]에 몇 가지의 예를 제시하였다.

[표 A.9]

함수 *f*	simplify(f)
x*(x*(x-6)+11)-6	x^3-6*x^2+11*x-6
(1-x^2)/(1-x)	x+1
(1/a^3+6/a^2+12/a+8)^(1/3)	((2*a+1)^3/a^3)/(1/3)
log(x*y)	log(x)+log(y)
exp(x)*exp(y)	exp(x+y)
cos(x)^2+sin(y)^2	1

• simple

명령어 'simple'은 계산의 결과로 얻어진 식의 표현을 가장 적은 수의 문자로서 나타낼 수 있도록 하는 목적을 가진 명령어이다. 이 경우, 적은 수의 문자로서 표현된 것이 반드시 'simple'(또는 사용자의 입장에서 알아보기 쉽다) 하다고는 할 수 없지만, 실용적으로 만족스러운 것으로 알려져 있다.

명령어 'simple'는 이러한 목적을 달성하기 위하여 내부적으로 위에서 언급한 명령어, 즉 'simplify, collect, factor' 등을 독자적으로 사용하여 가장 간결한 형태의 결과를 제공한다.

명령어 'simple'은 여러 형태의 사용법이 있다. 단순히 'simple(f)'를 실행하면 실제 MATLAB 내부에서 'simple'이 실행되는 과정이 화면에 나타나면서 제일 마지막 행에 그 결과가 출력된다. 예를 들어

```
simple(cos(x)^2+sin(x)^2)
```

를 실행하여 보기 바란다. 이와 같이 화면에 전개되는 간략화 과정은, 사용자로 하여금 결과로 얻어진 간략화된 식이 실제로 목적에 맞는 것인지의 여부를 판단하는 데 도움을 준다. 그러나 화면에 전개되는 그러한 과정을 나타나지 않게 하려면

```
f=simple(cos(x)^2+sin(x)^2)
```

를 실행하면 된다.

명령어 'simple'는 때때로 위에서 언급한 명령어 'simplify'의 실행결과에 적용하여 더욱 간단한 형태의 식을 얻을 수도 있다. 다음 예를 보자.

[표 A.10]

함수 f	simplify(f)	simple(f)
(1/a^3+6/a^2+12/a+8)^(1/3)	((2*a+1)^3/a^3)/(1/3)	(2*a+1)/a
log(x*y)	log(x)+log(y)	log(x*y)

때때로 명령어 'simple'을 두 번 연속적으로 적용하여 또 다른 형태의 간략화된 형태를 얻는 경우도 있다. 예를 들어

```
syms a
f=(1/a^3+6/a^2+12/a+8)^(1/3);
simple(simple(f))
```

를 실행하면 '1/a+2'가 얻어지는 것을 확인할 수 있을 것이다. 명령어 'simple'은 특히 삼각함수와 관련된 함수의 간략화에 있어 유용하다. [표 A.11]에 몇 가지 예를 나타내었다.

[표 A.11]

함수 f	simple(f)
cos(x)^2+sin(x)^2	1
2*cos(x)^2-sin(x)^2	3*cos(x)^2-1
cos(x)^2-sin(x)^2	cos(2*x)
cos(x)+(-sin(x)^2)^(1/2)	cos(x)+i*sin(x)
cos(x)+i*sin(x)	exp(i*x)
cos(3*acos(x))	4*x^3-3*x

지금까지 설명한 것 외에도 Symbolic Math Toolbox는 일반적인 수식계산을 편리하게 실행할 수 있도록 하는 수많은 함수와 방법을 제공하고 있다. 더 자세한 설명은 MATLAB에서 제공하는 매뉴얼을 참고하기 바란다.

B 본문에서 사용된 명령어의 설명

여기서는 본문 중의 예제를 풀기 위하여 사용된 명령어 중에서 MATLAB이 제공하지 않는 몇 가지에 대한 간단한 사용법과 그 원리를 설명한다. 자세한 설명은 관련서적을 참고하기 바란다.

(1) arrow, arrow3

위 명령어는 2차원(평면) 및 3차원 공간에서 벡터를 표시하기 위하여 사용된다. 예를 들어, 평면상의 점 $P_0 = (2, 6, 2)$를 출발점으로 하는 두 개의 벡터 $\vec{v} = [1, 2, 1]^T$와 $\vec{u} = [-2, 2, 1]^T$를 나타내고자 하는 경우 다음과 같이 실행하면 [그림 B.1]이 얻어진다.

```
Po=[2 6 2];
v=[1 2 1];
arrow3(Po, v)
hold on
u=[-2 2 1];
arrow3(Po, u)
arrow3(Po,v+u,'r')
xlabel('x'), ylabel('y')
zlabel('z'), grid
hold off
```

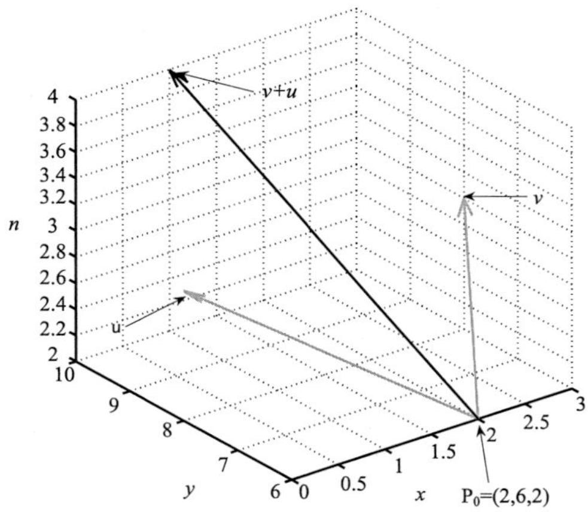

그림 B.1 arrow3의 실행결과

위 명령어의 실행결과로부터 알 수 있는 바와 같이, 'arrow3(Po, v)'를 실행하면 평면상의 점 Po를 중심으로 하는 벡터 $\vec{v}$가 그려지므로, 이 점의 공간상의 위치는 그림에서 보다시피 $(3, 8, 3)$이다. 명령어 'arrow3'의 세 번째 요소로서, 예를 들어 'r'를 추가하면 빨간색(red)으로 벡터를 나타낼 수도 있다.

(2) plane

본문의 제 7 장에서도 언급하였지만, 3차원 공간상에 2차원 평면을 나타내는 방법은 몇 가지가 있다.

- 평면의 법선벡터 $\vec{N}= [a, b, c]^T$와 평면상의 점 $P_0 = (x_0, y_0, z_0)$가 주어졌을 경우 : 이때 평면상의 임의의 점 $P= (x, y, z)$와 점 P_0를 연결하는 벡터 $\overrightarrow{PP_0}$는 반드시 $\vec{N}$과 직교하여야 하기 때문에 다음과 같은 평면을 나타내는 방정식

$$\{(x,y,z): (x-x_0)a+(y-y_0)b+(z-z_0)c=0\} \tag{B.1}$$

또는

$$ax+by+cz=d \equiv ax_0+by_0+cz_0 \tag{B.2}$$

를 얻는다.

- 세 개의 점 $P_0 = (x_0, y_0, z_0)$, $P_1 = (x_1, y_1, z_1)$ 및 $P_2 = (x_2, y_2, z_2)$가 주어졌을 경우:

세 개의 점은 하나의 평면을 구성하게 된다. 따라서 이로부터 법선벡터 $\vec{N}$을 계산할 수 있다면 식 (B.1) 또는 (B.2)의 형식으로 평면을 나타내는 식을 얻을 수 있다. 여기서 벡터 $\vec{v} \equiv \overrightarrow{P_0P_1}$ 및 $\vec{w} \equiv \overrightarrow{P_0P_2}$로 두면, 이는

$$\vec{v} = \left[x_1 - x_0,\ y_1 - y_0,\ z_1 - z_0\right]^T,\ \ \vec{w} = \left[x_2 - x_0,\ y_2 - y_0,\ z_2 - z_0\right]^T$$

로 된다. 여기서 $\vec{N} = \vec{v} \times \vec{w}$로 두면, 외적의 정의에 의해 $\vec{N}$은 $\vec{v}$와 $\vec{w}$에 직교한다. 따라서 $\vec{N}$과 점 P_0를 이용하면 식 (B.2)의 평면을 나타내는 방정식을 얻을 수 있다.

위의 두 가지 표현법에서 만약 법선벡터의 요소 중 $c \neq 0$이라면, 다시 말하면 $\vec{N}$이 xy 평면에 존재하지 않는다면, 식 (B.2)를 변수 z에 관하여 전개할 수 있으며, 이것은 바로 두 개의 변수로 이루어진 평면을 나타내는 방정식이다. 즉

$$z = f(x, y) = z_0 - \frac{1}{c}\{a(x - x_0) + b(y - y_0)\} \tag{B.3}$$

이다(제 7 장 참조).

명령어 plane은 평면상의 점 P_0와 법선벡터 $\vec{N}$을 이용하여 평면을 나타낸다. 예를 들어

```
Po=[1 2 -1];
N=[-5 2 2];
plane(Po, N)
```

을 실행하면 [그림 B.2]가 얻어진다.

법선벡터 $\vec{N}_1$과 $\vec{N}_2$를 가지는 두 개의 평면이 서로 독립이라면, 공간상에서 반드시 서로 겹치게 된다. 이때 서로 만나는 선은 두 평면에 동시에 존재하며, 따라서 이 선분의 접선벡터는 반드시 두 법선벡터 $\vec{N}_1$과 $\vec{N}_2$에 직교한다는 것을 알 수 있다. 이러한 사실로부터 두 평면이 교차하는 선분의 접선벡터는 다음과 같이 계산할 수 있다. 즉

$$\vec{L} = \vec{N}_1 \times \vec{N}_2 \tag{B.4}$$

이때 P_0가 두 평면의 교차선상에 존재한다면, 교차선은 다음과 같이 매개변수를 이용하여 나타낼 수 있다.

$$P = P_0 + t\vec{L} \tag{B.5}$$

간단한 예를 들어본다.

예 B.1 법선벡터 $\overrightarrow{N_1}=[-2.5, 1, 1]^T$와 $\overrightarrow{N_1}=[1, 1, 1]^T$을 가지는 두 평면의 교차선상에 점 $(0, 0, 0)$ 을 포함하고 있다. 이것에 대한 그림을 그려보기 위하여 다음 프로그램을 실행한다. 이 경우 접선벡터 $\overrightarrow{L}=[0, 3.5, -3.5]^T$이다.

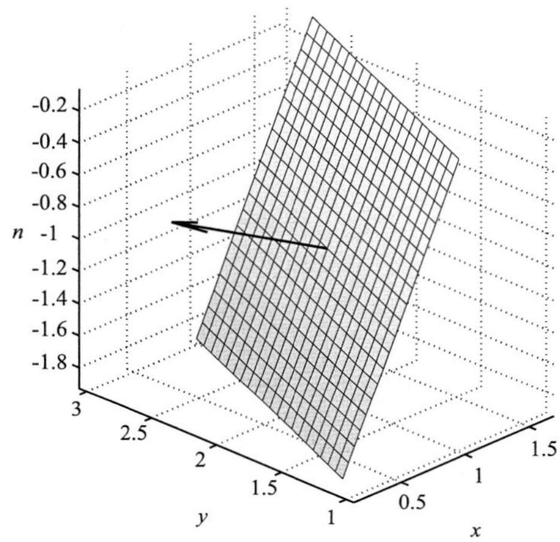

그림 B.2 plane의 실행결과

```
Po=[0 0 0];
N1=[-2.5 1 1];
N2=[1 1 1];
plane(Po, N1)
hold on, grid
plane(Po, N2)
L=cross(N1, N2);
arrow3(Po, L)
view(68, 32)
hold off
```

위 명령어 중에서 'view'는 3차원그래프의 보는 위치(시점)를 바꾸고자 하는 경우에 사용되는 것이다. 그러나 이 명령어를 사용하지 않고서도 그래픽 화면의 위쪽에 있는 'rotate 3D'라는 icon을 클릭한 뒤, 3D 그래프 상에서 마우스를 draw하면 여러 각도(위, 아래, 좌우 등)에서 바라보는 그래프를 얻을 수 있다.

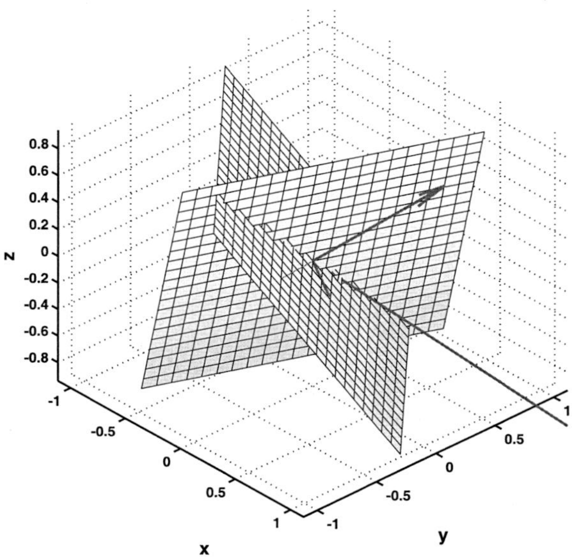

그림 B.3 두 평면의 교차선을 나타내는 식

(3) qsurf

명령어 'qsurf'를 설명하기 전에 xy 평면상에 사각형의 구역, 즉 $a \le x \le b$, $c \le y \le d$를 가지는 함수 $f(x,y)$의 3D 그래프를 그리는 방법에 대하여 간단히 설명한다. 자세한 내용은 전문서적을 참조 바란다. 2D 그래프와 마찬가지로 3D 경우에도 구간을 일정한 간격으로 나누어야 할 필요가 있다. 그러나 변수가 둘(x와 y)이기 때문에, $f(x,y)$의 값을 구하기 위해서는 x축 구간의 간격을 나타내는 행렬 X와, y축 구간의 간격을 나타내는 행렬 Y가 필요하다. 이와 같은 행렬은 간단히 'meshgrid' 명령어를 사용하여 구성한다. 이 경우 각각의 간격을 $\Delta x = (b-a)/n$과 $\Delta y = (d-c)/m$로 두면 X와 Y는 크기가 $(m+1)\times(n+1)$인 행렬로 된다.

x축 구간에서의 값 $x_i, (i=1,\cdots,n+1)$와 y축 구간에서의 값 $y_j, (j=1,\cdots, m+1)$에 대한 함수 $Z(i,j)=f(x_i, y_j)$가 계산되었다면, 이를 3D 그래프로 나타내는 것은 간단하다. 예를 들어 간단히 설명한다. 함수

$$f(x,y)= 10x^2 + y^2$$

를 $a=-1$, $b=1$, $c=0$ 및 $d=4$로 둔 구간에서 이를 3D 그래프로 나타내어 보자.

```
x=-1:0.4:1;  y=0:0.4:4;
[X, Y]=meshgrid(x,y);
f=inline('10*x.^2+y.^2','x','y')
Z=f(X,Y);
surf(X,Y,Z), 또는 qsurf(f, [-1 1 0 4])
```

이 경우 $n=5$, $m=10$이므로 위 프로그램의 실행결과 X, Y 및 Z는 크기가 11×6인 행렬로 됨을 확인할 수 있다.

• qsurf의 사용법

위 결과로부터 알 수 있는 것처럼, 3D 그래프를 나타내기 위해서는 사전작업이 필요하기 때문에 이를 단순화시킨 명령어가 'qsurf'이다. 이것의 사용법은 qsurf(f, corners, n)이다. 이때 f는 inline 명령어에 의한 함수를 나타내며, corners는 xy의 영역을 나타내는 네 구간을 의미한다. 즉 $R=\{a\le x\le b,\ c\le x\le d\}$이다. 또한 n은 각 구간에서의 간격을 지정하기 위한 정수를 나타낸다. 만약 n을 생략한다면 자동적으로 50×50 크기의 X와 Y행렬이 만들어진다. 따라서 위 프로그램은 qsurf(f, [-1 1 0 4],10)를 실행하여도 동일한 결과를 얻을 수 있다.

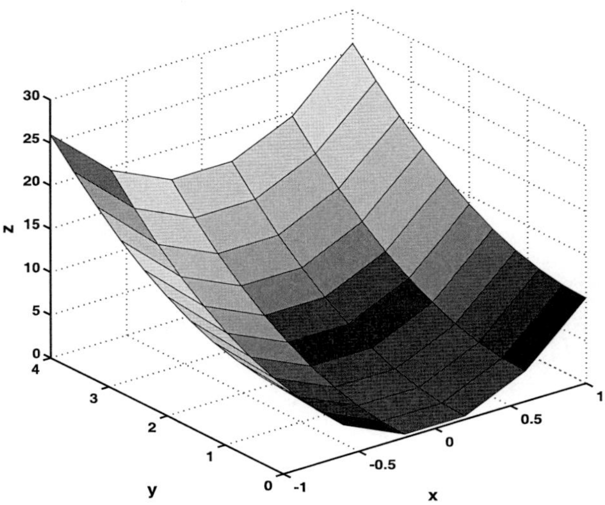

그림 B.4 qsurf의 실행결과

(4) impl

6.3절에서 언급한 바와 같이 세 개 변수 함수 $f(x,y,z)$에 대한 등위면

$$S_c = \{(x,y,z):\ f(x,y,z) = c\} \tag{B.6}$$

는 곡면을 이루고 있다. 만약 3D 그래프 상에 이와 같은 등위면을 나타낼 수 있다면 함수에 대한 여러 가지 정보를 얻을 수 있을 것이다. 명령어 'impl'은 이와 같은 경우에 유용하다. 즉 함수 $f(x,y,z)$와 세 개 변수의 구간이 지정되었을 경우 `impl(f, coners, c)`를 실행하면 임의의 c값에 대하여 식 (B.6)을 만족하는 등위면을 얻을 수 있다. 이때 corners는 세 개 변수 x, y 및 z의 구간을 나타내는 벡터로서 $[x_{\min}, x_{\max}, y_{\min}, y_{\max}, z_{\min}, z_{\max}]$와 같이 주어진다. 몇 가지 예를 들어보자.

예 B. 2 함수 $f(x,\,y,\,z) = x^2 + y^2 - z^2$에 대한 등위면이 쌍곡면으로 된다는 것을 다음 프로그램을 실행시켜 확인하여 보자.

```
f=inline('x.^2+y.^2-z.^2','x','y','z');
corners=[-2 2 -2 2 -2 2];
subplot(2,2,1),
impl(f,corners,1);grid
subplot(2,2,2)
impl(f,corners,.1);grid
subplot(2,2,3)
impl(f,corners,0);grid
subplot(2,2,4)
impl(f,corners,-0.5);grid
```

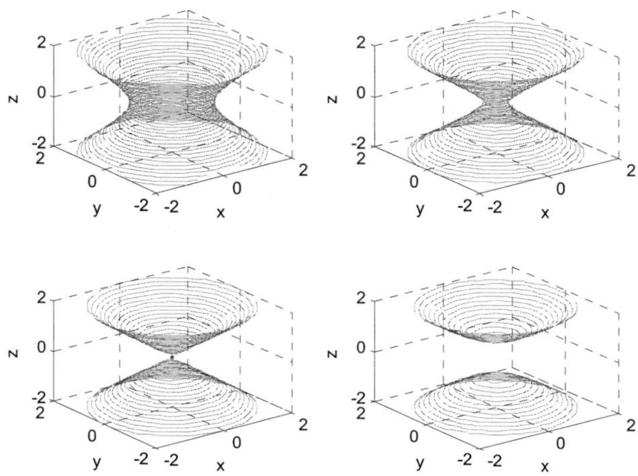

그림 B.5 명령어 impl의 실행결과

(5) simp2

7.3절에서 언급한 바와 같이 임의의 모양을 가지는 면적에 대한 이중적분의 계산은 간단하지 않다. simp2는 적분영역이 장방형(rectangle)으로 주어진 경우에 한하여 이중적분을 계산하는 명령어이다. 이것의 사용법은 simp2(f, corners)이며, 이때 f는 명령어 'inline' 등으로 주어지는 함수이며, corners는 장방형의 영역, $R=\{a \le x \le b,\ c \le x \le d\}$을 나타내는 것으로 벡터 $[a, b, c, d]$로 정의된다. MATLAB에서 simp2 명령이 실행되면, MATLAB은 x축과 y축에서의 적분간격을 지정하기 위한 입력을 대기하게 된다. 따라서 적절한 간격 [n, m]을 입력하고 'Enter'키를 누르면 이중적분의 계산이 실행된다.

예 B.3 $f(x, y)=xy^2+\cos(x+y)^2$을 영역 $R=[1, 2]\times[0, 3]$에 대하여 이중적분을 실행하여 보자. 이에 대한 프로그램은 다음과 같다.

```
f=inline('x.*y.^2+cos(x+y).^2','x','y')
corners=[1 2 0 3];
s1=simp2(f, corners)
```

위 프로그램을 실행하면

```
the number of subivisions n and m in each direction must be even
enter the number of subdivisions in x and y direction as [n m] [10 20]
subdiv =
    10    20
Approximate value of the integral using Simpsons rule
s1 =
   15.0570
```

로 되어, 실행 도중에 적분간격의 설정을 위해 짝수로 주어지는 상수 [n m]의 입력을 대기하고 있음을 알 수 있다. 이 경우 적분간격을 크게 한다고 해서 반드시 이중적분의 계산이 더 정확해지는 것은 아니다. 위 예의 경우 [n m]=[20 4]로 하여 간격을 반으로 줄여서, 즉 간격을 더 좁게 하였을 경우의 결과와 서로 비교하면 그 오차는 대략 2.9×10^{-6} 정도 된다는 것을 확인할 수 있다.

(6) riemann

이중적분의 계산을 위한 명령어 simp2 외에 riemann이 있다. 이것은 장방형으로 주어진 영역 R를 x축과 y축을 짧은 구간으로 나누어서 얻어진 작은 영역 R_{ij}과 $f(x_i, y_j)$를 곱하여 얻어진 값을 합하여 이중적분으로 계산하는 것이다. 즉

$$S(f) = \sum_{i,j} f(x_i, y_j) A(R_{ij}) \tag{B.7}$$

를 이용하여

$$\iint_R f(x,y)dA = \lim_{\Delta \to 0} S(f) \tag{B.8}$$

를 얻는 것이다. 여기서 $A(R_{ij})$는 작은 구간으로 나눈 미소영역 R_{ij}의 면적을 나타낸다.

이 명령어의 사용법은 riemann(f, corners, graph)로 주어지며, 지금까지와 마찬가지로 corners는 영역 R를 구성하는 네 개의 요소로 구성되는 벡터이다. 만약 세 번째 요소인 graph로서 1 또는 2를 지정하면 작은 영역으로 변환된 영역을 그래프 상에 표시하여 적분의 정확도를 확인할 수 있다. 만약 graph를 생략하면 화면표시는 되지 않고 결과만을 표시한다.

예 B.4 $f(x,y) = x^3 + x + y$를 영역 $R = \{1 \le x \le 2,\ 0 \le y \le 3\}$에서 이중적분하여 보자. 이 경우의 프로그램은 다음과 같다.

```
f=inline('x.^3+x+y','x','y')
corners=[1 2 0 3];
riemann(f, corners, 1)
```

이것을 실행하면 구간을 설정하기 위한 대기상태가 나타나고 적당한 입력, 예를 들어 [10 20]을 입력하면 [그림 B.6]이 얻어지며, 적분값은

$$\iint_R (x^3 + x + y)dxdy = 20.25$$

임을 알 수 있다.

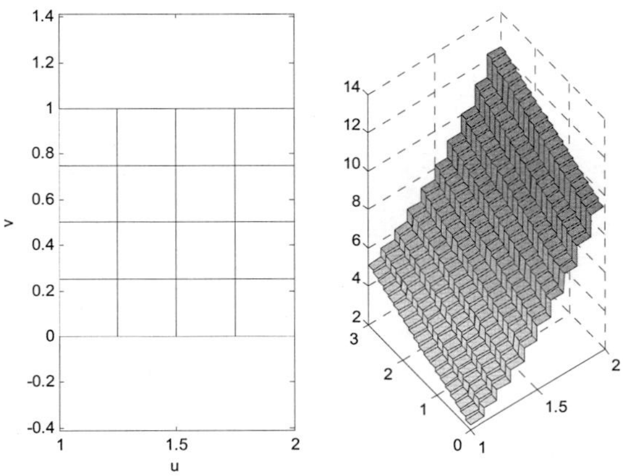

그림 B.6 riemann의 실행결과

이중적분의 계산을 위하여 MATLAB이 제공하는 명령어 dblquad가 있다. 이것은 장방형으로 주어지는 영역에 대한 이중적분을 계산하는 것으로 자세한 사용법은 MATLAB의 help를 참조하기 바란다.

(7) trf

제 7 장에서 언급한 바와 같이 이중적분을 변수치환을 이용하여 나타낼 수 있다(식 (7.3.9)). 즉 변수 (x, y)로 주어진 함수를

$$(x, y) = T(u, v) \tag{B.9}$$

의 변환을 이용하여 (u, v)의 함수로 변환하는 것이다. 따라서 주어진 이중적분의 피적분함수를 위 관계를 이용하여

$$x = h(u, v), \;\; y = g(u, v) \tag{B.10}$$

의 형식으로 변환하여 명령어 `trf`에 적용한다. 실행방법은 `trf(h, g, corners)`이며, 여기서 h 와 g는 식 (B.8)을 나타내는 함수이며 corner는 이중적분의 장방형 영역을 나타낸다. 수행결과 얻어진 값은 변환된 영역의 면적으로

$$\text{area}(G) = \iint_G dA(x,y) = \iint_R |J(u, v)| dA(u, v) \tag{B.11}$$

를 나타낸다. 이 값은 본문의 식 (7.3.9)에서 $f(x, y) = 1$인 경우에 대한 주어진 영역의 이중

적분값을 의미한다. 따라서 명령어 trf는 장방형으로 주어지지 않은 영역 R를 장방형으로 변환하고자 하는 경우에 유용하다.

예 B.5 [그림 B.6(a)]와 같이 주어진 장방형의 구간 $R=\{1 \le x \le 2, 0 \le x \le 1\}$을 관계식 $T(u,v)=(f(u,v), g(u,v))=(u^2-v^2, 2uv)$에 의해 곡선영역 G로 변환하여 이중적분을수행하여 보자. 단 $f(x,y)=1$이다.

```
h=inline('u.^2-v.^2','u','v')
g=inline('2*u.*v','u','v')
corners=[1 2 0 1];
trf(h, g, corners)
```

이 명령어를 실행하면 위의 simp 2와 마찬가지로 적분구간의 간격을 지정하기 위한 입력 대기 상태, 즉

enter the number of subdivisions [n m] [4 4]

이므로 적절한 값으로 [4 4]를 입력하고 'Enter'키를 누른다. 이 결과 [그림 B.7(a)]에 장방형의 영역 R가, (b)에 곡선형의 영역 G가 표시된다.

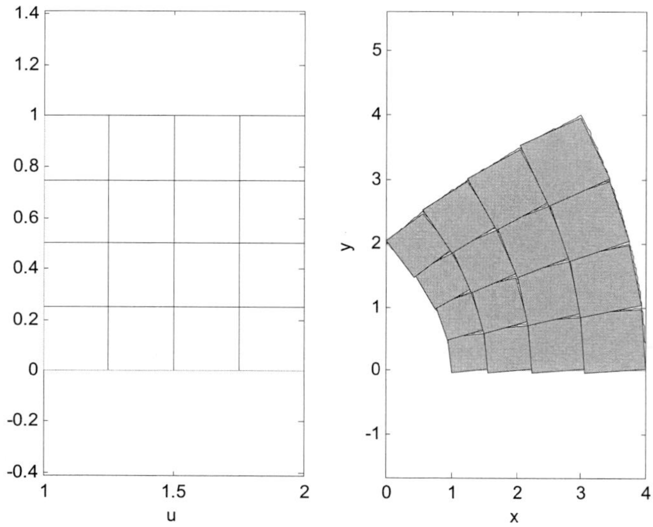

그림 B.7 trf의 실행결과

식 (B.11)은 다음과 같이 임의의 함수 $f(x,y)$에 대하여 확장할 수 있다. 즉

$$\iint_G f(x,y)\,dA(x,y) = \iint_R \tilde{f}(u,v)\,|J(u,v)|\,dA(u,v) \tag{B.12}$$

이다. 단 $\tilde{f}(u,v) = f(h(u,v), g(u,v))$로서 함수 f를 변환 $T(u,v)$를 적용하여 재조합한 것이다. 따라서 곡선영역 G를 장방형영역 R로 변환하여 $\tilde{f}$에 대하여 이중적분을 수행할 수 있다.

(8) resid_sym과 lopital_sym

유수(9.9절 참조)를 구하기 위한 명령어로서, MATLAB의 Symbolic Math toolbox를 이용하고 있다. 특히 `lopital_sym`은 로피탈(L'Hospital)의 정리를 이용하여 다중 극을 가지는 경우에 유용하다. 각 명령어의 사용법은 다음과 같다.

`[res] = resid_sym(fun,m,zo)`이며, 여기서 f는 symbolic으로 정의된 함수, m은 극의 중복도 및 zo는 중복되는 극점을 각각 나타낸다. 또한 `[res] = lopital_sym(pz,qz,m,zo)`이며, pz는 분자다항식, qz는 분모다항식을 각각 나타내며, m과 zo는 resid_sym과 동일하다.

```
syms z
f=cos(z)/z^2/(z-pi)^3;
re1=resid_sym(f,2,0)
re2=resid_sym(f,3,pi)
```

를 실행하면 함수 $f(z) = \dfrac{\cos z}{z^2(z-\pi)^3}$의 두 개의 극 $z=0$와 $z=\pi$에서의 유수를 얻을 수 있다.

```
roots([1 0 0 0 -1]) %
f_d=cosh(pi*z)/(z^2-1)/(z^2+1);
[re]=lopital_sym(cosh(pi*z),z^4-1,1,j)
```

위 프로그램을 실행하면 함수 $f(z) = \dfrac{\cosh \pi z}{z^4-1}$가 가지는 극 중 $z=1$에 대한 유수의 계산이 가능하다. 이 경우 위의 `resd_sym`을 이용하면 error가 발생한다.

(9) adjoint

행렬의 역행렬 등을 계산하고자 하는 경우에 필요한 수반행렬(adjoint matrix)을 계산하는 명령어이다. 사용법은 `AJ=adjoint(A)`로 주어지며, A는 $(n\times n)$으로 주어지는 정방행렬로 되어야 한다.

```
A=sym([1 3 -2;0 1 5;-2 -6 7]);
AJ=adjoint(A)
```

`adjoint`의 실행결과 얻어지는 행렬, 즉 수반행렬 AJ는 symbolic 형식이라는 점에 유의한다.

(10) gramschmit

본문의 [요점 5.14]로 주어지는 순서에 따라 행렬의 정규직교행렬을 구하는 명령어이다. 사용법은 `[Q, R] = gramschmit(A)`로서 이때 $(n\times n)$인 행렬 $\boldsymbol{A}$가 주어졌을 경우, 행렬 $\boldsymbol{Q}$는 $(n\times p)$인 정규직교행렬이며, $\boldsymbol{R}$는 $(p\times p)$를 가지는 위삼각행렬이다.

```
A=sym([1 2 3;2 3 4;4 5 -6]);
[Q,R] = gramschmit(A)
```

C Symbolic Math Toolbox를 이용한 간단한 전기회로의 해석

[그림 C.1]과 같이 RLC로 이루어진 전기회로에 대하여 생각하여 보자.

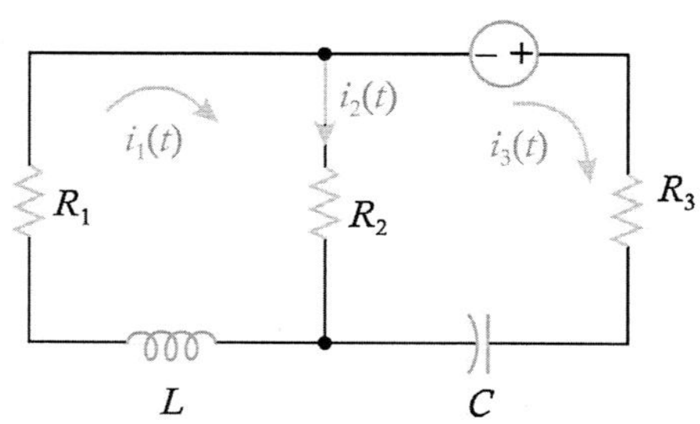

그림 C.1 RLC로 구성된 간단한 전기회로

위 전기회로에서 R_j와 $I_j,(j=1,2)$는 저항(Ω)과 각 루프에 흐르는 전류(A)를 각각 나타내고 있다. 또한 L은 인덕터(H), C는 커패시터(F), $E(t)$는 기전력 및 $Q(t)$는 C에 충전된 전하를 의미한다. 이때 회로의 두 개의 루프에 키르히호프의 전압법칙을 적용하면 다음과 같은 두 개의 선형미분방정식을 얻는다.

$$L\frac{di_1(t)}{dt}+R_2\left(\frac{dQ(t)}{dt}-i_1(t)\right)+R_1 i_1(t)=0 \quad \text{(C.1)}$$
$$(R_2+R_3)\frac{dQ(t)}{dt}+\frac{Q(t)}{C}=E(t)+R_2 i_1(t)$$

위 미분방정식을 Symbolic Math Toolbox의 명령어 'laplace'를 이용하여 풀어보자. 첫 번째 단계로서 다음 프로그램을 실행한다.

```
syms R1 R2 R3 Lo Co real
dI1=sym('diff(I1(t),t)'); dQ=sym('diff(Q(t),t)');
I1=sym('I1(t)'); Q=sym('Q(t)');
syms t s
E=sin(t); % Input Voltage
eq1=dI1+R2*dQ/Lo-(R2-R1)*I1/Lo;
eq2=dQ-(E-Q/Co)/(R2+R3)-R2*I1/(R2+R3);
```

위 프로그램에서 두 개의 식 'eq1'과 'eq2'는 식 (C.1)의 미분방정식을 나타낸다. 이 결과 MATLAB의 workspace에 두 개의 미분방정식을 구성되었다. 일반적으로 식 (C.1)과 같은 미분방정식은 라플라스 변환을 이용하는 것이 편리하므로, eq1과 eq2에 라플라스 변환 'laplace'를 적용한다. 즉

```
L1=laplace(eq1,t,s)
L2=laplace(eq2,t,s)
```

를 실행하면

```
L1 =
s*laplace(I1(t),t,s)-I1(0)+R2/Lo*(s*laplace(Q(t),t,s)-Q(0))-(R2-R1)/Lo*laplace(I1(t),t,s)

L2 =
s*laplace(Q(t),t,s)-Q(0)-1/(R2+R3)*(1/(s^2+1)-1/Co*laplace(Q(t),t,s))-R2/(R2+R3)*
laplace(I1(t),t,s)
```

와 같이 상당한 복잡한 형태의 라플라스 변환된 식이 얻어진다. 이로부터 식 (C.1)의 두 변수 $i_1(t)$와 $Q(t)$의 라플라스 변환인 $I_1(s)$와 $Q(s)$에 대한 표현식을 L1=0와 L2=0로 두면 얻을 수 있다. 이를 위해 각 변수에 적당한 값을 대입한다. 즉 $R_1 = 4$, $R_2 = 2$, $R_3 = 3$ $C_0 = 1/4$ 및 $L_0 = 1.6$으로 두며, 회로의 초기값은 $i_1(0) = 14$ 및 $Q(0) = 2$로 한다. 이와 같은 값을 L1과 L2에 대입한다.

```
syms LI1 Lq
NI1=subs(L1,{R1,R2,R3,Lo,Co,'I1(0)','Q(0)'},{4,2,3,1.6,1/4,15,2})
NQ=subs(L2,{R1,R2,R3,Lo,Co,'I1(0)','Q(0)'},{4,2,3,1.6,1/4,15,2})
%
```

위 프로그램의 실행결과

```
NI1 =
s*laplace(I1(t),t,s)-35/2+5/4*s*laplace(Q(t),t,s)+5/4*laplace(I1(t),t,s)

NQ =
s*laplace(Q(t),t,s)-2-1/5/(s^2+1)+4/5*laplace(Q(t),t,s)-2/5*laplace(I1(t),t,s)
```

위 결과에서 'laplace(Q(t),t,s)'는 전하 $Q(t)$의 라플라스 변환식 $Q(s)$를 의미하고, 'laplace(I1(t),t,s)'는 $i_1(t)$의 변환식인 $I_1(s)$를 각각 나타낸다. 따라서 미분방정식(1)에서 원하는 결과인 $Q(t)$와 $i_1(t)$를 계산하기 위해서 먼저 'NQ'와 'NI1'에서 'laplace(Q(t),t,s)'를 LQ로, 'laplace(I1(t),t,s)'를 LI1으로 각각 대치한다. 즉

```
NI1=subs(NI1,{'laplace(I1(t),t,s)','laplace(Q(t),t,s)'},{LI1,Lq})
NI1=collect(NI1,LI1)
NQ=subs(NQ,{'laplace(I1(t),t,s)','laplace(Q(t),t,s)'},{LI1,Lq})
NQ=collect(NQ,Lq)
```

를 실행하면, 위에서 언급한 두 변수의 대치를 실해한 후 정리된 식을 얻을 수 있다. 즉

```
NI1 =
(s+5/4)*LI1-35/2+5/4*s*Lq

NQ =
(4/5+s)*Lq-2/5*LI1-2-1/5/(s^2+1)
```

을 얻는다. 여기서 두 개의 라플라스 변환된 방정식 NI1과 NQ를 두 개의 미지수 LI1과 LQ에 대해 풀어 해를 구할 수 있다. 즉

```
[LI1,Lq]=solve(NI1,NQ,LI1,Lq)
```

를 실행하면

LI1 =
5*(56*s^2+60*s^3+59*s+56)/(51*s^3+51*s+40*s^2+20+20*s^4)

Lq =
(190*s^2+40*s^3+44*s+195)/(51*s^3+51*s+40*s^2+20+20*s^4)

를 얻는다. 위 식에서 시간함수 $i_1(t)$와 $Q(t)$를 계산하기 위해서는 위 식의 라플라스 역변환을 수행한다. 즉

```
I1=ilaplace(LI1,s,t)
Q=ilaplace(Lq,s,t)
```

를 실행하면 복잡한 형태의 시간함수가 얻어지지만, 이로부터 시간함수를 그래프하여 봄으로써 시간의 흐름에 있어 회로 내부의 전류와 전하량의 변화를 파악할 수 있다. 즉 시간 $0 \le t \le 10$과 $0 \le t \le 25$에서의 변화량을 보여 주는 그래프는 다음으로부터 얻어진다.

```
subplot(2,2,1),ezplot(I1,[0,10])
title(' Current'), ylabel(' I_1(t) '), grid
subplot(2,2,2),ezplot(Q,[0,10])
title(' Charge'), ylabel(' Q(t) '), grid
subplot(2,2,3),ezplot(I1,[5,25])
title(' Current'), ylabel(' I_1(t) '), grid
text(7,0.25,'Transient'), text(16,0.125,'Steady State')
subplot(2,2,4),ezplot(Q,[5,25])
title(' Charge'), ylabel(' I_1(t) '), grid
text(7,0.25,'Transient'), text(16,0.125,'Steady State')
```

이 결과 다음 그림을 얻는다.

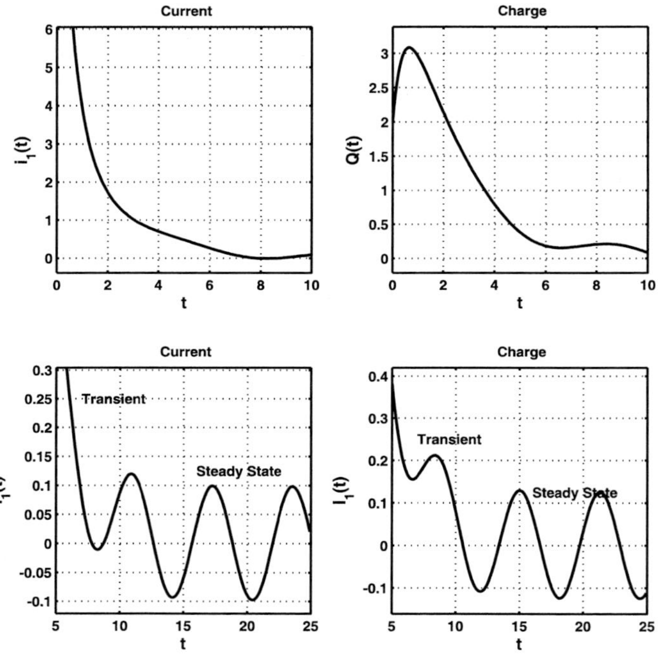

그림 C.2 전류와 전하량의 시간적인 변화

위 그림으로부터 회로 내의 전류와 전하는 짧은 시간 내에 지수함수적으로 감소하나(과도응답), 시간이 흘러간 뒤에는 작은 진폭을 가지는 진동성분으로 된다는 것을 알 수 있다.

해 답

제 1 장

1.1.1 연습문제 정답

1. (1) $v^2 = \dfrac{2gR^2}{r} + v_o^2 - 2gR$ (2) $v_e = \sqrt{2gh}$ (3) $v_e = 11.2\,[\mathrm{km/s}]$

2. (1) $\dfrac{dP}{dt} = kP + r,\ \dfrac{dP}{dt} = kP - r$ (3) $\dfrac{dP}{dt} = k_1 P - k_2 P^2$

3. $y'' = g,\ y' = gt,\ y = gt^2/2$

4. $\dfrac{dh}{dt} = -\dfrac{10^{-4}\pi}{A(h)}\sqrt{2gh}$, $A(h)$는 원통형 수조의 체적이다.

5. 4.9511×10^{10} 년

1.2.2 연습문제 정답

1. (1) 비선형, 1계 (2) 선형, 2계 (3) 선형, 1계
   (4) 선형, 2계 (5) 선형, 4계 (6) 비선형, 2계
   (7) 선형, 3계 (8) x로는 선형, y로는 비선형, 1계
2. (1) 1계, 해가 됨 (2) 2계, 해가 됨 (3) 2계, 해가 됨
   (4) 1계, 해가 됨 (5) 3계, 해가 됨
4. 250

1.3.6 연습문제 정답

1. (1) $u(x)=-(10x+c)^{-1}$ (2) $u(x)=ce^{-\cos x}$ (3) $u(x)=\dfrac{cx^2-1}{cx^2+1}$

   (4) $u(x)=ce^{-x^2/10}$ (5) $u(x)=-\dfrac{x}{\ln cx}$ (6) $u(x)=cx^{-6}$

   (7) $u(x)=3x+c$ (8) $u(x)=\dfrac{1}{2}\sin^{-1}(4x+c)$

   (9) $u(x)=c(\sin\pi x)^{1/\pi}$ (10) $u(x)=\tan(c-e^{-\pi x}/\pi)$

2. (1) $u(x)=\dfrac{\sin x}{\sin 2}-1$ (2) $u(x)=x+x(2-x^2)^{-1/2}$

   (3) $u(x)=\dfrac{e^x}{\sqrt{2x+5}}$ (4) $u(x)=4\ln x$ (5) $u(x)=\sqrt{\ln(x^2-2x+e)}$

   (6) $r(t)=r_0e^{-t^2}$ (7) $I(t)=I_0e^{-Rt/L}$

3. (1) 완전, $u^3=c-\dfrac{x^3}{3}$ (2) 완전, $u(x)=ce^{-x}$ (3) 완전, $u(x)=cx^{-2}$

   (5) 완전, $\cos\pi x\sinh u=c$ (6) 완전, $9x^2+4u^2=c$ (7) 완전, $re^{-2\theta}=c$

   (8) 완전, $\dfrac{u}{x}+\sin 2x+\cos 2u=c$ (9) 완전, $e^{2x}\cos u=c$

4. (1) 불완전, 적분인자로 $1/x^2$를 사용, $u(x)=cx$

   (2) 불완전, 적분상수로 e^{-x}를 사용한다. (3) $u(x)=ce^{-2x}+x-\dfrac{1}{2}$

   (4) $u(x)=ce^{2x}-e^x$ (6) $u(x)=e^{-x^2/2}\displaystyle\int_0^x e^{-t^2/2}dt$ (7) $u(x)=2e^{2x}-2$

   (8) 불완전, 적분인자로 e^{-u}를 사용, $e^x+xu+e^{-u}=3.72$

1.4.4 연습문제 정답

1. $i(t)=0.01\left[e^{2t}-e^{-2\times10^4t}\right]$
2. $t=1.386\times10^{-4}$[sec.]
3. $0.03456-0.03056e^{-1.111\times10^{-4}t}$
6. $I(15)=0.00098I_0$, 근사적으로 I_0의 0.1%
7. 11 시간
8. (a) $P(t)=P_0e^{(k_1-k_2)t}$

1.5.6 연습문제 정답

1. (1) 불연속이지만 점프이다. (2) 불연속이지만 점프가 아니다.

   (3) 연속이며 점프가 아니다. (4) 불연속이지만 점프가 아니다.

(5) 연속이며 점프가 아니다. (6) 불연속이지만 점프가 아니다.

(7) 불연속이지만 점프이다.

3. (1) $u'' - 0.25u = 0$ (2) $x^2u'' + 0.5xu' + 0.0625u = 0$

(3) $x^2u'' + xu' + 4u = 0$ (4) $u'' - 6.25u = 0$

(5) $u'' + 2u' + 1.64u = 0$ (6) $u'' + 7.6\pi u' + 14.44\pi^2 u = 0$

6. (3) $\alpha\delta - \beta\gamma \neq 0$ 가 필요하다.

1.6.2 연습문제 정답

1. (1) $u(x) = c_1 e^{-3x} + c_2 e^{3x}$ (2) $u(x) = (c_1 x + c_2)e^{-2x}$

(3) $u(x) = e^{2x}\left[c_1 e^{\alpha x} + c_2 e^{-\alpha x}\right], \alpha = j2$ 이다.

(4) $u(x) = e^{-3x/2}\left[c_1 e^{\alpha x} + c_2 e^{-\alpha x}\right], \alpha = j$ 이다.

(5) $u(x) = c_1 \sin(x/2) + c_2 \cos(x/2)$

(6) $u(x) = e^{-2x}\left(c_1 e^{\alpha x} + c_2 e^{-\alpha x}\right),\ \alpha = 2\sqrt{2}$ 이다.

(7) $u(x) = e^{2x}(c_1 \cos 2x + c_2 \sin 2x)$

(8) $u(x) = e^{-5x/2}\left[c_1 e^{\alpha x} + c_2 e^{-\alpha x}\right],\ \alpha = \sqrt{13}/2$

2. (1) $u'' - 3u' + 2u = 0$ (2) $u'' - 2\sqrt{3}u' + 3u = 0$

(3) $u'' - 16u = 0$

3. (1) $u(x) = 4e^{3x} - 2e^{-x}$ (2) $u(x) = e^{-2x}(2\cos x - \sin x)$

(3) $u(x) = 2 + e^{-\pi x}$ (4) $u(x) = (2 - 4x)e^{-0.25x}$

(5) $u(x) = e^{-0.1x}(3.2\cos 0.2x + 1.6\sin 0.2x)$

(6) $u(x) = 4e^{5x} - 4e^{-5x}$

4. $u_1(x) = e^{-x},\ u_2(x) = 0.001e^{x} + e^{-x}$

1.7.5 연습문제 정답

1. $y = y_0 \cos\omega_0 t + (v_0/\omega_0)\sin\omega_0 t$. 만약 $\omega_0 = \pi$ 라면 시간 t가 정수인 경우이다.

2. $\omega_0 = \sqrt{g/L}$

3. (a) 할 수 없다. 왜냐하면 주파수는 k/m에 비례하기 때문이다.

(b) (i) $\sqrt{3}$ 만큼 크다. (ii) 낮아진다.

4. 1.54 초

6. (a) $y\left(\frac{\pi}{12}\right) = -\frac{1}{4},\ y\left(\frac{\pi}{8}\right) = -\frac{1}{2},\ y\left(\frac{\pi}{6}\right) = -\frac{1}{4},\ y\left(\frac{\pi}{4}\right) = \frac{1}{2},\ y\left(\frac{9\pi}{32}\right) = \frac{\sqrt{2}}{4}$

(b) 4[cm/s] 아래로 (c) $t = \frac{(2n+1)\pi}{16},\ n = 0, 1, 2, \cdots$

7. $\frac{25}{2}(e^{-8t}-e^{-2t})$

11. (i) $y=[y_0+(v_0+\alpha y_0)t]e^{-\alpha t} \rightarrow y=[1+(v_0+1)t]e^{-t}$

(ii) $v_0=-2, -3/2, -4/3, -5/4, -6/5$

12. (1) $y(t)=e^{-2t}(-\cos 4t-1/2\sin 4t)$ (2) $y(t)=\frac{\sqrt{5}}{2}e^{-2t}\sin(4t+4.249)$

(3) $t=1.294$ [초]

13. (1) $\beta>\frac{5}{2}$ (2) $\beta=\frac{5}{2}$ (3) $0<\beta<\frac{5}{2}$

15. (1) $\mathrm{R}<14.14\Omega$ (2) $\mathrm{R}>3.54\Omega$

1.8.2 연습문제 정답

1. (1) $u(x)=x-\frac{1}{2}$ (2) $u(x)=\frac{xe^x}{2}$

(3) $u(x)=\frac{x\sin 3x}{6}$ (4) $u(x)=\frac{x^2}{9}-\frac{2}{81}-\frac{x}{6\cos 3x}$

2. (1) $u(x)=c_1e^{-x}+c-2e^{-2x}+2.5e^{2x}$

(2) $u(x)=c_1e^{4x}+c_2e^{-4x}+2.4xe^{4x}$

(3) $u(x)=c_1e^{2x}+c_2e^{-3x}-x^3-3x-0.5$

(4) $u(x)=e^{-3x}(c_1\cos 8x+c_2\sin 8x)+e^x\left(\cos 4x+\frac{1}{2}\sin 4x\right)$

(5) $u(x)=e^{-2x}(c_1\cos x+c_2\sin x)+5x^2-8x+4.4-1.6\cos 2x+0.2\sin 2x$

3. (1) $u(x)=\frac{\sin 2x-2x\cos 2x}{4}$ (2) $u(x)=\cos 2x-\frac{1}{3}\sin 2x+\frac{2}{3}\sin x$

(3) $u(x)=\frac{e^{-4x}-e^{4x}+8xe^{4x}}{32}$

1.9.5 연습문제 정답

1. 2.28 [m] 2. 80 [s] 3. 5.33×10^{-3} [Hz]

4. (1) $y(t)=\frac{4}{3}t\sin 3t$ (2) $y(t)=\frac{2\sin t+37\sin 4t}{15}$

(3) $y(t)=e^{-t}-\cos t+3\sin t$

5. (1) $y(t)=\frac{-4\cos 3t+3\sin 3t}{50}$ (2) $y(t)=-0.0995(\cos 2t+10\sin 2t)$

(3) $y(t)=\frac{2\cos t+2\sin t+\cos 2t+\sin 2t}{4}$

6. (1) $y(t)=c_1e^{-5t}+c_2e^{-2t}+0.1385\sin t-0.1077\cos t+0.0875\sin 2t+0.0375\cos 2t$

(2) $y(t)=e^{-0.05t}(c_1\cos 1.41t+c_2\sin 1.41t)+0.0495(\sin 2t-10\cos 2t)$

7. (1) $y(t)=(1+t)e^{-t}-\cos t$

(2) $y(t)=e^{-0.05t}(4\sin 1.41t-20\cos 1.41t)+20\cos t+2\sin t$

(3) $y(t)=-e^{-0.01t}(25\cos 4t+0.0625\sin 4t)+25\cos 4t$

8. 2.2[m], 1.62[rad/s]

9. $q(t)=2.05\times 10^{-6}e^{-2.618\times 10^5 t}-14.05\times 10^{-6}e^{-3.82\times 10^4 t}+12\times 10^{-6}$

$i(t)=-0.5367\left(e^{-2.618\times 10^5 t}-e^{-3.82\times 10^4 t}\right)$

10. $i(t)=-0.591$ [A]

1.10.2 연습문제 정답

1. (1) $u(x)=c_1\sin x+c_2\cos x+x\sin x+(\cos x)\ln\cos x$

(2) $u(x)=(c_1x+c_2)e^{2x}+e^x+xe^{2x}\int e^{-x}/x\,dx$

(3) $u(x)=c_1x+\frac{c_2}{x}+\frac{2x^2}{3}$

(4) $u(x)=c_2x+c_1+\frac{x^3}{3}-\frac{x^2}{4}+\left(\frac{x^2}{2}\right)\ln x$

(5) $u(x)=(\cos x)(c_1+\sin x-\ln|\sec x+\tan x|)+(\sin x)(c_2-\cos x)$

$=(c_1-\ln|\sec x+\tan x|)\cos x+c_2\sin x$

(6) $u(x)=\left(c_1+\frac{3}{2}x\right)\sin x+(c_2+\ln|\cos x|)\cos x$

(7) $u(x)=(c_1+c_2x)e^x+x^2+4x+6-e^x(\ln|x|+1)$

(8) $u(x)=c_1x+c_2x^2-x\sin x$

1.11.2 연습문제 정답

1. (1) $u(x)=c_1x^{-6}+c_2x^{-2}$ (2) $u(x)=c_1x^{-4}+c_2x^3$

(3) $u(x)=c_1x^3+c_2x^{-2}$ (4) $u(x)=x\,[c_1\cos(\ln|x|)+c_2\sin(\ln|x|)]$

2. (1) $u(x)=-1+\frac{(3x^{-4}+4x^3)}{7}$ (2) $u(x)=3x^2-2x^3$

(3) $u(x)=x^{-0.5}[2\cos(10\ln|x|)-\sin(10\ln|x|)]$

(4) $u(x)=2x^{-3}+10$

3. $u(x)=c_1x^{\alpha}$, 단 $\alpha=-a_1/a_0$ 이다.

제 2 장

2.1.3 연습문제 정답

1. (1) $x-\frac{x^2}{2!}+\frac{x^3}{3!}+\cdots$ (2) $\frac{1}{2}\left[1-\frac{x}{2}+\frac{x^2}{4}+\frac{x^3}{8}+\cdots\right]$

 (3) $-\frac{7}{12}+\frac{7x}{144}-\frac{91x^2}{172}+\cdots$ (4) $1-x^2+\frac{x^4}{2!}-\frac{x^6}{3!}+\cdots$

 (5) $x+\frac{x^3}{3}+\frac{2x^5}{15}+\cdots$ (6) $-2\left[\frac{(x/2)^2}{2}+\frac{(x/2)^4}{4}+\frac{(x/2)^6}{6}+\cdots\right]$

 (7) $x-x^2+\frac{x^3}{3}-\frac{x^5}{30}+\cdots$

2. (1) $\frac{1}{4}\left[x+\frac{x^3}{12}+\frac{x^5}{80}+\cdots\right]$ (2) $\frac{x^3}{3}\left(1-\frac{x^2}{5}+\frac{2x^4}{105}-\cdots\right)+c$

 (3) $\frac{x^2}{2}-\frac{x^4}{6}+\frac{2x^6}{45}-\cdots+c$

4. (1) $|c|$ (2) $\sqrt{2}$ (3) 0 (4) 2

 (5) 1 (6) π

5. (1) 특이점은 없으며, $R=\infty$ (2) 특이점은 없으며, $R=\infty$

 (3) 특이점은 $(-1,0)$, $R=1$

6. (1) $1-(x-1)+(x-1)^2-(x-1)^3+\cdots$

 (2) $-\frac{1}{3}-\frac{2(x-1)}{9}-\frac{7(x-1)^2}{27}-\frac{20(x-1)^3}{81}-\cdots$

2.2.5 연습문제 정답

1. (1) $a_0\left\{1-\frac{(kx)}{1!}+\frac{(kx)^2}{2!}-\frac{(kx)^3}{3!}+\cdots\right\}$

 (2) $a_0\left(1-\frac{x^2}{2}+\frac{x^4}{8}-\frac{x^6}{48}+\frac{x^8}{384}-\cdots\right)$

 (3) $a_0\left(1-\frac{x^4}{12}-\frac{x^5}{60}-\cdots\right)+a_1\left(x+\frac{x}{2}+\frac{x^3}{6}+\frac{x^4}{24}-\frac{x^5}{24}-\cdots\right)$

 (4) $a_0+a_1\left(x-\frac{2x^3}{3}+\frac{2x^5}{5}-\frac{4x^7}{21}+\frac{2x^9}{27}-\frac{4x^{11}}{165}+\cdots\right)$

 (5) $a_0\left(1-\frac{x^2}{2}-\frac{x^4}{24}+\frac{13x^6}{720}+\cdots\right)+a_1\left(x-\frac{x^3}{6}-\frac{x^5}{24}+\frac{5x^7}{1008}+\cdots\right)$

 (6) $a_0(1+x^2+x^3+x^4+x^5+x^6+\cdots)+a_1x$

2. (1) $x-\sum_{k=1}^{\infty}\frac{x^{2k+1}}{4^k(2k-1)(2k+1)}$ (2) $x+\frac{x^2}{12}+\frac{x^5}{20}+\cdots$

3. $u(x) = 4 - 2x - \dfrac{x^4}{3} + \dfrac{x^5}{10} + \dfrac{x^8}{168} - \dfrac{x^9}{720} + \cdots \approx -1.3206$

4. $u(1) \approx 8.115,\ u(3) \approx 7.302$

5. $P_8(x) = \dfrac{1}{128}(35 - 1260x + 6930x^4 - 12012x^6 + 6435x^8)$

7. (1) $c_1 P_2(x) + c_2\left[P_2(x)\,Q_0(x) - \dfrac{3x}{2}\right] + \dfrac{x}{4}$

(3) $u(\phi) = \dfrac{1}{2}(3\cos^2\phi - 1)\left(c_1 + c_2 \ln\dfrac{1+\cos\phi}{1-\cos\phi}\right) + \dfrac{3}{2}c_2\cos\phi$

2.3.3 연습문제 정답

1. (1) $u_1 = 1 + \dfrac{x^2}{3!} + \dfrac{x^4}{5!} + \cdots = \dfrac{\sinh x}{x},\ u_2 = \dfrac{1}{x} + \dfrac{x}{2!} + \dfrac{x^3}{4!} + \cdots = \dfrac{\cosh x}{x}$

(2) $u_1 = 1 - \dfrac{x^2}{12} + \dfrac{x^4}{384} - \cdots,\ u_2 = 9u_1 \ln x - \dfrac{144}{x^4} - \dfrac{36}{x^2} + \dfrac{x^2}{2} - \dfrac{25x^4}{1024} + \cdots$

(3) $u_1 = \dfrac{1}{x} - \dfrac{x}{6} + \dfrac{x^3}{120} \mp \cdots,\ u_2 = \dfrac{1}{x^2} - \dfrac{1}{2} + \dfrac{x^2}{24} - \dfrac{x^4}{720} \pm \cdots$

(4) $u_1 = (x+3)^5,\ u_2 = u_1 \ln(x+3)$

(5) $u_1 = e^{-x},\ u_2 = e^{-x}\ln x$

(6) $u_1 = \dfrac{1}{x+1},\ u_2 = \dfrac{1}{x}$

(7) $u_1 = x^{1/2}\left(1 + 2x + 2x^2 + \dfrac{4}{3}x^3 + \cdots\right),\ u_2 = 1 + 2x + 2x^2 + \cdots$

(8) $u_1 = (x-4)^7,\ u_2 = (x-5)^{-5}$

2. (1) $c_1 x^2\left(1 - \dfrac{x}{11} + \dfrac{x^2}{286} + \cdots\right) + c_2 x^{-5/2}\left(1 + \dfrac{x}{7} + \dfrac{x^2}{70} + \cdots\right)$

(2) $c_1\left[1 - 2\sum_{k=1}^{\infty}\dfrac{x^k}{4k^2-1}\right] + c_2 x^{-1/2}(1-x)$

3. (1) $c_1\left(1 + \dfrac{x^2}{2} + \dfrac{x^3}{6} + \cdots\right) + c_2\left(1 + \dfrac{x^2}{2} + \dfrac{x^3}{12} + \cdots\right)$

2.4.2 연습문제 정답

1. (1) 0.443 (2) ∞ (3) -9394 (4) $3 \times 10!$

2.5.6 연습문제 정답

1. $J_0(x) = 1 - \dfrac{x^2}{4} + \dfrac{x^4}{64} + \dfrac{x^6}{2304} + \cdots$

$J_1(x) = \dfrac{x}{2} - \dfrac{x^3}{16} + \dfrac{x^5}{384} - \dfrac{x^7}{18432} + \cdots$

2\. (1) $c_1 J_{1/4}(x)+c_2 J_{-1/4}(x)$ (2) $c_1 J_{1/2}(x)+c_2 J_{-1/2}(x)$

(3) $c_1 J_{5/2}(x)+c_2 J_{-5/2}(x)$ (4) $c_1 J_0(x)+c_2 Y_0(x)$

(5) $c_1 J_2(3x)+c_2 Y_2(3x)$

4\. (1) $c_1 J_5(x)+c_2 Y_5(x)$ (2) $c_1 J_0(\sqrt{x})+c_2 Y_0(\sqrt{x})$

(3) $c_1 J_2(x^2)+c_2 Y_2(x^2)$ (4) $x^{-5}(c_1 J_5(x)+c_2 Y_5(x))$

2.6.2 연습문제 정답

1\. (1) $1-x+\frac{x^2}{2!}+\frac{x^3}{3!}-\frac{x^4}{4!}+\cdots$ (2) $x-\frac{7x^3}{18}+\frac{143x^5}{1800}+\cdots+c\sum_{n=0}^{\infty}\frac{(-1)^n x^{2n}}{2^n n!}$

(3) $c_1 u_1(x)+c_2 u_2(x)+\frac{x^3}{3}-\frac{2x^4}{3}+\frac{7x^5}{10}+\cdots$

제 3 장

3.1.2 연습문제 정답

1\. (1) $\frac{1}{s^2}-\frac{3}{s}$ (2) $\frac{2}{(s^2+1)}$ (3) $0.886\,s^{-3/2}$ (4) $\frac{8}{s^3}-\frac{3}{s}$

(5) $\frac{2}{s^2}-\frac{4}{s^4}+\frac{4}{s}$ (6) $\frac{e^{-1}}{(s-2)}$ (7) $\frac{1}{s^2+4}$

(8) $\frac{1}{s^2+9}(-3\cos(1/2)+s\sin(1/2))$

3\. $s>\{c_1, c_2\}$의 최대값에 대하여 가능

3.2.2 연습문제 정답

1\. (1) $\frac{3}{(s-3)^2}$ (2) $\frac{(s+2)}{(s^2+4s+20)}$ (3) $\frac{4(s+2)}{(s+2)^2-1}$

(4) $\frac{(5s^2+24s+30)}{(s+2)^3}$ (5) $\frac{3s+8}{s(s+4)}$ (6) $\frac{\pi e^{-4s}}{(s^2+\pi^2)}$

(7) $\frac{(1-e^{-4s})}{2s^2}-\frac{e^{-4s}}{s}$ (8) $\frac{(1-e^{-2s})}{s^2}$ (9) $\frac{(1-e^{-\pi s})}{(s^2+1)}+\frac{2e^{-\pi s}}{(s^2+4)}$

(10) $\frac{s^3+3s^2+6s+6}{s^4}$

2\. (1) $\frac{(s-3)}{(s^2-6s+13)}-\frac{(s+3)}{(s^2+6s+13)}$ (2) $\frac{3(s-1)}{(s^2-2s+2)}-\frac{(s+1)}{(s^2+2s+2)}$

(3) $\frac{(s-1)}{(s^2-2s+5)}+\frac{(s+1)}{(s^2+2s+5)}$

3. $ct=p$로 하여 변수변환을 한다. 그러면

$$\mathcal{L}[f(ct)]=\int_0^\infty e^{-st}f(ct)dt=\int_0^\infty e^{-(s/c)p}f(p)dp/c=F(s/c)/c$$

3.3.6 연습문제 정답

1. $s\mathcal{L}(f)-f(0)-[f(a^+)-f(a^-)]e^{-as}-[f(b^+)-f(b^-)]e^{-bs}$

2. (1) $\dfrac{\omega}{(s^2+\omega^2)}$ (2) $\dfrac{s}{(s^2+\omega^2)}$ (3) $\dfrac{a}{(s^2-a^2)}$ (4) $\dfrac{-s}{(-s^2+a^2)}$

3. $F(s)=\dfrac{(1-e^{-s})}{s^2}$

4. (1) $\dfrac{1}{(s-1)^2}$ (2) $\dfrac{(s^2-1)}{(s^2+1)^2}$ (3) $\dfrac{2(s^2-2s+1)}{(s-1)(s^2-2s+2)^2}$

   (4) $\dfrac{(s^2+4)}{(s^2-4)^2}$ (5) $\dfrac{4s}{(s^2-4)^2}$

5. (1) $\dfrac{2(3s^2+1)}{(s^2-1)^3}$ (2) $\dfrac{4s}{(s^2-1)^2}$ (3) $\ln\left\{\dfrac{(s^2-4)}{s^2}\right\}$

   (4) $\ln\left(\dfrac{s}{s-2}\right)$

6. (2) $\dfrac{2(3s^2+1)}{(s^2-1)^3}$ (3) $\dfrac{4s}{(s^2-1)^2}$ (4) $\dfrac{2(s+1)}{(s^2+2s+2)^2}$

3.4.6 연습문제 정답

1. (1) $-5+\dfrac{5}{2}e^t-2e^{-4t}+\dfrac{25}{6}e^{-t}$ (2) $\dfrac{1}{4}e^{-3t}+\dfrac{3}{4}e^t+te^t$

   (3) $\dfrac{7}{8}+\dfrac{t}{2}+\left(\dfrac{8}{3}+\dfrac{t}{3}\right)e^t+\dfrac{1}{72}e^{4t}$ (4) $\dfrac{1}{164}\sin 20t-\dfrac{5}{861}\sin 21t$

   (5) $\left(\dfrac{2}{5}t-\dfrac{6}{25}\right)e^{-t}-\dfrac{6}{25}\cos 2t-\dfrac{9}{50}\sin 2t$

   (6) $\dfrac{40}{27}(\cos 2t-\cos t)+\dfrac{5}{72}(\sin 2t-2t\cos 2t)+\dfrac{5}{9}(\sin t-t\cos t)$

3.5.2 연습문제 정답

1. (1) t (2) e^t-t-1 (3) $\dfrac{1}{\omega}\sin\omega t$

   (4) $\dfrac{1}{2k}(e^{kt}-e^{-kt})=\dfrac{1}{k}\sinh kt$ (5) $-\dfrac{\omega t\cos\omega t-\sin\omega t}{\omega}$

2. (1) $\dfrac{\sin at - at\cos at}{2a^3}$ (2) $\dfrac{(-1+\cosh at)}{a^2}$ (3) $\dfrac{\omega t - \sin\omega t}{\omega^3}$

3.6.2 연습문제 정답

1. (1) $2\cosh 2t$ (2) $\dfrac{2}{3}(\cos t - 2\cos 2t)$ (3) $2+\dfrac{e^t}{2}-\dfrac{1}{2}(5\cos t-\sin t)$

(4) $e^{-2t}(1+2t)$ (5) $2-6e^{-3t}+4e^{-2t}$ (6) $\left(\dfrac{3}{2}+3t\right)e^{-2t}-\dfrac{1}{2}\cos 2t$

(8) $y(t)=\sin t+\sin 3t,\ t<\pi,\ y(t)=\dfrac{4}{3}\sin 3t,\ t>\pi$

(9) $y(t)=0,\ (0<t<1),\ \ y(t)=-\dfrac{5}{4}\cos(2t-2)+\dfrac{5}{4},\ (t>1)$

(10) $y(t)=2e^{-2t}-e^{-4t}+(e^{-2t+2}-e^{-4t+4})1(t-1)+(e^{-2t+4}-e^{-4t+8})1(t-2)$

2. (1) ⓐ $\dfrac{(1-\cos 6t)}{36}$, ⓒ $\dfrac{5(\sin 6t-6t\cos 6t)}{72}$

(2) ⓐ $\dfrac{1}{36}-\dfrac{1}{36}\left(\cos 5.98t+\dfrac{1}{12}\sin 5.98t\right)e^{-t/2}$,

ⓒ $-\dfrac{5}{6}\cos 6t+\dfrac{5}{6}\left(\cos 5.98t+\dfrac{1}{12}\sin 5.98t\right)e^{-t/2}$

(3) ⓑ $\dfrac{1}{10}\sin 2t-\dfrac{3}{40}\cos 2t-\left(\dfrac{3}{40}-t/4\right)e^{-6t}$ ⓕ $50te^{-6t}$

(4) ⓒ $-\dfrac{1}{4}\cos 6t-\dfrac{1}{192}e^{-18t}+\dfrac{3}{64}e^{-2t}$

3. (a) $\dfrac{1}{10}\sin 10t\,[1_{2\pi}(t)-1_{4\pi}(t)]$ (b) $\dfrac{1}{10}1_{2\pi}(t)\sin 10t$

(e) $\dfrac{1}{10}\sin 10t\,[1+1_{4\pi}(t)]$ (g) $5\cos 10t+\dfrac{1}{2}1_{2\pi}(t)\sin 10t$

4. [그림 P3.6]에서 (b)의 입력이 인가되었을 경우: $\dfrac{1}{50}[1-e^{-25(t-2\pi)}]1_{2\pi}(t)$

(f)의 입력이 인가되었을 경우: $\dfrac{5}{2}e^{-25t}$

[그림 P3.7]에서 (e)의 입력이 인가되었을 경우:

$$\frac{1}{50}\left[1+1_{4\pi}(t)-e^{-25t}-e^{-25(t-4\pi)}1_{4\pi}(t)\right]1_{2\pi}(t)$$

3.7.2 연습문제 정답

1. (1) $y_1(t)=2e^{-4t}-4e^{2t},\ y_2(t)=e^{-4t}-8e^{2t}$

(2) $y_1(t)=2e^{-t}+4e^{-2t}+\dfrac{1}{2}t-\dfrac{1}{4},\ y_2(t)=-3e^{-t}-4e^{-2t}-\dfrac{1}{2}t+\dfrac{1}{4}$

(3) $y_1(t) = 4\cos 5t + 6\sin 5t - 2\cos t - 25\sin t,$
$y_2(t) = 2\cos 5t - 10\sin 5t - 20\sin t$

(4) $y_1(t) = -\cos t + \sin t + t + 1(t-1)[-1 + \cos(t-1) - \sin(t-1)]$
$y_2(t) = \cos t + \sin t - 1 + 1(t-1)[1 - \cos(t-1) - \sin(t-1)]$

(5) $y_1(t) = -e^{-2t} + e^t + \frac{1}{3}1(t-1)(-e^{-2t+3} + e^t)$
$y_2(t) = -e^{-2t} + 4e^t + \frac{1}{3}1(t-1)(-e^{-2t+3} + e^t)$

(6) $y_1(t) = 3\sin 2t + 8e^{-3t}$, $y_2(t) = -3\sin 2t + 5e^{-3t}$

(7) $y_1(t) = e^t - e^{-t}$, $y_2(t) = e^t$, $y_3(t) = e^{-t}$

2. $i_1(t) = -26e^{-2t} - 16e^{-8t} + 42\cos t + 15\sin t$
$i_2(t) = -26e^{-2t} + 8e^{-8t} + 18\cos t + 12\sin t$

제 4 장

4.1.2 연습문제 정답

5. $A^{-1} = \begin{bmatrix} 1 & 0 & 0 \\ 0 & -1/3 & 0 \\ 0 & 0 & 1/2 \end{bmatrix}$, $A^5 = \begin{bmatrix} 1 & 0 & 0 \\ 0 & -243 & 0 \\ 0 & 0 & 32 \end{bmatrix}$, $A^{-5} = \begin{bmatrix} 1 & 0 & 0 \\ 0 & -1/243 & 0 \\ 0 & 0 & 1/32 \end{bmatrix}$

4.2.3 연습문제 정답

1. (1) $\begin{bmatrix} 0 & 1 & 0 \\ 1 & 0 & 0 \\ 0 & 0 & 1 \end{bmatrix}$, (2) $\begin{bmatrix} 1 & 0 & 0 \\ 0 & -1 & 0 \\ 0 & 0 & 1 \end{bmatrix}$ (3) $\begin{bmatrix} c & b+d \\ 0 & -b \end{bmatrix}, (a=0)$

2. (1) $\vec{x} = \alpha \begin{bmatrix} -1 \\ 1 \\ 0 \end{bmatrix} + \beta \begin{bmatrix} 1 \\ 0 \\ 1 \end{bmatrix} + \begin{bmatrix} 1 \\ 1 \\ 1 \end{bmatrix}$ (2) $\vec{x} = \alpha \begin{bmatrix} -1 \\ 1 \\ 0 \end{bmatrix} + \begin{bmatrix} 0 \\ 0 \\ -1 \end{bmatrix}$

3. (1) $x_1 = 0.2, x_2 = 1.6$ (2) $x_1 = 0,\ x_2 = 2,\ x_3 = 9$
(3) $x_1 = 4,\ x_2 = 0,\ x_3 = -2$ (4) $x_1 = 3x_2 + 2$, (x_2 는 임의), $x_3 = -x_2 + 6$
(5) $x_2 = 2x_1 + 3x_3 + 1$, (x_2, x_3 는 임의)
(6) $x_4 = 1,\ x_2 = 2x_3 - x_1$, ($x_1, x_3$ 는 임의)
(7) $x_4 = 3, x_1 = 0, x_2 = -2, x_3 = 8$

4.3.4 연습문제 정답

1. (1) 아님 (2) 독립임 (3) 아님 (4) 아님 (5) 아님
2. (1) 랭크 1, $[1, -2]$, $[1, 0, -3]^T$
(3) 랭크 3, $[1, 4, 0, 7]$, $[0, -2, 1, 3]$, $[0, 0, 5, 105]$, $[-2, 4, 5]^T$, $[0, 1, 5]^T$, $[0, 0, 1]^T$
(4) 랭크 2, $[3, 0, 5]$, $[0, 3, 4]$, $[3, 0, 5]^T$, $[0, 3, 4]^T$

(5) 랭크 2, $[8, 0, 4]^T, [0, 2, 0]^T$, $[8, 0, 4, 0]^T, [0, 2, 0, 4]^T$

(6) 랭크 3, $[1, 0, 3, 0], [0, 5, 8, -37], [0, 0, -74, 296]$, 전치하면 열공간에 대한 기저가 얻어진다.

4. (1) $\vec{x} = \alpha \begin{bmatrix} 4/3 \\ 0 \\ 1 \end{bmatrix}, (x_3 = \alpha)$ (2) $\vec{x} = \begin{bmatrix} -1 \\ 2 \\ 1 \end{bmatrix} + \alpha \begin{bmatrix} 4/3 \\ 0 \\ 1 \end{bmatrix}, (x_3 = \alpha)$

4.4.4 연습문제 정답

1. (1) 107 (2) $\cos^2(n\theta) + \sin^2(n\theta)$ (3) $\cos(\alpha + \beta)$
   (4) -66.88 (5) 0 (6) $u^2 + v^2 + w^2 - 3uvw$
   (7) 4 (8) 36
2. (1) 1 (2) 2 (3) 3
3. (1) 9 (2) 0 (3) 1 (4) 18
4. (1) -5 (2) 25 (3) -5 (4) 5

4.5.5 연습문제 정답

2. (1) $\begin{bmatrix} 1/2 & 0 & -1/4 \\ 0 & 1/3 & -4/21 \\ 0 & 0 & 1/7 \end{bmatrix}$ (2) 존재하지 않음.
   (3) $\begin{bmatrix} \cos\theta & -\sin\theta \\ \sin\theta & \cos\theta \end{bmatrix}$ (4) $\frac{1}{2}\begin{bmatrix} 1 & 0 & 0 \\ 4 & -2 & 0 \\ 4 & -2 & -2 \end{bmatrix}$ (5) 존재하지 않음.
4. (1) $x_1 = 6, x_2 = -2$ (2) $x_1 = \frac{3}{4}, x_2 = -\frac{1}{2}$
   (3) $x_1 = 2, x_2 = 4, x_3 = -6$ (4) $x_1 = 21, x_2 = 1, x_3 = -11$
5. (1) 자명한 해만을 갖는다. (2) 비자명한 해를 가진다.
   (3) 비자명한 해를 가진다. (4) 자명한 해만을 가진다.

4.6.4 연습문제 정답

1. (1) $\lambda_1 = -4, \begin{bmatrix} 2 \\ 9 \end{bmatrix}, \lambda_2 = 3, \begin{bmatrix} 1 \\ 1 \end{bmatrix}$ (3) $\lambda_1 = 3, \begin{bmatrix} 2 \\ -2 \\ 1 \end{bmatrix}, \lambda_2 = 6, \begin{bmatrix} 1 \\ 2 \\ 2 \end{bmatrix}, \lambda_3 = 9, \begin{bmatrix} 2 \\ 1 \\ -2 \end{bmatrix}$
   (4) $\lambda_1 = 1, \begin{bmatrix} -3 \\ 2 \\ 10 \end{bmatrix}, \lambda_2 = 4, \begin{bmatrix} 0 \\ 1 \\ 2 \end{bmatrix}, \lambda_3 = 2, \begin{bmatrix} 0 \\ 0 \\ 1 \end{bmatrix}$
   (5) $\lambda_1 = -3, \begin{bmatrix} 1 \\ 2 \\ -1 \end{bmatrix}, \lambda_{2,3} = 5, \begin{bmatrix} 3 \\ 0 \\ 1 \end{bmatrix}, \begin{bmatrix} -2 \\ 1 \\ 0 \end{bmatrix}$

(6) $\lambda_1 = 4, \begin{bmatrix} -1 \\ 3 \\ 1 \\ 1 \end{bmatrix}, \lambda_2 = -4, \begin{bmatrix} 1 \\ 1 \\ -1 \\ -1 \end{bmatrix}, \lambda_3 = 0, \begin{bmatrix} 1 \\ 1 \\ 1 \\ 1 \end{bmatrix}, \lambda_4 = 8, \begin{bmatrix} 1 \\ -3 \\ 1 \\ -3 \end{bmatrix}$

(7) $\lambda_{1,2} = -1, \begin{bmatrix} 1 \\ 0 \\ 0 \\ 0 \end{bmatrix}, \begin{bmatrix} 0 \\ 1 \\ 0 \\ 0 \end{bmatrix}, \lambda_3 = -5, \begin{bmatrix} -3 \\ -3 \\ 1 \\ 1 \end{bmatrix}, \lambda_4 = 3, \begin{bmatrix} 3 \\ -3 \\ 1 \\ -1 \end{bmatrix}$

5. (a) A 의 고유값은 4, 6이며, 고유벡터는 $\begin{bmatrix} -1 \\ 1 \end{bmatrix}, \begin{bmatrix} 1 \\ 1 \end{bmatrix}$, A^{-1} 의 고유값은 1/6, 1/4이며 고유벡터는 동일하다.

6. (1) 대수적인 중복도와 기하학적인 중복도 모두 2이다.
   (2) 고유값 α의 대수적인 중복도와 기하학적인 중복도는 모두 2이다.
   (3) 고유값 α의 대수적인 중복도와 기하학적인 중복도는 모두 2이다.

4.7.4 연습문제 정답

1. (1) 고유값 $\lambda_1 = -1, \lambda_{1,2} = \pm j$, 고유벡터 즉 대각변환행렬 $T = \begin{bmatrix} -1 & j & -j \\ 1 & 1 & 1 \\ -1 & 1 & 1 \end{bmatrix}$

   (2) 고유값 $\lambda_1 = 3, \lambda_1 = -83, \lambda_3 = 18$, 대각변환행렬 $T = \begin{bmatrix} -4 & -5/12 & 9 \\ 0 & -43/40 & 1 \\ 1 & 1 & -7/5 \end{bmatrix}$

   (3) 고유값 $\lambda_1 = -1, \lambda_2 = -1, \lambda_3 = 2, \lambda_4 = 2$, 대각변환행렬 $T = \begin{bmatrix} 1 & 0 & 0 & 0 \\ -3 & 1 & -1 & 0 \\ -1 & 0 & 1 & 2 \\ -2 & 0 & 0 & 1 \end{bmatrix}$

제 5 장

5.1.4 연습문제 정답

1. (3) $4(\vec{u} \cdot \vec{v})$
2. (1) 0 (2) 0 (3) $2\sqrt{xy}$
5. (1) 78° (2) 57°
6. (a) $k\begin{bmatrix} 4 \\ 3 \end{bmatrix}$, k는 임의의 스칼라 (b) $\pm\begin{bmatrix} 0.8 \\ 0.6 \end{bmatrix}$
7. (1) 0 (2) 15 (3) a) 2 , b) 2 , c) 0 , d) −2
8. (1) $\text{Proj}_W(\vec{a}) = (\vec{a} \cdot \vec{v}_1)\vec{v}_1 + (\vec{a} \cdot \vec{v}_2)\vec{v}_2 = \left[\frac{4}{25}, 1, -\frac{3}{25}\right]^T$

   (2) $\text{Proj}_{W^\perp}(\vec{a}) = \vec{a} - \text{Proj}_W(\vec{a}) = \left[\frac{21}{25}, 0, -\frac{28}{25}\right]^T$

5.2.5 연습문제 정답

2. (1) $\begin{bmatrix}1\\1\\1\end{bmatrix}, \begin{bmatrix}1\\1\\-2\end{bmatrix}$ (2) $\begin{bmatrix}1\\0\\0\end{bmatrix}, \begin{bmatrix}0\\1\\0\end{bmatrix}, \begin{bmatrix}0\\0\\1\end{bmatrix}$

(3) $\begin{bmatrix}1\\0\\0\end{bmatrix}, \begin{bmatrix}0\\1\\1\end{bmatrix}, \begin{bmatrix}0\\1\\-1\end{bmatrix}$ (4) $\begin{bmatrix}1\\0\\0\\0\end{bmatrix}, \frac{1}{\sqrt{6}}\begin{bmatrix}0\\1\\2\\1\end{bmatrix}, \frac{1}{\sqrt{210}}\begin{bmatrix}0\\-13\\4\\5\end{bmatrix}$

4. I (단위행렬)

5. $\begin{bmatrix}2 & 1 & -1\\0 & 1 & 1\\0 & 0 & 2\end{bmatrix}\vec{x} = \begin{bmatrix}1\\1\\-2\end{bmatrix}$

6. (2) $\begin{bmatrix}4\\1\\-1\end{bmatrix}, \begin{bmatrix}0\\1\\1\end{bmatrix}, \begin{bmatrix}-1\\2\\-2\end{bmatrix}$

5.3.3 연습문제 정답

1. $\begin{bmatrix}n & \sum x_i & \sum x_i^2\\ \sum x_i & \sum x_i^2 & \sum x_i^3\\ \sum x_i^2 & \sum x_i^3 & \sum x_i^4\end{bmatrix} = \begin{bmatrix}\sum y_i\\ \sum x_i y_i\\ \sum x_i^2 y_i\end{bmatrix}$

2. (1) $\vec{\bar{x}} = \begin{bmatrix}\frac{1}{2}\\ \frac{2}{3}\end{bmatrix}$ (2) $\vec{\bar{x}} = k\begin{bmatrix}2\\1\end{bmatrix}$, k는 임의 상수

3. (1) $\vec{r}\left(\vec{x}_0\right) = \begin{bmatrix}-2\\-5\\1\end{bmatrix}$, $\vec{\bar{x}} = \frac{1}{16}\begin{bmatrix}-2\\3\end{bmatrix}$, $A\vec{\bar{x}} = \begin{bmatrix}-1/2\\0\\1/2\end{bmatrix}$

(2) $A = \begin{bmatrix}1 & 0\\1 & 1\\1 & 2\\1 & 3\end{bmatrix}$, $\vec{x} = \begin{bmatrix}c\\m\end{bmatrix}$, $\vec{b} = \begin{bmatrix}1\\2\\1\\5\end{bmatrix}$, $\vec{r}\left(\vec{\bar{x}}\right) = \begin{bmatrix}0.4\\0.3\\-1.8\\1.1\end{bmatrix}$

4. $\vec{\bar{x}} = \begin{bmatrix}\frac{36}{86}+t\\ -\frac{3}{86}-2t\\ t\end{bmatrix}$, t 는 실수인 파라미터

5.4.4 연습문제 정답

1. (1) $\alpha_1 e^{2t}\begin{bmatrix}1\\1\end{bmatrix} + \alpha_2 e^{-2t}\begin{bmatrix}1\\-3\end{bmatrix}$ (2) $\alpha_1 e^{t}\begin{bmatrix}-2\\1\end{bmatrix} + \alpha_2 e^{4t}\begin{bmatrix}1\\2\end{bmatrix}$

(3) $\alpha_1 e^{2t}\begin{bmatrix}1\\1\\0\end{bmatrix} + \alpha_2 e^{t}\begin{bmatrix}1\\0\\0\end{bmatrix} + \alpha_3 e^{3t}\begin{bmatrix}1\\1\\1\end{bmatrix}$ (4) $-2e^{-t}\begin{bmatrix}1\\-1\\1\end{bmatrix} + e^{t}\begin{bmatrix}1\\0\\0\end{bmatrix} + e^{-2t}\begin{bmatrix}1\\-2\\1\end{bmatrix}$

(5) $-e^{-t}\begin{bmatrix}1\\-1\\1\end{bmatrix}+e^{-2t}\begin{bmatrix}1\\-2\\1\end{bmatrix}$

2. (1) $\dfrac{d^2i_1(t)}{dt^2}=\dfrac{C_1-C_2}{L_1C_1C_2}i_1(t)+\dfrac{1}{L_1C_2}i_2(t)$

$\dfrac{d^2i_2(t)}{dt^2}=\dfrac{1}{L_2C_2}i_1(t)+\dfrac{1}{L_2C_2}i_2(t)$

(3) $\boldsymbol{A}\vec{x}=m^2\vec{x}$ (4) $\lambda_{1,2}=120.7,\ -20.7,\ \begin{bmatrix}0.816\\0.577\end{bmatrix},\ \begin{bmatrix}0.816\\-0.577\end{bmatrix}$

3. (1) $\lambda_{1,2}=-12,\ -2,\ \dfrac{\sqrt{5}}{5}\begin{bmatrix}-2\\1\end{bmatrix},\ \dfrac{\sqrt{5}}{5}\begin{bmatrix}1\\2\end{bmatrix}$

(3) $y_1(t)=0.219\cos 1.73t+1.78\cos 8.12t$
$y_2(t)=0.312(\cos 1.73t-\cos 8.12t)$

5.5.4 연습문제 정답

1. (1) $\dfrac{e^t}{2}\begin{bmatrix}t-\dfrac{1}{2}\\t+\dfrac{1}{2}\end{bmatrix}$ (2) $-\begin{bmatrix}1\\1\end{bmatrix}-\dfrac{e^t}{2}\begin{bmatrix}t-\dfrac{1}{2}\\t+\dfrac{1}{2}\end{bmatrix}$

2. (1) $\begin{bmatrix}1\\0\end{bmatrix}+e^t\begin{bmatrix}2t-1\\2t+1\end{bmatrix}$ (2) $e^t\begin{bmatrix}1-t\\-t\end{bmatrix}+e^t\begin{bmatrix}-1\\0\end{bmatrix}$

4. $\begin{bmatrix}2\cos t-\sin t\\\cos t+\sin t\end{bmatrix}$

제 6 장

6.1.4 연습문제 정답

1. (a) 23.17, 17.76° (b) 10.62, 138.3°
2. 성분: $-10\vec{i}+14.14\vec{j}+10\vec{k}$, 단위벡터 표현식: $-0.5\vec{i}+0.707\vec{j}+0.5\vec{k}$
3. (1) $6\vec{i}+3\vec{j}-8\vec{k}$
4. (1) 표현식: $\vec{v}=[2,\ -4,\ 0]$, 단위벡터: $[1/\sqrt{5},-2/\sqrt{5},0]^T$
   (2) 표현식: $\vec{v}=[-1,\ 0,\ 5]$, 단위벡터: $[-1/\sqrt{26},\ 0,\ 5/\sqrt{26}]^T$
   (3) 표현식: $\vec{v}=[-8,\ -6,\ 0]$, 단위벡터: $[-0.8,-0.6,0]^T$
5. (1) $\vec{v}=[7,5,0]^T,\ \|\vec{v}\|=\sqrt{10}$ (2) $\vec{v}=\left[\dfrac{1}{4},\dfrac{3}{2},\dfrac{9}{4}\right]^T,\ \|\vec{v}\|=\sqrt{37/8}$

   (3) $\vec{v}=\left[0,1,\dfrac{1}{2}\right]^T,\ \|\vec{v}\|=\sqrt{37/2}$

6. (1) $\cos\alpha=\frac{1}{\sqrt{14}}$, $\cos\beta=\frac{2}{\sqrt{14}}$, $\cos\gamma=\frac{3}{\sqrt{14}}$, $\alpha=74.5°$, $\beta=57.69°$, $\gamma=36.7°$

(2) $\cos\alpha=\frac{1}{2}$, $\cos\beta=0$, $\cos\gamma=-\frac{\sqrt{3}}{2}$, $\alpha=60°$, $\beta=90°$, $\gamma=150°$

6.2.7 연습문제 정답

1. (1) 4　(2) $\sqrt{241}$　(3) $[12, -8, 4]^T$, $[-18, -9, -36]^T$
   (4) 17　(5) $-4, 4$　(6) -24
2. $\vec{a}\cdot\vec{b}=|\vec{a}||\vec{b}|\cos\theta$ 와 $|\cos\theta|\le 1$을 이용한다.
3. (1) 79.11°　(2) 82.45°
4. (1) $\text{Prob}_{\vec{b}}(\vec{a})=[-21/5, 28/5]^T$,　$\text{Prob}_{\vec{b}^\perp}(\vec{a})=[-4/5, -3/5]^T$
   (2) $\text{Prob}_{\vec{b}}(\vec{a})=[-12/7, 6/7, 4/7]^T$,　$\text{Prob}_{\vec{b}^\perp}(\vec{a})=[-5/7, -20/7, 45/7]^T$
5. 1000[kg.m]
6. (1) $[0, 0, -10]^T$, $[0, 0, 10]^T$　(2) $[-4, -8, 26]^T$
   (3) $[0, 0,, -60]^T$　(4) -20, -20　(5) 240
   (6) $[19, -12, 24]^T$, $\sqrt{1378}$　(7) $[10, -5, -1]^T$
7. (1) $[-2, 2, 0]^T\times[4, 4, 0]^T=-16\vec{k}$, 16
   (2) $[1, -1, 2]^T\times[1, 2, 3]^T=[-7, -1, 3]^T$, $\sqrt{59}$
8. (1) 10　(2) 50
9. (1) 32
   (2) xy-평면에서 y축의 음의 방향에서 양의 x축으로부터 30°를 이룬다.
   (3) $16\sqrt{3}\,\vec{i}-16\vec{j}$

6.3.4 연습문제 정답

1. (1) 타원면(ellipsoids),　(2) 원뿔(cone)　(3) 평면(planes)
4. (1) $\vec{v}'(t)=\left(\frac{1}{t}\right)\vec{i}-\left(\frac{1}{t^2}\right)\vec{j}$,　$\vec{v}''(t)=-\left(\frac{1}{t^2}\right)\vec{i}+\left(\frac{2}{t^3}\right)\vec{j}$
   (2) $\vec{v}'(t)=e^{2t}(2t+1)\vec{i}+3t^2\vec{j}+(8t-1)\vec{k}$, $\vec{v}''(t)=4e^{2t}(t+1)\vec{i}+6t\vec{j}+8\vec{k}$
6. (1) $\vec{v}(t)\times\vec{v}''(t)$　(2) $\vec{v}(t)\cdot[\vec{v}'(t)\times\vec{v}'''(t)]$
   (3) $2\vec{v}_1{}'(2t)-\left(\frac{1}{t^2}\right)\vec{v}_2{}'(1/t)$

6.4.3 연습문제 정답

1. (1) $[2x, 2y]^T$　(2) $[1/y, -x/y^2]^T$　(3) $[y+2, x-2]^T$
2. (1) $[6, 4, 4]^T$　(2) $[-1.25, 0]^T$　(3) $[0, -e]^T$

3. (1) $[4, -2]^T$ (2) $[-18, 24]^T$ (3) $[48, -36]^T$

4. (1) $[6, 4]^T$ (2) $[-6, -12]^T$ (3) $[-0.0015, 0, -0.0020]^T$

6. (1) $[a, b, c]^T$ (2) $[8, 6, 0]^T$ (3) $[108, 108, 108]^T$

7. (1) $\sqrt{2/3}$ (2) $7/3$ (3) $2e^2/\sqrt{13}$

8. (1) $4(x+y)/(y-x)^3$ (2) 0 (3) $e^{xyz}(y^2z^2+x^2z^2+x^2y^2)$

6.5.4 연습문제 정답

1. (1) $3(x+y)^2$ (2) $2(x+xz+z)$ (3) $(y+x+1)\cos xy$
   (4) $9x^2y^2z^2$

2. (1) $[0, 0, 4x-1]^T$ (2) $[0, 0, 2e^x \sin y]^T$ (3) $[0, 0, -4y/(x^2+y^2)]^T$

3. (1) 7 (2) $\vec{k}$ (3) 4
   (4) $-5\vec{i}+10\vec{j}-38\vec{k}$ (5) $10\vec{i}+4\vec{j}+6\vec{k}$ (6) $14\vec{i}-9\vec{j}+8\vec{k}$

4. (1) 비회전 (2) 비회전, 솔레노이드 (3) 둘다 아님,
   (4) 둘다 아님 (5) 비회전, 솔레노이드

5. (1) $(x^3+y^3+z^3)/3+c$ (2) $e^x \sin y+c$ (3) $x^2z+y^3/3+c$

제 7 장

7.1.2 연습문제 정답

1. (1) $\frac{125}{2}$ (2) $\sqrt{2}\,\pi^2/8$ (3) $3\sqrt{5}$
   (4) $-19/8$ (5) $\pi-4$

2. (1) 1 (2) 1

3. (1) $\vec{F}(\vec{r})=125t^6\,\vec{i}+t^3\,\vec{j}$, $16448/7=2350$
   (2) 160 (3) $\vec{F}(\vec{r})=(\cosh t\sinh^2 t)\,\vec{i}+(\cosh^2 t\sinh t)\,\vec{j}$, 93.09
   (4) $\vec{F}(\vec{r})=t\,\vec{i}+\cos t\,\vec{j}+\sin t\,\vec{k}$, 6π
   (5) $\vec{F}(\vec{r})=e^t\,\vec{i}+e^{t^2}\,\vec{j}+e^{t^2}\,\vec{k}$, e^2+2e^4-3

7.2.2 연습문제 정답

1. (1) $16/3$ (2) 14 (3) 330 (4) 1096

2. (1) $f=x^4y^3+3x+y$ (2) 기울기의 벡터장이 아니다
   (3) $f=\frac{1}{4}x^4+xy+\frac{1}{4}y^4$

3. (1) 63 (2) $8+2e^3$ (3) 16

4. $f=\dfrac{(Gm_1m_2)}{|\vec{r}|}$

7.3.4 연습문제 정답

1. (2) $\displaystyle\int_0^1[x-x^3-(x^2-x^5)]\,dx=\frac{1}{12}$ (3) $\frac{1}{2}\cosh 6-\cosh 3+\frac{1}{2}$

   (4) $\displaystyle\int_0^4\frac{1}{2}(e^{3x}-e^{-x})\,dx=\frac{1}{6}e^{12}+\frac{1}{2}e^{-4}-\frac{2}{3}$ (5) $\displaystyle\int_0^{\pi/2}(e^{\sin y}\cos y-\cos y)\,dy=e-2$

2. $\displaystyle\int_0^1\int_0^x\sqrt{1-x^2}\,dydx=\frac{1}{3}$

3. (1) $\bar{x}=\frac{2}{3}b,\ \bar{y}=\frac{1}{3}h$ (2) $I_x=\dfrac{(a+b)h^3}{24},\ I_y=\dfrac{h(a^4-b^4)}{48(a-b)}$

4. (1) $2x^3y-2xy^3$, 45 (2) $3x^2+3y^2,\ \dfrac{1875\pi}{2}=2945$

   (3) $e^{x-y}-e^{x+y},\ -\frac{1}{3}e^3+\frac{1}{2}e^2+e^{-1}-\frac{1}{6}$

   (4) $2x-2y,\ -\dfrac{56}{15}$ (5) 0 (6) 40π

7.4.4 연습문제 정답

1. (1) xy 평면에 직선, $\vec{k}$ (2) $\dfrac{x^2}{a^2}+\dfrac{y^2}{b^2}=1$, 타원, $[-b\cos v,\ a\sin v,\ 0]^T$

   (3) $z=\dfrac{c}{a}\sqrt{x^2+y^2}$, 원, $[-acu\cos v,\ -acu\sin v,\ a^2u]^T$

   (4) $\dfrac{x^2}{9}+\dfrac{y^2}{16}=z$, 타원, $[-8u^2\cos v,\ -6u^2\sin v,\ 12u]^T$

   (5) $\dfrac{x^2}{4}+\dfrac{y^2}{9}+\dfrac{z^2}{16}=1$, 타원, $[12\cos^2 v\cos u,\ 8\cos^2 v\sin u,\ 6\cos v\ \sin v]^T$

2. (1) $[10u,\ 10v,\ 1.6-4u+2v]^T$, $\vec{N}=40\vec{i}-20\vec{j}+100\vec{k}$

   (2) $[-2+\cos v\cos u,\ \cos v\sin u,\ 2+\sin v]^T$,

   $\vec{N}=(\cos^2 v\cos u)\vec{i}+(\cos^2 v\sin u)\vec{j}+(\cos v\sin v)\vec{k}$

   (3) $[u,\ v,\ 3v^2]^T$, $\vec{N}=0\vec{i}-6v\vec{j}+\vec{k}$

   (4) $[u\cos v,\ 3u\sin v,\ 3u]^T$, $\vec{N}=(-9u\cos v)\vec{i}+(-3u\sin v)\vec{j}+3u\vec{k}$

3. (1) 64 (2) -18 (3) -128π (4) 2π

   (5) $\frac{1}{3}a^3$ (6) $\dfrac{17h}{4}$

4. (1) 18 (2) 28π (3) 8π

5. $4\pi kq$

7.5.4 연습문제 정답

1. (1) $\frac{8a^3b^3c^3}{27}$ (2) 6 (3) 28π (4) 234π

2. (1) $\frac{2a^5}{3}$ (2) $\frac{ha^4\pi}{2}$ (3) $\frac{\pi h^5}{10}$

3. (1) 108π (2) 216π (3) 0 (4) 8 (5) 384π

7.6.3 연습문제 정답

1. (1) $[0, 8z, 16]^T \cdot [0, -1, 1]^T$, ± 12

   (2) $[-e^z, -e^x, e^y]^T \cdot [-1, -1, 1]^T$, $\pm(e^2-1)$

   (3) S: $[u, v, v^2]^T$, $(\text{curl } \vec{F}) \cdot \vec{n} = -4ve^{2v^2}$, $\pm(4-4e^2)$

   (4) $(\text{curl } \vec{F}) \cdot \vec{n} = \frac{3}{2}$, $\pm\frac{3a^2}{2}$

2. (1) $(\text{curl } \vec{F}) = [0, 0, 6]^T$, 24π (2) $(\text{curl } \vec{F}) \cdot \vec{n} = 2x - 2y$, $\frac{1}{3}$

   (3) $\frac{\pi}{4}$ (4) $(\text{curl } \vec{F}) \cdot \vec{N} = \pi(\cos \pi x + \sin \pi y)$, 2

3. $\vec{F} \cdot \vec{r} = [-\sin\theta, \cos\theta]^T \cdot [-\sin\theta, \cos\theta]^T = 1$, 2π, 0

4. 곡면은 $z=0$을 갖는다. $\frac{81\pi}{4}$

제 8 장

8.1.5 연습문제 정답

1. $\frac{2\pi}{n}$, $\frac{2\pi}{n}$, k, k, $\frac{k}{n}$, $\frac{k}{n}$

2. (1) $\frac{1}{2} + \frac{2}{\pi}\left(\cos t - \frac{1}{3}\cos 3t + \frac{1}{5}\cos 5t - \cdots\right)$

   (2) $\frac{\pi}{2} + \frac{4}{\pi}\left(\cos t + \frac{1}{9}\cos 3t + \frac{1}{25}\cos 5t + \cdots\right)$

   (3) $\frac{\pi}{4} - \frac{2}{\pi}\left(\cos t + \frac{1}{9}\cos 3t + \frac{1}{25}\cos 5t + \cdots\right) + \left(\sin t - \frac{1}{2}\sin 2t + \frac{1}{3}\sin 3t - \cdots\right)$

   (4) $-\frac{4}{\pi}\left(\cos t + \frac{1}{9}\cos 3t + \frac{1}{25}\cos 5t + \cdots\right) + 2\left(\sin t + \frac{1}{3}\sin 3t + \frac{1}{5}\sin 5t + \cdots\right)$

   (5) $\frac{\pi^2}{3} - 4\left(\cos t - \frac{1}{4}\cos 2t + \frac{1}{9}\cos 3t - \cdots\right)$

(6) $\frac{1}{6}\pi^2-\frac{4}{\pi}\cos t-\frac{1}{2}\cos 2t+\frac{4}{27\pi}\cos 3t+\frac{1}{8}\cos 4t-$

8.2.7 연습문제 정답

1. (1) $-\frac{t^n}{a}\cos at+\frac{nt^{n-1}}{a^2}\sin at+\cdots$

(2) $\frac{t^n}{a}\cosh bt-\frac{nt^{n-1}}{a^2}\sinh bt+\frac{n(n-1)t^{n-1}}{b^3}\cosh bt+\cdots$

(3) $\frac{t^n}{a}\frac{(at+b)^{\alpha+1}}{(\alpha+1)}-\frac{nt^{n-1}}{a^2}\frac{(at+b)^{\alpha+2}}{(\alpha+1)(\alpha+2)}+\frac{n(n-1)t^{n-2}(at+b)^{\alpha+3}}{a^3(\alpha+1)(\alpha+2)(\alpha+3)}-\cdots$

2. (1) $\frac{\pi^2}{8}+4\sum_{n=1}^{\infty}\frac{(-1)^n}{n^2}\cos(nt)$ (2) $2\pi-\sum_{n=1}^{\infty}\frac{4(-1)^n}{n}\sin\left(\frac{n}{2}t\right)$

(3) $\frac{1}{4}+\sum_{n=1}^{\infty}\left[\frac{1-(-1)^n}{n^2\pi^2}\cos(n\pi t)-\frac{1}{n\pi}\sin(n\pi t)\right]$

(4) $\frac{10}{3}+\sum_{n=1}^{\infty}\left[\frac{-8\{1-3(-1)^n\}}{n^2\pi^2}\cos\left(\frac{n}{2}\pi t\right)+\frac{16\{1-(-1)^n\}}{n^3\pi^3}\sin\left(\frac{n}{2}\pi t\right)\right]$

3. (1) 우함수, 기함수, 둘 다 아님, 우함수, 둘 다 아님, 기함수
(2) 기함수 (3) 둘 다 아님 (4) 기함수 (5) 기함수

4. (1) $\frac{\pi}{2}+\frac{4}{\pi}\left(\cos t+\frac{1}{9}\cos 3t+\frac{1}{25}\cos 5t+\cdots\right)$

(2) $\frac{4}{\pi}\left(\sin t-\frac{1}{9}\sin 3t+\frac{1}{25}\sin 5t-\cdots\right)$

(3) $1-\frac{4}{\pi}\left(\sin\frac{\pi t}{2}+\frac{1}{3}\sin\frac{3\pi t}{2}+\frac{1}{5}\sin\frac{5\pi t}{2}+\cdots\right)$

5. (1) (a) 1, (b) $\frac{4}{\pi}\left(\sin\frac{\pi t}{2}+\frac{1}{3}\sin\frac{3\pi t}{2}+\frac{1}{5}\sin\frac{5\pi t}{2}+\cdots\right)$

(2) (a) $1+\frac{8}{\pi^2}\left(\cos\frac{\pi t}{2}+\frac{1}{9}\cos\frac{3\pi t}{2}+\frac{1}{25}\sin\frac{5\pi t}{2}+\cdots\right)$

(b) $\frac{4}{\pi}\left(\sin\frac{\pi t}{2}+\frac{1}{2}\sin\pi t+\frac{1}{3}\sin\frac{3\pi t}{2}+\frac{1}{4}\sin 2\pi t+\cdots\right)$

(3) (a) $\frac{3}{2}-\frac{2}{\pi}\left(\cos\frac{\pi t}{2}-\frac{1}{3}\cos\frac{3\pi t}{2}+\frac{1}{5}\cos\frac{5\pi t}{2}-\frac{1}{7}\cos\frac{7\pi t}{2}+\cdots\right)$

(b) $\frac{6}{\pi}\left(\sin\frac{\pi t}{2}-\frac{1}{3}\sin\pi t+\frac{1}{3}\sin\frac{3\pi t}{2}+\frac{1}{5}\sin\frac{5\pi t}{2}-\frac{1}{9}\sin 3\pi t+\cdots\right)$

(4) (a) $\frac{L}{2}-\frac{4L}{\pi^2}\left(\cos\frac{\pi t}{L}+\frac{1}{9}\cos\frac{3\pi t}{L}+\frac{1}{25}\cos\frac{5\pi t}{L}+\cdots\right)$

(b) $\frac{2L}{\pi}\left(\sin\frac{\pi t}{L}-\frac{1}{2}\sin\frac{2\pi t}{L}+\frac{1}{3}\sin\frac{3\pi t}{L}-\cdots\right)$

(5) (a) $\frac{\pi}{2}+\frac{4}{\pi}\left(\cos t+\frac{1}{9}\cos 3t+\frac{1}{25}\cos 5t+\cdots\right)$

(b) $2\left(\sin t+\frac{1}{2}\sin 2t+\frac{1}{3}\sin 3t+\cdots\right)$

7. $\frac{\pi}{2}+\frac{2}{\pi}\sum_{n=1}^{\infty}\frac{(-1)^n-1}{n^2}\cos(nt)$

8. $\frac{1}{2}+\frac{2}{\pi}\sum_{n=1}^{\infty}\frac{\sin(2n-1)t}{2n-1}$

8.3.2 연습문제 정답

1. (1) $y(t)=c_1\cos\omega t+c_2\sin\omega t+A(\omega)\cos t$, 단 $A(\omega)=\frac{1}{(\omega^2-1)}$

(2) $y(t)=c_1\cos\omega t+c_2\sin\omega t+\sum_{n=1}^{N}\frac{a_n}{\omega^2-n^2}\cos nt$

(3) $y(t)=c_1\cos\omega t+c_2\sin\omega t+\frac{\pi}{2\omega^2}+\frac{4}{\pi}\left(\frac{1}{\omega^2-1}\cos t+\frac{1/9}{\omega^2-1}\cos 3t+\cdots\right)$

(4) $y(t)=c_1\cos\omega t+c_2\sin\omega t+\frac{1}{2\omega^2}-\frac{1}{1\cdot 3(\omega^2-4)}\cos 2t-\frac{1}{3\cdot 5(\omega^2-16)}\cos 4t-\cdots$

2. (1) $y(t)=-\frac{3c}{64+9c^2}\cos 3t-\frac{8}{64+9c^2}\sin 3t$

(2) $y(t)=\sum_{n=1}^{N}\left(-\frac{ncb_n}{D_n}\cos nt+\frac{(1-n^2)b_n}{D_n}\sin nt\right)$, 단 $D_n=(1-n^2)^2+n^2c^2$

8.4.2 연습문제 정답

1. (1) 식 (8.4.10)에서 $A(\omega)=\frac{1}{1+\omega^2}$, $B(\omega)=\frac{\omega}{1+\omega^2}$로 두면 $f(t)=\pi e^{-t}$로 됨을 이용한다.

(2) $f(t)=\frac{\pi}{2}e^{-t}$이면 $A(\omega)=\frac{1}{1+\omega^2}$이다.

(3) $f(t)=\frac{\pi}{2}\cos v$을 식 (8.4.13)에 적용하면 $A(\omega)=\frac{\cos(\pi\omega/2)}{1-\omega^2}$을 얻는다.

2. (1) $\frac{2}{\pi}\int_0^{\infty}\frac{\sin a\omega\cos\omega t}{\omega}d\omega$

(2) $\frac{2}{\pi}\int_0^{\infty}\frac{\cos\omega+\omega\sin\omega-1}{\omega^2}\cos\omega t\,d\omega$

(3) $\frac{2}{\pi}\int_0^{\infty}\frac{\cos\pi\omega+1}{1-\omega^2}\cos\omega t\,d\omega$

3. (1) $\frac{2}{\pi}\int_0^{\infty}\frac{\sin\pi\omega+1}{1-\omega^2}\sin\omega t\,d\omega$

(2) $\frac{2}{\pi}\int_0^{\infty}\frac{\pi\omega-\sin\pi\omega}{\omega^2}\sin\omega t\,d\omega$

(3) $\frac{2}{\pi}\int_0^{\infty}\frac{\omega a-\sin\omega a}{\omega^2}\sin\omega t\,d\omega$

8.5.5 연습문제 정답

1. (1) $\dfrac{jk(e^{-jb\omega}-1)}{\sqrt{2\pi}\ \omega}$ (3) $\dfrac{\sqrt{2/\pi}\ k(\sin\omega)}{\omega}$

   (5) $\dfrac{\sqrt{2/\pi}\ j(\cos\omega-1)}{\omega}$

3. $f(t)=te^{-t}\cdot 1(t)$, $1(t)$는 단위계단함수

제 9 장

9.1.2 연습문제 정답

1. (1) 25 (2) $-7-j24$ (3) $-0.28-j0.96$ (4) 1.2649
   (5) $-8-j32$ (6) $1.68+j\,0.26$ (7) $-527+j336$ (8) $2-j$
   (9) $2.3829-j1.6947$ (10) $2-j11$
2. (2) $\sqrt{2}\,(1+j)$, $\sqrt{2}\,(-1+j)$, $\sqrt{2}\,(-1-j)$, $\sqrt{2}\,(1-j)$
   (4) 3, -3
3. (2) $(x-2)^2+y^2=4$

9.2.2 연습문제 정답

1. $5\angle 0.6435$ [rad], $5\angle 2.4981$ [rad], $5\angle -0.6435$ [rad], $5\angle -2.4981$ [rad]
3. (1) $2e^{j\pi}$ (2) $2e^{j3\pi/2}$ (3) $13e^{j5.107}$ (4) $13e^{j1.966}$
5. (1) j (2) $-0.4161+j0.9093$ (3) 1 (4) $0.2601-j0.2601$
6. (1) 1.324 (2) $1.63-j1.77$ (3) $1.77-j1.63$ (4) 1.3246
7. (1) 0.2079 (2) $9.807-j7.958$ (3) $45.126+j15.076$ (4) $0.2739+j0.5837$
   (5) $3.1995+j0.5601$
8. (1) $\dfrac{\pi}{2}\pm j1.317$ (2) $1.099+j\pi$ (3) $\pi\pm j1.317$

9.3.3 연습문제 정답

1. (2) 1, -1 (4) $2(x-1)+j2y$ (6) $e^x\cos y+je^x\sin y$
2. (1) 해석적이다 (2) 아니다 (3) 해석적이다 (4) 아니다
   (5) $z\neq 0$을 제외한 영역에서 해석적이다
4. (1) $\dfrac{z^2}{2}$ (2) $f(x,y)=x^2-y^2+j2xy$ (5) $\ln|z|+j\,\mathrm{Arg}\,z$
   (6) z^3 (7) 아니다 (8) 아니다

9.4.4 연습문제 정답

1. (1) $1+j3$에서 $4+j12$까지의 직선부분
   (2) 중심을 $4+j$에 가지는 반경이 3인 원
   (3) 중심을 0에 두는 반지름이 1 인 반원
   (4) 길이 6과 5를 각각 가지는 타원
   (5) 포물선 $y=\frac{1}{2}x^3$에서 $-1-j/2$에서 $2+j4$의 부분

2. (1) $\frac{1}{2}+j\frac{1}{2}$ (2) 0 (3) $j\pi+\frac{j}{2}\sinh 2\pi$
   (4) $\frac{j}{2}$ (5) $-1+j\tanh(\pi/4)=-1+j0.6558$ (6) $2\sinh(1/2)$

3. (1) Yes (2) No (3) Yes (4) Yes
   (5) No

9.5.4 연습문제 정답

1. (1) $j\pi$, 없다 (2) 0, 있다 (3) 0, 있다 (4) 0, 있다
   (5) 0, 없다 (6) 0, 있다

2. (1) $j\pi$ (2) $j\pi$ (3) $j2\pi$ (4) 0
   (5) (a) 0, (b) π (6) 0

9.6.1 연습문제 정답

1. (2) $j\frac{2\pi}{5}$ (3) $-j2\pi$

2. (1) (b) $\pi(1+j)$ (2) (a) -4π, (b) 4π

3. (1) $j8\pi$ (2) 0 (3) $-j\pi$ (4) $j\pi$
   (5) π (6) $j2\pi\ln 4=j8.710$
   (7) $j\pi\cosh^2(1+j)=\pi(-0.2828+j1.6489)$

9.7.2 연습문제 정답

1. (1) 수렴 (2) 발산 (3) 조건에 의해 수렴 (4) 발산

2. (1) $1, (-j)$ (2) $e, (-1)$ (3) $\left|\frac{b}{a}\right|, (j0)$ (4) $1, (0)$
   (5) $1, (0)$ (6) $1, (3-j2)$ (7) $\frac{1}{\sqrt[4]{2}}, (j)$ (8) $\sqrt{2}, (0)$

3. (1) $1-z+z^2-z^3+\cdots$ (2) $-1+2z-2z^2+2z^3-\cdots$
   (3) $z+\frac{z^3}{3!}+\frac{z^5}{5!}+\cdots$

4. (1) $-z-(z-1)^2-(z-1)^3-\cdots$, $R=1$

(2) $-\frac{1}{9}\left[4+z+\frac{(z+1)^2}{3}+\frac{(z+1)^3}{9}+\cdots\right]$, $R=3$

(3) $-\frac{1-j}{4}\left[1+\frac{1-j}{4}(z+j2)-\frac{j}{8}(z+j2)^2-\frac{1+j}{32}(z+j2)^3+\cdots\right]$, $R=2\sqrt{2}$

5. (1) $-1+z+z^3-z^4-z^6+z^7+\cdots$

(2) $-\frac{1}{4}+\frac{3}{16}z-\frac{13}{64}z^2+\frac{51}{256}z^3+\cdots$

(3) $e^2\left(1-z+\frac{z^2}{2!}-\frac{z^3}{3!}+\cdots\right)$

(4) $z^2-\frac{z^6}{3!}z^2+\frac{z^{10}}{5!}+\cdots$

(5) $1+z-\frac{z^3}{3}+\frac{z^4}{12}+\cdots$

(6) $z+z^2+\frac{z^3}{3}-\frac{z^4}{6}+\cdots$

6. (1) $e\left[z+\frac{(z-1)^2}{2!}+\frac{(z-1)^3}{3!}+\cdots\right]$

(2) $1-\frac{1}{2}\left(z-\frac{\pi}{2}\right)^2+\frac{1}{24}\left(z-\frac{\pi}{2}\right)^4+\cdots$

(3) $-\frac{1}{2}+\frac{z}{4}-\frac{3z^2}{8}+\cdots$

9.8.2 연습문제 정답

1. (1) $-\frac{1}{2z}-\frac{1}{4}-\frac{z}{8}-\frac{z^2}{16}-\cdots$, $R=2$

(2) $\frac{1}{e}\left(\frac{1}{z}+1+\frac{z}{2}+\frac{z^2}{6}+\cdots\right)$, $R=\infty$

2. (1) $1+\frac{1}{z}+\frac{1}{2z^2}+\frac{1}{6z^3}+\cdots$, $|z|>0$

(2) $\frac{1}{2}\left[1+\frac{z+1}{2}+\frac{(z+1)^2}{4}+\cdots\right]$, $0\le|z+1|\le 2$

(3) $-\frac{1}{z}-1-z-z^2-\cdots$, $0<|z|<1$

(4) $-\frac{j}{2}\left[\frac{1}{z-j}+\frac{j}{2}-\frac{z-j}{4}-j\frac{(z-j)^2}{8}+\cdots\right]$, $0<|z-j|<2$

$\frac{1}{(z-j)^2}-\frac{j2}{(z-j)^3}-\frac{4}{(z-j)^4}+\frac{8}{(z-j)^5}+\cdots$, $2<|z-j|$

(5) $\frac{1}{(z+1)^2}+\frac{3}{(z+1)^3}+\frac{9}{(z+1)^4}+\cdots$, $3<|z+1|$

$-\frac{1}{3(z+1)}-\frac{1}{9}-\frac{z+1}{27}-\frac{(z+1)^2}{81}-\cdots$, $0<|z+1|<3$

3. (1) $\frac{e^{z-1}e}{z-1}=e\sum_{n=0}^{\infty}\frac{(z-1)^{n-1}}{n!}=e\left[\frac{1}{z-1}+1+\frac{z-1}{2!}+\cdots\right]$, $R=\infty$

(2) $-\sum_{n=0}^{\infty}\left(\frac{j}{2}\right)^{n+1}(z-j)^{n-1}=-\frac{j/2}{z-j}+\frac{1}{4}+\frac{j}{8}(z-j)-\frac{1}{16}(z-j)^2-\cdots$, $R=2$

(3) $-\sum_{n=0}^{\infty}(z+j)^{n-1}=-\frac{1}{z+j}-1-(z+j)-\cdots$, $R=1$

(4) $-\frac{3}{z-1}+2+(z-1)$

9.9.4 연습문제 정답

1. (1) $-j2$에서 $\frac{1}{2}$, $j2$에서 $\frac{1}{2}$　(2) 1에서 e

   (3) -1에서 2　(4) 0에서 $\frac{1}{5!}$　(5) $\pm n\pi$에서 1

   (6) 1에서 $-\frac{1}{4}$, -1에서 $\frac{1}{4}$　(7) $\pm\frac{\pi}{2}, \pm\frac{3\pi}{2}, \cdots$ 에서 -1

2. (1) 0　(2) $2\pi(1-j)$　(3) 0

   (4) $-j$　(5) 0　(6) $j4\pi$

3. (1) $j2\pi$　(2) $-j4$　(3) $-j4\pi\sinh\frac{\pi}{2}$

   (4) $-j4\sinh\frac{1}{2}$　(5) 0　(6) $j5\pi$

4. (1) 2.43　(2) 0　(3) 4.4.5

5. (1) $\frac{\pi}{4}$　(2) 1.81　(3) $\frac{\pi}{6}$

   (4) $\frac{\pi}{e}$　(5) 0.773　(6) 0.072

찾아보기

ㄴ~ㄷ

ㄹ

ㅁ

ㅂ

ㅅ

ㅇ

ㅈ

ㅎ

정가 33,000원

대학 공업수학

2009년 2월 19일 초판 인쇄
2009년 2월 27일 초판 발행
저 자 : 최연욱
발행자 : 우명찬 · 송 준
발행처 : 홍릉과학출판사
주 소 : 서울시 강북구 수유5동 455-60
142-885
등 록 : 1976년 10월 21일 제5-66호
전 화 : (02) 999-2274, 996-8341, 903-7037
팩 스 : (02) 905-6729
e-mail: hongpub@hongpub.co.kr
http://www.hongpub.co.kr

저자와의
협의하에
인지생략

ISBN : 9788972837336